Lehrbuch der Hochbau-konstruktionen

Herausgegeben von
Erich Cziesielski

Unter Mitwirkung von
F. Conrad E. Cziesielski D. Frenzel H.-J. Irmschler
K. Johannsen W. Klein W. Mann H. Marquardt
H.F.O. Müller H. Paschen E. Reyer S. Savidis
T. Schrepfer H. Schulze J. Steinert K.W. Usemann
F. Vogdt W. Willems H.-M. Wolff

3., neubearbeitete und erweiterte Auflage
Mit 784 Bildern und 150 Tafeln

Springer Fachmedien Wiesbaden GmbH 1997

Herausgeber:
Prof. Dr. rer. nat. Erich Cziesielski, Technische Universität Berlin

Verfasser:
Dipl.-Ing. (FH) Frank Conrad, Bacharach
Prof. Dr. rer. nat. Erich Cziesielski, Technische Universität Berlin
Dr.-Ing. Dieter Frenzel, HOCHTIEF, Frankfurt am Main
Dipl.-Ing. H.-J. Irmschler, Deutsches Institut für Bautechnik Berlin
Dr.-Ing. Karl Johannsen, Mainz
Prof. Dr.-Ing. Wolfgang Klein, Dortmund
Prof. Dr.-Ing. Walther Mann, Technische Hochschule Darmstadt
Prof. Dr.-Ing. Helmut Marquardt, Fachhochschule Nordostniedersachsen
Prof. Dr.-Ing. Helmut F.O. Müller, Universität Dortmund
Prof. Dr.-Ing. Heinrich Paschen, Technische Universität Braunschweig
Prof. Dr.-Ing. Eckard Reyer, Ruhr-Universität Bochum
Prof. Dr.-Ing. Stavros Savidis, Technische Universität Berlin
Dr.-Ing. Thomas Schrepfer, Berlin
Prof. Dr.-Ing. Horst Schulze, Technische Universität Braunschweig
Akad.-Dir. Dr.-Ing. Joachim Steinert, Technische Universität Braunschweig
Dr.-Ing. Frank Vogdt, Berlin
Dr.-Ing. Wolfgang Willems, Ruhr-Universität Bochum
Prof. Dr.-Ing. Harald-M. Wolff, Fachhochschule Hannover
Prof. Dipl.-Ing Klaus W. Usemann, Universität Kaiserslautern

Die Deutsche Bibliothek – CIP-Einheitsaufnahme

Lehrbuch der Hochbaukonstruktionen / hrsg. von Erich Cziesielski. Unter Mitw. von. F. Conrad ... – 3., neubearb. und erw. Aufl.

ISBN 978-3-663-10639-5 ISBN 978-3-663-10638-8 (eBook)
DOI 10.1007/978-3-663-10638-8

Ursprünglich erschienen bei B.G. Teubner Stuttgart 1997
Softcover reprint of the hardcover 3rd edition 1997

Satz: Fotosatz Benz, Ulm

Einbandgestaltung: Peter Pfitz, Stuttgart

Vorwort zur 1. Auflage

Die Baukonstruktionslehre hat sich in den letzten Jahrzehnten wesentlich verändert: Während bis etwa zum Ende des Zweiten Weltkrieges in der Baukonstruktionslehre die überlieferten Konstruktionen des Holz- und Mauerwerksbaues weitgehend rezeptiv behandelt wurden, mußten danach – mit dem Aufkommen industrieller Baumethoden – neue Baukonstruktionen entwickelt und beurteilt werden, für die die langjährigen Erfahrungen fehlten.

Unter Baukonstruktionslehre nach neuerem Verständnis versteht man die auf mathematisch-naturwissenschaftlicher Grundlage beruhende Lehre über die konstruktive Durchbildung der einzelnen Bauteile eines Bauwerkes und deren Zusammenfügung zu einem Ganzen. Die mathematisch-naturwissenschaftlichen Grundlagen, auf denen die Baukonstruktionslehre fußt, umfassen die Festigkeitslehre, die Baustoffkunde mit der Bauchemie und insbesondere die Bauphysik.

Ziel dieses „Lehrbuches der Hochbaukonstruktionen" ist es,

- den neuesten Stand der Hochbaukonstruktionen zusammenfassend darzustellen,
- die Kriterien aufzuzeigen, nach denen die vorhandenen Konstruktionen im Hinblick auf deren Eignung für eine gestellte Aufgabe beurteilt werden können, und
- Anregungen für ein methodisches Vorgehen beim Konstruieren aufzuzeigen; leider gehört die Methodik des Konstruierens in der Regel nicht zum festen Programm in der Lehre, so daß sie auch noch nicht hinreichend in der Praxis angewendet wird.

Das Konstruieren ist eine komplexe – vieles umfassende – Disziplin. Es gibt keine eindeutigen Lösungen für eine vorgegebene Aufgabenstellung im Sinne der Mathematik. Die Baukonstruktionslehre gibt aber im Gegensatz zu früheren Zeiten eine auf mathematischen und naturwissenschaftlichen Methoden beruhende, möglichst optimale Antwort auf eine gestellte Frage, wobei Bauschäden weitgehend vermieden werden können.

Wenn das Buch dazu beiträgt, dem Leser Anregungen für die Konzeption seiner von ihm zu entwickelnden Konstruktionen einschließlich der dazu gehörenden Anschlüsse an andere Bauteile zu geben, ist das Ziel dieser Veröffentlichung erreicht. Dennoch werden manche Aspekte – gerade im Bereich der Konstruktionen – nicht hinreichend berücksichtigt sein. Der Verlag und die Autoren bitten die Leser um Verständnis und um konstruktive Kritik; sie werden versuchen, die Anregungen in künftigen Auflagen aufzunehmen.

Die Autoren und der Herausgeber danken dem Verlag für die konstruktive und sicher oft nicht einfache Zusammenarbeit.

Vorwort zur 3. Auflage

Gegenüber der zweiten Auflage des Lehrbuches der Hochbaukonstruktionen wurden zwei Beiträge neu aufgenommen:

- Gebäudedehnungsfugen
- Industrieböden.

Sämtliche anderen Beiträge wurden überarbeitet, ergänzt und dem neuesten Stand der Technik angepaßt.

Der Verlag und die Autoren bitten die Leser um Erfahrungsberichte mit bestimmten Konstruktionen und um konstruktive Kritik, damit das Buch immer dem aktuellen Stand des Wissens angepaßt werden kann.

Berlin, September 1997 E. Cziesielski

Inhalt

10 Deckenkonstruktionen *Von D. Frenzel*

11 Treppen *Von H. Paschen, F. Conrad und K. Johannsen*

12 Deckenauflagen und Unterdecken *Von J. Steinert*

13 Industrieböden *Von E. Cziesielski und T. Schrepfer*

14 Gründungen *Von S. Savidis*

17 Bauaufsichtliche Regelungen *Von H.-J. Irmschler*

Zum Geleit

Richtiges Konstruieren im Bauwesen bewirkt, daß die angestrebte Qualität einer Konstruktion oder eines Bauteils unter Wahrung wirtschaftlicher Gesichtspunkte langfristig erreicht wird; dadurch wird die Gesundheit, das Wohlbefinden und die Leistungsfähigkeit der Nutzer eines Gebäudes sichergestellt. Zum Erreichen des angestrebten Zieles ist die intensive Beschäftigung mit der Baukonstruktionslehre notwendig. In diesem Zusammenhang sei auf die von Vitruv, dem „Heeresbaumeister" Caesars, – auch heute noch als richtig anzusehende – Anforderung hinsichtlich der Ausbildung der Architekten und Ingenieure hingewiesen; es heißt dort [51; (Erstes Buch. Erstes Kapitel. S. 23.)]:

> *Die Ausbildung des Baumeisters*
>
> *1. Des Architekten Wissen umfaßt mehrfache wissenschaftliche und mannigfaltige elementare Kenntnisse. Seiner Prüfung und Beurteilung unterliegen alle Werke, die von den übrigen Künsten geschaffen werden. Dieses (Wissen) erwächst aus fabrica (Handwerk) und ratiocinatio (geistiger Arbeit)...*
>
> *2. Daher konnten Architekten, die unter Verzicht auf wissenschaftliche Bildung bestrebt waren, nur mit den Händen geübt zu sein, nicht erreichen, daß sie über eine ihren Bemühungen entsprechende Meisterschaft verfügten. Die aber, die sich nur auf die Kenntnis der Berechnung symmetrischer Verhältnisse und wissenschaftliche Ausbildung verließen, scheinen lediglich einem Schatten, nicht der Sache nachgejagt zu sein. Die aber, die sich beides gründlich aneigneten, haben, da mit dem ganzen Rüstzeug ihres Berufes ausgestattet, schneller mit Erfolg ihr Ziel erreicht.*

Die von Vitruv vor fast 2000 Jahren aufgestellte Forderung, Theorie und Praxis zu verknüpfen, ist heute noch immer als richtig anzusehen.

Das Konstruieren und das Umsetzen der geplanten Konstruktion in die Realität ist immer als ein Spannungsfeld zwischen Qualität, Zeit und Kosten zu sehen. Zu diesen damals und heute aktuellen Thema hat bereits Vitruv ebenfalls vor rund 2000 Jahren folgendes geschrieben [51; (Zehntes Buch. Vorrede. S. 457.)]:

> *1. In der berühmten, großen griechischen Stadt Ephesus war, wie man berichtet, von den Vorfahren in alter Zeit ein Gesetz mit einer zwar harten, aber nicht ungerechten Bestimmung beschlossen worden. Wenn nämlich ein Architekt die Bauleitung für eine öffentlichen Bau übernimmt, gibt er eine Erklärung darüber ab, wieviel der Bau kosten wird. Nachdem der Baukostenanschlag der Behörde übergeben ist, wird sein Vermögen verpfändet, bis das Bauwerk fertig ist. Ist es aber fertig und die Baukosten haben dem Voranschlag entsprochen, dann wird der Architekt durch einen ehrenvollen Erlaß geehrt. Ferner wird, wenn nicht mehr als ein Viertel zum Baukostenanschlag hinzugelegt werden muß, dieses Viertel aus Staatsmitteln gedeckt und der Architekt wird nicht mit einer Geldbuße bestraft. Wird aber bei der Bauausführung über ein Viertel mehr verbraucht, (als veranschlagt war,) dann wird zur Vollendung des Baues der Betrag aus dem Vermögen des Architekten beigetrieben. 2. Hätten doch die unsterblichen Götter es so gefügt, daß auch vom römischen Volk solch ein Gesetz nicht nur für öffentliche, sondern auch für private Bauten beschlossen worden wäre!*

Literatur

[51] Vitruv: Zehn Bücher über Architektur. Übersetzt von Dr. Curt Fensterbusch, 4. Auflage, Wissenschaftliche Buchgesellschaft Darmstadt 1987

1 Geschichte der Baukonstruktion

Von Klaus W. Usemann

Man wird am besten zu einer Erkenntnis gelangen, wenn man die Dinge vom Ursprung her in ihrem Werden und Wachsen betrachtet.

(Aristoteles, 384-322 v. Chr. In: Politik I, 2).

Die Geschichte der Baukonstruktionen und Baumaterialien entwickelte sich einerseits in den traditionellen Bauweisen langsam, andererseits im innovativen, gestalterischen Bereich sprunghaft. Jede Zeit hat mit ihren konstruktiven Mitteln und den örtlichen verfügbaren Baustoffen versucht, für den jeweiligen Standort den Bedürfnissen der Bewohner entsprechende Gebäude möglichst ökonomisch zu errichten; örtliche Traditionen und zeitgenössische Ansprüche sind dabei nicht auszuschließen. Mit der zunehmenden Spezialisierung auf allen Gebieten des Bauwesens wird die notwendige Orientierung der Entwicklungsgeschichte der Baukonstruktionen erschwert. Deshalb ist es heute mehr denn je erforderlich, Zusammenhänge herzustellen, die die konstruktiven Grundgedanken vereinen.

1.1 Außenwände

1.1.1 Holz

Flechtwerk (Laubhütten, bis in die ersten Jahrhunderte n. Chr.) aus in die Erde gesteckten Ästen mit Gras- und Binsenschichten oder geflochtene Gerippe oder Ruten mit Baumrinde und Zweigen bedeckt. Geflochtene Hüttenwände aus Bambus, durch Holzrohrwerk, Reisig verbunden, zwischen Eckpfosten eingespannt. Als nächster Schritt wurde das Ständergerüst auf eine Schwelle gesetzt und in Gefache aufgeteilt, durch Lehm beworfenes Geflecht aus Staken und Ruten ausgefüllt. Urform des Fachwerks bis zum kunstvoll gezimmerten Stockwerksbau des Mittelalters.

Beim Stabbau im frühen Mittelalter bilden senkrecht in den Boden und auf Schwellen gestellte Stämme oder Bohlen die Wand, Bild 1.1 Primitivform ist der Palisadenbau, bei dem senkrecht Rund- oder Halbstämme als geschlossene Wand eingegraben wurden. – Bei der Bohlenwand (Füllholzwand) wurden an den Enden abgeteilte Wandhölzer in Eckpfosten (Eckverbände) unterschiedlicher Ausführungsform eingelassen, Bild 1.2. – Die Blockbauwand benötigt keine Pfosten, glatte Balken (Eiche, Fichte, Kiefer, Tanne) werden aufeinandergeschichtet,

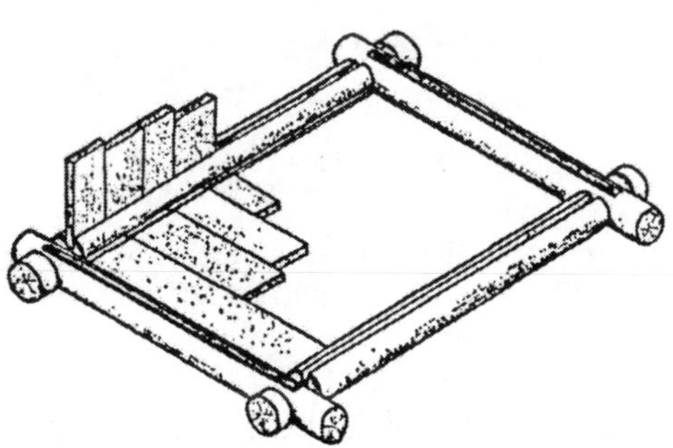

Bild 1.1 Blockschwellen und Stabwand

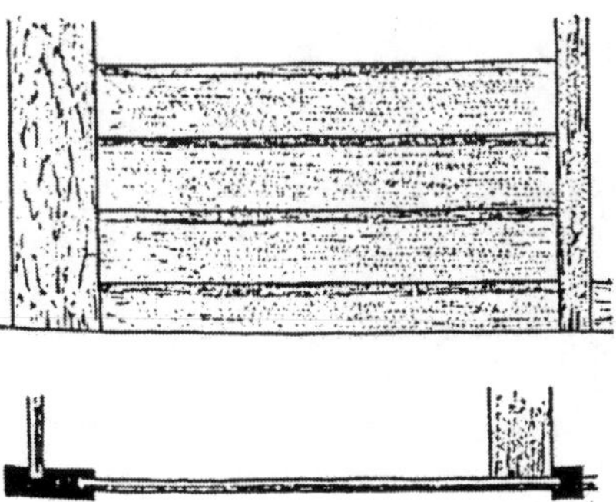

Bild 1.2 Bohlenhauswand
Aufriß und Grundriß

meist mit Lehm verschmiert, Bild 1.3. – Früheste Häuser aus Fachwerk um 1300 in Deutschland, Eich-, Nadelhölzer, Ausfachung zwischen den Hölzern (Riegel, Streben auf Schwelle, Fundament) durch mit Lehm (Lehmstaken, erhöhter Wärmeschutz) beworfenem Flechtwerk, innen mit Brettern verschalt, Flechtwerkkonstruktion blieb außen sichtbar, Bild 1.4. – In Gebieten mit geringem Holzbestand waren Sodenwände üblich: Rasen-, Torfwände, rechteckige Soden waagerecht geschichtet, meist gemischte Holz- (Stein-) Soden-Wände (Standfestigkeit). – Schon seit dem Neolithikum bis ins Mittelalter Holzerdwände (murus gallicus), Holzkonstruktion mit leicht geneigter Vorder- und Hinterwand, mit durchschossenen Balken verbunden (Kastenwerk), mit Erde und/oder Steinen gefüllt. Gegen Brände als Schutz Lehm-, Tonschicht, meist in Wehrbauten angeordnet.

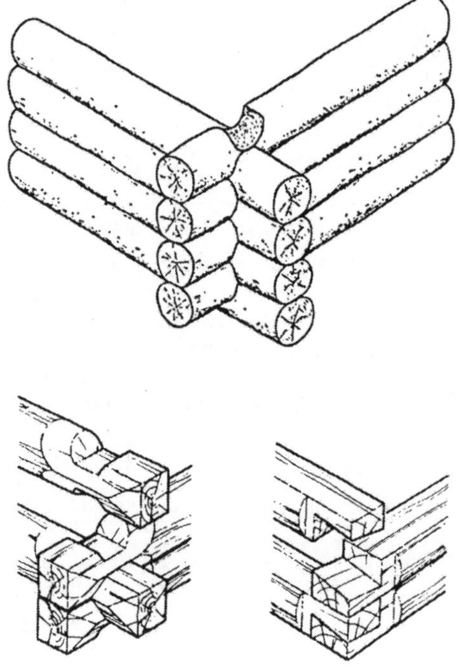

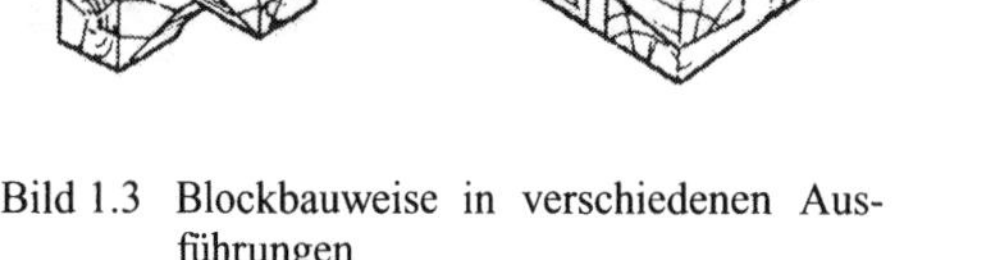

Bild 1.3 Blockbauweise in verschiedenen Ausführungen

Bild 1.4 Fachwerkbau

1.1.2 Mauerwerk

Baukörper aus Bau-Steinen im Mauerverband, Fuge bestimmt den Charakter, Bild 1.5. – Zyklopenmauerwerk, älteste Form, bei der rohe Steine (Kalk-, Sandstein, Basalt, Quarz usw.) mit und ohne Ausfüllung der Zwickel, ohne Mörtel an- und aufeinandergelegt wurden. Durch regelmäßiges Behauen der Steine gelangte man zu den Quadermauern, als Trockenmauern entweder in gleichen Schichthöhen und aus gleichgroßen Quadern in regelmäßigem Fugenwechsel (isodomum) oder in ungleichen Schichten aus gleichen Quadern (pseudoisodomum). Schwaches Quadermauerwerk wurde vollständig aus Quadern erbaut, dickere erhielten nur Quaderverblendung (emplekton), die mit Bindern (diatonoi) in die Hintermauerung eingriff. – Bruchsteinmauerwerk aus Findlingen, Feldsteinen findet sich zu allen Zeiten und bei allen

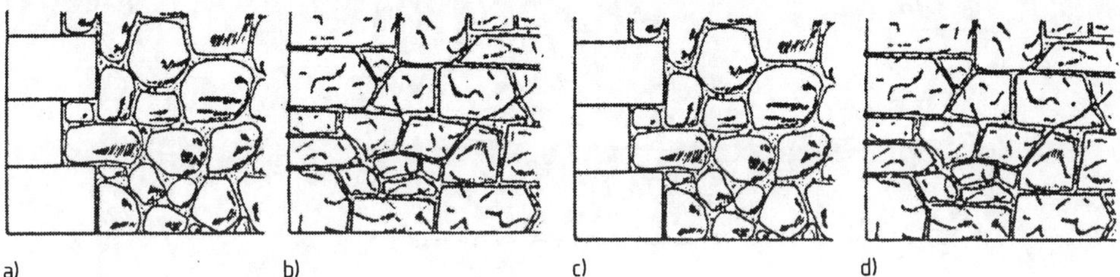

Bild 1.5 Mauer aus Feldsteinen
Feldsteinmauerwerk (a), Bruchsteinmauerwerk (b), Zyklopenmauerwerk (c), und Quadermauerwerk (d)

Völkern. Schon die Römer unterschieden das netzförmige (opus reticulatum) und das „ungewisse“ Bruchstein-Mauerwerk (opus incertum). Letzteres bestand aus rohen Bruchsteinen ungleicher Form und Größe, weil sie aus dem Steinbruch kamen, opus reticulatum bestand aus keilförmig gehauenen Stücken, deren vordere Fläche viereckig war. An der Mehrzahl der Bruchsteinmauern von 1050 bis 1150 und danach Ausfüllung der Fugen mit Mörtel, bei dem z.T. die Steine überdeckt werden. Etwa von der Mitte des 12. Jahrhunderts an Verdoppelung der Fugen, die Mörtelfläche ist gegenüber der sichtbaren Steinfläche gewachsen, dadurch Fugenmuster lebhafter. – Erster Fortschritt in der Herstellung des Mauerwerks besteht in einer einfachen Eckquaderung, durch die die Bruchsteinwände verstärkt wurden, weiterhin das lagerhafte Quadermauerwerk aus glatten oder gebuckelten Bruchsteinen (Buntsand-, Kalk-, Tuff-, Basalt-, Granitsteine), um durchlaufende horizontale Schichten zu erzielen. Bindemittel waren Lehm und Kalkmörtel, bei schmalen Steingliedern Bleiverguß und Anker aus Eisen. Vielfach sind die Steinkanten mit einem Saumschlag oder Profilierung versehen.

Lehmwände („aus Erde geformt“) sind schon seit Jahrtausenden in unterschiedlichen Bauweisen anzutreffen: Lehmstampfwände in umsetzbaren Schalungen eingebracht (en pisé), fugenlos, mit Lehm verputzt, Bild 1.6. Lehmsteinwände aus luftgetrockneten ungebrannten Ziegeln

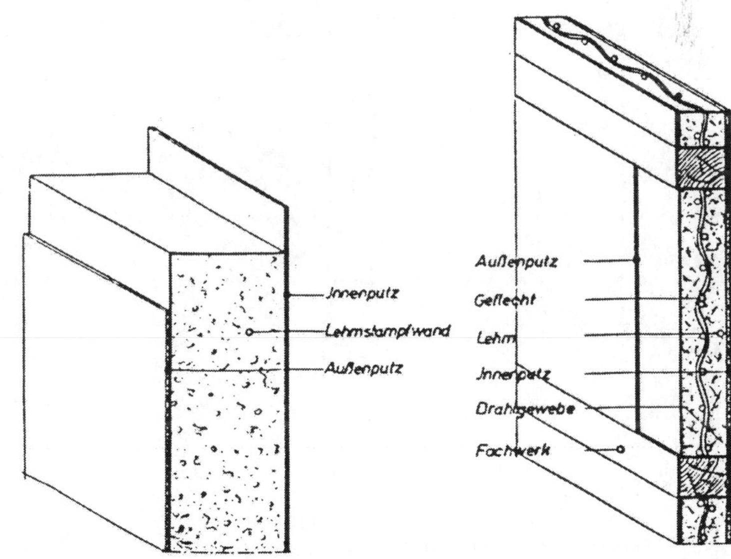

Bild 1.6
Lehmstampfwand
links: ohne Beimischungen, fugenlos
rechts: Lehmspiegelausfachung aus Knüppelgeflecht mit Strohlehm

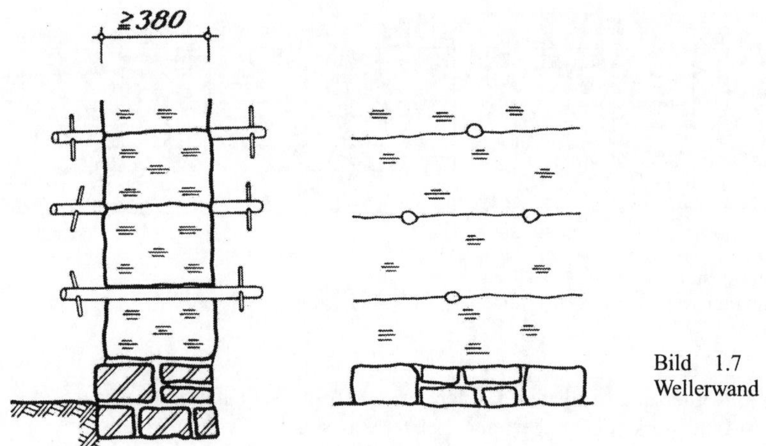

Bild 1.7
Wellerwand

(Luftziegel, Grünlinge) im Verband – gemauert. Lehmziegelwände (Wellerwände) aus mit Langstroh und Häcksel, Schilf, Stoppeln gemischtem Lehm, in die Wand konnten Hölzer zur Stabilisierung eingelegt werden, Bild 1.7. Lehmständerwände für höhere Gebäude mit eingearbeiteten Holzständern (Strebepfeiler), Flechtwerk usw. zum Abführen von Lasten zum Fundament, Bild 1.8.

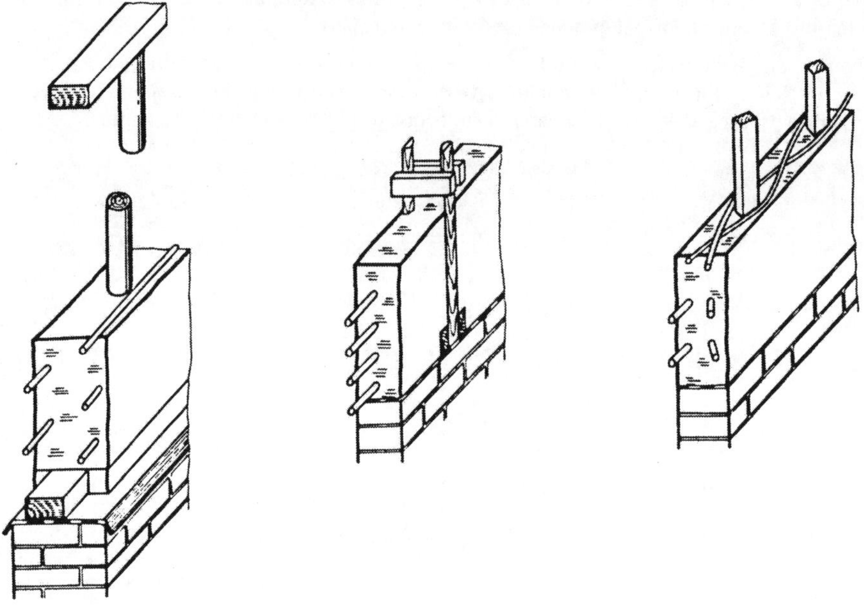

Bild 1.8 Lehmständerwände
links: Rundholzständer in Rahmen und Schwelle gefaßt, Mitte: Halbholzständer, rechts: Ständer im Flechtwerk

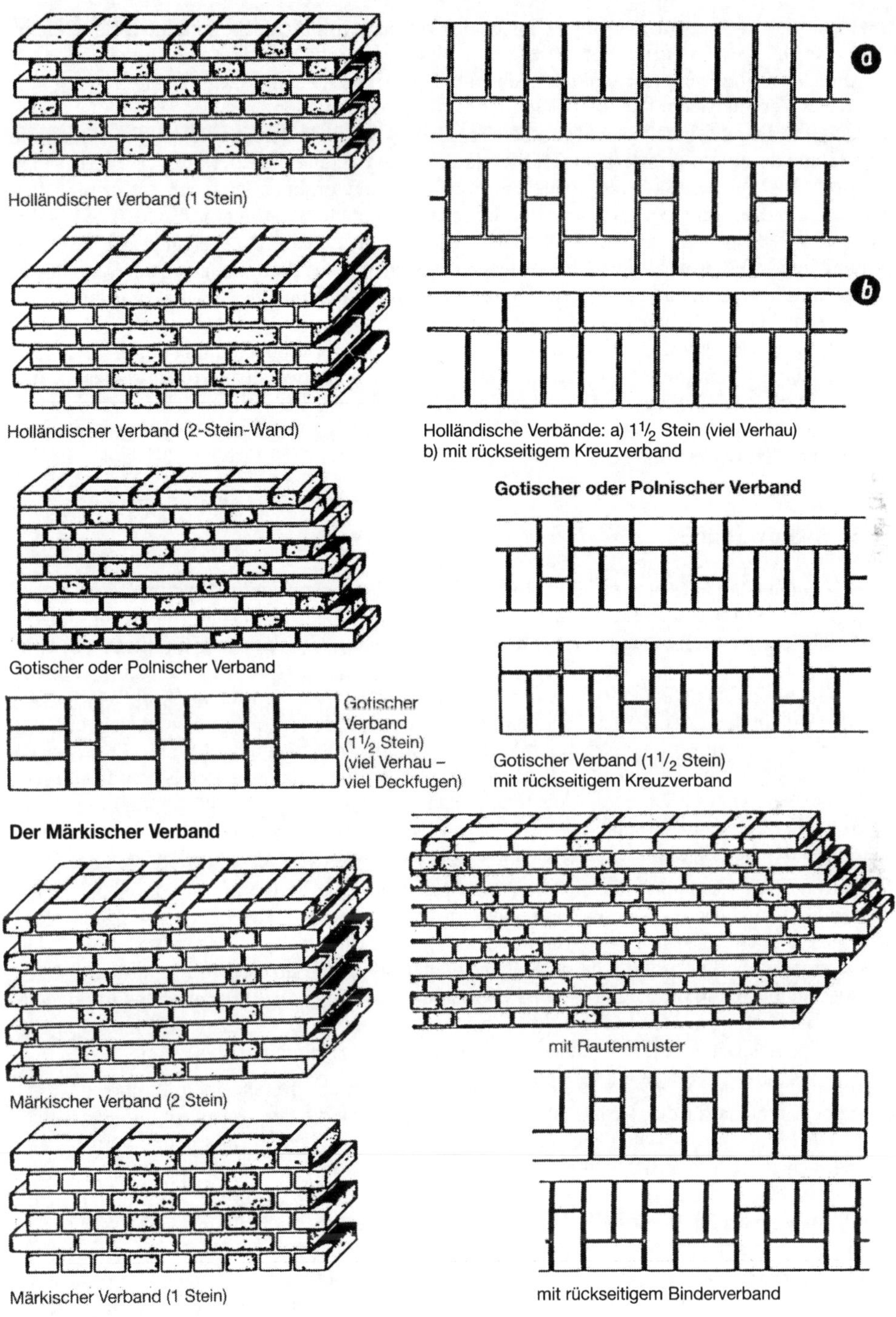

Bild 1.9 Mauerwerkszierverbände

Ziegelmauerwerk: Gebackener Stein (Backstein) wurde vermutlich schon im alten Babylon als Ersatz für Natursteine verwendet. Griechen, Römer zogen für Wände Ziegelsteine vor, „weil sie von Dauer sind, wenn sie senkrecht stehen". Römer verstanden es, durch Anwendung verschiedener Verbandstechniken die Ziegelfläche durch verschieden hohe Ziegellagen (Wechsel zwischen Hoch- und Flachschicht) zu beleben, Bild 1.9. In Deutschland entwickelte sich die Ziegelkunst zu einem immer höheren Standard bei den Bauwerken der Häuser und Burgen. Erst die deutsche Technik ermöglichte es, reine Ziegelbauten künstlerischer Art zu schaffen. Seit Ende der Karolingerzeit Mauerbauordnungen, d. h. mauerbaupflichtig. Ende des 19. Jahrhunderts Ansätze, das Ziegelhandwerk zu industrialisieren (Erfindung der Steinpresse). Reichsformat 25 cm x 12 cm x 6,5 cm. Kalksandsteine bestehen mangels Lehm aus Quarzsand, Kalk, unter Dampfdruck gehärtet. Hütten-, Schlackensteine sind porige Mauersteine aus Kalk, Schlackenmehl oder Zement und verdanken ihre Entstehung der bis zum Schmelzen gebrannten Hochofenschlacke (auch als Ziegelbetonsteine bezeichnet). Lochziegel mit mindestens 15% Lochquerschnitt, Langloch-, Querlochziegel. Sparsame Außenwandbauarten aus Ziegelsteinmauerwerk ca. 20/24 cm aus zwei- oder mehrschaligen Wänden mit Luftschichten. Studien aus arbeitsphysiologischen, baustoffsparenden Gründen und zur Wärmedämmung und Wasserdampfkondensation seit Ende des 19. Jahrhunderts.

1.1.3 Betonwände

In der Natur entstand bereits vor Jahrmillionen Beton (Naturbeton) durch Verkitten von Zement mit gebranntem tonigen Kalk, Sand, Kies, Schotter, Wasser als Nagelfluh (das Konglomerat wurde künstlicher Fels genannt). Griechen, Römer kannten Gußmauerwerk (Gußbeton, Klamottenbeton, Kalkbeton) durch Auffüllen von unregelmäßigem Bruchstein und Luftkalk zwischen hölzernen Schalwänden oder zwischen Backsteinwänden. Mörtel aus Kalk und Puzzolanerde (vulkanische Asche) oder Ziegelmehl. Eingeschlossene Schichten aus Ziegelplatten sollten die Festigkeit erhöhen. Vielfach Verblendung mit Marmorplatten, Stuck, Putz. Durch Beamte ließ der römische Staat die Bearbeitung und Verarbeitung des Mörtels beaufsichtigen. Römer benutzten bereits Fertigteile aus Beton, auch Hohlkörper zur Gewichtsminderung. Auch im Mittelalter verwendete man Gußmauerwerk: Stampfbeton aus grobem Schotter mit Mörtel eingefügt zwischen Steinplatten, obere Abdeckung der Mauer durch Steinplatten.

Herkunft des Wortes Beton ungeklärt. Älteste schriftliche Überlieferung 1743 durch den Franzosen Bélidor als béton (Gemisch aus wasserbeständigem Grobmörtel und Zuschlägen). Römer kannten auch das Prinzip des Stahlbetons durch Eiseneinlagen, eine Art Bewehrung. Als Geburtsstunde des Betons wird meist 1867 angegeben, als der Franzose Moniér auf der Pariser Weltausstellung Beton mit Drahtgewebe für Gefäße verwendete. Die theoretischen Grundlagen für den Eisenbetonbau schufen u. a. M. Könen, v. Thullie, v. Bach und v. Emperger. Industrialisiertes Bauen seit etwa 1919/26 mit großen Betonfertigteilen.

Durchbruch erst nach 1945 bis 1960 durch außergewöhnlich großen Wohnraumbedarf, entscheidende Impulse für den Großtafelbau brachten die Systeme der Franzosen und Skandinavier. Nach 1960 führte der steigende Facharbeitermangel zur Werksfertigung und verhalf dem Fertigteilbau zum Durchbruch. Unterschiedlichste Ausführungsformen seit dieser Zeit von Betonwänden: Konstruktiver Beton zwischen Dämmschichten als „verlorene Schalung" oder in vorgefertigten Schalen hergestellt. Konstruktiver Sichtbeton, tragend, innenseitig wärmegedämmt und verputzt. Konstruktiver Beton, innenseitig wärmegedämmt und verputzt, außenseitig als „verlorene Schalung", Betonwerksteinplatten oder Keramikplatten eingelegt. Konstruktiver Stahlbeton, außenseitig mit wärmedämmenden Platten als „verlorene Schalung" hergestellt, die Außenseite als Dämmplatte ist gleichzeitig Oberfläche, z. B. Waschbeton-Platten o. ä. Außenseitig gedämmter konstruktiver Stahlbeton, Dämmung als „verlorene Schalung" eingelegt oder nachträglich aufgeklebt, vorgesetzte, hinterlüftete Betonwerkstein-, Naturstein-, Keramik-Platten. Sandwichförmige Platten, tragend oder nichttragend mit Kerndämmung, Außen- und Innenschale schubfest verbunden. Leichtbetonplatten, tragend oder nichttragend mit Oberflächenbehandlung zur Erzielung ausreichender Wasserdichtigkeit und Erfüllung der ästhetischen Erfordernisse.

1.1.4 Säule, Stütze, Pfeiler

Säule bautechnisch nicht definiert; Pfeiler aus Steinen gemauerte Stütze. In der ersten Hälfte des 19. Jahrhunderts bestimmten Säulen in klassischen Formen, Pfeiler aus Mauerwerk aus künstlichen und natürlichen Steinen, selten Eisen (1818 gußeiserne Säulen von K. F. Schinkel im Stiegenhaus des Kronprinzenpalais in Berlin) das Aussehen der Gebäude. In der Mitte des 19. Jahrhunderts Möglichkeit, gußeiserne Stützen, Pfeiler, Säulen mit Schmuckformen in größeren Stückzahlen herzustellen. Nach 1880 verdrängte Stahl (1831 erstes Winkeleisen in Deutschland, 1849 entwickelte Zorés den gewalzten I-Träger, in Deutschland seit 1857 gefertigt; Normprofile seit 1880) aus Normalprofilen das Gußeisen, anfangs miteinander vernietet, seltener verschraubt (z. T. mit dekorativen Details), ab ca. 1930 miteinander verschweißt. Gußeisen und Stahl ermöglichten wesentlich höhere Tragfähigkeit als Mauerwerk. Ab etwa 1900 Stahlbetonstützen anfangs noch mit profiliert, dekorativ gestalteter Oberfläche. In den folgenden Jahren fand die Feuerbeständigkeit der Stützen und Unterzüge besondere Beachtung, die 1934 zu „baupolizeilichen Bestimmungen über Feuerschutz“ führten.

1.1.5 Skelettbauwand

Früheste Fachwerkhäuser in Deutschland etwa aus der Zeit um 1300 erhalten. Der Fachwerkbau des 14./15. Jahrhunderts ist in seiner Konstruktion landschaftlich verschieden, oft den Steinhäusern ähnlich. Holzskelette, Bild 1.10 als fabriziertes Fachwerk entstanden typisiert serienmäßig ab 1927. – Stahlskelette, schon Jahrzehnte vorher in den USA angewandt, erhielten seit 1925 auch in Deutschland Bedeutung, zuerst in Zweckbauten und ab 1927 auch im Wohnungsbau. Stahlbetonskelette – zuerst Eisenbetonfachwerk genannt – wurden 1871

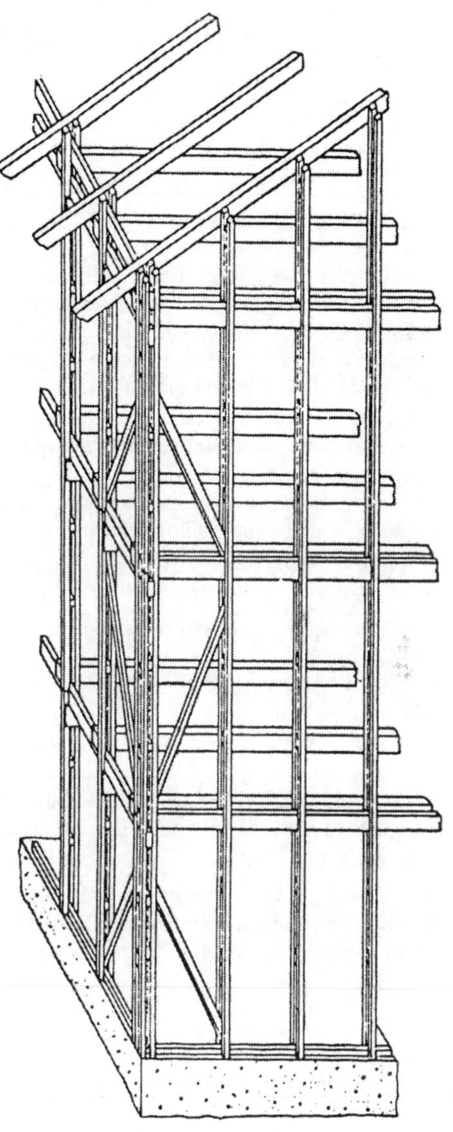

Bild 1.10 Holzskelett

erstmals als Stahlskelettbau in Noisiel sur Marne angewendet. Entwicklung der Skelettsysteme als Tragwerke mit Stützen, Trägern und weitgespannten Deckenplatten zur vollen Reife. Industrie- und Zweckbau brachte Typenprogramme aus vorgefertigten Stützen und vorgespannten I-Bindern und Pfetten bzw. Shed-Dächern.

1.1.6 Glasbausteinwand

Erste Versuche, Bausteine aus Glas (Hohlglasbausteine wie Flaschen geformt, mundgeblasen, sechseckig mit gewölbten Außenseiten) herzustellen, 1879 von F. Siemens, Aufmauerung mit und ohne Mörtel. Nach Einführung der Flaschen-Blasmaschine Vollglasbausteine in der Dicke von 5 bis 6 cm, wie Mauerziegel verarbeitet. Wegen schlechter Wärmedämmung und Kondenswasserbildung wurden danach Hohlglasbausteine aus zwei gleichgepreßten Hälften – mit Kleber zusammengefügt, später 1907 durch Verschweißung (Verschmelzung) – hergestellt.

1.1.7 Fensterwand

Außenwände aus Glas schon 1553 in einem Gewächshaus in Sevilla, seit dem 16. Jahrhundert systematisch angewendet. Der Bau der ersten Passagen Ende 1786 in Paris führte zu mannigfaltigen Glasgewölbekonstruktionen. Im frühen 19. Jahrhundert wurden private Wintergärten eine geschätzte Erweiterung des Wohnbereichs. 1851 riesiges Ausstellungsgebäude des Gärtners J. Paxton für die Londoner Weltausstellung, grenzenloses Filigran aus Glas und eisernen Stützen, Fachwerkträgern und Zugstangen als völlig neuartiges und überwältigendes Gebäude: „Kristallpalast" aus Tafelglas in den größten damals herstellbaren Formaten. Erste große Fassadenverglasungen in Ladenfronten seit 1895 (F. L. Wright). 1962/66 von W. Beck-Erlang in Stuttgart frei vor einer Fensterfront mit Abstand angeordnete Ganzglasfassade als Schallschutz und zur Bildung eines Klimaschirmes.

Aluminium und Glas als „Silber aus Lehm" wurden schon 1855 auf der Pariser Weltausstellung vorgestellt.

Die Verwendung von Glas in großem Maßstab war im 19. Jahrhundert teils durch die Eisenskelettbauweise und die Fortschritte der Glasindustrie möglich, teils durch moderne Bauaufgaben wie Gewächshäuser, Fußgängerpassagen, Markthallen, später auch Ausstellungsbauten und Bahnhofshallen erzwungen worden. Um 1900 wurden nichttragende Raumabschlüsse unter reichlicher Verwendung von Glas – sogenannten curtain walls – allenthalben zwischen San Francisco und Prag oder Wien erprobt. Die frühen Bauten von W. Gropius (Schuhleistenfabrik in Alsfeld 1911) und der Musterfabrik auf der Werkbundausstellung in Köln 1914 verdanken ihren Ruhm als Inkunabeln des neuen Bauens fast ausschließlich der spektakulären Verwendung von Glas.

Das Wort Glasarchitektur prägte 1914 der Dichter Paul Scheerbart in einem – Bruno Taut gewidmeten – utopischen Roman gleichen Namens („Lebe in einem Glashause ... so wird es Dir wohl ergehen und Du wirst lange leben und glückliche Einfälle haben").

1.1.8 Leichtbauwand

Die ersten Wärmeschutzstoffe wurden Anfang des 19. Jahrhunderts mit dem Ziel eingesetzt, Menschen vor Wärmestrahlung (Kessel, Rohre) zu schützen. Wärmeschutzstoffe für gekühlte Räume etwa seit Mitte der 80er Jahre (erste brauchbare Kältemaschine). Anfang des 20. Jahrhunderts begann in Deutschland die fabrikmäßige Herstellung von Wärmedämmstoffen, deren Verhalten in bezug auf Wärmeleitung, Wärmestrahlung und Konvektion systematisch erkundet wurde. 1908 Verfahren zur Herstellung von Leichtbauplattenwänden durch Härtung vegetabiler Fasern mittels Magnesiamörtels mit eingeschlossenen Luftzellen (Heraklit). Etwa seit 1920 ergab sich die Notwendigkeit, im Zusammenhang mit der technischen Entwicklung, Lärm zu bekämpfen und systematisch Schallschutz zu betreiben, der infolge der leichter werdenden Bauweisen einerseits und der Zunahme der Lärmquellen andererseits schnell an Bedeutung gewann. Zur Unterbrechung der Körperschalleitung und zur Schallabsorption wurden Stoffe eingesetzt, die z. T. bereits als Wärmedämmstoffe bekannt waren.

Frühe Form der Leichtwand (oft auf Holzbrettern) waren Spreutafeln, ca. 10 cm dick aus Spreu, gehacktem Stroh, tierischen Haaren, Gips, Kalk, Leimwasser und Holzspänen, in hölzernen Gußformen innig gemengt.

Leichtbauplatte verdankt Ende der 30er Jahre des 20. Jahrhunderts ihre Entstehung dem Bestreben, Magnesitstaub zu verwerten, aus dem ein Mörtel hergestellt wurde, mit dem Holzwolle in lockerer Form verkittet wurde, um so einen wärme- und schalldämmenden Baustoff zu gewinnen: Heraklitplatten u. a. Erzeugnisse mit Zement oder Gips als Bindestoff.

Im Bauwesen rückten bauphysikalische Überlegungen und damit der Wärmeschutz in den Vordergrund, Polystyrol 1932, Styropor 1951/1952, für großformatige Wandelemente, als Schallschluckkörper, Sandwichplatten.

1.1.9 Allgemeines

Im Sprachgebrauch werden dünne Raumumschließungs-Konstruktionen Wände, dicke dagegen Mauern genannt. – Im Mittelalter erfolgte die Dimensionierung in bezug auf Materialqualität auf Erfahrungswerten, aber bereits Anhaltspunkte, daß Außenwände nach ihrem Wärmeschutz bemessen wurden. So wurden Fachwerkbauten mit ca. 12 cm dicken Holzbohlenwänden und Bohlenbalkendecken errichtet, während die übrigen Räume mit lehmbeworfenem Flechtwerk geschlossen wurden, $k_{AW} \approx 1{,}2$ bis 1,5 W/(m^{2}K), z. T. bis 2,0 W/(m^{2}K). Andere übliche Wandkonstruktionen erreichten Werte > 2 W/(m^{2}K).

1.2 Decken

Erste Decken nach Trennung von Wohnraum und Dachraum durch Ausbildung einer sichtbaren Dachbalkenlage (etwa 15. bis 17. Jahrhundert) und geputzten oder holzverschalten Zwischenfeldern. Nicht vollkantige Balken wurden mit Brettern verschalt, Decken durch Stülpschalung und Schnitzereien an den Randbrettern längs der Wände oder Unterzüge mit der Decke bzw. Deckenfelder umfassenden Borten. Bis etwa 1400 deckenprofilierte Leistenfugen zwischen den Schalbrettern, um Verformungen des Holzes zu ermöglichen. Angestrebt Einheitlichkeit von Decken- und Wandausbildung (Technik der Vertäfelung). Reichste Ausbildung erfuhren Ausgang des 15. Jahrhunderts die Balkendecken durch Schnitzereien und Profilierungen. Im 16. und 17. Jahrhundert nach italienischem Vorbild Kassettendecken aus Stegen und vertieften Feldern. Im 17. und 18. Jahrhundert wurde die stuckierte Decke vorherrschend, den Übergang zwischen Decke und Wand bildeten Voute oder Wandabschlußgesims.

Älteste Holzkonstruktionen für Balkenlagen gehen bis ins 13. Jahrhundert zurück. Gebäude des 17. bis 19. Jahrhunderts hatten meist über dem Keller gewölbte Decken, in den anderen Geschossen Holzbalkendecken (billiger als gewölbte massive Decken, geringere Konstruktionshöhe) aus nebeneinanderliegenden (meist Eichen-, Kiefernholz, bis 1860/70 handbehauenen) Balken (gegen Durchbiegung krumm gewachsene Bäume), die durch (eichene) Runddübel (Dollen) miteinander verbunden waren. Bis etwa 1760 Balkenquerschnitte 30 cm x

30 cm bis 40 cm x 40 cm, danach ca. ab 1790 beginnend und, besonders nach den Befreiungskriegen Balkenabmessungen verringert (Baustoffeinsparung). D. Gilly definiert das Widerstandsmoment; Balken werden in Ein- und Mehrfamilienwohnhäusern nicht mehr flach, sondern hochkant verlegt, sie rückten bis 1,2 m Abstand auseinander (seit 1850/70, typisch 1880/1930 Schnittholz als Ganzholz-Balken mit max. Balkenabstand 0,9 m; 1930/50 Halbholz-Schnittholz-Balken max. Balkenabstand 0,7 m; 1930/60 Sparbalken als Schnittholz-Balken, max. Balkenabstand 0,65 m). Bis zur Normung der Holzbalkendecke 1920 wurden die Balkenquerschnitte nicht statisch ermittelt, sondern nach überlieferten Zimmermannsregeln in bauaufsichtlichen Vorschriften festgelegt.

Balkenfelder wurden mit Einschub-, Kreuz-, Wickelstaken (mit Strohlehm umwickelte Stakhölzer, Schlierhölzer, Spreizen aus Kiefern-, Eichenholz von 3 bis 4 cm Dicke und 6 bis 8 cm Breite) geschlossen, Unterfläche zwischen den Balken mit Lehm glattgestrichen oder geputzt. Die Balken blieben an der Unterseite sichtbar oder die Deckenunterseite wurde geschalt, gerohrt, hierauf Spalierlatten und geputzt, Fußboden aus Lehmestrich oder gedarrtem Sand, Bauschutt, Kohlenasche, Gerberlohe (zur Schall- und Wärmedämmung Tuff-, Schwemmsteine) aufgefüllt, später wurden Holzdielen aufgebracht mit darübergestreutem Sand. Deckenhöhe i. M. 30 bis 35 cm. Balkenstöße lagen bis etwa 1900 auf 1 1/2 Steindicken, später 1 Stein dicken Wänden, die Stoßsicherung erfolgte durch schmiedeeiserne Klammern oder seitliche Stahllaschen oder durch genagelte Brettlaschen. Ab etwa 1900 belüftete angekohlte Balkenköpfe als Fäulnisschutz, mit Lehm dicht eingemauert, auf Dachpappe, Asphaltpapier gelegt, mit Schieferplatten, Blechhülsen, Dachpappe ummantelt oder Luftschicht um den Balkenkopf, die mit der (inneren) Gebäudeluft oder über Kanäle zur Außenluft (Gefahr der Kondenswasserbildung) verbunden waren. Gegen Umhebeln der oberhalb der Balkenlage liegenden Mauern wurde die Balkenstirn schräg geschnitten. In der Bauzeit bis 1945 hauptsächlich Einschubdecken, geputzt auf Ziegeldrahtgewebe, Spalierlatten, Dreikantgewebe. Deckenhöhe i. M. 28 bis 32 cm. Nach 1945 Holzbalkendecken abgelöst durch holzsparende Sparbalkendecken (genagelte, geklebte Verbundquerschnitte) ohne Zwischendecken, statt Schalung und Blindböden Holzwolle-Leichtbauplatten. Zur Überbrückung größerer Spannweiten seit 1880 Holzbalkendecken mit I-Stahlträgern kombiniert.

Im Industrie-, Gewerbebau bis 1900 Holzbalkendecken auf Holzunterzügen danach Holzbalken auf Unterzügen aus Stahl oder zwischen Stahlträgern (Stahl-Holzdecken).

Balken, die auf Schornsteine oder die für Treppen erforderlichen Öffnungen in der Balkenlage treffen, wurden ausgewechselt. Durch eine geschickte Grundrißanordnung konnte eine Auswechselung vermieden werden (Einsparung an Arbeitszeit und Holz). Balkenauswechselung ist auch in Raummitte erforderlich gewesen, wenn schwere Lasten (z. B. Kronleuchter) befestigt wurden. Bei Kachelöfen wurde zur Lastverteilung die Aufstandsfläche ausgebohlt. Bei Schornsteinwechseln waren die Abstände der Hölzer von den Schornsteinwandungen gesetzlich geregelt, der Zwischenraum wurde mit unbrennbarem Material ausgefüllt (Dachziegel, Schamotteplatten, Ziegelsplitt in Lehm, Mörtel).

Bis Ende des 19. Jahrhunderts Massivdecken als preußische Kappen aus Vollsteinen (Vollziegel, Hohlziegel, Schwemmsteine zwischen Schienen, I-Trägern auf Wandmauerwerk) oder Stampfbeton, Vollplatten, Rippendecken erstellt, Oberseite mit Aufschüttungen aus Schlacke, Sand oder Betonabgleich, Unterseite geputzt, Spannweiten bis 3 m. 1892 Patent einer Massivdecke für J. F. Kleine aus Essen aus rechteckigen Hohlsteinen, mit vergossenem Zementmörtel (Beton) und Bewehrung aus Flachstahl, die Vorbild für viele weitere (etwa 2000) Steindecken- und Stahlsteindecken-Systeme wurden, die höhere Schall-, Wärmedämmung hatten, wenig Feuchte in den Bau brachten, Schalung erforderten (von Nachteil war der hohe Holzverbrauch), den Bauablauf beschleunigten und die Kosten senkten.

Anforderungen an Massivdecken (Monier-Decke) erstmals 1867, dann 1904, 1907, 1916 und speziell 1925 formuliert (Normen). Wesentliche Beschleunigung des Bauablaufs durch Einsatz vorgefertigter Stahlsteinbalken (Stahlbetonrippendecken) unterschiedlichster Form seit etwa 1940, vermauert und zumeist mit einer zusätzlichen Transportbewehrung versehen, Zwischenräume auf der Baustelle mit Beton vergossen, Durchschnittslänge 2 bis 3 m. Bei gleichmäßigem Rippenabstand war der Einsatz von vorgefertigten Schalkörpern aus Stahl (Mehrverwendung) möglich.

Für Stahlträgerdecken wurden I-Profile, Breitflanschträger, Flachwerkträger, Eisenbahnschienen und seit 1939 Spannbetonbalken (seit 1941 auch als Hohlkörper) verwendet, meist mit Zwischen-, Verbindungsteilen. Zur Verringerung der Eigenmasse der Balken sind vielfältige Stahlleichtträger entwickelt worden.

Zur Bewehrung wurden Rundstahl (um die Jahrhundertwende als Flußstahl bezeichnet), Flachstahl, Wellblechschienen, Spiraleisen verwendet. Von 1895 bis 1915 sind viele neue Formen der Bewehrung entwickelt worden.

Im 19. Jahrhundert vorwiegend Holzfußböden auf Holzbalkendecken (Dielen, Bretter aus Nadelholz, Stabholz, Tafelparkett). Aus Holzersparnisgründen wurden dann Estriche auf Massivdecken hergestellt (Verbundestrich, Lehm-, Gips-, Anhydrit-, Magnesia-, Asphaltestrich, Zement mit Terrazzo, Estrich mit Trennschichten, schwimmender Estrich). Bahnförmige Fußbodenbeläge haben ab 1860 starke Entwicklung erfahren. Seit 1882 Linoleum (Leinöl, Kork, Holzmehl, Farben und Jute) zusammen mit Filzpappe als preiswerter, fußwarmer, schalldämmender und verschleißfester Bodenbelag. Nach 1945 Plast-, Gummibeläge oder mineralische Estriche. Nach 1900 Messungen an Deckenausschnitten zur Aussage der Dämmfähigkeit (Schall, Wärme) von Deckenkonstruktionen und Fußböden.

1.3 Treppen

Die mittelalterliche Baukunst verwendet kaum verbindende Korridore, für die Raumauffassung ist die steile und enge Wendeltreppe charakteristisch. Die Renaissance treibt die Entwicklung der Raumverbindungen und Treppen erheblich vorwärts: Sie reiht die Räume lose aneinander, schafft Raumverbindungen und gestaltet die Treppe zum Treppenraum, Lösungen zur Einbeziehung der Treppe in den Grundriß. Die Räume werden axial gebunden und schwingen rhythmisch ineinander. Der Klassizismus kehrt dann wieder zum Wendelturm und zur einfachen Raumreihung zurück. Die neuzeitliche Wendeltreppe wird die drei- oder vierfach gebrochene geradläufige Podesttreppe um einen quadratischen oder rechteckigen Kernraum, der als freitragende Holztreppe (Stufen, Wangen meist aus Kiefer, Fichte, Lärche, Rotbuche, Eiche, Kastanie, Geländer aus Birke, Buche, Eiche, Birn-, Nuß-, Pflaumenbaum, Esche Ahorn, Mahagoni) Verbreitung gefunden hat. Auch Galerie, Korridor und Diele werden seit der Barockzeit systematisch angeordnet und behaupten sich bis heute.

Aus der Türschwelle (Regenstufe als Vorform) entwickelte sich mit Vorlegestufen die Freitreppe, die mit Gefälle das Eindringen von Feuchte in den Flur verhindern sollte oder als Ausgleich von Höhenunterschieden (Straßenoberfläche – Erdgeschoßfußboden).

Aus Brandschutzgründen (Flucht-, Rettungsweg) Einführung von Naturstein-, gußeisernen und „Eisenbeton"-Treppen anstelle der Holztreppen in der 2. Hälfte des 19. Jahrhunderts.

1.4 Dächer

Urform bei Wohngruben künstlicher Schutz mit geflochtenen Dächern aus Rinde, Blättern und Stroh. Beim Einraumhaus war das Dach nicht vom Hausraum getrennt. Zelt-, Sattel- und Walm-Dach ursprünglichste Dachformen der Wohnhäuser aller Völker, allerdings mit sehr verschiedener Dachneigung (flache Dachneigung läßt stärkere Dachausladung zu, Wetterschutz der Hauswände). Pfettendach vom vorz. antiken Satteldach abgeleitet. Dachstuhl (Fachwerke) bereits im Altertum, z. B. ägyptische Holz-Stab-Konstruktionen. Dachhaut aus Ziegeln, Schieferplatten, dünnen Sandsteinplatten, Schindeln, Stroh, Rohr, Lücken wurden verschmiert.

Stroh-, (und Reet-, d. h. Schilfrohr-)Dächer ca. 30 bis 40 cm dick gehörten in ganz Europa seit 200 v. Chr. zum typischen Landschaftsbild. Befestigungen sehr unterschiedlich, Strohbündel schabenweise übereinander an Dachlatten gebunden oder bündelweise über Schindelstöcke gelegt, mit Lehm verschmiert und mit Weiden am Dach befestigt, mit Holzstangen an Dachlatten angeklemmt, oder geflochtene Strohbänder mit Zweigen (Weide, Esche, Eiche) verknotet, neuzeitlich genähte Strohdächer mit Stroh-, Hanfseilen oder Kokosband, verknotet mit den Dachlatten.

In England zuerst Fachwerkdachstühle mit langen Druckdiagonalen, die „King and queen post roofs" (Hänge- und Sprengwerk). Mansardendach (F. Mansard 1598–1666) ermöglichte einen besseren Dachausbau. 1561 führte Philibert de l'Orme in Paris die aus mehreren Brettschichten bestehenden gekrümmten Bohlensparren für Dachkonstruktionen ein. Der Franzose Emy legte die Brett- bzw. Bohlenlagen nicht neben-, sondern übereinander und erhielt tragende Stabbögen, so konnten mit stehenden oder liegenden Dachstühlen große Räume überspannt werden.

Im 19. Jahrhundert erfolgte Abkehr von Dachdeckmaterialien Holz, Stroh, Schindeln, Schiefer (seit dem 12. Jahrhundert in Frankreich und etwas später in Deutschland nachgewiesen als altdeutsche Deckung, Dachdeckerberuf seit dem 13. Jahrhundert als Steindecker, Schieferdecker) zu Dachziegeln (seit 1888 Normformate), Dachpappe, teergetränkter Leinwand, Wellblech, Dachsteinen (aus Beton seit 1840, Glas), die zugleich wärmedämmend, dauerhaft, feuersicher wirken sollten. Ende des 19. Jahrhunderts wurde weiches Deckmaterial aus Brandschutzgründen verboten.

Gußeiserne Dachstühle, die lange bis über die Mitte des 19. Jahrhunderts hinaus gebaut wurden, obwohl es schon schmiedeeiserne Konstruktionen (zu rar und zu teuer) gab. Vielfach auch Mischkonstruktionen. Bei den gußeisernen Dachstühlen wurden die außen meistens geraden, innen kreisförmig gebogenen Binder aus Segmenten zusammengesetzt. Die Bogenform innen hatte hauptsächlich den Zweck, den Dachraum besser nutzbar zu machen. Erstes Dach dieser Art in Manchester (Boulton & Watt) 1801. Im gleichen Jahr erstes Sheddach in Titus Salt, Saltaire. Erste eiserne Kuppel 1811 für eine Getreidehalle in Paris aus gußeisernen zusammengeschraubten Teilstücken. Der Übergang von den gußeisernen Dachstühlen zu den schmiedeeisernen vollzog sich langsam, maßgebend war die Forderung nach freiem Dachraum und eine Dacheindeckung als „unverschiebliche Haut". Schmiedeeiserne Dachstühle bedeuteten Gewichtsersparnis und größere Spannweiten. Schmiedeeisen war doppelt so teuer wie Gußeisen. Der Fachwerkgedanke eiserner Konstruktionen wurde schon 1726 von F.O.R. Sturm gefordert und 1839 von R. Wiegmanns bei der Konstruktion und Anwendung auf Dachverbindungen erläutert.

Das Flachdach gehört zu den Urformen der Baukunst. Lehmkastenhäuser mit Flachdächern 30 bis 40 cm dick schon vor Jahrhunderten in Mittel-Südamerika, Asien und Afrika. Schon 1808 empfahl Friedrich Weinbrenner, aus wirtschaftlichen Gründen flachere Dächer und Dachstühle (Holzersparnis) zu bauen. Eindeckung mit Pappen und Asphalt auf flachgeneigten und meist mit Holzbrettern verschalten Dachflächen.

Die Sehnsucht der Menschen nach nutzbaren Dächern läßt sich bis zu den sagenhaften „hängenden Gärten der Königin Semiramis" in Babylon verfolgen. Sehr alt ist das Rasendach, bei dem die Sparren mit einem Geflecht aus Zweigwerk bedeckt wurden, mit Lehm, Erde überzogen und mit Gras bepflanzt. P.J. Marperger empfiehlt 1722 das flache Dach und die „Ergötzung", die man auf ihm findet und wo „Scherbengewächse" (Pflanzen in Tontöpfen) ihren Platz haben. 1839 entwickelte in Hirschberg/Schlesien der Böttchermeister S. Häusler das Holzzementdach (Dachdeckung als Kiesschüttung auf Teerpappe und Dachbalkenkonstruktion), wegen des extremen Standortes und ohne zusätzliche Bewässerung mußten ständig die Pflanzen ausgesondert werden. Auf der Pariser Weltausstellung 1867 führte der Berliner Maurermeister C. Rabitz begrünte und bewässerte Dächer als Nutzflächen vor. 1871 wurde das noch heute erhaltene wohl älteste Grasdach in Berlin gebaut. 1914 konzipierten F. L. Wright in Chicago und W. Gropius viele nutzbare Dachflächen in Köln. Le Corbusier gehörte seit 1924 zu den ersten systematischen Dachbegrünern. Seit Beginn der 80er Jahre kann von einer Renaissance des begrünten Flachdaches gesprochen werden. Wenn früher der Bauer Heu und Stroh als Wintervorrat auf seinem Dachboden verstaute, sorgte er gleichzeitig für eine gute Wärmedämmung.

1.5 Schornstein

Erste Feuergesetze (Brennbarkeit) der Landesherren, Städte und Dorfschaften. Erste Schornsteine (Rauchschlote, Rauchtürme) waren gemauerte Kanäle oder aus Holz, Holzbohlen, Knüppeln oder mit Lehm, Gips beschlagene Flechtwerke aus Stroh, Weiden für offene Kamine, Herdfeuer in Burgen, Schlössern, Klöstern des ausgehenden 11. Jahrhunderts. Bis ins 19. Jahrhundert war vorgeschrieben, daß die Rauchabzugsweite Besteigbarkeit (von mehr als 40 cm x 40 cm) – oft in Kinderarbeit – ermöglicht. Mitte des 15. Jahrhunderts entdeckte man die Hauptursache für die Unzulänglichkeiten der damaligen Öfen durch Qualm und schlechte Raumerwärmung, durch falsche Bauart der Schornsteine; sie hatten schlechten Zug, waren im Querschnitt zu groß und führten oft nur in den Dachboden.

Ein wesentlicher Beitrag zur richtigen Funktion von Schornsteinen war das Schornsteingesetz Preußens vom 14. Januar 1822. Geringere Abmessungen, häufig sogenannte Russische Rauchröhren mit besserem Zug, allerdings auch stärkerer Beanspruchung des Schornsteinbaustoffes durch hohe Rauchgastemperaturen. Sorgfältige Ausführung erfolgte durch die „Lehre der Schornsteinverbände", der Einbau von Viertelsteinen mit viel Verhau auf der Innenseite (Innenwange im Zug) der Schornsteine ab 1870 im Regelverband (theoretischer Verband) wurde verboten. Alle Zungen mußten einbinden, vom Rauchrohr durfte nur eine Stoßfuge ausgehen. Bauordnungen der Städte und Länder schrieben seit dieser Zeit (mit Einführung des Reichsformates) Mindestabmessungen (14 cm x 14 cm, 14 cm x 21 cm, 21 cm x 21 cm usw.), Dicke der Wandungen und Abstand vom Holzwerk (durch Ausfüllen mit Dachziegeln in Lehmmörtel) vor. Anordnung der Schornsteine im Grundriß so, daß sie nahe dem First die Dachfläche durchstoßen. Bei Lage am Giebel oder seltener an der Außenwand mußten wegen der Abkühlung der Rauchgase und des schlechten Zuges (Versottungsgefahr) die Wangen dicker oder mit einer Luft-Dämmschicht erstellt werden. Runde Querschnittsformen (günstigere Zugwirkung) versuchte man durch gehackte Ziegel im Lehmmörtel und später (vor 1900) mit Formsteinen, gebrannten Tonrohren (Längen bis 4 m, ∅ 21 cm) mit angeformten Rippen und ummanteltem Ziegelmauerwerk herzustellen; hieraus entwickelte sich die Vielzahl vorgefertigter Schornsteinelemente: Tonrohre mit Zementmörtel hintergossen oder in runder Luftschicht zwischen Rohr und Mauerwerk angeordnet. Vierkantrohre aus Schamotte, Formstücke aus Beton (Kaminsteine), Ziegelschotterbeton (seit 1908 in mehr als 60 Größen, auch freistehend mit Hilfe von Stahlankern gehalten).

Einmündung der Öfen in den Schornstein über gußeiserne oder aus Blech gefertigte Rohre, seit 1900 auch über glasierte Muffen-Schamotterohre, Stahlbetonrohre (Innenmantel mit hitzebeständigem Material ausgekleidet), Längen bis 1 m.

Schornsteinköpfe erst traditionell vereinzelt, seit 1900 stärker aus Werkstein, Gußeisen, Beton, Ziegel zur Gestaltungsmöglichkeit genutzt. Kunstvoll gestaltete Blechaufsätze von Klempnern gefertigt. Schornsteinaufsätze seit der 2. Hälfte des 19. Jahrhunderts, um Zug zu verbessern, waren ein beliebtes Arbeitsfeld der Erfinder. Seit 1940 Prüfzeichenpflicht für Aufsätze. Der Anschluß des Schornsteins an die Dachhaut wurde starr mit Mörtel oder beweglich mit Abdeckblechen vorgenommen.

1.6 Balkon, Erker

Nachweisbar seit dem 1. Jahrhundert n. Chr. (Pompeji), zuerst genannt für Kirchen des 9. bis 11. Jahrhunderts (Balcones), mittelalterliche Festungsbauten vom 11. Jahrhundert an hatten Balkonanlagen, zunächst aus Holz im Mauerwerk durch Luken (Einschieben der Tragbalken) oder auf eingesetzten Kragsteinen. Aus dem Wehrbau wird der Balkon in den Wohnturm und Palast übernommen, dann allgemein in den Hausbau. Ende des 14. Jahrhunderts (bescheidene Ausmaße, einfache Form aus Stein oder Holz auf Konsolen). Im 16. Jahrhundert erhält der meist aus Stein gebildete Balkon größere Abmessungen und kunstvollere Formen. Er erstreckt sich z. T. längs der ganzen Hausfront (Galerie, Lauf-, Umgang) und springt oft im Winkel um die Hausecke zur anschließenden Gebäudeseite. Brüstung maßwerkartig durchbrochen oder als Balustrade ausgebildet. Blütezeit Ende des 17. und im 18. Jahrhundert mit schmiedeeisernem Geländer anstelle von Steinbrüstungen, Konsolen vielfach als Stützfiguren, als Altane (An-, Vorbauten, von Säulen, Pfeilern gestützt, die vom oberen Geschoß aus einen Austritt ins Freie gestatten) oder Erker (geschlossener, vorn und meist seitlich mit Fenstern). Balkon im Klassizismus selten (aus ästhetischen Gründen verworfen), erst seit der 2. Hälfte des 19. Jahrhunderts wieder wesentlicher Bestandteil des Hauses (Wohnwertsteigerung). Beachtet wurden selten Besonnung und Einsichtnahme.

1.7 Fenster

Der vorderasiatische Orient ist die Wiege der Glaskultur. Im alten Hellas war das Glas ziemlich unbekannt. Doch schon vor der hellenistischen Kultur gab es in den Ländern am Euphrat und Tigris bunte Glasampeln um 1000 v. Chr.

Der Begriff Fenster geht auf die lat. Form fenestra (Venster, fenêtre) zurück und beinhaltet wahrscheinlich das griech. Wort phaino (Sichtbarmachen). Das Lehnwort aus dem Lateinischen hat das nordisch-gotische augadauro (Augentor) bzw. angelsächsische eagdyrel verdrängt; darin drückt sich das Bedürfnis der Sichtverbindung von innen nach außen aus. Die englische Bezeichnung window stammt vom altnordischen vindauga (Windauge) ab, was bedeutet, daß im Norden das Problem der Lüftung Vorrang vor dem Belichtungseffekt der Fensteröffnung hatte.

Ursprünglich dienten Luken (Lücken zwischen Balken o. ä. in der Wand) als „Fensteröffnung" zum Beobachten, was sich der Behausung näherte, Bild 1.11. Waren die Luken, Luftlöcher klein, wurden sie mit durchscheinenden Alabasterscheiben, gefetteten Tierhäuten, Fellen, Därmen, geöltem Papier, Pergament, ölgetränkter oder gewachster Leinwand (aus Witterungsgründen verstärkt durch Bogen-, Harfenseiten) verschlossen. Einfache Gitter dienten als Verschluß. Oft nahm man lieber Zugluft und Kälte in Kauf, als durch „Verschließen" Dunkelheit und Herdrauch. Bei Höhlenfenstern wurden schrankartige Scheerwände als Verschluß verwendet, um den Feuerschein zu verstecken. Bei den alten Ägyptern diente das Fenster nur der Lüftung, es war so hoch angebracht, daß man nicht hinaussehen konnte.

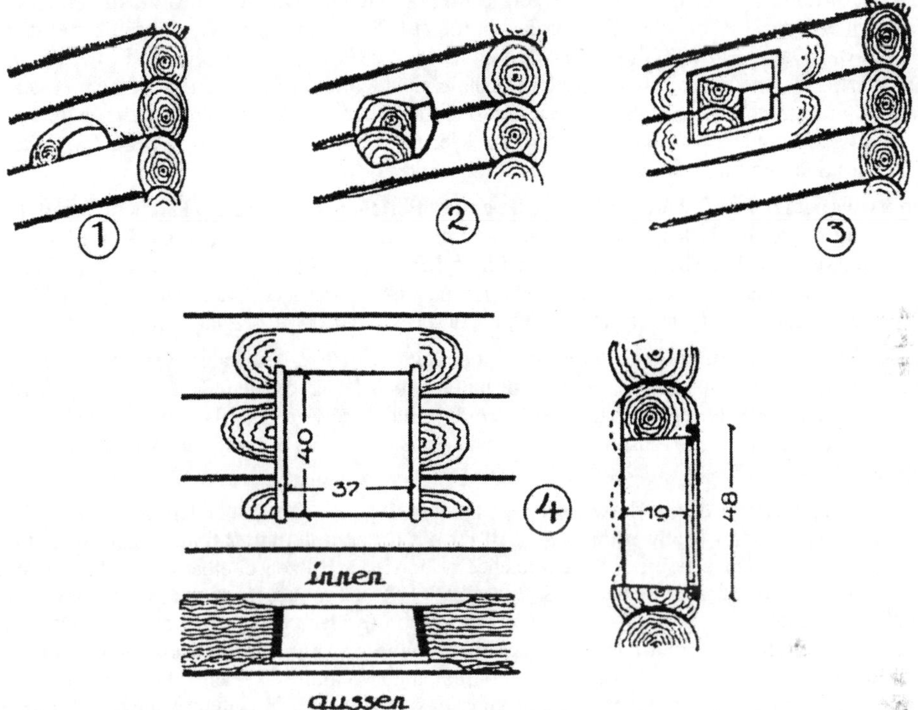

Bild 1.11 Entwicklungsformen des Fensters im Blockbau vom Augentürchen (1) bis zur rechteckigen Fensteröffnung (3; 4)

1800 bis 1400 v. Chr. erste Fensterarchitektur, minoische Paläste und Bürgerhäuser werden mit ausladenden Fenstern versehen. Die Griechen übernahmen die kretische Fensterarchitektur. Fenster hatten breite Brüstungen zum Hinauslehnen und waren mit Holzladen verschlossen. Bei den Römern war es für Fensterverschlüsse Brauch, sie mit Teppichen zu verhängen oder mit Gitterwerk auszukleiden. Holzläden hielten wohl die Nässe und Kälte fern, aber in unerwünschter Weise das Licht ab.

Vitruv nennt (nach griech. Quellen) als Fenstermaß ein Viertel bis ein Drittel der Raumbreite und Höhe „nach den Proportionen des Raumes". Die bauliche Ausführung und Sequenz der Proportion folgender Jahrhunderte steht in Relation zum Anspruch des jeweiligen Gebäudes sowie den klimatischen Gegebenheiten und der benötigten Licht- und Luftqualität.

In seiner Jahrtausende zurückreichenden Geschichte kam Glas stets eine besondere Bedeutung zu. Fensterglas übte auf die Gestaltung des antiken Hauses keinen Einfluß. Durch die technologische Entwicklung der Glasherstellungs-, -verarbeitungs- und -veredlungsverfahren ermöglichten Glasprodukte auf vielen Gebieten neue Techniken und prägten die Architektur.

Bereits im römischen Reich an der kampanischen Küste, in Gallien und Spanien gab es Glasfabriken, wohl für Luxusgegenstände, aber nicht für Tafelglas. Zur Klimaregelung und Beleuchtung in den römischen Bädern wurden Rundfenster mit drehbaren Bronzerahmen, mit kleinen Scheiben verglast, in Gewölben angebracht. Nördlich der Alpen in römischen Militärstationen (nach dem 1. Jahrhundert n. Chr.) erste Glasfenster (in beträchtlicher Höhe über dem Boden des meist beheizten Raumes): Plump geschlossene, kleine, rechteckige, grünscheinende Scheiben.

Seneca witterte in der beginnenden Verglasung ein sicheres Zeichen des bevorstehenden Reichsunterganges. Römisches Fensterglas wurde auf Platte gegossen, die mit feinstem Sand bestreut war. Daher war das Glas nur lichtdurchlässig. Zur Zeit der Goten wurden Fenster kaum vorgesehen, sie waren den Türen ähnlich, weshalb sie auch als Augentürchen bezeichnet wurden. Sie glichen mehr Luken als Fenstern. Bei den Langobarden waren Fenster mehr ein Gitterwerk, um die Sonneneinstrahlung zu mildern. Meist behängte man die Fenster mit Teppichen wegen des Schmuckes, weniger wegen des Windschutzes.

Bereits aus dem 6. und 7. Jahrhundert n. Chr. gibt es Berichte über verglaste Kirchenfenster und bunte Verglasung. Ende des 6. Jahrhunderts wurden in Tours Fenster „wie üblich" mit Glas in Holz eingesetzt, auch in Ravenna im Palast Theoderichs des Großen. Bis ins 11./12. Jahrhundert waren Fenster öffentlicher Gebäude, Kirchen mit Vorhängen, alten Tüchern verschlossen gewesen, zum Schutz gegen Regen, Schnee und Kälte wurden Holzläden angeordnet.

Das Verhältnis von Grundfläche zu Fensterfläche lag bei den romanischen Kirchen etwa bei 10 : 1, es wandelte sich vom 12. bis 16. Jahrhundert bei den gotischen Kirchen auf 6,5 : 10, z. B. Kölner Dom (Pfeilerkonstruktionen ermöglichten größere Glasflächen, Wunsch nach Lichteinfall und nicht nach Ausblick). Bürgerhäuser, Burgen sind bis ins späte Mittelalter nicht verglast gewesen.

Im 13. Jahrhundert wurde die Glaserzeugung von der „Kirche" losgelöst und ging auf die Waldglashütten über. Erstes Maßwerkfenster 1210 für die Kathedrale von Reims. Um 1330 wahrscheinlich erste Butzenscheiben in Frankreich. Die Form der Butzenscheibe veranlaßte die Bezeichnung Scheibe für ein Fensterglas, erstmals 1414 in Frankfurt am Main erwähnt. Die Glasfelder wurden seit dem 15. Jahrhundert aus mehreren Einzelscheiben durch Netze von Bleiruten und Umschlagblei zusammengefügt, oft sind die Bleiruten mit eisernen Stangen (Windeisen, (Bild 1.12) durch Bleihaften (Stabilität gegen Winddruck) befestigt. Vom 13. Jahrhundert an wurden die Stockwerke höher, die Fenster wuchsen mit, man ordnete 2 Fenster übereinander an; da bereits 2 Fenster nebeneinander üblich waren, entstand das Fensterkreuz. Auftauchen des Gewölbespitzbogens, zuerst im klassischen gotischen Kirchenfenster (Bewußtsein im Menschen zur Individualität, durch eine aufrechte Wirbelsäule stellt sich der Mensch zwischen Himmel und Erde, daß er im Einflußbereich beider Wirkungen steht).

Im 15. Jahrhundert wurde der sich öffnende Flügel im Blendrahmen befestigt und nicht mehr am Mauerwerk (Undichtigkeit, Zugerscheinung), der Fensterrahmen wird zunehmend zum eigenständigen Teil. Die Einbindung in das Gefüge verändert sich vom Einzapfen und Anblatten am Ständer und Riegel zu einer einfachen Befestigung mit Eisennägeln, später im 18. Jahrhundert Aufkommen der Befestigungen (Stützkegel, Kloben), Verriegelungen (Reiber, Stangen) und Versteifungen (z. B. Winkeleisen, Bänder) aus Eisen, Messing, Bronze, Holz.

Die von französischen Architekten des Barock übernommenen Postulate der italienischen Architekturtheoretiker (Symmetrie, Aufteilung der Fensterachsen, Ordnungsmodul der Fensteröffnung, Fensteröffnungsproportionen, Maße) wurden im 17. und 18. Jahrhundert in Deutschland übernommen. Ochsenaugen (gerundete quer-, hochliegende Fensteröffnungen des Dachstuhls) zur Belüftung, Belichtung des Dachgebälkes und Dekoration des Gebäudes.

Entscheidend für die Verglasung der Fenster war die 1680 von dem französischen Glasmacher L. de Nehou gemachte Erfindung der Spiegelglasherstellung durch Gießen und Walzen. Um

1700 erkennt man die Beziehungen zwischen Zusammensetzung des Glases und physikalischen Eigenschaften, besonders die Schleifhärte zahlenmäßig zu erfassen.

Mit dem Barock nach 1600 wurden die großen lichtdurchfluteten Fensterflächen „gebändigt", die Breitfenster verschwanden, Öffnungen wurden in Achsen und Maßverhältnisse „gezwungen". Fenster mußten stets doppelt so hoch (in repräsentativen Bauten etwa 1,5 m, sonst etwa 0,9 m) wie breit sein. Im Barock geneigte Fenster, um die Sonne besser aufnehmen zu können (erstmals in der Orangerie vom Stift Zwettl/Österreich), Anlagen wurden vor Beschädigung mit Schutzvorrichtungen versehen. 1744 weist der Schweizer Naturforscher Horace Bénédict de Saussure erstmals den Treibhauseffekt des Glasfensters wissenschaftlich nach. Als Idealform zum „Einfangen der größtmöglichen Menge an Sonnenstrahlen" empfahl 1815 Sir George Mackenzie für Treibhäuser das „hemisphärische" Dach, dessen Schnittlinie parallel zur Sonnenbahn verläuft. Gesimse, Dreiecksgiebel bzw. Segmentböden der Fenster als „Wetterdächlein", typische Fensterverdeckungen auch als Witterungsschutz durch neben der Einfassung angeordnete Halb-, Viertelsäulen, Pilaster. Größere Fensteröffnungen machen deutlich, daß das Bedürfnis nach Repräsentation, Licht und Lüftung stärker war als das nach Schutz vor Kälte und Zugluft. Künstliche Beleuchtung zum Ausgleich mangelnden Tageslichtes war primitiv und teuer. Das Verlangen nach großen Fenstern rief in einigen Ländern (England, Frankreich) den Staat auf den Plan: Er erhob Fenstersteuern, in England wurden sie erst 1851 abgeschafft. Hebefenster (feststehende obere Hälfte, nach oben verschiebbare untere Hälfte) verdrängten seit dem ausgehenden 17. Jahrhundert vor allem in den Niederlanden und England andere Fenstertypen und wurden zur meist verwendeten Fensterkonstruktion. In Deutschland wurde es im frühen 19. Jahrhundert z. T. gegen Fenster mit Drehflügel ausgetauscht.

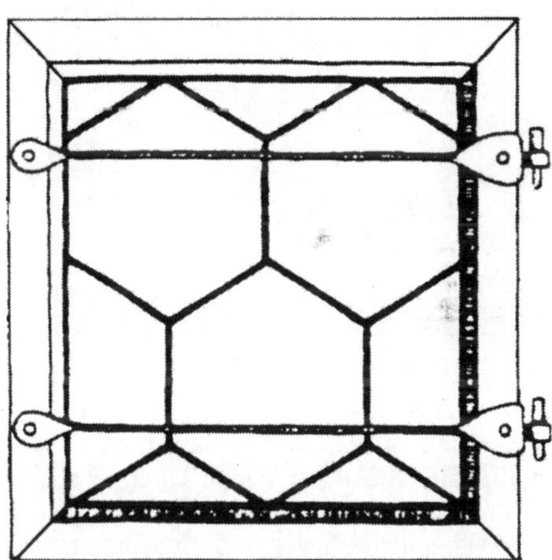

Bild 1.12
Bleiglasfenster mit Windeisen

Kitt wurde zum Eindichten der Scheiben erst ab etwa 1700 verwendet, ursprünglich aus Pech, Harz und Kreide vermischt, oder Gemisch aus Quark und Kalk in Verbindung mit Verschilfung, Papierstreifen und Mastix. Seit etwa 1800 Bleiweiß und Leinölfirnis teigartig zusammengeknetet, vermischt mit Umbra und Silberglätte. Farbanstriche der Fenster seit etwa Mitte des 15. Jahrhunderts. Wasser-, Leim-, Ölfarbe, Firnis. Fensterläden wurden grün (Kupfervitriol) gestrichen wegen Ungeziefervernichtung.

Erst die Möglichkeit, Fensterblei und Windeisen (Bild 1.12) in einem Teil zu verbinden, führte seit dem späten 18. Jahrhundert zum drahtverstärkten Karniesblei (Fensterblei), es bestand aus zwei aneinandergelöteten H-förmigen Bleiruten (Festigkeit), die in der Mitte eine Röhre freiließen, als Alternative zu Holzsprossen.

Im Laufe der 1. Hälfte des 19. Jahrhunderts fielen bei Holz- und Bleisprossen die senkrechten Unterteilungen der Glasfelder weg, die Einzelscheiben bekamen die Breite der Rahmen- oder Flügelöffnungen. Fensterläden (aus einem Brett geschnitten oder aus mehreren Brettern gefügt mit aufgenagelten oder eingeschobenen Leisten zum Zusammenhalten der Brettlagen) und Bekleidungen der Fenster schon im frühen 15. Jahrhundert bekannt. Ursprünglich innere Holzläden auf den Glasflügeln aufgeschlagen, seit Ende des 17. Jahrhunderts separat innere Läden am Fensterrahmen befestigt. Äußere Läden scheinen erst im fortgeschrittenen 18. Jahrhundert in Gebrauch gekommen zu sein. Sicherung der Läden durch Vorlegen von Riegelhölzern über die ganze Breite.

Um die Wende zum 20. Jahrhundert war es möglich, jede beliebige Glasscheibengröße preiswert herzustellen, was Rückwirkungen auf den Fensterbau hatte: T-förmige Rahmenunterteilungen (Galgenfenster), quergelagerte obere Flügel (Oberlicht). Flügel an Außen- und Innenseiten (Kastenfenster). Vergleichsrechnungen über Rohbaukosten, Heizkosteneinsparung und Fensterkosten führte erstmals Otto Völkers 1935 durch.

Funktionsgläser: Doppelfenster, Fensterläden aus Wärmeschutzgründen schon Ende des 17. Jahrhunderts (sog. Winterfenster), 1900 Verbund-Sicherheitsglas, 1928 Einscheiben-Sicherheitsglas, 1934 Isolierglas-Doppelscheiben, 1938 Thermopane, 1957 Konstruktion der hängenden Verglasungen, 1959 Floatglasverfahren, 1966 geklebte Glasfassaden ohne Sprossenkonstruktion, 1974 durchsichtige Glasbeschichtungen mit Metalloxiden, 1989 geschraubte Glaskonstruktionen, 1990 bedrucktes Glas, 1991 Glasfassaden mit Photovoltaik-Zellen. Heute übernehmen moderne Funktionsgläser Wärme-, Schall-, Sonnen- und Brandschutz, aber auch Schutz vor Verletzungen, Sicherheit gegen Ein- und Durchbruch. Dieser Entwicklung der Glastechnologie ist es zu verdanken, daß Glas in der Architektur, auch bei immer höheren Anforderungen, seinen eigentlichen Zweck, die Bauten dem Licht zu öffnen, Ausblick zu gewähren, ihnen Leichtigkeit und Eleganz zu verleihen, erfüllen kann.

1.8 Türen

Eine Entscheidung mit klaren Abgrenzungen des Begriffs Außen-/Innentür ist für die früheste Baugeschichte nicht nachweisbar, um räumliche Bereiche zu trennen und/oder zu verbinden, zu steigern oder abzugrenzen.

In der Frühsteinzeit können Steine, Portieren oder Baumstämme als Tür bezeichnet werden, aber schon ca. 5000 v. Chr. lassen sich drehbare Holztüren an Pfahlbauten nachweisen. In Babylon gab es schon bronzene Türangeln aus Bronzekappen, die oben mit einem angegossenen, senkrecht stehenden Bronzestift und der Türpfosten unten in einem halbkreisförmig ausgebildeten Türangelstein saßen. In Ägypten hatten Häuser (und Gräber) ähnliche (oft zweiflügelige) Türen, die ein kleines Feld (zur Raumlüftung) über der Schwelle freiließen und durch Haltestangen geschlossen werden konnten. Die hochentwickelte Technik des Bronzegusses im alten Ägypten ermöglichte die Fertigung ganzer Tempeltürblätter.

Griechische, meist trapezförmige, Türen um 500 v. Chr. waren schon sehr elegant und wiesen Gold- und Silberaufschläge auf. Die Längs- und Querhölzer der Flügel wurden durch vielfach ornamentierte Nägel zusammengehalten. Bei griechischen Türen finden sich schon im oberen Teil zu öffnende Fenster. Die Grundform der Tür ging auf die etruskischen und lateinischen Regionen über und wurde schließlich von den Römern übernommen. Um 505 v. Chr. brachte der römische Konsul Valerius Flügeltüren an seinem Haus an, bei denen sich die Flügel nach außen öffnen ließen. Diese Einrichtung übertrug sich bald auf alle öffentlichen Gebäude Roms. Das Konstruktionsprinzip von Außentüren war von diesem Zeitpunkt an festgelegt und wurde fortan bis in unsere Zeit übernommen. Die Türblätter damaliger Zeit bestanden aus Holz, Bronze oder Stein und wurden mit Zapfen in der Schwelle und einem oberen Kragstein geführt.

Türblatt, Türpfosten (später Türzarge), Türfutter sind neben der konstruktiv-technischen Funktion hinaus auch Träger von Schmuckelementen im Stile der jeweiligen Zeit: In der Gotik islamischer Inspirationen als Ergebnisse der Kreuzzüge, im 15. Jahrhundert Gesimsflügel mit einfachen Gesimsgliederungen, später brachte man auf Pfosten und Architraven Friese und Kandelaber an, mit originellen Motiven (Landschaften, Figuren, Perspektiven) geschmückte Flügel, im 18. Jahrhundert schmückte man die Türen oft mit Stuck, Spiegeln und mit Vergoldungen.

Bis ins 16. Jahrhundert waren die Türblätter aus einzelnen Brettern zusammengesetzt oder aus einem Stück metallisch gegossen, danach war es üblich geworden, Innentüren in getrennter Arbeit auszuführen: Hölzer unterschiedlicher Dicke wurden durch Rahmen und Füllung in Felder zerlegt, die Füllhölzer wurden gefedert, die Rahmen genutet und zur reicheren Gestaltung Kehlstöße eingelegt, das Rahmenholz profiliert. Die Türen wurden an einem Fachwerkpfosten (Bund-, Wand-, Türpfosten) oder Zargenrahmen mit Eisen- oder Messingbändern befestigt. Erst später trat an diese Stelle die Türrahmenausbildung aus Türfutter und Türbekleidung, auch hier durch Kehlstöße oft so gegliedert, daß das Türblatt wie in einem Bilderrahmen sitzt; die Rahmenteile (Friese) wurden auf verschiedenartige Weise miteinander verbunden (Überblattung, Schlitzzapfen und Nut, Verkeilen und Verleimen).

Schon seit dem 5. Jahrhundert v. Chr. werden Schlösser verwendet, zuerst aus Bronze, später aus Eisen mit z. T. schon erfindungsreichen Vorhaltungen: Sie wurden mit geraden oder gebogenen hakenförmigen Schlüsseln verschlossen. Spätere Entwicklungen zeigen nur Veränderungen in der Ornamentik und Mechanik der Schlösser.

Bis ins 19. Jahrhundert waren Türbeschläge besonders gediegene handwerkliche Arbeiten der Schmiede und Schlosser, danach erhielten die Türen durch Kunstschlosser und Kunstschmiede ein reicheres Aussehen (Gestaltungselement) im Stil der jeweiligen Zeit durch aufgesetzte Bänder, Türklopfer, Schlösser usw., deren Form immer auch funktionell begründet war.

Drehtüren mit 4 Flügeln schon bei Vogelhäusern 37 v. Chr. bekannt. L. da Vinci erwähnt um 1500 Drehfenster (Drehtüren) der Klöster (Kontakt ohne Durchsicht). Seit 1600 sind Dreh- und Wegkreuze üblich.

1.9 Literatur

Ahnert, R., u. K. Krause: Typische Baukonstruktionen von 1860 bis 1960. Berlin und Wiesbaden 1986

Banditt, W. O.: Ziegel, das Bleibende im Wandel der Zeiten. Berlin-Holzminden 1955

Baukunde des Architekten, Hrsg.: Deutsche Bauzeitung und Deutscher Baukalender, Band 1. Berlin 1890

Becker, G.: Die Raumverbindungen in den deutschen Wohnbauten des Mittelalters und der Renaissance. Ein Beitrag zur Entwicklungsgeschichte der Treppe. Diss. TH Berlin 1941

Bie, O.: Die Wand und ihre künstlerische Behandlung. In: Westermanns illustr. deutsche Monatshefte. Braunschweig 1900, S. 199–223

Binding, G.: Die Entwicklung unserer Haus- und Wohnformen. In: Gesundes Wohnen. Wiesbaden-Berlin 1986

C., E.: Glasmauersteine. In: Haustechn. Rdsch.1941, H.28, S. 304

Dehn, W.: Einige Bemerkungen zum „Murus Gallicus". In: Germania 38 (1960) H.1 u.2, S. 43–55

Eiff, W. v.: Entwicklung des künstlerischen Fensters im Rahmen der Kulturgeschichte. Stuttgart, o. J.

Eisentraut, W.-R.: Glas in der Architektur. In: Der Architekt 1991, Nr.12, S. 610–612

Erdmann, W.: Das mittelalterliche Stadthaus. In: Mensch und Umwelt im Mittelalter. Stuttgart 1986

Faber, A.: Entwicklungsstufen der häuslichen Heizung. München 1957

Feldhaus, F. M.: Die Technik, ein Lexikon der Vorzeit, der geschichtlichen Zeit und der Naturvölker. Wiesbaden 1970

Frobenius-Institut: Aus Erde geformt. Lehmbauten in West- und Nordafrika. Mainz 1990

Gerlach, C.: Fenster aus Westfalen. Detmold 1987

Gottgetreu, R.: Physische und chemische Beschaffenheit der Baumaterialien, Bd. l. Berlin 1880

Götz, L.: Gestaltung von Außenwänden. In: Bauphysik **10** (1988), H. 2, S. 52–54

Grimm, P.: Zum Übergang von Holz – Erde – zum Steinbau bei frühgeschichtlichen Burgen. In: Burgen und Schlösser **4** (1963), H. l, S. 1–3

Grün, R.: Chemie für Bauingenieure und Architekten. Berlin 1939

Hasak, M.: Seit wann sind die Fenster verglast? In: Bayerische Landesgewerbezeitung **2** (1910), Nr. 22, S. 306–308 u. Nr. 24, S. 332-335.

Haupt, R.: Kurze Geschichte des Ziegelbaus und Geschichte der deutschen Ziegelbaukunst bis durch das 12. Jahrhundert. Heide in Holstein 1929

Heraklith-Leichtbauplatte, Die. In: Heraklith-Rundschau. Simbach,1951, H.1. Vgl. auch Hn.: Die Holzwolle-Leichtbauplatten. In: Gesundh.-Ing. **62** (1939), S. 591–592

Hoops, J.: Reallexikon der Germanischen Altertumskunde. Berlin – New York 1976

Jenoch, B.: Die hygienische Bedeutung der Wandbekleidung von Innenräumen. Diss. Univ. Gießen 1937

Joseph, D.: Geschichte der Baukunst. Leipzig 1912

Kayser, R.: Der Weg zur heutigen Glasbausteinwand. In: Der Deutsche Baumeister **32** (1971), S. 656

Klotz, H.: Beitrag zur Entwicklung einer Außenwandkonstruktion aus Betonfertigteilen. In: Betonstein-Zeitung **29** (1963), S. 244–247

Koerner, C.: Der Ziegel in seiner geschichtlichen Entwicklung. In: Der Deutsche Baumeister **17** (1956), S. 54–58

Kohl, A.: 2000 Jahre altes Ziegelmauerwerk. In: Die Ziegelindustrie **5** (1952), S. 532–536

Kretzschmer, F.: Bilddokumente Römischer Technik. Düsseldorf 1993

Krewinkel, H. W.: Glas in der Fassade. In: Deutsche Bauzeitung **125** (1991), S. 72–80

Krewinkel, H. W.: Glas im Wandel der Jahrtausende. Aachen 1983

Lamprecht, H.-O.: Opus Caementitium. Wiesbaden-Berlin 1986

Lecour, J.: Innentüren, einst und jetzt. In: Der Architekt (1986), Nr. 7–8, S. 341–345

Leon, A.: Baugesetze in Natur und Technik. In: Vorträge des Vereins zur Verbreitung naturwissensch. Kenntnisse in Wien (1909) Heft 14, S. 423–449.

Lietz, S.: Das Fenster des Barock. Fenster und Fensterzubehör in der fürstlichen Profanarchitektur zwischen 1680 und 1780. Berlin 1982

Lübke, W.: Geschichte der Architektur von den ältesten Zeiten bis zur Gegenwart. Leipzig 1884

Melchereck: Zur Geschichte des farbigen Anstrichs von Häusern. In: Zentralblatt der Bauverwaltung (1910) Nr. 9, S. 70–71

Merckel, C.: Die Ingenieurtechnik im Altertum. Berlin 1899

Mislin, M.: Geschichte der Bautechnik. Berlin 1984

Nußbaum, H. C.: Das Wohnhaus und seine Hygiene. Leipzig 1909

Nußbaum, H. C.: Die Lage dünner Außenwände zur Windrichtung ... In: Sitzungsberichte d. Arbeitsausschusses d. Reichsverbandes zur Förderung Sparsamer Bauweisen,1 (1919), S. 82–83

Pracht, K.: Fenster, Planung, Gestaltung und Konstruktion. Stuttgart

Ramm, W.: Mit Stahl hilft der „kalte“ Beton bei der Denkmalpflege. Der scheinbar junge Baustoff schreibt europäische Kulturgeschichte. In: Die Rheinpfalz (1987) Nr. 139 vom 20.6.1987. Ludwigshafen

Reallexikon der deutschen Kunstgeschichte. Stichwort Fenster. München 1981

Rohland: Aus der Geschichte der Mörtelmaterialien. In: Arch. f. d. Geschichte d. Naturwissenschaften u. d. Technik, Leipzig 1909, Bd. 2, S. 91–97

Rohland: Zur Geschichte des Eisenbetons. In: Ostdeutsche Bauzeitung **10** (1912), H. 6, S. 21–22

Ruge, S.: Hütten und Wohnungen der Naturvölker. In: Westermanns illustr. Deutsche Monatshefte **48** (1880), S. 647-655

Ruprecht: Physik der Wand. In: Fliesen und Platten **8** (1958) Nr. 21, S. 83–86

Sautter, L.: Wärmeschutz und Feuchtigkeitsschutz im Hochbau. Berlin 1948

Sch.: Cyklopenmauerwerk. In: Der Grundstein **34** (1921), S. 174–175

Schaupp, W.: Konstruktive, materialtechnische und bauphysikalische Überlegungen zur Herstellung von Außenwänden. In: Betonstein-Zeitung (1967), H. 3, S. 96–101

Schelling, K.-H.: Struktur und Technik der Mauer. In: Baukunst und Werkform **13** (1960), S. 264–270

Schönermark, G.: Mittelalterliche Mauerwerksausführung und Fugenbehandlung. In: Centralbl. d. Bauverwaltung vom 29.6.1889, S. 230–232

Sedlmayr, H.: Spätantike Wandsysteme. München 1958

Seifert, A.: Vom handwerksgerechten Naturstein-Mauerwerk. In: Heimatschutz **37** (1942), S. 36–46

Seifert, E.: Die Geschichte des Fensters aus technischer und gestalterischer Sicht. In: Glaswelt (1978), H. 12, S. 1071–1072 (1979), H. 1, S. 71–72, H. 2, S. 152–154, H. 3, S. 257–258, H. 4, S. 355–356 u. H. 5, S. 561–562

Stephani, K. G.: Der älteste deutsche Wohnbau und seine Einrichtung. Leipzig 1902

Störi, F.: Der Stoff, aus dem die Schäume sind. Die Geschichte vom Styropor. Nach einer Aufzeichnung von Fritz Stastny. Heft 16 der Schriftenreihe des Unternehmensarchivs der BASF-AG. Ludwigshafen, o.J.

Straub, H.: Die Geschichte der Bauingenieurkunst. Ein Überblick von der Antike bis in die Neuzeit. 3. Aufl. Basel-Stuttgart 1975

Triebel, W.: Geschichte der Bauforschung. Hannover 1983

Usemann, K. W.: Die baugeschichtliche Entwicklung der Außenwand. In: Bauphysik 1987, H. 5, S. 133–154

Vitruvius, M. P.: Zehn Bücher über Architektur. Übersetzt von C. Fensterbusch. 4. Aufl. Darmstadt 1987

Wacker, A. J.: Das Fenster im deutschen Wohnhaus. Diss. TH Danzig 1938

Warth, O.: Die Konstruktionen in Stein. Leipzig 1903

Wittek, K. H.: Die Entwicklung des Stahlhochbaus von den Anfängen (1800) bis zum Dreigelenkbogen (1870). Düsseldorf 1964

2 Methodik des Konstruierens und Wahl der Baustoffe

Von Helmut F. O. Müller

2.1 Zielsetzung und Grundlagen

2.1.1 Zielsetzung

Beim Konstruieren sucht der Ingenieur Lösungen, die bestimmte gestalterische, stoffliche, technologische und wirtschaftliche Anforderungen in optimaler Weise erfüllen sollen. Bei dieser rationalen Tätigkeit, deren Ergebnis der Entwurf ist, empfiehlt sich eine zielgerichtete methodische Vorgehensweise. Zufallsbedingte Lösungen, die nach dem Prinzip „Versuch und Irrtum" gesucht werden, stellen in der Regel nicht das bestmögliche Resultat dar, das bei begrenzter Arbeitskapazität erreichbar ist.

Angesichts der Vielfältigkeit von Konstruktionsaufgaben einerseits und von verfügbaren technischen Konzeptionen und Stoffen andererseits, sowie der immer schnelleren Veränderung und Vermehrung des Wissensstoffes, sind schablonenhafte Vorgaben für fertige Lösungen und fachspezifische Vorgehensweisen kaum noch ein taugliches Rüstzeug für den konstruierenden Ingenieur. Über das fachliche Grundlagenwissen hinaus braucht er auch branchenübergreifende Kenntnisse über methodische Vorgehensweisen zum Lösen von Konstruktionsaufgaben.

Solche Vorgehensweisen sind das Ziel der Konstruktionsmethodik, die ihren Ursprung vorwiegend im den Fachbereichen Maschinenbau und Feinwerktechnik hat und sich bis heute in allgemein anwendbaren Richtlinien [1], [2] und Lehrbüchern [51], [52], [53] niederschlug. Im einzelnen hat die Konstruktionsmethodik folgende Ziele:

- Finden allgemeingültiger Grundlagen methodischen Konstruierens
- Problemorientiertes, logisches Vorgehen, das erkenntnisfördernd ist und das Finden optimaler Lösungen erleichtert
- Übertragbarkeit von Lösungen auf verwandte Aufgaben
- Vielseitig verwendbare Informationsspeicher mit Lösungselementen, Methoden und Hilfsmitteln
- Integrierender Einsatz der elektronischen Datenverarbeitung.

Die Zielsetzung macht deutlich, daß die Konstruktionsmethodik im Bauwesen wie auch in anderen Fachdisziplinen in Abhängigkeit von der Aufgabenstellung in unterschiedlicher Art und Intensität Anwendung finden wird. Bei einer Routineaufgabe, die sich auf das Auswählen einer Konstruktion aus dem Fundus bekannter Lösungen und auf das Anpassen an die besonderen Randbedingungen beschränkt, wird das methodische Vorgehen weniger wichtig sein, als bei einer vollkommen neuen Konstuktionsaufgabe. Die folgenden Ausführungen sollen Lernenden, Lehrenden und Praktikern helfen, die jeweilige Konstruktionsaufgabe richtig einzustufen und die bestgeeignete Vorgehensweise mit probaten Hilfsmitteln zu wählen.

2.1.2 Methodisches Vorgehen in der Baukonstruktionslehre

Eine fachbereichsübergreifende Klärung des Konstruktionsprozesses gelang der Konstruktionsmethodik vorwiegend für den Anwendungsbereich des Maschinen-, Apparate- und Anlagenbaus. Im Bereich der Baukonstruktionen wurde sie nur vereinzelt aufgegriffen [54], [55].

Dies mag in den Besonderheiten von Bauwerken im Vergleich zu Maschinen begründet sein, sieht man einmal von der gebäudetechnischen Ausstattung ab:

Gebäude werden in der Regel individuell mit einem kleinen Wiederholungsfaktor – im Vergleich zu Maschinen – hergestellt, so daß aufwendige Planungen in der Regel unterbleiben, obwohl im Hinblick auf die angestrebte Lebensdauer methodische Planungen mehr als sinnvoll sind. Die Findung einer Baukonstruktion folgt aber demselben logischen Ablauf, wie er aus anderen Konstruktionsbereichen bekannt ist [56].

Insofern kann die Übertragung allgemeiner konstruktionswissenschaftlicher Erkenntnisse durchaus zweckmäßig sein, wenn die Besonderheiten der Baukonstruktionen gebührend berücksichtigt werden.

2.1.3 Konstruktionsarten

Neben fachspezifischen Gesichtspunkten ist auch der Neuheitsgrad der angestrebten Lösung von Bedeutung für das Vorgehen beim Konstruieren. Es wird unterschieden zwischen Anpassungskonstruktionen, Weiterentwicklungen und Neukonstruktionen.

Anpassungskonstruktionen, die häufig bei der Planung von Einzelbauwerken zur Anwendung kommen, bestehen aus bekannten Einzellösungen, die entsprechend der Aufgabenstellung bemessen und kombiniert werden. In diesem Bereich können zunehmend rechnergestützte Konstruktionsverfahren eingesetzt werden.

Weiter- und Neuentwicklungen werden für Sonderaufgaben oder Objekte, die in großer Stückzahl hergestellt werden sollen, durchgeführt (z.B. Wände oder Decken mit integrierter Heizung für elementierte Bauweisen o.ä.).

2.1.4 Systemtechnisches Vorgehensmodell

Ablauf

Der Ablauf des Konstruierens kann in einzelne Schritte oder Phasen gegliedert werden, deren Zwischenergebnisse Stadien der Konstruktion kennzeichnen. Als übergeordnete Beschreibung des Konstruktionsprozesses kann das systemtechnische Vorgehensmodell [57] dienen, das den Problemlösungsprozeß in folgende Phasen gliedert:

- Problemanalyse
- Problemformulierung
- Systemsynthese
- Beurteilung
- Entscheidung.

Konkretisierung

Eine zunehmende Konkretisierung vom abstrakten Problem zum konkreten System, die sich in der Baukonstruktion schrittweise von der Aufgabenstellung über Vorentwurf und Entwurf bis zur Ausführungsplanung vollzieht, ist charakteristisch für das methodische Vorgehen.

Komplexität

Typisch für jeden Konstruktionsablauf ist weiterhin die Änderung des Komplexitätsgrades durch Analyse (Aufgliedern in Teile) und Synthese (Verknüpfen zu einem Ganzen).

Mit der Komplexität ist die Gliederung von Bauwerken bzw. Gebäuden [6], [61], [62] angesprochen, die u.a. nach räumlichen, geometrischen und herstellungstechnischen Gesichtspunkten erfolgt.

Räumliche und nutzungsbezogene Gliederung:

- Gebäudekomplex
- Gebäudeteil
- Geschoß
- Zone, Bereich, Raum.

Geometrische und funktionsbezogene Gliederung des bautechnischen Systems:
- Gründung (mit Bodenplatte und Boden)
- Geschoßdecke (mit Unterdecke und Boden)
- Dach, Dachfenster
- Treppe, Rampe
- Außenwand, Außentür, Fenster
- Innenwand, Innentür, Fenster
- Besondere bautechnische Systeme.

Herstellungstechnische Gliederung:
- Bauwerk
- Bauteil, Baugruppe
- Einzelteil
- Gestaltungszone, Wirkort.

Varietät

Die Begrenzung der Varietät charakterisiert den Selektionsprozeß beim Auswählen von Lösungen, dem als notwendiger Konstruktionsschritt eine Varietätserzeugung vorangehen muß. Der Wechsel von Vergrößerung und Verkleinerung der Lösungsvielfalt ist charakteristisch für ein kreatives und methodisches Vorgehen beim Konstruieren.

2.2 Vorgehen beim Konstruieren

2.2.1 Der Konstruktionsprozeß

Die VDI-Richtlinie 2221 [1] sieht im Hinblick auf eine breite Anwendung ein Vorgehen beim Konstruieren vor, das in Übereinstimmung mit dem systemtechnischen Vorgehensmodell abläuft. In insgesamt sieben Arbeitsabschnitten wird der Konstruktionsprozeß mit den jeweiligen Arbeitsergebnissen dargestellt (vgl. Bild 2.1).

Da in der Praxis oft einzelne Abschnitte zu Konstruktionsphasen zusammengefaßt werden, zeigt Bild 2.1 (letzte Spalte) vier Phasen, die sowohl im Bauwesen speziell als auch in der Konstruktionslehre allgemein Anwendung finden (Begriffe in Klammern entsprechen dem Leistungsbild nach §15 der HOAI [7], wobei eine schnittmengenfreie Zuordnung nicht möglich ist:

Phase I: Klären der Aufgabenstellung (Grundlagenermittlung)

Phase II: Konzipieren (Vorplanung)

Phase III: Entwerfen (Entwurfsplanung und Genehmigungsplanung)

Phase IV: Ausarbeiten (Ausführungsplanung und Vorbereitung der Vergabe).

Klären der Aufgabenstellung dient der Informationsbeschaffung über Anforderungen, die an die Lösung gestellt werden, und deren Präzisierung sowie der Klärung der Randbedingungen. Ergebnis ist die Anforderungsliste, in der zwischen Mindestforderungen und Zielwerten zu unterscheiden ist und die während des Konstruktionsprozesses auch Änderungen erfahren kann (Informationsrückfluß).

Konzipieren beinhaltet das Abstrahieren von der Aufgabenstellung auf wesentliche Probleme, das Aufstellen von Funktionsstrukturen, das Suchen nach geeigneten Lösungsprinzipien und

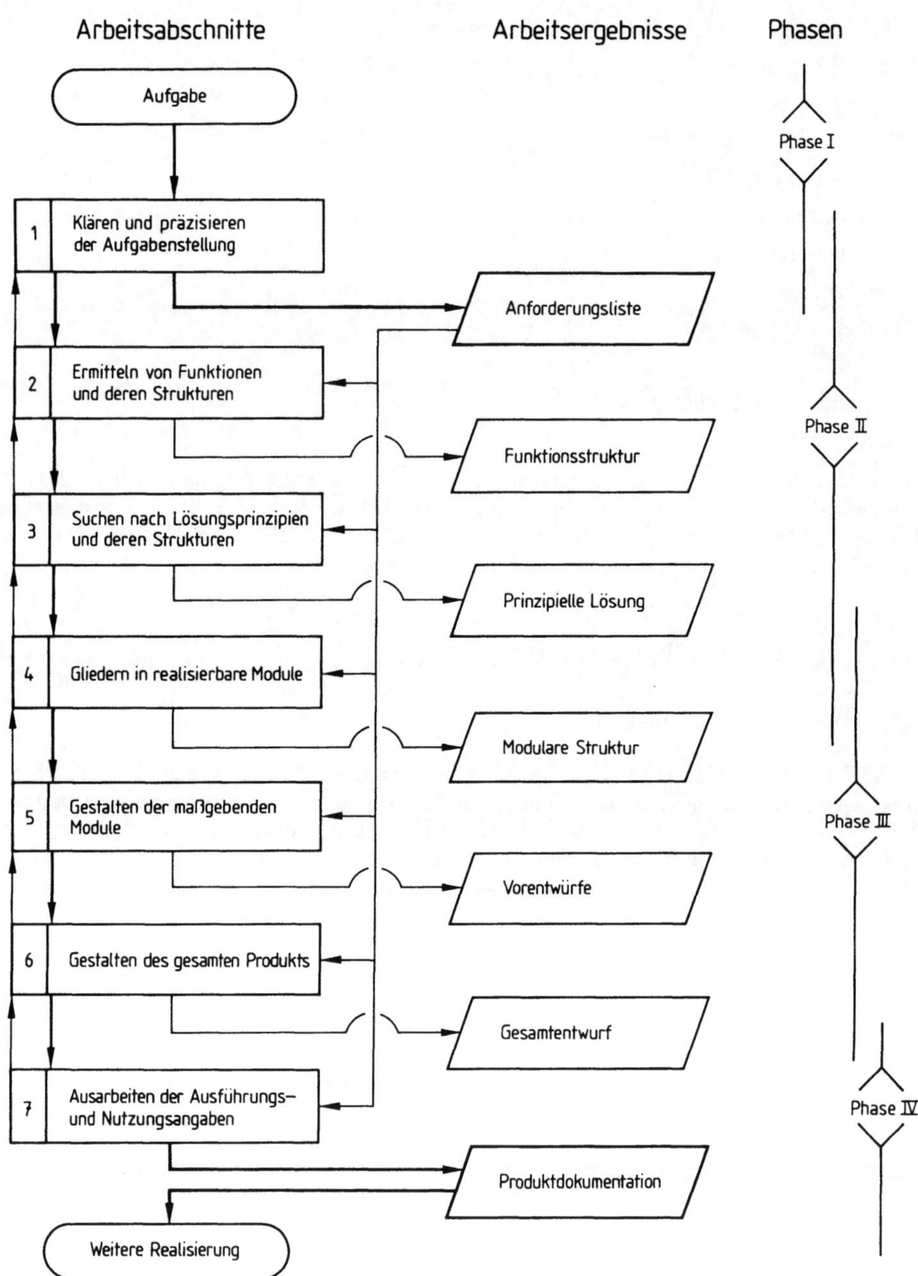

Bild 2.1 Generelles Vorgehen beim Entwickeln und Konstruieren [l]

deren Kombination zu Konzeptlösungen (z.B. Konzepte für einen physikalisch zweckmäßigen Schichtaufbau eines Daches). Die Ergebnisse sind je nach Aufgabe in Form von Strichskizzen oder grobmaßstäblichen Zeichnungen darzustellen. Im Rahmen einer Konkretisierung kann eine Vorauswahl von Baustoffgruppen und eine überschlägige Bemessung stattfinden. Eine Überbetonung konstruktiver Details ist hier wenig zweckmäßig. Wichtig ist dagegen die Erarbeitung von Varianten und die abschließende Bewertung und Auswahl.

Entwerfen bedeutet das Umsetzen von Konzeptlösungen in baulich realisierbare Strukturen und das schrittweise Festlegen von Form, Stoff und Abmessung. Dabei werden zunächst vorläufige Entwurfsvarianten wichtiger Teile oder Gestaltungszonen des Gesamtsystems erarbeitet und bewertet. Die Kombination und Abstimmung ausgewählter Vorentwürfe einzelner Module führt zum Gesamtentwurf, dessen Verabschiedung die Erfüllung der anfangs aufgestellten Anforderungen voraussetzt.

Ausarbeiten ist die abschließende fertigungstechnische Festlegung der Konstruktionslösungen. Die Baustruktur ist bis in alle Einzelteile und Zonen zu klären und hinsichtlich Form, Baustoff, Bemessung, Oberflächenbeschaffenheit, Herstellung und Zusammenbau zu bestimmen. Ergebnis ist die Produktdokumentation, d.h. die Gesamtheit der Ausführungsunterlagen mit Plänen, Leistungsverzeichnissen, Stücklisten, Transport- und Montageanleitungen sowie Betriebs- und Nutzungsanweisungen.

2.2.2 Methoden und Hilfsmittel

Ergänzend zu dem generellen Ablaufplan für das Konstruieren stehen weitere Arbeitshilfen zur Verfügung. Um die einzelnen Arbeitsabschnitte möglichst effektiv zu gestalten, empfiehlt sich die Anwendung allgemeiner Erkenntnisse der Arbeitsmethodik, deren ausführliche Behandlung und Auflistung sowie Zuordnung zu Arbeitsschritten sich in [1] und [51] befinden:

- Wechsel und harmonischer Ausgleich von intuitivem und diskursivem Denken, d.h. einerseits von spontanem, kaum beeinflußbarem und nachvollziehbarem Denken und andererseits von bewußtem, systematischem und sich in definierten Schritten vollziehendem Denken.
- Methoden zur Steigerung der Kreativität für den einzelnen sowie für kleine und große Arbeitsgruppen, wie z.B. Dialogmethode, Galeriemethode oder Brainstorming.
- Methoden und Arbeitshilfen für das Abstrahieren, das Analysieren, das Kombinieren, das Variieren und das Bewerten.

2.2.3 Konstruktionskataloge

Für häufig wiederkehrende Aufgabenstellungen kann die Verwendung von systematischen Informationssammlungen oder Katalogen eine große Arbeitserleichterung bedeuten. Der Inhalt solcher Informationsspeicher kann, abhängig vom Arbeitsschritt, von Anforderungen über physikalische Effekte, Lösungsprinzipien, Bauteile, Baustoffe bis hin zu Bemessungsverfahren, Konstruktionsregeln und Standardleistungsbeschreibungen [8] reichen. Häufig können vorhandene Informationsspeicher, wie z.B. Fach- und Handbücher, Normenhandbücher oder Produktinformationen von Firmen benutzt werden. Konstruktionskataloge sollten folgende Anforderungen erfüllen:

- Schneller Zugriff, einfache Handhabung
- Anpassung an das Vorgehen und die Terminologie der Konstruktionsmethodik
- Gültigkeit für möglichst großen Benutzerkreis
- Vollständigkeit im Rahmen gesetzter Grenzen

- Erweiterungsfähigkeit
- Systematischer Aufbau, Eignung für Rechnereinsatz.

Für den Aufbau von Konstruktionsunterlagen wird nach [58] eine einheitliche Form vorgesehen, die auch in VDI 2222 Bl. 2 [3] berücksichtigt wird. Der Katalog soll aus vier Teilen bestehen: Gliederungsteil, Hauptteil, Zugriffsteil, Anhang.

- Der Gliederungsteil ordnet die Lösungen einheitlich nach bestimmten Gesichtspunkten und baut so eine Systematik auf, die einen schnellen Überblick über das vorhandene Lösungsspektrum sowie eine Prüfung der Vollständigkeit ermöglicht.
- Der Hauptteil enthält als Kern des Kataloges die Lösungen mit ihren wesentlichen Merkmalen. Sie werden in optisch leicht erfaßbarer Weise beschrieben, je nach Art und Konkretisierungsgrad des Objektes durch Strichskizzen, physikalische Kennwerte und Gleichungen oder Stichwörter.
- Der Zugriffsteil enthält Eigenschaften der Lösungen, die für den Vergleich und die Auswahl von Bedeutung sind. Die Charakterisierung der Lösungen kann nach unterschiedlichen Gesichtspunkten erfolgen, wie z.B. physikalischem Verhalten, stofflichen Eigenschaften oder technologischen Größen. Durch EDV-Einsatz kann das Selektieren von Lösungen nach einem bestimmten Eigenschaftsprofil erleichtert werden. Der Anhang ermöglicht die Angabe von Quellen oder von ergänzenden Hinweisen.

Mit dem zunehmenden Einsatz rechnergestützter Konstruktionsverfahren wird auch die Anzahl allgemein anwendbarer Konstruktionskataloge bzw. Datenbanken im Bauwesen [59], [60] zunehmen. Für Baustoffe existieren Kataloge mit begrenztem Anwendungsbereich, wie z.B. mit wärme- und feuchtetechnischen Eigenschaften in DIN 4108-4 [5], oder für ausgewählte Stoffarten oder Firmenprodukte (z.B. Mauerwerkssteine oder Flachglasprodukte).

2.3 Klären und Präzisieren der Aufgabenstellung

Voraussetzung für die Entwicklung von Konstruktionslösungen ist eine klar definierte Konstruktionsaufgabe mit einem Konstruktionsauftrag, Vorgabe von Randbedingungen, Beschreibung von Mindestforderungen nach einschlägigen Richtlinien und Normen sowie Ziel- oder Wunschvorstellungen.

2.3.1 Aufstellen der Anforderungsliste

Die Anforderungen an die Konstruktion werden stichwortartig in einer Liste, der Anforderungsliste, zusammengestellt. Bild 2.2 zeigt den grundsätzlichen Aufbau [51] und eine exemplarische Anwendung.

Da Anforderungslisten geändert, ergänzt und mehrfach verwendet werden können, ist die Bezeichnung der Ausgabe und der Änderung bzw. des Ersatzes einer Ausgabe wichtig. Um die Fortschreibung zu erleichtern, können Datum und Verantwortlicher für die einzelnen Forderungen sinnvoll sein, z.B. wenn unterschiedliche Abteilungen oder Stellen Beiträge zur Anforderungsliste leisten.

Grundsätzlich ist zwischen Forderungen (F) und Wünschen (W) zu unterscheiden. Sie können quantitativ durch Kennwerte oder qualitativ durch verbale Formulierungen oder Vergleiche beschrieben werden.

- Forderungen können Festforderungen (=) oder Mindestforderungen mit Zulässigkeitsbereich ($\geq$ oder $\leq$) sein. Ohne ihre Erfüllung ist eine Lösung nicht akzeptabel (Ko-Kriterium).

Ausgabe: 03.88

<table>
<tr><td colspan="2">Benutzer:
Planungs-
büro X</td><td>Anforderungsliste für:
Reihenwohnhaus, Standort xy
Steildach</td><td>Blatt: 7 Seite: 1</td></tr>
<tr><td>Ände-
rungs-
daten</td><td>F

W</td><td>Anforderungen</td><td>Verantw.</td></tr>
<tr><td></td><td>
F
F
F</td><td><u>1 Konstruktionsvorgaben</u>
1.1 Dachneigung 45°
1.2 Anordnung der Dämmschicht auf den Sparren
1.3 Kleinformatige Dachdeckung</td><td>Abteilung
Bearbeiter</td></tr>
<tr><td></td><td>
F</td><td><u>2 Winterlicher Wärmeschutz</u>
2.1 Maximaler Wärmedurchgangskoeffizient nach DIN 4108-2 Tab.2, abhängig von flächenbez. Masse m:

m (kg/m²) | k_{Dmax} (W/m²K)
0 | 0,51
20 | 0,62

2.2 Maximaler Wärmedurchgangskoeffizient nach WSchVo (1994) Anlage 1:

Nachweis | k_{Dmax} (W/m²K)
Nr. 1 | siehe 2.1
Nr. 1 | 0,22
Nr. 2 | 0,22</td><td></td></tr>
<tr><td></td><td>
W</td><td><u>3 Sommerlicher Winterschutz</u>
3.1 Raumtemperatur an warmen Tagen unter Außentemperatur</td><td></td></tr>
<tr><td></td><td>

F

W</td><td><u>4 Schallschutz</u>
bei Außen-Lärmpegelbereich IV nach DIN 4109, 5.5 (1989)
4.1 Bewertetes Schalldämm-Maß nach DIN 4109, 5.3 (1989) $R'_w \geq 40$ dB
4.2 $R'_w \geq 45$ dB</td><td></td></tr>
<tr><td></td><td>
W

F</td><td><u>5 Brandschutz</u>
5.1 Bei Brandbelastung von innen nach außen: F 30-B nach DIN 4102-4
5.2 Widerstand der Dachdeckung gegen Flugfeuer und strahlende Wärme nach DIN 4102-4, 7.5</td><td></td></tr>
<tr><td colspan="2"></td><td>Ersetzt Ausgabe vom</td><td></td></tr>
</table>

Bild 2.2 Beispiel einer Anforderungsliste für ein geneigtes Dach mit Dachdeckung
F Forderung, W Wunsch

- Wünsche sind Zielwerte oder -beschreibungen, die nach Möglichkeit erreicht oder berücksichtigt werden sollen. Der Grad ihrer Erfüllung durch Lösungsvarianten ist später Gegenstand einer Bewertung.

Für das Klären und Präzisieren der Aufgabenstellung steht eine Reihe von Hilfsmitteln zur Verfügung. Neben einer wiederholten Nutzung von Anforderungslisten für Anpassung oder Vergleich empfiehlt sich die Verwendung von Checklisten.

2.3.2 Checklisten für Anforderungen

Beim Aufstellen von Anforderungslisten ist es zweckmäßig, Checklisten mit Anforderungsgesichtspunkten zu benutzen. Je nach Anwendungsgebiet gibt es unterschiedliche Gliederungen. Grob können Anforderungen in folgende Kategorien aufgeteilt werden:

- Physikalische Beschaffenheit (Geometrie, Abmessungen u.a.)
- Verhalten gegenüber äußeren Einflüssen (Kräfte, Wärme, Feuchte u.a.)
- Technologisches Verhalten (Konsistenz von Frischbeton, Schweißeignung von Stahl, Transportgewicht u.a.)
- Wirtschaftliche Gesichtspunkte (Erst- und Folgekosten)
- Umweltbezogene Gesichtspunkte (Schadstoffe, Ressourcen- und Energieverbrauch)
- Nutzerbezogene Eigenschaften (Behaglichkeit, Ergonomie, Ästhetik u.a.).

Auch für das Bestimmen von Forderungen bzw. Kennwerten empfiehlt sich die Verwendung vorhandener Unterlagen. Neben Anforderungslisten von anderen Objekten kommen insbesondere für Fest- oder Mindestforderungen die verschiedenen Regelwerke für das Bauwesen in Frage:

- Gesetze, Verordnungen (z.B. Landesbauordnung, Wärmeschutzverordnung)
- Allgemeine technische Vorschriften für Bauleistungen, VOB, Teil C
- Nationale Normen und Richtlinien (DIN, VDI u.a.)
- Internationale Normen und Richtlinien (EC, ISO, UEATC, CIB, RILEM u.a.).

2.4 Konzipieren

2.4.1 Abstrahieren, Aufgliedern der Gesamtfunktion in Teilfunktionen

Entsprechend dem in Bild 2.3 dargestellten Arbeitsablauf der Konzeptphase erfolgt zunächst eine Abstraktion von der Aufgabenstellung durch Bestimmen der Funktion sowie eine Reduzierung der Komplexität durch Gliedern des Gesamtsystems in Teilsysteme (z.B. Wärmeschutz, Tragsystem, Abdichtung u.ä.).

Das Abstrahieren führt von der oft sehr detaillierten Anforderungsliste weg zu den wesentlichen Wirkzusammenhängen der Aufgabe:

- Unwesentliche Forderungen und quantitative Angaben weglassen
- Hauptprobleme konstruktions- und stoffneutral formulieren
- Verallgemeinern der Fragestellung.

Das Ergebnis dieser Aufgabenanalyse und -verallgemeinerung sind Funktionen, die in einfacher Weise allgemeingültig mit den jeweiligen Ein- und Ausgangsgrößen (z.B. Wärme, Schall u.a.) beschrieben werden können (s. Bild 2.4).

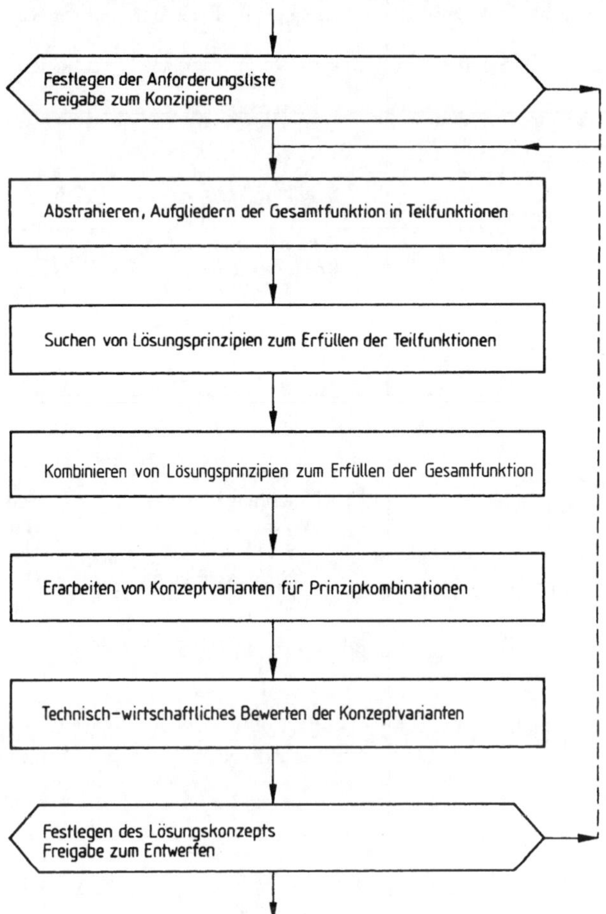

Bild 2.3 Arbeitsschritte beim Konzipieren [2]

2.4.2 Suchen nach Lösungsprinzipien zum Erfüllen der Teilfunktionen

In der Baukonstruktion kann in der Regel auf vorhandene Lösungsprinzipien zurückgegriffen werden, die eventuell angepaßt oder weiterentwickelt werden müssen. Beim Entwickeln neuer Produkte oder Stoffe für das Bauwesen [64], z.B. neuer Beschichtungen für Isoliergläser, kann die Lösungssuche über physikalische Wirkzusammenhänge notwendig sein.

Die Suche nach Lösungsprinzipien läßt sich durch Einsatz von Hilfsmitteln und Methoden erleichtern. Neben der Analyse vorhandener ähnlicher Konstruktionen und vergleichbarer natürlicher Systeme [63] sowie der Auswertung von Fachliteratur sind Konstruktionskataloge eine komfortable Arbeitshilfe. Weiterhin ist die Anwendung von Arbeitsmethoden, wie in Abschn. 2.2.2 dargestellt, von Bedeutung. Vorhandene Konstruktionskataloge – Übersichten befinden sich in [3] und [51] – sind nur vereinzelt auf die Baukonstruktion anwendbar. In Bild 2.5 ist ein baubezogener Katalog mit Lösungsprinzipien für den klimabedingten Feuchteschutz von Außenwänden dargestellt.

Allgemein anwendbare Funktion		Beispiele für Funktionen aus der Baukonstruktion	
Operation (Merkmal)	Symbol	Ein- /Ausgangsgröße	Operation
Wandeln (Art)		Strahlung/Wärme Wärme/Strahlung Schall/Wärme Kraft/Bewegung	Absorbieren Emittieren Absorbieren Bewegen (Translation, Rotation)
Ändern (Größe)		Transmission von – Strahlung – Wärme – Schall – Luft, Wasserdampf – Wasser	Verkleinern – Schattieren – Dämmen – Dämmen – Bremsen – Hemmen, Abweisen
Verknüpfen (Anzahl)		Kräfte Signale (Regelung)	Verzweigen Verzweigen
		Kräfte Signale (Regelung)	Bündeln Verknüpfen
Leiten (Ort)		Strahlung Wärme Kraft Luft	Transmittieren Leiten Übertragen Durchlassen
		Strahlung Luft, Wasserdampf Wasser Staub, Schnee, Hagel	Verschatten, Verdunkeln Sperren, Dichten Dichten, Isolieren Dichten
Speichern (Zeit)		Wärme Wasser	Speichern (Laden, Entladen)

Bild 2.4 Allgemein anwendbare Funktionen mit Beispielen aus der Baukonstruktion

Gliederung			**Hauptteil**		**Zugriff**	**Anhang**
Schicht-anzahl	Wasserauf-nahme der Außen-schicht	Wasserdampf-diffusion in Schicht Nr.	Lösungs-prinzip Nr.	Skizze	Anwendungs-beispiele für Konstruktion und Baustoff	Bemerkungen
1	2	3	4	5	6	7
1	 keine Begrenzung	1: beliebig	1	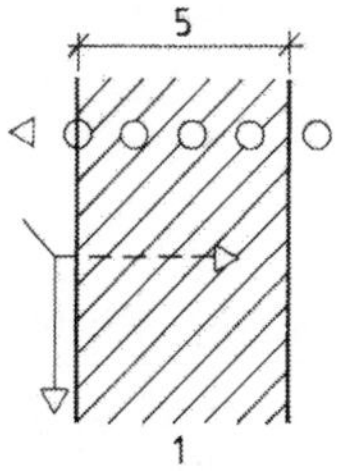	Einschaliges Sichtmauer-werk aus Ziegel, Naturstein	Mindestdicke s material-abhängig
2	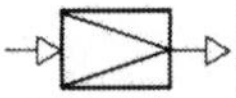 wasser-hemmend[1)] oder wasser-abweisend[2)]	1:  Mindest-diffusion	2	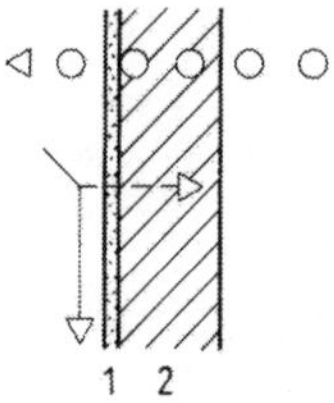	Wände mit Außenputz oder Anstrich	Mindestforde-rungen nach DIN 18550: 1) s. Tab. 3, 2): $w \times s_d \leq 0{,}2$ $w \leq 0{,}5$ $s_d \leq 2{,}0$
3	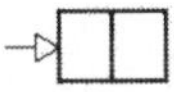 wasser-sperrend	1: beliebig 2:  Abführung über Ven-tilation[3)]	3	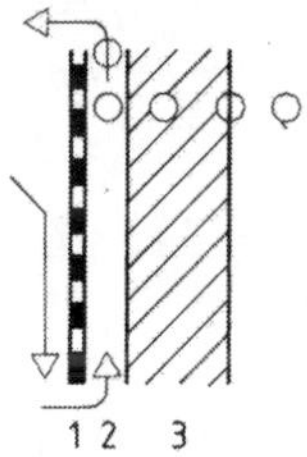	Hinterlüftete Außenschale aus Mauerwerk, Betontafeln, Glas, Metall, Holz und Holzwerkstof-fen	3): Querschnitt und Öffnungen des Spalts nach DIN 4108-3
		1: beliebig 3: 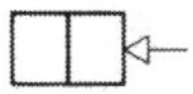 dampfdicht	4	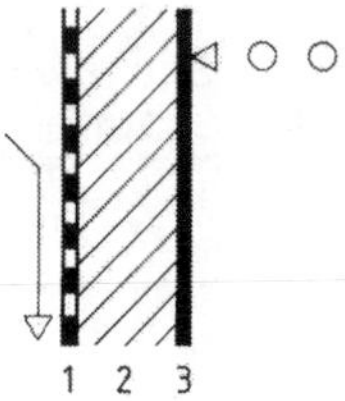	Paneele, Ständer- oder Rippenkon-struktion mit Beplankung, Deckflächen aus Metall, Glas u. a.	Bei klimatisier-ten Gebäuden auch Schicht Nr. 1 dampf-dicht

Bild 2.5 Konstruktionskatalog „Lösungsprinzipien für den klimabedingungen Feuchteschutz von Außenwänden"
w Wasseraufnahmekoeffizient in kg/(m^2 h^{0,5})
s_d Diffusionsäquivalente Luftschichtdicke in m

2.4.3 Kombinieren von Lösungsprinzipien zum Erfüllen der Gesamtfunktion

Durch Kombinieren von Lösungsprinzipien entsprechend der vorgegebenen Funktionsstruktur werden Gesamtlösungen erzeugt. Dabei trachtet man zunächst, ein möglichst vollständiges Spektrum von Prinzipkombinationen durch systematisches Kombinieren zu erreichen. Als methodisches Hilfmittel dafür eignet sich der morphologische Kasten nach Zwicky [65], dessen exemplarische Anwendung in Bild 2.6 gezeigt wird. Beim Kombinieren von Lösungsprinzipien sind Unverträglichkeiten und bevorzugte Verknüpfungen zu berücksichtigen.

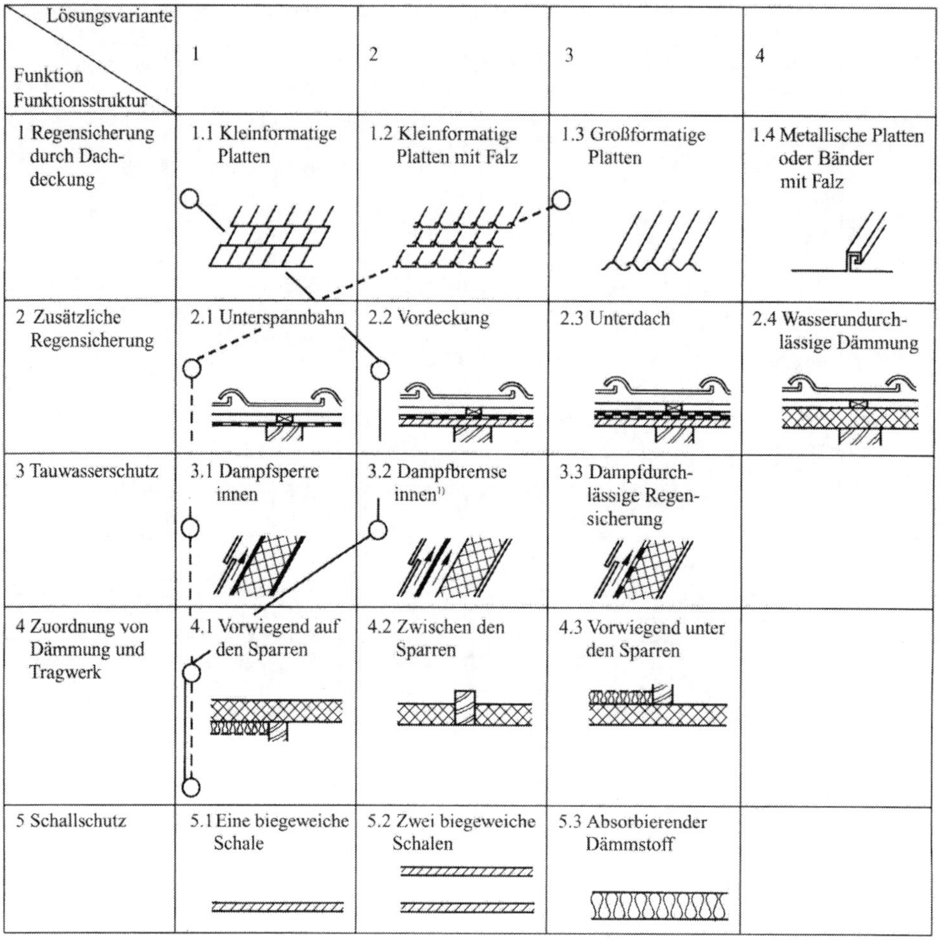

Lösungsvariante / Funktion Funktionsstruktur	1	2	3	4
1 Regensicherung durch Dachdeckung	1.1 Kleinformatige Platten	1.2 Kleinformatige Platten mit Falz	1.3 Großformatige Platten	1.4 Metallische Platten oder Bänder mit Falz
2 Zusätzliche Regensicherung	2.1 Unterspannbahn	2.2 Vordeckung	2.3 Unterdach	2.4 Wasserundurchlässige Dämmung
3 Tauwasserschutz	3.1 Dampfsperre innen	3.2 Dampfbremse innen[1)]	3.3 Dampfdurchlässige Regensicherung	
4 Zuordnung von Dämmung und Tragwerk	4.1 Vorwiegend auf den Sparren	4.2 Zwischen den Sparren	4.3 Vorwiegend unter den Sparren	
5 Schallschutz	5.1 Eine biegeweiche Schale	5.2 Zwei biegeweiche Schalen	5.3 Absorbierender Dämmstoff	

Bild 2.6 Anwendung des Morphologischen Kastens am Beispiel der Kombination von Lösungsprinzipien für geneigte Dächer mit Dachdeckung
1) Neuere bauphysikalische Erkenntnisse sprechen gegen eine hinterlüftete Unterspannbahn

2.4.4 Erarbeiten von Konzeptvarianten und technisch-wirtschaftliches Bewerten

Das systematische Kombinieren von Lösungsprinzipien führt in der Regel zu einer großen Anzahl von Lösungsvarianten, die zwar ausnahmslos die aufgestellten abstrakten Funktionen erfüllen, deren Eignung für die anfangs präzisierte Aufgabe jedoch mehr oder weniger gut sein wird. Um eine gesicherte Entscheidungsgrundlage für die Bewertung der Prinzipkombinationen zu haben, müssen sie zunächst konkretisiert werden. Es entstehen Konzeptvarianten, die hinsichtlich wichtiger Eigenschaften auch quantitativ einschätzbar sind.

Bei einer großen Anzahl von Konzeptvarianten und Bewertungsgesichtspunkten kann es hilfreich sein, formalisierte Bewertungsverfahren mit Notenskalen und Gewichtungsfaktoren zu verwenden, wie sie z.B. in der Nutzwertanalyse nach VDI 2225 [4] beschrieben werden. Wenn die Bewertung zeigt, daß keine der Lösungen die Aufgabenstellung erfüllt, oder daß einzelne Teilaspekte unbefriedigend sind, so ist es zweckmäßig, einzelne Arbeitsschritte der Konzeptphase (s. Bild 2.3) gezielt zu wiederholen oder eine Änderung der Aufgabenstellung zu überprüfen.

2.5 Auswählen von Baustoffen

Beim Entwerfen der einzelnen Baukonstruktionen (Phase II entsprechend Bild 2.1) ist das Festlegen von Baustoffen eine notwendige Tätigkeit.

Die Baustoffauswahl wird zweckmäßig in einzelnen Schritten durchgeführt [67]:

- Anforderungen präzisieren
- Stoffvarianten suchen
- Bewerten und Auswählen von Stoffen.

Die baustoffbestimmenden Anforderungen können für Baugruppen und deren Teile in Tabellenform aufgelistet werden. Sie sind aus der Funktionsstruktur und den Konzeptlösungen abzuleiten [68]. Die aufgestellten Anforderungsprofile dienen zum Herausfiltern geeigneter Stoffvarianten.

Das Suchen von Baustoffvarianten erfordert einschlägige Erfahrungen sowie Hilfsmittel, wie z.B. Fachliteratur, Produktinformationen, Herstellerunterlagen und Baustoffkataloge (Bild 2.7 zeigt exemplarisch eine Zusammenstellung von Isoliergläsern).

Zunächst wird eine Vorauswahl grundsätzlich geeigneter Stoffvarianten anhand von Kennwerten und ergänzenden Eigenschaften vorgenommen. Entsprechend der schrittweisen Konkretisierung der Baukonstruktion kann erst nach der Auswahl von Stoffgruppen (z.B. Normalbeton) die genaue Spezifikation (z.B. Festigkeitsklasse, besondere Anforderungen, Bewehrung, Oberflächenbehandlung) erfolgen. Häufig kann die vollständige Beschreibung der Stoffe erst in der Ausführungsphase erfolgen, da herstellungsbedingte Besonderheiten zu berücksichtigen sind.

Das Bewerten und Auswählen von Stoffvarianten wird durch Gegenüberstellung von Anforderungen und Stoffeigenschaften durchgeführt. Nachfolgend sind die wichtigsten Bewertungsgesichtspunkte zusammengestellt:

- Raumbedarf, maximale und minimale Abmessungen, zulässiges Gewicht u.a.
- Verhalten unter äußeren Einflüssen wie Kräfte, Strahlung, Wärme, Schall, Feuchte u.a.
- Formänderungen unter verschiedenen Einflüssen (Kräfte, Wärme, Feuchte) und deren Kombination
- Beständigkeit unter Dauereinwirkung von Einflüssen (Dauerbelastung, Witterungseinflüsse, Nutzungseinflüsse, Verschleiß, Materialverträglichkeit, chemische und biologische Einflüsse, u.a.). Wegen der großen Lebensdauer von Bauwerken sind nur langfristig erprobte und bewährte Baustoffe geeignet [69].

Gliederungsteil			Hauptteil					Zugriffsteil				
Anzahl SZR	Füllung SZR	Scheibenaufbau	Gewicht (kg/m²)	Glasdicke ges. (mm)	Einzelscheibendicke (mm)	SZR-Dicke (mm)	Elementdicke (mm)	R_w (dB)	k (W/(m²K))	g (%)	τ (%)	Sicherheit
1	2	3	4	5	6	7	8	10	11	12	13	14
1	Luft	homogen	20	8	4/4	6,5	14,5	31	3,3	76	82	–
			20	8	4/4	12	20	31	3,0	76	82	–
			25	10	5/5	12	22	32	3,0	76	82	–
			25	10	6/4	12	22	35	3,0	76	82	–
			30	12	6/6	12	24	33	3,0	76	82	–
			35	14	8/6	12	26	35	3,0	76	82	–
		Folienverbund	31				23	35	3,0			SB/A1
			33				24	35	3,0			SB/A3
			52				31	38	3,0			SB/C1
			53				32	37	3,0			SB/B1
			65				38	40	3,0			SB/C3
			68				38	38	3,0			SB/C1
			75				42	40	3,0			SB/B2
			86				46	40	3,0			SB/B3
			166				78	40	3,0			SB/C5
		Schichtverbund	33				26	40	3,0			SB/B1
			43				33	40	3,0			SB/B3
1	Schwergas	homogen	25	10	6/4	12	22	37	3,0	76	82	–
			25	10	6/4	15	25	39				–
			30	12	8/4	12	24	39	3,0	76	82	–
			30	12	8/4	15	27	40				–
			30	12	8/4	20	32	40	2,8	76	82	–
			35	14	10/4	12	26	40				–
			35	14		24	38	41	2,9			–
			35	14	10/4	24	38	44				–
			37,5	15		24	39	42	2,8			–
		Folienverbund	42,5	17	13/4	20	37	44	2,8	73	80	SB
			45	20	11/9	12	32	46	3,0	73	80	SB
			45	20	11/9	15	35	47	3,0	73	80	SB
			45	20	14/6	17	37	43	3,0	73	80	SB
			50	24	12/12	20	44	49	2,8	73	80	SB
		Gießharzverbund	34,5	15		12	27	43	3,0			–
			34,5	15		24	39	48	2,8			–
			37	16	12/4	12	28	42	3,0	73	80	–
			37	16	4-2-4/6	20	36	47	2,8			–
			39,5	17		16	33	45	2,9			–
			39,5	17	12/5	20	37	44	2,8	73	80	–
			45	20	4-2-4/10	20	40	50	2,8			–
			46	19	9,5/9,5	24	43	53				–
			46	21	8-2-3/3-2-3	20	41	54				–
			47,5	21		24	45	49				–
			50	22	12/10	12	34	48	3,0	73	80	–
			50	22	12/10	15	37	50	3,0	73	80	–
			50	22		16	38	51	2,9			–
			50	22	12/10	20	42	53	2,8	73	80	–
			50	22	6-2-4/4-2-4	20	42	53	2,8			

Bild 2.7 Exemplarische Zusammenstellung von Isoliergläsern im Hinblick auf Schallschutz und Sicherheit [71]

SZR Schutzzwischenraum
Rw Bewertetes Schalldämm-Maß
k Wärmedurchgangskoeffizient
g Gesamtenergiedurchlaßgrad
τ Lichttransmissionsgrad

Sicherheit:
SB Splitterbindend
A1 bis A3 Durchwurfhemmend
B1 bis B3 Durchbruchhemmend
C1 bis C5 Durchschußhemmend

- Ergonomie, physiologische Eignung, Behaglichkeit, Sicherheit, Vermeidung von Schadstoffen, Recycling, Primärenergieinhalt u.a.
- Eignung für Formgebung, Fertigung, Lagerung, Transport, Montage, Verarbeitung
- Wirtschaftlichkeit bezüglich Erst- und Folgekosten. Neben den Investitionen ist die Einschätzung der Instandhaltungs- und Instandsetzungskosten [70] von Bedeutung. Auch das stoffbedingte Konstruktionsgewicht ist hier zu berücksichtigen, wobei sowohl extrem schwere als auch leichte Bauweisen in der Regel kostensteigernd wirken.

Die endgültige Festlegung von Baustoffen kann erst bei integrierter Betrachtung von Stoffkombinationen in Einzelteilen oder Baugruppen erfolgen.

2.6 Schlußfolgerungen für die Methodik der Baukonstruktion

Die Konstruktionsmethodik verfolgt hinsichtlich Vorgehensweise und Arbeitsmethoden branchenübergreifende Ziele. Ihre Grundlagen sind, wenn auch in abgewandelter Form, auf die Baukonstruktionen übertragbar, wo sie zunehmend Anwendung finden.

Für die überwiegende Anzahl von Konstruktionsaufträgen auf Bauwerksebene, die eine Anpassung bekannter Lösungsprinzipien an die Bedingungen neuer Bauvorhaben beinhalten, sind Hilfsmittel für die Prinzipkombination, die Bemessung, die Simulation des Verhaltens mit der Ermittlung physikalischer und wirtschaftlicher Kennwerte gefragt. Diesem Bedarf kommt der wachsende Einsatz der elektronischen Datenverarbeitung in der Baukonstruktion und -planung entgegen. In Verbindung mit dem rechnergestützten Konstruieren wächst auch der Bedarf für zielgerichtete systematische Vorgehensweisen und für Informationsspeicher, wie z.B. Konstruktionskataloge mit Baustoffen und Lösungselementen. Dem Erstellen solcher Datenbanken kommt in der Zukunft eine besondere Bedeutung zu.

Im Bereich der Neuentwicklung von Konstruktionslösungen bereitet das Abstrahieren und Aufstellen von Funktionsstrukturen häufig Schwierigkeiten. Auch in der Praxis des Maschinenbaus und der Feinwerktechnik konnte festgestellt werden, daß der konstruierende Ingenieur gewohnt ist, stärker in konkreten Gegenständen und geometrisch stofflichen Vorstellungen zu denken [1].

Wegen ihrer Bedeutung für das innovative Konstruieren sollten darum die Arbeitsschritte des Abstrahierens von Aufgabenstellungen und des Suchens von Lösungsprinzipien ebenso Gegenstand der Ingenieurausbildung sein, wie umgekehrt das Analysieren von Entwürfen und das Erkennen von wesentlichen Prinzipien und Funktionen [74]. Dies trifft insbesondere angesichts der ständig wachsenden Zahl neuer Forderungen und Lösungsmöglichkeiten zu, die mit dem Mittel der Abstraktion auf wesentliche Funktionen, Wirkzusammenhänge und Lösungsprinzipien handhabbar bleiben.

2.7 Literatur

2.7.1 Richtlinien, Normen, Regelwerke

[1] VDI-Richtlinie 2221: Methodik zum Entwickeln und Konstruieren technischer Systeme und Produkte. VDI-Verlag Düsseldorf 1986

[2] VDI-Richtlinie 2222, Blatt 1: Konstruktionsmethodik, Konzipieren technischer Produkte. VDI-Verlag Düsseldorf 1977

[3] VDI-Richtlinie 2222, Blatt 2: Konstruktionsmethodik, Erstellung und Anwendung von Konstruktionskatalogen. VDI-Verlag Düsseldorf 1982

[4] VDI-Richtlinie 2225: Technisch-wirtschaftliches Konstruieren. VDI-Verlag Düsseldorf 1977

[5] DIN 4108-4: Wärmeschutz im Hochbau, Wärme- und feuchtetechnische Kennwerte. Beuth Verlag Berlin 1981

[6] DIN 276, Blatt 2: Kosten von Hochbauten, Kostengliederung. Beuth Verlag Berlin 1993

[7] HOAI Honorarordnung für Architekten und Ingenieure (1996)

[8] Standardleistungsbuch für das Bauwesen. Beuth-Verlag Berlin-Köln 1985

2.7.2 Zitierte Literatur

[51] Pahl, G., Beitz, XV.: Konstruktionslehre, Handbuch für Studium und Praxis. 2. Aufl. Springer Verlag Berlin–Heidelberg–New York–London–Paris–Tokio 1986

[52] Rodenacker, W. G.: Methodisches Konstruieren. 3. Aufl. Springer Verlag Berlin–Heidelberg–New York–Tokio 1984

[53] Hansen, F.: Konstruktionswissenschaft, Grundlagen und Methoden. Verlag Technik Berlin 1953

[54] Scharr, R., Sulzer, P.: Beiträge zum methodischen Vorgehen in der Baukonstruktion – Außenwanddichtungen, Fortschr.-Ber. VDI-Z. Reihe 4 Nr. 61. VDI-Verlag Düsseldorf 1981

[55] Müller, H.: Beiträge zum methodischen Vorgehen in der Baukonstruktion: Wärmeschutz der Außenwand und ihrer Elemente, Fortschr.-Ber. VDI-Z. Reihe 4 Nr. 52. VDI-Verlag Düsseldorf 1979

[56] Hagenbrock, T., Müller, H., Sulzer, P.: Methodisches Vorgehen bei der Entwicklung industriell herstellbarer Bausysteme, Fortschr.-Ber. VDI-Z. Reihe 4 Nr. 27. VDI-Verlag Düsseldorf 1975

[57] Franke, H.M.: Der Lebenszyklus technischer Produkte, VDI-Berichte Nr. 512. VDI-Verlag Düsseldorf 1984

[58] Roth, K.: Konstruieren mit Konstruktionskatalogen. Springer-Verlag Berlin 1982

[59] Bacher, K.: Beiträge zum methodischen Vorgehen in der Baukonstruktion: Befestigung zwischen leichten Außenwänden und dem Gebäudetragwerk, VDI-Fortschr.-Ber. VDI-Z. Reihe 4 Nr. 51. VDI-Verlag Düsseldorf 1979

[60] Kunze/Götting: Wissenspeicher Ausbau. VEB-Verlag Bauwesen Berlin 1983

[61] Piehl, R.: Ordnen, Suchen, Finden. R. Müller Köln 1978

[62] Hagenbrock, T., Sulzer, P., Küsgen, H.: Beiträge zur Theorie der funktionalen Leistungsbeschreibung, Fortschr.-Ber. VDI-Z. Reihe 4 Nr. 39. VDI-Verlag Düsseldorf 1978

[63] Frei Otto, IL INFO 4: Biologie und Bauen, Ein Beispiel für die praktische Anwendung der Analogieforschung. Karl Krämer Verlag Stuttgart 1971

[64] Müller, H.: Methodisches Vorgehen beim Konzipieren lichtdurchlässiger Außenwandelemente Fortschritt-Ber. VDI-Z. Reihe 4 Nr.50. VDI-Verlag Düsseldorf 1979

[65] Zwicky, F.: Entdecken, Erfinden, Forschen im Morphologischen Weltbild. Droemer-Knaur München 1966/71

[66] Ewald, O.: Lösungssammlungen für das methodische Konstruieren. VDI-Verlag Düsseldorf 1975

[67] Kirsch, G.: Methodisches Vorgehen bei der Auswahl von Baustoffen. DAB 2/74, S. 551–554

[68] Autorenkollektiv: Systematische Baustofflehre. VEB Verlag für Bauwesen Berlin 1978

[69] Zimmermann, G.: Wahl geeigneter Baustoffe. DAB 10/83, S. 1051–1056

[70] Häufigkeitskatalog in: Instandhaltung und Modemisierung des Wohnungsbestandes, Schriftenreihe des Gesamtverbandes gemeinnütziger Wohnungsunternehmen e.V. Köln, Heft 10. Hammonia Verlag Hamburg 1979

[71] Müller, H.: Materialkatalog Fenster, in: Schallschutz im Hochbau. Hrsg. F. Rostock. Weka Verlag Kissing 1987

[72] Obcregge, O. u.a.: Bemessungshilfen für profiliertes Konstruieren. STB Bau-Werke GmbH Köln 1988

[73] Oberegge, O. u.a.: Konstruktionsrichtlinien für den Stahlhochbau, Bd 1, Verankerungen und Stützenfüße. Stahlbau-Verlagsgesellschaft mbH Köln 1987

[74] Haferland, F.: Außenwandentwicklungen. db 11/87, S. 93–110 und db 12/87, S. 52–54

3 Maßordnung und Maßtoleranzen

Von Harald-M. Wolff und Heinrich Paschen

3.1 Maßordnung, Modulordnung (von Harald-M. Wolff)

3.1.1 Zweck der Maß- und Modulordnung

Die Maß- und Modulordnung soll Grundlage einer Entwurfs- und Konstruktionssystematik und damit ein Hilfsmittel für Planung und Fertigung im Bauwesen sein.

Es wird eine Maßvereinheitlichung angestrebt, die eine methodische Abstimmung (Koordination) der Maße am Bau ermöglicht und Vorgaben für die Standardisierung von Maßen im Rohbau, im allgemeinen Ausbau und im technischen Ausbau bietet.

Duch die Verwendung industriell hergestellter Bauteile und die Notwendigkeit, solche industriell hergestellte Bauteile aus unterschiedlichen Gewerken miteinander zu verbinden, entstand der Zwang, Gebäude nach einer einheitlichen Maßordnung zu planen und herzustellen.

Die Vorteile einer Maß- und Modulordnung sind:

a) Sortimentbeschränkung an Bauteilen

b) Bauteile ohne Nacharbeit auf der Baustelle kombinierbar bzw. austauschbar

c) Freie Wählbarkeit unterschiedlicher Bauteile bzw. Bausysteme (offene Bausysteme)

d) Höhere Produktivität in der Fertigung der Bauteile aufgrund der Sortimentbeschränkung

e) Vereinfachung in der Entwurfsarbeit.

3.1.2 Elemente der Modulordnung

3.1.2.1 Modulfestsetzung, Multimoduln, Vorzugszahlen, Ergänzungsmaße

Als Grundmodul wurde in DIN 18000 M – 100 mm festgesetzt.

Multimoduln sind ausgewählte Vielfache des Grundmoduls, nämlich: 3M = 300 mm, 6M = 600 mm und 12M = 1200 mm (allgemein m x M, wobei m genormt ist als 3, 6 und 12).

Vorzugszahlen sind ganzzahlige Vielfache des Grundmoduls M und der Multimoduln m x M. Aus ihnen sollen Koordinationsmaße vorzugsweise gebildet werden. Sie sollen aus folgenden Reihen abgeleitet sein:

- 1 bis 30 mal M (allgemein n x M, wobei n Werte von 1 bis 30 annehmen kann).
- 1 bis 20 mal 3M, 1 bis 20 mal 6M (allgemein n x m x M, wobei n Werte von 1 bis 20 annehmen und m 3 oder 6 sein kann).
- Vielfache von 12M, (allgemein n x 12M, wobei n größer/gleich 1 ist). (Bild 3.1)

Aus der Vielzahl möglicher Maße werden mit den Reihen von Vorzugszahlen diejenigen herausgegriffen, die folgenden Grundforderungen genügen:

- Sie sollen menschliche Maße berücksichtigen (z. B. Tiefe ca. 3M, Breite ca. 6M, Länge ca. 18M).
- Sie sollen nutzungstechnische Erfahrungswerte abdecken (z. B. Regaltiefe ca. 3M, Schranktiefe ca. 6M, Ausbaumaße bei Unterdecken/Trennwänden ca. 12M, Durchgang für 1-2-3 Personen ca. 6M-12M-18M, Achsmaße im Stahlbetonskelettbau ca. 60M, 72M, 84M, 96M etc.).
- Sie sollen international verwendbar sein (z. B. Angleichung zwischen Fuß-/Inch-System und metrischen Maßreihen über 1 Fuß = ca. 3M, Maße der Tatami-Matte als Raster im japanischen Wohnungsbau ca. 9M x 18M).
- Außerdem sollen sie sich gegenseitig ergänzende, überschneidungs- und restmengenfreie Maßsysteme bilden.

Vielfache der Multimoduln			Vielfache des Grundmoduls
12 M	6 M	3 M	M
			1 M
			2 M
		3 M	3 M
			4 M
			5 M
	6 M	6 M	6 M
			7 M
			8 M
		9 M	9 M
			10 M
			11 M
12 M	12 M	12 M	12 M
			13 M
			14 M
		15 M	15 M
			16 M
			17 M
	18 M	18 M	18 M
			19 M
			20 M
		21 M	21 M
			22 M
			23 M
24 M	24 M	24 M	24 M
			25 M
			26 M
		27 M	27 M
			28 M
			29 M
	30 M	30 M	30 M
		33 M	
36 M	36 M	36 M	
		39 M	
	42 M	42 M	
		45 M	
48 M	48 M	48 M	
		51 M	
	54 M	54 M	
		57 M	
60 M	60 M	60 M	
	66 M		
72 M	72 M		
	78 M		
84 M	84 M		
	90 M		
96 M	96 M		
	102 M		
108 M	108 M		
	114 M		
120 M	120 M		
132 M			
144 M			
156 M			
168 M			
180 M			
usw.			

Bild 3.1
Tabelle der Vorzugszahlen
(aus DIN 18 000)

Damit ist gleichzeitig angedeutet, daß sich mit der Verwendung von Vorzugszahlen bzw. Multimoduln bei aller notwendigen planerischen Vielfalt eine weitgehende bautechnische Standardisierung erreichen läßt.

Ergänzungsmaße sind normierte Maße, die kleiner als der Grundmodul sind, sich aber kombiniert zu modularen Maßen ergänzen, nämlich 25 mm, 50 mm und 75 mm. Sie dienen dazu, nicht modulare Bauteile in das modulare Koordinationssystem einzuordnen.

3.1.2.2 Koordinationssystem

Ein Koordinationssystem besteht aus drei Scharen paralleler Koordinationsebenen, die sich rechtwinklig kreuzen und deren Abstände durch Koordinationsmaße bestimmt sind. Anders ausgedrückt: Länge-, Breiten-, Höhenmaße von Bauwerken und Bauteilen werden als Abstände zwischen Koordinationsebenen aufgefaßt.

Jedes Bauwerk hat ein eigenes Koordinationssystem. Seine individuellen Maße bestimmen die Abstände der Koordinationsebenen.

Die Abstimmungsbedürfnisse in einem Projekt können es erforderlich machen, daß in allen drei Dimensionen unterschiedliche Koordinationsmaße gewählt werden und daß eventuell auch in jeder Richtung unterschiedliche Koordinationsmaße aufeinander folgen. So können beispielsweise in einem Skelettbau horizontal Abstände von Stützen zu Wänden, von Wänden untereinander und zur nächsten Stütze ebenso unterschiedlich sein wie sich vertikal verschiedene lichte Raumhöhen und Deckenpaketstärken aneinanderreihen (Bild 3.2).

Alle Koordinationsmaße, so verschieden ihre absoluten Größen auch sein können, sollen modular sein. Sie sind über ein modulares Raumraster miteinander verbunden.

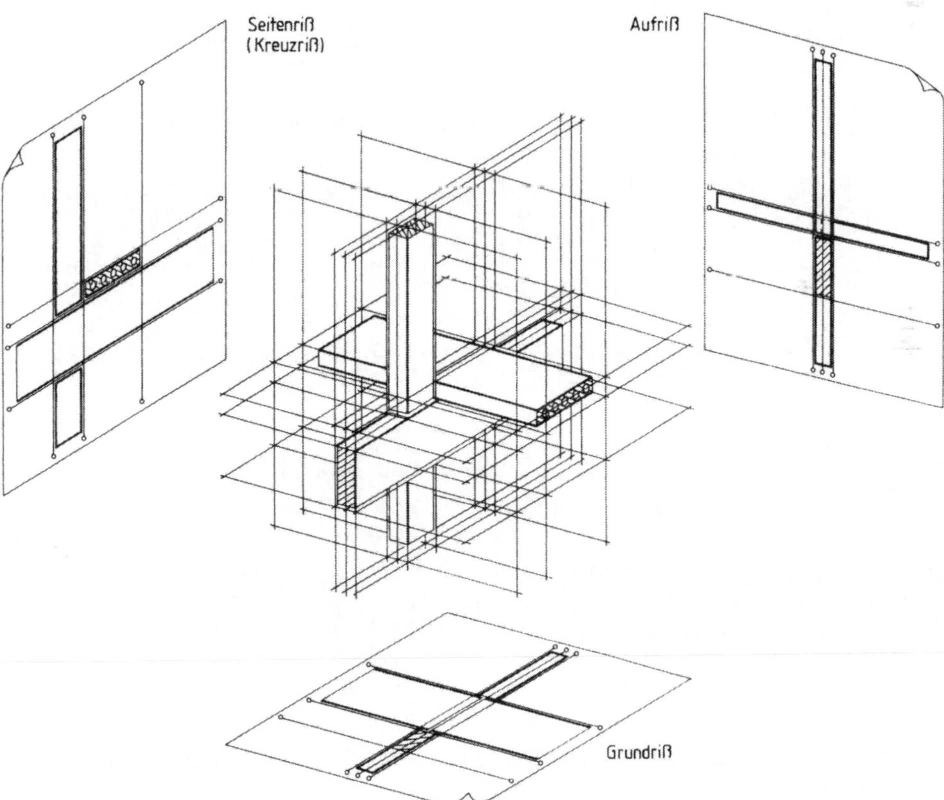

Bild 3.2 Stützen, Unterzüge und Deckenelemente im Koordinationssystem (nach Entwurf Beiblatt 1 zu DIN 18000)

Ein modulares Raumraster ist ein dreidimensionales rechtwinkliges Koordinaten-Bezugssystem, in welchem der Abstand aufeinanderfolgender Ebenen dem Grundmodul, einem Multimodul oder einem ganzzahligen Vielfachen eines Multimoduls entspricht. Dieser Abstand kann für jede der drei Dimensionen des Raumrasters verschieden sein. So können beispielsweise Längen- und Breitenmaße aus verschiedenen Multimodulrastern und Höhenmaße aus einem dritten Raster herausgegriffen sein (s. Bild 3.3), wobei sich auch noch Achsraster mit sogenannten Bandrastern (s. Abschn. 3.1.3.3) sowohl räumlich als auch in der gleichen Ebene abwechseln können.

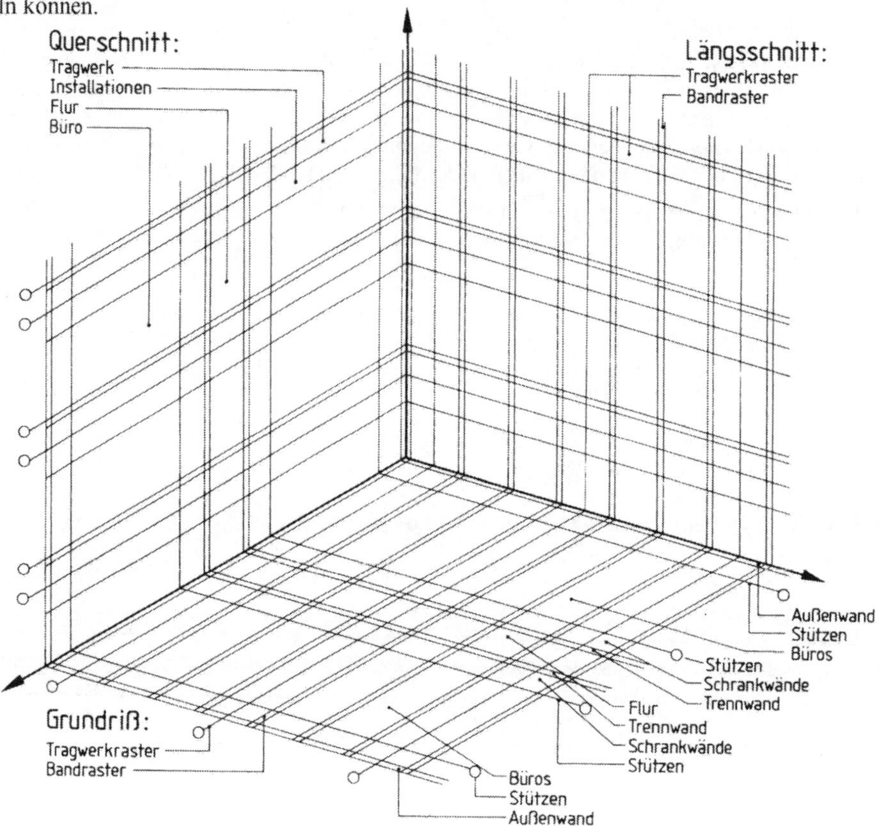

Bild 3.3 Beispiel eines räumlichen Koordinationssystems/Raster für einen zweibündigen Verwaltungsbau in Skelettbauweise

Ein Koordinationssystem ist also immer eine Auswahl von Koordinationsebenen aus einem modularen Raumraster. Diese Auswahl geschieht nach den Erfordernissen eines individuellen Entwurfs und ist Teil der Entwurfsarbeit. Umgekehrt ist ein Raster keine Entwurfsfestlegung, sondern ein Hilfsmittel zur maßlichen Einordnung und Zusammenfügung von Bauteilen untereinander und von Stell- und Bewegungsflächen oder Nutzräumen und -zonen.

Während ein Koordinationssystem immer nur auf ein ganz bestimmtes Bauobjekt zugeschnitten ist, sind Raster weitgehend objektneutral. Hier kann die Modulordnung mit der Maßordnung für den Mauerwerksbau verglichen werden, bei der aus Richtmaßrastern von 12,5 cm und 25 cm die Abmessungen für Wandstellungen, -höhen, -längen, -dicken sowie für Wandöffnungen, -vorlagen, -pfeiler abgeleitet werden, woraus ein System von Maßen für die Raumanordnung, die Raumgrößen und das Tragwerk eines individuellen Entwurfs entsteht.

3.1.2.3 Bezugsarten

Man spricht von Achsbezug, wenn die Koordinationsebenen durch die Mittelachsen signifikanter Bauteile (z. B. Stützen, Wände, Decken) gehen (s. Bild 3.4). Der Achsbezug wird häufig in Vorentwürfen zur Lagebestimmung von tragenden Bauteilen gewählt, weil die Maße zwischen den Achsen in der Darstellung des statischen Systems und im Standsicherheitsnachweis wiederkehren (z. B. Spannweiten, Knicklängen).

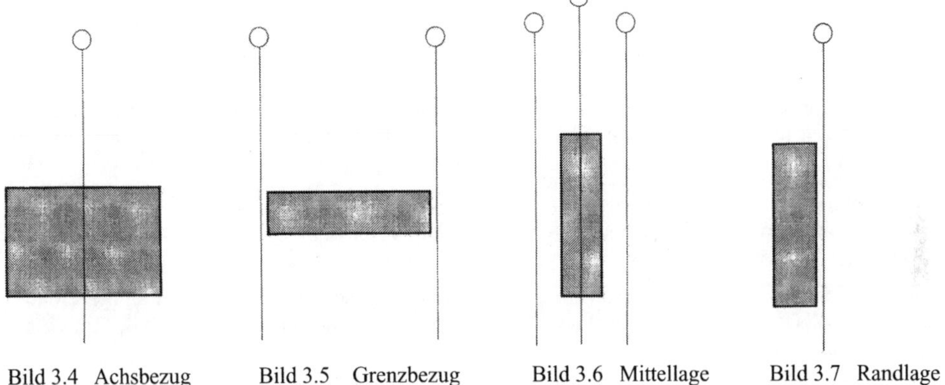

Bild 3.4 Achsbezug   Bild 3.5 Grenzbezug   Bild 3.6 Mittellage   Bild 3.7 Randlage

Grenzbezug liegt vor, wenn Bauteile zwischen zwei Koordinationsebenen so angeordnet werden, daß sie das Koordinationsmaß einschließlich Fugenanteil ausfüllen (s. Bild 3.5). Grenzbezug kann benutzt werden zur Einordnung von raumbildenden Bauteilen (z. B. Außenwände, Innenwände, „Deckenpaket") und Einrichtungen (z. B. Regale, Schränke), weil deren Oberflächen die Größen der Nutzräume bestimmen und ihre Stellflächen die verfügbaren Nutzflächen mindern. Des weiteren können Bauteile, die aus nichtmodularen Einzelteilen zusammengesetzt sind, aber modulare Gesamtmaße besitzen, durch einen Grenzbezug in das modulare Koordinationssystem aufgenommen werden.

Bei der Mittellage wird ein Bauteil mit seiner Achse mittig zwischen zwei Koordinationsebenen angeordnet. Vertikale Bauwerksteile (z. B. Wände), deren Abmessungen quer zur Mittelachse (z. B. Wanddicken) nicht modular sind, werden auf diese Weise in ihrer horizontalen Lage erfaßt. Im Gegensatz zum Achsbezug ist die Ausdehnung quer zur Mittelachse begrenzt durch die seitlichen Koordinationsebenen (s. Bild 3.6).

Die Randlage wird in der Regel nur für die Erfassung horizontaler Bauwerksteile in vertikaler Richtung oder für die äußere Zuordnung von Bauteilen (z. B. Außenwand) zu einem Koordinationssystem verwendet, wenn die entsprechenden Abmessungen nicht modular sind (s. Bild 3.7). Dabei wird im Falle einer Geschoßdecke die Fußbodenoberfläche der oberen Koordinationsebene bzw. im Falle einer Außenwand deren Innenfläche der äußersten Ebene des Koordinationssystems zugeordnet.

3.1.2.4 Koordinationsmaße und ihre Darstellung

Ein Koordinationsmaß ist das Abstandsmaß der Koordinationsebenen. Es ist in der Regel ein Vielfaches eines Moduls. Vom Koordinationsmaß werden die Nennmaße (Sollmaße) abgeleitet.

Nennmaße bzw. Sollmaße sind geplante Abmessungen von Bauteilen, Räumen und Bauwerken.

Istmaße sind tatsächliche, d. h. gemessene Maße von Bauteilen, Räumen und Bauwerken.

Bei der Entwurfsplanung sollte ein Nennmaß immer etwas kleiner gewählt werden als das zugehörige modulare Koordinationsmaß.

In der Ausführungsplanung müssen bei der Festlegung von Nennmaßen alle vorkommenden Maßabweichungen (z. B. Toleranzen nach DIN 18 201) mitberücksichtigt werden, so daß Herstellmaße bzw. Istmaße nie größer als Koordinationsmaße sind und die Bauteile immer innerhalb des Koordinationsraumes liegen.

Um in Zeichnungen Koordinationsmaße, Nennmaße und Herstellmaße unterscheiden zu können, empfiehlt sich die Verwendung unterschiedlicher Symbole.

Koordinationsebenen werden mit dünner Vollinie und Kreis am Ende gezeichnet. Koordinationsmaße werden mit M oder n x M angegeben; liegen die Größen noch nicht fest, werden Großbuchstaben eingesetzt. Nennmaße werden in mm, cm oder m angegeben: liegen die Größen noch nicht fest, sollen Kleinbuchstaben verwendet werden (z. B. l). Herstell- und Montagetoleranzen werden ebenfalls in mm und cm angegeben; liegen ihre Größen noch nicht fest, wird der Buchstabe „T" eingesetzt.

Bei nichtmodularen Zonen werden die angrenzenden Koordinationsebenen ebenfalls mit dünner Vollinie gezeichnet, am Ende aber durch einen Halbkreis auf der Seite des modularen Koordinationsmaßes begrenzt.

Koordinationsmaße und Nennmaße sollen möglichst in verschiedene Maßlinien eingezeichnet und eventuell auch unterschiedlich begrenzt werden (z. B. durch Punkte für die Koordinationsmaße und Schrägstriche für die Nennmaße); vgl. Bild 3.8.

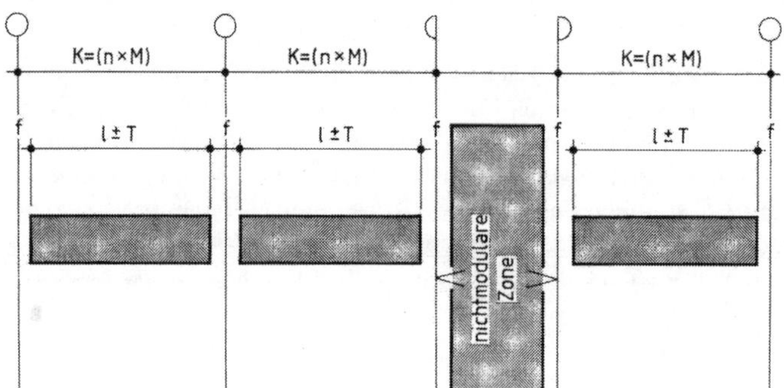

Bild 3.8 Koordinationsmaß, Nennmaß, nichtmodulare Zone (K = Koordinationsmaß, l = Nennmaß, T = Toleranzen, f = Fugenmaß)

3.1.3 Rasterentwicklung

3.1.3.1 Abgrenzung

Es wird in der Regel davon ausgegangen, daß Raster immer objektneutral sind und nur Koordinationssysteme objektspezifische Festlegungen enthalten. Diese Trennung kann aber nicht überschneidungsfrei durchgehalten werden. So war bereits die Wahl eines räumlichen Rasters nach DIN 4172 eine objektspezifische Festlegung auf den Mauerwerksbau; zumindest ist kein Stahl-, Holz- oder Stahlbetonbau mit dem Oktametersystem (12,5 cm einschließlich 1 cm Fugenanteil) vermaßt worden.

Als vielseitig einsetzbar oder flexibel gelten Raster, die eine Addition von Bauteilen ermöglichen, ohne daß Restflächen oder Resträume übrig bleiben. Das ist bei Rastern der Fall, deren Achsen gleichseitige Dreiecke, Sechsecke, Rechtecke oder Quadrate (bzw. entsprechend restraumfrei addierbare Körper) bilden.

60-Grad-Raster, bei denen sich dreieckige, sechseckige oder aus diesen Grundformen zusammengesetzte Räume ergeben, sind dabei weniger flexibel einsetzbar als rechtwinklige Raster. Fast alle Grunderzeugnisse der Bauindustrie, wie Platten und Balken oder Dichtungs- und Belagsbahnen, sind rechtwinklig begrenzt und Einrichtungsteile, wie Möbel, Sanitärobjekte, Einbauküchen etc. sind traditionell an den rechten Winkel gebunden. Bei Verwendung eines 60-Grad-Horizontalrasters würden drei vom Grundriß her unterschiedliche Einrichtungsgrößen entstehen (s. Bild 3.9). Zugehörige Vertikalraster sind in jedem Fall rechtwinklig ausgebildet, so daß eine Mischung aus 60-Grad- und 90-Grad-Anforderungen entstehen, die beispielsweise bei Installationsleitungen unterschiedliche Systeme für Horizontal- und Vertikalleitungen erforderlich macht.

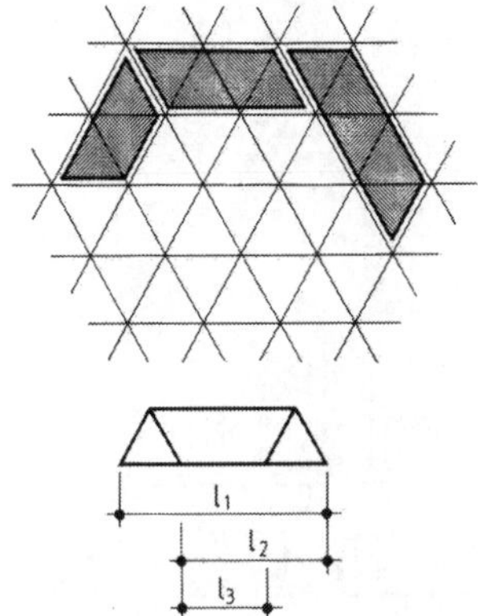

Bild 3.9 Wand- und Möbeltypen im 60-Grad-Raster

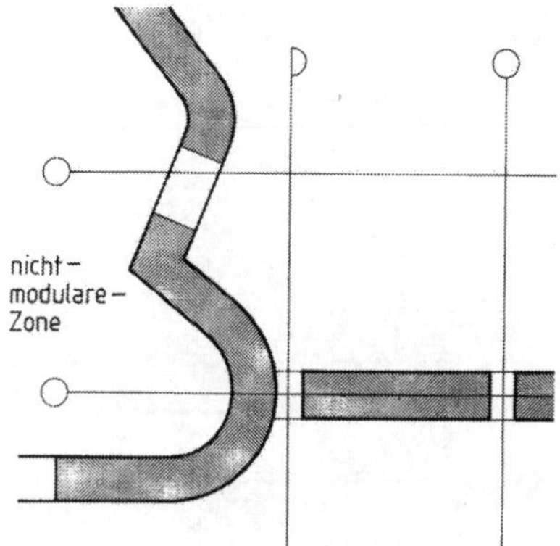

Bild 3.10 Anbindung einer freien Form an modulares Raster

Die Anmerkungen zur 60-Grad-Rasterung gelten analog auch für 45-Grad-Raster oder 90-Grad-Raster mit 45-Grad-Ergänzung, bei denen im Sinne der Modulordnung noch erschwerend hinzukommt, daß die Diagonalen nicht modular, sondern mit dem Produkt aus einem modularen Maß und der Wurzel aus 2 vermessen werden müssen. Frei gewählte Winkel bei der Rasterbildung führen in jedem Fall zu nichtmodularen Maßen und Restflächen bzw. Resträumen, die maßlich nicht koordinierbar sind.

Ähnliche Probleme entstehen bei der Einordnung von runden Formen und von freien Formen in modulare Raster. Kreisformen lassen sich zwar über ihren Mittelpunkt an ein Rasternetz anbinden, sind aber selbst nur über angenäherte Polygonzüge modular auszumessen, die dann wiederum im Regelfall nicht auf Linien des vorgegebenen Rasters liegen. Eine andere Möglichkeit, Kreisformen und auch ganz freie Formen mit Rastern zu verknüpfen besteht darin, daß man sie sozusagen ausgrenzt mit Hilfe des Grenzbezugs. Sie können dann in neutralen, nicht modular gerasterten Zonen in Mittellage innerhalb des vorgegebenen Rastersystems untergebracht oder auch in Randlage außen an das Rastersystem angefügt werden. Es empfiehlt sich dann allerdings, diejenigen Punkte bei der freien Form modular an das Rastersystem anzubinden, an denen Anschlüsse zu im Raster stehenden Bauteilen geplant sind (s. Bild 3.10).

Es kann festgestellt werden, daß hier die sinnvolle Anwendung der Modulordnung und die auf Moduln aufbauende Rasterung ihre Grenzen haben.

Die Normung spricht deshalb nur von rechtwinkligen Rastern und Koordinationssystemen. Auch die folgenden Ausführungen bleiben darauf beschränkt.

3.1.3.2 Rechteckraster, Quadratraster

Rechtwinklige Raster, bei denen die Achsabstände mit zwei beliebig verschiedenen Multimoduln bemessen sind, haben Rechtecke als Grundform. Sie eignen sich besonders für die Reihung gleicher Planungseinheiten wie sie z. B. bei Büro- und Verwaltungsbauten oder auch bei Hotelbauten vorkommen. Sie sind richtungsbetont und im Prinzip nur linear erweiterbar, weil die Addition beider Rechteckseiten im Regelfall zum Ausbrechen aus dem Raster führen würde (s. Bild 3.11).

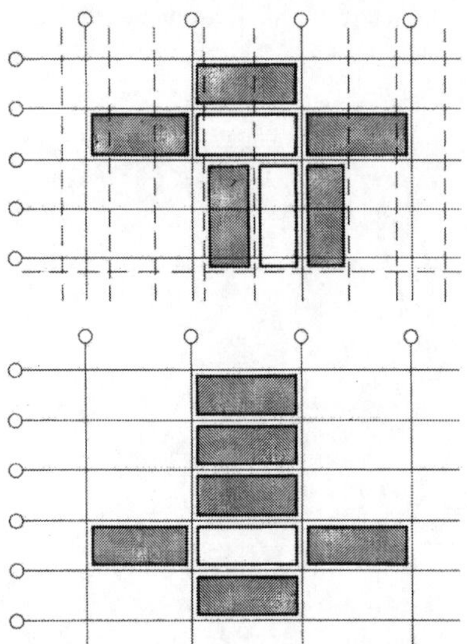

Bild 3.11 Rasterverschiebung und lineare Addition bei rechteckiger Baustruktur

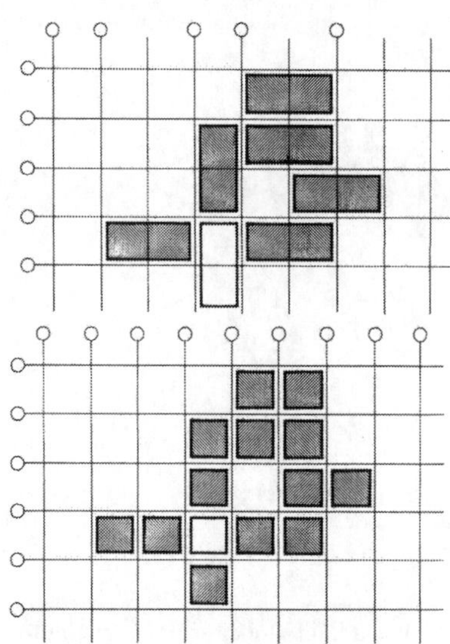

Bild 3.12 Flächige Addition bei quadratischer Baustruktur

Raster, bei denen die Achsabstände in zwei Richtungen mit gleichem Multimodul oder mit ganzzahligen Vielfachen desselben bemessen sind, haben Quadrate oder aus Quadraten zusammengesetzte Rechtecke als Grundform. Sie sind rechteckigen Raster nach dem Grad der Flexibilität insofern überlegen, als sie in beiden Richtungen die gleichen Anschlußbedingungen bieten und ohne Rasterversatz oder Restflächen erweiterbar sind. Sie eignen sich deshalb besonders für die Entwicklung flächiger Baustrukturen, wie sie z. B. im Schul- und Hochschulbau, bei Flachbauten im Industriebau oder auch bei Warenhäusern und Discountmärkten vorkommen (s. Bild 3.12).

Zur Verdeutlichung kann hier eine Rückbesinnung auf die Grundlagen der DIN 4172 dienen, nach der für die Rasterbildung der rechteckige Mauerstein mit seinen Fugenanteilen Pate stand:

12,5 cm (11,5 + 1) x 2 = 25 cm (24 + 1).

Das ergibt ein auf dem 12,5-cm-Quadrat aufgebautes Rechteckraster, dessen flexible Einsatzmöglichkeiten im Mauerwerksbau ablesbar sind.

Auch im industrialisierten Bauen mit vorgefertigten Elementen werden gern quadratische Raster verwendet, weil sie die Anordnung gleichgroßer Bauteile mit gleichbleibenden Anschlußbedingungen ermöglichen.

Quadratische Raster werden auch häufig verwendet, weil sie richtungsneutral sind. Es können aus ihnen weitgehend beliebige Koordinationssysteme entwickelt werden, d. h. sie sind flexibel hinsichtlich der Gestaltung von Grund- und Aufrißvorgaben. Freiheitsgrad oder Beschränkungen der Planung entstehen hier in erster Linie aus der Größe der verwendeten Bauteile. So sind besondere Grundrisse mit raumgroßen Wand- und Deckentafeln schwieriger nachzuzeichnen als etwa mit 12M-Elementen oder mit Bauteilen der Skelettbauweise.

3.1.3.3 Achsraster, Bandraster, Zonen

Ein Achsraster ist ein einfaches Liniensystem, mit dem die Lage der geometrischen Achsen von Bauteilen festgelegt werden kann. Es wird häufig im Vorentwurfsstadium verwendet. Dann liegen meistens die Dicken von Bauteilen noch nicht fest, so daß ihre Lage nicht anhand der Oberflächen sondern nur anhand ihrer Mittelachsen eingemessen werden kann. Bei der Anordnung von Wänden auf einem Achsraster ergeben sich wegen der Wanddicke Überschneidungen. Bei Wandsystemen hat das zur Folge, daß neben Standardelementen auch ein- und zweifach gekürzte Elemente benötigt werden (s. Bild 3.13).

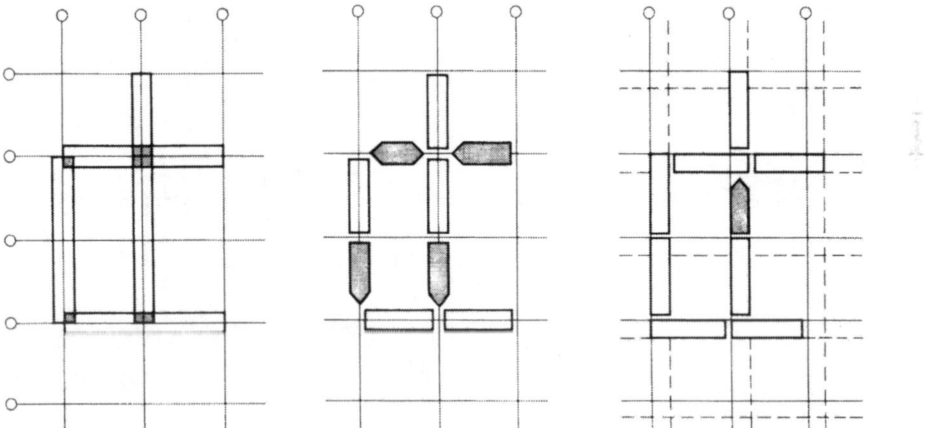

Bild 3.13 Wände auf Achsraster mit Überschneidungen und ein- und zweifach gekürzten Elementgrößen

Bei Skelettbauweisen werden Achsraster nicht nur im Vorentwurfsstadium sondern auch in Entwurfs- und Ausführungsplänen zur Festlegung des Tragsystems verwendet. So werden beispielsweise Stützen eingeordnet, indem eine Standortmarkierung durch den Schnittpunkt zweier Rasterlinien erfolgt. Stützenquerschnitte werden aus wirtschaftlichen Gründen mit kleinteiligen Ergänzungsmaßen bemessen und wechseln in Abhängigkeit von der Belastung auch innerhalb eines Systems mit Submodulgrößen (vgl. Bild 3.23).

Ein Bandraster kann als ein um Materialdicken aufgeweitetes Achsraster interpretiert werden. Es besteht aus einem System sich senkrecht kreuzender Doppellinien, deren Abstand sich nach den größten vorkommenden Bauteildicken und zugehörigen Toleranzen richtet. Mit einem Bandraster kann folglich nicht nur die Lage von Bauteilen, sondern auch ihr Flächenbedarf (z. B. eine Funktionsfläche nach DIN 277) festgelegt werden. Der Raum innerhalb der Doppellinien ist die Materialzone. Sie soll möglichst modular bemessen sein, damit modulare Anschlüsse möglich sind und auch die Addition mehrerer Bauteile wieder zu einem modularen Maß führt.

Bandraster werden bei monolithischen Bauweisen (Mauerwerksbau, Ortbeton) eingesetzt, weil hier die Einmessung der Bauteiloberflächen im Grenzbezug planungsbestimmend ist. Bei Skelettbauweisen werden Bandraster als überlagerndes System für die raumbildenden Bauteile verwendet. Werden diese Bauteile vorgefertigt, so dienen Bandraster dazu, möglichst einheitlich abgestufte Elementgrößen zu erreichen.

Die Zwischenräume von Bandrastern können auch als Stellflächen und -räume für Einrichtungen und/oder als Bewegungsflächen und -räume ausgelegt werden. Man spricht dann von Nutzungszonen und -raster. Auch sie sollen modular bemessen sein, damit sie problemlos mit Rastern für die Tragstruktur und für die raumbildenden Bauteile koordiniert werden können.

Die Zonenbildung kann auch für komplexere Nutzungen hilfreich sein. So können z. B. im Wohnungsbau für allgemeine Wohnfunktionen (Wohn-, Spiel-, Eßräume) und spezielle Wohnfunktionen (Arbeits-, Schlaf-, Fitness-, Ruheräume), für Ver- und Entsorgungsfunktion (Sanitärräume) und Verkehrsfunktion (Treppen, Aufzüge, Flure) getrennte Zonen entwickelt werden (s. Bild 3.14 und 3.15).

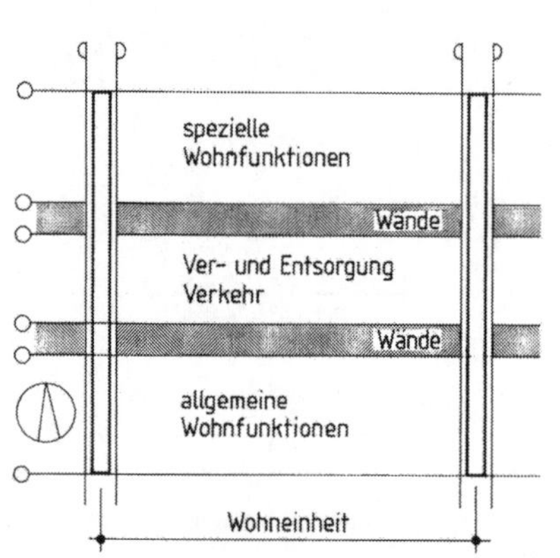

Bild 3.14 Zonierung im mehrgeschossigen Wohnungsbau (Ost-West-Typ)

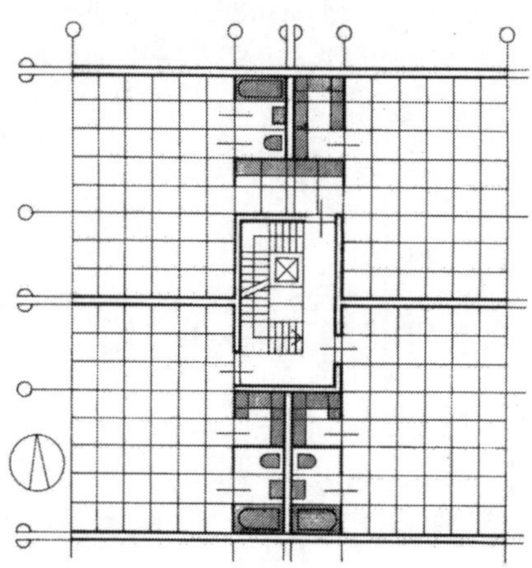

Bild 3.15 Zonen bei einem Dreispännergrundriß (Nord-Süd-Typ)

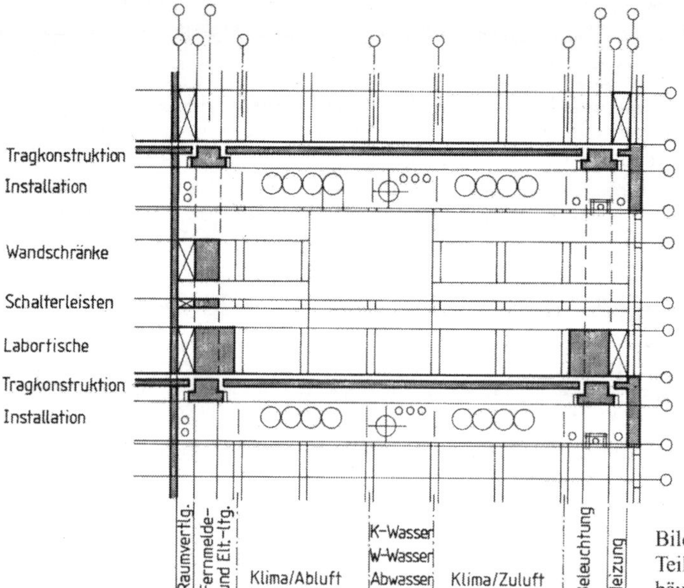

Bild 3.16 Teil-Schnitt durch ein Laborgebäude mit Installationstrassen

Eine Zonenbildung in der Vertikalen dient als Planungshilfe insbsondere bei hochinstallierten Bauwerksarten. So werden beispielsweise bei einem Laborgebäude die Höhen der Labortische, der Schalterleisten, der Wandschränke, die Räume für die Ver- und Entsorgungsleitungen innerhalb des Deckenpakets, die Unterdeckenebene und die Fertigfußbodenhöhe etc. vorgeplant (s. Bild 3.16).

3.1.3.4 Einordnung von Bauteilen in modulare Bandraster

Die Dicke von Wänden braucht nicht zwingend exakt die modularen Maße eines Bandrasters auszufüllen. Wenn die Wanddicke kleiner als die modulare Breite des Bandrasters ist, die Wände mittig auf dem Raster stehen und quadratische Verbindungsknoten verwendet werden, bleibt das Wandsystem modular bemessen und eingeordnet (s. Bild 3.17).

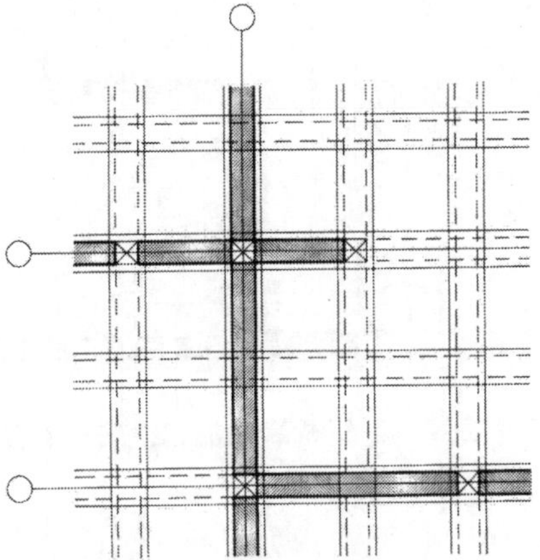

Bild 3.17
Wände in modularen Bandraster

Koordinationsprobleme entstehen jedoch bei unterschiedlichen Wanddicken. Oft sind relativ dicke Außenwände mit sehr viel dünneren leichten Innenwänden zu kombinieren. Entweder wird die Breite des Bandrasters nach den dickeren Außenwänden gewählt und mit unterschiedlichen Trennwandgrößen gearbeitet oder es wird die Außenwand mit einseitigem Grenzbezug

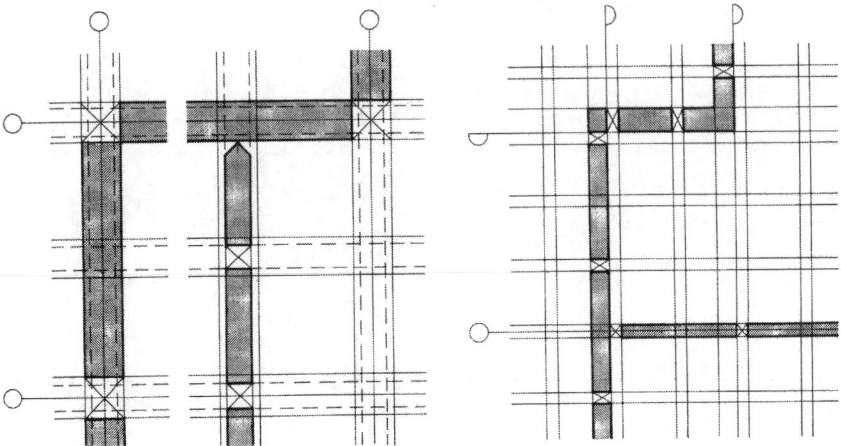

Bild 3.18 Koordination von Außenwand und Innenwand im gemeinsamen Raster oder über Grenzbezug

an das Bandraster der Trennwände angelagert, wobei Sondermaße für die positiven und negativen Ecken der Außenwand entstehen (s. Bild 3.18).

Eine wichtige Rolle spielt bei modularen Wandsystemen der Verbindungsknoten. Er sollte dem Bandraster entsprechend quadratisch sein und glatte Wandabschlüsse, fortlaufende Wandanschlüsse, T-förmige Wandverbindungen, eine kreuzförmige Verbindung und schließlich auch noch einfache Anschlüsse an andere Bauteile ermöglichen (s. Bild 3.19).

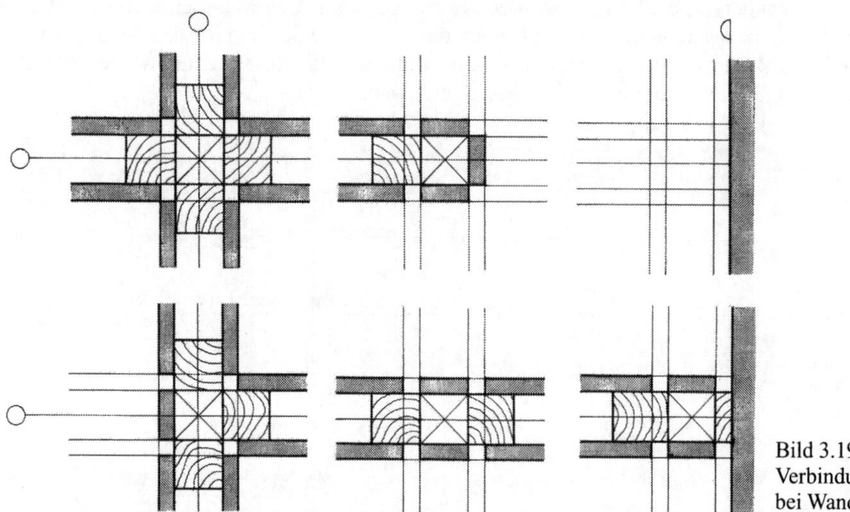

Bild 3.19 Verbindungsknoten bei Wandsystemen

Bei der Grundrißbildung mit modularen Wandsystemen auf ebenso modularen Bandrastern sind die Raumabmessungen häufig nichtmodular, weil die Wanddicken mit Submoduln bemessen sind; keinesfalls aber können sowohl die Abmessungen der Wandelemente als auch die der Räume gleichzeitig Vorzugsmaße sein. So werden beispielsweise für den Schul- und Hochschulbau Bandraster mit 12M Achsabstand und 1M Bandrasterbreite bevorzugt. Das hat zur Folge, daß Zwischenräume immer 1M kleiner als Vorzugsmaße sind und beispielsweise Einbauschränke mit 6M-Raster ein 50 cm Einpaßstück benötigen (s. Bild 3.20).

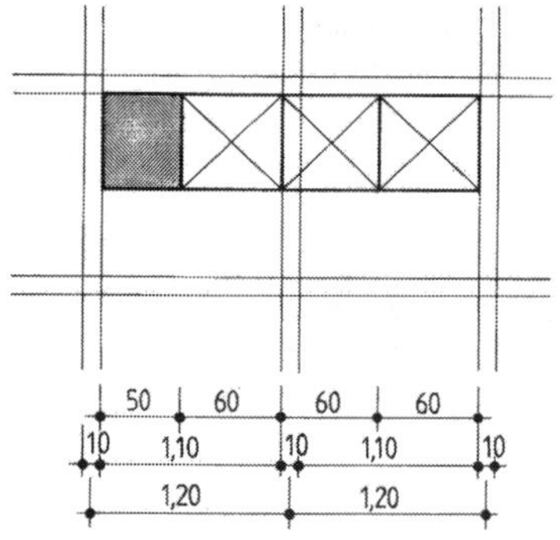

Bild 3.20 Einbauschrank im 1,20-m-Raster

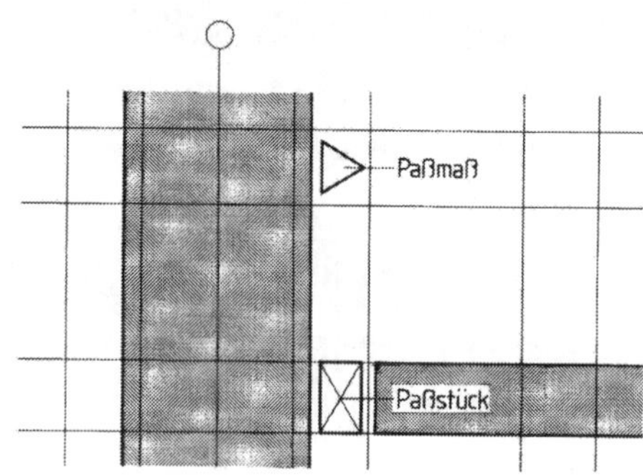

Bild 3.21 Paßmaß und Paßstück

Unter Einhaltung gewisser Regeln können auch nichtmodulare Bauteile nahtlos, d. h. ohne das Modulsystem zu sprengen, in Raster einbezogen werden (vgl. Abschn. 3.1.3.1). Sie sind in neutralen Zonen unterzubringen, innerhalb deren Grenzrasterlinien unbeschränkte Maßfreiheit oder auch maßtechnisches Chaos herrschen kann: sie werden mittels Achsbezug eingebunden, bei dem die Oberflächen des Bauteils nichtmodular im Bezugssystem stehen; sie können über Grenzbezug angeschlossen werden, bei dem nur eine Oberfläche des Bauteils nichtmodular koordiniert bleibt, während die grenzbezogene Oberfläche modulare Anschlüsse erlaubt.

Die Tatsache, daß nicht alle Bauteile exakt die vom modularen Raster vorgezeichneten Abmessungen haben, wirkt sich in erster Linie bei den Anschlüssen aus, die zusätzlich auch noch unterschiedliche Toleranzen aus der Herstellung, Montage und den Materialeigenschaften verkraften müssen. Die Anschlußkoordination kann wesentlich vereinfacht werden durch die Begriffe Paßmaß und Paßstück (s. Bild 3.21). Paßmaße liegen im Submodulbereich (unter 10 cm) und Paßstücke gehören jeweils zu dem Bauteil, das nachträglich an ein anderes anzupassen ist.

3.1.3.5 Rastertrennung, Rasterversatz

Es kann zweckmäßig sein, Tragkonstruktion (Rohbau), raumabschließende Bauteile (allgemeiner Ausbau) und Installationen (technischer Ausbau) konsequent voneinander zu trennen, indem spezielle Raster entwickelt und diese in geeigneter Weise kombiniert bzw. überlagert werden. Man spricht dann von einer Rastertrennung nach Funktionen. Der Raster für das Tragwerk wird Primärraster genannt, der Raster für den allgemeinen Ausbau heißt Sekundärraster und der Raster für Ver- und Entsorgungsleitungen ist der Installationsraster.

Werden die Raster einfach überlagert, kommt es zu Zwängen und gegenseitigen Behinderungen der Bauteile. Wird z. B. ein Achsraster als Primärraster für die Stützen eines Skelettbaus mittig auf den Bändern eines Sekundärrasters angeordnet, müssen Ausbauelemente im Stützenbereich verkürzt werden und eventuell sogar Submodulmaße haben, um an die Stützen anzuschließen (s. Bild 3.22). Ähnlich gilt es z. B. bei der Koordination von Primärraster und Installationsraster die Lage von Stützen und Unterzügen bzw. die Deckenspannrichtung mit den geometrischen Erfordernissen der Ver- und Entsorgungsleitungen abzustimmen.

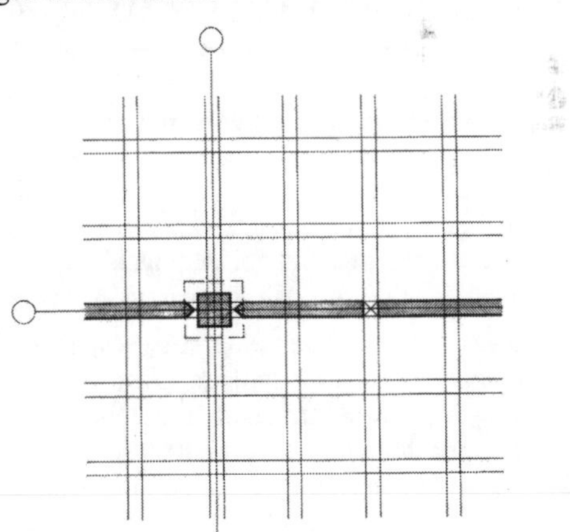

Bild 3.22
Überlagerung von Primär- und Sekundärraster

Zwei weitere Überlegungen sprechen für eine vollständige geometrische Entkoppelung von Trag-, Ausbau- und Installationssystem.

Der Rohbau, die Tragkonstruktion kann nicht der höheren Paßgenauigkeit des Ausbaus oder der Installationen genügen; einerseits wird mit cm-Toleranzen gerechnet und andererseits mit Toleranzen im mm-Bereich gearbeitet. Des weiteren erfordern auch Variabilität und Flexibilität der

Bauwerksnutzung die Unabhängigkeit von Rohbau und Ausbau bzw. Installation. Tragstrukturen sind erfahrungsgemäß um ein mehrfaches dauerhafter als Ausbauten; sie sollten folglich gegenüber Umbauten und Umnutzungen flexibel sein. Umgekehrt dient eine unabhängige Ausbaustruktur der Variabilität, weil sie veränderbar ist, ohne Eingriffe in die Tragkonstruktion vornehmen zu müssen.

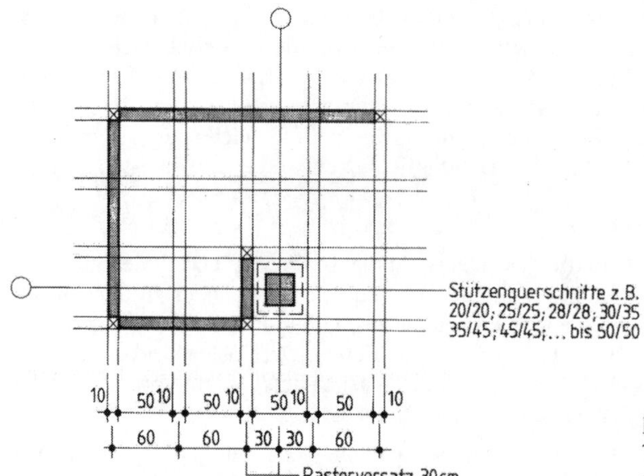

Bild 3.23
Trennung von Primär- und Sekundärraster durch Rasterversatz

Die vorstehend beschriebene geometrische Entkoppelung der Bauwerksteile geschieht durch Rasterversatz. Im Skelettbau werden beispielsweise die Achsen von Stützen und Trennwänden so gegeneinander versetzt, daß die Stützen frei vor den Wänden stehen und gegenseitige Beeinträchtigungen oder komplizierte Anschlußkonstruktionen vermieden werden (s. Bild 3.23).

Die Achsabstände in Primärrastern richten sich nach der Bauwerksart (der Nutzung) und der gewählten Bauweise (Massivbau oder Skelettbau in Holz, Stahl oder Stahlbeton). Sie können und sollen im Sinne vielfältiger Architektur nicht allgemeinverbindlich angegeben werden. Sie werden im Entwurfsprozeß entwickelt, später anhand ausgeführter Bauten überprüft und während der Ausführungsplanung festgelegt. So sind Skelettbauten für Schulen und Institute und als Büro- und Verwaltungsgebäude mit Primärrastermaßen wie 72M, 78M, 84M, 96M, 108M, 120M etc. entstanden und bei Wohngebäuden in Massivbauweise Primärraster mit Achsabständen von 30M, 36M, 42M, 48M und 54M eingesetzt worden.

Genausowenig sind allgemeingültige Angaben über Bandbreiten und -abstände in Sekundärrastern möglich oder gar Installationsraster verbindlich vorzugeben. So haben sich für versetzbare Trennwände im Schul- und Hochschulbau quadratische Bandraster mit 12M Achsabstand und 1M (Grundmodul) Bandbreite durchgesetzt, während im Büro- und Verwaltungsbau 18M, 24M und 36M zum Tragen kamen und Installationen z. B. mit Schächten für Steigleitungen, Hauptverteilungstrassen über Fluren und Unterverteilungssystemen innerhalb der Decken rastermäßig erfaßt wurden. Allgemeinverbindlich kann nur festgehalten werden, daß Sekundärraster in der Regel wesentlich feinmaschiger sind als Primärraster und daß Installationsraster vorwiegend linear zu entwickeln sind.

Neben Primär-, Sekundär- und Installationsrastern können in eine Planung auch Bandraster für Stell- und Bewegungsflächen, für bestimmte Nutzungen und Verkehrsflächen, oder auch für Produktionstrassen im Industriebau etc. einbezogen werden (vgl. Abschn. 3.1.3.3).

Beim Entwurf der drei Grundraster und den weiteren, den speziellen Rasterarten kann nicht immer nach der „reinen Lehre“ der Funktionstrennung verfahren werden. Überschneidungen sind auch im Skelettbau zwischen Primär- und Sekundärraster oft unvermeidlich, weil punkt- und linienförmige Tragglieder wie Stützen und Unterzüge mit Achsrastern bestimmt werden, jedoch Decken und aussteifende Kerne zwar zum Tragssystem gehören, aber gleichzeitig raumabschließend wirken und demnach eigentlich mit im sekundären Bandraster liegen müßten. Es kommt vor, daß Außenwände wegen ihrer Dicke nicht in das Bandraster des Ausbausystems eingeordnet werden können (vgl. Abschnitt 3.1.3.4), daß Installationen die Ausbauraster kreuzen, daß Schrankwände auf Installationstrassen liegen und Sanitärbauteile beinhalten (z. B. Waschtische) oder umschließen (z. B. Teeküche) etc.

Rasterentwicklungen, Rasterentwürfe und deren Zusammenfassung zu komplexen Koordinationssystemen sind niemals zwingende Vorgaben für die Planung von Bauwerken. Sie sind nur Hilfsmittel und Methode zum Ermitteln optimaler Kompromisse in der Bauplanung.

3.1.4 Literatur

3.1.4.1 Normen, Regelwerke

[1] DIN 18 000 „Modulordnung im Bauwesen“, Mai 1984

[2] DIN 18 000 Beiblatt 1 „Modulordnung im Bauwesen – Erläuterungen zur Anwendung“. Entwurf Mai 1984

[3] DIN 30 798 Teil 1 „Modulsystem – Modulordnungen, Begriffe“. September 1982

[4] DIN 30 798 Teil 2 „Modulsystem – Modulordnungen, Grundsätze“. September 1982

[5] DIN 30 798 Teil 3 „Modulsystem – Modulordnungen, Grundlagen für die Anwendung“. September 1982

[6] DIN 30 798 Beiblatt 1 „Modulsystem - Modulordnungen, Erläuterungen“, Entwurf Mai 1986

3.1.4.2 Zitierte Literatur

[51] Kerschkamp, F.; Portmann, D.: „Allgemeine Planungsgrundsätze zur Maßkoordinierung im Bauwesen, Fachbericht zu DIN 18 000. Manuskript NA-Bauwesen im DIN. Berlin 1984

[52] Paschen, H.; Wolff, H.-M.: „Entwerfen und Konstruieren mit Betonfertigteilen“. Werner-Verlag, Düsseldorf 1975

[53] Portmann, D.: „Elementiertes Bauen“. Deutsche Bauzeitschrift (DBZ), Bertelsmann-Verlag, Gütersloh 11/1983

[54] Schneider, K.: „Marburger Bausystem“. Staatliches Universitätsneubauamt Marburg. Eigenverlag, Marburg 1971

[55] Stichting Architecten Research (SAR). SAR-Blätter im Eigenverlag, Eindhoven 1965. Kurzbericht in Bauwelt, Berlin 10/1968

3.2 Maßtoleranzen (von Heinrich Paschen)

3.2.1 Sinn und Zweck von Toleranzüberlegungen

Maßtoleranzen werden in folgenden Normblättern behandelt:

DIN 18 201 Toleranzen im Bauwesen, Begriffe, Grundsätze, Anwendung, Prüfung
DIN 18 202 Toleranzen im Hochbau, Bauwerke
DIN 18 203 Toleranzen im Hochbau, vorgefertigte Teile aus Stahl- und Spannbeton, aus Stahl, aus Holz und Holzwerkstoffen.

Ein in DIN 18 201 niedergelegter Grundsatz lautet:

„Toleranzen sollen Abweichungen von den Nennmaßen der Größe, Gestalt und der Lage von Bauteilen und Bauwerken begrenzen."

Damit soll erreicht werden:

1. Das Zusammenfügen von Bauteilen des Roh- und Ausbaus (bis einschließlich des Einfügens von Einbaumöbeln) in optimaler Weise so zu ermöglichen, daß die Bauteile funktionsgerecht zusammenwirken können bzw. benutzbar sind. Damit soll gleichzeitig vermieden werden:
   - das Maßnehmen am Bau. Wer kennt nicht den Stempelaufdruck „Maße sind am Bau zu nehmen" auf Bauzeichnungen, womit Maßabweichungen Tür und Tor geöffnet werden;
   - individuelle, also unterschiedliche, den am Bau genommenen Maßen angepaßte Fertigungsmaße;
   - Behinderungen bzw. Beschädigungen bei der Montage;
   - Nacharbeiten (Anpaßarbeiten) an nicht passenden bzw. maßgerechten Bauteilen oder gar Ersatzgestellung für sie;
   - Unsicherheiten bei der Kalkulation von Bauleistungen;
   - alle mit vorstehend angeführten, zusätzlichen oder besonderen Leistungen verbundenen Kosten und/oder Verzögerungen der Bauausführung.
2. Daß die ästhetische Qualität von Bauteilen sowohl wie die der Bauwerke dadurch gewahrt wird, daß Oberflächen und Fluchten unseren visuellen Ansprüchen genügen.
3. Daß klare Rechtsgrundlagen für das Zusammenwirken verschiedener Gewerke am Bau und für baurechtliche Konsequenzen bei Überschreiten von Grenzen, Baufluchten etc. vorhanden sind.

Dazu einige Beispiele:

Eine große Halle mit Stahlbindern und Stahlpfetten I 200 war mit Bimsstegdielen eingedeckt, die oben auf den Normalprofilträgern lagen. Eines Tages wurde dann festgestellt, daß die Plattenauflagertiefe an einzelnen Stellen nur ca. 10 mm betrug.

Bei einem Tribünendach mit auskragenden, sich nach vorne verjüngenden Spannbetonkragbindern hatten die vordersten, von Binder zu Binder gespannten Pfetten eine völlig unzureichende Auflagertiefe.

In beiden Fällen bestand also die Gefahr, daß weitere temperatur- oder windlastbedingte Verformungen zum Absturz der Dächer hätten führen können.

Bei einem großen Gebäudekomplex hatten sich die in Sandwichbauweise vorgefertigten, ca.7 m langen Brüstungsplatten sämtlich, d. h. an allen vier Gebäudefronten um zum Teil erheblich mehr als 2 cm nach außen gewölbt. Das war nicht nur nicht zu übersehen und beeinträchtigte dadurch das Bild der Fassade, sondern führte auch dazu, daß häßliche Feuchteflecke entstanden, weil die Fensterbank-Bleche nun nicht mehr über die Brüstungsplatten hinausgriffen und vor denselben entwässern konnten.

Bei einem Hochhauskomplex in Ortbetonbauweise mit vorgehängter Betonfassade hatten die Vertikalfugen zwischen den Fassadenplatten deutlich unterschiedliche Breite und versprangen auch in der Flucht um 1 bis 2 cm. Der Bauherr sah darin eine erhebliche Beeinträchtigung des Aussehens.

Die ersten beiden Beispiele verdeutlichen, daß fehlende Toleranzüberlegungen zu schwerwiegender Beeinträchtigung der Standsicherheit von Bauwerken führen können. Im dritten Beispiel ist eine Beeinträchtigung sowohl des Aussehens als auch der Funktion (Regenwasserableitung an den Fenstern) festzustellen, während im Fall 4 der Bauherr für die Minderung der ästhetischen Qualität Regreßforderungen in sechsstelliger Höhe gestellt hat.

Die Beseitigung von Kalkulationsrisiken z.B. der Estrichleger, bedingt durch Unebenheiten oder Durchbiegung der Rohdecken und daraus resultierendem Materialmehrbedarf, ganz allgemein der Rechtsunsicherheit, die für die beteiligten Gewerke durch die Frage entsteht, wer für die Kosten der Bereinigung von Folgen der Maßabweichungen verantwortlich ist, sind gewichtige Gesichtspunkte, die hinter der Schaffung der Toleranznormen standen und stehen.

3.2.2 Begriffe und Grundsätze

Die wichtigsten Begriffsbildungen vermittelt Bild 3.24 aus DIN 18 901.

Ferner ist:

„Ebenheitstoleranz" der Bereich für die zusätzliche Abweichung einer Fläche von der Sollebene. „Winkeltoleranz" der Bereich für die zulässige Abweichung eines Winkels vom Nennwinkel (Sollwinkel). „Istmaß" das durch Messung festgestellte, vorhandene Maß.

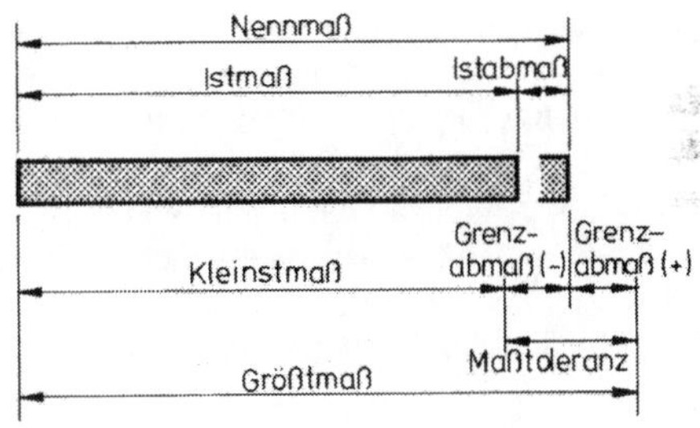

Bild 3.24 Anwendung der Begriffe

In DIN 18 201 sind auch einige Grundsätze ausgesprochen, die die Verfasser der Toleranznormen für deren Anwendung gelten lassen wollen z. B.

„Toleranzen sollen die Abweichungen von den Nennmaßen der Größe, Gestalt und der Lage von Bauteilen und Bauwerken begrenzen". Und „Für zeit- und lastabhängige Verformungen gilt die Begrenzung der Abweichungen durch die Festlegung von Toleranzen im Sinne dieser Norm nicht".

Für die Aussage des zweiten Absatzes gibt es gute Gründe, obgleich er nicht den in Abschn. 3.2.1 geschilderten Interessen (Kalkulationsrisiken, Rechtsunsicherheit) zuwiderläuft. Er bzw. seine Auslegung war daher im Normenausschuß umstritten. Zweifelsfrei folgt aus dieser Festlegung jedoch, daß die in DIN 18 202 und 18 203 angegebenen Grenzabmaße keine zeit- und lastabhängigen Verformungen enthalten, daß diese also zu den Grenzabmaßen hinzutreten können und dürfen.

Im Widerspruch dazu steht jedoch der Prüfgrundsatz:

„Die Prüfungen der Einhaltung von Toleranzen sind so früh wie möglich durchzuführen, um die last- und zeitabhängigen Verformungen weitgehend auszuschalten, spätestens jedoch bei der Übernahme der Bauteile oder des Bauwerkes durch den Folgeauftragnehmer bzw. spätestens bis zur Bauabnahme". Diese Formulierung entspricht dem Bedürfnis nach Vereinfachung und dem Wunsch, bis spätestens zur Bauabnahme – die bei größeren Bauten Monate und sogar Jahre nach Herstellung der Bauteile erfolgen kann – die Grenzmaße nach DIN 18 202 und 18 203 eingehalten zu wissen. Der Widerspruch zu dem erstzitierten Grundsatz ist offensichtlich: In so langen Zeiträumen vollzieht sich ja bereits ein großer, wenn nicht der größte Teil der zeitabhängigen Formänderungen, von den lastabhängigen spontanen Formänderungen ganz zu schweigen, wie z. B. der Durchbiegung einer Decke beim Ausschalen, also sicher vor den obengenannten Prüfterminen.

Derartige Widersprüche sollten in Normen nicht enthalten sein dürfen. Sie führen nicht nur zu vermehrter Rechtsunsicherheit, wie einschlägige Prozesse gezeigt haben, sondern sie diskreditieren das Normenwerk an sich. Natürlich wäre es viel einfacher, am Bau beliebig nachmessen zu können und dabei kurz und bündig festzustellen, ob Grenzmaßüberschreitungen vorhanden sind oder nicht, statt ergänzend überprüfen zu müssen, ob und in welcher Größe die Istmaße zeit- bzw. lastabhängige Formänderungen enthalten. Die Problematik besteht jedoch darin, daß der Ausführende, von dem seinem Auftrag nach nur die Einhaltung einer gewissen Fertigungsgenauigkeit verlangt werden kann, auf die zeit- und lastabhängigen Formänderungen im Regelfall keinen oder nur beschränkten Einfluß hat: Konstruktionszeichnungen nebst Angaben über die Baustoffqualitäten werden ihm normalerweise vom Bauherrn geliefert. Er hat keine Einwirkungsmöglichkeiten z. B. auf das Setzungs- oder das Durchbiegungsverhalten. Letzteres wird in erster Linie durch das statische System, die Konstruktion, die Betongüte oder eine etwaige Druckbewehrung bestimmt. Dafür ist jedoch der im Regelfall vom Bauherrn beauftragte Statiker verantwortlich. Sache der Planung (Architekt, Statiker) ist es auch zu prüfen, inwieweit unvermeidliche Durchbiegungen zu Schäden führen können (z. B. zu Rissen in den Wänden), ob und wie ihnen z. B. durch Überhöhung der Schalung oder durch die Konstruktion der Wände begegnet werden kann und soll. Ähnlich verhält es sich mit betontechnologischen Vorgaben. Erfordert z. B. die Einhaltung bestimmter Grenzmaße einen Beton mit möglichst geringem Schwindmaß, so müßten die Vorgaben dazu Bestandteil des Leistungsverzeichnisses sein, was sie in aller Regel leider nicht sind. Es kommt hinzu, daß sich gewisse Formänderungen der Beeinflussung weitgehend entziehen, wie z. B. Temperaturdehnungen und daß es auch noch Phänomene gibt, die ungeklärt, weitgehend unbekannt oder schwer beeinflußbar sind. Als Beispiel sei die vorerwähnte Fassade angeführt, bei der sich die Brüstungsplatten nach außen gewölbt hatten. Zunächst fand man dafür keine Erklärung. Schließlich erkannte man dann, daß unterschiedliches Schwinden der Sandwich-Schalen, verursacht durch verdichtungsbedingte Kornschichtung bei liegender Fertigung die Ursache war [24].

Der Weg aus der Sackgasse kann daher nur der sein, sich konsequent an den erstgenannten Grundsatz zu halten und

- alle Fertigungsmaße, bei denen die Einhaltung der Toleranzen wichtig ist, vor Eintritt von Verformungen, d. h. unmittelbar nach der Fertigung zu überprüfen,
- alle Formänderungen und ihre Auswirkungen bei der Planung (Architekt, Ingenieur) zu berücksichtigen.

Letzteres kann in vielen Fällen nur durch eine Passungsberechnung geschehen (s. Abschnitt 3.2.4). Im Folgenden werden daher nur herstellungsbedingte Maßabweichungen behandelt.

3.2.3 Ursachen und Beschaffenheit der Maßabweichungen

Bei herstellungsbedingten Maßabweichungen lassen sich generell unterscheiden:

- Maßgebungsfehler nämlich Maßfehler und Markierungsfehler
- Arbeitsfehler
- Material- bzw. verschleißbedingte Fehler.

Jede Formgebung bzw. Plazierung setzt Meßvorgänge voraus, die mit gerät- bzw. verfahrensbedingten Fehlern behaftet sind. Die Übertragung von Maßen erfolgt durch ebenfalls fehlerbehaftete Markierungen. Daher hängt die bei der Fertigung erreichbare Genauigkeit zunächst von Meßgerät und Meßverfahren sowie von der Markierungsgenauigkeit ab.

Arbeitsfehler treten auf z. B. bei der Herstellung der Schalungen, bei deren Zusammenbau, beim Einsetzen bzw. beim Einbau von Bewehrungen und Einbauteilen usw.

Material- bzw. verschleißbedingte Fehler haben ihre Ursache in Formänderungen der Schalungsteile, in Lockerung bzw. Verschleiß der Verbindungsmittel sowie in Abnutzungserscheinungen aller Art. Auch das Verhalten der produzierten Teile während des Herstellungsvorgangs (z. B. Beheizung, Entschalen, Zwischentransporte und Zwischenlagerung von Fertigteilen) hat Einfluß auf die Fertigmaße.

Auch für Montagefehler gilt die vorstehende Aufgliederung: Hier treten einerseits Vermessungs- und Markierungsfehler und andererseits Versetzfehler als Arbeitsfehler auf. Alle diese Fehlereinflüsse soweit zu beherrschen, daß die jeweils erforderliche Maßgenauigkeit erreicht wird, erfordert die Kenntnis von Ursachen und Auswirkungen und daher ständige Beobachtung bzw. Kontrolle und deren ingenieurmäßige Auswertung.

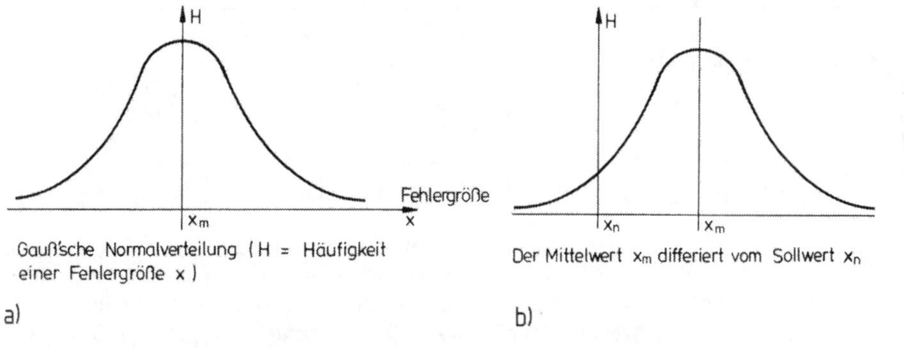

Bild 3.25 Verteilung von Fehlergrößen

Geht man den genannten Fehlergrößen im einzelnen nach, so läßt sich damit eine Häufigkeitsverteilung auftragen. Dabei entsteht bei genügender Meßwertzahl eine glockenförmige, entweder symmetrische oder auch schiefe Verteilungskurve (s. Bild 3.25a).

Eine symmetrische, durch um den Sollwert streuende Meßwerte gekennzeichnete Verteilungskurve (Bild 3.25a) ist das Ergebnis „zufälliger" Fehler. Sie treten vornehmlich bei handwerklichen Vorrichtungen auf, bei welchen naturgemäß immer nur begrenzte Genauigkeit erreichbar ist, die Fehler aber rein zufällig um den Sollwert schwanken (Markierungsfehler, Versetzfehler usw.). Zufällige Fehler zeigen Häufigkeitsverteilungen, die „normal verteilt" sind oder sich einer sogenannten Normalverteilung nähern. [15].

Im Gegensatz dazu treten „systematische" Fehler auf, wenn werkzeug- bzw. verfahrensimmanente Einflüsse sich immer in einer bestimmten Richtung auswirken. Eichfehler eines Bandmaßes führen z. B. dazu, daß ein bestimmtes Maß immer zu groß bzw. zu klein angetragen wird. Systematische Fehler sind dadurch gekennzeichnet, daß der Mittelwert ihrer Häufigkeitsverteilung nicht mit dem Sollwert übereinstimmt (s. Bild 3.25b).

Systematische Fehler sind – sorgfältige Kontrolle der Herstellung vorausgesetzt – als Mittelwertabweichung leicht zu erkennen und können daher auch frühzeitig behoben werden, sofern nachteilige Auswirkungen zu befürchten sind. Schiefe Verteilungen kommen u. a. dadurch zustande, daß sich der Fertigung zeitabhängige Vorgänge überlagern, z. B. Temperaturänderungen oder Schwinden, bzw. Zunahme der lichten Schalungsmaße infolge von Abnutzungserscheinungen bei der Fertigteilherstellung o. ä.

Wie einleitend gesagt wurde, muß bei Fertigung und Montage eine gewisse Maßgenauigkeit erreicht werden. D. h. die größten bzw. kleinsten Abmaße sollen innerhalb vorgegebener Grenzen liegen. Geht man davon aus, daß Maßabweichungen eine Häufigkeitsverteilung gemäß Bild 3.25a, d. h. eine Normalverteilung aufweisen, so stellt sich des weiten Auslaufs einer solchen Kurve nach beiden Seiten wegen sofort die Frage, ob alle die Kurve bildenden Meßwerte innerhalb der Toleranz liegen sollen, oder ob man in Kauf nehmen will, daß sehr geringe Prozentsätze der Fertigung außerhalb der Toleranz liegende Abmaße zeigen.

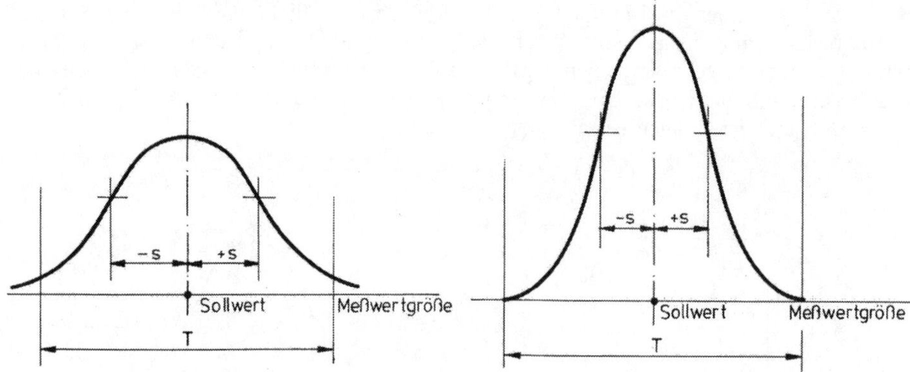

Bild 3.26 Definition der „Toleranz" T

Wie Bild 3.26 verdeutlicht, können Häufigkeitsverteilungen mit angenommen gleich großer Element-(Meßwert-)zahl sehr verschiedene „Streuung" haben, was sich in der Breitenausdehnung der Verteilungskurve ausdrückt. Ein Maß dafür ist die sog. „Standardabweichung" s. An den Stellen ± s hat die Verteilungskurve Wendepunkte. Der Flächeninhalt unter der Kurve in einem bestimmten Intervall ist ein Maß für die Wahrscheinlichkeit, mit der ein Element (Meßwert) in diesem Intervall liegt (s. Bild 3.27).

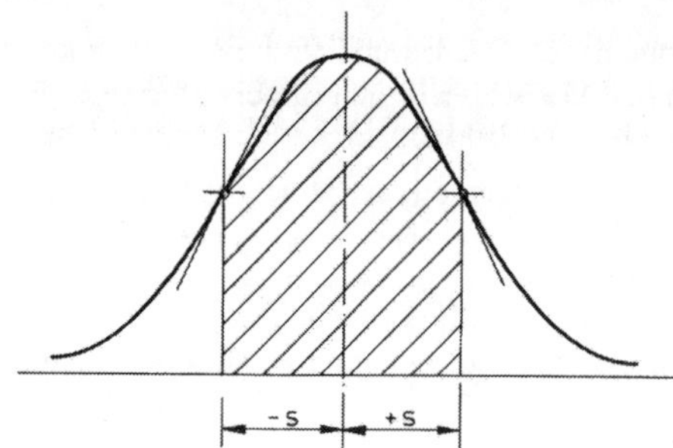

Bild 3.27 Standardabweichung s

So liegen bei Annahme einer Normalverteilung zwischen:

– s und + s	68,27 Prozent
– 2 s und + 2 s	95,45 Prozent
– 3 s und + 3 s	99,73 Prozent

der Meßwerte.

Verlangt man nun, daß alle Meßwerte innerhalb von T liegen, so erfordert das, wie Bild 3.26b im Vergleich zu Bild 3.26a zeigt, eine wesentlich kleinere Standardabweichung bzw. Streubreite, d. h. die Genauigkeitsanforderung ist extrem scharf. Die Maßtoleranz wird deshalb in verschiedenen Ländern so definiert, daß gilt:

$$T = x \cdot s$$

In den meisten Ländern wird x = 6 gesetzt, so daß bei entsprechend großer Meßwertzahl 99,73 Prozent aller Meßwerte als innerhalb der Toleranzgrenzen liegend zu erwarten wären. Teilweise begnügt man sich auch mit x = 4 oder es wird mit verschiedenen Werten für x gearbeitet, wobei x herabgesetzt werden kann, wenn ein größerer Anteil von Toleranzüberschreitungen im Hinblick auf Mehrkosten oder Sicherheitseinbuße tragbar erscheint. In den bundesdeutschen Normen fehlt bislang eine derartige Definition des Toleranzbegriffs.

3.2.4 Der ingenieurmäßige Weg zur Lösung von Toleranzproblemen

In früheren Fassungen der DIN-Toleranznormen wurden noch 10 und dann 3 Genauigkeitsklassen unterschieden. Der Sinn einer solchen Differenzierung war, die Toleranzgrößen den Bedürfnissen des Einzelfalls anpassen zu können. Leider enthielten die Normen keinerlei Kriterien für die Wahl der jeweils angemessenen Genauigkeitsklasse mit dem Erfolg, daß meist die höchste Klasse vorgeschrieben wurde ohne Rücksicht darauf, ob das notwendig, mit vernünftigem Aufwand oder überhaupt erreichbar war. Nunmehr enthalten die Normen nur noch Werte, zu denen es in DIN 18 201 heißt:

„Die in DIN 18 202 und DIN 18 203, Teil 1, Teil 2 und Teil 3 festgelegten Toleranzen stellen die im Rahmen üblicher Sorgfalt zu erreichende Genauigkeit dar. Sie gelten stets, soweit nicht andere Genauigkeiten vereinbart werden. Werden andere Genauigkeiten vereinbart, so müssen sie in den Vertragsunterlagen, z. B. Leistungsverzeichnis, Zeichnungen angegeben werden“ und

„Die in DIN 18 202 und DIN 18 203, Teil 1, Teil 2 und Teil 3 angegebenen Toleranzen sollen in der Regel angewendet werden. Sind jedoch für Bauteile oder Bauwerke andere Genauigkeiten erforderlich, so sollen sie nach wirtschaftlichen Maßstäben vereinbart werden. Die dazu erforderlichen Maßnahmen sind rechtzeitig festzulegen und die Kontrollmöglichkeiten während der Ausführung sicherzustellen.“

Pauschalfestsetzungen für Toleranzen können allerdings die Erreichung des eigentlichen Zieles, Gewährleistung paß- und funktionsgerechter Zusammenfügbarkeit, zumindest allgemeingültig nicht sicherstellen. Es soll nicht bestritten werden, daß solche Pauschalregelungen insbesondere für den Ausbau eine große Bedeutung haben, weil z. B. durch Maßungenauigkeiten des Rohbaus verursachte Mehraufwendungen des Ausbaus hiermit beweiskräftig geltend gemacht werden können. Ein geeignetes Instrument zur generellen Lösung von Passungsproblemen kann darin jedoch nicht gesehen werden. Vielmehr wird dadurch nur ein allgemeines, für die Maßhaltigkeit der Bauproduktion geltendes Qualitätsniveau festgeschrieben und außerdem die Verfahrensweise bei Messung und Kontrolle festgelegt.

Die Lösung eines bestimmten Passungsproblems erfordert dagegen eine individuelle, darauf entsprechend zugeschnittene Behandlung, nämlich eine sogenannte Passungsberechnung. Es soll hier gleich vorweg gesagt werden, daß solche Passungsberechnungen keineswegs immer erforderlich sind, sondern eher nur in Sonderfällen. Es wird hier also keineswegs einer generellen Vermehrung des Planungsaufwands das Wort geredet, wohl aber die Überzeugung vertreten, daß Architekten, auf jeden Fall aber Konstrukteure mit den Gedankengängen einer Passungsberechnung vertraut sein sollten. Sie erst vermittelt nämlich den Durchblick und läßt erkennbar werden, ob gewisse Genauigkeitsanforderungen erfüllbar sind und wo der Hebel zweckmäßig anzusetzen ist, um sie mit dem geringsten Aufwand zu erfüllen. Es ist wie mit allem ingenieurmäßigen Wissen: Erst die Kenntnis gesetzmäßiger Zusammenhänge als Grundlage unseres Handelns befähigt uns, richtige konstruktive Entscheidungen zu treffen. Es wird daher auch als Mangel empfunden, daß in den o. a. DIN-Normen im Gegensatz zu den Normen anderer Länder nichts Konkretes über Passungsberechnungen gesagt wird.

So wie auch im Bereich der Baustatik, wo wir zwei mögliche Gedankenfolgen unterscheiden, nämlich die Bemessung, welche zu bekannten Schnittkräften den passenden Querschnitt bestimmt und den Spannungsnachweis, durch welchen gezeigt wird, daß ein gewählter Querschnitt zur Aufnahme gewisser Schnittkraftkombinationen ausreicht, so lassen sich auch Passungsüberlegungen auf zweierlei Art durchführen:

In einem Fall wird von angenommenen Toleranzen, etwa den Werten aus den DIN-Blättern oder von eigenen Erfahrungswerten ausgegangen und gezeigt, daß eine Passung damit funktionsfähig wird (Nachweis) oder man geht von Maßen und der Paßbedingung aus und ermittelt die Toleranzen, mit denen sie erfüllbar werden (Bemessung). Beide Ansätze sollen durch ein Beispiel verdeutlicht werden, und zwar zunächst unter der Voraussetzung, daß die Maßabweichungen in ungünstigster Weise zu addieren sind:

Ein vorgefertigter Fensterrahmen soll in eine Mauerwerksöffnung von 1,5 m Breite eingefügt werden. Die Frage ist, wie die Sollmaße für Öffnung und Rahmen zu wählen sind, damit Nacharbeiten vermieden werden.

Die Toleranz der Öffnungsbreite sei ± 10 mm

also $T_ö \rightarrow = 20$ mm

Die Toleranz der Rahmenbreite wird angenommen zu ± 8 mm

also $T_r \rightarrow = 16$ mm

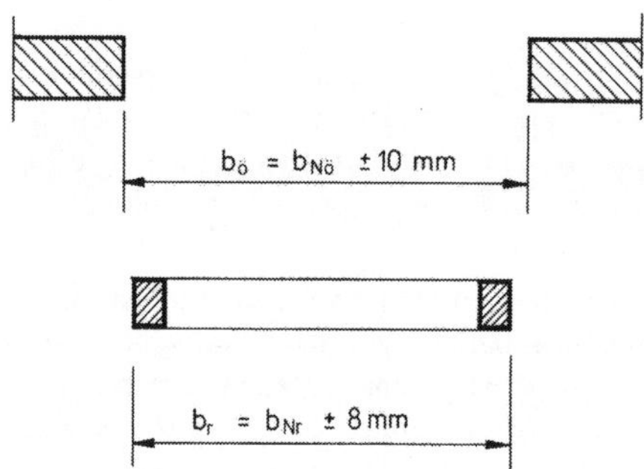

Bild 3.28
Nennmaße b_N und Istmaße $b_ö$ bzw. b_r von Fensteröffnungen und Rahmen

Das maximal auftretende Spiel zwischen beiden Bauteilen – auch Paßtoleranz genannt – beträgt somit:

$$PT = 20 + 16 = 36 \text{ mm}$$

je Seite $\frac{PT}{2} = 18 \text{ mm} \mathrel{\hat{=}} \pm 9 \text{ mm}$

Wählt man mithin den Sollwert der Fugenbreite zu

$$b_f = 9 \text{ mm}$$

so kann der Kleinstwert der Fugenbreite b_f

mit $b_f = 9 - 9 = 0$ mm

und der Größtwert

max $b_f = 9 + 9 = 18$ mm

betragen.

Das wird erreicht mit folgenden Sollmaßen:

$$b_{Nö} = b_{Nr} + 2 \cdot 9 \text{ mm}$$

z. B.: angenommen, es sei $b_{Nr} = 1490$ mm, so folgt

$$b_{Nö} = 1490 + 18 = 1508 \text{ mm (Öffnungsbreite)}$$

Diese Gedankenführung entspricht dem Nachweis. Erfüllen die Werte $b_{Nö}$ und b_{Nr} die vorstehende Paßbedingung, so ist hiermit gezeigt, daß die Passung bei $T_ö = 20$ mm und $T_r = 16$ mm funktioniert. Umgekehrt könnte man von Fertigmaßen ausgehen, z. B. von $b_{Nö} = 1508$ mm und $b_{Nr} = 1494$ mm, und nach den zugehörigen Toleranzen fragen.

Hier ist der Sollwert der Fugenweite

$$l_f = 1/2\,(1508 - 1494)$$

$$l_f = 7 \text{ mm}$$

Die Paßtoleranz je Seite beträgt ± 7 mm, d. h.

$$1/2 \text{ PT} = 14 \text{ mm}$$

und daher PT = 28 mm.

Bleibt die Toleranz der Öffnungsweite nach wie vor + 10 mm, d. h. $T_ö = 20$ mm, so steht für den Fensterrahmen nur noch zur Verfügung $T_r = 8$ mm. Die Paßbedingung ist also nur dann erfüllt, wenn es gelingt, bei der Herstellung des Rahmens diese geringe Toleranz einzuhalten. Das wäre der Fall der Bemessung. In der Regel wird die Passungsberechnung in Form des Nachweises durchgeführt.

In vorstehendem Beispiel wurden die Maße so gewählt, daß die theoretische Mindestfugenweite = 0 war. Das ist zulässig, weil die Toleranzen so definiert sind, daß sie gleichzeitig vorhandene Unebenheiten bzw. Schiefwinkligkeiten einschließen.

Besteht der Fensterrahmen allerdings aus Kunststoff (mit bekanntlich großer Wärmedehnzahl), so muß mit Längenänderungen des Rahmens Δb_{rT} gerechnet werden. Im vorliegenden Fall ist nur eine mögliche Vergrößerung $+ \Delta b_{rT}$ von Interesse, die sich gegenüber dem Fertigungsmaß beim Einbau oder auch später infolge Erwärmung ergeben kann.

Der Ansatz muß hier folglich lauten:

$$b_{Nö} = b_{Nr} + 2 \cdot 9 \text{ mm} + \Delta b_{rT}$$

In dieser Form impliziert die Paßbedingung zugleich die Berücksichtigung einer funktionellen Anforderung an die Fuge. Sie muß nämlich die Dilatation des Fensterrahmens zulassen, ohne daß dabei Zwang entsteht. Damit soll auch zugleich verdeutlicht werden, daß last- bzw. zeitabhängige Formänderungen nicht in den Toleranzwerten enthalten sind, sondern in der Paßbedingung als selbständige Größen in Erscheinung treten.

3.2.5 Grundgedanken zur Passungsberechnung

Maßabweichungen beinhalten in der Regel zufällige und systematische Fehleranteile. Zufällige Fehler weisen eine Häufigkeitsverteilung auf, die annähernd einer Gaußschen Normalverteilung entspricht [17], [18]. Systematische Fehler äußern sich in einer Mittelwertverschiebung der Häufigkeitsverteilung, sind daher bei Durchführung einer maßlichen Qualitätskontrolle frühzeitig erkennbar und – wenn notwendig – eliminierbar. Das ist der Grund, weshalb Passungsberechnungen in vielen Ländern ausschließlich auf der Annahme normalverteilter Maßabweichungen fußen.

Bei Passungsüberlegungen geht es um die Frage, wie sich das Zusammentreffen mehrerer Maßabweichungen auswirkt. In dem angeführten Beispiel konnte sowohl die Wandöffnung als auch der Fensterrahmen mit Abmaßen behaftet sein. Um den Fall auszuschließen, daß ein zu großer Rahmen auf eine zu kleine Öffnung trifft, wurde im Beispiel die Sollfugenweite gleich der Summe der maximalen Abmaße gesetzt. Hiermit wird das „Nichtpassen" ausgeschlossen, sofern die zulässigen Abmaße nicht überschritten werden, ohne dabei jedoch die Wahrscheinlichkeit des Zusammentreffens extremer Abmaße in Betracht zu ziehen.

Wird der Gesamtfehler als Summe der Einzelfehler ermittelt, so spricht man vom sogenannten Additionsgesetz. Seine Anwendung ist wahrscheinlichkeitstheoretisch nur bei systematischen Fehlern gerechtfertigt. Für zufällige Fehler gilt dagegen das Gaußsche Fehlerfortpflanzungsgesetz [19], [20]. Es besagt in dem hier interessierenden Sonderfall folgendes: Bei einer Funktion

$$f = x + y + z + \dots$$

ist der mittlere Fehler m_f des Funktionswertes f gleich:

$$m_f^2 = m_x^2 + m_y^2 + m_z^2 + \dots$$

wenn m_x, m_y, m_z usw. die mittleren Fehler der Variablen x, y, z, ... , d. h. die einzelnen Abmaße sind. Dasselbe gilt auch für die Standardabweichungen oder Vielfache davon:

$$s_f = \sqrt{s_x^2 + s_y^2 + s_z^2 + \dots}$$

d. h. also auch für die Toleranzen:

$$T = \sqrt{T_1^2 + T_2^2 + T_3^2 + \dots}$$

Zum Beispiel ergibt sich bei Zusammenfügung zweier Teile mit gleich großer Toleranz T die Paßtoleranz nach dem Additionsgesetz zu:

$$PT = 2 \cdot T$$

Dagegen nach dem Fehlerfortpflanzungsgesetz zu:

$$PT = \sqrt{2 \cdot T^2} = 1{,}41 \cdot T$$

Für die Paßtoleranz bei dem angeführten Fensterbeispiel ergibt sich nach Letzterem:

$$PT = \sqrt{T_ö^2 + T_r^2}$$

$$PT = \sqrt{20^2 + 16^2} = 25{,}6 \cong 26\,\text{mm}$$

(Bei Addition der Fehler hatte sich PT = 36 mm ergeben!)

Entsprechend entfallen hier auf jede Seite nur 13 mm, d. h. ± 6,5 mm. Die Sollbreite der Fuge kann 7 mm werden, das Kleinstmaß der Fugenweite ist dann mit 7 – 6,5 mm = 0,5 mm, das Größtmaß mit 7 + 6,5 = 13,5 mm zu erwarten.

Treten allerdings systematische Fehleranteile auf, so wäre es erforderlich, diese Anteile gesondert und nach dem Additionsgesetz zu berücksichtigen:

$$PT = \sqrt{\Sigma\, T_i^2} + \Sigma\, A_i$$

worin T_i die auf zufälligen Fehlern beruhenden Einzeltoleranzen und A_i systematischen Fehleranteile sind.

Der zuvor angestellte Vergleich zwischen Additions- und Fehlerfortpflanzungsgesetz zeigt, um wieviel ungünstiger die Ergebnisse bei Anwendung des Additionsgesetzes sind, wie nachteilig sich mithin systematische Fehler auswirken. Maßliche Qualitätskontrolle sollte daher zu deren frühzeitiger Eliminierung führen. Einer Berücksichtigung etwaiger systematischer Fehler bei der Passungsberechnung steht zumeist der Umstand entgegen, daß über Größe und Richtung derselben nichts bekannt ist. Man kann ihren Einfluß mit Hilfe vorstehender Formel immerhin abschätzen, gegebenenfalls auch mit Sicherheitszuschlägen bei der Paßtoleranz arbeiten.

So einfach wie im Falle des Fensterrahmens stellen sich Passungsprobleme im allgemeinen jedoch nicht dar. Als Beispiel für den Normalfall, in welchem die Passung von einer Reihe von Toleranzen beeinflußt wird, soll die Auflagerung eines Deckenelements (oder eines Unterzugs = Bauteil 3) auf zwei Wänden (oder Stützen = Bauteil 1 und 2) betrachtet werden (Bild 3.29). Kritische Größe ist die Mindestauflagertiefe der Decke auf den Wänden, deren Nennmaß = a sein soll. Ist min a der kleinstzulässige Wert von a, so gilt

$$a = \min a + \frac{PT_a}{2}$$

wobei TP_a die Paßtoleranz der Auflagertiefe ist, d. h. das Maß, um das die Auflagertiefe schwanken kann. Um PT_a zu finden, muß zunächst die Gesamtpaßtoleranz des PT_A beider Auflagertiefen gebildet werden. Sie ist gleich:

$$PT_A = \sqrt{T_{Li}^2 + T_3^2}$$

wobei T_{Li} – die Toleranz der Lichtweite L_i ist
und T_3 = die Längentoleranz des Bauteils 3 (Decke).

Für T_{Li} gilt:

$$T_{Li} = \sqrt{KLT_1^2 + KLT_2^2}$$

wobei KLT_1 = die Kantenlagetoleranz des Bauteils 1
und KLT_2 = die Kantenlagetoleranz des Bauteils 2 ist (vgl. Bild 3.29)

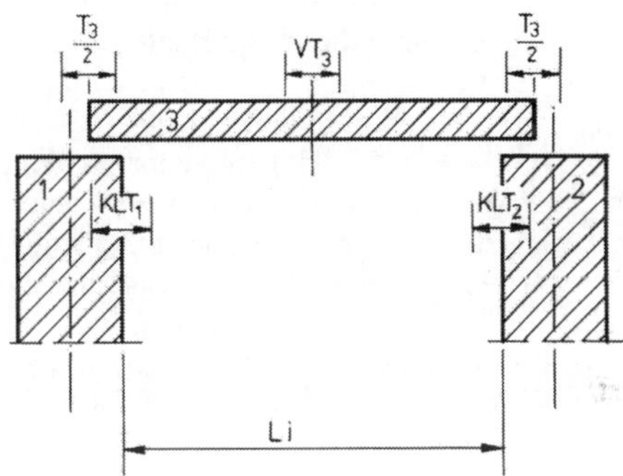

Bild 3.29 Passung Deckenauflager

Bei sog. „Lagebindung“ sollte Bauteil 3 so versetzt werden, daß seine Mittelachse genau mittig zwischen Bauteil 1 und Bauteil 2 liegt. An einem Auflager würde dann nur die Hälfte von PT_A wirksam. Bauteil 3 wird aber eine Versetztoleranz VT_3 aufweisen, die sich an jedem der beiden Auflager in voller Höhe auswirken kann. Für die Paßtoleranz PT_a der Auflagertiefe an einem Auflager gilt daher:

$$PT_a = \sqrt{\left(\frac{PT_A}{2}\right)^2 + VT_3^2} = \sqrt{\frac{T_{Li}^2 + T_3^2}{4} + VT_3^2}$$

$$= \frac{1}{2}\sqrt{T_{Li}^2 + T_3^2 + 4\,VT_3^2}$$

Man könnte diese Überlegungen noch weiterführen, indem man nach der Größe der Kantenlagetoleranzen KLT_1 und KLT_2 fragt und die Bedingung stellt, daß die Breite der Fuge zwischen zwei benachbarten Deckenelementen zur Gewährleistung einwandfreien Fugenvergusses eine gewisse Mindestbreite nicht unterschreiten darf.

Die Kantenlagetoleranz der Wände hängt ab

- von den Markierungstoleranzen MKT der – wie hier angenommen – vorgefertigten Wände auf ihrem Versetzgrund
- von den Versetztoleranzen VT der Wände
- von den Toleranzen VRT der vertikalen Richtungsgebung der Wände (Schiefstellung) und von der Dickentoleranz T der Wände.

$$KLT_1 = \sqrt{MKT_1^2 + VT_1^2 + VRT_1^2 + \left(\frac{T_1}{2}\right)^2}$$

Bezüglich der Einhaltung einer Mindestfugenbreite wird auf [18], [23] und [25] verwiesen.

Das Beispiel zeigt, wie komplex die Zusammenhänge in der Regel sind und wieviel Einzeltoleranzen zu bedenken und zu beherrschen sind, um das „Passen" der Bauteile zu gewährleisten.

Die entscheidende Frage bei Aufstellung einer derartigen Passungsberechnung ist die, wie groß die Einzeltoleranzen anzusetzen sind. Dabei erfordern die Gesichtspunkte der möglichen Einhaltung einerseits und der Notwendigkeit der Reduzierung auf ein praktisches Mindestmaß zugunsten einer annehmbaren Lösung andererseits (z. B. vorstehend für die Auflagertiefe a und damit für die Bauteildicke der Bauteile 1 und 2) und der Gesichtspunkt der durch höhere Genauigkeitsanforderungen bedingten Mehrkosten [10] Beachtung und sorgfältiges Abwägen. Ein Teil der Einzeltoleranzen läßt sich aus DIN 18 202 und 18 203 entnehmen (s. z. B. Tafel 3.1), für obiges Beispiel T_1, T_3, VRT und entsprechend T_2 und VRT_2. Markierungs- und Versetztoleranzen geben die Normen jedoch nicht an. Außerdem werden die Normangaben in manchen Fällen nicht befriedigen. In diesem Zusammenhang wird deshalb auf [3], [16], [18], [22], [23], [24], [25] verwiesen. Architektur- bzw. Ingenieurbüros kann außerdem empfohlen werden, sich von erfahrenen Firmen beraten zu lassen, wenn die Zahlenangaben der Normen bzw. in der Literatur nicht ausreichen oder zu unakzeptablen Lösungen (z. B. vorstehend zu zu dicken Wänden) führen.

Tafel 3.1 Grenzmaß der Längen- und Breitenmaße für vorgefertigte Teile aus Beton usw. nach DIN 18 203 – 1, Tabelle 1

Zeile	Bauteile	Grenzabmaße in mm bei Nennmaßen in m							
		bis 1,5	über 1,5 bis 3	über 3 bis 6	über 6 bis 10	über 10 bis 15	über 15 bis 22	über 22 bis 30	über 30
1	Längen stabförmiger Bauteile (z.B. Stützen, Binder, Unterzüge)	± 6	± 8	± 10	± 12	± 14	± 16	± 18	± 20
2	Längen und Breiten von Deckenplatten und Wandtafeln	± 8	± 8	± 10	± 12	± 16	± 20	± 20	± 20
3	Längen vorgespannter Bauteile	–	–	–	± 16	± 16	± 20	± 25	± 30
4	Längen und Breiten von Fassadentafeln	± 5	± 6	± 8	± 10	–	–	–	–

3.3 Literatur

[1] Schoenemann, Jost: Einflüsse aus der Entwicklung des Bauens auf das Genauigkeitswesen, Bau-Information **12** (1969), Heft 1, S. 83 bis 86

[2] Schoenemann, Jost: Einfluß der Montagehilfsmittel und Verbindungslösungen auf die Montagegenauigkeit von Skelettkonstruktionen. Bauplanung – Bautechnik **29** (1975), Heft 1, S. 35 bis 37

[3] Zollna, Theo: Qualität in der industriellen Bauproduktion, Mehraufwand und Nutzen, Bauzeichnung **22** (1968), Heft 3, S. 120 bis 124

[4] Zollna, Theo: Qualität, Genauigkeit und Kosten beim Bauen mit großen Betonfertigteilen. Baustoffindustrie **11** (1968), Heft 1, S. 11 bis 13

[5] Heinle, Erwin: Voraussetzungen beim Rohbau für den wirtschaftlichen Ausbau. Die Bauwirtschaft **18** (1964), Heft 11, S. 250 bis 252

[6] Heinicke, Gottfried: Genauigkeitsuntersuchung und Passungsberechnung, Bauingenieur-Praxis, Heft 106, Verlag Wilhelm Ernst & Sohn, Berlin – München – Düsseldorf, 1971

[7] Zollna, Theo: Formen und Formmaschinen für Betonfertigteile, Baustoffindustrie **8** (1965), Heft 10, S. 289 bis 293

[8] Kuczyk, Horst: Genauigkeitswesen und Ökonomie im industrialisierten Bauen, Bauzeitung **19** (1965), Heft 1, S. 20 bis 21

[9] Rettig, Heinrich: Beratungsgruppe Montage, Wiss. Zeitschr. TU Dresden **11** (1962), Heft 6, S. 1378

[10] Drees, Gerhard und Schneidler, Alexander: Wirtschaftlichkeit von Toleranzvereinbarungen, Forschungsbericht des Bundesministers für Raumordnung, Bauwesen und Städtebau, Informationsverbundzentrum RAUM und BAU der Fraunhofer-Gesellschaft, Stuttgart, 1978

[11] Achenbach, Helmut: Passungserfahrungen bei Montagebauten. Wiss. Zeitschr. TU Dresden **11** (1962), Heft 6, S. 1281 bis 1283 = Wiss. Veröff. Fak. Bauwesen TU Dresden, (B)-Reihe Nr. 21, S. 1281 bis 1283

[12] Wagner, Siegfried: Maßtoleranzen für die Länge von Stahlbeton-Außenwandtafeln, Beispiel: Mit Dichtungsmasse geschlossene Vertikalfuge. Bedingungen der DIN 18 540 und 18 203. Fertigteilbau Technik, Beilage zu Fertigteilbau + Industrialisiertes Bauen **8** (1973), Heft 1, S. II-VIII

[13] DIN 1045: Beton und Stahlbeton Bemessung und Ausführung

[14] DIN 4225 (inzwischen ungültig): Fertigbauteile aus Stahlbeton, Richtlinien für die Herstellung und Anwendung, DNA, Februar 1951

[15] John, Bernd: Statistische Verfahren für Technische Meßreihen. Arbeitsbuch für den Ingenieur, Carl Hanser Verlag, München – Wien 1979

[16] Fleischer, Ekkard: Beitrag zur Ermittlung der Maßgenauigkeit im Stahlbetonskelettbau. Dissertation, TU Braunschweig, 1979

[17] Krell, Karl-Heinz: Maßabweichungen bei Stahlbetonfertigteilen als Beitrag zur Frage der Toleranzen im Bauwesen. Ermittlungen und Untersuchungen, Normenvorschlag für Grundtoleranzen, Meß- und Auswertungsmethoden, Dissertation TH Dresden, 1953

[18] Paschen, Heinrich; Sack, Wolf-Michael: Maßtoleranzen und Passungsberechnung im Stahlbetonskelett-Fertigteilbau. Bauverlag, Wiesbaden 1980

[19] Kreyszig, Erwin: Statistische Methoden und ihre Anwendungen. Verlag Vandenhoeck & Ruprecht, Göttingen 1975

[20] Ickert, Johannes: Das Genauigkeitswesen in der technischen Normung. Schriftenreihe Wissenschaftliche Normung, Heft 4, 1955

[21] Maaß, Günther u. a.: Statistische Untersuchungen von geometrischen Abweichungen an ausgeführten Stahlbetonbauteilen, Teil I: Geometrische Imperfektionen bei Stahlbetonstützen. Berichte zur Sicherheitstheorie der Bauwerke, SFB 96, TU München, Heft 11, 1976. Teil II: Meßergebnisse geometrischer Abweichungen bei Stützen, Wänden, Balken und Decken des Stahlbetonhochbaus. Berichte zur Zuverlässigkeitstheorie der Bauwerke, SFB 96, TU München, Heft 28, 1978

[22] Sack, W.-M.: Beitrag zur Normung von Maßtoleranzen usw. Dissertation Braunschweig 1983

[23] Paschen, Heinrich: Bewertung und Behandlung von Maßtoleranzen im Fertigteilbau. Betonwerk und Fertigteiltechnik 10/1981

[24] Paschen, Heinrich: Das Bauen mit Beton-, Stahlbeton- und Spannbetonfertigteilen. Betonkalender 1982, Teil 2

[25] Paschen, Heinrich: Auswirkungen von Maßabweichungen. Betonwerk + Fertigteil-Technik, Heft 12/1979

4 Mauerwerk

Von Walther Mann

4.1 Mauerwerk – wieder aktuell

Mauerwerk ist einer der ältesten Baustoffe der Menschheit. Jahrtausende reicht die Tradition zurück: Mauerwerk aus einer Vielzahl von Steinarten, angefangen bei Natursteinen, über luftgetrocknete oder gebrannte Ziegel bis zu den hochfesten und hoch wärmedämmenden Steinen, über die wir heute verfügen, verbunden durch Mörtel aus Lehm, Sand, Kalk oder Zement. Stets verstand es der Mensch, diese Baustoffe für alle Arten von Bauwerken zu nutzen. Wohnhäuser und Verteidigungsbauten, Brücken und Türme, Schlösser und Kirchen, unzählige Bauwerke erhielten durch diesen massiven Baustoff ihre Form, in einfachem Stil oder in höchster architektonischer Vollendung.

Mit der Entwicklung neuer Baustoffe schien Mauerwerk in den Hintergrund gedrängt. Stahlbeton vor allem, jener beliebig formbare, durch Stahleinlagen zugfeste Massivbaustoff, faszinierte Architekten und Ingenieure gleichermaßen. Nicht nur versteckt als Tragwerk, sondern auch als Sichtfläche, glatt oder profiliert, naturfarben oder mit ausgewaschenen Zuschlägen, dominierte Beton eine gewisse Zeit als Baustoff.

In den letzten Jahren kommt Mauerwerk wieder zu Ehren, wird wieder aktuell. Man besinnt sich seiner Vorteile: Ideale Verbindung von raumabschließender, statischer und bauphysikalischer Funktion, einfache Herstellung und vielseitige Gestaltungsmöglichkeit. Die Entwicklung von hochfesten oder gut wärmedämmenden Steinen und Mörteln, von großformatigen Einheiten, die Arbeitszeit sparen, von neuen Herstell- und Nachweisverfahren verbessert althergebrachte Bauweisen und ermöglicht neuartige Konstruktionen, die die gestiegenen Anforderungen erfüllen.

So ist Mauerwerk immer noch und wieder ein Baustoff, der Architekten und Ingenieure in gleicher Weise zur Anwendung und Weiterentwicklung anregt, dem wir nach wie vor hervorragende Bauwerke und behagliche Atmosphäre verdanken, der trotz seines hohen Alters in seiner Anpassungfähigkeit jung geblieben ist.

4.2 Bezeichnungen

b, h, d	Breite, Höhe, Dicke der Wand
h_k	Knicklänge der Wand
l	Deckenstützweite
e; $c = \frac{d}{2} - e$	Exzentrizität; Randabstand der Normalkraft
$f = f_1 + f_2$	Zusätzliche Exzentrizität aus ungewollter Ausmitte f_1 und Verformung f_2 nach Theorie II. Ordnung
N, Q, M	Längskraft, Querkraft, Biegemoment
σ, σ_d	Druckspannung
σ_z	Zugspannung
τ	Schubspannung
β_M; β_R	Nennwert; Rechenwert der MW-Druckfestigkeit
μ	Reibungsbeiwert
β_{RHS}	Rechenwert der Haftscherfestigkeit
$\beta_{z, St}$	Zugfestigkeit der Mauersteine
ü	Überdeckungsmaß der Mauersteine
γ	globaler Sicherheitsbeiwert
γ_g, γ_p, γ_m	Teilsicherheitsbeiwert
ε_s	Schwindbeiwert
φ	Kriechbeiwert
E_M, E_{St}, $E_{Mö}$	E-Modul des Mauerwerks, der Steine, des Mörtels
α_T	Temperaturausdehnungskoeffizient
Δt	Temperaturdifferenz

4.3 Komponenten des Mauerwerks

4.3.1 Mauersteine

Zur Herstellung von Mauerwerk werden Steine in großer Vielfalt verwendet. Die wichtigsten Merkmale sind Material, Format, Querschnitt, Steindruckfestigkeit und Rohdichte.

Material. Mauersteine werden aus verschiedenen Materialien hergestellt. Einige der gebräuchlichsten Arten:

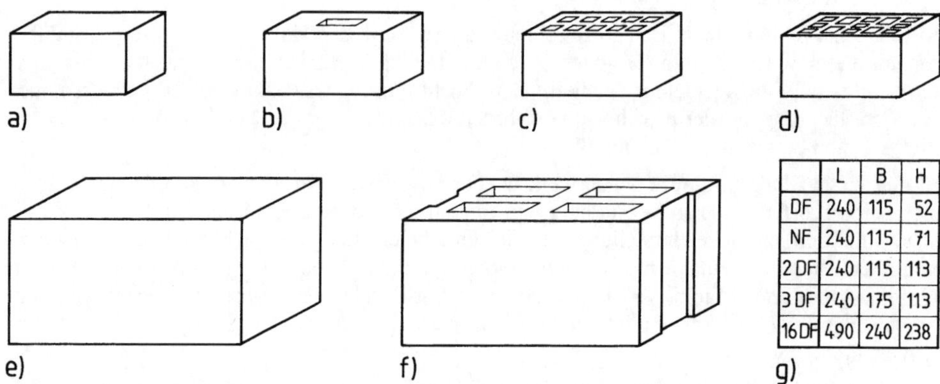

	L	B	H
DF	240	115	52
NF	240	115	71
2 DF	240	115	113
3 DF	240	175	113
16DF	490	240	238

Bild 4.1 Einige Steinformen
a) Vollstein; b) Vollstein mit Griffschlitz; c) Hochlochstein mit durchlaufenden Stegen; d) Hochlochstein mit versetzten Stegen; e) Blockstein; f) 2K-Hohlblockstein mit Mörteltaschen; g) einige Steinformate in mm

Ziegelsteine. Grundmaterial sind Lehm und Ton. Durch Brennen (500° bis 1800°) erhält der Stein seine Festigkeit. Vormauerziegel sind besonders dichte und dadurch frostbeständige Ziegel. Klinker nennt man besonders harte bis zur Sinterung gebrannte Ziegel. Durch Zusatzmittel, die beim Brennen verglühen, z.B. Sägemehl, kann poriges Material mit geringer Rohdichte und besserer Wärmedämmung entstehen. Bezeichnungen: Mz = Mauerziegel; HLz = Hochlochziegel; VMz = Vormauerziegel; KMz = Klinker; Norm: DIN 105; übliche Festigkeitsklassen: 4 bis 60.

Kalksandsteine. Grundmaterial ist Sand, als Bindemittel dient Kalk. Durch Dampfdruck wird der Stein bei Temperaturen bis zu 200° gehärtet. Bezeichnungen: KS = Kalksandvoll- und Blockstein; KSL = Kalksandloch- und Hohlblockstein. Normen: DIN 106. Übliche Festigkeitsklassen: 4 bis 28 (60).

Porenbetonsteine. Grundmaterial sind Sand, Kalk und Zement. Mit einem porenbildenden Treibmittel (Alu-Pulver) entsteht unter Dampfdruck bei Temperaturen bis zu 180° Porenbeton. Bezeichnung: P (früher G). Norm: DIN 4165. Übliche Festigkeitsklassen: 2 bis 8.

Leichtbetonsteine. Grundmaterial sind mineralische Leichtzuschläge nach DIN 4226, z.B. Naturbims, Hüttenbims, Blähton, Blähschiefer oder Ziegelsplitt mit Zumischung von Sand. Als Bindemittel dient Zement. Bezeichnung: V = Vollsteine, Hbl = Hohlblocksteine. Norm: DIN 18151, 18152. Übliche Festigkeitsklassen: 2 bis 12.

Betonsteine. Grundmaterial ist Normalbeton. Bezeichnung: Hbn = Hohlblockstein aus Beton. Norm: 18153. Übliche Festigkeitsklassen: 4 bis 12.

Format. Die Formate leiten sich aus der Achtel-Teilung eines Meters als Achsmaß abzüglich 10 mm für Stoßfugen und 12 mm für Lagerfugen ab. Kurzzeichen: DF = Dünnformat; L/B/H = 240/ 115/52 mm; NF = Normalformat: L/B/H = 240/115/71 mm; und Vielfaches dieser Formate, z.B. 2 DF = 240/115/113 mm (Bild 4.1g).

Querschnittsform. Vollsteine (kleinformatig) und Blocksteine (großformatig) dürfen eine geringe Lochung senkrecht zur Lagerfläche, z.B. für Griffschlitze, bis maximal 15 % der Lagerfläche aufweisen. Hochlochsteine enthalten eine kleinformatige Lochung senkrecht zur Lagerfläche zwischen 15 bis 50 % der Lagerfläche. Hohlblocksteine sind großformatige Steine mit einer oder mehreren Kammern als Hohlräumen. Detaillierte Festlegungen enthalten die Steinnormen. Beispiele s. Bild 4.1.

Steindruckfestigkeit. In den Steinnormen ist festgelegt, wie die Druckfestigkeit der Steine zu prüfen ist. Der Einfluß unterschiedlicher Steinformate wird dabei durch Formfaktoren korrigiert. Maßgebend für die Bezeichnung war früher der Mittelwert der Versuchsergebnisse, heute die 5%-Fraktile. Beispiel: Alte Bezeichnung Hlz 150 = Mittelwert der Druckfestigkeit 150 kp/cm^2; neue Bezeichnung Hlz 12 = Fraktilwert 12 N/mm^2. Die Druckfestigkeit der Steine wird stets auf die Bruttofläche bezogen, also ohne Abzug der Lochquerschnitte.

Rohdichte. Für Lastannahmen und Wärmeschutz ist die Rohdichte der Steine von Bedeutung. Deshalb wird die Rohdichteklasse in kg/dm^3 der Steinbezeichnung beigefügt.

Bezeichnung. Die wesentlichen Merkmale eines Steines werden in der Bezeichnung zusammengefaßt. Beispiel: Mz 12 – 1,8 – 2DF bedeutet Vollziegel der Druckfestigkeitsklasse 12 N/mm^2, Rohdichteklasse 1,8 kg/dm^3, Format 2DF.

Kennzeichnung. Um Verwechselungen auf der Baustelle zu vermeiden, wird die Verpackung oder ein außenliegender Stein eines Steinpaketes in allgemein festgelegten Farben oder mit Nuten an der Steinseite nach Tafel 4.1 gekennzeichnet.

Tafel 4.1 Kennzeichnung von Steinen

	Steinfestigkeitsklasse								
	2	4	6	12	20	28	36	48	60
Farbe oder	grün	blau	rot	ohne oder 1x schwarz	gelb	braun	violett	2x schwarz	3x schwarz
Nut-Zahl	0	1	2	3	–	–	–	–	–

4.3.2 Mauermörtel

Man unterscheidet Normalmörtel (NM), Leichtmörtel (LM) und Dünnbettmörtel (DM).

Normalmörtel. Er besteht aus Sand, Kalk oder Zement und gegebenenfalls Zusatzmittel und Zusatzstoffen, die die Mörteleigenschaften beeinflussen. Die Einteilung erfolgt nach der Druckfestigkeit in Mörtelgruppen. DIN 1053 gibt Mischungsverhältnisse an, die ohne besonderen Nachweis die geforderte Festigkeit erwarten lassen. Tafel 4.2 enthält eine Zusammenstellung der wichtigsten Mischungsverhältnisse.

Leichtmörtel. Zur Verbesserung der Wärmedämmung werden für Außenwände zunehmend Leichtmörtel verwendet. Sie bestehen aus porigen Leichtzuschlägen, z.B. Sanden aus Naturbims, Blähton oder Blähschiefer, und Bindemittel. Die Zusammensetzung erfolgt nach Eignungsprüfung. Von besonderer Bedeutung ist das Querdehnverhalten der Mörtel. DIN 1053-1 unterscheidet LM 21 mit geringem und LM 36 mit größerem Quer- und Längsdehnmodul. Hierbei entsprechen die Ziffern 21 und 36 den geforderten Grenzwerten für die Wärmeleitfähigkeit der Mörtelgruppen.

Tafel 4.2 Mörtelgruppe, Festigkeit und Beispiele für Mischungsverhältnisse für Normalmörtel

Kurzbezeichnung	Mörtelgruppe	Druckfestigkeit*) in N/mm²	Mischungsverhältnis in Raumteilen			
			Kalk hydrat.	Kalk hochhydr.	Zement	Sand
Kalkmörtel	I	–	1 –	– 1	– –	3 4,5
Kalkzementmörtel	II	2,5	2 –	– 1	1 –	8 3
	IIa	5,0	1 –	– 2	1 1	6 8
Zementmörtel	III	10	–	–	1	4
	IIIa	20	–	–	1	4

*) Mittelwert der Druckfestigkeit nach 28 Tagen bei Güteprüfungen

Dünnbettmörtel. Die Zusammensetzung erfolgt nach Eignungsprüfung. Der Mörtel muß eine Fugendicke von 1 bis 3 mm ermöglichen. Hinsichtlich seiner Festigkeit wird er der Mörtelgruppe III zugeordnet.

Herstellung. Baustellenmörtel wird vor Ort, Werkmörtel im Werk hergestellt. Werk-Trockenmörtel erfordert auf der Baustelle Wasserzusatz, Werk-Vormörtel Wasser- und Zementzusatz. Werkfrischmörtel wird gebrauchsfertig geliefert, wobei insbesondere auf die zulässige Zeitspanne der Verarbeitbarkeit zu achten ist. Werkmörteln dürfen auf der Baustelle keine Zusatzstoffe oder Zusatzmittel zugegeben werden.

Zusatzstoffe. Natürliche Zusätze zur Verbesserung der Mörteleigenschaften, z.B. Traß, Gesteinsmehl, o.ä.

Zusatzmittel. Zusätze mit chemischer oder physikalischer Wirkung zur Verbesserung der Mörteleigenschaften, z.B. Beschleuniger, Verzögerer, Verflüssiger, Dichtungsmittel, usw.

4.3.3 Bewehrung

Für bewehrtes Mauerwerk ist Betonstahl nach DIN 488-1 zu verwenden, s. DIN 1053-3. Auf Korrosionsschutz derBewehrungist besonders zu achten, s. Abschn. 4.9: Bewehrtes Mauerwerk.

4.4 Festigkeit von Mauerwerk

4.4.1 Druckfestigkeit von Mauerwerk

Mauerwerk als nicht-homogener Baustoff zeigt ein kompliziertes Bruchverhalten. In der Regel treten unter hoher Last vorerst vertikale Risse in den Steinen infolge von Querzugspannungen auf, die gemäß Bild 4.2 aus unterschiedlichem Querdehnverhalten der Materialien oder aus Inhomogenitäten der Fuge entstehen; sie leiten den Bruch des Mauerwerks ein. Die Querzugfestigkeit der Steine ist also ein wichtiges Kriterium für die Druckfestigkeit von Mauerwerk. Dieses Bruchverhalten wurde mehrfach auch theoretisch untersucht, s. z.B. [52] und [63].

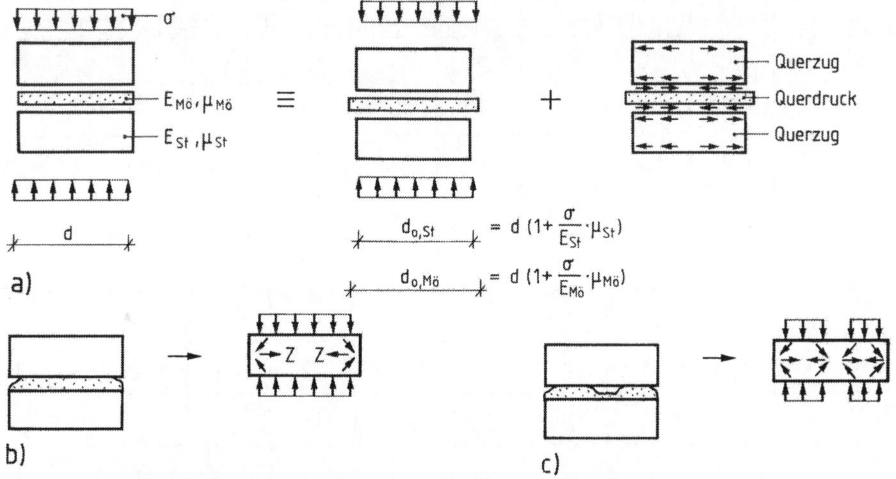

Bild 4.2 Querzug und Rißgefahr im Stein aus
a) unterschiedlichem Querdehnverhalten von Stein und Mörtel; b) absackender oder schlecht verfüllter Lagerfuge; c) Fehlstellen in der Lagerfuge

Aus Gründen der Vereinfachung wird bisher die Druckfestigkeit von Mauerwerk nur auf die Druckfestigkeit von Stein und Mörtel bezogen. Dennoch sind mehr Parameter beteiligt, z.B. Querdehnverhalten von Stein und Mörtel, Querzugfestigkeit der Steine (Lochbild!), Fugendicke, Steinhöhe usw. Sie bedingen Streuungen in den Versuchsergebnissen, z.B. Unterschiede für Mauerwerk aus Voll- bzw. Lochsteinen trotz gleicher Steindruckfestigkeit. Aus dem gleichen Grund lassen sich die Spannungswerte für Mauerwerk aus Normalmörtel nicht ohne weiteres auf Mauerwerk aus Leichtmörtel übertragen, da bei Leichtmörtel mit größerer Querdehnung zu rechnen ist.

Die Druckfestigkeit von Mauerwerk wird nach DIN 18554 an einem genormten Prüfkörper der Schlankheit h/d = 3 bis 5, dem sogenannten Rilem-Körper, geprüft. Einige Begriffe:

$\beta_M =$ Nennfestigkeit als 5%-Fraktile der Versuchswerte

$\beta_R =$ Rechenfestigkeit, bezogen auf die theoretische Schlankheit Null; sie berücksichtigt den Einfluß der Langzeitwirkung und eine vergrößerte Sicherheit bei hochfesten Materialien. $\beta_R = c \cdot M$ mit c = 0,95 bis 0,70.

zul $\sigma =$ $k \cdot \sigma_o$ = zulässige Spannung im Gebrauchszustand, bezogen auf eine Wand-Schlankheit h/ d = 10.

$\sigma_o =$ Grundwert der zulässigen Spannung.

Zwischen β_R und σ_o besteht eine zahlenmäßige Beziehung. Setzt man die Sicherheit für Wände, bezogen auf β_R, mit $\gamma = 2{,}0$ an und errechnet den Schlankheitseinfluß für h/d = 10 mit f nach Bild 4.12 zu 1,33, so folgt die Beziehung:

$$\beta_R = 2{,}0 \cdot 1{,}33 \cdot \sigma_o = 2{,}67\,\sigma_o.$$

In Tabelle 4.3a sind derzeit gültige Werte für β_R und σ_o für die üblichen Stein- und Mörtelgüten als Normalmörtel, in Tabelle 4.3b für Dünnbett- und Leichtmörtel zusammengestellt. Sie beruhen auf der statistischen Auswertung von Versuchen, über die z.B. in [53], [54], [55], [77] berichtet ist.

Tafel 4.3a Grundwerte der zulässigen Spannung σ_o und Rechenfestigkeit β_R in MN/ m^2 für Mauerwerk mit Normalmörtel nach DIN 1053-1 (1996).

Stein-festig-keits-klasse	Mörtelgruppe									
	I		II		IIa		III		IIIa	
	σ_o	β_R	σ_o	β_R	σ_o	β_R	σ_o	β_R	σ_o	β_R
2	0,3	0,80	0,5	1,33	0,5*	1,33	–	–	–	–
4	0,4	1,07	0,7	1,87	0,8	2,14	0,9	2,40	–	–
6	0,5	1,33	0,9	2,40	1,0	2,67	1,2	3,20	–	–
8	0,6	1,60	1,0	2,67	1,2	3,20	1,4	3,74	–	–
12	0,8	2,14	1,2	3,20	1,6	4,27	1,8	4,80	1,9	5,07
20	1,0	2,67	1,6	4,27	1,9	5,07	2,4	6,40	3,0	8,00
28	–	–	1,8	4,80	2,3	6,14	3,0	8,00	3,5	9,35
36	–	–	–	–	–	–	3,5	9,35	4,0	10,68
48	–	–	–	–	–	–	4,0	10,68	4,5	12,00
60	–	–	–	–	–	–	4,5	12,00	5,0	13,35

*) $\sigma_o = 0{,}6$ für Außenwände $d \geq 30$ cm

Tafel 4.3b Grundwerte der zulässigen Spannung σ_o und Rechenfestigkeit β_R in MN/ m^2 für Mauerwerk mit Dünnbettmörtel und mit Leichtmörtel nach DIN 1053-1 (1990)

Steinfestig-keitsklasse	Dünnbettmörtel*		Leichtmörtel			
			LM 21		LM 36	
	σ_o	β_R	σ_o	β_R	σ_o	β_R
2	0,6	1,60	0,5*	1,33*	0,5*	1,33*
4	1,1	2,94	0,7*	1,87*	0,8*	2,13*
6	1,5	4,00	0,7	1,87	0,9	2,40
8	2,0	5,34	0,8	2,13	1,0	2,67
12	2,2	5,87	0,9	2,40	1,1	2,93
20	3,2	8,54	0,9	2,40	1,1	2,93
28	3,7	9,88	0,9	2,40	1,1	2,93

*) Verringerte Werte für bestimmte Steinarten. Siehe Normtext

4.4.2 Zugfestigkeit von Mauerwerk

Senkrecht zur Lagerfuge wird bei tragenden Wänden keine Zugfestigkeit angesetzt. Zwar besteht eine Haftung zwischen Stein und Mörtel, jedoch streut dieser Wert wegen vieler Einflüsse stark; außerdem ist er wegen möglicher Rißbildung infolge von Zwängungen unzuverlässig. Deshalb gilt senkrecht zur Lagerfuge $\sigma_z = 0$.

Parallel zur Lagerfuge ermöglichen die Zugfestigkeit der Steine und der Verband des Mauerwerks eine Zugfestigkeit. Nach [51] und Bild 4.3 sind 2 Versagensarten möglich:

a) **Versagen der Lagerfugen.** Wird die aufnehmbare Reibungskraft in den Lagerfugen überschritten, löst sich der Verband in Form eines zahnartigen Risses ohne Zerstörung der Steine. Diese Versagensart wird auftreten bei sehr zugfesten Steinen und geringer Reibung, also bei geringer Kohäsion des Mörtels und geringer Auflast. Da die Zugfestigkeit der Stoßfuge vernachlässigbar gering ist, muß jeweils 1 Stein die auf 2 Schichten wirkende Zugspannung σ_z aufnehmen. Der Bruch tritt ein, wenn die in der Übertragungslänge ü wirkende Schubspannung τ den aufnehmbaren Wert überschreitet.

b) **Versagen der Steine.** Bei geringer Zugfestigkeit der Steine und großer Reibung, also bei großer Kohäsion des Mörtels sowie hoher Auflast, tritt der Bruch durch Zerreißen der Steine ein. Setzt man wieder die Zugfestigkeit der Stoßfuge gleich null, entsteht der Bruch, wenn die auf 2 Schichten wirkende Zugspannung σ_z, die Zugfestigkeit eines Steines überschreitet.

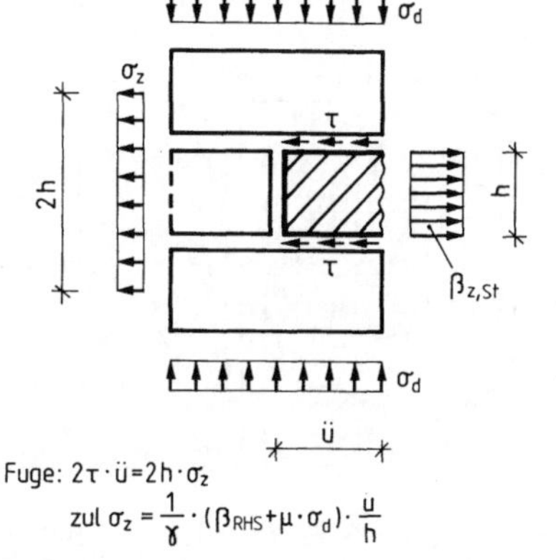

Bild 4.3 Zugfestigkeit von Mauerwerk parallel zur Lagerfuge. Versagen a) der Fuge, b) des Steins

Die Bruchbedingungen sind in Bild 4.3 formuliert. Der ungünstigere dieser beiden Versagensfälle ist maßgebend. Für die Zahlenrechnung gelten im Regelfall folgende Werte: Sicherheitsbeiwert $\gamma = 2{,}0$; Überdeckungsmaß $ü \geq 0{,}4$ h; Reibungsbeiwert $\mu = 0{,}6$ für alle Mörtelgüten, Kohäsion bzw. Haftscherfestigkeit β_{RHS} und Steinzugfestigkeit $\beta_{z,\,St}$ nach DIN 1053-1. Die so ermittelten zulässigen Zugspannungen zul σ_z parallel zur Lagerfuge können sowohl für zentrischen Zug, z.B. aus Zwängungen infolge Temperatur oder Schwinden, als auch für Biegezug, z.B. aus Momenten infolge von Erddruck oder Windlasten, angesetzt werden. Weiterführende Untersuchungen zum Biegezug s. [80] und [81].

4.4.3 Schubfestigkeit von Mauerwerk

Gemauerte Wände wirken auch als Scheiben und dienen zur Aussteifung von Bauwerken. Die abzutragenden Querkräfte beanspruchen das Mauerwerk auf Schub, dem sogenannten Scheiben-Schub. Wie theoretische Überlegungen [56] und Versuche, z.B. [57] zeigen, sind 3 Versagensarten gemäß Bild 4.4 möglich:

a) **Fugenversagen.** Unter geringer Auflast σ_d und bei Steinen mit guter Zugfestigkeit $\beta_{z,\,St}$ bewirken Schubspannungen einen treppenförmigen diagonalen Riß entlang der Stoß- und Lagerfugen.

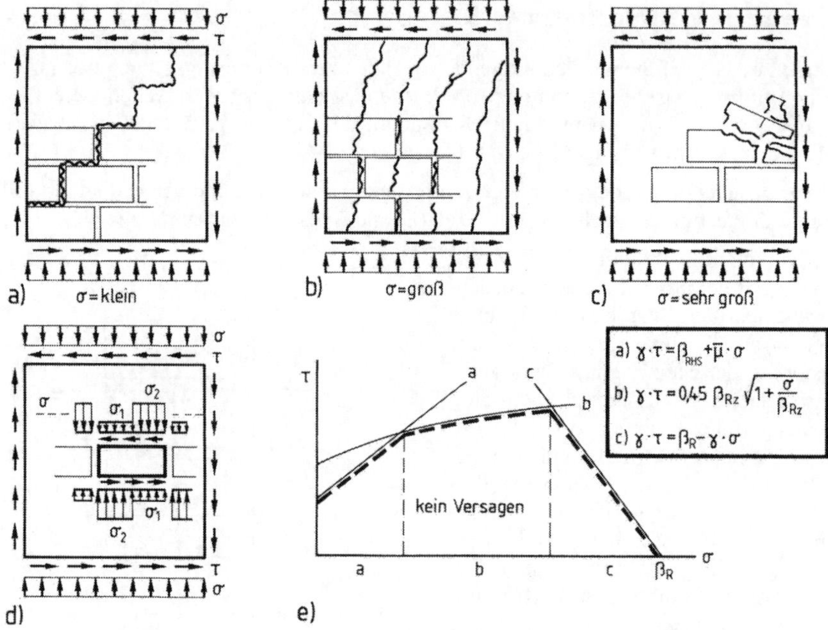

Bild 4.4 Versagensarten und Bruchmechanismus bei Schubbeanspruchung
a) Fugenversagen unter kleiner Auflast; b) Steinversagen unter großer Auflast; c) Druckversagen unter sehr großer Auflast; d) Spannungsumlagerung im Verband; e) Hüllkurvenzug und zugehörige Gleichungen

b) **Zerreißen der Steine.** Unter größerer Auflast und bei Steinen mit geringerer Zugfestigkeit bilden sich unter Schubbeanspruchung Risse durch die Steine und Stoßfugen, während die Lagerfugen intakt bleiben.

c) **Druckversagen der Steine.** Bei sehr hoher Auflast versagt das Mauerwerk unter Hauptdruckpannungen.

Dieses Verhalten läßt sich durch folgendes Bruchmodell gemäß [56] und Bild 4.4 erfassen: Setzt man voraus, daß in den Stoßfugen im Bruchzustand keine Schubspannungen wirken, weil diese Fugen im Gegensatz zu den Lagerfugen nicht überdrückt sind, im Gegenteil sogar schwinden und häufig in geringer Qualität ausgeführt werden, so bewirken die horizontalen Schubspannungen am Einzelstein ein Drehmoment. Aus Gründen des Gleichgewichtes am Stein gegen Verdrehen, muß die Auflast ein entgegengesetzt gerichtetes Moment bilden, indem die Spannung σ gezahnt mit σ_1 und σ_2 über die Steinlänge verläuft. Es gilt

$$(\sigma_1 + \sigma_2) \cdot 1/2 = \sigma.$$

Fugenversagen nach a) tritt ein, wenn die geringer belastete Steinhälfte unter σ_1 auf Reibung versagt, also $\tau = \beta_{RHS} + \mu \cdot \sigma_1$. Um mit der rechnerischen Spannung σ rechnen zu können, bestimmt man einen „reduzierten" Reibungsbeiwert μ aus $\mu \cdot \sigma_1 = \mu \cdot \sigma$. Damit und mit dem Sicherheitsbeiwert γ ergibt sich die Bruchbedingung, die in Bild 4.4 formuliert und als Gerade a dargestellt ist. Da σ_1 jeweils diagonal am Stein wirkt, folgt hieraus die bekannte treppenförmige Ausbildung der Risse.

Steinversagen nach b) tritt ein, wenn die Steine unter einer schiefen Hauptzugspannung zerreißen. Da die Stoßfugen als nicht wirksam angenommen sind, muß jeder Stein die auf 2 Schichten entfallenden vertikalen Schubspannungen als Querkraft aufnehmen. Die Steine reißen, wenn die schiefe Hauptzugspannung in ihnen die Steinzugfestigkeit $\beta_{z, St}$ überschreitet. Die Bruchbedingung ist in Bild 4.4 formuliert und als Kurve b eingetragen.

Bei **Druckversagen** nach c) führt die größere Spannung σ_2 zum Bruch. Dieser Fall ist als Gerade c im Bild 4.4 dargestellt. Im Grenzfall $\tau = 0$ ergibt sich die Rechenfestigkeit β_R.

Es entsteht so ein Hüllkurvenzug, der im Bild gestrichelt hervorgehoben ist. Er ist vergleichbar der Mohrschen Umhüllenden für homogenes Material. Alle innerhalb dieses Kurvenzuges liegenden Spannungspaare σ, τ sind aufnehmbar, alle außerhalb liegenden Paare führen zum Versagen. Die Zahlenwerte β_{RHS}, μ und $\beta_{z, St}$ sind aus DIN 1053-1 zu entnehmen.

In vielen Mauerwerksnormen, so auch im vereinfachten Verfahren nach DIN 1053-1, wird vereinfachend lediglich die Reibungsgerade a betrachtet und durch einen Maximalwert noch oben begrenzt:

$$\text{zul}\ \tau = a + b \cdot \sigma \leq \max \tau$$

Die Werte a, b und max τ sind der Norm zu entnehmen.

4.5 Grundlagen der Bemessung

4.5.1 Nachweis der Sicherheit

Der Nachweis der Standsicherheit kann auf verschiedene Weise erfolgen: Über zulässige Spannungen im Gebrauchzustand, über einen globalen Sicherheitsbeiwert für den Bruchzustand oder über Teilsicherheitsfaktoren.

Nachweis im vereinfachten Verfahren nach DIN 1053-1. Im Gebrauchszustand gilt die Bedingung: vorh. $\sigma \leq$ zul σ. Die in der Norm festgelegten zulässigen Spannungen (s. Tafel 4.3) enthalten den erforderlichen Sicherheitsabstand gegenüber der Bruchfestigkeit.

Nachweis im genaueren Verfahren nach DIN 1053-1. Es ist nachzuweisen, daß die γ-fachen Gebrauchslasten im Bruchzustand aufgenommen werden:

$$\gamma \cdot P_{vorh.} \leq P_{Bruch}$$

γ ist der globale Sicherheitsbeiwert. Für Wände gilt $\gamma_w = 2{,}0$, für Pfeiler $\gamma_P = 2{,}5$.

Nachweis über Teilsicherheitsfaktoren. Bei den zukünftigen Normen werden die globalen Sicherheitsbeiwerte in Teilsicherheitsfaktoren aufgeteilt, um die Gegebenheiten genauer erfassen zu können. Dabei ist, vereinfacht dargestellt, nachzuweisen, daß die Summe der mit den zugehörigen Sicherheitsbeiwerten γ_g und γ_p multiplizierten Gebrauchslasten, z.B. G und P, kleiner sein muß als der Materialwiderstand R, der durch einen Material-Sicherheitsbeiwert γ_m geteilt wird:

$$\gamma_g \cdot G + \gamma_p \cdot P \leq R / \gamma_m$$

Die Teilsicherheitsbeiwerte γ_g, γ_p und γ_m werden so festgelegt, daß die Versagenswahrscheinlichkeit der Einzelteile eines Bauwerkes gleichmäßig ist und den allgemein formulierten Anforderungen entspricht. S. hierzu [58]. Bisher nicht im DIN 1053-1 vorgesehen.

Sicherheitsbeiwerte. Der globale Sicherheitsbeiwert ist in DIN 1053-1 mit $\gamma_w = 2{,}0$ für Wände festgelegt. Für „kurze Wände" (Pfeiler) mit Querschnitten < 1000 cm^2, die aus getrennten, stark gelochten (> 35%) Steinen bestehen oder die Aussparungen enthalten, gilt $\gamma_P = 2{,}5$. Der größere Wert ergibt sich daraus, daß sich Fehlstellen bei kleinen Querschnittsflächen ungünstiger auswirken als bei großflächigen Wandquerschnitten mit besserer Umlagerungsmöglichkeit. γ enthält den Sicherheitsabstand zwischen dem Gebrauchszustand und der Rechenfestigkeit β_R. Da β_R auf der 5%-Fraktile aufbaut und den Einfluß der Langzeitwirkung mit dem Wert 0,85 berücksichtigt, ergibt sich mit einem Verhältnis Fraktile: Mittelwert = ≈ 0,8, die Sicherheit gegenüber dem Mittelwert der Kurzzeitfestigkeit zu 2,0/0,85 · 0,8 ≅ 3,0. Weiterhin gilt für gleiches Sicherheitsniveau die Beziehung $\beta_R = 2{,}0 \cdot 1{,}333$ zul $\sigma = 2{,}67 \cdot$ zul σ. Hierin ist $2{,}0 = \gamma_w$ und 1,333 die Knickabminderung für $h_k/d = 10$ bei zul σ. Wie in [59] dargelegt, ist dieses Sicherheitsniveau durch langjährige positive Erfahrungen gerechtfertigt; es fügt sich darüber hinaus gut in das allgemein im Bauwesen übliche Sicherheitsniveau ein.

Um die Größenordnung der Teilsicherheitsbeiwerte auf den globalen Sicherheitsbeiwert γ abzustimmen, könnte man in ersten Abschätzungen $\gamma_g = \gamma_p$ setzen, so daß aus der obigen Formulierung des Bruchzustandes folgt: $\gamma_{g,\,p} \cdot \gamma_m = \gamma$. Setzt man auch diese Teilsicherheitsbeiwerte gleich, so müßten sie für $\gamma = 2{,}0$ die Größenordnung $\gamma_g \sim \gamma_p \sim \gamma_m \approx \sqrt{2{,}0} = 1{,}41$ haben. Die derzeitigen Entwürfe gehen entweder von diesem Wert oder von Werten $\gamma_g = 1{,}35$; $\gamma_p = 1{,}50$ aus. Für γ_m sind mehrere Werte je nach Qualität der Ausführung und Kontrolle des Mauerwerkes im Gespräch. Siehe hierzu auch den Euro-Code EC 6.

Nachweis. Für den Nachweis der Standsicherheit stehen zwei Verfahren zur Verfügung: Das vereinfachte Verfahren und das genauere Verfahren nach DIN 1053-1. Beim vereinfachten Verfahren brauchen bestimmte Beanspruchungen nicht nachgewiesen zu werden, da sie im Sicherheitsabstand, der den zulässigen Spannungen zugrunde liegt, oder durch konstruktive Regeln und Grenzen berücksichtigt sind. Dies betrifft z.B. Biegemomente aus Deckeneinspannung, ungewollte Exzentrizitäten beim Knicknachweis, Wind auf Außenwände usw. Beim genaueren Verfahren werden diese Einflüsse im einzelnen erfaßt. Für die Praxis ist zu empfehlen, vorerst das vereinfachte Verfahren anzuwenden, da es kürzer ist; falls größere Genauigkeit erforderlich, können einzelne Wände oder Geschosse oder das gesamte Bauwerk mit Hilfe des genaueren Verfahrens nachgewiesen werden.

4.5.2 Spannungsnachweis bei zentrischem und exzentrischem Druck

Bei zentrischem Druck wird gleichmäßige Spannungsverteilung vorausgesetzt. Der Nachweis lautet somit entweder für den Gebrauchszustand

$$\sigma = N/F \leq \text{zul}\ \sigma$$

oder für den Bruchzustand

$$\gamma \cdot N/F \leq \beta_R.$$

Bei exzentrischem Druck wird nach den heute gültigen Normen lineare Spannungsverteilung unter Ausschluß von Zugspannungen zugrunde gelegt. Bei größerer Exzentrizität $e > d/6$ entstehen dadurch klaffende Fugen. Um auch in einem solchen Fall eine 1,5fache Kippsicher-

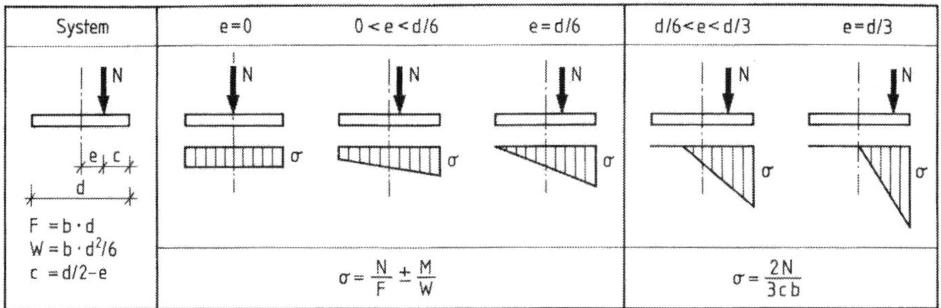

Bild 4.5 Spannungsdiagramme bei linearer Verteilung unter verschiedenen Exzentrizitäten und Ermittlung der Randspannungen σ

heit um die Kante zu gewährleisten, ist die Grenze e ≤ d/3 bzw. klaffende Fuge nur bis zur Wandachse festgelegt. Bei 1,5fachem Moment würde nämlich die Auflast im Abstand 1,5 e = d/2, also an der Kante, angreifen.

Für lineare Spannungsverteilung sind beim Spannungsnachweis zwei Bereiche zu unterscheiden: Ungerissener Querschnitt für 0 ≤ e ≤ d/6 und gerissener Querschnitt für d/6 ≤ e ≤ d/3. Die Gleichungen zur Ermittlung von σ sind in Bild 4.5 dargestellt.

Wie Versuche gezeigt haben, liegt die lineare Spannungsverteilung bei größerer Exzentrizität bis zu 30 % auf der sicheren Seite. Deshalb ist es in manchen anderen Ländern üblich, mit parabolischer Spannungsverteilung oder mit Parabel-Rechteck-Diagramm oder ersatzweise mit einem rechteckigen Spannungsblock gemäß Bild 4.6 zu rechnen. Für letztere Verteilung wird die Bemessung besonders einfach, da für alle Exzentrizitäten e gilt:

$$N = N_o \cdot (1 - 2\,e/d) = \beta_R \cdot b \cdot d \cdot (1 - 2\,e/d)$$

Dieser einfache und günstige Ansatz ist im Euro-Code EC 6 vorgesehen. Statt dessen gestattet DIN 1053-1 (1996) als Kantenpressung 1,33 β_R.

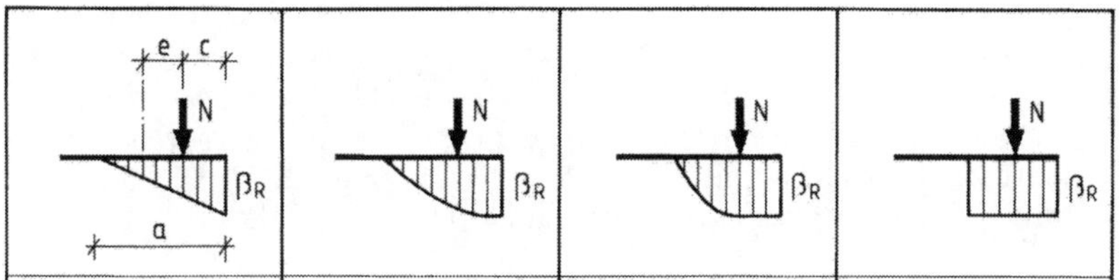

e, c, N, β_R, a	N, β_R	N, β_R	N, β_R
a = 3c	a = 2,67c	a = 2,40c	a = 2c
N = 1,5 c β_R	N = 1,78 c β_R	N = 1,95 c β_R	N = 2 c β_R
linear	Parabel	Parabel-Rechteck	Rechteck

Bild 4.6 Verschiedene Arten der Spannungsverteilung bei exzentrischem Druck; Basislänge a des Spannungskörpers und aufnehmbare Normalkraft N

4.5.3 Wand-Decken-Knoten

Wände und Stahlbeton-Decken bilden im Regelfall ein Rahmensystem, da sich durch Überdrückung biegesteife Ecken ausbilden können. Die genaue Berechnung ist für die Praxis zu aufwendig, um so mehr als viele Ungenauigkeiten bestehen: Steifigkeit der Decke (Zustand I oder II, Stahlanteil), Steifigkeit der Wand (E-Modul des Mauerwerks, gerissene Zonen), 2-achsige Lastabtragung der Decken (auch bei l-achsiger Berechnung), Aussteifung der Wände durch Querwände, Kriecheinfluß usw. Deshalb ist eine übertrieben genaue Berechnung sinnlos. Mehrere Ansätze sind möglich:

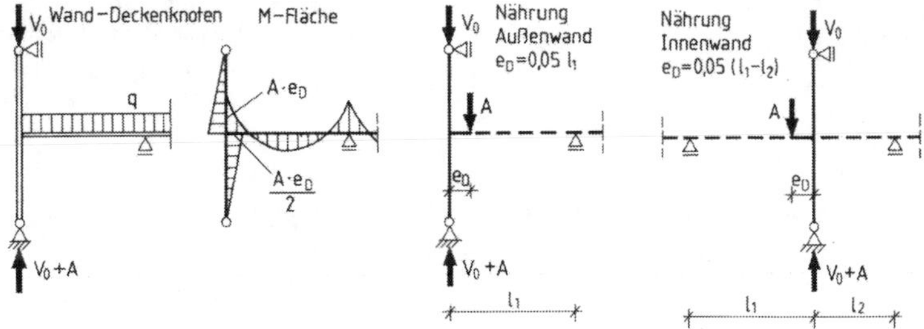

Bild 4.7 Wand-Decken-Knoten: Exzentrizität e_D der Deckenauflagerkraft A nach Näherungsverfahren DIN 1053-1

Frühere Gepflogenheit: Die Deckeneinspannung wurde vernachlässigt. Eine erhöhte Kantenpressung bzw. eine mögliche Klaffung am gegenüberliegenden Rand wurde somit nicht nachgewiesen.

Nach DIN 1053-1, vereinfachtes Verfahren: Zur Vereinfachung wird die Deckeneinspannung nicht detailliert nachgewiesen, ihrer Auswirkung jedoch durch Begrenzung der Stützweiten und gegebenenfalls durch Reduzierung der zulässigen Spannungen mit dem Faktor k_3 Rechnung getragen.

Nach DIN 1053-1, genaueres Verfahren: Die Auflagerkraft A aus der Decke wird nicht in der Wandachse wirkend, sondern mit einer Exzentrizität e_D gemäß Bild 4.7 angenommen. Das so entstehende Decken-Einspannmoment $A \cdot e_D$ verteilt sich bei Zwischengeschossen annähernd je zur Hälfte auf Wandkopf und Wandfuß. Da Normalkräfte N_o aus darüber befindlichen Geschossen zentrisch angesetzt werden können, ergibt sich z.B. am Wandkopf eine resultierende Exzentrizität

$$e_o = \frac{1}{2} \cdot \frac{A \cdot e_D}{(A + N_o)}$$

Es besteht Rißgefahr, wenn $e_O > d/6$. Bei Dachdecken muß das Einspannmoment $A \cdot e_D$ voll in den Wandkopf eingeleitet werden. Der Zahlenwert $e_D = 0{,}05 \cdot l_1$ bei Außenwänden und $e_D = 0{,}05 \cdot (l_1 - l_2)$ bei Innenwänden, der in [51] begründet ist, ist zwangsläufig grob vereinfacht, da er für alle Steifigkeitsverhältnisse gilt. Deshalb bietet das folgende Verfahren genauere und häufig günstigere Werte bei vertretbarem Rechenaufwand.

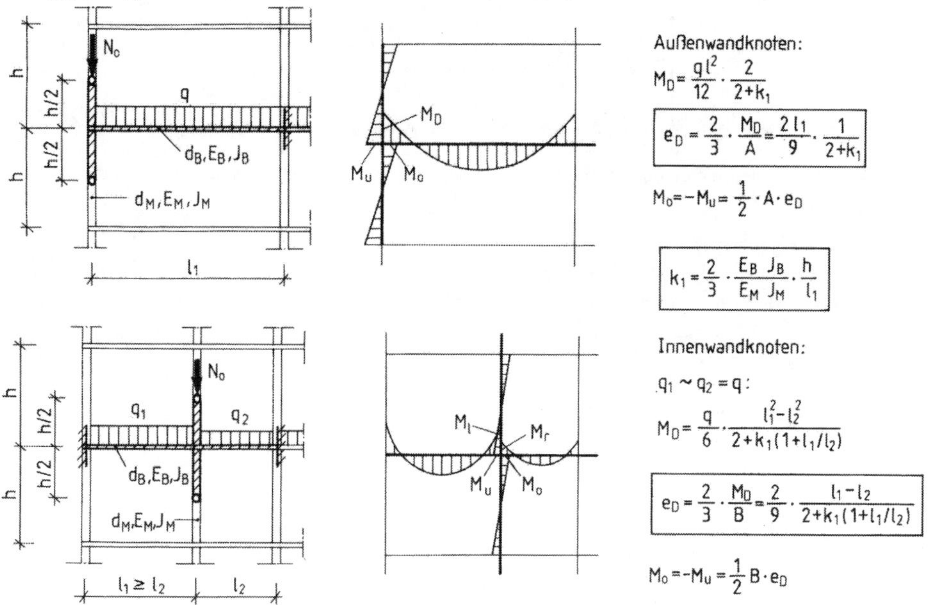

Bild 4.8 Wand-Decken-Knoten: Exzentrizität e_D der Deckenauflagerkraft nach Näherungsverfahren [51]

Nachweis über vereinfachte Rahmenrechnung nach [51]: Durch Abschätzen der Momenten-Nullpunkte und Herausschneiden von geeigneten Teilsystemen lassen sich vereinfachte Rahmensysteme gewinnen, die formelmäßig ausgewertet werden können. Setzt man die Deckeneinspannmomente bei der Wandbemessung nach Norm nur zu 2/3 an, da sie bei der Deckenbemessung üblicherweise nicht entlastend berücksichtigt werden, somit nur Zwängungscharakter haben, ergeben sich die Exzentrizitäten der Auflagerkräfte nach [51] gemäß Bild 4.8.

Bei zweiachsig gespannten Deckenplatten kann mit guter Näherung, wie Vergleichsrechnungen in [51] gezeigt haben, in den Formeln für e_D jeweils 2/3 der kürzeren Deckenspannweite als l eingesetzt werden.

Bei sehr großen resultierenden Kopf- und Fußexzentrizitäten $e_{o,\,u}$ dreht die Decke um die Wandkante, so daß die Rahmenecke zum Gelenk wird. Die Exzentrizität ist also begrenzt. In Fällen $e_{o,\,u} > d/3$ ist daher $e_{o,\,u} = d/3$ zu setzen. Ein Grenzwert e = d/2, also Resultierende auf der Kante, ist nicht möglich, da dann die Kantenpressung unendlich groß werden würde.

4.5.4 Knicklänge von Wänden

Es wird vorausgesetzt, daß das Gebäude als ganzes ausgesteift ist, so daß die Geschoßdecken horizontale Halterungen für die Wände darstellen.

Frühere Gepflogenheit: Vereinfachend wurde das Achsmaß der Geschoßhöhe als Knicklänge angesetzt.

Nach DIN 1053-1: Bei der Knicklänge wird die Einspannung in die Decke sowie die Zahl der gehaltenen Seiten berücksichtigt. Außerdem wird die lichte Geschoßhöhe zwischen den Decken anstelle des Achsmaßes zugrunde gelegt, da die Decke selbst nicht knickt.

a) **Zweiseitig gehaltene Wände.** Vereinfachend kann stets die lichte Geschoßhöhe als Knicklänge angesetzt werden (Euler-Fall 2). Ist die rahmenartige Wirkung des Wand-Decken-Knotens gewährleistet, z.B. bei Massivdecken mit ausreichender Auflagerlänge, so kann die elastische Einspannung der Wände in den Decken zur Reduzierung der Knicklänge auf $h_k = \beta h_s$ genutzt werden. In Abhängigkeit vom Verhältnis R der Biegesteifigkeiten von Decke und Wand liegt die Knicklänge zwischen den Grenzwerten des Euler-Falles 2 und 4, s. Bild 4.9. In [60], [62] ist nachgewiesen, daß bei üblichen Konstruktionen eine Abminderung der Knicklänge $\beta = 0{,}75$ auf der sicheren Seite liegt. Versuche nach [61] haben diese theoretische Erkenntnis bestätigt. h_s ist die lichte Geschoßhöhe.

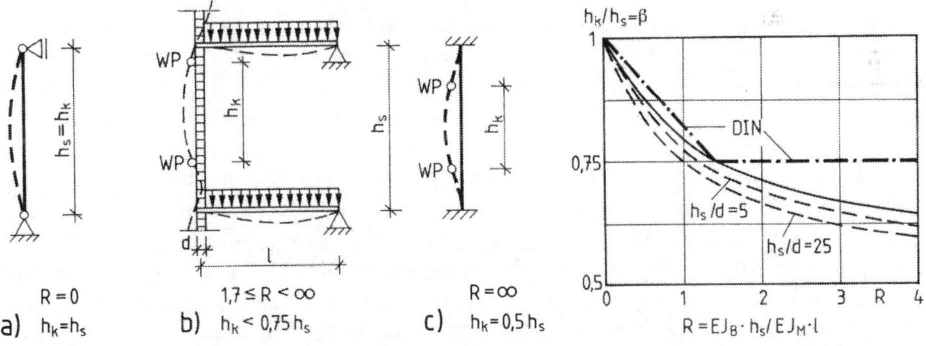

Bild 4.9 Knicklänge von Wänden a) Euler-Fall 2; b) realistisches Rahmensystem [60]; c) Euler-Fall 4

b) **3- und 4-seitig gehaltene Wände.** Sind aussteifende Querwände vorhanden, wirken die Wände als 3- oder 4-seitig gehalten. Dieser günstige Einfluß kann durch Abminderung der Knicklänge $h_K = k \cdot h_s$ gemäß Bild 4.10 berücksichtigt werden. Zu beachten ist, daß die maximale Wandbreite den Wert 15 d bei 3-seitiger und 30 d bei 4-seitiger Halterung nicht überschreiten darf, da die 2-achsige Aussteifung, wie in [51] ausgeführt, von der Biegesteifigkeit der Wand in Querrichtigung abhängt. Sie ist bei unbewehrten Wänden gering. Sind die genannten Grenzwerte überschritten, so darf nur 2-seitige Halterung angenommen werden.

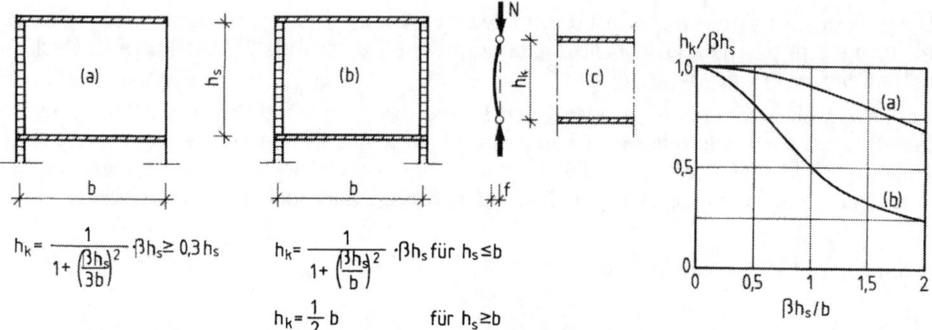

Bild 4.10 Mehrseitig gehaltene Wände; β wie bei zweiseitig gehaltener Wand
a) 3-seitig gehalten; b) 4-seitig gehalten; c) Vergleichswand 2-seitig gehalten

Wirken die Decken nicht nur als Halterung sondern zusätzlich als Einspannung, so ist eine Reserve in der Knicklänge vorhanden. Sie ist in den Formeln Bild 4.10 durch das Produkt $\beta \cdot h_s$ berücksichtigt.

c) **Freistehende Wände.** Ist der Wandkopf horizontal nicht gehalten, so besteht Euler-Fall 1. Für die Knicklänge gilt

$$h_k = 2\, h_s \cdot \sqrt{\frac{1+2\, N_o / N_u}{3}} \qquad N_o = N \text{ am Wandkopf; } N_u = N \text{ am Wandfuß}$$

Wegen der großen Knicklänge sollten derartig weiche Systeme möglichst vermieden oder nur für untergeordnete Zwecke mit geringen Längskräften N beansprucht werden.

4.5.5 Nachweis der Sicherheit gegen Knicken

Planmäßige und ungewollte Exzentrizitäten sowie Verformungen nach Theorie II. Ordnung vermindern die Tragfähigkeit der Wand. Der Nachweis kann auf vereinfachte oder auf genauere Weise erfolgen.

Frühere Gepflogenheit: Die zulässigen Spannungen wurden in Abhängigkeit von der Schlankheit h/d abgemindert. Da zul σ für $h/d \leq 10$ gilt, war die Abminderung nur für Schlankheiten $h/d > 10$ erforderlich. h war das Achsmaß der Geschoßhöhe. Die Schlankheit war auf $h/d = 20$ begrenzt.

Nach DIN 1053 – 1, vereinfachtes Verfahren. Die zulässigen Spannungen werden mit dem Faktor k_2 gemäß Bild 4.11 abgemindert. Dieser Faktor wurde nach [51] aus dem genaueren Verfahren durch Vereinfachung gewonnen. Da die zulässigen Spannungen auf eine Schlankheit $h_K/d = 10$ bezogen sind, ist die Abminderung erst für größere Schlankheiten nötig. Als Grenzwert ist $h_K/d = 25$ festgelegt.

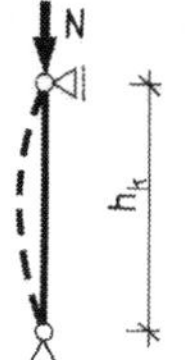

$$k_2 = \frac{25 - h_k/d}{15}$$

$$\text{zul}\,\sigma = k_2 \cdot \sigma_0$$

für $10 \leq h_k/d \leq 25$

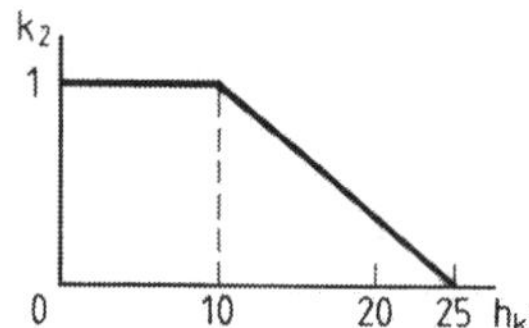

Bild 4.11
Abminderung der zulässigen Spannungen infolge Knickgefahr nach DIN 1053-1

Genaueres Verfahren nach DIN 1053-1. Die Wandachse kann nicht als gerade vorausgesetzt werden. Neben der planmäßigen Exzentrizität e besteht eine ungewollte Ausmitte f_1 sowie eine Verformung f_2 nach Theorie II. Ordnung. Die genaue Berechnung der Wand ist nicht zuletzt wegen der Möglichkeit von klaffenden Fugen und dadurch bedingter veränderlicher Querschnitte kompliziert. Außerdem ist der Kriecheinfluß zu berücksichtigen. Zur Vereinfachung gibt die Norm folgende Beziehung für die zusätzliche Exzentrizität $f = f_1 + f_2$ als Näherung an:

$$f = \frac{h_K^2}{d} \cdot \frac{1 + 6\,e/d}{1800}$$

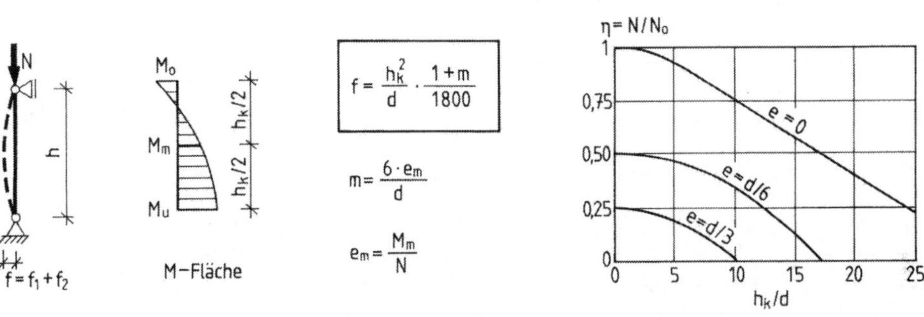

Bild 4.12 Abminderung der aufnehmbaren Last N infolge Knickgefahr nach DIN 1053-1

Hierin ist die ungewollte Ausmitte mit $f_1 = h_K/300$ und ein Zuschlag für den Kriecheinfluß enthalten. Die Ableitung von f ist in [51] erläutert. Die planmäßige Exzentrizität e ergibt sich z.B. aus den Biegemomenten infolge Wind, Erddruck oder Deckeneinspannung. Sie ist in halber Geschoßhöhe zu bestimmen. Wirken in dieser Höhe N_m und M_m, so ist $e_m = M_m/N_m$. Diese Vereinfachung liegt nach [60], [62] auf der sicheren Seite. Eine Wand ist somit für die Normalkraft N und das Biegemoment $M = N \cdot (e + f)$ auf exzentrischen Druck zu bemessen. Die Abminderung der Tragfähigkeit η nach diesem Verfahren ist in Bild 4.12, das aus [51] entnommen ist, dargestellt. Praktische Rechenbeispiele s. [64].

4.5.6 Nachweis auf Zug und Biegezug

Die Zugfestigkeit von Mauerwerk wurde in Abschnitt 4.4.2 behandelt: **Senkrecht** zur Lagerfuge wird bei tragenden Wänden keine Zugfestigkeit angesetzt; **parallel** zur Lagerfuge besteht eine geringe Zugfestigkeit in Abhängigkeit von der Zugfestigkeit und dem Verband der Steine, dem Reibungsverhalten der Mörtelfuge sowie der Auflast. Die Spannungsverteilung wird nach der Technischen Biegelehre linear angesetzt, so daß der Spannungsnachweis für den Gebrauchzustand lautet:

$$\text{vorh. } \sigma = \frac{N}{F} \pm \frac{M}{W} \leq \text{zul } \sigma_Z$$

Mitunter wird die Zugfestigkeit des Mauerwerks bereits durch Zwängungsspannungen, insbesondere aus Schwinden und Temperatur, beansprucht, so daß sie nicht voll für die Abtragung von statischen Lasten zur Verfügung steht.

Bei Windscheiben ist darauf zu achten, daß rechnerisch klaffende Fugen infolge des Windmomentes entstehen können. Da dies zu starker Rißbildung und zum Abbau von Steifigkeit führen könnte, ist die zulässige Klaffung der Fuge in DIN 1053-1 weitergehend eingeschränkt:

Maximale rechnerische Klaffung bis zur Querschnittsachse, außerdem Begrenzung der Randdehnung gemäß Bild 4.13. Die zulässige rechnerische Randdehnung $\varepsilon_R = 10^{-4}$ wurde so festgelegt, daß die rechnerisch nicht angesetzte, tatsächlich aber doch vorhandene geringe Zugfestigkeit senkrecht zur Lagerfuge Rißbildung in der Lagerfuge weitgehend verhindert.

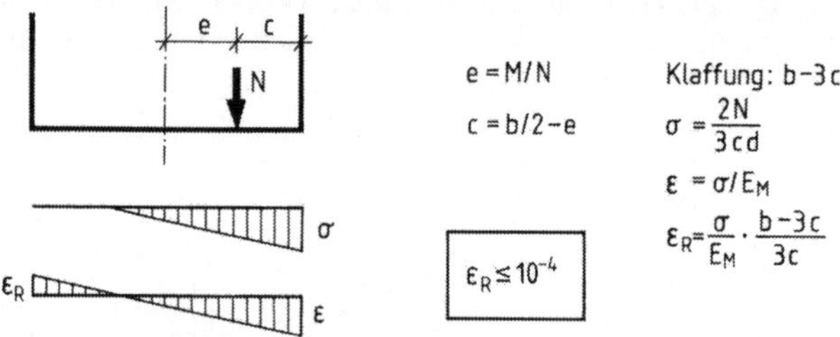

Bild 4.13
Begrenzung der Randdehnung bei Windscheiben nach DIN 1053-1

4.5.7 Nachweis auf Schub

Die Schubfestigkeit von Mauerwerk ist in Abschn. 4.4.3 behandelt. Bei vielen Bauwerken aus Mauerwerk sind so viele aussteifende Wände vorhanden, daß die Aussteifung offensichtlich gegeben ist und sich ein Nachweis erübrigt. Beispiele s. [56]. In Fällen von nur wenigen aussteifenden Wänden und vor allem bei hohen Bauwerken ist der Schubnachweis zu führen.

Die Schubspannungen werden nach der Technischen Biegelehre oder nach Scheibentheorie ermittelt, Beispiele s. Bild 4.14. Bereiche mit klaffenden Fugen werden nicht angesetzt, da Schubspannungen über einen Riß hinweg nicht übertragen werden können.

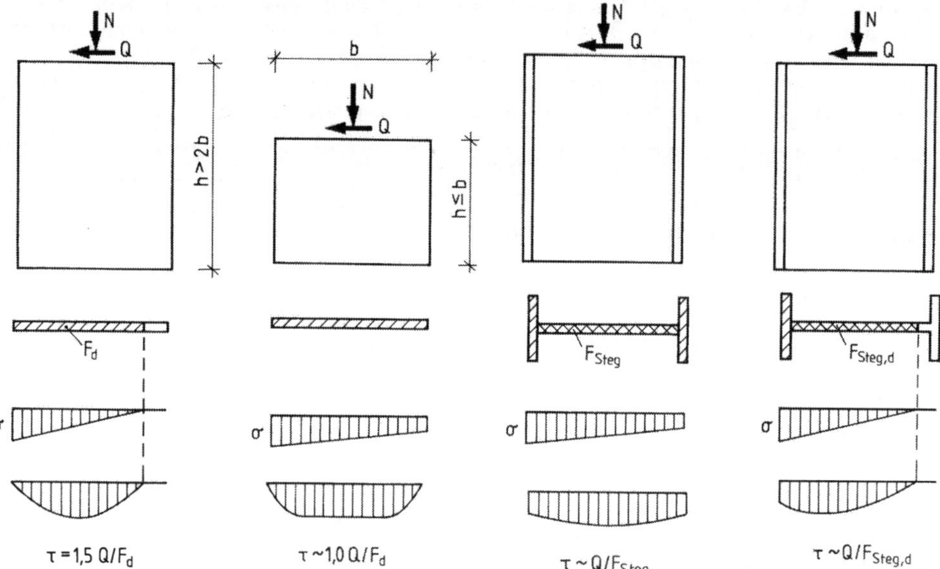

Bild 4.14 Schubbeanspruchung in Windscheiben

Bei rechteckigen Querschnitten lautet die Schubspannung

$$\tau = k \cdot Q/F_d,$$

worin F_d die überdrückte Querschnittsfläche ist. Bei hohen, also balkenförmigen Wänden verläuft die Schubspannung parabolisch mit k = 1,5; bei Wänden mit annähernd quadratischer Form verläuft die Schubspannung nahezu konstant mit k = 1,0. Bei Wänden mit T- oder I-Querschnitten ergibt sich die Schubspannung entweder nach der Dübelformel

$$\tau = \frac{Q \cdot S}{b \cdot J} \quad \text{oder annähernd aus}$$

$$\tau = Q / F_{Steg}.$$

Der Nachweis auf Schub wird für den Gebrauchszustand geführt:

$$\text{vorh } \tau \leq \text{zul } \tau.$$

Da zul τ auch von der gleichzeitig wirkenden Normalspannung σ abhängt und σ im Regelfall nicht konstant ist, müßten eigentlich mehrere Punkte des Querschnittes untersucht werden, um die ungünstigste Stelle zu finden. Zur Vereinfachung ist in der Norm festgelegt, daß bei Rechteckquerschnitten nur die Stelle der maximalen Schubspannung nachzuweisen ist, da dies ausreichende Genauigkeit bietet. Bei zusammengesetzten Querschnitten (T- und I-Form) ist außerdem der Anschnitt zwischen Gurt und Steg nachzuweisen, da anderenfalls die Spannungsausbreitung in die Gurte nicht gewährleistet wäre. Vorhandene Schlitze für Rohrleitungen sind selbstverständlich zu berücksichtigten, da sie erhebliche Schwächungen darstellen können.

4.5.8 Formänderungen

Die Formänderungen von Mauerwerk können zu Zwängungen und Rissen führen, insbesondere bei Materialwechsel innerhalb einer Wand oder bei stark wechselnder Auflast. Sie können mehrere Ursachen haben:

Tafel 4.4 Verformungskennwerte für Mauerwerk nach [66]: E-Modul E_M in 10^3 N/mm^2; Schwindbeiwert ε_S in 10^{-5} m/m: Kriechbeiwert φ und Temperaturdehnzahl α_T in 10^{-5}/K

Steinart	β_{St}	E_M Mörtelgruppe II/IIa	E_M Mörtelgruppe III/IIIa	ε_S	φ	α_T
Hbl V	2 6 12	1,6 4,0 7	1,9 4,8 12	40 (20 bis 50)	20 (1,5 bis 2,5)	1,0
Hbn	4 6 12	3 4 9	7 8 13	20 (10 bis 30)	1,0	1,0
P	2 4 6	1,2 1,8 2,4	1,5* 2,5* 3,0*	20 (–10 bis 30)	1,5 (1,0 bis 2,5)	0,8
Mz Hlz	12 28 60	4 9 –	6 11 22	0 (–30 bis 20) **	1,0 (0,5 bis 1,5)	0,6
KS KSL	12 28 60	5 7 –	6 8 11	20 (10 bis 30)	1,5 (1,0 bis 2,0)	0,8

*) Dünnbettmörtel **) – 30 = Quellen; + 20 = Schwinden

Elastische Verformungen: $\varepsilon_{elast} = \sigma / E_M$

Kriechen: $\varepsilon_k = \varphi \cdot \varepsilon_{elast}$

Schwinden: ε_S

Temperatur: $\varepsilon_t = \alpha_T \cdot \Delta t$

Die Werkstoffkonstanten E_M, φ, ε_S und α_T können stark streuen. Mittelwerte sind in den Normen angegeben. Ausführliche Hinweise s. [66], [68]. Tafel 4.4 gibt einen Überblick.

Längenänderung Δl eines Bauteils der Länge l: Es gilt $\Delta l = \varepsilon \cdot l$. Als Faustformel für Temperaturverformung: $\Delta t = 10°$ erzeugen bei $l = 10$ m eine Längenänderung $\Delta l = 1$ mm.

Beispiel für Schwinden: $\varepsilon_S = 20 \cdot 10^{-5} = 0{,}20$ mm/m entspricht einer Temperaturabkühlung um $\Delta t = 20°$.

Schadensfälle. Die häufigsten Rißschäden entstehen aus Materialwechsel und dadurch bedingten unterschiedlichen Schwindverformungen innerhalb eines Geschosses. So haben Ziegelsteine ein sehr geringes Schwindmaß, da im Brennvorgang Verformungen der Steine vorweggenommen sind; es kann sogar der umgekehrte Vorgang, nämlich Quellen der Steine, eintreten. Bindemittelgebundene Steine hingegen wie Kalksandsteine und erst recht Leichtbetonsteine, insbesondere bei Verwendung von Naturbims, können stark schwinden. Deshalb sind Kombinationen aus Mauerwerk von derart unterschiedlichem Verhalten als Mischmauerwerk innerhalb eines Geschosses zu vermeiden. S. hierzu [66], [67] und Abschn. 4.7.10. Außerdem sollte darauf geachtet werden, daß die Steine abgelagert, also nicht allzu frisch sind, da der Schwindvorgang und damit die Gefahr von Rissen im Laufe der Zeit abnimmt. Eine weitere Hilfe gegen Zwängungsspannungen aus Schwinden und Temperaturänderung sind Fugen, die allerdings konsequent geplant und sorgfältig ausgeführt werden müssen. Siehe 4.6.1.

4.6 Teilung und Aussteifung von gemauerten Bauwerken

4.6.1 Fugenteilung

Um die Rißgefahr aus Zwängungsspannungen zu verringern, ist zu prüfen, ob eine Teilung des Baukörpers nötig ist. Da Fugen stets anfällig und mit Aufwand verbunden sind, gilt der Grundsatz: „Soviel Fugen wie nötig, sowenig Fugen wie möglich!“.

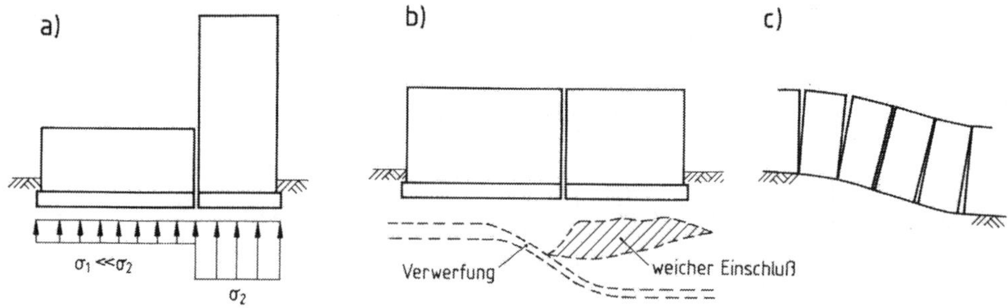

Bild 4.15 Setzfugen durchgehend

a) stark unterschiedliche Bodenpressung; b) wechselnder Boden; c) Krümmung der Setzungsmulde. Nach [71].

Man unterscheidet zwei Arten von Fugen:

a) **Setzfugen.** Besteht die Gefahr von stark unterschiedlichen Setzungen zwischen zwei Gebäudeteilen, so empfiehlt sich die Anordnung von Setzfugen, die das Gebäude gemäß Bild 4.15 auf volle Höhe einschließlich Fundament trennen. Diese Gefahr ist vor allem dann gegeben, wenn stark unterschiedliche Bodenpressungen, z.B. infolge unterschiedlicher Höhe der Gebäudeteile, auf setzungsempfindliche Böden wirken; der gleiche Effekt kann durch krass wechselnde Bodenarten eintreten, z.B. bei Verwerfungen oder eingelagerten Ton- oder gar Torflinsen. Besonders zu beachten ist die Krümmung der Gründungssohle im Bereich von Setzungsmulden, da spröde Baukörper dieser Verformung nicht zwängungsfrei folgen können, so daß die Gefahr von Rissen besteht (vgl. auch Abschn. 14.).

b) **Dehnfugen.** Sind Schäden infolge zu großer Gebäudelänge zu befürchten, also insbesondere aus Temperaturänderung oder aus Schwinden, so sollten Dehnfugen erwogen werden. Sie werden gemäß Bild 4.16 in der Regel bis OK Fundament geführt, da diese Art der Verformung den Fundamenten weniger schadet und da ungeteilte Fundamente ausgleichend gegenüber Setzungen wirken.

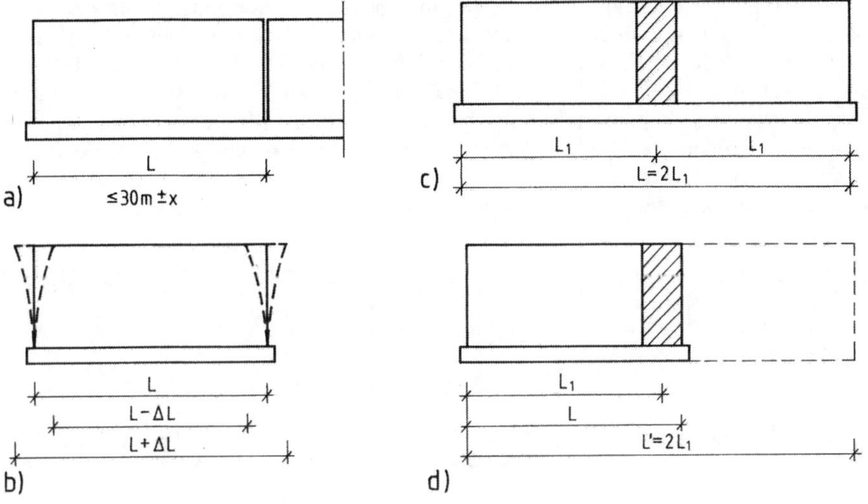

Bild 4.16 Dehnfugen bis OKF

a) Länge des Dehnfugenabschnittes L; b) Verformungen; c) wirksame Verformungslänge L_1 = L/2 bei Kern = Ruhepunkt in Gebäudemitte; d) L_1~L bei Kern am Rand. Nach [71]

Der richtige Dehnfugenabstand läßt sich nicht mit einer einzigen Zahl festlegen, da mehrere Einflüsse zu berücksichtigen sind: Zu erwartende Temperaturänderungen, Dämmung der Außenwände, Schwindmaß der Mauerwerks- und Betonteile, Steifigkeit der Konstruktion gegenüber Längenänderungen, Anordnung der aussteifenden Elemente (Ruhepunkte) usw. So wird z.B. die Konzentration der aussteifenden Elemente am Gebäuderand ungünstiger als in Gebäudemitte sein, da das Verformungsverhalten des **exzentrisch ausgesteiften** Körpers nach Bild 4.16d dem eines doppelt so langen zentrisch ausgesteiften Körpers entspricht. Ein gut gedämmter Baukörper wird größere Dehnfugenabstände vertragen als ein Körper mit z.B. Sichtbetonkonstruktion, da die die Verformung bewirkenden Temperaturdifferenzen geringer sind. Bei Mischkonstruktionen aus Stahlbeton und Mauerwerk ist zu beachten, daß Beton zwar durch entsprechende Bewehrung unempfindlicher gegenüber Zwängungen ausgebildet werden kann, daß aber oftmals der Ausbau, insbesondere die spröden und zu Rissen neigenden gemauerten Wände, den Schwachpunkt darstellen und maßgebend für die Anordnung von Dehnfugen werden.

Als Anhalt für zulässige Dehnfugenabstände können folgende Werte dienen [71]: Normal steife und normal gedämmte Baukörper: max L = 30 m. Bei besonders weichen und deshalb unempfindlichen Konstruktionen, z.B. Stahlbetonskeletten ohne Gefahr für den Ausbau, kann dieser Wert ohne besondere Maßnahmen um etwa 50 % überschritten werden. In besonders ungünstigen Fällen ist der Wert zu reduzieren [68].

Vorsatzschalen aus Sichtmauerwerk bei zweischaligen Wänden sind besonders ungünstig, da sie der Sonneneinstrahlung unmittelbar ausgesetzt sind und alle klimatischen Temperaturänderungen in voller Größe aufnehmen müssen. Für sie gilt daher ein Dehnfugenabstand von max L = 8,0 m bei Kalksandstein und von 10 bis 12 m bei Ziegel; der Unterschied berücksichtigt die geringeren ε_S- und α_T-Werte von Ziegelmauerwerk. Genauere Hinweise s. [65].

Besonders ist darauf zu achten, daß Zwängungen an den Gebäudeecken vermieden werden, am besten durch konsequente Trennung der aneinander stoßenden Wände; mitunter helfen auch weiche Eckanschlüsse, die eine Art Ziehharmonika-Effekt ermöglichen.

Die Ausbildung der Fugen erfordert besondere Sorgfalt, da sie Schwachstellen sind und bei unachtsamer Ausführung Schäden bewirken können. Vor allem ist darauf zu achten, daß sich Fugen im Tragwerk auch im Ausbau, also im Innen- und Außenputz, im Boden- und Deckenbelag, im Dach usw. zwängungsfrei fortsetzen müssen. Überputzte Fugen z.B., ein häufiger Fehler, werden sich unweigerlich als ausgefranste Risse in Putz, Tapeten zeigen. Die geringeren Probleme bereitet die Anordnung der Fuge gemäß Bild 4.17a in der Mitte der 2-schaligen Wand, da sie einen fugenlosen Raumabschluß bietet und dennoch zwängungsfreie Verformungen ermöglicht. Sie ist allerdings etwas teurer als eine stumpf gestoßene Fuge, bei der nicht nur die Fugenbewegung, sondern auch bauphysikalische Probleme wie Schall- und Wärmeschutz zu beachten sind.

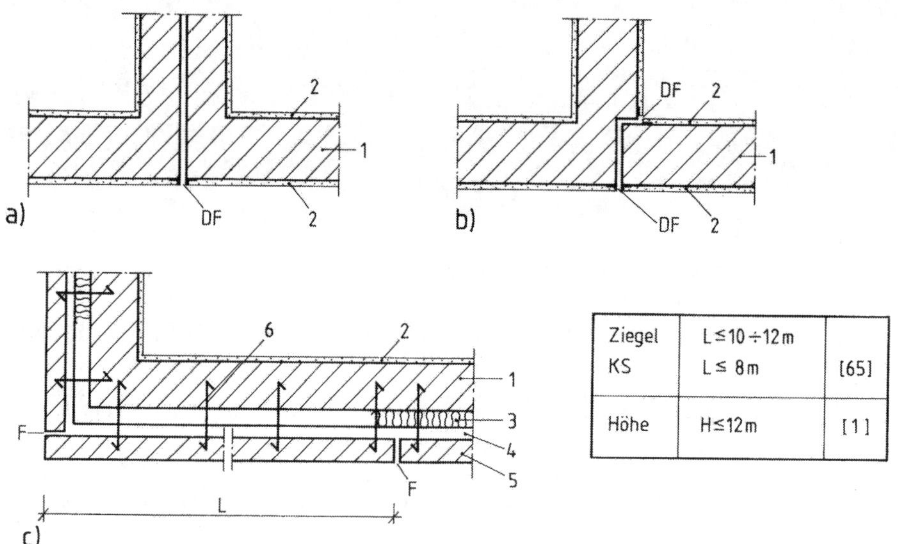

Ziegel KS	L≤10÷12m L≤ 8m	[65]
Höhe	H≤12m	[1]

Bild 4.17 Dehnfugen im Mauerwerk

a) 2-schalige Wand; b) Stumpfstoß; c) Wand mit Vorsatzschale;
1 Mauerwerk; 2 Putz; 3 Dämmung; 4 Luftschicht; 5 Sichtmauerwerk; 6 Anker,
F Fuge mit Dichtung; DF Fuge mit Putzwinkel und Dichtung

Die Anordnung der Fugen beeinflußt stets auch den architektonischen Entwurf des Gebäudes. Sie sollten deshalb so früh wie möglich bedacht und im Entwurf berücksichtigt werden. Hinweise s. z.B. [71]. Klare und geradlinige Fugenführung erspart Ärger; verspringende und inkonsequent geführte Fugen sind kompliziert, dadurch anfällig und möglicherweise nur bedingt wirksam.

4.6.2 Räumliche Steifigkeit des Bauwerkes

Die Standsicherheit eines Gebäudes hängt grundlegend von seiner räumlichen Aussteifung ab. Sie ist daher bei der Konstruktion des Tragwerks als erstes zu prüfen und sicherzustellen. Da die Anordnung von Windscheiben den architektonischen Entwurf erheblich beeinflussen kann, sind sie möglichst frühzeitig zu bedenken und in den Entwurf einzuarbeiten. Die nachträgliche Anordnung dieser notwendigen Elemente führt häufig zu unbefriedigenden Kompromissen. Ist das Bauwerk durch Fugen unterteilt, gilt als Grundsatz, daß jeder Gebäudeabschnitt so ausgesteift sein muß, daß er für sich allein standsicher ist. Die aussteifende Konstruktion erfordert gemäß Bild 4.18 zwei Elementtypen: Horizontale Scheiben in Höhe der Geschoßdecken übernehmen die horizontalen Kräfte; vertikale Scheiben, sogenannte Windscheiben, stützen sie und tragen die Kräfte in den Baugrund ab.

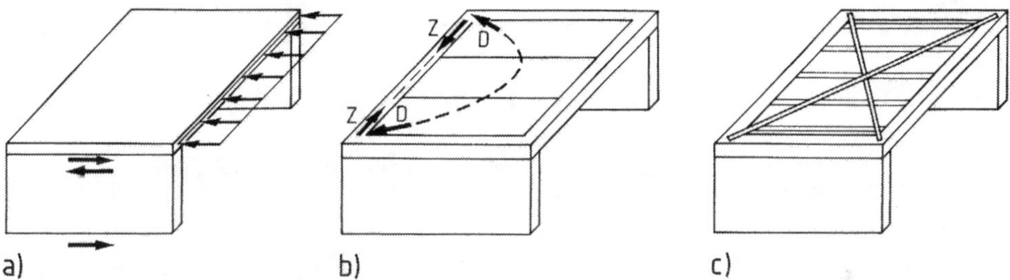

Bild 4.18 Prinzip der Gebäudeaussteifung
a) Stahlbetondecke als Scheibe; b) Fertigteildecke mit schubfesten Fugen und Ringanker; c) Balkendecke mit Diagonalen und Ringbalken

Horizontale Scheiben werden üblicherweise durch die Geschoßdecken gebildet: Stahlbetondecken mit durchgehender Bewehrung oder Fertigteildecken mit Schubverbund zwischen den Fertigteilen und mit umschließenden Ringankern bieten ohne viel zusätzlichen Aufwand die erforderliche Scheibentragwirkung mit ausreichender Steifigkeit. Holzbalkendecken können durch auf- oder untergenagelte Diagonalen aus Brettern oder besser durch aufgenagelte Flachpreßplatten (s. DIN 1052) in Verbindung mit umlaufenden Ringankern zu liegenden Scheiben ausgebildet werden. Bei geringen Spannweiten zwischen den Windscheiben genügt auch ein zum „Ringbalken" ausgebildeter Stahlbeton-Ringanker mit beidseitiger Bewehrung.

Als vertikale Windscheiben dienen üblicherweise gemauerte oder betonierte Wände. Es ist anzustreben, daß diese für die Aussteifung so wichtigen Elemente möglichst ungeschwächt und ohne Versprünge gemäß Bild 4.19a bis auf die Fumdamente geführt werden, so daß die Ableitung der Kräfte eindeutig und die Verformbarkeit der Scheiben gering ist. Befinden sich regelmäßige Öffnungen in den Wandscheiben, so läßt sich eine derart gegliederte Scheibe nach Bild 4.19b als Vierendeel-Träger oder Rahmenträger auffassen, wobei die biegesteif angeschlossenen Riegel erhebliche Entlastung der Stiele bewirken, jedoch große Beanspruchungen aus Q und M aufzunehmen haben. Bei einer Ausführung in Stahlbeton lassen sich diese Bean-

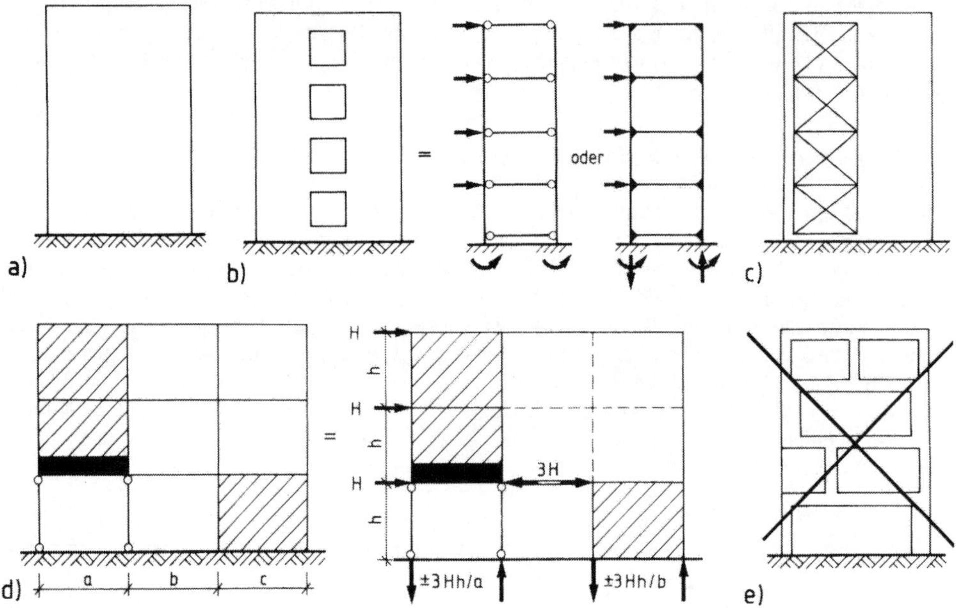

Bild 4.19 Ausbildung von Windscheiben
a) Massive Scheibe; b) gegliederte Scheibe; c) Fachwerk; d) versetzte Scheiben; e) unregelmäßiger Rahmen; d) und e) möglichst vermeiden. Nach [71]

spruchungen durch Bewehrung aufnehmen. Bei Ausführung in Mauerwerk wäre eine solche Behandlung problematisch, so daß hier üblicherweise von zwei separaten Scheiben, die über die Riegel gelenkig miteinander verbunden sind, ausgegangen wird.

Natürlich kann man eine aussteifende Scheibe auch zum Fachwerk auflösen, wobei die Diagonalen entweder als zug- oder druckfeste Stäbe oder, nur zugfest, als Andreas-Kreuze nach Bild 4.19c ausgebildet werden.

Ist es in Ausnahmefällen nicht möglich, die Scheiben ungeschwächt bis auf die Fundamente zu führen, sind also Abfangungen nötig, so ist auf eindeutigen Kraftfluß, auf konsequente Ableitung der Biegemomente und Querkräfte und auf ausreichende Steifigkeit der abfangenden Konstruktion zu achten. Ein Beispiel zeigt Bild 4.19d. Derart komplizierte Systeme sollte man jedoch nicht ohne Not für die aussteifenden Elemente verwenden. In Erdbebengebieten sollten sie unter allen Umständen vermieden werden, da sich gezeigt hat, daß Bauwerke mit nicht bis zur Gründung geführten Scheiben bei Erdbeben besonders schwere Schäden erlitten. Durch Aussparungen unregelmäßig geschwächte Windscheiben, wie z.B. nach Bild 4.19e, die zudem nicht einmal die direkte Abtragung der Biegezug- und -druckkräfte ermöglichen, sind unbedingt zu vermeiden. Das schönste Haus wird wenig Freude bereiten, wenn die Aussteifung zu weich und unzureichend ist.

Windscheiben wirken als Kragarme, die in die Fundamente eingespannt sind. Da die Fundamente keine Zugspannungen auf den Boden übertragen können, und desgleichen auch die Lagerfugen von Mauerwerk rechnerisch keine Zugspannungen übernehmen, muß sichergestellt sein, daß in allen Lastfällen genügend Auflast zur Verfügung steht, um die Kippsicherheit zu gewährleisten. Es ist anzustreben, daß die Lagerfugen voll überdrückt sind. Bei Rechteckquerschnitten bedeutet dies:

$$e = M/N \leq b/6.$$

Ist dies nicht möglich, darf die Fuge höchstens bis zur Querschnittsachse klaffen, wobei außerdem die Randdehnung der Windscheibe gemäß Bild 4.13 begrenzt ist.

Im Grundriß sind nach den Regeln der Statik mindestens 3 Windscheiben erforderlich; besser sind 4 Scheiben gemäß [71] und Bild 4.20. Die Wirkungslinien dieser Scheiben dürfen nicht durch einen Punkt gehen, da sonst kein Gleichgewicht gegen Verdrehen um diesen Punkt möglich ist. Man sollte darauf achten, daß der Abstand zwischen den Scheibenachsen, also der Hebelarm des Kräftepaares, möglichst groß ist. Aussteifungen, die nur geringe Hebelarme bieten, wie z.B. in Bild 4.20e, sind ungünstig, da sie große Kräfte zur Aufnahme von Drehmomenten erfordern. Außerdem sollten die aussteifenden Elemente möglichst zentrisch angeordnet werden, da exzentrische Anordnung wie in Bild 4.20e große Drehmomente aus den angreifenden Windkräften sowie große Verformungen nach Bild 4.21b zur Folge hat. Windscheiben sollten im übrigen möglichst zwängungsfrei angeordnet werden. Bild 4.20f zeigt einen ungünstigen Fall, bei dem Längenänderungen der Decken infolge Schwinden und Temperaturänderungen zwangsläufig durch die in den Ecken angeordneten Scheiben behindert werden. Derartige Zwängungen können zu Rissen in den Wänden oder in den Decken führen.

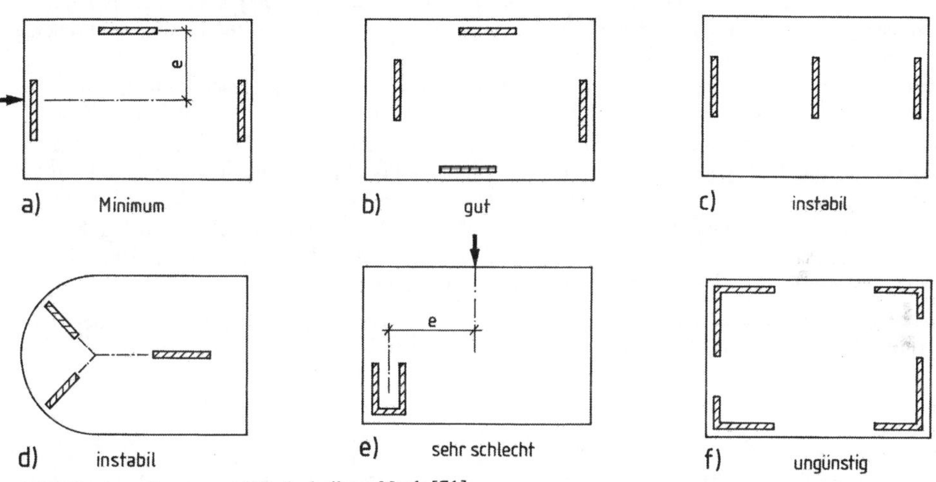

Bild 4.20 Anordnung von Windscheiben. Nach [71]

In Erdbebengebieten kommt einer wirksamen Aussteifung besondere Bedeutung zu. Der Massenschwerpunkt sollte mit dem Schwerpunkt der Aussteifung möglichst übereinstimmen; Exzentrizitäten, die zu Verdrehungen führen könnten, sollten vermieden werden. Anordnung nach Bild 4.20a und e sollten in diesen Gebieten keinesfalls zur Ausführung kommen.

Die Belastung der Windscheiben ergibt sich in erster Linie aus den angreifenden Windlasten. Bei hoch beanspruchten Konstruktionen ist außerdem zu prüfen, ob mögliche Schrägstellungen des Tragwerkes und daraus entstehende zusätzliche Exzentrizitäten nach Bild 4.21a berücksichtigt werden müssen. Hohe und weiche Konstruktionen können darüber hinaus gemäß Bild 4.21b zusätzliche Exzentrizitäten aus den Verformungen nach Theorie II. Ordnung erhalten. DIN 1053-1 gibt Hinweise für sinnvolle Rechenanahmen, die denjenigen für Stahlbeton nach DIN 1045 entsprechen.

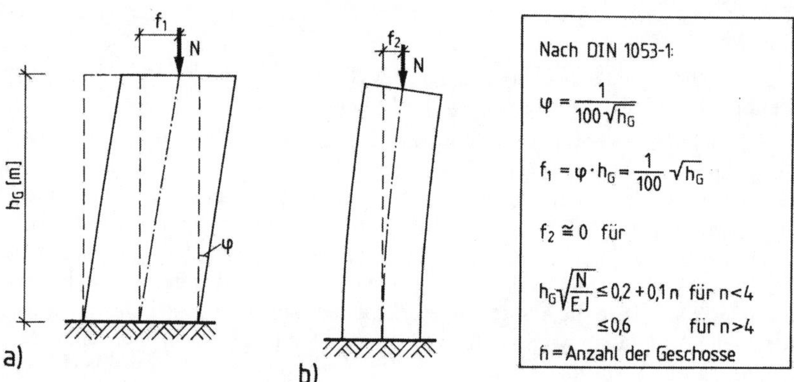

Bild 4.21 Zusätzliche Exzentrizitäten aus
a) Lotabweichung f_1 und b) Verformung f_2 nach Theorie II. Ordnung.

Die Aufteilung der H-Kräfte auf die einzelnen Scheiben erfolgt nach den Regeln der Statik. Beispiele s. Bild 4.22. Ist nur 1 Scheibe in einer Lastrichtung vorhanden, müssen die beiden Scheiben in der anderen Richtung das Gleichgewicht gegen Verdrehen herstellen. Bei 2 Scheiben in einer Lastrichtung, also bei statisch bestimmter Lagerung, lassen sich die Scheibenkräfte allein aus den Gleichgewichtsbedingungen bestimmen. Bei mehr als 2 Scheiben in einer Lastrichtung handelt es sich um ein statisch unbestimmtes System, in dem die Scheiben wie Federn wirken. Die Federsteifigkeit c ergibt sich bei hohen, biegeweichen Scheiben aus der Biegesteifigkeit EJ, bei gedrungenen Formen aus der Schubsteifigkeit G · F. Bei gleichem Material, also gleichem E bzw. G, werden die Lasten im ersten Fall proportional zu den Trägheitsmomenten J, im zweiten Fall proportional zu den Querschnittsflächen F der Scheiben verteilt, wobei außerdem das Gleichgewicht gegen Verdrehen zu beachten ist.

Die Bemessung der Windscheiben erfolgt für M und Q bzw. für σ und τ nach den in Abschnitt 4.5 dargelegten Regeln.

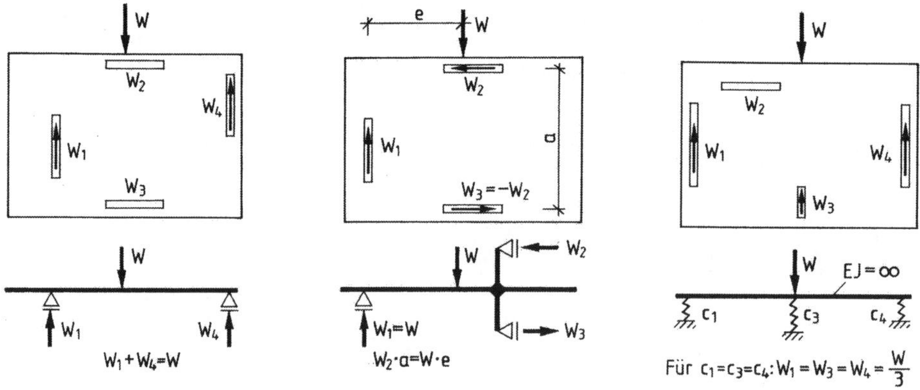

Bild 4.22 Aufteilung der Windlast W auf die Windscheiben

4.6.3 Aussteifung der einzelnen Wand

Die klassische Bauart im Mauerwerksbau ist die Zellenbauweise, bei der sich die längs- und querlaufenden Wände in jedem Geschoß gegenseitig in geringem Abstand aussteifen. In letzter Zeit sind jedoch andere Tendenzen zu beobachten: Stumpfstoßtechnik, also Stoß der Wände ohne Verband, größerer Abstand der aussteifenden Wände, gleichzeitig größere Schlankheit der Wände, Schlitze, große Wandöffnungen usw., insgesamt also kompliziertere Konstruktionen, die eine genauere Untersuchung der einzelnen Wände hinsichtlich ihrer Halterung erfordern.

Voraussetzung für die Betrachtung der einzelnen Wand ist stets, daß das Bauwerk als ganzes ausgesteift ist, daß also entsprechend Abschn. 4.6.2 jede Geschoßdecke über Windscheiben horizontal gehalten ist und so wiederum eine horizontale Halterung jeder Wand in Richtung ihrer schwachen Achse gegeben ist. Weiterhin wird vorausgesetzt, daß die Verbindung zwischen ausgesteifter und aussteifender Wand gewährleistet ist und daß die austeifende Wand genügend Steifigkeit besitzt.

Die Verbindung zwischen zwei sich gegenseitig aussteifenden Wänden kann auf verschiedene Weisen hergestellt werden: Am geläufigsten ist das gleichzeitige Hochmauern beider Wände in gutem Verband. Hierbei übernimmt die Zug- und Druckfestigkeit der Steine die Verbindung. Voraussetzung ist annähernd gleiches Verformungsverhalten der beiden Wandbaustoffe, insbesondere ähnliches Schwindverhalten und ähnliche Normalspannungen. Anderenfalls besteht die Gefahr, daß sich Schubspannungen im Anschluß infolge unterschiedlicher Längsverformungen aufbauen und zum Abreißen der Wände führen. Eine andere Art der Verbindung ist beidseitiger Stumpfstoß der aussteifenden Wände, so daß die Halterung durch beidseitigen Druck-Kontakt gegeben ist. Diese Wirkung kann auch dann vorausgesetzt werden, wenn die beiden aussteifenden Wände gemäß Bild 4.23c um ein geringes Maß gegeneinander versetzt sind. Selbstverständlich kann die zugfeste Halterung auch durch eingelegte Edelstahlanker gemäß Bild 4.23d oder ähnliche Verbindungsmittel hergestellt werden.

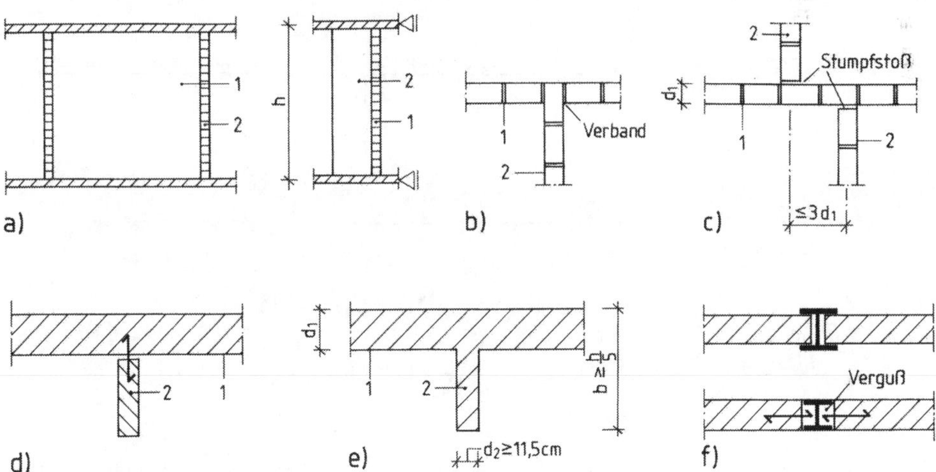

Bild 4.23 Aussteifung von Wänden
a) System; b) Querwand im Verband; c) 2 Querwände im Stumpfstoß; d) Querwand verankert; e) Mindestabmessung der Querwand; f) Aussteifung durch IPB-Profile
1 Tragwand; 2 aussteifende Querwand

Die Steifigkeit der aussteifenden Wand muß so groß sein, daß die Halterungskräfte keine übermäßigen Verformungen erzeugen. Dies ist gewährleistet, wenn die aussteifende Wand gemäß Bild 4.23e mindestens 11,5 cm dick ist und eine Breite von 1/5 der auszusteifenden Wandhöhe hat. Wird ein aussteifendes Stahlprofil anstelle einer Querwand verwendet, so sollte dessen Biegesteifigkeit EJ ebenfalls ausreichend sein, also in der Größenordnung derjenigen des Mindest-Wandquerschnittes entsprechen, falls nicht ein genauerer Nachweis unter Ansatz von H-Kräften im Hinblick auf die Sicherheit gegen Knicken der Tragwand geführt wird.

Die Anzahl der Halterungen ist für die Tragfähigkeit der Wand wichtig. Freistehende Wände, also nur mit 1 Halterung am Wandfuß, werden nur für untergeordnete Zwecke verwendet, da ihre Knicklänge zu groß ist und die Gefahr des seitlichen Ausweichens unter H-Lasten besteht. Am häufigsten sind 2-seitig gehaltene Wände gemäß Bild 4.24b. Bei 3- und 4-seitig gehaltenen Wänden kann sich eine 2-achsige Abtragung der Umlenkkräfte einstellen. Dieser Effekt ist jedoch nur dann wirksam, wenn das Abmessungsverhältnis b/h_s, ähnlich wie bei 2-achsig gespannten Decken, nicht allzu groß ist. Weiterhin ist zu beachten, daß die 2-achsige Lastabtragung Biegemomente in Querrichtung erfordert, die das unbewehrte Mauerwerk nur in begrenztem Maß aufnehmen kann. Deshalb ist in DIN 1053-1 vorausgesetzt, daß der Abstand der Aussteifungen b bei 4-seitiger Halterung den Wert $b \leq 30$ d nicht überschreitet. Bei 3-seitiger Halterung lautet der Grenzwert des Randabstandes $b \leq 15$ d. Anderenfalls sind die Wände wie 2-seitig gehalten anzusehen.

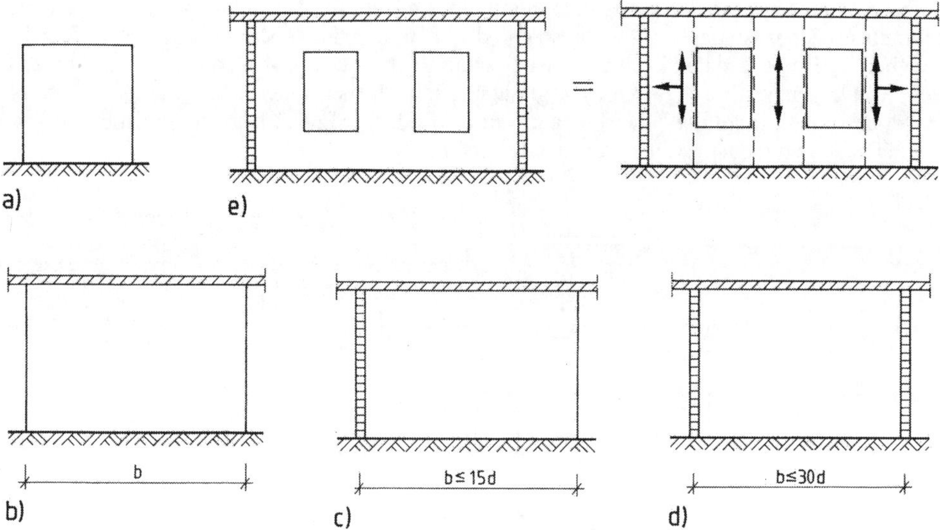

Bild 4.24 Randbedingungen von Wänden
a) freistehend; b) 2-seitig gehalten; c) 3-seitig gehalten; d) 4-seitig gehalten; e) Näherung bei Öffnungen; Aufteilung in Streifen

Öffnungen in der auszusteifenden Wand können die 2-achsige Aussteifung beeinträchtigen. Man erfaßt die statischen Verhältnisse näherungsweise, indem derartige Wände gemäß Bild 4.24e in 2- und 3-seitig gehaltene Wandbereiche zerlegt werden.

Bei der Bemessung der Wände wird nach DIN 1053-1 die Wirkung der Halterungen durch Abminderung der Knicklänge erfaßt. Siehe dazu Abschnitt 4.5.4.

4.7 Bauteile und Konstruktionsdetails

4.7.1 Wahl der Mauerwerksart

Eine verwirrende Vielzahl von Mauerwerksarten steht derzeit zur Verfügung, so daß die Wahl schwerfällt. Gemauerte Wände sollen mehrere Funktionen und Forderungen gleichzeitig erfüllen: Gebrauchsfähiger Raumabschluß, Lastabtragung, bauphysikalische Erfordernisse, Erscheinungsbild, Wirtschaftlichkeit, usw. Oft sind diese Forderungen gegenläufig. Guter Wärmeschutz bewirkt nicht gleichzeitig auch guten Schallschutz; die bauphysikalisch sinnvollste Wahl für Außen- und Innenwände würde möglicherweise an den Nahtstellen zu Zwängungen und Rissen und damit zur Minderung der Gebrauchsfähigkeit führen, usw. Es lassen sich also nicht alle Forderungen gleichzeitig und vollständig erfüllen, vielmehr gilt es abzuwägen und das mögliche Optimum anzustreben.

In Tafel 4.5 sind einige Mauerwerksarten und die sie charakterisierenden Zahlenwerte dargestellt. Insbesondere folgende Eigenschaften sind gegeneinander abzuwägen: Die Steinfestigkeit hat Einfluß auf die Tragfähigkeit der Wand. Hohe Spannungen erfordern also auch Steine mit großer Festigkeit. Unabhängig davon ist bei Sichtmauerwerk stets eine hohe Steinfestigkeit erwünscht, um eine saubere, gegen mechanische Beschädigung und Durchfeuchtung unempfindliche sowie frostsichere Wandoberfläche zu erhalten. Auch die Wahl des Mörtels hat Auswirkungen: Hochwertiger Normalmörtel erhöht die zulässigen Spannungen der Wand, kann sich aber als Kältebrücke auswirken. Mitunter zeichnet sich aus diesem Grund das Raster der Mörtelfugen im Putz ab. Leichtmörtel hingegen verbessert die Wärmedämmung erheblich, verringert aber die zulässigen Wandspannungen. Die Masse g der Wand hat Auswirkungen auf das Eigengewicht der Konstruktion und auf den Wärme- und Schallschutz. Große g-Werte erfordern größere Tragfähigkeit der Wände und Fundamente, bieten andererseits aber größeren Schallschutz, allerdings auch geringeren Wärmeschutz. Die zulässigen Spannungen beeinflussen die aus statischen Gründen erforderlichen Wanddicken. Dies kann insbesondere bei Aufstockungen, bei hohen Gebäuden und bei Innenwänden, die im Regelfall größere Lasten als die Außenwände zu tragen haben, von Bedeutung sein. Die Wärmeleitzahl λ charakterisiert die Eignung hinsichtlich Wärmschutz und die dafür erforderlichen Wanddicken. Ganz grob läßt sich anhand der λ-Werte folgender Vergleich anstellen: Gleiche Wärmedämmung bewirken Wände aus 1,0 m Normalbeton, 24 cm HLz mit Normalmörtel, 10 cm Porenbeton oder 2 cm Polystyrol. Auch wenn diese Werte für die erforderlichen Wanddicken je nach Masse und Lochbild der Steine und nach der Art des Mörtels als Normalmörtel, Leichtmörtel oder Dünnbettmörtel erheblich schwanken können, erkennt man die unterschiedliche Eignung. Die Kostenrelation wird neben dem Materialpreis vorwiegend von der Größe der Steine

Tafel 4.5 Vergleichende Zusammenstellung von charakteristischen Werten für Mauerwerk aus verschiedenen Steinarten

Steinart	β_{St}	ρ in kN/m³	zul σ MG II/III in MN/m²	λ in W/mk	Preis-relation je m³
Hbl	2 bis 6	5 bis 14	0,5 bis 1,2	0,25 bis 0,50	1,0 K
P	2 bis 6	4 bis 8	0,5 bis 1,2	0,16 bis 0,25	1,3 K
Hlz	6 bis 8	8 bis 10	0,9 bis 1,2	0,24 bis 0,35	1,3 K
Hlz	12 bis 28	12 bis 15	1,2 bis 3,0	0,35 bis 0,50	1,4 K
KSL	12 bis 28	12 bis 17	1,2 bis 3,0	0,45 bis 0,70	1,4 K
Beton	15 bis 35	23 bis 24	(4,2 bis 9,2)	2,1	–
Polystyrol				0,04	

beeinflußt, da sie Auswirkungen auf die erforderliche Arbeitszeit hat. Kleinformatige Steine erfordern mehr Handgriffe und damit mehr Arbeitszeit je cbm Mauerwerk als großformatige Steine, so daß sich der Wandpreis erhöht. Die in Tafel 4.5 angegebene Relation ist ein grober Anhalt und kann je nach Material und gegebenen Umständen stark schwanken.

Zusammenfassend ergeben sich folgende Kriterien für die Wahl der Mauerwerksart: Für Sichtmauerwerk ist Optik und Steinfestigkeit maßgebend. Außenmauerwerk wird vorwiegend durch den Wärmeschutz, Innenmauerwerk durch Schallschutz und Tragfähigkeit bestimmt. Diese unterschiedlichen Gesichtspunkte können dazu verführen, das Material innerhalb eines Geschosses zu wechseln. In solchen Fällen ist insbesondere auf die Gefahr von Zwängungen, dabei wiederum vor allem auf unterschiedliche Schwindbeiwerte ε_S, zu achten. Das Mischen von Mauerwerk, z.B. aus Naturbims und Ziegelsteinen, also von stark schwindenden Bindemittel-gebundenen Steinen mit schwindarmen gebrannten Steinen, führt leicht zu Zwängungen und Rissen, falls nicht sichergestellt werden kann, daß abgelagerte Steine zur Verwendung kommen. Der geschoßweise Wechsel des Materials hingegen ist ungefährlich, da die Verformungen der einzelnen Geschosse zwängungsfrei eintreten können. Siehe dazu Abschn. 4.7.10.

4.7.2 Zweischaliges Außenmauerwerk

Zweischaliges Mauerwerk wird bei Außenwänden aus Gründen des Wärmeschutzes zunehmend angewendet. Die verschiedenen Funktionen einer Wand werden hier bewußt getrennt und gemäß Bild 4.25 den einzelnen Schichten der Wand separat zugeordnet: Die Innenschale übernimmt den dichten Raumabschluß und die Abtragung der V- und H-Lasten; die Außenschale, meist in Sichtmauerwerk ausgeführt, bestimmt den optischen Eindruck des Gebäudes und schützt gegen Feuchtigkeit und mechanische Beschädigung; die Wärmedämmung wird durch eine Dämmschicht aus mineralischen Faserdämmstoffen, z.B. Steinwolle, oder aus Schaumkunststoffen, z.B. Polystyrol, erreicht, die an der Außenseite der Innenschale vollflächig und dicht befestigt ist. Üblicherweise wird eine 4 bis 6 cm dicke Luftschicht zwischen Vorsatzschale und Dämmschicht vorgesehen, die über Lüftungsschlitze am oberen und unteren Rand der Vorsatzschale mit der Außenluft in Verbindung steht, so daß die

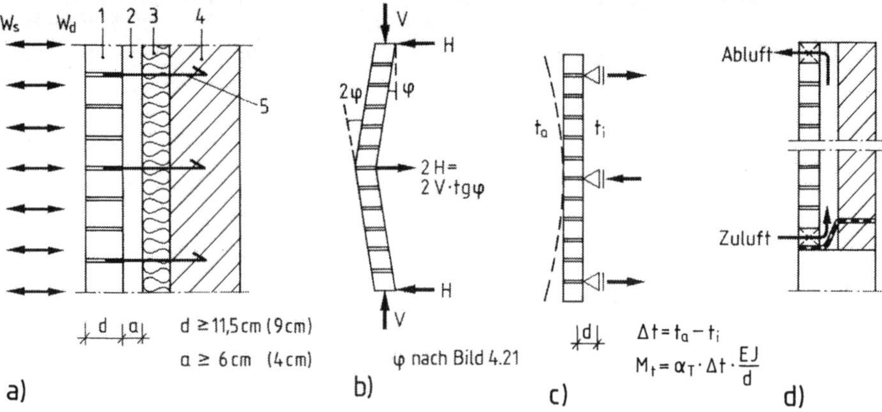

Bild 4.25 Zweischalige Wand mit Luftschicht

a) Schnitt; b) Ankerkräfte aus Imperfektionen; c) Beanspruchung aus Temperaturdifferenz Δt; d) Lüftung und untere Sperrschicht

1 Vorsatzschale; 2 Luftschicht; 3 Dämmung; 4 Tragschale, 5 Edelstahlanker ∅ 4 mm (3 mm) $n \geq 5$ Stck/m². Dehnfugen s. Bild 4.17.

Luft in ihr zirkulieren und eventuell eingedrungene Feuchtigkeit trocknen kann: Feuchtigkeit von außen, falls die Vorsatzschale nicht völlig dicht gegenüber Schlagregen ist, oder Feuchtigkeit von innen aufgrund von Dampfdiffusion. Eine Reihe von konstruktiven Maßnahmen, die auf Erfahrungen beruhen, ist in DIN 1053 festgelegt. Die wichtigsten sind:

Die Außenschale hat nach DIN 1053-1 eine Mindestdicke von 9 cm mit zusätzlichen Bedingungen für Auflagerung und Fugen. Da sie Temperaturverformungen besonders stark ausgesetzt ist, ist die Fugenteilung sorgfältig zu planen. Horizontale Fugen und damit auch Abfangungen sind in einer Höhendifferenz von maximal 12 m vorzusehen. Falls diese Differenz überschritten werden muß, müssen unterschiedliche Verformungen der beiden Schalen bedacht und konstruktiv berücksichtigt werden. Vertikale Fugen sind in allen Ecken vorzusehen (Bild 4.17c), da anderenfalls die querlaufende Wand eine starre Festhaltung bedeuten würde. Ist diese Anordnung nicht möglich, sollte eine Verformbarkeit durch eine Art „Ziehharmonika-Effekt" ermöglicht werden, z.B. durch ausreichenden Abstand der ersten Drahtanker von der Ecke. Außerdem sollten die Dehnfugenabschnitte nach [65] eine Länge von 10 bis 12 m bei Ziegel und von 8 m bei Kalksandstein nicht überschreiten (Bild 4.17).

Drahtanker sorgen für die Verbindung der beiden Schalen. Sie sind aus mehreren Gründen erforderlich: Die auf die Vorsatzschale wirkenden Windlasten müssen auf die tragende Innenschale übertragen werden, da die Vorsatzschale wegen ihrer Schlankheit und ihrer geringen Auflast im Regelfall nicht in der Lage ist, diese Lasten über die Geschoßhöhe abzutragen. Da der Wind sowohl Druck- als auch Sogkräfte erzeugt, müssen die Anker zug- und druckfest, also auch gegen Knicken gesichert, wirken. Deshalb sind in DIN 1053-1 Mindestdurchmesser der Anker in Abhängigkeit von ihrer freien Länge und von der Gebäudehöhe vorgeschrieben. Weiterhin bewirken ungleichmäßige Temperaturänderungen in der Vorsatzschale, z.B. unter Sonneneinstrahlung, eine Tendenz zu vertikalen und horizontalen Krümmungen der Schale, die durch die Anker verhindert werden müssen (Bild 4.25c). Und letztlich dienen die Anker zur horizontalen Stützung der Vorsatzschale gegenüber Knicken, da die Schale sehr schlank ist und unter ihrem Eigengewicht ohne Halterung ausweichen und instabil werden könnte (Bild 4.25b). Erfahrungsgemäß genügen 5 Anker ∅ 4 mm je m^2 Wandfläche. Bei Wandbereichen bis zu 12 m über Gelände und einem Abstand der Schalen von maximal 7 cm genügen Anker ∅ 3 mm. Zusätzlich sind an allen freien Rändern 3 Anker je m Randlängen anzuordnen. Auch im Bereich von Pfeilern sollte die Ankerzahl vergrößert werden, da die aus der Abfangung entstehende größere Wandlast auch größere Umlenkkräfte aufgrund von Imperfektionen bewirken kann. Da die Anker nach ihrem Einbau nicht mehr gewartet werden können, müssen sie aus Gründen des Korrosionsschutzes stets aus nicht rostendem Material bestehen.

Die Luftschicht soll eine Zirkulation der Luft ermöglichen, um Feuchtigkeit abzuführen. Sie soll deshalb mindestens 6 cm dick sein, bei zusätzlichen Maßnahmen, die ein Einengen der Fuge durch Mörtel verhindern, mindestens 4 cm. Zur Verbindung mit der Außenluft sind oben und unten Lüftungsöffnungen anzuordnen, z.B. über offene Stoßfugen. Erfahrungsgemäß genügen jeweils 75 cm^2 je 20 m^2 Wandfläche.

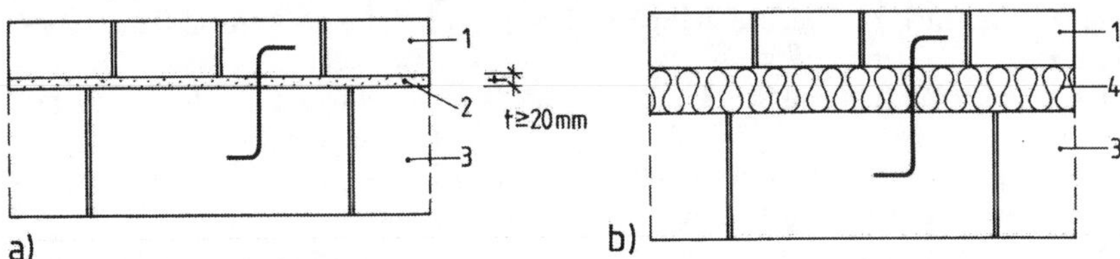

Bild 4.26 Zweischaliges Mauerwerk ohne Luftschicht
a) mit Schalenfuge; b) mit Kerndämmung
1 Vorsatzschale; 2 dichte Schalenfuge; 3 Tragwand; 4 Kerndämmung.

Wird auf eine Luftschicht verzichtet, so werden die beiden Schalen gemäß Bild 4.26 entweder durch eine geschlossene Mörtelschicht, die sogenannte Schalenfuge, oder durch eine durchgehende Dämmschicht als Kerndämmung getrennt. Da die trocknende Wirkung durch Luftzirkulation nicht mehr gegeben ist, muß besonders darauf geachtet werden, daß keine Schäden aus Feuchtigkeit entstehen. Dies könnte aus eindringender Feuchtigkeit infolge undichter Vorsatzschichten bei Schlagregen oder aus diffundierender Feuchtigkeit von innen der Fall sein. Besondere Sorgfalt bei der Herstellung ist deshalb erforderlich, um so mehr als die Drahtanker, die die beiden Mauerwerk-Schalen verbinden, die Trennschicht durchdringen und eine fehlerfreie Ausführung erschweren.

Außerdem ist unbedingt darauf zu achten, daß als Dämmschicht nur bauaufsichtlich zugelassene Dämmstoffe in Form von wasserabweisenden Dämmplatten oder Schüttungen verwendet werden. Aus dem gleichen Grund ist in [1] vorgeschrieben, in Außenschalen aus glasierten oder beschichteten Steinen nur Steine zu verwenden, deren Frostwiderstandsfähigkeit unter erhöhter Beanspruchung geprüft wurde. Dazu ist bei Mauerziegeln DIN 52252-1, bei Kalksandsteinen DIN 106-2 zu beachten. Damit soll vermieden werden, daß bei Frost Abplatzungen auftreten, falls die Steine der Vorsatzschicht stärker durchfeuchtet sind. Dies wäre möglich, falls Feuchtigkeit aus Schlagregen durch undichte Mörtelfugen eingedrungen ist und wegen der Glasur oder Beschichtung der Steine schwer austrocknen kann. Die Erfahrungen mit zweischaligen Außenwänden ohne Luftschicht sind widersprüchlich: Während von vielen derartigen Wänden ohne Schäden berichtet wird, sind bei anderen Bauwerken Feuchtigkeitsschäden bekannt geworden. Bei dieser Konstruktionsart sind also Erfahrungen und gute handwerkliche Ausführung in besonderem Maße erforderlich. Da dies im Regelfall nicht immer vorausgesetzt werden kann, sollte die Ausführung eines Mauerwerks mit Schalenfuge eher die Ausnahme sein – am besten aber, es wird nicht ohne Luftschicht geplant und ausgeführt.

Zweischaliges Mauerwerk stellt wegen der komplizierten Details eine schwierige Konstruktion dar, die besondere Sorgfalt in Planung und Ausführung erfordert. Übliche Fehler sind z.B. zuwenig Drahtanker und unsaubere Haken; nicht ausreichende Einbindung der Haken in den Querschnitt; Anker nicht senkrecht zur Wandebene; Abtropfscheiben an den Ankern nicht in der Mitte der Luftschicht, so daß Dämmung durchfeuchtet wird; ungenügende Fugenausbildung; ungenügende bzw. abrutschende Lagerung der Vorsatzschicht; zu weiches Dämmaterial, das in die Luftschicht quillt; verstopfte Lüftungsöffnungen durch herunterfallenden Mörtel, usw. Das nachträgliche Beheben derartiger Fehler ist meistens nicht mit einfachen Mitteln möglich.

4.7.3 Zweischalige Trennwände

Aus Schallschutzgründen können Trennwände zwischen Häusern oder Wohnungen gemäß Bild 4.27 zweischalig ausgeführt werden. Der Erfolg ist abhängig von der Sorgfalt bei der Planung und Ausführung. Wanddicke, Wandgewicht und Fugenfüllung sind aufeinander abzustimmen. Nicht nur die Wände, auch die Decken sollten gleichermaßen getrennt werden, da sie sonst Schallbrücken darstellen. Der häufigste Ausführungsfehler besteht darin, daß beim Mauern Mörtel in die Fuge eindringt und Schallbrücken bildet. Aus diesem Grund sollte die Fugenfüllung nicht nur die bauphysikalischen Anforderungen erfüllen, sondern vor allem auch eine durchgehende dichte und trennende Scheibe bilden. Die Wanddicken ergeben sich einerseits aus den Anforderungen des Schallschutzes, andererseits aus statischen Gründen. Nach DIN 1053-1 beträgt die Mindestwanddicke 11,5 cm. Die statischen Verhältnisse sind genauer nachzuweisen. Dabei ist insbesondere darauf zu achten, daß die Trennwände als Endauflager für die Decken wirken, so daß neben der Knicksicherheit der dünnen Wandschalen vor allem auch die Einspannmomente im Wand-Decken-Knoten zu beachten sind.

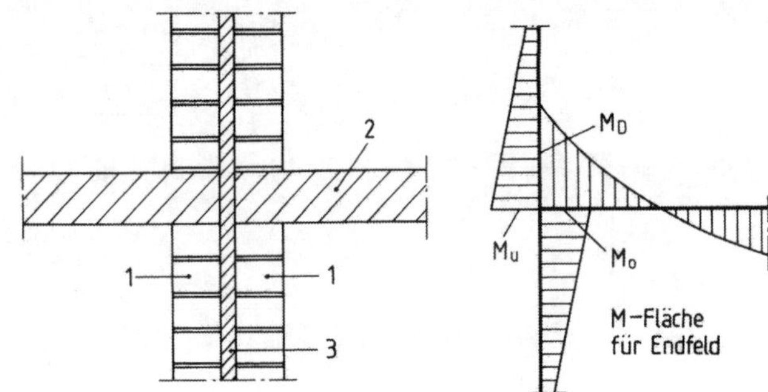

Bild 4.27
Zweischalige Trennwand im Deckenknoten
1 Wandschale
2 Geschoßdecken-Endfeld
3 durchgehende Fuge mit weicher Füllung für Schallschutz und zur Vermeidung von Mörtelbrücken.

4.7.4 Ringanker

Ringanker sind biegeweiche Zugglieder, die ein Gebäude ringförmig umschließen und damit zusammenhalten.

Wegen der geringen Zugfestigkeit von Mauerwerk ist darauf zu achten, daß die Wände in Höhe der Geschoßdecken horizontal gehalten sind. Zugkräfte in Wand-Längsrichtung sind insbesondere dann zu erwarten, wenn die Wände lang sind und aus schwindreichem Material bestehen, wenn die Wandscheiben durch Öffnungen geschwächt sind, wenn Horizontalkräfte z.B. aus Wind oder Erdbeben, konzentriert eingeleitet werden, oder wenn unterschiedliche Setzungen des Baugrundes Zwängungsspannungen im Mauerwerk erzeugen. In Erdbebengebieten ist stets mit derartigen Beanspruchungen zu rechnen.

Bestehen die Geschoßdecken aus durchgehenden Stahlbetonplatten, übernehmen sie im Regelfall die auftretenden Zugkräfte durch die ohnedies vorhandene Bewehrung (Bild 4.28a). Ist diese Bewehrung extrem schwach, so sind umlaufende Zulageeisen anzuordnen. Bestehen die Geschoßdecken aus Fertigteilen ohne durchlaufende Bewehrung, so sind sie mit umlaufenden Ringankern nach Bild 4.28b so zu umschließen, daß eine horizontale Scheibentragwirkung gewährleistet ist. Bei Holzbalkendecken sollten umlaufende Ringanker nach Bild 4.28c unter den Holzbalken angeordnet werden, die neben der Aufnahme von möglichen Zugkräften auch für eine gute Verteilung der konzentrierten Auflagerkräfte aus den Holzbalken sorgen.

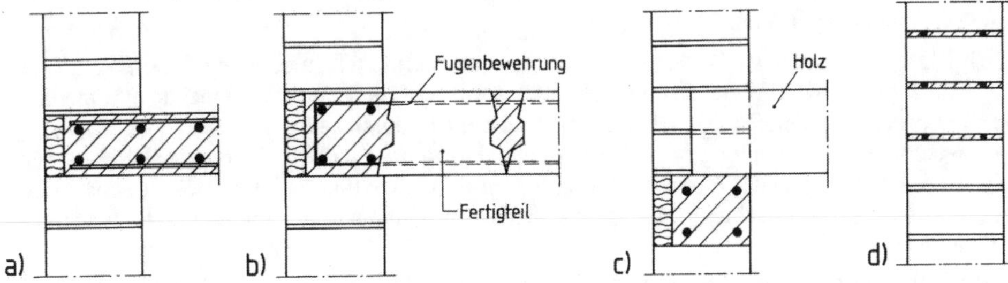

Bild 4.28 Ausbildung von Ringankern

a) Ortbetondecke mit Bewehrung; b) Fertigteildecke mit Stahlbeton-Ringanker wie Bild 4.32; c) Holzbalkendecke auf Stahlbeton-Ringanker; d) bewehrtes Mauerwerk als Ringanker mit korrosionsgeschützter Bewehrung in Fugen aus Zementmörtel

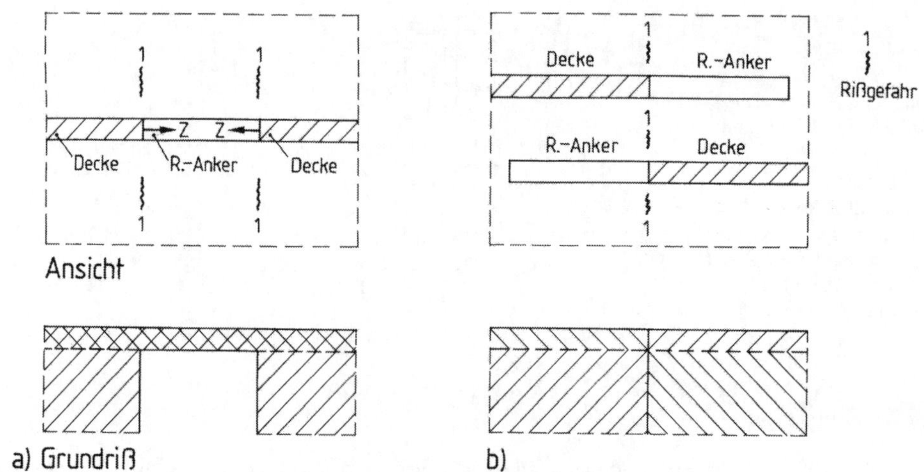

Bild 4.29 Anordnung von Ringankern zur Rissesicherung bei
a) unterbrochenen, b) verspringenden Geschoßdecken

Besondere Rißgefahr besteht an Stellen, an denen die Geschoßdecken unterbrochen sind, z.B. im Bereich von Treppenhäusern, oder wo sie in der Höhenlage verspringen (Bild 4.29). Bei starker Verkürzung der Decken aus Schwinden oder Temperaturänderung konzentrieren sich die Verformungen am Deckenende, so daß an diesen Stellen Risse im Mauerwerk nahezu unvermeidlich sind, falls keine Dehnfugen an diesen Punkten angeordnet werden können. Die Rißgefahr kann verringert werden, wenn kräftig bewehrte Ringanker die Deckenenden verbinden bzw. so fortsetzen, daß mindestens eine Überlappung entsteht.

Da es sich bei Ringankern definitionsgemäß um biegeweiche Zugglieder handelt, genügt ein relativ geringer unverbügelter Betonquerschnitt mit durchlaufender bzw. mit Haftlänge gestoßener Längsbewehrung, die am Gebäuderand zur Verankerung um die Ecke gebogen wird. Meistens strebt man zusätzlich eine geringe konstruktive Biegetragfähigkeit an; deshalb besteht der übliche Mindestquerschnitt b/d =15/15 cm aus mindestens 2 diagonal angeordneten, besser 4 in den Ecken angeordneten Längseisen. Falls die Eisenquerschnitte nicht genauer nachgewiesen werden, sollten sie so gewählt werden, daß sie eine Zugkraft von mindestens 30 kN als Gebrauchslast aufnehmen können. Dieser Wert entspricht den zu erwartenden Kräften bei üblichen Gebäudegrundrissen.

Schäden infolge von Ringankern können aus den unterschiedlichen Materialkennwerten von Mauerwerk und Beton entstehen. So ist insbesondere auf ausreichende Wärmedämmung der gut leitenden Betonquerschnitte zu achten, z.B. durch außen eingelegte oder zwischen Vormauerung und Beton eingefügte Dämmschichten. Üblich sind z.B. 5 cm dicke HSH-Platten. Zur Rissesicherung ist der Außenputz in diesen Bereichen durch eingelegtes Gewebe zu bewehren. Ist die Dämmschicht nicht ausreichend dimensioniert oder unordentlich ausgeführt, können Kältebrücken entstehen, die verstärkte Temperaturverformungen mit Rissen im Mauerwerk und insbesondere Kondenswasserbildung mit Graufärbung und Schimmelpilz am Innenputz zur Folge haben können.

Besonders sorgfältig ist auf die Wärmedämmung von Ringankern unter Dachdecken zu achten. Hier besteht die Gefahr, daß ungedämmte Teilflächen entstehen, die Kältebrücken erzeugen. Bild 4.30d zeigt einen Schadensfall, bei dem Kältebrücken aus nicht gedämmten Innen- und Oberseiten des Ringankers entstanden. Die Verkürzung des Ringankers aus Abkühlung und

Schwinden führte zu einer Verwölbung der Wand mit horizontalem Riß in halber Geschoßhöhe. Da die Temperaturänderungen in jährlichem Rhythmus wiederkehren, trat der Riß trotz Ausbesserung immer wieder auf.

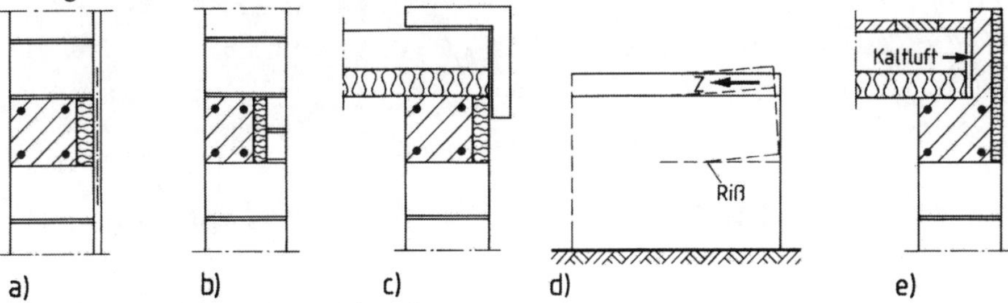

Bild 4.30 Wärmedämmung von Ringankern
a) äußere Dämmschicht und bewehrter Putz; b) Zwischen-Dämmschicht und Vormauerung; c) Dämmung der Dachdecke; d) Schadensfall in Außenwand: Riß in halber Geschoßhöhe infolge Zugkraft Z wegen schlecht gedämmtem Ringanker (e)

Die Nachteile des Materialwechsels lassen sich vermeiden, wenn der Ringanker nach Bild 4.28d aus bewehrtem Mauerwerk besteht. Diese Ausführung ist bei uns noch nicht allgemein üblich, vor allem wohl wegen mangelnder Erfahrung. Werden jedoch die Regeln für bewehrtes Mauerwerk beachtet, wird also insbesondere korrosionsgeschützte Bewehrung verwendet, ist eine derartige Ausbildung von Ringankern sicher von Vorteil.

4.7.5 Ringbalken

Werden Ringanker nicht nur durch Zugkräfte, sondern auch durch Biegemomente aus nennenswerten horizontalen oder vertikalen Kräften beansprucht, so spricht man von Ringbalken. Diese Beanspruchungsart tritt vor allem dann ein, wenn bei Geschoßdecken ohne Scheibenwirkung, z.B. Holzbalkendecken, der Abstand der aussteifenden Querwände so groß ist, daß die horizontale Biegesteifigkeit der Wand zur Abtragung der H-Lasten nicht mehr ausreicht. In solchen Fällen ist ein horizontal biegesteifer Balken zur Aussteifung in Geschoßhöhe anzuordnen: der Ringanker wird zum Ringbalken. Er übernimmt die Aussteifung der Wand in Deckenebene und trägt die anfallenden H-Lasten aus Wind, Umlenkkräften, Erdbeben usw. über Biegemomente auf die aussteifenden Querwände ab (Bild 4.31).

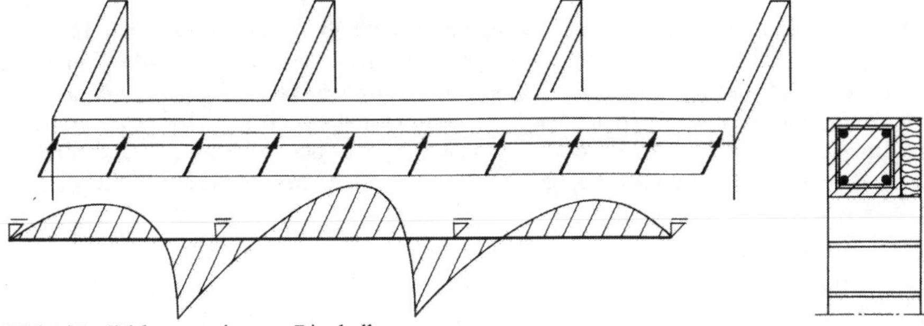

Bild 4.31 Wirkungsweise von Ringbalken

Bei durchgehenden Stahlbetondecken ist die Ausbildung von Ringbalken nicht erforderlich, da die Decken diese Funktion ausüben. Bei üblichen Abmessungen genügt die ohnedies vorhandene Bewehrung, in Sonderfällen ist eine umlaufende Zusatzbewehrung anzuordnen.

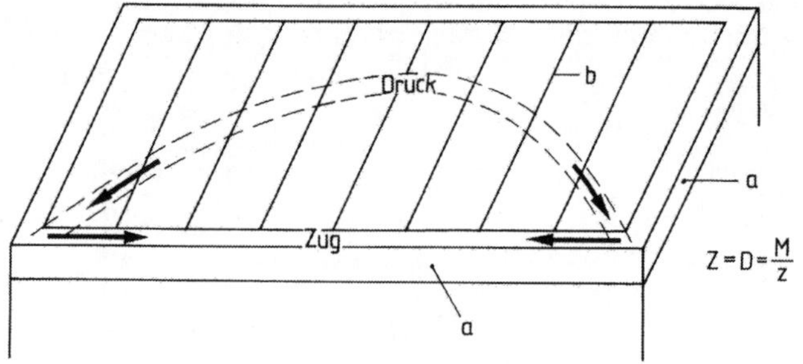

Bild 4.32
Fertigteildecken als Scheibe
a) umlaufender Ringanker wie Bild 4.28b;
b) schubfeste Fugenausbildung mit Fugenbewehrung

Bei Fertigteildecken ohne durchgehende Bewehrung kann die Scheibenwirkung der Geschoßdecke durch schubfeste Ausbildung der Fugen (Verguß, Verzahnung, Bewehrung usw.) und umlaufenden Ringanker hergestellt werden. Die Ringankerbewehrung ergibt sich aus der M-Fläche bzw. aus einer horizontalen Bogentragwirkung gemäß Bild 4.32, so daß kein separater Ringbalken erforderlich ist. Siehe DIN 1045, 19.7.4.

Läßt sich die Scheibenwirkung der Geschoßdecke nicht herstellen, so ist ein Ringbalken auszubilden und als horizontal beanspruchter Balken nach den Regeln des Stahlbetons zu bemessen. Üblicherweise wird der Balken verbügelt und mit mindestens 4 Längsstählen jeweils in den Ecken des Ringbalkens bewehrt. Die Stähle sind mit Haftlänge zu stoßen und an den Enden rahmenartig um die Ecke zu führen. Da die statische Nutzhöhe derartiger Balken von der Wanddicke abhängt, ist die mögliche Spannweite begrenzt, wobei nicht nur die Traglast, sondern auch die Verformung des Balkens zu beachten ist.

Für die erforderliche Wärmedämmung und die Gefahren des Materialwechsels gelten die gleichen Hinweise wie für Ringanker Abschn. 4.7.4.

4.7.6 Auflagerung von Dachdecken auf Mauerwerk

Die Auflagerung von Dachdecken stellt insofern einen ungünstigen Sonderfall dar, als keine Auflasten aus darüber befindlichen Geschossen wirken, die auftretende Exzentrizitäten verringern könnten; außerdem entstehen in Dachdecken häufig stärkere Temperaturdifferenzen als bei Zwischendecken. DIN 18 530 gibt Hinweise für eine richtige konstruktive Ausbildung. So sind folgende mögliche Schadensursachen zu bedenken:

a) **Deckendrehwinkel im Auflager.** Die Deckendurchbiegung bewirkt gemäß Bild 4.33a einen Drehwinkel α am Auflager, der insbesondere bei schlanken Decken und dicken Wänden zu einer Drehung um die Innenkante der Wand und zu klaffenden Rissen an der Außenseite führen kann. Häufig ist die Haftung zwischen dem Beton der Decke und der obersten Steinreihe größer als in der darunter befindlichen Mörtelfuge, so daß der Riß in dieser Mörtelfuge auftritt oder gar zwischen den Fugen verspringt. Ist die Außenseite verputzt, so zeichnen sich derartige Risse häßlich im Putz ab.

   Abhilfe. Ausreichende Deckendicke, so daß die Verformungen gering bleiben; erforderlichenfalls Trennschicht zwischen Decke und Wand und Fortsetzen dieser Fuge im Putz, so daß Verdrehungen unschädlich bleiben. Wird die Ausbildung der Fuge im Putz vergessen, so entstehen an dieser Stelle unweigerlich unkontrollierte Risse. Mitunter hilft gemäß Bild 4.33b ein schmaler Streifen aus weichem Material, der an der Innenkante der Wand zwischen Decke und Wand eingelegt wird, so daß sich der Drehpunkt in Richtung Wandmitte verschiebt. Hier ist auf die Trennung des Innenputzes zu achten.

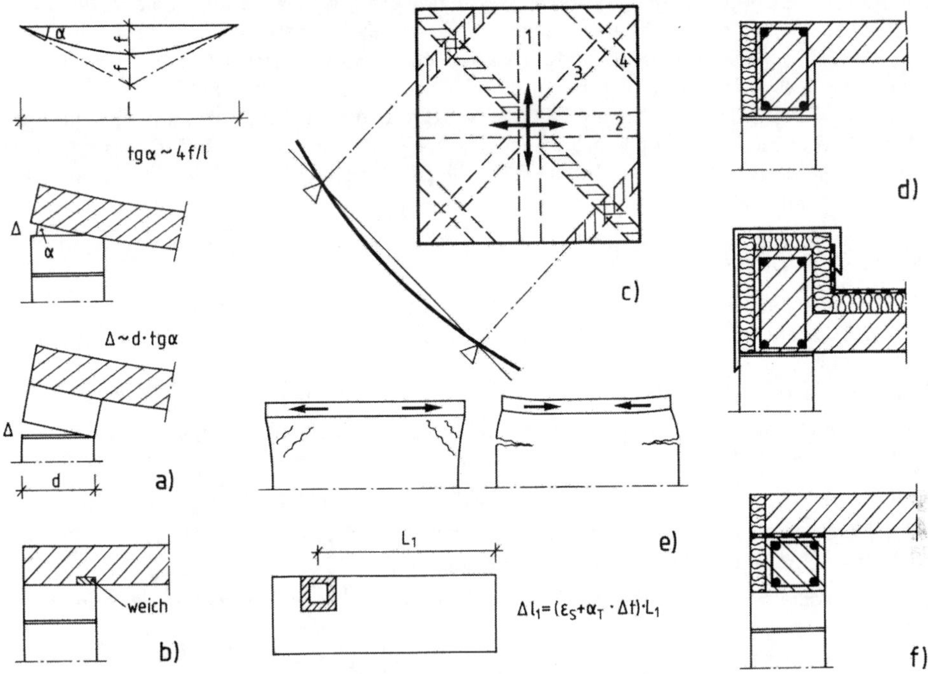

Bild 4.33 Auflagerung von Dachdecken
a) Durchbiegung der Decke und Rißbilder; b) Zentrierung des Deckenlagers; c) abhebende Ecke der Deckenplatte; d) biegesteifer Rand durch Auf- bzw. Abkantung; e) Rißbild bei Verlängerung bzw. Verkürzung des Ringankers; f) gleitende Lagerung der Deckenplatte

b) **Abheben der Ecken.** Die Drillsteifigkeit des Betons bewirkt, daß sich nach Bild 4.33c nicht nur orthogonale, sondern auch diagonale Tragstreifen (3, 4) ausbilden. Wegen der kurzen Spannweiten wirkt der Diagonalstreifen 4 wie ein steifes Auflager für den Streifen 3, der darüber auskragt und u.U. in der Ecke abhebt.

Abhilfe. Ausreichende Deckendicke, so daß die Verformungen gering bleiben; Trennschicht und Fuge wie bei a), so daß die Ecke zwängungsfrei abheben kann; in diesem Fall empfiehlt es sich, die Fuge außen, z.B. durch eine heruntergezogene Attika-Blende, zu schützen, um die Dichtigkeit der Wand auch über die Fuge hinweg zu gewährleisten; mitunter wird als Abhilfe empfohlen, die Ecken nach unten zu verankern, z.B. durch Stahlbeton-Zugstützen innerhalb der Wand. Dies kann durch den Materialwechsel zu Rissen im Mauerwerk führen, wenn das Schwind- und Temperaturverhalten von Beton und Mauerwerk stark unterschiedlich ist und Zwängungen erzeugt. Deshalb ist es günstiger, die Ecken nach Bild 4.33d durch biegesteife Randbalken, also entweder steife Aufkantungen oder Abkantungen, am Abheben zu hindern.

c) **Unterschiedliche Längsverformungen.** Dachdecken sind häufig stärkeren Temperaturänderungen ausgesetzt als die Wände, so daß in Verbindung mit dem Schwinden der Baustoffe Verformungsdifferenzen zwischen Decke und Wand auftreten (Bild 4.33e). Verlängert sich die Decke gegenüber der Wand, entstehen diagonale Risse im Mauerwerk; bei Verkürzungen der Decke kann es zum Abheben der Ecken und zu horizontalen Rissen im Mauerwerk kommen.

Abhilfe: Gute Wärmedämmung ohne Wärmebrücken, so daß die Temperaturdifferenzen klein bleiben; Dehnfugenabstände nicht zu groß, so daß die maßgebende Verschiebungslänge L_l gering bleibt; bei größeren zu erwartenden Verformungen gleitfähige Trennschicht zwischen Decke und Wand, so daß eine zwängungsfreie Verformung möglich ist. In DIN 18530 wird eine derartige Trennschicht bei mehrgeschossigen Gebäuden mit einer maßgebenden Verschiebungslänge L > 6 m und stets bei eingeschossigen Gebäuden empfohlen. Auch hier ist darauf zu achten, daß die Fuge, die durch die Trennschicht gebildet ist, auch im Putz ausgeführt wird.

Eine gleitfähige Lagerung der Dachdecke (Bild 4.33f) wird also in vielen Fällen hilfreich sein. Damit sie wirksam ist, sind folgende Punkte zu beachten:

1) Die Trennschicht, bestehend meistens aus Kunststoffbahnen, muß eben aufliegen, so daß keine Verzahnung zwischen dem Deckenbeton und dem Mauerwerk entsteht. Am günstigsten ist Lagerung auf eben abgeriebenen Ringbalken oder Mörtelschicht.
2) Da bei der Verformung trotz Gleitschicht mit Reibungskräften zu rechnen ist, sollte die Trennschicht auf zugfestem Material liegen, also z.B. auf einem Stahlbeton-Ringanker oder besser auf bewehrtem Mauerwerk.
3) Die durch die Trennschicht gebildete Fuge ist auch im Putz auszubilden.
4) Auch bei nichttragenden Wänden ist die Verformbarkeit zu prüfen; gegebenenfalls sind auch sie durch eine Trennschicht vor Verformungen zu schützen.
5) Die horizontale Halterung des Wandkopfes muß trotz Gleitschicht gewährleistet sein. Auch aus diesem Grund empfiehlt sich ein Ringbalken unter der Trennschicht.

4.7.7 Schlitze und Aussparungen

Schlitze und Aussparungen können die Tragfähigkeit von Wänden erheblich mindern. Neben der Verringerung der Querschnittsfläche ist vor allem auch die Verringerung der Biegesteifigkeit und die Exzentrizität der Restfläche zu beachten. Auch die Art der Herstellung wirkt sich aus: Planmäßig im Verband gemauerte Schlitze werden üblicherweise genauer und sorgfältiger hergestellt sein als nachträglich gefräste oder gar gestemmte Schlitze. DIN 1053-1 (1974) verbot deshalb das Stemmen von Schlitzen und verlangte, daß sie zu fräsen sind, falls sie nicht im Verband gemauert werden. Diese Forderung hat sich in der Praxis nicht durchgesetzt. Andererseits stehen heute Stemmgeräte zur Verfügung, die ein genaues Arbeiten mit geringem Energieaufwand ermöglichen. Deshalb enthält DIN 1053-1 keine derartige Einschränkung. Jedoch ist beim Fräsen oder Stemmen darauf zu achten, daß die planmäßigen Abmessungen der Schlitze nicht überschritten werden.

Schlitze werden beim heute üblichen Standard für alle Arten von Installationen benötigt: Heizung, Wasser, Entwässerung, Elektro-Hauptleitungen und gegebenenfalls Be- und Entlüftung. Wegen ihrer Bedeutung für die Standsicherheit sollten frühzeitig Schlitzpläne angefertigt werden und beim Aufstellen der statischen Nachweise zur Verfügung stehen oder mindestens vor Baubeginn in statischer Hinsicht überprüft werden. Sie sollten in die Ausführungspläne integriert sein, da nachträglich herzustellende Schlitze stets sehr aufwendig und problematisch sind.

Vertikal verlaufende Schlitze werden sich bei einachsig gespannten Wänden im wesentlichen nur über die Verringerung der Querschnittsfläche auswirken, da die Exzentrizität der Restfläche im allgemeinen gering ist. Bei zweiachsig gespannten Wänden hingegen, deren erhöhte Tragfähigkeit auf Queraussteifung, also auf horizontalen Biegemomenten beruht, können vertikale Schlitze die horizontale Spannrichtung erheblich beeinträchtigen. Deshalb sieht DIN

1053-1, Abschn. 7.7.2 beim Nachweis der Grenzwerte für 3- und 4-seitige Halterung vor, als Wanddicke im Bereich vertikaler Schlitze nur die Restwanddicke anzusetzen oder an dieser Stelle einen freien Rand anzunehmen (Bild 4.34).

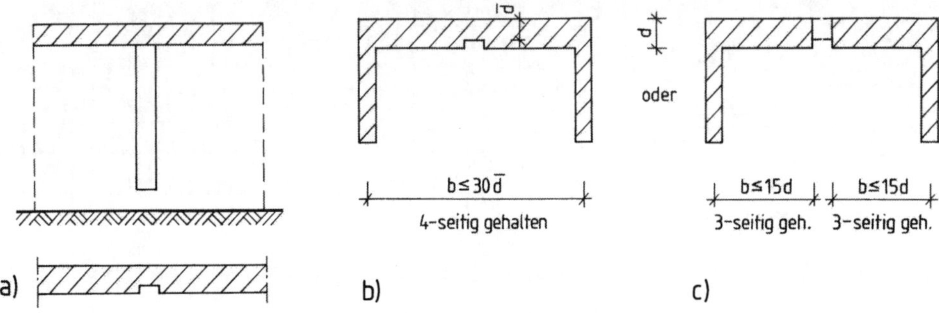

Bild 4.34 Vertikale Schlitze in
a) 2-seitig gehaltenen und b) und c) 4-seitig gehaltenen Wänden

Horizontal verlaufende Schlitze sind stets problematisch, da sie sich nicht nur über die Verringerung der Querschnittsfläche, sondern auch über die Exzentrizität der Restfläche und über die verringerte Biegesteifigkeit auswirken (Bild 4.35). Sie sollten deshalb möglichst vermieden werden.

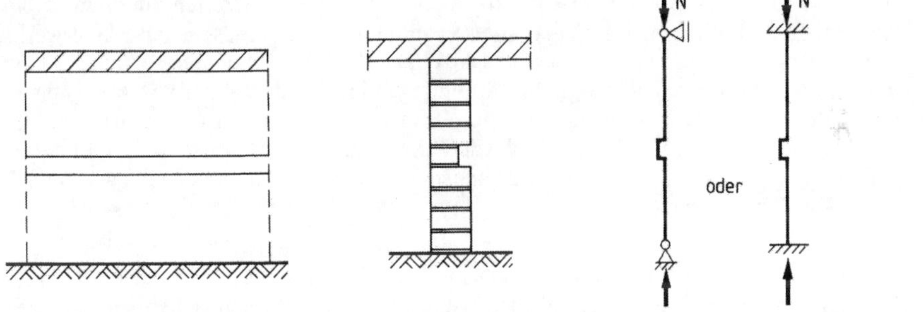

Bild 4.35 Horizontaler Schlitz im Mauerwerk und statisches System

Um den Aufwand der statischen Nachweise zu verringern, sind in DIN 1053-1, Abschn. 8.3 diejenigen Schlitzarten zusammengestellt, deren Auswirkung auf die Tragfähigkeit der Wand so gering ist, daß auf einen detaillierten statischen Nachweis verzichtet werden darf. „Kurze Wände“ (Pfeiler), die Aussparungen oder Schlitze enthalten, sind mit dem vergrößerten Sicherheitsbeiwert $\gamma_P = 2{,}5$ zu bemessen.

4.7.8 Einzellasten und Teilflächenpressung

Einzellasten auf Mauerwerk entstehen aus der Auflagerkraft von Unterzügen, z.B. Fensterstürzen, oder von Balken, z.B. bei Balkendecken, oder von Stützen, z.B. Fensterpfeilern oder Dachpfosten. Sie erzeugen Spannungskonzentrationen auf den gedrückten Teilflächen sowie Spaltzugkräfte im Bereich der Kraftausbreitung.

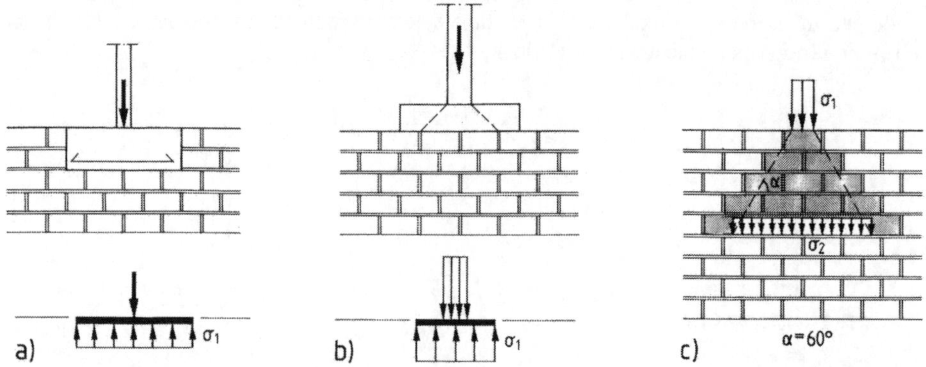

Bild 4.36 Lastverteilung unter belasteten Teilflächen durch
a) Verteilungsbalken aus Stahlbeton oder b) aus Holz; c) Mauerwerk mit Steinen höherer Festigkeit unter $\alpha = 60°$

Bei hohen Einzellasten wird man stets ein lastverteilendes Element zwischenschalten: Lastverteilungsbalken nach Bild 4.36a, b aus Holz, Stahl oder Stahlbeton, oftmals in der Form von ohnedies erforderlichen Stahlbeton-Ringankern oder von Deckenstreifen aus Stahlbeton. Ist dies nicht möglich und reichen die zulässigen Spannungen des vorgesehenen Mauerwerks nicht aus, so besteht die Möglichkeit, unter der Einzellast Mauerwerk höherer Festigkeit als in der übrigen Wand anzuordnen. Auf mögliche Zwängungen infolge des Materialwechsels ist zu achten. Innerhalb des verstärkten Wandbereiches kann eine Lastverteilung unter 60° nach Bild 4.36c angenommen werden. Die erforderliche Festigkeit der Verstärkung ergibt sich aus der Bedingung $\sigma_1 \leq \text{zul}\ \sigma_1$ für das Verstärkungsmauerwerk, die Höhe der Verstärkung aus $\sigma_2 \leq \text{zul}\ \sigma_2$ für die übrige Wand.

Die zulässige Spannung in kleinen Teilflächen ist auch bei Mauerwerk größer als die üblichen zulässigen Spannungen für Wände. Wirkt eine Last P nach Bild. 4.37a auf eine Wandscheibe, so breitet sich die Last innerhalb der Wand aus. Die dabei entstehenden schrägen Druckstreben erzeugen im Lastpunkt einen zweiachsigen Druckzustand, durch den die Tragfähigkeit des Mauerwerks erhöht wird. Andererseits entstehen in den unteren Schichten Zugspannungen aus den geneigten Druckstreben, die durch den Verband des Mauerwerks oder durch die als Zugband wirkenden Geschoßdecken aufgenommen werden müssen.

Wirkt die Einzellast P gemäß Bild 4.37b am Rand der Wand, so erzeugen die geneigten Druckstreben eine Zugkraft Z am Wandkopf. Diese Zugkraft kann zu vertikalen Rissen am Wandkopf, also zu einem Abreißen des Auflagermauerwerks führen, falls Z nicht aufgenommen werden kann. Außerdem verringert die Zugspannung die Schubtragfähigkeit der Einzelsteine und vergrößert dadurch die Rißgefahr. Zur Aufnahme von Z steht außer dem Verband des Mauerwerks mitunter das Zugband der Stahlbetondecke bzw. eines Ringankers oder der aufzulagernde Träger als Druckstrebe zur Verfügung (Bild 4.37c). Am Rand einer Wand angreifende Einzellasten können also ungünstiger als Lasten in Wandmitte wirken. Dies ist durch Versuche und durch theoretische Untersuchungen bestätigt. Deshalb ist in DIN 1053-1 die Vergrößerung der zulässigen Teilflächenpressung auch vom Randabstand der Last abhängig, s. Bild 4.37d.

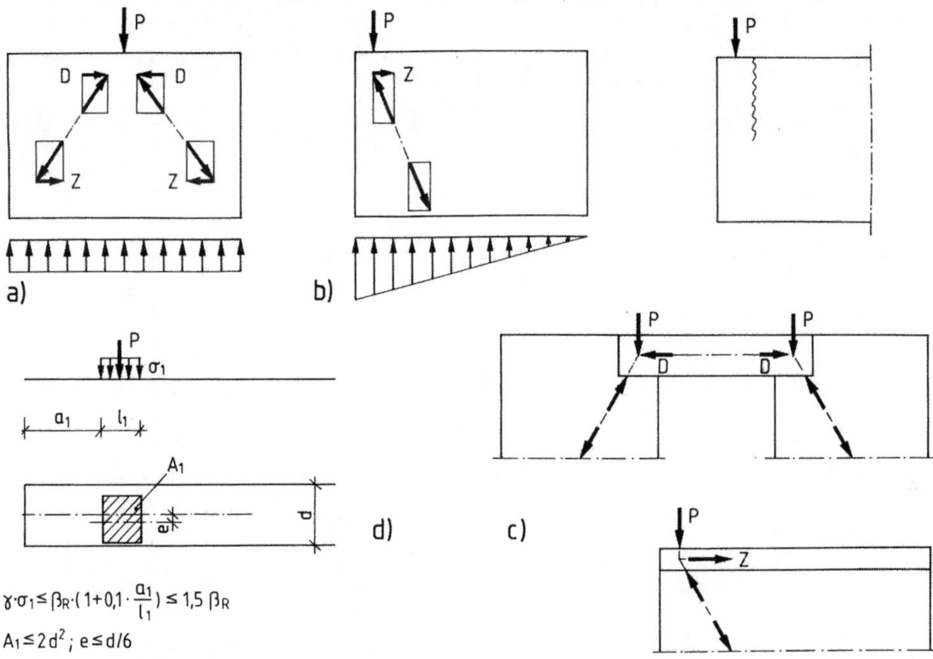

Bild 4.37 Teilflächenpressung
Lastausbreitung bei a) mittiger Einzellast; b) Randlast; c) Aufnahme der Spaltzugkraft durch Ringanker oder durch abstützende Wirkung des Trägers; d) zulässige Teilflächenpressung nach DIN 1053-1

4.7.9 Kellerwände

Die Kellerwände eines Bauwerkes sind meistens stärker belastet als die übrigen Wände. Neben den größeren Auflasten wirken der Erddruck, Schnee und Spritzwasser. Außerdem besteht die Gefahr aufsteigender Feuchtigkeit. Oft erwartet man vom Kellergeschoß auch eine verstärkte aussteifende Wirkung. Deshalb verlangte DIN 1053 früher für Kellerwände Steine von mindestens Festigkeitsklasse 4 und Mörtel mindestens der Gruppe II. DIN 1053-1 enthält die Begrenzung der Steinfestigkeitsklasse nicht mehr, um die größere Wärmedämmung der Steinklasse 2 nutzen zu können. Dennoch werden höhere Steinfestigkeitsklassen für Kellermauerwerk nach wie vor empfohlen.

Die Kelleraußenwände haben den Erddruck aufzunehmen. Nach DIN 1055-2 Erläuterungen, darf hierfür der aktive Erddruck angesetzt werden, sofern die Wände nicht wesentlich dicker als statisch erforderlich sind und sofern das Verfüllungsmaterial nur bis zu mitteldichter Lagerung verdichtet wird. Bei stärkerer Verdichtung ist ein erhöhter Erddruck, also z.B. der Erdruhedruck anzusetzen. Außerdem ist eine Verkehrslast auf der Erdoberfläche zu berücksichtigen, z. B. $p = 5\ kN/m^2$.

Der statische Nachweis der Kellerwand erfolgt nach Bild 4.38b für die Normalkraft N aus Auflast und Wandgewicht und für das Biegemoment M aus Erddruck. Hinweise s. [69]. Nach DIN 1053-1, Abschnitt 7.2.5 darf die Momentenfläche unter Einhaltung des Gleichgewichtes in Stütz- und Feldmoment aufgeteilt werden. Eine rechnerisch günstige Auslastung der Wand ergibt sich, wenn die Schlußlinie nach Bild 4.38b so gewählt wird, daß gilt $M_F = M/2$. Diese Momentenverteilung beruht auf einem angenommenen Traglastzustand, der möglicherweise, je nach Art der Auflast, rechnerisch klaffende Fugen voraussetzt.

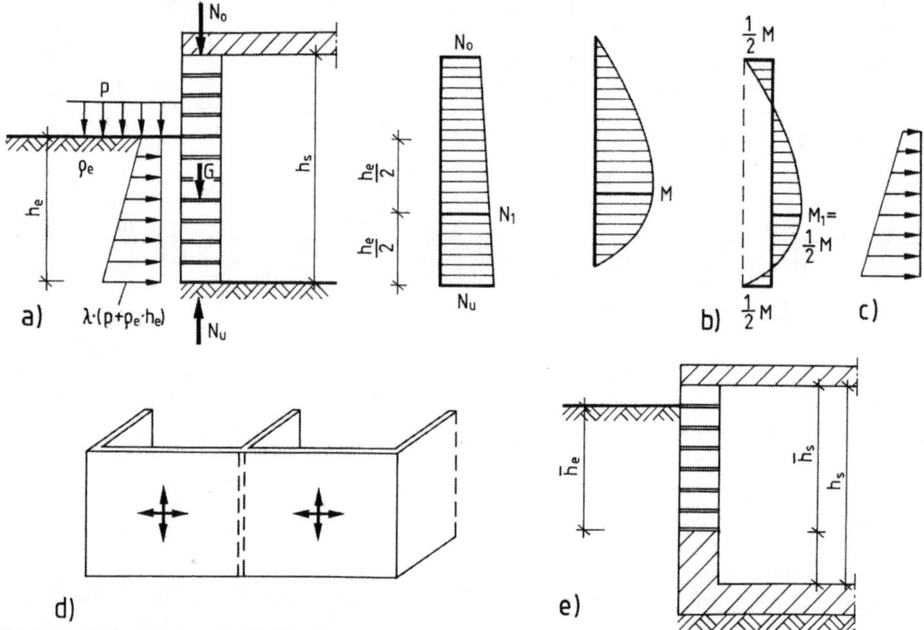

Bild 4.38 Kellerwände unter Erddruck
a) System und Lastbild; b) N- und M-Fläche; c) Bogentragwirkung in der Wand; d) 4seitig gelagerte Wände; e) Verringerung der Stützlänge der gemauerten Wand durch Aufkantung der Bodenplatte

Bei hohen Auflasten ist die Randspannung infolge N und M für die Wandbemessung maßgebend. Bei geringen Auflasten hingegen ist die Länge der klaffenden Fuge ausschlaggebend. Das Moment M nämlich bewirkt in diesem Fall große Exzentrizitäten $e = M/N$, die wegen der Begrenzung der klaffenden Fugen bis zur Wandachse für die Wanddicke ausschlaggebend werden. Bei linearer Spannungsverteilung tritt dieser Grenzfall bei $e = d/3$ ein; hieraus folgt erf $d = 3\,e = 3\,M_1/N_1$ oder erf $N_1 = 3\,M_1/d$. Gemäß Bild 4.38c kann man sich das Tragverhalten der Kellerwand auch aus einer Bogentragwirkung erklären: Das Einspannmoment an Wandkopf und -fuß ergibt sich durch Verschieben der Lastresultierenden um $e \leq d/3$ nach innen, das Feldmoment wird durch Verschieben der Lastresultierenden um $e \leq d/3$ nach außen aufgenommen, so daß $M = N \cdot e$ für jeden Punkt gilt. So entsteht innerhalb der Wand ein Bogen in Stützlinienform, der den Erddruck aufnimmt.

Um eine einfache Überschlagsformel für die Praxis zu besitzen, wurde das dargestellte System ausgewertet und durch folgende Näherung nach DIN 1053-1, die auf [69] beruht, erfaßt:

$$\text{erf } N_1 = \frac{\gamma_e \cdot h_s \cdot h_e^2}{20\,d}$$

Kann diese Auflast N_1 nicht aufgebracht werden und führt eine genauere Rechnung nicht zu günstigeren Ergebnissen, ist die Kippsicherheit der Wand im klaffenden Schnitt nicht gegeben.

Abhilfe. Der Fall vorh N_l < erf N_l kann insbesondere bei leichten 1- und 2geschossigen Gebäuden und im Bereich von Terrassen auftreten, bei denen die Erde geschoßhoch angeschüttet ist und wegen größerer Türöffnungen nur die Kellerdecke als Auflast wirkt. In solchen Fällen sind folgende Maßnahmen zu prüfen:

a) **Verstärkung der Wanddicke d.** Dadurch wird zum einen die Normalkraft N_l, zum anderen der Stich des Stützlinienbogens vergrößert.

b) **Zweiachsige Lastabtragung.** Sind im Keller Querwände vorhanden, so kann nach Bild 4.38d eine zweiachsige Lastabtragung aktiviert werden. Sie ist allerdings nur dann spürbar wirksam, wenn die Form der Wand nicht allzusehr vom Quadrat abweicht, also die Wandlänge nicht wesentlich größer als die Wandhöhe ist.

c) **Verringerung der biegebeanspruchten gemauerten Wandhöhe.** Wird die Bodenplatte als biegesteife Stahlbetonaufkantung innerhalb der Kellerwand nach oben geführt, verringert sich die Höhe der gemauerten Wand, so daß zu ihrer Berechnung anstelle von $\overline{h}_s$ und $\overline{h}_e$ die Werte h_s und h_e nach Bild 4.38e gesetzt werden können. Auf Wärmedämmung im Stahlbetonteil ist zu achten.

d) **Aussteifungsstützen.** Mitunter werden vertikale Aussteifungsstützen aus Stahlbeton in die Kellerwände integriert, die die aussteifende Funktion von Querwänden übernehmen. Es entsteht so eine 2achsige Lastabtragung zwischen den Stützen. Diese Konstruktion ist zwar statisch möglich, enthält aber wegen des Materialwechsels bauphysikalische Probleme und vor allem die Gefahr von Zwängungen und Rissen. Deshalb sollte die Lösung c bevorzugt werden.

Der Erddruck bewirkt auch eine Querkraft senkrecht zur Wand, aus der Plattenschub entsteht. Er ist im allgemeinen unproblematisch, da im ungerissenen Querschnittsbereich die vollen Reibungs- und Kohäsionswerte zur Verfügung stehen. Ungeklärt ist zur Zeit noch die statische Wirkungsweise von bituminösen Sperrschichten, die zum Schutz gegen aufsteigende Feuchtigkeit eingebaut werden können. Da hieraus keine wesentlichen Schäden bekannt geworden sind, ist anzunehmen, daß die Querkräfte durch Unebenheiten und Verzahnungen in den Lagerflächen über diese weichen Schichten übertragen werden.

4.7.10 Mischmauerwerk

Die unterschiedliche statische und bauphysikalische Beanspruchung von einzelnen Wänden oder Wandabschnitten innerhalb eines Gebäudes verführt dazu, die Wände aus unterschiedlichen Materialien herzustellen. Man nennt dies Mischmauerwerk.

Hierbei ist stets zu beachten, daß unterschiedliche Materialien auch unterschiedliche Verformungskennwerte aufweisen. An den Nahtstellen kann dies zu Verformungsdifferenzen und Zwängungen und zu Rissen führen. Derartige Schäden sind in der Literatur wiederholt beschrieben worden; siehe z.B. [67], [66].

Geschoßweiser Materialwechsel ist im allgemeinen ungefährlich, da geschoßweise Verformungen keine Zwängungen bewirken. Materialwechsel innerhalb eines Geschosses hingegen kann zu Zwängungen führen, wobei insbesondere auf unterschiedliches Schwindverhalten von ineinander übergehenden Wänden zu achten ist. Siehe hierzu Abschn. 4.5.8.

Um die Zwängungs- und Rißgefahr bei Mischmauerwerk zu veranschaulichen, ist in Tafel 4.6 eine Vergleichsrechnung für eine 3 m hohe Wand aus Bims bzw. aus Ziegel durchgeführt. Die Annahmen für E_M, σ, φ und ε_s sind gemäß Tafel 4.4 relativ ungünstig gewählt, stellen aber noch nicht den ungünstigsten Fall dar. Man erkennt, daß eine rechnerische Differenz der Längenänderung von Δl = 3,7 mm pro Geschoß auftritt, die zwangsläufig zu Zwängungen am starren Übergang der Wände und möglicherweise zu Rissen führen würde.

Tafel 4.6 Vergleichende Berechnung von Verformungen einer 3 m hohen Wand aus Bims und aus Ziegel unter ungünstigen Annahmen

Art der Verformung	Bims Hbl MG II	Δl in mm	Ziegel Hlz 12 MG III	Δl in mm	Δl in mm
a) **Elastisch** E_M in N/mm² σ = zul σ $\Delta l_{el} = \sigma \cdot h/E_M =$	 $2{,}0 \cdot 10^3$ 0,7	 1,1	 $6{,}0 \cdot 10^3$ 1,6	 0,8	 0,3
b) **Kriechen** $\varphi =$ $\Delta l_\varphi = \varphi \cdot \Delta l_{el} =$	 2,0	 2,2	 0,75	 0,6	 1,6
c) **Schwinden** $\varepsilon_s =$ $\Delta l_s = \varepsilon_s \cdot h =$	 $50 \cdot 10^{-5}$	 1,5	 $-10 \cdot 10^{-5}$	 –0,3	 1,8
Summe		4,8		1,1	3,7

4.8 Ausführung von Mauerwerk

4.8.1 Verband von Mauerwerk

Mauerwerk muß im Verband gemauert werden. Dies bedeutet, daß die Stoß- und Längsfugen übereinander liegender Schichten gegeneinander versetzt sein müssen. Das Maß, um das die Stoßfugen gegeneinander versetzt sind, wird das Überbindemaß ü genannt. Das Überbindemaß beeinflußt vor allem die Zugfestigkeit des Mauerwerkes parallel zur Lagerfuge, damit auch die Rissesicherheit der Wand und die Schubfestigkeit der Wand: Bei geringer Überbindung läßt sich der Verband leichter lösen. Aus diesem Grund ist das Überbindemaß ü in DIN 1053-1 auf einen Mindestwert in Abhängigkeit von der Steinhöhe h gemäß Bild 4.39 festgelegt:

$$ü \geq 0{,}4h \geq 45 \text{ mm}$$

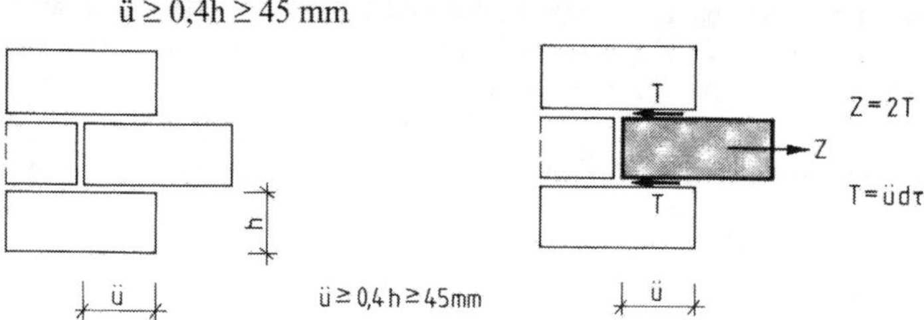

Bild 4.39 Überbindemaß ü der Steine im Verband und Auswirkung auf die Zugfestigkeit des Mauerwerks

Die Druckfestigkeit des Mauerwerkes wird ebenfalls durch die Verbandart beeinflußt, jedoch ist der Einfluß nicht so groß, daß er bei den zulässigen Spannungen unbedingt berücksichtigt werden müßte. Die größte Festigkeit liefert der Läuferverband, da er den geringsten Fugenanteil und die geringsten zwangsläufigen Unregelmäßigkeiten aufweist.

In der Praxis haben sich verschiedene Arten von Verbänden herausgebildet. Die wichtigsten Arten sind gemäß Bild 4.40:

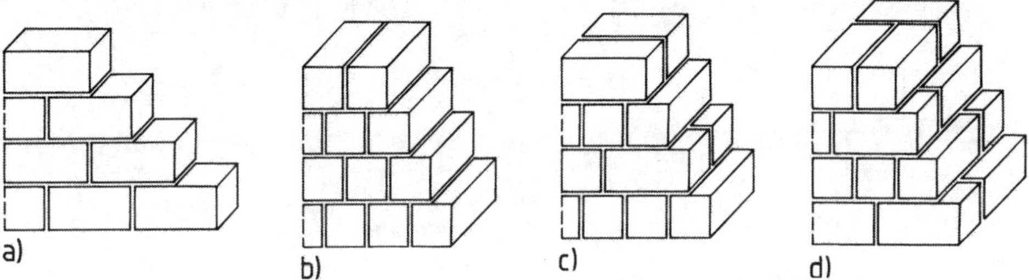

Bild 4.40 Arten des Verbandes von Mauerwerk
a) Läuferverband; b) Binderverband; c) Blockverband; d) Kreuzverband

a) **Läuferverband.** Die Steinlänge verläuft in Wandrichtung, die Stoßfugen sind im Regelfall um eine halbe Steinlänge versetzt. Hieraus ergibt sich ein großes Überbindemaß mit gut zugfestem Verband. Diese Ausführung ist daher in statischer Hinsicht am günstigsten.

b) **Binderverband.** Die Steinlängen verlaufen in Richtung der Wanddicke, das Überbindemaß ergibt sich aus der Steinbreite und ist deshalb geringer als beim Läuferverband. Hieraus folgt auch eine geringere Zugfestigkeit des Verbandes.

c) **Blockverband.** Das Mauerwerk besteht abwechselnd aus einer Läufer- und einer Binderschicht. Das Überbindemaß und die Zugfestigkeit des Verbandes entsprechen dem Binderverband.

d) **Kreuzverband.** Jede Schicht enthält gleichzeitig Läufer- und Bindersteine, die sich schichtweise überkreuzen. Diese Verbandsart wird für Wände benötigt, deren Dicke größer als eine Steinlänge ist.

Die Steine einer Schicht sollen gleiche Höhe haben, damit ein Verband entstehen kann.

Besondere Sorgfalt bei der Herstellung des Verbandes erfordern Pfeiler mit kleinem Querschnitt, die Einbindung von Querwänden, das Anlegen von Schlitzen, Gebäudeecken usw. Bei hochbeanspruchten derartigen Bauteilen kann es notwendig werden, den Verband im Ausführungsplan vorzuschreiben. Sichtmauerwerk erfordert natürlich stets eine sorgfältige Planung des Verbandes.

4.8.2 Ausbildung der Lager- und Stoßfugen

Die Tragfähigkeit einer Wand hängt wesentlich von der gleichmäßigen vollflächigen Ausbildung der Lagerfugen ab. Hohlräume in den Fugen und unterschiedliche Fugendicken bewirken Spannungskonzentrationen, die zu verminderter Traglast und erhöhter Rißgefahr führen.

Die Dicke der Lagerfugen ist ebenfalls von Bedeutung für die Tragfähigkeit des Mauerwerkes, da sie über das Querdehnverhalten die Querzugbeanspruchung der Steine beeinflußt. Dicke Lagerfugen sind im allgemeinen statisch ungünstiger, andererseits ist eine Mindestdicke erforderlich, um Toleranzen der Steine und der Ausführung auszugleichen.

Nach DIN 1053-1 soll die Dicke der Lagerfugen bei Normal- und Leichtmörtel 12 mm, bei Dünnbettmörtel und Steinen entsprechend geringer Toleranz 1 bis 3 mm betragen (Bild 4.41).

Die Ausbildung der Stoßfugen kann auf verschiedene Weise erfolgen: Vollfugig mit 10 mm Fugendicke oder durch Vermörtelung in Taschen oder ohne Vermörtelung knirsch gestoßen. Hierbei sind mehrere Gesichtspunkte zu beachten: Schall-, Wärme- und Brandschutz, Schlagregen und Rissesicherheit des Außenputzes. Aus diesem Grund werden für Mauerwerk oh-

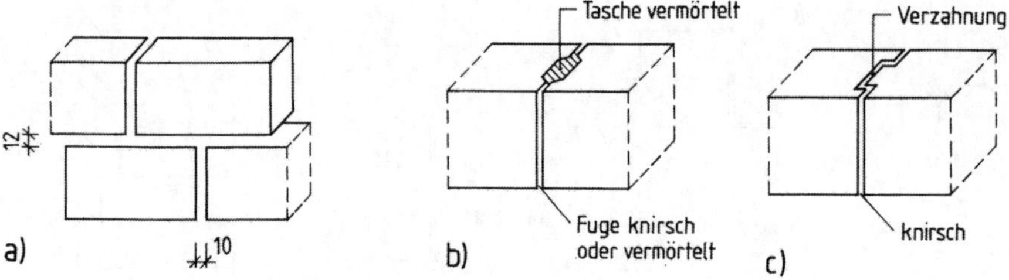

Bild 4.41 Ausbildung der Stoß- und Lagerfugen
a) vollfugig vermörtelt mit Normal- und Leichtmörtel; b) Mörteltasche; c) knirsch verlegt mit Verzahnung

ne Stoßfugenvermörtelung meistens Steine verwendet, die durch Nut oder Feder verzahnt sind. Die Tragfähigkeit des Mauerwerkes wird durch vollfugige Vermörtelung nur wenig gesteigert; die Rissesicherheit hingegen nimmt erkennbar zu, da sich die Steine gegenseitig besser abstützen können.

4.8.3 Vorfertigung von Mauerwerk

Die Vorfertigung ist im Mauerwerksbau noch nicht so üblich wie im Betonbau. Die Transport- und Montagezustände bewirken Biegemomente, die wegen fehlender Auflast in den meisten Fällen eine Bewehrung oder gar Vorspannung erfordern. So kommt Vorfertigung in größerem Umfang bisher nur bei kleinteiligen Elementen, z.B. bei bewehrten Tür- und Fensterstürzen nach den Richtlinien für die Bemessung und Ausführung von Flachstürzen, 1977, oder bei vorgehängten Fassaden in Sichtmauerwerk, vor (Bild 4.42). Bei letzteren kann die Werkfertigung insbesondere die Qualität der Sichtflächen heben. Hinweise für vorgefertigte Elemente enthält DIN 1053-4.

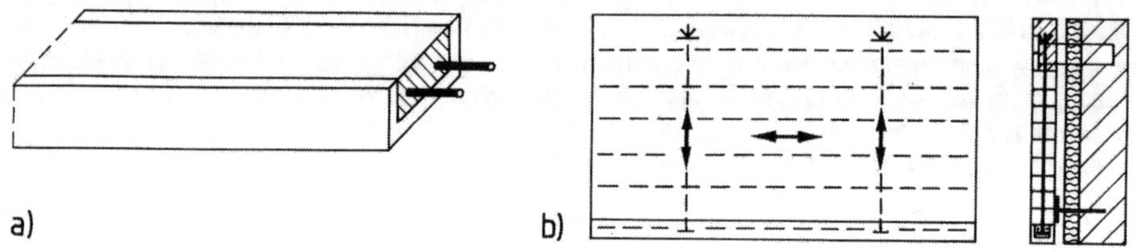

Bild 4.42 Vorgefertigtes Mauerwerk
a) Flachsturz; b) vorgehängte Fassade aus bewehrtem Sichtmauerwerk (System Fa. Schätz)

4.8.4 Eignungs- und Güteprüfungen

Um das Sicherheitsniveau von Mauerwerk zu gewährleisten, sind Kontrollen erforderlich.

Eignungsprüfungen werden vor der Ausführung durchgeführt, um die Eignung eines Materials für den vorgesehenen Zweck, z.B. seine Festigkeit, zu prüfen. Während der Ausführung dienen Güteprüfungen der stichprobenartigen Kontrolle.

Steine. Die Qualität der Steine wird im Werk durch Eigenüberwachung und Fremdüberwachung gemäß den Festlegungen in den Stein-Normen kontrolliert. Die wesentlichen Ergebnisse sind im Lieferschein festgehalten, der auf der Baustelle vom ausführenden Unternehmen abzunehmen und mit den Anforderungen der Ausführungsunterlagen zu vergleichen ist.

Mörtel. Die Herstellung von Baustellenmörtel ist vom Unternehmer eigenverantwortlich zu überwachen. Eignungsprüfungen vor der Ausführung sind nur in den Fällen vorgeschrieben, die in DIN 1053-1, Anhang A, zusammengestellt sind, insbesondere bei Bauwerken mit mehr als 6 Vollgeschossen, bei MGr. IIIa und bei Verwendung von Zusatzmitteln. Die Herstellung von Werkmörtel wird im Werk nach DIN 18 557 überwacht, so daß die Kontrolle auf der Baustelle sich auf den Vergleich der Lieferscheine beschränken kann. Eine Güteprüfung für Mörtel auf der Baustelle ist nach DIN 1053-1 für Bauwerke mit mehr als 6 Vollgeschossen sowie stets für MGr. IIIa vorgeschrieben.

Die Kontrolle der Ausführung des Mauerwerkes obliegt der Bauleitung sowie der für die Überwachung zuständigen Stelle.

4.9 Bewehrtes Mauerwerk

4.9.1 Anwendung von bewehrtem Mauerwerk

Die geringe Zugfestigkeit von Mauerwerk kann, ebenso wie im Stahlbetonbau, durch Einlegen von Bewehrung kompensiert werden. Hauptproblem ist hierbei die Korrosionsgefahr.

Die Bewehrung kann entweder zur Rissesicherung konstruktiv nach Erfahrungssätzen, also ohne statischen Nachweis, eingelegt werden, s. [73], [79], oder kann nach DIN1053-3 zur Abtragung von Lasten statisch in Rechnung gestellt werden. Erläuterungen dazu [72], [78], [79]. Einige Arten der Bewehrungsführung sind in Bild 4.43 dargestellt: Horizontale Stähle in den Lagerfugen oder in den Taschen von tragförmigen Formsteinen; vertikale Bewehrung in Aussparungen von Formsteinen oder in ummauerten Aussparungen. Hiermit lassen sich Elemente unter horizontaler Belastung (Plattenbeanspruchung) oder unter vertikaler Belastung (Balken- oder Scheibenbeanspruchung) herstellen.

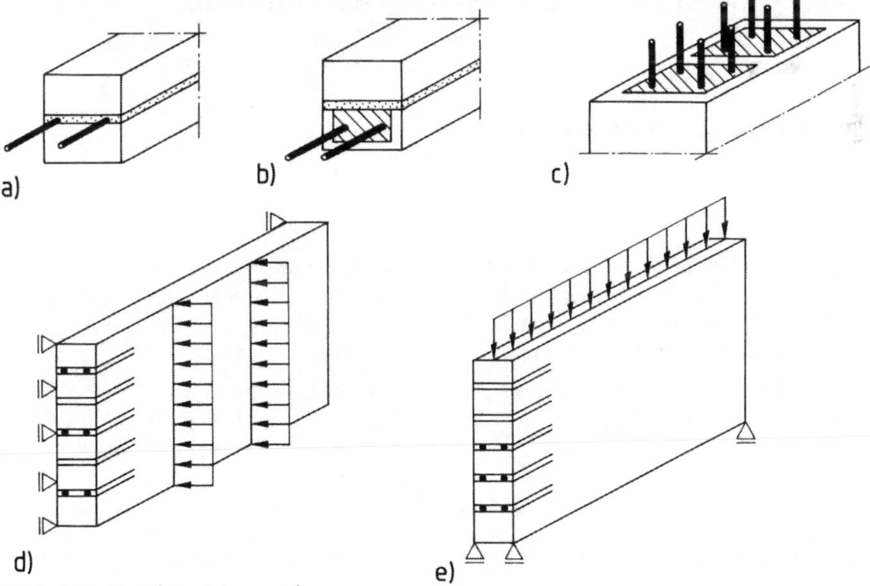

Bild 4.43 Bewehrtes Mauerwerk

Bewehrung a) in den Lagerfugen; b) in horizontal liegenden Formsteinen; c) vertikal in Formsteinen; d) Plattenbeanspruchung; e) Scheiben- und Balkenbeanspruchung

4.9.2 Korrosionsschutz der Bewehrung

Aus Versuchen und aus Untersuchungen an ausgeführten Bauwerken ist bekannt, daß Mörtelfugen relativ rasch vollständig karbonatisieren, so daß der Korrosionsschutz durch die basische Atmosphäre des Zementes verloren geht. Ungeschützter Stahl in Mörtelfugen ist deshalb nur in solchen Bauteilen zulässig, die einem dauernd trockenen Raumklima ausgesetzt sind, also z.B. in Innenwänden von Wohngebäuden. In anderen Fällen ist der Stahl entweder in Beton einzubetten – dann gelten die Regeln des Korrosionsschutzes im Stahlbetonbau – oder er ist durch ausreichend dicke Verzinkung oder durch Beschichtung mit Kunststoffen gegen Korrosion zu schützen. Die langfristige Brauchbarkeit des Schutzes ist nachzuweisen, auf ausreichende Haftung ist zu achten. Die Schutzschicht darf unter den Bedingungen des Baustellenbetriebes nicht beschädigt werden. Im Ausland ist auch die Anwendung von rostfreiem Stahl üblich.

4.9.3 Bemessung von bewehrtem Mauerwerk

Die Bemessung von bewehrtem Mauerwerk ist in DIN 1053-3 geregelt. Sie lehnt sich bewußt an die Stahlbetonvorschrift DIN 1045 und die Mauerwerksvorschrift DIN 1053-1 an. Bemessungshilfen enthält [79].

4.9.4 Einzelheiten der Ausführung

Bewehrtes Mauerwerk ist stets vollfugig herzustellen, d.h. die Stoßfugen sind voll zu vermörteln, um die Übertragung der Druck- und Biegespannungen parallel zur Lagerfuge zu gewährleisten. Aus dem gleichen Grund ist der Lochanteil der Steine auf 35 % begrenzt. Als Fugenmörtel im Bereich der Bewehrung darf nur Zementmörtel der Gruppe III und IIIa verwendet werden, Füllbeton muß mindestens der Festigkeit B 15 entsprechen.

4.10 Nichttragendes Mauerwerk

4.10.1 Nichttragende Außenwände

Unter nichttragenden Außenwänden versteht man Wände, die außer ihrem Eigengewicht nur Windlasten zu tragen haben, also vorwiegend Ausfachungswände in Stahl- oder Stahlbetonskeletten. Sie sind üblicherweise 4-seitig gehalten, wobei die Halterung z.B. durch Verzahnung, Verankerung oder durch Versatz gemäß Bild 4.44 erfolgen kann.

Windlasten werden in der Regel durch 2-achsige Plattentragwirkung abgetragen. Da die Auflast rechnerisch sehr gering ist, können die vertikalen Tragstreifen nennenswerte Biegemomente nur dann aufnehmen, wenn die Lagerfugen als zugfest angenommen werden. Im Gegensatz zu tragendem Mauerwerk wird dies hier in begrenztem Umfang akzeptiert, da beim eventuellen Versagen eines Elementes das übrige Bauwerk nicht in Mitleidenschaft gezogen wird. Um umfangreiche Rechnungen zu vermeiden, gibt DIN1053-1 zulässige Größtwerte der Ausfachungsfläche an, bei denen der statische Nachweis entfallen kann (Bild 4.44). Diese Werte sind aus Erfahrung gewonnen und hängen wegen der Windlast von der Gebäudehöhe ab, wegen der Lastverteilung von dem Verhältnis der Seitenlängen, und wegen des Widerstandsmomentes von der Wanddicke.

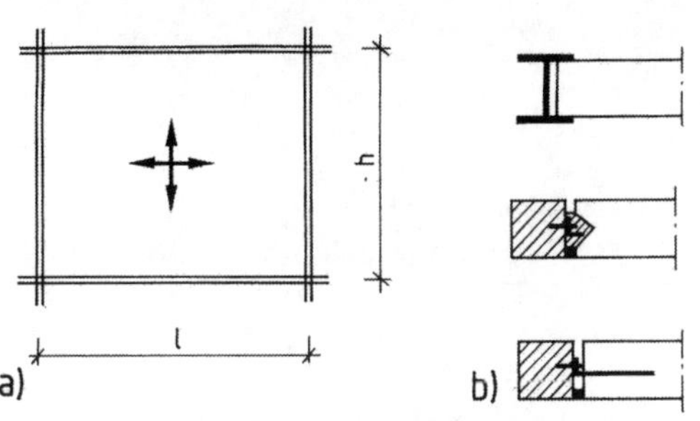

c)

d	H ≤ 8 m		H ≤ 20 m		H ≤ 100 m	
mm	ε = 1	ε = 2	ε = 1	ε = 2	ε = 1	ε = 2
115*	F ≤ 12	8	8	5	6	4
175	F ≤ 20	14	13	9	9	6
≥240	F ≤ 36	25	23	16	16	12

*Für $\beta_{St} \geq 12$: 1,33 F; F = l · h; ε = l/h oder h/l

Bild 4.44 Nichttragende Außenwände
a) statisches System; b) Anschluß Wand-Stütze; c) ohne Nachweis zulässige Wandflächen nach DIN 1053-1 in m^2. Weitere Festlegungen siehe Norm.

4.10.2 Nichttragende Innenwände

Nichttragende Innenwände sind Trennwände, die weder zur Aussteifung des Gebäudes noch zur vertikalen Lastabtragung herangezogen werden. Sie dienen nur der Raumtrennung und erhalten ihre Standsicherheit durch Verbindung mit angrenzenden Bauteilen. Sie müssen so steif sein, daß sie außer ihrem Eigengewicht und leichten Konsollasten auch stoßartige Belastung, z.B. aus Anprall eines menschlichen Körpers oder eines harten Gegenstandes, tragen können ohne insgesamt zerstört zu werden. Die Anforderungen an derartige Wände und die Nachweisverfahren werden in Teil 1 der DIN 4103 beschrieben. Teil 2 dieser Norm behandelt Trennwände aus Gips-Wandbauplatten. Bild 4.45 gibt die danach ohne statischen Nachweis zulässigen Wandhöhen bei oberer und unterer Halterung und beliebiger Wandlänge wieder. Bei 4-seitiger Halterung gelten günstigere Werte. Weitere Hinweise s. [70], [74].

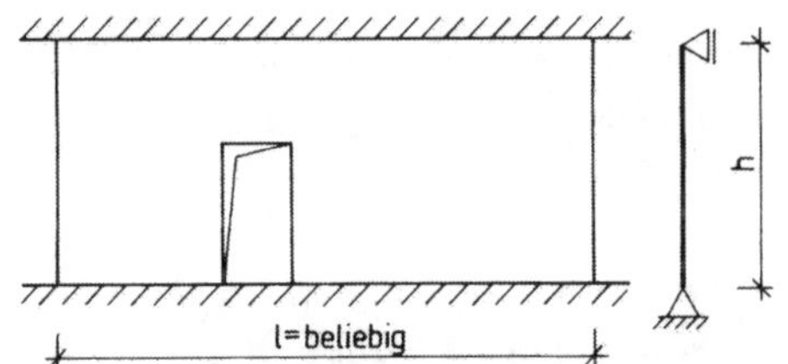

Einbau-bereich	d =	60 mm	80 mm	100 mm
1	h ≤	3,50 m	4,50 m	7,00 m
2	h ≤	Nachweis erforderlich	2,75 (3,50)	5,00 m

Bild 4.45 Nichttragende Innenwände: Zulässige Wandhöhe h von Trennwänden aus Gips-Wandbauplatten bei 2-seitiger Halterung nach DIN 4103-2
Einbaubereich 1: Wohnhäuser, Hotels, Büros usw.
Einbaubereiche 2: Schulen, Versammlungs- und Verkaufsräume usw.

4.11 Mauerwerk aus natürlichen Steinen

Natursteinmauerwerk wird heute nur selten für tragende Wände eingesetzt. Beim Umbau oder bei der Sanierung alter Bauwerke stößt man jedoch häufiger auf Mauerwerk aus natürlichen Steinen. DIN 1053-1 gibt Hinweise auf Verbandsarten, statische Nachweise und zulässige Spannungen. Über Bruchverhalten und Versuche ist z.B. in [75] und [76] berichtet.

4.12 Normen und Richtlinien

a) Mauerwerksnormen

[1]	DIN 1053-1	Ausgabe 1996	Mauerwerk; Berechnung und Ausführung
[2]	DIN 1053-2	Ausgabe 1996	Mauerwerk; Mauerwerksfestigkeitsklassen aufgrund von Eignungsprüfungen
[3]	DIN 1053-3	Ausgabe 1990	Mauerwerk; Bewehrtes Mauerwerk; Berechnung und Ausführung
[4]	DIN 1053-4	Ausgabe 1978	Mauerwerk; Bauten aus Ziegelfertigbauteilen

[5] Euro-Code EC 6 als DIN V – ENV 1996 – 1 – 1 (Vornorm)

[6] Richtlinien für die Bemessung und Ausführung von Flachstürzen, Fassung 1977

[7] DIN 4103 Teil 1 und 2 — Nichttragende innere Trennwände

b) Steinnormen

[8]	DIN 105-1 bis -5	Mauerziegel
[9]	DIN 106-1 und -2	Kalksandsteine
[10]	DIN 398	Hüttensteine
[11]	DIN 4165	Gasbeton-Blocksteine
[12]	DIN 18151	Hohlblöcke aus Leichtbeton
[13]	DIN 18152	Vollsteine und Vollblöcke aus Leichtbeton
[14]	DIN 18153	Hohlblocksteine aus Beton

c) Prüfnormen

[15]	DIN 18 554	Prüfung von Mauerwerk
[16]	DIN 18 555-1 bis -8	Prüfung von Mörteln mit mineralischen Bindemitteln
[17]	DIN 52 252-1 bis -3	Vornorm Prüfung der Frostwiderstandsfähigkeit von Vormauerziegeln und Klinkern

d) Bauphysikalische Normen

[18]	DIN 4102-1 bis -11	Brandverhalten von Baustoffen und Bauteilen
[19]	DIN 4108-1 bis -5	Wärmeschutz im Hochbau
[20]	DIN 4109-1 bis -6	Schallschutz im Hochbau

e) Weitere Normen

[21]	DIN 1045	Beton und Stahlbeton; Bemessung und Ausführung
[22]	DIN 18 530	Massive Deckenkonstruktionen für Dächer
[23]	DIN 18 330	Verdingungsordnung für Bauleistungen, Teil C, Maurerarbeiten
[24]	DIN 18 202	Maßtoleranzen im Hochbau

4.13 Literatur

[51] Mann, W.: Grundlagen der vereinfachten und der genaueren Bemessung von Mauerwerk nach DIN 1053-1 Fassung 1996. Mauerwerk-Kalender 1997

[52] Schulenberg, W.: Theoretische Untersuchungen zum Tragverhalten von zentrisch gedrücktem Mauerwerk aus künstlichen Steinen unter besonderer Berücksichtigung der Qualität der Lagerfuge. Dissertation, Darmstadt 1982

[53] Mann, W.: Druckfestigkeit von Mauerwerk; eine statistische Auswertung von Versuchsergebnissen in geschlossener Darstellung mit Hilfe von Potenzfunktionen. Mauerwerk-Kalender 1983, S. 687

[54] Kirtschig und Kasten: Auswertung von Versuchsergebnissen. Heft 43 des Instituts für Baustoffkunde und Materialprüfung der Universität Hannover, 1979

[55] Graf, O.: Über die Tragfähigkeit von Mauerwerk, insbesondere von stockwerkshohen Wänden. Heft 8, Reihe D, Forschung und Fortschritt im Bauwesen. Franck'sche Verlagsbuchhandlung Stuttgart 1952

[56] Mann, W. und Müller, H.: Schubtragfähigkeit von Mauerwerk. Mauerwerk-Kalender 1978, S. 35, und 1985, S. 95

[57] Mann, W. und Müller, H.: Bericht über das Forschungsvorhaben: Bruchkriterien für querkraftbeanspruchtes Mauerwerk und ihre Anwendung auf gemauerte Windscheiben. Darmstadt 1976/77

[58] Grundlagen zur Festlegung von Sicherheitsanforderungen für bauliche Anlagen. Beuth-Verlag, Berlin 1981

[59] Mann, W.: Überlegungen zur Sicherheit im Mauerwerksbau. Mauerwerk-Kalender 1987, S. 1

[60] Mann, W. und Leicher, E.: Untersuchungen zum Nachweis der Knicksicherheit gemauerter Wände unter Berücksichtigung der Deckeneinspannung. Mauerwerk-Kalender 1987

[61] Gremmel, M.: Zur Ermittlung der Tragfähigkeit schlanker Mauerwerkswände an Bauteilen in wirklicher Größe. Dissertation. Braunschweig 1978

[62] Leicher, E.: Theoretische Untersuchungen zum Tragverhalten von 2-seitig gehaltenen Mauerwerkswänden unter Drucklasten mit und ohne Berücksichtigung der Einspannwirkung der Geschoßdecken. Dissertation D17, Darmstadt 1987

[63] Betzler, M.: Untersuchungen zur Auswirkung unterschiedlicher Formen von Versuchskörpern bei der Ermittlung der Druckfestigkeit von Mauerwerk. Dissertation Darmstadt 1995 und: Mann, W. und Betzler, M.: Mauerwerk-Kalender 1996, S. 607

[64] Mann, W.: Zahlenbeispiele zur Bemessung von druck- und schubbeanspruchten gemauerten Wänden nach DIN1053 1, Ausgabe 1996. Mauerwerk-Kalender 1997

[65] Deutsche Gesellschaft für Mauerwerksbau (DGfM): Außenwandfugen bei Mauerwerksbauten. Empfehlungen 1982

[66] Schubert und Wesche: Verformung und Rißsicherheit von Mauerwerk. Mauerwerk-Kalender 1988, S. 131

[67] Mann, W. und Müller, H.: Rißschäden bei Verwendung von Mauerwerk unterschiedlichen Verformungsverhaltens. Bautechnik 1975, S. 120

[68] Schubert und Kasten: Zur rißfreien Wandlänge von Mauerwerk aus Kalksand-Plansteinen und -Planelementen. Bautechnik 1987, S. 220

[69] Mann, W. und Bernhardt, G.: Rechnerischer Nachweis von ein- und zweiachsig gespannten Wänden, insbesondere von Kellerwänden auf Erddruck. Mauerwerk-Kalender 1984, S. 69.

[70] Deutsche Gesellschaft für Mauerwerksbau: Nichttragende innere Trennwände aus künstlichen Steinen und Wandbauplatten. Empfehlungen 1987

[71] Mann, W.: Statisch-konstruktive Überlegungen beim Entwerfen von Hochbauten. DBZ 1971, S. 965.

[72] Zelger, C.: Bewehrtes Mauerwerk nach DIN 1053 Teil 3, Entwurf 1987. Mauerwerk-Kalender 1988, S. 19

[73] Mann, W. und Zahn, J.: Bewehrung von Mauerwerk zur Rissesicherung. Mauerwerk-Kalender 1985, S. 671

[74] Kirtschig und Anstötz: Zur Tragfahigkeit von nichttragenden inneren Trennwänden in Massivbauweise. Mauerwerk-Kalender 1986, S. 697

[75] Mann, W.: Zum Tragverhalten von Mauerwerk aus Natursteinen. Mauerwerk-Kalender 1983, S. 675

[76] Stiglat, K.: Zur Tragfähigkeit von Mauerwerk aus Sandsteinen. Bautechnik 1984, S. 51

[77] Kirtschig und Mayer: Zur Tragfähigkeit von mit Leichtmörtel hergestelltem Mauerwerk. Mauerwerk-Kalender 1987, S. 471

[78] Ohler, A.: Bemessung von Flachstürzen. Mauerwerk-Kalender 1988, S. 497

[79] Mann, W. und Zahn, J.: Bewehrung von Mauerwerk zur Rissesicherung und zur Lastabtragung. Mauerwerk-Kalender 1990, S. 467

[80] Mann, W.: Zug- und Biegezugfestigkeit von Mauerwerk–theoretische Grundlagen und Vergleich mit Versuchsergebnissen. Mauerwerk-Kalender 1992, S. 601

[81] Schubert, P. und Metzemacher, H.: Zur Biegezugefestigkeit von Mauerwerk. Mauerwerk-Kalender 1991, S. 669

5 Geneigte Dächer mit Dachdeckungen

Von Erich Cziesielski und Helmut Marquardt

5.1 Übersicht

Dächer werden unter anderem nach ihrer Dachneigung α unterschieden:

- Flachdächer: $\alpha \leq 5°$
- flach geneigte Dächer: $5° < \alpha \leq 20°$
- Steildächer: $\alpha > 20°$

Flachdächer werden im Abschn. 6 behandelt. Die Grundformen des flach geneigten Daches bzw. des Steildaches sind das Pult- und das Satteldach; Abwandlungen davon stellen u. a. das Walm- oder das Mansarddach dar; siehe Bild 5.1. Die üblichen Bezeichnungen am Hausdach sind in Bild 5.2 genannt.

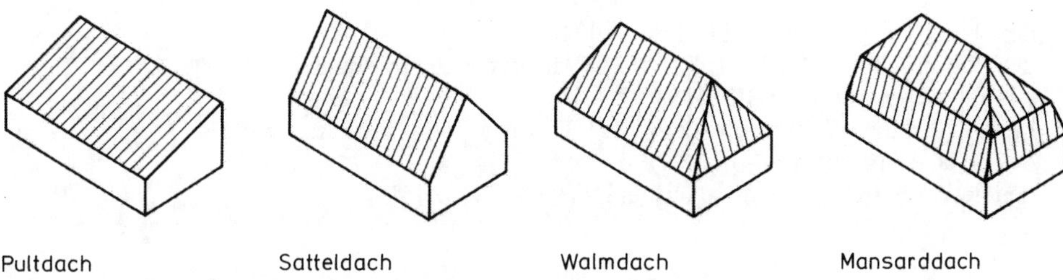

Bild 5.1 Gebräuchliche Dachformen

Im Gegensatz zu Flachdächern, die eine Abdichtung erhalten, werden geneigte Dächer üblicherweise mit einer Dachdeckung versehen. Während eine Abdichtung das Durchtreten stehenden Wassers verhindert, sorgt eine Dachdeckung durch eine überlappende und geneigte Anordnung des Deckungsmaterials für den schnellen Abtransport des anfallenden Niederschlagswassers vom Bauwerk. Dachdeckungen sind im Gegensatz zu Dachabdichtungen nicht absolut wasserdicht; in extremen Situationen (Aufwind, stauendes Wasser u. ä.) kann der Niederschlag durch die Dachdeckung eindringen, so daß Zusatzmaßnahmen erforderlich werden (s. Abschn. 5.5).

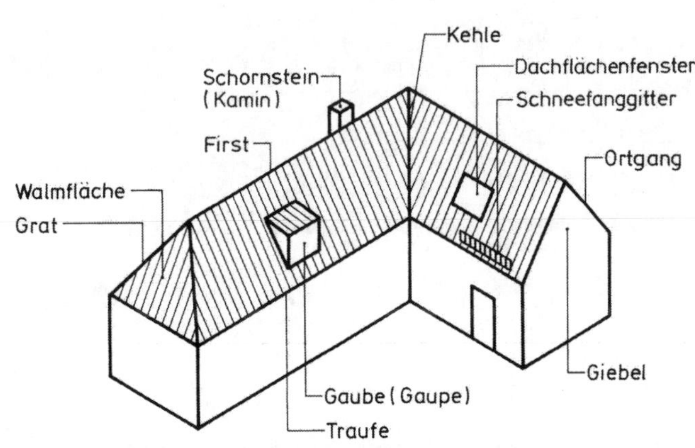

Bild 5.2 Bezeichnungen am Hausdach, dargestellt am einseitig abgewalmten Winkelhausdach

5.2 Anforderungen

An geneigte Dächer mit Dachdeckungen sind folgende Anforderungen zu stellen:

5.2.1 Statisch-konstruktive Anforderungen

Gewährleistet sein muß

- die Standsicherheit der Dachkonstruktion und
- die Begrenzung der Verformungen, so daß keine Schäden im Bereich des Dachaufbaus bzw. der Unterkonstruktion entstehen (DIN 1052 [2]).

5.2.2 Bauphysikalische Anforderungen

Die Dachkonstruktion muß den Anforderungen

- des Witterungsschutzes (DIN 4108 – 3 [7]),
- des Wärmeschutzes (DIN 4108 – 2 [7], Wärmeschutzverordnung [8]),
- des Tauwasserschutzes (DIN 4108 – 3 [7]),
- der Luftdichtheit (DIN 4108 – 2, – 7 [7], Wärmeschutzverordnung [8]),
- des Schallschutzes (DIN 4109 [9]),
- des Brandschutzes (Landesbauordnung [1], DIN 4102 [5])

genügen, vgl. [51].

5.3 Zimmermannsmäßige Dachkonstruktionen

5.3.1 Übersicht

Eine systematische Übersicht üblicher zimmermannsmäßiger Dachkonstruktionen gibt Bild 5.3. Weitere Konstruktionen sind denkbar; Abwandlungen des strebenlosen Pfettendaches

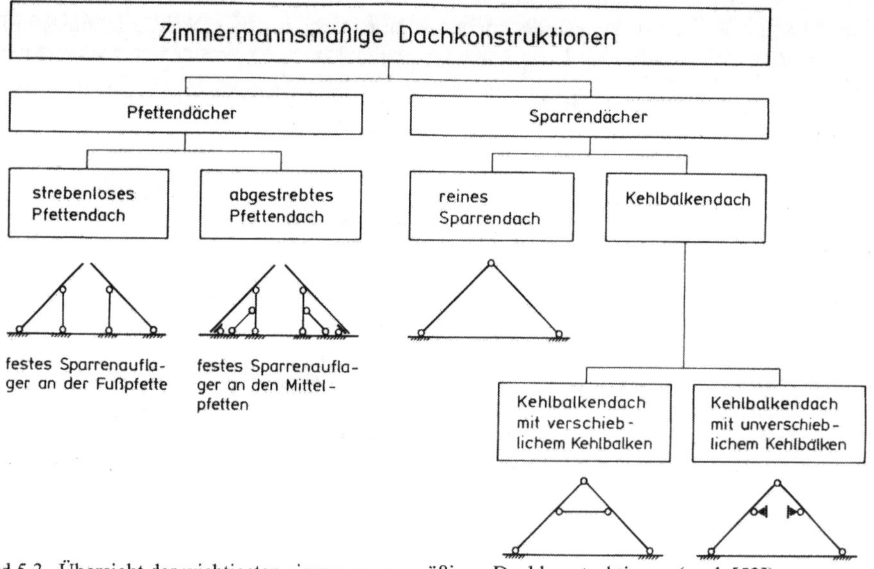

Bild 5.3 Übersicht der wichtigsten zimmermannsmäßigen Dachkonstruktionen (nach [52])

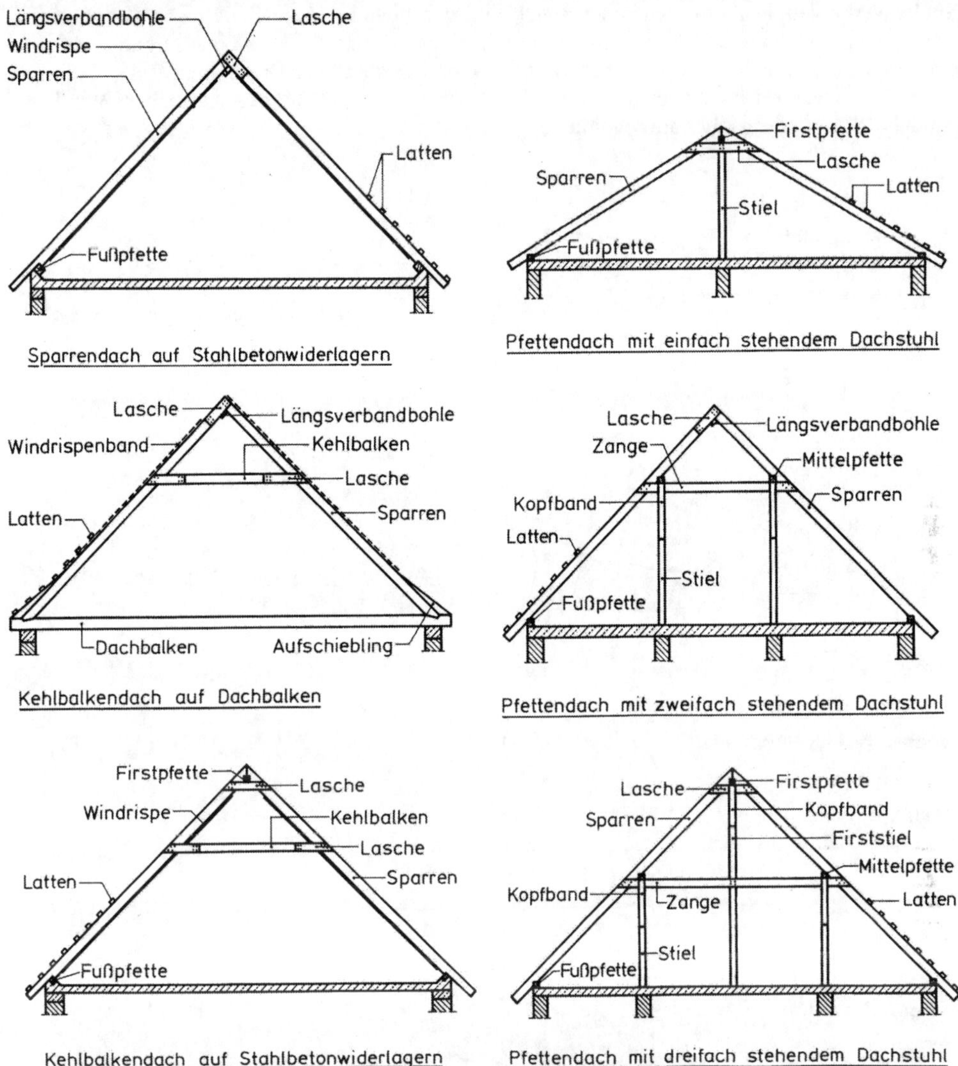

Bild 5.4 Bezeichnungen der Bauteile verschiedener Sparrendächer (links) und strebenloser Pfettendächer (rechts)

mit einfach, zweifach bzw. dreifach stehendem Dachstuhl zeigt Bild 5.4 rechts. Hinweise zur statischen Berechnung von zimmermannsmäßigen Dachkonstruktionen finden sich in [52] und [53], Grundlage ist DIN 1052 [2].

In Bild 5.4 werden anhand einiger Dachquerschnitte die Konstruktionselemente von Sparren- und Pfettendächern bezeichnet. Verkürzte Sparren am Grat oder an der Kehle (vgl. Bild 5.2) heißen „Schifter".

Anhand der statischen Systeme in Bild 5.3 ist erkennbar, daß die genannten Dachkonstruktionen in Querrichtung ausgesteift sind. Die Aussteifung in Gebäudelängsrichtung übernehmen bei den Pfettendächern traditionell Kopfbänder, die die Pfetten rahmenartig mit den

Stielen verbinden; heute werden in der Regel Windrispenbänder in der Dachflächenebene angeordnet. Bei den Sparrendächern werden die einzelnen Gespärre durch Längsverbände druck- und zugfest verbunden; die je nach Windrichtung wechselnde Diagonalkraft wird durch mindestens zwei in verschiedenen Richtungen liegende, nur auf Zug beanspruchbare Windrispen bzw. Windrispenbänder aufgenommen (Bild 5.5).

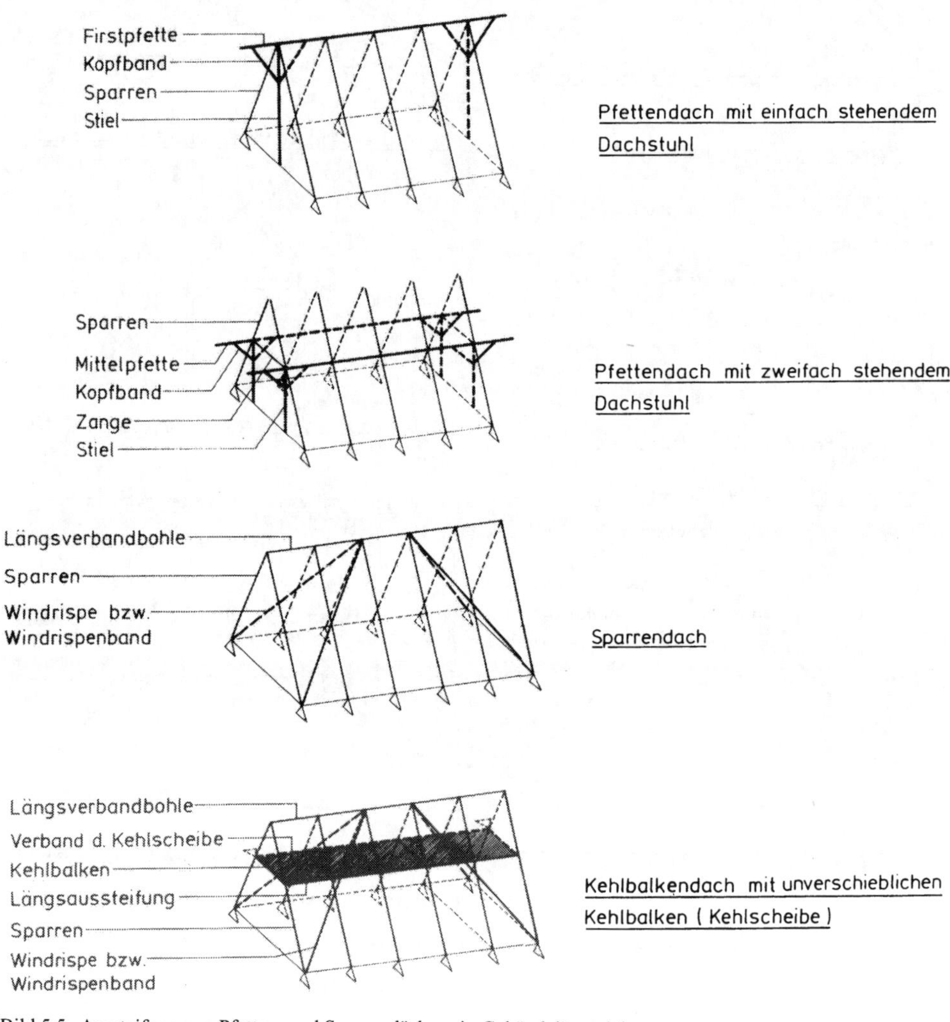

Bild 5.5 Aussteifung von Pfetten- und Sparrendächern in Gebäudelängsrichtung

Windrispenbänder aus Lochblech sollten nur bei nicht ausgebauten Dachgeschossen verwendet werden, da sie vergleichsweise „weich“ sind und zu großen Verformungen der Dachkonstruktion führen. Steifer sind allgemein Windrispen aus Holz; im ausgebauten Dach kann bei entsprechender Ausführung die Beplankung aus Flachpreßplatten (Spanplatten) bzw. Gipskartonplatten (gemäß bauaufsichtlicher Zulassung [54]) zur Aussteifung herangezogen werden.

5.3.2 Grundlagen einer Optimierung für zimmermannsmäßige Dachkonstruktionen

Zimmermannsmäßige Dachkonstruktionen hatten 1970 bei geneigten Dächern einen Marktanteil von 75 bis 80 % [55]; ein Wert, der sich bis heute kaum verringert haben dürfte. Insofern kommt der wirtschaftlichen Ausbildung solcher Dachkonstruktionen eine besondere Bedeutung zu. In der Praxis werden jedoch in der Regel nicht alle Möglichkeiten einer Holzersparnis ausgenutzt. Der Holzverbrauch zimmermannsmäßiger Dachkonstruktionen ist von einer Vielzahl möglicher zu beeinflussender Parameter abhängig. Aufgrund der Bauaufgabe werden vom Planer festgelegt:

- Dachtiefe (abhängig von der erforderlichen Hausbreite),
- Dachneigung,
- Ausbausituation im Dachgeschoß,
- anzusetzende Verkehrslasten.

Dem Konstrukteur bleibt es lediglich vorbehalten, – in Absprache mit dem Planer – folgende Parameter festzulegen:

- Art und damit Gewicht der Dachdeckung,
- statisches System in Querrichtung des Gebäudes,
- Sparrenabstand in Längsrichtung des Gebäudes.

Durch diese Parameter läßt sich jedoch der Holzverbrauch und damit die Wirtschaftlichkeit der Dachkonstruktion beeinflussen.

Tafel 5.1 Eigengewicht und erforderlicher Lattenabstand für verschiedene Dachdeckungsmaterialien

Dachdeckungsmaterial	Eigengewicht in kN/m^2	erf. Lattenabstand i. M. in cm
Betondachsteine mit mehrfacher Fußverrippung und tiefliegendem Längsfalz ohne Vermörtelung[1)]	0,65[2)]	33
Betondachsteine mit mehrfacher Fußverrippung und hochliegendem Längsfalz ohne Vermörtelung[1)]	0,55[2)]	33
Falzziegel, Flachdachpfannen u. ä. ohne Vermörtelung[1)]	0,55[2)]	33
Doppeldeckung auf Lattung mit ebenen Faserzement-Dachplatten	0,38[4)]	10 bis 30[3)]
Deckung mit Faserzement-Kurzwellplatten	0,24	50
Deckung mit Faserzement-Wellplatten	0,20	115 bis 140

1) bei Vermörtelung ist das Eigengewicht um 0,10 kN/m^2 zu erhöhen
2) bei weniger als 10 St./m^2 darf das Eigengewicht um 0,05 kN/m^2 reduziert werden
3) einschließlich Lattung
4) je nach Größe der Dachplatten

5.3.3 Einfluß der Dachdeckungsmaterialien auf den Holzverbrauch

Dachdeckungsmaterialien beeinflussen den Holzverbrauch auf zweierlei Weise [55]:

- durch ihr Eigengewicht, das die Holzquerschnitte der Dachkonstruktion mitbestimmt;

– durch ihr Format, das den Abstand der Latten bestimmt; durch den Lattenabstand wiederum wird der Holzverbrauch wesentlich beeinflußt.

In Tafel 5.1 werden für unterschiedliche Dachdeckungsmaterialien die Eigengewichte nach DIN 1055 – 1 [3] und die mittleren Lattenregelabstände aufgeführt.

Der durch die Latten bedingte Holzverbrauch ist in Tafel 5.2 angegeben, bei geringen Lattenabständen wird er erheblich.

Tafel 5.2 Holzverbrauch für Latten in $m^3/100\ m^2$ in Abhängigkeit vom Lattenabstand a und der Dachneigung α [55]

Dachlatte 3/5							
a in m	α = 20°	25°	30°	35°	40°	45°	50°
0,2	0,79	0,82	0,87	0,91	0,98	1,11	1,17
0,25	0,63	0,66	0,69	0,73	0,79	0,85	0,93
0,3	0,53	0,55	0,58	0,61	0,65	0,71	0,78
0,4	0,39	0,41	0,43	0,46	0,49	0,53	0,59
0,5	0,32	0,33	0,35	0,37	0,39	0,42	0,47
0,7	0,23	0,24	0,25	0,26	0,28	0,30	0,33

Dachlatte 3/5							
a in m	α = 20°	25°	30°	35°	40°	45°	50°
0,2	1,28	1,32	1,38	1,46	1,57	1,70	1,87
0,25	1,02	1,05	1,11	1,17	1,25	1,36	1,49
0,3	0,85	0,88	0,92	0,99	1,04	1,13	1,24
0,4	0,64	0,66	0,69	0,73	0,78	0,85	0,93
0,5	0,51	0,53	0,55	0,59	0,63	0,68	0,75
0,7	0,36	0,38	0,40	0,42	0,45	0,48	0,53

5.3.4 Einfluß des statischen Systems auf den Holzverbrauch

Das statische System einer zimmermannsmäßigen Dachkonstruktion ist weitgehend durch die Dachneigung festgelegt.

Für flach geneigte Dächer ($\alpha < 30°$) werden vorzugsweise Pfettendächer verwendet, für Steildächer ($\alpha > 45°$) überwiegend Sparren- bzw. Kehlbalkendächer. Im Übergangsbereich ($30° \leq \alpha \leq 45°$) werden beide Dachsysteme angetroffen.

Auf der Grundlage von Bemessungstabellen [53] können für die häufigsten Dacharten die Querschnittsabmessungen der Haupttragglieder (Sparren, Pfetten, Stiele, Kehlbalken u. ä.) in Abhängigkeit vom Gewicht der Dachdeckung, dem Sparrenabstand, der Dachtiefe und der Dachneigung so bestimmt werden, daß ein minimaler Holzverbrauch entsteht. Für eine leichte Dachdeckung (Faserzement-Kurzwellplatten), optimierten Sparrenabstand, Dachtiefen L von 4,0 bis 6,0 m und Dachneigungen α von 30° bis 40° zeigt Tafel 5.3 den berechneten Holzverbrauch [55].

Tafel 5.3 Holzverbrauch unterschiedlicher Dachkonstruktionen in $m^3/100\ m^2$ für Dachdeckung mit Faserzement-Kurzwellplatten ($g = 0{,}24\ kN/m^2$) [55]

Parameter	einfaches Pfettendach	abgestrebtes Pfettendach[1)]	Sparrendach	unverschiebl. Kehlbalkendach[2)]	verschiebl. Kehlbalkendach[2)]
L = 4,0 m					
α = 30°	1,584	1,374	1,323	1,362	1,541
α = 35°	1,569	1,587	1,398	1,436	1,604
α = 40°	–	1,725	1,661	1,429	1,787
L = 5,0 m					
α = 30°	1,832	1,669	1,680	1,683	2,043
α = 35°	2,205	1,820	1,953	1,850	2,127
α = 40°	–	2,106	2,298	1,924	2,234
L = 6,0 m					
α = 30°	2,523	1,818	2,267	2,354	2,640
α = 35°	2,853	1,929	2,597	2,429	2,673
α = 40°	–	2,538	3,055	2,526	3,090

1) Holzverbrauch der Sparren, Gerberpfetten, Streben, Stiele und Zangen
2) Holzverbrauch der Sparren und Kehlbalken

Der Holzbedarf nur für die Sparren bei verschiedenen Dachkonstruktionen in Abhängigkeit von der Dachtiefe L, der Dachneigung α und dem Gewicht der Bedachungsmaterialien ist in den Bildern 5.6 bis 5.10 [55] dargestellt.

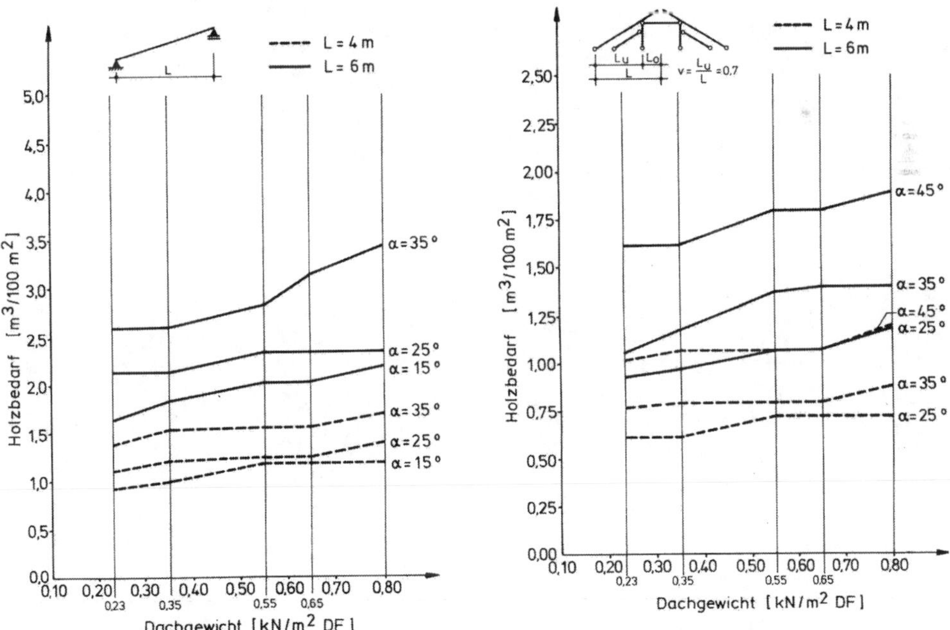

Bild 5.6 Holzbedarf für Sparren des Pult- bzw. einfach stehenden Pfettendaches [55]

Bild 5.7 Holzbedarf für die Sparren des abgestrebten Pfettendaches [55]

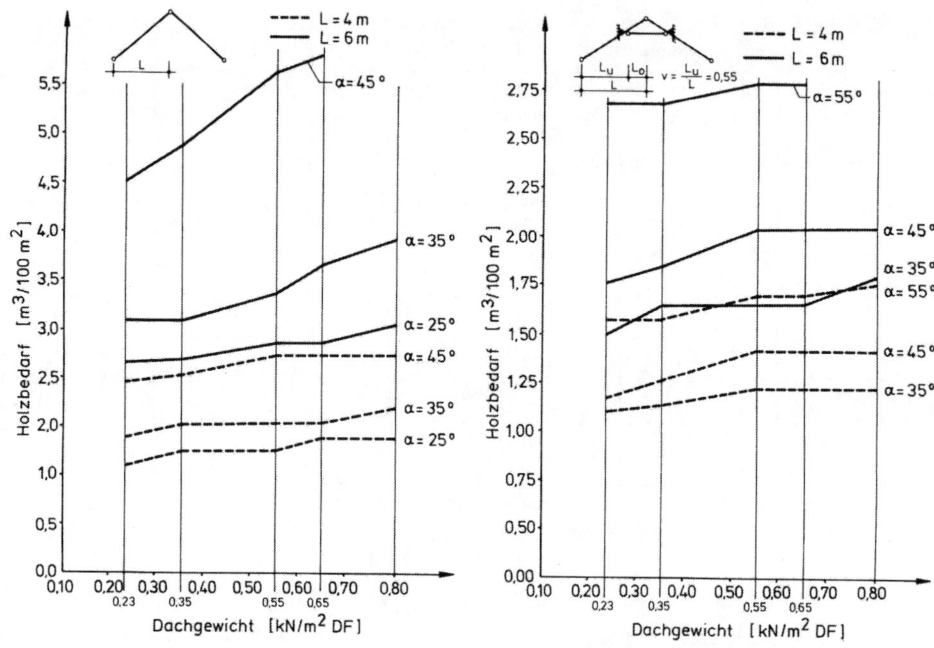

Bild 5.8 Holzbedarf für die Sparren des Sparrendaches [55]

Bild 5.9 Holzbedarf für die Sparren des unverschieblichen Kehlbalkendaches [55]

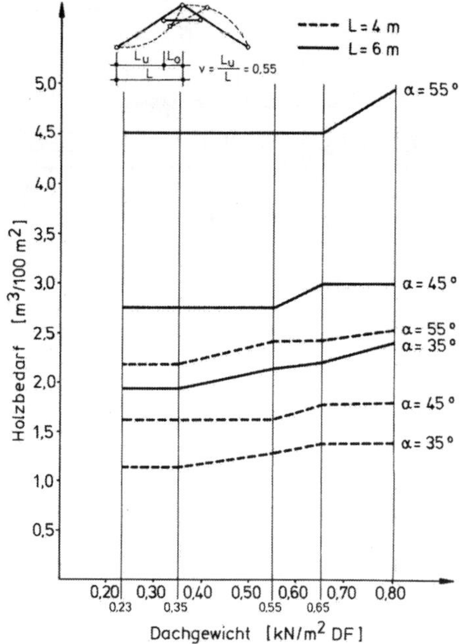

Bild 5.10 Holzbedarf für die Sparren des verschieblichen Kehlbalkendaches [55]

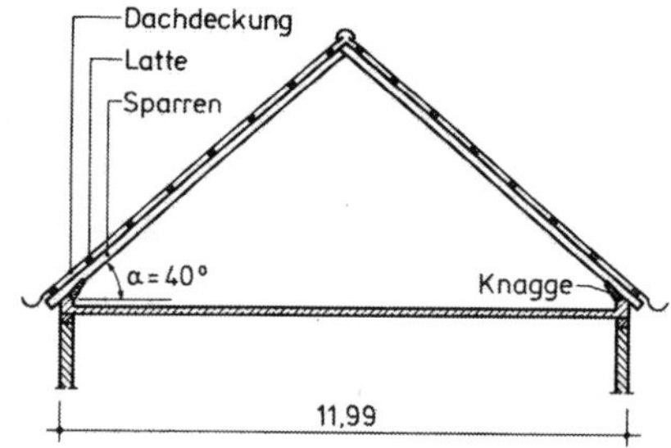

Bild 5.11 Gebäude mit weitgespanntem Sparrendach zur beispielhaften Ermittlung des Holzbedarfs bei verschiedenen Dachdeckungsmaterialien, Gebäudelänge 19,99 m [55]

Aus Tafel 5.3 ist ersichtlich, daß der Holzverbrauch mit zunehmender Dachtiefe L und Dachneigung α größer wird und außerdem der Holzverbrauch der Pfetten- und der unverschieblichen Kehlbalkendächer im Vergleich zu den anderen Dachkonstruktionen geringer wird.

Für Dachtiefen L von 5,0 bis 10,0 m und Dachneigungen $\alpha \leq 35°$ sind abgestrebte Pfettendächer am wirtschaftlichsten. Dabei ist zu beachten, daß die Stiele wegen der in der Regel erheblichen Auflagerkräfte nur auf bzw. in unmittelbarer Nähe von Zwischenwänden angeordnet werden sollen, um die Decke nicht durch die punktförmig wirkenden Stielkräfte zu belasten; das hat meist zur Folge, daß entweder ungleiche Pfettenstützweiten auftreten oder lastverteilende Schwellen unter den Stielen notwendig werden. Diese Schwierigkeiten vermeidet man, wenn man für Dachtiefen L ≤ 10 m Dachneigungen $\alpha \geq 35°$ vorsieht, um als Dachkonstruktion ein vom Gebäude weitgehend unabhängiges Sparren- oder Kehlbalkendach wirtschaftlich einsetzen zu können. Dabei ist im Hinblick auf die Gesamtsteifigkeit der Dachkonstruktion ein unverschiebliches Kehlbalkendach dem verschieblichen vorzuziehen. Der Mehraufwand für die Ausbildung der Scheibe in Kehlbalkenebene fällt in der Regel – vor allem bei ausgebauten Dachgeschossen – kaum ins Gewicht.

Vergleicht man den Holzverbrauch für die Lattung (Tafel 5.2) mit dem für die Dachkonstruktion (Tafel 5.3), so erkennt man, daß die Lattung mit 10 bis 30 % zum Gesamtholzverbrauch beiträgt. Je großformatiger die Bedachungsmaterialien sind, desto geringer ist der Holzbedarf für die Lattung.

Allgemein nimmt der Holzverbrauch für die Dachkonstruktion mit steigendem Eigengewicht der Dachdeckungsmaterialien zu. Dieser Einfluß ist am deutlichsten bei den Konstruktionen, bei denen die freie Sparrenlänge besonders groß ist. Für das in Bild 5.11 dargestellte Gebäude mit weitgespanntem Sparrendach ($\alpha = 40°$) wurde der Gesamtholzverbrauch in Tafel 5.4 beispielhaft in Abhängigkeit von den Dachdeckungsmaterialien und vom Holzverbrauch für die Lattung berechnet. (Die Sparrenabstände wurden dabei nach [53] optimiert). Es zeigt sich, daß leichte, großformatige Dachdeckungen den Holzverbrauch gegenüber üblichen Deckungen deutlich verringern können.

Tafel 5.4 Holzbedarf (ohne Verschnitt, Windrispen, Aufschieblinge u. ä.) für das Sparrendach des in Bild 5.11 dargestellten Gebäudes [55]

Dachdeckung		Sparren			Latten			gesamter Holzbedarf		
Material	g $\left[\frac{kN}{m^2}\right]$	b/d	e [m]	[m³]	b/d	a [m]	[m³]	[m³]	$\left[\frac{m^3}{100\,m^2}\right]$	[%]
Faser-zement-Wellplatten	0,20	9/26	1,00	7,18	4/6	1,31	0,67	7,85	3,28	100
Kurzwell-platten	0,24	9/26	1,00	7,18	4/6	0,49	1,63	8,81	3,69	112
Falzziegel o.ä.	0,55	12/26	1,10	8,64	3/5	0,33	1,50	10,14	4,24	129

5.3.5 Zur konstruktiven Durchbildung der Dachkonstruktionen

In Bild 5.5 ist die Aussteifung zimmermannsmäßiger Dachkonstruktionen dargestellt. Die Ausbildung der Kehlscheibe geschieht am zweckmäßigsten durch auf die Kehlbalken aufgenagelte Flachpreßplatten (Bild 5.12), die Anordnung von Brettschalung führt zu keinen steifen Scheiben.

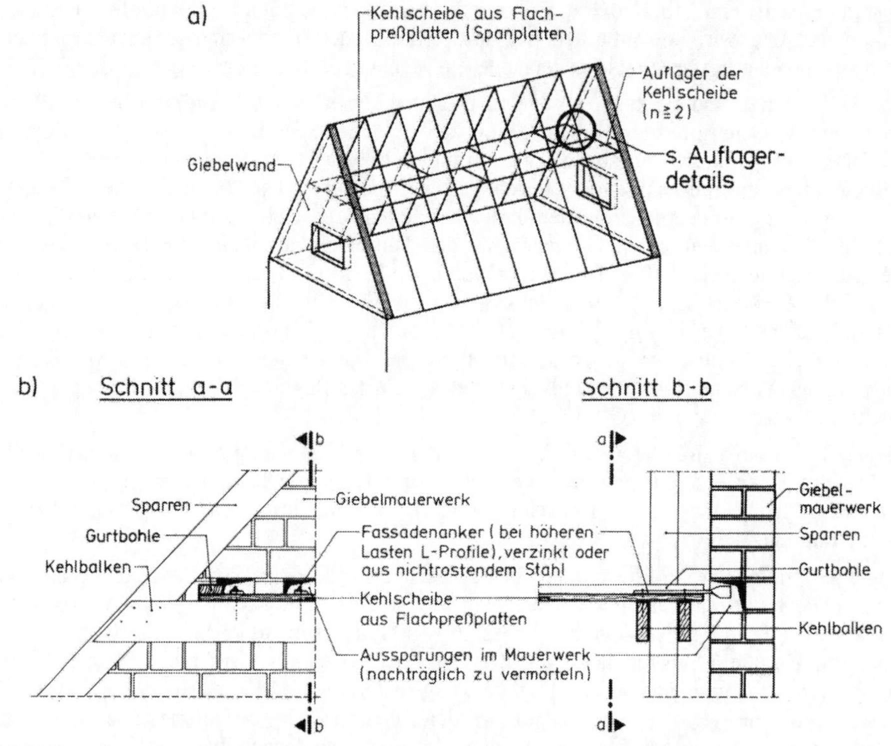

Bild 5.12 Auflagerung einer Kehlscheibe aus Flachpreßplatten an der Giebelwand
a) Übersicht, b) Auflagerdetails

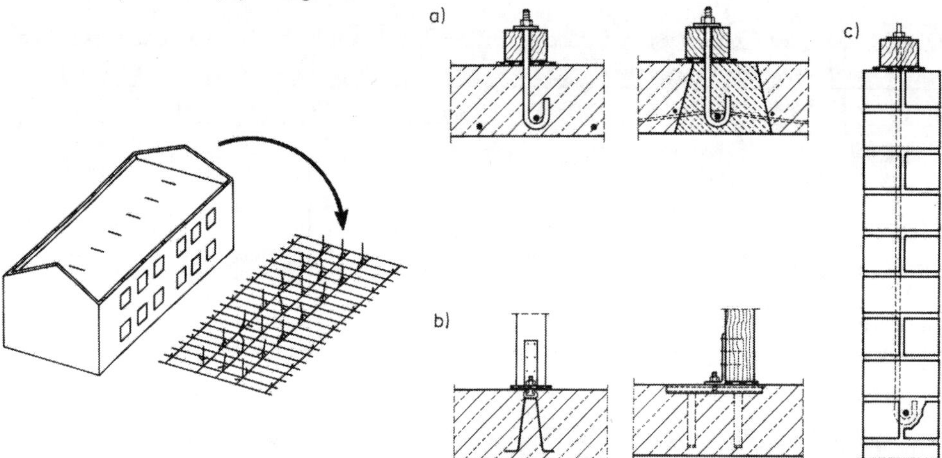

Bild 5.13 Vom Wind vollständig aus der Verankerung gerissenes und abgehobenes Dach [56]

Bild 5.14 Windsogverankerungen müssen mind. einen Bewehrungsstahl umfassen oder besser mit Ankerschienen zum Toleranzausgleich ausgebildet werden [56]

a) Windsogverankerung mit einbetonierten Haken
b) Windsogverankerung mit Ankerschienen
c) wegen hoher Soglast tiefgeführter Maueranker

Insbesondere leichte Dachkonstruktionen müssen als ganzes gegen Windsog gesichert werden, damit nicht das vollständige Dach vom Wind aus der Verankerung gerissen und abgehoben wird, siehe Bild 5.13. Windverankerungen in Beton zeigt Bild 5.14 a und b; eine entsprechende Verankerung im Mauerwerk ist in Bild 5.14 c dargestellt. Die Verankerungen sind statisch nachzuweisen.

Wird ein Satteldach ausgebildet, so können die Giebelwände im Normalfall nicht durch Querwände ausgesteift werden. Daher müssen die Giebel zur Windsog-Sicherung mit der Dachkonstruktion verbunden werden, wobei der Dachstuhl die Giebelwand aussteift (und nicht umgekehrt). Die Verankerung des gemauerten Giebels an einer Pfette (bzw. an der Längsaussteifung beim Kehrbalkendach) zeigt Bild 5.15; mögliche Verankerungen am Sparrendach (mit und ohne Dachüberstand) sind in Bild 5.16 dargestellt.

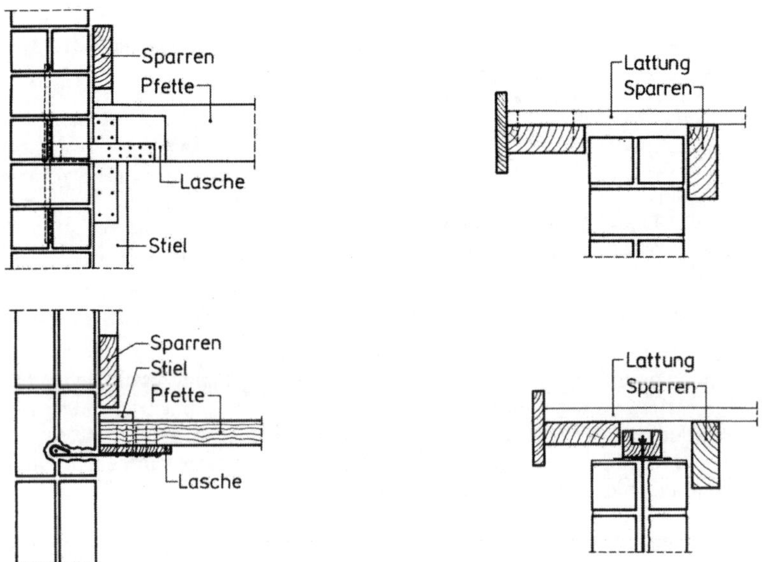

Bild 5.15 Verankerung eines gemauerten Giebels an Pfette oder Längsaussteifung des Daches (oben Vertikalschnitt, unten Horizontalschnitt) [56]

Bild 5.16 Verankerung eines gemauerten Giebels am Sparrendach mit deutlichem Dachüberstand (oben), mit geringem Dachüberstand (unten) [56]

Erfolgt die Aussteifung der hölzernen Dachkonstruktion „weich" (z. B. durch stählerne Windrispenbänder), so können sich die Gespärre und damit die durch sie ausgesteifte Giebelwand in Gebäudelängsrichtung verformen: Sichtbare Risse im Giebelmauerwerk – insbesondere wenn dieses innenseitig gefliest ist –, Risse im Schornstein u. ä. sind die Folgen. Die Aussteifung der Dächer sollte daher zweckmäßigerweise mit Flachpreßplatten, OSB-Platten, Gipskartonplatten oder hölzernen Windrispen geschehen.

Jedes zimmermannsmäßig ausgeführte Dach stellt in der Regel eine „weiche" Konstruktion dar. Daher sollten für den Dachausbau nur Trennwände gewählt werden, die problemlos auch größere Verformungen aufnehmen können. So sind z. B. leichte Trennwände aus Vollgips- oder Leichtbetonplatten, evtl. noch mit einem spröden Gipsputz versehen, zu vermeiden; statt dessen sind Ständerkonstruktionen mit Beplankungen aus Gipskarton- oder Flachpreßplatten vorzusehen.

5.4 Sonstige Dachkonstruktionen

Neben den zimmermannsmäßigen Dachkonstruktionen sind auch Dachkonstruktionen aus Stahl oder Stahlbeton (-Fertigteilen) üblich, insbesondere bei flach geneigten Dächern, weniger bei Steildächern.

In der Dachfläche finden leichte Stahlprofilblechelemente, sog. „Stahltrapezbleche" Anwendung, die üblicherweise außenseitig mit einer Wärmedämmung aus Hartschaum und einer Dachabdichtung versehen werden, siehe z. B. Bild 5.17 a. Eine Weiterentwicklung davon sind Dachelemente in zweischaliger, wärmegedämmter Ausführung, die weder zusätzliche Wärmedämmung noch eine spezielle Dachdeckung oder Abdichtung benötigen, siehe z. B. Bild 5.17 b.

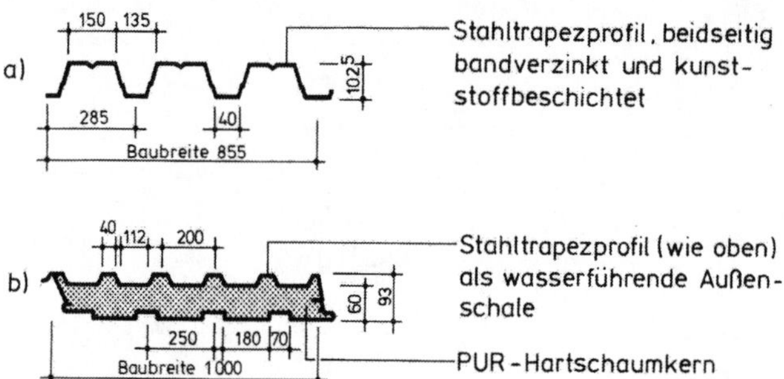

Bild 5.17
Beispiele leichter Stahlprofilblechelemente für Dachkonstruktionen
a) Stahltrapezprofil
b) zweischaliges Dachelement

Auch mit Dachplatten aus Porenbeton (früher Gasbeton) lassen sich geneigte Dachflächen errichten, siehe Bild 5.18. Diese Konstruktion ist aufwendiger als ein zimmermannsmäßiger Dachaufbau, sie bietet jedoch bauphysikalische Vorteile: die massive Ausführung führt zu einem guten Wärmespeichervermögen und verbessertem Schallschutz, weiter kann ein solches Porenbeton-Dach problemlos feuerbeständig ausgeführt werden.

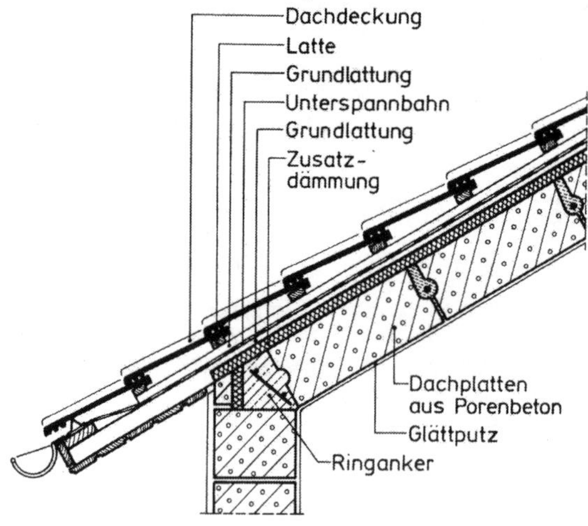

Bild 5.18
Geneigtes Massivdach aus Porenbeton-Dachplatten (nach [57])

5.5 Witterungsschutz

5.5.1 Übersicht

Die erste Aufgabe des Daches in den Augen der Nutzer ist der Witterungsschutz. Das „Dach über dem Kopf" soll das Haus vor Regen, Schnee und Wind schützen. Das bedeutet beim geneigten Dach, daß

- anfallendes Niederschlagswasser auch bei starkem Wind nicht oder nur in geringem Maße durch die Dachdeckung dringen darf,
- auch feiner Flugschnee im Winter nicht durch die Dachdeckung in den Dachraum gelangen darf,
- sämtliches Niederschlagswasser – auch bei winterlicher Eisbildung – sicher und ohne Gefährdung der Nutzer abgeführt werden muß.

Tafel 5.5 Mindestdachneigungen für verschiedene Dachdeckungen [24] bis [31], [58]

Art der Dachdeckung	Mindestdachneigung
1. **Dachziegel und Dachsteine**	
1.1 Mönch und Nonne	40°
1.2 Hohlpfannen, Krempziegel	35°
1.3 Biberformat in Kronen- oder Doppeldeckung	30°
1.4 Falzziegel, Dachsteine mit einfachem Längsfalz	30°
1.5 Dachsteine mit tiefliegendem Längsfalz	25°
1.6 Flachdachpfannen, Dachsteine mit hochliegendem Längsfalz	22°
2. **Dachschiefer und Faserzement-Dachplatten**	
2.1 Schablonendeckungen verschiedener Formen	30°
2.2 Altdeutsche Schieferdeckung u. ä.	25° (23°[1])
2.3 verschiedene Doppeldeckungen	22° (20°[1])
3. **Faserzement-Wellplatten**	
3.1 Faserzement-Kurzwellplatten	15°
3.2 Faserzement-Wellplatten	7° bis 12°[2]
4. **Blechdeckungen (Doppelstehfalzdeckung)**	3° bis 7°[2]
5. **Reet und Stroh**	45°
6. **Holzschindeln**	22°
7. **Bitumendachschindeln**	10° bis 20°[2]
8. **Bitumenwellplatten**	7° bis 12°[2]

[1] Darf bei besonderer Sorgfalt bei kleineren Flächen (Gauben, Vordächer) in Ausnahmefällen angesetzt werden.

[2] abhängig von der Dachtiefe (Entfernung Traufe-First)

5.5.2 Dachneigung

Um das Eindringen von Niederschlagswasser in das Dach auch bei starkem Wind weitgehend zu vermeiden, ist – je nach Art der verwendeten Deckung (Verfalzung an den Stoßstellen) – eine Mindestdachneigung erforderlich. Die Mindestdachneigungen für verschiedene Dachdeckungen sind in Tafel 5.5 zusammengestellt; sie gelten für geneigte Dächer ohne zusätzliche Maßnahmen.

Die Unterschreitung der o. g. Mindestdachneigungen erfordert in jedem Fall zusätzliche Maßnahmen wie

- Abdichtung zwischen den Bedachungselementen oder/und
- Vordeckung oder
- Unterdach.

Die Verlegung von Dachziegeln oder -steinen mit Mörtelverstrich als Abdichtung ist nur bei älteren Ziegelformen mit größerer Mindestdachneigung möglich, bringt aber gegenüber Flachdachpfannen o. ä. keine Vorteile; das Ausschäumen der Fugen zwischen den Dachsteinen mit einem Polyurethanschaum erfordert bei Reparaturarbeiten oder bei Umdeckungen einen zusätzlichen Aufwand.

5.5.3 Unterdach

Wird bei Dachdeckungen, die auf Schalung verlegt werden, die Mindestdachneigung deutlich unterschritten, so kann ein wasserdichtes oder regensicheres Unterdach vorgesehen werden. Dieses besteht üblicherweise aus Bitumen- oder Kunststoffbahnen mit verschweißten oder verklebten Stößen auf Holzschalung [33]. Ein regensicheres Unterdach unter Altdeutscher Schieferdeckung zeigt beispielhaft Bild 5.19.

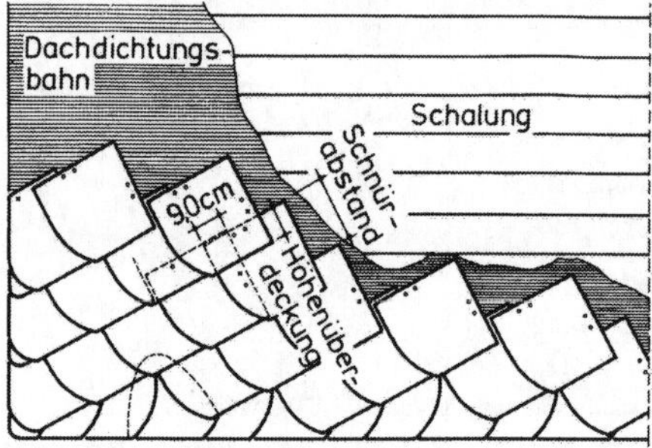

Bild 5.19
Regensicheres Unterdach mit Dachdichtungsbahn unter Altdeutscher Schieferdeckung [59]

5.5.4 Unterdeckung

Wird die Mindestdachneigung bei einer Deckung unterschritten, so kann eine Unterdeckung angeordnet werden, die mit Unterdeckplatten (-tafeln), Unterdeckbahnen oder genagelten Bitumenbahnen ausgeführt werden kann [33]. Diese führt dann evtl. durch die Dachdeckung eindringendes Niederschlagswasser zur Traufe hin ab. Ein Beispiel einer Unterdeckung aus Faserzementtafeln zeigt Bild 5.20.

Längsschnitt:

Dachdeckung
Latte
Grundlatte
≥20 mm
≥100 mm
Sparren
Doppelklebeband, 60/2 mm
Unterdecktafel

Querschnitt:

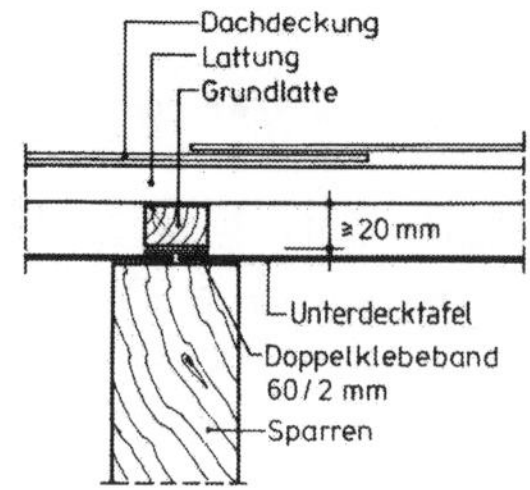

Bild 5.20
Unterdeckung aus Faserzementtafeln [59]

5.5.5 Pappdocken und Unterspannung

Auch bei Einhaltung der Mindestdachneigung läßt sich bei kleinformatigen Deckungen das Eindringen von Ruß, Staub und Flugschnee nicht völlig vermeiden, so daß – insbesondere bei ausgebauten Dächern – unter der Dachdeckung eine Zusatzmaßnahme durch Einbau von Pappdocken oder Unterspannungen erforderlich wird.

Pappdocken werden oberhalb der Lattung in einem Arbeitsgang direkt unter den Dachziegeln oder Dachsteinen verlegt (vgl. Bild 5.24a) – eine in Norddeutschland übliche Zusatzmaßnahme.

Unterspannungen werden in Form sog. „Unterspannbahnen" zwischen Grundlattung und Sparren bzw. oberer und unterer Grundlattung angebracht, sie werden immer über einem belüfteten Zwischenraum angeordnet [33] (vgl. Bild 5.43). Dabei ist nach den z. Z anerkannten Regeln der Technik auf ausreichenden Luftraum sowohl zwischen Unterspannbahn und Dachdeckung als auch zwischen Unterspannbahn und Wärmedämmung zu achten (zu neueren Entwicklungen siehe Abschn. 5.7). Die Unterspannbahn muß in die Dachrinne entwässern (s. z. B. Bild 5.34 ff.).

Der oft vertretenen Meinung, die Unterspannbahn bzw. die Pappdocken können bei zu geringer Dachneigung eine Unterdeckung oder ein Unterdach ersetzen, muß ausdrücklich widersprochen werden; dazu sind sie nicht in der Lage!

5.5.6 Dachentwässerung

Das auf dem Dach anfallende Niederschlagswasser muß bei geneigten Dächern (die üblicherweise nach außen entwässert werden) an der Traufe in Dachrinnen aufgefangen, in Regenfalleitungen abgeführt und erforderlichenfalls unterirdisch abgeleitet werden [27].

Dachrinnen haben üblicherweise Halbrund- oder Kastenform, die zugehörigen Fallrohre sind immer rund (s. Bild 5.21). Als Material werden Titanzink, verzinkter Stahl oder PVC, seltener Kupfer, Aluminium oder Edelstahl verwendet [11], [12]. Dachentwässerungen aus Titanzink und verzinktem Stahl sollten einen (zweilagigen) Schutzanstrich erhalten, um Korrosion durch sulfathaltigen Ruß aus Heizanlagen zu vermeiden – weiteres zum Korrosionsschutz bei Bauklempner-Arbeiten siehe in [27].

Bemessungsgrundlage für Dachentwässerungen sind DIN 1986 [4] und DIN 18 460 [11].

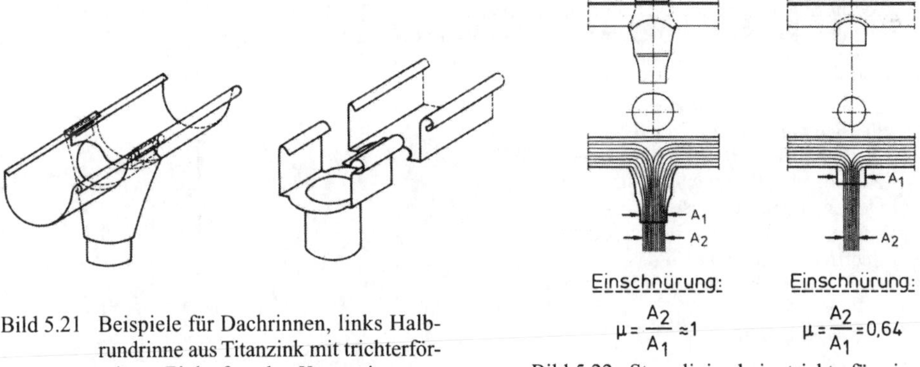

Bild 5.21 Beispiele für Dachrinnen, links Halbrundrinne aus Titanzink mit trichterförmigem Einlauf, rechts Kastenrinne aus PVC mit zylindrischem Einlauf [27]

Bild 5.22 Stromlinien beim trichterförmigen (links) und zylindrischen Rinneneinlauf (rechts) [60]

Hydraulisch bemessen wird bei der Dachaußenentwässerung grundsätzlich das Regenfallrohr als geschlossene Leitung; die Dachrinne wird ihr nur gemäß Tafel 5.6 zugeordnet, als offenes Gerinne ist sie für die Bemessung nicht maßgeblich [60]. Die statische Bemessung der Rinnenhalter erfolgt nach [27].

Tafel 5.6 Bemessung von Regenfalleitungen mit kreisförmigem Querschnitt und Zuordnung der halbrunden und kastenförmigen Dachrinnen aus Metall nach [11]

anzuschließende Dachgrundfläche bei max. Regenspende1) r = 300 l/(s · ha)	Regenwasserabfluß2)	Regenfalleitung		zugeordnete Dachrinne			
				halbrund		kastenförmig	
	zul. $\dot{V}_r$	Durchmesser DN	Querschnitt	Nenngröße	Rinnenquerschnitt	Nenngröße	Rinnenquerschnitt
in m^2	in l/s	in mm	in cm^2		in cm^2		in cm^2
37	1,1	60	28	200	25	200	28
83	2,5	80	50	250 280	43 63	250	42
150	4,5	100	79	333	92	333	90
243	7,3	120	113	400	145	400	135
443	13,2	150	177	500	245	500	220

1) Ist die örtliche Regenspende größer als 300 l/(s · ha), muß mit den entsprechenden Werten gerechnet werden, vgl. Tafel 6.1.

2) Die angegebenen Werte resultieren aus trichterförmigen Einläufen und Abflußbeiwert $\psi = 1$.

Tafel 5.7 Abflußbeiwerte ψ zur Ermittlung des Regenwasserabflusses $\dot{V}_r$ [4]

Art der Flächen	Abflußbeiwert ψ
Wasserundurchlässige Flächen, z. B.	
– Dachflächen >3° Neigung – Betonflächen – Rampen – befestigte Flächen mit Fugendichtung – Schwarzdecken – Pflaster mit Fugenverguß	1,0
– Dachflächen ≤ 3° Neigung	0,8
– Kiesdächer	0,5
– begrünte Dachflächen (vgl. Tafel 6.8)	
– für Intensivbegrünungen	0,3
– für Extensivbegrünungen ab 10 cm Aufbaudicke	0,3
– für Extensivbegrünungen unter 10 cm Aufbaudicke	0,5
Teildurchlässige und schwach ableitende Flächen, z. B.	
– Betonsteinpflaster, in Sand oder Schlacke verlegt, Flächen mit Platten	0,7
– Flächen mit Pflaster, mit Fugenanteil > 15%, z. B. 10 cm x 10 cm und kleiner	0,6
– wassergebundene Flächen	0,5
– Kinderspielplätze mit Teilbefestigungen	0,3
– Sportflächen mit Dränung:	
– Kunststoff-Flächen, Kunststoffrasen	0,6
– Tennisflächen	0,4
– Rasenflächen	0,3
Wasserdurchlässige Flächen ohne oder mit unbedeutender Wasserableitung, z. B.	
– Parkanlagen und Vegetationsflächen – Schotter- und Schlackenboden, Rollkies auch mit befestigten Teilflächen, wie – Gartenwege mit wassergebundener Decke oder – Einfahrten und Einzelstellplätze mit Rasengittersteinen	0,0

Wegen erhöhter Verschmutzungsgefahr von Dachrinnen werden Regenfallrohre für eine Regenspende r von mindestens

$$r = 300\ \mathrm{l/(s \cdot ha)}$$

bemessen, genauere Werte können nach [34] bestimmt werden. Mit der zu entwässernden Dachfläche A (in m^2) und dem Abflußbeiwert ψ gemäß Tafel 5.7, der das Regenspeichervermögen des Daches berücksichtigt, ergibt sich der Regenwasserabfluß $\dot{V}_r$ zu

$$\dot{V}_r\ [\mathrm{l/s}] = A\ [\mathrm{m^2}] \cdot r\ [\mathrm{l/(s \cdot ha)}] \cdot \psi\ [/] \cdot \frac{1\ \mathrm{ha}}{10000\ \mathrm{m^2}}$$

Mit Tafel 5.6 läßt sich die Regenfalleitung und die zugeordnete Dachrinne ermitteln. Wird statt des der Berechnung zugrundegelegten trichterförmigen Einlaufs ein zylindrischer gewählt (vgl. Bild 5.21), so ist der Fallrohr-Nenndurchmesser DN um eine Stufe größer zu wählen, da das Einströmungsverhalten dabei durch die große Einschnürung deutlich schlechter ist, siehe Bild 5.22.

5.5.7 Dachanschlüsse

Um den Witterungsschutz durch das Dach nicht nur in der Fläche, sondern in seiner Gesamtheit zu gewährleisten, ist auf sorgfältige Ausführung der Anschlußdetails zu achten.

First. Am First ist auf ausreichende Entlüftung zu achten, vgl. Abschn. 5.7. Dazu gehört auch, daß in der Unterspannbahn am First ein mindestens 5 cm breiter Entlüftungsschlitz vorgesehen wird [24].

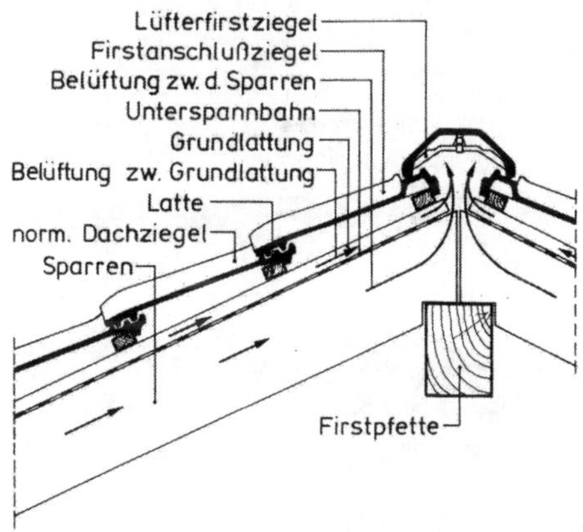

Bild 5.23
First eines nicht ausgebauten Ziegeldaches mit trocken verlegten Lüfterfirstziegeln auf Firstanschlußziegeln [58]

Üblich ist bei Ziegel- oder Dachsteindeckung die Entlüftung durch Lüfterfirstziegel oder -steine auf zugehörigen Firstanschlußziegeln oder -steinen (Bild 5.23), die Verwendung spezieller Lüftungsziegel oder -steine kurz unterhalb des Firstes (Bild 5.24 a) bzw. der Einbau von Lüftungs-Firstelementen aus PVC ohne Verwendung spezieller Dachziegel oder -steine (Bild 5.24 b). Am Giebel wird der First durch eine Firstscheibe abgeschlossen. Eine beispielhafte Lösung für den First eines ausgebauten Schieferdaches mit ausreichender Entlüftung zeigt Bild 5.25.

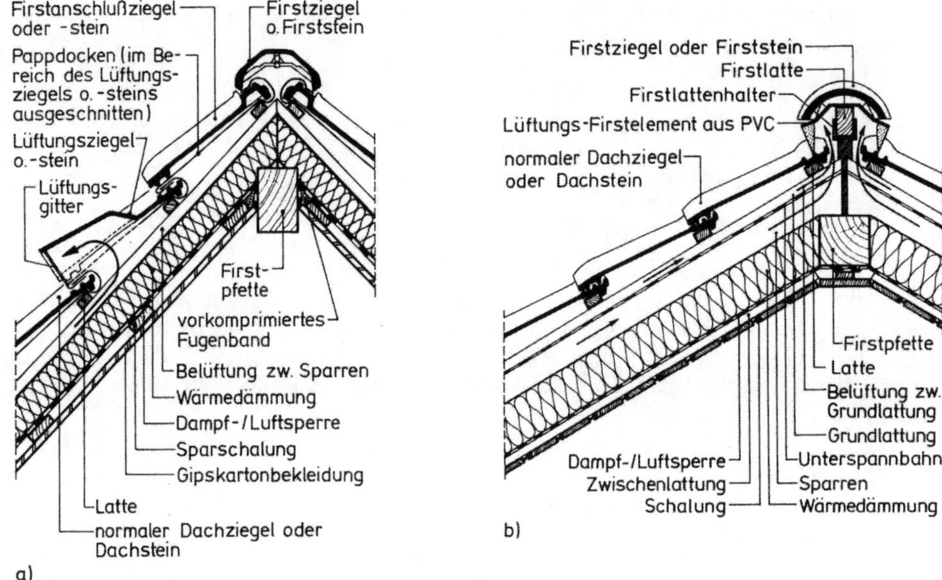

Bild 5.24 First eines ausgebauten Ziegel- oder Dachsteindaches

a) mit Pappdocken und Lüftungsziegeln oder -steinen

b) mit Unterspannbahn und Firstziegeln oder -steinen auf Lüftungs-Firstelement aus PVC

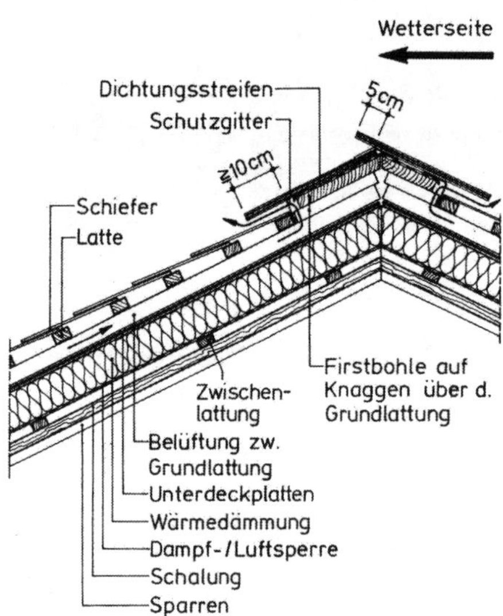

Bild 5.25 First eines Schieferdaches (hier ausgebaut mit Unterdach) nach [59]

Grat. Grate werden ähnlich wie Firste ausgebildet es entfällt dabei die Dachentlüftung.

Bei Ziegel- oder Dachsteindeckung werden daher einfache Gratziegel oder -steine aufgelegt und vermörtelt, siehe als Beispiel Bild 5.26.

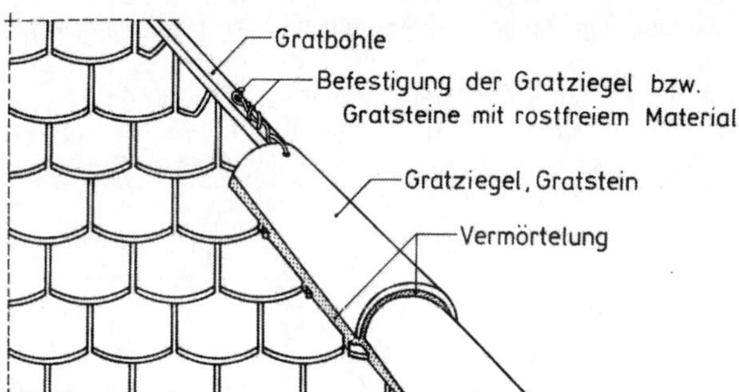

Bild 5.26
Gratausbildung am Biberschwanz-Doppeldach [58]

Beim Schieferdach sind verschiedene Gratausbildungen denkbar; bei Gratneigungen $\alpha \geq 45°$ ist ein eingebundener Grat zum First möglich, bei geringerer Gratneigung wäre ein Strackort auszubilden (Bild 5.27 links). Bei Doppeldeckung, gleicher Dachneigung beiderseits des Grates und Gratneigung $\alpha \geq 40°$ kann ein eingebundener Nockengrat ausgebildet werden, siehe Bild 5.27 rechts.

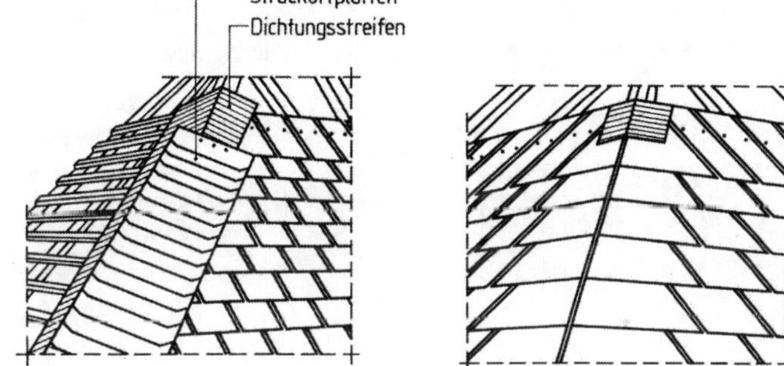

Bild 5.27
Gratausbildung am Schieferdach, links als Strackort (die Wetterseite kragt 5 cm über die anschließende Dachfläche), rechts als eingebundener Nockengrat [59]

Kehle. Bei Schieferdeckung sind Metallkehlen oder Schieferkehlen möglich [61]; ein Beispiel einer gleichhüftigen Kehle (bei gleicher Dachneigung beidseits der Kehle) zeigt Bild 5.28.

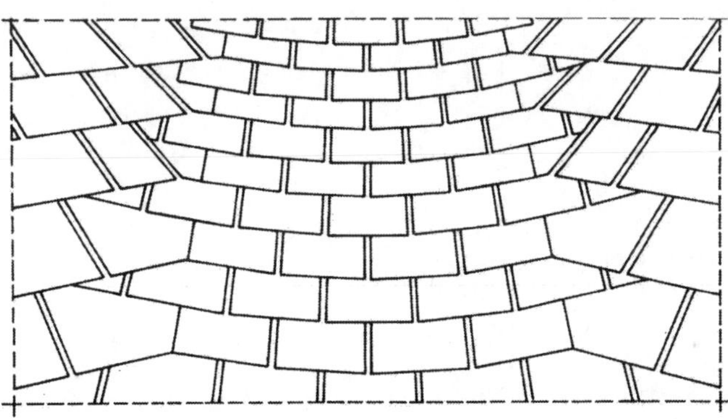

Bild 5.28
Eingebundene Plattenkehle beim Schieferdach [59]

Bei anderen Dachdeckungen wird das Niederschlagswasser in der Kehle in einer Blechverwahrung mit Wasserfalzen auf vertieft angeordneter Schalung abgeführt; siehe beispielhaft Bilder 5.29 und 5.30. Eine Alternative zur Blechverwahrung stellt eine Kehlausbildung mit gerippten Kunststoff-Kehlbändern dar, die mit 20 cm Überdeckung in der Kehle verlegt werden (s. Bild 5.31).

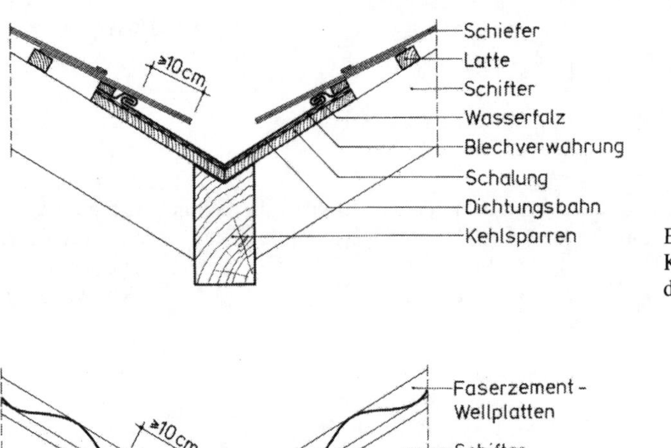

Bild 5.29
Kehlausbildung bei Schieferdeckung [60]

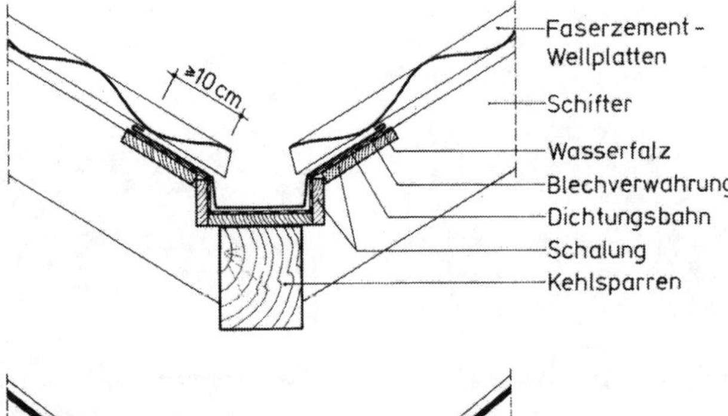

Bild 5.30
Kehlausbildung als Grabenrinne bei Eindeckung mit Faserzement-Wellplatten [60]

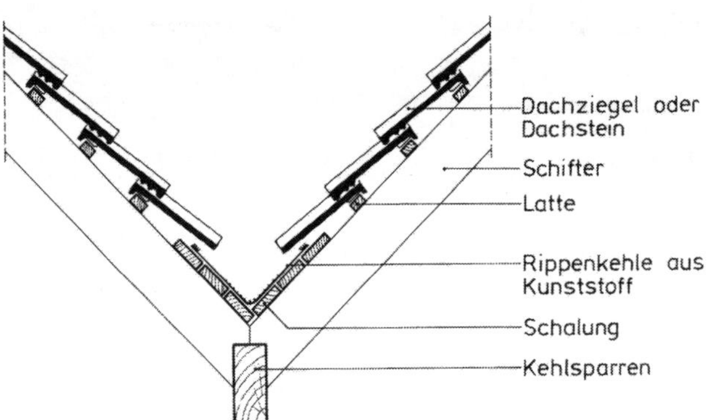

Bild 5.31
Kehlausbildung mit Rippenkehle aus Kunststoff [59]

Ortgang. Prinzipiell kann ein Ortgang auslaufend mit Stirnbrett bzw. Stirnblech oder aber mit einer Ortgangrinne ausgebildet werden.

Beispielhaft zeigt Bild 5.32 einen frei auslaufenden auskragenden Ortgang bei Ziegel- oder Dachsteindeckung über einem ausgebautem Dach; in Bild 5.33 ist ein Ortgang mit Ortgangrinne für ein nicht ausgebautes Schieferdach dargestellt.

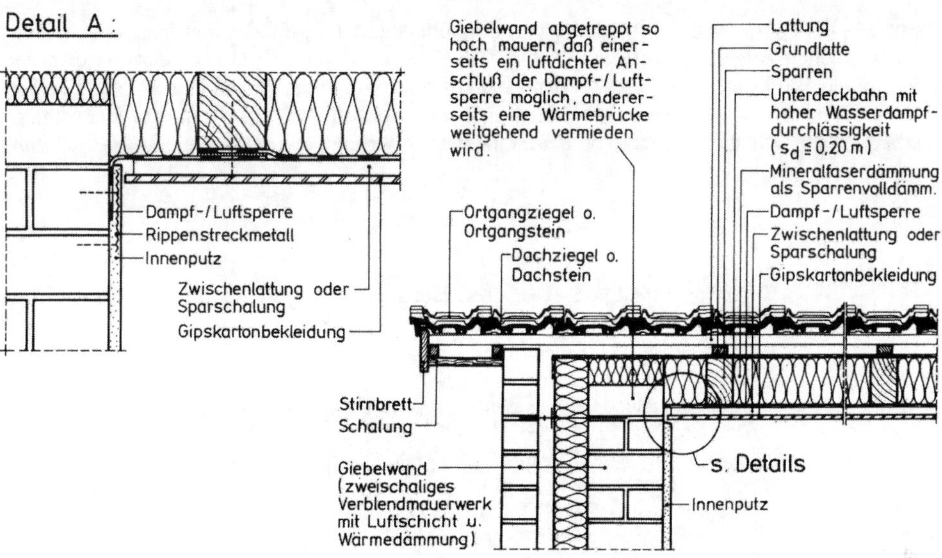

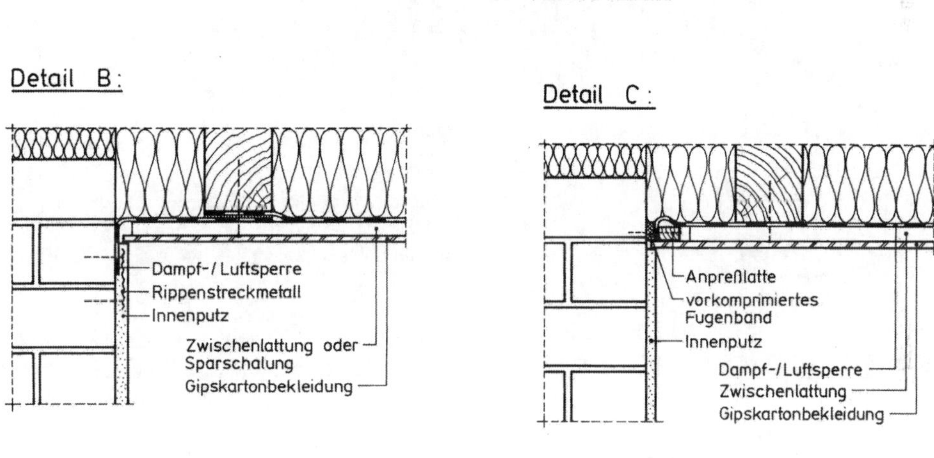

Bild 5.32 Ortgangausbildung beim ausgebauten Dach mit Ziegel- oder Dachsteindeckung mit verschiedenen Detaillösungen für einen luftdichten Anschluß an die Giebelwand: Detail A setzt voraus, daß die Giebelwand vor dem Anbringen der Gipskartonplatten geputzt wird; die Details B und C sind durch Trennung der Gewerke Trockenbau und Innenputz praxisgerechter.

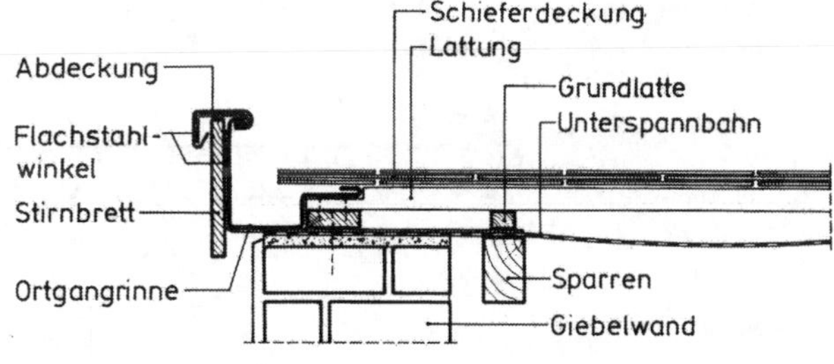

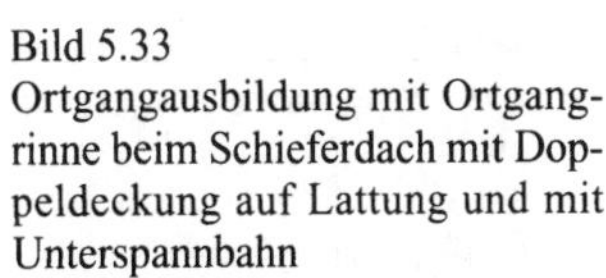

Bild 5.33
Ortgangausbildung mit Ortgangrinne beim Schieferdach mit Doppeldeckung auf Lattung und mit Unterspannbahn

Traufe. Die Traufe kann mit oder ohne Dachüberstand ausgebildet werden, verschiedene Konstruktionen zeigen die Bilder 5.34 bis 5.36. Das Traufblech (Einhangblech) ist erforderlich, um das Eindringen von Schlagregen aus der Dachrinne in die Holzkonstruktion zu verhindern. Die Dachrinne muß so angebracht werden, daß ein mindestens 2 cm breiter Lüftungsschlitz vor der Außenwand verbleibt; der Rinnenhalter wird in die Traufbohle bzw. die Schalung eingeklinkt.

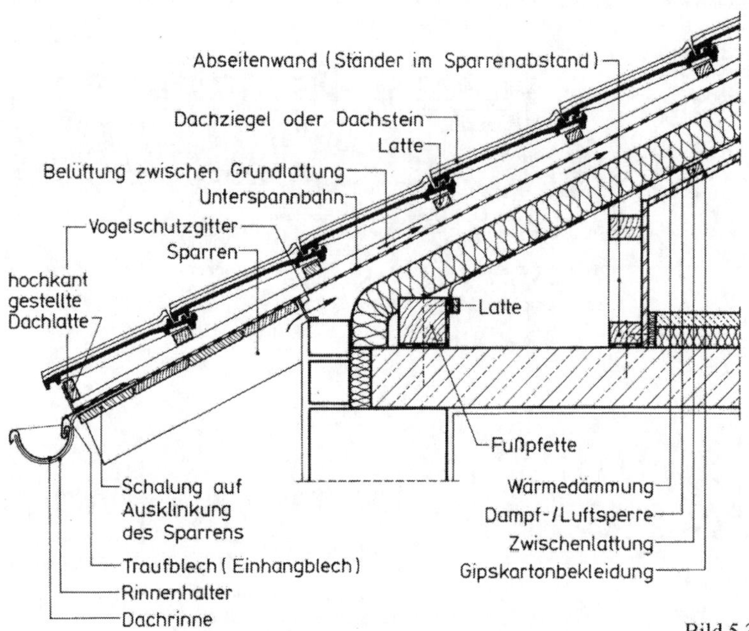

Bild 5.34
Traufausbildung beim ausgebauten Ziegel-(Dachstein-) Dach mit Dachüberstand

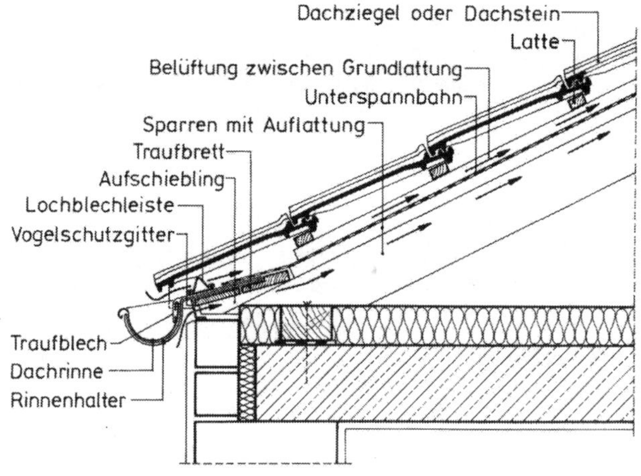

Bild 5.35
Traufausbildung beim nicht ausgebauten Ziegel-(Dachstein-) Dach ohne Überstand (nach [58])

Schiefer
Latte
Belüftung zwischen Grundlattung
Unterdeckung aus
genagelter Bitumenbahn
auf Schalung
Sparren
Traufbohle
Vogelschutzgitter
Traufblech
Dachrinne
Rinnenhalter

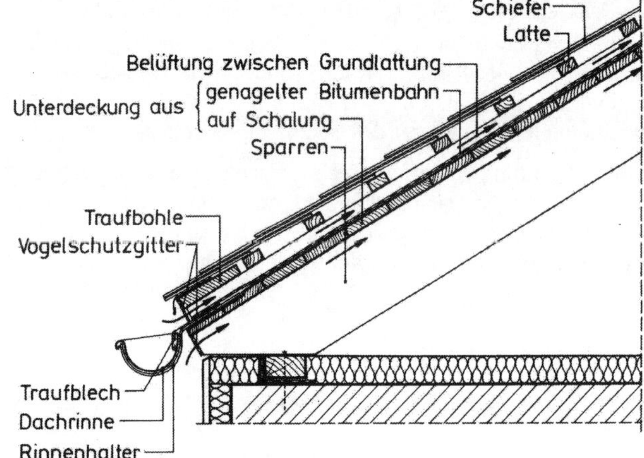

Bild 5.36
Traufausbildung beim nicht ausgebauten Schieferdach mit Vordeckung (nach [59]

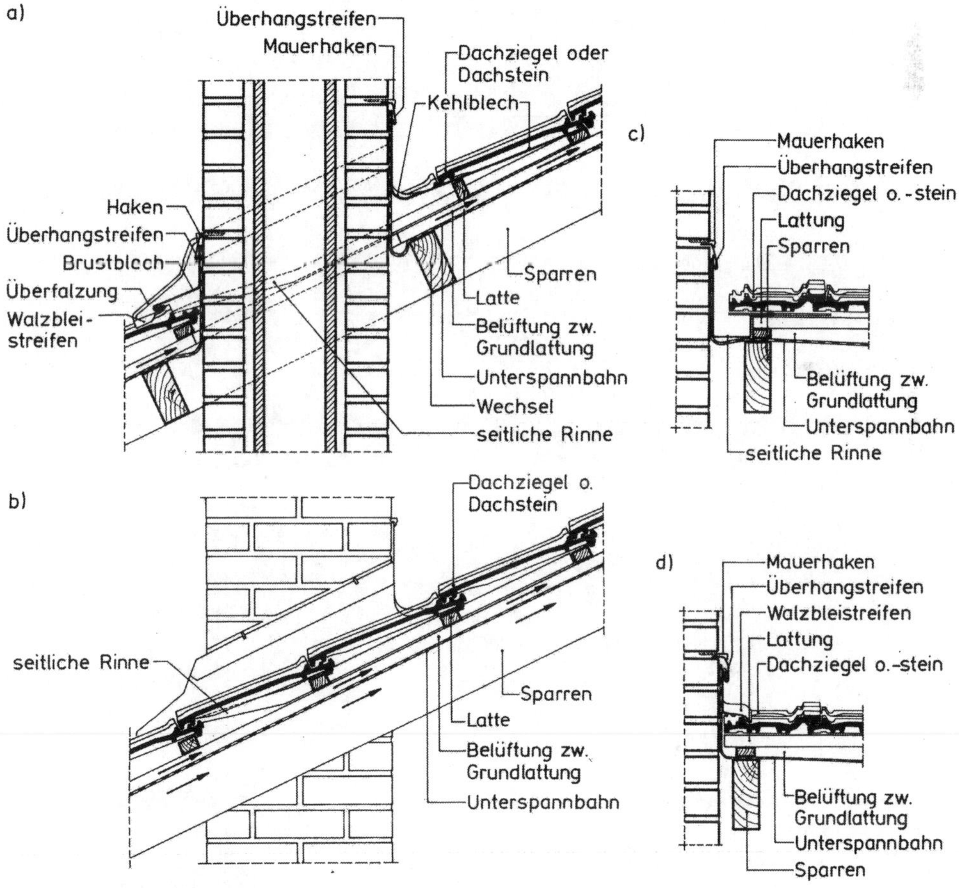

a)
Überhangstreifen
Mauerhaken
Dachziegel oder Dachstein
Kehlblech
Haken
Überhangstreifen
Brustblech
Überfalzung
Walzbleistreifen
Sparren
Latte
Belüftung zw. Grundlattung
Unterspannbahn
Wechsel
seitliche Rinne
c)
Mauerhaken
Überhangstreifen
Dachziegel o.-stein
Lattung
Sparren
Belüftung zw. Grundlattung
Unterspannbahn
seitliche Rinne
b)
Dachziegel o. Dachstein
seitliche Rinne
Sparren
Latte
Belüftung zw. Grundlattung
Unterspannbahn
d)
Mauerhaken
Überhangstreifen
Walzbleistreifen
Lattung
Dachziegel o.-stein
Belüftung zw. Grundlattung
Unterspannbahn
Sparren

Bild 5.37 Schornsteineinfassung beim Ziegel-(Dachstein-)Dach [58]
a) Schnitt durch den Schornstein, b) Ansicht des Schornsteins, Schnitt durch das Dach, c) seitliche Einfassung mit Rinne, d) seitliche Einfassung mit Walzbleistreifen

Schornstein (Kamin). Bei Ziegel- oder Dachsteindeckung erfordert der Schornsteindurchbruch verhältnismäßig aufwendige Blechverwahrungen, siehe Bild 5.37. Wird die seitliche Einfassung mit einer Rinne gewählt, so läßt man das Brustblech gegen diese laufen und verbindet beide durch Überfalzung. Das Kehlblech am oberen Anschluß erhält in der Mitte einen Sattel, damit ein Gefälle entlang des Schornsteins entsteht.

Gaube (Gaupe). Materialgerecht wird eine Gaube als Schleppgaube mit der gleichen Deckung wie beim übrigen Dach ausgeführt, mit Ziegel- oder Dachsteindeckung ist sie in Bild 5.38 dargestellt. Die Gaube erhält dort eine Unterdeckung auf Schalung; dies ist wegen der verringerten Dachneigung meist erforderlich (vgl. Abschn. 5.5.4).

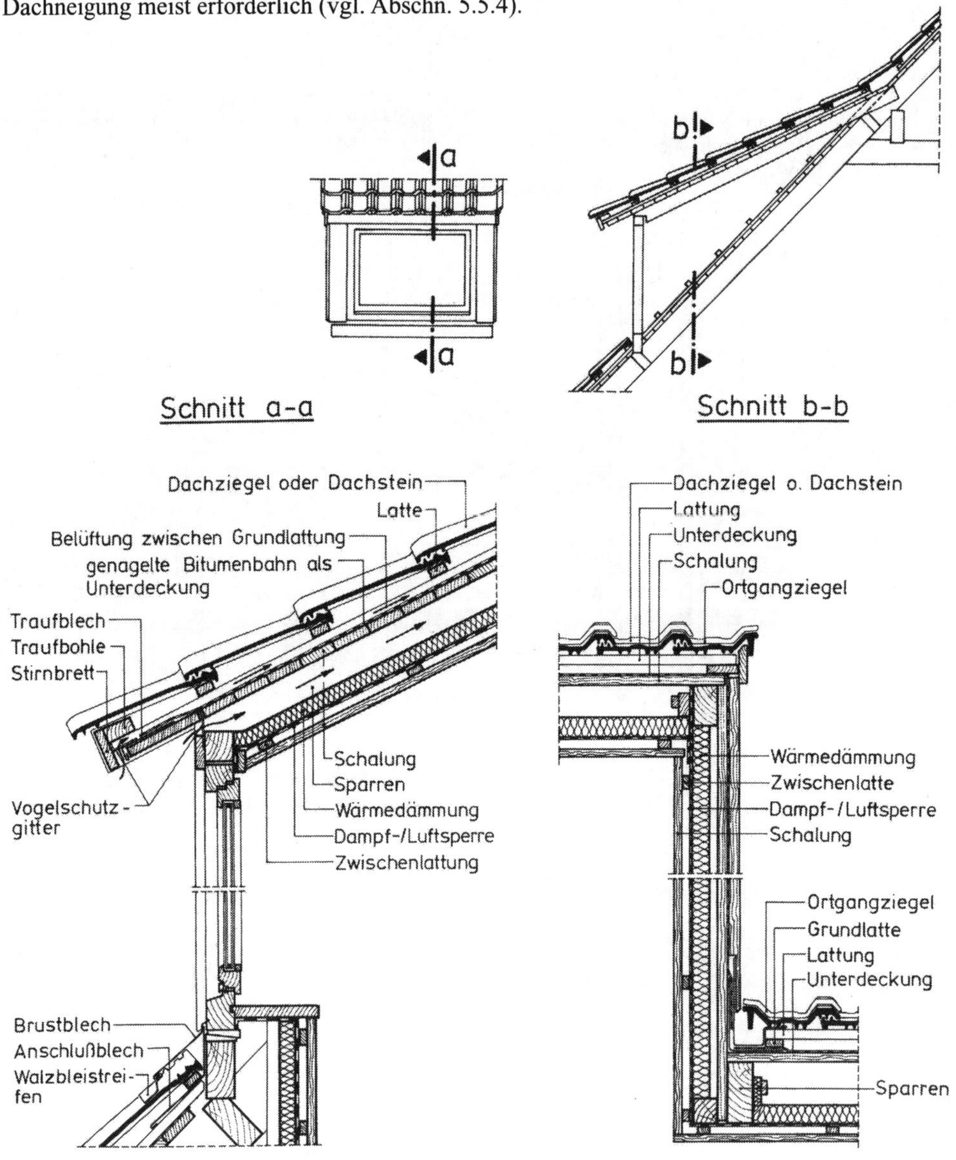

Bild 5.38 Schnittdetails einer Schleppgaube im ausgebauten Ziegel-(Dachstein-)Dach (nach [58])

Dachflächenfenster (Wohnraumdachfenster). Dachflächenfenster werden mit verschiedenen Eindeckrahmen geliefert, um der verwendeten Dachdeckung (Ziegel bzw. Dachsteine, Schiefer, Faserzementwellplatten) angepaßt werden zu können. Bild 5.39 zeigt ein Dachflächenfenster in einem ausgebauten Schieferdach.

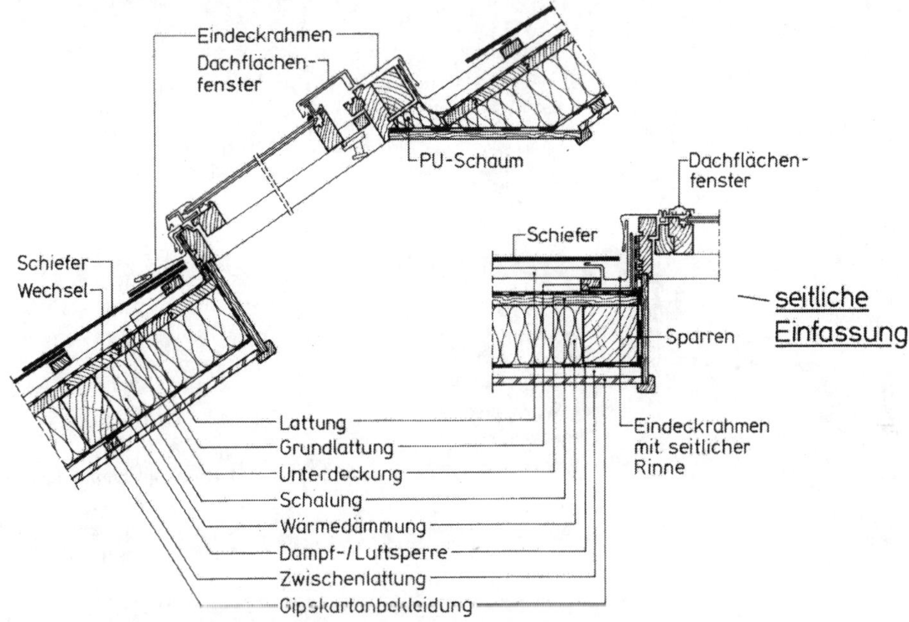

Bild 5.39 Dachflächenfenster in einem ausgebauten Schieferdach mit Vordeckung

Dachflächenfenster benötigen – je nach Typ – eine bestimmte Mindestneigung. Ist das Dach flacher geneigt, können Aufkeil-Eindeckrahmen verwendet werden. Sollen mehrere Dachflächenfenster direkt nebeneinander angeordnet werden, müssen spezielle Eindeckrahmen zur direkten Verbindung verwendet werden.

Der Einbau der Dachflächenfenster sollte möglichst im Sparrenraster erfolgen; ist dies nicht möglich, sind Auswechselungen in der Dachkonstruktion erforderlich.

Schneefang. Um Gefährdung von Menschen durch abrutschenden Schnee (Dachlawinen) auszuschließen, müssen über ständig begangenen Hauszugangswegen Schneefänge angeordnet werden. Früher wurden als Schneefang Rundhölzer verwendet, heute sind Schneefanggitter üblich, wenn nicht zur Erhaltung des Stadtbildes Rundhölzer vorgeschrieben werden.

Beim Ziegel- oder Dachsteindach werden die Rundhölzer oder Gitter an speziellen Schneefangpfannen in Traufnähe befestigt (in sehr schneereichen Gegenden über der ganzen Dachfläche verteilt). Den Einbau einer Schneefangstütze mit Schneefanggitter beim Schieferdach zeigt Bild 5.40.

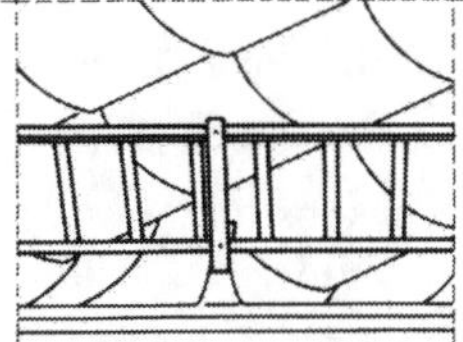

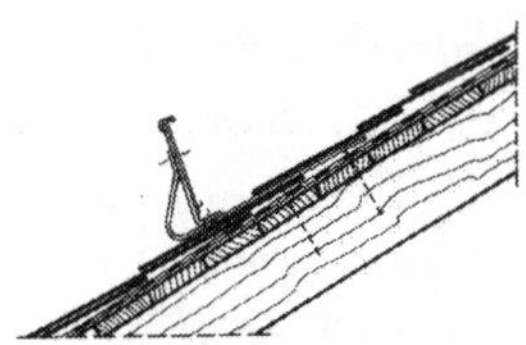

Bild 5.40
Anordnung von Schneefanggitter und -stütze beim Schieferdach [59]

Dachdurchdringungen. Für die Vielzahl möglicher Dachdurchdringungen wie Sanitärlüfter, Steildachlüfter, Antennendurchgänge, Tritte, Laufroste, Dachausstiege usw. bietet die Industrie eine große Zahl von Spezialbauteilen an, siehe beispielhaft Bild 5.41. Beim Ziegel- oder Dachsteindach gibt es z. B. Lüfter-, Antennendurchgangs-, Sicherheitstritt-, Laufrostpfannen usw.

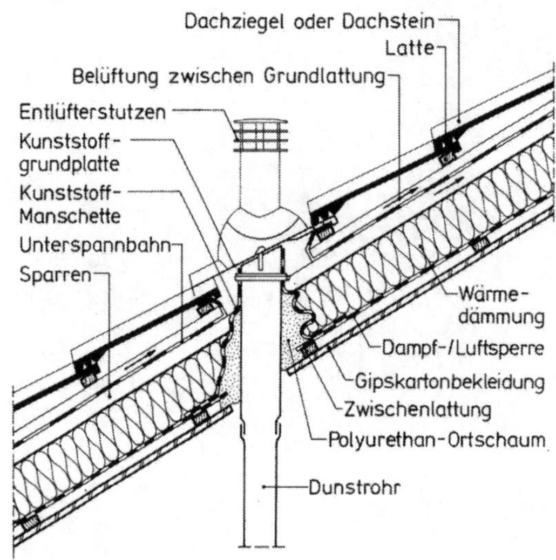

Bild 5.41
Dachdurchdringung beispielhaft dargestellt an einem Sanitärlüfter im ausgebauten Dach (nach [59] und [62])

5.6 Wärmeschutz

5.6.1 Winterlicher Wärmeschutz

Anforderungen an den winterlichen Wärmeschutz eines geneigten Daches werden nur gestellt, wenn das Dachgeschoß beheizt wird; man spricht dann im allgemeinen von einem „ausgebauten Dachgeschoß". Festgelegt sind die Anforderungen

- in DIN 4108 – 2, Tab. 1, Zeile 8.2 [7] sowie
- in der Wärmeschutzverordnung (WSchVO) zum Energieeinsparungsgesetz (EnEG) [8].

In DIN 4108 – 2 werden bei Dächern und Decken, die Aufenthaltsräume nach oben gegen die Außenluft abgrenzen, folgende Mindestwerte des Wärmedurchlaßwiderstandes gefordert:

- als Mittelwert bei Bauteilen mit einer flächenbezogenen Gesamtmasse von 300 kg/m^2 oder mehr bzw. einer flächenbezogenen Masse der raumseitigen Bauteilschichten von 50 kg/m^2 oder mehr: min $1/\Lambda = 1{,}10$ m^{2}K/W,
- als Mittelwert bei Bauteilen mit einer flächenbezogenen Masse der raumseitigen Bauteilschichten unter 50 kg/m^2: 1,10 m^{2}K/W < min $1/\Lambda \leq 1{,}75$ m^{2}K/W,
- an der ungünstigsten Stelle (Wärmebrücke): min $1/\Lambda = 0{,}80$ m^{2}K/W.

Als flächenbezogene Masse der raumseitigen Bauteilschichten sind anzusetzen:

- bei zimmermannsmäßigen Dachkonstruktionen nach Abschn. 5.3 die Schichtenmasse zwischen Innenraum und Wärmedämmschicht, i. allg. eine Gipskarton- oder Flachpreßplatte,
- beim Porenbetondach nach Abschn. 5.4 die gesamten Porenbeton-Dachplatten.

Holz und Holzwerkstoffe dürfen näherungsweise wegen ihrer größeren spezifischen Wärmekapazität c mit der zweifachen Masse angesetzt werden; weitere Angaben für andere Konstruktionen siehe in DIN 4108 – 2, Tab. 2 [7].

Die Wärmeschutzverordnung [8] kennt mehrere Verfahren zur Begrenzung des Transmissionswärmeverlusts von Gebäuden. Beim Energiebilanzverfahren wird das Gebäude als ganzes betrachtet, so daß eine geringe Dachdämmung durch besonders gut wärmegedämmte Außenwände und Fenster ausgeglichen werden kann. Die Anforderungen an geneigte Dächer über ausgebauten Dachgeschossen können somit nicht direkt angegeben werden.

Beim Bauteilverfahren der WSchVO, das nur für kleine Wohngebäude zulässig ist, wird der Wärmedurchgangskoeffizient von Dachflächen, die Räume nach oben gegen die Außenluft abgrenzen, auf

$$k_D = 0{,}22\ \text{W/(m}^2\text{K)}$$

begrenzt, bei unterlüfteten Dachkonstruktionen entspricht dies einem Wärmedurchlaßwiderstand von

$$1/\Lambda_D = 4{,}34\ \text{m}^2\text{K/W}.$$

Dieser Wert liegt deutlich höher als die Mindestanforderung von DIN 4108 – 2; soll das zweite Verfahren der WSchVO verwendet werden, wird DIN 4108 nicht maßgebend.

Im Falle von Umbaumaßnahmen (Einbau, Ersatz oder Erneuerung von Bauteilen) bestimmt die WSchVO für Dachflächen, die Räume nach oben gegen die Außenluft abgrenzen, als maximalen Wärmedurchgangskoeffizienten

$$k_D = 0{,}30\ \text{W/(m}^2\text{K)}$$

Lage der Wärmedämmung. Die generelle Anordnung der Wärmedämmung beim ausgebauten und nichtausgebauten geneigten Dach zeigt Bild 5.42; die Höhe der Abseitenwand bzw. des hohen Drempels sollte ungefähr 1 m betragen. (Gemäß Musterbauordnung § 46 (4) [1] müssen Aufenthaltsräume im Dach eine lichte Raumhöhe $\geq$ 2,30 m über mindestens der Hälfte der Grundfläche haben.)

In der Dachkonstruktion selbst sind drei prinzipielle Möglichkeiten denkbar, die Wärmedämmung anzuordnen (Bild 5.43): unter den Sparren, zwischen den Sparren, über den Sparren sowie Kombinationen davon.

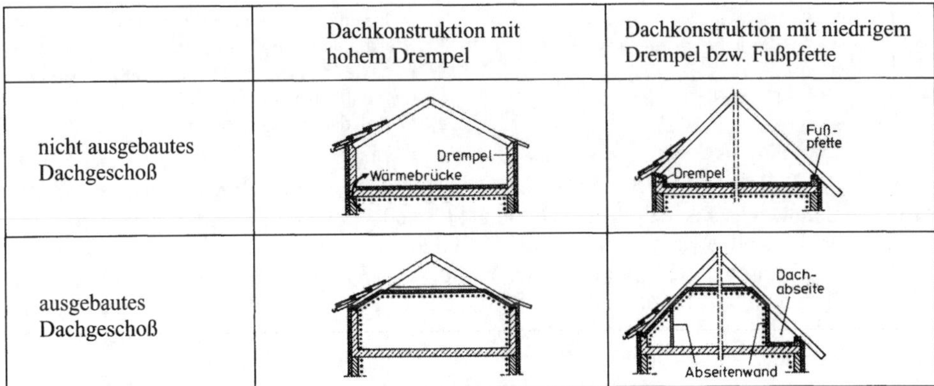

	Dachkonstruktion mit hohem Drempel	Dachkonstruktion mit niedrigem Drempel bzw. Fußpfette
nicht ausgebautes Dachgeschoß		
ausgebautes Dachgeschoß		

Bild 5.42 Möglichkeiten zur Anordnung der Wärmedämmung beim geneigten Dach

Am seltensten angewandt wird die Wärmedämmung unter den Sparren, da sie den nutzbaren Dachraum verringert (Bild 5.43 a). Diese Art der Dämmung ist sinnvoll bei nachträglichen Dämmaßnahmen, wenn der Luftraum zwischen den Sparren für eine dortige Anordnung der Wärmedämmung nicht ausreicht. Verwendet werden hierfür steife Dämmstoffplatten aus Polystyrol- oder Polyurethan-Hartschaum.

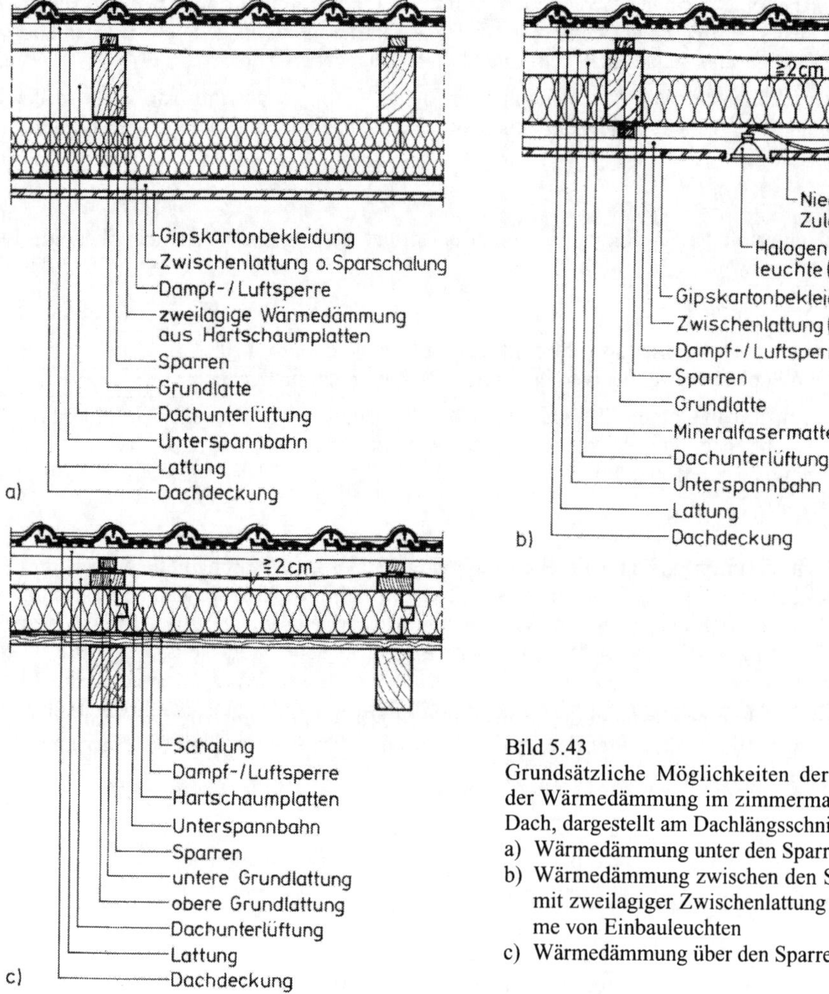

Bild 5.43
Grundsätzliche Möglichkeiten der Anordnung der Wärmedämmung im zimmermannsmäßigen Dach, dargestellt am Dachlängsschnitt

a) Wärmedämmung unter den Sparren
b) Wärmedämmung zwischen den Sparren, hier mit zweilagiger Zwischenlattung zur Aufnahme von Einbauleuchten
c) Wärmedämmung über den Sparren

Sowohl beim nachträglichen Dachausbau als auch im Neubau findet man am häufigsten die Wärmedämmung zwischen den Sparren (Bild 5.43 b und Tafel 5.8). Ihr Vorteil liegt darin, daß das Dach traditionell errichtet und gedeckt werden kann, ohne daß zusätzliche Bauhöhe benötigt wird. Darin liegt jedoch auch unter Umständen ein großer Nachteil begründet: Wird die Wärmedämmung zu dick gewählt oder ist – z. B. bei Mineralfaserdämmatten – die tatsächliche Dicke deutlich größer als die Nenndicke („Aufgehen der Matten"), so wird die Dachunterlüftung unzulässig eingeschränkt. (Zu neuen Entwicklungen s. Abschn. 5.7.)

Um Wärmeverluste durch die Mineralfaserdämmung zu vermeiden, müssen folgende Regeln beachtet werden:

Tafel 5.8 Wärmedurchgangskoeffizienten k_D für Dächer mit Zwischensparrendämmung der Wärmeleitfähigkeitsgruppe 040 (WLGr. 040) [63]

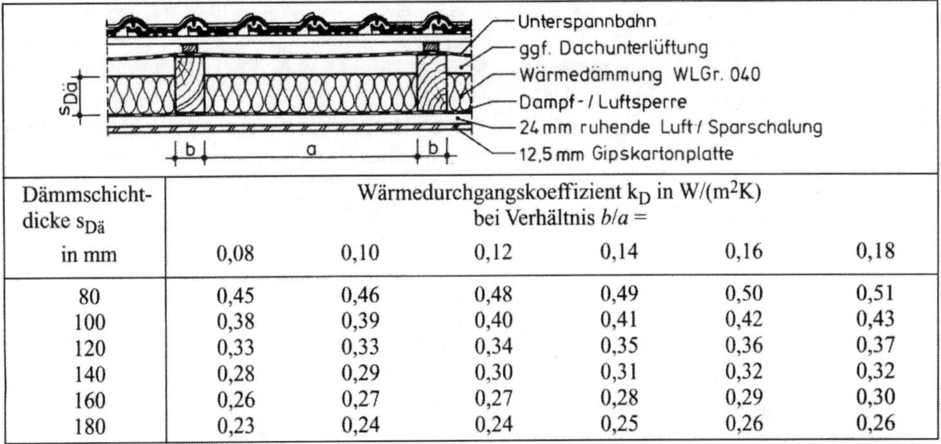

Dämmschicht-dicke $s_{Dä}$ in mm	Wärmedurchgangskoeffizient k_D in W/(m²K) bei Verhältnis b/a = 0,08	0,10	0,12	0,14	0,16	0,18
80	0,45	0,46	0,48	0,49	0,50	0,51
100	0,38	0,39	0,40	0,41	0,42	0,43
120	0,33	0,33	0,34	0,35	0,36	0,37
140	0,28	0,29	0,30	0,31	0,32	0,32
160	0,26	0,27	0,27	0,28	0,29	0,30
180	0,23	0,24	0,24	0,25	0,26	0,26

1. Die Wärmedämmung ist unbedingt dicht zu stoßen und dicht an die Sparten anzuschließen. Wird diese Regel nicht befolgt, so kann je nach Größe der Fehlstellen der Wärmedurchgang um bis zu 150 % ansteigen.
2. Zur Wärmedämmung sollen möglichst winddichte Dämmstoffe (mit geringem a-Wert) verwendet werden; der a-Wert hängt bei Mineralfaserdämmstoffen im wesentlichen von ihrer Dichte ρ ab, für die die in Tafel 5.9 genannten Mindestwerte gelten.

Tafel 5.9 Mindestdichte min δ von Mineralfaserdämmstoffen in Abhängigkeit von ihrer Dicke [64]

Material	Glaswolle		Steinwolle	
Dicke d [mm]	50	100	50	100
Dichte min ρ [kg/m³]	50	30	70	50

Da der Sparrenabstand aufgrund von Ausführungsungenauigkeiten und „Arbeiten" des Holzes nicht konstant ist, sind für Dämmaßnahmen zwischen den Sparren am besten Mineralfasermatten oder sog. „Dämmkeile" aus Mineralwolle geeignet, siehe Bild 5.44. Letztere sind steif genug, um unzulässige Einschränkungen des Dachunterlüftungsraumes sicher auszuschließen.

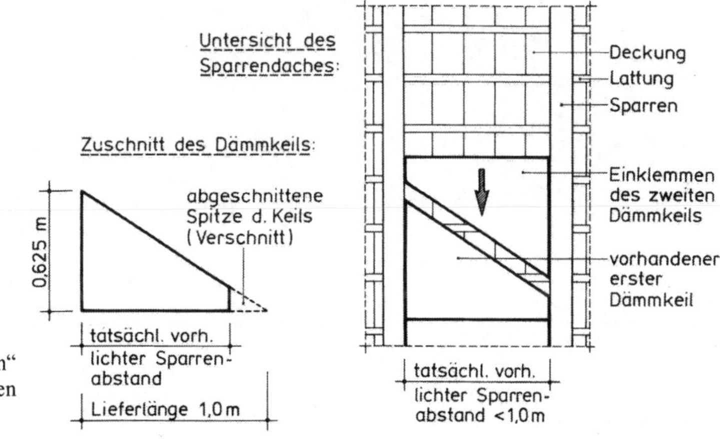

Bild 5.44
Einbau von „Dämmkeilen" aus Steinwolle zwischen den Sparren

Nur im Neubau findet die Dämmung über den Sparren Verwendung (Bild 5.43 c). Vorteilhaft ist die durchgehende Wärmedämmschicht auf der kalten Seite der Dachkonstruktion sowie die Möglichkeit, die Sparren im ausgebauten Dach sichtbar zu lassen (schnellere Austrocknung des Holzes sowie Möglichkeit des Verzichts auf chemischen Holzschutz, vgl. Abschn. 5.11). Da in diesem Fall die Lattung nicht direkt auf den Sparren aufliegt, bedarf der Lastabtrag der Dachdeckung spezieller Überlegungen. Für diverse Dämmstoffe liegen Typenberechnungen vor [65], wie die parallel zu den Sparren verlaufenden Kräfte über die sogenannte Grundlattung zur Traufe geleitet und dort über Knaggen in die Sparren abgetragen werden, siehe Bild 5.45.

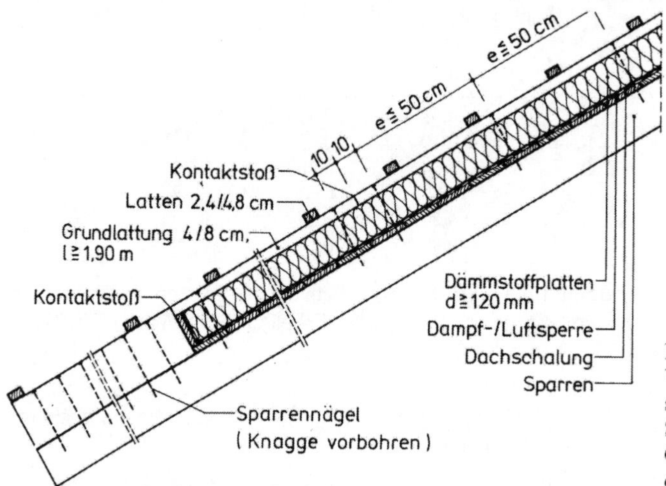

Bild 5.45
Wärmedämmung mit Hartschaumplatten über den Sparren; Lastabtragung über Grundlatten und Knaggen in den Sparrenfuß (nach [65])

Eine Weiterentwicklung dieses Systems zeigt Bild 5.46, hier werden die sparrenparallelen Kräfte durch speziell auf Zug belastbare Sparrennägel direkt in die Sparren eingeleitet [66].

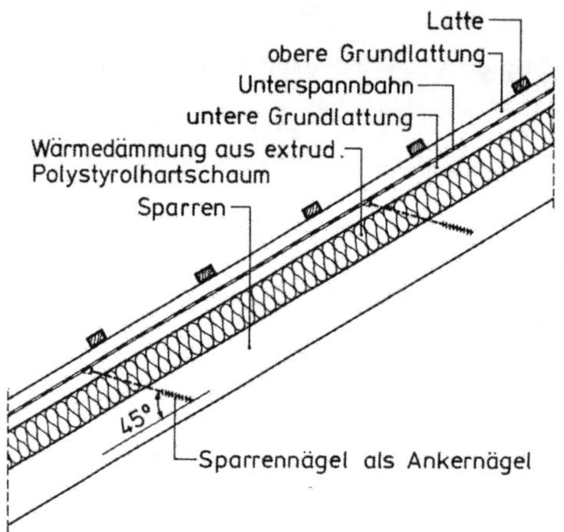

Bild 5.46
Wärmedämmung über den Sparren; die Last der Dachdeckung wird über zugbeanspruchte, schräg eingeschlagene Sparrennägel und Druck kräfte im extrudierten Polystyrolhartschaum aufgenommen (Dampf-/ Luftsperre und Bekleidung nicht dargestellt)

Eine Alternative dazu stellt ein Polyurethan-Dämmsystem mit speziellen Dämmelement-Haltern und gelochten Metallschienen dar [67], das keine Grundlattung erfordert (Bild 5.47). Die Unterspannbahn entfällt wegen der beidseitigen Aluminium-Kaschierung der Dämmelemente, die unterseitige Kaschierung ist dabei luftdicht abzukleben oder es ist eine zusätzliche Luftsperre anzuordnen (vgl. Abschn. 5.8).

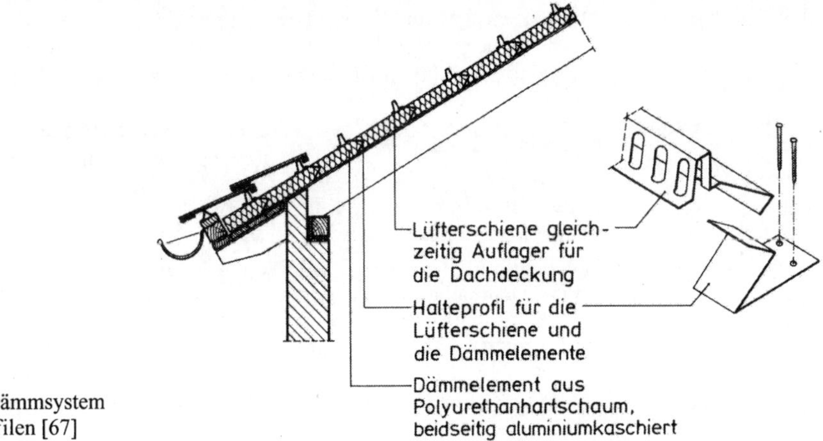

Bild 5.47
Polyurethan-Dämmsystem mit Metallprofilen [67]

5.6.2 Sommerlicher Wärmeschutz

Nicht ausgebaute Dachgeschosse stellen einen Wärmepuffer für die darunterliegenden Aufenthaltsräume dar, deren Temperaturgang damit günstig beeinflußt wird. In ausgebauten Dachgeschossen jedoch ist die erhöhte Aufheizung im Sommer aufgrund der großen besonnten Flächen durch besondere Maßnahmen zu vermeiden.

Anforderungen. Bedingt durch die geringe Speichermasse heizen sich Räume unterhalb der Dachfläche im Sommer besonders schnell auf („Barackenklima"), wenn das Eindringen der Wärme nicht durch erhöhte Anforderungen an die Wärmedämmung verzögert wird.

Für den Wärmeschutz im Sommer bei nicht-klimatisierten Gebäuden gibt DIN 4108-2 [7] darüber hinaus Empfehlungen, in denen raumweise in Abhängigkeit von

- der Art der möglichen Belüftung,
- der auf die Außenwand bezogenen Masse der Innenbauteile,
- der Orientierung des Raumes

ein Höchstwert $g_F \cdot f$ für den Energiedurchlaß der Fenster festgelegt wird, siehe Bild 5.48.

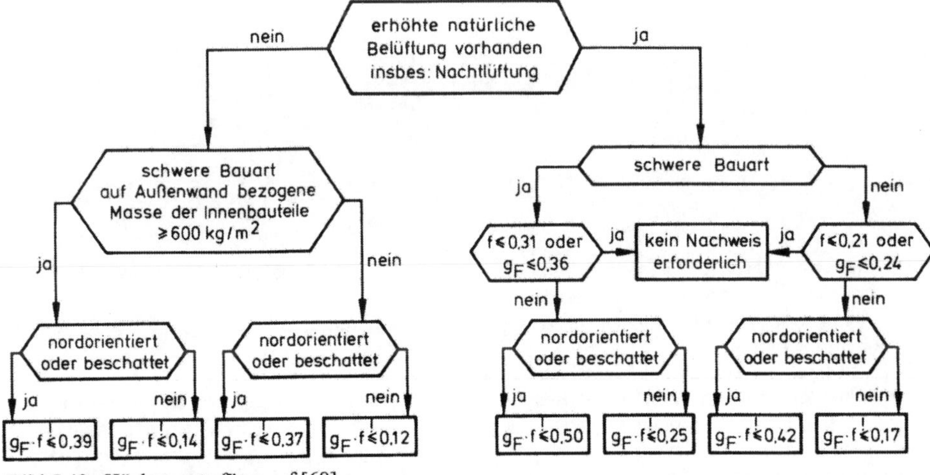

Bild 5.48 Höchstwerte für $g_F \cdot f$ [68]

Mit $g_F = g \cdot z$ = Gesamtenergiedurchlaßgrad des Fensters
g = Gesamtenergiedurchlaßgrad der Verglasung gem. Tafel 5.10
$z = z_1 \cdot z_2 \ldots$ = Abminderungsfaktor für die Sonnenschutzvorrichtung 1, 2, ... gem. Tafel 5.11

und $f = \frac{A_F}{A_W + A_F}$ = Fensterflächenanteil A_F = Fensterfläche, $A_W + A_F$ = fensterenth. Außenwandfläche

kann eine Kombination aus Fenstergröße, Verglasung und Sonnenschutzvorrichtungen gewählt werden, die den Höchstwert für $g_F \cdot f$ unterschreitet.

Dieses Verfahren ist im Prinzip für Außenwände vorgesehen, kann näherungsweise jedoch auch für geneigte Dächer mit Dachflächenfenstern angewandt werden. Dabei ist der Fensterflächenanteil auf die direkt besonnte Dachfläche zu beziehen und max $g_F \cdot f$ darf bei Nordoritentierung nicht erhöht werden.

Tafel 5.10 Gesamtenergiedurchlaßgrade g von Verglasungen [7]

Zeile		Verglasung	g
1	1.1	Doppelverglasung aus Klarglas	0,8
	1.2	Dreifachverglasung aus Klarglas	0,7
2		Glasbausteine	0,6
3		Mehrfachverglasung mit Sondergläsern (Wärme-, Sonnenschutzglas)[1]	0,2 bis 0,8

[1] Die Gesamtenergiedurchlaßgrade g von Sondergläsern können aufgrund von Einfärbung bzw. Oberflächenbehandlung der Glasscheiben sehr unterschiedlich sein. Im Einzelfall ist der Nachweis gemäß DIN 67 507 zu führen. Ohne Nachweis darf nur der ungünstigere Grenzwert angewendet werden.

Tafel 5.11 Abminderungsfaktoren z von Sonnenschutzvorrichtungen[1] in Verbindung mit Verglasungen [7]

Zeile	Sonnenschutzvorrichtung	z
1	fehlende Sonnenschutzvorrichtung	1,0
2	innenliegend und zwischen den Scheiben liegend	
2.1	Gewebe bzw. Folien [2]	0,4 bis 0,7
2.2	Jalousien	0,5
3	außenliegend	
3.1	Jalousien, drehbare Lamellen, hinterlüftet	0,25
3.2	Jalousien, Rolläden, Fensterläden, feststehende oder drehbare Lamellen	0,3
3.3	Vordächer, Loggien[3]	0,3
3.4	Markisen, oben und seitlich ventiliert[3]	0,4
3.5	Markisen, allgemein[3]	0,5

Vertikalschnitt Fassade:

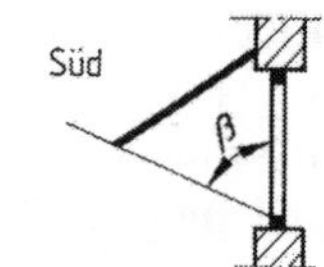

Horizontalschnitt Fassade:

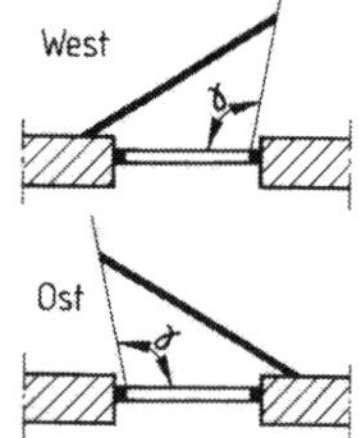

[1] Die Sonnenschutzvorrichtung muß fest installiert sein (z. B. Lamellenstores). Übliche dekorative Vorhänge gelten nicht als Sonnenschutzvorrichtung

[2] Die Abminderungsfaktoren können aufgrund der Gewebestruktur, der Farbe und der Reflexionseigenschaften sehr unterschiedlich sein. Im Einzelfall ist der Nachweis in Anlehnung an DIN 67 507 zu führen. Ohne Nachweis darf nur der ungünstigere Grenzwert angewendet werden.

[3] Dabei muß näherungsweise sichergestellt sein, daß keine direkte Besonnung des Fensters erfolgt. Dies ist der Fall, wenn bei Südorientierung der Abdeckwinkel $\beta \geq 50°$ ist oder bei Ost- und Westorientierung entweder der Abdeckwinkel $\beta \geq 85°$ oder $\gamma \geq 115°$ ist. Zu den jeweiligen Orientierungen gehören Winkelbereiche von ± 22,5°. Bei Zwischenorientierungen ist der Abdeckwinkel $\beta \geq 80°$ erforderlich.

Bei der Art der möglichen Belüftung sind Wohn- und Büroräume zu unterscheiden: Büroräume sind nachts ungenutzt und können daher in dieser Zeit nicht gelüftet werden, Wohnräume dagegen werden an heißen Sommertagen nachts und in den frühen Morgenstunden gelüftet (sog. „erhöhte natürliche Belüftung").

Zur Unterscheidung in leichte und schwere Innenbauart wird raumweise der Quotient aus der Masse der raumumschließenden Innenbauteile sowie ggf. anderer Innenbauteile und der Außenwand- bzw. Dachfläche ($A_W + A_F$). die die Fenster enthält, ermittelt. Für einen Quotienten > 600 kg/m^2 liegt eine schwere Innenbauart vor. Für die Holzbauweise ergibt sich in der Regel leichte Innenbauart. Die Massen der Innenbauteile werden wie folgt berücksichtigt:

- Bei Innenbauteilen ohne Wärmedämmschicht wird die Masse zur Hälfte angerechnet.
- Bei Innenbauteilen mit Wärmedämmschicht darf die Masse derjenigen Schichten angerechnet werden, die zwischen der raumseitigen Bauteiloberfläche und der Dämmschicht angeordnet sind, jedoch höchstens die Hälfte der Gesamtmasse. Als Dämmschicht gilt hier eine Schicht mit

  $$\lambda_R = 0{,}1 \text{ W/(m} \cdot \text{K) und } 1/\Lambda = 0{,}25 \text{ m}^2 \text{ K/W.}$$

- Bei Innenbauteilen mit Holz oder Holzwerkstoffen dürfen die Schichten aus Holz oder Holzwerkstoffen wegen der höheren Wärmespeicherkapazität näherungsweise mit dem zweifachen Wert ihrer Masse angesetzt werden.

Belüftung des Daches. Zimmermannsmäßige Dachkonstruktionen werden in der Regel zweischalig ausgeführt (vgl. Abschn. 5.7), so daß das Dach belüftet werden kann. Die hohe sommerliche Sonneneinstrahlung auf die Dachdeckung führt im belüfteten Dachraum zu deutlicher Thermik, die durch Nachströmen von Außenluft die Dachkonstruktion kühlt. Eine funktionsfähige Dachbelüftung verbessert somit das sommerliche Temperaturverhalten des Daches.

Sonnenschutz der Dachfenster. Wärmespeichernde Bauteile, d. h. Innenbauteile mit großer Masse, wirken sich ausgleichend auf das sommerliche Temperaturverhalten aus. Ihre Wirkung kann bei leichten Konstruktionen teilweise durch verbesserte Wärmedämmung der Außenbauteile ausgeglichen werden.

Die meiste Wärme gelangt durch die Fenster in die Innenräume, so daß – bei entsprechendem Nutzerverhalten – den Sonnenschutzmaßnahmen an den Fenstern (neben sinnvollen Lüftungsmaßnahmen) die größte Bedeutung für den sommerlichen Wärmeschutz zukommt; im o. g. Berechnungsverfahren wird daher auch nur der Energiedurchlaß der Fenster begrenzt.

Sonnenschutzmaßnahmen bei Gaubenfenstern unterscheiden sich nicht von denen bei üblichen Fenstern in Außenwänden. Gesondert betrachtet werden hier die Dachflächenfenster (Wohnraumdachfenster): Bedingt durch die Dach- und Fensterneigung heizen sich insbesondere südorientierte Dachräume mit großflächigen Dachflächenfenstern stark auf. Die üblichen Sonnenschutzmaßnahmen, wie innenliegende Rollos oder Jalousien, sind dann nicht ausreichend (vgl. Tafel 5.11); deutlich wirksamer sind die für Dachflächenfenster speziell lieferbaren Außenmarkisen oder Außenrolläden mit Federwerk, die auch bei flachen Fensterneigungen das Schließen des Rolladens ermöglichen. Weiterhin sind auch Sonderverglasungen mit Sonnenschutzgläsern erhältlich.

5.7 Tauwasserschutz

Anforderungen. Geneigte Dächer können ein- oder zweischalig ausgeführt werden (s. Bild 5.49); üblich ist beim nichtausgebauten wie beim ausgebauten geneigten Dach die belüftete, zweischalige Dachkonstruktion.

Anforderungen an den Tauwasserschutz belüfteter Dächer nennt DIN 4108-3 [7]. Sofern diese Dächer einen ausreichenden Wärmeschutz aufweisen (vgl. Abschn. 5.6), ist bei nicht klimatisierten Wohn- und Büroräumen kein rechnerischer Nachweis des Tauwasserausfalls erforderlich, wenn bei Dächern mit einer Neigung $\alpha \geq 10°$ folgende Randbedingungen eingehalten werden (s. Bild 5.49 b bis d):

- Der freie Lüftungsquerschnitt der an jeweils zwei gegenüberliegenden Traufen angebrachten Öffnungen muß mindestens je 2 ‰ der zugehörigen geneigten Dachfläche, mindestens jedoch 200 cm^2 je m Traufe betragen.
- Die Lüftungsöffnung am First muß mindestens 0,5 ‰ der gesamten geneigten Dachfläche betragen.
- Der freie Lüftungsquerschnitt innerhalb des Dachbereiches über der Wärmedämmschicht im eingebauten Zustand muß mindestens 200 cm^2 je m senkrecht zur Strömungsrichtung und dessen freie Höhe mindestens 2 cm betragen.
- Die diffusionsäquivalente Luftschichtdicke s_d der unterhalb des belüfteten Raumes angeordneten Bauteilschichten muß in Abhängigkeit von der Sparrenlänge a betragen:

  $a \leq 10$ m: $s_d \geq 2$ m
  $a \geq 15$ m: $s_d \geq 5$ m
  $a > 15$ m: $s_d \geq 10$ m.

Bei Dächern mit einer Neigung $\alpha < 10°$ müssen folgende Randbedingungen eingehalten werden, wenn der rechnerische Nachweis der Tauwasserfreiheit entfallen soll (s. Bild 5.49 e und f):

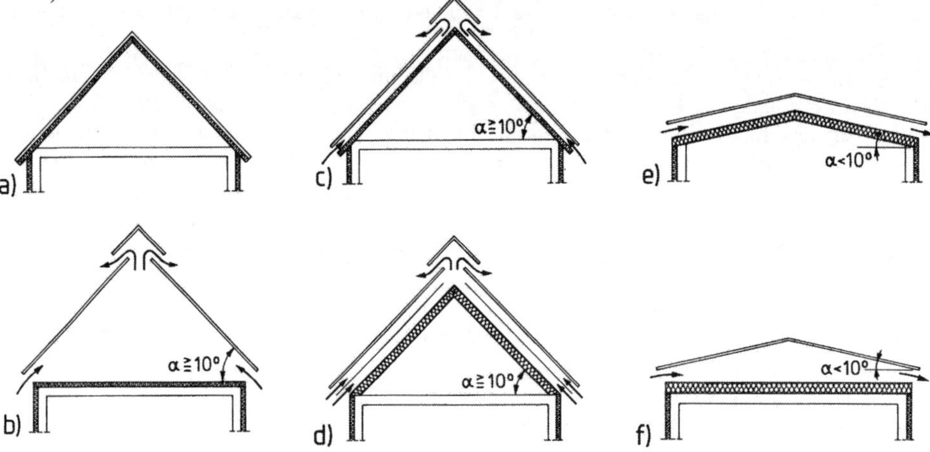

Bild 5.49 Schemadarstellungen ein- oder zweischaliger Dachkonstruktionen, letztere mit Darstellung der Belüftungswege [7]
a) ausgebautes einschaliges Steildach, b) nicht ausgebautes zweischaliges Steildach, c) ausgebautes zweischaliges Steildach, d) ausgebautes zweischaliges Steildach mit Unterdach, Unterdeckung oder Unterspannung, e) flachgeneigtes, zweischaliges Dach, f) zweischaliges Flachdach (vgl. Abschn. 6)

- Der freie Lüftungsquerschnitt der an mindestens zwei gegenüberliegenden Traufen angebrachten Öffnungen muß mindestens je 2 ‰ der gesamten Dachgrundrißfläche betragen.
- Die Höhe des freien Lüftungsquerschnitts innerhalb des Dachbereiches über der Wärmedämmschicht muß im eingebauten Zustand mindestens 5 cm betragen.
- Die diffusionsäquivalente Luftschichtdicke s_d der unterhalb des belüfteten Raumes angeordneten Bauteilschichten muß mindestens 10 m betragen.

Baustellenbedingte Ungenauigkeiten und Maßtoleranzen sowie das „Aufgehen“ der mineralischen Wärmedämmstoffe sind bei der Planung der Dachkonstruktion – insbesondere der Belüftungsschichten und Öffnungen – zu berücksichtigen.

Bei Dächern mit Dampfsperrschichten ($s_d \geq 100$ m) müssen diese so angeordnet sein, daß der Wärmedurchlaßwiderstand der Bauteilschichten unterhalb der Dampfsperrschicht höchstens 20 % des Gesamtwärmedurchlaßwiderstandes beträgt (bei Dächern mit nebeneinanderliegenden Bereichen unterschiedlicher Wärmedämmung ist der Gefachbereich zugrunde zu legen), damit die Gefahr einer Tauwasserbildung mit Sicherheit vermieden wird.

Bei Dächern mit massiven Deckenkonstruktionen sowie bei geschichteten Dachkonstruktionen ist die Wärmedämmschicht als oberste Schicht unter dem belüfteten Raum anzuordnen.

Dampfsperre. Bei einschaligen, nichtbelüfteten Dachkonstruktionen gemäß Bild 5.49 a ist eine Dampfsperre unerläßlich.

Bei zweischaligen, belüfteten Dachkonstruktionen besteht eine Mindestanforderung bezüglich der diffusionsäquivalenten Luftschichtdicke s_d der unteren Dachschale, die in Abhängigkeit von der Dachneigung α und der Sparrenlänge a festgelegt ist (s. vorangegangenen Abschn. „Anforderungen“). Der erforderliche s_d-Wert kann durch Hartschaumplatten als Wärmedämmung oft allein erfüllt werden (was aber wegen der dann vorhandenen Luftdurchlässigkeit der Dachfläche nicht ausreicht, siehe Abschn. 5.8). Wird eine mineralische Faserdämmung verwendet, so ist nach heutigem Stand des Wissens eine Dampfsperrschicht unerläßlich (vgl. Bild 5.43); diese muß dann unterhalb der Wärmedämmung angeordnet werden.

Belüftung. Zweck und Ziel der Belüftung im zweischaligen Dach ist (neben der Wärmeabfuhr im Sommer, vgl. Abschn. 5.6.2) vor allem, den Abtransport der durch die untere Dachschale diffundierenden Feuchte zu ermöglichen bzw. das Austrocknen gegebenenfalls zu feucht eingebauter Hölzer sicherzustellen (s. auch Abschn. 5.11).

Die zweischalige, belüftete Dachkonstruktion ermöglicht im Prinzip den Abtransport großer, durch die untere Dachschale diffundierender Feuchtemassen. Da entsprechende Lüftungsquerschnitte baupraktische Schwierigkeiten bereiten und die thermische Luftströmung nicht beliebig vergrößert werden kann, setzt DIN 4108 – 3 [7] neben Mindest-Lüftungsquerschnitten und Öffnungen auch Mindestwerte der diffusionsäquivalenten Luftschichtdicke fest (s. oben im Abschnitt „Anforderungen“).

Die Ausbildung der Lüftungsöffnungen an First und Traufe kann den Bildern 5.23 bis 5.25, 5.34 bis 5.36 entnommen werden. Der freie Lüftungsquerschnitt innerhalb ausgebauter Dächer (über der Wärmedämmung) von – je nach Dachneigung – 2 bzw. 5 cm im e i n g e b a u t e n Z u s t a n d führt in der Praxis oft zu Problemen, da die Nenndicke von Faserdämmstoffen unter Auflast bestimmt wird und solche Dämmatten im unbelasteten Einbauzustand ca. 2 bis 4 cm dicker als die angegebenen Nenndicken sein können. Will man Feuchteschäden im Dach sicher vermeiden, so muß bei Dachkonstruktionen gemäß Bild 5.43 b Faserdämmstoff des Anwendungstyps WL nach DIN 18165 verwendet werden, wobei die Sparrenhöhe mindestens 4 cm größer als die Dämmstoff-Nenndicke gewählt bzw. der Sparren entsprechend aufgedoppelt werden muß, um die o. g. freie Höhe von ≥ 2 cm im eingebauten Zustand sicherzustellen. (Die Dickentoleranzen von Hartschaumplatten sind vernachlässigbar.)

Belüftete, zweischalige, ausgebaute Dächer sollten ein Unterdach, eine Unterdeckung oder eine Unterspannung erhalten, vgl. Abschn. 5.5.3 bis 5.5.5. Damit werden nach den derzeit anerkannten Regeln der Technik zwei Belüftungsschichten im Dach erforderlich, und zwar

- zwischen unterer, wärmegedämmter Dachschale und Unterdach bzw. Unterspannbahn zum Abtransport der aus dem Innenraum diffundierenden Feuchte sowie
- zwischen Dachdeckung und Unterdach bzw. Unterspannbahn zum Abtransport des durch getretenen Niederschlags, vgl. Bilder 5.18, 5.24, 5.34, 5.38, 5.41, 5.43.

Die Konstruktion dieser zwei Belüftungsschichten ist recht aufwendig; bei Wärmedämmung über den Sparren bzw. bei nicht ausreichender Sparrenhöhe (z. B. beim Ausbau eines vorhandenen Daches) wird dadurch eine obere und untere Grundlattung (vgl. Bild 5.43 c) bzw. eine Sparrenaufdoppelung erforderlich. Daher werden z. Z. in der Fachöffentlichkeit mehrere Alternativen der Vereinfachung diskutiert:

- Übliche kleinformatige Dachdeckungen (ohne Verwendung von Pappdocken, Vermörtelung der kleinformatigen Deckungen oder Ausschäumen der Fugen mit Polyurethanschaum, vgl. Abschn. 5.5.2 und 5.5.5) sind in hohem Maße luftdurchlässig; Be- und Entlüftungsöffnungen, Lüfterziegel/-steine o. ä. für die obere Belüftungsschicht sind daher nicht erforderlich, sondern eher schädlich, da sie die Dachkonstruktion unnötig abkühlen und so durch mögliche Tauwasserbildung deren Feuchtegehalt erhöhen [69], [70], [71]. Bei Verwendung von Unterspannungen mit unterer Belüftungsschicht kann ferner nach Hauser [72] auf die Ausbildung einer oberen Belüftungsschicht durch eine Grundlattung (vgl. Bild 5.43) ganz verzichtet werden, da solche Unterspannungen zwischen den Sparren soweit durchhängen, daß durchtretendes Niederschlagswasser abfließen kann und eine ausreichende Belüftungswirkung über der Unterspannbahn erreicht wird.
- Nachteilig an der unteren Belüftungsschicht ist, daß nach Untersuchungen von Künzel und Großkinsky [69] bei üblicher Nutzung und normgerechter Ausbildung des wärmegedämmten, ausgebauten Daches weniger Wasserdampf in die Dachkonstruktion von innen hineindiffundiert als in kühlen Nächten in die untere Belüftungsschicht von außen hineinströmt und an der Unterseite der Unterspannbahn kondensiert. Durch Abtropfen oder Ablaufen in die Dachkonstruktion kann sich dort ein Feuchtegehalt ergeben, der über dem nichtbelüfteter Dächer liegt; dementsprechend wird empfohlen, auf die untere Belüftungsschicht zu verzichten. Bei innenseitigem Einbau einer in jedem Fall erforderlichen, dichten Luftsperre (Windsperre) – die gleichzeitig als Dampfsperre wirkt – (vgl. Abschn. 5.8) und einem möglichst dampfdurchlässigen Unterdach bzw. einer entsprechenden Unterspannbahn (mindestens $s_{d,\,Luftsperre} > s_{d,\,Unterspannbahn}$) entsteht dann vom Prinzip her ein nicht belüftetes Dach, das nach oben austrocknen kann.
- Daß sich aufgrund der unteren Belüftungsschicht im Dach eine höhere Feuchte als beim nichtbelüfteten Dach ergibt, ist nach Durst und Lauer [73] nur darauf zurückzuführen, daß bei den genannten Untersuchungen [69] die Belüftungsschichten der kalten Nord- und der warmen Südseite nicht getrennt wurden, so daß feuchtwarme Luft der Südseite in der unteren Belüftungsschicht der Nordseite als Tauwasser ausfallen konnte. Neuere Versuche von Künzel und Großkinsky [71] mit Trennung von Nord- und Südseite haben dies bestätigt, so daß die seit Jahrzehnten übliche untere Belüftungsschicht bei einer – allerdings DIN 4108 – 3 [7] (vgl. Bild 5.49 b bis d) widersprechenden – Trennung der Belüftungsschichten beider Dachflächen zumindest nicht als schädlich für die Dachkonstruktion gelten kann.
- In den letzten Jahren wurden Unterspannbahnen von sehr hoher Wasserdampfdurchlässigkeit ($s_d \leq 0{,}3$ m) bei gleichzeitiger Wasserundurchlässigkeit entwickelt [74]. Nach Untersu-

chungen von Hens [70] ist im vorgenannten Fall die Verwendung einer solchen Unterspannbahn von sehr geringer Wasserdampfdurchlässigkeit zu empfehlen, um die Austrocknung der hölzernen Dachkonstruktion bei Neubauten zu erleichtern.

- Weitergehende Untersuchungen von Schulze [75] ergaben, daß in Umkehrung der die Wärmedämmung begrenzenden Schichten einer nicht vollständig dampfdichten Dampfbremse (anstelle einer Dampfsperre) an der Innenseite bei gleichzeitiger Ausführung eines luft- und dampfdichten Unterdaches der Vorzug zu geben ist, da eine solche Dampfbremse für den Tauwasserschutz ausreichend, für die Austrocknung des Holzes jedoch förderlicher ist; ein Ergebnis, das von H. M. Künzel [76] allerdings nicht bestätigt werden konnte.
- Ebenfalls möglich ist nach Schulze [77] eine Konstruktion, bei der auf eine Dampfsperre völlig verzichtet wird; Voraussetzung dafür ist jedoch eine sehr diffusionsoffene Unterspannbahn (mit $s_d \leq 0{,}02$ m), eine die Sparrenhöhe vollständig ausfüllende Wärmedämmung („Sparrenvolldämmung“) und eine luftdichte Ausführung des gesamten Daches (s. folgenden Abschnitt 5.8). Auch dieser Vorschlag wurde von Künzel und Großkinsky [71], [78] versuchstechnisch bzw. von H. M. Künzel [79] rechnerisch nachgeprüft und als in der Theorie richtig bewertet; da aber praktisch die dafür erforderlichen geringen diffusionsäquivalenten Luftschichtdicken $s_d \leq 0{,}02$ m nicht dauerhaft sichergestellt werden können, werden Dachaufbauten bestehend aus einer Dampfbremse mit $s_d \geq 1$ m und einer Unterspannbahn mit $s_d \leq 0{,}10$ bis 0,15 m empfohlen. Alternativ wäre auch eine von H. M. Künzel entwickelte feuchteadaptive Dampfbremse einsetzbar, deren s_d-Wert im Winter ≥ 4 m und im Sommer $\leq 0{,}5$ m beträgt [80].

Bei allen vorgenannten Konstruktionen muß darauf hingewiesen werden, daß es sich dabei um Forschungsergebnisse und noch nicht um allgemein anerkannte Regeln der Technik handelt. Als in der Fachöffentlichkeit weitgehend akzeptierter Stand der Technik können jedoch folgende Konstruktionen angesehen werden:

- Bei Verwendung kleinformatiger Deckungen (ohne Mörtelverstrich oder Pappdocken) und einer beliebigen Unterspannbahn kann auf die Ausbildung einer oberen Belüftungsschicht, d.h. auf die Grundlattung verzichtet werden, wenn die Unterspannbahn in die untere Belüftungsschicht durchhängen kann (s. Bild 5.50). Besondere Belüftungskonstruktionen für die

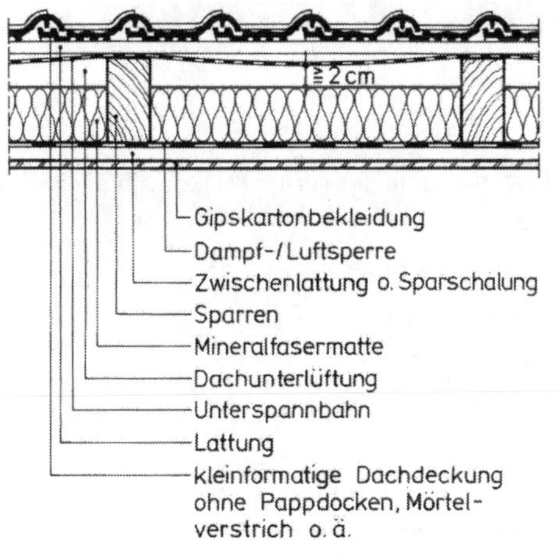

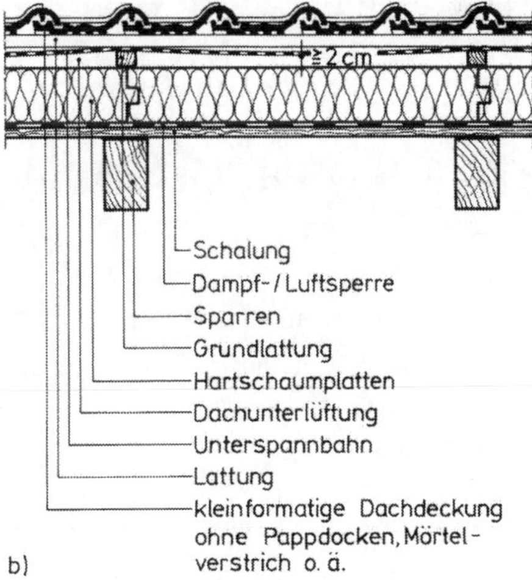

Bild 5.50 Verwendung von durchhängend verlegten, üblichen Unterspannbahnen bei zimmermannsmäßigen Dachkonstruktionen a) Wärmedämmung zwischen den Sparren, b) über den Sparren

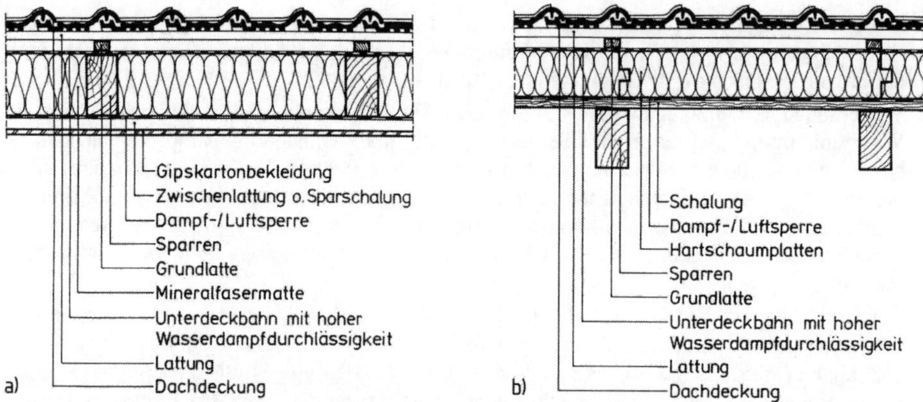

Bild 5.51 Verwendung von Unterspannbahnen mit hoher Wasserdampfdurchlässigkeit bei zimmermannsmäßigen Dachkonstruktionen
a) Wärmedämmung zwischen den Sparren (sog. „Sparrenvolldämmung"), b) Wärmedämmung über den Sparren

obere Belüftungsschicht an der Traufe, am First oder in der Dachfläche (Lüfterziegel/-steine) sind nicht erforderlich.

- Bei Verwendung von Unterspannbahnen mit hoher Wasserdampfdurchlässigkeit (diffusionsäquivalente Luftschichtdicke $s_d \leq 0{,}30$ m) bei gleichzeitiger Wasserundurchlässigkeit und einer Unterkonstruktion mit diffusionsäquivalenter Luftschichtdicke $s_d \geq 2{,}0$ m kann auf die untere Belüftungsschicht verzichtet werden, d. h. die Wärmedämmung darf die Sparrenhöhe ausfüllen (sog. „Sparrenvolldämmung", s. Bilder 5.51 und 5.32) [32]. Dabei ist jedoch unbedingt eine obere Belüftungsschicht (= Ablaufschicht für durchtretendes Niederschlagswasser) durch eine Grundlattung sicherzustellen und unterhalb der Wärmedämmung eine dampfdichte Luftsperre vorzusehen (s. Abschn. 5.8).

In beiden Fällen muß die jeweils vorhandene Unterspannbahn das durchtretende Niederschlagswasser unbedingt an der Traufe in die Dachentwässerung ableiten können, z. B. analog Bild 5.34.

5.8 Luftdichtheit (Winddichtigkeit)

Zwischen dem Gebäudeinnern und der Außenluft bestehen üblicherweise Druckdifferenzen

- durch Windeinfluß,
- durch Temperaturunterschiede zwischen Innen- und Außenluft sowie
- möglicherweise durch Lüftungs- bzw. Klimatisierungssysteme.

Eine zu große Luftdurchlässigkeit ausgebauter Dächer führt daher

- zu Zugerscheinungen aufgrund von Luftströmungen (Beeinträchtigung der thermischen Behaglichkeit),
- zu ungewollten Lüftungswärmeverlusten, die in der Größenordnung der Transmissionswärmeverluste liegen können und
- zu Tauwasserbildung bei aus dem Rauminnern in die Konstruktion strömender feuchtwarmer Luft, wodurch Bauschäden verursacht werden können [70], [81] (vgl. Abschn. 5.7).

Die Luftdurchlässigkeit von Fugen im Bereich von Dachgeschoßausbauten kann in Anlehnung an die Fugendurchlässigkeit von Fenstern entsprechend DIN 18 055 [10] durch den Fugendurchlaßkoeffizienten a beschrieben werden. Dieser sog. „a-Wert“ ist gleich der Luftmenge V [m³], die während der Zeit t [h] durch eine Fuge der Länge l [m] bei einer Luftdruckdifferenz Δp von 1 daPa = 10 N/m² zwischen innen und außen hindurchströmt:

$$a = \frac{V}{t \cdot l \cdot \Delta p^n} \quad \left[\frac{m^3}{h \cdot m \cdot (daPa)^n}\right]$$

Der durch eine Fuge strömende Luftstrom (Volumenstrom)

$$\dot{V} = V/t = a \cdot l \cdot \Delta p^n \ [m^3/h]$$

ist nicht direkt proportional zur Druckdifferenz zwischen außen und innen $\Delta p = (p_a - p_i)$, weil mit zunehmender Druckdifferenz die Strömungsgeschwindigkeit und damit auch die Reibungsverluste in den Fugen steigen. Der Exponent n liegt zwischen n = 1 bei laminarer Strömung und ca. n = 0,5 bei vollkommener Turbulenz. Für übliche Fensterfugen gilt mit hinreichender Genauigkeit n = 2/3, s. Bild 5.52.

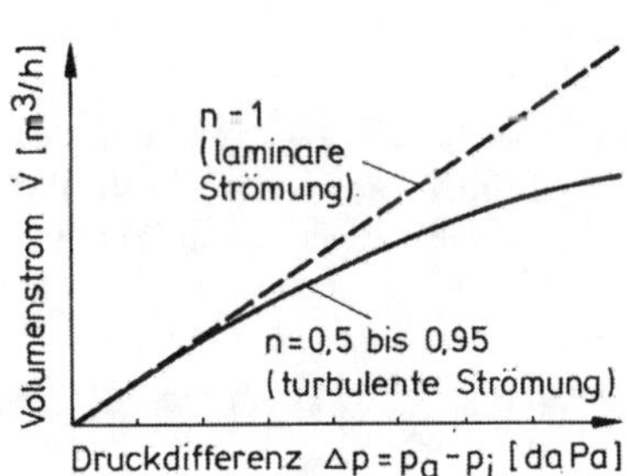

Bild 5.52
Der durch eine Fuge strömende Volumenstrom $\dot{V}$ in Abhängigkeit von der Druckdifferenz Δp und dem Exponenten n als kennzeichnende Größe für den Fugendurchlaßkoeffizien a

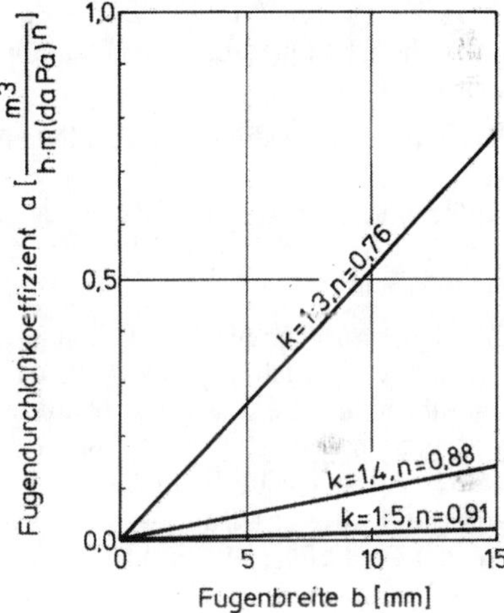

Bild 5.53
Fugendurchlaßkoeffizient a eines komprimierbaren Polyurethanschaum-Fugenbandes in Abhängigkeit von der Fugenbreite b und der Kompression k mit dem zugehörigen Exponenten n

Für komprimierbare, getränkte Schaumstoffe ist der Exponent n materialabhängig, kompressionsabhängig und abhängig von der Fugenbreite; die Fugendurchlässigkeit eines solchen Fugenbandes zeigt beispielhaft Bild 5.53. Über die Fugen geklebte Fugenbänder aus Polysulfid oder Silikon sind luftdicht (a = 0).

Anforderungen. Nach der Wärmeschutzverordnung [8] sind Fugen in wärmeübertragenden Umfassungsflächen dauerhaft und entsprechend dem Stand der Technik luftundurchlässig abzudichten. In DIN 4108-2 [7], Abschn. 6.2.1.1 heißt es ergänzend: „Bei Fugen in der wärmeübertragenden Umfassungsfläche des Gebäudes, insbesondere auch bei durchgehenden Fugen zwischen Fertigteilen oder zwischen Ausfachungen und dem Tragwerk, ist dafür Sorge zu tragen, daß diese Fugen entsprechend dem Stand der Technik dauerhaft und luftundurchlässig abgedichtet sind (s. auch DIN 18 540 Teil 1 bis Teil 3). Aus einzelnen Teilen zusammengesetzte Bauteile oder Bauteilschichten (z. B. Holzschalungen) müssen im allgemeinen zusätzlich abgedichtet werden (vgl. auch [32]).

Eine Quantifizierung des erforderlichen a-Wertes wird in den Regelwerken [7], [8] nur für Fensterfugen vorgenommen. Es wird vorgeschlagen, folgenden a-Wert für Fugen in ausgebauten Dächern zu fordern:

$$a \leq 0{,}20\ m^3/(h \cdot m \cdot daPa^n).$$

Luftdurchlässigkeit ausgebauter Dächer. Die Luftdurchlässigkeit ausgebauter Dächer kann in Analogie zur Ermittlung des a-Wertes von Fugen nach DIN 18 055 [10] an Dachmodellen gemessen werden. Werden dabei

- sog. „Randleistenmatten" aus aluminiumkaschiertem Mineralfaserdämmstoff zwischen den Sparren verlegt und alle 5 cm überlappend angeheftet (Querstöße überklebt) oder
- Polystyrol-Hartschaumplatten zwischen die Sparren geklemmt und verklebt,

so ergeben sich auf die Sparrenlänge bezogene Fugendurchlaßkoeffizienten in der Größenordnung von $a \approx 2\ m^3/(m \cdot h \cdot daPa^{2/3})$, d. h. dem zehnfachen des oben empfohlenen a-Wertes. Eine zusätzliche innenseitige Bekleidung mit Nut-Feder-Brettern verbessert diesen Wert nur unwesentlich [82].

Die genannten Ausführungen erfüllen mit $a \approx 2\ m^3/(m \cdot h \cdot daPa^{2/3})$ in etwa die Anforderungen an Fensterfugen für Gebäude bis zu zwei Vollgeschossen nach der Wärmeschutzverordnung [8]. Aufgrund der vielfachen Sparrenlänge eines ausgebauten Daches – im Vergleich zur Länge der Fensterfugen – ist daher eine zusätzliche Luftdichtheitsschicht (Luftsperre) unbedingt erforderlich!

Zur Überprüfung der Luftdichtheit ganzer Gebäude (bzw. Dachgeschosse) wurde in der Schweiz ein Verfahren entwickelt, bei dem zwischen dem Gebäudeinnern und der Außenluft mit einem Gebläse eine Luftdruckdifferenz erzeugt wird [62] und das inzwischen in ISO 9972 [23] genormt ist. Die bei der Aufrechterhaltung der Druckdifferenz gemessene Leckluftrate wird auf das Gebäudevolumen bezogen. Als Kennwert für die Luftdichheit der Gebäudehülle wird die Luftwechselzahl n_{50} [h^{-1}] bei einer Druckdifferenz $\Delta p = 50$ Pa angegeben, d. h. die Anzahl der Luftwechsel je Stunde bei einem durch Unterdruck aufgebrachten Differenzdruck zwischen Innen- und Außenluft von 50 Pa.

Tafel 5.12 Richtwerte der Gesamtluftdurchlässigkeit n_{50} für Gebäude bei einem Drucktest mit $\Delta p = 50$ Pa Druckdifferenz nach DIN 4108 – 6 [7]

Dichtheit des Gebäudes	Richtwerte für n_{50} für Mehrfamilienwohnhäuser in h^{-1}	Richtwerte für n_{50} für Einfamilienwohnhäuser in h^{-1}
sehr dicht	0,5 bis 2,0	1,0 bis 3,0
mittel dicht	2,0 bis 4,0	3,0 bis 8,0
wenig dicht	4,0 bis 10,0	8,0 bis 20,0

In DIN 4108 – 6 [7] werden für die Gesamtluftdurchlässigkeit die in Tafel 5.12 angegebenen Richtwerte genannt; nach DIN 4108 – 7 [7] sollte bei Neubauten mit Lüftungsanlagen (auch Abluftanlagen) $n_{50} \leq 1\ h^{-1}$ und bei Neubauten mit natürlicher Lüftung $n_{50} \leq 3\ h^{-1}$ eingehalten werden. Diese Grenzwerte dienen zur Überprüfung fertiggestellter Bauten; vergleicht man sie jedoch mit den Meßwerten nach [82] für die o. g. Konstruktionen ohne zusätzliche Luftsperre, bei denen sich unter den gleichen Bedingungen auf die Dachfläche A [m²] bezogene Volumenströme von

$$\dot{V}/A = 9 \text{ bis } 12\ m^3/(h \cdot m^2)$$

ergaben, so lassen sich die Grenzwerte aus DIN 4108 – 7 [7] ohne eine zusätzliche Luftsperre sicher nicht einhalten!

Konstruktive Ausbildung. Folgende prinzipielle Lösung zur Ausbildung einer luftdichten Konstruktion wird vorgeschlagen:

- Beim nichtbelüfteten Dach kann die Luftsperre in Form einer Unterdeckung aufgebracht, werden; als Material kommen Bitumendachbahnen in Frage, die im Bereich der Stoßstellen um mindestens 8 cm überdeckt sein und im Abstand von maximal 10 cm mit Zinkstiften befestigt sein müssen. Beim belüfteten Dach kann z. B. unterhalb der Wärmedämmung vollflächig Polyethylenfolie als Dampf-/Luftsperre verwendet werden, die im Bereich der Stöße dicht zu verkleben ist [82], vgl. Bild 5.43, 5.50 und 5.51.
- Zwischen Luftsperre und raumseitiger Dachoberfläche sollte ein Zwischenraum vorgesehen werden, damit für Installationen (Strom, Wasser, Telefon o. ä.) die Luftsperre nicht perforiert werden muß (vgl. Bild 5.43 a und b sowie 5.50 a und 5.51 a).

Luftsperren sind dicht an die angrenzenden Bauteile anzuschließen. Verschiedene Detaillösungen für die Anschlußausbildung am Ortgang sind in Bild 5.32 in Anlehnung an DIN 4108 – 7 [7] dargestellt:

- Details A und B: Die Luftsperre wird direkt mit der Giebelwand verklebt. Aufgrund meist geringer Plastizität des Materials der Dampf-/Luftsperren passen sich diese der Untergrundrauhigkeit jedoch schlecht an, so daß ein luftundurchlässiger Anschluß nur durch Sicherung der Dampf-/Luftsperre mit einem in der Giebelwand verankerten Rippenstreckmetall und anschließendes Einputzen gewährleistet werden kann.
- Detail C: Die Anschlußfuge wird mit einem vorkomprimierten Schaumstoffband verfüllt. Maßabweichungen und insbesondere das Schwinden des Sparrenholzes sind dabei zu berücksichtigen, so daß die vorgesehene Anpreßlatte nicht am Sparren, sondern an der Giebelwand zu befestigen ist (Mauerwerksfugen müssen vorher eine flächenbündige Verfugung erhalten).

Für die Anschlüsse der Dampf-/Luftsperre im First- und Traufbereich, bei Gauben und Dachflächenfenstem sowie bei Dachdurchdringungen vgl. Bild 5.24, 5.25, 5.34, 5,38, 5.39 und 5.41

5.9 Schallschutz

Anforderungen an den Schallschutz von geneigten Dächern sind in DIN 4109 [9] festgelegt, vgl. dazu [51]. In Abhängigkeit vom maßgeblichen Außenlärmpegel sind dort Mindestwerte des bewerteten Schalldämm-Maßes $R'_{w,res}$ für Außenbauteile vorgesehen, und zwar getrennt für die Nutzungsarten Krankenhaus (höchste Anforderungen), Wohnräume u. ä. (mittlere Anforderungen) sowie Büroräume (geringere Anforderungen).

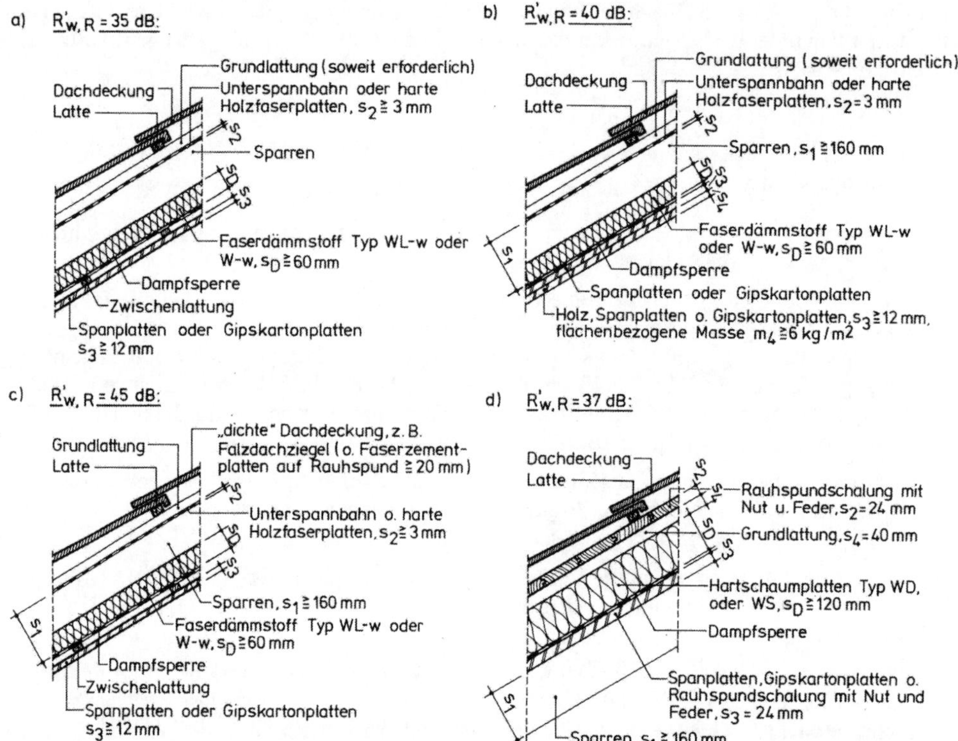

Bild 5.54 Bewertete Schalldämm-Maße $R'_{w,R}$ (Rechenwerte) einiger zimmermannsmäßiger Steildachkonstruktionen mit Wärmedämmung zwischen und über den Sparren, Sparrenabstand ≥ 600 mm [9]

Konstruktive Maßnahmen. Aufgrund ihrer großen Masse erreichen massive Dächer (vgl. Abschn. 5.4) in der Regel eine ausreichend hohe Schalldämmung.

Mit zimmermannsmäßigen Dachkonstruktionen sind die Anforderungen für z. B Krankenhäuser in Bereichen hoher Außenlärmpegel nicht zu erfüllen, jedoch lassen sich mit entsprechenden konstruktiven Maßnahmen bewertete Schalldämm-Maße (Rechenwerte) bis zu $R'_{w,R}$ = 45 dB erreichen (s. Bild 5.54). Allgemein sind Dachkonstruktionen mit Hartschaumdämmung ungünstiger, doch auch hier sind bewertete Schalldämm-Maße $R'_w \geq 40$ dB erreichbar (s. Bild 5.55); nachteilig ist jedoch die deutliche Schall-Längsleitung solcher Konstruktionen für den Schallschutz zwischen unterschiedlich genutzten Dachräumen.

Die Schall-Längsleitung über das Dach führt häufig zu einem ungenügenden Schallschutz zwischen den ausgebauten Dachräumen benachbarter Reihen- oder Doppelhäuser [84]. Zwei mögliche Anschlußausbildungen bei zweischaliger Haustrennwand (mit und ohne Ringbalken), die sowohl die Schall-Längsleitung als auch die Wärmebrückenwirkung minimieren, sind in Bild 5.56 dargestellt.

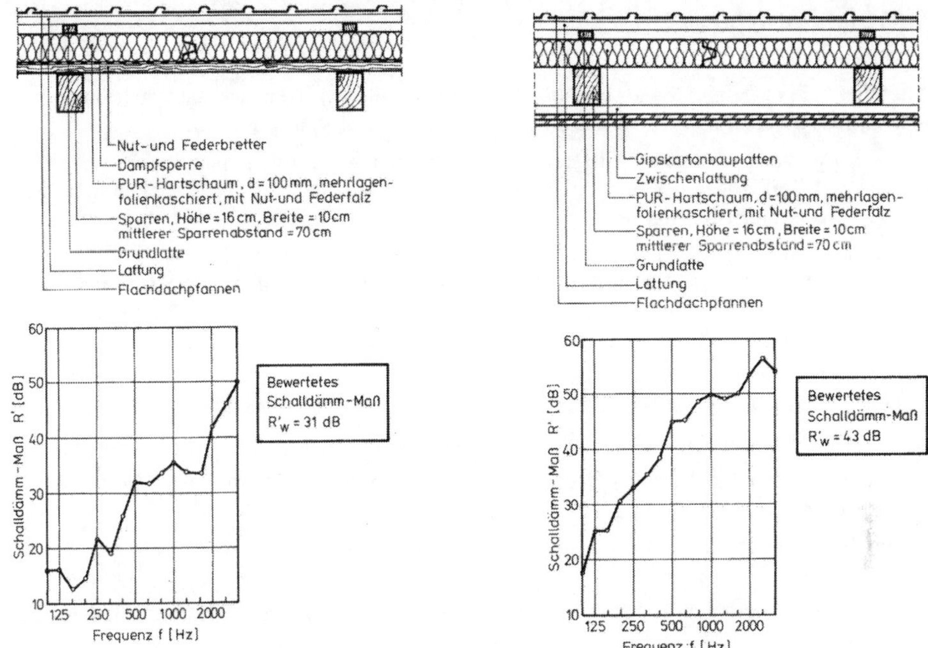

Bild 5.55 Gemessene Schalldämm-Maße R'_w von zimmermannsmäßigen Steildachkonstruktionen mit Wärmedämmung aus Polyurethan-Hartschaum über den Sparren [83]

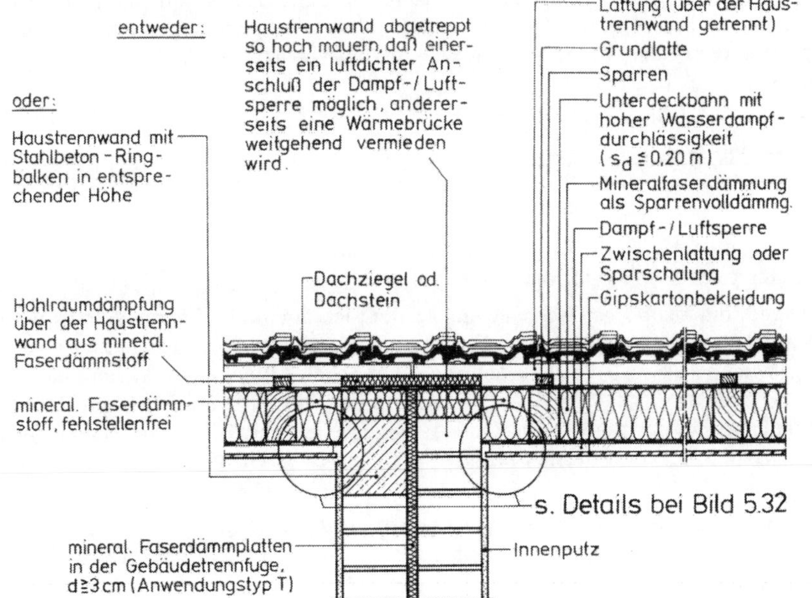

Bild 5.56 Anschluß einer zweischaligen Haustrennwand an ein ausgebautes Dach mit Minimierung der Schall-Längsleitung und der Wärmebrückenwirkung (Haustrennwand alternativ links mit, rechts ohne Stahlbeton-Ringbalken)

5.10 Brandschutz

Anforderungen. Gemäß Musterbauordnung (MBO) § 30 [1], an der sich die Bauordnungen der Länder orientieren, müssen geneigte Dächer folgende Anforderungen erfüllen:

„(1) Die Dachhaut muß gegen Flugfeuer und strahlende Wärme widerstandsfähig sein (harte Bedachung). Teilflächen der Bedachung und Vordächer, die diesen Anforderungen nicht genügen, können gestattet werden, wenn Bedenken wegen des Brandschutzes nicht bestehen.

(2) Bei aneinandergebauten giebelständigen Gebäuden ist das Dach für eine Brandbeanspruchung von innen nach außen mindestens feuerhemmend auszubilden; seine Unterstützungen müssen mindestens feuerhemmend sein. Öffnungen in den Dachflächen müssen, waagerecht gemessen, mindestens 2 m von der Gebäudetrennwand entfernt sein.

(4) Bei Gebäuden geringer Höhe kann eine Dachhaut, die den Anforderungen nach Absatz 1 nicht entspricht (weiche Bedachung), gestattet werden, wenn die Gebäude

1. einen Abstand von der Grundstücksgrenze von mindestens 12 m,
2. von Gebäuden auf demselben Grundstück mit harter Bedachung einen Abstand von mindestens 15 m,
3. von Gebäuden auf demselben Grundstück mit weicher Bedachung einen Abstand von mindestens 24 m,
4. von kleinen, nur Nebenzwecken dienenden Gebäuden ohne Feuerstätten auf demselben Grundstück einen Abstand von mindestens 5 m

einhalten. In den Fällen der Nummer 1 werden angrenzende öffentliche Verkehrsflächen zur Hälfte eingerechnet.

(5) Dachvorsprünge, Dachgesimse und Dachaufbauten, Glasdächer und Oberlichte sind so anzuordnen und herzustellen, daß Feuer nicht auf andere Gebäudeteile und Nachbargrundstücke übertragen werden kann. Von Brandwänden und von Wänden nach § 28 Abs. 1 Sätze 2 und 3 müssen mindestens 1,25 m entfernt sein

1. Oberlichte und Öffnungen in der Dachhaut, wenn diese Wände nicht mindestens 30 cm über Dach geführt sind,
2. Dachgauben und ähnliche Dachaufbauten aus brennbaren Baustoffen, wenn sie nicht durch diese Wände gegen Brandübertragung geschützt sind.“

Weiter bestimmen die „Richtlinien für die Verwendung brennbarer Baustoffe im Hochbau“ [6] für Bedachungen einschließlich der Dämmschichten:

„Dämmstoffe unterhalb der Dachhaut müssen für sich allein geprüft mindestens normalentflammbar (Klasse B 2) sein. Grenzen Dachflächen mit brennbarer Dachhaut oder brennbaren Dämmschichten (Klasse B 2) an aufgehende Wände mit Öffnungen, müssen diese Dachflächen bis zu einem Abstand von mind. 5 m mit einer mind. 5 cm dicken Schicht aus nichtbrennbaren Baustoffen, z. B. einer Grobkiesauflage, geschützt werden. Zum Begehen bestimmte Dachflächen von Hochhäusern müssen in ganzer Fläche gegen Entflammen geschützt sein.

Die in oder unter Dachflächen zur Verhinderung des Durchtritts von Flugschnee und Staub verwendeten Spannbahnen oder ähnlichen Abdichtungen müssen mindestens normalentflammbar (Klasse B 2) sein.“

Konstruktive Maßnahmen. Während massive Dächer problemlos feuerbeständig ausgeführt werden können (und damit für sämtliche Hochbauten verwendbar sind), sind zimmermannsmäßige Dachkonstruktionen üblicherweise nur feuerhemmend F 30 – B nach DIN 4102 – 4 [5]

Tafel 5.13 Dächer F 30-B mit unterseitiger Plattenbekleidung

Zeile	Konstuktionsmerkmale	**Bekleidung aus**					**Dämmschicht aus** Mineralfaser-Platten oder -Matten		**Dach-Träger, Binder o. ä. sowie Bedachung**	
		Holzwerk-stoffplatten mit $\rho \geq$ 600 kg/m^3	Gipskarton-Bauplatten F (GKF)	Gipskarton-Putzträger-platten (GKP)	aus Putz der Mörtelgruppe P IVa oder P IVb, Mindestdicke	max. zul. Spann-weite	Mindest-dicke	Mindest-rohdichte		
		d_1	d_2	d_1	d_2	l	D	ρ	b	d_3
		in mm	in mm	in mm	in mm	in mm	in mm	in kg/m^3	in mm	in mm
1	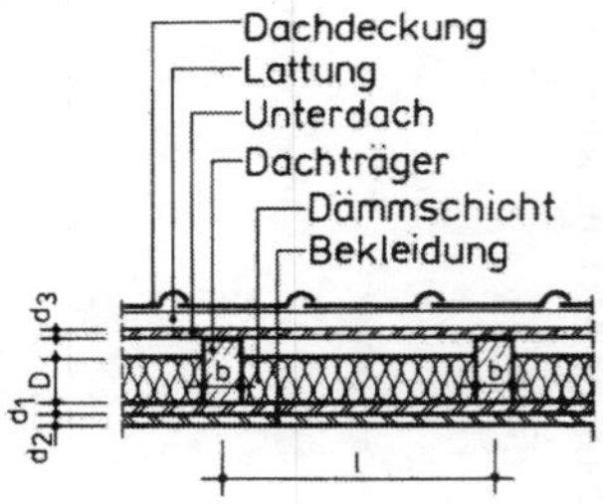 Dachdeckung Lattung Unterdach Dachträger Dämmschicht Bekleidung d_3, D, d_1, d_2, b, l	16	12,5[1]			625	Baustoffklasse nach DIN 4102-1: Mindestens B 2; im übrigen aus brandschutztechnischen Gründen keine Anforderungen		Zur Erzielung von F 30-B keine Anforderungen. Bei Verwendung weicher Bedachungen sind bestimmte Mindest-Grenzabstände vorgeschrieben[4].	
2		13	15[1]			625				
3		0	2 x 12,5			500				
4				9,5[2]	15[3]	400				
5		0	15			400	40	100		
6		0	15			400	60	50		
7		0	15			400	80	30		
8		13	12,5[1]			625	40	100		
9		13	12,5[1]			625	60	50		
10		13	12,5[1]			625	80	30		

1) Die Gipskartonplatten sind auf den Holzwerkstoffplatten ($l \leq 625$ mm) mit einer maximalen Spannweite von 400 mm zu befestigen.
2) Ersetzbar durch ≥ 50 mm dicke Holzwolle-Leichtbauplatten nach DIN 1101 mit einer Spannweite $l \leq 1000$ mm.
3) Ersetzbar durch ≥ 10 mm dicken Vermiculite- oder Perliteputz.
4) Siehe bauaufsichtliche Bestimmungen der Länder.

Tafel 5.14 Dächer F 30-B mit dreiseitig dem Feuer ausgesetzten Sparren [5]

Bedachung
Dämmschicht aus Schaumkunststoffen nach DIN 18 164 Teil 1
Schalung oder Bekleidung
Sparren mit Biegespannung σ_B; Mindestquerschnittsabmessungen b/h in Abhängigkeit von σ_B

Zeile	Schalung aus Holzwerkstoffplatten mit $\rho \geq 600$ kg/m³ Mindestdicke	Schalung aus Brettern oder Bohlen mit Nut-Feder-Ausbildung[1)] Mindestdicke	Bekleidung aus Gipskarton-Feuerschutzplatten (GFK) Mindestdicke	Zulässige Spannweite der Schalung oder Bekleidung
	d_1 in mm	d_1 in mm	d_1 in mm	l in mm
1	36			750
2	27			650
3		40		750
4		32		650
5	22 +	19		750
6	25	+	15	750
7	16	+	12,5	650
8		30 +	12,5	750
9		16 +	12,5	650
10			2 x 12,5	500

1) Bei 2lagiger Anordnung (siehe Zeile 5) ist die Bretterschalung raumseitig anzuordnen
Bei 2lagiger Anordnung (siehe Zeilen 6 bis 9) darf die GKF-Platte wahlweise oben oder unten (raumseitig) liegen.

ausführbar (s. Tafel 5.13 und 5.14). Dabei dürfen unterseitig zusätzliche Bekleidungen (außer aus Stahlblech) angebracht werden, oberseitig ist eine harte Bedachung vorausgesetzt.

Zu den „harten Bedachungen" zählen nach DIN 4102:

- Dacheindeckungen aus natürlichen oder künstlichen Steinen, Beton, Ziegeln und Faserzementplatten,
- Stahlblech- oder sonstige Metalldächer sowie
- bituminöse Dachabdichtungen,

nicht jedoch

- Reet- und Strohdächer sowie
- Holzschindeldeckungen (Ausnahme: Schindeln aus Western Red Cedar in spezieller Verlegung [85]).

5.11 Holzschutz

Die tragenden und aussteifenden Bauteile der hölzernen Dachkonstruktion sind vor pflanzlichen und tierischen Schädlingen, d. h. Pilzen und Insekten zu schützen. Holzschutzmaßnahmen können wie in Bild 5.57 dargestellt systematisiert werden.

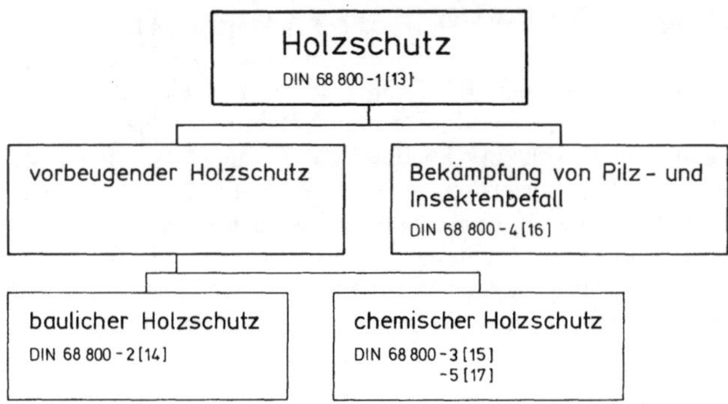

Bild 5.57 Systematisierung von Holzschutzmaßnahmen mit Angabe des zugehörigen Normteils

Beim baulichen Holzschutz handelt es sich um einen Feuchteschutz des Holzes mit konstruktiven Mitteln [86]:

- Sofern die Holzfeuchte $u_m \leq 20$ % bleibt, kann Pilzbefall ausgeschlossen werden. Dies kann im allgemeinen bei Innenbauteilen sowie bei innenliegenden, witterungs- und tauwassergeschützten Außenbauteilen angenommen werden. Um Feuchteübertragung in die Holzbauteile zu verhindern, müssen Holz- und Massivbauteile an Anschlußpunkten durch eine Sperrschicht getrennt werden (vgl. Bilder 5.14, 5.16, 5.33 bis 5.36, 5.47).
- Sofern Holzbauteile Niederschlägen bzw. Spritzwasser ausgesetzt werden, sind Dauer und Intensität der Feuchtebeanspruchung so gering wie möglich zu halten. Stehendes Wasser muß innerhalb der Konstruktion auf jeden Fall vermieden werden.
- Holzfeuchteänderungen Δu_m sind gering zu halten, um Feuchtedehnungen des Holzes und daraus resultierende Formänderungen der Holzbauteile zu minimieren. Voraussetzung dafür ist eine Einbaufeuchte, die der zu erwartenden Nutzungsfeuchte im Mittel entspricht; vgl. dazu DIN 1052-1 [2]. Wird das Holz – wie üblich – feuchter eingebaut, so muß die
  - Konstruktion gegenüber den zu erwartenden Feuchtedehnungen unempfindlich sein und
  - überschüssige Holzfeuchte in kurzer Zeit abführbar sein.

  Letzteres setzt belüftete oder diffusionsoffene Konstruktionen (mit funktionsfähigem Tauwasserschutz) voraus; andernfalls ist ein auf die Einbaufeuchte abgestimmter chemischer Holzschutz erforderlich.

Beim vorbeugenden chemischen Holzschutz handelt es sich um von der Gefährdung der Holzbauteile abhängige Maßnahmen wie Anstriche oder Tränkungen mit Holzschutzmitteln. Chemische Holzschutzmaßnahmen sollten nur eingesetzt werden, wenn sie tatsächlich erforderlich sind [86]:

- Holzzerstörende oder holzverfärbende Pilze gedeihen nur bei Holzfeuchten $u_m \geq 20$ %; dabei ist die Dauer der Feuchteeinwirkung für die Entwicklung der Pilze entscheidend.
- Holzzerstörende Insekten leben in Splintholz bei allen Holzfeuchten.

Daraus kann die grundsätzliche Erfordernis von chemischem Holzschutz bestimmt werden; die Art der Holzschutzmittel hängt zusätzlich davon ab, ob die

- Holzschutzmittel durch Niederschläge oder Spritzwasser ausgewaschen werden können oder
- Holzbauteile ständigem Wasserkontakt durch Erdfeuchte oder stehendes Wasser ausgesetzt sind.

Dementsprechend wurden in DIN 68 800-3 [15] die Gefährdungsklassen 0 bis 4 geschaffen (s. Tafel 5.15). Geneigte Dächer mit Dachdeckungen sind als Außenbauteile grundsätzlich in Gefährdungsklasse 2 einzuordnen, siehe Bild 5.58 a. Ist ein Holzbauteil „gleichartig" wie ein Innenbauteil beansprucht (Bild 5.58 b), so kann es in Gefährdungsklasse 1 eingestuft werden, die Holzschutzmaßnahmen werden entsprechend weniger gesundheits- und umweltbelastend. Handelt es sich bei dem Dachraum zusätzlich um einen Aufenthaltsraum, so kann auf den gesundheitsgefährdenden Einsatz von Holzschutzmitteln verzichtet werden (Gefährdungsklasse 0, Bild 5.58 c), da von ständiger Beobachtung der Holzbauteile und daraus resultierender Insektenbekämpfung bei Bedarf ausgegangen werden kann, vgl. Tafel 5.15. Gemäß DIN 68 800-2 [14] können ferner auch nichtbelüftete Dächer in die Gefährdungsklasse 0 eingeordnet werden (Bild 5.58 d), wenn

- eine oberseitige Abdeckung (z.B. Unterspannbahn) mit einer diffusionsäquivalenten Luftschichtdicke $s_d \leq 0{,}2$ m die Austrocknung auch halbtrocken eingebauten Holzes in weniger als einem halben Jahr sicherstellt (wodurch Pilzbefall unmöglich wird) und
- der gesamte Bauteilaufbau allseitig durch z.B. Unterspannbahn und Dampf-/Luftsperre vor dem Zutritt von Schadinsekten geschützt wird (vgl. Bilder 5.32 und 5.56).

Alternativ dürfen nichtbelüftete Dächer auch in die Gefährdungsklasse 0 eingeordnet werden, wenn

- eine oberseitige Unterspannbahn mit einer diffusionsäquivalenten Luftschichtdicke $s_d \leq 0{,}2$ m nicht nur eine schnelle Austrocknung des Holzes sicherstellt (wodurch Pilzbefall unmöglich wird), sondern auch die Diffusion von Nutzungsfeuchte ermöglicht, und
- der gesamte Bauteilaufbau allseitig durch die Unterspannbahn und eine reine Luftsperre vor dem Zutritt von Schadinsekten geschützt wird;

eine Dampfsperre ist dann bei entsprechendem Nachweis nach DIN 4108-3 [7] nicht erforderlich. Trag- und Grundlattung (Konterlattung) sowie Traufbohlen u.ä. dürfen bei beiden Varianten vereinfacht ebenfalls der Gefährdungsklasse 0 zugeordnet werden [14].

Sofern sich nach dem vorgenannten eine Gefährdungsklasse GK ≥ 1 ergibt, wird gemäß DIN 68 800-3 [15] eine Schutzmaßnahme erforderlich, die an den Holzbauteilen eines bestimmten Bauvorhabens auszuführen ist (Bild 5.59 linker Ast). Eine solche gezielte, objektbezogene

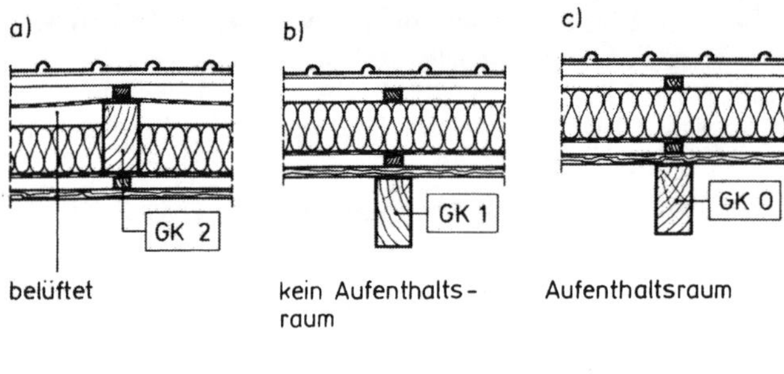

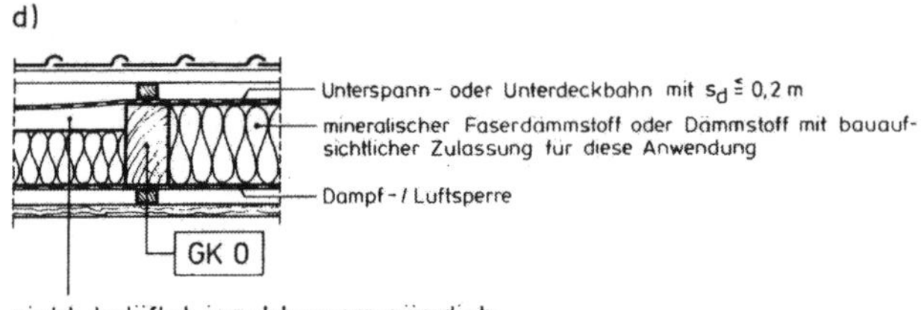

Bild 5.58
Gefährdungsklassen (GK) nach DIN 68 800-2, -3 für Holzbauteile in geneigten Dächern über Wohngebäuden o. ä.

a) Holzbauteil innen, $u_m \leq 20$ % nicht gewährleistet
b) Holzbauteil innen, mittlere relative Luftfeuchte bis 70 %
c) Holzbauteil innen, mittlere relative Luftfeuchte bis 70 %, ständig beobachtet
d) Holzbauteil insektenunzugänglich abgdeckt, $u_m \leq 20$ % maximal 1/2 Jahr nach Einbau konstruktiv sichergestellt

Tafel 5.15 Gefährdungsklassen (GK), Anwendungsbereiche und Art der Gefährdung von Holzbauteilen in Wohn- und vergleichbaren Gebäuden [15], [86]

GK	Anwendungsbereiche	Gefährdung durch				Anforderungen an Holzschutzmittel
		Insekten	Pilze	Auswaschung	Moderfäule	
	Holzteile durch Niederschläge oder Spritzwasser nicht beansprucht					
0	Wie GK 1, wenn Kernhölzer (Splintholzanteil < 10 %) verwendet, die Holzteile allseitig geschlossen bekleidet oder die Bedingungen nach Bild 5.58c eingehalten werden	–	–	–	–	keine
1	Innenbauteile und gleichartig beanspruchte Bauteile ($u_m \leq 20\%$ gewährleistet)	x	–	–	–	insektizid
2	Innenbauteile mit $u_m > 20\ \%$, Außenbauteile ohne unmittelbare Wetterbeanspruchung	x	x	–	–	insektizid, pilzwidrig
	Holzteile durch Niederschläge oder Spritzwasser beansprucht					
3	Außenbauteile (kein ständiger Erd- oder Wasserkontakt), in Naßräumen auch Innenbauteile	x	x	x	–	insektizid, pilzwidrig, witterungsbeständig
4	Holzteile mit ständigem Erd- oder Wasserkontakt (stehendes Wasser), auch bei Ummantelung (aber nicht im Meerwasser)	x	x	x	x	insektizid, pilzwidrig, witterungsbeständig, moderfäulewidrig

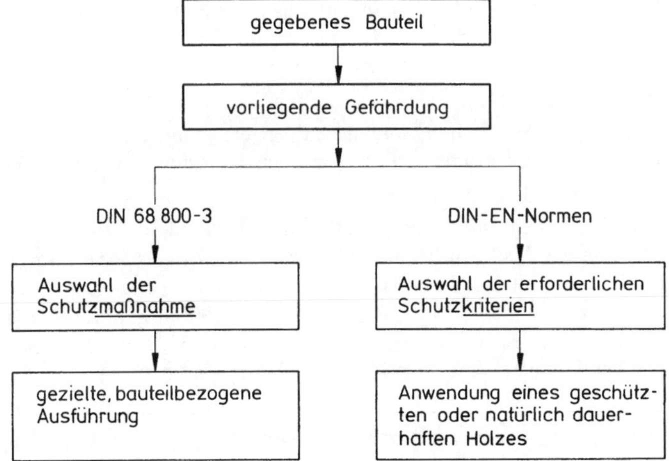

Bild 5.59 Weg zum Schutz des Holzes für ein Bauteil gemäß DIN 68 800-3 bzw. den Europäischen Normen (EN) [87]

Vorgabe widerspricht allerdings der europäischen Bauproduktenrichtlinie und damit auch dem deutschen Bauproduktengesetz, nach denen der freie Handel von Bauprodukten – d.h. auch von chemisch geschützten oder natürlich dauerhaften Hölzern – in der Europäischen Union ermöglicht werden soll; deshalb wurde neben DIN 68 800-3 [15] eine Reihe von europäischen Normen aufgestellt [18], [19], [20], [21], [22], nach denen nur objektbezogene Schutzkriterien festgelegt werden (Bild 5.59 rechter Ast), denen das Bauprodukt Holz (chemisch geschützt oder von natürlicher Dauerhaftigkeit) genügen muß (Bild 5.60) [87].

Zum chemischen Holzschutz von Holzwerkstoffen s. [86] und DIN 68 800-5 [17].

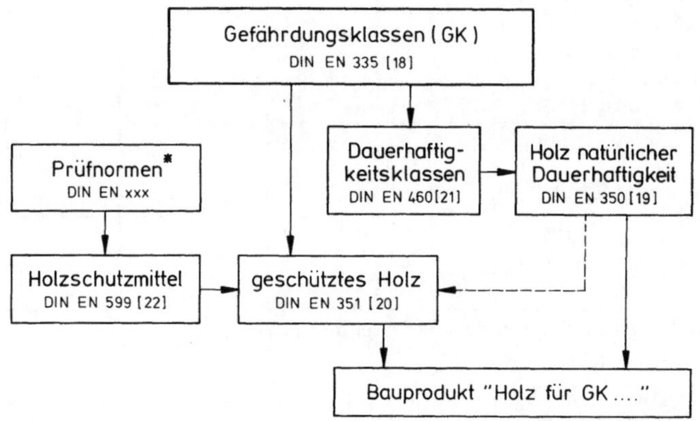

Bild 5.60 Beziehungen zwischen den europäischen Holzschutznormen (EN) von der zu erfüllenden Gefährdungsklasse (= Schutzkriterium) über die Wahl eines geeigneten, natürlich dauerhaften Holzes (rechts) bzw. eines geschützten Holzes (links) zum der Gefährdungsklasse entsprechenden Bauprodukt (nach [87])

Die Notwendigkeit chemischer Holzschutzmaßnahmen für nichttragende Holzbauteile ohne statische Funktion ist nach DIN 68 800-3 [15] im Einzelfall mit dem Auftraggeber zu vereinbaren. Maßgebend für den Einsatz sind im wesentlichen

- Ausmaß und Gefährdung,
- Wert oder Bedeutung der Holzbauteile und deren Werterhaltung sowie
- die Gewichtung von gesundheitlichen/umweltbezogenen Gesichtspunkten chemischer Holzschutzmaßnahmen durch den Auftraggeber.

Dabei sollte in Innenräumen auf eine großflächige Anwendung von Holzschutzmitteln grundsätzlich verzichtet werden; großflächig bedeutet hier beim Verhältnis Anwendungsfläche zu Raum > 0,2. In Räumen mit üblichem Wohn- oder Arbeitsklima besteht nur für stärkereiche Laubhölzer (z. B. Abachi, Limba, Eichensplintholz) eine Gefährdung durch Lyctusbefall, dem durch ein insektizides Holzschutzmittel begegnet werden kann; alle anderen Holzarten benötigen in solchen Räumen keinen chemischen Holzschutz [15].

5.12 Übersicht bauphysikalischer Kennwerte von geneigten Dächern

Tafel 5.16 zeigt in einer zusammenfassenden Übersicht die Eignung der wichtigsten genannten Konstruktionen in bauphysikalischer Hinsicht (s. dazu auch [68]).

Tafel 5.16 Übersicht bauphysikalischer Kennwerte von geneigten Dächern

Konstruktion	Zimmermannsmäßige Dachkonstruktion mit			Massivdach aus Porenbeton-Dachplatten (Bild 5.18)	zweischalige hartschaumgedämmte Dachelemente aus Stahlprofilblechen (Bild 5.17b)
Bewertung: ++ sehr gut + gut o ausreichend – weniger geeignet	Wärmedämmung aus Hartschaum über den Sparren (Bild 5.43c)	Wärmedämmung aus Mineralfaser zwischen den Sparren (Bild 5.43b)	Wärmedämmung aus Hartschaum unter den Sparren (Bild 5.43a)		
Witterungsschutz	bei Ausführung nach Abschn. 5.5 erfüllen alle Konstruktionen die Anforderungen des Witterungsschutzes				
winterlicher Wärmeschutz	durch Wahl entprechender Schichtdicken ist jede Wärmedämmung erreichbar				
sommerlicher Wärmeschutz	+ (bei Wahl ausreichender Wärmedämmschichten)	+	+	++ (wegen großer möglicher Speichermasse)	– (wegen sehr geringer Speichermasse)
Tauwasserschutz	++ (bei ausreichender Belüftung der zweischaligen Konstruktionen)	++	++	++	o (Bildung von Oberflächentauwasser möglich)
Schallschutz	o (wegen Schallängsleitung im Hartschaum)	+	o (wegen Schallängsleitung im Hartschaum)	++ (mit großer Masse ausführbar)	– (wegen geringer Masse und steifer Dämmung)
Brandschutz	o (F 30-B möglich)	o (F 30-B möglich)	o (F 30-B möglich)	++ (F 90-AB möglich)	–

5.13 Übersicht der Dachdeckungsmaterialien

Die für die Dachdeckung (Bedachung) üblicherweise verwendeten Materialien sind in Tafel 5.17 zusammengestellt.

Tafel 5.17 Übersicht der Dachdeckungsmaterialien

Dachdeckung	verwendeter Werkstoff	Material genormt in/überwacht nach	Verarbeitung geregelt in
1. **Anorganische Dachdeckungen**			
1.1 Dachziegel	gebrannter Ton	DIN 456	Regeln für Dachdeckungen mit Dachziegeln und Dachsteinen [24] DIN 18 338 (VOB/C)
1.2 Dachsteine (Formen für 1.1 und 1.2): – Mönch und Nonne – Biberschwanz – Hohlpfanne – Falzziegel, -stein – Kremper – Flachdachpfanne	Beton	DIN 1115, DIN EN 490, DIN EN 491	
1.3 Dachschiefer	Schiefer (Naturstein)	DIN 52 201 bis DIN 52 206	Regeln für Dachdeckungen mit Schiefer [25]
1.4 Faserzement-Dachplatten	asbestfreier Faserzement	DIN EN 492	DIN 18 338 (VOB/C)
1.5 Faserzement-Kurzwellplatten	asbestfreier Faserzement	DIN EN 494	Regeln für Deckungen mit Faserzement [26], DIN 18 338 (VOB/C)
1.6 Faserzement-Wellplatten	asbestfreier Faserzement	DIN EN 494	
1.7 Profilierte Blechtafeln und -bänder	Stahltrapezprofile, teilweise zweischalig mit PUR-Kern	DIN 18807 bzw. vom DIBt allgemein bauaufsichtlich zugelassen (z.B. Nr. Z 10.4.3–47)	DIN 18 338 (VOB/C)
1.8 Blechdeckungen auf Schalung – Doppelstehfalzdeckung	Zink Aluminium	DIN 17 770, DIN EN 501 DIN 1745, DIN 1783, DIN 1784	Fachregeln für die Ausführung von Metall-Dächern [27], DIN 18 339 (VOB/C)
– Leistendeckung	nichtrostender Stahl feuerverzinkter Stahl Kupfer	DIN 17 440 DIN 17 162 DIN 1751, DIN 1781, DIN 17 670	
2 **Organische Dachdeckungen**			
2.1 Reet und Stroh	Reet (Rohr), Stroh	nicht genormt s. z. B. [88]	Regeln für Dachdeckungen mit Reet und Stroh [28] DIN 18 338 (VOB/C)
2.2 Holzschindeln	imprägniertes einheimisches Holz, unbehandelte Western Red Cedar	DIN 68 119	Regeln für Dachdeckungen mit Holzschindeln [29], DIN 18 338 (VOB/C)
2.3 Bitumendachschindeln	bestreutes, mineralisch gefülltes Bitumen mit Glasvlieseinlage	nicht genormt, s. z. B. [89]	Regeln für Dekkungen mit Bitumendachschindeln [30], DIN 18 338 (VOB/C)
2.4 Bitumenwellplatten	bitumengetränkte Faserstoffe	nicht genormt, s. z. B. [89]	Regeln für Dachdekkungen mit Bitumenwellplatten [31]

5.14 Literatur

5.14.1 Normen, Regelwerke, Vorschriften

[1] Musterbauordnung (MBO) in der Fassung vom 11. Dezember 1993. Wiesbaden und Berlin 1994

[2] DIN 1052-1 und -2 (April 1988) Holzbauwerke

[3] DIN 1055-1 (Juli 1978) Lastannahmen für Bauten; Lagerstoffe, Baustoffe und Bauteile; Eigenlasten und Reibungswinkel

[4] DIN 1986-1 (Juni 1988), -2 (März 1995), -3 (Juli 1982), -30 (Juni 1987) und -4 (Mai1984) Entwässerungsanlagen für Gebäude und Grundstücke

[5] DIN 4102-1 (Mai 1981), -2, -3, -5, -6 und -7 (September 1977), -4 (März 1994) Brandverhalten von Baustoffen und Bauteilen

[6] Institut für Bautechnik: Richtlinien für die Verwendung brennbarer Baustoffe im Hochbau (RbBH). Berlin 1978

[7] DIN 4108-1, -2, -3 und -5 (April 1982), -4 (November 1991), -6 (Vornorm April 1995), -7 (Vornorm April 1996) Wärmeschutz im Hochbau

[8] Gesetz zur Einsparung von Energie in Gebäuden (EnEG) vom 22. Juli 1976, BGBI. I Jhg. 1976, Seite 1873
Erstes Gesetz zur Änderung des Energieeinsparungsgesetzes vom 20. Juni 1980, BGBI. I Jhg. 1980, Seite 701
Verordnung über einen energiesparenden Wärmeschutz bei Gebäuden (WärmeschutzV) vom 16. August 1994, BGBI. I, Jhg. 1994, S. 2121

[9] DIN 4109 mit zwei Beiblättern (November 1989) Schallschutz im Hochbau

[10] DIN 18 055 (Oktober 1981) Fenster; Fugendurchlässigkeit, Schlagregendichtheit und mechanische Beanspruchung: Anforderungen und Prüfung

[11] DIN 18 460 (Mai 1989) Regenfalleitungen außerhalb von Gebäuden und Dachrinnen; Begriffe, Bemessungsgrundlagen

[12] DIN 18 461 (Februar 1989) Hängedachrinnen, Regenfallrohre außerhalb von Gebäuden und Zubehörteile aus Metall

[13] DIN 68 800-1 (Mai 1974) Holzschutz im Hochbau; Allgemeines

[14] DIN 68 800-2 (Mai 1996) Holzschutz; Vorbeugende bauliche Maßnahmen im Hochbau

[15] DIN 68 800-3 (April 1990) Holzschutz; Vorbeugender chemischer Holzschutz

[16] DIN 68 800-4 (November 1992) Holzschutz; Bekämpfungsmaßnahmen gegen holzzerstörende Pilze und Insekten

[17] DIN 68 800-5 (Entwurf Januar 1990) Holzschutz; Vorbeugender chemischer Schutz von Holzwerkstoffen

[18] DIN EN 335-1 (September 1992), -2 (Oktober 1992), -3 (Entwurf März 1992) Dauerhaftigkeit von Holz und Holzprodukten; Definition der Gefährdungsklassen für einen biologischen Befall

[19] DIN EN 350-1, -2 (Oktober 1994) Dauerhaftigkeit von Holz und Holzprodukten; Natürliche Dauerhaftigkeit von Vollholz

[20] DIN EN 351-1, -2 (August 1995), -3 (Entwurf September 1990) Dauerhaftigkeit von Holz und Holzprodukten; Mit Holzschutzmitteln behandeltes Vollholz

[21] DIN EN 460 (Oktober 1994) Dauerhaftigkeit von Holz und Holzprodukten; Natürliche Dauerhaftigkeit von Vollholz; Leitfaden für die Anforderungen an die Dauerhaftigkeit von Holz für die Anwendung in den Gefährdungsklassen

[22] DIN EN 599-1 (Entwurf April 1992), -2 (August 1995) Dauerhaftigkeit von Holz und Holzprodukten; Anforderungen an Holzschutzmittel wie sie durch biologische Prüfungen ermittelt werden

[23] ISO/DIS 9972 (1995) Thermal insulation – determination of building airtightness – fan pressurization method

[24] Zentralverband des Deutschen Dachdeckerhandwerks e.V.: Regeln für Dachdeckungen mit Dachziegeln und Dachsteinen (Ausg. Mai 1984)

[25] Zentralverband des Deutschen Dachdeckerhandwerks e.V.: Regeln für Deckungen mit Schiefer (Ausg. Juli 1977)

[26] Zentralverband des Deutschen Dachdeckerhandwerks e.V.: Regeln für Deckungen mit Faserzement T 1 (Ausg. August 1990), T3 (Ausg. Mai 1993)

[27] Zentralverband Sanitär Heizung Klima: Richtlinien für die Ausführung von Metall-Dächern, Außenwandbekleidungen und Bauklempner-Arbeiten (Ausg. September 1991)

[28] Zentralverband des Deutschen Dachdeckerhandwerks e.V.: Regeln für Dachdeckungen mit Reet und Stroh (Ausg. März 1984)

[29] Zentralverband des Deutschen Dachdeckerhandwerks e.V.: Regeln für Dachdeckungen mit Holzschindeln (Ausg. April 1986)

[30] Zentralverband des Deutschen Dachdeckerhandwerks e.V.: Regeln für Deckungen mit Bitumendachschindeln (Ausg. Mai 1991)

[31] Zentralverband des Deutschen Dachdeckerhandwerks e.V.: Regeln der Dachdeckungen mit Bitumenwellplatten (Ausg. September 1983)

[32] Zentralverband des Deutschen Dachdeckerhandwerks e.V.: Merkblatt für Wärmedämmung zwischen den Sparren (Ausgabe Dezember 1991). In: DDH 112 (1991), Heft 24, S. 1–4

[33] Zentralverband des Deutschen Dachdeckerhandwerks e.V.: Merkblatt Unterdächer, Unterdecken und Unterspannungen (in Vorbereitung)

[34] Abwassertechnische Vereinigung e.V. (ATV), Arbeitsblatt A 118: Richtlinien für die hydraulische Berechnung von Schmutz-, Regen- und Mischwasserkanälen (Ausg. 1977)

5.14.2 Zitierte Literatur

[51] Lutz, P.; Jenisch, R.; Klopfer, H; Freymuth, H.; Krampf, L.; Petzold, K.: Lehrbuch der Bauphysik: Schall, Wärme, Feuchte, Licht, Brand, Klima. 3 Aufl. Stuttgart 1994

[52] Heimeshoff, B.; Scheer, C.: Hausdächer. In: Holzbau-Taschenbuch Band 1. Hrsg. v. Halasz, R. und Scheer, C. 9.Aufl. Berlin 1996

[53] v. Halasz, R.; Cziesielski, E.; Lindner, J.; Slomski, W.: Bemessungstabellen für hölzerne Dachkonstruktionen. Berlin–München–Düsseldorf 1972

[54] Deutsches Institut für Bautechnik: Zulassungsbescheid Nr. Z-9.1–319 für Dachscheiben unter Verwendung von Gipskartonplatten. Berlin 1995

[55] Cziesielski, E.: Holzverbrauch zimmermannsmäßiger Dachkonstruktionen. In: DDH 96 (1975) H. 17, S. 1102 - 1105

[56] Brennecke, W.: Dachtragwerke (unveröffentlichtes Manuskript)

[57] Weber, H.; Hullmann, H.: Das Porenbeton Handbuch. 2. Aufl. Wiesbaden und Berlin 1995

[58] Bundesverband der Deutschen Ziegelindustrie: Technische Information Ziegel-Bauberatung. Essen 1983

[59] Planungsordner der Eternit AG. Berlin (Stand 1990)

[60] Rheinzink Anwendung im Hochbau. Hrsg. von der Rheinzink GmbH, 9. Aufl. Datteln 1988

[61] Fingerhut, P.: Schieferdächer: Altdeutsche Schieferdeckung, Rechteck-Doppeldeckung. 2. Aufl. Köln 1988

[62] Kropf, F.; Michel, D.; Sell, J.; Zumoberhaus, M; Hartmann, P.: Luftdurchlässigkeit von Gebäudehüllen im Holzhausbau. Bericht Nr. 218 der Eidgenössischen Materialprüfungs- und Forschungsanstalt (EMPA), Dübendorf 1989

[63] Werneke, K.: Das geneigte Dach als Wohnraumaußenfläche. Wiesbaden und Berlin 1992

[64] Lecompte, J G. N.: Untersuchungen zu wärmegedämmtem, zweischaligem Mauerwerk. In: wksb (1989), H. 26, S. 36-41

[65] Ingenieurbüro Holzbau, Karlsruhe: Statische Berechnungen für
- das BASF-Auflagedämmsystem Styrodur 3000 für geneigte Dächer (1984),
- das Auflagedämmsystem für geneigte Dächer mit Polyurethan-Hartschaum-Elementen (1985),
- die ISOVER-Steildachdämmung DP/S (1985),
- das Auflagedämmsystem mit Styropor PS 20 SE (1992)
- das Auflagedämmsystem mit Styropor PS 30 SE (1992)
- das Aufsparren-Dämmsystem mit PAVATEX-Holzfaser-Dämmplatten (1995)

[66] Befestigungssystem für Wärmedämmung auf dem Sparren. Hrsg. von der BIERBACH-Befestigungstechnik GmbH & Co. KG, Unna 1993

[67] Planungsmappe der Puren-Schaumstoff GmbH. Überlingen/Bodensee 1995

[68] Cziesielski, E.; Raabe, B.: Bauplanungstechnische Grundlagen. In: Cziesielski, E.; Daniels, K.; Trümper, H.: Ruhrgas Handbuch Haustechnische Planung. 2. Aufl. Stuttgart 1988

[69] Künzel, H.; Großkinsky, Th.: Nicht belüftet, voll gedämmt: Die beste Lösung für das Steildach! In: wksb (1989), H. 27, S. 1–7

[70] Hens, H.: Luft- und Winddichtigkeit von geneigten Dächern: Wie sie sich wirklich verhalten. In: Bauphysik 13 (1991), H. 5, S. 151–152

[71] Künzel, H.; Großkinsky, Th.: Das unbelüftete Sparrendach – Meßergebnisse, Folgerungen für die Praxis. In: Schild, E.; Oswald, R. (Hrsg.): Aachener Bausachverständigentage 1993. Wiesbaden und Berlin 1993, S. 38–45

[72] Hauser, G.: Beurteilung der Notwendigkeit einer Konterlattung bei geneigten Dächern. In: Bauen mit Holz 90 (1988), H. 3, S. 156–158

[73] Durst, F.; Lauer, O.: Ein Plädoyer für die Dachhinterlüftung. In: Der Dachdeckermeister (1994), Heft 4, S. 29–39

[74] Unterspannbahnen – eine Marktübersicht. In: Bauen mit Holz 97 (1995), Heft 3, S. 222–225

[75] Schulze, H.: Überprüfung der Notwendigkeit von Dampfsperren durch Klimaversuche an Dächern mit weitgehend dampfdurchlässiger unterer Bekleidung. Forschungsbericht, Braunschweig 1991

[76] Künzel, H. M.: Vorsicht bei nachträglicher Steildachdämmung. Fraunhofer-Institut für Bauphysik: In: IBP-Mitteilung 22 (1995), Nr. 269

[77] Schulze, H.: Geneigte Dächer ohne chemischen Holzschutz auch ohne Dampfsperre? In: Bauen mit Holz 94 (1992), H. 8, S. 646–659

[78] Künzel, H.; Großinsky, Th.: Neue Erkenntnisse – Vorteile diffusionsoffener, unbelüfteter Satteldachkonstruktionen. In: DDH 113 (1992), Heft 14, S.32–38

[79] Künzel, H. M.: Kann bei vollgedämmten, nach außen diffusionsoffenen Steildachkonstruktionen auf eine Dampfsperre verzichtet werden? In: Bauphysik 18 (1996), Heft 1, S. 7–10

[80] Künzel, H.M.: Ausgebremst – „intelligente Dampfsperre“ ermöglicht schadenfreies Dämmen auch in Problemfällen. In: db 130 (1996), H. 12, S. 103-106

[81] Schulze, H.: Holzbalkendecke unter nicht ausgebautem Dachgeschoß – Tauwasser an der oberen Spanplatten-Schalung. Bauschadensammlung, Hrsg. von G. Zimmermann. In: DAB 23 (1991), H. 12, S. 2011–2012

[82] Knublauch, E.; Schäfer, H.; Sidon, S.: Über die Luftdurchlässigkeit geneigter Dächer. In: Gesundheits-Ingenieur 108 (1987), H. 1, S. 23–26, 35–036

[83] Fraunhofer-Institut für Bauphysik: Bestimmung der Luftschalldämmung verschiedener Dachkonstruktionen mit 100 mm PUR-Hartschaum als Wärmedämmung. Gutachten im Auftrag des IVPU Industrieverband Polyurethan-Hartschaum e.V., Stuttgart 1986

[84] Lutz, P.; Lott, G.: Steildächer von Reihenhäusern; ungenügender Schallschutz zwischen Reihenhäusern im Dachgeschoß infolge Schallängsleitung über das Dach. In: DAB 24 (1992), Heft 9, S. 1338

[85] Kordina, K.; Meyer-Ottens, C.: Feuerhemmende Holzbauteile. Hrsg. von der Entwicklungsgemeinschaft Holzbau (EGH) in der Deutschen Gesellschaft für Holzforschung, München 1992

[86] Schulze, H.: Hausdächer in Holzbauart; Konstruktion, Statik, Bauphysik. Düsseldorf 1987

[87] Willeitner, H.: Holzschutz. In: v. Halasz, R.; Scheer, C. (Hrsg.): Holzbau-Taschenbuch Band 1. 9. Aufl. Berlin 1996, S. 65–115

[88] Schattke, W.: Das Reetdach. Hinweise für richtige Bauausführung und zweckmäßige Behandlung der Weichbedachung. Schleswig 1981

[89] Planungsmappe der Deutschen O.F.I.C. GmbH. Wiesbaden (Stand 1987)

6 Flachdächer mit Abdichtungen

Von Erich Cziesielski und Helmut Marquardt

6.1 Übersicht

Flachdächer sind Dächer mit so geringer Neigung, daß sie gegenüber dem Einwirken von Niederschlägen abgedichtet werden müssen; ist die Neigung der Dächer größer (≥ 10° z. B.), so kann der Regen abfließen und die Dächer können durch schuppenartig sich überlappende Materialien gedeckt werden (s. Abschn. 5).

Flachdächer können unterschieden werden zum einen nach ihrer Konstruktion in

- nichtbelüftete (einschalige) Flachdächer und
- belüftete (zweischalige) Flachdächer,

zum zweiten nach der Art ihrer Nutzung in

- nicht genutzte Dachflächen (nur zu Reinigungs- und Instandhaltungsarbeiten begangen),
- für den Aufenthalt von Personen oder durch Verkehr genutzte Dachflächen und
- begrünte Dachflächen, die ebenfalls als genutzt gelten.

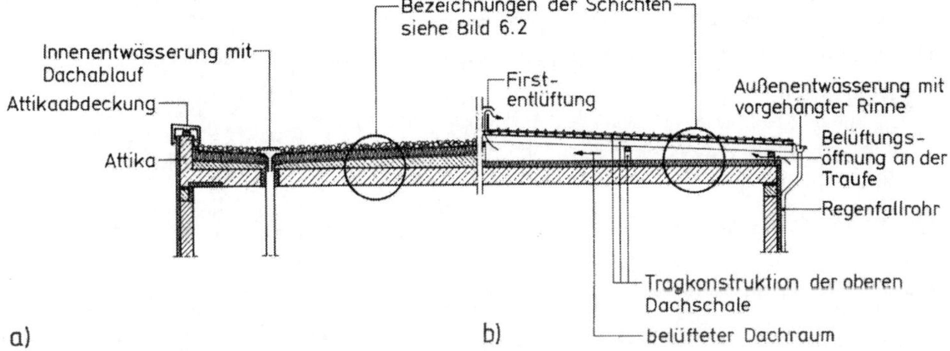

Bild 6.1 Bezeichnungen der Konstruktionselemente
a) am nichtbelüfteten Flachdach (beispielhaft mit Innenentwässerung)
b) am belüfteten Flachdach (beispielhaft mit Außenentwässerung)

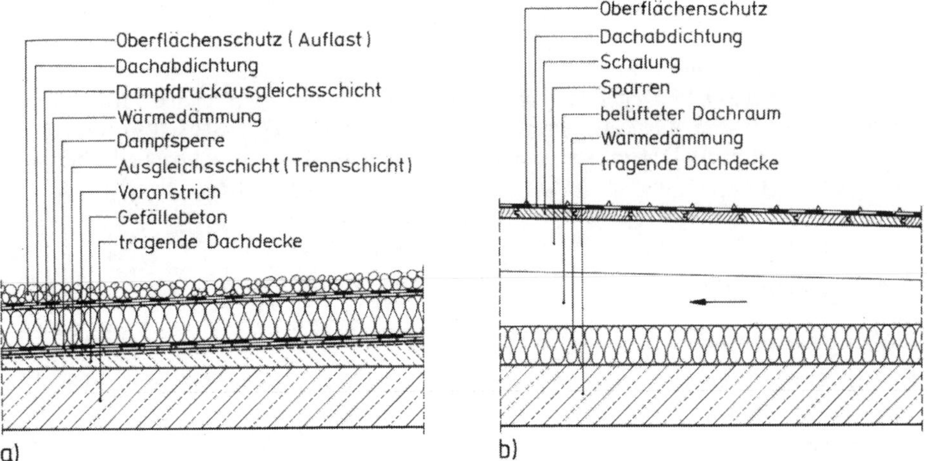

Bild 6.2 Bezeichnungen der Schichten a) am nichtbelüfteten Flachdach, b) am belüfteten Flachdach

Die üblichen Bezeichnungen der Konstruktionselemente des Flachdaches sind in Bild 6.1 dargestellt, den Schichtenaufbau zeigt Bild 6.2.

6.2 Anforderungen

6.2.1 Statisch-konstruktive Anforderungen

Die Standsicherheit der Flachdachkonstruktion muß dauerhaft gewährleistet sein (MBO § 15 [1]). Dazu gehört auch, daß die gesamte Dachkonstruktion – Dachaufbau und Unterkonstruktion – gegen Abheben durch Windsoglast gesichert sein muß.

Zum zweiten müssen die Verformungen der Konstruktion so begrenzt werden, daß weder im Dachaufbau noch in der Unterkonstruktion Schäden entstehen, s. dazu Abschn. 6.3.6. Desweiteren dürfen insbesondere leichte Dachkonstruktionen unter dem Einfluß des Windes nicht ins Schwingen geraten, damit die dabei entstehenden Verformungen sich nicht nachteilig auf die auf dem Dach aufgebrachten Schichten auswirken.

Die statisch-konstruktiven Anforderungen an die tragende Dachdecke können von

- Betondecken,
- Leichtbetondachplatten (Poren-, Bims-, Holzspanbeton),
- Stahltrapezprofilen oder
- Holzkonstruktionen

erfüllt werden.

6.2.2 Witterungsschutz

Ausreichender Witterungsschutz bei Flachdächern bedeutet, daß

- anfallendes Niederschlagswasser – auch wenn es vorübergehend (oder beim gefällelosen Dach planmäßig) nicht abfließen kann – nicht durch die Dachabdichtung dringen darf und
- sämtliches Niederschlagswasser sicher und ohne Gefährdung der Nutzer von der Dachabdichtung abgeführt werden muß.

Neben den äußeren Beanspruchungen des Flachdaches (s. Abschn. 6.3) beeinflußt insbesondere die Dachneigung die Maßnahmen des Witterungsschutzes. Je geringer die Dachneigung ist, desto höher sind die Anforderungen an die Dachabdichtung: Bei Dächern mit einer Dachneigung bis 3° (≈ 5 %) ist Pfützenbildung auf der Dachabdichtung unvermeidbar. Grundsätzlich sollten Flachdächer eine Mindestneigung von 2 % zur Ableitung des Niederschlagswassers haben. Geplante gefällelose Dächer (sog. „Nulldächer“) sind Sonderkonstruktionen, die besondere Maßnahmen erfordern, um die Gefahr von Durchfeuchtungen bei Schwachstellen und Beschädigungen unter stehendem (stauendem) Wasser zu verringern [2].

6.2.3 Wärmeschutz

Winterlicher Wärmeschutz

Die Anforderungen bezüglich des winterlichen Wärmeschutzes von Flachdächern sind in

- DIN 4108-2 [10] sowie
- in der Wärmeschutzverordnung [11]

festgelegt. Näheres s. in Abschn. 5.6.1 und z. B. in [51].

Die üblichen Anordnungen der Wärmedämmschichten im Flachdach zeigen die Bilder 6.1 und 6.2.

Sommerlicher Wärmeschutz

In der Wärmeschutzverordnung [11] sind für Gebäude mit einer raumlufttechnischen Anlage mit Kühlung die Anforderungen bezüglich des sommerlichen Wärmeschutzes auf der Grundlage von DIN 4108-2 [10] festgelegt; für Gebäude ohne raumlufttechnische Anlagen werden nur Anforderungen an Fassaden mit > 50 % Fensterflächenanteil gestellt.

Bedingt durch die bei Wohnbauten und ähnlichen Gebäuden meist massive, also schwere Dachkonstruktion und bedingt durch die Anforderungen an den winterlichen Wärmeschutz, die eine dicke, außenliegende Wärmedämmung erforderlich machen, verhalten sich Flachdächer im Sommer in der Regel günstig. Zu leichten Flachdachkonstruktionen und Fenstern im Flachdach (Lichtkuppeln) vgl. Abschn. 5.6.2.

Für den sommerlichen Wärmeschutz – insbesondere in Ländern mit hohen Temperaturen – sind belüftete Flachdächer günstiger zu bewerten als nichtbelüftete von sonst gleicher Konstruktion. Durch die Belüftung kann der in den Innenraum dringende Wärmestrom von 10 % der auf das Dach eingestrahlten Energie auf weniger als 0,02 % gesenkt werden [52], s. Bild 6.3.

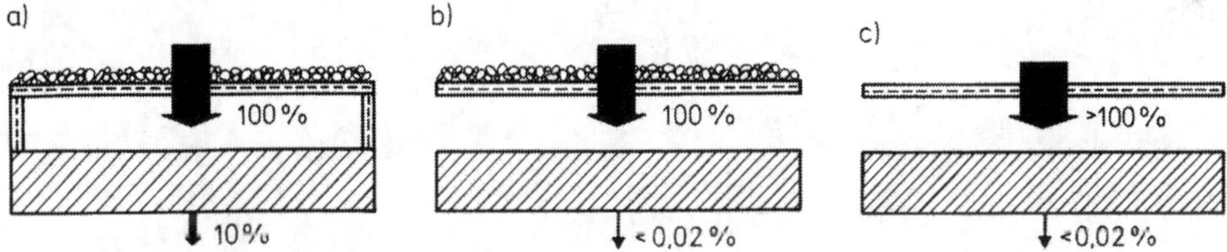

Bild 6.3 Prozentuale Anteile der Wärmeströme [52]
a) durch das nichtbelüftete Dach
b) durch das belüftete Dach mit Kiesauflage
c) durch das belüftete Dach ohne Kiesauflage

6.2.4 Tauwasserschutz

Flachdächer können nichtbelüftet (einschalig) oder belüftet (zweischalig) ausgeführt werden, s. Bilder 6.1 und 6.2; vorherrschend ist aus wirtschaftlichen Gründen die nichtbelüftete Konstruktion.

Anforderungen an den Tauwasserschutz von Flachdächern nennt DIN 4108-3 [10].

Nichtbelüftete Flachdächer

Sofern diese Dächer einen ausreichenden Wärmeschutz nach DN 4108-2 aufweisen, ist über nicht klimatisierten Wohn- und Büroräumen kein rechnerischer Nachweis des Tauwasserausfalls erforderlich, wenn

- nichtbelüftete Dächer eine Dampfsperre ($s_d \geq 100$ m) unter oder in der Wärmedämmung erhalten, wobei der Wärmedurchlaßwiderstand der Bauteilschichten unterhalb der Dampfsperre maximal 20 % des gesamten Wärmedurchlaßwiderstandes betragen darf, oder
- einschalige Dächer aus Porenbeton ohne Dampfsperre ausgebildet werden [10].

Werden diese Anforderungen nicht eingehalten, so ist ein Nachweis des Tauwasserschutzes nach DIN 4108-5 mit den Klimabedingungen aus DIN 4108-3 [10] zu führen.

Um den Wärmedurchlaßwiderstand der Bauteilschichten unterhalb der Dampfsperre gering zu halten, sollen darunterliegende Gefälleschichten nicht aus wärmedämmenden Baustoffen hergestellt werden. Das bedeutet bei üblichen massiven Dachdecken, die in der Regel nicht mit einem Gefälle versehen werden können, daß

- (sofern statisch-konstruktiv möglich) die Gefälleschicht aus Normalbeton unterhalb der Dampfsperre angeordnet werden muß oder besser
- das Gefälle mit besonders geformten Wärmedämmschichten oberhalb der Dampfsperre, z. B. aus keilförmig geschnittenen Gefälledämmplatten, hergestellt werden muß (s. Bild 6.4).

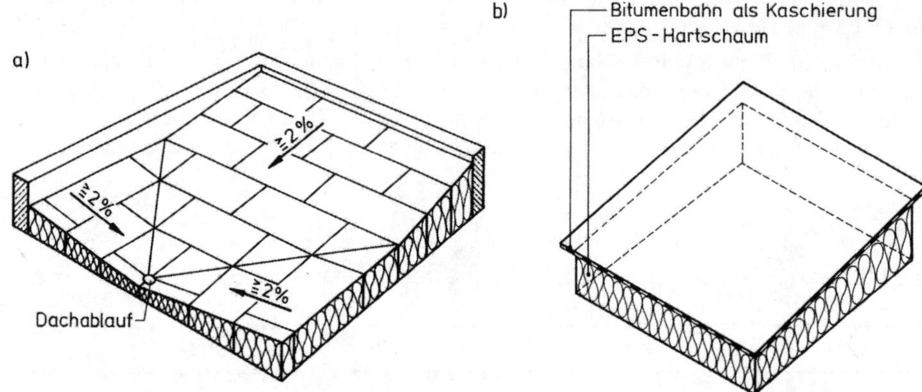

Bild 6.4 Wärmedämmung mit Gefälle
a) Verlegung keilförmig geschnittener Wärmedämmplatten (Gefälledämmplatten)
b) Gefälledämmplatte aus Polystyrol-Partikelschaum EPS mit oberseitiger Kaschierung (überlappend)

Hinsichtlich des dampfdiffusionstechnischen Verhaltens von Flachdächern aus Stahltrapezprofilen wird häufig die Frage nach der Notwendigkeit der dampfdichten Abdichtung der Fugen (Längsstöße) zwischen den Blechen gestellt. Nach [53] brauchen bei Innenlufttemperaturen bis 20 °C und einer maximalen relativen Luftfeuchte von 60 % die Fugen nicht abgedichtet zu werden. An dieser Stelle sei angemerkt, daß in [53] nur reine Diffusionsvorgänge betrachtet werden; in Fällen, in denen raumlufttechnische Anlagen einen Luftüberdruck erzeugen, kann die warme, mit Wasserdampf angereicherte Luft durch die Fugen in die Wärmedämmung oberhalb der Trapezbleche gelangen und dort zu Feuchteschäden führen.

Belüftete Flachdächer

Die Anforderungen an den Tauwasserschutz belüfteter Flachdächer gemäß DIN 4108-3 [10] sind in Abschn. 5.7 zusammengestellt.

Im Anhang I geben die Flachdachrichtlinien [2] dazu ergänzende Hinweise:

Hinweise für die Planung zur Be- und Entlüftung bei durchlüfteten Dachkonstruktionen

Durchlüftete zweischalige Dachkonstruktionen müssen einen sich über die ganze Fläche erstreckenden, überall durchströmbaren Luftraum mit Be- und Entlüftungsöffnungen aufweisen. Die ausreichende Bemessung der Be- und Entlüftungsöffnungen und die Höhe des Belüftungsraumes sind konstruktionsabhängig und deshalb bei der Planung zu berücksichtigen.

Die Be- und Entlüftung ist abzustimmen mit den Feuchtigkeitsverhältnissen unter der unteren Deckenkonstruktion, deren Diffusionswiderstand (Feuchtigkeitsdurchlässigkeit) sowie der Luftmenge, welche die Dachkonstruktion durchströmt und eindiffundierte Feuchtigkeit abführt. Je mehr Feuchtigkeit durch die untere Decke in den Lüftungsraum eindiffundieren kann, um so mehr Luftbewegung (Luftmenge) ist notwendig, um die eindiffundierte Feuchtigkeit abzuführen. Die Luftströmung in einer zweischaligen Dachkonstruktion ist abhängig von der Dachneigung, dem Querschnitt und der Gestaltung des Lüftungsraumes sowie der Größe und Anordnung der Lüftungsöffnungen.

Selbsttätige Durchlüftung entsteht durch Auftrieb bei ausreichend hohen Luftschichten unterschiedlicher Temperatur (Erwärmung). Um den Auftrieb zu ermöglichen, sollen Dachflächen über zweischaligen durchlüfteten Dachkonstruktionen ein Gefälle aufweisen und die Zu- und Abluftöffnungen entsprechend dem Gefälle höhenversetzt angeordnet sein.

Je größer die Dachneigung und somit die Höhendifferenz zwischen Zu- und Abluftöffnungen, um so größer ist der Auftrieb und damit die Strömungsgeschwindigkeit bzw. die das Dach durchströmende Luftmenge.

Bei Dachkonstruktionen mit geringem Gefälle kann in einem durchlüfteten Dachraum Luftbewegung nur durch Windeinwirkung und Druckdifferenzen an Dachkanten (Staudruck und Sog) bewirkt werden. Dies setzt jedoch voraus, daß die Lüfter und Dachkanten, an denen die Anordnung von Lüftungsöffnungen möglich ist, Windeinwirkung ausgesetzt sind. Dies ist in der Regel nicht der Fall, wenn sich eine Dachfläche in enger Bebauung befindet und z. B. auf allen Seiten von höheren Gebäuden umgeben ist, sowie bei Windstille.

Dächer mit Innengefälle sind hinsichtlich der Belüftung gleichzusetzen mit Dächern ohne Gefälle.

Die raumabschließende Decke darf keine Öffnungen aufweisen, durch die Innenraumluft ungehindert in den Dachraum eindringen kann. Fugen in der wärmeübertragenden Umfassungsfläche müssen dauerhaft und entsprechend dem Stand der Technik luftundurchlässig abgedichtet sein (Winddichtigkeit). Dies gilt insbesondere über Leichtdachkonstruktionen. Nähte, Durchdringungen und Anschlüsse sollten deshalb besonders sorgfältig ausgebildet sein. Dies kann z. B. durch die Dichtung aller Fugen, durch Verschweißen, Verkleben oder mit geeigneten Nahtklebebändern erfolgen.

In DIN 4108 „Wärmeschutz im Hochbau“ werden Mindestanforderungen

- für die Lüftungsöffnungen,
- für die Höhe des freien Lüftungsquerschnitts und
- für die diffusionsäquivalente Luftschichtdicke s_d der unteren Bauteilschichten

in Abhängigkeit von der Dachneigung genannt. ... Diese Werte sind Mindestwerte und sollten möglichst überschritten werden.

Wenn diese Bedingungen erfüllt werden, ist kein rechnerischer Nachweis des Tauwasserausfalls infolge Dampfdiffusion bei normalem Wohnraumklima in den unterhalb der Wärmedämmung liegenden Räumen (ca. 20 ° C und ca. 50 % relative Luftfeuchtigkeit) erforderlich. Andernfalls soll der rechnerische Nachweis nach DIN 4108-5 geführt werden.

Die genannten Mindestanforderungen nach DIN 4108-3 [10] sind im Abschn. 5.7 zusammengestellt.

6.2.5 Schallschutz

Die Anforderungen an den Schallschutz von Flachdächern sind in DIN 4109 [12] geregelt, vgl. hierzu Abschn. 5.9.

Massive Dachkonstruktionen erreichen wegen ihrer großen Masse in der Regel eine ausreichend hohe Luftschalldämmung. (Für leichte Flachdächer vgl. Abschn. 5.9.) Problematisch kann der Trittschallschutz bei begehbaren Flachdächern werden, wenn

- beim nichtbelüfteten Flachdach die Wärmedämmung unter dem Gehbelag eine zu hohe dynamische Steifigkeit aufweist oder
- beim belüfteten Flachdach die obere Dachschale ohne Dämmschicht auf der tragenden Dachdecke aufgeständert ist.

6.2.6 Brandschutz

Die Anforderungen der Musterbauordnung (MBO) [1] an Dächer sind in Abschn. 5.10 genannt, ebenso die zusätzlichen Bestimmungen aus den „Richtlinien für die Verwendung brennbarer Baustoffe im Hochbau" [9].

Massive Flachdächer können problemlos feuerbeständig (F90-AB) ausgebildet werden; für leichte Flachdächer s. Abschn. 5.10. Als Dachabdichtung werden bei Flachdächern praktisch nur harte Bedachungen wie

- Stahlblech- und sonstige Metalldächer,
- mehrlagig verlegte bituminöse Dachbahnen bzw. Dachdichtungsbahnen,
- Kunststoffbahnen mit Prüfzeugnis gemäß DIN 4102-7 [8] oder
- beliebige Bedachungen mit mindestens 5 cm dicker Schüttung aus Kies ∅ 16 bis 32 mm

verwendet, die widerstandsfähig gegen Flugfeuer und strahlende Wärme sind [8].

Um einen Brandüberschlag durch z. B. Schwelbrände in der Dachkonstruktion nicht von einem Brandabschnitt zum nächsten gelangen zu lassen, sind Brandwände bei Gebäuden mit mehr als zwei Vollgeschossen

- entweder mindestens 30 cm über Dach zu führen
- oder in Höhe der Dachhaut mit einer beiderseits 50 cm auskragenden feuerbeständigen Stahlbetonplatte abzuschließen.

Über diese Konstruktion dürfen keine brennbaren Teile des Daches hinweggeführt werden [1]; praktisch erhält die höhergeführte Brandwand daher als Witterungsschutz eine Blechabdeckung über nichtbrennbarer Wärmedämmung, vgl. Bild 6.55b. (Hinweise zum Brandschutz bei Dachbegrünungen s. Abschn. 6.7.)

6.2.7 Langzeitbeständigkeit

Schäden an Dächern machen 25 % aller Bauschäden aus [54], davon entfällt ein nicht unerheblicher Teil auf Flachdächer. Neben sorgfältiger Planung und Ausführung ist daher die Langzeitbeständigkeit (Dauerhaftigkeit) der verwendeten Baustoffe und Konstruktionen zu beachten.

Sämtliche Materialien des Flachdaches unterliegen aufgrund äußerer Einflüsse der Alterung; diese zeigt sich im Bereich der Abdichtungen

- durch Verspröden oder Schrumpfen (Rißbildung),
- durch Verrotten pflanzlicher Trägerlagen wie Rohfilz oder Jute in bituminösen Dichtungsbahnen oder
- durch mechanischen Oberflächenabtrag [55].

Versuche an bituminösen Dachabdichtungen unter Berücksichtigung klimatischer Beanspruchungen [56] erbrachten folgende Hinweise für die Praxis:

- Durch Trennung der Dachabdichtung von der Wärmedämmung (Trennlage oder punktförmige Verklebung) kann der langfristige schädliche Einfluß der Dämmstoffbewegungen (aus Temperatur und Schwinden) auf die Dachabdichtung vermindert werden. Je weicher eine Wärmedämmung ist, desto geringer ist dieser Einfluß.
- Bitumendachbahnen mit Glasvlieseinlage sind wegen ihrer geringen Bruchdehnung nicht geeignet.
- Bitumendachbahnen mit pflanzlichen Trägerlagen sind wegen der Gefahr der Verrottung ungeeignet (und dürfen zur Dachabdichtung nicht verwendet werden [2]).

- Bei Verwendung mehrlagiger, bituminöser Dachabdichtungen sollte die unterste Lage dehnweich sein (z. B. Polyestervlies-Einlage), um den Dämmstoffeinfluß auf die Dachabdichtung gering zu halten.

Ein Kies- oder Plattenbelag, der die Dachabdichtung vor direkter Sonnenbestrahlung und mechanischen Beschädigungen schützt, ist grundsätzlich vorteilhaft.

Zur Erhöhung der Langzeitbeständigkeit eines Flachdaches bedarf es regelmäßiger Wartungs- und Pflegemaßnahmen. Diese umfassen in der Regel die Beseitigung von Verschmutzungen, Verstopfungen der Dachabläufe (durch Laub z. B.) und von möglichem Bewuchs. An- und Abschlüsse der Dachabdichtung sind auf ordnungsgemäße Befestigung und Verfugung sowie – falls aus Metall – auf Korrosion zu untersuchen und bei Bedarf entsprechend nachzuarbeiten [2].

Hinweise zur Ausbesserung oder Erneuerung von Dachabdichtungen aus Bitumen- oder Kunststoffbahnen gibt [2].

Durch Schwachstellen, Ausführungsmängel oder Beschädigungen bedingte Leckagen im Flachdach können im Laufe der Zeit nicht völlig ausgeschlossen werden. Daher kommt der leichten Ortung solcher Undichtheiten besondere Bedeutung zu.

Beim nichtbelüfteten Flachdach legt eindringendes Niederschlagswasser leicht größere horizontale Wege zurück (auf der Dampfsperre z. B.), ehe es als Durchfeuchtung der Dachdecke im Innenraum bemerkt wird. Insbesondere bei großen, zusammenhängenden Dachflächen kann daher die Suche nach Leckstellen in der Dachhaut zeitaufwendig und teuer werden; mit Hilfe einer elektronischen Apparatur ist es jedoch möglich, Leckagen im Bereich von Dachabdichtungen zu orten [57].

Bei diesem Verfahren wird auf dem Dach eine Ringleitung verlegt, die an einen Pol einer Spannungsquelle angeschlossen wird. Der andere Pol der Spannungsquelle wird mit der Bewehrung der darunterliegenden Betondecke verbunden (geerdet). Die Dachoberfläche wird angefeuchtet, damit sich ein Stromfluß oberhalb der elektrisch nichtleitenden Dachabdichtung einstellen kann (s. Bild 6.5 a). Auf der feuchten Dachfläche wird sich eine Spannungsverteilung entsprechend Bild 6.5 b einstellen. Mit Hilfe eines Meßinstrumentes werden die Potentiale zwischen zwei Elektroden gemessen. Durch Versetzen der Elektroden auf dem Dach wird die Stelle mit der maximalen Potentiadifferenz ermittelt; an dieser Stelle befindet sich die Leckage.

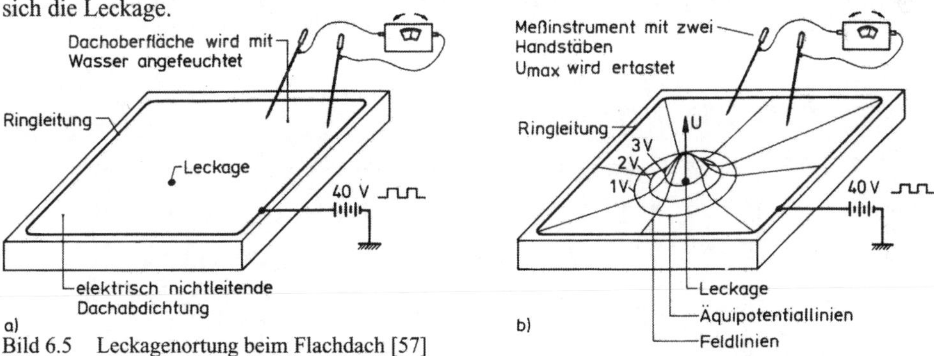

Bild 6.5 Leckagenortung beim Flachdach [57]
a) Voraussetzungen und Meßaufbau, b) Spannungsverteilung auf einer nassen Dachfläche

Zur Vereinfachung der Leckagenortung ist es sinnvoll, große Dachflächen in kleinere Teildachflächen aufzuteilen und diese gegeneinander abzuschotten, vgl. Bild 6.57 a. Diese Lösung ist beim belüfteten Flachdach ebenso möglich; eine Alternative dazu wäre jedoch ein höherer Kriechboden als belüfteter Dachraum, in dem die obere Dachschale leicht auf Durchfeuchtungen überprüft werden kann.

6.3 Beanspruchungen des Flachdaches

6.3.1 Niederschlag

Eine jedem offensichtliche Beanspruchung des Flachdaches stellt das Niederschlagswasser (in Form von Regen, Schnee oder Hagel) dar. Die Art der Beanspruchung hängt dabei ab von der geographisch bedingten Regenintensität, dem Gefälle des Flachdaches und den gewählten Entwässerungsmaßnahmen.

Regenintensität

Die zu erwartende Regenintensität ist örtlich sehr verschieden: in der Bundesrepublik Deutschland variiert die Regenspende zwischen 150 und 400 l/(s · ha). Nach DIN 1986-2 [6] ist zur Bemessung von Regenwasserleitungen mindestens eine Regenspende von r = 300 l/(s · ha) anzunehmen.

Gefälle

Niederschlagswasser soll auf kürzestem Wege und ohne Stau abgeleitet werden. Dies gelingt am schnellsten und sichersten, wenn das Flachdach ein ausreichendes Gefälle von mindestens 3° erhält. (Bei Dachneigungen bis zu 3° ist Pfützenbildung unvermeidlich, vgl. Abschn. 6.2.2.)

Bei Dächern mit geringerer Neigung als 5°, d. h. bei praktisch allen nichtbelüfteten Flachdächern, wird Innenentwässerung empfohlen [2]. Dies ist aus folgenden Gründen sinnvoll:

- Außenentwässerung über vorgehängte Rinnen und außenliegende Regenfallrohre führt zu längeren Abflußwegen als eine vergleichbare Innenentwässerung, s. Bild 6.6.
- Außenliegende Rinnen und Regenfallrohre können im Winter noch vereist sein, während es auf dem Dach durch Sonneneinstrahlung schon taut, so daß Schmelzwasser auf dem Dach steht. Innenliegende Abflüsse sind dagegen weniger frostgefährdet, zudem sind Dachabläufe problemlos beheizbar [52].
- Große Dachflächen machen bei Außenentwässerung lange Abflußwege zwingend, so daß bei vorgegebenem Mindestgefälle bereichsweise sehr dicke Gefälleschichten im nichtbelüfteten Flachdach entstehen können. Bei Innenentwässerung kann leicht eine größere Zahl von Dachabläufen vorgesehen werden, so daß kürzere Abflußwege möglich sind.

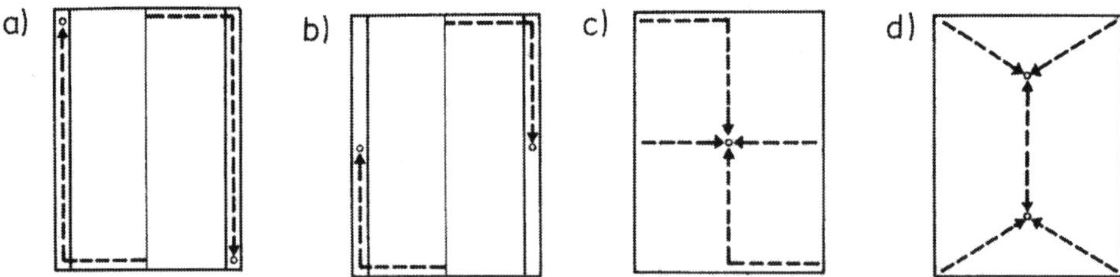

Bild 6.6 Anordnung von Regenfallrohren [52]

a) und b) Außenliegende Regenfallrohre weisen lange Zuflußwege auf und sind frostgefährdet
b) und c) Innenliegende Regenfallrohre werden vom Gebäude erwärmt und sind daher kaum frostgefährdet

Entwässerungsmaßnahmen

Die Abläufe innenliegender Dachentwässerungen sind an den tiefsten Stellen der Dachfläche anzuordnen (vgl. Bild 6.4a) und vertieft in das Dach einzubauen, so daß kein Wasserstau entsteht (vgl. Bilder 6.51 und 6.52). Die Regenfallrohre im Gebäudeinnern sind wärmegedämmt auszuführen, damit es nicht zu Tauwasserbildung auf den Rohren kommt.

Die Dachabläufe müssen so ausgebildet sein, daß die Dachabdichtung dauerhaft und wasserdicht angeschlossen werden kann [2], s. Abschn. 6.8.4.

Die lichten Weiten der Regenfalleitungen sind nach DIN 1986-2 [6] in Abhängigkeit vom Dachgefälle, der Regenspende und der zu entwässernden Dachfläche zu bemessen, vgl. Abschn. 5.5.6. Tafel 6.1 zeigt umgerechnet die an verschiedene Fallrohr-Nenndurchmesser anschließbare Dachfläche für maximale Regenspenden von 300, 400 oder 500 l/(s · ha) bei verschiedenen Dachausbildungen. Aufgrund ihres größeren Wasserrückhaltevermögens (geringerer Abflußbeiwert ψ) erlauben Kiesdächer und begrünte Dächer den Anschluß größerer Dachflächen an die gleiche Regenfalleitung.

Tafel 6.1 Maximal anschließbare Dachfläche in m^2 je Regenfalleitung (nach [52])

Max. Regenspende [l/(s · ha)]	300	400	500	300	400	500	300	400	500	300	400	500	300	400	500
Dachart / Nenndurchmesser der Fallrohre in mm	Dächer (> 3° Neigung) $\psi = 1{,}0$			Dächer (≤ 3° Neigung) $\psi = 0{,}8$			Betonsteinpflaster in Sand oder Schlacke verlegt $\psi = 0{,}7$			Kiesdächer, extensiv begrünte Dächer $\psi = 0{,}5$			intensiv und extensiv begrünte Dächer ab 10 cm Aufbaudicke $\psi = 0{,}3$		
50	23	18	14	29	22	18	33	26	20	46	36	28	78	57	48
60	37	28	22	46	34	28	53	40	31	74	56	44	123	93	72
70	57	43	34	71	53	43	81	61	49	114	86	68	198	141	114
80	83	63	50	104	78	63	119	90	71	166	126	100	279	207	168
100	150	113	90	188	141	113	214	161	129	300	225	180	500	375	300
125	270	203	162	338	253	203	386	290	231	540	406	324	900	675	540
150	443	333	266	554	416	333	633	476	380	886	666	532	1476	1107	888
250	950	713	570	1188	891	713	1357	1019	814	1900	1426	1140	3168	2376	1899
300	2783	2088	1670	3479	2609	2088	3976	2983	2386	5566	4176	3340	9279	6957	5568

Sämtliche Dachabläufe sind durch ein Schutzgitter vor dem Eindringen von Laub, Kies o. ä. zu schützen (s. Bilder 6.51 und 6.52). Gemäß DIN 1986-1 [6] müssen Flachdächer mit Innenentwässerung – die ringsum mit einem wasserdichten Rand (Attika) einzufassen sind – mindestens zwei Abläufe oder einen Ablauf und einen Sicherheitsüberlauf erhalten, um bei Verstopfung eines Ablaufs die Dachentwässerung sicherzustellen. (Als Sicherheitsüberlauf kann eine Durchlaßöffnung von mindestens 40 mm lichter Weite in der Attika mit einem Wasserspeier dienen, vgl. Bild 6.53.)

6.3.2 Baufeuchte

Baufeuchte im Flachdach hat normalerweise zwei Ursachen:

- Während der Bauzeit dringt vor dem Herstellen der Dachabdichtung Niederschlag in die Dachkonstruktion ein; diese erreicht im Extremfall die Sättigungsfeuchte u_s.
- In massiven Dachdecken aus Stahlbeton verbleibt der größte Teil des Anmachwassers, das Überschußwasser, nach dem Abbinden des Zements im Beton. Daß dieser Anteil der Baufeuchte nicht vernachlässigt werden kann, zeigt folgendes Beispiel:

  Annahme: Stahlbetondecke $d = 15$ cm $= 0{,}15$ m^3/m^2

  Zementgehalt $Z = 300$ kg/m^3

  Wasserzementwert $w/z = 0{,}5$.

Damit ergeben sich pro m^2 Dachfläche

- als Anmachwasser: $W = 0{,}5 \cdot 300$ kg/m^3 $\cdot$ 0,15 m^3/m^2 = 22,5 kg/m^2,
- als Abbindewasser: $W_{Abb} = 0{,}28 \cdot 300$ kg/m^3 $\cdot$ 0,15 m^3/m^2 = 12,6 kg/m^2
- und als Überschußwasser: $W_{Üb} = 22{,}5 - 12{,}6 = 9{,}9$ kg/m^2.

Ungefähr ein Eimer Wasser (10 l) muß also in diesem Beispiel je m^2 Dachfläche verdunsten!

Während die erste Ursache für Baufeuchte im Flachdach durch rechtzeitiges Abdecken mit Folien oder Planen weitgehend verhindert werden kann, muß jede Dachkonstruktion mit einer Stahlbetondachdecke das Verdunsten des Überschußwassers ermöglichen. Bei nichtbelüfteten Flachdächern, die wegen der oberseitigen Dampfsperre die Baufeuchte nur zum Innenraum abgeben können, kann diese (die Behaglichkeit der Nutzer einschränkende) Zeit zwei bis drei Jahre dauern; durch die Verwendung von Stahlbetonfertigteilen kann die Zeitspanne für das Austrocknen der Dächer wesentlich verringert werden.

6.3.3 Nutzungsfeuchte

Nutzungsfeuchte entsteht im Innenraum durch Atmen, Kochen, Waschen, Zimmerpflanzen u. ä.; die Nutzungsfeuchte darf zu keiner unzulässigen Tauwasserbildung in der Flachdachkonstruktion führen (vgl. DIN 4108-3 [10]).

Beim nichtbelüfteten Flachdach wird deshalb zwischen der dampfdurchlässigen tragenden Dachdecke und der Wärmedämmung eine Dampfsperre angeordnet; beim belüfteten Flachdach sorgt eine ausreichende Belüftung oberhalb der begrenzt dampfdurchlässigen tragenden Dachdecke und der Wärmedämmung für den schadenfreien Abtransport der Nutzungsfeuchte (vgl. Bild 6.2).

6.3.4 Temperaturbeanspruchung

Sommerliche Aufheizung der Dachoberfläche bis zu 80 °C und winterliche Abkühlung auf –20 °C mit entsprechenden Temperaturunterschieden zwischen innen und außen wirken sich immer auch auf die Dachkonstruktion einschließlich der Dachabdichtung aus. Temperaturänderungen treten :

- jahreszeitlich (Sommer – Winter),
- tageszeitlich (Tag – Nacht) und
- kurzzeitig (Wettersturz)

auf. Temperaturbedingte Längenänderungen führen zu Verformungen von Bauteilen, die die Dachkonstruktion schadlos aufnehmen muß. Näheres hierzu s. im Abschn. 6.3.6.

Tageszeitliche oder kurzzeitige Temperaturerhöhungen können unter der Dachabdichtung eingeschlossene Feuchte zum Verdampfen bringen, so daß durch den entstehenden Dampfdruck Blasen in der Dachhaut gebildet werden können. Deshalb wird über Wärmedämmschichten eine Dampfdruckausgleichsschicht, bestehend aus einer zusammenhängenden Luftschicht unter der Dachabdichtung, erforderlich, s. Bild 6.7. Diese kann örtlichen Dampfdruck ausgleichen; ferner ermöglicht sie weitgehend zwängungsfreie Relativbewegungen der Dachaut gegenüber möglicherweise schwindenden Wärmedämmplatten.

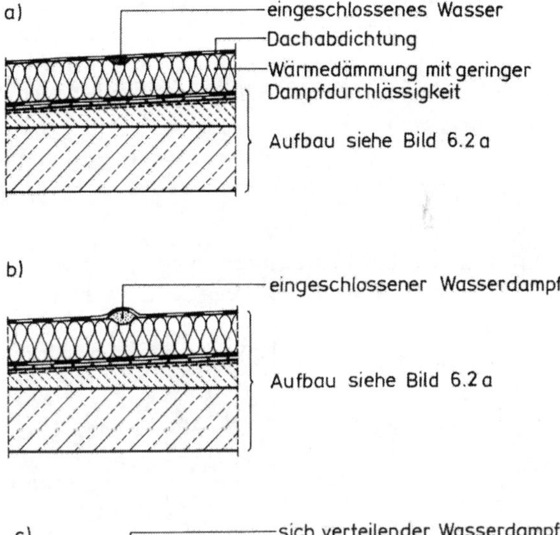

Bild 6.7
Notwendigkeit einer Dampfdruckausgleichsschicht:

a) Unter der Dachabdichtung eingeschlossenes, kühles Wasser
b) Bei Erwärmung verdampft das eingeschlossene Wasser und bildet eine Blase in der Dachabdichtung
c) In der Dampfdruckausgleichsschicht kann sich der Wasserdampf verteilen

6.3.5 Mechanische Beanspruchung

Die mechanischen Beanspruchungen des Flachdaches sind vielfältig, sie ergeben sich aus der Nutzung in Form von

- Bewegungen der Tragkonstruktion (wie Durchbiegungen, Setzungen, Schwingungen) bzw.
- Beanspruchung der Dachabdichtung durch Begehen, Befahren oder Bepflanzung,

aus Umwelteinflüssen wie

- Wind(sog)lasten bzw.
- Temperatur- und Feuchtedehnungen (Schwinden) mit möglicher Verformung (auch als Rißbildung) der Tragkonstruktion und der Wärmedämmung

sowie aus mangelnder Sorgfalt bei der Bauausführung wie

- Rauhigkeiten der Unterlage (Schalungsgrate, nicht entfernte Fremdkörper, Steinspitzen),
- hohen örtlichen Flächenpressungen auf der Dachabdichtung (durch Leitern, Geräte o. ä.) bzw.
- Einritzen der Dachabdichtung durch scharfkantige Gegenstände.

Die letztgenannten Beanspruchungen müssen durch sorgfältige Ausführung und Überwachung soweit wie möglich vermieden werden.

Gegen abhebende Windsogkräfte gemäß DIN 1055-4 [5] kann der Dachaufbau durch

- Auflasten (Kies, Plattenbelag),
- Verklebung oder
- mechanische Befestigungen

gesichert werden; die Verankerung in die darunterliegende Tragkonstruktion muß zur Aufnahme der Windlasten statisch nachgewiesen werden, und zwar getrennt für Eck-, Rand- und Innenbereiche (Bild 6.8).

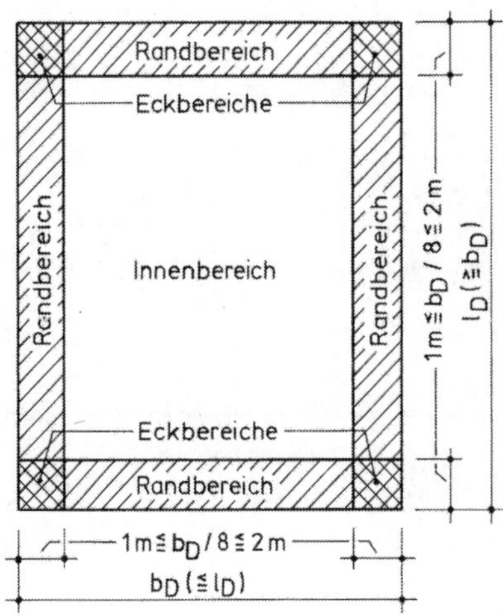

Bild 6.8
Draufsicht auf ein Flachdach der Breite b_D und der Länge l_D mt den durch Windsog höher belasteten Eck- und Randbereichen sowie dem geringer beanspruchten Innenbereich

Für Gebäudehöhen bis 20 m sind in [2] Ausführungsbeispiele genannt; für geschlossene Deckunterlagen (z. B. Stahlbetondecken) gilt:

- Als Auflast reichen 5 cm Kiesschüttung ∅ 16 bis 32 mm bzw. Betongehwegplatten von mind. 40 cm x 40 cm x 4 cm aus, nur im Rand- und Eckbereich ist eine zusätzliche Verklebung oder mechanische Befestigung der Dachabdichtung erforderlich.
- Sofern der Untergrund für eine Verklebung geeignet und mit einem Voranstrich versehen worden ist, kann der Dachaufbau ohne Auflast punkt- oder streifenweise aufgeklebt werden (vgl. Bild 6.17), und zwar im Innenbereich mit ≥ 10 %, im Randbereich mit ≥ 20 % und im Eckbereich mit ≥ 40 % der Fläche.

Mechanische Befestigungen werden üblicherweise nur auf Unterkonstruktionen aus Holz oder Stahltrapezprofilen verwendet (Bild 6.9). Die erforderliche Anzahl der Befestigungsmitttel ist statisch nachzuweisen; für geschlossene Gebäude bis 20 m Höhe z. B.

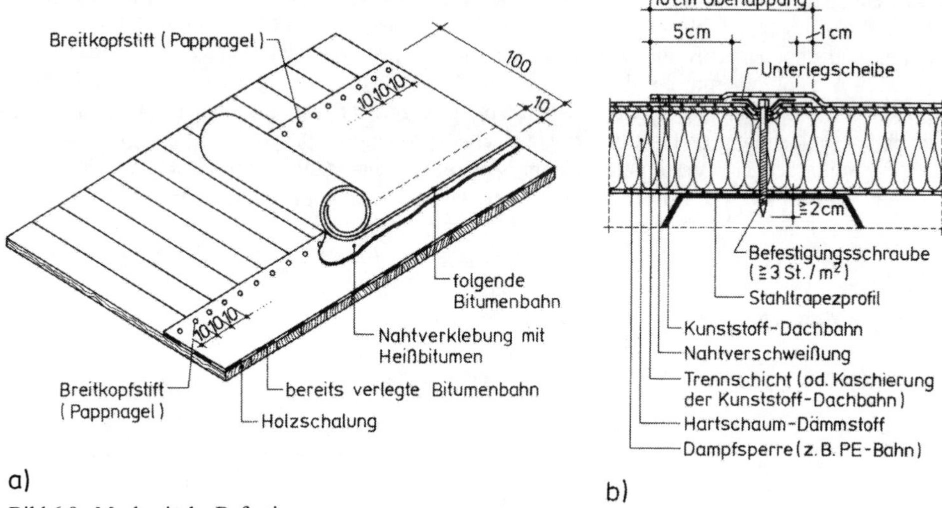

Bild 6.9 Mechanische Befestigung
a) von Bitumenbahnen mit verzinkten Breitkopfstiften (Pappnägeln) als verdeckte Nagelung auf Holzschalung
b) von Kunststoff-Dachbahnen im Überdeckungsbereich der Schweißnaht am Bahnenlängsrand bei einem Stahltrapezprofildach (zur Dampfsperre vgl. Abschn. 6.2.4)

- sind bei Nagelung auf Holzschalung im Innenbereich ≥ 10 Breitkopfstifte pro m Naht bei 90 cm Abstand der Nagelreihen (vgl. Bild 6.9 a), im Randbereich ≥ 10 Breitkopfstifte pro m Naht bei 30 cm Abstand der Nagelreihen und im Eckbereich ≥ 20 Breitkopfstifte pro m Naht bei 30 cm Abstand der Nagelreihen erforderlich,
- während bei Stahltrapezprofilen im Innenbereich ≥ 3 St./m^2 (vgl. Bild 6.9 b), im Randbereich ≥ 6 St./m^2 und im Eckbereich ≥ 9 St./m^2 mechanische Befestigungselemente mit einer Betriebsfestigkeit von ≥ 0,4 kN/St. vorgesehen werden müssen [2].

Nähere Angaben – auch für Dachhöhen über 20 m – werden in der Vornorm DIN 18 531 [15] gemacht.

Zur Beanspruchung des Flachdaches durch Längsverformungen der massiven Dachdecke s. Abschn. 6.3.6. Wird die Tragkonstruktion aus einzelnen Dachplatten (Leichtbetonfertigteilen, Stahltrapezprofilen) oder vollständig gestoßener Brettschalung gebildet, so ist über den Auflagerfugen ein Schleppstreifen (Trennstreifen) erforderlich [2], um die Bewegungen der Plattenfugen aus der Auflagerverdrehung auf eine größere Dehnungslänge der darüberliegenden Dichtungsbahn zu verteilen, s. Bild 6.10.

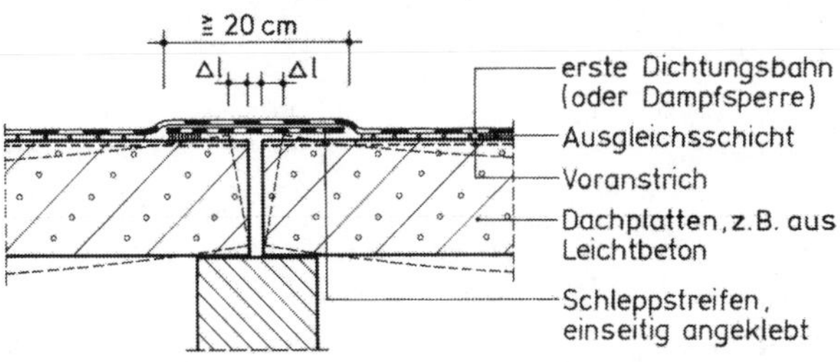

Bild 6.10
Schleppstreifen über einer Dachplattenfuge, um die gestrichelt dargestellte Bewegung (Auflagerverdrehung) schadenfrei zu ermöglichen

Aus dem gleichen Grund ist über Betondachdecken eine Ausgleichsschicht (Trennschicht) erforderlich, um betonübliche Biegerisse zu überbrücken. Bei vollflächiger Verklebung würde ein entstehender Riß die zulässige Dehnung zul ε der Dichtungsbahn insbesondere bei tiefen Außentemperaturen überschreiten, so daß der Riß sich in der Bahn fortsetzt (s. Bild 6.11 a). Eine Ausgleichsschicht in Form von punktweiser Verklebung der Dichtungsbahn verringert die Dehnung vorh ε auf Werte, die schadenfrei aufgenommen werden können (s. Bild 6.11 b). Sollte der Riß gerade unter einem Klebepunkt entstehen, so wird dort das Klebebitumen fließen oder sich aufgrund der geringeren Fläche örtlich vom Beton ablösen [58].

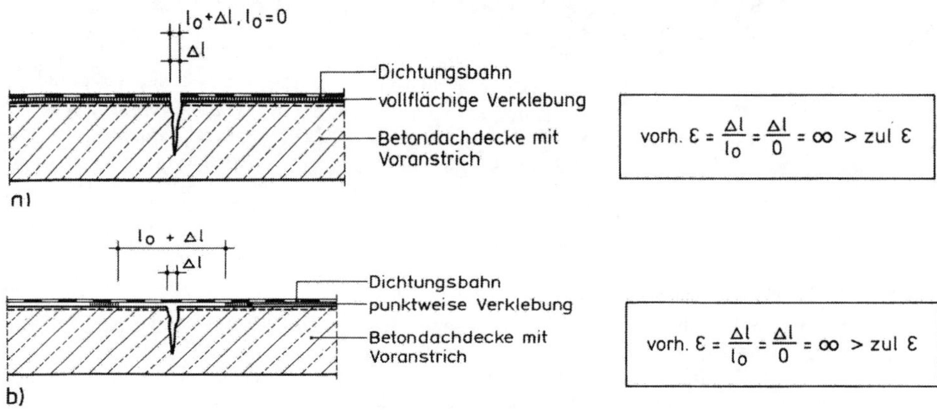

Bild 6.11 Überbrückung von Biegerissen [58]
a) Riß in der Dichtungsbahn bei vollflächiger Verklebung
b) Rißüberbrückung bei punktweiser Verklebung als Ausgleichsschicht (vgl. Bild 6.17)

6.3.6 Wechselwirkung Dachdecke – Unterkonstruktion

Infolge Temperaturänderungen und Schwinden verformen sich massive Dachdecken unter Flachdächern anders als die darunterliegenden Mauerwerkswände. In Abhängigkeit von den jeweiligen Stoffeigenschaften der Decken und Wände lassen sich aus äußeren Einflüssen Verformungen der Dachdecken und der darunterliegenden Wände ermitteln, und zwar Längsverformungen (Dehnungen) und Biegeverformungen (Krümmungen) (s. Tafel 6.2).

Tafel 6.2 Längs- und Biegeverformungen von Dachdecken und darunterliegenden Wänden

Äußerer Einfluß	Stoffeigenschaft	Aus konstantem äußeren Einfluß resultierende Dehnung	Aus linear veränderlichem Einfluß resultierende Krümmung
Lastspannungen σ_N, σ_M	Elastizitätsmodul E	Lastdehnung $\varepsilon = \sigma_N/E$	Lastkrümmung $\kappa = \dfrac{\sigma_M}{E \cdot d}$
Temperaturänderungen $\Delta\vartheta_N$, $\Delta\vartheta_M$	Temperaturdehnzahl α_t	Temperaturdehnung $\varepsilon_\vartheta = \alpha_t \cdot \Delta\vartheta_N$	Temperaturkrümmung $\kappa_\vartheta = \dfrac{\alpha_t \cdot \Delta\vartheta_M}{d}$
Feuchteänderungen Δu	Schwinden (Quellen)	Schwinddehnung ε_s	Schwindkrümmung κ_s
Dauerspannungen $\sigma_{d,N} / \sigma_{d,M}$	Kriechzahl φ	Kriechdehnung $\varepsilon_K \approx (1+\varphi) \cdot \sigma_{d,N}/E$	Kriechkrümmung $\kappa_K \approx (1+\varphi) \cdot \sigma_{d,M}/(E \cdot d)$

Möglicherweise rißbildend sind unterschiedliche Dehnungen in Dach- und Wandebene, da die in der Regel über Reibung und/oder Verbund miteinander verbundenen steifen Dachdecken und Wände sich gegenseitig ihre Verformungen aufzuzwingen versuchen, bis bei Überschreiten der Bruchdehnung (meist im Mauerwerk der Wände) Risse entstehen, s. Bild 6.12 (vgl. auch Abschnitt 4.7.6).

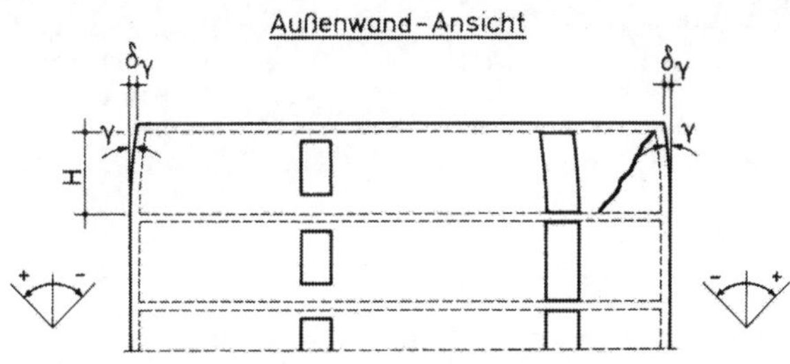

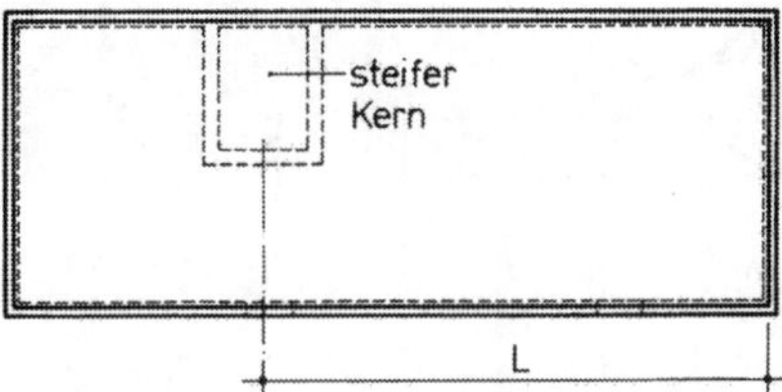

Bild 6.12
Längenänderung der Dachdecke gegenüber der darunterliegenden Decke [14]

Einen Eindruck von der Größe der durch Temperaturänderung erzeugten Kräfte vermittelt folgendes Modell:

Ein 10 m langer und 1,0 m breiter Deckenstreifen aus Beton B25 (Dicke d = 0,15 m, $\alpha_t = 10^{-5}$ 1/K, E_b = 30 000 MN/m²) unterliegt einer Temperaturdifferenz von $\Delta\vartheta_N$ = 50 K. Unter der Voraussetzung, daß der Deckenstreifen frei beweglich an seinen Enden auf den stützenden Wänden gelagert ist, verlängert sich der Streifen um

$$\Delta l = \alpha_t \cdot \Delta\vartheta_N \cdot l = 10^{-5} \cdot 50 \cdot 10 = 0{,}005 \text{ m.}$$

Wird die freie Verformbarkeit der Dachdecke auf den Auflagern ausgeschlossen, so entstehen Zwangkräfte F_z senkrecht zu den stützenden Wänden bzw. als Normalkräfte in der Dachdecke

$$F_z = \alpha_t \cdot \Delta\vartheta_N \cdot E_b \cdot A_b = 10^{-5} \cdot 50 \cdot 30\,000 \cdot (1{,}0 \cdot 0{,}15) = 2{,}25 \text{ MN.}$$

Zwangkräfte dieser Größenordnung, die senkrecht auf die Wandscheibe wirken, können von Mauerwerkswänden nicht aufgenommen werden.

Aufgrund von Krümmungen der Dachdecke verdrehen sich deren Auflager, so daß entweder in die darunterliegenden Wände Biegeverformungen eingeprägt werden (Bild 6.13 a links) oder bei zu geringer Auflast die Dachdecke an den Auflagern aufklafft (Bild 6.13 a rechts) bzw. sogar im Eckbereich kreuzweise gespannt massiver Dachdecken abhebt (Bild 6.13 b). Um die daraus resultierenden Risse direkt unter der Dachdecke zu konzentrieren, soll gemäß DIN 18 530 [14] zwischen Dachdecke und unbewehrter Wand zumindest eine Trennschicht aus Bitumen- oder Kunststoffbahnen eingelegt werden, sofern nicht aufgrund der zu erwartenden Dehnungsdifferenzen und Verschiebewinkel Gleitlager erforderlich sind (s. u.).

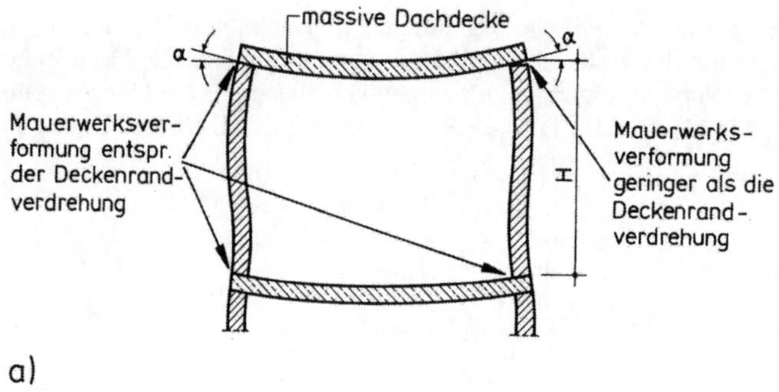

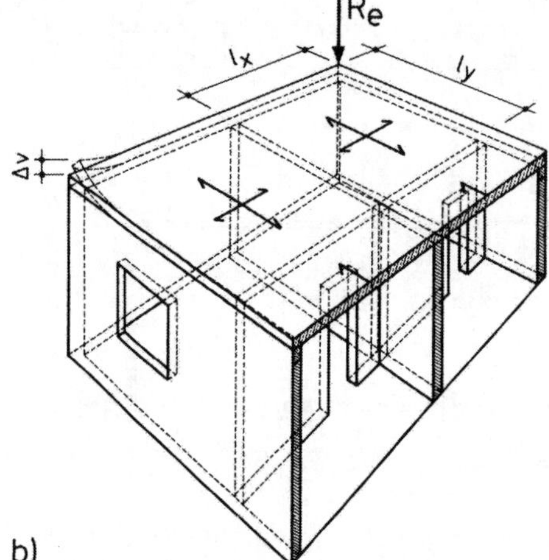

Bild 6.13
Verformungen infolge Durchbiegung der Decken
a) in das darunterliegende Mauerwerk eingeprägte Deckenrandverdrehung α (links) bzw. klaffende Fuge zwischen Dachdecke und Mauerwerk (rechts) [14]
b) Abheben („Aufschlüsseln") massiver Decken im Eckbereich um Δv bei fehlender Auflast in Höhe der Einzelkraft R_e

Biegeverformungen (Krümmungen) können durch eine geeignete Trennschicht schadenfrei aufgenommen werden; somit entstehen Beanspruchungen in Dachdecke und Wänden nur noch aus Dehnungsdifferenzen. Die Scheibenbeanspruchungen aus äußeren Lasten in der Dachdecke und in den lastabtragenden Wänden darunter sind in der Regel gering, sie können vernachlässigt werden. Somit führen nur Temperatur- und Schwinddehnungen zu Dehnungsdifferenzen zwischen Dachdecke und Wänden.

Beträgt die maßgebliche Verschiebungslänge L (vgl. Bild 6.12) bei mehrgeschossigen Gebäuden mit Mauerwerks- oder unbewehrten Betonwänden nicht mehr als 6 m, so darf die Dachdecke ohne Nachweis unverschieblich aufgelagert werden. Bei mehrgeschossigen Gebäuden mit L > 6 m und bei eingeschossigen Gebäuden ist entweder eine verschiebliche Lagerung vorzusehen oder ein Nachweis der Unschädlichkeit der Verformungen, d. h. der Dehnungsdifferenzen und der Verschiebewinkel zu führen [14].

Nachweis der Dehnungsdifferenz δ_ε zwischen Decken und Wänden

Die unbehinderten Temperatur- und Schwinddehnungen von Decken und Wänden können mit Hilfe der Tafeln 6.3 bis 6.6 berechnet werden [59], [60]. Unter der vereinfachten Annahme, daß die Decken sich auf den Wänden reibungslos bewegen und Dehnungsdifferenzen nur von der weicheren Wand aufgenommen werden, ergibt sich in halber Geschoßhöhe H die Dehnungsdifferenz δ_ε (s. Bild 6.14) zu

$$\delta_\varepsilon = \delta_{\varepsilon\vartheta} + \delta_{\varepsilon s} = 0{,}5 \cdot (\varepsilon_{\vartheta,Do} + \varepsilon_{\vartheta,Du}) - \varepsilon_{\vartheta,W} + 0{,}5 \cdot (\varepsilon_{s,Do} + \varepsilon_{s,Du}) - \varepsilon_{s,W}.$$

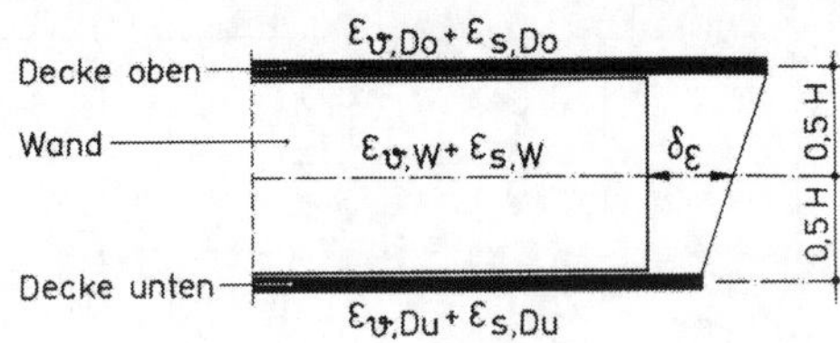

Bild 6.14
Dehnungsdifferenz zwischen den beiden Stahlbetondecken und der gemauerten Wand in halber Geschoßhöhe. Es wird vereinfachend angenommen, daß Wand und Decken sich reibungsfrei bewegen können und die Dehnungsdifferenz nur in der Wand wirksam wird [60]

Tafel 6.3 Rechenwerte der Herstellungstemperaturen ϑ_0 eines Bauwerkes [60]

Jahreszeit	Bauteil	Rechenwert in °C
Sommer	allgemein	+ 15
Sommer	ungeschützte Decke	+ 30
Frühjahr/Herbst	allgemein	+ 10
Winter	allgemein	+ 5
Winter	ungeschützte Decke	+ 2

Tafel 6.4 Streubereich und Rechenwerte der Temperaturdehnzahlen α_t (nach [59], [60])

Baustoff	Streubereich	Rechenwert	genormt
Beton allgemein	0,55 bis 1,4 · 10^{-5}/K	1,0 · 10^{-5}/K	nach DIN 1045
gebräuchliche Betone	0,75 bis 1,2 · 10^{-5}/K		
Vollziegelmauerwerk (horizontal)	0,6 bis 1,0 · 10^{-5}/K	0,6 · 10^{-5}/K	nach DIN 1053
Hochziegelmauerwerk (horizontal)	0,5 bis 0,8 · 10^{-5}/K		
Kalksandlochstein-Mauerwerk (horizontal)	0,6 bis 0,9 · 10^{-5}/K	0,8 · 10^{-5}/K	nach DIN 1053
Kalksandvollstein-Mauerwerk (horizontal)	0,7 bis 1,1 · 10^{-5}/K		
Porenbetonmauerwerk	0,6 bis 0,9 · 10^{-5}/K	0,8 · 10^{-5}/K	nach DIN 1053
Betonsteinmauerwerk	0,8 bis 1,2 · 10^{-5}/K	1,0 · 10^{-5}/K	nach DIN 1053
Stahl	1,0 bis 1,2 · 10^{-5}/K	1,2 · 10^{-5}/K	nach DIN 18 800
Aluminium	2,3 bis 2,9 · 10^{-5}/K	2,3 · 10^{-5}/K	nach DIN 4113
Glas	0,3 bis 0,8 · 10^{-5}/K	–	–
Holz	0,4 bis 0,6 · 10^{-5}/K	–	–

Tafel 6.5 Streubereich und Rechenwerte der Endschwindmaße ε_s (nach [59], [60])

Baustoff	Streubereich	Rechenwert	genormt
dünne Ortbetondecken über trockenen Innenräumen	– 0,2 bis – 0,6 mm/m	Einzelnachweis	nach DIN 4227
dünne Beton-Fertigteildecken über trockenen Innenräumen	– 0,1 bis – 0,3 mm/m	Einzelnachweis	
Vollziegelmauerwerk	– 0 bis – 0,1 mm/m	± 0 mm/m	nach DIN 1053
Hochlochziegelmauerwerk	– 0 bis – 0,2 mm/m		
Kalksandsteinmauerwerk	– 0,1 bis – 0,4 mm/m	– 0,2 mm/m	nach DIN 1053
Porenbetonmauerwerk	– 0,1 bis – 0,4 mm/m		
Leichtbetonmauerwerk	– 0,2 bis – 0,8 mm/m	– 0,4 mm/m	nach DIN 1053

Tafel 6.6 Extreme Temperaturen in der Dachdecke ϑ_{Do}, in der Decke darunter ϑ_{Du} und in den Wänden des Dachgeschosses ϑ_W im Schwerpunkt ihrer tragenden Querschnitte (nach [59], [60])

Dachausführung			Wärmedurchlaßwiderstand der oberen Wärmedämmschicht $1/\Lambda$	Maximale Temperaturen im Sommer				Minimale Temperaturen im Winter							
								Zentralbeheizte Gebäude				Gebäude mit unterbrochenem Heizbetrieb			
						Wände ohne äußere(r) Wärmedämmschicht	Wände mit[1] äußere(r) Wärmedämmschicht			Wände ohne äußere(r) Wärmedämmschicht	Wände mit[1] äußere(r) Wärmedämmschicht			Wände ohne äußere(r) Wärmedämmschicht	Wände mit[1] äußere(r) Wärmedämmschicht
				ϑ_{Do}	ϑ_{Du}	ϑ_w	ϑ_w	ϑ_{Do}	ϑ_{Du}	ϑ_w	ϑ_w	ϑ_{Do}	ϑ_{Du}	ϑ_w	ϑ_w
			$(m^2 \cdot K)/W$	°C	°C	°C	°C	°C	°C	°C	°C	°C	°C	°C	°C
1	nichtbelüftete Dächer	ohne Unterdecke ohne Kiesschüttung	1,03	33				14				7			
2			1,55	32				16				8			
3			2,06	31				17				9			
4		mit Unterdecke ohne Kiesschüttung	1,03	36				8				2			
5			1,55	33				11				4			
6			2,06	31				13				6			
7		ohne Unterdecke mit Kiesschüttung	1,03	32				14				7			
8			1,55	30				16				8			
9			2,06	29	27	32 bzw.[2] 40	27	17	20	–4	8	9	12	–8	2
10		mit Unterdecke mit Kiesschüttung	1,03	35				9				3			
11			1,55	32				11				5			
12			2,06	30				13				9			
13	belüftete Dächer	ohne Unterdecke	1,03	30				14				7			
14			1,55	28				16				8			
15			2,06	27				17				9			
16		mit Unterdecke	1,03	32				11				3			
17			1,55	30				13				5			
18			2,06	29				15				7			

[1] Wärmedämmschicht auf der Außenseite des Außenmauerwerks mit einem Wärmedurchlaßwiderstand von mindestens 0,52 $(m^2 \cdot K)/W$

[2] Es handelt sich um zwei Extremwerte, die für die Nordwand (32°C) und die Südwand (40°C) gültig sind

Vernachlässigt man die günstige Wirkung des Kriechens, so sind die genannten Bauteildehnungen auf die Herstellungstemperatur ϑ_0 bzw. den Herstellzeitpunkt t_0 zu beziehen. Setzt man Baustoff und Herstellzeitpunkt beider Decken und damit ihr Schwindmaß näherungsweise gleich an, so wird

$$\delta_\varepsilon = 0{,}5 \cdot \alpha_{tD} \cdot (\vartheta_{Do} + \vartheta_{Du} - 2 \cdot \vartheta_0) - \alpha_{tW} \cdot (\vartheta_W - \vartheta_0) + \varepsilon_{sD} - \varepsilon_{sW}.$$

Die so ermittelte Dehnungsdifferenz ist nach DIN 18 530 [14] wie folgt zu begrenzen:

$$-0{,}4 \text{ mm/m} \le \delta_\varepsilon \le +0{,}2 \text{ mm/m}.$$

Die zulässige Verkürzung wird betragsmäßig größer als die zulässige Verlängerung angenommen, da massive Wände Verkürzungen besser schadenfrei (d. h. rissefrei) aufnehmen können.

Schnelle Temperaturwechsel während des Bauzustandes oder infolge plötzlichen Ausfalls der Zentralheizungsanlage werden üblicherweise nicht betrachtet, näheres dazu s. bei [60].

Nachweis des Verschiebewinkels zwischen Dachdecke und darunterliegender Decke

Nicht nur die direkten Dehnungsdifferenzen zwischen Decken und Wänden können zu Rissen führen, sondern auch die sich daraus über die Verschiebungslänge L ergebenden Verschiebewinkel γ, vgl. Bild 6.12.

Als Nullpunkt der Verschiebung ist bei Gebäuden mit annähernd gleichmäßig verteilten Wänden deren Schwerpunkt anzunehmen, bei Gebäuden mit aussteifendem Kern dessen Schwerpunkt. Mit [59] errechnet sich der Verschiebewinkel γ zu:

$$\gamma = \frac{\delta_\gamma}{H} = \frac{\Delta L_{Do} - \Delta L_{Du}}{H}$$
$$= \frac{L}{H} \cdot \left[\alpha_{t,Do} \cdot (\vartheta_{Do} - \vartheta_0) - \alpha_{t,Du} \cdot (\vartheta_{Du} - \vartheta_0) + \varepsilon_{s,Do} - \varepsilon_{s,Du}\right].$$

Setzt man wie oben Baustoff und Schwindmaß beider Decken gleich, so erhält man

$$\gamma = \frac{L}{H} \cdot \alpha_{t,D} \cdot (\vartheta_{Do} - \vartheta_{Du}).$$

Um die Schubbeanspruchung der fest mit beiden Decken verbundenen Wände zu begrenzen, muß der Verschiebewinkel bei Wänden aus Mauerwerk oder unbewehrtem Beton bis zu 3,50 m Höhe gemäß DIN 18 530 [14] folgender Bedingung genügen:

$$-1/2500 \le \gamma \le +1/2500.$$

Berechnungsbeispiel

Es soll untersucht werden, ob die Dachdecke des in Bild 6.15 dargestellten Gebäudes bereichsweise verschieblich gelagert werden muß.

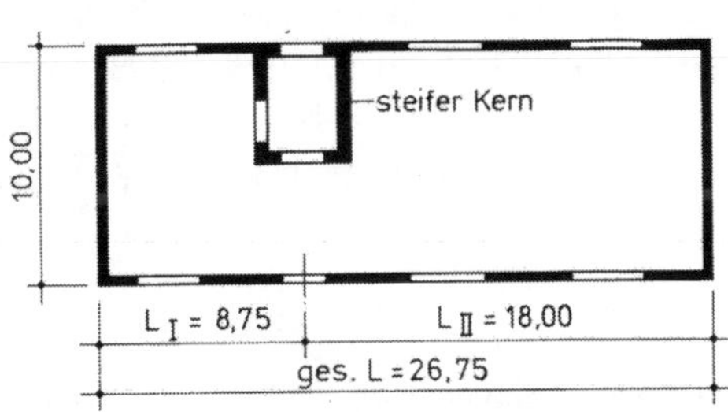

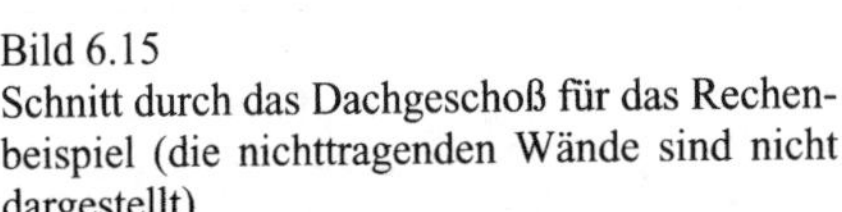
Bild 6.15
Schnitt durch das Dachgeschoß für das Rechenbeispiel (die nichttragenden Wände sind nicht dargestellt)

Angaben zum Gebäude:

- Geschoßhöhe H = 2,80 m,
- sämtliche Decken aus Ortbeton d = 14 cm, ohne Unterdecken, Dachdecke mit nichtbelüftetem Flachdach mit Kiesschüttung auf 8 cm Hartschaum, d. h. $1/\Lambda \geq 2{,}0\ m^2 \cdot K/W$,
- Kern aus Stahlbeton,
- übrige tragende Wände aus Kalksandsteinmauerwerk d = 24 cm, Außenwände mit außenseitig 6 cm Wärmedämm-Verbundsystem, d. h. $1/\Lambda \geq 1{,}5\ m^2 \cdot K/W$,
- Herstellung im Sommer.

Beiwerte aus Tafeln 6.3 bis 6.5:

$$\alpha_{tD} = 1{,}0 \cdot 10^{-5}\ 1/K = 0{,}010\ mm/(m \cdot K)$$
$$\alpha_{tW} = 0{,}8 \cdot 10^{-5}\ 1/K = 0{,}008\ mm/(m \cdot K)$$
$$\varepsilon_{sD} = -0{,}4\ mm/m$$
$$\varepsilon_{sW} = -0{,}2\ mm/m$$
$$\vartheta_0 = +15°C \text{ (allgemein)}$$

Sommer: $\vartheta_{Do} = +29°C$
$\vartheta_{Du} = +27°C$
$\vartheta_W = +27°C$

Winter: $\vartheta_{Do} = +9°C$
$\vartheta_{Du} = +12°C$ (Ausfall der Heizung als Extremfall)
$\vartheta_W = +2°C$

} s. Tafel 6.6

Berechnung für den Sommerlastfall:

$$\delta_\varepsilon = 0{,}5 \cdot 0{,}010 \cdot (29 + 27 - 2 \cdot 15) - 0{,}008 \cdot (27 - 15) - 0{,}4 - (-0{,}2) = -0{,}166\ mm/m\ |<|\ -0{,}4\ mm/m$$

$$\gamma_I = \frac{8{,}75}{2{,}80} \cdot 1{,}0 \cdot 10^{-5} \cdot (29 - 27) = -1/16\,000 < 1/2500$$

$$\gamma_{II} = \frac{18{,}00}{2{,}80} \cdot 1{,}0 \cdot 10^{-5} \cdot (29 - 27) = -1/7800 < 1/2500.$$

Berechnung für den Winterlastfall:

$$\delta_\varepsilon = 0{,}5 \cdot 0{,}010 \cdot (9 + 12 - 2 \cdot 15) - 0{,}008 \cdot (2 - 15) - 0{,}4 - (-0{,}2) = -0{,}141\ mm/m\ |<|\ -0{,}4\ mm/m$$

$$\gamma_I = \frac{8{,}75}{2{,}80} \cdot 1{,}0 \cdot 10^{-5} \cdot (9 - 12) = -1/10\,700\ |<|\ -1/2500$$

$$\gamma_{II} = \frac{18{,}00}{2{,}80} \cdot 1{,}0 \cdot 10^{-5} \cdot (9 - 12) = -1/5200\ |<|\ -1/2500.$$

Auf Gleitlager unterhalb der Dachdecke kann in diesem Beispiel verzichtet werden. Dies ist vor allem eine Folge der guten Wärmedämmung auf der Dachdecke.

Um Schäden während der Bauzeit auszuschließen, muß sofort nach dem Betonieren der Decken

- im Sommer eine übermäßige Erwärmung und
- im Winter eine zu schnelle Abkühlung

z. B. durch temporär aufgelegte Wärmedämmplatten verhindert werden [14]. Andernfalls ist der oben geführte Nachweis für die ungünstigeren Randbedingungen ohne ausreichende Wärmedämmung während der Bauzeit (ungeschützte Decke) zu erbringen!

6.4 Nicht genutzte, nichtbelüftete Flachdächer

6.4.1 Einschaliges Flachdach

Den prinzipiellen Außau eines nicht genutzten, nichtbelüfteten Flachdaches zeigt Bild 6.16 a. Die einzelnen Schichten haben – von unten nach oben – folgende Aufgaben:

Tragende Dachdecke mit Gefälle

Die tragende Dachdecke muß den statischen Anforderungen genügen. Um eine horizontale Untersicht zu erhalten, kann sie meist nicht im Gefälle betoniert werden; somit muß das erforderliche Dachgefälle von mindestens 2 % anderweitig hergestellt werden.

Folgende Alternativen sind möglich:

- Gefällebeton (Gefälleestrich) aus (unbewehrtem) Normalbeton; bauphysikalisch problemlos, die große Masse erfordert eine aufwendigere Tragkonstruktion.
- Gefällebeton aus Leichtbeton; wegen dessen hoher Wämmedämmung muß die für den Tauwasserschutz erforderliche Dampfsperre zwischen tragender Dachdecke und Gefälle-Leichtbeton liegen, sofern dadurch der Wärmedurchlaßwiderstand aller Bauteilschichten unterhalb der Dampfsperre 20 % des Gesamt-Wärmedurchlaßwiderstandes überschreitet [10]. Dies erfordert längere Wartezeiten bis zum Weiterbau, damit der Leichtbeton seine Baufeuchte abgeben kann – damit scheidet diese Lösung praktisch aus.
- Das Gefälle wird nicht auf der tragenden Dachdecke, sondern erst in der Wärmedämmschicht durch gebundene Schüttungen aus bituminierten expandierten Mineralien oder keilförmig geschnittene Wärmedämmplatten erzeugt, s. Bild 6.16 b (vgl. Abschn. 6.2.4 und Bild 6.4).

Besteht die tragende Dachdecke aus Bimsbetonplatten, so sollen diese mit einer fest haftenden Zementschlämme überzogen sein [2], um einen ausreichenden Haftgrund für den folgenden Dachaufbau zu ergeben.

Stahltrapezprofile nach DIN 18 807 [17] (vgl. Bild 5.17 a) sollen als tragende Dachdecke

- mind. 0,88 mm dick sein, um Deformierungen oder Verbeulungen bei der Ausführung zu vermeiden,
- eine rechnerische Durchbiegung von max. 1/300 haben, um bei Gefälle von mehr als 2 % Wassersackbildungen auszuschließen und
- in den Untergurten an den Tiefpunkten angebohrt werden, um dort stehendes, beim Bau eingedrungenes Wasser ablaufen lassen zu können [2].

Sicherheitshalber sollten bei Stahltrapezprofildächern die Dachabläufe in Feldmitte angeordnet und erst unterhalb des Daches zu den Stützen hin verzogen werden.

Voranstrich

Der Voranstrich soll den auf der Dachdecke vorhandenen Staub binden und die Haftfähigkeit der Klebemittel für den weiteren Dachaufbau verbessern [2]. Weiter hat er eine wasserabweisende Wirkung.

Bei Dachabdichtungen mit Bitumenbahnen wird in der Regel eine Bitumenlösung auf die gereinigte, oberflächentrockene Unterlage als Voranstrich aufgetragen. Bei lose verlegten Kunststoffbahnen entfällt der Voranstrich.

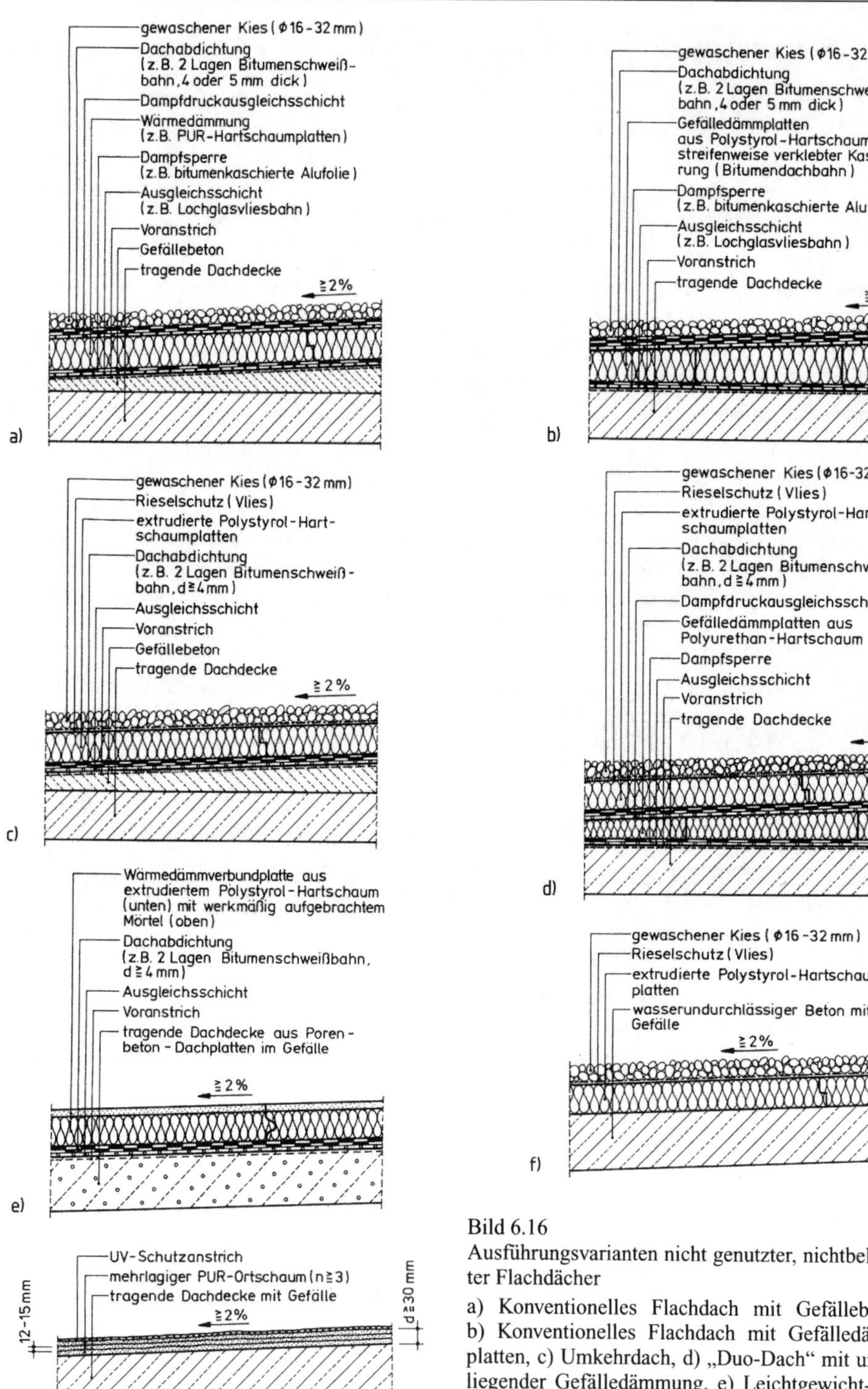

Bild 6.16
Ausführungsvarianten nicht genutzter, nichtbelüfteter Flachdächer

a) Konventionelles Flachdach mit Gefällebeton, b) Konventionelles Flachdach mit Gefälledämmplatten, c) Umkehrdach, d) „Duo-Dach" mit untenliegender Gefälledämmung, e) Leichtgewicht-Umkehrdach, f) „Sperrbetondach", g) „Ortschaumdach"

Ausgleichsschicht (Trennschicht)

Die Ausgleichsschicht soll geringfügige Schwind- und Spannungsrisse in der Unterlage überbrücken und den folgenden Dachaufbau von chemischen Einwirkungen und möglichen Rauhigkeiten der Unterlage trennen [2] (vgl. auch Abschn. 6.3.5 und Bild 6.11).

Wenn aus Witterungsgründen die Dampfsperre vorübergehend als Notdeckung dienen muß, wirkt die Ausgleichsschicht kurzzeitig wie eine Dampfdruckausgleichsschicht [58]. Im fertigen Dach hat die (untere) Ausgleichsschicht keine dampfdruckausgleichende oder -abführende Wirkung mehr!

Die Ausführungsmöglichkeiten in Verbindung mit der Dampfsperre zeigt Bild 6.17.

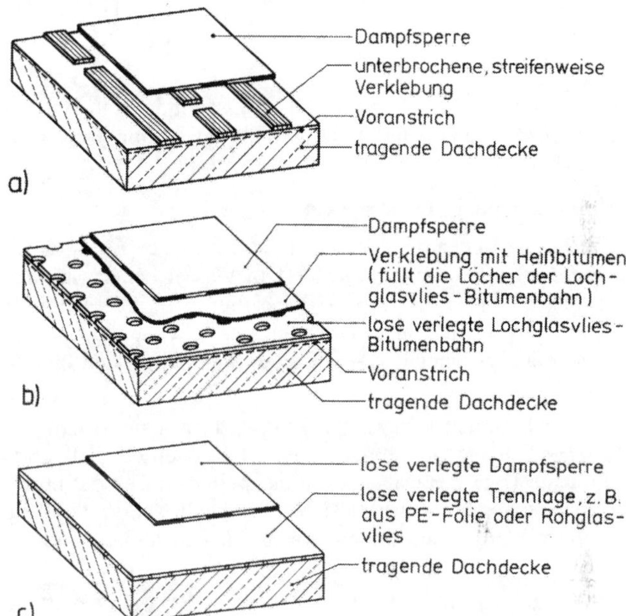

Bild 6.17
Ausführungsmöglichkeiten der Ausgleichsschicht
a) Unterbrochen streifenweise Verklebung der Dampfsperre
b) Punktweise Verklebung der Dampfsperre mit Hilfe einer Lochglasvlies-Bitumenbahn
c) Lose Verlegung der Dampfsperre auf einer losen Trennlage

Dampfsperre

Die Dampfsperre soll verhindern, daß die darüberliegende Wärmedämmung durch Tauwasserbildung vom Innenraum her durchfeuchtet wird (vgl. Abschn. 6.2.4 und 6.3.3). Zur Notwendigkeit von Dampfsperren auf Stahltrapezprofilen s. Abschn. 6.2.4.

Als Dampfsperre geeignete Bahnen sind in Tafel 6.13 zusammengestellt; Dachbahnen mit Rohfilzpappe als Einlage sind als Dampfsperre ungeeignet! Die Überdeckungen von Dampfsperrbahnen müssen vollflächig verbunden werden; Dampfsperren sind an Anschlüssen bis über die Dämmschicht hochzuführen und an Durchdringungen anzuschließen [2].

Wärmedämmung

Die Wärmedämmung der Dachdecke soll neben der Erfüllung der Anforderungen aus DIN 4108 [10] und Wärmeschutzverordnung [11]

- ein behagliches Raumklima schaffen,
- temperaturbedingte Verformungen, Spannungen und Rißbildungen in der Dachkonstruktion mindern (vgl. Abschn. 6.3.5 und 6.3.6) und
- die Dachkonstruktion zusammen mit der Dampfsperre vor einem unzulässig großen Tauwasserausfall schützen.

Wärmedämmschichten müssen ausreichend temperatur- und formbeständig, unverrottbar und als Unterlage der Dachabdichtung trittfest und maßhaltig sein. Für Dämmschichten in nicht durchlüfteten Dächern sind Wärmedämmstoffe vom Typ WD, WS oder WDS zu verwenden, vgl. Tafel 6.15.

Hartschaum-Dämmplatten sollen nicht größer als 1 m^2 bei einer maximalen Kantenlänge von 1,25 m sein, um die Schwindfugen zwischen den Platten klein zu halten. Zur Verminderung der Oberflächenspannung sollten Hartschaumplatten durch Messerung (Einschnitte) in kleinere Einzelflächen unterteilt sein.

Dämmplatten oder Rolldämmbahnen aus Polystyrol-Hartschaum, auf die die erste Lage der Dachabdichtung mit Heißbitumen aufgeklebt werden soll, sollen oberseitig überlappend kaschiert sein (vgl. Bild 6.4 b und 6.58 a), wobei die Kaschierung (in der Regel eine Bitumendachbahn, vgl. Tafel 6.12) als „Hitzeschild" wirkt, da der Polystyrol-Hartschaum nicht ausreichend hitzebeständig ist.

Platten mit Verfalzungen müssen so ausgebildet sein, daß sich Bewegungen nicht großflächig auswirken können (Stufenfalz); solche Dämmplatten vermindern den Wärmeverlust im Fugenbereich [2].

Dampfdruckausgleichsschicht

Die Dampfdruckausgleichsschicht soll örtlichen Dampfdruck, der aus (nicht planmäßig) eingeschlossenem oder eingewandertem Wasser bei Erwärmung entsteht, verteilen und dadurch ausgleichen (vgl. Bild 6.7). Weiterhin soll die Dampfdruckausgleichsschicht als Trennschicht zwischen Wärmedämmung und Dachabdichtung dienen, um Bewegungen zwischen diesen beiden Schichten – vor allem aus Schwinden und Temperaturdehnung – zu ermöglichen [2].

Die Dampfdruckausgleichsschicht wird als eine zusammenhängende Luftschicht unter der Dachabdichtung ausgebildet; und zwar dadurch, daß eine werkmäßige Kaschierung bzw. die erste Lage der Dachabdichtung punktförmig oder unterbrochen streifenweise aufgeklebt oder lose verlegt und eine selbsttätige vollflächige Verklebung verhindert wird, z. B. durch grobe Bekiesung oder andere Trennschichten auf der Unterseite (analog zu Bild 6.17).

Bei Mineralfaserdämmstoffen erfolgt der Dampfdruckausgleich im Dämmstoff; Dachabdichtungen können auf Mineralfaserdämmstoffen deshalb vollflächig aufgeklebt werden.

Auf Dämmschichten aus Schaumglas sollen Dachabdichtungen vollflächig aufgeklebt werden, da im praktisch dampfdichten Schaumglas kein örtlicher Dampfdruck entstehen kann [2], vgl. Bild 6.26 a und 6.30 a.

Dachabdichtung

Dachabdichtungen können

- mehrlagig mit Bitumenbahnen oder
- einlagig aus Kunststoffbahnen, auch „hochpolymere Bahnen" genannt,

hergestellt werden.

Bei mehrlagigen bituminösen Dachabdichtungen sind die einzelnen Bahnen untereinander vollflächig zu verkleben oder zu verschweißen; um Verträglichkeitsproblemen vorzubeugen, sollten in einer Abdichtung nur Bahnen eines Herstellers verwendet werden. Ohne zusätzlichen Oberflächenschutz sind als obere Lage Polymerbitumenbahnen mit z. B. Schieferbesplittung zu verwenden. Genormte Bitumenbahnen zur Dachabdichtung s. in Tafel 6.12.

Einlagige Dachabdichtungen mit Kunststoffbahnen sollen in der Regel über einer Schutzschicht aus z. B. Kunststoffvlies verlegt werden, wenn die Unterlage dies erfordert und die verwendete Dachbahn nicht werkseitig auf der Unterseite mit Polyestervlies kaschiert ist. Eine Trennschicht (z. B. Rohglasvlies 120 g/m^2) ist notwendig, wenn die Unterlage mit der Dachhaut nicht verträglich ist, z. B. bei Verlegung von PVC-Bahnen auf Polystyrol oder imprägnierter Holzschalung. Bei hoher mechanischer Beanspruchung, z. B. Dachabdichtungen unter Plattenbelägen, schweren Nutzschichten oder Begrünungen, ist über der Abdichtung eine zusätzliche Schutzlage (z. B. Kunststoffvlies $\geq$ 300 g/m^2) vorzusehen. Kunststoff-Dachbahnen, die in Verbindung mit Bitumenbahnen verwendet werden, müssen uneingeschränkt und auf Dauer bitumenverträglich sein; dies betrifft die chemische und die thermisch-mechanische Verträglichkeit [2], vgl. Tafel 6.14.

Oberflächenschutz

Der Oberflächenschutz dämpft Temperaturschwankungen, bietet bei entsprechender Ausführung einen zusätzlichen Schutz gegen mechanische Beschädigungen oder UV-Strahlung und erhöht die Lebensdauer der Dachabdichtung. Man unterscheidet leichten und schweren Oberflächenschutz [2]:

- Leichter Oberflächenschutz:
  Bei Dachabdichtungen aus Bitumenbahnen, auf denen kein schwerer Oberflächenschutz aufgebracht wird, muß die oberste Lage aus einer Polymerbitumenbahn bestehen. Elastomerbitumen (PYE) muß, Plastomerbitumen (PYP) kann mit Splitt, Granulat oder einer geeigneten Beschichtung bedeckt sein. Besandung oder Kiespressung sind ungeeignet. Anstriche oder zusätzliche Beschichtungen müssen mit der Bahn, auf die sie aufgebracht werden, verträglich sein. Helle Anstriche oder Beschichtungen wirken abstrahlend und vermindern dadurch die Aufheizung. Anstriche mit Bitumenklebemasse sind ungeeignet.
- Schwerer Oberflächenschutz:
  Verwendet werden begehbare Beläge (Betongehwegplatten bzw. Formsteine) oder Kiesschüttung: Kiesschüttung wird vorzugsweise aus Kies, Körnung 16/32, im Einbauzustand mind. 5 cm dick, hergestellt. Abweichend von DIN 4226 'Zuschlagstoffe für Beton' sind ein erhöhter Anteil von Unter- oder Überkorn sowie höhere Feinanteile oder auch nicht frostbeständige Anteile zulässig. Die Funktion der Kiesschüttung als Oberflächenschutz und Auflast wird dadurch nicht beeinträchtigt. Übernimmt die Kiesschüttung gleichzeitig die Sicherung gegen Abheben durch Wind-Sogkräfte, so ist die Dicke der Schüttung auch abhängig von den anzusetzenden Soglasten. Die Dicke der Kiesschüttung ist außerdem abhängig von der Tragfähigkeit der Unterkonstruktion.

Die Notwendigkeit einer Kiesschüttung auf der Dachabdichtung wird in der Fachwelt z. Z. kontrovers diskutiert.

- Gegen die Kiesschüttung sprechen: Schwierigkeit bei Wartungs- und Inspektionsarbeiten, Schwierigkeiten bei der Ortung von Leckagen, hinreichende UV-Beständigkeit der Dachabdichtung auch ohne Schutzschicht insbesondere bei Verwendung von Bahnen aus Polymerbitumen, geringes Gewicht (wichtig bei Leichtdächern).
- Für die Kiesschüttung sprechen: geringe UV-Beanspruchung und geringe Temperaturbeanspruchung der Dachabdichtung, daraus folgend geringe Gefahr der Blasen- und Faltenbildung sowie Möglichkeit der losen Verlegung der Dachabdichtung über der Wärmedämmschicht (Kies wirkt als Windsogsicherung).

Insbesondere die Tatsache, daß der Blasenbildung in der Dachabdichtung durch die Kiesschüttung in hohem Maße entgegengewirkt wird, rechtfertigt die kompromißlose Forderung nach einer Bekiesung der Dachflächen; fehlt die Bekiesung, können insbesondere bei Abdichtungen, die während einer feuchten Witterungsperiode verlegt werden, Blasen gebildet werden.

Zwischen Abdichtung und Kiesschüttung ist die Anordnung einer PE-Folie zu empfehlen, um im Instandsetzungsfall den Kies leichter und ohne Beschädigung der Dachabdichtung abräumen zu können.

6.4.2 Umkehrdach

Der Aufbau des Umkehrdaches ist in Bild 6.16 c dargestellt (s. S. 224)

Dank der Entwicklung feuchteunempfindlicher Wärmedämmstoffe (extrudiertes Polystyrol) kann die Dachabdichtung auch unterhalb der Wärmedämmschicht angeordnet werden. Durch die außenliegende Wärmedämmung werden große Temperaturschwankungen von der Dachabdichtung ferngehalten (Bild 6.18) und damit deren Langzeitbeständigkeit wesentlich gesteigert. Durch die dampfdiffusionstechnisch günstige Anordnung der Abdichtung auf der (warmen) Unterseite der Dämmschicht vereinfacht sich der Aufbau der Dachkonstruktion: Die bei herkömmlichen Flachdächern erforderliche Dampfsperre kann entfallen [52].

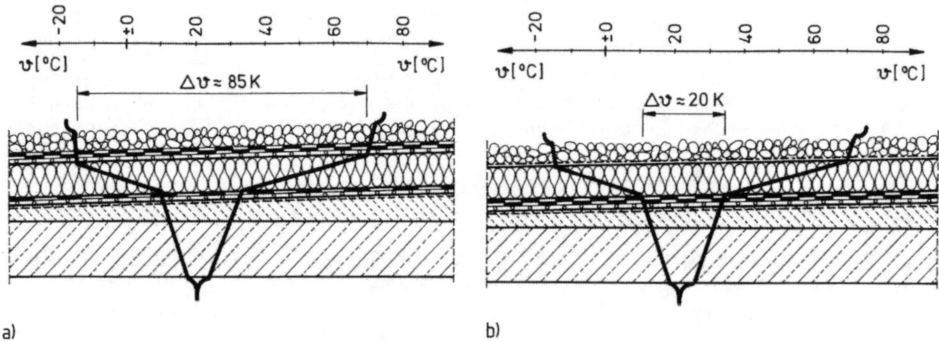

Bild 6.18 Temperaturdifferenzen in der Dachabdichtung zwischen Sommer und Winter
a) Konventionelles Flachdach, b) Umkehrdach

Es ist durch Versuche und durch über 30jährige Beobachtungen in der Praxis erwiesen, daß diese Art der Wärmdämmung mit extrudierten Polystyrol-Hartschaumplatten langzeitbeständig ist und bei sachgemäßem Einbau (entsprechend bauaufsichtlicher Zulassungen [61] bzw. [62] für die Treibmittel HFCKW bzw. CO_2) nur in geringem Umfang Feuchte aufnimmt, so daß das Wärmeschutzverhalten nicht nachteilig beeinflußt wird [63].

Folgende Randbedingungen sind hinsichtlich der konstruktiven Ausbildung und der Bemessung der Wärmedämmung zu beachten:

- Die tragende Decke unter dem Umkehrdach muß ein Mindestflächengewicht von 250 kg/ m^2 aufweisen, ansonsten muß die Decke einen Mindestwärmedurchlaßwiderstand von 0,15 m^2 K/W aufweisen. Der Grund für diese Bestimmung liegt in der Vermeidung von Tauwasser bei einem plötzlich einsetzenden Wetterumschwung (Gewitter) im Sommer (hohe Außenlufttemperaturen und hohe relative Luftfeuchte mit anschließender starker Abkühlung der Luft) [63], [64].
- Die Wärmedämmung darf nicht in gestautem Niederschlag liegen; das bedeutet, daß die Decke sowohl ein Mindestgefälle aufweisen als auch eine Entwässerung der Dachfläche vorhanden sein muß. Dadurch wird sowohl eine Zunahme des Feuchtegehaltes in der Wärmedämmung als auch ein mögliches Aufschwimmen der Dämmplatten vermieden.

- Die Wärmedämmung soll nicht von dampfdichten oder ständig feuchten Schichten (Beton, intensive Begrünung o. ä.) bedeckt sein [65], [66], [67]; es dürfen nur wasserdampfdiffusionsdurchlässige Beläge oberhalb der extrudierten Polystyrolplatten verwendet werden (Kiesschüttungen, diffusionsfähige Betonsteinbeläge u. ä.), da extrudiertes Polystyrol zwar kein flüssiges Wasser, wohl aber Wasserdampf aufnimmt.
- Die Wärmedämmung oberhalb der Abdichtung muß einlagig erfolgen. Bei einer zweilagigen Ausbildung kann zwischen den Platten ein Wasserfilm auftreten, der aufgrund seiner Wasserdampfdiffusionsdichtheit zu einem „Absaufen" der unteren Wärmedämmplatten führen kann.
- Die Wärmedämmplatten müssen zur Vermeidung von Wärmebrücken am Stoß mit einem Stufenfalz versehen sein (vgl. Bild 6.16 c).
- Bei der Ermittlung des Wärmedurchgangskoeffizienten k_D der Dachkonstruktion ist entsprechend den Zulassungen [61], [62] ein Zuschlag Δk zu addieren, welcher den Wärmeverlust berücksichtigt, der aufgrund des unter den Wärmedämmplatten abfließenden Niederschlages entsteht. Liegt der Anteil des Wärmedurchlaßwiderstandes unterhalb der Dachhaut unter 10 % des gesamten Wärmedurchlaßwiderstandes so wird gemäß Bild 6.19 als Mittelwert $\Delta k = 0{,}05\ W/(m^2 \cdot K)$ angesetzt, steigt der Anteil bis 50 %, so wird $\Delta k = 0{,}03\ W/(m^2 \cdot K)$, und bei über 50 % des gesamten Wärmedurchlaßwiderstandes unterhalb der Dachhaut ist keine Erhöhung des k_D-Wertes mehr erforderlich – eine in der Fachwelt gelegentlich als zu grob angesehene Vereinfachung [68], [69], [70]. Weiterhin ist gemäß [61], [62] generell der nach DIN 4108-2 [10] erforderliche Wärmedurchlaßwiderstand $1/\Lambda$ um 10 % zu erhöhen.

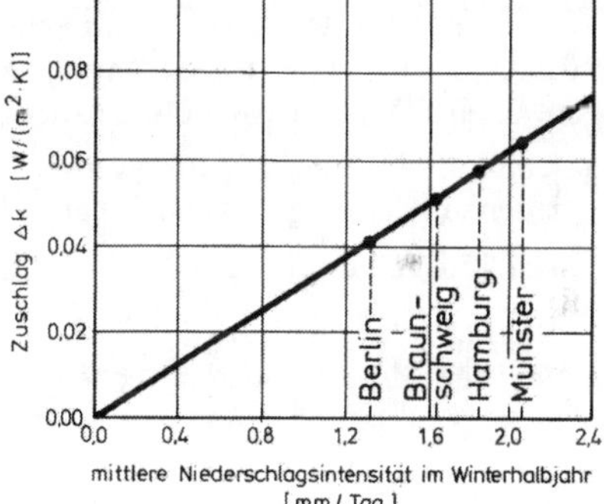

Bild 6.19
Zuschlag Δk für einige Orte in der Bundesrepublik Deuschland (kein Wärmedurchlaßwiderstand der Schichten unterhalb der Dachhaut angenommen) [71]

Das „Duo-Dach", eine Weiterentwicklung des Umkehrdaches, wird meist zur Verbesserung der Wärmedämmung von bestehenden Flachdächern mit intakter oder leicht instandsetzbarer Abdichtung eingesetzt. Wird es planmäßig ausgeführt, so kann die untere Wärmedämmung z.B. aus Polyurethan-Hartschaum bestehen (z. B. zur Gefällebildung gemäß Bild 6.16 d auf S. 224). In jedem Fall muß ein Nachweis des Tauwasserschutzes gemäß DIN 4108-3 [10] geführt werden, wenn mehr als 1/3 des gesamten Wärmedurchlaßwiderstandes unterhalb der Dachabdichtung liegt [61], [62].

Die extrudierten Polystyrol-Hartschaumplatten sind vor UV-Strahlung zu schützen; dazu genügen in der Regel 5 cm Rundkies ∅ 16 bis 32 mm als Oberflächenschutz. Um die Dachabdichtung vor Schäden durch eindringende Fremdkörper zu schützen, ist unter der Kiesschicht eine diffusionsoffene, UV- und verrottungsbeständige Vlieslage von mindestens 140 g/m^2 zu verlegen („Rieselschutz", vgl. Bild 6.16 c und d). Zur Sicherung der leichten Dämmplatten gegen Windsog und Auftrieb können im Dachrandbereich (vgl. Bild 6.8) Betonplatten erforderlich werden, s. Tafel 6.7. Zur Vereinfachung der Verlegung und Verringerung des Gewichts für den Oberflächenschutz wurden inzwischen auch extrudierte Polystyrol-Hartschaumplatten mit werkseitig aufgebrachter haufwerksporiger Mörtelschicht als Auflast und UV-Schutz entwickelt (Bild 6.16 e auf S. 224), die nach entsprechenden Windsoguntersuchungen [72] bauaufsichtlich zugelassen wurden [73].

Tafel 6.7 Erforderliche Auflasten (Mindestwerte) zur Sogsicherung der extrudierten Polystyrol-Hartschaumplatten beim Umkehrdach [61], [62]

Höhe der Dachtraufe über Gelände	Randbereich (b/8, mindestens jedoch 1 m)	Innenbereich
0 bis 8 m	1,0 kN/m² (Kies)	0,5 kN/m² (Kies)
8 bis 20 m	1,6 kN/m² (Gehwegplatten)	0,6 kN/m² (Kies)
20 bis 100 m	2,0 kN/m² (Betonplatten)	0,8 kN/m² (Kies)

6.4.3 Sperrbetondach

In dem Bemühen, weitere Schichten bei den Flachdachkonstruktionen einzusparen, wurde das sogenannte „Sperrbetondach" entwickelt: Bei dieser Flachdachkonstruktion besteht die Rohdecke aus wasserundurchlässigem Beton („Sperrbeton"). Die als verlorene Schalung an der Deckenunterseite angeordnete Wärmedämmung (s. Bild 6.20) widerspricht den anerkannten Regeln der Technik aus folgenden Gründen:

- Gefahr des Entstehens vom temperaturbedingten Zwangspannungen sowohl in der Dachdecke als auch in den tragenden Wänden (Abhilfe: Gleitlager zwischen Decken und Wänden sowie oberseitige Kiesschüttung zur Temperaturdämpfung),
- Gefahr des Entstehens punktförmiger Wärmebrücken am Kreuzungsstoß der Wärmedämmplatten mit der Folge von punktueller Tauwasserbildung an den Deckenunterseiten,
- Schallbrücken im Bereich des Anschlusses leichte Trennwand/Dachdecke,
- Erhöhte Brandlast im Rauminnern.

Es entspricht dem Stand der Technik, Decken aus wasserundurchlässigem Beton mit einer oberseitigen Wärmedämmung aus extrudiertem Polystyrol als Umkehrdach auszubilden

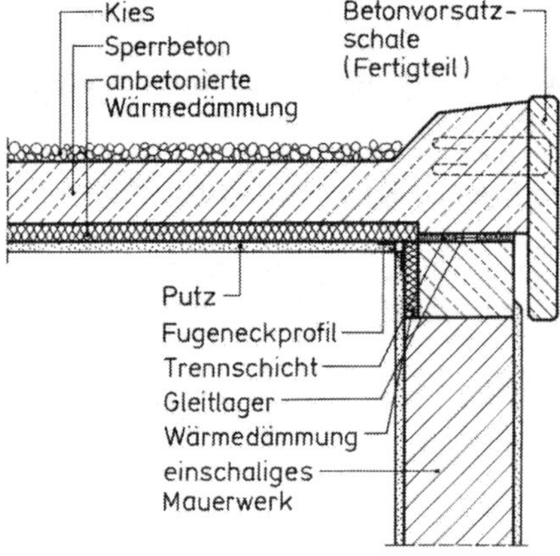

Bild 6.20
„Sperrbetondach" mit Attikaausbildung (wegen unterseitig angeordneter Wärmedämmung nicht mehr Stand der Technik)

(Bild 6.16 f auf S. 224). Die Rohdecke aus wasserundurchlässigem Beton wird nach DIN 1045 bemessen, die Wärmedämmung entsprechend der Zulassung für die Umkehrdächer [61], [62]; zur zusätzlichen Abdichtung mit Bentonit s. Abschn. 6.9.1.

Die Sperrbetondecke durchdringende Rohre und Dachabläufe sind zur Gewährleistung eines wasserdichten Anschlusses mit einem Flansch zu versehen, der einbetoniert wird (Bild 6.21). Die Dachdecke durchdringende Rohre und aufgehende Bauteile können im Deckenbereich in der Regel nicht gedämmt werden und bilden Wärmebrücken, die zur Tauwasserbildung führen können [52].

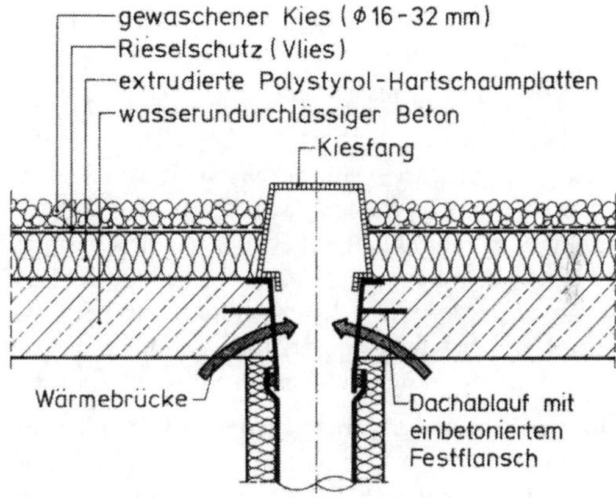

Bild 6.21
Dachablauf mit einem einbetonierten Festflansch in einem Sperrbetondach (Gefahr der Wärmebrückenbildung) [52]

6.4.4 Ortschaumdach

Bei den Ortschaumdächern (Bild 6.16 g auf S. 224) handelt es sich um Konstruktionen, bei denen auf der tragenden Dachdecke ein Polyurethanschaum in mehreren Lagen bauseits aufgespritzt wird; der Oberflächenschutz der Ortschaumschicht gegen UV-Strahlung geschieht entweder mit dampfdurchlässigen Anstrichen oder durch Kiesschüttungen. Ähnlich dem Umkehrdach darf der Ortschaum aufgrund seines geschlossenzelligen Aufbaus direkt dem Niederschlagswasser ausgesetzt werden. Im Hinblick darauf, daß der Schaum jedoch vollflächig auf die Unterdecke aufgespritzt wird, wirkt die durchgehende Ortschaumschicht sowohl als Wärmedämmung als auch als Abdichtung gegen Niederschläge.

In den für die Ausführung solcher Dächer gültigen bauaufsichtlichen Zulassungen des Deutschen Instituts für Bautechnik wird im Anwendungsbereich nur auf die wärmedämmenden Eigenschaften der Systeme eingegangen, während zu den abdichtenden Eigenschaften keine Aussagen erfolgen. Der Grund ist, daß abdichtungstechnische Fragen nicht zu den Bereichen bauaufsichtlicher Belange zählen, während Fragen des Wärmeschutzes in der Wärmeschutzverordnung [11] und der bauaufsichtlich eingeführten DIN 4108 [10] abgehandelt werden: Insbesondere wird dort gefordert, daß die Wärmedämmung nicht durchfeuchten darf, d. h., sie soll nicht der Witterung direkt ausgesetzt werden. Aus diesem Grund muß die Anwendung von Ortschaumdächern – wie auch die der Umkehrdächer – im Hinblick auf den Wärmeschutz in bauaufsichtlichen Zulassungen geregelt werden, während dachabdichtungstechnische Aspekte unbehandelt bleiben müssen. So sehr diese Haltung zu bedauern ist, so hat das Deutsche Institut für Bautechnik aber diese Problematik rechtlich mit der dargestellten Konsequenz untersuchen lassen.

Ortschaumdächer werden seit gut einem Jahrzehnt in bedeutendem Umfang hergestellt, wobei die Erfahrungen unterschiedlich sind. Wichtig ist, daß

- ein wirksamer und geeigneter UV-Schutz für den Ortschaum vorhanden ist (Anstrich oder Kies) und daß
- die klimatischen Randbedingungen während der Herstellung der Ortschaumschichten eingehalten werden ($\vartheta_L \geq 10$ °C, rel. Luftfeuchte $\varphi \leq 70$ %, Bauteiloberflächentemperatur $\vartheta_{Oa} \geq 12$ bis 15 °C). Werden die klimatischen Randbedingungen nicht eingehalten, so besteht die Gefahr, daß der Ortschaum nicht die erforderliche Porenstruktur – und somit nicht die erwarteten Eigenschaften – erreicht.

Für den Berliner Raum wurden die meteorologischen Aufzeichnungen des Jahres 1984 mit folgendem Ergebnis hinsichtlich der Ausführbarkeit von Polyurethan-Ortschaumdächern ausgewertet: Lufttemperaturen unter 10 °C bzw. relative Luftfeuchten über 70 % treten in der Zeit von 9.00 Uhr bis 15.00 Uhr an 269 Tagen im Jahr auf.

Das heißt, die Verarbeitung von Ortschaumsystemen ist nur an 96 Tagen im Jahr möglich. Wird zusätzlich gefordert, daß für die Ausführung der Arbeiten eine Zeitspanne von zwei Tagen ohne Unterbrechung vorhanden sein muß, daß weiterhin die klimatischen Randbedingungen von 7.00 Uhr bis 16.00 Uhr gegeben sein müssen und schließt man außerdem die Wochenenden für die Ausführung der Arbeiten aus, so kann die Schäumung nur an ca. 35 Tagen im Jahr vorgenommen werden. Berücksichtigt man schließlich, daß bei Wind die aus den Spritzdüsen herausgeblasenen Schaumkomponenten leicht verweht werden können (insbesondere auf Hochhäusern), wird der mögliche Ausführungszeitraum weiter eingeschränkt.

Ortschaumsysteme werden bisher insbesondere bei der Sanierung schadhafter Dächer und bei der nachträglichen Wärmedämmung von Wellasbestzementdächern eingesetzt. Die konstruktiven Anforderungen und die Angaben zur Ausführung des Ortschaumes sind in den jeweiligen bauaufsichtlichen Zulassungen der einzelnen Systemhersteller enthalten, z. B. in [74].

6.5 Nicht genutzte, belüftete Flachdächer

6.5.1 Wirkungsweise

Die Wirkung eines belüfteten (zweischaligen) Flachdaches (Bild 6.22) besteht darin, daß nicht wasserdampfgesättigte Außenluft im Bereich von Belüftungsöffnungen in den Dachraum eintritt, ihn durchströmt und während des Durchströmens Wasserdampf, der durch die Dachdecke diffundiert, aufnimmt. Anschließend tritt die im Höchstfall wasserdampfgesättigte Luft im Bereich der Dachentlüftungsöffnungen wieder nach außen.

Durch die Belüftung der Flachdachkonstruktion soll zum einen die in der Dachdecke gegebenenfalls noch vorhandene Baufeuchte schneller abgeführt, zum anderen einer Tauwasserbildung innerhalb der Flachdachkonstruktion wirksam entgegengewirkt werden. Weiterhin sollen die spezifischen Nachteile der einschaligen Flachdächer vermieden werden:

- Verarbeitungsfehler aufgrund des vielschichtigen Aufbaus,
- Witterungsabhängigkeit bei der Herstellung [52].

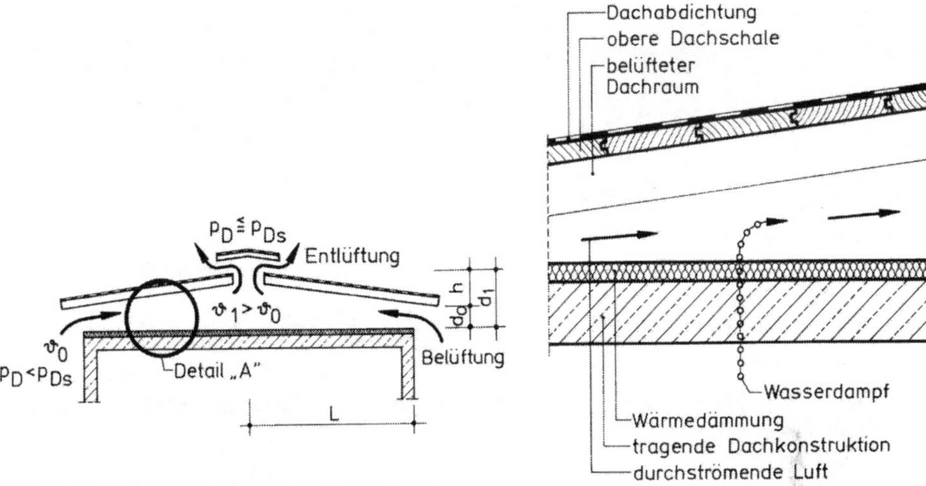

Bild 6.22 Wirkungsweise eines belüfteten Flachdaches

6.5.2 Belüftungswirkung

Die Luftströmung im Dachraum wird durch zwei Kräfte bewirkt (vgl. Abschn. 6.2.4):

- durch Windkräfte und
- durch thermischen Auftrieb.

Bei der konstruktiven Durchbildung des Flachdaches bleibt aus Sicherheitsgründen die Windwirkung unberücksichtigt, da durch nachträgliche Bebauungsmaßnahmen die Anströmung des Gebäudes verhindert werden kann und weil auch zu Zeiten hoher Feuchtebelastung (Winter) über längere Zeiträume Windstille herrscht.

Bei Windstille bewirkt allein der thermische Auftrieb die Bewegung der im Dachraum befindlichen Luft: Die Außenluft tritt im Bereich der Belüftungsöffnungen in den Dachraum mit ϑ_0 ein und wird auf $\vartheta_1 > \vartheta_0$ erwärmt (vgl. Bild 6.22). Damit wird die Luft im Dachraum leichter als die Außenluft, so daß sie durch die Entlüftungsöffnungen entweicht („Schornsteineffekt"). Durch den thermischen Auftrieb wird die für die Funktion des Daches erforderliche Luftbewegung im Dachraum bewirkt [75]; durch tiefe Anordnung der Be- und hohe Anordnung der Entlüftungsöffnungen kann dieser Effekt verstärkt werden (vgl. Bild 6.1 b). Die Luftströmung behindernde Bauteile (quer zur Strömung verlaufende Pfetten im Dachraum z. B.) müssen vermieden werden.

Die Wirkung und Funktion belüfteter Flachdächer sind u. a. von Seiffert [75], Gertis [76] und Liersch [77] untersucht worden. Nach Seiffert kann die Belüftung des Dachraumes allein aufgrund der Thermik wie folgt abgeschätzt werden: Die Druckdifferenz Δp aus thermischem Auftrieb errechnet sich zu

$$\Delta p = h \cdot (\gamma_1 - \gamma_0) \text{ in N/m}^2$$

mit

h = Dachhöhe [m] (vgl. Bild 6.22)
γ_1 = Wichte der Luft beim Dach a u s tritt [N/m³]
γ_0 = Wichte der Luft beim Dach e i n tritt [N/m³]

Aus der Bernoullischen Gleichung ergibt sich der Druckabfall infolge Reibung für eine – bei Windstille im Dach realistische – Annahme laminarer Strömung zu

$$\Delta p = \zeta \cdot \frac{\gamma_m}{2g} \cdot v_L^2 \cdot \frac{L}{d} \quad \text{in N/m}^2$$

mit
ζ = Reibungsbeiwert [–]
γ_m = mittlere Wichte der Luft im Dach [N/m³]
g = 9,81 m/s² (Erdbeschleunigung)
v_L = Luftgeschwindigkeit im Dach [m/s]
L = Dachtiefe [m] (vgl. Bild 6.22)
d = Höhe des durchströmten Dachraumes [m]

Setzt man die beiden Gleichungen gleich, so erhält man die Luftgeschwindigkeit im Dach zu

$$v_L = \sqrt{\frac{2g \cdot h \cdot (\gamma_1 - \gamma_0)}{\zeta \cdot \gamma_m} \cdot \frac{d}{L}} \quad \text{in m/s}$$

Eine Auswertung dieser Gleichung für Dachräume mit d = 0,05 m und dem nach Seiffert genäherten Reibungsbeiwert ζ = 0,045 zeigt Bild 6.23.

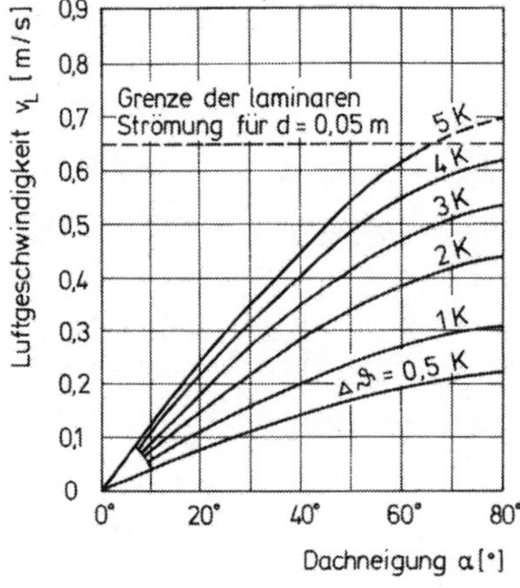

Bild 6.23
Erreichbare Luftgeschwindigkeit v_L in rechteckigen Dachräumen mit d = 0,05 m und einem geschätzten Reibungsbeiwert ζ = 0,045 in Abhängigkeit von der Dachneigung α und der Temperaturdifferenz $\Delta\vartheta$ im Dachraum [75]

Betrachtet man als Beispiel ein belüftetes Dach mit oberseitig gedämmter, ebener Betondecke und einer hölzernen oberen Dachkonstruktion gemäß Bild 6.1 b und 6.2 b mit einer Dachtiefe L = 10 m, einer Dachhöhe h = 0,35 m und den Höhen des Dachraumes d_0 = 0,15 m an der Traufe und d_1 = 0,50 m am First an (vgl. Bild 6.22), so ergibt sich ein Neigungswinkel von α = 2° und mit Bild 6.23 daraus eine Luftgeschwindigkeit im Dach v_L = 0,02 m/s.

Für eine winterliche Außenlufttemperatur von $\vartheta_{La} = \vartheta_0 = -10$ °C bei einer relativen Luftfeuchte φ_a = 80 % und eine Innenraumtemperatur von ϑ_{Li}= +20 °C bei einer relativen Luftfeuchte φ_i = 50 % nach DIN 4108 – 3 [10] kann im geringfügig wärmeren Luftraum des Daches von einer Temperatur $\vartheta_1 = -5$ °C $> \vartheta_0$ ausgegangen werden. Die Diffusionsstromdichte durch die gedämmte Betondecke liegt nach [75] bei i_{max} = 0,20 g/(m² · h), so daß pro 1 m Dachbreite durch L = 10 m Dachtiefe I_{max} = 10 m · 0,20 g/(m² · h) = 2,0 g/(m · h) diffundieren. Die einströmende Außenluft kann unter den o.g. Bedingungen (p_{Ds} = 260 Pa und p_D= 208 Pa, vgl. Bild 6.22) Δp = 0,4 g/m³ Wasserdampf aufnehmen, so daß im Dach pro 1 m Dachbreite ein Volumenstrom von

$$\text{erf } \dot{V} = \frac{I_{max}}{\Delta\rho} = \frac{2{,}0 \text{ g} / (\text{m} \cdot \text{h})}{0{,}4 \text{ g} / \text{m}^3} = 5{,}0 \text{ m}^3 / (\text{m} \cdot \text{h})$$

erforderlich wird. Die mittlere Höhe des durchströmten Dachquerschnitts beträgt

$$d_m = (d_0 + d_1)/2 = (0{,}15 + 0{,}50)/2 = 0{,}32 \text{ m},$$

so daß sich bei konstant gehaltenen sonstigen Größen das Verhältnis der mittleren Luftgeschwindigkeit v_m zur Diagramm-Luftgeschwindigkeit v_{Dia} nach Bild 6.23 wie

$$\frac{v_m}{v_{Dia}} = \sqrt{\frac{d_m}{d_{Dia}}} = \sqrt{\frac{0{,}32}{0{,}05}} = 2{,}53$$

verhält; man erhält damit eine mittlere Strömungsgeschwindigkeit im Dach von

$$v_m = v_{Dia} \cdot 2{,}53 = 0{,}02 \cdot 2{,}53 \approx 0{,}05 \text{ m/s}.$$

Damit ergibt sich pro 1 m Dachbreite zur Sicherstellung des erforderlichen Volumenstroms eine erforderliche Öffnungsgröße von

$$\text{erf } A_{Öff} = \dot{V} / v_m = \frac{5{,}0 \text{ m}^3/(\text{m} \cdot \text{h})}{0{,}05 \text{ m/s}} \cdot \frac{1}{3600 \text{ s/h}} = 0{,}028 \text{ m}^2/\text{ m}$$

zur Sicherstellung einer ausreichenden Dachunterlüftung. Auf die Dachgrundrißfläche pro 1 m Dachbreite von $A_G = 2 \cdot L = 2 \cdot 10 = 20 \text{ m}^2/\text{m}$ bezogen ergibt das einen Lüftungsquerschnitt von

$$\text{erf } (A_{Öff}/A_G) = 0{,}028/20 = 0{,}0014 = 1{,}4 \text{ ‰}.$$

Aufgrund dieser [75] und ähnlicher Untersuchungen [76], [77] werden in DN 4108-3 [10] und im Anhang I der Flachdachrichtlinien [2] (vgl. Abschn. 6.2.4) für die Praxis geeignete Konstruktionsempfehlungen angegeben; z. B. beträgt für Dächer unter 10° Neigung der Mindestlüftungsquerschnitt an den gegenüberliegenden Traufen je 2 ‰ der gesamten Dachgrundrißfläche (s. Abschn. 5.7).

6.5.3 Konstruktive Durchbildung

Den prinzipiellen Aufbau zweier nicht genutzter, belüfteter Flachdächer zeigt Bild 6.24. Die einzelnen Schichten haben – von unten nach oben – folgende Aufgaben:

Tragende Dachkonstruktion

Die tragende Dachkonstruktion muß den statischen Anforderungen genügen; ein Gefälle ist nicht erforderlich.

Dampfsperre

Ist die diffusionsäquivalente Luftschichtdicke s_d der unterhalb des belüfteten Dachraumes angeordneten Bauteilschichten nach DIN 4108-3 [10] zu gering (vgl. Abschn. 5.7), so ist unter der Wärmedämmung eine Dampfsperre erforderlich. Mögliche Materialien s. Tafel 6.13.

Wärmedämmung

Die Anforderungen an die Wärmedämmung entsprechen den in Abschn. 6.4.1 genannten. Im belüfteten Flachdach werden üblicherweise Dämmplatten oder -matten aus mineralischem Faserdämmstoff (Glas- oder Steinwolle) lose verlegt und ggf. durch Auflast oder Verklebung gegen Verschieben gesichert, s. Tafel 6.15.

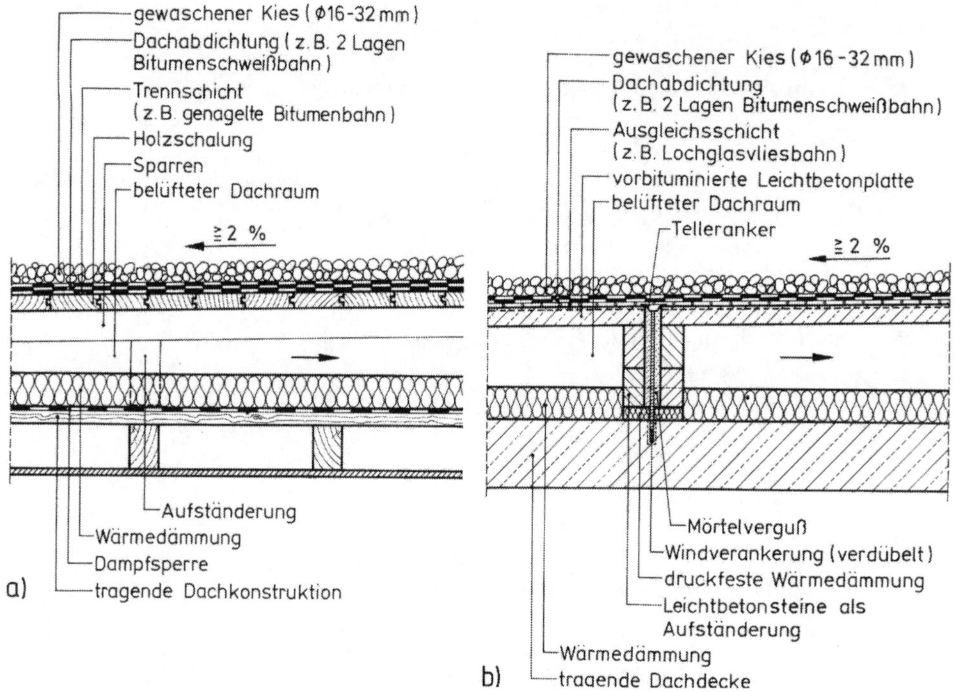

Bild 6.24 Ausführungsvarianten nicht genutzter, belüfteter Flachdächer
a) Holzkonstruktion, b) Massivkonstruktion [78]

Tragkonstruktion der oberen Dachschale

Um einen belüfteten Dachraum zu erhalten, ist eine eigenständige, statisch nachzuweisende Tragkonstruktion für die obere Dachschale erforderlich. Sie sollte ein Mindestgefälle von 2 % aufweisen [2].

Wird die Tragkonstruktion in Holz ausgeführt (Bild 6.24 a), so ist keine spezielle Wärmedämmung der Aufständerung erforderlich. In jedem Fall soll die Schalung auf Sparren (und nicht auf Pfetten) aufgenagelt werden, um die Belüftung des Dachraumes von der Traufe zum First nicht unnötig zu behindern (vgl. Bild 6.1 b und Abschn. 6.5.2). Zu den erforderlichen Holzschutzmaßnahmen vgl. Abschn. 5.11.

Die Wärmeleitfähigkeit von Leichtbeton ist höher als von Holz, daher wird unter der Aufständerung aus Leichtbetonsteinen in Bild 6.24 b eine zusätzliche, druckfeste Wärmedämmung angeordnet. Die Leichtbetondachplatten werden an allen vier Ecken unterstützt und gegen Windsog verankert [78]. Der belüftete Dachraum wird bei diesem System weder durch Sparren noch durch Pfetten unterbrochen.

Ausgleichsschicht (Trennschicht)

Um Bewegungen der Holzschalung bzw. der Leichtbetonplatten nicht auf die Dachabdichtung zu übertragen, ist eine Ausgleichs- oder Trennschicht über der Tragkonstruktion erforderlich (vgl. Abschn. 6.3.5 und Bild 6.9 a).

Dachabdichtung und Oberflächenschutz

Vgl. Abschn. 6.4.1

6.6 Genutzte Flachdächer

Die Konstruktion genutzter Flachdächer stellt keine reine Dachabdichtung dar, neben den Flachdachrichtlinien [2] und der Vornorm DIN 18 531 (Dachabdichtungen) [15] ist daher vor allem DIN 18 195 (Bauwerksabdichtungen) [13] zu beachten.

6.6.1 Begehbare Flachdächer (einfache Beanspruchung)

Begehbare Flachdächer werden in der Regel als nichtbelüftete Konstruktionen ausgebildet (Bild 6.25 a bis c), belüftete Massivkonstruktionen sind ebenfalls möglich (Bild 6.25 d). Bei der Konstruktion des Gehbelages wird unterschieden zwischen

- Plattenbelägen auf Kiesschichten (Bild 6.25 a, b, d) und
- Plattenbelägen auf punktförmigen Lagern (Bild 6.25 c).
- Plattenbeläge im Mörtelbett gelten wegen der Gefahr des Auffrierens als gefährdet.

Begehbare Beläge werden in der Regel aus Betongehweg- oder Betonwerksteinplatten in verschiedenen Abmessungen, jedoch mindestens 40 cm x 40 cm x 4 cm, hergestellt. Die Platten werden auf Kies- oder Splittbett ∅ 4 bis 8 mm, Dicke mindestens 3 cm, verlegt. Auf der Dachabdichtung ist eine Trenn- bzw. Schutzlage erforderlich, damit die Kieskörner nicht in die Abdichtung eingedrückt werden (Bild 6.25 a und d).

Die Oberfläche von Terrassenbelägen sollte ein Gefälle von mindestens 1 %, besser 2 % aufweisen; bei Umkehrdächern (Bild 6.25 b und c) ist ein Gefälle zwingend erforderlich. Bei einem größeren Gefälle besteht die Gefahr des Abrutschens, wenn die Abdichtung z. B. aus bituminösen Stoffen besteht [2], [13].

Terrassenlager für Plattenbeläge (Stelzlager) sind nur bei Verlegung auf stabilem und annähernd ebenem Untergrund anwendbar. Für direkte Verlegung auf Abdichtungen sind sie nicht geeignet [2], so daß eine punktförmige Auflagerung des Gehbelages praktisch nur bei Umkehrdächern möglich ist (Bild 6.25 c).

Um einen schnellen Wasserablauf auf dem Gehbelag zu erzielen; können die Fugen zwischen den Platten in Anlehnung an DIN 18 540 [16] abgedichtet werden; die Dachkonstruktion ist dann in zwei Ebenen an die Dachabläufe anzuschließen (Abdichtungsebene und Oberfläche des Belages).

Die Abdichtung ist an allen Stellen (auch im Bereich frei bewitterter Türen) 15 cm über die Oberkante des Bodenbelages hochzuziehen. In Sonderfällen genügen 5 cm, wenn Rinnen vor den Türen angeordnet werden, die das auf die Tür zufließende Wasser ableiten, vgl. Bild 6.48 b [2].

Die konstruktive Durchbildung der Schichten unterhalb des Kiesbetts bzw. der Stelzlager entspricht dem in Abschn. 6.4 bzw. 6.5 dargestellten. Begehbare Flachdächer über bewohnten Räumen müssen luftschall- und trittschallschutztechnischen Anforderungen genügen, s. DIN 4109 [12].

Der Dachrandabschluß im Bereich begehbarer Flachdächer muß aus Sicherheitsgründen mit einer bis zu 1,10 m hohen Brüstung oder einem gleichhohen Geländer versehen werden [1] (vgl. Abschn. 6.8.2).

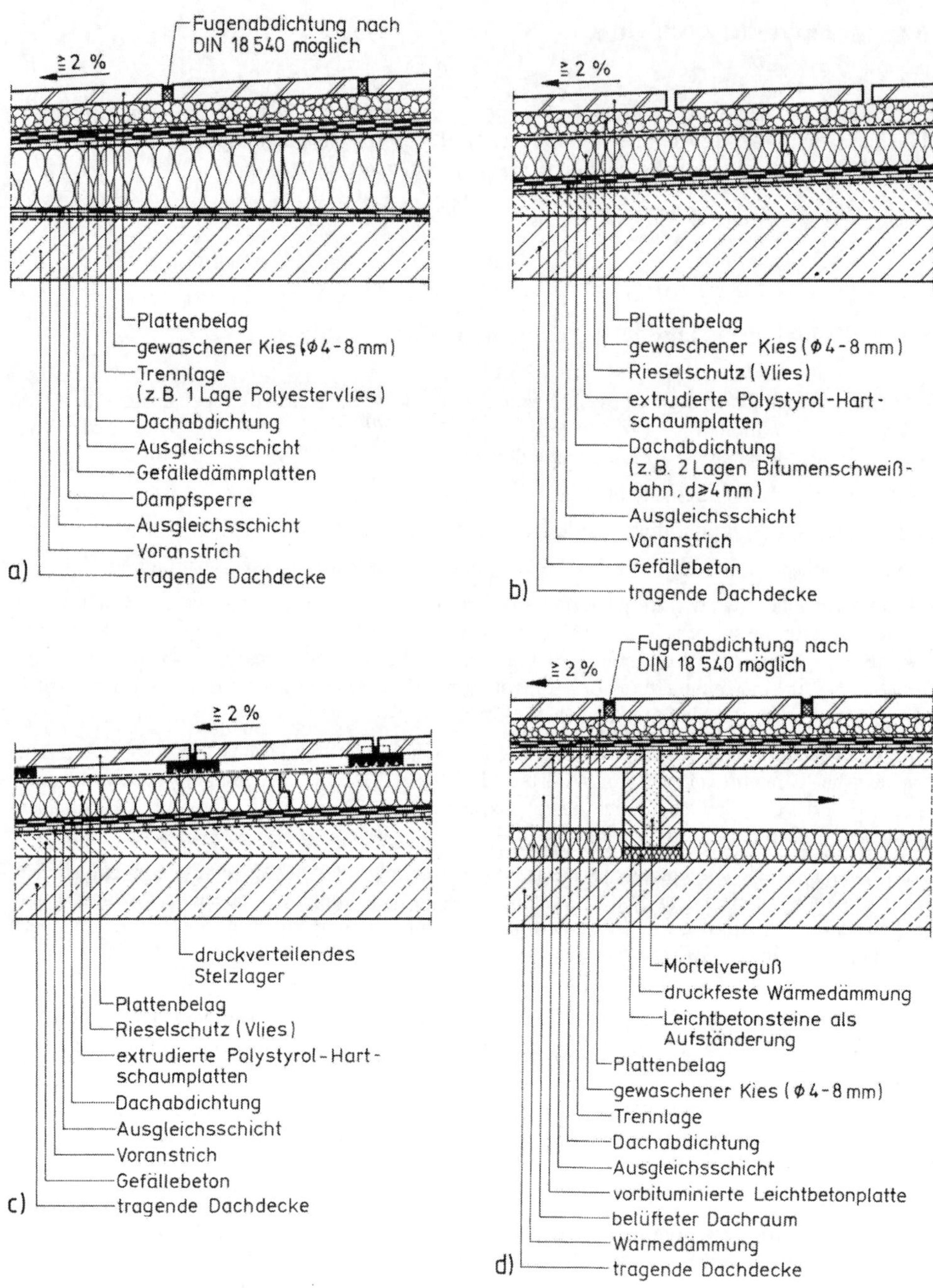

Bild 6.25 Ausführungsvariaten begehbarer Flachdächer

a) Nichtbelüftetes Flachdach
b) Umkehrdach mit Gehwegplatten im Kiesbett
c) Umkehrdach mit Gehwegplatten auf Stelzlagern
d) Belüftetes Flachdach [78]

6.6.2 Befahrbare Flachdächer (schwere Beanspruchung)

Aus statischen Gründen werden befahrbare Flachdächer mit schwerer Beanspruchung (sog. „Hofkellerdecken“) grundsätzlich als nichtbelüftete Konstruktionen ausgebildet (Bild 6.26); bei mittlerer Beanspruchung (PKW-Parkdeck) sind auch belüftete Massivkonstruktionen möglich [78]. Die konstruktive Durchbildung befahrbarer, nichtbelüfteter Flachdächer wird – soweit von Abschn. 6.4 abweichend – im folgenden erläutert:

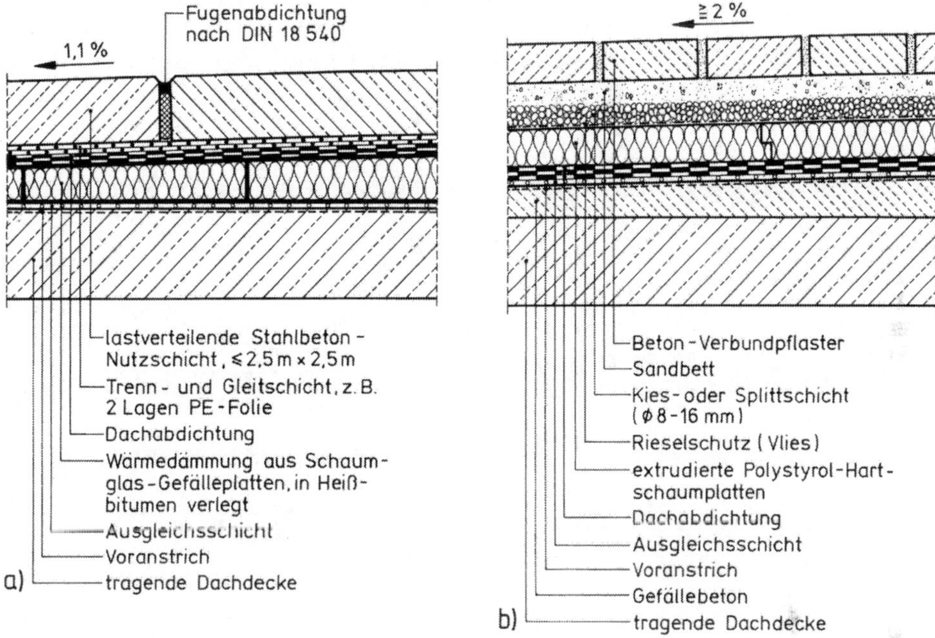

Bild 6.26 Ausführungsvarianten befahrbarer Flachdächer
a) befahrbares Flachdach mit Schaumglas-Wärmedämmung für schweren Verkehr (Sonderkonstruktion mit nur 1,1 % Gefälle, auch größere Gefälle möglich [79])
b) befahrbares Umkehrdach für leichten Verkehr (Parkdeck) [80]

Tragende Dachkonstruktion

Die tragende Dachkonstruktion muß den erhöhten statischen Anforderungen durch den schweren Verkehr genügen; zur Ableitung des Niederschlagswassers auf der darüberliegenden Abdichtung ist sie im Gefälle zu erstellen oder es ist ein Gefällebeton aufzubringen; bei Verwendung von Schaumglas als Wärmedämmung können statt dessen auch keilförmig zugeschnittene Gefälledämmplatten verwendet werden [79] (s. Bild 6.26 a).

Wärmedämmung

Die Wärmedärnmung von befahrbaren Flachdächern muß für die Beanspruchung ausreichend druckfest sein. Dazu gehört nicht nur eine hohe Druckfestigkeit bis zum Bruch, sondern vor allem auch eine geringe Zusammendrückbarkeit des Wärmedämmstoffes, um Beschädigungen der Abdichtung unter der Radaufstandsfläche zu vermeiden. Zur Berechnung der auf der Wärmedämmung wirksamen vergrößerten Radaufstandsfläche s. Bild 6.27. Für die Bemessung der Wärmedämmung unter den einwirkenden Radkräften wird ein Sicherheitsbeiwert von $\gamma = 3$ empfohlen.

Zur Wärmedämmung werden zur Zeit folgende Materialien verwendet:

- Schaumglas, es hat einen hohen Elastizitätsmodul bei Druckfestigkeiten bis zu 1,7 N/mm² [79]. Es ist daher für das nichtbelüftete, befahrbare Flachdach geeignet. Eine Lösung, bei der die Schaumglas-Wärmedämmung gleichzeitig als Gefälleschicht dient, zeigt Bild 6.26 a.
- Die zulässige Druckspannung extrudierter Polystyrol-Hartschaumplatten beträgt bis zu 0,7 N/mm² (Kurzzeitbelastung); hierbei ist aber darauf hinzuweisen, daß bei dieser Spannung eine Stauchung der Wärmedämmung von 10 %, bezogen auf deren Dicke, verursacht wird.

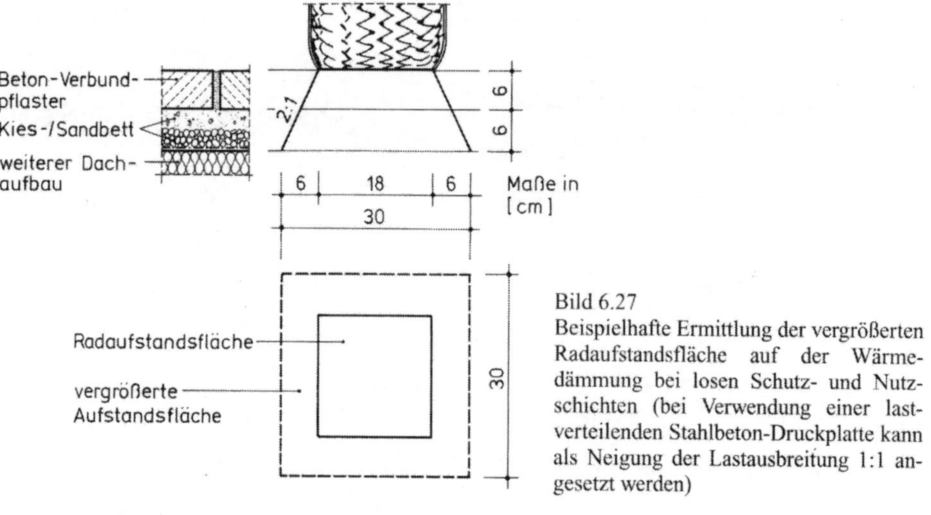

Bild 6.27
Beispielhafte Ermittlung der vergrößerten Radaufstandsfläche auf der Wärmedämmung bei losen Schutz- und Nutzschichten (bei Verwendung einer lastverteilenden Stahlbeton-Druckplatte kann als Neigung der Lastausbreitung 1:1 angesetzt werden)

Trenn- und Gleitschicht

Um temperatur-, feuchte- und nutzungsbedingte Bewegungen von der Abdichtung und der Wärmdämmung fernzuhalten, wird unter der Nutzschicht eine zweilagige Trenn- und Gleitschicht empfohlen [2] (s. z. B. Bild 6.26 a).

Lastverteilende Nutzschicht

Bei genutzten Dachflächen, die durch schweren Verkehr beansprucht werden, ist über der Dachabdichtung eine nach statischen Erfordernissen bemessene lastverteilende Druckplatte aufzubringen (bei LKW-Verkehr mindestens 10 bis 15 cm dick).

Die Größe der einzelnen, durch Fugen unterteilten Felder ist abhängig von der vorgesehenen Belastung, den Gesamtabmessungen, der thermischen Ausdehnung, dem Schwindmaß sowie den zu erwartenden Schubkräften aus Verkehr oder Neigung. Die Plattengröße sollte im allgemeinen 2,5 x 2,5 m² nicht überschreiten. Bei Schutzbeton oder Betonplatten über Abdichtungen sind im Rand- oder Anschlußbereich Fugen oder Randstreifen vorzusehen, die Beschädigungen des Anschlusses der Abdichtung verhindern [2].

Bei geneigten Dachflächen ($\alpha > 3$ %) oder erwarteten ständigen Brems- und Beschleunigungskräften ist die lastverteilende Nutzschicht in der tragenden Dachdecke zu verankern, s. Bild 6.28. Der tragende Bolzen des Tellerankers kann nach [81] bemessen werden.

Die Funktionen „Lastverteilung" und „Nutzschicht" können auch in eine Druckverteilungsplatte aus Stahlbeton mit darüberliegendem Verschleißbelag – z. B. aus Gußasphalt – getrennt werden.

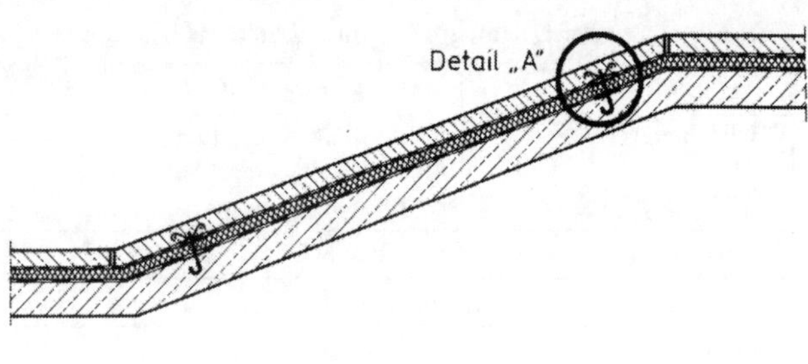

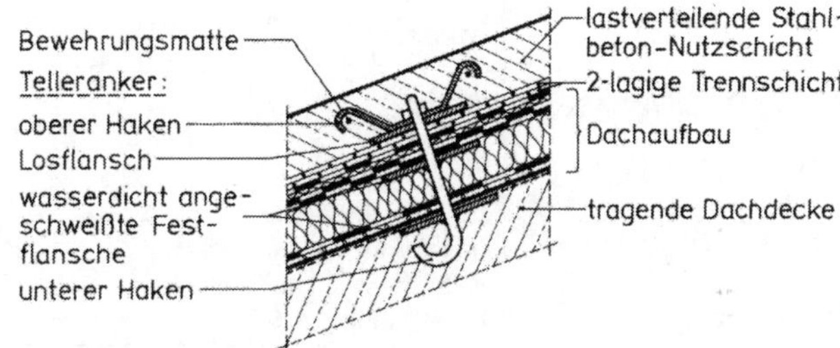

Bild 6.28
Verankerung geneigter Nutzschichten mit Tellerankern

6.7 Dachbegrünungen

Dachbegrünungen werden in den letzten Jahren in zunehmendem Maße ausgeführt. Die Begrünung oder Bepflanzung von Flachdächern hat folgende Vorteile: Die Dachabdichtung wird einerseits vor Wärme, Strahlung und mechanischer Beanspruchung (Hagel, Schmutzkrusten) geschützt, der veränderte Dachaufbau führt andererseits zu einem verbesserten Wärme- und Schallschutz; ferner ergibt sich aufgrund längerer Regenwasserrückhaltung (vgl. Tafel 6.1) ein zeitlich verzögerter Regenwasserabfuß und damit die Möglichkeit, die Dachabläufe geringer zu bemessen. Großflächige Dachbegrünungen (ab 10 000 m^2) führen zu meßbaren Klimaverbesserungen [82] – auch bepflanzte Flachdächer geringerer Fläche erhöhen jedoch die Lebensqualität.

Ob Dachbegrünungen (bepflanzte Flachdächer) nicht genutzte Dächer sind – und damit nach den Flachdachrichtlinien [2] zu behandeln sind – oder ob es sich um Bauwerksabdichtungen unter Nutzschichten handelt, die gemäß DIN 18 195 [13] auszuführen wären, ist in der Fachwelt umstritten [83], [84]. In den Flachdachrichtlinien [2], Abschn. 9.4, wie in den Dachgärtnerrichtlinien [20] und den FLL-Richtlinien für Dachbegrünungen [21] sind konkrete Hinweise für eine fachgerechte Ausführung von Dachbegrünungen gegeben. Die Berücksichtigung der Dachbegrünung beim Nachweis des Wärmeschutzes kann z. B. entsprechend [85] erfolgen; hierbei ist zu berücksichtigen, daß der nach DIN 4108 [10] erforderliche Mindestwärmeschutz unterhalb der Dachabdichtung liegen muß.

Extensive oder intensive Dachbegrünung

Vor der konstruktiven Durchbildung von Dachbegrünungen müssen sich Bauherr und Planer über die Art der Nutzung und Bepflanzung mit den daraus folgenden Konsequenzen verständigen. Auswahlkriterien für extensive oder intensive Dachbegrünung sind in Tafel 6.8 genannt; nach den Dachgärtnerrichtlinien [20] sind Extensivbegrünungen dadurch gekennzeichnet, daß sie leicht und pflegearm sind. Intensivbegrünungen umfassen einerseits flächige

Tafel 6.8 Arten der Dachbegrünung und Kriterien für ihre Auswahl .

	extensive Begrünung	intensive Begrünung
Bepflanzung	trockenheitsverträgliche, niedrigwachsende Pflanzen (s. Tafel 6.9)	anspruchsvollere Pflanzen, wie Rasen, Stauden, Sträucher, Bäume (s. Tafel 6.9)
Pflegeaufwand	jährliche Kontrollbegehung	ständige Pflege
Nutzung	nicht nutzbar	nutzbarer „Dachgarten“
Wasserversorgung	kein Wasseranstau	meistens Wasseranstau erforderlich
Dicke des Bodenaufbaus	5 bis 10 cm (s. Bild 6.29)	10 bis 115 cm (s. Bild 6.29)
Statische Anforderungen	bei Umwandlung von Kiesdächern keine zusätzlichen, da Gewicht vergleichbar einer Kiesschüttung d = 5 cm	statischer Nachweis erforderlich aufgrund – größerer Schichtdicken – Wasseranstau – Lasten (auch Windlasten!) aus Bäumen, Pflanzgefäßen, Pergolen u.ä.
Dachneigung	mindestens 2 %, je nach Rutsch- und Schubsicherung bis 45° möglich [21]	Höchstneigung durch Wasseranstau begrenzt
Sonstige Anforderungen	–	Brüstung oder Geländer erforderlich

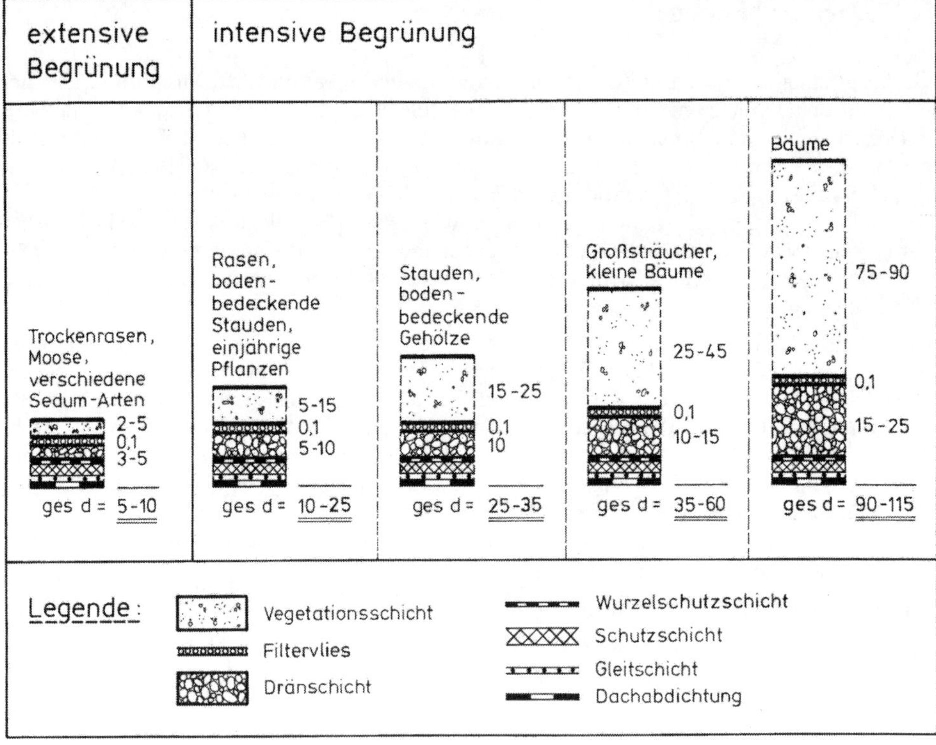

Bild 6.29 Schichtdicken des Bodenaufbaus in cm je nach Art der Dachbegrünung [83]

Begrünungen mit Rasen, Stauden und Gehölzen und andererseits auch punktuelle Begrünungen mit Sträuchern und Bäumen (sog. „Dachgärten“) [21]. Intensivbegrünungen erfordern eine umfangreiche Pflege und Bewässerung der Pflanzen.

Einige geeignete Pflanzen für beide Arten sind in Tafel 6.9 links und Mitte zusammengestellt. Die in Tafel 6.9 rechts genannten Pflanzen neigen erfahrungsgemäß sehr stark zum Durchwurzeln der Abdichtung, sie müssen bei der Dachbegrünung gemieden werden.

Je nach Art der Dachbegrünung ergeben sich unterschiedliche Schichtdicken für den Bodenaufbau, s. Bild 6.29; diese stellen dann die Grundlage für die statische Berechnung und die Konstruktion des begrünten Flachdaches dar. Einige Ausführungsvarianten zeigt Bild 6.30; die einzelnen Schichten werden im folgenden – soweit von Abschn. 6.4.1 abweichend – beschrieben:

Tafel 6.9 Eignung einiger Pflanzen für die Dachbegrünung [83], [86]

Geeignete Pflanzen für		Für Dachbegrünungen wegen aggressiven Wurzelverhaltens ungeeignete Pflanzen
extensive Dachbegrünung	intensive Dachbegrünung	
Horstrotschwingel – Festuca rubra commutata Rotschwingel (ausläufertreibend) – Festuca rubra eurubra Bärenfellgras – Festuca scoparia Blaugras – Festuca cinerea Hauswurz, weiß übersponnen – Sempervivum arachnoid Scharfer Mauerpfeffer – Sedum acre Teppichsedum – Sedum spurium Fetthenne – Sedum album Schneeheide – Erica carnea „Winterbeauty“ Moossteinbrech – Saxifraga hybrida „Purpurmantel“ Wiesenrispengras – Poa pratensis Zwergschleierkraut – Gysophila rep. „Rosea“ Zwergphlox – Phlox subulata „Temiskaming“	**Stauden und Gräser** Bergaster – Aster amellus Waldschmiele – Deschampsia Roter Sonnenhut – Rudbeckia purpurea Fackellilie – Kniphofia uvaria grdfl. Mädchenauge – Coreopsis grdfl. „Sunray“ Margerite – Chrysanthemum max. „Wirral Supreme“ **Gehölze** Zypresse – Chamaecyparis pisisfera „Filifera Nana“ Wacholder – Juniperus communis „Compressa" Nestfichte – Picea abies „Nidiformis“ Berberitze – Berberis thunbergii Maiblumenstrauch – Deutzia gracilis Apfelrose – Rosa rugosa	Erlen – Alnus, verschiedene Arten Sanddorn – Hippophea rhamnoides Scheinbuche – Nothofagus antarctica Schwarzkiefer – Pinus nigra var. austriaca Gemeine Kiefer, Föhre – Pinus silvestris Essigbaum – Rhus typhina Scheinakazie – Robinia pseudoacacia Salweide – Salix caprea und andere Salix-Arten Birke – Betula verrucosa Bambus – Sina rundinaria, verschiedene Arten Gräser – Spartina michauxiana Sumpfzypresse – Taxodium distichum Distel – Cirsium arvense Bitterlupine – Lupinus albus Eschen – Fraxinus, verschiedene Arten

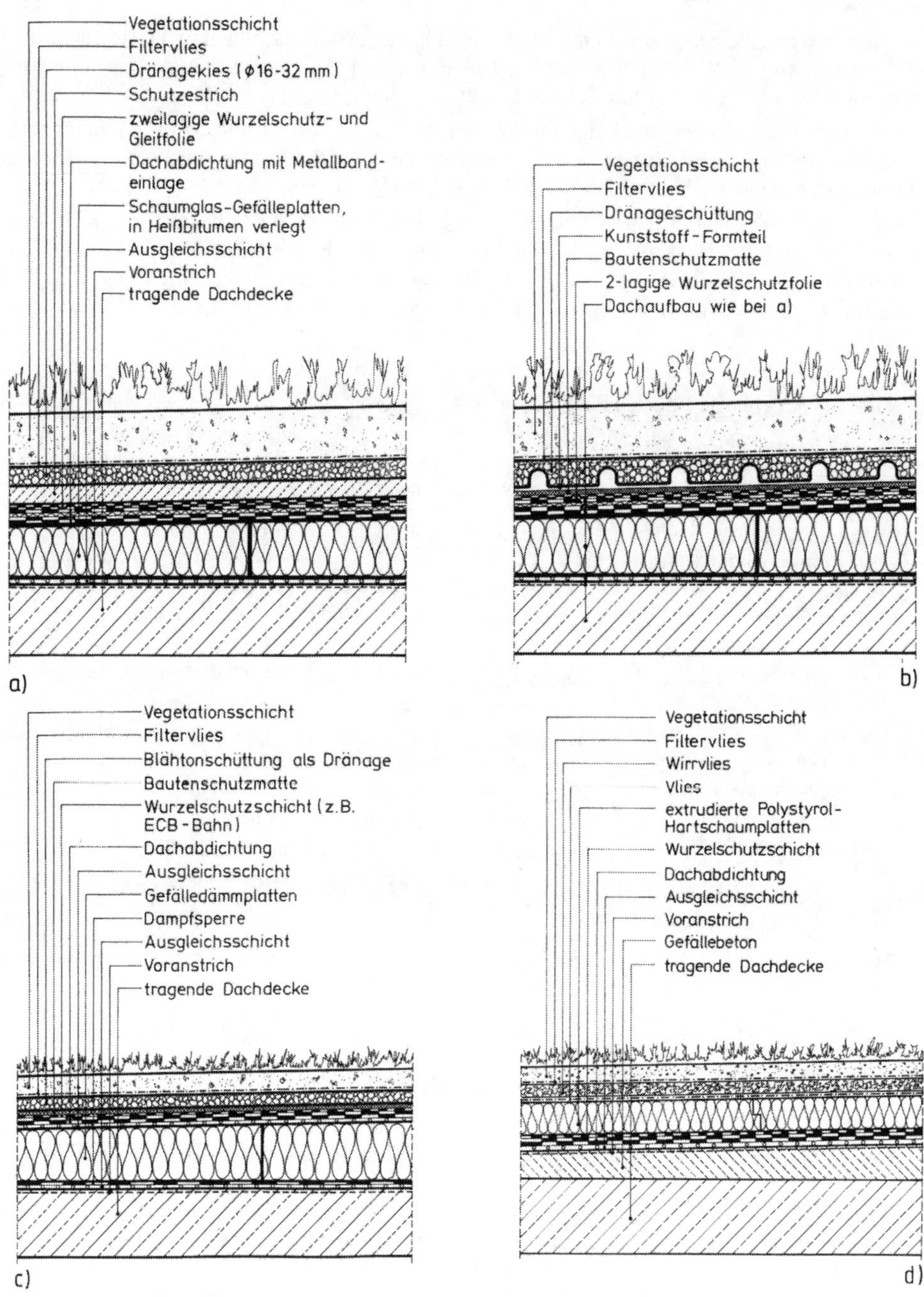

Bild 6.30 Ausführungsvarianten nichtbelüfteter, begrünter Flachdächer
a) Intensivbegrünungen mit Schutzestrich auf Schaumglas-Dämmung
b) Intensivbegrünung mit Kunsstoff-Formteilen zur besseren Dränung [88]
c) Extensivbegrünung auf üblicher Flachdachkonstruktion
d) extensiv begrüntes Umkehrdach

Tragende Dachdecke

Die tragende Dachdecke, die die Dachaufbauunterlage darstellt, muß den statischen Anforderungen genügen; Lastannahmen für übliche Schichten und Bepflanzungen bei Dachbegrünungen nennen die Dachgärtnerrichtlinien [20]. Für den Standsicherheitsnachweis ist das Gewicht des Dachaufbaus im wassergesättigten Zustand, für die Sogsicherung das Trockengewicht maßgebend. Insbesondere bei intensiver Begrünung ist die resultierende zusätzliche Belastung sowohl aus Flächen- und Einzellasten (unter Bäumen, Pflanzgefäßen usw.) als auch aus erhöhter Windlast erheblich – Nischen, hohe Wände, Attiken, Pergolen u. ä. vermindern zwar die Windkräfte auf die Bepflanzung, erhöhen jedoch die Windbelastung der Konstruktion! Einzelne Bäume oder Gehölze müssen ggf. gegen Windeinwirkung verspannt werden [2].

Gefälleausbildung

Gründächer müssen mit einem Gefälle ausgeführt werden. Der auf die Dachbegrünung auftreffende Niederschlag wird zum einen von der Vegetationsschicht gespeichert und zum anderen in der Dränageschicht flächig zum Dachablauf geleitet. Hierzu ist es zwingend erforderlich, daß die Dachfläche – wie bei allen Flachdächern – eine Mindestdachneigung von 2% (besser 3 %) aufweist, damit das versickernde Wasser in der Dränageschicht ohne Stau abfließen kann (s. Abschn. 6.3.1). Die Gefälleausbildung erfolgt am zweckmäßigsten mit Gefälledämmplatten (vgl. Bild 6.4); Gefälleestriche scheiden wegen ihrer hohen Zusatzlasten in der Regel aus.

Bei intensiver Begrünung mit Wasseranstau kann es zweckmäßig sein, die Abdichtung ohne Gefälle auszubilden; dabei handelt es sich dann um Sonderkonstruktionen, die als besondere Maßnahme eine hochwertige Dachabdichtung und eine besonders sorgfältige Ausführung erfordern, um das Risiko von Schwachstellen und Beschädigungen in Verbindung mit stehendem Wasser gering zu halten [2].

Soll ein begrüntes Flachdach als Umkehrdach ausgebildet werden, so ist gemäß bauaufsichtlicher Zulassungen [61], [62] ein Gefälle erforderlich; damit sich im Bereich der Dämmschicht kein Stauwasser bilden kann. Bei Umkehrdächern tritt zusätzlich die Gefahr auf, daß die Wärmedämmung im Wasser liegt und so auf dem Wege der Diffusion vermehrt Feuchtigkeit aufnimmt – eine Intensivbegrünung mit Wasseranstau ist damit ausgeschlossen (auch der dauerhafte Wärmeschutz extensiv begrünter Umkehrdächer wird inzwischen angezweifelt, s. u.).

Dampfsperre und Dachabdichtung

Für begrünte Dachflächen ist eine hochwertige Abdichtung erforderlich. Das Abdichtungssystem (Dampfsperre – Dämmung – Abdichtung) sollte zur besseren Ortung evtl. schadhafter Stellen durch Abschottung in Felder unterteilt werden [2], [87] (s. Abschn. 6.2.7, 6.8.6 und Bild 6.57 a).

Beim Schichtenaufbau eines begrünten Daches sind die veränderten bauphysikalischen Gegebenheiten zu berücksichtigen. Falls über der Abdichtung mit ständiger Feuchte oder stehendem Wasser zu rechnen ist (Intensivbegrünung), müssen Dampfsperre u n d Abdichtung praktisch dampfdicht sein (diffusionsäquivalente Luftschichtdicke $s_d \geq 1500$ m); daher sollte in beiden Schichten eine Metallbandeinlage [83] oder dampfdichtes Schaumglas als Wärmedämmstoff vorgesehen werden.

Bei der Verwendung von Kunststoffbahnen (Hochpolymerbahnen) ist dem Risiko fehlerhafter Nahtausbildung – insbesondere im Bereich von T-Stößen (Kreuzstöße sind zu vermeiden) – durch eine Überprüfung der Nähte vor dem Aufbringen der folgenden Schichten Rechnung zu tragen. Die Überprüfung geschieht optisch, durch Reißnadeln oder durch Vakuumprüfung (vgl. Abschn. 15.2.2.3). Über Abdichtungen aus diffusionsdurchlässigen Abdichtungsbahnen (z. B. Weich-PVC) muß das Wasser zügig abgeleitet werden [2], sie kommen daher – wie das Umkehrdach – nur für Extensivbegrünung mit Gefälle in Frage.

Wärmedämmung

Wegen der bereichsweise hohen Lasten eines intensiv begrünten Flachdaches und der daraus resultierenden Gefahr des Abrisses von An- und Abschlüssen sollte ein besonders druckfester Dämmstoff verwendet werden. Analog zum befahrbaren Flachdach bietet sich für intensiv begrünte, nicht belüftete Flachdächer Schaumglas an; es ist nicht nur hoch druckfest, sondern auch praktisch dampfdicht, so daß auch bei Wegfall der Dampfsperre keine Durchfeuchtung der Wärmedämmung zu befürchten ist (Bild 6.30 a).

Für extensiv begrünte Flachdächer mit ihrer unveränderten Dachlast sind sämtliche in Abschn. 6.4.1 genannten Dämmstoffe geeignet (Bild 6.30 c); auch eine Ausführung als Umkehrdach ist möglich (Bild 6.30 d), da die Vegetationsschicht nicht ständig feucht gehalten wird und somit die Wärmedämmung immer wieder austrocknen kann (s. u.).

Die oberhalb der Dachabdichtung vorhandenen Schichten des begrünten Daches bewirken einen zusätzlichen Wärmeschutz für die Flachdachkonstruktion; bei der rechnerischen Erfassung des Wärmedurchlaßwiderstandes bleiben aber gemäß DIN 4108-2 [10] die oberhalb der Dachabdichtung liegenden Schichten (Dränage- und Vegetationsschicht, s. u.) mit den darauf befindlichen Pflanzen in wärmeschutztechnischer Hinsicht unberücksichtigt. Bei einigen Dachbegrünungssystemen werden jedoch Formkörper aus Polystyrol verwendet, die einerseits als Feuchtespeicher und Dränage wirken, andererseits aber auch eine gewisse Wärmedämmwirkung haben (Bild 6.31). Daher wurden die maximalen Feuchtegehalte in solchen Polystyrol-Formkörpern gemessen; aus dem dabei ermittelten Feuchtegehalt wurde die höchste Wärmeleitzahl zu λ = 0,061 W/(m · K) bestimmt und der Berechnung des Wärmedurchlaßwiderstandes zugrundegelegt. Die Beeinflussung des k-Wertes infolge durchsickernden Wassers, das auf der Dachfläche abrinnt, ist ebenso wie bei den Umkehrdächern abgeschätzt worden, auch der Einfluß der Verdunstung wurde rechnerisch erfaßt [85]. Eine Bestätigung dieser rechnerisch vorgenommenen Abschätzungen durch Versuche steht zur Zeit noch aus.

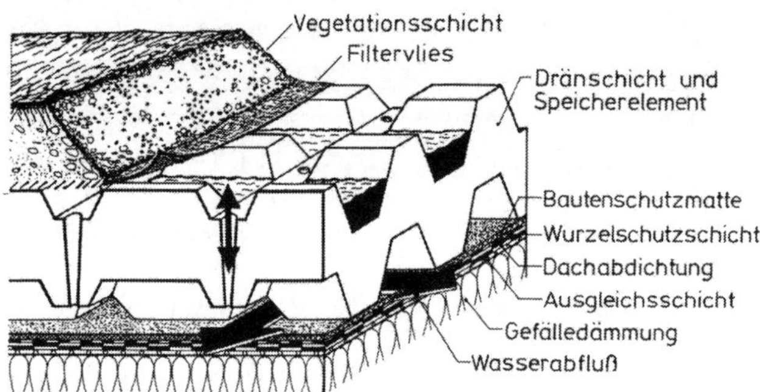

Bild 6.31
Wirkungsweise von Polystyrol-Formkörpern als Drän- und Wasserspeicherelement [89]

Durchwurzelungsschutzschicht

Pflanzenwurzeln spüren kapillare Feuchte in Fugen und selbst feinste Risse oder Undichtheiten auf und wachsen dort hinein [83]. Da solche Fehlstellen nicht ausgeschlossen werden können, ist bei begrünten Dächern ein spezieller Durchwurzelungsschutz erforderlich. Solche Durchwurzelungsschutzschichten (Wurzelschutzschichten) haben die Aufgabe, das Durchwachsen in der Fläche und an sämtlichen Anschlüssen wirksam zu verhindern. Das bedeutet, daß die hierfür verwendeten Bahnen auch an den Nähten dem Wurzelspitzenwachstum widerstehen müssen. Die Eignung der unterschiedlichen Bahnen wird durch Versuche nachgewiesen.

Geprüft wurde die Wurzelfestigkeit anfangs nach DIN 4062 [7] mit dem sog. „Lupinentest“, bei dem eine mögliche Wurzelschutzbahn unter besonders wurzelaggressiven Bitterlupinen (lupinus albus, vgl. Tafel 6.9) nach 6 bis 8 Wochen untersucht wird. Die so geprüfte Wurzelfestigkeit der Bahn an kleinen Proben und die Beschränkung auf nur eine Testpflanze liefert nach neueren Erkenntnissen keine direkt auf die Praxis übertragbaren Ergebnisse [21].

Tafel 6.10 Durchwurzelungsfeste Bahnen bzw. Schichten gemäß FLL-Untersuchungsverfahren [22] (zusammengestellt nach [90])

Werkstoff	Kurzzeichen	geprüfte Dicke
Bahnen		
Bitumenbahnen (entsprechend Prüfzeugnis)	–	4 bis 5 mm
Bitumenschweißbahnen mit Kupferbandeinlage	Cu 0,1 S5	ca. 5 mm
Polyvinylchlorid weich	PVC-P	0,8 bis 2,4 mm
Chloriertes Polyethylen	PE-C	1,5 mm
Ethylen-Propylen-Copolymer (Synthesekautschuk)	EPDM	1,2 bis 1,5 mm
Ethylen-Copolymer-Bitumen	ECB	2 mm
Ethylen-Vinylacetat-Copolymer mit PVC	EVA-PVC	1,2 mm
Schichten		
Polyurethan-Flüssigkunstoff	PUR	2 bis 3 mm

Langjährige Durchwurzelungsversuche mit verschiedenen Pflanzenarten (Grauerle, Zitterpappel und Ackerkratzdistel) in Versuchsgefäßen mit Aufkantungen, mit Stößen und Eckausbildungen ergeben – obwohl die Grundrißflächen der Versuchsgefäße mit 80 cm x 80 cm gering sind – nach den vorgesehenen vier Jahren Laufzeit praxisverwertbare Aussagen über die Langzeitbeständigkeit von Wurzelschutzbahnen (Tafel 6.10) [22].

Derzeitiger Stand der Erkenntnis ist, daß keine pauschalen Aussagen über die Wurzelfestigkeit einer Materialgruppe getroffen werden können: z. B. muß zwischen „Normalbitumen“ (Oxidationsbitumen) und „modifizierten Spezialbitumen“ (Polymerbitumen) unterschieden werden; auf eine genaue Bezeichnung der Bahnen und ein zugehöriges Prüfzeugnis muß daher geachtet werden. Bei der Ausbildung der Abdichtung und der Wurzelschutzschicht sollten unter Beachtung der Durchwurzelungsmechanismen (Wurzelspitzendruck bei Hohlstellen, Wasser unter der Abdichtung) und unter Beachtung vorhandener Fügetechniken sowie letztendlich dem Streben nach Sicherheit folgende Empfehlungen befolgt werden:

- Für die Abdichtung und für die Wurzelschutzschicht dürfen nur Materialien verwendet werden, deren Eignung durch Versuche nach [22] bestätigt wird.
- Wegen der Schwierigkeit, Leckagen zu orten und zu schließen, sollten sowohl als Abdichtung als auch als Wurzelschutzschicht je mindestens eine wurzelfeste und gleichzeitig wasserdruckhaltende Bahn nach DIN 18 195-6 [13] verwendet werden. Die Verwendung z. B. nur einer Kunststoffbahn, die sowohl als Durchwurzelungsschutz als auch als Abdichtung dient, birgt Risiken, die in der Nahtausbildung, dem Untergrund (Fugen zwischen den Wärmedämmplatten) und dem Umstand liegen, daß die Bahnen nach Aufbringen der Vegetationsschicht praktisch unzugänglich sind.
- Bei Verwendung von Kunststoffbahnen ist dem Risiko fehlerhafter Nahtausbildung durch eine Überprüfung der Nähte vor dem Aufbringen der Schutzschicht gegen mechanische Beschädigung (s. u.) Rechnung zu tragen. Die Uberprüfung geschieht optisch, durch Reißnadeln oder durch Vakuumprüfung (vgl. Abschn. 15.2.2.3).

- Im Bereich von An- und Abschlüssen sind die Abdichtungs- und die Wurzelschutzbahnen gegen mechanische Beschädigung und UV-Strahlung zu schützen. Dies kann durch Vormauerung, vorgestellte Betonplatten oder andere Elemente erfolgen (s. Bild 6.45).
- Bei Umwandlung eines bestehenden Kiesdaches in ein begrüntes Dach muß sorgfältig geprüft werden, ob die vorhandene Abdichtung noch funktionsfähig ist. Wasser unter dieser Abdichtung bewirkt eine verstärkte Beanspruchung der aufzubringenden Bahnen durch den Spitzendruck der Wurzeln, die in Richtung des eingeschlossenen Wassers wachsen. Aus diesem Grunde sollten „abgesoffene" Dächer grundsätzlich bis auf die Dampfsperre abgetragen werden, bevor eine Dachbegrünung neu aufgebaut wird!

Schutzschicht gegen mechanische Beschädigung

Unmittelbar nach Fertigstellung der Abdichtung (und ggf. Aufbringen der Durchwurzelungsschutzschicht) ist eine Schutzschicht gegen mechanische Beschädigung – der sog. „Grabschutz" – aufzubringen, um bei den nachfolgenden gärtnerischen Arbeiten die Dachabdichtung nicht zu beschädigen. Solche Schutzschichten sollten auch bei nur teilweiser Bepflanzung die gesamte Dachfläche überdecken [20] und an An- und Abschlüssen hochgeführt werden (s. Bild 6.45).

Als Schutzschichten gegen mechanische Beschädigungen eignen sich

- mindestens 4 mm dicke Schutzvliese mit einem Flächengewicht von 300 bis 500 g/m^2 [20], [21] sowie
- polyurethangebundene Gummischrotmatten (sog. Bautenschutzmatten oder Recyclingmatten) mit einer Dicke von ca. 2 cm.

Bei Betonestrichen als Schutzschicht besteht die Gefahr von Kalkauswaschungen, was in den Dachabläufen zu Kalkhydratablagerungen führen kann [20], [21]. Ferner ist zu beachten, daß einige Pflanzen empfindlich auf stark kalkhaltige Böden reagieren.

Dränschicht

Die Dränschicht (Dränageschicht, Entwässerungsschicht) dient zur Ableitung von überschüssigem, d. h. nicht von der Vegetationsschicht aufgenommenem Niederschlagswasser und – soweit erforderlich – zum Wasseranstau. Die Dränschicht muß auch starke Regenschauer aufnehmen und ableiten können. Dafür sind filter- und formstabile Dränmaterialien erforderlich, die auch bei intensiver Durchwurzelung und nach langer Standzeit funktionsfähig bleiben müssen [20].

Als Entwässerungs- bzw Dränschicht dienen z. B.:

- Grobkiesschüttungen von mindestens 5 cm Dicke (Bild 6.30 a),
- Blähton (s. Bild 6.30 c),
- Dränplatten,
- Kunststoff-Formteile (s. Bild 6.30 b),
- Fadengeflechtmatten aus Kunststoff, sog. „Wirrvlies" (s. Bild 6.30 d) [2].

Bild 6.31 zeigt als Alternative zu diesen Dränschichten ein extensiv begrüntes Dach mit Formkörpern aus Polystyrol-Hartschaum. Die erforderliche Dicke der Dränschicht hängt von der Regenspende (üblicherweise $r \geq 300$ l/(s · ha)), der Art der Dachbegrünung, der Einzugsfläche der Dachabläufe und der Dachneigung ab, vgl. Tafel 6.1. Ein entsprechendes Bemessungsdiagramm zeigt Bild 6.32; erkennbar ist dort die verbesserte Dränwirkung von Kunststoff-Dränelementen im Vergleich zu mineralischen Schüttungen vergleichbarer Dicke.

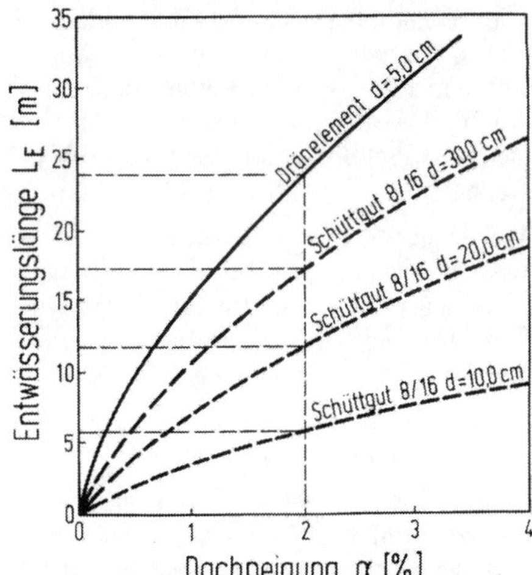

Bild 6.32
Diagramm zur Emittlung der maximalen Entwässerungslänge L_E in Abhängigkeit von der Dachneigung α und der Dicke der Schüttung d [81]

Dränmaterialien müssen frostsicher, druckfest, chemisch neutral und frei von pflanzenschädlichen Stoffen sein. Die Dachabläufe müssen jederzeit erkennbar und frei zugänglich sein; ihre einwandfreie Funktion ist durch regelmäßige Wartungsgänge sicherzustellen [20]. Dazu ist über den Dachabläufen ein Kontrollschacht mit abnehmbarem Deckel erforderlich (s. Bild 6.52 b) [21].

Filterschicht

Als Schutz der Dränschicht vor Ausschwemmungen feiner und feinster Bestandteile der Vegetationsschicht ist eine Filterschicht erforderlich. Filterschichten aus Schüttbaustoffen sind für die Dachbegrünung ungeeignet; stattdessen kommen verrottungsbeständige, filterstabile und hydraulisch wirksame Filtervliese zur Anwendung, deren Dicke und Gewicht, bezogen auf den Gesamtaufbau, zu vernachlässigen sind. Die Vliese werden mit mindestens 10 cm Überlappung verlegt. Sie dürfen an keiner Stelle mit stehendem Wasser in Berührung kommen [2].

Vegetationsschicht

Die Dicke der Vegetationsschicht (Substratschicht) ist abhängig von der Art der Dachbegrünung (vgl. Bild 6.29), sie sollte mindestens 4 cm betragen [20] und kann so variiert werden, daß z. B. für Bäume örtliche Anhügelungen entstehen.

Vegetationsschichten müssen strukturstabil, chemisch und physikalisch beständig, weitgehend frost- und verwitterungsbeständig und gut dränend sein; sie dürfen nur einem geringen biologischen Abbau und geringen Setzungen unterliegen, ihr Salzgehalt sollte unter 2 g/l und ihr pH-Wert bei 6 bis 7 liegen [20]. Eingesetzt werden folgende Vegetationsschichtarten:

- aus z. B. örtlich vorkommendem Humus hergestellter, verbesserter Oberboden,
- spezielle Dachgartensubstrate aus Schüttstoffen oder Schüttstoffgemischen,
- Vegetationsplatten oder -matten [2], [21].

Für Dachgartensubstrate werden aus Gewichtsgründen wasserspeichernde Leichtstoffe wie Blähton oder Blähglimmer verwendet, die mit Nährstoffen angereichert werden. Bei windexponierter Lage und bei geneigten Dächern ist die Vegetationsschicht bis zur vollständigen Ausbildung der Pflanzendecke gegen Erosion zu schützen [20], [21].

Die Vegetationsschicht ist entscheidend für die Wasserspeicherfähigkeit des Begrünungsaufbaues, sie soll nie mit stauender Nässe in Berührung kommen. Der Funktionsfähigkeit der Be- und Entwässerung kommt daher große Bedeutung zu. Zur besseren Entwässerung von An- und Abschlüssen sowie Dachdurchdringungen ist es zweckmäßig, diese durch mindestens 50 cm breite Streifen mit grober Kiesschüttung oder Plattenbelag von Bepflanzung freizuhalten (s. Bild 6.45, 6.52 b, 6.56 b, 6.57 a).

Wegen der Gefahr von Schwelbränden infolge weggeworfener Zigarettenkippen ist bei Extensivbegrünungen reiner Torf nicht empfehlenswert [84]. Aufgrund von Versuchen wurde im August 1989 ein Runderlaß des Ministers für Stadtentwicklung, Wohnen und Verkehr von Nordrhein-Westfalen unter der Überschrift „Brandverhalten begrünter Dächer" herausgegeben [23] (und zwischenzeitlich auch in anderen Bundesländern eingeführt):

- Dächer mit Intensivbegrünung und Dachgärten sind ohne weiteres als widerstandsfähig gegen Flugfeuer und strahlende Wärme, d. h. als harte Bedachung einzustufen.
- Bei Dächern mit Extensivbegrünung ist ein ausreichender Widerstand gegen Flugfeuer und strahlende Wärme dann gegeben, wenn eine mindestens 3 cm dicke Schicht Substrat (Dachgärtnererde, Erdsubstrat) mit höchstens 20 Gew.-% organischer Bestandteile vorhanden ist. Bei Begrünungsaufbauten mit einem höheren Anteil organischer Bestandteile oder mit Vegetationsmatten aus Schaumstoff ist ein Nachweis der harten Bedachung nach DIN 4102-7 [8] zu führen. Gebäudeabschlußwände, Brandwände oder Wände, die anstelle von Brandwänden zulässig sind, sind in einem Abstand von höchstens 40 m mindestens 30 cm über Oberkante Vegetationsschicht zu führen. Sofern diese Wände aufgrund bauordnungsrechtlicher Bestimmungen nicht über das Dach hochgeführt werden müssen, genügt auch eine 30 cm hohe Aufkantung aus nichtbrennbaren Baustoffen oder ein 1 m breiter Streifen aus massiven Platten oder Grobkies (Bilder 6.33 a und 6.33 b). Vor Öffnungen in der Dachfläche (Dachfenster, Lichtkuppeln o. ä.) und vor Wänden mit Öffnungen ist ein mindestens 0,5 m breiter Streifen aus massiven Platten oder Grobkies anzuordnen (Bilder 6.33 c und 6.33 d).

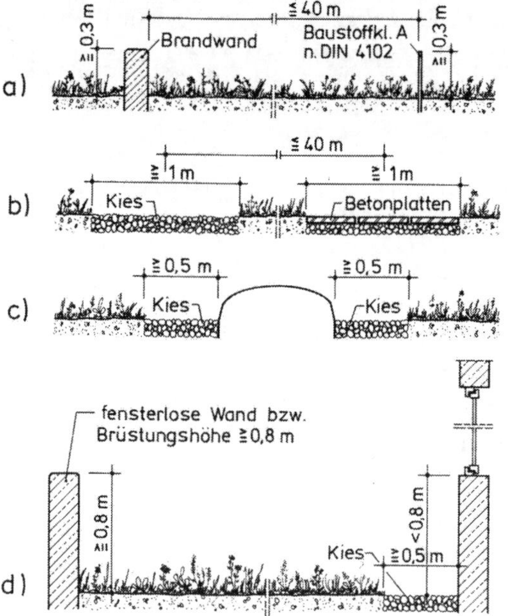

Bild 6.33
Erforderliche Brandschutzmaßnahmen bei Dachbegrünungen [20]

a) in höchstens 40 m Abstand mindestens 0,30 m über das Dach reichende aufgehende Wände aus nichtbrennbaren Baustoffen (Baustoffklasse A nach DIN 4102 [8]) oder
b) in höchstens 40 m Abstand mindestens 1,00 m breite Streifen aus Kies oder Betonplatten
c) mindestens 0,50 m breite Kiesstreifen um Dachöffnungen wie z. B. Lichtkuppeln
d) mindestens 0,50 m breite Kiesstreifen vor aufgehenden Wänden, wenn die Brüstungshöhen evtl. vorhandener Fenster < 0,80 m betragen

Die Brandlasten aus abgestorbener und trockener Vegetation sind durch regelmäßiges Entfernen bzw. Mähen gering zu halten, in extremen Dürreperioden ist eine Bewässerung empfehlenswert [20].

Dachbegrünungen auf Umkehrdächern

Bei Umkehrdächern wird als Wärmedämmung extrudiertes Polystyrol verwendet, welches oberhalb der Dachabdichtung angeordnet wird, so daß es nach DIN 4108-2 [10] nicht beim Nachweis des Wärmeschutzes angesetzt werden dürfte. Im Hinblick darauf, daß extrudiertes Polystyrol Wasser in flüssiger Phase nicht aufnimmt, sind von den Herstellern bauaufsichtliche Zulassungen beim Deutschen Institut für Bautechnik in Berlin bewirkt worden, z. B. [61], [62] (vgl. Abschn. 6.4.2). In diesen bauaufsichtlichen Zulassungen wird gefordert, daß oberhalb dieser Dämmplatten nur diffusionsoffene Schichten eingebaut werden dürfen, damit das extrudierte Polystyrol an der Oberfläche nicht durch weitgehend dampfdichte Schichten abgedeckt wird, welche den Diffusionsstrom durch die Wärmedämmung behindern würden. Kommt es zu einer solchen Behinderung, so steigt der Feuchtegehalt innerhalb des extrudierten Polystyrols an und die Wärmedämmfähigkeit des Materials sinkt ab.

Wenn Umkehrdächer begrünt werden sollen, muß dafür gesorgt werden, daß die Vegetationsschicht nicht unmittelbar auf den Dämmplatten aufliegt; es muß eine „Belüftungsschicht", die gleichzeitig als Dränageschicht wirkt, vorhanden sein (Wirrvlies in Bild 6.30 d) – theoretisch könnte diese Belüftungsschicht auch bei intensiver Begrünung wirksam sein, praktisch ist es aber nur bei extensiver Begrünung [63]. Bevor einem begrüntem Umkehrdach eine bauaufsichtliche Zulassung erteilt wird, muß aber durch entsprechende Großversuche sichergestellt werden, daß diese Art der Konstruktion auch funktionsfähig ist. Nach bisherigen Untersuchungen [63], [66], [67], [68] ist zumindest bei Intensivbegrünungen mit einer Erhöhung des Feuchtegehaltes in der Wärmedämmung zu rechnen, so daß für die Wärmeleitzahl ein Zuschlag $\Delta\lambda$ notwendig wird.

6.8 Konstruktive Ausbildung von An- und Abschlüssen

6.8.1 Vorbemerkung

Voraussetzung für die einwandfreie Funktion eines Flachdaches ist nicht nur die fachgerechte Ausführung in der Fläche, sondern – wenn man die Häufigkeit von Schäden betrachtet – vor allem die funktionsgerechte Planung und Ausführung der An- und Abschlußdetails an Dachrändern, an aufgehenden Bauteilen, an Bauwerksfugen und bei Dachdurchdringungen.

An- und Abschlüsse sollen möglichst aus den gleichen Werkstoffen wie die Dachabdichtung hergestellt werden. Werden unterschiedliche Werkstoffe verwendet, so müssen diese für den jeweiligen Zweck dauerhaft geeignet und untereinander verträglich sein [2]. Man unterscheidet zwei Arten von Anschlüssen:

- Starrer Anschluß: Feste Verbindung des Untergrunds für die Dachabdichtung mit dem Anschlußbauteil,
- Beweglicher Anschluß: Anschluß an Bauteile, die sich gegen den Untergrund der Dachabdichtung bewegen können.

Eine starre Verbindung der Abdichtung zwischen Bauteilen, die statisch voneinander getrennt sind, ist zu vermeiden, um eine Überbeanspruchung im Anschlußbereich durch Zug-, Schub- und Scherkräfte auszuschließen. Bei Anschlüssen an beweglichen Bauteilen sind deshalb entsprechende konstruktive Maßnahmen vorzusehen.

Flächen, an denen Dachanschlüsse hochgeführt, aufgeklebt oder befestigt werden, müssen glatt und eben sein. Mauerwerk ist daher in diesem Bereich zu putzen, Beton muß frei von Kiesnestern, Rissen oder ausgebrochenen Kanten sein. Bei Bitumenabdichtungen sind Abwinkelungen von 90° zu vermeiden: Bei Anschlüssen an senkrecht aufgehende Bauteile ist daher ein Keil ≥ 6/6 cm (z. B. aus Dämmstoff) anzuordnen, s. Bilder 6.39, 6.43 bis 6.47 a, 6.48 b, 6.53, 6.55.

Bei genutzten, d. h. begehbaren, befahrbaren oder bepflanzten Dachflächen ist der Anschlußbereich gegen mechanische Beschädigungen zusätzlich zu schützen, z. B. durch Schutz- oder Abdeckbleche, Steinplatten, Faserzementtafeln o. ä. Die Anschlußhöhe soll

- bei Dachneigungen bis 5° ca. 15 cm,
- bei Dachneigungen über 5° ca. 10 cm

über Oberfläche Belag oder Kiesschüttung betragen [2].

Der obere Abschluß von Anschlüssen muß regensicher sein, d. h. sicher gegen an der Oberfläche aufgehender Bauteile ablaufendes Niederschlagswasser. Zu diesem Zweck werden Überhangstreifen angebracht; zum aufgehenden Bauteil hin abgedichtete Klemmschienen allein sind nur dann als dauerhaft zu bezeichnen, wenn die Klemmschiene durch ein Fugenband gegen das aufgehende Bauteil abgedichtet ist. Überhangstreifen müssen mit dem oberen Ende in eine Fuge mindestens 1,5 cm tief und schräg nach oben verlaufend eingeführt werden und sind ggf. mit Fugendichtstoff zusätzlich zu sichern.

Bei senkrechten Fugen im Anschlußbereich (z. B. bei Fugen von Betonfertigteilen oder Bauwerksfugen) muß der Anschluß so ausgebildet werden, daß eine Dehnung über dem Fugenbereich möglich ist. Klemmschienen dürfen über beweglichen Fugen nicht durchlaufen. Die Fugen selbst sind durch Verfugung, Einbau von Wasserabweisern oder Abdeckungen so auszubilden, daß der Anschlußbereich nicht durch Niederschlagswasser hinterwandert werden kann. Bei nicht regendichten vorgesetzten Außenwandbekleidungen oder Vorsatzschalen (z. B. bei zweischaligem Mauerwerk) muß der Anschluß hinter diesen an der Wand hochgeführt, befestigt und abgedichtet werden. Anschlußbereiche müssen so ausgebildet und gestaltet werden, daß sie zur Überprüfung und Wartung zugänglich sind [2].

An- und Abschlüsse mit Dachbahnen

Bei bituminösen Dachabdichtungen werden für Anschlüsse Polymerbitumenbahnen mit hoher Reißfestigkeit, hoher Flexibilität und Standfestigkeit verwendet. Dachbahnen mit Glasvliesträgereinlage allein sind für Anschlüsse nicht geeignet.

Anschlüsse aus Bitumenbahnen sind zweilagig auszuführen. Die Anschlußbahnen werden in die Lagen der Dachabdichtung eingebunden und an den senkrechten oder schrägen Anschlußflächen bis zur erforderlichen Höhe hochgeführt; die Lagen der eigentlichen Dachabdichtung dürfen dabei nur bis auf den o. g. Keil geführt werden. Bei geringfügigen Bewegungen im Anschlußbereich dürfen Anschlußbahnen im Übergangsbereich von der Abdichtungsebene zur Anschlußfläche nicht mit dem Untergrund fest verbunden werden. Gegebenfalls kann der Einbau von Schleppstreifen (Trennstreifen) notwendig sein, vgl. Bild 6.10.

Die Oberfläche von Anschlüssen mit Bitumenbahnen muß mindestens eine Natursteinbestreuung (Besplittung) aufweisen. Sind die für die Anschlüsse verwendeten Werkstoffe nicht ausreichend witterungsbeständig, müssen diese durch andere Oberflächenschutzmaßnahmen abgedeckt werden. Anschlußbahnen müssen gegen Abrutschen gesichert werden. Bei Anschlußhöhen von mehr als ca. 50 cm ist es empfehlenswert, die Anschlußbahnen zusätzlich zu unterteilen und zu befestigen [2].

An- und Abschlußdetails mit Dachbahnen werden in den Abschn. 6.8.2 bis 6.8.5 erläutert.

An- und Abschlüsse mit Blechen

Blechanschlüsse werden aus abgekanteten Metallstreifen (Kupfer, Titanzink, verzinktes Blech oder Aluminium) hergestellt. Durch Abkantung entstehen formsteife Metallprofile, die sich bei Temperaturänderungen dehnen.

Durch konstruktive Maßnahmen, z. B. durch den Einbau von Dehnungsausgleichern, muß vermieden werden, daß sich temperaturbedingte Längenänderungen von Metallanschlüssen schädigend auf die Dachabdichtung auswirken können (Bild 6.34). In keinem Fall dürfen die Dehnungsausgleicher mit der Dachabdichtung überklebt werden. Bei An- und Abschlüssen beträgt der maximale Abstand der Dehnungsausgleicher voneinander 6 m, von Ecken oder Enden 3 m [4], [91].

Je nach Materialart sind Blechanschlüsse an Nähten und Stößen durch Nieten oder Löten wasserdicht zu verbinden. Hohlnieten sind für diesen Zweck ungeeignet; Falzverbindungen sind nicht zulässig. Unter und hinter Blechanschlüssen muß eine Lage Dachbahn als Trennlage verlegt werden (Bild 6.34).

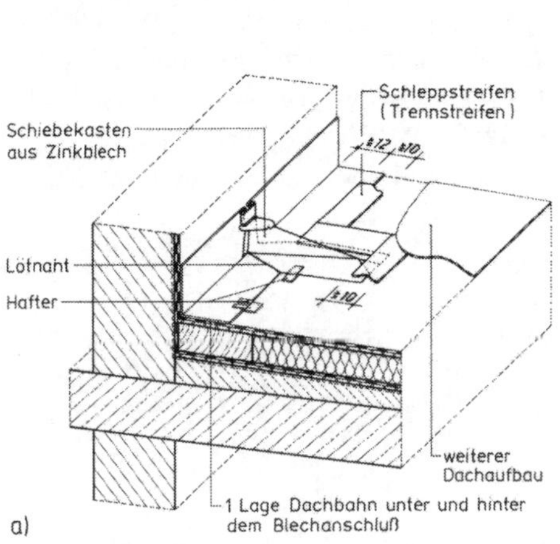

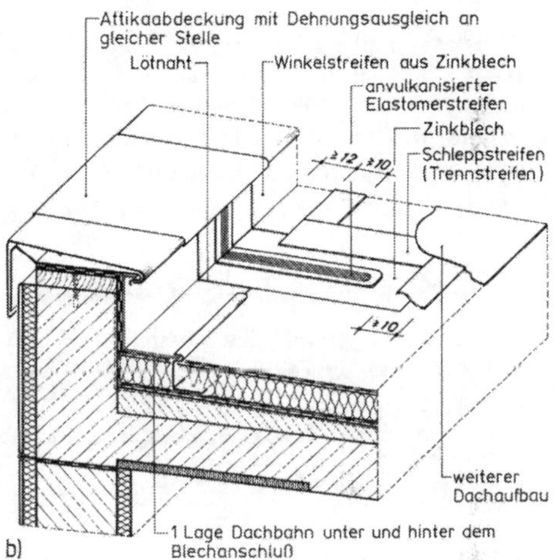

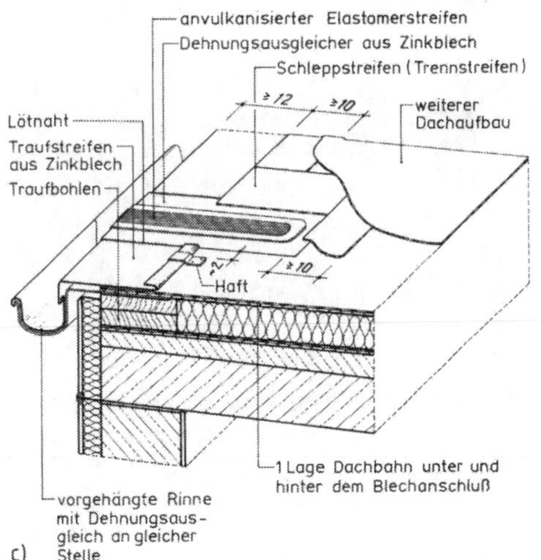

Bild 6.34
Dehnungsausgleicher bei Blechanschlüssen (nach [4] und [91])

a) Handwerklich hergestellter „Schiebekasten" an aufgehendem Bauteil
b) Industriell hergestellter Dehnungsausgleicher am Attikaanschluß
c) Industriell hergestellter Dehnungsausgleicher an einer Traufe mit vorgehängter Rinne

Die Einklebefläche von Blechanschlüssen muß mindestens 12 cm breit und trocken sein. Die Einklebefläche muß mit einem Voranstrich auf Lösemittelbasis vorgestrichen werden. Die Abdichtung muß vollflächig aufgeklebt und mit einem mindestens 25 cm breiten Streifen, z. B. aus Polymerbitumenbahn mit Polyestervlieseinlage, verstärkt werden. Sind Scherbewegungen gegenüber der Dachabdichtung nicht zu vermeiden, ist am Übergang vom Kleberand zur Dachabdichtung ein mindestens 10 cm breiter, lose verlegter Schleppstreifen (Trennstreifen) anzuordnen. Die aufgeklebte Abdichtung sollte etwa 10 mm vor der Aufkantung enden [2], vgl. Bild 6.34.

Für die Ausbildung und Anordnung, insbesondere im Bereich von Ecken und Kanten, sind die Fachregeln des Klempnerhandwerks zu beachten [4]. Bei Metallanschlüssen in wasserführenden Ebenen kann Korrosion auftreten; ein nach [4] eventuell erforderlicher Korrosionsschutz ist mindestens 2 cm über Oberfläche Dachabdichtung, Kiesschüttung bzw. Plattenbelag zu führen [2].

An- und Abschlüsse mit Verbundblechen

An- und Abschlüsse im Bereich von Kunststoffbahnen können auch mit kunststoffbeschichteten Blechen hergestellt werden, vgl. Bild 6.47 b. Bei der Ausbildung der Stöße sind die thermischen Längenänderungen zu berücksichtigen. Kunststoff-Dachbahnen sind durch Schweißen mit den kunststoffbeschichteten Blechen zu verbinden, wobei darauf zu achten ist, daß die Schweißnähte nur auf Abscheren und nicht auf „Abschälen“ beansprucht werden (Bild 6.35).

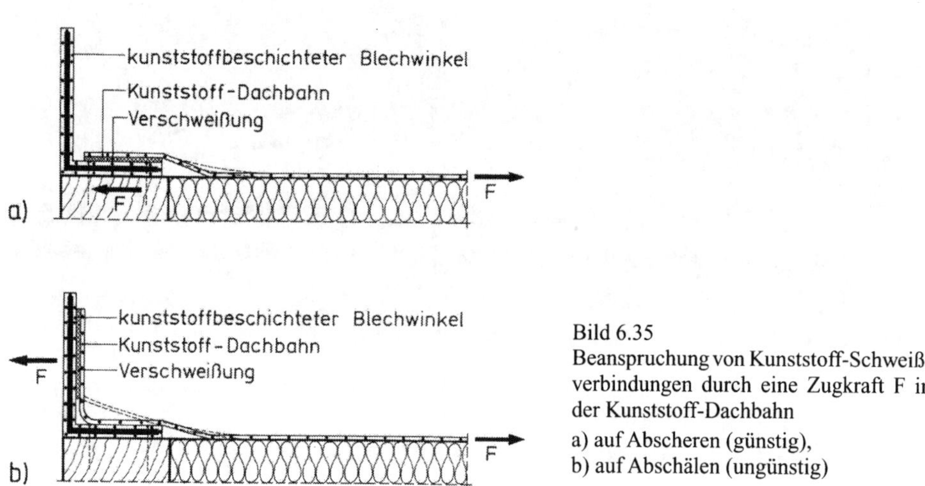

Bild 6.35
Beanspruchung von Kunststoff-Schweißverbindungen durch eine Zugkraft F in der Kunststoff-Dachbahn
a) auf Abscheren (günstig),
b) auf Abschälen (ungünstig)

6.8.2 Dachrandabschlüsse

Flachdächer mit Außenentwässerung

Üblicherweise erhalten Flachdächer eine Innenentwässerung (vgl. Abschn. 6.3.1); soll eine Außenentwässerung ausgeführt werden, so ist eine Traufe mit vorgehängter Rinne erforderlich. Eine mögliche Ausführung beim nichtbelüfteten Flachdach ist in Bild 6.34 c dargestellt; Bild 6.36 zeigt ein entsprechendes Detail beim belüfteten Flachdach. (Für die Mindestabmessungen von belüftetem Dachraum sowie Be- und Entlüftungsöffnungen vergleiche Abschn. 6.2.4 und 6.5.2, zur Schwellenhöhe s. u. in diesem Abschnitt.)

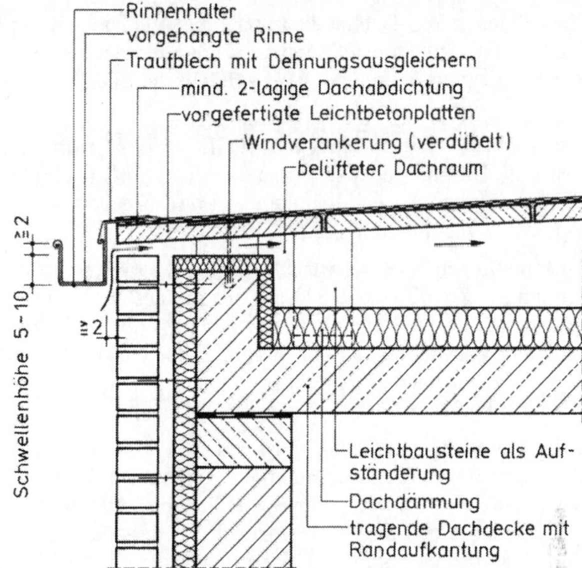

Bild 6.36
Traufausbildung beim belüfteten Flachdach mit Außenentwässerung über einer Außenwand aus zweischaligem Mauerwerk mit Luftschicht [78]

Flachdächer mit Innenentwässerung

Flachdächer mit Innenentwässerung erhalten im einfachen Fall Dachrandabschlußprofile als Randaufkantung (Bild 6.37), meist jedoch eine sog. Attika aus Mauerwerk oder Beton, um ein Herunterfließen bzw. Herunterwehen des auf die Dachfläche niedergehenden Regens zu verhindern (Bilder 6.39 und 6.40).

Die Höhe von Dachrandabschlüssen soll bei

- Dachneigungen bis 5° ca. 10 cm,
- Dachneigungen über 5° ca. 5 cm

über Oberfläche Belag bzw. Kiesschüttung betragen [2].

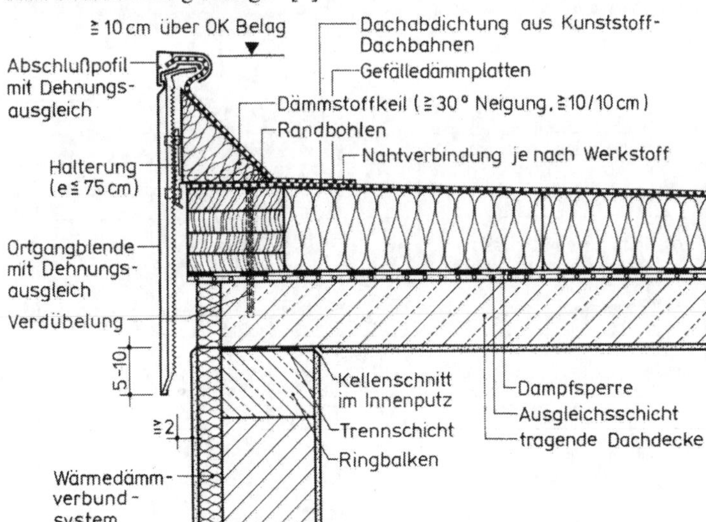

Bild 6.37
Keilförmiger Dachrandabschluß mit verklebten Kunststoff-Dachbahnen

Einteilige, in die Dachabdichtung eingebundene Dachrandabschlußprofile sind ungeeignet, weil die an den Stoßstellen auftretenden temperaturbedingten Bewegungen zu Rissen in der Dachabdichtung führen können (vgl. Abschn. 6.8.1, An- und Abschlüsse mit Blechen).

Sämtliche Teile der Randaufkantungen müssen so ausgebildet und befestigt werden, daß sie die erhöhten Windsoglasten gemäß DIN 1055-4 [5] im Rand- bzw. Eckbereich aufnehmen können (vgl. Bild 6.8 in Abschn. 6.3.5). Wenn im Dachrandbereich keine erhöhte Auflast vorhanden ist, müssen Dachabdichtungen in ihrer Ebene kraftschlüssig mit dem Untergrund verbunden sein, vgl. Abschn. 6.3.5.

Bei sämtlichen Attikakonstruktionen sind Wärmebrücken möglichst zu vermeiden. Randaufkantungen gemäß Bild 6.37 sind bei mindestens 6 cm dicker Wärmedämmung auch im Bereich der Gebäudedecke noch ausreichend; höher geführte, massive Attiken stellen geometrisch bedingte Wärmebrücken dar, die auch bei vollständiger Umkleidung der Attika mit Wärmedämmung zu Tauwasserbildung auf der inneren Oberfläche im Deckenixel führen können [92] (Bild 6.38 a bis d).

Eine Erhöhungsmöglichkeit der inneren Ecktemperatur stellt das Einlegen von Wärmedämmstreifen in die Decke und am Ringbalken dar (Bilder 6.38 e und 6.39). Nachteilig sind die dadurch verringerte statische Höhe im Auflagerbereich der Dachdecke sowie der unterschiedliche Putzgrund. Problematisch bei der Ausführung ist ferner die Einhaltung der erforderlichen Betondeckung im Übergangsbereich Mehrschicht-Leichtbauplatte/normale Dachdecke.

Konstruktion	ϑ_{Li} = +20 °C ϑ_{La} = −15 °C		min ϑ_{oi} [°C] d = 4 cm	d = 6 cm
a) Dachecke analog Bild 6.37 (dreidimensional)	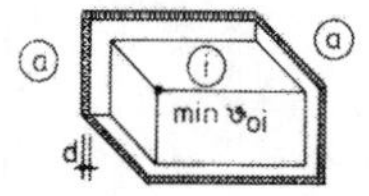		11,3	13,0
b) Dachecke mit Attika außenseitig gedämmt (dreidimensional)	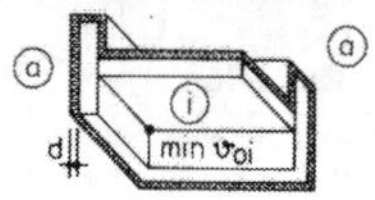		7,8	9,6
c) Dachrand mit außenseitig höher gedämmter Attika (zweidimensional)	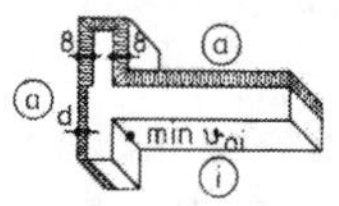		8,8	10,0
d) Dachrand mit zusätzlich gedämmter Leichtbetonattika (zweidimensional)	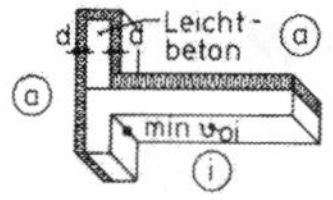 Leichtbeton		9,5	11,3
e) Dachecke mit Attika analog Bild 6.39, außen- und innenseitig gedämmt (dreidimensional)	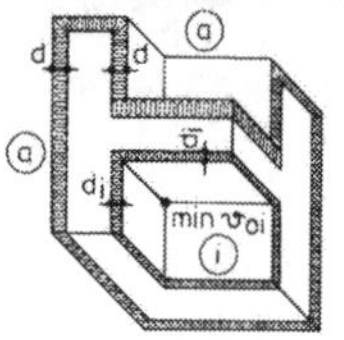	d_i = 1 cm	10,8	11,8
		d_i = 2 cm	12,5	13,7

Bild 6.38
Minimale innere Oberflächentemperaturen min ϑ_{Oi} aufgrund der geometrischen Wärmebrückenwirkung im Bereich der Attiken [92]

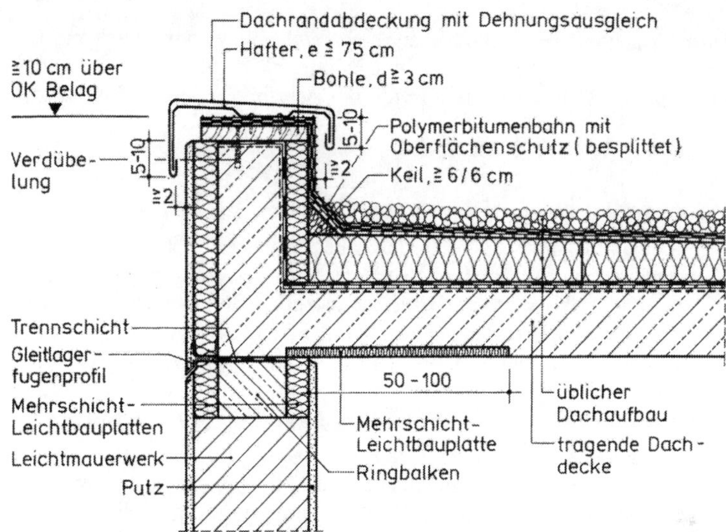

Bild 6.39
Attikaanschluß mit bituminöser Abdichtung und innenliegender Wärmedämmung

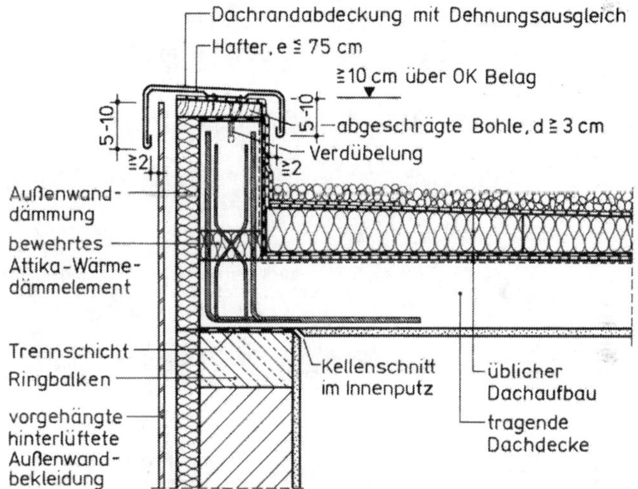

Bild 6.40
Attikaanschluß mit Kunststoffbahnen und bewehrtem Wärmedämmelement für aufgesetzte Attiken (nach [93])

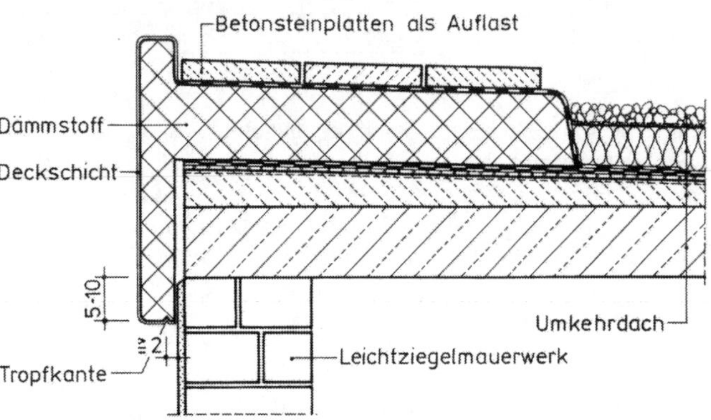

Bild 6.41
Wärmedämmendes Attikaelement beim Umkehrdach mit bituminöser Abdichtung [92]

Diese Nachteile vermeidet man bei Verwendung vorgefertigter, bewehrter Wärmedämmelemente (Bild 6.40). Eine weitere Möglichkeit zur Vermeidung der Tauwasserbildung im Deckenixel stellt die Ausführung der gesamten Attika aus Wärmedämmstoff dar [92], s. Bild 6.41.

Dachrandabdeckungen

Dachrandabdeckungen werden meist aus abgekanteten Zink-, Kupfer- oder Aluminiumblechen hergestellt und auf Haltebügeln (sog. „Haftern") oder durchgehenden Einhangblechen befestigt. Diese Halteprofile müssen der zu erwartenden Windbeanspruchung standhalten; die Befestigungen sollen möglichst nah an der Außenkante erfolgen. Befestigungen mit Nägeln sind bei Randabdeckungen nicht ausreichend. Üblicherweise werden die Halteprofile in Bohlen verschraubt, die in größeren Abständen in der Attika verdübelt sind (vgl. Bilder 6.37, 6.39 und 6.40).

Dachrandabdeckungen sollen grundsätzlich ein deutliches Gefälle zum Dach hin aufweisen, damit Niederschlagswasser mit den auf dem Abdeckblech sich ablagernden Verunreinigungen ablaufen kann, ohne daß die Fassade verschmutzt wird (vgl. Bilder 6.39 und 6.40).

Die senkrechten Schenkel der Abdeckungen sollen die oberen Ränder der Wände bzw. Attiken aus Gründen des Witterungsschutzes überlappen, und zwar bei Gebäudehöhen

$$H \leq 8\text{ m} : 5\text{ cm},\ 8\text{ m} < H \leq 20\text{ m} : 8\text{ cm},\ H > 20\text{ m} : 10\text{ cm}.$$

Der Überstand von Abdeckungen muß eine Tropfkante mit mindestens 2 cm Abstand von den zu schützenden Bauwerksteilen erhalten [2]; in [4] werden in Abhängigkeit von der Gebäudehöhe bis zu 5 cm empfohlen, bei Kupferabdeckungen generell 5 bis 6 cm. Die erforderliche Materialdicke von gekanteten Blechen ist abhängig vom verwendeten Werkstoff (s. Tafel 6.11)

Tafel 6.11 Mindestwerkstoffdicken gekanteter Metallteile ohne bauseitige Unterkonstruktion [4]

Werkstoff	Mindestdicke gekanteter Metallteile		
	Dachrandabschlüsse	Mauerabdeckungen	Anschlüsse
Aluminium	1,2 mm	0,8 mm	0,8 mm
Kupfer (halbhart)	0,8 mm	0,7 mm	0,7 mm
Verzinkter Stahl	0,7 mm	0,7 mm	0,7 mm
Titanzink	0,8 mm	0,7 mm	0,7 mm
Edelstahl	0,7 mm	0,7 mm	0,7 mm

Stöße von Abdeckungen müssen so ausgebildet sein, daß durch temperaturbedingte Längenänderungen keine Schäden auftreten können. Alle 8 m (bzw. von den Ecken aus gemessen alle 4 m) ist daher ein Dehnungsausgleich einzubauen. Die Dehnung kann durch eine Flachschiebenaht, Dehnungsausgleicher oder durch eine zusätzliche, abzudichtende Unterdeckung bei offenem Stoß ermöglicht werden, s. Bild 6.42.

Begehbare Flachdächer müssen gemäß Musterbauordnung [1] Umwehrungen

- bei Absturzhöhen $H \leq 12$ m von 0,9 m Höhe,
- bei Absturzhöhen $H > 12$ m von 1,1 m Höhe

erhalten, sie können als Geländer oder Brüstungen ausgebildet werden.

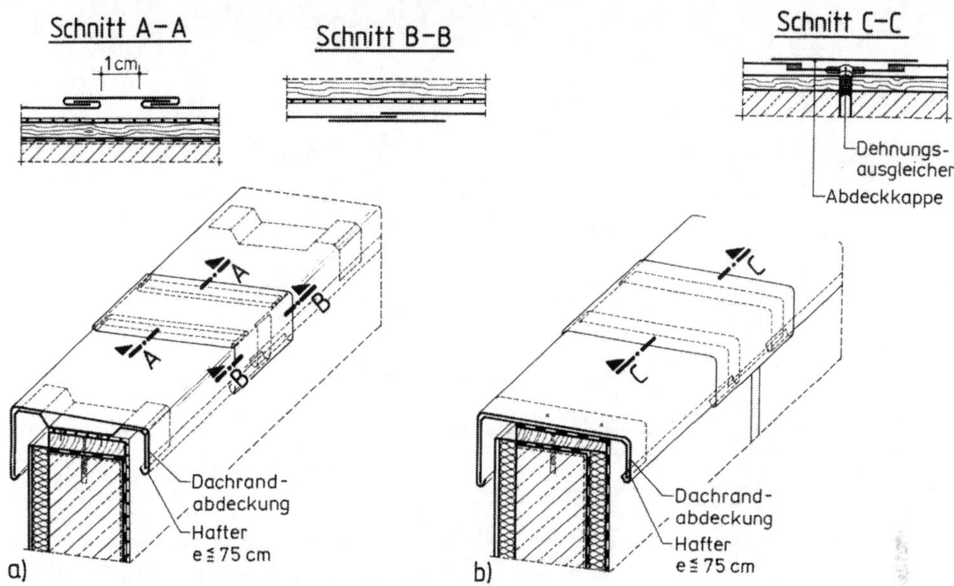

Bild 6.42 Dehnungsausgleich von Dachrandabdeckungen [91]
a) Mit Vorstoß und Flachschiebenaht
b) Mit untergelegtem Dehnungsausgleicher und Abdeckkappe

Dazu erforderliche Durchdringungen von Dachrandabdeckungen, wie Geländerstützen, sind mit ca. 5 cm hohen Rohrhülsen und angeschweißter Kappe oder Manschette mit Spannband auszubilden. Abdichtungen mit Fugendichtstoffen sind in diesen Bereichen nicht geeignet

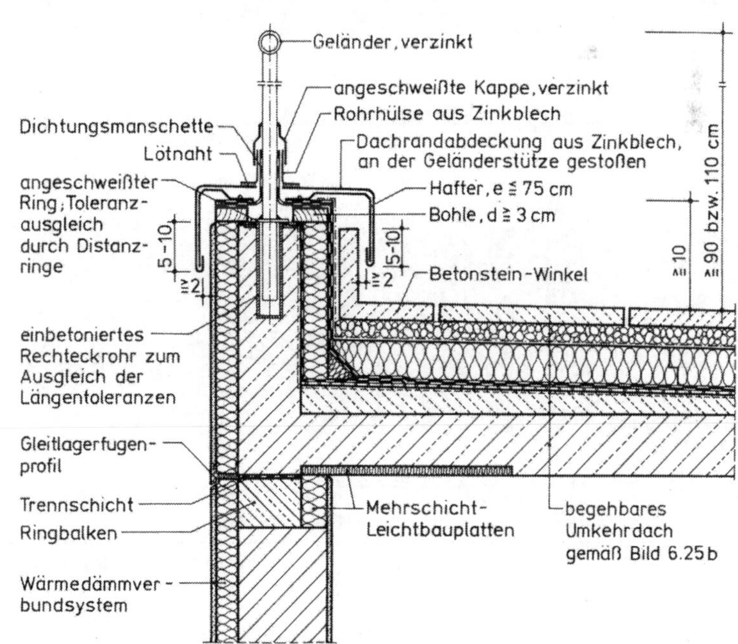

Bild 6.43
Attikaausbildung mit Geländer beim begehbaren Umkehrdach mit bituminöser Abdichtung

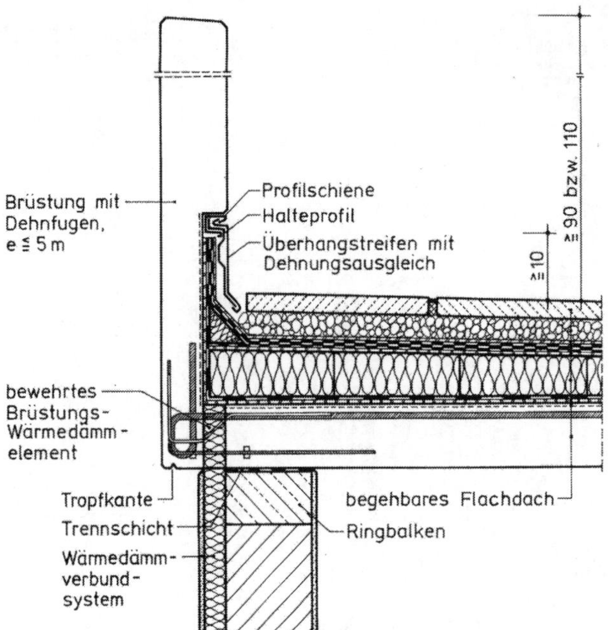

Bild 6.44
Brüstungsausbildung beim begehbaren Flachdach mit bituminöser Abdichtung (nach [93])

[2]. Eine mögliche Attikaausbildung mit Geländer zeigt Bild 6.43; alternativ dazu ist in Bild 6.44 eine Brüstung mit bewehrten Wärmedämmelementen dargestellt. Beim begrünten Flachdach müssen Wurzelschutzbahn und Filtervlies an der Attika hochgeführt werden, s. Bild 6.45.

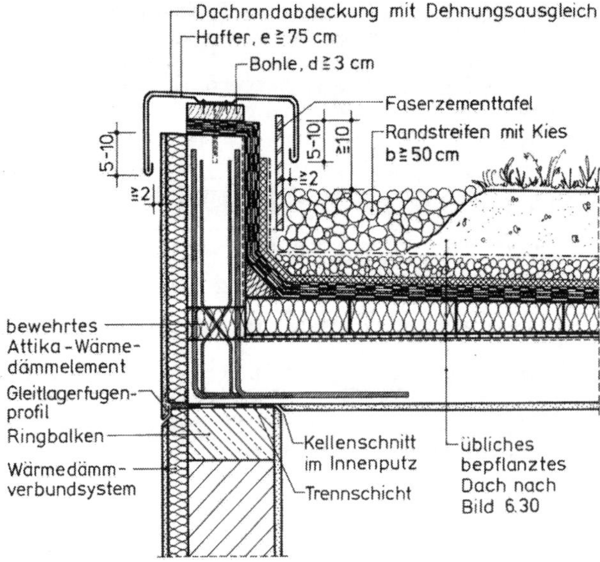

Bild 6.45
Attikaanschluß beim begrünten Flachdach mit bituminöser Abdichtung und bewehrtem Wärmedämmelement

6.8.3 Anschlüsse an aufgehende Bauteile

An aufgehende Bauteile kann die Dachabdichtung starr oder beweglich angeschlossen werden. Bei Dachneigungen bis 5° muß die Abdichtung mindestens 15 cm, bei Dachneigungen über 5° mindestens 10 cm über die Oberkante des Dachbelages (Kies, Plattenbelag o. ä.) geführt und an der Oberkante so verwahrt werden, daß kein ablaufendes Niederschlagswasser hinter die Abdichtung dringen kann.

Profilschiene
im Beton
≧15 cm über
OK Belag
Überhangstreifen
Winkelstreifen als
UV-Schutz und gegen
mech. Beschädigung
Keil ≧6/6 cm
a) üblicher Dachaufbau

Bild 6.46
Starre Anschlüsse an aufgehende Bauteile mit Überhangstreifen (Kappleisten) aus Titanzink [91]
a) an Beton mit Profilschiene,
b) an Beton mit Fugenband ohne Profilschiene,
c) an geputztes Mauerwerk mit Putzprofil,
d) an Sichtmauerwerk mit Mauerhaken

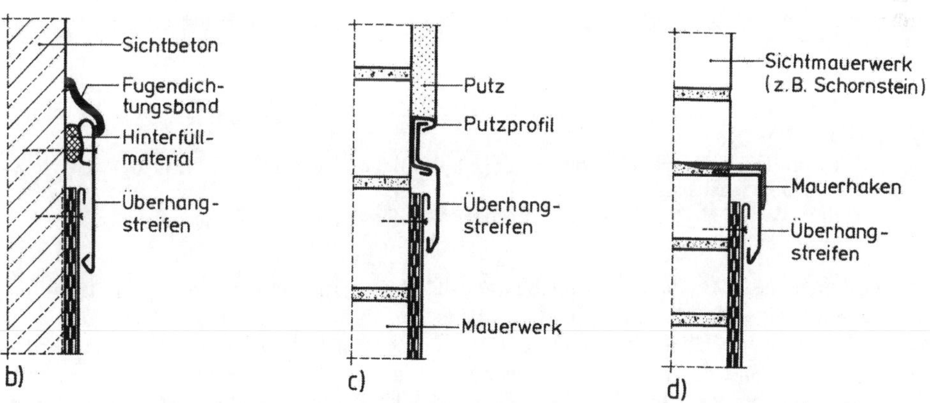

Beispiele für starre Anschlüsse an aufgehende Bauteile wie Wände oder Schornsteine sind in Bild 6.46 dargestellt. Eine im voraus geplante Verwahrung in Beton zeigt Bild 6.46 a, eine Lösung ohne Profilschiene Bild 6.46 b. Bei geputzten Wänden kann der Überhangstreifen (Kappleiste) in ein entsprechendes Putzabschlußprofil eingeklemmt werden (Bild 6.46 c), bei

Sichtmauerwerk wird der Überhangstreifen in eine Mörtelfuge eingelassen und mit Mauerhaken befestigt, siehe Bild 6.46 d (vgl. auch Bild 5.37).

Muß die Abdichtung an einem Bauteil hochgeführt werden, das durch eine Bauwerksfuge getrennt wird, so ist ein beweglicher Anschluß erforderlich. Bild 6.47 a zeigt eine Konstruktion aus Bohlen auf Haltewinkeln, Bild 6.47 b eine Ausführung mit Winkelblechen – in diesem Fall kunststoffbeschichtet zur direkten Verschweißung der Kunststoff-Dachabdichtung.

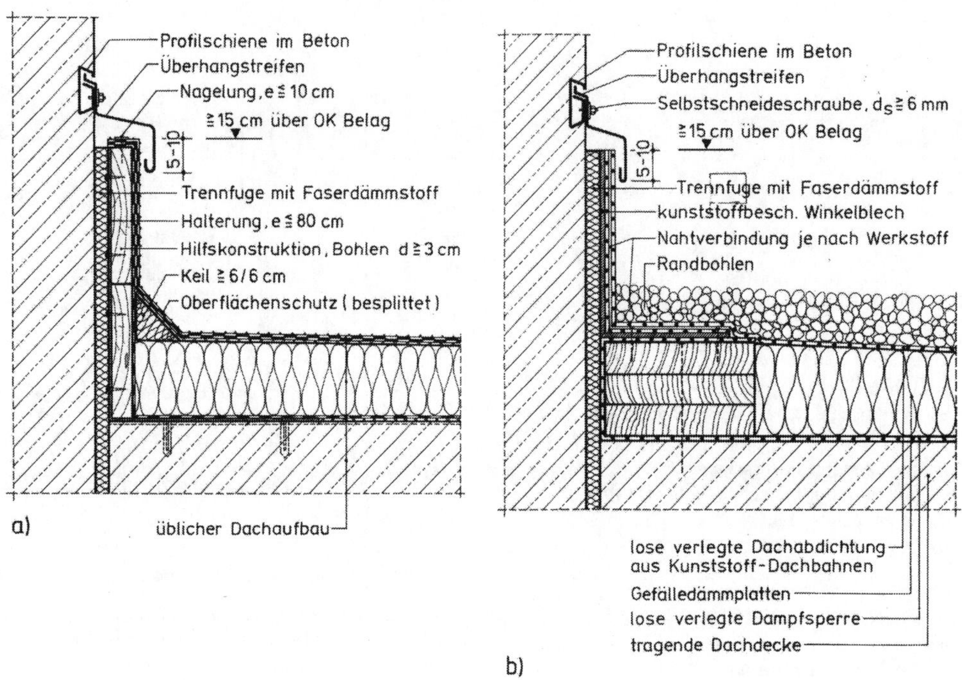

Bild 6.47 Bewegliche Anschlüsse an aufgehende Betonbauteile mit Überhangstreifen (Kappleisten) aus Titanzink

a) mit Bohlen-Hilfskonstruktion, dargestellt für Bitumenbahnen (oberste Lage besplittete Polymerbitumenbahn)

b) mit Winkelblech-Hilfskonstruktion, dargestellt für lose verlegte Kunststoffbahnen

Die an aufgehenden Bauteilen hochgebührte Abdichtung ist nicht nur gegen Hinterlaufen, sondern auch gegen UV-Strahlung und mechanische Beschädigung zu schützen. Dazu können z. B. verlängerte Überhangstreifen auf entsprechenden Halteprofilen verwendet werden (vgl. Bild 6.44) oder unter den Überhangstreifen angeordnete Winkelstreifen aus Titanzink, die gleichzeitig zur mechanischen Befestigung der hochgeführten Dachabdichtung dienen, s. Bild 6.46. Die einzelnen Blechstreifen werden mit 5 cm Stoßüberdeckung verlegt, die Stöße werden nicht verbunden, da hier keine Dichtfunktion erforderlich ist [91]. Ist nur UV-Schutz nötig, so reicht es aus, als oberste Lage der Dachabdichtung eine besplittete Polymerbitumenbahn hochzuführen (s. Bild 6.39 und 6.47 a), bzw. eine UV-beständige Kunststoff-Dachbahn zu verwenden (s. Bild 6.40 und 6.47 b).

Eine Besonderheit stellen Terrassentür-Anschlüsse dar:

Die Anschlußhöhe soll in der Regel 15 cm über Oberfläche Belag oder Kiesschüttung betragen. Dadurch soll möglichst verhindert werden, daß bei Schneematschbildung, Wasserstau durch verstopfte Abläufe, Schlagregen, Winddruck oder bei Vereisung Niederschlagswasser über die Türschwelle eindringt [2], s. Bild 6.48 a.

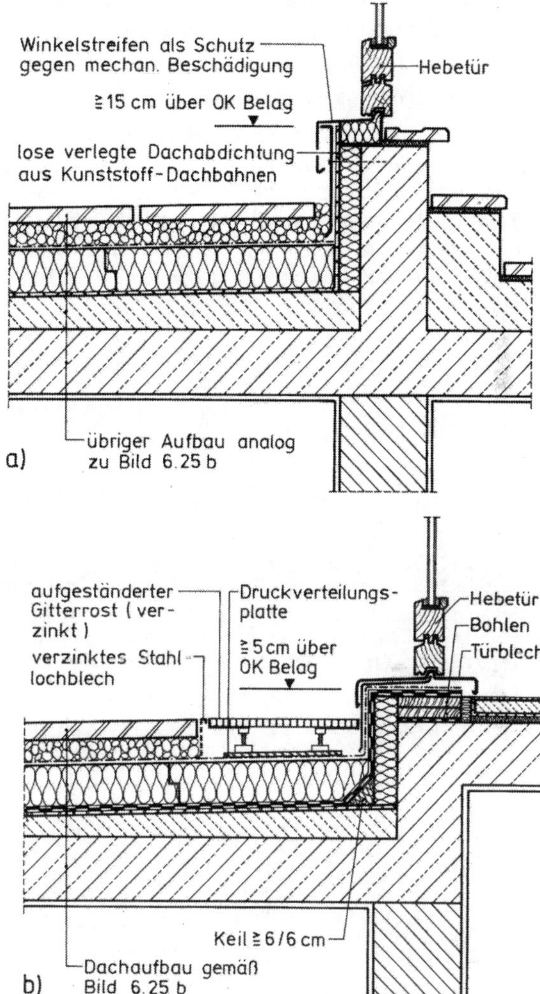

Bild 6.48
Terrassentür-Anschlüsse beispielhaft am Umkehrdach
a) mit hoher Schwelle, dargestellt für lose verlegte Kunststoff-Dachbahnen
b) mit Terrassenablauf aus aufgeständerten Gitterrosten, dargestellt für Bitumenbahnen

In Ausnahmefällen ist eine Verringerung der Anschlußhöhe möglich, wenn zu jeder Zeit ein einwandfreier Wasserablauf im Türbereich sichergestellt ist. Dies ist dann der Fall, wenn sich im unmittelbaren Türbereich Terrassenabläufe oder andere Entwässerungsmöglichkeiten befinden. In solchen Fällen sollte die Anschlußhöhe jedoch mindestens 5 cm über Oberkante Belag betragen [2], s. Bild 6.48 b. Bei behindertengerechten Übergängen sind auch diese 5 cm Anschlußhöhe nicht möglich, so daß das Eindringen von Niederschlagswasser durch geschützte Lage (unter Balkonen o. ä.), regelmäßige Kontrolle und erforderlichenfalls Beheizung der Abläufe – hier sind mindestens 60 cm breite Gitterroste erforderlich – verhindert werden muß.

6.8.4 Dachdurchdringungen

Dachdurchdringungen können entweder mit Klebeflanschen, Dichtungsmanschetten oder Klemmflanschen ausgeführt werden. Klebeflansche und Dichtungsmanschetten müssen mindestens 10 cm breit und gegebenenfalls mit Voranstrich versehen sein. Der Abstand von Dachdurchdringungen zu Wandanschlüssen, Dehnfugen, Dachkanten oder anderen Dachdurchdringungen soll mindestens 50 cm betragen, damit die jeweiligen Anschlüsse fachgerecht hergestellt werden können [2].

Rohrdurchdringungen

Dunstrohre, Antennenmasten, Verankerungsstützen o. ä. stellen rohrartige Dachdurchdringungen dar. Werden Formstücke wie z. B. ein Hülsenrohr verwendet, so müssen diese gegen hinterlaufendes Wasser geschützt sein – z. B. durch einen Dichtungskragen, s. Bild 6.49 a. Bei genutzten Dachflächen dürfen Plattenbelag bzw. Nutzschicht nicht direkt an die Rohrdurchführung anschließen, um Schäden durch temperaturbedingte Verformungen des Belags oder windbedingte Bewegungen z. B. eines Antennenmastes auszuschließen. Daher ist eine mindestens 2 cm breite Fuge erforderlich, s. Bild 6.49 b.

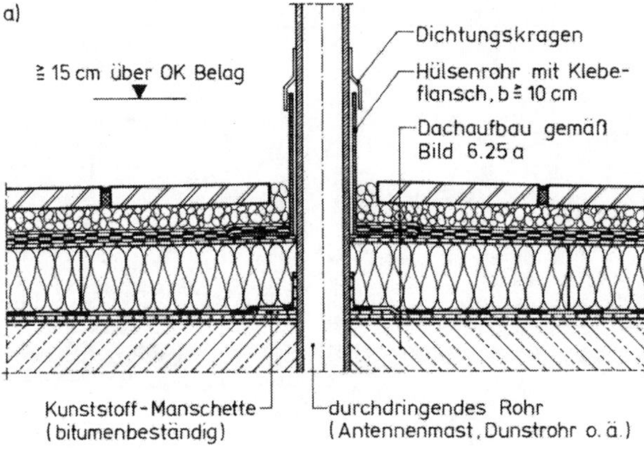

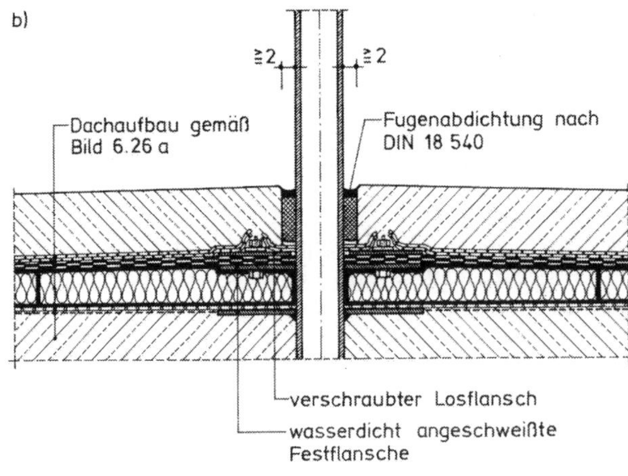

Bild 6.49
Anschlüsse an Rohrdurchdringungen

a) mit Hülsenrohr und Dichtungskragen beim begehbaren Flachdach
b) mit Los- und Festflanschkonstruktion nach DIN 18 195-9 [13] beim befahrbaren Flachdach

Lichtkuppeln

Zur Belichtung und als Rauchabzug im Brandfalle werden Lichtkuppeln – insbesondere im Industriebau – häufig verwendet. Anschlüsse an Klebeflansche sollen ca. 5 cm aus der Abdichtungsebene herausgehoben werden, der Übergang ist keilförmig auszubilden. Die Einklebefläche von Lichtkuppelaufsatzkränzen muß mindesten 12 cm breit, sauber und trocken sein. Bei Anschlüssen mit Bitumenbahnen muß die Einklebefläche mit einem Voranstrich vorgestrichen, die Abdichtung vollflächig aufgeklebt und mit einem mindestens 25 cm breiten Streifen, z. B. aus Polymerbitumenbahn mit Polyestervlieseinlage, verstärkt werden [2], s. Bild 6.50 a.

Entspricht die Anschlußhöhe des verwendeten Aufsatzkranzes nicht der gewählten Wärmedämmung, so ist ein Bohlenkranz als Befestigungsunterlage vorzusehen, der in ca. 75 cm Abstand im Untergrund verschraubt wird, s. Bild 6.50 b.

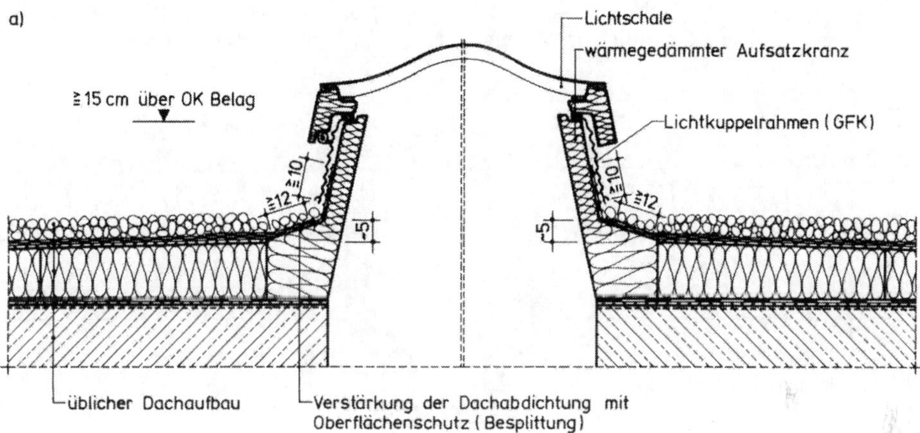

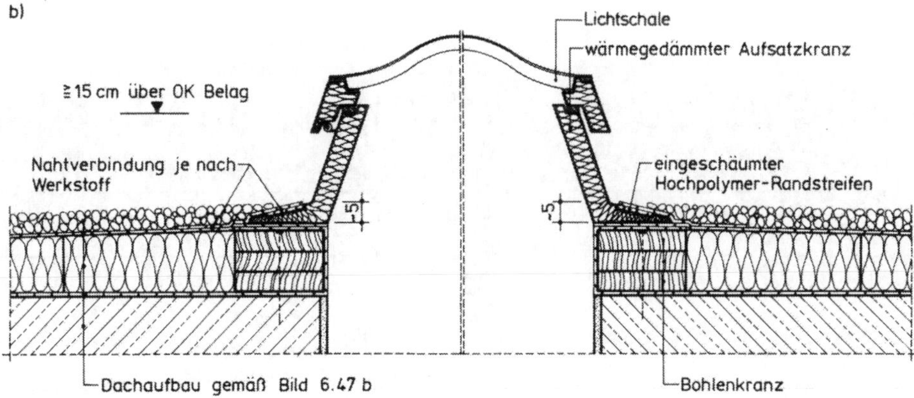

Bild 6.50 Lichtkuppel-Anschlüsse am nichtbelüfteten Flachdach
a) ohne Bohlenkranz, dargestellt für Bitumenbahnen [94]
b) mit Bohlenkranz, dargestellt für lose verlegte Kunststoffbahnen

Bei größeren Lichtkuppeln ist die Gefahr von Schäden als Folge der temperaturbedingten Bewegungen größer; die Länge der Lichtkuppeln soll deshalb 2,50 m nicht überschreiten. Anschlüsse von längeren Lichtbändern dürfen daher nicht direkt in die Dachabdichtung eingebunden werden [2].

Dachabläufe

Bei Flachdächern mit Innenentwässerung sind Dachabläufe in genügender Anzahl (vgl. Abschn. 6.3.1) an den tiefsten Stellen des Daches vorzusehen. Wie Durchdringungen müssen sie mindestens 50 cm von anderen An- und Abschlüssen entfernt sein. Fabrikmäßig vorgefertigte Dachabläufe müssen DIN 19 599 [18] entsprechen [2].

Dachabläufe, die die Dachdecke durchdringen, kühlen stark ab. An ihren Oberflächen kann es daher in den darunterliegenden Räumen zu Tauwasserbildung kommen, die u. U. zu Bauschäden führt (Durchfeuchtung abgehängter Decken etc.). Rohre, die durch die Dachdeckung geführt werden, sollten im Dachgeschoß zur Vermeidung der Tauwasserbildung wärmegedämmt werden [52].

In wärmegedämmten Dachkonstruktionen mit Dampfsperre sind zweiteilige Dachabläufe vorzusehen; die Dampfsperre ist an den eigentlichen Dachablauf, die Dachabdichtung an das

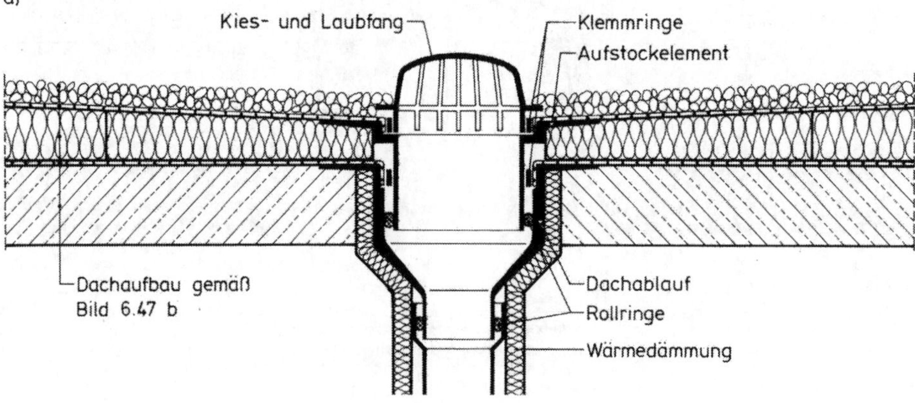

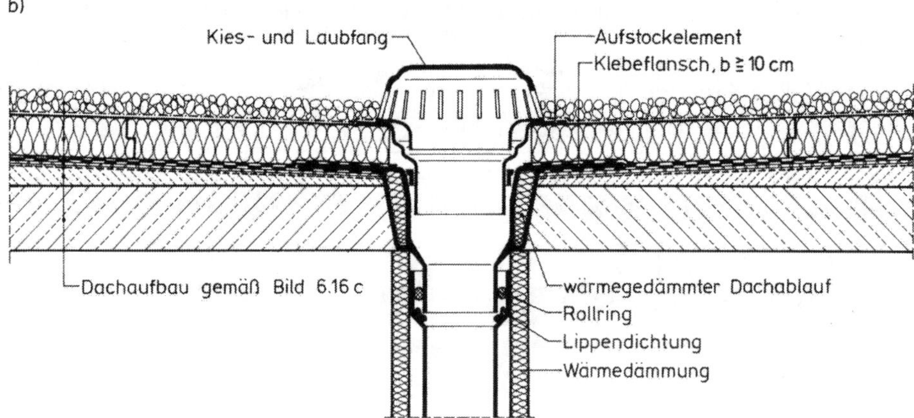

Bild 6.51 Wärmegedämmte Dachabläufe innenliegender Dachentwässerungen
a) am nichtbelüfteten Flachdach mit lose verlegten Kunststoff-Dachbahnen
b) am Umkehrdach mit Bitumenbahnen, nach [80]

Aufstockelement anzuschließen, s. Bild 6.51 a. – Bei Umkehrdächern wird die Dachabdichtung an den Dachablauf angeschlossen; zusätzlich muß die Oberfläche der extrudierten Polystyrol-Hartschaumplatten in das Aufstockelement entwässern, da der größte Teil der Niederschläge oberhalb der Wärmedämmung abgeführt wird, s. Bild 6.51 b. Um Verstopfungen der Dachabläufe zu vermeiden, müssen sie einen Kies- bzw. Laubfang erhalten.

Flansche von Dachabläufen sollen in die Deckunterlage eingelassen werden, um Wasseranstau vor den Flanschen zu verhindern. Klebeflansche müssen mindestens 10 cm breit sein (vgl. Bild 6.51 b), bei Verwendung von Klemmringen kann die Flanschbreite auf 7 cm verringert werden [18] (vgl. Bild 6.51 a). Bei hochbeanspruchten befahrbaren Flachdächern werden Los- und Festflanschkonstruktionen aus Stahl nach DIN 18 195-9 [13] eingebaut, s. Bild 6.52 a.

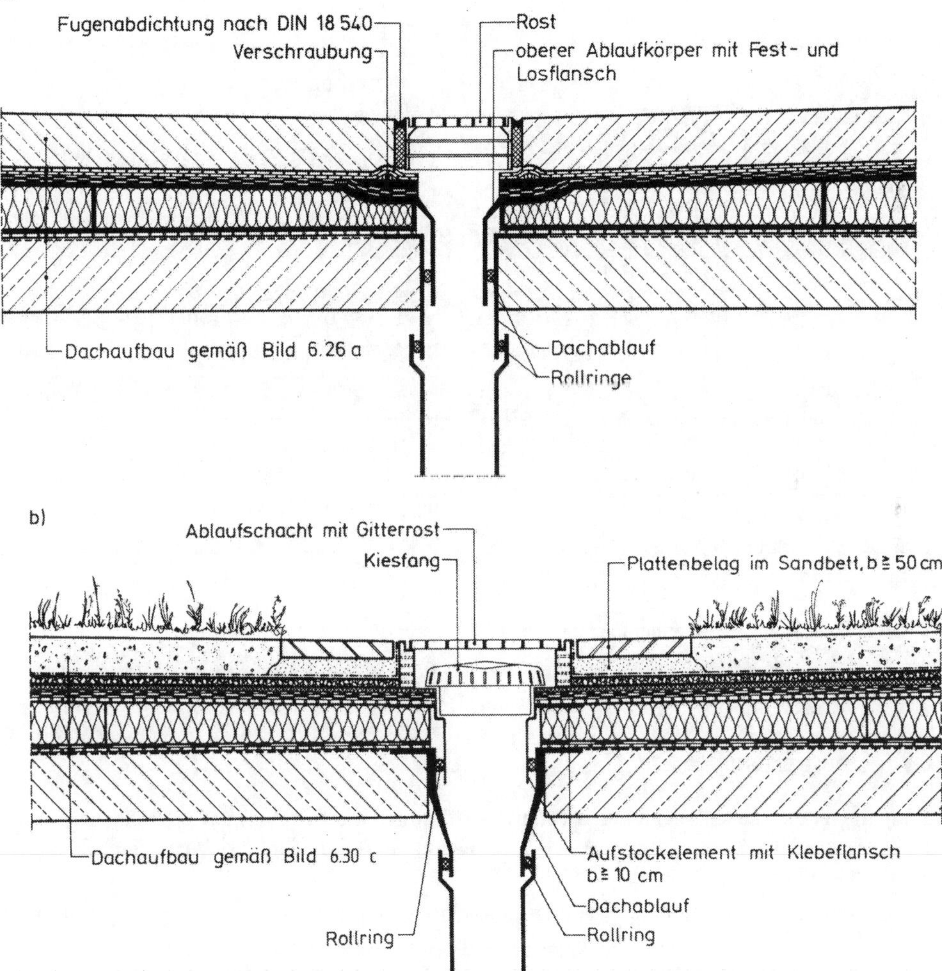

Bild 6.52 Ungedämmte Dachabläufe in genutzten Dachflächen, dargestellt für Bitumenbahnen
a) im befahrbaren Flachdach mit schwerem Verkehr
b) im begrünten Flachdach

Auch bei begehbaren Flachdächern muß die Entwässerung in der Abdichtungsebene sichergestellt sein. Über Dachabläufen sind herausnehmbare Gitterroste anzuordnen; Gitterroste, die im Terrassenbelag fest eingebunden sind, dürfen nicht gleichzeitig mit dem Dachablauf fest verbunden sein. Die unabhängige Eigenbeweglichkeit des Terrassenbelags gegenüber dem Ablauf muß sichergestellt sein, um Schäden zu vermeiden [2].

Bei begrünten Flachdächern ist der Dachablauf in einem von oben zugänglichen Schacht von ca. 50 cm lichtem Durchmesser anzuordnen [2], s. Bild 6.52 b.

Flachdächer mit Innenentwässerung müssen mindestens zwei Abläufe erhalten (vgl. Abschn. 6.3.1), davon darf einer ein sogenannter Sicherheitsüberlauf sein. Als solcher kann ein Wasserspeier in der Attika dienen, s. Bild 6.53.

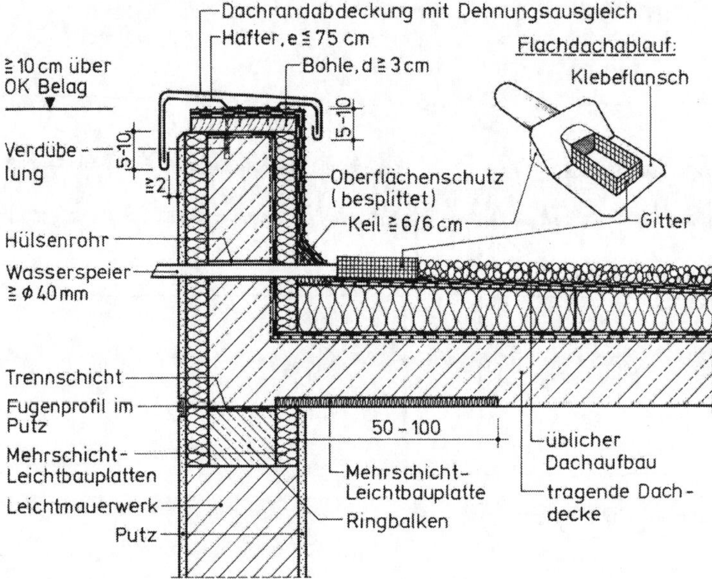

Bild 6.53 Sicherheitsüberlauf in einer Attika mit Wasserspeier (nach [95])

6.8.5 Bauwerksfugen

Temperatur- und Feuchtedehnungen (Schwinden) sowie die Schaffung von Brandabschnitten erfordern die Anordnung von Bauwerksfugen (Dehnfugen). Ihre Breite richtet sich nach den erwarteten Bewegungen.

Bauwerksfugen im Bereich von Wandanschlüssen wurden im Abschn. 6.8.3 gezeigt (vgl. Bild 6.47); Bauwerksfugen in der Dachebene werden im folgenden behandelt.

Die Abdichtung soll bei Bauwerksfugen aus wasserführenden Ebenen herausgehoben und möglichst zu Hochpunkten der Dachfläche ausgebildet werden, z. B. durch Anhebung auf Dämmstoffkeilen (Bild 6.54) oder durch Aufkantungen (Bild 6.55). Durch Bauwerksfugen getrennte Teile der Dachfläche sind unabhängig voneinander einzeln zu entwässern [2].

Für Dehnfugendichtungen werden Konstruktionen verwendet, die

- Dehnungen quer zur Fuge,
- Setzungsdifferenzen der Bauwerksabschnitte sowie
- Scherbewegungen parallel zur Fuge

aufnehmen können. Bewährt haben sich schlaufenförmige Fugenbänder aus bitumenverträglichen Kunststoffen oder Polymerbitumenbahnen – die Schlaufenform wird am sichersten durch elastische Rund- oder Hohlprofile gewährleistet, s. Bild 6.54.

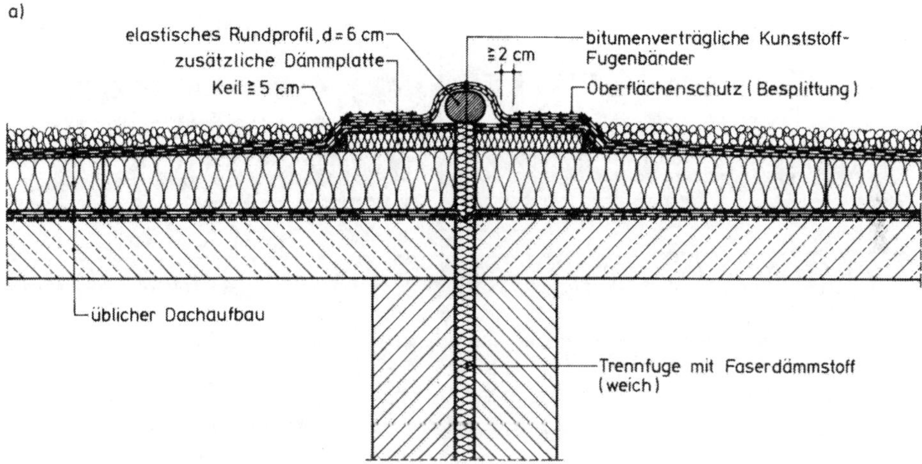

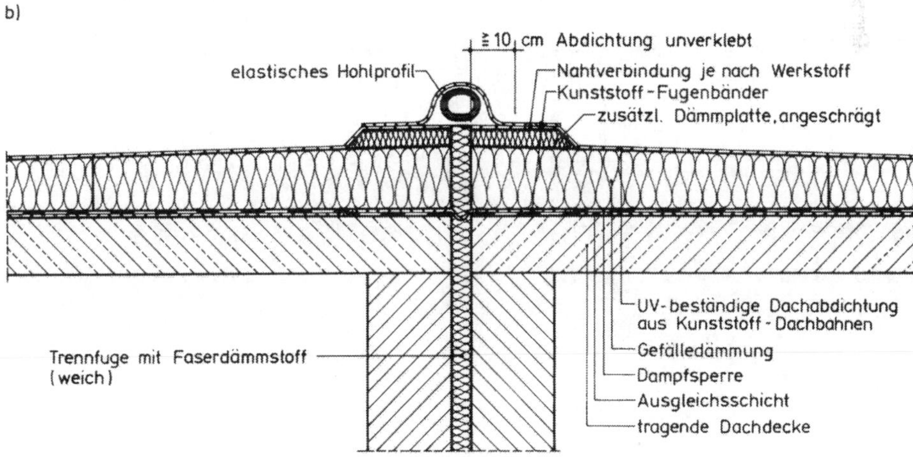

Bild 6.54 Bauwerksfugen mit Fugenbändern im nichtbelüfteten Flachdach
a) mit Bitumenbahnen
b) mit verklebten Kunststoffbahnen

Häufig fällt die Trennung von Bau- und Brandabschnitten zusammen, so daß eine Bauwerksfuge im Bereich der Brandwand erforderlich ist. Gemäß Musterbauordnung [1] sind Brandwände bei Gebäuden mit mehr als zwei Vollgeschossen und harter Bedachung mindestens 30 cm über Dach zu führen; darüber dürfen keine brennbaren Teile hinweggeführt werden. Eine entsprechende Konstruktion zeigt Bild 6.55 b.

Bei großen Dehnungs- und Setzungsbewegungen, z. B. in Bergsenkungsgebieten, sind Dehnfugen als Flanschkonstruktion mit Dehnfugenbändern aus elastomeren Werkstoffen zweckmäßig [2], eine entsprechende Konstruktion am begehbaren Flachdach zeigt Bild 6.56 a.

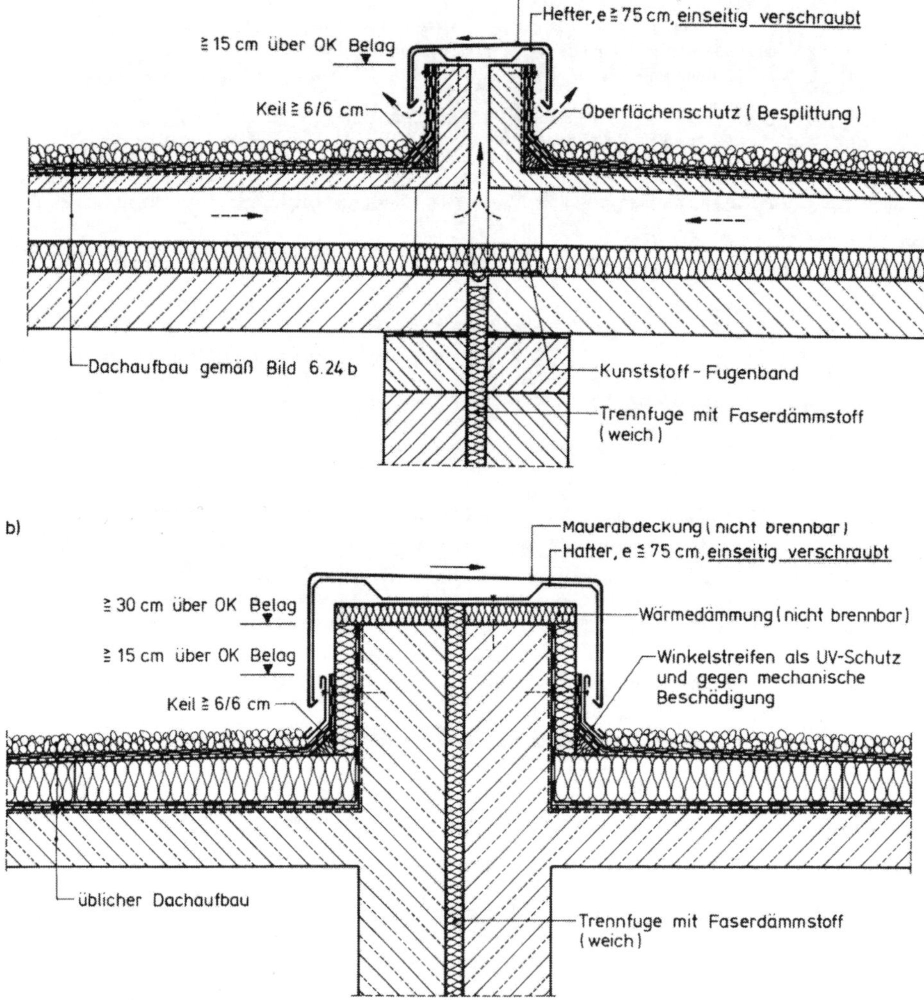

Bild 6.55 Bauwerksfugen mit Aufkantungen, dargestellt mit Bitumenbahnen
a) im belüfteten Flachdach als Massivkonstruktion [78]
b) an einer doppelten Brandwand mit nichtbelüftetem Flachdach

In Bild 6.56 b ist eine Bauwerksfuge im begrünten Flachdach dargestellt. Dort sollten Bauwerksfugen zugänglich bleiben, ferner ist die Wurzelschutzschicht auch über die Dehnfuge zu führen [84].

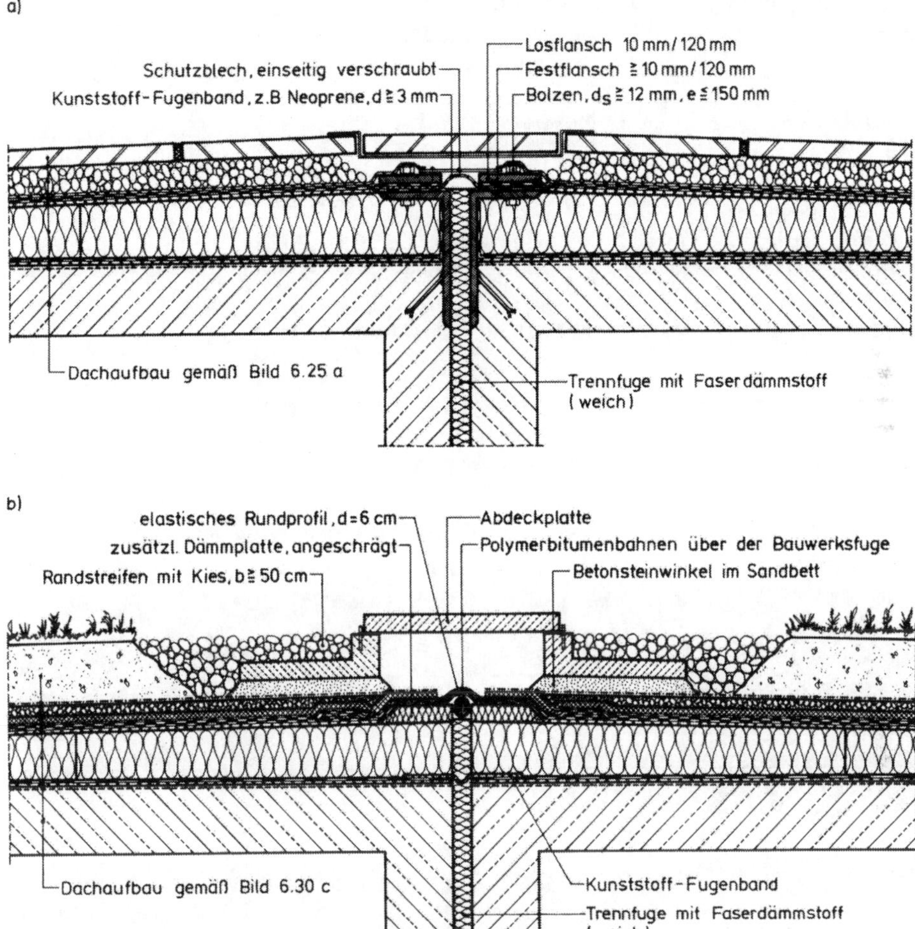

Bild 6.56 Bauwerksfugen mit Bitumenbahnen
a) Im begehbaren Flachdach mit Los- und Festflanschkonstruktion
b) Im begrünten Flachdach mit Plattenabdeckung

6.8.6 Aufteilung von Dachflächen

Zur leichteren Ortung von möglichen Leckagen im Flachdach sollten größere Dachflächen in kleinere Bereiche aufgeteilt werden. Im Falle von Undichtheiten kann so jeder Bereich für sich geflutet und z. B. elektronisch auf Leckagen geprüft werden, vgl. Abschn. 6.2.7 [57]. Zu beachten ist dabei jedoch, daß jeder Flachdachabschnitt einzeln entwässert werden muß, und zwar entsprechend Abschn. 6.3.1 durch mindestens zwei Abläufe oder einen Ablauf und einen

Sicherheitsüberlauf. Eine beispielhafte Möglichkeit für die Abschottung eines Flachdaches in Teilbereiche zeigt Bild 6.57 a.

Begrünte Dachflächen erhalten häufig begehbare oder befahrbare Bereiche. Sollen dort An- und Abschlüsse vermieden werden, so muß in der Nutzschicht ein Übergang geschaffen werden. Ein Beispiel hierfür ist in Bild 6.57 b dargestellt.

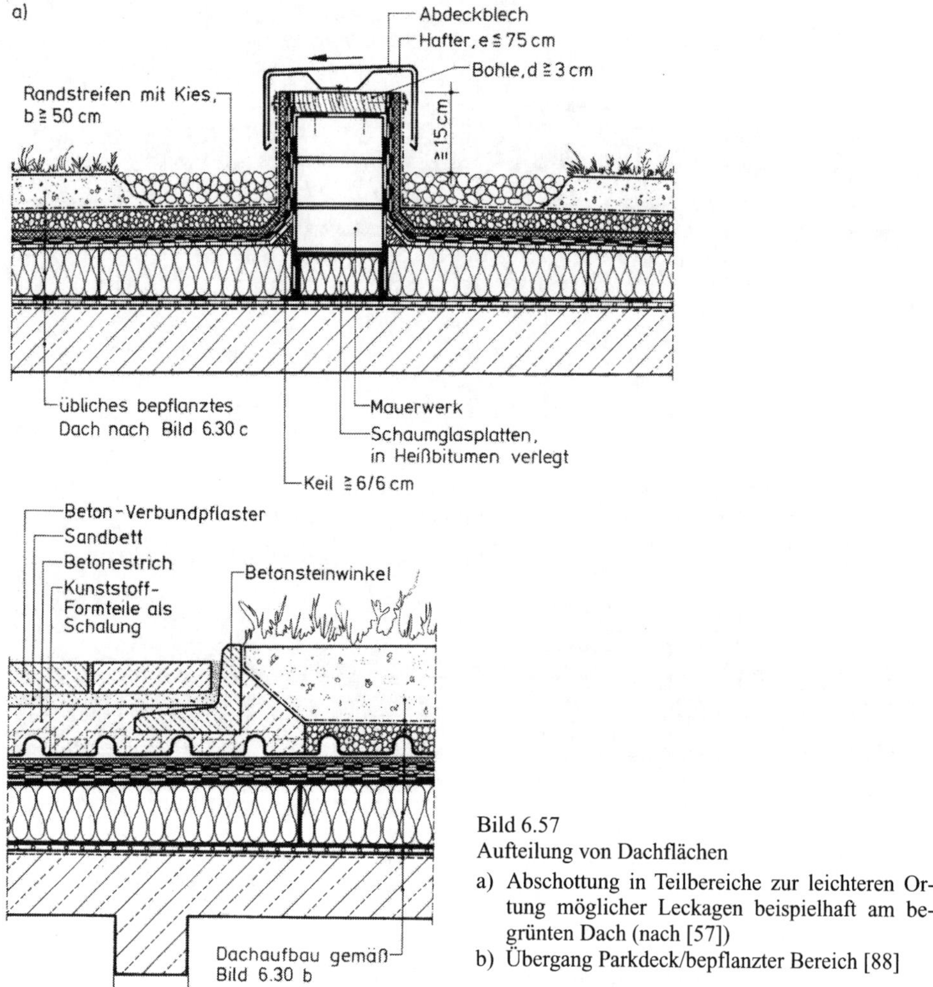

Bild 6.57
Aufteilung von Dachflächen

a) Abschottung in Teilbereiche zur leichteren Ortung möglicher Leckagen beispielhaft am begrünten Dach (nach [57])
b) Übergang Parkdeck/bepflanzter Bereich [88]

6.9 Materialien für die Flachdachkonstruktion

6.9.1 Abdichtungsmaterialien

Auf Flachdächern werden fast ausschließlich Bahnenabdichtungen verwendet; erst in jüngerer Zeit setzen sich Abdichtungen mit Flüssigkunststoffen, Schaumkunststoffen oder Bentonit durch. Die Brauchbarkeit neuer Dachabdichtungssysteme kann mit einem allgemeinen bauaufsichtlichen Prüfzeugnis nach Bauregelliste A Teil 2 nachgewiesen werden.

Tafel 6.12 Polymerbitumen- und Bitumenbahnen [2], [3], [96]

Bahnenwerkstoff	Kurzzeichen	Stoffvorschrift	mittl. Dicke in mm	Trägereinlage	verwendbar als
Bitumenbahnen für Dachabdichtungen Polymerbitumen-Schweißbahnen	PYE-PV 200 S 5 PYP-PV 200 S 5	DIN 52 133	5 5	Polyesterfaservlies ≥ 200 g/m²	obere und unter Lage der Dachabdichtung
Polymerbitumen-Schweißbahnen	PYE-G 200 S 5 PYP-G 200 S 5 PYE-G 200 S 4 PYP-G 200 S 4	DIN 52 133	5 5 4 4	Glasgewebe ≥ 200 g/m²	
Polymerbitumen-Schweißbahnen	PYE-J 300 S 5 PYP-J 300 S 5 PYE-J 300 S 4 PYP-J 300 S 4	DIN 52 133	5 5 4 4	Jutegewebe ≥ 300 g/m²	
Polymerbitumen-Dachdichtungsbahnen	PYE-PV 200 DD	DIN 52 132		Polyesterfaservlies ≥ 200 g/m²	
Polymerbitumen-Dachdichtungsbahnen	PYE-G 200 DD	DIN 52 132		Glasgewebe ≥ 200 g/m²	
Polymerbitumen-Dachdichtungsbahnen	PYE-J 300 DD	DIN 52 132		Jutegewebe ≥ 300 g/m²	
Bitumen-Schweißbahnen	PV 200 S 5	DIN 52 131	5	Polyesterfaservlies ≥ 200 g/m²	unter Lage der Dachabdichtung
Bitumen-Schweißbahnen	G 200 S 5 G 200 S 4	DIN 52 131	5 4	Glasgewebe ≥ 200 g/m²	
Bitumen-Schweißbahnen	J 300 S 5 J 300 S 4	DIN 52 131	5 4	Jutegewebe ≥ 300 g/m²	
Bitumen-Dachdichtungsbahnen	PV 200 DD	DIN 52 130		Polyesterfaservlies ≥ 200 g/m²	
Bitumen-Dachdichtungsbahnen	G 200 DD	DIN 52 130		Glasgewebe ≥ 200 g/m²	
Bitumen-Dachdichtungsbahnen	J 300 DD	DIN 52 130		Jutegewebe ≥ 300 g/m²	
Sonstige Bitumenbahnen (in Dachabdichtungen nur als zusätzliche Lagen zulässig) Glasvlies-Bitumen-Dachbahnen	V 13	DIN 52 143		Glasvlies ≥ 60 g/m²	Trennlage, Zwischenlage
Bitumen-Schweißbahnen	V 60 S 4	DIN 52 131	4	Glasvlies ≥ 60 g/m²	
Bitumen-Dachbahnen mit Rohfilzeinlage	R 500 R 333	DIN 52 128		Rohfilzpappe ≥ 500 g/m² bzw. ≥ 333 g/m²	für Dachabdichtungen nicht geeignet
Lochglasvlies-Bitumenbahnen	LV	–		Lochglasvlies	Ausgleichsschicht
Glaskunststoff-vlies-Dachbahnen	GKV 80 GKV 100 GKV 150	–		Glaskunststoffvlies ≥ 80 g/m²	Kaschierung von EPS-Dämmplatten

Bitumenbahnen

Die für die Dachabdichtung verwendeten Polymerbitumen- und Bitumenbahnen sind in Tafel 6.12 zusammengestellt. Eine Übersicht über die zugehörigen Dampfsperrbahnen gibt Tafel 6.13.

Plastomerbitumenbahnen (PYP in Tafel 6.12) können nicht mit heißflüssiger Bitumenklebemasse aufgeklebt werden, sie sollten nur als Schweißbahnen verwendet werden. Um Verträglichkeitsprobleme zu vermeiden, sollten auf einem Dach nur Bahnen eines Herstellers eingesetzt werden. Bitumendachbahnen mit Rohfilzeinlage sind für Dachabdichtungen nicht geeignet, da sie ohne ausreichende Auflast zu schnell verrotten; Bitumenbahnen mit Glasvlieseinlage reißen zu leicht und sind daher nur als zusätzliche Lagen zulässig [2]. Bitumenbahnen mit Metallbandeinlagen sind für Flachdächer nicht ausreichend dehnfähig, sie dürfen daher nur bei Abdichtungen nach DIN 18 195 [13], d. h. bei befahrbaren oder intensiv begrünten Dachflächen eingesetzt werden.

Tafel 6.13 Bitumen-Dampfsperrbahnen [3]

Bahnenwerkstoff	Kurzzeichen	Stoffvorschrift	mittl. Dicke in mm	Trägereinlage	verwendbar als
Aluminium-Dampfsperrbahnen	AL	–		Aluminiumband ≥ 0,05 mm	Dampfsperre
Aluminium-Dampfsperrbahnen glasvliesverstärkt	AL + V 60	–		Aluminiumband ≥ 0,05 mm und Glasvlies 60 g/m²	
Bitumen-Schweißbahnen	AL + G 200 S 5		5	Aluminiumband ≥ 0,05 mm und Glasgewebe 200 g/m²	
Bitumen-Schweißbahnen	AL + V 60 S 4	in Anlehnung an DIN 52 131	4	Aluminiumband ≥ 0,05 mm und Glasvlies 60 g/m²	
Bitumen-Schweißbahnen	AL S 4		4	Aluminiumband ≥ 0,05 mm	

Kunststoffbahnen

Nach Bahnenwerkstoffen geordnet finden sich in Tafel 6.14 die für Dachabdichtungen verwendeten Kunststoffbahnen (sog. „hochpolymere Dachbahnen"); Weich-PVC wird dabei zunehmend durch ein chlorfreies Polyolefin-Gemisch ersetzt [97].

Sollten Kunststoffbahnen in Verbindung mit Bitumenbahnen verwendet werden (bei Instandsetzungen z. B.), müssen diese uneingeschränkt und auf Dauer bitumenverträglich sein [2], siehe dazu die letzte Spalte in Tafel 6.14 und DIN EN 1548 [19].

Die einzelnen Kunststoffbahnen werden entweder durch thermische Verfahren wie Hochfrequenz-, Heizkeil- oder Warmgasschweißen oder durch chemisches Quellschweißen aneinandergefügt (s. Abschn. 15.2.2.3).

Letztes unterscheidet sich vom einfachen Kleben dadurch, daß durch Anlösen und durch Aufquellen der zu verbindenen Bahnen eine homogene Verbindung in der Überlappungsnaht erreicht wird.

In der Regel werden Kunststoffbahnen lose verlegt, wobei die Sicherung gegen Windsog mit einer Kiesschüttung oder einem Plattenbelag erfolgt (vgl. Abschn. 6.3.5 und Bilder 6.47 b, 6.48

a). Ist eine solche Windsogsicherung nicht möglich, müssen die Kunststoffbahnen mit dem Untergrund verklebt (vgl. Bild 6.37) oder – vorzugsweise bei Stahltrapezprofildächern – mechanisch befestigt werden (vgl. Bild 6.9 b) [2].

Tafel 6.14 Kunststoffbahnen

Bahnenwerkstoff	Kurzzeichen	Stoffvorschrift	Mindestnenndicke in mm	E = Trägereinlage K = Kaschierung V = Verstärkung	bitumenverträglich?
Polyvinylchlorid weich	PVC-P	DIN 16 730 DIN 16 734 DIN 16 734 DIN 16 735 DIN 16 937 DIN 16 937 DIN 16 938	1,2 1,2 1,2 1,2 1,2 1,2 1,2	– V: Polyestergewebe V: Glasgewebe E: Glasvlies – K: Polyestervlies –	nein nein nein nein ja ja nein
Polyisobutylen	PIB	DIN 16 731 DIN 16 935	2,5 1,5	K: Polyestervlies –	ja ja
Chloriertes Polyethylen	PE-C	DIN 16 736 DIN 16 737 DIN 16 737	1,2 1,2 1,2	K: Polyestervlies V: Polyestergewebe V oder K: Polyester	ja ja ja
Ethylen-Propylen-Terpolymer	EPDM	DIN 7 864	1,2	–	ja
Ethylencopolymer-Bitumen	ECB	DIN 16 729 Typ 1	1,5	K: Polyestervlies	ja
Chlorsulfoniertes Polyethylen	CSM	–	1,2	K: Polyestervlies	ja
Ethylen-Vinylacetat-Copolymer bzw. Vinylacetat-Ethylen	EVA/VAE	– –	1,2 1,2	– K: Polyestervlies	ja ja

Flüssigkunststoffe

Die Brauchbarkeit von Flüssigkunststoffen für Dachabdichtungen wird durch ein allgemeines bauaufsichtliches Prüfzeugnis nach Bauregelliste A Teil 2, basierend auf einem Gutachten eines anerkannten Prüfinstituts nachgewiesen [98]. Die Verarbeitung erfolgt nach Herstellerangaben, vorher muß die Verträglichkeit mit dem Untergrund geprüft werden.

Sinnvoll ist der Einsatz von Flüssigkunststoffen auf mehrfach gekrümmten Dachflächen bei sorgfältiger Planung und Ausführung, vgl. [99]. Weniger bewährt haben sich Flüssigbeschichtungen zur Dachinstandsetzung [100], da

- der Dachuntergrund immer uneben ist, so daß die Beschichtungsdicke ungleichmäßig wird, was leicht zu Spannungsrissen führt,
- selbst bei trockener Witterung während der Ausführung ein schadhaftes Dach oft nicht ausreichend trocken ist und
- der Untergrund häufig nicht geeignet ist bzw. nicht ausreichend vorbereitet wurde (thermische Längenänderungen von Anschlußblechen, Unverträglichkeit mit Dachdurchdringungen aus Kunststoff).

Tafel 6.15 Wärmedämmstoffe für Flachdächer [2], [3], [79]

Stoffe	Kurz-zeichen	Stoff-vorschrift	Raum gewicht [kg/m³]	Baustoff-klasse [1]	Rechenwert der Wärmeleit-fähigkeit [2] λ_R [W/(m · K)]	Wasserdampf-Diffusions-widerstands-zahl μ [/]
Nicht druckbeanspruchte Wärmedämmstoffe, z. B. in belüfteten Dächern: Anwendungstyp W (diese Dämmstoffe werden in der Regel lose verlegt)						
Mineralfasermatten W Mineralfaserplatten W	MinM MinP	DIN 18 165 -1	8 bis 500	A1 bis B1	0,035 bis 0,050	1
Polystyrol-Partikel-schaumplatten	PS 15 SE	DIN 18 164 -1	≥ 15	B1	0,040	30 bis 50
Druckbeanspruchbare Wärmedämmstoffe, z. B. unter druckverteilenden Böden (ohne Trittschallanforderung) und in nicht belüfteten Dächern unter der Dachhaut: Anwendungstyp WD						
Mineralfaserplatten WD	MinP	DIN 18 165 -1	140	A1 bis B1	0,035 bis 0,050	1
Polystyrol-Partikel-schaumplatten WD	PS 20 SE	DIN 18 164 -1	≥ 20	B1	0,025 bis 0,040	30 bis 70
extrudierte Polystyrol-Hartschaumplatten WD	XPS 25 SE	DIN 18 164 -1	≥ 25	B1	0,035	80 bis 250
Polyurethan-Hart-schaumplatten WD	PUR 30 PUR 30 SE	DIN 18 164 -1	≥ 30	B2 B1	0,020 [3] bis 0,035	30 bis 100
Phenolharz-Hart-schaumplatten WD	PF 35 SE	DIN 18 164 -1	≥ 35	B1	0,030 bis 0,045	30 bis 50
expandierte, bituminierte Korkplatten WD	IK	DIN 18 161 -1	≥ 120	B1 B2	0,045 bis 0,055	10
Wärmedämmstoffe mit erhöhter Druckbelastbarkeit für Sondereinsatzgebiete wie Parkdecks: Anwendungstyp WS bzw. WDS						
Polystyrol-Partikel-schaumplatten WS	PS 30 SE	DIN 18 164 -1	≥ 30	B1	0,025 bis 0,040	40 bis 100
extrudierte Polystyrol-Hartschaumplatten WS	XPS 30 SE	DIN 18 164 -1	≥ 30	B1	0,035	80 bis 250
Polyurethan-Hart-schaumplatten WS	PUR 30 PUR 30 SE	DIN 18 164 -1	≥ 30	B2 B1	0,020 [3] bis 0,035	30 bis 100
Phenolharz-Hart-schaumplatten WS	PF 35 SE	DIN 18 164 -1	≥ 35	B2	0,030 bis 0,045	30 bis 50
Schaumglasplatten WDS	SG	DIN 18 174	≥ 120	A1	0,040	praktisch dampfdicht
expandierte, bituminierte Korkplatten WDS	IK	DIN 18 161 -1	≥ 200	B1 B2	0,045 bis 0,055	10
Wärmedämmstoffe mit erhöhter Druckbelastbarkeit unter druckverteilenden Böden bzw. Parkdecks für LKW, Feuerwehrfahrzeuge u. ä.: Anwendungstyp WDH						
Schaumglasplatten WDH	SG	DIN 18 174	≥ 120	A1	0,045 bis 0,055	praktisch dampfdicht
Dämmstoffe, die nicht durch Normen erfaßt werden:						
Platten aus expandierten Mineralien	EPB	–	≥ 170	A2, B1, B2	0,055 bis 0,060	5

[1] Baustoffklasse gemäß Prüfzeichen bzw. Prüfzeugnis des Herstellers
[2] Nach DIN 4108-4 Rechenwert der Wärmeleitfähigkeit gemäß Zulassungsbescheid des Herstellers
[3] Nur mit gasdiffusionsdichten Deckschichten und FCKW als Treibmittel erreichbar

PUR-Ortschaum

Gegenüber ungeschäumten Flüssigkunststoffen bietet geschlossenzelliger Polyurethan-(PUR-) Ortschaum folgende Vorteile:

- Die Dachfläche wird in einem oder mehreren gleichen Arbeitsgängen wärmegedämmt und gleichzeitig abgedichtet, vgl. Bild 6.16 g; anschließend ist nur noch ein UV-Schutzanstrich erforderlich.
- Aufgrund der größeren Schichtdicken ist die Gefahr eines durchgehenden Risses gering.

Es dürfen nur bauaufsichtlich zugelassene Systeme – z. B. [74] – verwendet und von erfahrenen Fachfirmen aufgebracht werden. Das Aufbringen ist nur bei wenigen dafür geeigneten Witterungsbedingungen möglich (vgl. Abschn. 6.4.4), so daß der Anwendung dieser Systeme Grenzen gesetzt sind.

Bentonit

Bentonite sind Tonmineralien, die sich durch besonders geringe Wasserdurchlässigkeit auszeichnen – damit vergleichbar dem wasserundurchlässigen (WU-)Beton. Grundsätzlich sind Bentonite zur Flachdachabdichtung geeignet, wenn folgende Randbedingungen eingehalten werden [101]:

- zum Schutz vor Austrocknung ist unmittelbar auf die Abdichtungsschicht mindestens eine Lage lose überlappter PE-Folie aufzulegen.
- Zusätzlich (oder als kombinierte Folie) ist eine Wurzelschutzbahn einzulegen, sofern Wildwuchs zu erwarten oder eine Bepflanzung vorgesehen ist.
- Die Abdichtung ist vor Frost zu schützen, daher kommt nur eine Verwendung im Umkehrdach in Frage.

Zur Zeit untersucht wird eine Kombination aus WU-Beton-Dach (vgl. Bild 6.16 f) und Bentonitabdichtung: Sollten im WU-Beton Risse oder sonstige Undichtheiten auftreten, würde das Bentonit als zusätzliche Abdichtungsschicht wirken (zweifache Sicherheit).

6.9.2 Wärmedämmstoffe

Die für Flachdächer am häufigsten verwendeten Wärmedämmstoffe sind in Tafel 6.15 – geordnet nach Anwendungstypen – zusammengestellt. Die einem Anwendungstyp zugeordneten Dämmstoffe können auch für die jeweils darüber stehenden Anwendungstypen eingesetzt werden.

Polystyrol-Partikelschaum wird auch in Form von Gefälledämmplatten (vgl. Bild 6.4) oder von Rolldämmbahnen geliefert (Bild 6.58 a), jeweils kaschiert mit einer Glaskunststoffvlies Dachbahn (vgl. Tafel 6.12 unten). Der Vorteil liegt in der einfacheren Verarbeitung, vor allem aber auch in der Kaschierung, die den sehr temperaturempfindlichen Polystyrol-Hartschaum kurzfristig gegen das Heißbitumen beim Aufbringen nachfolgender Abdichtungslagen schützt (vgl. Abschn. 6.4.1). Mineralfaserplatten sowie Polyurethan- und Phenolharz-Hartschaumplatten sind unempfindlich gegen kurzzeitige Beanspruchung durch Heißbitumen.

Schaumglas wird i.d.R. bei der Verlegung vollständig in Heißbitumen eingeschwemmt, um der Bruchgefahr bei unebenen Untergründen vorzubeugen; alternativ sind auch werkmäßig mit einer Bitumenschicht und beschichtetem Glasvlies versehene „Boards“ für die Trockenverlegung erhältlich (Bild 6.58 b). Schaumglas wird auch in Form von keilförmigen Gefälleplatten geliefert, vgl. Bild 6.4, 6.26 a, 6.30 a, 6.49 b und 6.52 a [79].

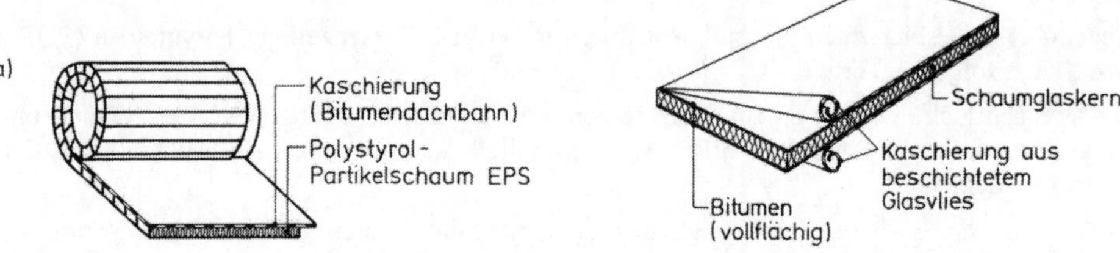

Bild 6.58 Kaschierte Wärmedämmstoffe für Flachdächer
a) einseitig mit einer Dachbahn kaschierte Rolldämmbahn aus Polystrol-Partikelschaum EPS
b) beidseitig bitumenbeschichtete und mit Glasvlies kaschiertes Schaumglas-„Board" [79]

Extrudierte Polystyrol-Hartschaumplatten werden vor allem für Umkehrdächer gemäß bauaufsichtlicher Zulassungen [61], [62], [73] verwendet, vgl. Abschn. 6.4.2.

Zur gleichzeitigen Wärmedämmung und Abdichtung mit PUR-Ortschaum s. Abschn. 6.9.1 und 6.4.4.

6.10 Literatur

6.10.1 Normen, Regelwerke, Vorschriften

[1] Musterbauordnung (MBO) in der Fassung vom 11. Dezember 1993. Wiesbaden und Berlin 1994

[2] Zentralverband des Deutschen Dachdeckerhandwerks – Fachverband Dach-, Wand- und Abdichtungstechnik e.V. – und Bundesfachabteilung Bauwerksabdichtung im Hauptverband der Deutschen Bauindustrie e.V.: Richtlinien für die Planung und Ausführung von Dächern mit Abdichtungen – Flachdachrichtlinien – (Ausg. Mai 1991)

[3] VDD Industrieverband Bitumen-, Dach- und Dichtungsbahnen e.V.: abc der Bitumen-Bahnen – Technische Regeln 1991

[4] Zentralverband Sanitär Heizung Klima: Richtlinien für die Ausführung von Metall-Dächern, -Außenwandbekleidungen und Bauklempner-Arbeiten (Ausg. Sep. 1991)

[5] DIN 1055-4 (Aug. 1986). Lastannahmen für Bauten; Verkehrslasten, Windlasten bei nicht schwingungsanfälligen Bauten

[6] DIN 1986-1 (Juni 1988) und -2 (März 1995). Entwässerungsanlagen für Gebäude und Grundstücke

[7] DIN 4062 (Sep. 1978). Dichtstoffe für Bauteile aus Beton

[8] DIN 4102-1 (Mai 1981), -2, -3, -5, -6, -7, (Sep. 1977), -4 (März 1994). Brandverhalten von Baustoffen und Bauteilen

[9] Institut für Bautechnik: Richtlinien für die Verwendung brennbarer Baustoffe im Hochbau (RbBH). Berlin 1978

[10] DIN 4108-1, -2, -3, -5, (April 1982), -4 (Nov. 1991), -6 (Vornorm April 1995) -7 (Vornorm April 1996). Wärmeschutz im Hochbau

[11] Gesetz zur Einsparung von Energie in Gebäuden (EnEG) vom 22. Juli 1976, BGBI. I Jhg. 1976, S. 1873. Erstes Gesetz zur Änderung des Energiesparungsgesetzes vom 20. Juni 1980, BGBI. I Jhg. 1980, S. 701. Verordnung über einen energiesparenden Wärmeschutz bei Gebäuden (WärmeschutzV) vom 16. August 1994, BGBI. I Jhg. 1994, S. 2121

[12] DIN 4109 mit 2 Beiblättern (Nov. 1989). Schallschutz im Hochbau

[13] DIN 18 195-1 bis -6 (Entwurf Dez. 1996), -8 bis -10 (Aug. 1983), -7 (Juni 1989). Bauwerksabdichtungen mit bahnenförmigen Werkstoffen

[14] DIN 18 530 (März 1987). Massive Deckenkonstruktionen für Dächer

[15] DIN 18 531 Vornorm (Feb. 1987). Dachabdichtungen. Begriffe, Anforderungen, Planungsgrundsätze

[16] DIN 18 540 (Okt. 1988). Abdichten von Außenwandfugen im Hochbau mit Fugendichtstoffen

[17] DIN 18 807-1 bis -3 (Juni 1987). Stahltrapezprofile

[18] DIN 19 599 (Nov. 1990). Abläufe und Abdeckungen in Gebäuden

[19] DIN EN 1548 (Entwurf November 1994): Dichtungsbahnen aus Kunststoffen und Elastomeren; Bestimmung der Bitumenverträglichkeit

[20] Deutscher Dachgärtner Verband e. V.: Richtlinien für die Planung und Ausführung von extensiven Flachdachbegrünungen – Dachgärtnerrichtlinien – Ausgabe 1990. Nürtingen 1990

[21] Forschungsgesellschaft Landschaftsentwicklung Landschaftsbau e.V. (FLL): Richtlinien für die Planung, Ausführung und Pflege von Dachbegrünungen – Richtlinien für Dachbegrünungen – Ausgabe 1995. Troisdorf 1995

[22] Forschungsgesellschaft Landschaftsentwicklung Landschaftsbau e.V. (FLL): Verfahren zur Untersuchung der Durchwurzelungsfestigkeit bei Dachbegrünungen, Ausgabe 1992, aktualisiert 1995. Troisdorf 1995

[23] Erlaß V B 4-230.336 des Ministers für Stadtentwicklung, Wohnen und Verkehr von Nordrhein-Westfalen vom 02. August 1989

6.10.2 Zitierte Literatur

[51] Lutz, P.; Jenisch, R.; Klopfer, H.; Freymuth, H.; Krampf, L.; Petzold, K.: Lehrbuch der Bauphysik: Schall, Wärme, Feuchte, Licht, Brand, Klima. 3. Aufl. Stuttgart 1994

[52] Cziesielski, E.; Raabe, B.: Bauplanungstechnische Grundlagen. In: Cziesielski, E.; Daniels, K; Trümper, H.: Ruhrgas-Handbuch Haustechnische Planung. 2. Aufl. Stuttgart 1988

[53] Schüle, W.: Dampfsperren beim Stahldach. Fraunhofer-Institut für Bauphysik: IBP-Mitteilung **3** (1975), Nr. 13

[54] Zweiter Bericht über Schäden an Gebäuden; zwischenzeitliche Veränderungen und Erfolge bei Schadensvorbeugung und Schadensbeseitigung. Hrsg. vom Bundesminister für Raumordnung, Bauwesen und Städtebau. Bonn 1987.

[55] Schild, E.; Rogier, D.; Schnapauff, V.; Samol, F.: Leitfaden Instandhaltung Flachdächer. Hrsg. vom Bundesminister für Raumordnung, Bauwesen und Städtebau. Bonn 1982.

[56] Herold, C.; Vogdt, F.-U.: Ermittlung der Ursachen von Schäden an bituminösen Dachabdichtungen unter besonderer Berücksichtigung klimatischer Beanspruchungen. Forschungsbericht B I 5 – 80 0180-56 der Bundesanstalt für Materialprüfung, Berlin 1985

[57] Cziesielski, E. und Maerker, B.: Leckagenortung bei Flachdachabdichtungen. Forschungsbericht im Auftrag des Bundesministers für Raumordnung, Bauwesen und Städtebau, AZ B I 5-80 0187-7. Berlin, Juli 1990

[58] Buch, W.: Bituminöse Abdichtungen auf Flachdachkonstruktionen. In: Bitumen- und Asphalt-Taschenbuch; Hrsg. W. Fuhrmann. 5. Aufl. Wiesbaden und Berlin 1976

[59] Pfefferkorn, W.: Konstruktive Planungsgrundsätze für Dachdecken und ihre Unterkonstruktionen. In: Das Baugewerbe (1973) Nr. 18, S. 57–67; Nr. 19, S. 54–59; Nr. 20, S. 86–90; Nr. 21, S. 54–63

[60] Simons, H.-J.: Dehnfugenabstände bei Mauerwerksbauten mit Stahlbetondecken. In: Bautechnik **65** (1988), Heft 1, S. 9–15

[61] Deutsches Institut für Bautechnik: Zulassungsbescheid Nr. Z-23.4-101.1 für das Wärmedämmsystem „Umkehrdach“ mit Polystyrol-Extruderschaumplatten Styrodur 3000 S, Styrodur 3035 S, Styrodur 4000 S und Styrodur 5000 S. Berlin 1994

[62] Deutsches Institut für Bautechnik: Zulassungsbescheid Nr. Z-23.4-222 für Extrudergeschäumte Polystyrol-Hartschaumplatten „Styrodur C“ für das Wärmedämmsystem „Umkehrdach“. Berlin 1995

[63] Künzel, H.: Zum heutigen Stand der Kenntnisse über das UK-Dach. In: Bauphysik **17** (1995), Heft 1, S. 1–7

[64] Kießl, H.; Gertis, K.: Der Wärmehaushalt des Umkehrdaches beim Unterströmen der Dämmplatten. In: Bautechnik **56** (1979), Heft 3, S. 84-91

[65] Künzel, H. M.: Feuchteverhalten von Umkehrdächern mit massiven Deckschichten. Fraunhofer-Institut für Bauphysik, In: IBP-Mitteilung **23** (1996), Nr. 295

[66] Künzel, H. M.: Feuchteverhalten begrünter Umkehrdächer. In: BBauBl **45** (1996), Heft 5, S. 382–384.

[67] Häupl, P.; Fechner, H.; Stopp, H.: Der gekoppelte Wärme-, Luft- und Feuchtetransport als Grundlage einer integralen Leistungsbewertung von Umfassungskonstuktionen. In: Panzhauser E. (Hrsg.): Proceedings 1996 International Symposium of CIB W67 „Energy and Mass Flow in the Life Cycle of Buildings“, Wien 4.- 10. August 1996, S. 567–573

[68] Zapke, W.: Der Einfluß von Niederschlägen auf den Wärmeschutz von Umkehrdachkonstruktionen. In: DAB **21** (1989); Heft 4, S. 549–552

[69] Bangerter, H.: Bemessung des Wärmeschutzes bei Umkehrdächern und ählichen Systemen. In: Bauphysik **13** (1991), Heft 1, S. 10–18

[70] Pernette-Heim, U.; Diebold, F.: Neubewertung des Δk-Wertes bei Umkehrdächern. In: Bauphysik **17** (1995), Heft 6, S. 170–177, **18** (1996), Heft 1, S. 11–20

[71] Künzel, H.: Neue Untersuchungen und Überlegungen zur Frage des Zuschlages Δk bei Umkehrdächern. Untersuchungsbericht B Ho 2/84 des Fraunhofer-Instituts für Bauphysik im Auftrag der Dow Chemical und der BASF. Stuttgart 1984

[72] Gerhardt, H. J.: Beurteilung der Lagesicherheit des Roofmate-LG-Systems gegen Windsogeinwirkung. Ingenieurgemeinschaft WSP, Aachen 1993.

[73] Deutsches Institut für Bautechnik: Zulassungsbescheid Nr. Z-23.4-106.1 für das Wärmedämmsystem „Umkehrdach“ mit extrudergeschäumten Polystyrol-Hartschaumverbundplatten „Roofmate LG“. Berlin 1994

[74] Deutsches Institut für Bautechnik: Zulassungsbescheid Nr. Z-23.3-101 für das Polyurethan-Ortschaumsystem als Wärmedämmsystem für Dächer BAYMER DS-1. Berlin 1987

[75] Seiffert, K.: Richtig belüftete Flachdächer ohne Feuchtluftprobleme. 2. Aufl. Wiesbaden und Berlin 1978

[76] Gertis, K.: Belüftete Wandkonstruktionen. Berichte aus der Bauforschung, Heft 72. Berlin 1972

[77] Liersch, K.: Belüftete Dach- und Wandkonstruktionen, Bd. 1 bis 4. Wiesbaden und Berlin 1981–1986

[78] ertex-Planungsordner. ERTL GmbH, Moers o.J.

[79] FOAMGLAS-Planungsunterlagen der Deutschen Pittsburgh Corning GmbH, Haan 1993

[80] G+H EXPORIT Dämmstoff-Anwendung. Grünzweig + Hartmann und Glasfaser AG, Ludwigshafen/Rh. 1982

[81] Cziesielski, E.: Abdichtung von Bauwerken. In: Hütte Bautechnik Band V, Konstruktiver Ingenieurbau 2: Bauphysik. 29. Aufl. Berlin–Heidelberg–New York 1988

[82] Krolkiewicz, H. J.: Gründach. In: db **121** (1987), H. 10, S. 68–78

[83] Wichmann, H.: Technische Kriterien bepflanzter Dächer. In: DDH **106** (1985) Heft 5, S. 14–24

[84] Domnik, H.-W.; Höfer, G.; von Wielemans, R.: Gründach. In: DDH **107** (1986), Heft 11, S. 30–34; Heft 12, S. 24–25

[85] Der Bundesminister für Raumordnung, Bauwesen und Städtebau (BMBau): Bescheid Nr. W 10/89 über die Festsetzung von Rechenwerten für den Wärmedurchlaßwiderstand der Schaumstoff-Formelemente des Dachbegrünungssystems „Floratherm“ vom 10. Dezember 1989

[86] Ohlwein, K.: Dachbegrünung ökologisch und funktionell. 2. Aufl. Augsburg 1989

[87] Cziesielski, E.; Ruhnau, R.: Begrüntes Flachdach, Sanierung mit Abschottung in kleine Kontrollbereiche. In: Bauschäden-Sammlung Bd. 6. Hrsg. von G. Zimmermann, Stuttgart 1986

[88] Planungsunterlagen der Firma ZinCo Flachdach-Zubehör GmbH, Nürtingen o.J.

[89] Appl, R.: Rechenbare Vorteile begrünter Dächer. In: Deutscher Dachgärtner Verband e.V. (Hrsg.): Vom Flachdach zum Dachgarten. Nürtingen 1990

[90] Fachvereinigung Bauwerksbegrünung e.V. (FBB): Durchwurzelungsfeste Bahnen und Schichten nach dem FLL-Untersuchungsvefahren. Köln 1995

[91] Rheinzink Anwendung im Hochbau. Hrsg. von der Rheinzink GmbH, 9. Aufl. Datteln 1988

[92] Cziesielski, E.: Wärmebrücken im Hochbau. In: Bauphysik 7 (1985), Heft 5, S. 141–149

[93] Schöck Isokorb, Allgemeine Technische Informationen. Hrsg. von der Schock Bauteile GmbH, Baden-Baden 1991

[94] Planungsunterlagen der Heinz Essmann GmbH. Bad Salzuflen 1983

[95] Dierks, K.; Schneider, K.-J.; Wormuth, R. (Hrsg.): Baukonstruktion. 4. Aufl. Düsseldorf 1997

[96] Hoeft, M.: Individueller Wärmeschutz für jeden Dachtyp. In: DDH **117** (1996), Heft 1, S. 18–33

[97] Sarnafil-T-Planungsunterlagen der Sarnafil GmbH, Feldkirchen 1996.

[98] Fuhrmann, G.: Beschichtungssysteme für Flachdächer – Beurteilungsgrundlagen und Leistungserwartungen. In: Oswald, R. (Hrsg.): Instandsetzung und Modernisierung; Aachener Bausachverständigentage 1996. Wiesbaden und Berlin 1996, S. 56–64

[99] Herold, C.: Die neue Dachabdichtung der Berliner Kongreßhalle. In: Bautenschutz + Bausanierung **11** (1988), Heft 4, S. 12–22

[100] Balkowski, D.: Wettbewerb zur Bahnenabdichtung? Diskussionsbeitrag zur Problematik der Flüssigbeschichtung von Flachdächern. In: DDH **109** (1988), Heft 11, S. 16–21

[101] Ruhnau, R.: Bemessungskriterien für die Anwendung von Natriumbentoniten als Bauwerksabdichtung. Diss. Technische Universität Berlin 1985

7 Außenwände

Von Eckhard Reyer und Wolfgang Willems

7.1 Vorbemerkung

Die Außenwand ist eines der wichtigsten und zugleich auch eines der anspruchsvollsten Bauteile des Hochbaus mit vielfältigen Ausführungsmöglichkeiten. Ohne mit der Reihenfolge Prioritäten setzen zu sollen, lassen sich die Aufgaben der Außenwand zu drei Funktionsgruppen zusammenfassen: Tragfunktionen („tragende" und „nichttragende" Wände), bauphysikalische Funktionen (Wärme-, Feuchte-, Schall- und Brandschutz, natürliche Belichtung und Belüftung) und ästhetisch-gestalterische Funktionen (Fassaden- und Stadtbildgestaltung).

Grundsätzlich müssen im Entwurfsstadium bei der Entscheidung für eine bestimmte Außenwandkonstruktion alle drei Funktionen als Einheit betrachtet werden. Durch aufeinander abgestimmte Darstellung von Regelquerschnitt, Dach- und Deckenanschluß, Sockel- und Fundamentbereich – und ggf. auch weiterer Gestaltungsdetails in Grund- und Aufriß – werden diejenigen wesentlichen Angaben in kompakter Form bereitgestellt, die für die Beurteilung aller drei vorgenannten Funktionen der verschiedenen Außenwandarten benötigt werden.

Auf Wirtschaftlichkeitsfragen und Wirtschaftlichkeitsvergleiche der einzelnen Außenwandtypen wird bewußt verzichtet, weil hier neben der Zeit- und Ortabhängigkeit bei der Preisgestaltung auch das Anforderungsprofil bei jedem Bauwerk anders aussieht.

7.2 Anforderungen

7.2.1 Tragfähigkeit

Bezüglich der Tragfunktion wird zwischen „tragenden" und „nichttragenden" Außenwänden unterschieden. „Nichttragende" Außenwände haben lediglich die u n m i t t e l b a r auf sie wirkenden Lasten aufzunehmen und wandweise an die Tragkonstruktion abzuleiten. Es sind dieses primär das Eigengewicht der Wand selber (aus nur einem Geschoß) und die senkrecht auf die Wandmittelfläche wirkenden Lasten aus Winddruck, Windsog und ggf. aus Horizontalbeschleunigung infolge Erdbebens.

Entscheidendes Kriterium: Sie können jederzeit entfernt werden, ohne daß die Tragfunktion des Gebäudes beeinträchtigt wird. Diesem Kriterium folgend dürfen auch solche Wände nicht als „nichttragend" bezeichnet werden, die an der Aussteifung (Knick- bzw. Beulaussteifung) tragender Wände beteiligt sind.

In der Regel werden alle Außenwände von Skelettkonstruktionen und häufig auch die Längsaußenwände in Querwandbauten (Schottenbauten) sowie die Giebelwände in Längswandbauten nichttragend ausgeführt (Bild 7.1).

Nichttragende Außenwände haben damit nur untergeordnete Tragfunktionen zu übernehmen, ihre Hauptaufgabe liegt in der Erfüllung bauphysikalischer und ästhetisch-gestalterischer Funktionen. Einen Sonderfall stellen Außenwände unterhalb der Geländeoberfläche dar: Die sogenannten „erdberührten" Außenwände (Keller-Außenwände) haben unmittelbar auf sie wirkende Horizontallasten aus Erddruck und ggf. zusätzlich aus Wasserdruck aufzunehmen. Diese Wände werden immer mit zu den tragenden Wänden gezählt, auch wenn sie keine Vertikallasten aus anderen (über ihnen liegenden) Konstruktionselementen und keine Horizontallasten aus dem Gesamtbauwerk (z. B. aus Wind) – vgl. auch nachfolgende Definition für „tragende" Wände – aufzunehmen und weiterzuleiten haben.

„Tragende" Außenwände haben neben der Aufnahme der u n m i t t e l b a r auf sie wirkenden Lasten (Wandeigengewicht und Horizontalkräfte aus Windsog, Winddruck und ggf. Erdbeben und unterhalb der Geländeoberfläche auch Erddruck und ggf. Wasserdruck) auch die Vertikal-

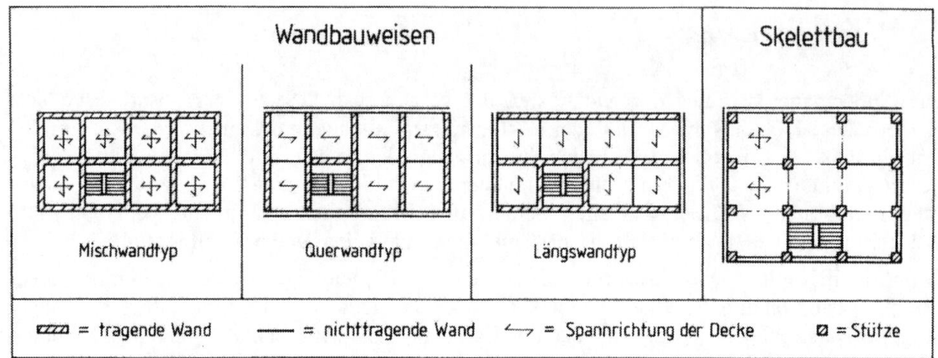

Bild 7.1 Prinzipskizze ohne Darstellung von Fenster- und Türöffnungen zur Anordnung tragender und nichttragender Wände bei den verschiedenen Wandbauweisen (Misch-, Quer- und Längswandtyp) und im Skelettbau
Mischwandtyp: Längs- und Querwand tragend,
Querwandtyp: primär Querwände tragend,
Längswandtyp: primär Längswände tragend,
Skelettbau: Skelett bildet die Tragkonstruktion

lasten aus allen anderen (über ihnen liegenden) Konstruktionselementen (Dach- und Geschoßdecken, tragende und nichttragende Wände u. a.) und die Horizontalkräfte aus dem Gesamtbauwerk (primär Wind, ggf. auch Erdbeben) aufzunehmen und bis in das Fundament bzw. bis in den Baugrund weiterzuleiten. Tragende Wände werden in der Regel auf Druck innerhalb der Wandebene (d. h. als lastabtragende Scheiben) beansprucht.

In Wandbauten haben die tragenden Außenwände, d. h. die tragenden Außen- und Innenwände zusammen, sämtliche Lasten des Gebäudes aufzunehmen und bis in den Baugrund abzuleiten. Dabei müssen die tragenden Außenwände gleichzeitig auch die an sie gestellten bauphysikalischen und ästhetisch-gestalterischen Funktionen mit erfüllen.

Tragende Außenwände – das gilt ganz allgemein für tragende Wände – sind in jedem Falle solche Wände, die für die Sicherung der Standfestigkeit eines Gebäudes erforderlich sind. Entscheidendes Kriterium: Die Wegnahme einer tragenden Wand würde die Standsicherheit des Gebäudes – teilweise oder insgesamt – gefährden.

Die Erfüllung der Anforderungen an Tragfähigkeit und Standsicherheit kann nur unter Einbeziehung der Außenwände in das Gesamtkonzept der Tragwerksplanung eines Gebäudes erfolgen und ist Gegenstand der Spezialliteratur. Für gemauerte Wände wird auf Abschnitt 4 „Mauerwerksbau" hingewiesen.

7.2.2 Wärmeschutz-Anforderungen

7.2.2.1 Allgemeines

Winterliche und sommerliche Wärmeschutzmaßnahmen im Hochbau dienen insbesondere der Verringerung der Wärmeübertragung durch die Umfassungsflächen eines Gebäudes und durch die Trennflächen von Räumen unterschiedlicher Temperaturen. Da die Außenwände i. d. R. den größten Anteil an den Umfassungsflächen ausmachen, kommt ihnen hinsichtlich des Wärmeschutzes eine besondere Bedeutung zu, die einer sorgfältigen Betrachtung der Außenwandkonstruktionen bedarf. Insbesondere hat der Wärmeschutz bei Gebäuden Bedeutung für

- ein gesundes Raumklima
- den Schutz der Baukonstruktionen vor klimatischen Feuchteeinwirkungen und deren möglichen Folgeschäden
- den Schutz der Baukonstruktionen vor thermischer Beanspruchung (Wärmespannungen, Formänderungen)
- die Reduzierung des Energieverbrauches (Heizung, Kühlung).

Der Wärmeschutz eines Gebäudes oder Raumes kann durch verschiedenartige Parameter beeinflußt werden:

- lagespezifische Einflüsse
  - Lage der Räume zur Himmelsrichtung (Sonnenstand, Windrichtung)
  - Lage des Gebäudes in der Landschaft (Tal- oder Berglage)
  - Klimagebiet (Küstengebiet, kontinentale Lage)
- gebäudespezifische Einflüsse
  - Gebäudegröße, -form und -gliederung (Relation Oberfläche/Volumen (A/V))
  - Anordnung der Räume (z. B. Wohnräume nach Süden)
  - Bauweise (offene Bebauung, geschlossene Bebauung)
  - Größe und Orientierung der Fenster (z. B. passive Sonnenenergienutzung)
- betriebsspezifische Einflüsse
  - Heizung (z. B. Heizungssystem, Heizungssteuerung)
  - Lüftung (z. B. Stoßlüftung, Dauerlüftung, Zwangslüftung)
  - Wärmerückgewinnung (z. B. aus Abluft).

Die genannten Parameter fließen jedoch nur zum Teil in die Wärmeschutz-Nachweise nach DIN 4108 [1] und nach der Wärmeschutzverordnung (WSVO) [17] ein.

7.2.2.2 Winterlicher Wärmeschutz

Die Hauptaufgaben des winterlichen Wärmeschutzes liegen in der Energieeinsparung durch Reduzierung der Wärmeverluste (Transmissions- und Lüftungswärmeverluste), in der Beschränkung des Tauwasserausfalls im Wandinnern auf ein unschädliches Maß, in der Vermeidung von Tauwasserbildung auf der Wandinnenoberfläche und in der Sicherstellung eines gesunden Wohnklimas.

Transmissionswärmeverluste

Dieses sind Wärmeverluste, die durch geschlossene Außenbauteile hindurch durch Wärmeleitung entstehen (Bild 7.2) und die durch Wärmedämmaßnahmen reduziert werden können.

Anforderungen an den Wärmeschutz und damit an die Begrenzung der Transmissionswärmeverluste werden in DIN 4108-2 [1] – als „Mindestanforderungen" im Sinne des Tauwasserschutzes (s. Abschn. 7.2.3.2 und 7.2.3.3) und eines gesunden Wohnklimas – und in der Wärmeschutzverordnung WSVO [17] – im Sinne der Energieeinsparung – erhoben und sind für Gebäude mit „normalen" Innentemperaturen (i.d.R. $\vartheta_L \geq 19°C$, Ausnahmen nach WSVO [17]: Gebäude für Sport- und Versammlungszwecke) in Tafel 7.1 zusammengestellt.

In den Anforderungen liegt also eine Trennung in „Mindestanforderungen" nach DIN 4108 [1] aus bauphysikalischer Sicht – die unveränderlich sind – und „Anforderungen aus energietechnischer Sicht" nach der WSVO [17] – die durch Bindung an die Energiepreisentwicklung veränderlich sein können – vor [93].

Tafel 7.1 Anforderungen an den Wärmeschutz von Außenwänden, Gebäude mit normalen Innentemperaturen

Anforderungen nach DIN 4108-2 [1]

		Flächenbezogene Masse der Außenwand in kg/m²						
		0	20	50	100	150	200	**≥ 300**
Außenwand mit nichthinterlüfteter Außenhaut	k in W/(m²K)	0,52	0,64	0,79	1,03	1,22	1,30	**1,39**
	1/Λ in m²k/W	1,75	1,40	1,10	0,80	0,65	0,60	**0,55**
Außenwand mit hinterlüfteter Außenhaut	k in W/(m²K)	0,51	0,62	0,76	0,99	0,65	1,16	**1,32**
	1/Λ in m²k/W	1,75	1,40	1,10	0,80	0,65	0,65	**0,55**

- Die Anforderungen gelten auch für Wände, die Aufenthaltsräume gegen Bodenräume, Durchfahrten, offene Hausfenster, Garagen (auch beheizte) oder dgl. abgrenzen. Sie gelten nicht für Abseitenwände, wenn die Dachschräge bis zum Dachfuß gedämmt ist
- Für kleinflächige Einzelbauteile (z.B. Pfeiler) bei Gebäuden mit einer Höhe des Erdgeschoßfußbodens (1. Nutzgeschoß) ≤ 500 m.ü.NN gilt für Außenwände mit nicht hinterlüfteter Außenhaut k ≤ 1,56 W/(m²K) bzw. 1/Λ ≥ 0,47 m²k/W und für Außenwände mit hinterlüfteter k ≤ 1,47 W/(m²K) bzw. 1/Λ ≥ 0,47 m²k/W
- Für Außenwände in Holzbauweise gelten die Anforderungen im Gefachbereich
- Als flächenbezogene Masse sind in Rechnung zu stellen:
  - bei Bauteilen mit Dämmschicht diejenigen Schichten, die zwischen der raumseitigen Bauteiloberfläche und der Dämmschicht angeordnet sind,
  - bei Bauteilen ohne Dämmschicht (z.B. Mauerwerk) die Gesamtmasse des Bauteils

Anforderungen nach WSVO [17]

1. Energiebilanzverfahren

Hier werden Anforderungen an den (auf einen Quadratmeter beheizter Gebäudenutzfläche bzw. einen Kubikmeter beheizten Gebäudevolumens) bezogenen Jahresheizwärmebedarf Q_H'' [Dim.: kWh/(m²a)] bzw. Q_H' [Dim.: kWh/(m³a)] in Abhängigkeit des Quotienten A/V (A: wärmeübertragende Umschließungsfläche, V: beheiztes Gebäudevolumen) unter Berücksichtigung des Transmissionswärmebedarfs Q_T, des Lüftungswärmebedarfs Q_L, sowie der solaren Wärmegewinne Q_S und der internen Wärmegewinne Q_I des Gesamtgebäudes gestellt.

Bezogen auf das beheizte Gebäudevolumen wird gefordert:

für $A/V \le 0{,}2\ m^{-1}$ $Q_H' = 17{,}3$ kWh/(m³a)
für $0{,}2 < A/V < 1{,}05\ m^{-1}$ $Q_H' = 13{,}82 + 17{,}32\ A/V$ kWh/(m³a)
für $A/V > 1{,}05\ m^{-1}$ $Q_H' = 32{,}0$ kWh/(m³a)

Bezogen auf die beheizte Gebäudenutzfläche wird gefordert: $Q_H'' = Q_H' / 0{,}32$

Anforderungen an die Außenwand werden damit nicht auf direktem sondern auf indirektem Weg gestellt.

2. Vereinfachtes Verfahren

Bei kleinen Wohngebäuden mit maximal zwei Vollgeschossen und nicht mehr als drei Wohneinheiten können Anforderungen an die Außenwand auf direktem Weg gestellt werden:

$k_W \le 0{,}50$ W/(m²K)

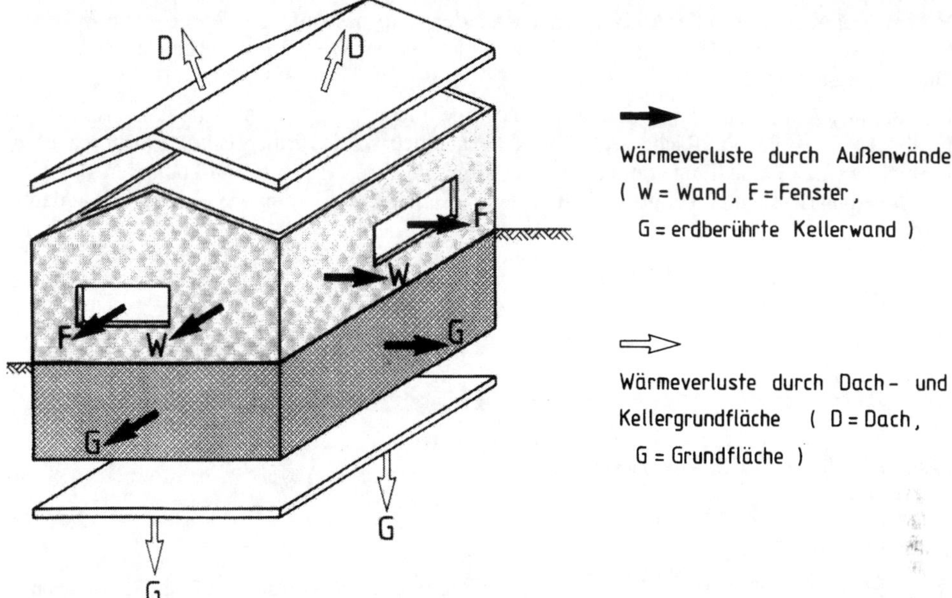

Bild 7.2 Transmissionswärmeverluste durch Umfassungsbauteile eines Hauses mit beheiztem Kellergeschoß

Tafel 7.2 Anforderungen an Wärmebrücken nach DIN 4108-2,5 [1] für Gebäude mit Innentemperaturen $\geq 19°C$

Bauteile mit nebeneinander liegenden Bereichen unterschiedlicher $\frac{1}{\Lambda}$ -Werte		Ecken von Außenwänden	
		mit gleichartigem Aufbau	mit ungleichartigem Aufbau
Konstruktionsbeispiel[1] $\frac{1}{\Lambda_1} : \frac{1}{\Lambda_2} \leq 5$	$\frac{1}{\Lambda_1} : \frac{1}{\Lambda_2} > 5$	Konstruktionsbeispiele[2]	Konstruktionsbeispiele
Mittelwert $\frac{1}{\Lambda}$ muß Tafel 7.1 genügen	genauerer Nachweis erforderlich	Nachweis wie ebene Wand[3], s. Tafel 7.1	Wärmeschutz ist durch konstruktive Maßnahmen zu verbessern
Teil 2, Abs. 5.4 Teil 5, Abs. 3.3 [1] Abs. 5.2	Teil 5, Abs. 3.3 [1]	Teil 2, Abs. 5.4 [1]	

1) Beispiel für materialbedingte Wärmebrücke,

2) Beispiel für geometrische Wärmebrücke,

3) Die Absenkung der Innenoberflächentemperatur im Eckbereich von Außenecken (vgl. Bild 7.3) wurde bei der Festlegung des Mindestwertes $\frac{1}{\Lambda}$ in [1] bereits berücksichtigt [1], [51].

Wärmebrücken. Spezielle Anforderungen an den Wärmeschutz im Bereich von Wärmebrücken werden nur in DIN 4108-2,5 [1] (und nicht in der WSVO [17]) erhoben und sind in Tafel 7.2 zusammengestellt.

Da bei einer Außenecke einer kleinen wärmeaufnehmenden Innenoberfläche eine große wärmeabgebende Außenoberfläche gegenübersteht (geometrische Wärmebrücke), tritt im näheren Bereich der Ecke eine Temperaturabsenkung auf. Bild 7.3 zeigt an einem konkreten Beispiel den Innenoberflächentemperaturverlauf ϑ_{Oi} der Außenecke für drei verschiedene Wandaufbauten.

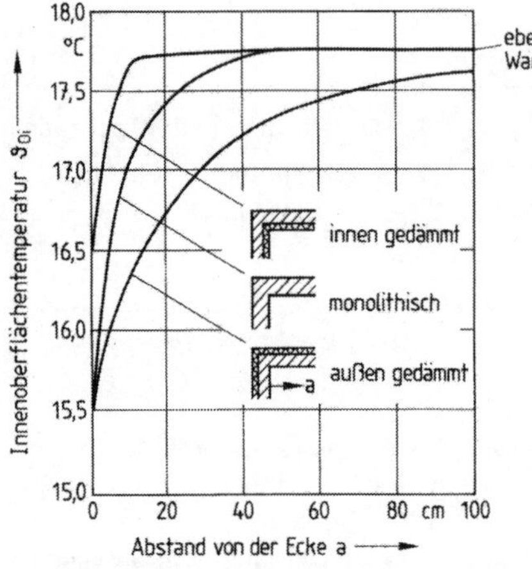

Bild 7.3
Außenecke: innengedämmt/außengedämmt/monolithisch.
Gegenüberstellung der Innenoberflächentemperaturen im Eckbereich für eine Wand mit k = 0,6 W/(m^{2}K) bei –10 °C Außenlufttemperatur und + 20 °C Innenlufttemperatur [91]

Anmerkungen zu Bild 7.3

- ϑ_{Oi} ist bei der ebenen Wand nur abhängig vom k-Wert und unabhängig von der Schichtenfolge der Wand.
- Bei der Außenecke ist ϑ_{Oi} jedoch abhängig von der Schichtenfolge der Wand.

  Innendämmung führt zu höherer Innenoberflächentemperatur und zu nur schmalerem Bereich mit Temperaturabsenkung und somit zu geringerer Oberflächen-Tauwassergefährdung als die monolithische Ausführung.

  Außendämmung führt zu niedrigerer Innenoberflächentemperatur und zu breiterem Bereich mit Temperaturabsenkung und somit zu etwas größerer Oberflächen-Tauwassergefährdung als die monolithische Ausführung.

Fenster und Fenstertüren. Sowohl nach DIN 4108-2 [1] als auch nach WSVO [17] wird bei Gebäuden mit Innentemperaturen ≥ 19 °C mindestens Isolier- oder Doppelverglasung gefordert. Das gilt nach [1] auch für (verglaste) Außentüren.

Nach WSVO [17] gilt:

- Fenster und Fenstertüren müssen mindestens mit einer Doppelverglasung ausgeführt werden
- Bei Anwendung des „Vereinfachten Verfahrens" nach Abs. 7 der Anlage 1 wird der mittlere äquivalente Wärmedurchgangskoeffizient auf $k_{m,F,eq} \leq 0{,}7$ W/(m^{2}K) begrenzt. $k_{m,F,eq}$ entspricht dabei einem über alle außenliegenden Fenster und Fenstertüren gemittelten Wärmedurchgangskoeffizienten, wobei solare Wärmegewinne jeweils wie folgt zu berücksichtigen sind: $k^i_{F,eq} = k^i_F - g_i\, S_F$ mit g_i = Gesamtenergiedurchlaßgrad des Fensters oder der Fenstertür; S_F = Koeffizient für solare Wärmegewinne in Abhängigkeit von der Himmelsrichtung.

- Bei Anwendung des „Energiebilanzverfahrens“ nach Abs. 1 der Anlage 1 wird lediglich bei Anordnung von Heizkörpern vor Fenstern ein einzuhaltender Maximalwert angegeben. Es gilt dann $k_F \leq 1{,}5\ W/(m^2K)$

Rolladenkästen. Nach WSVO [17] gilt für den Wärmedurchgangskoeffizienten im Bereich von Rolladenkästen: $k \leq 0{,}6\ W/(m^2K)$.

Lüftungswärmeverluste

Dieses sind Wärmeverluste, die durch planmäßigen Austausch von Außen- und Innenluft sowie durch unplanmäßigen Austausch infolge unplanmäßiger Undichtigkeiten in der Gebäudehülle entstehen. Zur Begrenzung dieser Wärmeverluste gilt nach WSVO [17]:

- Die Fugendurchlaßkoeffizienten von außenliegenden Fenstern- und Fenstertüren dürfen die Grenzwerte nach Tafel 7.3 nicht überschreiten. Der Nachweis der Fugendurchlaßkoeffizienten erfolgt durch Prüfnachweis einer im Bundesanzeiger bekanntgemachten Prüfanstalt.
- Sonstige Fugen in den wärmeübertragenden Umfassungsflächen (hier: Außenwand) müssen entsprechend dem Stand der Technik dauerhaft luftundurchlässig ausgebildet werden.
- Die nichttransparenten Außenbauteile (hier: Außenwand) sind luftdicht auszuführen. Besteht die Außenwand primär aus Verschalungen oder gestoßenen, überlappenden sowie plattenartigen Bauteilen, so ist nach § 4 der WSVO [17] eine luftundurchlässige Schicht über die gesamte Fläche einzubauen, falls die Luftdichtigkeit nicht auf eine andere Weise hergestellt werden kann. Angaben zu möglichen Materialien, Anschlüssen etc. sind in E DIN 4108-7 [1] angeführt, vgl. auch Ausführungen in Kapitel 7.6 „Konstruktive Ausbildung von Außenwänden in Holzbauweisen“. Die ggf. erforderliche Überprüfung der Luftdichtheit des Gebäudes erfolgt nach den allgemein anerkannten Regeln der Technik, vgl. Ausführungen in E DIN 4108-7 [1] Abs. 3.4 (Nachweis der Luftdichtheit).

Tafel 7.3 Zulässige Maximalwerte der Fugendurchlaßkoeffizienten für außenliegende Fenster und Fenstertüren sowie Außentüren nach WSVO [17]

Zeile	Geschoßzahl	Fugendurchlaßkoeffizient a in $\frac{m^3}{h \cdot m \cdot [daPa]^{2/3}}$ Beanspruchungsgruppe nach DIN 18055[1)] [419]	
		A	B und C
1	Gebäude bis zu 2 Vollgeschossen	2,0	–
2	Gebäude mit mehr als 2 Vollgeschossen	–	1,0

[1)] Beanspruchungsgruppe
A: Gebäudehöhe bis 8 m
B: Gebäudehöhe bis 20 m
C: Gebäudehöhe bis 100 m.

Anmerkung: Nach Tafel 7.3 sind die Fugendurchlaßkoeffizienten „a“ nach oben begrenzt. Andererseits muß hier erwähnt werden, daß allzu dicht schließende Fenster die Gefahr nicht ausreichenden Luftwechsels bergen. Ein Mindestluftwechsel ist aus Gründen der Hygiene und zur Begrenzung der Luftfeuchte erforderlich und wird ggf. auch für die Zuführung von Verbrennungsluft benötigt.

7.2.2.3 Sommerlicher Wärmeschutz

Der sommerliche Wärmeschutz ist im wesentlichen abhängig von

- transparenten Außenbauteilen (z. B. Fenster, Fenstertüren und Glasbausteine):
  - deren Energiedurchlässigkeit
  - deren Anteil an der Gesamtaußenfläche
  - deren Orientierung nach der Himmelsrichtung
  - deren Sonnenschutz
- der Wärmespeicherfähigkeit der innenliegenden Bauteile
- der natürlichen Belüftung der Räume
- den Wärmeleiteigenschaften der nichttransparenten Außenbauteile.

Tafel 7.4 Nachweisverfahren des sommerlichen Wärmeschutzes nach DIN 4108-2 [1]

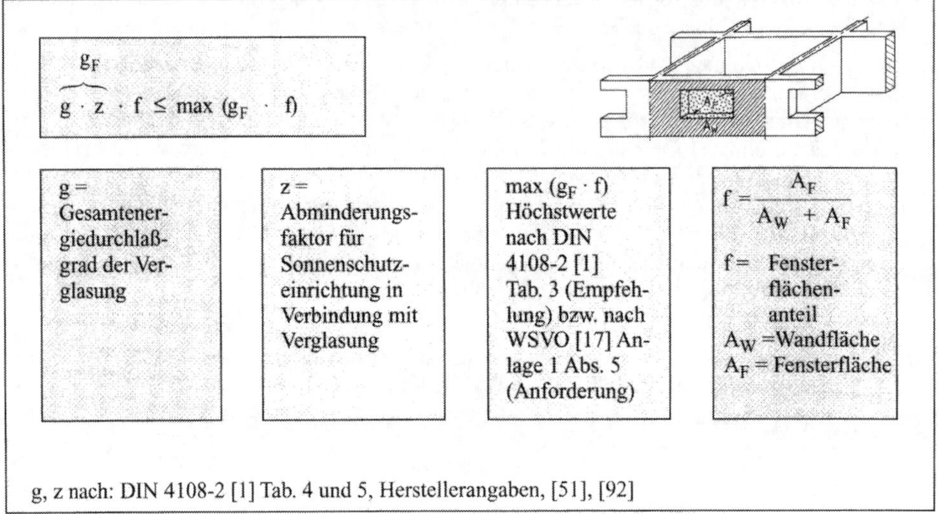

Empfehlung nach DIN 4108-2 [1]

Anforderungen an den sommerlichen Wärmeschutz von Gebäuden ohne raumlufttechnische Anlagen werden in DIN 4108-2 [1] als Empfehlung formuliert. Bei der Beurteilung nach Tafel 7.4 werden berücksichtigt: Die Einflüsse der (Sonnen-)Wärmezufuhr in Form des Energiedurchlaßgrades g der Verglasung, der Abminderungfaktor z der Sonnenschutzeinrichtung, der Fensterflächenanteil f, die Lüftungsmöglickeit (z. B. Fenster nachts zu öffnen oder nicht zu öffnen), die Orientierung der Fenster (z. B. nach Norden, nach Süden), die Wärmespeicherfähigkeit des Innensystems (= raumumschließende Innenbauteile: z. B. Innenwände, Decke, schwimmender Estrich). Die Wärmespeicherfähigkeit der Außenbauteile (z. B. der Außenwand) spielt zwar auch eine gewisse Rolle, steht jedoch in der Rangfolge der Einflußgrößen hinten (vgl. „Anmerkung“ am Ende von Abschn. 7.2.2.3).

Es gilt: Das Produkt $g_F \cdot f$ soll die in DIN 4108 [1] empfohlenen Höchstwerte nicht überschreiten (Tafel 7.4).

Die Einhaltung dieser Empfehlung soll verhindern, daß bei einer Folge heißer Sommertage die Innentemperaturen in einzelnen Räumen über die Außentemperaturen ansteigen. Demgemäß wird der rechnerische Nachweis getrennt für jeden einzelnen Raum geführt. Bei Beachtung dieser Empfehlungen kann im allgemeinen auf eine betriebliche Klimatisierung (Klimaanlage) verzichtet werden. Berechnungsbeispiel s. in [92].

Anforderung nach WSVO [17]

Für Gebäude mit einer raumlufttechnischen Anlage mit Kühlung und für Gebäude nach WSVO [17] Abschnitt 1 (das sind Wohngebäude, Büro- und Verwaltungsgebäude, Schulen, Bibliotheken etc.), die einen Fensterflächenanteil $f \geq 50\%$ je zugehöriger Fassade aufweisen, werden die Grenzwerte – entgegen DIN 4108-2 [1] – als Anforderung formuliert.

Es gilt dann:

Das Produkt $g_F \cdot f$ darf je Fassade – mit Ausnahme nordorientierter oder ganztägig verschatteter Fenster – den Wert 0,25 (bei beweglichem Sonnenschutz in geschlossenem Zustand) nicht überschreiten. Werden für den Nachweis Sonnenschutzeinrichtungen angesetzt, so sind diese mindestens teilweise beweglich anzuordnen, wobei durch den beweglichen Anteil des Sonnenschutzes ein Abminderungsfaktor $z \leq 0,5$ erreicht werden muß.

Anmerkung: Nach [93] gilt folgende Rangordnung in der Bedeutung der vorgenannten Einflußgrößen auf den sommerlichen Wärmeschutz: 1. f- und g_F-Wert, 2. Lüftungsmöglichkeit, 3. Orientierung der Fenster, 4. Wärmespeicherfähigkeit des Innensystems, 5. Wärmespeicherfähigkeit der Außenbauteile (Außenwände). Mit anderen Worten: der Einfluß aus den Außenbauteilen (Außenwänden) steht erst an letzter Stelle in dieser Rangordnung, so daß Maßnahmen zum sommerlichen Wärmeschutz bei Nr. 1 bis Nr. 4 wesentlich wirksamer als bei Nr. 5 eingeleitet werden können. Nr. 5, d. h. die Wärmespeicherfähigkeit der Außenbauteile (Außenwände) geht darum formal bei der Nachweisführung nach Tafel 7.4 überhaupt nicht mit ein. Angaben über die Bedeutung des Temperaturamplitudenverhältnisses (TAV) siehe in Abschn. 7.3.4.

7.2.3 Feuchteschutz-Anforderungen

7.2.3.1 Allgemeines

Die vielfältigen Feuchtigkeitsbeanspruchungen der Außenwand führen zu entsprechenden Anforderungen bzw. Zielsetzungen eines wirksamen Feuchtigkeitsschutzes (s. Bild 7.4).

In Bild 7.4 noch nicht mit erfaßt, aber ggf. ebenfalls vorhanden, ist die **Baufeuchte**. Es handelt sich hierbei um Feuchte, die während des Bauvorgangs eingebracht wird oder unbeabsichtigt eindringt, z. B. als Anmachwasser (Mauern, Betonieren) oder als Niederschlagswasser (Bauwerk während der Bauzeit vorübergehend oben offen).

In Bild 7.5 sind Feuchtebeanspruchung und (zugehörige) Feuchteschutzmaßnahmen einander am Beispiel einer 5geschossigen Außenwand gegenübergestellt.

Bauteildurchfeuchtungen sind eine der häufigsten Bauschadensursachen. Sie äußern sich z. B. in

- vermindertem Wärmeschutz und damit erhöhtem Heizenergieverlust
- Beeinträchtigung der Hygiene des Raumklimas durch Absenkung der Innenoberflächentemperatur als Folge verminderten Wärmeschutzes und durch Feuchtebelastung der Raumluft
- Schimmelpilzbildung auf feuchten Wandinnenoberflächen
- korrosiver Schädigung metallischer Bauteile in der Außenwand
- mechanischer Schädigung (z. B. durch Frostabplatzungen)

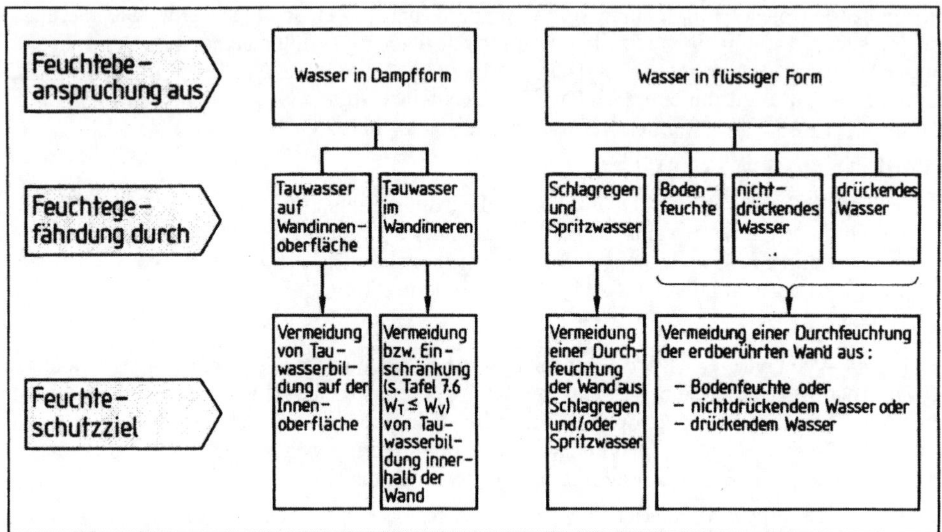

Bild 7.4 Feuchtebeanspruchung, Feuchtegefährdung und Feuchteschutzziel einer Außenwand

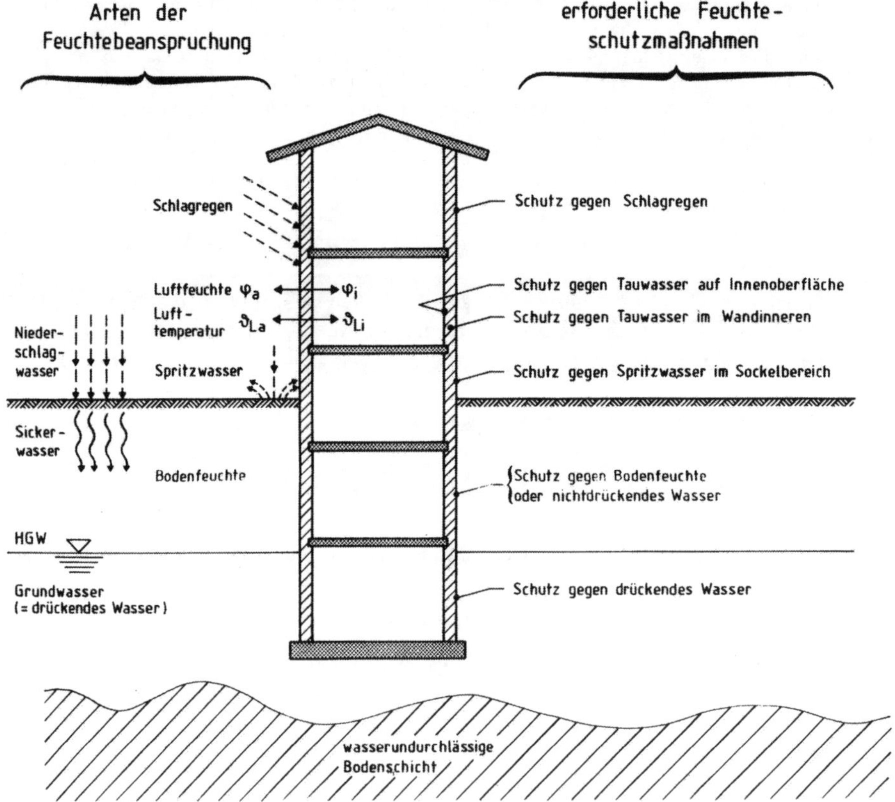

Bild 7.5 Prinzipdarstellung: Feuchtebeanspruchungen und erforderliche Feuchteschutzmaßnahmen einer Außenwand

- chemischer Schädigung (z. B. durch Säureangriff auf Kalksteine)
- chemisch-physikalischer Schädigung (Neubildung voluminöser Reaktionsprodukte – z. B. Sulfate – die durch Treibwirkung das Baustoffgefüge zerstören)
- Befall feuchten Holzes durch holzzerstörende Pilze.

7.2.3.2 Schutz gegen Tauwasserbildung auf der Wandinnenoberfläche

Tauwasserbildung auf der Wandinnenoberfläche stellt sich immer dann ein, wenn die Temperatur der Wandinnenoberfläche auf bzw. unter die Taupunkttemperatur der Raumluft absinkt.

Mit anderen Worten: Tauwasser entsteht, wenn nachfolgende Gleichung erfüllt ist.

$$\vartheta_{Oi} \leq \vartheta_s = \vartheta_s\,(\varphi_i, \vartheta_{Li})$$

Es bedeuten:

ϑ_{Oi} = Temperatur der Wandinnenoberfläche
ϑ_s = $\vartheta_s\,(\varphi_i, \vartheta_{Li})$ Taupunkttemperatur der Raumluft (Innenluft) mit der rel. Luftfeuchte φ_i und der Lufttemperatur ϑ_{Li}

Das Auftreten von Oberflächentauwasser kann durch ausreichenden Wärmeschutz der Außenwand vermieden werden. Wie bereits in Abschn. 7.2.2.2 angegeben, führt die Einhaltung des Mindestwärmeschutzes nach DIN 4108-2 [1] – s. Tafel 7.1, mit k = 1,39 W/(m^2 · K) bzw. 1/Λ = 0,55 m^{2}K/W – bei n o r m a l e m Raumklima zur Vermeidung von Oberflächentauwasser nicht nur auf der ebenen Wand, sondern auch innenseitig der wesentlich tauwassergefährdeteren Außenecke (vgl. Fußnote 3 in Tafel 7.2). In Tafel 7.5 werden hierfür die Grenzwerte der Innenraum-Luftfeuchten für Tauwasserfreiheit auf der Innenoberfläche der e b e n e n Wand (beliebiger Wandaufbau, z. B. monolithisch oder außen gedämmt oder innen gedämmt) und auf der Innenoberfläche i n d e r E c k e der monolithischen Außenecke angegeben, bis zu deren Größe sich unter Ansatz einer Innenraumtemperatur von + 20 °C bei unterschiedlichen Außenlufttemperaturen kein Oberflächentauwasser bildet. Ist absehbar, daß z. B. aus nutzungsbedingten Gründen mit höheren Innenraum-Luftfeuchten oder mit niedrigeren Innenraumtemperaturen (z. B. 15,5 °C i. M. in Schlafzimmern [62]/1982) zu rechnen ist, so sollte die Wärmedämmung von vornherein verbessert werden.

Tafel 7.5 Grenzwerte der Innenraum-Luftfeuchten $\varphi_{i,Grenz}$, bei deren Erreichung bzw. Überschreitung Tauwasserausfall auf der Innen-Oberfläche auftritt

Außen-lufttem-peratur	ebene Wand (außen / innen, ϑ_{Oi})		Außenecke[1)] (außen, ϑ_{Oi}^{Ecke})	
ϑ_{La}	ϑ_{Oi}	$\varphi_{i,Grenz}$	ϑ_{Oi}^{Ecke}	$\varphi_{i,Grenz}$
°C	°C	%	°C	%
– 5,0	15,40	75,3	12,25	61,2
– 10,0	14,58	71,1	10,70	55,2
– 15,0	13,68	67,1	9,14	49,2

1) Berechnung von ϑ_{Oi}^{Ecke} nach [68]
Ausgangsdaten:
Mindestwärmeschutz nach DIN 4108-2 [1] (s. Tafel 7.1) k = 1,39 bzw. 1/Λ = 0,55, Außenecke monolithisch, ebene Wand beliebig (monolithisch oder außen oder innen gedämmt).
Innentemperatur = 20 °C

Tauwasserbildung auf Bauteil-Innenoberflächen kann z. B. auftreten:

- Im Dauerzustand der Beheizung auf wärmeschutztechnisch ungenügend bemessenen Außenwänden
- Im Bereich von Wärmebrücken
- Beim Aufheizen von Räumen (mit wärmetechnisch ausreichend bemessenen Wänden), weil in der Regel die Innenlufttemperatur schnell, die Wandoberflächentemperatur dagegen nur langsam ansteigt
- generell, wenn die Luftfeuchtigkeit in den Räumen zu hoch ist, z. B. in Bädern, Küchen, stark belegten Schlafzimmern, pflanzenüberladenen Wohnräumen. (Gegenmaßnahme: zum Abbau der Luftfeuchtigkeit lüften)
- in Räumen mit niedrigerer Raumlufttemperatur. Z. B. liegt nach [62]/1982 die Lufttemperatur in Schlafzimmern durchschnittlich bei nur 15,5 °C.

7.2.3.3 Schutz gegen Tauwasserbildung im Wandinnern

Tauwasserbildung, d. h. ein Kondensieren des Wasserdampfes im Wandinnern tritt dann ein, wenn der Dampfteildruck (p) den Sättigungs-Dampfteildruck (p_s) innerhalb der Wand erreicht.

Ob ein Wandquerschnitt tauwasserfrei bleibt oder nicht, hängt von folgenden Einflußfaktoren ab:

- Wandaufbau (Schichtenfolge)
- Dicke der einzelnen Schichten
- Wärmeleitzahlen λ der einzelnen Schichten
- Wasserdampf-Diffusionswiderstandszahlen μ der einzelnen Schichten
- Innenraum-Klimadaten (Lufttemperatur ϑ_{Li}, rel. Luftfeuchte φ_i)
- Außen-Klimadaten (ϑ_{La}, φ_a).

Mit Hilfe des „Glaser-Verfahrens“ [1], [51], [92] kann nach Aufzeichnung des Temperaturverlaufes, des Dampfteildruckverlaufes und des Sättigungs-Dampfteildruckverlaufes auf einfache Weise festgestellt werden:

- ob Tauwasser auftritt
- welche Tauwassermasse W_T innerhalb einer Tauperiode (Winter/Heizperiode) in der Wand ausfällt
- in welchem Bereich des Wandquerschnittes das Tauwasser anfällt
- welche Wassermasse W_v (nach erfolgtem Tauwasserausfall in der Tauperiode) maximal in der Verdunstungsperiode (Sommer) wieder verdunsten kann.

Dabei ist unter definierten Klimabedingungen nachzuweisen, daß entweder überhaupt kein Tauwasser ausfällt oder die Tauwasserbildung so gering bleibt, daß durch „Erhöhung des Feuchtegehaltes der Bau- und Dämmstoffe der Wärmeschutz nicht gefährdet wird“ [1], dieses setzt vor allem voraus, daß die in der Tauperiode angefallene Wassermasse W_T in der anschließenden Verdunstungsperiode wieder verdunsten kann, d. h. daß gilt $W_T \leq W_V$.

Die definierten Klimabedingungen [1] lauten für

Tauperiode: $\vartheta_{Li} = 20$ °C, $\varphi_i = 50$ %, $t_T = 1440$ h (60 Tage)
(Winter) $\vartheta_{La} = -10$ °C, $\varphi_a = 80$ %

Verdunstungsperiode: $\vartheta_{Li} = 12$ °C, $\varphi_i = 70$ %, $t_v = 2160$ h (90 Tage)
(Sommer) $\vartheta_{La} = 12$ °C, $\varphi_a = 70$ %,Tauwasserbereich $\varphi = 100$ %

Die Anforderungen bzw. die zugehörige Nachweisführung ist in Tafel 7.6 in einem Ablaufschema dargestellt. Bei den in Tafel 7.7 aufgeführten Außenwänden ist kein Tauwasserschutznachweis erforderlich, da bei diesen Wandaufbauten erfahrungsgemäß nicht mit einer Schädigung durch Tauwasserbildung im Wandinnern zu rechnen ist.

Tafel 7.6 Ablaufschema des Tauwasserschutznachweises (Schutz gegen Tauwasserbildung im Wandinnern)

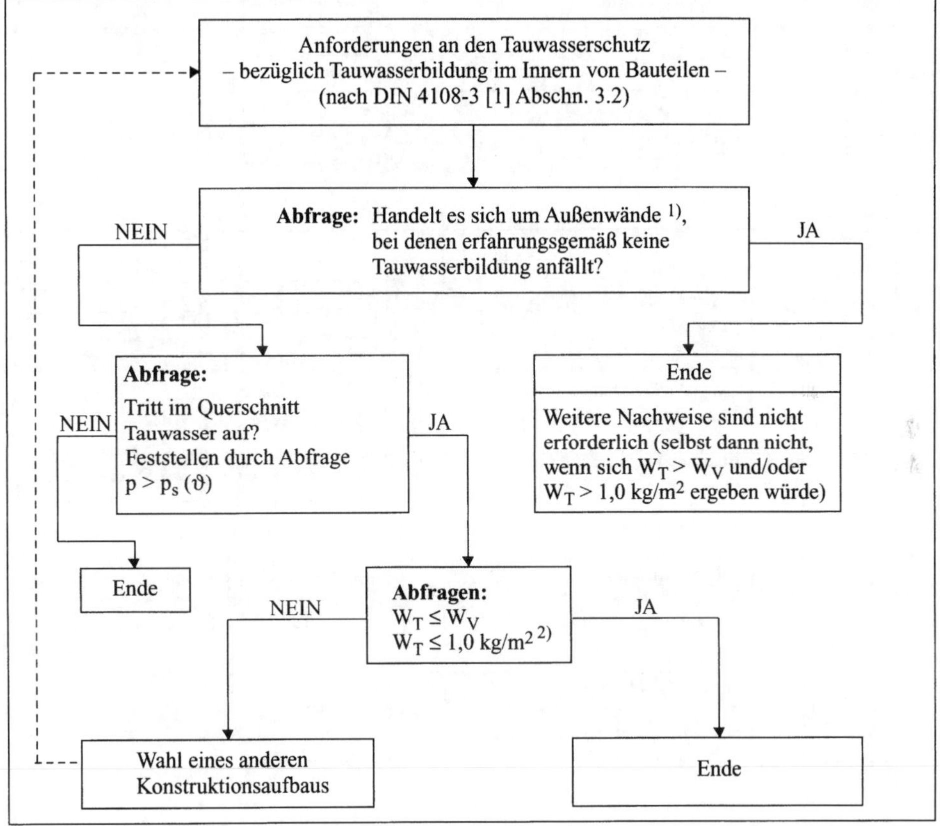

1) Diese Außenwände sind in der DIN 4108-3 [1] Abs. 3.2.3 verbal aufgelistet und zusätzlich mit Beispielen in Tafel 7.7 zusammengestellt.

2) Für an Berührungsflächen von kapillar nicht wasseraufnahmefähigen Schichten anfallende Tauwassermasse wird nach DIN 4108-3 [1] Abs. 3.2.3c $W_T \leq 0{,}5$ kg/m² gefordert. Ferner ist nach DIN 4108-3 [1] Abs. 3.2.1e bei Holz eine Erhöhung des massebezogenen Feuchtegehalts um mehr als 5 % und bei Holzwerkstoffen um mehr als 3 % unzulässig.

Tafel 7.7 Außenwände mit ausreichendem Wärmeschutz nach DIN 4108 [1], für die kein rechnerischer Tauwassernachweis erforderlich ist

Bauart		Abschnitt in DIN 4108-3	Konstruktionsbeispiele (links = außen, rechts = innen)	
Mauerwerk – Wände	Mauerwerk ohne zusätzliche Wärmedämmschicht oder mit Kerndämmung plus Luftschicht	3.2.3.1.1	einschaliges Mauerwerk a) verblendet b) verputzt	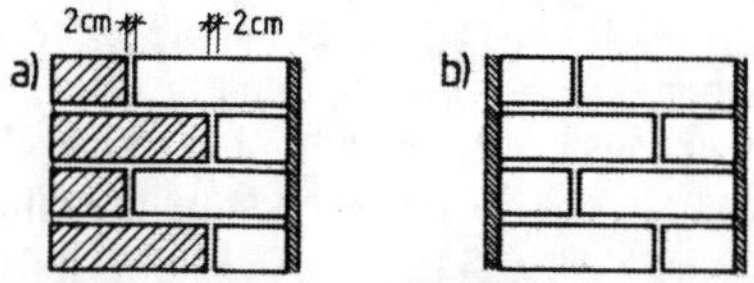 a) 2cm 2cm b)
			einschaliges Mauerwerk a) angemörtelte Bekleidung b) angemauerte Bekleidung } nach DIN 18 515 [9] Fugenanteil 5%	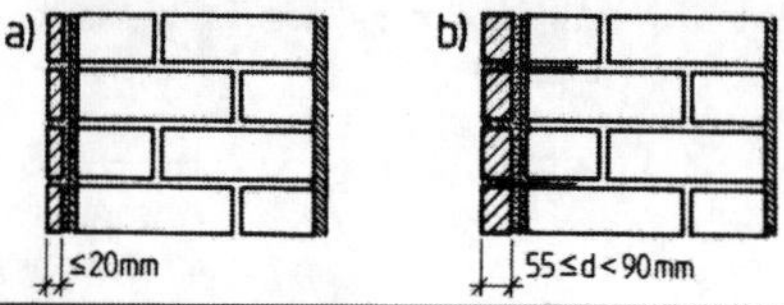 a) ≤20mm b) 55≤d<90mm
			zweischaliges Mauerwerk mit Putzschicht	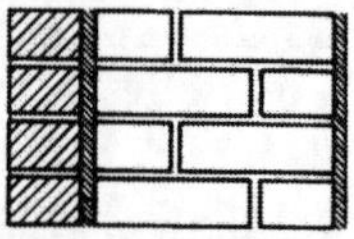
			zweischaliges Mauerwerk mit Luftschicht a) verblendet b) verputzt	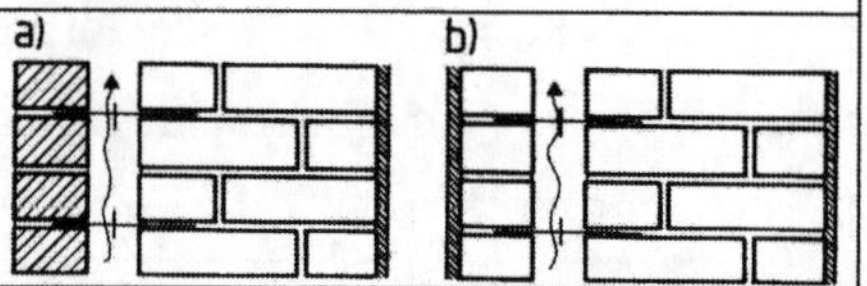 a) b)
			zweischaliges Mauerwerk mit Kerndämmung plus Luftschicht a) verblendet b) geputzt	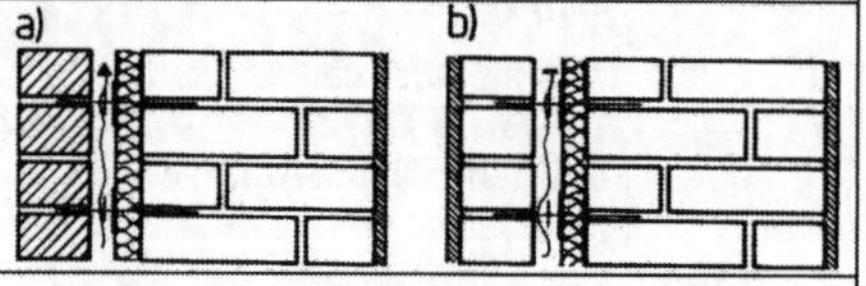 a) b)
	Mauerwerk mit außenseitig angebrachter Wärmedämmschicht	3.2.3.1.2	einschaliges Mauerwerk mit Außendämmung und mineralischem Außenputz oder Kunstharz-Außenputz. Außenputz $s_d \leq 4{,}0$ m	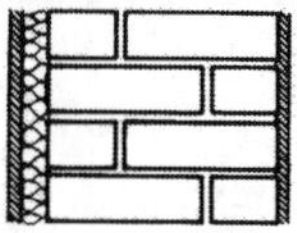 zusätzliche Bedingung bei Kunstharz-Außenputz: Restquerschnitt (d.h. ohne Außenputz $s_d \geq 1{,}7$ m (Kommentar DIN 4108 [1])
			einschaliges Mauerwerk mit Außendämmung und hinterlüfteter Bekleidung (Hinterlüftung nach DIN 18 516 [28])	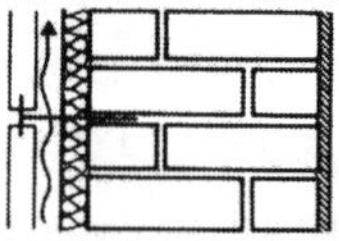
	Mauerwerk mit innenseitg angebrachter Wärmedämmschicht	3.2.3.1.3	einschaliges Mauerwerk mit Innendämmung und Außenputz. Wärmedämmschicht plus Innenputz $s_d \geq 0{,}50$ m	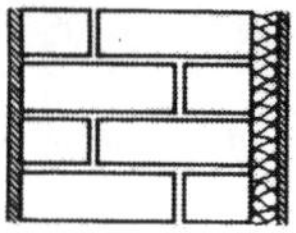

Tafel 7.7, Fortsetzung

Bauart		Abschnitt in DIN 4108-3	Konstruktionsbeispiele (links = außen, rechts = innen)	
Mauerwerk – Wände	Mauerwerk mit innenseitig angebrachter Wärmedämmschicht	3.2.3.1.3	einschaliges Mauerwerk mit Innendämmung und hinterlüfteter Bekleidung (Hinterlüftung nach DIN 18 516 [28]) Wärmedämmschicht plus Innenputz $s_d \geq 0{,}50$ m	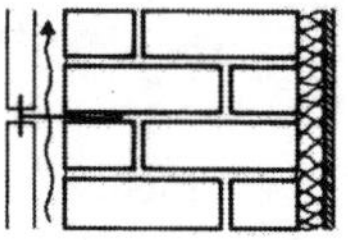
	Mauerwerk mit innenseitig angebrachter Holzwolleleichtbauplatten (Holwo) nach DIN 1101 (Holwo/Maße, Anfordg., Prüfung)	3.2.3.1.4	einschaliges Mauerwerk mit Holwo-Innendämmung **außen:** a) verblendet (keine Klinker nach DIN 105 [24]) b) verputzt **innen:** verputzt oder bekleidet	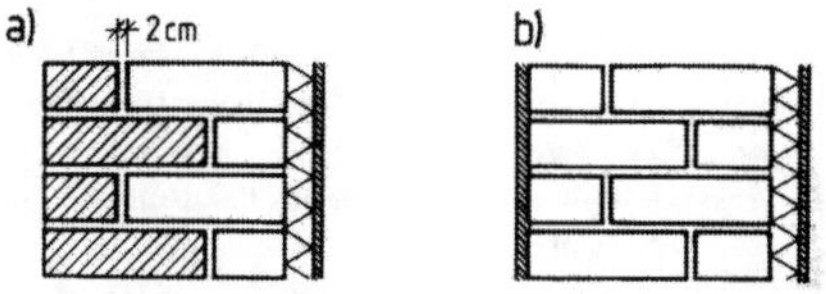 a) 2cm b)
			einschaliges Mauerwerk mit Holwo-Innendämmung **außen:** hinterlüftete Bekleidung (Hinterlüftung nach DIN 18 516 [28]) **innen:** verputzt oder bekleidet	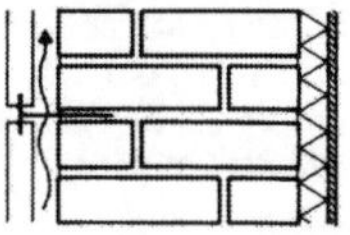
	gefügedichter Leichtbeton nach DIN 4219-1,2 [12] o. zusätzliche Wärmedämmschicht	3.2.3.1.5	einschalige Leichtbetonwand (gefügedicht)	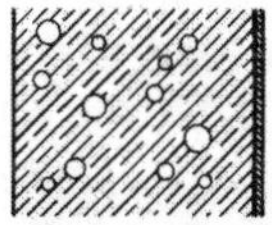
	bewehrter Porenbeton nach DIN 4232[27] ohne zusätzliche Wärmedämmschicht	3.2.3.1.6	einschalige Porenbetonwand mit Kunstharz-Außenputz $s_d \leq 4{,}0$ m	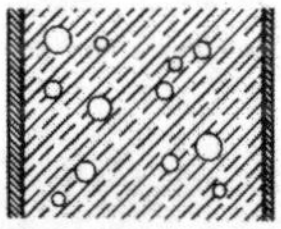 zusätzliche Bedingung bei Kunstharz-Außenputz: Restquerschnitt (d.h. ohne Außenputz $s_d \geq 1{,}7$ m (Kommentar DIN 4108 [1])
			einschalige Porenbetonwand a) mit hinterlüfteter Bekleidung (Hinterlüftung nach DIN 18 516 [28]) b) mit hinterlüfteter Vorsatzschale	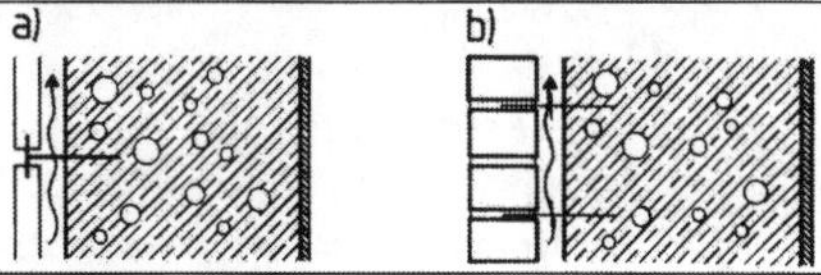 a) b)
	haufwerksporiger Leichtbeton nach DIN 4232 [27] ohne zusätzliche Wärmedämmschicht	3.2.3.1.7	einschalige Leichtbetonwand (haufwerksporig) beidseitig verputzt	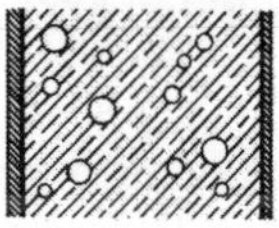
			einschalige Leichtbetonwand (haufwerksporig) mit hinterlüfteter Bekleidung (Hinterlüftung nach DIN 18 516 [28])	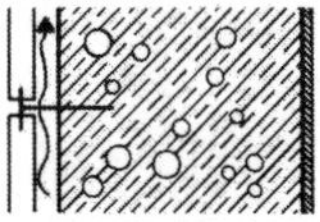

Tafel 7.7 Fortsetzung

Bauart		Abschnitt in DIN 4108-3	Konstruktionsbeispiele (links = außen, rechts = innen)	
Beton – Wände	Normalbeton nach DIN 1045 [11] oder gefügedichter Leichtbeton nach DIN 4219-1,2 [12] mit außens. angebrachter Wärmedämmschicht oder Kerndämmung plus Luftschicht	3.2.3.1.8	einschalige Wand (Normal- oder gefügedichter Leichtbeton) mit Außendämmung und mineralischem Außenputz oder Kunstharz-Außenputz	
			einschalige Wand (Normal- oder gefügedichter Leichtbeton) mit zusätzlicher Wärmedämmschicht a) mit hinterlüfteter Bekleidung (Hinterlüftung DIN 18516 [28]) b) mit hinterlüfteter Vorsatzschale	a) b)
Holz – Wände	Holzbauart mit innenseitiger Dampfsperrschicht: $s_d \geq 10$ m	3.2.3.1.9	Wand in Holzbauart mit äußerer Beplankung aus Holz oder Holzwerkstoffen ($s_d \leq 10$ m) und hinterlüftetem Wetterschutz	

7.2.3.4 Schutz gegen Schlagregen

Bei Windstille fallen Regentropfen senkrecht zur Erde. Die auf die horizontale Fläche auftreffende Regenmenge wird als „Normalregen" bezeichnet.

Unter Windeinwirkung wird der Regen aus der Vertikalen abgelenkt. Die auf eine vertikale Wand auftreffende Regenmenge wird als „Schlagregen" bezeichnet (Bild 7.6 a und b).

Bild 7.6 Schlagregenwirkung auf Außenwände
a) und b) direkte Schlagregenbeanspruchung der Außenwand, c) Schutz vor direkter Schlagregenbeanspruchung durch großen Dachüberstand

Bei unzureichendem Schlagregenschutz kann Wasser durch Kapillarwirkung in die Außenwand eindringen. Darüber hinaus kann durch den Staudruck des Windes Regenwasser an fehlerhaften Stellen (z. B. Spalten, Risse) in die Konstruktion gedrückt werden. Während indirekte Schlagregenschutzmaßnahmen – z. B. große Dachüberstände oder weit heruntergezogene Dächer (Bild 7.6 c) – von vornherein das Regenwasser von der Außenwand fernhalten, müssen bei direkter Schlagregenbeanspruchung (Bild 7.6 a und b) das Wandmaterial bzw. der Wandaufbau ausreichenden Schlagregenschutz von sich aus gewährleisten (Bild 7.7).

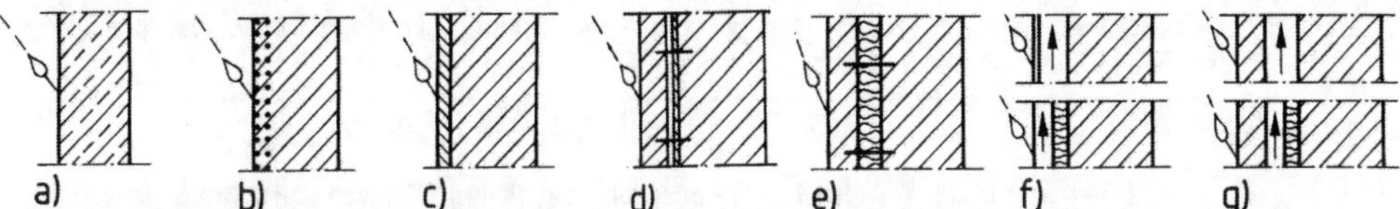

Bild 7.7 Schlagregenschutzmaßnahmen bei direkter Schlagregenbeanspruchung der Außenwand (Konstruktionsbeispiele)

a) schlagregensicherer Baustoff (z. B. gefügedichter Beton), b) imprägnierte Außenoberfläche, c) Außenputz, d) zweischaliges Verblendmauerwerk mit Putzschicht und Fingerspalt, e) zweischaliges Verblendmauerwerk mit hydrophober Kerndämmung, f) hinterlüftete Bekleidung (z. B. Platten, Schindeln, Blech) mit und ohne zusätzliche Wärmedämmung, g) hinterlüftete Vormauerschale mit und ohne zusätzliche Wärmedämmung (falls Vormauerschale durchfeuchtet, schadet das dem Hintermauerwerk nicht).

In DIN 4108-3 [1] werden die Schlagregen-Beanspruchungsgruppen I, II und III definiert. Die Zuordnung eines Gebäudes zu einer dieser Beanspruchungsgruppen (s. Tafel 7.8, Zeile 1) wird abhängig gemacht von

- der Jahresniederschlagsmenge am Gebäude-Standort (Regenkarte)
- der Lage des Gebäudes im Gelände bezüglich des Windschutzes (ggf. Bonus bei windgeschützter Lage)
- den Windverhältnissen des Gebietes
- der Höhe des Gebäudes (Hochhaus) und/oder Exponiertheit des Gebäudes im Gelände gegenüber Windbeanspruchung.

DIN 4108-3 [1] gibt eine Reihe von Beispielen genormter Wandbauarten an, die für die verschiedenen Schlagregen-Beanspruchungsgruppen geeignet sind (Tafel 7.8). Nach DIN 4108-3 [1] schließen diese Beispiele selbstverständlich andere, aus der Erfahrung gesicherte Bauausführungen nicht aus. Beispielsweise wird in [56] darauf hingewiesen, daß aus einem System, bestehend aus wasserhemmendem Putz (vgl. DIN 18 550-1 [3] Abs. 4.2.2.2.1) plus wasserhemmendem Anstrich ein wasserabweisendes Putz-Anstrichsystem (ausreichend für Schlagregen-Beanspruchungsgruppe III) hergestellt werden kann. Ggf. ist eine geeignete Schlagregenprüfung durchzuführen [55]. In DIN 4108-3 [1] sind außerdem Empfehlungen für die Ausbildung von Fugen zwischen vorgefertigten Wandplatten in Abhängigkeit von der Schlagregenbeanspruchung enthalten. Danach werden für Vertikalfugen besondere Maßnahmen (Schlagregenschutz durch konstruktive Fugenausbildung oder Fugen mit Fugendichtmassen nach DIN 18 540 [13]) nur bei Beanspruchungsgruppe III empfohlen. Horizontalfugen bleiben entweder offen (mit Schwellenhöhen $h \geq 60$ mm bzw. ≥ 80 mm bzw. 100 mm bei Beanspruchungsgruppe I bzw. II bzw. III, s. Bild 7.8) oder sie werden mit Fugendichtmassen nach DIN 540 [13] und zusätzlichen konstruktiven Maßnahmen (z. B. Schwellenhöhe $h \geq 50$ mm) versehen. Zur Schlagregensicherheit der Fenster wird auf Abschnitt 8 hingewiesen.

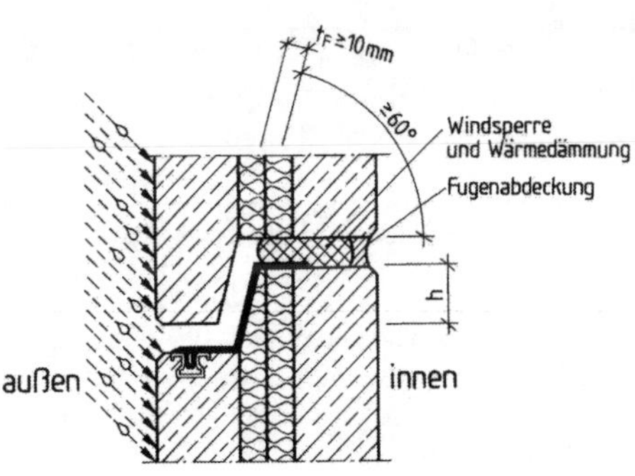

Bild 7.8
Schwellenhöhe h in einer offenen Horizontalfuge [1], [93], [99]

Tafel 7.8 Anforderungen an schlagregenbeanspruchte Außenwände. Zuordnung von Beanspruchungsgruppen und genormten Wandbauarten (nach DIN 4108-3 [1])

Bauart der Außenwand	Schlagregen – Beanspruchungsgruppen		
	Beanspruchungsgruppe I	Beanspruchungsgruppe II	Beanspruchungsgruppe III
	geringe Schlagregenbeanspruchung: – Gebiete mit Jahresniederschlagsmenge ≤ 600 mm – besonders windgeschützte Lagen, auch in Gebieten mit größeren Niederschlagsmengen	mittlere Schlagregenbeanspruchung: – Gebiete mit Jahresniederschlagsmenge 600 bis 800 mm – windgeschützte Lagen auch in Gebieten mit größeren Niederschlagsmengen – Hochhäuser und Häuser in exponierter Lage, auch wenn sie sonst in Gruppe I einzuordnen wären	starke Schlagregenbeanspruchung: – Gebiete mit Jahresniederschlagsmenge > 800 mm – windreiche Gebiete, auch mit geringer Niederschlagsmenge – Hochhäuser und Häuser in exponierter Lage, auch wenn sie sonst in Gruppe II einzuordnen wären
Wände, außen verputzt [1]	Außenputz nach DIN 18 550-1 [3] Tab. 3 ohne besondere Anforderungen an den Schalgregenschutz oder Kunstharzputz nach DIN 18 558 [14] (auf Beton ohne Unterputz, sonst nur mit mineral. Unterputz nach DIN 18 550 [3]	wasserhemmender Außenputz nach DIN 18 550-1 [3] Tab. 3 oder Kunstharzputz nach DIN 18 558 [14] (auf Beton ohne Unterputz, sonst nur mit mineral. Unterputz nach DIN 18 550 [3])	wasserabweisender Außenputz nach DIN 18 550-1 [3] Tab. 3 oder Kunstharzputz nach DIN 18 558 [14] (auf Beton ohne Unterputz, sonst nur mit mineral. Unterputz nach DIN 18 550 [3])
Ein- und zweischaliges Verblendmauerwerk nach DIN 1053-1 [5]	einschaliges Verblendmauerwerk d ≥ 31 cm	einschaliges Verblendmauerwerk d ≥ 37,5 cm	zweischaliges Verblendmauerwerk: – mit Luftschicht (mit oder ohne zusätzliche Wärmedämmung) oder – ohne Luftschicht mit Putzschicht oder Kerndämmung[2]
Wände mit angemörtelter oder angemauerter Bekleidung nach DIN 18 515 [9]	angemörtelte Bekleidung nach DIN 18 515 [9] (Unterputz und wasserabweisender Fugenmörtel nicht erforderlich)		angemörtelte oder angemauerte Bekleidung mit Unterputz nach DIN 18 515 [9] und wasserabweisendem Fugenmörtel
Wände aus Beton oder Leichtbeton	gefügedichte Betonaußenschicht nach DIN 1045 [11] (Beton) oder DIN 4219-1,2 [12] (Leichtbeton)		
Wände mit Bekleidung	hinterlüftete Bekleidung nach DIN 18 516 [28]		
Wände in Holzbauart	mit 11,5 cm dicker Mauerwerk-Vorsatzschale		mit vorgesetzter Bekleidung nach DIN 18 516 [28] oder hinterlüfteter 11,5 cm dicker Mauerwerkvorsatzschale

1) Die Außenwand besteht aus Mauerwerk, Wandbauplatten, Beton o. ä. oder aus einer massiven Wandschale mit einer nach DIN 1102 [33] ausgeführten außenseitigen Wärmedämmschicht aus Holzwolle-Leichtbauplatten oder Mehrschicht-Leichtbauplatten (s. auch Abschnitt 7.4.3.1, Außendämmung als Wärmedämm-Verbundsystem). Weitere Angaben siehe DIN 4108-3 [1] Tab. 1.

2) Wärmedämmstoffe müssen für diese Anwendung genormt sein oder ihre Brauchbarkeit muß nach den bauaufsichtlichen Vorschriften nachgewiesen sein, z. B. durch eine allgemeine bauaufsichtliche Zulassung.

7.2.3.5 Schutz gegen Spritzwasser

Spritzwasser entsteht durch Aufprall des Regentropfens auf horizontale oder schwach geneigte Flächen (Bild 7.9). Dadurch wird die Sockelzone eines Hauses – neben direkter Schlagregenbeanspruchung und Ablauf des Schlagregenwassers von der Außenwand – zusätzlich durch Feuchte belastet. In Abhängigkeit von der Ausbildung der Geländeoberfläche werden durch das Spritzwasser ggf. Bodenteilchen mitgerissen, so daß auch mit einer Verschmutzung der aufgehenden Wand zu rechnen ist.

Als Spritzwasserschutzmaßnahme ist die Ausbildung einer spritzwassersicheren Sockelzone in einer Höhe von bis zu etwa 30 cm über Gelände erforderlich. Anforderungen an den Spritzwasserschutz werden in DIN 18 195-4 [14] nicht ausdrücklich genannt, sind jedoch indirekt enthalten (Bild 7.10).

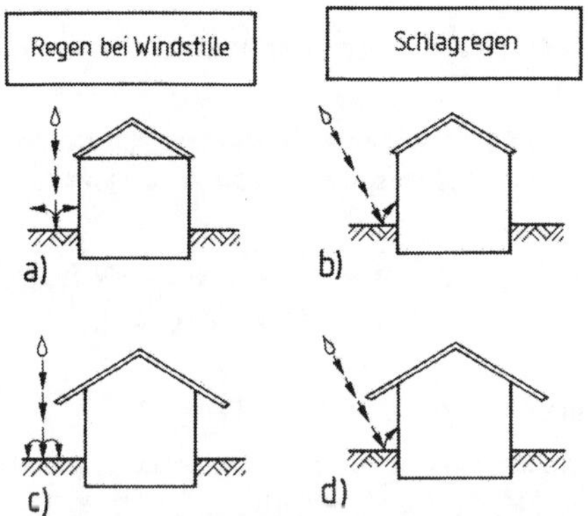

Bild 7.9
Spritzwasserbeanspruchung in der Sockelzone bei Windstille und bei Schlagregen[1)]
a und b Haus ohne Dachüberstand
c und d Haus mit mittelgroßen Dachüberstand
Spritzwasserbeanspruchung liegt vor bei a, b und d.

[1)] Definition „Schlagregen" s. Abschn. 7.2.3.4

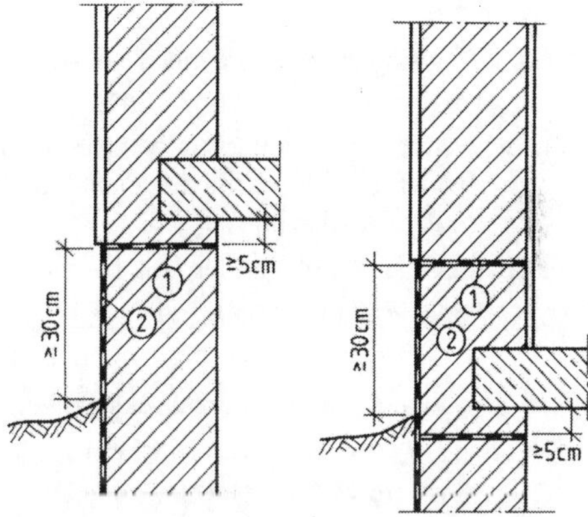

Bild 7.10
Beispiele (Prinzipskizzen) für Spritzwasserschutzanforderungen in DIN 18 195 [14]
1 waagerechte Abdichtung gegen aufsteigende Feuchtigkeit in ca. 30 cm Höhe über Gelände (= Oberkante Sockelbereich)
2 oberhalb des Geländes hinter der Sockelbekleidung bis an die obere waagerechte Abdichtung hochgeführte vertikale Abdichtung (Sockelbekleidung nicht mit dargestellt)

Die in Bild 7.10 angegebene vertikale Abdichtung darf nur entfallen, wenn im Sockelbereich ausreichend wasserabweisende Bauteile verwendet werden, wie z. B.:

- bewehrter Sperrbeton von mindestens 10 cm Dicke [52]
- Außensockelputz nach DIN 18 550-1 [3]
- Dichtungsbahnen oder Kunststoffolien, die durch eine mindestens 1/2 steindicke Vormauerung (z. B. Klinker, Vormauer-Ziegel oder KS-Verblender) geschützt sind [52].

Als alleiniger Spritzwasserschutz sind z. B. nicht zu empfehlen [52]: Dichtungsschlämmen, mehrlagige bituminöse Aufstriche, wasserabweisende Fassadenanstriche, äußeres Klinkermauerwerk in Mörtelgruppe III im Verband mit dem Kellermauerwerk vermauert oder angemörtelte kleinformatige Plattenbekleidungen. Im übrigen wird hinsichtlich des Schutzes gegen im Boden befindlichen Wassers auf Abschnitt 13 dieses Buches verwiesen (Abdichtungen).

7.2.3.6 Sonstiger Feuchteschutz (konstruktiver Holzschutz, chemischer Holzschutz)

Da Bauteile aus Holz oder Holzwerkstoffen durch unverträgliche Veränderung des Feuchtegehaltes geschädigt werden können (z. B. Pilzbefall, übermäßige Verformungen durch Quellen und Schwinden), muß hier besonders auf einen guten Feuchteschutz geachtet werden. Geeignete Feuchteschutzmaßnahmen können nach DIN 68 800 [7] baulicher und/oder chemischer Art sein.

Das Ziel des baulichen Holzschutzes (in bezug auf Feuchteschutz) ist es [7]:

a) durch bauliche Maßnahmen Niederschläge vom Holz fernzuhalten oder für ihre schnelle Ableitung zu sorgen,

b) durch dauerhaft wirksamen Schutz (z. B. durch Beschichtungen und Bekleidungen) das Eindringen von Nutzungsfeuchte (z. B. durch Spritzwasser in Duschen) in Bauteile aus Holz zu verhindern,

c) das Eindringen von Feuchte in die Bauteile aus Holz aus angrenzenden Bau- und Dämmstoffen oder Bauteilen zu verhindern,

d) für Tauwasserschutz nach DIN 4108-3 [1] zu sorgen. Das ist Schutz gegen Tauwasserbildung auf der Wandinnenoberfläche gemäß Abschn. 7.2.3.2 und gegen Tauwasserbildung im Wandinnern gemäß Abschn. 7.2.3.3.

zu a) Schutz außenliegender Holzbauteile gegen Niederschlagswasser kann beispielsweise erreicht werden durch (Bild 7.11):

- ausreichend große Dachüberstände
- hinter die Fassade zurückspringende Einbauten
- einen Abstand von ≥ 30 cm zwischen Oberkante Erdboden und Unterkante Holzteil (Spritzwasserschutz).

zu c) Schutz von Holzbauteilen gegen eindringende Feuchte aus angrenzenden Stoffen oder Bauteilen kann beispielsweise erreicht werden durch Anordnung von Sperrschichten.

Sie sind z. B. vorzusehen:

- unter Auflagen von Holzbalken, -schwellen, -stielen aus Mauerwerk und Beton
- zwischen massiven Rohdecken und Fußböden aus Holz oder Holzwerkstoffen.

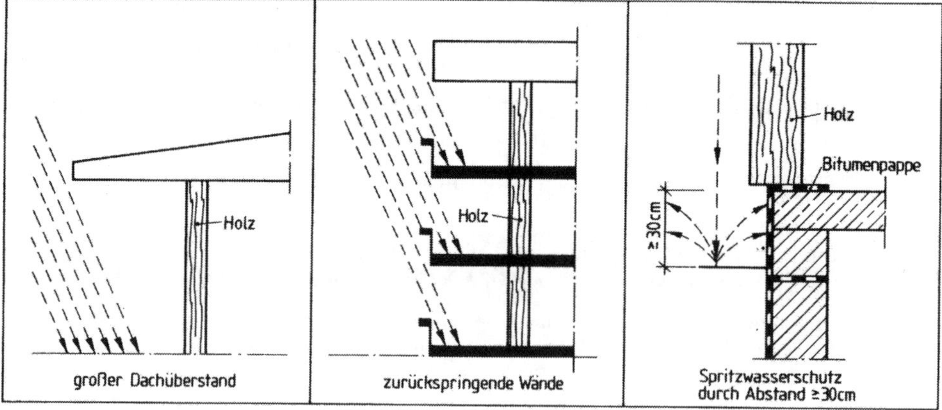

Bild 7.11 Beispiel zur Vermeidung einer Feuchtebeanspruchung aus Niederschlagswasser durch bauliche Maßnahmen

7.2.4 Schallschutz-Anforderungen

7.2.4.1 Allgemeines

Die Aufgaben der Außenwand in schallschutztechnischer Hinsicht bestehen:

a) im Schutz gegen Außenlärm. Das ist Schutz gegen Lärm, der direkt, d. h. durch die Außenwand übertragen wird und

b) im Schutz gegen Schall (Lärm) aus fremden Räumen. Das ist Schutz gegen Schall (Lärm), der indirekt, d. h. auf dem Flankenwege über die Außenwand übertragen wird.

Einen ersten Überblick über die entsprechenden Schallschutz-Anforderungen nach DIN 4109 [2] gibt Tafel 7.9, weitere Spezifikationen gehen aus den folgenden Abschnitten 7.2.4.2, 7.2.4.3 und 7.2.4.4 hervor.

Tafel 7.9 Übersicht über die beiden grundsätzlich unterschiedlichen Schallschutzanforderungen nach DIN 4109 [2] an Außenwände

Anforderungen an Außenwände	
Anforderungen zum Schutz gegen Außenlärm	Anforderungen zum Schutz gegen Schallübertragung aus fremden Räumen
Hinweise a) Die Außenwand ist hier trennendes Bauteil gegenüber der Lärm-(Schall) Quelle. b) Anforderungen an die Außenwand werden hier **direkt** in folgender Form erhoben: erf $R'_{w,res} \leq$ vorh $R'_{w,res}$	**Hinweise** a) Die Außenwand ist hier **nicht** trennendes Bauteil gegenüber der Lärm-(Schall) Quelle. b) Die Außenwand ist lediglich flankierende Wand für das trennende Bauteil (Innenwand, Decke) c) Anforderungen an die Außenwand werden daher nur **indirekt** über die Anforderungen an das trennende Bauteil erhoben: erf $R'_w \leq$ vorh R'_w
Anforderungen werden erhoben in DIN 4109 [2] Tab. 8 und 9	– Anforderungen gelten nur für das trennende Bauteil (Innenwand, Decke) und werden erhoben in DIN 4109 [2] Tab. 3 und 5 – Die Erfüllung dieser Anforderungen bezieht die Flankendämmeigenschaften der Außenwände mit ein (detaillierte Angaben in DIN 4109 [2] Beibl. 1)

7.2.4.2 Schutz gegen Außenlärm

Die Schallschutzanforderungen (DIN 4109 [2], Abschn. 5) sollen den Menschen vor dem von außen in Aufenthaltsräume eindringenden Lärm aus Verkehr (z. B. Straßen-, Schienen-, Wasser- und Flugzeugverkehr) und/oder aus Gewerbe- und Industriebetrieben schützen. Diese Anforderungen richten sich an die Schalldämmung der Außenwände einschließlich Fenster, Fenstertüren und Rolladenkästen. Die Mindestwerte der Luftschalldämm-Maße erf $R'_{w,res}$ nach Tafel 7.10 in Verbindung mit Tab 7.11 müssen in Abhängigkeit vom „Maßgeblichen Außenlärmpegel" – ermittelt aus dem vor dem Gebäude auftretenden bzw. zu erwartenden Außenlärm – und von der Raumart (z. B. Wohnung, Büro) eingehalten werden. Der Wert erf $R'_{w, res}$ für die Außenwand bezieht gleichzeitig den direkten Übertragungsweg durch das trennende Bauteil (Außenwand) und den indirekten Übertragungsweg über die flankierenden Bauteile (an die Außenwand angeschlossenen Innenwände und Decken) mit ein (Bild 7.12).

Tafel 7.10 Anforderungen an die Luftschalldämmung (erforderliches resultierendes Schalldämm-Maß erf $R'_{w, res}$) von Außenbauteilen (= Tab. 8 in [2])
Diese Anforderungen sind mit den Werten in Tafel 7.11 zu korrigieren.

Spalte	1	2	3	4	5
Zeile	Lärm-pegel-bereich	„Maßgeb-[3]) licher Außen-lärmpegel"	Raumarten		
			Bettenräume in Krankenanstalten und Sanatorien	Aufenthaltsräume in Wohnungen, Übernachtungs-räume in Beher-bergungsstätten, Unterrichtsräume und ähnliches	Büroräume[1]) und ähnliches
		in dB (A)	erf $R'_{w, res}$ des Außenbauteils in dB[4])		
1	I	bis 55	35	30	–
2	II	56 bis 60	35	30	30
3	III	61 bis 65	40	35	30
4	IV	66 bis 70	45	40	35
5	V	71 bis 75	50	45	40
6	VI	76 bis 80	[2])	50	45
7	VII	> 80	[2])	[2])	50

[1]) An Außenbauteile von Räumen, bei denen der eindringende Außenlärm aufgrund der in den Räumen ausgeübten Tätigkeiten nur einen untergeordneten Beitrag zum Innenraumpegel leistet, werden keine Anforderungen gestellt.

[2]) Die Anforderungen sind hier aufgrund der örtlichen Gegebenheiten festzulegen.

[3]) Die Ermittlung des „Maßgeblichen Außenlärmpegels" erfolgt nach DIN 4109 [2] Abschn. 5.5 (Berechnung) bzw. DIN 4109 [2] Anhang B (Messung)

[4]) Für Wohngebäude mit üblichen Raumhöhen von etwa 2,50 m und Raumtiefen von etwa 4,50 m und mehr darf – ohne besonderen Nachweis – ein Korrekturwert von – 2 dB herangezogen werden (vgl. dazu auch Tafel 7.11).

Tafel 7.11 Korrekturwerte für das erforderliche resultierende Schalldämm-Maß nach Tafel 7.10 in Abhängigkeit vom Verhältnis $S_{(W+F)}/S_G$ (= Tab. 9 in [2])

Spalte/ Zeile	1	2	3	4	5	6	7	8	9	10
1	$S_{(W+F)}/S_G$	2,5	2,0	1,6	1,3	1,0	0,8	0,6	0,5	0,4
2	Korrekturwert	+ 5	+ 4	+ 3	+ 2	+ 1	0	– 1	– 2	– 3
$S_{(W+F)}$: S_G :	Gesamtfläche des Außenbauteils eines Aufenthaltsraumes in m^2 Grundfläche eines Aufenthaltsraumes in m^2.									

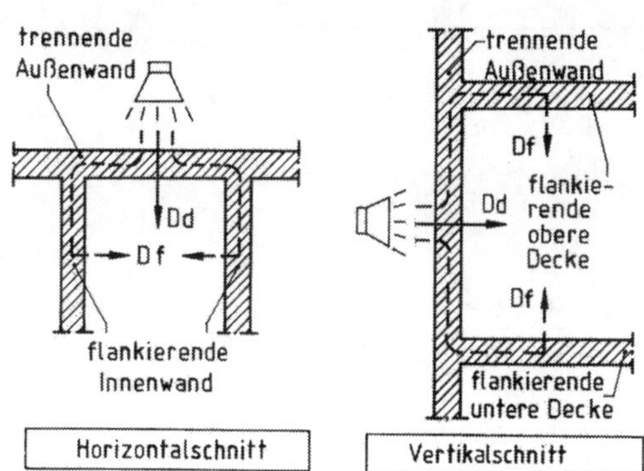

Bild 7.12
Übertragungswege des Luftschalls (Außenlärm) in das Gebäudeinnere

Dd = direkte Übertragung durch die (trennende) Außenwand

Df = indirekte Übertragung, d. h. Flankenschallübertragung durch Innenwände und Decken

Der Apostroph in $R'_{w,\,res}$ weist auf die Einbeziehung des indirekten Übertragungsweges (s. Df in Bild 7.12) über die flankierenden Bauteile hin.

Es ist zu beachten:

- Tafel 7.10 gilt nicht für Fluglärm, soweit er im „Gesetz zum Schutz gegen Fluglärm" geregelt ist.
- Die Werte der Spalte 2 in Tafel 7.10 dürfen ohne besonderen Nachweis für die von der maßgeblichen Lärmquelle abgewandten Gebäudeseite bei offener Bebauung um 5 dB und bei geschlossener Bebauung bzw. bei Innenhöfen um 10 dB abgemindert werden.

Ablauf der Nachweisführung

1. Ermittlung von erf $R'_{w,\,res}$ nach Tafel 7.10 mit Tafel 7.11
2. Ermittlung von vorh $R'_{w,\,res}$ auf rechnerischem Wege (Index R) oder durch bauakustische Messungen in Prüfständen (Index P) bzw. in ausgeführten Bauten (Index B).

   Für die Ermittlung von vorh $R'_{w,\,P,\,res}$ bzw. vorh $R'_{w,\,B,\,res}$ durch bauakustische Messungen in Prüfständen bzw. in ausgeführten Bauten wird auf DIN 4109, Abschn. 6 [2] verwiesen.

   Für die Ermittlung von vorh $R'_{w,\,R,\,res}$ (d. h. auf rechnerischem Wege) wird in den nachfolgenden Schritten 3 und 4 der weitere Ablauf der Nachweisführung angegeben.

   Anmerkung: Falls die Voraussetzungen für den „vereinfachten Nachweis für Räume in Wohngebäuden" (s. weiter unten) zutreffen, kann die Nachweisführung nach Tafel 7.13 vorgenommen werden.

3. Es gilt nach DIN 4109 Beiblatt 1, Abschn. 11 [2] für das resultierende Schalldämm-Maß eines aus Elementen verschiedener Schalldämmung bestehenden Außenbauteils

   $$R'_{w,\,R,\,res} = -10 \lg \left(\frac{1}{S_{ges}} \cdot \sum_{i=1}^{n} \cdot S_i \cdot 10^{\frac{-R_{w,\,R,\,i}}{10}} \right)$$

   Für $R_{w,\,R,\,i}$ (= bewertetes Schalldämm-Maß des i-ten Elementes, Rechenwert) gilt:

   - für Wandanteil $R'_{w,\,R}$
   - für Fenster, Fenstertüren und Rolladenkästen $R_{w,\,R}$.

   Ferner gilt

   - $S_{ges} = \sum_{i=1}^{n} S_i$ Fläche des gesamten Außenbauteils
   - S_i = Fläche des i-ten Elementes des Außenbauteils (Beispiel s. Bild 7.13).

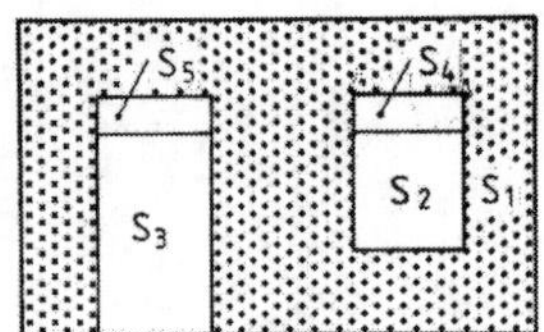

S_1= Wandanteil
S_2= Fenster
S_3= Fenster bzw. Tür
$S_{4,5}$=Rolladenkästen
$S_{ges}=S_1+S_2+S_3+S_4+S_5$

Bild 7.13
Beispiel für Außenbauteil (Außenwand), bestehend aus fünf Elementen verschiedener Schalldämmung. Flächenanteile S1 bis S5

4. Führung des Nachweises

$$\text{vorh } R'_{w,R,res} \geq \text{erf } R'_{w,res}$$

Tafel 7.12 Ermittlung des Schalldämm-Maßes $R'_{w,R}$ für Außenwände[1)] nach DIN 4109 [2] Beibl. 1, (Rechenwerte)

Bauart		anzusetzende flächenbezogene Masse in kg/m²	$R'_{w,R}$ nach
Beschreibung	Konstruktionsbeispiel		
bauakustisch einschalige Wände[2)]	innen (Vertikalschnitt)	Masse des gesamten Wandquerschnitts	Tab. 1 in [2] Beibl. 1 (s. Tafel 7.15)
zweischaliges Mauerwerk mit Luftschicht nach DIN 1053-1 [5]	innen (Vertikalschnitt)	Masse der Innen- und Außenschale zusammen	Tab. 1 in [2] Beibl. 1 (s. Tafel 7.15) + 5 dB[3)]
Sandwich-Elemente aus Beton mit einer Dämmschicht aus Hartschaum nach DIN 18 164-1 [36]	innen (Vertikalschnitt)	Masse der Innen- und Außenschale zusammen	Tab. 1 in [2] Beibl. 1 (s. Tafel 7.15) – 2 dB
Wände mit belüfteten Außenbekleidungen (z. B. Blech, Keramik, Werkstein) nach DIN 18 516-1 [28]	innen (Vertikalschnitt)	Masse des gesamten Wandquerschnitts ohne Bekleidung	Tab. 1 in [2] Beibl. 1 (s. Tafel 7.15)
einschalige, biegesteife Wände mit biegeweicher Vorsatzschale nach DIN 4109 [2], Beibl. 1, Tab. 7 = Innendämmung	innen (Vertikalschnitt)	Masse des gesamten Wandquerschnitts ohne biegeweiche Vorsatzschale und zusätzlicher Wärmedämmung	Tab. 8 in [2] Beibl. 1
Außenbauteile aus biegeweichen Schalen (z. B. Außenwände in Holzbauart)	innen (Horizontalschnitt)	keine	Tab. 37 in [2] Beibl. 1

1) Für Wände, die nicht aufgeführt sind, müssen bauakustische Messungen durchgeführt werden.

2) Außenwände mit innen- oder außenseitigen Wärmedämm-Verbundsystemen fallen nicht unter einschalige Wände im „schallschutztechnischen Sinne"; gegenüber vergleichbaren einschaligen Wänden können Veränderungen (Verbesserung oder Verschlechterung) auftreten, vgl. auch Angaben in Abschn. 7.4.3.1 und Abschn. 7.4.3.5.

3) Wenn das Gewicht der auf die Innenschale stoßenden Trennwände größer als 50 % des Gewichtes der inneren Schale der Außenwand ist, darf das ermittelte Schalldämm-Maß um 8 dB erhöht werden.

Ermittlung von $R'_{w, R}$ und $R_{w, R}$

Für den Wandanteil wird die Ermittlung von $R'_{w, R}$ nach den Angaben in Tafel 7.12 durchgeführt. Die Ermittlung von $R_{w, R}$ für Fenster und Fenstertüren erfolgt nach Tab. 40 und für Rolladenkästen nach Tab. 41 von DIN 4109, Beiblatt 1 [2], für nicht in Tab. 40 bzw. 41 genannte Ausführungsarten erfolgt die entsprechende Ermittlung durch bauakustische Messungen.

Vereinfachter Nachweis für Räume in Wohngebäuden

Für Räume in Wohngebäuden mit:

- üblicher Raumhöhe von etwa 2,50 m,
- Raumtiefe von etwa 4,50 m oder mehr
- 10 % bis 60 % Fensterflächenanteil

gelten die Anforderungen an das resultierende Schalldämm-Maß erf $R'_{w, res}$ als erfüllt, wenn die in Tafel 7.13 in Abhängigkeit von den Fensterflächenanteilen angegebenen Schalldämm-Maße $R'_{w, R}$ für die Wand und $R_{w, R}$ für das Fenster jeweils einzeln eingehalten werden.

Tafel 7.13 Erforderliche Schalldämm-Maße erf $R'_{w, res}$ von Kombinationen von Außenwänden und Fenstern (= Tab. 10 in [2])

Spalte	1	2	3	4	5	6	7
Zeile	erf. $R'_{w, res}$ in dB nach Tafel 7.10 (= Tabelle 8 in [2])	Schalldämm-Maße für Wand/Fenster in .. dB/ .. dB bei folgenden Fensterflächenanteilen in %					
		10 %	20 %	30 %	40 %	50 %	60 %
1	30	30/25	30/25	35/25	35/25	50/25	30/30
2	35	35/30 40/25	35/30	35/32 40/30	40/30	40/32 50/30	45/32
3	40	40/32 45/30	40/35	45/35	45/35	40/37 60/35	40/37
4	45	45/37 50/35	45/40 50/37	50/40	50/40	50/42 60/40	60/42
5	50	55/40	55/42	55/45	55/45	60/45	–
Diese Tafel gilt nur für Wohngebäude mit üblicher Raumhöhe von etwa 2,5 m und Raumtiefe von etwa 4,5 m oder mehr, unter Berücksichtigung der Anforderungen an das resultierende Schalldämm-Maß erf $R'_{w, res}$ des Außenbauteiles nach Tafel 7.10 und der Korrektur von – 2 dB nach Tafel 7.11, Zeile 2.							

7.2.4.3 Schutz gegen Schallübertragung aus fremden Räumen (Schutz gegen Schall-Längsleitung, d. h. gegen Flankenschall-Leitung in Außenwänden)

Die Schallschutznorm DIN 4109 [2] unterscheidet zwischen Schallübertragung aus f r e m d e n Räumen (fremder Wohn- und Arbeitsbereich) und e i g e n e n Räumen (eigener Wohn- und Arbeitsbereich).

Anforderungen an den Schallschutz werden in DIN 4109 [2] lediglich gegen Schallübertragung aus fremden Räumen erhoben, s. „Mindestanforderungen“ in Tafel 7.14. Darüber hinaus werden in Beiblatt 2 der DIN 4109 [2] für Schallübertragung aus fremden Räumen Vorschläge für erhöhte Anforderungen angegeben, s. „Vorschläge für einen erhöhten Schallschutz" in Tafel 7.14. Für den eigenen Wohn- und Arbeitsbereich werden keine Anforderungen erhoben, es werden in DIN 4109 [2], Beiblatt 2 lediglich Empfehlungen für den normalen und den erhöhten Schallschutz angegeben.

Die in Tafel 7.14 geforderten Luftschalldämm-Maße erf R'_w für trennende Bauteile (Innenwände, Decken) beziehen gleichzeitig den direkten Übertragungsweg durch das trennende Bauteil (Innenwände, Decken) und den indirekten Übertragungsweg über die flankierenden Bauteile (Außenwände, Innenwände, Decken) mit ein. Der Apostroph in R'_w weist auf die Einbeziehung des indirekten Übertragungsweges über die flankierenden Bauteile hin.

Bild 7.14 zeigt am Beispiel einer Innenwand als trennendes Bauteil (Trennwand) und einer Decke als trennendes Bauteil (Trenndecke) die verschiedenen Übertragungswege des Luftschalls.

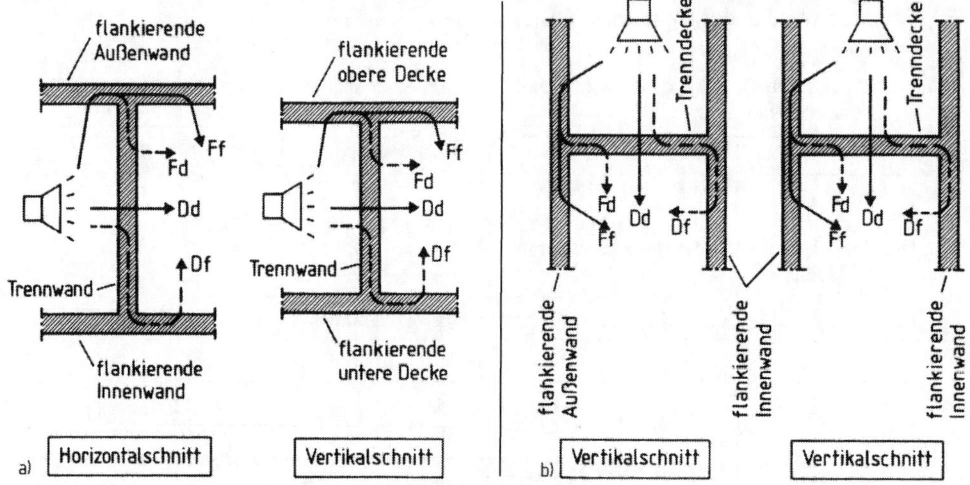

Bild 7.14 Übertragungswege des Luftschalls zwischen zwei Räumen
a) Innenwand als trennendes Bauteil (Trennwand)
b) Decke als trennendes Bauteil (Trenndecke)
Dd = Direkte Übertragung durch trennendes Bauteil
Ff, Fd, Df = Indirekte Übertragung über flankierende Bauteile

Die schalltechnische Ausbildung der Außenwand hat somit – über ihre Flankenschalldämm-Eigenschaften – Einfluß auf das Schalldämm-Maß vorh R'_w des trennenden Bauteils.

Bei **Gebäuden in Massivbauart** wird nach DIN 4109 [2], Beibl. 1 davon ausgegangen, daß normalerweise eine biegesteife Anbindung der flankierenden Bauteile an das trennende Bauteil vorliegt (sofern die flächenbezogene Masse des trennenden Bauteils mehr als 150 kg/m^2 beträgt) und daß die flankierenden Bauteile von einem Raum zum anderen durchlaufen. Daraus resultieren alle vier in Bild 7.14 angegebenen Übertragungswege Dd, Ff, Fd, Df.

Bei **Gebäuden in Skelett- und Holzbauart** wird nach DIN 4109 [2] Beibl. 1 davon ausgegangen, daß eine biegesteife Anbindung zwischen flankierendem und trennendem Bauteil nicht vorhanden ist und daß somit hier die Übertragungswege Fd und Df in Bild 7.14 keine Rolle spielen. Bei diesen Gebäuden brauchen darum nur das Schalldämm-Maß $R_{w, R}$ des trennenden Bauteils (Weg Dd) und das Schall-Längsdämm-Maß $R_{L, w, R}$ (Weg Ff) des flankierenden Bauteils im rechnerischen Nachweis berücksichtigt zu werden. Während der Ablauf der Nachweisführungen für „Gebäude in Massivbauart“ und für „Gebäude in Skelett- und Holzbauart“ (dem Vorgenannten entsprechend) unterschiedlich sind, sind die Anforderungen – in Tafel 7.14 zusammengestellt – an beide Gebäudearten gleich. Der Ablauf der verschiedenen Nachweisführungen wird nachfolgend (nach den einzelnen durchzuführenden Arbeitsschritten gegliedert) dargestellt.

Tafel 7.14 Erforderliches Luftschalldämm-Maß erf. R'_w zum Schutz gegen Schallübertragung aus fremden Räumen (Auszüge aus Tab. 3 in [2] und Tab. 2 in [2] Beibl. 2)

	Bauteile	Anforderungen	
		Mindestanforderungen in DIN 4109 [2]	Vorschläge für erhöhten Schallschutz in DIN 4109 [2] Beibl. 2
1	**Geschoßhäuser mit Wohnungen und Arbeitsräumen**	erf R'_w in dB	
Decken	Decken unter allgemein nutzbaren Dachräumen	53	≥ 55
Decken	Wohnungstrenndecken (auch -treppen) und Decken zwischen fremden Arbeitsräumen bzw. vergleichbaren Nutzungseinheiten	54	≥ 55
Decken	Decken über Kellern, Hausfluren, Treppenräumen unter Aufenthaltsräumen	52	≥ 55
Decken	Decken über Durchfahrten, Einfahrten von Sammelgaragen und ähnliches unter Aufenthaltsräumen	55	–
Decken	Decken unter/über Spiel- oder ähnlichen Gemeinschaftsräumen	55	–
Decken	Decken unter Bad und WC ohne/mit Bodenentwässerung	54	≥ 55
Wände	Wohnungstrennwände und Wände zwischen fremden Arbeiträumen	53	≥ 55
Wände	Treppenraumwände und Wände neben Hausfluren	52	≥ 55
Wände	Wände neben Durchfahrten, Einfahrten von Sammelgaragen u. ä.	55	–
Wände	Wände von Spiel- oder ähnlichen Gemeinschaftsräumen	55	–
2	**Einfamilien-Doppelhäuser und Einfamilien-Reihenhäuser**		
Wände	Haustrennwände	57	≥ 67
3	**Beherbergungsstätten**		
Decken	Decken	54	≥ 55
Decken	Decken unter/über Schwimmbädern, Spiel- oder ähnlichen Gemeinschaftsräumen zum Schutz gegenüber Schlafräumen	55	–
Decken	Decken unter Bad und WC ohne/mit Bodenentwässerung	54	≥ 55
Wände	Wände zwischen – Übernachtungsräumen – Fluren und Übernachtungsräumen	47	≥ 52

Fortsetzung s. nächste Seite

Tafel 7.14, Fortsetzung

4	**Krankenanstalten, Sanatorien**		
Decken	Decken	54	≥ 55
	Decken unter/über Schwimmbädern, Spiel- oder ähnlichen Gemeinschaftsräumen	55	–
	Decken unter Bad und WC ohne/mit Bodenentwässerung	54	≥ 55
Wände	Wände zwischen – Krankenräumen – Fluren und Krankenräumen, – Untersuchungs- bzw. Sprechzimmern, – Fluren und Untersuchungs- bzw. Sprechzimmern – Krankenräumen und Arbeits- und Pflegeräumen	47	≥ 52[2)]
	Wände zwischen – Operations- bzw. Behandlungsräumen, – Fluren und Operations- bzw. Behandlungsräumen	42	–
	Wände zwischen – Räumen der Intensivpflege – Fluren und Räumen der Intensivpflege	37	–
5	**Schulen und vergleichbare Unterrichtsbauten**		
Decken	Decken zwischen Unterrichtsräumen oder ähnlichen Räumen	55	–
	Decken zwischen Unterrichtsräumen oder ähnlichen Räumen und „besonders lauten" Räumen	55	–
Wände	Wände zwischen Unterrichtsräumen oder ähnlichen Räumen	47	–
	Wände zwischen Unterrichtsräumen oder ähnlichen Räumen und Fluren	47	–
	Wände zwischen Unterrichtsräumen oder ähnlichen Räumen und Treppenräumen	52	–
	Wände zwischen Unterrichtsräumen oder ähnlichen Räumen und „besonders lauten" Räumen	55	–

1) Nähere Erklärungen und Bemerkungen s. DIN 4109 [2] und DIN 4109 [2] Bbl. 2

2) Dieser Wert gilt nur für Wände zwischen Krankenräumen bzw. für Wände zwischen Fluren und Krankenräumen.

Ablauf der Nachweisführung bei Gebäuden in Massivbauart, trennendes Bauteil biegesteif (massiv), Nachweisführung ist nur unter Zuhilfenahme von DIN 4109 [2] möglich

1. Ermittlung von erf R'_w für das trennende Bauteil nach Tafel 7.14
2. Ermittlung von R'_w bzw. $R'_{w,R}$ für das trennende biegesteife (massive) Bauteil
   - für einschalige Wände und Decken nach Tafel 7.15
   - für einschalige Wände mit biegeweicher Vorsatzschale nach Tafel 7.16
   - für Decken (in allen relevanten Ausführungsvarianten) nach Tafel 7.17.

Anmerkung: Die in den Tafeln 7.15 bis 7.17 angegebenen Werte setzen voraus: Mittlere flächenbezogenen Masse $m'_{L,\,Mittel}$ der biegesteifen flankierenden Bauteile von etwa 300 kg/m^2, Öffnungen (Fenster, Türen) werden dabei nicht mitgerechnet. Für andere mittlere flächenbezogene Massen der flankierenden Bauteile sind Korrekturen anzubringen (vgl. nachfolgende Schritte 3, 4 und 5).

3. Ermittlung der mittleren flächenbezogenen Masse $m'_{L,\,Mittel}$ der flankierenden biegesteifen (massiven) Bauteile als arithmetisches Mittel der Einzelwerte

$$m'_{L,\,Mittel} = \frac{1}{n} \sum_{i=1}^{n} m'_{L,\,i}$$

$m'_{L,\,i}$ flächenbezogene Masse des i-ten nichtverkleideten massiven flankierenden Bauteils (i = 1 bis n)

n Anzahl der nicht verkleideten massiven flankierenden Bauteile

4. Wenn $m'_{L,\,Mittel} \approx 300$ kg/m² gilt:

   vorh $R'_w = R'_w$ aus Schritt 2

   Der Nachweis ausreichenden Schallschutzes wird erbracht mit

   vorh $R'_w \geq$ erf R'_w

5. Wenn $m'_{L,\,Mittel} \neq 300$ kg/m² (größer oder kleiner möglich), wird der Korrekturwert $K_{L,\,1}$ in Abhängigkeit von $m'_{L,\,Mittel}$ aus Tafel 7.18 entnommen und es gilt

   vorh $R'_w = R'_w + K_{L,\,1}$ (R'_w aus Schritt 2)

   Der Nachweis ausreichenden Schallschutzes wird erbracht mit

   vorh R'w ≥ erf R'w

Ablauf der Nachweisführung bei Gebäuden in Massivbauart, trennendes Bauteil biegeweich, Nachweisführung ist nur unter Zuhilfenahme von DIN 4109 [2] möglich

1. Ermittlung von erf R'_w für das trennende Bauteil nach Tafel 7.14
2. Ermittlung von R'_w bzw. $R'_{w,\,R}$ für das trennende biegeweiche Bauteil:

- für biegeweiche Wände, bestehend aus zwei biegeweichen Schalen aus Gipskarton oder Spanplatten nach DIN 4109 [2] Beibl. 1, Tab. 9
- für biegeweiche Wände, bestehend aus zwei biegeweichen Schalen aus verputzten Holzwolle-Leichtbauplatten nach DIN 4109 [2] Beibl. 1, Tab. 10
- für biegeweiche Decken, bestehend aus tragenden Holzbalken mit federnd angeschlossener Unterdecke und federnd aufgelegtem Fußbodenaufbau (auf Mineralfasermatte schwimmender Estrich oder schwimmende Spanplatte) nach DIN 4109 [2] Beibl. 1, Tab. 19.

3. Ermittlung der mittleren flächenbezogenen Masse $m'_{L,\,Mittel}$ der flankierenden biegesteifen (massiven) Bauteile

$$m'_{L,\,Mittel} = \left(\frac{1}{n} \sum_{i=1}^{n} (m'_{L,\,i})^{-2{,}5} \right)^{-0{,}4}$$

   (in DIN 4109 [2], Beibl. 1, ist zusätzlich ein Diagramm zur einfacheren Ermittlung von $m'_{L,\,Mittel}$ angegeben)

4. Wenn $m'_{L,\,Mittel} \approx 300$ kg/m² und alle flankierenden Bauteile biegesteif (massiv) sind, gilt:

   vorh $R'_w = R'_w$ aus Schritt 2

   Der Nachweis ausreichenden Schallschutzes wird erbracht mit

   vorh $R'_w \geq$ erf R'_w

5. Wenn $m'_{L,\,Mittel} \neq 300$ kg/m² (größer oder kleiner möglich) und alle flankierenden Bauteile biegesteif (massiv) sind, wird ein Korrekturwert $K_{L,\,1}$ aus Tafel 7.19 entnommen und es gilt

   vorh $R'_w = R'_w + K_{L,\,1}$ (R'_w aus Schritt 2)

Der Nachweis ausreichenden Schallschutzes wird erbracht mit

vorh $R'_w \geq$ erf R'_w

6. Wenn die einzelnen flankierenden Bauteile nicht ausschließlich aus biegesteifen Schalen bestehen, sondern wenn die einzelnen flankierenden Bauteile eine der folgenden Bedingungen erfüllen:
   - Sie sind in beiden Räumen mit je einer Vorsatzschale (ohne bzw. mit federnder Verbindung oder mit Verbindung der Schalen) nach Tabelle 7 in DIN 4109 [2] Beibl. 1 (abgedruckt als Bild 7.33) oder einem schwimmenden Estrich bzw. schwimmenden Holzfußboden versehen, die im Bereich des trennenden Bauteils (Wand oder Decke) unterbrochen sind.
   - Sie bestehen aus biegeweichen Schalen, die im Bereich des trennenden Bauteils (Wand oder Decke) unterbrochen sind

   dann wird ein Korrekturwert $K_{L,2}$ aus Tafel 7.20 entnommen und es gilt:

   vorh $R'_w = R'_w + K_{L,1} + K_{L,2}$ (R'_w aus Schritt 2, $K_{L,1}$ wie in Schritt 3)

   Anmerkung: Flankierende Bauteile, die mit dem Korrekturwert $K_{L,2}$ berücksichtigt werden, tragen nicht zur Schallübertragung durch Schall-Längsleitung bei und werden deshalb bei der Ermittlung von $m'_{L,\,Mittel}$ (nach Schritt 3) vernachlässigt.

   Der Nachweis ausreichenden Schallschutzes wird erbracht mit

   vorh $R'_w \geq$ erf R'_w

Ablauf der Nachweisführung bei Gebäuden in Skelett- und Holzbauart (Vereinfachter Nachweis), Nachweisführung ist nur unter Zuhilfenahme von DIN 4109 [2] möglich

1. Ermittlung von erf R'_w für das trennende Bauteil nach Tafel 7.14
2. Ermittlung des erforderlichen bewerteten Schall-Längsdämm-Maßes erf $R_{L,w,R}$ der flankierenden Außenwand in dB (ohne Schallübertragung durch das trennende Bauteil)

   erf $R_{L,w,R} \geq$ erf $R'_w + 5$ dB
3. Wahl einer geeigneten Außenwand nach DIN 4109 [2], Beibl. l. Tab. 22, 25, 31, 33

Auflauf der Nachweisführung bei Gebäuden in Skelett- und Holzbauart (Rechnerische Ermittlung), Nachweisführung nur unter Zuhilfenahme von DIN 4109 [2] möglich

1. Ermittlung von erf R'_w für das trennende Bauteil nach Tafel 7.14
2. Ermittlung der Rechenwerte der bewerteten Schall-Längsdämm-Maße $R_{L,w,R}$ der flankierenden Innenwände und Decken in dB nach DIN 4109 [2] Beibl. l. Tab. 22, 25, 26 (in Verbindung mit Tab. 27), 29, 30, 31, 32, 33.
3. Rechnerische Ermittlung der bewerteten Bau-Schall-Längsdämm-Maße $R'_{L,w,R}$ der flankierenden Innenwände und Decken in dB

$$R'_{L,w,R} = R_{L,w,R} + 10 \lg \frac{S_T}{S_o} - 10 \lg \frac{l}{l_o}$$

Hierin bedeuten:

S_T Fläche des trennenden Bauteils in m^2

S_o Bezugsfläche in m^2 (für Wände $S_o = 10\ m^2$)

l gemeinsame Kantenlänge zwischen dem trennenden und dem flankierenden Bauteil in m

l_o Bezugslänge in m (für Decken, Unterdecken und Fußboden 4,5 m, für Wände 2,8 m)

Anmerkung: Für Räume mit einer Raumhöhe von etwa 2,5 m bis 3,0 m und einer Raumtiefe von etwa 4,0 m bis 5,0 m gilt:

$R'_{L,w,R} = R_{L,w,R}$

4. Ermittlung des bewerteten Schalldämm-Maßes $R_{w, R}$ des trennenden Bauteils ohne Längsleitung über flankierende Bauteile in dB nach DIN 4109 [2], Beibl. 1, Tab. 22, 23, 24, 34
5. Rechnerische Ermittlung des erforderlichen bewerteten Bau-Schall-Längsdämm-Maßes $R'_{L, w, R}$ der Außenwand in dB
$$\text{erf}\, R'_{L, w, R} \geq -10 \lg \left(10^{-0,1\, \text{erf}\, R'_w} - 10^{-0,1\, R_{w,R}} \sum_{i=1}^{n} 10^{-0,1\, R'_{L, w, R, i}} \right)$$
Mit n = Anzahl der flankierenden Bauteile ohne die Außenwand
6. Rechnerische Ermittlung des bewerteten Schall-Längsdämm-Maßes erf $R_{L, w, R}$ der Außenwand in dB
$$\text{erf}\, R_{L, w, R} = \text{erf}\, R'_{L, w, R} - 10 \lg \frac{S_T}{S_o} + 10 \lg \frac{l}{l_o}$$
Bedeutung von S_o, S_T, l, l_o und Anmerkung s. Schritt 3
7. Wahl einer geeigneten Außenwand nach DIN 4109 [2], Beibl. 1, Tab. 22, 25, 31, 33

Tafel 7.15 Bewertetes Schalldämm-Maß $R'_{w, R}$[1) 2)] von einschaligen, biegesteifen Wänden und Decken (Rechenwerte) (= Tab. 1 in [2] Beibl. 1)

Spalte	1	2
Zeile	Flächenbezogene Masse in kg/m²	Bewertetes Schalldämm-Maß $R'_{w, R}$[1)] in dB
1	85 [3)]	34
2	90 [3)]	35
3	95 [3)]	36
4	105 [3)]	37
5	115 [3)]	38
6	125 [3)]	39
7	135	40
8	150	41
9	160	42
10	175	43
11	190	44
12	210	45
13	230	46
14	250	47
15	270	48
16	295	49
17	320	50
18	350	51
19	380	52
20	410	53
21	450	54
22	490	55
23	530	56
24	580	57
25 [4)]	630	58
26 [4)]	680	59
27 [4)]	740	60
28 [4)]	810	61
29 [4)]	880	62
30 [4)]	960	63
31 [4)]	1040	64

Fußnoten

1) Gültig für flankierende Bauteile mit einer mittleren flächenbezogenen Masse $m'_{L, Mittel}$ von etwa 300 kg/m². Weitere Bedingungen für die Gültigkeit dieser Tafel siehe DIN 4109 [2] Beibl. 1, Abschn. 3.1

2) Meßergebnisse haben gezeigt, daß bei verputzten Wänden aus dampfgehärtetem Porenbeton und Leichtbeton mit Blähtonzuschlag mit Steinrohdichte ≤ 0,8 kg/dm³ bei einer flächenbezogenen Masse bis 250 kg/m² das bewertete Schalldämm-Maß um 2 dB höher angesetzt werden kann. Das gilt auch für zweischaliges Mauerwerk, sofern die flächenbezogene Masse der Einzelschale ≤ 250 kg/m² beträgt.

3) Sofern Wände aus Gips-Wandbauplatten nach DIN 4103-2 ausgeführt und am Rand ringsum mit 2 mm bis 4 mm dicken Streifen aus Bitumenfilz eingebaut werden, darf das bewertete Schalldämm-Maß $R'_{w, R}$ um 2 dB höher angesetzt werden.

4) Diese Werte gelten nur für die Ermittlung des Schalldämm-Maßes zweischaliger Wände aus biegesteifen Schalen nach DIN 4109 [2] Beibl. 1, Abschn. 2.3.2

Tafel 7.16 Bewertetes Schalldämm-Maß $R'_{w,R}$ von einschaligen, biegesteifen Wänden mit einer biegeweichen Vorsatzschale nach DIN 4109 [2] Beibl. 1 Tab. 7 (Rechenwerte)

Spalte	1	2
Zeile	Flächenbezogene Masse der Massivwand in kg/m²	$R'_{w,R}$ [1] [2] in dB
1	100	49
2	150	49
3	200	50
4	250	52
5		53
6	300	54
7	350	55
8	400	56
9	450	57
10	500	58

[1] Gültig für flankierende Bauteile mit einer mittleren flächenbezogenen Masse $m'_{L,\ Mittel}$ von etwa 300 kg/m². Weitere Bedingungen für die Gültigkeit dieser Tafel siehe DIN 4109 [2] Beibl. 1, Abschn. 3.1

[2] Bei Wandausführungen nach DIN 4109 [2] Beibl. 1 Zeilen 5 und 6 sind diese Werte um 1 dB abzumindern.

Tafel 7.17 Bewertetes Schalldämm-Maß $R'_{w,R}$ [1] von Massivdecken (Rechenwerte)

Spalte	1	2	3	4	5
Zeile		$R'_{w,R}$ in dB[2]			
	Flächenbezogene Masse der Decke[3] in kg/m²	einschalige Massivdecke, Estrich und Gehbelag unmittelbar aufgebracht	einschalige Massivdecke mit schwimmendem Estrich[4]	Massivdecke mit Unterdecke[5] Gehbelag und Estrich unmittelbar aufgebracht	Massivdecke mit schwimmendem Estrich und Unterdecke[5]
1	500	55	59	59	62
2	450	54	58	58	61
3	400	53	57	57	60
4	350	51	56	56	59
5	300	49	55	55	58
6	250	47	53	53	56
7	200	44	51	51	54
8	150	41	49	49	52

[1] Zwischenwerte sind linear einzuschalten.

[2] Gültig für flankierende Bauteile mit einer mittleren flächenbezogenen Masse $m'_{L,\ Mittel}$ von etwa 300 kg/m². Weitere Bedingungen für die Gültigkeit dieser Tafel siehe DIN 4109 [2], Beibl. 1, Abschn. 3.1

[3] Die Massen von aufgebrachten Verbundestrichen oder Estrichen auf Trennschicht und von unterseitigem Putz sind zu berücksichtigen.

[4] Und andere schwimmend verlegte Deckenauflagen, z. B. schwimmend verlegte Holzfußböden, sofern sie ein Trittschall-Verbesserungsmaß VM ≥ 24 dB haben.

[5] Biegeweiche Unterdecke nach DIN 4109 [2], Beibl. 1, Tabelle 11, Zeilen 7 und 8 oder akustisch gleichwertige Ausführungen

Tafel 7.18 Korrekturwerte $K_{L,1}$ für das bewertete Schalldämm-Maß $R'_{w,R}$ von biegesteifen Wänden und Decken als trennende Bauteile nach DIN 4109 [2], Beibl. 1, Tab. 1 (= Tafel 7.15), Tab. 5, Tab. 8 (= Tafel 7.16), Tab. 12 (= Tafel 7.17) und Tab. 19 bei flankierenden Bauteilen mit der mittleren flächenbezogenen Masse $m'_{L,\,Mittel}$

Spalte	1	2	3	4	5	6	7	8
Zeile	Art des trennenden Bauteils	$K_{L,1}$ in dB für mittlere flächenbezogene Massen $m'_{L,\,Mittel}$ in kg/m²						
		400	350	300	250	200	150	100
1	Einschalige, biegesteife Wände und Decken nach Tafel 7.15 bzw. Tafel 7.17, Spalte 1 und nach DIN 4109 [2] Beibl. 1, Tabelle 5	0	0	0	0	– 1	– 1	– 1
2	Einschalige, biegesteife Wände mit biegeweichen Vorsatzschalen nach Tafel 7.16	+ 2	+ 1	0	– 1	– 2	– 3	– 4
3	Massivdecken mit schwimmendem Estrich oder Holzfußboden nach Tafel 7.17							
4	Massivdecken mit Unterdecke nach Tafel 7.17							
5	Massivdecken mit schwimmendem Estrich und Unterdecke nach Tafel 7.17							

Tafel 7.19 Korrekturwerte $K_{L,1}$ für das bewertete Schalldämm-Maß $R'_{w,R}$ von zweischaligen Wänden aus zwei biegeweichen Schalen nach DIN 4109 [2], Beibl. 1 Tab. 9 und 10 und von Holzbalkendecken nach Tab. 19 bei flankierenden Bauteilen mit der mittleren flächenbezogenen Masse $m'_{L,\,Mittel}$

Spalte	1	2	3	4	5	6	7	8
Zeile	R'_w der Trennwand bzw. -decke für $m'_{L,\,Mittel} = 300$ kg/m²	$K_{L,1}$ in dB für mittlere flächenbezogene Massen $m'_{L,\,Mittel}$ in kg/m²						
	in dB	450	400	350	300	250	200	150
1	50	+ 4	+ 3	+ 2	0	–	– 4	– 7
2	49	+ 2	+ 2	+ 1	0	– 2	– 3	– 6
3	47	+ 1	+ 1	+ 1	0	– 2	– 3	– 6
4	45	+ 1	+ 1	+ 1	0	– 1	– 2	– 5
5	43	0	0	0	0	– 1	– 2	– 4
6	41	0	0	0	0	– 1	– 1	– 3

Tafel 7.20 Korrekturwerte $K_{L,2}$

Spalte	1	2
Zeile	Anzahl der flankierenden, biegeweichen Bauteile oder flankierenden Bauteile mit biegeweicher Vorsatzschale	$K_{L,2}$
1	1	+ 1
2	2	+ 3
3	3	+ 6

7.2.5 Brandschutz-Anforderungen

7.2.5.1 Allgemeines

Die Festlegung der Brandschutzanforderungen liegt in der Hoheit des jeweiligen Bundeslandes innerhalb der Bundesrepublik Deutschland (Tafel 7.21).

Dieses führt dazu, daß die Brandschutzvorschriften in den einzelnen Ländern zum Teil voneinander abweichen. Andererseits werden in Zusammenarbeit von Ländern und Bund Musterentwürfe (z. B. [18], [20]) mit dem Ziel einer weitgehenden Vereinheitlichung der Brandschutzvorschriften in den Ländern erstellt. Die Ziele des Brandschutzes liegen im wesentlichen in

- Schutz und Rettung von Menschen und Tieren
- Schutz und Erhaltung von Sachgütern
- Verhütung von Brandausbreitung/Schutz des Bauwerkes (Objektschutz).

Die Rangfolge steht in Einklang mit der Bedeutung der Ziele: Die wichtigsten Brandschutzmaßnahmen bzw.-anforderungen gehen aus Tafel 7.22 hervor.

Die baulich-konstruktiven Brandschutzmaßnahmen werden durch Erfüllung der Anforderungen an das Bau*stoff*-Verhalten und an das Bau*teil*-Verhalten erreicht. In den bauaufsichtlichen Anforderungen werden die Bau*stoffe* nach ihrem Brandverhalten (Tafel 7.23) und Bau*teile* nach ihrer Feuerwiderstandsdauer in Klassen eingeteilt (Tafel 7.24).

Für tragende Bauteile – z. B. tragende Außenwände, tragende Innenwände, Decken, Stützen, Unterzüge – werden die Feuerwiderstandsklassen F 30 bis F 180 (Tafel 7.24), für nichttragende Außenwände sowie Brüstungen und Schürzen entsprechend die Feuerwiderstandsklassen W 30 bis W 180 verwendet.

Tafel 7.21 Brandschutzvorschriften auf Landesebene – Rangfolge, Erläuterungen, Beispiele –

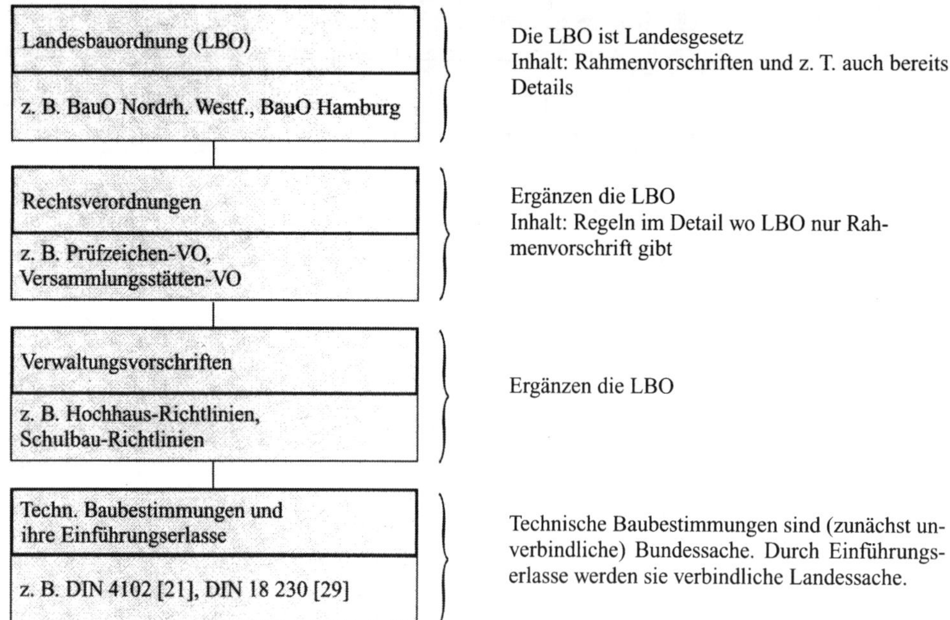

Tafel 7.22 Übersicht über Brandschutzmaßnahmen

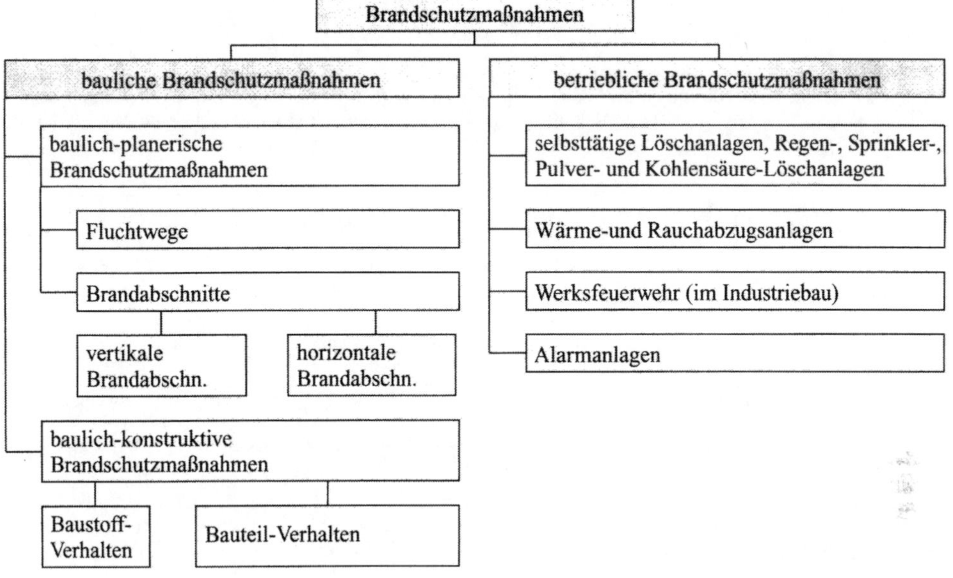

Tafel 7.23 Baustoffklassen und ihre bauaufsichtliche Benennung

Baustoffklasse	Bauaufsichtliche Benennung
A	nichtbrennbare Baustoffe
A1	ohne brennbare Bestandteile
A2	im wesentlichen aus nichtbrennbaren Bestandteilen
B	brennbare Baustoffe
B1	schwerentflammbar
B2	normalentflammbar
B3	leichtentflammbar

Tafel 7.24 Feuerwiderstandsklassen und ihre zum Teil verwendeten bauaufsichtlichen Benennungen

Feuerwiderstandsklasse	Feuerwiderstandsdauer in Minuten	zum Teil verwendete bauaufsichtliche Benennung[1)]
F 30	≥ 30	feuerhemmend
F 60	≥ 60	
F 90	≥ 90	feuerbeständig
F 120	≥ 120	
F 180	≥ 180	

[1)] z. B. in MBO [18] verwendete Bezeichnung

Anmerkung: Der wesentliche Unterschied zwischen der brandschutztechnischen Prüfung tragender Wände (F-Klassen) und nichttragender Wände (W-Klassen) nach DIN 4102 [21] liegt in der unterschiedlichen Beflammung. Tragende Außenwände mit unsymmetrischem Aufbau werden in getrennten Versuchen – einmal innenseitig unter voller Einheitstemperaturkurve (ETK) und einmal außenseitig unter voller ETK – geprüft. Nichttragende Wände mit unsymmetrischem Aufbau werden ebenfalls in getrennten Versuchen – jedoch innenseitig unter voller ETK und außenseitig unter abgeminderter [21] ETK – geprüft. Ob im Rahmen zukünftiger europäischer und internationaler Harmonisierung diese Differenzierung bestehenbleibt, erscheint zur Zeit fraglich.

7.2.5.2 Anforderungen

Da die Anforderungen auf Landesebene geregelt werden, lassen sich hier keine bundeseinheitlichen Anforderungen formulieren. Hier werden darum exemplarisch die Anforderungen an Wände, Pfeiler und Stützen sowie deren Bekleidungen und Dämmstoffe nach der BauO NW [19] in Tafel 7.25 angegeben. Nach [19] §54 können für bauliche Anlagen und Räume besonderer Art und Nutzung (z.B. Hochhäuser) im Einzelfall besondere Anforderungen (für Hochhäuser beispielsweise die Hochhaus-Verordnung [23], die auf der Basis von [20] erarbeitet wurde) gestellt werden.

Tafel 7.25 Mindestanforderungen an Wände, Pfeiler und Stützen sowie deren Bekleidung und Dämmstoffe hinsichtlich ihres Brandverhaltens: Anforderungen nach Landesbauordnung Nordrhein-Westfalen (BauO NW) vom 7.3.1995 [19]

1	2	3	4	5
Bauteil[1)]	Gebäude			
	Freistehende Wohngebäude mit nicht mehr als einer Wohnung[2)]	Wohngebäude geringer Höhe mit nicht mehr als zwei Wohnungen	Gebäude geringer Höhe[3)]	Andere Gebäude
tragende und aussteifende Wände, Pfeiler und Stützen	keine	F 30	F 30	F 90-AB
tragende und aussteifende Wände, Pfeiler, Stützen in Kellergeschossen	keine	F 30-AB	F 90-AB	
nichttragende Außenwände sowie nichttragende Teile von Außenwänden	keine			A oder F 30
Oberflächen von Außenwänden, Außenwandbekleidungen und Dämmstoffe in Außenwänden	keine	keine		B 1
Trennwände nach §30 [19][5)]		F 30		F 90-AB
Trennwände nach §30 [19][5)] in obersten Geschossen von Dachräumen		F 30		F 90
Gebäudeabschlußwände nach §31 [19][7)]		F 90-AB[5)]	Brandwand[6)9)]	Brandwand[9)]
Gebäudetrennwände nach §32 [19][8)]		F 90-AB	Brandwand[6)9)]	Brandwand[9)]

1) Baustoffe, die nach der Verarbeitung oder dem Einbau leicht entflammbar sind (B3), dürfen nicht verwendet werden. Der Zusatz AB (z. B. in F 90-AB) bedeutet, daß das Bauteil in seinen wesentlichen Teilen (= tragende und aussteifende Teile u. a. , [21] Teil 2) aus nichtbrennbaren und in den übrigen Bestandteilen aus brennbaren Baustoffen bestehen darf.

2) Gilt auch für andere freistehende Gebäude ähnlicher Größe sowie für freistehende landwirtschaftliche Betriebsgebäude.

3) Gebäude geringer Höhe sind Gebäude, bei denen der Fußboden keines Geschosses mit Aufenthaltsräumen mehr als 7 m über der Geländeoberfläche liegt.

4) Nach §30 [19] sind Trennwände:

a) Wände zwischen Wohnungen sowie zwischen Wohnungen und anders genutzten Räumen,

b) Wände zwischen sonstigen Nutzungseinheiten mit Aufenthaltsräumen sowie zwischen diesen Nutzungseinheiten und anders genutzten Räumen

5) Bei aneinandergereihten, nicht gegeneinander versetzten Gebäuden sind Gebäudeabschlußwände zulässig, die von innen nach außen der Feuerwiderstandsklasse F 30 und von außen nach innen der Feuerwiderstandsklasse F 90 entsprechen und die außen jeweils eine ausreichend widerstandsfähige Schicht aus nichtbrennbaren Baustoffen haben. Dies gilt nicht für gemeinsame Gebäudetrennwände.

6) Bei Wohngebäuden geringer Höhe sind Wände der Feuerwiderstandsklasse F 90 und in den wesentlichen Teilen aus nichtbrennbaren Baustoffen (F 90-AB) zulässig.

7) Nach §31 [19] sind Gebäudeabschlußwände:
a) Außenwände, die weniger als 2,50 m von der Nachbargrenze entfernt errichtet werden
b) Wände, die auf demselben Grundstück aneinandergereihte Gebäude gegeneinander abschließen.

Anmerkung: Anstelle zweier aneinandergereihter Gebäudeabschlußwände ist die Anordnung einer gemeinsamen Gebäudeabschlußwand zulässig

8) Nach § 32 [19] sind Gebäudetrennwände zur Schaffung von Brandabschnitten in einem Abstand von höchstens 40 m (größter zulässiger lichter Abstand) anzuordnen. Größere Abstände können unter bestimmten Voraussetzungen gestattet werden.

9) Müssen Gebäude oder Gebäudeteile, die über Eck zusammenstoßen, durch eine Brandwand abgeschlossen oder unterteilt werden, so muß die Wand über die innere Ecke ≥ 3 m hinausragen. Dieses gilt nicht, wenn die Gebäude oder Gebäudeteile in einem Winkel ≥ 120° über Eck zusammenstoßen (s. auch Absch. 7.2.5.3 „Brandwände").

In Tafel 7.26 werden die Anforderungen an Wände, Pfeiler und Stützen sowie deren Bekleidungen und Dämmstoffe für Hochhäuser nach der Hochhaus-Verordnung des Landes Nordrhein-Westfalen [23] dargestellt. In Tafel 7.27 sind entsprechend den „Richtlinien über die Verwendung brennbarer Baustoffe im Hochbau (RdBH)" [30], [31], die für Bekleidung und Dämmschicht von Außenwänden maßgeblichen Anforderungen zusammengestellt.

Tafel 7.26 Mindestanforderungen an Wände, Pfeiler und Stützen sowie deren Bekleidung und Dämmstoffe hinsichtlich ihres Brandverhaltens bei Hochhäusern. Anforderungen nach HochhVO [23]

1	2	3
Bauteil	**Höhe des Fußbodens eines Aufenthaltsraumes über festgelegter Geländeoberfläche**	**Mindestanforderung**
Tragende und aussteifende Wände und ihre Unterstützungen sowie Stützen	zwischen 22 m und 60 m über 60 m	F 90-A F 120-A
Nichttragenden Außenwände	über 22 m	allgemein[1]: A oder W 90-AB Wände von Räumen mit erhöhter Brandlast[2]: F 90-A
Außenwände von Treppenräumen	zwischen 22 m und 60 m über 60 m	tragend: F 90-A nichttragend[1]: A oder W 90-AB tragend: F 120 -A nichttragend[1]: A oder W 90-AB
Oberflächen, Bekleidungen, Dämmstoffe	zwischen 22 m und 60 m über 60 m	allgemein: A Wände ohne Öffnungen: B1 A
Innenbekleidungen einschließlich Dämmstoffe	zwischen 22 m und 60 m über 60 m	B1[3] A
Gebäudeabschlußwände nach § 31 [19] und Gebäudetrennwände nach § 32 [19]	über 22 m	Brandwand nach § 33 [19]

1) Zwischen den Geschossen müssen Bauteile, die W 90-A erbringen, so angeordnet werden, daß der Überschlagweg für Feuer mindestens 1,0 m beträgt. Alternativ können auch mindestens 1,50 m über die Außenwand hinausragende Bauteile, die F 90-A erfüllen, angeordnet werden.

2) z. B. Lager und Abstellräume

3) Wandbekleidungen aus normalentflammbaren Baustoffen (B2) sind zulässig, wenn die Unterseite der angrenzenden Decke aus nichtbrennbaren Baustoffen (A) besteht.

Tafel 7.27 Mindestanforderungen an Bekleidungen und Dämmschichten von Außenwänden nach RbBH [30]

1	2	3	4	5
Bauteile	Gebäude mit Anzahl der Vollgeschosse			
	1	2	>2	Hochhaus
Außenwandbekleidungen und Verbindungselemente von Teilen der Außenwandbekleidungen[1]	B 2[2, 3, 4]		B 1[3]	A[5]
	keine[6]	Verwendung von brennend abfallenden oder brennend abtropfenden Baustoffen nicht zulässig		
Stabförmige Unterkonstruktion (z. B. Lattung, Schienen) der Außenwandbekleidung	B 2		B 1[7]	
Halterungen und Befestigungen der Außenwandbekleidungen und ihre Unterkonstruktionen	A[8]			
Dämmstoffe im Innern von Außenwänden[9]	B 2			B 1
Innenbekleidungen von Außenwänden[10]	B 2			B 1[11]

[1] Diese Anforderungen gelten entsprechend für nicht bekleidete Bauteiloberflächen, für großflächige Unterkonstruktionen (z. B. Schalungen für Bekleidungen) und für Dämmschichten unter Bekleidungen, soweit in den „Richtlinien für die Verwendung brennbarer Baustoffe im Hochbau" [30] nichts anderes bestimmt wird

[2] Auch mit ausgebautem Dachraum

[3] Auch mit Hinterlüftung

[4] Voraussetzung für die Ausführung in B 2 ist eine Verhinderung der Brandausbreitung auf andere Gebäude oder Brandabschnitte

[5] Schwerentflammbare Baustoffe (Klasse B 1) können bei Wänden ohne Öffnungen gestattet werden, sofern dies nicht Wände von Sicherheitstreppenhäusern sind, ferner bei Wänden mit Öffnungen, wenn diese Bekleidungen von Öffnungen oder Vorbauten einen allseitigen Abstand von mindestens 1,0 m einhalten

[6] Für Gebäude mit nur einem Vollgeschoß keine Einschränkungen bzgl. der Verwendung brennend abfallender oder brennend abtropfender Baustoffe

[7] Stabförmige Unterkonstruktionen von Außenwänden dürfen bei Gebäuden mit mehr als zwei Vollgeschossen aus normalentflammbaren Baustoffen (Klasse B2) bestehen, wenn der Abstand zwischen Außenwand einschließlich etwaiger Dämmschichten und der Bekleidung im fertigen Zustand nicht größer als 4 cm ist und die Fenster- und Türlaibungen gegen den Luftzwischenraum, abgesehen von Belüftungsöffnungen, umseitig mit nichtbrennbaren Baustoffen (Klasse A) abgeschlossen sind

[8] Dies gilt nicht für Halteelemente von Dämmschichten, durch die aufgrund ihres großen Abstands untereinander eine Brandweiterleitung nicht möglich ist, und nicht für Dübel, die in tragenden Wänden aus nichtbrennbaren Baustoffen befestigt sind und deren Brauchbarkeit für den Verwendungszweck z. B. durch eine allgemeine bauaufsichtliche Zulassung nachgewiesen ist

[9] Diese Dämmstoffe werden für sich allein geprüft

[10] Ausgenommen in Rettungswegen

[11] Wandbekleidungen aus normalentflammbaren Baustoffen (Klasse B 2) können in Hochhäusern gestattet werden, wenn die Unterseite der angrenzenden Decke aus nichtbrennbaren Baustoffen (Klasse A) besteht

7.2.5.3 Brandwände

Brandwände dienen zur Bildung von Brandabschnitten. Sie müssen F 90 erfüllen, aus nichtbrennbaren Baustoffen bestehen und so beschaffen sein, daß sie bei einem Brand die Standsicherheit nicht verlieren und Verbreitung von Feuer und Rauch auf andere Gebäude oder Brandabschnitte verhindern. Bereits klassifizierte Brandwände sind in DIN 4102-4 [21], Abschn. 4.7 aufgeführt, für dort nicht aufgeführte Brandwände sind Prüfungen nach DIN 4102-2 [21], Abschn. 4 durchzuführen.

Anordnung und Ausführung der Brandwände erfolgt nach Landesrecht. Sie werden hier darum exemplarisch auf der Basis der BauO NW [19] in Tafel 7.25 und den Bildern 7.15 und 7.16 beschrieben und dargestellt.

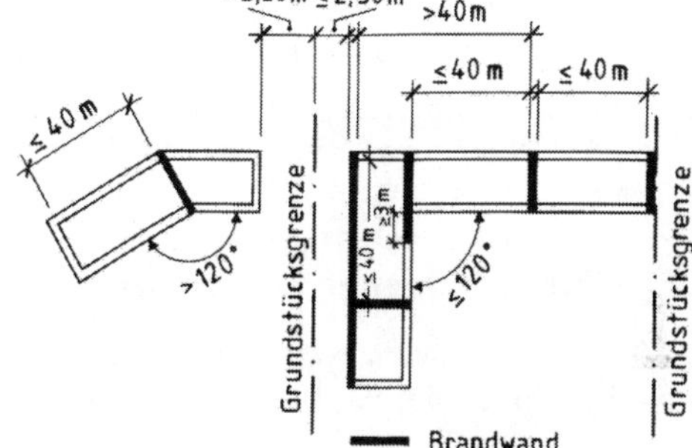

Bild 7.15
Anordnung von Brandwänden nach BauO NW [19] für Gebäude nach Spalte 5 in Tafel 7.25

In der BauO NW [19] wird die „Brandwand" nur noch als Qualitätsbegriff verwendet und ist durch „Gebäudeabschlußwände" und „Gebäudetrennwände" (vgl. Tafel 7.25) ersetzt. Die Brandwand ist bei Gebäuden geringer Höhe bis unmittelbar unter die Dachhaut (harte Bedachung, z. B. Ziegel oder Bitumenbahnen) zu führen (Bild 7.16a). Bei „sonstigen Gebäuden" ist die Brandwand bei harter Bedachung 0,30 m (Bild 7.16b) und bei weicher Bedachung (z. B. Reetdach) 0,50 m über Dach zu führen. Bei Hochhäusern wird Ausführung nach Bild 7.16b, jedoch mit einem Überstand von 0,50 m (statt 0,30 m wie im Bild 7.16b) empfohlen [22]. In keinem Fall dürfen bei „sonstigen Gebäuden" und Hochhäusern brennbare Baustoffe Brandwände nach Bild 7.16b oder bei sonstigen Gebäuden nach Bild 7.16c Stahlbetonplatten überbrücken [19].

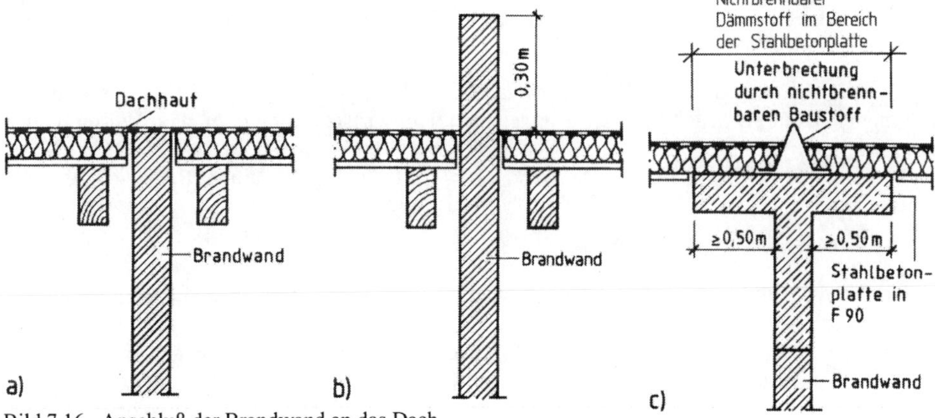

Bild 7.16 Anschluß der Brandwand an das Dach
a) Ausführung bei Gebäuden geringer Höhe
b) Ausführung bei „sonstigen" Gebäuden
c) Alternative zu b) (nur gedacht für Gebäude unter der Hochhausgrenze [22])

7.3 Entscheidungshilfen

7.3.1 Erläuterungen

Für jeden einzelnen Anwendungsfall muß aus der großen Anzahl möglicher und ggf. völlig unterschiedlicher Außenwandkonstruktionen die geeignetste ausgewählt werden.

Als Entscheidungsmerkmale stehen beispielsweise an:

Energiesparender Wärmeschutz im Winter, Aufheizen und Auskühlen, Wärmeschutz im Sommer, Behaglichkeit, Temperaturdehnungen, Tauwasserschutz auf der Wandinnenoberfläche und im Wandinnern, Schlagregenschutz, Schallschutz, Brandschutz, erforderliche Wanddicke in Abhängigkeit vom Wärmedurchgangskoeffizienten (Raumersparnis), Farbe der Fassade (Sonnenaufheizung), Erstellungskosten, Dauerhaftigkeit und Unterhaltskosten, Ästhetik.

Für diese Merkmale werden getrennt einige Entscheidungshilfen angegeben, wobei ihre Bewertung und Wichtung sowie ihre Kombinationen von Fall zu Fall projektspezifisch entschieden werden müssen.

7.3.2 Energiesparender Wärmeschutz im Winter

Der Transmissionswärmeverlust (= Wärmestrom [1], [51]) $\dot{Q}_T$ durch eine Außenwand ist a u s s c h l i e ß l i c h abhängig von ihrem Wärmedurchgangskoeffizienten k (bzw. ihrem Wärmedurchlaßwiderstand $\frac{1}{\Lambda}$) und u n a b h ä n g i g von der Schichtenfolge (Bild 7.17).

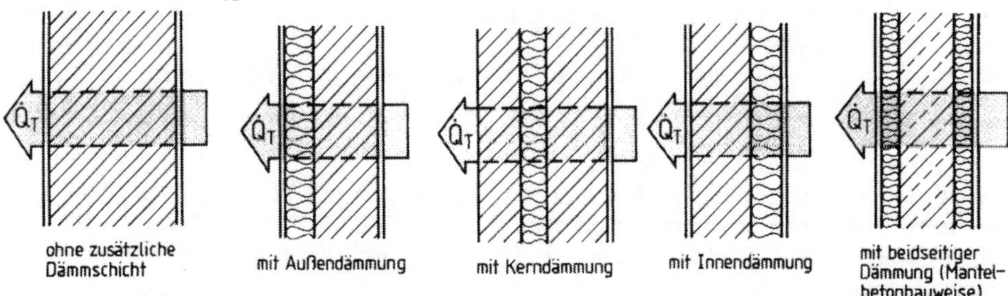

Bild 7.17 Gleicher Transmissionswärmeverlust $\dot{Q}_T$ bei fünf Außenwänden mit gleichem k-Wert und unterschiedlicher Schichtenfolge

Die Mindestanforderungen an den k-Wert nach DIN 4108 [1] und nach der Wärmeschutzverordnung [17] sind in Abschnitt 7.2.2.2 angegeben. Um wirtschaftlich optimalen Wärmeschutz zu erzielen, wird empfohlen, einen k-Wert von 0,3 bis 0,6 W/(m^{2}K) anzustreben [57], Werte von k < 0,3 W/ (m^{2}K) sind nur bei Bauwerken mit Wärmerückgewinnungsanlagen sinnvoll.

7.3.3 Aufheizen und Auskühlen

Ist die der Rauminnenseite zugewandte Baustoffschicht leicht (gleichbedeutend mit kleinem Wärmeeindringkoeffizienten [51] $b = \sqrt{\lambda \cdot \rho \cdot c}$ und mit kleiner Wärmespeicherfähigkeit [51] $Q_{sp} = \rho \cdot s \cdot c = m \cdot c$ pro 1 m^2 dieser Baustoffschicht mit der Dicke s), so liegen schnelle Aufheizbarkeit und schnelles Abkühlen (nach Abstellen der Heizung und bei normaler Lüftung mit Luftwechselzahlen von n = 0,5 – 1,0/h^{-1}) der Außenwand-Innenoberfläche vor (Beispiel: Massive Wand mit Innendämmung). Ist die der Rauminnenseite zugewandte Baustoffschicht schwer, so kehren sich die Verhältnisse um.

Beispiel: Massive Wand mit Außendämmung: langsames Aufheizen und langsames Abkühlen.

Tafel 7.28 gibt getrennt für permanente Beheizung (z. B. in Wohnbauten) und nichtpermanente Beheizung (z. B. in Versammmlungsstätten mit nur gelegentlicher Nutzung und somit nur gelegentlicher Heizung) sowohl für Heizungssysteme mit „trägem" Regelverhalten (z. B. Fußbodenheizungen mit mehreren Stunden Verzögerungszeit) als auch mit „flinkem" Regelverhalten (z. B. leistungsfähige konventionelle Heizung mit thermostatischen Heizkörperventilen [58]) Entscheidungshilfen für die Auswahl des Wandaufbaus an.

Tafel 7.28 Empfehlungen für die Auswahl des Außenwandaufbaues in Abhängigkeit von Beheizungsdauer (permanent, nicht permanent) und Heizung (flink, träge)

Beheizungsdauer	Heizung	empfohlener Wandaufbau		
		raumseitige Baustoffschicht	Beispiele	
permanent	träge	schwer [1]	– Außendämmung – Kalksandstein, Ziegel, Beton o. ä.	– Vormauerschale o. ä. – Dämmung – Kalksandstein, Ziegel, Beton o. ä.
		mittelschwer [2]	– leichtes Mauerwerk aus Porenbeton-, porösen Leichtziegel-, Blähton- und ähnlichen Steinen	
	flink	schwer [1]	– Außendämmung – Kalksandstein, Ziegel, Beton o. ä.	– Vormauerschale o. ä. – Dämmung – Kalksandstein, Ziegel, Beton o. ä.
		mittelschwer [1]	– leichtes Mauerwerk aus Porenbeton-, porösen Leichtziegel-, Blähton- und ähnlichen Steinen	
		leicht [1]	– Mauerwerk oder Beton – Innendämmung	– Blech, Holz o. ä. – Dämmung – Blech, Holz o. ä.
nicht permanent	flink (träge Heizung ungeeignet)	leicht [1]	– Mauerwerk oder Beton – Innendämmung	– Blech, Holz o. ä. – Dämmung – Blech, Holz o. ä.
		mittelschwer [2]	– leichtes Mauerwerk aus Porenbeton-, porösen Leichtziegel-, Blähton- und ähnlichen Steinen	

[1] gut geeignet [2] geeignet

Anmerkung: Die vorgenannten Angaben beziehen sich zunächst nur auf die Aufheiz- und Abkühlgeschwindigkeit der Außenwand allein und noch nicht auf die der Raumluft. Für die Raumluft spielt auch das Aufheiz- und Abkühlverhalten des Innensystems (Innenwände, Decken, Fußboden) eine wichtige Rolle.

Beispielsweise wird durch nachträgliche Innendämmung der Außenwände eines Massivbaues zwar das Aufheiz- und Abkühlverhalten der Außenwand elementar geändert, da das Aufheiz- und Abkühlverhalten der Raumluft jedoch auch sehr stark von dem des (nach wie vor) massiven Innensystems mitgeprägt wird, schlägt sich die Änderung auf die Raumluft entsprechend geringfügiger nieder. Anders sind die Verhältnisse bei einem Bauwerk mit dominierendem Außenwandsystem, z. B. bei großen Versammlungsräumen völlig ohne Innenwände. Hier liegen Aufheiz- und Abkühlverhalten von Außenwand und Raumluft entsprechend näher beieinander.

7.3.4 Wärmeschutz im Sommer

Wesentlichen Einfluß auf die Höhe der sommerlichen Raumtemperatur in nichtklimatisierten Gebäuden haben Größe, Energiedurchlässigkeit und Sonnenschutzvorrichtungen der Fenster, Lüftungsmöglichkeit (Nachtlüftung), Orientierung von Fenster und Außenwand nach der Himmelsrichtung, Wärmespeicherfähigkeit der raumabschließenden Bauteile (insbesondere der raumabschließenden Innenbauteile und weniger der Außenwände, Abschn. 7.2.2.3) und – unter entsprechenden Voraussetzungen – auch das Temperaturamplitudenverhältnis (TAV) der Außenwände [51], [80], [93]. Innenliegende wärmespeichernde (d.h. schwere) Baustoffschichten und außenliegende Wärmedämmung der Außenwände wirken sich in der Regel günstig aus. Innenverkleidungen aus Holz oder Holzwerkstoffplatten wirken sich auf Außenwänden (noch mehr jedoch auf Innenwänden und Decken) in der Regel ebenfalls günstig aus [93]. Leichte Außenwände und Außenwände (leicht oder schwer) mit Innendämmung verfügen nur über eine geringe Wärmespeicherfähigkeit und tragen kaum zur Absenkung der Raumtemperatur bei. Es sollte der Einfluß der Außenwände auf die Raumtemperatur nicht überschätzt werden, da sie in der Rangfolge hinten liegen. Weitere Angaben, insbesondere über die Rangfolge der verschiedenen Einflußgrößen auf den sommerlichen Wärmeschutz, s. auch Abschn. 7.2.2.3.

7.3.5 Behaglichkeit

Die thermische Behaglichkeitsempfindung des Menschen wird primär beeinflußt durch Temperatur der Raumluft, Temperatur der Umschließungsflächen (und damit vor allem auch durch die Temperaturen der Innenoberflächen der Außenwände), relative Luftfeuchte und Luftbewegung [51]. Einfluß auf die Temperatur der Innenoberfläche der Außenwand hat im Winter lediglich die Wärmedurchgangszahl (k-Wert). Ein kleiner k-Wert führt – unabhängig von der Schichtenfolge – zu günstiger, d. h. höherer Oberflächentemperatur. Der empfohlene k-Wert wurde bereits in Abschn. 7.3.2 mit 0,3 bis 0,6 $W/(m^2K)$ angegeben. Im Sommer werden möglichst niedrige Temperaturen von Raumluft und Wandinnenoberfläche angestrebt, die mit den Prinzipien nach Abschn. 7.3.4 (Wärmeschutz im Sommer) erreicht werden.

7.3.6 Temperaturdehnungen

Temperaturänderungen führen zu Temperaturbewegungen der Wand. Infolge ungleichförmiger Temperaturverteilung über die Querschnittsdicke entsteht eine Biegeverformung der Wand in Richtung der wärmeren Seite, d. h. im Sommer nach außen und im Winter nach innen. Infolge jahreszeitlicher Temperaturschwankungen gegenüber der Aufstelltemperatur T_A entstehen Längenänderungen: bei negativem ΔT Verkürzungen, bei positivem ΔT Verlängerungen (Bild 7.18).

Werden diese Bewegungen durch die Konstruktion behindert, entstehen Zwängungsspannungen und bei Überschreiten der Materialzugfestigkeit Risse. Solange sich die temperaturbedingten Bewegungen zwängungsfrei einstellen können, bildet die Größe der Temperaturänderung kein Entscheidungsmerkmal für die Wahl des Querschnittsaufbaues der Wand. Dieses trifft vor allem auf nichttragende Wände bzw. Wandelemente zu, deren Temperaturbewegungen

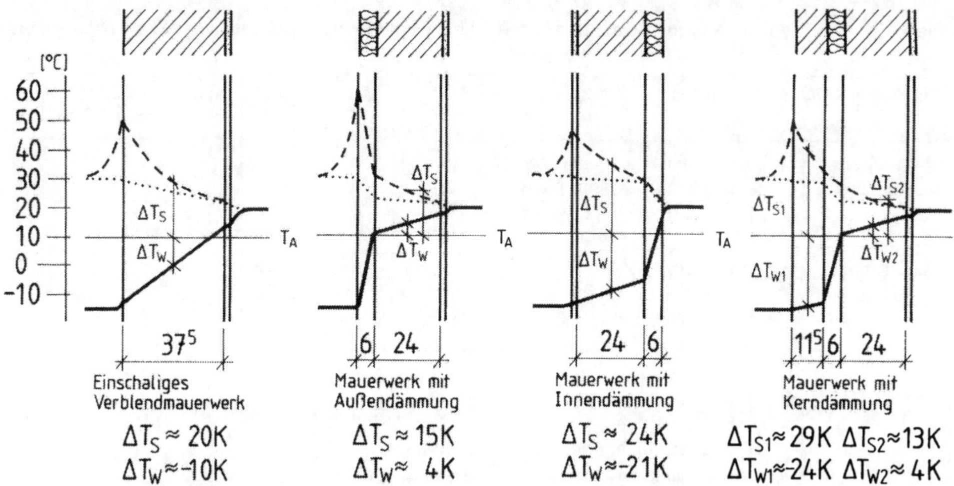

Bild 7.18 Temperaturverläufe und Temperaturdifferenzen in Sommer und Winter gegenüber der Aufstelltemperatur T_A

—— = Aufstelltemperatur T_A = + 10 °C (Annahme in Anlehnung an [16])
----- = instationärer Zustand: Sommer, aufgeheizte Wand unter Sonneneinstrahlung, kräftige Farbe [61]
······· = stationärer Zustand: Sommer, abgeschattete Wand (z. B. Nordwand oder verschattete Wand).
━━ = stationärer Zustand: Winter
ΔT = $T_{W,S} - T_A$ = Temperaturdifferenz im Schwerpunkt gegenüber T_A (W = Winter, S = Sommer)

untereinander und/oder gegenüber der Tragkonstruktion durch Abfugung (Bild 7.19) oder durch federnde Anschlüsse ohne Zwängung möglich sind.

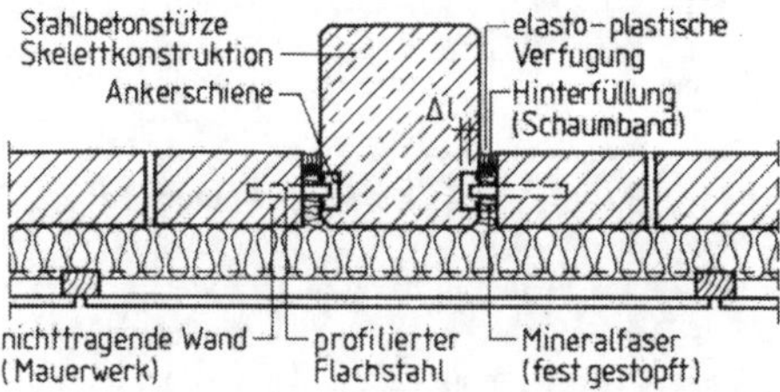

Bild 7.19
Zwängungsfreier Anschluß einer gemauerten Außenwand an eine Stahlbetonstütze durch Anordnung einer elastoplastischen Verfugung

Für Wandbauweisen (z. B. tragende Mauerwerkwände, tragende Betonwände) werden als Entscheidungshilfe Erfahrungswerte für den maximalen Dehnungsfugenabstand in Abhängigkeit vom Außenwand – Querschnittsaufbau angegeben (Tafel 7.29). Diese berücksichtigen neben der Temperaturbewegung auch Bewegungen der Bauteile aus Schwinden und stellen trotz teilweise unterschiedlicher Angaben in der Literatur wertvolles Erfahrungsgut dar.

Der Dehnungsfugenabstand ist ein einschneidender Planungsparameter, weil eine Dehnungsfuge nicht nur durch die Außenwand, sondern durch das ganze Gebäude – Dach, Decken, Außen- und Innenwände – bis Oberkante Fundament geführt wird und jedes einzelne Gebäudeteil zwischen zwei Dehnungsfugen für sich standfest sein muß.

Tafel 7.29 Empfohlene Maximalwerte in m für Abstände l (vertikaler) Dehnungsfugen in Abhängigkeit vom Außenwand-Querschnittsaufbau

Außenwand-Querschnittsaufbau			l nach [63]	l nach [64]	l nach [65]	l nach [66]	l nach [67]
Einschaliges Ziegelmauerwerk		ohne zusätzliche Dämmung	40	–	–	–	25–60
		mit 5 cm Außendämmung	80	–	–	–	
		mit 5 cm Innendämmung	25	–	–	–	
Zweischaliges Ziegelmauerwerk	Außenschale[2]	mit Luftschicht	–	10–12	–	10–12	
		mit Luftschicht und zusätzl. Dämmung	–	10–12	–	10–12	
		mit Kerndämmung ohne Luftschicht	–	8	–	6–8	
		mit Schalenfuge ohne Luftschicht	–	10–16	–	10–16	
	Tragende Schale (Innenschale)	mit Luftschicht	40[1]	–	–	–	
		mit Luftschicht und zusätzl. Dämmung	80[1]	–	–	–	
		mit Kerndämmung ohne Luftschicht	80[1]	–	–	–	
		mit Schalenfuge ohne Luftschicht	–	–	–	–	
Einschaliges KS-Mauerwerk		ohne zusätzliche Dämmung	28	–	25–30	–	–
		mit 6 cm Außendämmung	55	–	50–55	–	–
		mit 6 cm Innendämmung	17	–	15–20	–	–
Zweischaliges KS-Mauerwerk	Außenschale[2]	mit Luftschicht	–	8	6–8	–	–
		mit Luftschicht und zusätzl. Dämmung	–	8	6–8	–	–
		mit Kerndämmung ohne Luftschicht	–	8	5–6	–	–
		mit Schalenfuge ohne Luftschicht	–	8–12	8–12	–	–
	Tragende Schale (Innenschale)	mit Luftschicht	28	–	25–30	–	–
		mit Luftschicht und zusätzl. Dämmung	55	–	50–55	–	–
		mit Kerndämmung ohne Luftschicht	55	–	50–55	–	–
		mit Schalenfuge ohne Luftschicht	–	–	–	–	–
Stahlbetonwände		mit 6 cm Außendämmung	35	–	–	–	25–30
		mit 6 cm Innendämmung	15	–	–	–	

[1] In Anlehnung an zweischaliges Mauerwerk auf die tragende Schale zweischaligen Mauerwerks übertragen

[2] Die Außenschale muß sich ungehindert vor der Innenschale verformen können. Insbesondere sind vertikale Dehnungsfugen auch an Gebäudeecken und an großen Fenster- und Türöffnungen, ggf. auch in Verlängerung der Laibungen, und horizontale Dehnungsfugen unter Abfangungen von Außenwänden, unter Balkonplatten, Dachüberständen, Attiken usw. anzuordnen.

7.3.7 Schutz gegen Tauwasserbildung auf der Wandinnenoberfläche

Sinkt die Temperatur der Wandinnenoberfläche unter die Taupunkttemperatur, so bildet sich Tauwasser auf der Innenoberfläche. Es gilt allgemein (ebene Wand, Außen- und Innenecke, s. Bild 7.20):

Je kleiner die Wärmedurchgangszahl k (bzw. je größer der Wärmedurchlaßwiderstand $\frac{1}{\Lambda}$) ist, desto höher ist die Innenoberflächentemperatur und desto besser ist der Schutz gegen das Entstehen von Oberflächentauwasser, Näheres s. auch Abschn. 7.2.3.2.

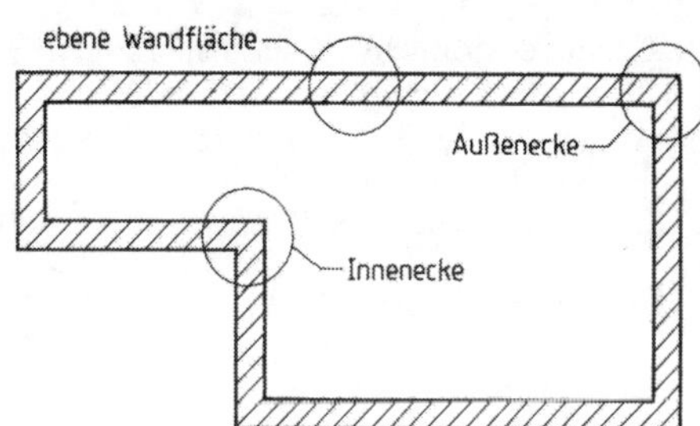

Bild 7.20
Gebäudegrundriß mit Kennzeichnung von ebener Wandfläche sowie Außen- und Innenecke

Es gilt speziell für die ebene (Bild 7.20) Wandfläche:

Für den Oberflächentauwasserschutz ist ausschließlich der k-Wert (bzw. $\frac{1}{\Lambda}$) maßgebend. Die Schichtenfolge des Wandquerschnitts (z. B. einschichtiges Mauerwerk, außen oder innengedämmte Wand oder Sandwichquerschnitt (Blech – Dämmschicht – Blech)) hat keinen Einfluß auf die Innenoberflächentemperatur und somit auf die Tauwasserbildung auf der Wandinnenoberfläche. Mit anderen Worten: Jeder Wandquerschnitt mit entsprechend niedrigem k-Wert (bzw. hohem $\frac{1}{\Lambda}$) ist gleichermaßen geeignet, Tauwasserfreiheit auf der Wandinnenoberfläche zu gewährleisten.

Es gilt speziell für die Außenecke (Bild 7.20) der Wand:

Die Oberflächentemperatur auf der Innenseite einer Außenecke ist gegenüber der einer ebenen Wand gleichen k-Wertes niedriger [51]. Damit liegt eine größere Gefährdung durch Oberflächentauwasserbildung vor.

Außerdem hat die Schichtenfolge des Wandquerschnittes – im Gegensatz zur ebenen Wand bei Außenecken Einfluß auf Innenoberflächentemperatur und damit auf die Tauwassergefährdung. Bei gleichem k-Wert des Wandquerschnittes führt Innendämmung zu geringster, Aussendämmung zu größter und monolithische Bauweise zu mittlerer Tauwassergefährdung, wie aus den Verläufen der Innenoberflächentemperaturen nach Bild 7.3 zu erkennen ist.

Es gilt speziell für die Innenecke (Bild 7.20) der Wand:

Weil die Innenseite einer Innenecke aufgrund ihrer höheren Oberflächentemperatur weniger tauwassergefährdet ist als die der ebenen Wand, werden hier in der Regel keine Entscheidungshilfen benötigt.

7.3.8 Schutz gegen Tauwasserbildung im Wandinnern

Der Ausfall von Tauwasser im Wandinnern (Winter) hängt außer von den relativen Luftfeuchten außen und innen und der Temperaturdifferenz zwischen Außen- und Innenluft nur von den Baustoffen der Wand und ihrer Schichtenfolge ab.

Das Nachweisverfahren für ausreichenden Tauwasserschutz geht aus Abschnitt 7.2.3.3 hervor. Bei Beachtung der nachfolgenden beiden Konstruktionsgrundsätze bezüglich der Wahl der Schichtenfolge einer Wand wird der Tauwasserbildung im Wandinnern entgegengewirkt:

- Die Wärmeleitzahl λ der einzelnen Schichten sollte von innen nach außen abnehmen. D. h. Schichten mit guter Wärmedämmeigenschaft, also kleinem λ-Wert, sollten möglichst weit außen angeordnet werden.
- Die Wasserdampfdiffusionswiderstandzahlen μ der einzelnen Schichten sollten von innen nach außen abnehmen. D. h. Schichten mit großem μ-Wert sollten möglichst weit innen angeordnet werden.

Eine andere Möglichkeit des Unterbindens von Tauwasserentstehung im Wandinnern liegt in der lokalen Absenkung des sich infolge des Temperaturverlaufes einstellenden Wasserdampfpartialdruckes durch Anordnung einer Dampfsperre (z. B. Aluminiumfolie) auf der Innenseite oder möglichst nahe der Innenseite.

7.3.9 Schlagregenschutz

Entscheidungshilfen bezüglich des Schlagregenschutzes werden bereits in Abschnitt 7.2.3.4, insbesondere in Tafel 7.8 gegeben.

Ergänzend wird hierzu angemerkt:

- Außenwände mit hinterlüfteter Bekleidung bzw. Vorsatzschale bieten eine besonders hohe Sicherheit gegen schlagregenbedingte Feuchteschäden [62 (1982)], [63] und [69].

  Bekleidung bzw. Vorsatzschale bilden hier einen sicheren hinterlüfteten Regenschild vor den dahinterliegenden Wandbauteilen. Die Fugen zwischen den Bekleidungselementen können wahlweise geschlossen werden oder offen bleiben. Bei offenen Fugen kann in begrenztem Maße Schlagregen eindringen, für diesen Fall werden in den Abschnitten 7.4.4.1 und 7.4.4.2 besondere Konstruktionsempfehlungen angegeben.

- Einschaliges Verblendmauerwerk (Sichtmauerwerk), zweischaliges Verblendmauerwerk mit Putzschicht und Mauerwerk mit angemörtelter oder angemauerter Bekleidung bieten nur dann eine gute Schlagregensicherheit, wenn eine besonders sorgfältige (nachträglich nur noch schwierig kontrollierbare) handwerkliche Ausführung gesichert ist, z. B. durch Erstellung einer zusammenhängenden Putzschicht auf der Außenseite der Innenschale, sorgfältiges Vermauern und Verfugen des einschaligen Verblendmauerwerkes [66], vollfugige Ausführung der angemörtelten oder angemauerten Bekleidung [69].

  Einschaliges Verblendmauerwerk und das früher verwendete zweischalige Mauerwerk mit 20 mm Schalenfuge (Basis: DIN 1053-1 (11.74), Abbildungen in [115]) müssen nach den Erfahrungen aus der Praxis in Bezug auf Schlagregensicherheit als riskante Bauweise eingestuft werden [51]. In DIN 1053-1 (2.90) [5] wurde das zweischalige Mauerwerk mit Schalenfuge durch zweischaliges Mauerwerk mit Putzschicht nach Abschn. 7.4.5.1 ersetzt, dennoch muß auch hier – wenn die zwischen den Drahtankern herzustellende Putzschicht auf der Außenseite der Innenschale nicht einwandfrei zusammenhängend ausgeführt wird – mit Schlagregengefährdung gerechnet werden. Eine ähnliche Gefährdung liegt auch bei Wänden mit angemörtelter bzw. angemauerter Bekleidung vor [69].

- Durch Außenputze, Imprägnierungen oder Anstriche kann bei einwandfreier Ausführung in der Regel ein guter Schlagregenschutz erreicht werden. Eine Gefährdung kann jedoch durch Auftreten von Strukturrissen entstehen. Das sind Risse aus Zwängungsspannungen (behinderte thermische Dehnung, Schwinden), Setzungen usw., die vom tragenden Teil der Wand ausgehen und sich – auch durch den Putz usw. hindurch – bis an die Außenoberfläche fortsetzen. Bei Putzen auf außenliegenden weichen Wärmedämmschichten (Wärmedämmverbundsysteme, Abschn. 7.4.3.1) tritt eine gewisse Entkopplung von Putzschicht und tragender Wand auf, so daß eine Gefährdung durch Strukturrisse hier weitgehend ausgeschlossen ist [116], [124], [126].

7.3.10 Schallschutz

Die in Abschnitt 7.2.4 angegebenen Mindestanforderungen stellen letztlich einen Kompromiß zwischen dem Wunsch nach gutem Schallschutz einerseits und dem Wunsch nach möglichst geringen Kosten für den Schallschutz andererseits dar.

Jede Erhöhung gegenüber den Mindestanforderungen kann als eine Verbesserung der Konstruktion für den Nutzer angesehen werden.

7.3.11 Brandschutz

Bei der Formulierung von Empfehlungen muß zwischen zwei grundsätzlich verschiedenen Maßnahmen unterschieden werden:

a) Maßnahmen, die bei planmäßiger Nutzung des Gebäudes laufend wirksam sind und im Sinne einer Qualitätsverbesserung ständig in Anspruch genommen werden, z. B. Wärme- und Schallschutzmaßnahmen, und

b) Maßnahmen, die bei planmäßiger Nutzung überhaupt nicht wirksam werden und nur eine mehr oder minder latente Absicherung gegen einen (in der Regel nicht auftretenden) Katastrophenfall darstellen, z. B. Schutzmaßnahmen gegen Brand und ggf. auch Erdbeben.

Während bei Maßnahmen zu a) in der Regel die Empfehlung ausgesprochen wird, die Mindestanforderungen nicht nur zu erfüllen, sondern zu überschreiten (s. Abschn. 7.3.2 und 7.3.10), ist bei Maßnahmen zu b) in der Regel aus wirtschaftlichen Gründen lediglich die Einhaltung der Mindestanforderungen üblich. Bezüglich des Brandschutzes bedeutet dieses, die Anforderungen nach Abschnitt 7.2.5 einzuhalten.

7.3.12 Sonstige Empfehlungen

Die weiteren in Abschnitt 7.3.1 angeführten Entscheidungsmerkmale sollen hier lediglich noch stichwortartig erläutert werden.

a) Wanddicke und Raumersparnis. Neben Berücksichtigung der Gesichtspunkte Wärme-, Feuchte-, Schall- und Brandschutz kann durchaus der aus der Wanddicke resultierende Raumbedarf ein Entscheidungsmerkmal darstellen. Beispielsweise führt eine Außenwand von 25 cm Gesamtdicke (z. B. 17,5 cm Mauerwerk plus 7,5 cm Wärmedämmverbundsystem) gegenüber einer Außenwand von 47,5 cm Gesamtdicke (z. B. 24 cm Mauerwerk, 8 cm Dämmung, 4 cm Luftschicht, 11,5 cm Verblendschale) bei 10 m x 10 m Grundriß-Außenabmessungen in zweigeschossiger Bauweise zu einem Wohnflächengewinn von ungefähr $(0{,}475 - 0{,}25) \cdot 4 \cdot 10 \cdot 2 = 18\ m^2$. Über die Auswirkung in gesamtwirtschaftlicher Hinsicht (Herstellungskosten, Energieeinsparung, Mieteinnahmen) s. z. B. [95].

b) Farbe der Fassade. Je heller die Fassadenoberfläche ist, desto geringer und je dunkler, desto intensiver ist die Sonnenaufheizung mit allen angeschlossenen Problemstellungen wie Temperaturdehnung und Innenraumerwärmung.

c) Erstellungskosten. Die Erstellungskosten sind nicht ausschließlich ein jedem Wandaufbau zugeordneter Festwert, sondern in hohem Maße auch abhängig von der Marktlage.

d) Dauerhaftigkeit und Unterhaltskosten. Die Dauerhaftigkeit und die Unterhaltskosten einer Fassade können eine entscheidende Rolle bei der Auswahl des Außenwandtyps spielen. Außerdem kann eine wirtschaftliche Gesamtbetrachtung unter Einbeziehung von Erstellungs- und (den erst viel später folgenden) Unterhaltskosten von Fall zu Fall in den Vordergrund treten. Abgesicherte Erkenntnisse zur Beurteilung dieses Verhaltens fehlen zur Zeit noch weitgehend.

e) Ästhetik. Nicht selten entscheidet mehr oder minder allein die Ästhetik über die Auswahl der Außenwandart bzw. ihrer Oberflächengestaltung. Unabhängig gültige Entscheidungshilfen lassen sich hierfür kaum angeben.

7.4 Konstruktive Ausbildung tragender Außenwände

7.4.1 Allgemeines

Bei der Gliederung des Abschnittes 7.4 wurde als wesentliches Unterscheidungsmerkmal die „Schaligkeit" der Wand herangezogen. Dementsprechend werden in den Abschnitten 7.4.2 bis 7.4.4 „Einschalige" und im Abschnitt 7.4.5 „Zweischalige" Außenwände beschrieben.

Da der Begriff der Schaligkeit in der Baukonstruktionslehre jedoch mit völlig unterschiedlicher Bedeutung – jeweils abhängig davon, ob z. B. eine Schalenwirkung in statischer, schall-, wärme- oder brandschutztechnischer Hinsicht gemeint ist – verwendet wird, gilt hier für Aussenwände folgende Vereinbarung: Es werden lediglich massive Wandschichten, und zwar Wandschichten aus Mauerwerk von mindestens 11,5 cm Dicke bzw., wenn außenliegend, von mindestens 9[1)] cm Dicke und alle Wandschichten aus Beton als „Schale" bezeichnet. Im Sinne dieser Definition stellen beispielsweise angemörtelte und angemauerte Bekleidungen, sonstige Fassadenbekleidungen, Putzschichten und Wärmedämmschichten **keine Schale** dar. Die Wandkonstruktionen werden in kompakter, teils schematisierter Form – einheitlich vom Fundament bis zum Dach – durch die Detail-Serie nach Bild 7.21 in Bild und Text dargestellt.

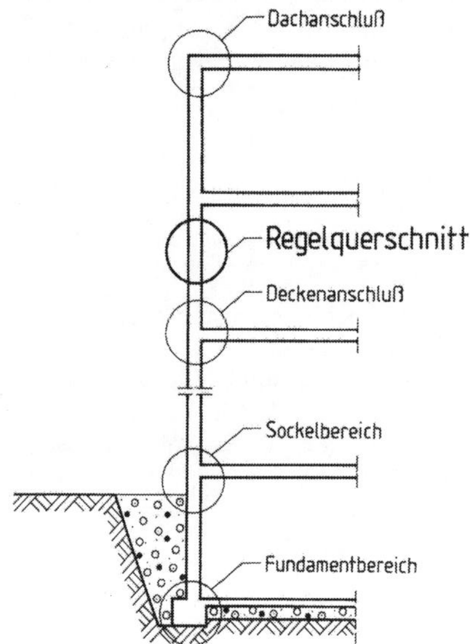

Bild 7.21
Detail-Serie zur Beschreibung der Außenwand: Regelquerschnitt, Dachanschluß, Deckenanschluß, Sockelbereich, Fundamentbereich

Da sich häufig die Details zu Decken- und Dachanschlüssen und für Sockel- und Fundamentbereich von Wandkonstruktion zu Wandkonstruktion direkt oder zumindest vom Prinzip her übertragen lassen, konnte in vielen Fällen auf eine Wiederholung von Detaildarstellungen verzichtet werden. Selbstverständlich wird das Detail „Regelquerschnitt" (Bild 7.21) in jedem Falle angegeben. Soweit erforderlich, sind zusätzlich zu den Details nach Bild 7.21 auch Ansichten, Grundrisse, spezielle Schnitte usw. mit aufgezeichnet. Die vertikalen und horizontalen Abdichtungen in den Details „Sockelbereich" und „Fundamentbereich" sind für die Wasserangriffsart **Bodenfeuchte** (nichtbindiger Boden, z. B. Sand, Kies; keine Hanglage [14]) angegeben.

1) Die in dieser Vereinbarung angegebene Dicke von mindestens 9 cm entspricht der Mindestdicke der Außenschalen zweischaligen Mauerwerks nach DIN 1053 – 1 [5] (ausgenommen zweischaliges Mauerwerk mit Kerndämmung nach Abschn. 7.4.5.4, für dessen Außenschalendicke ≥ 11,5 cm gilt [5 T1]), vgl. auch „Außenschale" in den Abschnitten 7.4.5.1 bis 7.4.5.3.

7.4.2 Einschalige Außenwände, ohne Hinterlüftung, ohne zusätzliche Wärmedämmung

7.4.2.1 Mauerwerk, beidseitig verputzt

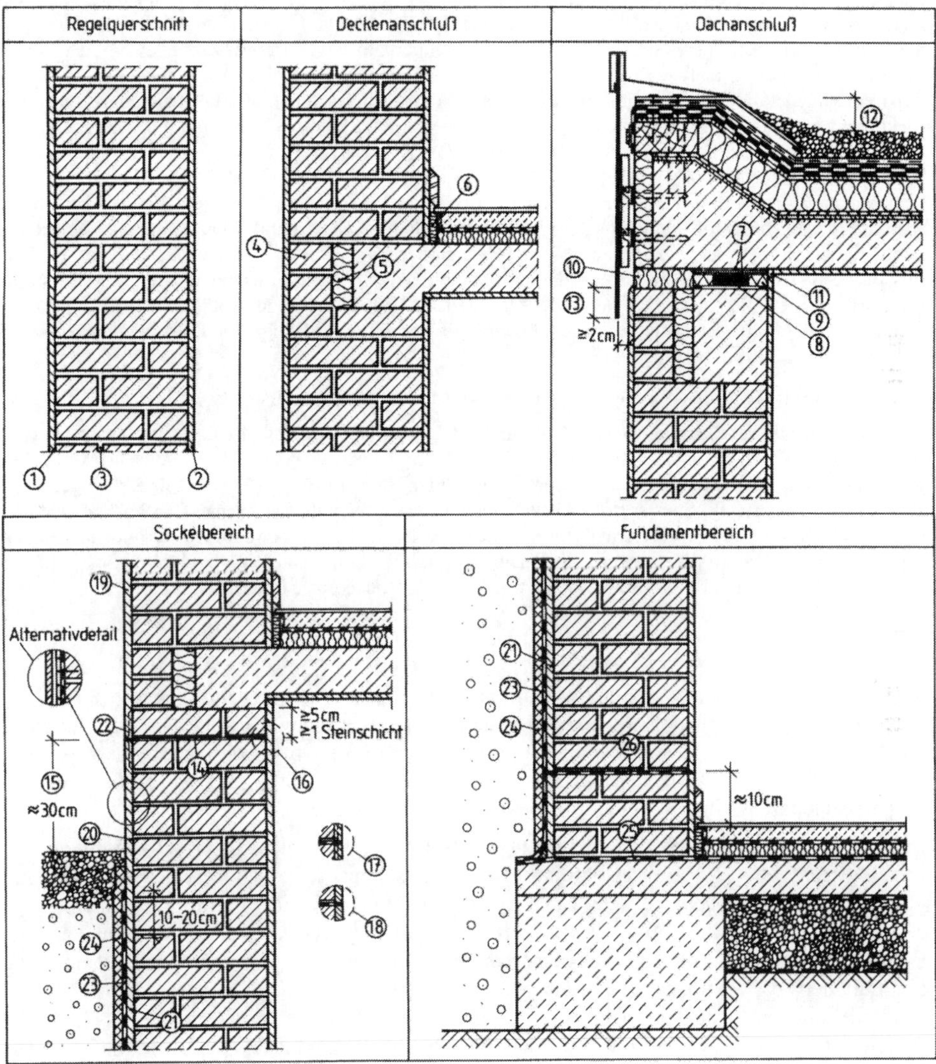

Bild 7.22 Regelquerschnitt und Details zu Abschn. 7.4 2.1

1 Außenputz, *2* Innenputz, *3* Längsfuge (d_F = 1 cm), *4* Vormauerung (1/2 Stein als Putzträger, verhindert Rissebildung im Putz), *5* Wärmedämmung zur Vermeidung einer Wärmebrücke, *6* Dämmstreifen (Schall), *7* Gleitfolien, *8* Elastomerelager, *9* weicher Schaumstoffstreifen, *10* weiche Zwischenschicht,

11 Einputzprofil oder Kelleneinschnitt, *12* Bei innenentwässerten Dächern: Höhe Dachrandabschluß über OK Dachfläche (Kiesschüttung, Plattenbelag, Dachhaut) ca. 10 cm bei Dachneigung ≤ 3° (≤ 5,2 %) bzw. ca. 5 cm bei Dachneigung > 3° (> 5,2 %) [26], *13* Überstand der Abdeckung > 5 cm (Gebäude-Höhe < 8 m) bzw. > 8 cm (Gebäude-Höhe ≤ 20 m) bzw. > 10 cm (Gebäude-Höhe > 20 m), *14* horizontale Sperrschicht oberhalb Spritzwasserbereich gegen aufsteigende Feuchtigkeit. Zur Vermeidung von Beschädigungen beim Betonieren der Decke mindestens eine Steinschicht (> 5 cm) unter Deckenauflager. Liegt die Sperrschicht weniger als 30 cm über OF Gelände, so ist oberhalb der Decke eine zweite Sperrschicht einzubauen, *15* Spritzwasserbereich. Die Decke liegt hier **oberhalb** des (30 cm hohen) Spritzwasserbereiches (Beispiel für Deckenlage innerhalb des Spritzwasserbereiches s. Bild 7.23). *16* Anschluß Sperrschicht an Innenputz: häufige Ausführung dargestellt, besser jedoch nach *17* mit Putztrennschiene oder nach *18* mit Putzunterbrechung durch Sperrschicht, *19* Außenwandputz, *20* Außensockelputz, *21* Putz. Alternativ ohne Putz: bündig verfugtes Mauerwerk, bei porigen Baustoffen sind die Flächen mit Mörtel (Mörtelgruppe II oder III) zu ebnen und abzureiben, *22* Putztrennschiene, *23* vertikale Sperrschicht (nach DIN 18 195 [14] sind Deckaufstriche zulässig (bei Bodenfeuchte), bei Aufenthaltsräumen jedoch grundsätzlich Hautabdichtung wählen [71]), *24* Schutzschicht für vertikale Sperrschicht 23 (z. B. Kunststoff-Dränmatte, Polystyrol-Dränplatte), *25* horizontale Sperrschicht, *26* horizontale Sperrschicht (formal nach DIN 18195-4 [14] erforderlich, jedoch bei Anordnung von 25 überflüssig [62, 1983 S. 85 ff.]). Die Sperrschicht 26 kann dennoch ggf. eine wichtige Aufgabe während des **Bauzustandes** erfüllen: Wenn größere Mengen Niederschlagwasser in den (oben noch offenen) Keller einfallen und sich auf der Kellerdecke stauen, wird ein kapillares Aufsteigen dieses gestauten Wassers in der Wand durch 26 verhindert.

Alternativdetail für „Sockelbereich", bei Kellerwand aus Leichtmauermerk

Besteht die Kellerwand aus hochwärmedämmendem Leichtmauerwerk, so ist die Anordnung des (relativ starren) Außensockelputzes 20 nach DIN 18 550 [3] nicht mit dem (relativ weichen) Mauerwerk verträglich (vgl. auch nachfolgende Beschreibung „Putzrisse"). In diesem Falle ist darum folgendes zu empfehlen: Die vertikale Sperrschicht 23 wird bis an die horizontale Sperrschicht 14 hochgezogen. Da sich ein Putz auf der Sperrschicht nicht direkt anordnen läßt, wird ein bewehrter Unterputz aufgebracht, dessen Bewehrung an das Mauerwerk mit Dübeln – durch die Sperrschicht 23 hindurch – angeschlossen wird. Darauf wird ein mit Glasfasergewebe armierter Außensockelputz aufgetragen.

Beschreibung

Guter winterlicher Wärmeschutz sowie Behaglichkeit und Tauwasserfreiheit auf der Wandinnenoberfläche und im Wandinnern sind nur erreichbar mit ausreichend dickem (z. B. 30 cm oder 36,5 cm) hochwärmedämmenden Mauerwerk (z. B. Leichtziegel, Poren- oder Leichtbetonsteine), mit Leichtmörtel oder im Dünnbett (Fugendicke 1 bis 3 mm) vermauert. Normalmörtel führt zur Verschlechterung des Wärmeschutzes und ggf. zur Ausbildung dunkler Fugenabzeichnung (Staubfugen) auf der Wandinnenoberfläche.

Bei Leichtmauerwerk sind Aufheizung und Auskühlung von mittlerer Geschwindigkeit (Bewertung nach Tafel 7.28). Der sommerliche Wärmeschutz ist bei schwerem Mauerwerk sehr gut, bei Leichtmauerwerk gut. Der Schallschutz ist – in Abhängigkeit von der flächenbezogenen Masse der Wand – mittel bis gut. In Abhängigkeit von der Stein-Lochung kann die Schalldämmung aufgrund sog. Dickenresonanzen (Gösele in [79]) bei Außenwänden aus Leichtmauerwerk geringer sein, als es der flächenbezogenen Masse entspricht (ggf. Herstellerangaben beachten). Der Brandschutz ist gut. Der Schlagregenschutz ist bei rissefreiem Putz gut, bei rissigem Putz besteht Durchfeuchtungsgefahr (s. auch Abschn. 7.3.9). Bei Leichtmauerwerk ist die Gefahr des Entstehens von Putzrissen bei Verwendung unzweckmäßigen Putzmörtels größer als bei konventionellem Mauerwerk. Es wird daher unbedingt empfohlen, das Putzsystem (Material, Schichtaufbau, Herstellung) mit dem Steinhersteller abzustimmen, häufig liegen auch entsprechende Merkblätter o. ä. Informationsmaterial der Steinhersteller vor. Nach DIN 1053-1 [5] muß bei Schlagregenbeanspruchung die Wanddicke für Räume, die dem dauernden Aufenthalt von Menschen dient, bei einlagigem Außenputz mindestens 24 cm betragen.

7.4.2.2 Verblendmauerwerk, innen verputzt

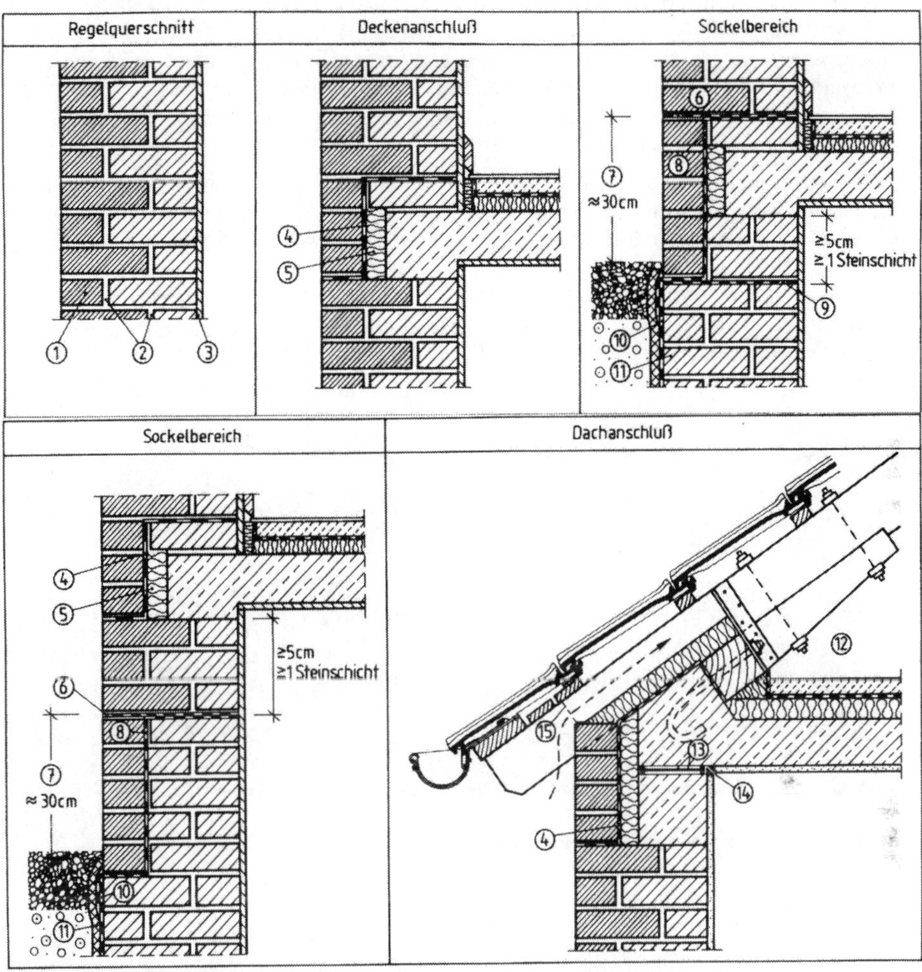

Bild 7.23 Regelquerschnitt und Details zu Abschn. 7.4.2.2

1 Frostsichere künstliche Steine (z. B. Vormauerziegel oder Klinker [24], KS-Vormauersteine oder KS-Verblender [25]), *2* Längsfuge (d_F = 2 cm aus Gründen der Schlagregensicherheit), *3* Innenputz, *4* Vertikale Sperrschicht (Schutz des geschwächten Wandquerschnittes vor Durchfeuchtung), *5* Wärmedämmung (zur Vermeidung einer Wärmebrücke), *6* Horizontale Sperrschicht oberhalb Spritzwasserbereich gegen aufsteigende Feuchtigkeit, *7* Spritzwasserbereich. Die Decke liegt hier in einer Höhe **innerhalb** des (30 cm hohen) Spritzwasserbereiches (Beispiel für Deckenlage oberhalb des Spritzwasserbereiches s. Bild 7.22), *8* vertikale Sperrschicht im Spritzwasserbereich. Die Sperrschicht ist unbedingt erforderlich. Die oft in der Literatur empfohlene Ausbildung der Sockelzone mit (außerhalb des Deckenquerschnittes) im Verband gemauerten Klinkern (ohne Sperrschicht) ist nicht ausreichend, da durch Haarrisse zwischen Fuge und Stein Wasser in den Querschnitt eindringen kann [69] (s. auch Abschn. 7.2.3.5), *9* Horizontale Sperrschicht mindestens eine Steinschicht (≥ 5 cm) unter Deckenauflager, *10* Vertikale Sperrschicht, *11* Schutzschicht für vertikale Sperrschicht 10 (z. B. Kunststoff-Dränmatte, Polystyrol-Dränplatte), *12* nicht beheizter Dachraum, *13* Gleitfolien (bei nichtbeheiztem Dachraum erwünscht) [73], *14* Kelleneinschnitt, *15* Lüftungsgitter.

Beschreibung

Für Bauten, die dem dauernden Aufenthalt von Menschen dienen, ist dieser Wandquerschnitt wegen schlechten winterlichen Wärmeschutzes – und damit verbunden: geringe Behaglichkeit und Tauwassergefahr auf Wandinnenoberfläche und im Wandinnern – kaum geeignet. Selbst bei Verwendung hochwärmedämmender Hintermauersteine (wegen der Gefahr unterschiedlicher Verformung zwischen Verblendung und Hintermauerwerk nicht zu empfehlen!) würde der Wärmeschutz nur unwesentlich verbessert werden.

Aus Gründen des Schlagregenschutzes muß jede Mauerschicht mindestens zwei Steinreihen mit durchgehender, hohlraumfrei vermörtelter Längsfuge von 2 cm Dicke aufweisen. Die Schlagregensicherheit ist dennoch oft unbefriedigend. Häufig wird die geforderte vollständige Vermörtelung der Längsfuge nicht eingehalten (nachträglich auch nicht mehr zerstörungsfrei kontrollierbar). Aber selbst bei einwandfreier Vermörtelung ist die Schlagregensicherheit oft nicht gewährleistet. Aufheizung und Abkühlung sind in Abhängigkeit vom Hintermauerwerk von mittlerer bis geringer Geschwindigkeit (Bewertung nach Tafel 7.28). Brand- und Schallschutz gut. Wegen der vorbeschriebenen Nachteile ist dieser Wandaufbau nicht zu empfehlen.

7.4.2.3 Mauerwerk mit natürlichen Steinen verblendet (Mischmauerwerk)

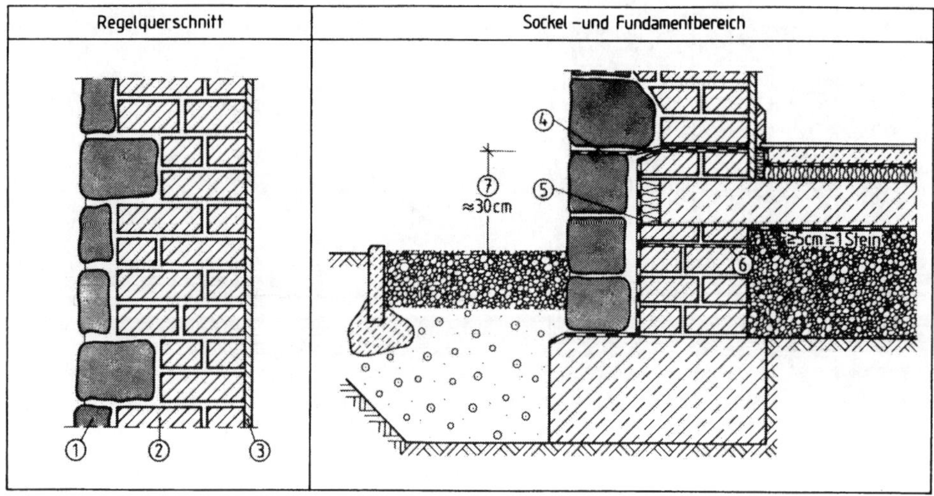

Bild 7.24 Regelquerschnitt und Detail zu Abschn. 7.4.2.3

1 Natürliche Steine, *2* Hintermauerung (künstliche Steine), *3* Innenputz, *4* Horizontale Sperrschicht oberalb des Spritzwasserbereiches, *5* Vertikale Sperrschicht im Spritzwasserbereich, *6* Horizontale Sperrschicht (nach DIN 18195-4 [14] nicht erforderlich, hier jedoch empfohlen), *7* Spritzwasserbereich

Beschreibung

Bauphysikalisch vergleichbar mit Ausführung nach Abschn. 7.4.2.2. Besonders bei Verwendung saugfähiger Natursteine (z. B. Sandstein) tritt eine weitere Verschlechterung des Schlagregenschutzes ein. Im Hinblick auf die problematische Ausbildung des Schlagregenschutzes ist dieser Wandaufbau mehr für Bauwerke in geschützter Lage geeignet.

Dieser Wandaufbau ist häufig bei älteren Bauwerken anzutreffen.

7.4.2.4 Mauerwerk mit angemörtelter Bekleidung

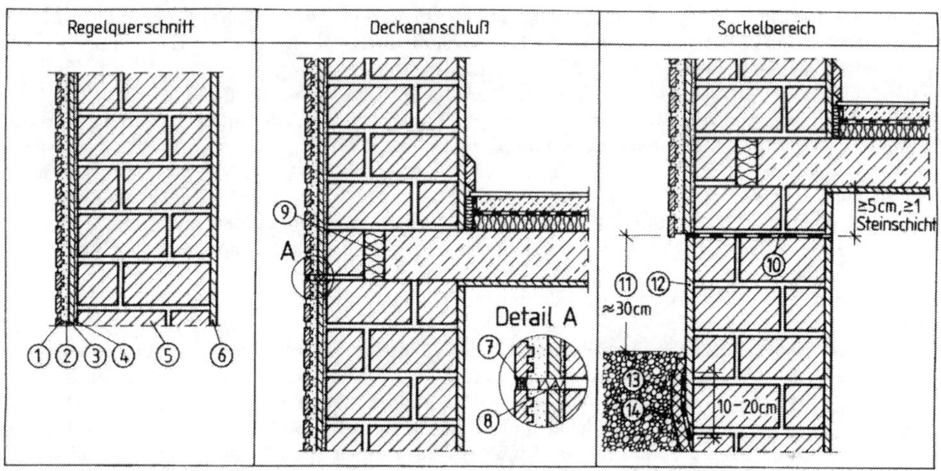

Bild 7.25 Regelquerschnitt und Details zu Abschn. 7.4.2.4

1 bis *4* = angemörtelte Bekleidung (1 und 2) mit Unterbau (3 und 4) nach DIN 18515-1 [9]
1 Fliesen oder Platten mit Fläche $A_0 \leq 0{,}12\ m^2$, Seitenlänge $l_0 \leq 0{,}4$ m und Dicke $t_0 \leq 0{,}015$ m (bei geriffelten Platten kann die Gesamtdicke der Platte einschließlich der Riffelung bis 0,02 m betragen): Keramische Fliesen nach DIN EN 176 [410] bzw. bei Zusicherung von Frostbeständigkeit auch nach DIN EN 177 [411] und DIN EN 178 [412], keramische Spaltplatten nach DIN EN 121 [413] bzw. bei Zusicherung von Frostbeständigkeit auch nach DIN EN 186-1 und -2 [414] und DIN EN 187-1 und -2 [415], Spaltziegelplatten mit Prüfung nach DIN 105-1 [24], Natursteinplatten nach DIN 18 516-3 [28]. Ergänzender Hinweis: In Abweichung zu den o.g. Materialien wurden in der ehemaligen DIN 18 515 [6] Riemchen mit Dicken 10 bis 30 mm bzw. alternativ Platten mit Dicken 5 bis 30 mm oder kleinformatige Mosaiken mit Dicke 5 mm als Bekleidungselement verstanden. Die Fugen zwischen den Fliesen bzw. Platten sind formatabhängig mit ausreichender Breite (Richtwerte für Fugenbreiten: Keramische Fliesen 3 bis 8 mm, Keramische Spaltplatten 4 bis 10 mm, Spaltziegelplatten 10 bis 12 mm, Naturwerksteinplatten 4 bis 6 mm) anzulegen. Sie werden in der Regel nach dem Ansetzen der Fliesen bzw. Platten vor dem Erhärten des Ansatzmörtels 2 etwa in Fliesen- bzw. Plattendicke gleichmäßig unter Entfernung loser Mörtelreste ausgekratzt. Die Verfugung erfolgt in Abhängigkeit von Fliesen- bzw. Plattenoberfläche entweder durch Einschlämmen oder durch Verfugung mittels Fugeisen. In Gebieten mit Schlagregenbeanspruchungsgruppe III (vgl. Tafel 7.8) ist wasserabweisender Fugenmörtel zu verwenden, *2* Ansetzmörtel im Dick- oder Dünnbett. Dickbett: Dicke des Ansetzmörtels im Mittel 15 mm mit einer Zusammensetzung nach Tab. 1 Zeile 3 in [9]. Zur Herstellung eines geschlossenen Mörtelbettes ist jede anzusetzende Fliesen- oder Plattenreihe von oben mit Mörtel zu füllen und schräg abzugleichen. Dünnbett: Dicke des hydraulisch erhärtenden Dünnbettmörtels nach dem Ansetzen mindestens 3 mm. Das Ansetzen der Fliesen bzw. Platten erfolgt nach dem Floating-Buttering-Verfahren, *3* Unterputz unbewehrt oder bewehrt. Bewehrung des Unterputzes nicht notwendigerweise erforderlich: Bei Schlagregenbeanspruchungsgruppe III aus Gründen des Schlagregenschutzes mit einer Mindestdicke von 20 mm vorzusehen, vgl. Tafel 7.8. Zum Ausgleich von größeren Maßungenauigkeiten der ausreichend festen Tragschale als Ansetzfläche (→ 5 Tragschale) mit einer Dicke von 10 bis 25 mm, i.d.R. bei Ansetzen der Fliesen bzw. Platten im Dünnbett. Bewehrung des Unterputzes notwendigerweise erforderlich: Bei zu glatter oder verunreinigter Ansetzfläche, bei einer Dicke des Unterputzes als Ansetzfläche (s. o.) von mehr als 25 mm, bei nicht ausreichend tragfähiger Tragschale als Ansetzfläche, bei Verwendung unterschiedlicher Baustoffe in der Tragschale als Ansetzfläche (z. B. Mischmauerwerk).

3.1 Bewehrung und Verankerung des Unterputzes (in Bild 7.25 nicht dargestellt!) zur Übertragung der im Unterputz auftretenden Kräfte in den tragenden Teil des Bauwerkes oder Bauteils (hier Tragschale 5). Bewehrung und Verankerung sind konstruktiv miteinander zu verbinden. Bewehrung des Unterputzes: Baustahlgitter aus nichtrostendem Stahl, Werkstoffnummer 1.4301 oder 1.4571 nach DIN 17 440 [416] und DIN 17 441 [417], Trag- und Halteanker: Anker aus nichtrostendem Stahl, Werkstoffnummer 1.4401 oder 1.4571 nach [416] und [417], *4* Vollflächiger Spritzbewurf nach DIN 18 515-1 [9] Tab. 1 Zeile 1 zur Verbesserung der Haftung des Ansetzmörtels im Dickbett bzw. des Unterputzes (unbewehrt oder bewehrt), *5* Tragschale. Als ausreichend fest im Sinne von DIN 18515-1 [9] gelten z.B. Wände aus Mauerwerk nach DIN 1053-1 und -2 [5] mit Steinen der Steinfestigkeitsklasse 12, Mörtelgruppe II (Mindestanforderung) und Wände aus Stahlbeton nach DIN 1045 [11]. Die zu bekleidende Tragschale darf keine durchgehenden Risse, offenen Fugen, unverschlossene Schalungsanker- und Gerüstlöcher aufweisen, *6* Innenputz, *7* (bestehend aus 7a und 7b) mit 8 = horizontale und – hier nicht dargestellt – auch vertikale Feldbegrenzungsfugen in angemörtelter Bekleidung (1 und 2) und Unterbau (3 und 4) in Abständen zwischen 3 und 6 Metern. Die Abstände sind in Abhängigkeit von den Formaten und Farben der Fliesen bzw. Platten, von der Himmelsrichtung der Fassade, von den Baustoffen der Tragschale sowie nach ästhetischen Aspekten festzulegen, wobei horizontale Feldbegrenzungsfugen in der Regel im Bereich der Unterkanten der einzelnen Geschoßdecken (vgl. Bild 7.25 – Deckenanschluß) anzuordnen sind. Zusätzliche Feldbegrenzungsfugen sind im Bereich von Außen- und Innenecken eines Gebäudes vorzusehen. Die Ausführung der Fugen erfolgt entsprechend der Detaildarstellung A in Bild 7.25 (Deckenanschluß) bis auf die Oberflächen der Tragschale 5 (Voraussetzung: bewehrter Unterputz 3) bzw. bis auf den Unterputz 3 (unbewehrt), die ggf. vorhandenen Bewehrungen des Unterputzes sind zu trennen. *7a* Elastische Fugenmasse (Fugenbreite = 10 mm), *7b* rundes Schaumstoffband, *8* Füllstoff (Mineralfaser) bis auf Mauerwerk durchgehend, *9* Wärmedämmung zur Vermeidung einer Wärmebrücke im Deckenbereich, *10* horizontale Sperrschicht oberhalb Spritzwasserbereich, *11* Spritzwasserbereich, *12* Außensockelputz, *13* vertikale Sperrschicht, *14* Schutzschicht für vertikale Sperrschicht (z.B. Kunststoff-Dränmatte, Polystyrol-Dränplatte)

Beschreibung

Guter winterlicher Wärmeschutz sowie Behaglichkeit und Tauwasserfreiheit auf der Wandinnenoberfläche sind erreichbar mit ausreichend dickem (z. B. 30 cm oder 36,5 cm) hochwärmedämmenden Mauerwerk (Leichtziegel-, Poren- oder Leichtbetonsteine), mit Leichtmörtel oder im Dünnbett (Fugendicke 1 bis 3 mm) vermauert. Normalmörtel führt zur Verschlechterung des Wärmeschutzes und ggf. zur Ausbildung dunkler Fugenabzeichnungen (Staubfugen) auf der Innenoberfläche.

Die Tauwasserfreiheit im Wandinnern hängt nicht nur von der Wärmedämmung des Wandquerschnittes sondern auch von der Ausbildung der Bekleidung ab: dampfsperrende Bekleidung (z. B. keramische Bekleidungen, insbesondere mit kleinem Fugenanteil) fördern die Tauwasserentstehung hinter der Bekleidung und vergrößern somit die Gefahr der Frostabplatzungen im Winter, s. auch Abschn. 7.3.8, s. auch [74].

Durch unterschiedliche Dehnungen zwischen der starren „Bekleidungsscheibe“ und dem Mauerwerk (starke Erwärmung der „Bekleidungsscheibe“ durch Sonneneinstrahlung) werden flächige Abplatzungen gefördert.

Schall- und Brandschutz sind gut. Bei Leichtmauerwerk (z. B. Porenbeton, poröser Leichtziegel) sind Aufheizung und Auskühlung von mittlerer Geschwindigkeit (Bewertung nach Abschn. 7.3.3, insbesondere siehe auch Angaben in Tafel 7.28). Bei starker Schlagregenbeanspruchung stellt eine Wand mit angemörtelter Bekleidung keine empfehlenswerte Konstruktion dar. Oft sind Durchfeuchtungsschäden und daraus resultierende Frostabplatzungen bekannt geworden, vgl. [69], [74], weil neben der zuvor erwähnten Tauwasserbildung auch durch Fehlstellen in den Fugen und durch Risse zwischen (Bekleidungs-)Stein und Fugenmörtel Wasser eindringt, dieses wird gefördert bei Vorliegen mangelhafter, d. h. nicht hohlraumfreier Vermörtelung.

Da im Sockelbereich, d. h. im Spritzwasser- und erdberührten Bereich, die Feuchtebelastung noch größer ist, kann für den Sockelbereich die Anordnung einer angemörtelten Bekleidung grundsätzlich nicht empfohlen werden [69].

7.4.2.5 **Mauerwerk mit angemauerter Bekleidung** (Bild 7.26)

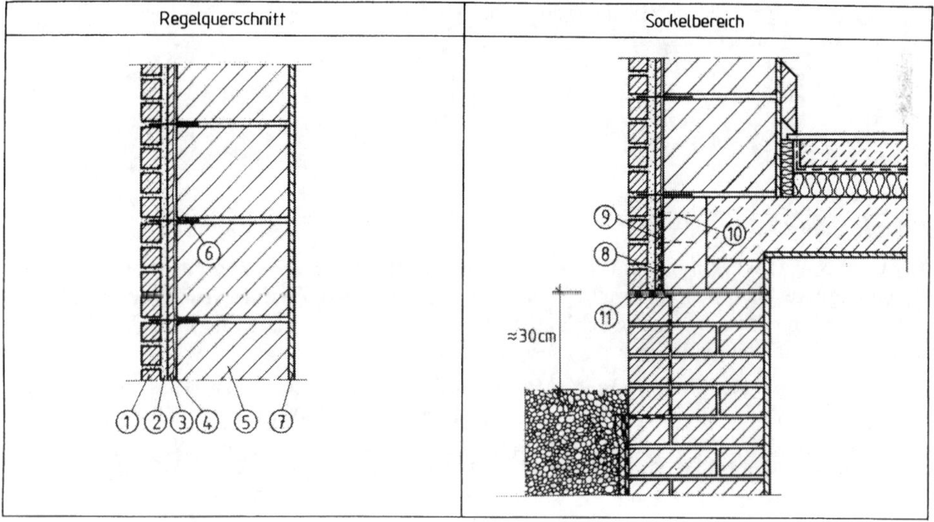

Bild 7.26 Regelquerschnitt und Sockelbereich zu Abschn. 7.4.2.5

1 bis *4* Anmauerung nach DIN 18 515-2 [9]
1 Angemauerte Bekleidung aus keramischen Werkstoffen mit Anforderungen nach DIN 105-1 [24] für Vormauerziegel und Klinker, Kalksandsteinverblendern mit Anforderungen nach DIN 106-2 [25], Betonwerkstein mit Anforderungen nach DIN 18 153 [423] oder Naturwerkstein nach DIN 18 516-3 [28] mit einer Dicke d von 55 ≤ d < 90 mm, die Anmauerung muß vollfugig mit anschließendem Fugenglattstrich erfolgen, *2* Mörtelschicht, Dicke 15 bis 25 mm. Der beim Anmauern von 1 entstehende Spalt ist schichtweise mit plastischem Mörtel der Mörtelgruppen MG II oder MG IIa so zu verfüllen, daß eine geschlossene Mörtelschicht entsteht, die eine Verbindung mit dem Unterputz 3 sicherstellt. *3* Unterputz der Putzmörtelgruppen P II oder P III mit einer Mindestdicke von 15 mm zum Ausgleich von Unebenheiten im Untergrund (Rohbauwand) und zur Erhöhung der wasserabweisenden Wirkung, die Oberfläche darf nicht geglättet werden, *4* Spritzbewurf. Er ist vollflächig deckend – mit warzenähnlichen Erhebungen – aufzutragen und muß aushärten (ausreichende Standzeit!) und seine Oberflächenspannungen abbauen. *5* Untergrund (Rohbauwand), er muß frei von Staub, Trennmitteln, Mörtelresten, Ausblühungen und Verunreinigungen sein. *6* Verankerung in Form von Drahtankern mit einem Durchmesser von ≥ ∅ 3 mm aus nichtrostendem Stahl nach DIN 17 440 [416], Werkstoffnummern 1.4401

oder 1.4571. Erforderlich sind mindestens 5 Drahtanker je m^2 (vertikaler Abstand maximal 250 mm, horizontaler Abstand maximal 750 mm) und zusätzlich mindestens 3 Drahtanker je m Randlänge an allen freien Rändern (an Gebäudeecken, vor Öffnungen, entlang von Dehnungsfugen, an den oberen Enden der Außenwandbekleidung), die Drahtanker sollen mit 2/3 d (vgl. 1) in die Außenwandbekleidung und mindestens 50 mm in die Rohbauwand einbinden, bei eingedübelten Ankern richtet sich das Einbindemaß nach den verwendeten Dübeln. Andere als die beschriebenen Verankerungsarten mit Drahtbügeln, die nachträglich angeordnet werden, sind zulässig, wenn durch Prüfzeugnis nachgewiesen wird, daß diese Verankerungsart eine Zugkraft von mindestens 1 kN bei 1 mm Schlupf aufnehmen kann. *7* Innenputz, *8* Bauwerksabdichtung nach DIN 18 195-4 [14]. Sie ist anzuordnen an allen Aufstandsflächen (z.B. bei Fußpunkten, Fenster- und Türstürzen), bis zur Vorderkante der Außenbekleidung zu verlegen und an der Rohbauwand mindestens 150 mm hochzuführen und zu befestigen. *9* Armierung des Unterputzes, *10* Verdübelung der Armierung 9 und der Bauwerksabdichtung 8 im Untergrund, *11* Aufstandfläche, Auflagerüberstände sind nicht zulässig

Anmerkung zu erforderlichen Fugen: Die Lage und Maße erforderlicher Bewegungsfugen sind zwischen Planung und Ausführung abzustimmen. In Bewegungsfugen dürfen keine Zwängungsspannungen entstehen, sie müssen frei von Mörtel sein. Im Bauwerk vorhandene Trennfugen müssen an gleicher Stelle und in gleicher Breite in der Außenbekleidung übernommen werden. Sie müssen bereits im Rohbau wind-, regendicht und wärmegedämmt ausgeführt sein.

Beschreibung

Aus bauphysikalischer Sicht gilt im Prinzip für die angemauerte Bekleidung die gleiche Beschreibung wie für die angemörtelte Bekleidung (s. Abschnitt 7.4.2.4). Insbesondere ist diese Konstruktion nicht bei stärkerer Schlagregenbeanspruchung zu empfehlen. Für den Sockelbereich ist grundsätzlich von dieser Konstruktion abzuraten.

Hinsichtlich der Anwendungsmöglichkeit besteht im Gegensatz zur Ausführung mit angemörtelter Bekleidung und zu den Angaben in DIN 18 515 von 1970 [6], vgl. auch Ausführungen in [118], folgende grundlegende Einschränkung: Nach DIN 18 515-2 [9] darf die Höhe der Außenbekleidung bei Wohngebäuden zwei Vollgeschosse zuzüglich einem Giebeldreieck von 4 m Höhe oder bei anderen Gebäuden eine Höhe von 8 m nicht überschreiten. Die Anwendung dieser Konstruktion bleibt damit primär auf Einfamilienhäuser beschränkt.

Anmerkung: Der wesentliche Unterschied zwischen der angemauerten Bekleidung (nach Bild 7.26) und der angemörtelten Bekleidung (nach Bild 7.25) liegt in der unterschiedlichen Art der Abtragung des Eigengewichtes der äußeren Bekleidungsschicht. Während bei der angemauerten Bekleidung[1)] das Eigengewicht der äußeren Schicht (1 in Bild 7.26, Riemchen oder Sparverblender) von Konsolen, Aufstandsflächen o. ä. (10 und 18 in Bild 7.26) aufgenommen und von dort erst an das Wand-Mauerwerk weitergegeben wird, erfolgt bei der angemörtelten Bekleidung die Weiterleitung des Eigengewichtes der äußeren Schicht (1 in Bild 7.25, Platten o. ä.) direkt an das Wand-Mauerwerk durch Mörtelhaftung.

1) Genau betrachtet stellt die angemauerte Bekleidung bezüglich des Abtragens des Eigengewichtes der Bekleidungsschicht (1 in Bild 7.26) ein etwas unübersichtliches System dar: Einerseits wird beim Aufmauern der Bekleidung deren Eigengewicht in deren Aufstandsflächen (z. B. Konsolen) eingeleitet, andererseits erfolgt nach Abbinden der haftschlüssig eingebrachten Schalenfuge (2 in Bild 7.26) ein Haftverbund mit der Wand selber und damit die Lastabtragung direkt flächig in die Wand. In jedem Fall sind die Aufstandsflächen (z. B. Konsolen) so anzuordnen und zu bemessen, daß bei völligem oder teilweisem Versagen des Mörtelhaftverbundes der Schalenfuge die Lasten der Bekleidung von den Aufstandselementen allein aufgenommen werden können [66].

7.4.2.6 Geschüttete Wand aus Leichtbeton mit haufwerksporigem Gefüge, beidseitig verputzt

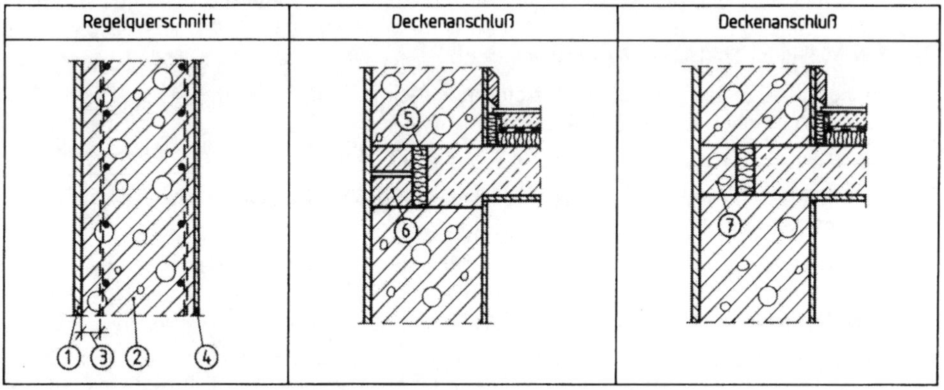

Bild 7.27 Regelquerschnitt und Details zu Abschn. 7.4.2.6

1 zweilagiger Außenputz ohne Spritzbewurf nach DIN 18 550 [3] mit den Mörtelgruppen (Unterputz/Oberputz) PI/PI oder PII/PI bzw. PII. Der Außenputz ist als Schutz gegen Durchfeuchtung erforderlich [27], *2* Leichtbeton mit haufwerksporigem Gefüge mit einer Mindestwanddicke d = 25 cm nach DIN 4232 [27], *3* Betonüberdeckung auf der Gebäudeaußenseite oder in Naßräumen ≥ 5 cm, *4* Innenputz, *5* Wärmedämmung zur Vermeidung einer Wärmebrücke im Deckenbereich, *6* Vormauerung als Schalungsstein und zur Vermeidung von Putzrissen, *7* wie 6, jedoch aus geschüttetem Leichtbeton.

Beschreibung

In bauphysikalischer Hinsicht sind die Verhältnisse vergleichbar mit denen des Abschnitts 7.4.2.1 (Mauerwerk, beidseitig verputzt) bei Verwendung hochwärmedämmenden Mauerwerks. Im Hinblick auf den in der Regel nur knappen Wärmeschutz ist diese Konstruktion nur bedingt zu empfehlen.

7.4.3 Einschalige Außenwände ohne Hinterlüftung mit zusätzlicher Wärmedämmung

7.4.3.1 Außendämmung als Wärmedämm-Verbundsystem (WDVS)

a) Allgemeines

Nationale Ausführungsvorschriften

Die Ausführung von WDVS – sie werden gelegentlich auch als „Thermohaut-Systeme" oder „Vollwärmeschutz-Systeme" bezeichnet – wird weitestgehend nicht durch Normen geregelt. Eine Ausnahme bilden WDVS mit einer Dämmschicht aus Holzwolle-Leichtbauplatten oder Mehrschicht-Leichtbauplatten nach DIN 1101 [32] mit mineralischem Außenputz, deren Ausführung in DIN 1102 [33] geregelt ist. Bezüglich des Nachweises der Standsicherheit gelten für alle anderen WDVS, sofern sie den Bedingungen in [34] bzw. [35] entsprechen, die Regelungen in [34] und [35]. Im Rahmen dieser Regelungen ist durch einige experimentelle Untersuchungen die Eignung sowohl der Systemkomponenten (z.B. Reißfestigkeit des Gewebes, Versagenslast des Dübelkopfes bei Zugbeanspruchung) als auch des Gesamtsystems (Zugtragfähigkeit des WDVS) nachzuweisen. Anträge auf Zulassung von WDVS sind an das Deutsche Institut für Bautechnik (DIBt) zu stellen, das dann mit der Durchführung der Untersuchungen eine entsprechende Prüfstelle beauftragt vgl. auch [116]. Für WDVS, die weder von [33] erfaßt werden noch den Bedingungen in [34] bzw. [35] entsprechen, besteht z.Z. keine Regelung für den Nachweis der Standsicherheit. Hier ist dann die Brauchbarkeit nach zuständiger Landesbauordnung, z.B. für Nordrhein-Westfalen nach [19], nachzuweisen. Zu diesen WDVS gehören ([34], [35], [110]):

- Systeme mit Eigenlasten (Dämmstoff einschließlich Putzbeschichtung) > 0,1 kN/m^2 [34], die mindestens eines der folgenden Kriterien aufweisen:
  - der Dämmstoff wird nicht auf den Untergrund aufgeklebt,
  - der Dämmstoff besteht nicht aus Hartschaum nach DIN 18 164 [36] bzw. Mineralfaser nach DIN 18 165 [37],
  - für die Befestigung werden – neben der Klebung – bei Gebäudehöhen über 8,0 m bzw. bei Wohngebäuden über zwei Vollgeschossen nicht allgemein bauaufsichtlich zugelassene Dübel verwendet,
  - anstelle einer Deckschicht aus Putz erfolgt eine andersartige Ausführung der Deckschicht (z. B. Deckschicht aus Fliesen, Riemchen oder Natursteinplatten, die zusätzlich auf den Putz aufgeklebt sind [34])
- kunstharzbeschichtete WDV mit Eigenlasten (Dämmstoff einschließlich Putzbeschichtung) ≤ 0,1 kN/m^2 (Applikation der Dämmschicht ausschließlich durch Klebung [35]), bei denen der Dämmstoff nicht aus Hartschaum nach DIN 18 164 [36] besteht.

Europäische Ausführungsvorschriften

Auf europäischer Ebene erfordert die einheitliche Beurteilung von WDVS einen höheren Prüfaufwand. Die **U**nion **E**uropéenne pour l'**A**grément **t**echnique dans la **c**onstruction (UEAtc) fordert ihren Leitlinien für die Beurteilung von WDVS [420], [421] umfangreiche experimentelle Untersuchungen zur Identifizierung der einzelnen Produkte (u.a. Bestimmung von Siebkennlinien, Wasserrückhaltevermögen, Elastizitätsmoduln) sowie Versuche zur Gebrauchstauglichkeit der Bestandteile des WDVS (u.a. Bestimmung des Wasserdampfdiffusionsverhaltens, Ermittlung der Schwindmaße) und Versuche zur Gebrauchstauglichkeit des kompletten Systems (u.a. Untersuchungen des Verhaltens eines großflächigen WDVS unter zyklischer klimatischer Wechselwirkung).

Im Zuge weiterer europäischer Harmonisierung werden die Prüfungen von WDVS aktualisiert. Zur Zeit existieren diese Prüfungen in der „Draft Guideline for **Euro**pean **T**echnical **A**pproval for External Thermal Insulation Composite Systems" (Entwurf der Leitlinie für europäische Technische Zulassung von WDVS [422], Abk. EOTA-Leitlinie). Es ist zu erwarten, daß die Prüfungen im Rahmen dieser EOTA-Leitlinie – in eventuell etwas reduziertem Umfang – eine den UEAtc-Leitlinien ähnliche Konzeption aufweisen werden.

b) Ausführungs-Varianten I bis IV

Variante I (Bild 7.28 a auf S. 343)

1.1 Verankerungsgrund: Massive Wandschale aus Mauerwerk nach [5] oder Beton nach [11], *2.1* Klebschicht aus mineralischem Kleber (ggf. mit Kunstharzzusätzen). Gefordert sind hohe Haftzugfestigkeit und Wasserbeständigkeit sowie gute Haftung am Verankerungsgrund 1.1 und am Dämmstoff 3.1, der Auftrag erfolgt vollflächig, streifen- und/oder punktförmig, wobei die wirksame Klebefläche mindestens 40 % der Dämmplattenfläche betragen muß. *3.1* Wärmedämmschicht aus Mineralfaser nach [37] mit einer Mindestdicke von 40 mm und einer Höchstdicke von 120 mm, *4.1* Dübel. Bei Gebäudehöhen über 8 m dürfen zur Befestigung des WDV nur bauaufsichtlich zugelassene Dübel verwendet werden. *5.1* Bewehrtes Außenputzsystem. Es muß insgesamt mindestens 7 mm und darf höchstens 20 mm (bei strukturiertem Putz 25 mm) dick sein. Der Putz muß wasserabweisend und auf den Putzgrund (hier Dämmstoff) abgestimmt sein. Es gilt: 5.1 a + 5.1 b + 5.1 c bilden zusammen den bewehrten Unterputz

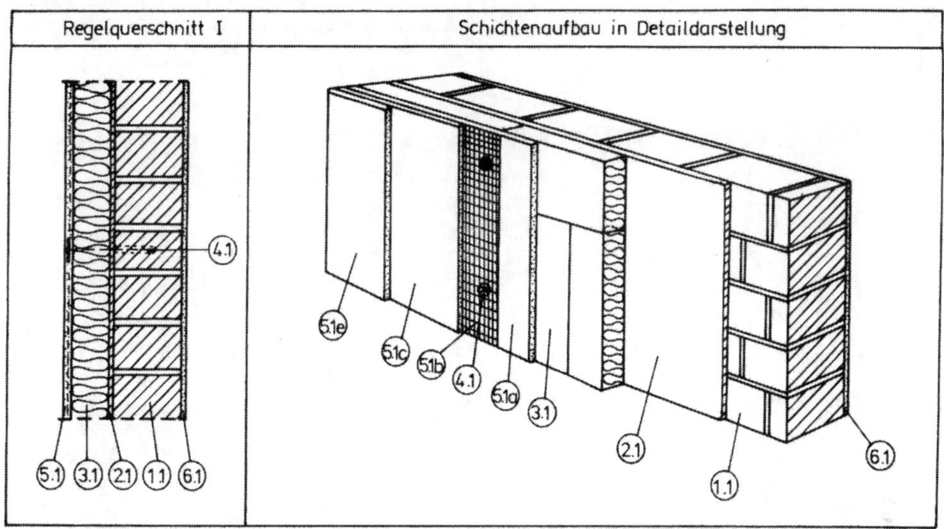

Bild 7.28 a Variante I: WDVS mit Mineralfaser-Dämmstoffen und mineralischem Putz nach [34]

nach [3 T 1 und T 2]. 5.1 a Erste Armierungsputzschicht, 5.1 b Bewehrungsgewebe, alkaliresistentes Textilglasgewebe, das in die frisch aufgebrachte erste Armierungsschicht eingebettet wird. 5.1 c Zweite Armierungsputzschicht, die sogleich nach Einlegen der Bewehrung aufgebracht wird. 5.1 e Oberputz (Strukturschicht), Ausführung nach [3 T 1 und T 2] oder als Silikatputz in Anlehnung an [38 Abs. 2.4.1]. *6.1* Innenputz

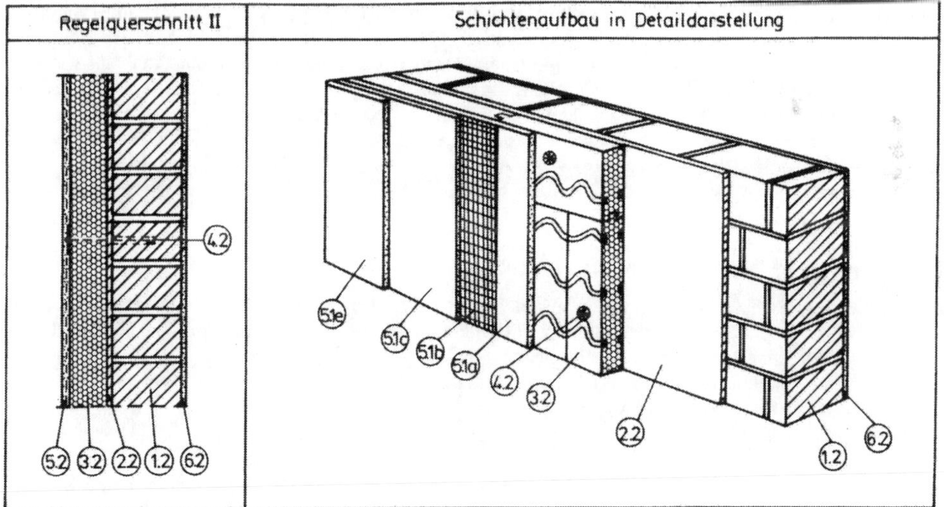

Bild 7.28 b Variante II: WDVS mit Hartschaum-Dämmstoffen und „schwerer" Putzbeschichtung (Eigenlasten g > 0,1 kN/m^2) nach [34]

Variante II (Bild 7.28 b)

Die Schichten 1.2, 2.2, 4.2 bis 6.2 gleichen den entsprechenden Schichten der Variante I (Bild 7.28 a), *3.2* Wärmedämmschicht aus Hartschaum nach [36]. Die Plattenränder können als einfacher Stoß, als Stufenfalz oder mit Nut und Feder ausgeführt sein.

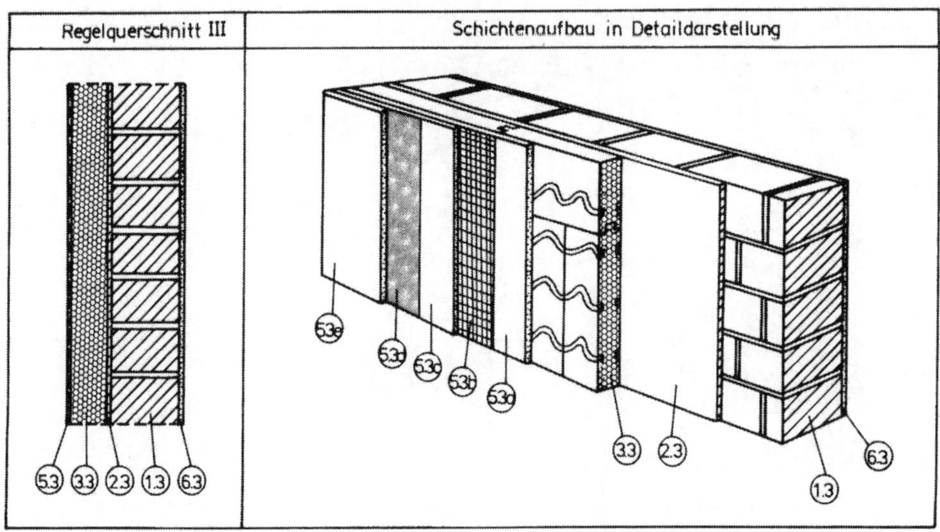

Bild 7.28 c Variante III: WDVS mit Hartschaum-Dämmstoffen und Außenputz aus Kunstharzmörtel oder modifiziertem Kunstharzmörtel nach [35]

Variante III (Bild 7.28 c)

1.3 Verankerungsgrund: Massive Wandschale aus Mauerwerk nach [5] oder Beton nach [11], *2.3* Klebschicht (z. B. Dispersionskleber mit Zementzusatz, modifizierter Mörtel), der Auftrag erfolgt vollflächig. *3.3* Wärmedämmschicht aus Hartschaum nach [36]. Die Plattenränder können als einfacher Stoß, als Stufenfalz oder mit Nut und Feder ausgeführt sein. Es muß anhand eines Prüfzeugnisses eine Mindesthaftzugfestigkeit des Systems am Untergrund von 0,1 N/mm^2 (= Mindestzugfestigkeit des Schaumkunststoffes) nachgewiesen werden. Dies gilt auch, wenn der Untergrund durchfeuchtet ist. *5.3* Bewehrtes Außenputzsystem als Witterungsschutz aus Kunstharzmörtel oder modifiziertem Kunstharzmörtel. Es gilt: 5.3 a + 5.3 b + 5.3 c bilden zusammen den bewehrten Unterputz. 5.3 a Erste Armierungsputzschicht, 5.3 b Bewehrungsgewebe: Fasergewebe, das in die frisch aufgebrachte erste Armierungsputzschicht eingebettet wird. 5.3 c Zweite Armierungsputzschicht, die sogleich nach Einlegen der Bewehrung aufgebracht wird. 5.3 d Zwischen- oder Grundanstrich, 5.3 e Oberputz (Strukturschicht), *6.3* Innenputz

Variante IV (Bild 7.28 d auf S. 345)

1.4 Massive Wandschale, *3.4* Wärmedämmschicht aus Leichtbauplatten nach [32] (Holzwolle-Leichtbauplatten oder Mehrschicht-Leichtbauplatten). Die Platten sind dicht gestoßen im Verband anzubringen, wobei ihre Längskanten waagerecht liegen müssen. *4.4* Befestigungsdübel. Bei Gebäudehöhen über 8 m dürfen zur Befestigung des WDV nur bauaufsichtlich zugelassene Befestigungsdübel verwendet werden. *5.4* Bewehrtes Außenputzsystem mit mineralischen Putzen (abweichend vom nachfolgend beschriebenen Putzsystem dürfen auch andere bewährte Putzsysteme mit Mörteln nach [3] – z. B. ein System bestehend aus Unterputz, ganzflächig aufgespachteltem alkalibeständigem Glasfaser-Armierungsgewebe und Oberputz – angewendet werden; es gelten dann die Verarbeitungsrichtlinien der jeweiligen Putzhersteller bzw. -anbieter). 5.4 b In der Regel erforderliche ganzflächige Putzbewehrung aus Drahtnetz. Sie kann mittels geeigneter Vorrichtung am Befestigungsdübel angebracht werden. 5.4 c Spritzbewurf der Mörtelgruppe P III. Er ist sofort nach dem Anbringen der Platten auszuführen und muß das Drahtnetzgewebe vollständig umhüllen. Der Spritzbewurf dient hier nicht nur der Vorbereitung des Putzgrundes [3], sondern primär als Schutz gegen Regen und gegen Anmachwasser aus dem Unterputz 5.4 d. Die Standzeit des Spritzbewurfs beträgt ungefähr vier Wochen. 5.4 d Unterputz, 5.4 e Oberputz, günstig wirkt sich wegen der Schattenwirkung eine rauhe Oberfläche aus, außerdem entsteht dadurch keine Bindemittelanreicherung an der Oberfläche. *6.4* Innenputz

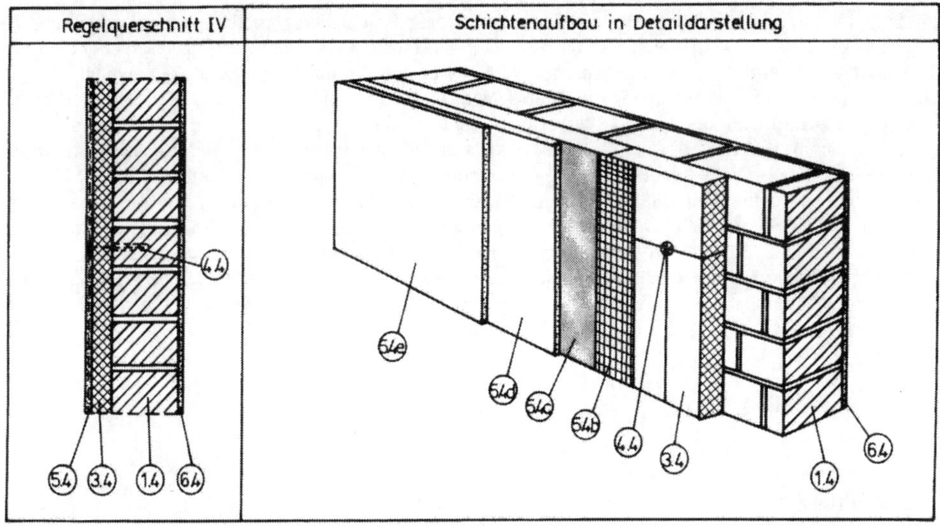

Bild 7.28 d Variante IV: WDVS mit Holzwolle-Leichtbauplatten und mineralischem Putz nach [33]

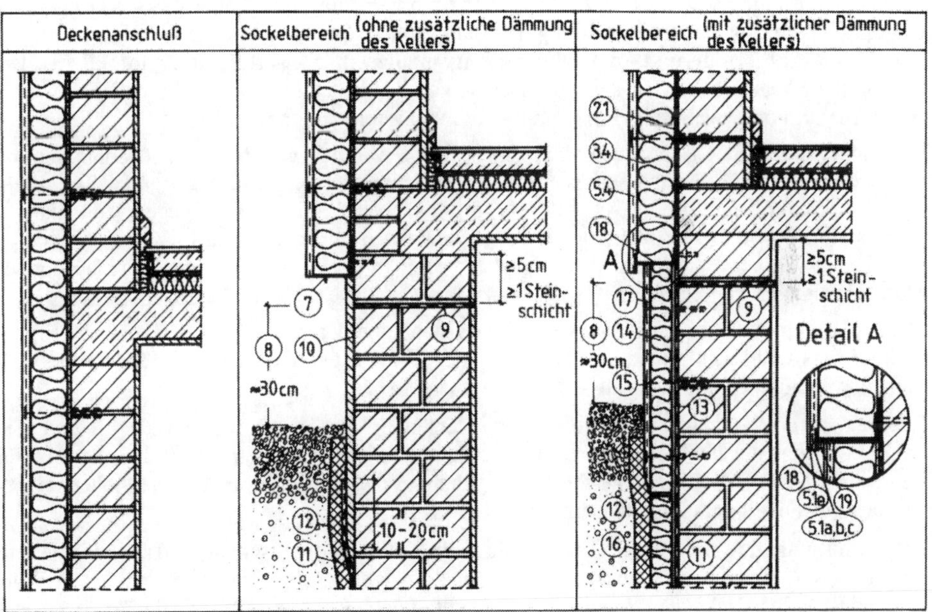

Bild 7.29 Wärmedämm-Verbundsystem: Detaildarstellungen zu Abschn. 7.4.3.1 (beispielhaft für die Variante I – s. Bild 7.28 a – dargestellt)

1 bis *6* s. Bild 7.28 a

7 Sockelschiene mit Tropfkante (z. B. Alu-Strangpreßprofil. Es sollte eine Länge von l = 2,5 m nicht überschreiten, da ansonsten die infolge Temperatur auftretenden Formänderungen des Profils zu Rissen im Putz führen), *8* Spritzwasserbereich, *9* horizontale Sperrschicht oberhalb Spritzwasserbereich, *10* Außensockelputz, *11* vertikale Sperrschicht, *12* Schutzschicht für vertikale Sperrschicht 11 (z.B. Kunststoff-Dränmatte, Polystyrol-Dränplatte), *13* Klebschicht, kompatibel mit der Sperrschicht 11, vgl. auch Angaben zu 15 und 16, *14* Wärmedämmschicht (Dämmplatten) im Sockelbereich. Hier ist feuchtigkeitsunempfindliches, ausreichend druckfestes und in der Dämmplattenebene ausreichend steifes (vgl. 16) Dämm-Material erforderlich (z. B. extrudierte – nicht expandierte! – Hartschaumplatten), *15* Dämmschichtdübel. Die Verdübelung ist i. d. R. erforderlich, um langsames Abrutschen der auf diese Sperrschicht geklebten Wärmedämm-Platten zu verhindern. *16* Außendämmung der Kellerwand aussenseitig vor der Sperrschicht. Material wie 14. Verdübelung gemäß 15 ist nicht erforderlich, wenn die – auf die Sperrschicht geklebten – Platten gegen langsames Abrutschen auf dem Fundamentfuß aufgelagert werden und die Platten in der Plattenebene ausreichend steif sind (z. B. Hartschaum, Schaumglas). *17* Außenputz im Sockelbereich, Aufbau analog zu 5, *18* Sockelschiene, *19* elastische Dichtungsmasse.

Beschreibung

Energiesparender Wärmeschutz im Winter, Behaglichkeit und Tauwasserschutz auf der Wandinnenoberfläche und im Wandinnern sind bei entsprechend dicker Wärmedämmschicht sehr gut. Es werden materialbedingte Wärmebrücken vermieden, weil das ganze Gebäude vom Dämmsystem umhüllt wird. Die geringe Temperaturbelastung des Mauerwerks verringert die Gefahr temperaturbedingter Rißbildung bzw. läßt größere Dehnungsfugenabstände zu, vgl. Abschn. 7.3.6. Aufheizung und Auskühlung erfolgen langsam (Bewertung nach Tafel 7.28). Der sommerliche Wärmeschutz ist sehr gut. Der Schlagregenschutz ist bei handwerklich einwandfreier Ausführung bewährter Wärmedämm-Verbundsysteme gut bzw. sehr gut.

Gegenüber einer gleichschweren Wand ohne WDVS verändern sich ggf. die Schalldämmeigenschaften durch Aufbringen eines WDVS. Die Schalldämmeigenschaften gegenüber direktem Schalldurchgang infolge Außenlärms (s. Abschn. 7.2.4.2 „Schutz gegen Außenlärm“) können sich – primär in Abhängigkeit von der Dicke d und der Art des Dämm-Materials 3 (genauer von seiner dynamischen Steifigkeit $s' = E_{dyn}/d$ [51], [80]) und der flächenbezogenen Masse des Putzes 5 – verändern.

Mit der Weiterentwicklung der WDVS änderten sich auch deren schallschutztechnische Eigenschaften – es sei hier auf die in [118] zusammengefaßten Ergebnisse aus [75] und [76] aus dem Jahre 1982 und [111] aus dem Jahre 1985 hingewiesen.

Neuere Untersuchungen – durchgeführt im Herstellerauftrag, vgl. auch [127] – werden in [119] in systematischer Form zusammengefaßt und dienen z.Z. dem Deutschen Institut für Bautechnik (DIBt) als Grundlage für die Bestimmung des Einflusses unterschiedlicher WDVS auf das Luftschalldämm-Maß R'_w einschaliger Außenwände.

Die Ermittlung des bewerteten Luftschalldämm-Maßes R'_w einschaliger Außenwände mit einem WDVS erfolgt wegen zusätzlicher Parameter (dynamischer Elastizitätsmodul der Wärmedämmschicht, Dicke der Wärmedämmschicht, flächenbezogene Masse des Putzsystems, Applikationstechnik) nach dem Bergerschen Massegesetz in Verbindung mit den Korrekturwerten K_{WDVS} aus Bildern 7.29a bis 7.29e in folgender Form: $R'_W = R'_{W,\,Berger} + K_{WDVS}$

Beispiel Einschalige Außenwand mit Innenputz (flächenbezogenen Masse $m' = 320$ kg/m²) und geklebtem, nichtgedübeltem WDVS aus EPS mit schwerem Putzsystem

Es ergibt sich mit $m' = 320$ kg/m² nach Tafel 7.15 in Verbindung mit Bild 7.29a das bewertete Luftschalldämm-Maß zu $R'_w = 50 - 1$ dB $= 49$ dB

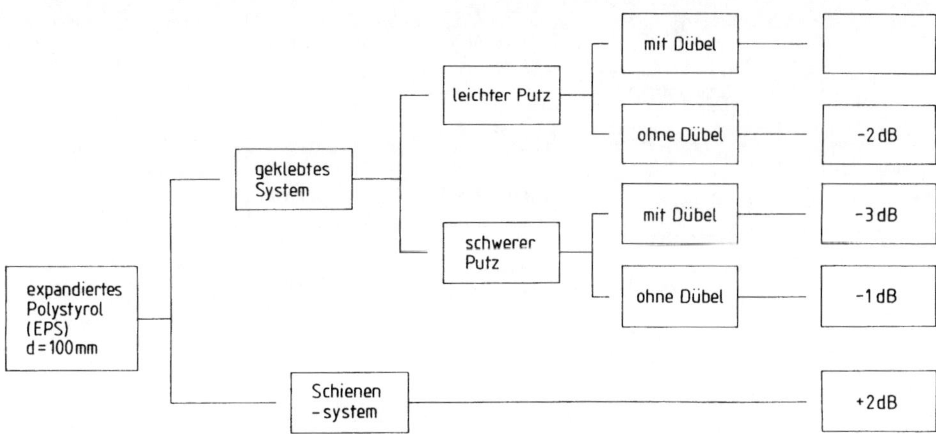

Bild 7.29a Korrekturbeiwerte K_{WDVS} für WDVS mit einer Dämmschicht aus expandiertem Polystyrol (d = 100 mm) in Abhängigkeit von Applikation und Putzgewicht

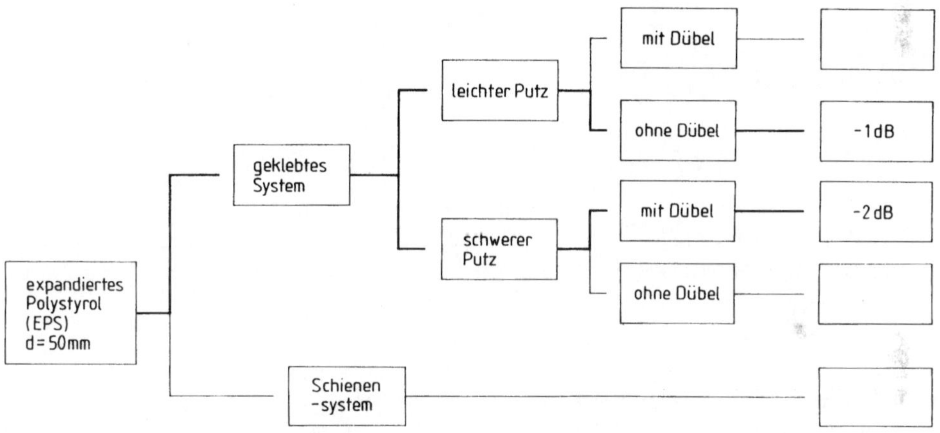

Bild 7.29b Korrekturbeiwerte K_{WDVS} für WDVS mit einer Dämmschicht aus expandiertem Polystyrol (d = 50 mm) in Abhängigkeit von Applikation und Putzgewicht

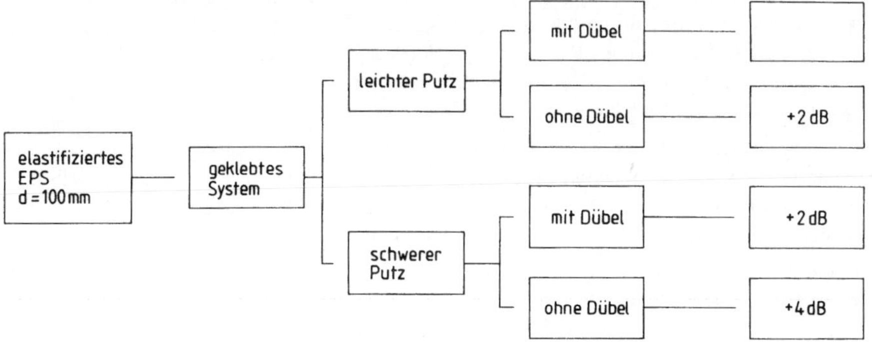

Bild 7.29c Korrekturbeiwerte K_{WDVS} für WDVS mit einer Dämmschicht aus elastifiziertem expandierten Polystyrol (d = 100 mm) in Abhängigkeit von Applikation und Putzgewicht

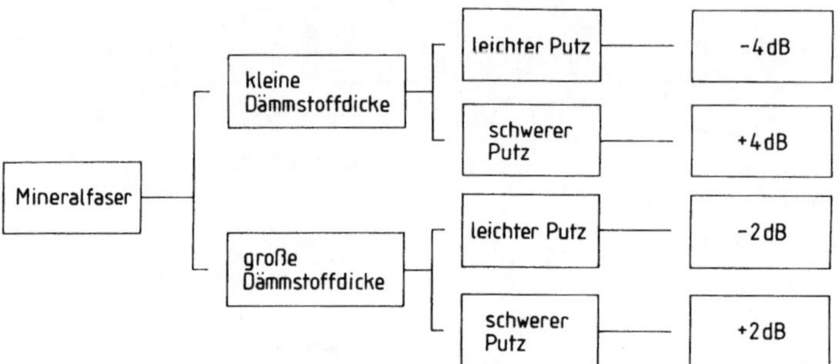

Bild 7.29d Korrekturbeiwerte K_{WDVS} für WDVS mit einer Dämmschicht aus Mineralfaser in Abhängigkeit von Dämmstoffdicke und Putzgewicht

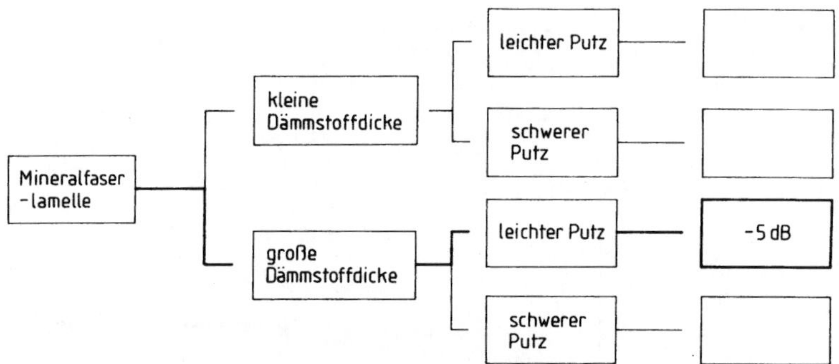

Bild 7.29e Korrekturbeiwerte KWDVS für WDVS mit einer Dämmschicht aus Mineralfaserlamelle in Abhängigkeit von Dämmstoffdicke und Putzgewicht

An dieser Stelle sei angemerkt, daß eine Reduzierung des Schalldämm-Maßes immer im Zusammenhang mit den gegebenen Anforderungen (vgl. Abschn. 7.2.4.2) zu beurteilen ist. Hier ist zu unterscheiden zwischen Schutz gegen Schallübertragung innerhalb des Hauses durch Flankenschallübertragung und Schutz gegen Außenlärm (z. B. Lärm aus Straßenverkehr). Bezüglich der Schallübertragung innerhalb des Hauses gilt, daß die in Abschn. 7.2.4.3 behandelte Flankenschalldämmung der Außenwand durch das Wärmedämm-Verbundsystem nicht wesentlich beeinflußt wird [78]. Bezüglich des Schutzes gegen Außenlärm gilt, daß eine Reduzierung des bewerteten Schalldämm-Maßes R'_w durch das WDVS in der vorgenannten Größenordnung von 1 bis 5 dB unproblematisch ist, sofern kein besonders hoher „maßgeblicher Außenlärmpegel" (vgl. Tafel 7.10) vorliegt.

Zur Beurteilung des Brandschutzes (vgl. Anforderungen in Abschn. 7.2.5) spielt das Brandverhalten (Brennbarkeit) der Dämmschicht die entscheidende Rolle. Die Baustoffklasse bezüglich Nichtbrennbarkeit/Brennbarkeit (Al, A2/B1, B2, B3) der Dämmschicht bzw. des Wärmedämm-Verbundsystems ist den entsprechenden Prüfzeugnissen zu entnehmen.

Zur Erzielung eines guten Wärmeschutzes, d. h. eines kleinen k-Wertes, benötigt das WDVS im Vergleich mit allen anderen Wandaufbauten die geringste Wanddicke, woraus eine Raumersparnis resultieren kann, vgl. auch Abschn. 7.3.12.

Wärmedämm-Verbundsysteme eignen sich sowohl für den Neubau als auch für die (nachträgliche) Dämmung von Altbauten. Besondere Eignung zeigen WDVS bei der Instandsetzung gerissener Außenwände durch zwei positive Eigenschaften: Einerseits wird die infolge Temperaturschwankung in der Wand (vgl. Abschn. 7.3.6) auftretende Rißbreitenänderung in der Wand durch die Reduzierung der Größe der Temperaturschwankung infolge Wärmedämmwirkung des WDVS erheblich reduziert. Andererseits sind WDVS durch die teilweise Schubentkopplung zwischen Wand und Deckschicht [108], [109] in der Lage, Rißuferbewegungen – selbst noch im Millimeterbereich – schadenfrei, d. h. ohne Ausbildung schädlicher Risse in der Deckschicht, zu überbrücken vgl. auch nachfolgenden Abschnitt „Anwendungsbereich Großtafelbauten (GTB)".

Soll der Keller ebenfalls eine zusätzliche Außendämmung erhalten, so ist im Sockelbereich das Wärmedämm-Verbundsystem nach den Angaben in Bild 7.29 (Detail Sockelbereich) auszuführen. Unterhalb des Sockels – im erdberührten Bereich – genügt sogar anstelle eines vollständigen WDVS lediglich die Anordnung einer Außendämmung gemäß 16 in Bild 7.29 (Detail Sockelbereich), vgl. auch [71].

Bei Wärmedämm-Verbundsystemen ist außerdem generell zu beachten:

- Im Falle nachträglicher Bekleidung mit einem WDVS, d. h. durch die nachträgliche Anbringung der Schichten 2 bis 5 zur Verbesserung des Wärmeschutzes, ändert sich ggf. das Erscheinungsbild der Fassade, ferner vergrößern sich die äußeren Abmessungen des Gebäudes um die Dicke der Schichten 2 bis 5.
- Das Befestigen von Gegenständen (z. B. Außenlampen, Schilder) an der Fassade bedarf zusätzlicher konstruktiver Maßnahmen (z. B. Holzklotz in Dämmschichtdicke unterlegen, Befestigungsschrauben bis ins Mauerwerk führen).

Anwendungsbereich „Großtafelbauten (GTB)"

WDVS eignen sich gleichermaßen zur Anwendung auf Neubauten als auch zur nachträglichen Applikation auf Altbauten im Rahmen von Erhaltungs- und Instandsetzungsmaßnahmen. Ziel dieser Maßnahmen ist im allgemeinen die Verbesserung des winterlichen Wärmeschutzes hinsichtlich einer Reduzierung der CO_2-Emissionen und des Verbrauchs nicht regenerativer Energieressourcen in Verbindung mit einer Aufwertung des Gebäudeerscheinungsbildes. Bei Instandsetzungsmaßnahmen sowohl im Mauerwerksbau [108] als auch – und dies ist der primäre, weil planmäßig immer vorhandene, Problempunkt – bei Großtafelbauten [120] ergibt sich für die WDVS eine zusätzliche Beanspruchung, die aus der Überbrückung eventuell vorhandener Risse – speziell im Mauerwerksbau – oder der planmäßigen Fugen in Großtafelbauten resultieren, da diese Diskontinuitäten im Untergrund infolge der Instationarität der thermischen und hygrischen Randbedingungen eine Veränderung ihrer Breite aufweisen. In [120] und [122] werden für Fugen bzw. Risse in Abhängigkeit von Dämmschichtdicke, Absorptionsgrad der Oberfläche und Fugen- bzw. Rißabstand maximale Bewegungen infolge thermischer Einflüsse in der Größenordnung von rund 1,0 mm abgeschätzt. Unter Einbeziehung des hygrischen Verhaltens der verformbar aufgehängten Vorsatzschalen (Wetterschutzschalen) von instandzusetzenden GTB (Berücksichtigung des langfristigen Austrocknens der Vorsatzschalen bei einer Plattengröße von rund 6,0 m) wird in [123] als Grenzwert eine hygrothermische Gesamtverformung der Fuge von 2,4 mm angegeben.

Die Prüfung von WDVS hinsichtlich ihrer Schadenfreiheit bei der Überbrückung von Rissen in Mauerwerkwänden bzw. Fugen in GTB ist z.Z. jedoch weder Bestandteil der DIN 1102 [33] noch der Mitteilungen des Deutschen Instituts für Bautechnik [34] und [35] noch der UEAtc-Leitlinien [420] und [421]. Auch im Entwurf der EOTA-Leitlinie [422] sind die Voraussetzungen für den Nachweis der entsprechenden Eignung bisher noch nicht konstituiert.

Von WDVS, die zur Anwendung auf GTB vorgesehen sind, verlangt das Deutsche Institut für Bautechnik jedoch als Zulassungsvoraussetzung den Nachweis der Eignung zur Überbrückung aktiver Fugen.

Nach Entscheidung des Sachverständigenausschusses „Fassadenbau" – A – des DIBt vom 2. September 1996 kann dieser Nachweis der Eignung zur Überbrückung aktiver Fugen in GTB mit dreischichtigen Außenwandelementen für die unterschiedlichen WDVS-Ausführungen wie folgt erbracht werden (vgl. auch [124]):

1. WDVS mit organisch gebundenen Armierungsputzen und reinen Kunststoffputzen

Kurzbeschreibung:	keine
Voraussetzungen:	Zugbruchdehnung $\varepsilon_U > 1$ % Wärmedämmstoffdicke $d_W \geq 60$ mm
Zulassungskriterien:	keine

2. WDVS mit mineralisch gebundenen Armierungsputzen

2.1 Vereinfachtes Nachweisverfahren („Putzstreifen-Zugversuch")

Kurzbeschreibung:	Durchführung eines Zugversuches an einem Probekörper aus Armierungsputz ($d_{Probe} = 2 \cdot d_{Ap}$) mit zentrisch eingebettetem Armierungsgebwebe, Abmessungen: 100 · 600 mm
Voraussetzungen:	Wärmedämmstoffdicke $d_W \geq 80$ mm Dicke des Armierungsputzes $d_{AP} \leq 4$ mm Dicke des Oberputzes $d_{OP} \leq d_{AP}$ Maschenweite des Gewebes $l_K \cdot l_S \leq 6$ mm · 6 mm
Zulassungskriterien:	Bei einer Dehnung des Putzstreifens von $\varepsilon_{ges} \geq 1$ % darf die sich rechnerisch ergebende mittlere Rißbreite (arithmetisches Mittel) den Wert $w_m = 0{,}10$ mm nicht überschreiten und es müssen sich mindestens 10 Risse auf einer Meßlänge von $l_m = 200$ mm ein stellen
Anmerkung:	Können die Beurteilungskriterien nicht erfüllt werden, ist der Nachweis nach 2.2 oder 2.3 (vgl. nachfolgende Ausführungen) zu erbringen

2.2 Bauteil-Großversuch

Kurzbeschreibung:	Großflächige WDVS-Probekörper werden einer monotonen und/oder zyklischen Starrkörperverschiebung des Untergrundes bei gleichzeitiger hygrothermischer Belastung unterworfen. Eine ausführliche Beschreibung der Versuchsdurchführung ist [116] zu entnehmen. Bild 7.29f zeigt die „Bochumer Großversuchsanlage" zum Nachweis der Eignung von WDVS zur Überbrückung aktiver Fugen in GTB mit dreischichtigen Außenwandelementen
Voraussetzungen:	keine
Zulassungskriterien:	Bei einer Fugenöffnung des Untergrundes von 2,4 mm und unter ungünstigster hygrothermischer Belastung darf kein Riß auf der Oberfläche des Armierungsputzes unter Berücksichtigung der erforderlichen Umrechnungsfaktoren eine Rißbreite von w = 0,15 mm überschreiten. Eine ausführliche Beschreibung der Versuchsauswertung ist [125] zu entnehmen.

2.3 Numerische Berechnung

Kurzbeschreibung:	Mit einem experimentell verifizierten Finite-Elemente-Verfahrens, z. B. [126], erfolgt eine rechnerische Rißbreitenbestimmung

Voraussetzungen: keine

Zulassungskriterien: Bei einer rechnerischen Fugenöffnung des Untergrundes von 2,4 darf kein Riß auf der Oberfläche des Armierungsputzes eine Rißbreite von w = 0,15 mm überschreiten.

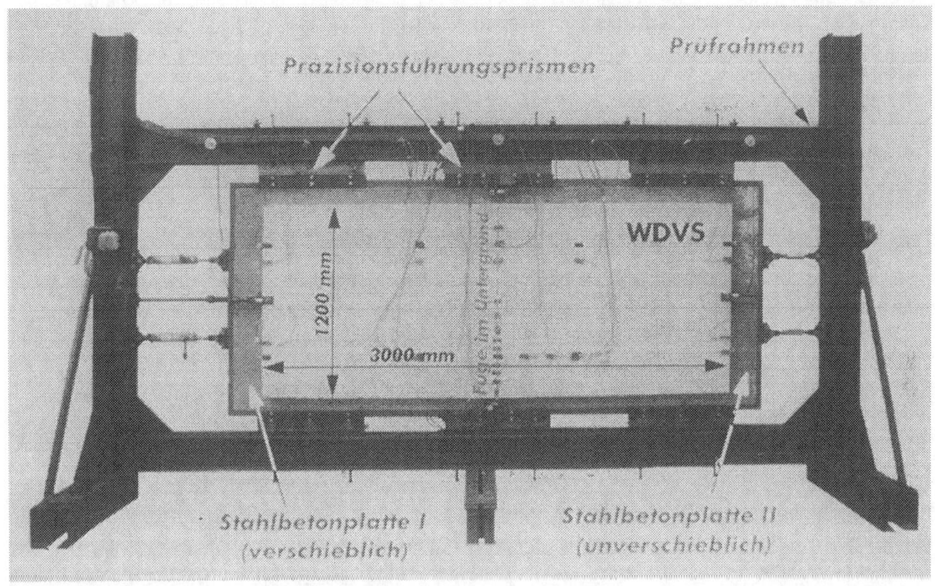

Bild 7.29f „Bochumer Großversuchsanlage" zum Nachweis der Eignung von WDVS zur Überbrückung aktiver Fugen in GTB mit dreischichtigen Außenwandelementen, Darstellung ohne hygrothermische Belastungseinheiten [126]

7.4.3.2 Außendämmung als Warmedämm-Putzsystem (WDPS)

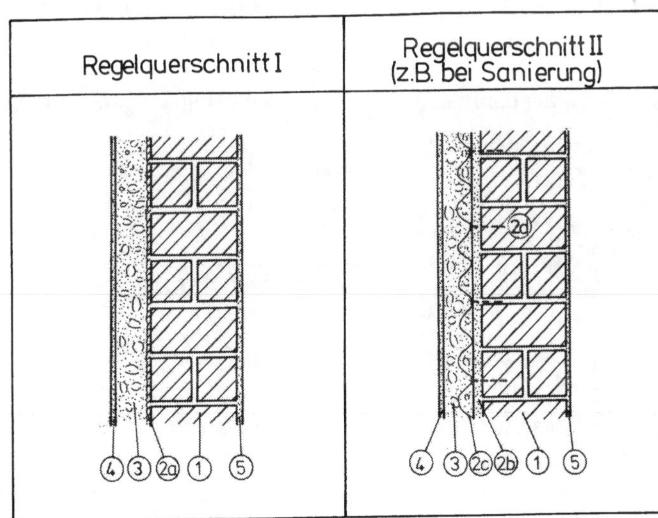

Bild 7.29 g
Regelquerschnitte von Wärmedämm-Putzsystemen (WDPS) zu Abschn. 7.4.3.2 (weitere Beispiele für Ausführungsmöglichkeiten in [108])

Regelquerschnitt I (Bild 7.29 g):

1 massive Tragschicht (hier Mauerwerk-Wand), *2a* Spritzbewurf, im allgemeinen bei unterschiedlich oder schwach saugendem Putzgrund erforderlich. Ausführung auf Mauerwerk volldeckend, auf Beton nichtdeckend (warzenförmig). *3* wärmedämmender Unterputz aus Mörteln mit mineralischem Zuschlag und expandiertem Polystyrol (EPS) als Zuschlag nach DIN 18 550-3 [3]. Er soll mindestens 20 mm und darf höchstens 100 mm dick sein, wobei nach Herstellerangaben höchstens Schichtdicken von 50 mm in einem Arbeitsgang anzuwerfen oder anzuspritzen (nicht aufzuziehen) sind. Die Oberfläche wird planeben abgezogen und leicht angedrückt, aber nicht gerieben oder gefilzt. Eventuell erforderliche Bewehrung (z. B. an Fensteröffnungen oder zur Aufnahme von erhöhten Zugkräften bei thermisch stark beanspruchten Fassaden) muß den Anforderungen nach DIN 18 550-2 [3] Abs. 2.5 und 6.4 entsprechen. *4* wasserabweisender Oberputz mit mineralischen Bindemitteln. Er kann einschichtig (z. B. als Kratzputz oder zweischichtig (z. B. mit Ausgleichsschicht und Strukturschicht) ausgeführt werden. Dabei muß die mittlere Dicke des Oberputzes 10 mm, seine Mindestdicke 8 mm betragen. Bei zweischichtigem Putzaufbau muß die Ausgleichsschicht mindestens 6 mm dick sein. *5* Innenputz

Regelquerschnitt II (Bild 7.29 g):

In bestimmten Fällen (z. B. bei der Sanierung nicht tragfähiger, nicht oder mangelhaft saugender oder gestrichener Putzgründe) gilt:
1, *2*, *3*, und *5* entsprechend den allgemeinen Konstruktionsregeln, vgl. Erläuterungen bei Regelquerschnitt I, *2b* Altputz, *2c* Dämmputz-Träger. Bewährt haben sich wellenförmige Dämmputz-Träger aus geschweißtem oder ebenem Drahtnetz mit den jeweils besonderen Befestigungselementen 2d (die Herstellerangaben sind zu beachten), desweiteren gelten die Angaben in DIN 18 550-2 [3] Abs. 6.3. *2d* Befestigungselemente

Beschreibung

In bauphysikalischer Hinsicht sind die Verhältnisse ähnlich denen des Abschnittes 7.4.3.1 (Wärmedämm-Verbundsystem). Der winterliche Wärmeschutz eines WDPS ist – bei gleicher Dämmschichtdicke – aufgrund der etwa doppelt so großen Wärmeleitfähigkeit λ_R des Dämm-Materials gegenüber dem eines WDPS ungünstiger. Mit anderen Worten: Mit einem WDVS läßt sich mit etwa der halben Dämmschichtdicke eines WDPS die gleiche Wärmedämmwirkung erreichen. Die Applikation des Wärmedämmputzes auf die massive Tragschale verändert nach [76] nicht deren bewertetes Schalldämm-Maß R'_w, es tritt somit weder eine Verbesserung noch eine Verschlechterung des Schallschutzes durch das WDPS ein. Bezüglich des Brandschutzes wird das WDPS als Bl (schwer entflammbar) eingestuft. WDPS eignen sich beispielsweise zur Instandsetzung bestehender Bausubstanz bei gleichzeitiger Verbesserung des Wärmeschutzes, insbesondere bei unebenen oder gerissenen Untergründen [108], [109].

7.4.3.3 Außendämmung zwischen angemörtelter Bekleidung und Mauerwerk

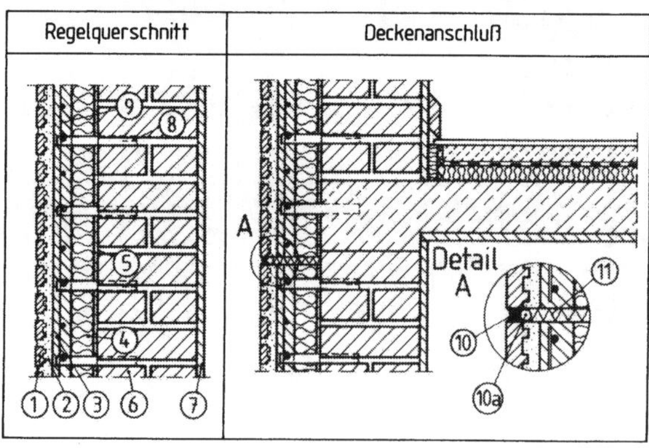

Bild 7.30
Regelquerschnitt und Deckenanschluß zu Abschn. 7.4.3.3

1 bis *4* = angemörtelte Bekleidung (1 und 2) mit Unterbau (3 und 4) nach DIN 18515-1 [9] *1* Fliesen oder Platten mit Fläche $A_0 \leq 0,12$ m^2, Seitenlänge $l_0 \leq 0,4$ m und Dicke $t_0 \leq 0,015$ m (bei geriffelten Platten kann die Gesamtdicke der Platte einschließlich der Riffelung bis 0,02 m betragen): Keramische Fliesen nach DIN EN 176 [410] bzw. bei Zusicherung von Frostbeständigkeit auch nach DIN EN 177 [411] und DIN EN 178 [412], keramische Spaltplatten nach DIN EN 121 [413] bzw. bei Zusicherung von Frostbeständigkeit auch nach DIN EN 186-1 und 2 [414] und DIN EN 187-1 und 2 [415], Spaltziegelplatten mit Prüfung nach DIN 105-1 [24], Natursteinplatten nach DIN 18516-3 [28]. Ergänzender Hinweis: In Abweichung zu den o.g. Materialien wurden in der ehemaligen DIN 18515 [6] Riemchen mit Dicken 10 bis 30 mm bzw. alternativ Platten mit Dicken 5 bis 30 mm oder kleinformatige Mosaiken mit Dicke 5 mm als Bekleidungselement verstanden. Die Fugen zwischen den Fliesen bzw. Platten sind formatabhängig mit ausreichender Breite (Richtwerte für Fugenbreiten: Keramische Fliesen 3 bis 8 mm, Keramische Spaltplatten 4 bis 10 mm, Spaltziegelplatten 10 bis 12 mm, Naturwerksteinplatten 4 bis 6 mm) anzulegen. Sie werden in der Regel nach dem Ansetzen der Fliesen bzw. Platten vor dem Erhärten des Ansatzmörtels 2 etwa in Fliesen- bzw. Plattendicke gleichmäßig unter Entfernung loser Mörtelreste ausgekratzt. Die Verfugung erfolgt in Abhängigkeit von Fliesen- bzw. Plattenoberfläche entweder durch Einschlämmen oder durch Verfugung mittels Fugeisen. In Gebieten mit Schlagregenbeanspruchungsgruppe III (vgl. Tafel 7.8) ist wasserabweisender Fugenmörtel zu verwenden, *2* Ansetzmörtel im Dick- oder Dünnbett. Dickbett: Dicke des Ansetzmörtels im Mittel 15 mm mit einer Zusammensetzung nach Tab. 1 Zeile 3 in [9]. Zur Herstellung eines geschlossenen Mörtelbettes ist jede anzusetzende Fliesen- oder Plattenreihe von oben mit Mörtel zu füllen und schräg abzugleichen. Dünnbett: Dicke des hydraulisch erhärtenden Dünnbettmörtels nach dem Ansetzen mindestens 3 mm. Das Ansetzen der Fliesen bzw. Platten erfolgt nach dem Floating-Buttering-Verfahren, *3* Bewehrter Unterputz. Ausführung als zweilagiger Putz nach DIN 18550-1 [3] mit der Mörtelgruppe PIIIb nach DIN 18550-2 [3], die erste Putzlage reicht bis zur Bewehrung, die zweite Putzlage wird nach 4 bis maximal 24 Stunden aufgebracht, mittige Lage der Bewehrung bei einer Gesamtdicke des Unterputzes von 25 bis 35 mm, *4* Wärmedämmschicht. Verwendung von Schaumkunststoffen nach DIN 18164-1 [36], z.B. expandiertes Polystyrol (EPS) oder von Faserdämmstoffen nach DIN 18165-1 [37], z.B. Mineralfaser des Anwendungstyps WD. Sie müssen wasserabweisend und feuchtebeständig sein. Bei Wärmedämmschichten, die sich nicht zum unmittelbaren Auftrag des bewehrten Unterputzes 3 eignen (z.B. hydrophobierte Faserdämmstoffe), ist eine entsprechende Vorbehandlung (z.B. Aufbringen einer kunststoffvergüteten Zementschlämme) erforderlich. Wärmedämmschichten sind dicht gestoßen zu befestigen, *5* Klebschicht. Alternative: mechanische Befestigung (z.B. mit Dübeln), *6* Tragschale: Sie darf keine durchgehenden Risse, offenen Fugen, unverschlossene Schalungsanker- und Gerüstlöcher aufweisen, Unebenheiten sind vor dem Applizieren der Wärmedämmschicht 4 auszugleichen, *7* Innenputz, *8* tragfähiger Anker aus nichtrostendem Stahl mit der Werkstoffnummer 1.4401 oder 1.4571 nach DIN 17440 [416] bzw. DIN 17441 [417]. Ein statischer Nachweis ist nach DIN 18516-3 [28] (ggf. als Ankertypenberechnung) zu erbringen. Der Nachweis für die Standsicherheit des bewehrten Unterputzes 3 bzgl. der Aufnahme der Windlasten gilt für folgende Verankerung als erbracht: 4 Halteanker (Ø ≥ 3 mm) pro m^2 und zusätzlich 3 Halteanker pro m an den freien Rändern. Die Verformungsmöglichkeit der Anker ist für eine Temperaturdifferenz von $\Delta t = \pm 35$ K nachzuweisen, *9* Bewehrung aus nichtrostendem Stahl der Verfestigungsstufe K 700, Werkstoffnummer 1.4301 oder 1.4571 nach DIN 17440 [416] bzw. DIN 17441 [417] mit einer Maschenweite 50 mm x 50 mm und einem Stabdurchmesser ≥ 2 mm (für andere Bewehrungen, Maschenabstände, Maschenweiten und Stabdurchmesser sind Versuche und statische Nachweise erforderlich). Bewehrung und Verankerung 8 sind konstruktiv miteinander zu verbinden, *10* (bestehend aus 10a und 10b) mit 11 = horizontale (und vertikale – hier nicht dargestellt) Feldbegrenzungsfuge in angemörtelter Verkleidung (1,2), Unterbau (3,4) und Wärmedämmschicht (4, ggf. 5), andernfalls besteht Rissegefährdung der Bekleidung (unterschiedliche Temperaturdehnungen, Wärmestau!) und Schlagregengefährdung mit allen Folgen [69]. Dabei gilt für die Abstände der Feldbegrenzungsfugen: horizontal ≤ 3 m, vertikal ≤ 6 m. Die Abstände sind in Abhängigkeit von den Formaten und Farben der Fliesen bzw. Platten, von der Himmelsrichtung der Fassade, von den Baustoffen der Tragschale sowie nach ästhetischen Aspekten festzulegen, wobei die horizontalen Feldbegrenzungsfugen in der Regel im Bereich der Unterkanten der einzelnen Geschoßdecken (vgl. Bild 7.30 – Deckenanschluß) anzuordnen sind. Zusätzliche Feldbegrenzungsfugen sind im Bereich von Außen- und Innenecken eines Gebäudes vorzusehen. Die Ausführung der Fugen erfolgt entsprechend der Detaildarstellung A in Bild 7.30 (Deckenanschluß) bis auf die Oberflächen der Tragschale 6, die Bewehrung des Unterputzes ist im Bereich der Feldbegrenzungsfugen zu trennen, *10a* Elastische Dichtungsmasse, *10b* hinterlegtes rundes Schaumstoffband, *11* Füllstoff (Mineralfaser).

Anmerkung: Anstelle der in Bild 7.30 dargestellten Ausführung nach DIN 18 515 [9] können auch andere Bekleidungstechniken zur Anwendung kommen. Diese bedürfen jedoch einer bauaufsichtlichen Zulassung. Beispielsweise werden neuerlich vorgefertigte korbartige Unterbauelemente auf Glasfaserbasis angeboten, die an das tragende Mauerwerk angeklebt, angemörtelt oder angedübelt werden und vollständige oder teilweise – und dann mit verbleibendem Hinterlüftungsschlitz – mit Mineralwolle verfüllt, außenseitig verputzt und mit angemörtelter Bekleidung versehen werden.

Beschreibung

Winterlicher und sommerlicher Wärmeschutz, Behaglichkeit, Tauwasserfreiheit auf der Wandinnenoberfläche, Vermeidung materialbedingter Wärmebrücken, geringe Temperaturbelastung des Mauerwerkes, Aufheizung und Abkühlung sowie Brandschutz sind vergleichbar mit den Angaben beim Wärmedämmverbundsystem, s. Abschn. 7.4.3.1. Die Tauwasserfreiheit im Wandinnern hängt nicht nur von der Wärmedämmung des Wandquerschnittes sondern auch von der Ausbildung der Bekleidungen ab: dampfsperrende Bekleidungen (z. B. keramische Bekleidung, insbesondere mit kleinem Fugenanteil) fördern die Tauwasserentstehung hinter der Bekleidung und vergrößern somit die Gefahr der Frostabplatzungen im Winter, s. auch Abschn. 7.3.8, s. auch [74]. Für Angaben zum Schallschutz sind ggf. Eignungsprüfungen erforderlich.

7.4.3.4 Außendämmung zwischen Anmauerung und Mauerwerk nach DIN 18 515 von 1970 [6]

Nach DIN 18 515-2 von 1993 [9] ist eine angemauerte Bekleidung in Verbindung mit einer Dämmschicht wegen zu hoher Schadenanfälligkeit in der Vergangenheit nicht mehr vorgesehen. Dennoch bleibt die Darstellung der – nun „historischen" – Außenwandbekleidung nach [6] zur Beurteilung einer normgerechten Ausführung älterer Konstruktionen hier bestehen.

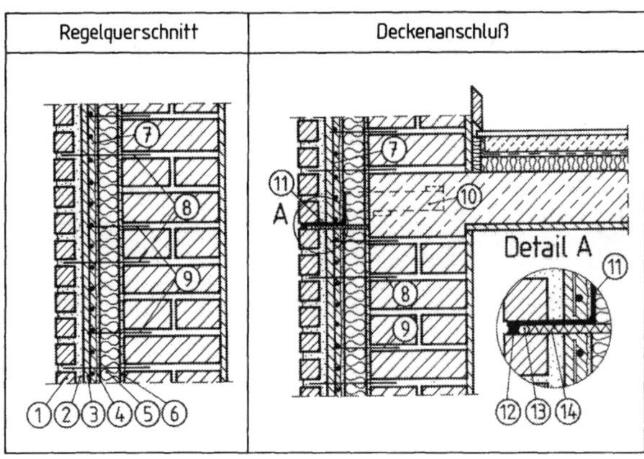

Bild 7.31
Regelquerschnitt und Deckenanschluß zu Abschn. 7.4.3.4

1 bis *4* = angemauerte Bekleidung mit Unterbau nach DIN 18 515 [6]

1 Angemauerte Bekleidung aus Riemchen oder Sparverblendern mit Dicke 30 bis 70 mm, *2* Schalenfuge aus Mauermörtel, Dicke 15 bis 25 mm, hohlraumfrei geschlossen, *3* Unterputz, Oberfläche aufgerauht, *4* flächendeckender Spritzbewurf, *5* Wärmedämmschicht (z. B. Mineralfaser-, Hartschaum-, Schaumglas- oder Holzwolleleichtbauplatten), *6* Klebschicht. Alternative: mechanische Befestigung von 5, *7* Bewehrung des Unterputzes (z. B. Betonstahlmatten 75 · 75 · 3 oder 50 · 50 · 2,5 oder 50 · 50 · 3), *8* Anker (der Bekleidung) aus nichtrostendem Stahl, ≥ 5 Stück/m², ∅ 3 mm, lotrechter Abstand ≤ 30 cm, waagerechter Abstand ≤ 75 cm. *9* Anker (der Bewehrung des Unterputzes) aus nichtrostendem Stahl. Die Bewehrung ist zur Übertragung der Vertikallasten aus dem Eigengewicht des Unterputzes (plus der Horizontallasten aus Windsog, solange – im Bauzustand – 1 noch nicht aufgemauert ist) mit 9 (mindestens 5 Anker je m² aus nichtrostendem Stahl, ∅ 3 mm) mit dem Untergrund zu verbinden. Es ist zu empfehlen, die Anker auch formschlüssig mit der Bewehrungsmatte des Unterputzes zu verbinden, z. B. durch Umbiegen und anschließendes Verrödeln. Alternativen: Von der Industrie werden spezielle Anker angeboten, z. B. mit Spreizdübel, Teller und Verbindungsmöglichkeit zur Bewehrungsmatte. Diese Anker dienen gleichzeitig als Abstandshalter der Bewehrungsmatte. *10* einbetonierter Konsolenhalter mit Druckverteilungsplatten, korrosionsgeschützt, *11* Konsole, korrosionsgeschützt (z. B. verzinkter Winkelstahl) als Aufstandsfläche für 1 oder – wie hier gezeichnet – als Aufstandsfläche für alle außenseitig vor der Wärmedämmung liegenden Bekleidungsschichten 1, 2, 3 und 4, 12 bis 14 horizontale Dehnungsfuge in der Bekleidung unter Aufstandsfläche bzw. Abfangung (Konsole, Deckenvorsprung o. ä.), *12* Elastische Dichtungsmasse, *13* hinterlegtes rundes Schaumstoffband, *14* Füllstoff (Mineralfaser)

Anmerkung zur Anordnung von Abfangungen und horizontalen Dehnungsfugen in der Bekleidung:
Unter jeder Abfangung von 1 (z. B. Konsole 10, Deckenvorsprung o. ä.) ist eine horizontale Dehnungsfuge (gemäß 12 bis 14) anzuordnen. Abfangungen von 1 (und demgemäß darunter liegend horizontale Dehnungsfugen 12 bis 14) sollten in **jedem** Geschoß angeordnet werden.

Anmerkung zu den Abständen vertikaler Dehnungsfugen in der Bekleidung:
Vertikale Dehnungsfugen sind in jeder Gebäudeecke und in Abhängigkeit von den örtlichen Gegebenheiten und den Abmessungen des Gebäudes (z. B. Gebäudelängen und -tiefen über 20 m) anzuordnen.

Beschreibung

In bauphysikalischer Hinsicht sind die Verhältnisse vergleichbar mit denen des Abschnittes 7.4.3.3 (Außendämmung zwischen angemörtelter Bekleidung und Mauerwerk).

7.4.3.5 Innendämmung (Bild 7.32 auf S. 356)

1 Außenputz, *2* Klebschicht, *3* Innendämmung, *4* Innenputz, *5* Dampfsperre. (Wann eine Dampfsperre erforderlich ist: s. spätere Beschreibung.), *6* Einbetonierte Dämmstoffschicht, Einbindelänge mindestens 50 cm, besser 70 cm. In Abhängigkeit von der Art des Dämm-Materials kann ein darauf angeordneter Putzträger erforderlich werden, auf eine ausreichende Betondeckung der Bewehrung - auch unter brandschutztechnischen Aspekten - ist zu achten. *7* Dämmstoffkeil unter der Decke, angeklebt oder mechanisch befestigt, ggf. mit Putzträger, Länge mindestens 50 cm, besser 70 cm.

Hier nicht dargestellt: Ggf. auch die an die Außenwand anschließenden Querwände beidseitig mit überputzbaren Dämmstoffkeilen gemäß 7 gegen Wärmebrücken schützen.

Anmerkungen: In Bild 7.32 wurde die Außenoberfläche der Wand in allen Fällen als Putzschicht dargestellt. Selbstverständlich eignen sich auch andere Ausführungen wie z. B.: Hinterlüftete Fassade, Vormauerschale, Wand als einschaliges Verblendmauerwerk.

Beschreibung

Energiesparender Wärmeschutz im Winter, Behaglichkeit und Tauwasserschutz auf der Wandinnenoberfläche sind bei entsprechend dicker Wärmedämmschicht sehr gut, da diese Eigenschaften nur vom k-Wert der Wand abhängig sind. Ein guter k-Wert kann mit relativ geringer Gesamtwanddicke erreicht werden. Wärmebrücken großflächiger Art können z. B. im An-

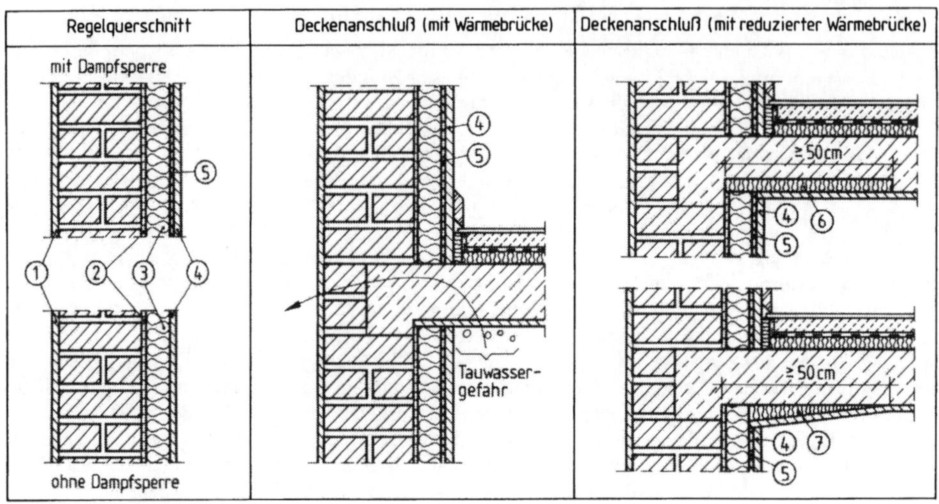

Bild 7.32 Regelquerschnitte und Details zu Abschn. 7.4.3.5

schlußbereich von Decken und Innenwänden auftreten (s. Bild 7.32 „Deckenanschluß mit Wärmebrücke"). Diesen Wärmebrücken kann durch konstruktive Maßnahmen – zumindest in gewissem Umfang – begegnet werden (s. Bild 7.32 „Deckenanschluß mit reduzierter Wärmebrücke"). Diesen Wärmebrücken kann durch konstruktive Maßnahmen – zumindest in gewissem Umfang begegnet werden (s. Bild 7.32 „Deckenanschluß mit reduzierter Wärmebrücke"). Aufheizung und Auskühlung erfolgen schnell (Bewertung nach Tafel 7.28). Der sommerliche Wärmeschutz ist – bedingt durch das geringe Wärmespeichervermögen der raumseitigen Baustoffschicht (= Innendämm-Schicht, *3* in Bild 7.32) – nicht gut, ein gewisser Ausgleich kann durch Anordnung einer schwereren Bekleidung o. ä. auf der Innenseite der Wand, z. B. dicke Innen-Putzschicht (*4* in Bild 7.32), innen dicke Gipskartonplatte, Riemchenbekleidung innen, erreicht werden. Außerdem sei darauf hingewiesen, daß das sommerliche Innenraumklima auch wesentlich von Fenstern und Innenbauteilen (z. B. Innenwände) mitbestimmt wird, vgl. Abschn.7.3.4. Die Temperaturdehnung des Wandmauerwerkes ist sehr groß (völliges „Durchfrieren" des Wandmauerwerkes im Winter, Wärmestau im Sommer), daraus resultieren entsprechend kleine Dehnungsfugenabstände, vgl. Abschn. 7.3.6. Wegen der Frostgefahr im Winter sollten Kalt- und Warmwasserleitungen gut nach außen gedämmt oder besser nach innen verlegt werden, hieran ist vor allem auch bei nachträglicher Innendämmung einer Wand zu denken. Der Tauwasserschutz im Wandinnern ist – bedingt durch den Schichtaufbau – zunächst bauphysikalisch ungünstig. Dem Tauwasserausfall bzw. seiner Einschränkung begegnet man z. B. durch Anordnung einer innenseitigen Dampfsperre (*5* in Bild 7.32) oder durch Verwendung von Dämmstoffen, die entweder dampfdicht sind (z. B. Schaumglas) oder ausreichend dampfbremsend wirken (z. B. Dämmschicht aus extrudiertem Hartschaum), weitere Angaben s. Abschn. 7.2.3.3. Bei Verwendung von Mineralfaserdämmstoffen ergibt sich nach DIN 4108 [1], s. auch Abschn. 7.2.3.3, immer die Notwendigkeit der Anordnung einer Dampfsperre. Nach neueren Forschungsergebnissen kann ggf. auch darauf verzichtet werden [81], [82].

Der Schlagregenschutz ist primär von der Ausbildung der Außenoberfläche abhängig (z. B. Außenputz, hinterlüftete Bekleidung). Der Schallschutz kann durch Anordnung einer Innendämmung gegenüber der ungedämmten Wand – in Abhängigkeit vom Aufbau der Innendämmung – besser oder auch erheblich schlechter werden. Das gilt sowohl für den direkten Schalldurchgang als auch für die indirekte Schallübertragung (Schall-Längsleitung).

Bezüglich des Schallschutzes gelten zwei Grundsätze:

A. Bei Verwendung steifen Wärmedämm-Material verschlechtert sich der Schallschutz. Innenseitig angebrachte Wärmedämmschichten (*3* in Bild 7.32), die mehr oder minder flächig (z. B. durch flächiges Aufkleben, durch Anbetonieren, indem die Dämmplatten als verlorene Schalung verwendet werden oder durch Andübeln) mit der Wand (Mauerwerkwand, Betonwand) verbunden und mit einer innenseitigen Bekleidung (z. B. Innenputz oder Bekleidung mit Gipskartonplatten o. ä) versehen sind, verschlechtern den Schallschutz immer dann, wenn die Wärmedämmschichten aus s t e i f e m Material (z. B. aus Hartschaum- oder Holzwolleleichtbauplatten) bestehen. Die Größe der Verschlechterung hängt sehr von der Art der konstruktiven Ausführung ab, z. B. von der Ausbildung der Wand selber (z. B. Mauerwerk, Beton), von der Dicke der Wärmedämmschicht und der Steifigkeit des Dämmaterials und von der flächenbezogenen Masse der Bekleidung (Innenputz, Gipskartonplatten o. ä.). Es tritt sowohl eine Verschlechterung von R'_w (bzw. bei Außenwänden mit Fenstern, Rolladenkästen o. ä. von $R'_{w,\,res}$) der Außenwand gegenüber direktem Schalldurchgang (Außenlärm, vgl. Abschnitt 7.2.4.2) als auch – verursacht durch Erhöhung der Schall-Längsleitung (vgl. Abschn. 7.2.4.3) der flankierenden Außenwände in horizontaler und vertikaler Richtung – eine Verschlechterung des R'_w der an die Außenwand anschließenden trennenden Innenwände und Decken ein. In [80] werden praktische Fälle mit Verschlechterungen von R'_w des trennenden Bauteils infolge der Erhöhung der Schall-Längsleitung des flankierenden Bauteils zwischen 3 und 9 dB angegeben.

B. Wird anstelle des steifen Wärmedämm-Materials (siehe A) weiches Material (z. B. Faserdämmstoffe) verwendet, verbessert sich der Schallschutz. Günstig wirkt sich auch eine Befestigung der Vorsatzschale mittels freistehendem Ständerwerks oder als punktförmig angeklebte Verbundplatte aus [113].

Darüber hinaus besteht die Möglichkeit, durch speziellen Aufbau der Innendämmung nach Bild 7.33 den Schallschutz nicht nur grundsätzlich zu verbessern, sondern den verbesserten Schallschutz auch quantitativ nach DIN 4109 [2] Beibl.1, Tab. 7 und 8 zu erfassen.

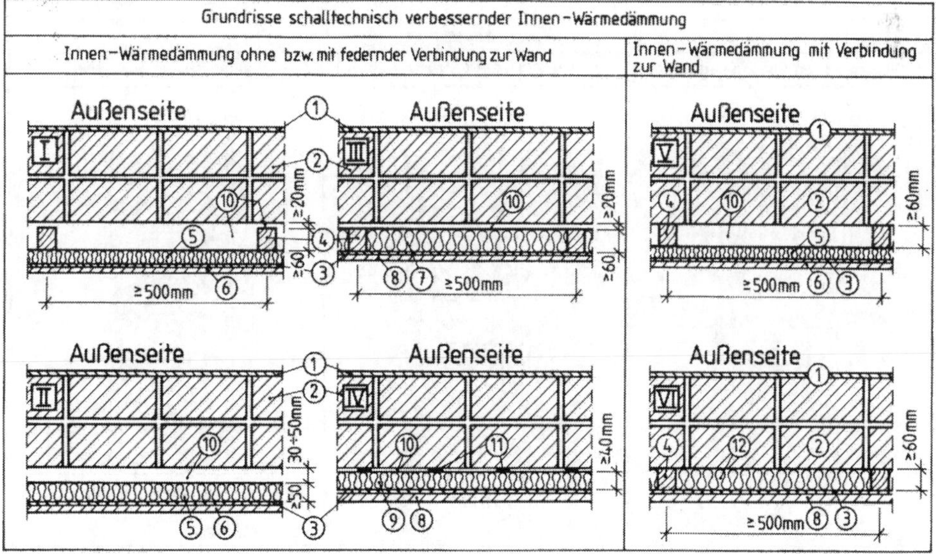

Bild 7.33 Schalltechnisch verbessernde Innen-Wärmedämmung nach DIN 4109 [2], Beibl. 1

Anmerkung: Die (schalltechnisch bedeutungslose) Dampfsperre ist in der Schallschutznorm DIN 4109 [2], Beibl. 1 nicht mit angegeben

1 Außenputz, *2* Mauerwerk, *3* Dampfsperre. Integration der Dampfsperre bei Gipskartonplatten s. 8, *4* Holzstiel (Ständer). Bei III und VI können schallschutztechnisch [2] auch Ständer aus C-Wandprofilen aus Stahlblech verwendet werden, diese sind jedoch wärmetechnisch ungünstiger (Wärmebrücke), *5* Holzwolle-Leichtbauplatte. Bei I Dicke ≥ 25 mm, bei II Dicke ≥ 50 mm, *6* Putz (Innenputz), *7* Faser-Dämmstoff nach DIN 4109 [2], Beibl. 1 Tab. 7, *8* Gipskartonplatte, Dicke 12,5 oder 15 mm oder Spanplatte, Dicke 10 bis 16 mm. Falls eine Dampfsperre erforderlich ist, können Gipskartonplatten mit integrierter Dampfsperre (unterzeitige Kaschierung mit Alu-Folie) verwendet werden, *9* Faserdämmplatte, streifen- oder punkförmig angesetzt, *10* Abstand zur Wand (Luftschicht), *11* streifen- oder punktförmiger Ansetzkleber, *12* Hohlraumausfüllung mit Faserdämmstoff nach DIN 4109 [2] Beibl. 1. Tab.7.

Zur Beurteilung des Brandschutzes spielt das Brandverhalten (Brennbarkeit) der Dämmschicht die entscheidende Rolle. Die Baustoffklasse bezüglich Nichtbrennbarkeit/Brennbarkeit (A1, A2 / B1, B2, B3) der Dämmschicht bzw. des Aufbaus des Dämmsystems (z. B. Gipskartonplatten mit Hartschaumdämmschicht oder mit Faserdämmschicht) sind den entsprechenden Prüfzeugnissen zu entnehmen.

Abschließend wird auf folgende Punkte hingewiesen:

Die Innendämmung spielt wegen der einfachen Ausführbarkeit bei der nachträglichen Wärmedämmung eine wichtige Rolle, hierbei ist jedoch zu beachten, daß sich die Wohnfläche etwas verringert (Hinweis bzw. Absprache mit Mietern erforderlich), daß während der Montagezeit die Raumnutzung beeinträchtigt wird und die Montage bei bereits vorhandenen Einbaumöbeln Einschränkungen unterworfen ist; des weiteren ist unter Umständen die Lage von Installationsleitungen der Wärmedämmung anzupassen. Das nachträgliche Befestigen von Gegenständen (Regale, Gardinenbretter, Wandlampen usw.) bedarf zusätzlicher konstruktiver Maßnahmen (z. B. Holzklotz in Dämmschichtdicke unterlegen, Befestigungsschrauben bis ins Mauerwerk führen). Bei z. B. historisch wertvollen Fassaden kommt praktisch nur eine Innendämmung in Frage, da eine Außendämmung das Erscheinungsbild zerstören würde.

7.4.3.6 Manteldämmung

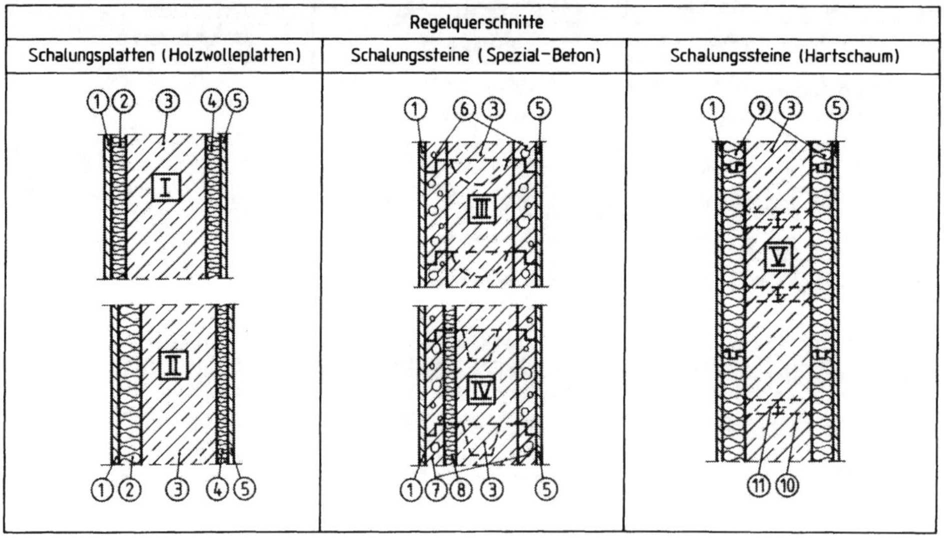

Regelquerschnitte		
Schalungsplatten (Holzwolleplatten)	Schalungssteine (Spezial-Beton)	Schalungssteine (Hartschaum)
① ② ③ ④ ⑤ I II ① ② ③ ④ ⑤	① ⑥ ③ ⑤ III IV ① ⑦ ⑧ ③ ⑤	① ⑨ ③ ⑤ V ⑪ ⑩

Bild 7.34 Regelquerschnitte zu Abschn.7.4.3.6

1 Außenputz, *2* Außendämmung: Holzwolle-Leichtbauplatte oder Leichtbau-Verbundplatte (bestehend aus Holzwolleleichtbauplatte plus Hartschaumplatte) als verlorene Schalung, *3* Leicht- oder Normalbeton (als Ortbeton eingebracht), *4* Innendämmung, wie 2, *5* Innenputz, *6* Schalungsstein aus wärmedämmendem Material: Leicht-, Bims- oder Holzspanbeton, *7* Schalungsstein aus wärmedämmendem Material: leicht oder Bimsbeton, dessen Wärmedämmung außenseitig durch hinzufügen von 8 verbessert wird, *8* Hartschaumplatte, in Hohlraum des Schalungssteines eingefügt, *9* wärmedämmender Schalungskörper, bestehend aus außen- und innenseitigen Hartschaumplatten mit Zugverbindung 10, 11 zur Aufnahme des Schalungsdruckes, *10* punktuelle Hartschaum-Zugverbindung, *11* Verbindungsvorrichtung (symb. dargestellt).

Beschreibung

Auch wenn die verschiedenen Wandquerschnitte (Bild 7.34) bei der Manteldämmung (Mantelbauweise) unterschiedlich hergestellt werden, so ist das Prinzip der Schichtenfolge immer gleich: der aus Leicht- oder Normalbeton hergestellte Wandkern (3 in Bild 7.34) ist beidseitig, d. h. innen und außen, mit einer Wärmedämmschicht „ummantelt". Praktisch handelt es sich um massive Wände, die gleichzeitig mit einer Außen- und Innendämmung versehen sind. Danach addieren sich in Hinblick auf bauphysikalische Eigenschaften bei dieser Bauweise mehr oder minder die Vor- und Nachteile der Außendämmung nach Abschn. 7.4.3.1 „Außendämmung als Wärmedämm-Verbundsystem" und der Innendämmung nach Abschn. 7.4.3.5.

Winterlicher Wärmeschutz, Behaglichkeit und Tauwasserfreiheit auf der Wandinnenoberfläche sind allein abhängig vom k-Wert, d. h. primär abhängig von Dicke und Material der Wärmedämmschichten 2 u. 4 bzw. 6 bzw. 7 u. 8 bzw. 9 und können – je nach Wandquerschnitt zwischen „mäßig" und „sehr gut" liegen. Während die außenseitige Wärmedämmung der Tauwasserentstehung im Wandinnern entgegenwirkt (vgl. Abschn. 7.4.3.1), wird sie durch die innenseitige Wärmedämmung (vgl. Abschn. 7.4.3.5) gefördert. Insofern ist eine im Vergleich zur innenseitigen Wärmedämmschicht dickere außenseitige Wärmedämmschicht günstig. Vergleicht man beispielsweise in Bild 7.34 die Regelquerschnitt Varianten I, II, III und VI miteinander, so ist (bei gleichem k-Wert) die Tauwassergefährdung im Wandinnern bei II und IV (außenseitig dickere Wärmedämmschicht als innenseitig) geringer als bei I und III (außen- und innenseitig gleichdicke Wärmedämmschicht), maßgebend ist selbstverständlich letztlich immer der Nachweis nach Abschn. 7.2.3.3. Der Schlagregenschutz ist allein abhängig von der Bekleidung der Außenoberfläche. Im Falle einer Putz-Außenoberfläche sollte das Putzsystem (Material, Schichtaufbau, Herstellung) mit dem Hersteller der Schalungssteine, Schalungskörper oder Schalungsplatten abgestimmt werden. Für Aufheizen und Auskühlen sowie für sommerlichen Wärmeschutz gelten etwa die gleichen Verhältnisse wie bei der Innendämmung, s. Abschn. 7.4.3.5. Die Größe der Temperaturdehnungen des massiven Wandkerns liegt zwischen der von Außen- und Innendämmung, vgl. Abschn. 7.4.3.1 und 7.4.3.5. Der Schallschutz wird bei verputzten Wärmedämmschichten aus steifem Dämmaterial (z. B. Holzwolle-Leichtbauplatten nach I und II oder Hartschaum nach V in Bild 7.34) verschlechtert [80], vgl. auch entsprechende Angaben in Abschn. 7.4.3.1 (Außendämmung als Wärmedämm-Verbundsystem) und 7.4.3.5 (Innendämmung). Bezüglich Schall- und Brandschutzes wird bei Schalungssteinen und -körpern auf die Angaben und Nachweise der Hersteller verwiesen.

Anmerkungen: Während die Herstellung der Wand mit Dämmplatten als verlorene Schalung (Bild 7.34, I und II) und mit Schalungskörpern aus Hartschaum (Bild 7.34, V) eindeutig dem Ortbetonbau zuzuordnen ist, liegt die Ausführung mit Schalungssteinen (Bild 7.34, III und IV) – in Abhängigkeit von der Festigkeit des Steinmaterials – zwischen dem Mauerwerk- und dem Ortbetonbau. Ausführungen in Leicht- oder Bimsbeton nach Bild 7.34, III u. IV stehen i. d. R. dem Mauerwerksbau und in Holzspanbeton (Bild 7.34, III) dem Ortbetonbau näher [79]. Bei Verwendung von Schalungssteinen nach Bild 7.34, III und IV, ist das Herstellungsprinzip der Wand in allen Fällen gleich: Die Hohlkörper (Schalungssteine) werden im Verband trocken verlegt und nach Erreichen einer bestimmten Wandhöhe mit Beton verfüllt, wobei gleichzeitig durch die vorhandenen seitlichen Öffnungen in den Steinen ein Querfließen des Betons und damit ein Verbund der vertikalen Betonsäulen entsteht (Bild 7.34a).

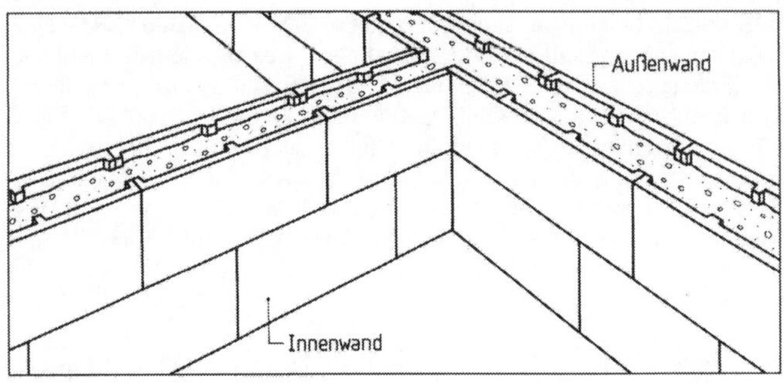

Bild 7.34a
Wände in Mantelbauweise (Bauzustand) mit Betonverfüllung der Hohlkörper [93]

7.4.4 Einschalige Außenwände mit Hinterlüftung

7.4.4.1 Ohne zusätzliche Wärmedämmung

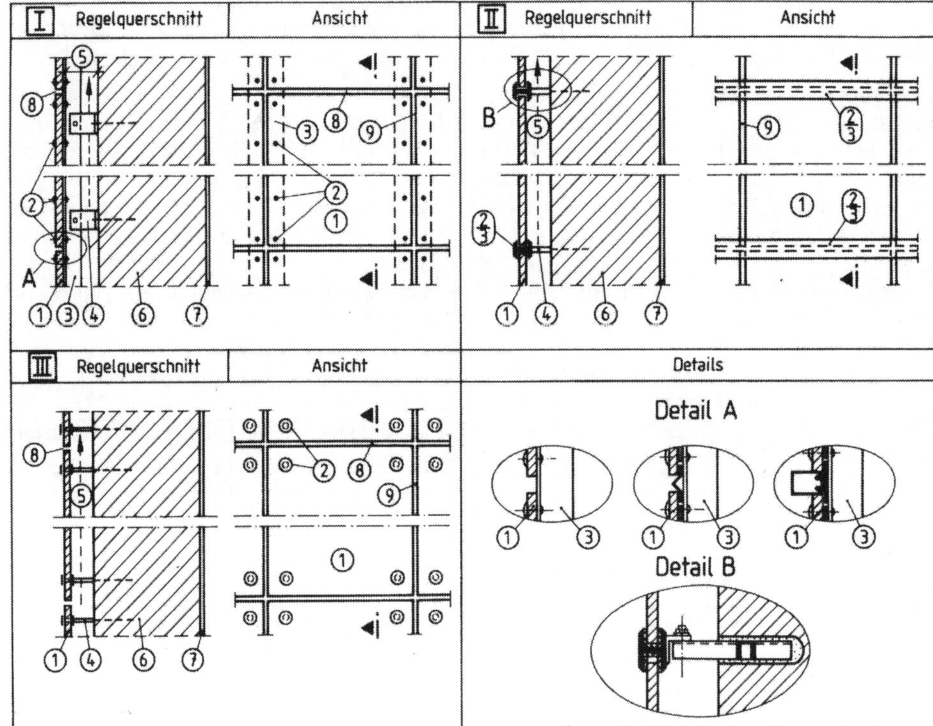

Bild 7.35 Prinzipskizzen und Details hinterlüfteter Fassaden ohne zusätzliche Wärmedämmung am Beispiel ebener, großflächiger, leichter Fassadenplatten [28]
I Bekleidung streifenförm., vertik. Unterkonstruktion, Befestigung punktförmig
II Bekleidung streifenförm., horiz. Unterkonstruktion (Schiene), Befestigung streifenförmig
III Befestigung ohne Unterkonstruktion, Verankerung punktförmig sichtbar und verdeckt

1 Bekleidung z. B. aus Keramik, Glas, Faserzement, Betonwerk- oder Naturstein, Kunststoff (Hart-PVC oder glasfaserverstärkter Kunststoffe), Holz, Metall.

Hinweis: Unter „Außenwandbekleidung“ ist nach DIN 18 516 [28] die mit der Wand mechanisch verbundene Bekleidung zu verstehen.

2 Befestigungen. Befestigungen sind Teile, die die Bekleidung 1 an der Unterkonstruktion 3 mechanisch befestigen (I und II in Bild 7.35). Verbindungen und Befestigungen dürfen ohne besonderen Nachweis aus nichtrostendem Stahl, Aluminium oder Kupfer (DIN 18 516-1 [28]) bestehen. *3* Unterkonstruktion. Diese besteht (soweit eine Unterkonstruktion erforderlich ist) aus metallischen Trag- und ggf. Wandprofilen (z. B. Konsolen) mit eventuellen Gleit- und Festpunkten oder aus Holzlatten (Traglatten) oder Schalungen, z. B. Holzwerkstoffplatten mit oder ohne Konterlatten („Konterlatten" sind die Grundlatten auf der Wand), DIN 18 516-1 [28]. Material: Folgende Baustoffe können ohne besonderen Nachweis verwendet werden: nichtrostender Stahl, Aluminium, Kupfer bzw. Kupfer-Zink-Legierung, korrosionsgeschützter Stahl in Dicken ≥ 4 mm. Bei Holz- und Holzwerkstoffen ist Holzschutz nach DIN 68 800-1, -2, -3, -5 [29] erforderlich. *4* Verankerungen. Dieses sind nach DIN 18 516-1 [28] Teile, die die Unterkonstruktion in der Wand mechanisch verankern (I, II in Bild 7.35). Wenn keine Unterkonstruktion vorhanden ist, wird die Bekleidung unmittelbar an der Wand verankert (III in Bild 7.35). *5* Senkrecht durchgehender Lüftungsspalt. Spaltbreite i. allg. ≥ 20 mm (DIN 18 516-1 [28]) in Ausnahmefällen darf Spaltbreite örtlich auf 5 mm reduziert werden (z. B. durch Wandunebenheiten oder durch die Unterkonstruktion). Verbleiben die Fugen zwischen den Bekleidungselementen offen, ist ggf. die Spaltbreite zu vergrößern, s. 8 und 9. Bei Bekleidungen mit kleinformatigen Platten muß die Spaltbreite nach DIN 18 517 [8] ≥ 1 cm^2 betragen. Der Lüftungsspalt hat folgende Aufgaben: Ableitung eventuell (z. B. durch die Fugen) eindringenden Niederschlagswassers, Reduzieren der Luftfeuchte (infolge Wasserdampfdiffusionsvorgängen – ausgetretene Baufeuchte eingeschlossen – erhöhte Luftfeuchte im Lüftungsspalt) durch Luftzirkulation, kapillare Trennung von Bekleidung und Wandoberfläche, Ableitung von Tauwasser an der Innenseite der Bekleidung (DIN 18 516-1 [28]).

Größe der Be- und Entlüftungsöffnungen: Die Querschnitte der Luftzufuhr (unten) und Luftabfuhr (oben) für den senkrecht durchgehenden Lüftungsspalt 5 müssen mindestens 50 cm^2/m betragen (dieses gilt gleichermaßen für zu hinterlüftende Bekleidungen mit kleinformatigen Platten nach DIN 18 517 [8], vgl. Bild 7.36).

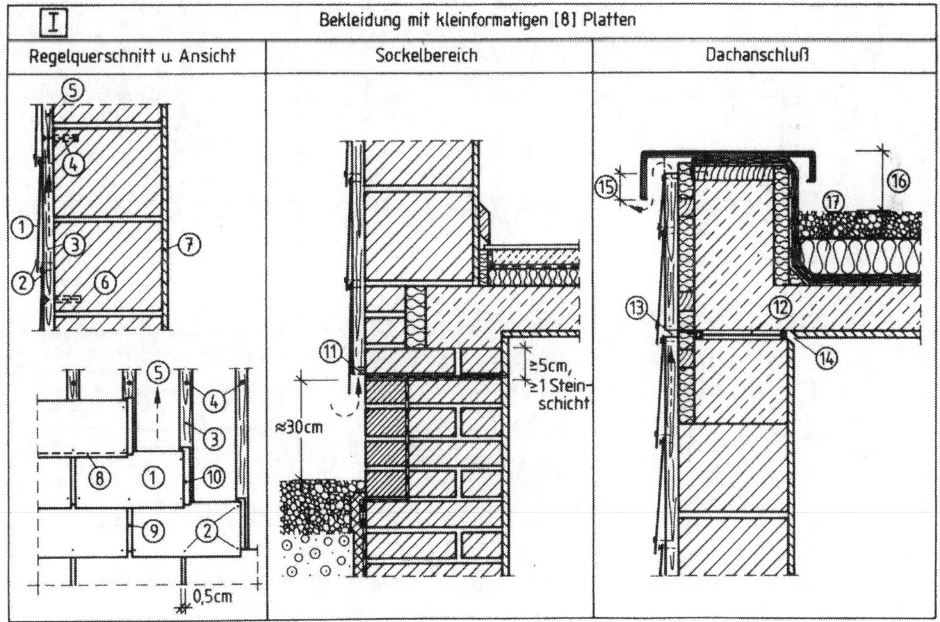

Bild 7.36 Regelquerschnitt und Details zu Abschn. 7.4.4.1
Variante I Bekleidung mit kleinformatigen Platten.

Anmerkung: Die Angaben zu 1 bis 32 erfolgen gemeinsam für die Bilder 7.36, 7.37 und 7.38 im Anschluß an Bild 7.38.

6 Wandquerschnitt, *7* Innenputz, *8* und *9* Horizontal- und Vertikalfuge in der Bekleidung. Die Fugen zwischen den Bekleidungselementen können wahlweise geschlossen werden oder offen bleiben. Bleiben die Fugen offen, so ist mit begrenztem Schlagregeneintritt zu rechnen. In diesem Fall wird empfohlen, die Fugenbreite auf ≤ 1 cm zu beschränken und bei kapillar wasseraufnahmefähiger Wandoberfläche zusätzlich die Spaltbreite (s. 5) in Anlehnung an [93] auf 4 cm zu erhöhen.

Anmerkung: Weiterhin ist zu beachten, daß das bei offenen Fugen eindringende und aus dem Belüftungsspalt abfließende Regenwasser sich bei zementgebundenen Bekleidungselementen mit freiem Kalk anreichert. Das abfließende Regenwasser kann z. B. bei Auftreffen auf Aluminium-Fensterrahmen oder Glasscheiben zu Korrosionserscheinungen führen [94], [95]. Ein solches Auftreffen ist entweder durch konstruktive Maßnahmen zu unterbinden oder die Fugen sind von vornherein mit einer Regensperre (z. B. mit hinterlegten Blechen, elastischen Fugenbändern oder anderen Elementen) abzudichten.

In vielen Fällen werden die Fugen auch aus gestalterischen Gründen geschlossen. Fugen zwischen Bekleidungsplatten über hölzernen Traglatten (senkrechte Holzlatten) sollten allerdings immer geschlossen werden (elastisches Fugenband oder Fugenblech im Bereich der Fuge zwischen Bekleidung und Traglatte auf die Traglatte legen o. ä.), um die Traglatte gegen direkte Beregnung (Schlagregen) zu schützen und damit gleichzeitig ein ggf. mögliches Abfärben des Holzschutzmittels der Traglatte auf die Bekleidungsplatten zu vermeiden.

Statische Nachweise für hinterlüftete Außenwandbekleidungen sind in der Regel erforderlich. Näheres hierzu und Ausnahmen: s. Hinweis am Ende des Abschnittes 7.4.4.1.

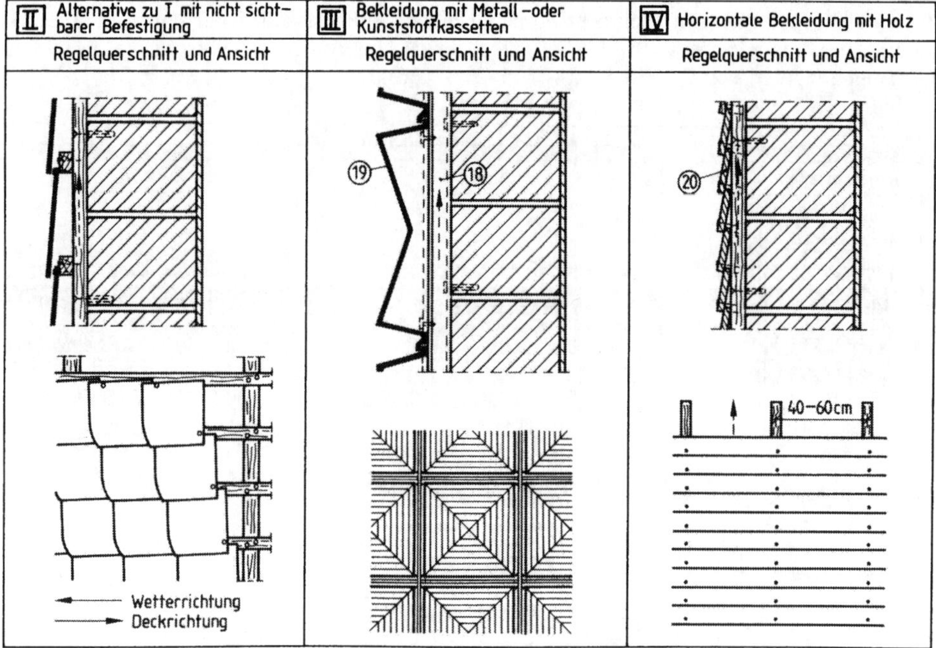

Bild 7.37 Regelquerschnitte und Details zu Abschn. 7.4.4.1
Variante II Bekleidung mit kleinformatigen Platten, Ausführung mit nicht sichtbarer Befestigung (Alternative zu Bild 7.36)
Variante III Bekleidung mit Metall- oder Kunststoffkassetten
Variante IV Horizontale Bekleidung mit Holz

Anmerkung: Die Angaben zu 1 bis 32 erfolgen gemeinsam für die Bilder 7.36, 7.37 und 7.38 im Anschluß an Bild 7.38.

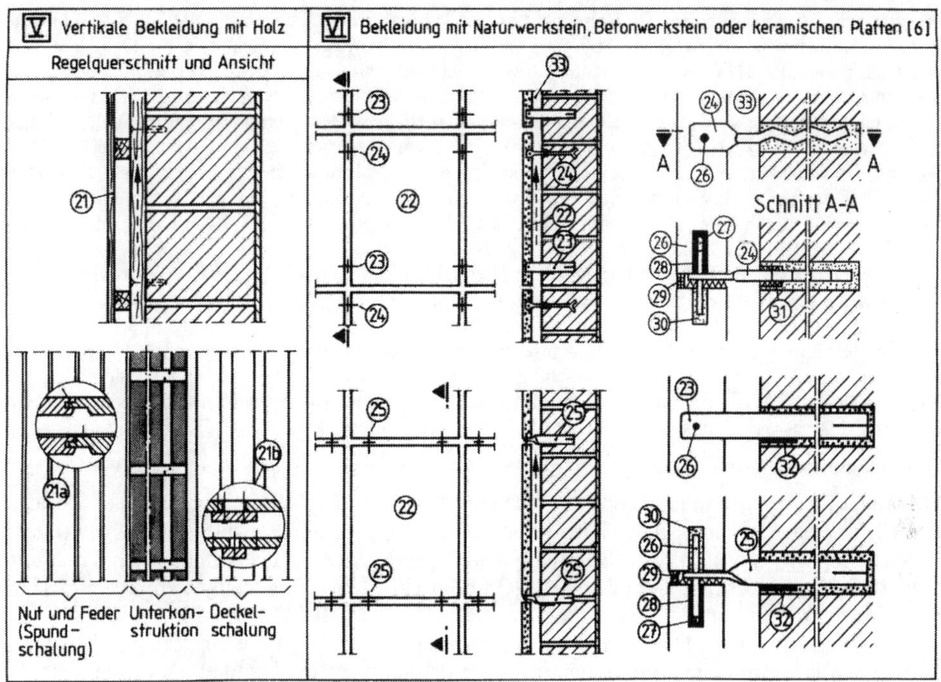

Bild 7.38 Regelquerschnitt und Details zu Abschn. 7.4.4.1
Variante V Vertikale Bekleidung mit Holz
Variante VI Bekleidung mit Naturwerkstein, Betonwerkstein oder keramischen Platten

Zu den Bildern 7.36, 7.37 und 7.38:

1 bis *9* s. Bild 7.35, *10* Kunststoff- oder Alu-Fugenprofil zum Abdecken der (hölzernen) Traglatten 4, *11* Belüftungsöffnungen mit Kunststoff- oder Alu-Lochwinkel als Schutz gegen Kleintiere, *12* Gleitfolien, *13* Trennung der Traglatten 4 in Höhe des Gleitlagers, *14* Kelleneinschnitt, *15* Überstand der Abdeckung (Näheres s. Bild 7.22), *15a* Entlüftungsöffnung mit Sieb oder Lochblech als Schutz gegen Kleintiere, *16* Höhe Dachrandabschluß über OK Dachfläche (Näheres s. Bild 7.22), *17* Umkehrdach (s. Abschn. „Flachdächer") *18* Unterkonstruktion (hier vertikale korrosionsgeschützte Metallschiene, alternativ Holzlatte), *19* Kassette – oft mit ansprechend strukturierter Oberfläche – aus Metall (z. B. Stahlblech emailliert, Alu-Blech, Blech aus nichtrostendem Stahl, Alu-Guß) oder aus Kunststoff. Statt der hinterlüfteten Kassetten können auch hinterlüftete großflächige Metallprofilbleche (z. B. verzinkte oder kunststoffbeschichtete Stahlprofilbleche oder Aluminiumprofilbleche, im Bild nicht dargestellt, analoges Beispiel vgl. Abschnitt 7.4.4.2, Bild 7.39, Variante III) verwendet werden, *20* horizontale Holz-Schalung – hier Stülpschalung – mit sichtbarer Befestigung, (Nägel aus nichtrostendem Stahl, keine verzinkten Nägel verwenden, da Zinkschicht beim Einschlagen beschädigt werden kann; wenn z. B. später schwarzer Lasuranstrich vorgesehen wird, sind ggf. auch verzinkte Nägel ausreichend). Alternative zur Stülpschalung: Schalung mit Nut und Feder mit sichtbarer oder verdeckter Nagelung oder verdeckter Klammerung. *21* vertikale Holz-Schalung, z. B. Schalung mit Nut und Feder (Spundschalung oder Deckelschalung). *21a* vertikale Holz-Schalung als Spundschalung, oben: Befestigung durch verdeckte Nagelung, unten: Befestigung mit verdeckten, angenagelten Klammern, *21b* vertikale Holzschalung als Deckelschalung, oben: gleichbreite Bretter, unten: Deckel-Brett als schmalere Leiste, *22* Naturwerkstein oder Keramik [28]. Es gibt zwei unterschiedliche Verankerungstechniken für die Bekleidungsplatten: Verankerung nur in den Vertikalfugen (in VI, Bild 7.38, obere Darstellung mit 23 und 24) und alternativ nur in den Horizontalfugen (in VI, Bild 7.38, Darstellungen mit 25), *23* Traganker in Vertikalfuge. Ein Traganker dieses Typs hat alleine die gesamte Vertikallast einer ganzen Platte und zusätzlich Windsog- und

Winddruckkräfte zu übertragen, *24* Halteanker in Vertikalfuge. Der Halteanker hat lediglich Winddruck- und Windsogkräfte zu übertragen. Außerdem muß er so ausgeführt werden, daß die Platte am Verankerungspunkt des Halteankers ohne unzulässige Temperaturzwängungen zu erleiden, vertikale und horizontale Bewegungen ausführen kann. Dieses wird erreicht durch einen biegeweichen Halteanker. In Horizontalrichtung wird es erreicht durch freie Beweglichkeit des Ankerdorns 26 in der Gleithülse aus Polyacetal (POM) 28, *25* Trag- und Halteanker in einem. Tragankerfunktion für die Platte über dem Anker und Halteankerfunktion für die Platte unter dem Anker. Es haben immer zwei Trag- und Halteanker dieses Typs die Vertikallast einer Platte gemeinsam zu tragen, zusätzlich sind Winddruck und Windsog aufzunehmen. Die vertikale Beweglichkeit der Plattenoberseite gegenüber dem Anker wird erreicht durch freie Beweglichkeit des Ankerdorns 26 in Kunststoff-Gleithülse 28, zum Überbrücken von Öffnungen kommt in erster Linie die Halterung in der Vertikalfuge mit 23 und 24 in Frage, *26* Ankerdorn, *27* Luftraum zwischen Ankerdorn und Kunststoff-Gleithülse, um die Beweglichkeit des Ankerdorns in den Gleithülsen zu gewährleisten, *28* Kunststoff-Gleithülse, *29* dauerelastische Fugenmasse. Normalfugenbreite 8 mm. Werden die Fugen nicht geschlossen, sind die Vorgaben der DIN 4108-3 [1] zu beachten [28]. Im Regelfall erfolgt jedoch Verschließen der Fugen, um Feuchtigkeitseinfall durch Regen zu vermeiden, *30* Vermörtelung, *31* Gummi-Manschette, um die Biegeweichheit des Halteankers zu erhöhen, *32* Druckverteilungsplatte, *33* Luftschicht zur Hinterlüftung. Freier Querschnitt mindestens 2 cm.

Beschreibung

Die hinterlüftete Bekleidung schützt die dahinterliegende Wand gegen Feuchtigkeit von aussen (Schlagregen, Schnee) und Wind. Von außen (Regen, Schnee) oder von innen (durch Wasserdampfdiffusion) in den Belüftungsspalt eindringende Feuchtigkeit wird durch die Hinterlüftung abgeführt. Darüber hinaus stellt die Bekleidung ein wichtiges architektonisches Gestaltungselement dar. Sie eignet sich weiterhin – nachträglich angewandt – zur Sanierung schlagregengeschädigter Fassaden. Wird – wie in diesem Abschnitt vorausgesetzt – keine zusätzliche Wärmedämmung vorgesehen, muß die dahinterliegende Wand alle anderen bauphysikalischen Funktionen übernehmen, im weiteren wird darum auf die Beschreibung in Abschn. 7.4.2.1 verwiesen. Zur schallschutztechnischen Beurteilung bleibt die Bekleidung selber außer Ansatz, vgl. Tafel 7.12. Zur brandschutztechnischen Beurteilung (vgl. Anforderungen in Abschn. 7.2.5) ist auch das Brandverhalten (Brennbarkeit) der Bekleidung selber zu beachten.

Hinweis: Für alle Außenwandbekleidungen sind statische Nachweise (Eigen-, Wind-, Schnee- und Eis-, Stoßlasten und ggf. Zwängungsspannungen) zu führen. Auf eine Vorlage des Nachweises kann die Bauaufsichtsbehörde verzichten, wenn die einzelnen Bekleidungsplatten folgende Bedingungen erfüllen: Gewicht ≤ 50 N, Fläche ≤ 0,4 m^2 und Höhe der Anbringung über Gelände ≤ 8 m ([83] und [62, 1987, S. 109 f.])

7.4.4.2 Mit zusätzlicher Wärmedämmung

Die in diesem Abschnitt beschriebenen hinterlüfteten Außenwände „mit zusätzlicher Wärmedämmung“ werden lediglich im Regelquerschnitt als Vertikalschnitt – und soweit erforderlich, zusätzlich als Horizontalschnitt – dargestellt. Auf eine Darstellung der zugehörigen Ansichten wird hier unter Hinweis auf die in Abschn. 7.4.4.1 abgebildeten gleichen Ansichten verzichtet.

Weitere Angaben und Darstellung der Ansichten: s. Bilder 7.35 bis 7.38

Hinweis: Der erforderliche freie Belüftungsquerschnitt (siehe Beschreibung zu 5 in Bild 7.35) muß bei Verwendung quellfähiger Wärmedämmschichten (z. B. quellfähige Faserdämmstoffe) auch nach dem Aufquellen noch in ausreichender Größe (bei kleinformatiger Bekleidung eine Spaltbreite ≥ 1 cm [8], sonst ≥ 2 cm, [28]) gewährleistet sein.

Bezüglich der Horizontal- und Vertikalfugenausbildung in der Bekleidung gelten die Hinweise unter 8 und 9 in Abschnitt 7.4.4.1, d. h. daß die Fugen zwischen den Bekleidungselementen wahlweise geschlossen werden oder offen bleiben können.

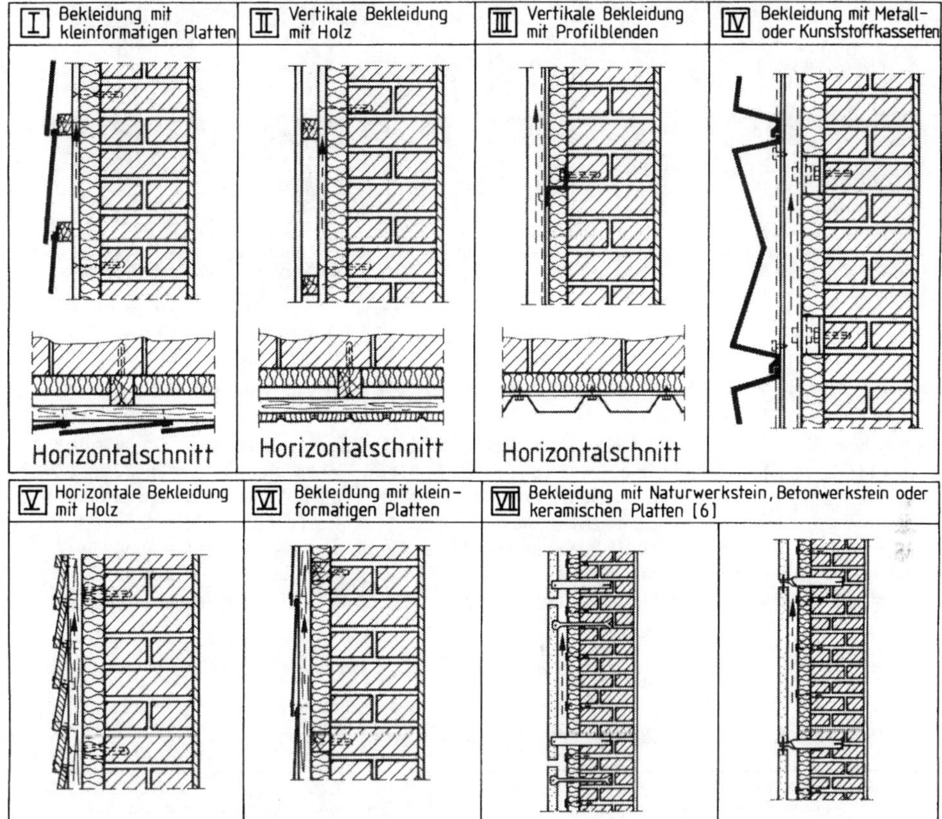

Bild 7.39 Regelquerschnitte zu Abschn. 7.4.4.2 mit den Varianten I, II, III, IV, ,. VI und VII

Bleiben die Fugen offen, ist mit begrenztem Schlagregeneintritt zu rechnen. In diesem Fall wird in Anlehnung an [93] empfohlen, die Fugenbreite auf ≤ 1 cm zu beschränken und als Wärmedämmschicht nicht oder nur geringfügig wasseraufnahmefähiges Material (z. B. extrudierter – aber auch expandierter – Hartschaum, hydrophobierte Mineralwolle) zu verwenden. In diesem Fall ist – aufgrund neuerer Erkenntnisse, jedoch entgegen den Forderungen in [93] – eine Breite des Belüftungsspaltes bzw. der Abstand zwischen Bekleidung und Wärmedämm-Material von 2 cm ausreichend. Bei wasseraufnahmefähigerem Wärmedämm-Material wird auch hier ein Abstand von 4 cm empfohlen.

Beschreibung

Die Vorzüge und allgemeinen Eigenschaften der hinterlüfteten Bekleidung wurden bereits in Abschn. 7.4.4.1 beschrieben und gelten hier gleichermaßen.

Einziger Unterschied: Durch Anordnung der zusätzlichen Wärmedämmung muß der Mauerwerk-Wandquerschnitt nicht mehr vorrangig nach wärmeschutztechnischen Gesichtspunkten bemessen werden, da diese Aufgabe jetzt primär der Wärmedämmschicht zugewiesen wird. Falls schall- und brandschutztechnische Anforderungen dem nicht entgegenstehen, kann die Mauerwerk-Wand vor allem nach statischen Erfordernissen ausgelegt werden.

Anmerkung: Gelegentlich sind in der Praxis Bekleidungen mit kleinformatigen Platten anzutreffen, die nicht die Anforderungen an die Hinterlüftung nach DIN 18 517 [8] erfüllen. Ihre Ausführung ist nicht zu empfehlen. Aus Informationsgründen werden in Bild 7.40 fünf verschiedene Varianten dieser Art – mit entsprechend kritischen Kommentaren – dargestellt.

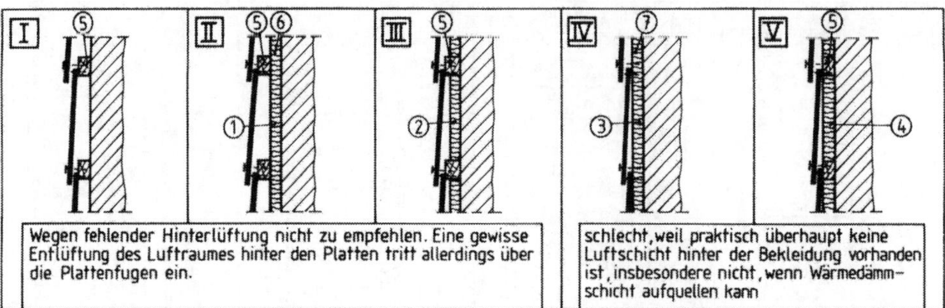

Bild 7.40 Hinweise zu Wandquerschnitten mit Bekleidung aus kleinformatigen Platten mit nicht normengemäßem [8] Aufbau: Es fehlt die in [8] geforderte durchgehende vertikale Hinterlüftung:
Variante I: Außenwand mit Bekleidung ohne zusätzliche Wärmedämmung
Varianten II, III, IV und V: Außenwände mit Bekleidung mit zusätzlicher Wärmedämmung

1 zusätzliche Wärmedämmung, zwischen den vertikalen Konterlatten 6 angeordnet. Die Wärmedämmschicht hat die gleiche Dicke wie die Konterlatten, *2* zusätzliche Wärmedämmung, zwischen den horizontalen Traglatten 5 angeordnet. Die Wärmedämmschicht hat eine geringere Dicke als die Traglatten 5, *3* zusätzliche Wärmedämmung, zwischen den vertikalen Traglatten 7 angeordnet. Die Wärmedämmschicht hat die gleiche Dicke wie die Traglatten 7, *4* zusätzliche Wärmedämmung zwischen den horizontalen Traglatten 5 angeordnet. Die Wärmedämmschicht hat die gleiche Dicke wie die Traglatten *5*, horizontale Traglatte, *6* vertikale Konterlatte, *7* vertikale Traglatte.

7.4.5 Zweischalige Außenwände

7.4.5.1 Zweischaliges Mauerwerk mit Putzschicht

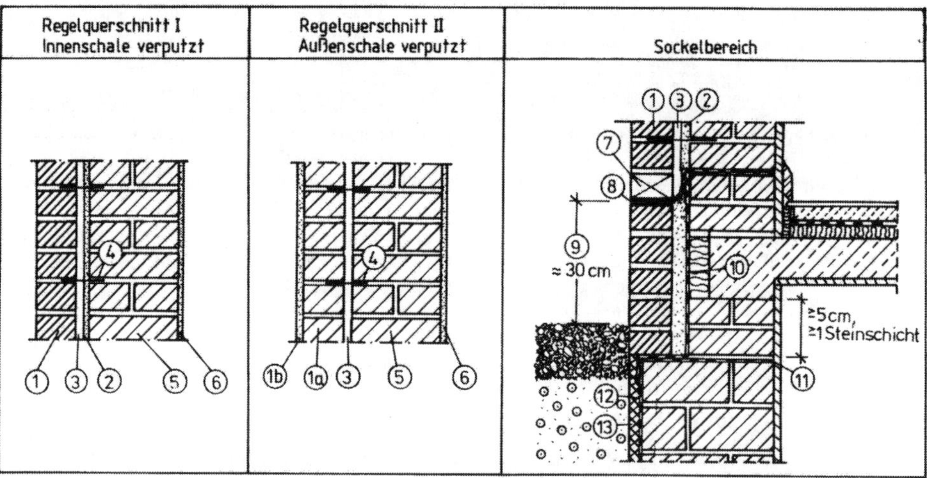

Bild 7.41 Regelquerschnitte und Details zu Abschn. 7.4.5.1

1 Außenschale als Verblendschale. Ausführung aus frostsicheren künstlichen Steinen (z. B. Vormauerziegel oder Klinker [24], Kalksandstein-Vormauersteine oder -Verblender [25]. Die Mindestdicke d der Außenschale 1 beträgt d = 9 cm [5]. Mauermörtel: Normalmörtel der Gruppen II oder IIa (Regelquerschnitt I in Bild 7.41). 1a Außenschale aus nicht frostsicheren künstlichen Steinen mit Außenputz 1b. Die Mindestdicke d der Außenschale 1a beträgt d = 9 cm [5]. Mauermörtel: Normalmörtel der Gruppen II oder IIa (Regelquerschnitt II in Bild 7. 41).

Bei Ausführung in Mindestdicke d = 9 cm gilt [5]: Die Außenschale muß auf ihrer ganzen Länge und vollflächig aufgelagert werden (z. B. auf vorstehendem Mauerwerk oder auf Konsolen). Die 9 cm dicke Außenschale darf maximal 1,5 cm über ihr Auflager vorstehen. Ihre Ausführung ist nur bis 20 m über Gelände zulässig, Abfangungen sind in Abständen von etwa 6 m (das entspricht ca. 2 Normalgeschossen) vorzunehmen. Bei Gebäuden bis zu 2 Vollgeschossen darf ein Giebeldreieck bis zu 4 m Höhe ohne zusätzliche Abfangungen erstellt werden. Die Ausführung ist grundsätzlich in Fugenglattstrich vorzunehmen (Auskratzen der Fugen und anschließendes Ausfugen einer 9 cm dicken Außenschale ist nicht zulässig!).

Bei Ausführung mit einer Dicke von d = 11,5 cm gilt [5]: Wenn die Auflagerung der Außenschale vollflächig ist, muß sie in Abständen von höchstens etwa 12 m (das entspricht ca. 4 Normalgeschossen) abgefangen werden. Ist die Außenschale nicht höher als 2 Geschosse oder wird sie alle 2 Geschosse abgefangen, so muß die Auflagerfläche noch mindestens zwei Drittel der Steinfläche betragen. Die Fugen der Sichtflächen der 11,5 cm dicken Außenschale sollen – soweit kein Fugenglattstrich ausgeführt wird mindestens 1,5 cm tief flankensauber ausgekratzt und anschließend handwerksgerecht ausgefugt werden. *2* zusammenhängende Putzschicht auf der Außenseite der Innenschale. Wird statt einer Verblendschale eine geputzte Außenschale, siehe Bild 7.41, „Regelquerschnitt II (Außenschale verputzt)", angeordnet, darf auf 2 verzichtet werden, *3* zum vollflächigen Vermauern der Außenschale maximal erforderlicher Fingerspalt. Er wird nicht planmäßig mit Mörtel verfüllt, kann aber durch herabfallenden Mörtel teilweise geschlossen werden. *4* Drahtanker, mindestens 5 Stück/m^2, ∅ 3 mm, aus nichtrostendem Stahl. Schema der Anordnung der Drahtanker wie bei zweischaligem Mauerwerk mit Luftschicht nach Abschn. 7.4.5.2 und 7.4.5.3. An allen freien Rändern (an Gebäudeecken, Öffnungen, entlang von Dehnungsfugen und an den oberen Enden der Außenschale) sind zusätzlich drei Drahtanker je Meter anzuordnen. *5* Innenschale: Dicke nach statischen Gesichtspunkten festlegen (s. Mauerwerksbau, Kapitel 4), Mindestdicke 11,5 cm (DIN 1053-1, -2 [5]), Auflagerung der Decke nur auf Innenschale zulässig, *6* Innenputz, *7* offene Stoßfugen zur Entwässerung. Auf obere Entlüftungsöffnungen darf verzichtet werden. *8* horizontale Sperrschicht oberhalb Spritzwasserbereich 9 gegen aufsteigende Feuchtigkeit, *9* Spritzwasserbereich, *10* vertikale Sperrschicht im Spritzwasserbereich, *11* horizontale Sperrschicht, ≥ 5 cm bzw. mindestens eine Steinschicht unter Deckenauflager, *12* vertikale Sperrschicht, *13* Schutzschicht für vertikale Sperrschicht 12 (z. B. Kunststoff-Dränmatte oder Polystyrol-Dränplatte).

Beschreibung

In den bauphysikalischen Eigenschaften liegt Ähnlichkeit mit dem einschaligen Verblendmauerwerk nach Abschnitt 7.4.2.2 vor. Durch Ausführen einer zusammenhängenden Putzschicht auf der Außenseite der Innenschale [5] soll – bedingt durch die Schadenanfälligkeit der bisherigen Konstruktion mit Schalenfuge (dargestellt in [115]) – der Schlagregenschutz verbessert werden. Trotzdem wird die Schlagregensicherheit nur durch sorgfältigste Ausführung dieser Putzschicht an den kritischen Stellen – den Durchstoßpunkten der Drahtanker durch die Putzschicht – gewährleistet sein (siehe auch [64]). Bei entsprechend wärmedämmender Innenschale (z. B. aus Leichtmauerwerk) ist auch der Wärmeschutz i. d. R. etwas günstiger als bei einschaligem Verblendmauerwerk nach Abschn. 7.4.2.2. Bei Ausführung der Innenschale aus Leichtmauerwerk sind jedoch infolge der unterschiedlichen Verformungseigenschaften von Innen- und Außenschale die Dehnungsfugenabstände zu verringern und ggf. zusätzliche Abfangungen anzuordnen. Besser ist jedoch in diesem Falle die Anordnung einer trennenden Luftschicht (vgl. Abschn. 7.4.5.2), um von vornherein infolge verschiedener Verformungen der beiden Schalen auftretende Schäden zu vermeiden. Eine freie Beweglichkeit der Außenschale in allen Richtungen ihrer Mittelebene gegenüber der Innenschale kann sich bei dieser Konstruktion durch die Drahtverankerung in extrem geringen Abstand und wegen des in den meisten Fällen sich einstellenden Kontaktes zwischen Außen- und Innenschale (durch herausquetschenden und hinunterfallenden Fugenmörtel beim Mauern) nicht konsequent einstellen. Dennoch gelten bezüglich Abfangungen und der Anordnung von Dehnungsfugen (vertikal und horizontal) und Drahtankern die gleichen Prinzipien, wie sie in Abschn. 7.4.5.3 für Mauerwerk mit Luftschicht und zusätzlicher Wärmedämmung beschrieben sind. Die empfohlenen Abstände der vertikalen Dehnungsfugen sind Tafel 7.29 zu entnehmen.

7.4.5.2 Zweischaliges Mauerwerk mit Luftschicht

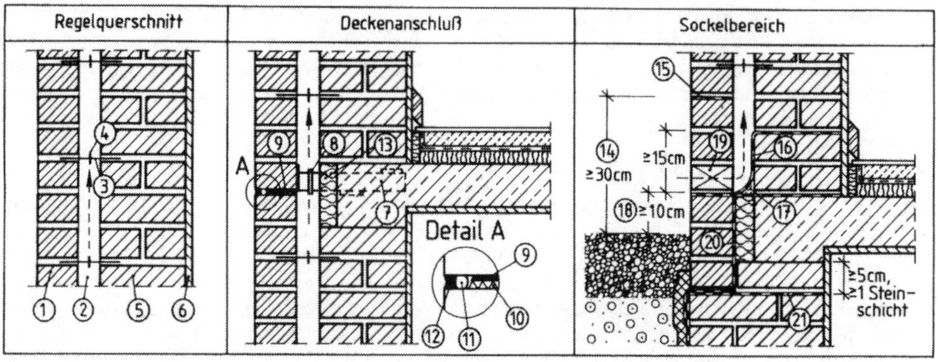

Bild 7.42 Regelquerschnitt und Details zu Abschn. 7.4.5.2

1 Außenschale. I. d. R. erfolgt Ausführung als Verblendschale aus frostsicheren künstlichen Steinen (z. B. Vormauerziegel oder Klinker [24], KS-Vormauersteine oder KS-Verblender [25]), es ist jedoch auch Ausführung als verputzte Vormauerschale (Außenschale mit Außenputz) möglich. Mauermörtel: i. d. R. Normalmörtel der Mörtelgruppe II oder IIa. Die Mindestdicke der Außenschale beträgt d = 9 cm [5].

Bei Ausführung in Mindestdicke d = 9 cm gilt [5]: Die Außenschale muß auf ihrer ganzen Länge und nach Möglichkeit vollflächig aufgelagert werden (z. B. auf vorstehendem Mauerwerk oder auf Konsolen). Die 9 cm dicke Außenschale darf maximal 1,5 cm über ihr Auflager vorstehen. Ihre Ausführung ist nur bis 20 m über Gelände zulässig, Abfangungen sind in Abständen von etwa 6 m (das entspricht etwa 2 Normalgeschossen) vorzunehmen. Bei Gebäuden bis zu 2 Vollgeschossen darf ein Giebeldreieck bis zu 4 m Höhe ohne zusätzliche Abfangungen ausgeführt werden. Eine 9 cm dicke Verblend-Außenschale ist grundsätzlich in Fugenglattstrich auszuführen (Auskratzen der Fugen und anschließendes Ausfugen ist nicht zulässig!).

Bei Ausführung mit einer Dicke von d = 11,5 cm gilt [5]: Wenn die Auflagerung der Außenschale vollflächig ist, muß sie in Abständen von höchstens etwa 12 m (das entspricht 4 Normalgeschossen) abgefangen werden. Ist die Außenschale nicht höher als 2 Geschosse oder wird sie alle 2 Geschosse abgefangen, so muß die Auflagerfläche noch mindestens zwei Drittel ihrer Dicke betragen. Verblend-Außenschalen von 11,5 cm sind entweder mit Fugenglattstrich auszuführen oder die Fugen sind mindestens 1,5 cm auszukratzen und anschließend handwerksgerecht auszufugen, *2* Luftschicht: Mindestdicke 6 cm (aus bauphysikalischen Gründen), Reduzierung auf 4 cm ist zulässig, wenn der Fugenmörtel wenigstens an einer Hohlraumseite abgestrichen wird. Höchstdicke (aus statischen Gründen) 15 cm [5]. Die Luftschicht darf nicht durch Mörtelbrücken unterbrochen werden, sie ist beim Hochmauern durch Abdecken oder andere Maßnahmen gegen herabfallenden Mörtel zu schützen. Nähere Angaben zur Hinterlüftung (insbesondere: Anordnung von Luftein- und Luftaustrittsöffnungen im Sockelbereich, im Bereich des Dachanschlusses, sowie über Fenster- und Türstürzen und unter Sohlbänken): Hierfür gelten die gleichen Angaben wie in Abschnitt 7.4.5.3, *3* Drahtanker aus nichtrostendem Stahl, 5 Stück/m^2, ∅ 3 mm bzw. 4 mm bzw. 5 mm. (Wann ∅ 3 mm, ∅ 4 mm oder ∅ 5 mm zu wählen ist und wie die Drahtanker anzuordnen sind: Hier gelten die gleichen Angaben wie in Abschn. 7.4.5.3.), *4* Abtropfelement, z. B. aufgeschobene Kunststoffscheibe. Diese soll verhindern, daß Wasser (bei unbeabsichtigter Schräglage des Drahtankers) zur Innenschale läuft. *5* Innenschale: Dicke nach statischen Gesichtspunkten festlegen (s. Mauerwerksbau, Kapitel 4), Mindestdicke 11,5 cm (DIN 1053-1 [5]). Auflagerung der Decke nur auf Innenschale zulässig, *6* Innenputz, *7* Einbetonierter Konsolenhalter mit Druckverteilungsplatten, korrosionsgeschützt (z. B. verzinkt), *8* Abtropfelement, *9* Konsole, korrosionsgeschützt (z. B. verzinkter Winkelstahl), *10* Füllstoff (Mineralfaser), *11* rundes Schaumstoffband, *12* Dichtungsmasse (dauerelastisch), 7 bis 12 stellen eine Abfangung der Außenschale durch eine Konsole in Deckenhöhe (mit zugehöriger Abfugung der Außenschale gegenüber der Konsole) dar, nähere

Angaben wie in Abschn. 7.4.5.3, *13* Wärmedämmung zur Vermeidung einer Wärmebrücke im Deckenbereich, *14* Spritzwasserbereich, *15* Horizontale Sperrschicht oberhalb Spritzwasserbereich gegen aufsteigende Feuchtigkeit, *16* Sperrschicht am Fußpunkt der Luftschicht. Die Sperrschicht ist im Bereich der Luftschicht im Gefälle nach außen zu verlegen und ist ≥ 15 cm hochzuziehen, *17* Untermörtelung von 16, *18* Mindesthöhe für Beginn der Luftschicht über Erdgleiche, *19* Lüftungsstein oder offene Stoßfuge zur Belüftung und Entwässerung von 2. Nähere Angaben zur Be- und Entlüftung der Luftschicht: Hier gelten die gleichen Angaben wie in Abschn. 7.4.5.3, *20* vertikale Sperrschicht, *21* horizontale Sperrschicht.

Beschreibung

Ein guter energiesparender Wärmeschutz im Winter ist nur mit einer entsprechend dicken Innenschale erreichbar (Raumverlust!). Die Konstruktion verfügt infolge der Hinterlüftung vor allem über einen sehr guten Schlagregenschutz. Der Luftraum verhindert selbst bei stärkster Schlagregenbeanspruchung und bei völliger Durchfeuchtung der Außenschale einen Feuchteübertritt auf die Innenschale. Der Wärmeschutz infolge der Luftschicht ist allerdings relativ gering. Die Konstruktion ist primär in schlagregenreichen Gebieten (z. B. Küstennähe) zu einer Zeit entstanden, als die Anforderungen an den Wärmeschutz wesentlich niedriger waren als heute. Um den guten Schlagregenschutz dieser Konstruktion mit ebenfalls gutem Wärmeschutz bei noch überschaubarer Gesamtwanddicke zu verbinden, wird hier eine Ausführung mit zusätzlicher Wärmedämmung nach Abschn. 7.4.5.3 empfohlen. Bezüglich Abfangungen, Dehnungsfugen, Beweglichkeit der Außenschale vor der Innenschale, Anschluß des Fensterrahmens an der Innenschale, Drahtankeranordnungen und Hinterlüftung gelten die gleichen Spezifikationen wie in Abschn. 7.4.5.3.

7.4.5.3 Zweischaliges Mauermerk mit Luftschicht und zusätzlicher Wärmedämmung

1 Außenschale. Für die Außenschale gelten uneingeschränkt die gleichen Angaben wie in Abschn. 7.4.5.2 und Bild 7.42 (Näheres s. dort). *2* Schalenabstand: aus statischen Gründen maximal 15 cm. *3* Luftschicht. Mindestdicke 4 cm. Die Luftschicht darf nicht durch Unebenheiten der Wärmedämmschicht eingeengt werden. *4* Wärmedämmung. Aus den Angaben zu 2 (max. Schalenabstand 15 cm) und 3 (Mindestdicke der Luftschicht 4 cm) ergibt sich für die Wärmedämmung eine maximal zulässige Dicke von 15 – 4 = 11 cm, *5* Innenschale: Dicke nach statischen Gesichtpunkten festlegen (s. Mauerwerksbau, Abschn. 4), Mindestdicke 11,5 cm. Auflagerung der Decke nur auf Innenschale zulässig. *6* Innenputz, *7* Klemmplatte zur Befestigung der Wärmedämmschicht, *8* Abtropfelement, z. B. aufgeschobene Kunststoffscheibe, *9* Drahtanker aus nichtrostendem Stahl. Mindestdurchmesser 3 mm, bei Schalenabstand über 7 cm bis 12 cm oder Höhe der Wandfläche über Gelände über 12 m Mindestdurchmesser 4 mm, bei Abstand der Mauerwerkschalen über 12 cm bis 15 cm entweder 7 Drahtanker ∅ 4 mm oder 5 Drahtanker ∅ 5 mm, Anordnung der Anker s. Bild 7.44. *10* Innenschale aus Beton, Mindestdicke bei unbewehrtem Beton 14 cm (Ortbeton) bzw. 12 cm (Fertigteil) [11]. Mindestdicke bei Stahlbeton 12 cm (Ortbeton) bzw. 10 cm (Fertigteil) [11]. *11* offene Stoßfugen oder Lüftungssteine, *12* Lufteintritt (Luftstrom) für Belüftung und Entwässerung von 3, *13* Sperrschicht. Die Innenschale und die Geschoßdecke sind am Fußpunkt der Luftschicht durch diese Sperrschicht gegen Feuchtigkeit zu schützen. Die Sperrschicht ist im Bereich von Außen- und Innenschale waagerecht zu verlegen (sonst Gefahr des Abrutschens des Mauerwerks), im Bereich von Luft- und Wärmedämmschicht ist die Sperrschicht mit Gefälle nach außen zu verlegen. *14* Konsole zur Abfangung der Außenschale, hier dargestellt: Abfangung mit Einzelkonsolen, *15* durchlaufende elastische Abfugung unter den Konsolen zur Bildung einer horizontalen Dehnungsfuge in der Außenschale, Ausbildung wie Detail A des Deckenanschlusses, *16* Stahlbetonsturz mit Verblendkaschierung, *17* Rolladenkasten mit Wärmedämmung, *18* Luftaustritt (Luftstrom) für Entlüftung von 3, *19* Sohlbank als korrosionsgeschützte Blechabdeckung. Die Sohlbank wird am Fensterrahmen befestigt und folgt als biegeweiches Blech zerstörungsfrei der vertikalen Relativverschiebung der Außenschale gegenüber der Innenschale und dem Fensterrahmen, *19a* Fensterrahmen. Anschluß erfolgt immer an der Innenschale und nicht an der – stärkeren Formänderungen unterworfenen – Außenschale, *20* Füllstoff (Mineralfaser), *21* Fugenhinterfüllung, z. B. eingepreßtes rundes Schaumstoffband, *22* Dichtungsmasse (dauerelastisch), *23* Spritzwasserbereich, *24* Höhenabstand der Sperrschicht 13 zwischen Innen- und Außenschale ≥ 15 cm), *25* Mindestabstand zwischen Geländeoberfläche und Luftschichtfußpunkt 10 cm, *26* Abstand zwischen (horizontal verschieblicher) Dachdecke und Außenschale.

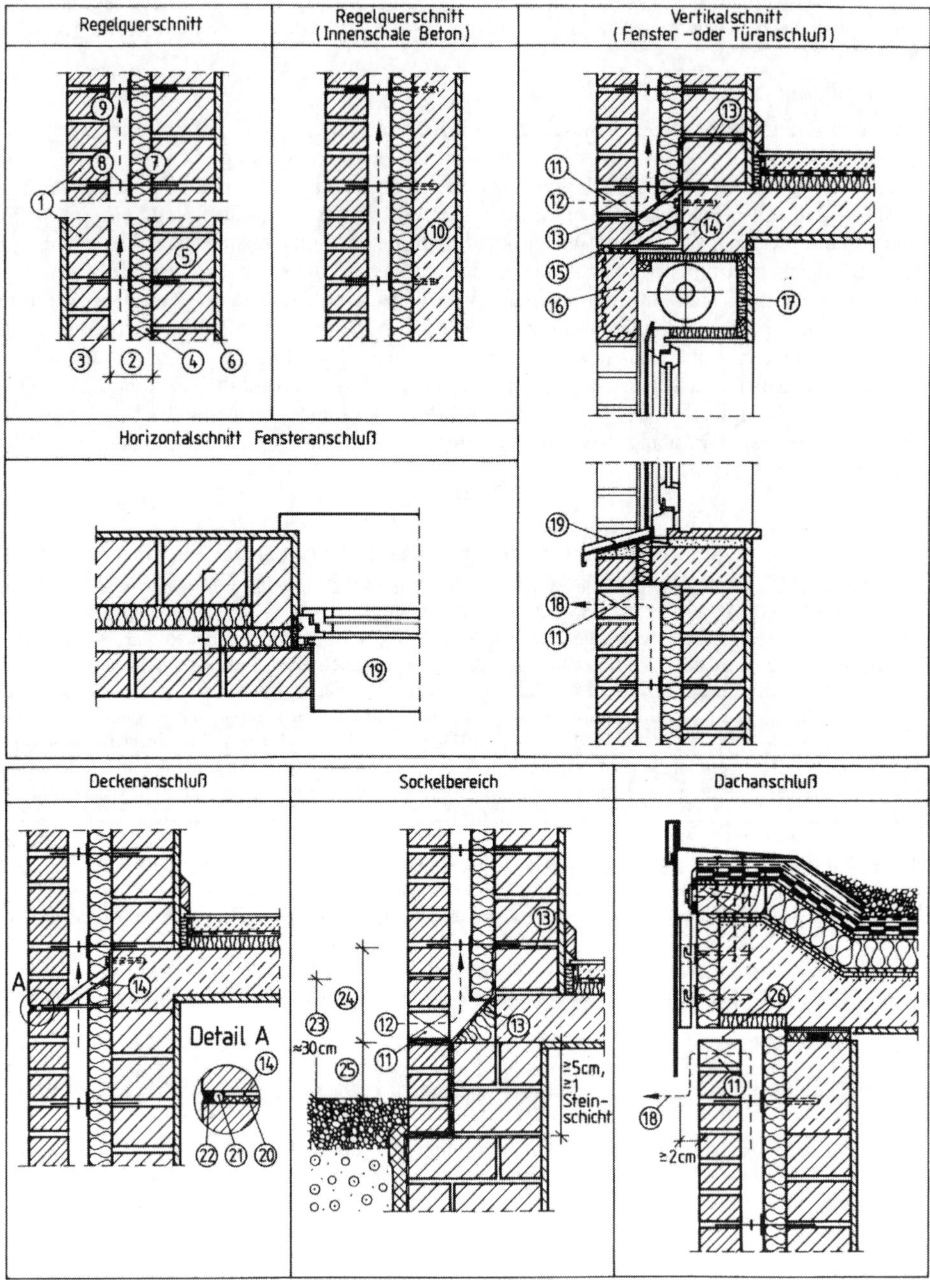

Bild 7.43 Regelquerschnitte und Details zu Abschn. 7.4.5.3

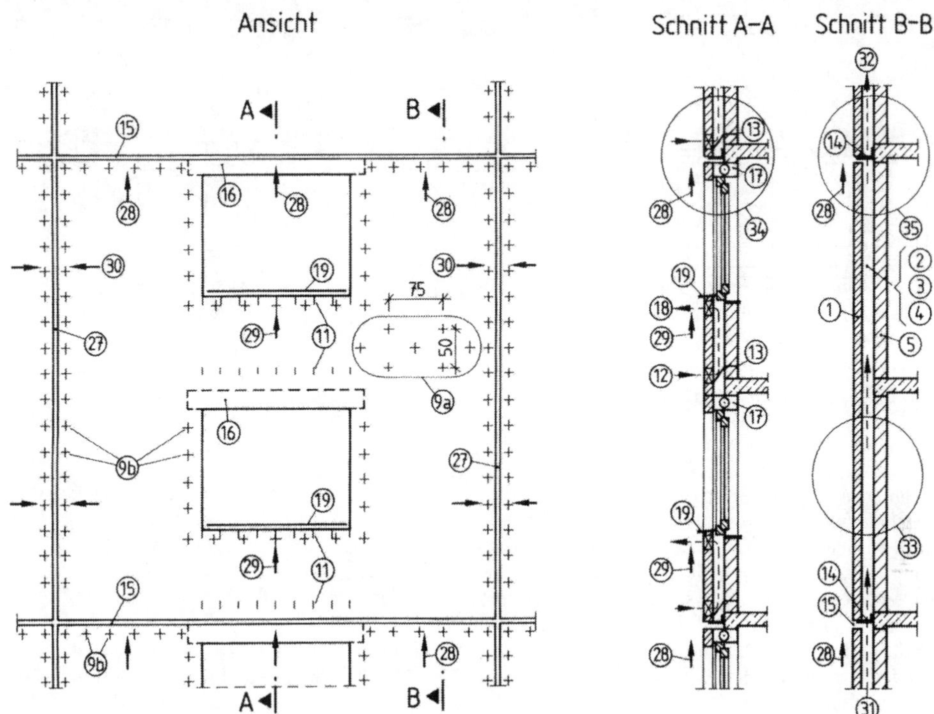

Bild 7.44 Beispiel einer Wand mit Luftschicht und zusätzlicher Wärmedämmung mit Abfangung in jedem zweiten Geschoß. Dehnungsfugen, Beweglichkeit der Außen- vor der Innenschale, Hinterlüftung und Drahtankeranordnung. (Zur Verbesserung der Anschaulichkeit wurde die Wärmedämmschicht in den Schnitten A-A und B-B zeichnerisch nicht mit dargestellt)

Zu Bild 7.44 (Erläuterung zu 1 bis 26 s. Bild 7.43):

9a Anordnung der Drahtanker außerhalb des Randbereiches: ≥ 5 Stück pro m^2, horizontaler Abstand ≤ 75 cm, vertikaler Abstand ≤ 50 cm, 9b Anordnung der Drahtanker im Randbereich, d. h. an Gebäudeecken, an Öffnungen, entlang von Dehnungsfugen, an den **oberen** Enden der Außenschalen: zusätzlich ≥ 3 Stück pro m Randlänge. An den unteren Enden der Außenschale, d. h. dort, wo die Außenschale auf der Auflagerfläche (z. B. Konsole o. ä.) steht, brauchen keine Drahtanker angeordnet zu werden, weil hier die Übertragung der Winddruck- und Sogkräfte auf die Innenschale über Reibung und Haftung der Außenschale auf der Auflagerfläche erfolgt. *27* vertikale Dehnungsfuge, nähere Angaben s. Bild 7.45, *28* der Pfeil zeigt symbolisch die vertikale Bewegungsrichtung des oberen Randes der Außenschale unmittelbar unter der horizontalen Dehnungsfuge 15, *29* der Pfeil zeigt symbolisch die vertikale Bewegungsrichtung des oberen Randes der Brüstung unter der Blech-Sohlbank, die zerstörungsfrei der Bewegung folgt, s. auch 19, *30* der Pfeil zeigt symbolisch die horizontale Bewegungsrichtung des seitlichen Randes der Außenschale unmittelbar an der vertikalen Dehnungsfuge 27, *31* Luftstrom. Der Lufteintritt erfolgt am unteren Rand der Außenschale im Sockelbereich, s. entsprechendes Detail in Bild 7.43. *32* Luftstrom: Der Luftaustritt erfolgt am oberen Rand der Außenschale im Bereich des Dachanschlusses, s. entsprechendes Detail in Bild 7.43, *33* bzw. *34* bzw. *35* s. Bild 7.43 „Regelquerschnitt" bzw. „Vertikalquerschnitt (Fenster- und Türanschluß)" bzw. „Deckenanschluß".

Zu Bild 7.45:

27 Vertikale Dehnungsfuge in der Außenschale. Allgemeine Angaben zum Thema „Fugen" in [93]. Maximale Dehnungsfugenabstände im Grundriß: in Abhängigkeit von der Steinart 8 m bis 12 m nach Tafel 7.29. Anordnungsprinzip der vertikalen Dehnfugen: Die Ostwand soll sich vor der Nordwand, die Südwand vor Ostwand und die Westwand vor der Süd- und Nordwand bewegen können. Darum sind

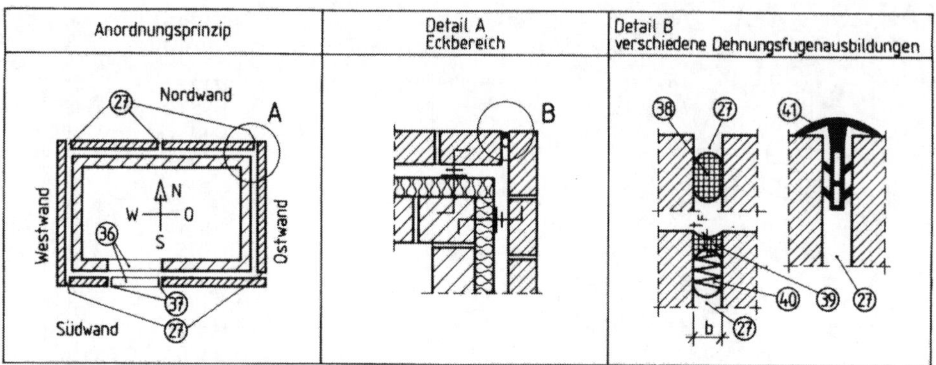

Bild 7.45 Anordnungsprinzip und Ausführung vertikaler Dehnungsfugen

Dehnungsfugen immer an den Gebäudeecken – ggf. zum Einhalten der vorerwähnten Dehnungsfugenabstände auch dazwischen – anzuordnen, *36* Fenster- bzw. Türöffnung, *37* vertikale Dehnungsfuge in der Brüstung. Auch wenn sich die Außenschale frei vor der Innenschale bewegen kann, ist die Anordnung einer solchen Dehnungsfuge bei größeren Brüstungslängen dienlich. Die Dehnungsfuge ist dann bis auf die Auflagerung des Brüstungsmauerwerkes (z. B. Konsole oder Oberkante des darunter liegenden Sturzes) zu führen, *38* Dauerelastisches Dichtungsband aus geschlossenzelligem Schaum. Es wird stark komprimiert eingefügt oder als werkseitig vorkomprimiertes Band eingebaut. Werksvorschriften der Dichtungsband-Hersteller beachten, *39* Dichtungsmasse (Dichtstoff). Bei Fugen mit adhärierenden Dichtstoffen muß die Breite b der Fuge so gewählt werden, daß die maximale Längenänderung (aus Dehnung plus Stauchung) 25 % der Fugenbreite b nicht überschreitet ([93] vgl. auch Angaben in Abschn. 7.4.5.5). In Abhängigkeit vom Fugenabstand l (in Anlehnung an [93]/DIN 18540 [13]: $l \leq 2$ m bis 8 m) sollte die Fugendicke t_F (in mm) etwa dem 4- bis 5-fachen von l (in m) und die Mindestbreite b zwischen 10 und 30 mm (beim fertigen Bauwerk, Richtwert für die Planung jeweils 5 mm mehr für b) betragen ([93] vgl. auch Angaben in Abschnitt 7.4.5.5), *40* Fugenhinterfüllung z. B. durch eingepreßte Schnur aus geschlossenzelligem Schaum, *41* Klemmprofil (Prinzipdarstellung, da viele unterschiedliche Profile auf dem Markt sind). Einklemmung oder Einklebung möglich. Vorschriften der Klemmprofilhersteller beachten.

Beschreibung

Bei dieser Wandkonstruktion sind bei ausreichend dicker Wärmedämmschicht energiesparender Wärmeschutz im Winter, Behaglichkeit und Tauwasserschutz auf der Wandinnenoberfläche und im Wandinnern sehr gut. Aufheizen und Auskühlen sind von geringer Geschwindigkeit, Bewertung nach Tafel 7.28. Der sommerliche Wärmeschutz ist bei Verwendung schweren Mauerwerks für die Innenschale sehr gut, bei Leichtmauerwerk gut. Der Schlagregenschutz ist sehr gut. Der Schallschutz ist in Abhängigkeit von der flächenbezogenen Masse von Innen- und Außenschale zusammen mindestens um 5 dB höher als der einer gleichschweren einschaligen Wand, s. Tafel 7.12. Der Brandschutz ist in Abhängigkeit vom Wandaufbau, bei tragenden Wänden auch von der Spannungsausnutzung und den verwendeten Baustoffen, z. B. Mauerwerk, Dämmstoffe (brennbar, nichtbrennbar) nach Abschnitt 7.2.5 zu beurteilen.

Diese Bauart erfordert bei der Ausführung ein hohes Maß an handwerklichem Können sowie Erfahrung und Sorgfalt. Insbesondere muß bei Planung und Ausführung für eine ungehinderte Bewegung der Außenschale vor der Innenschale gesorgt werden. Während an den Aufstandsflächen der Außenschale – am Sockel, auf Abfangkonstruktionen (z. B. Einzelkonsolen, mit Konsolankern angeschlossenene durchlaufende Abfangprofile (Konsolen), auskragenden Decken) – Außen- und Innenschale miteinander fest verbunden sind, muß sich die Außenschale an allen anderen Stellen in ihrere Mittelebene in allen Richtungen, d. h. horizontal und vertikal, zwängungsfrei (Temperatur, Schwinden, Kriechen) gegenüber der Innenschale bewegen können. Die Drahtanker haben an diesen Stellen die Aufgabe, die senkrecht zur Mittelebene der Außenschale auf die Außenschale wirkenden Kräfte (z. B. Windsog und -druck) auf die (tragende) Innenschale weiterzuleiten, vgl. auch Bilder 7.44 und 7.45. Bei gleichem k-Wert ist die Gesamtwanddicke etwas größer als z. B. bei Wärmedämm-Verbund-Systemen nach Abschn. 7.4.3.1 und bei hinterlüfteten Fassaden mit dünner Bekleidung nach Abschnitt 7.4.4.2.

7.4.5.4 Zweischaliges Mauerwerk mit Kerndämmung

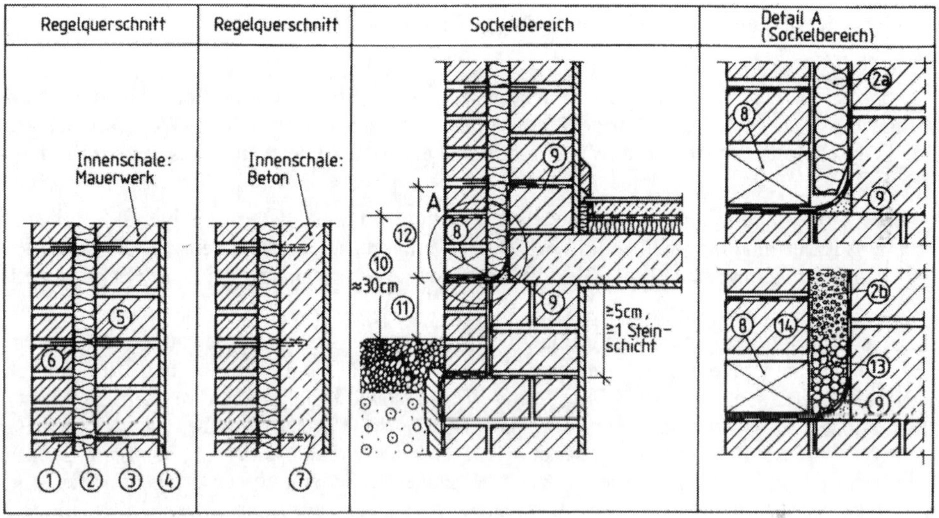

Bild 7.46 Regelquerschnitte und Details zu Abschn. 7.4.5.4

1 Außenschale. Abweichend von den Angaben in den Abschnitten 7.4.5.1 bis 7.4.5.3 ist die Außenschale hier mindestens **11,5 cm** dick auszuführen, ansonsten gelten uneingeschränkt die entsprechenden Angaben wie in Abschn. 7.4.5.2 und Bild 7.42 (Näheres s. dort), glasierte Steine oder Steine bzw. Beschichtungen mit vergleichbar hohem Wasserdampf-Diffusionswiderstand sind unzulässig. *2* Kerndämmung aus wasserabweisendem (hydrophobem) jedoch wasserdampfdurchlässigem Wärmedämm-Material, z. B. Polystyrol-Hartschaumplatten (Partikel- oder Extruderschaum), Mineralfasermatten (hydrophobiert), lose Schüttungen aus hydrophobiertem Perlite oder Kerndämmung mit Ortschaum. Die beiden letztgenannten Wärmedämm-Materialien sind auch für die nachträgliche Kerndämmung von Luftschichtmauerwerk geeignet. Der zulässige Höchstabstand zwischen Außen- und Innenschale, d. h. die maximale Dicke der Kerndämmschicht, beträgt 15 cm (statische Gründe vgl. Abschn. 7.4.5.2 und 7.4.5.3), *2a* Platten- oder mattenförmige Kerndämmung, *2b* Geschüttete Kerndämmung, *3* Innenschale: Dicke nach statischen Gesichtspunkten festlegen (s. Mauerwerksbau, Kapitel 4). Mindestdicke 11,5 cm, Auflagerung der Decke nur auf Innenschale zulässig, *4* Innenputz, *5* Drahtanker aus nichtrostendem Stahl, Dicke und Anordnung wie bei Luftschichtmauerwerk, vgl. Abschn. 7.4.5.2 und 7.4.5.3, *6* Klemmplatte bei Kerndämmung mit Matten oder Platten, bei Schüttungen ist eine Tropfscheibe erforderlich, vgl. 4 in Bild 7.42, *7* Innenschale aus Beton, Mindestdicke bei unbewehrtem Beton 14 cm (Ortbeton) bzw. 12 cm (Fertigteil) [11]. Mindestdicke bei Stahlbeton 12 cm (Ortbeton) bzw. 10 cm (Fertigteil) [11], *8* offene Stoßfuge oder Lüftungsstein zum Abführen evtl. eingedrungenen Schlagregens, *9* Sperrschicht (vgl. 13 in Bild 7.43). *10* Spritzwasserbereich, *11* Mindestabstand zwischen Geländeoberfläche und Fußpunkt der Dämmung 10 cm, *12* Höhenabstand der Sperrschicht zwischen Innen- und Außenschale ≥ 15 cm, *13* Dränschicht, *14* Rieselsperre (Gitter).

Beschreibung

Es gilt im wesentlichen die gleiche Beschreibung wie bei zweischaligem Mauerwerk mit Luftschicht und zusätzlicher Wärmedämmung nach Abschn. 7.4.5.3. Umfangreiche Untersuchungen – sowohl an bestehender Bausubstanz als auch an bewitterten Testwänden im Freigelände – zeigen, daß entgegen der verbreiteten Meinung die Schlagregensicherheit kerngedämmter Außenwände der zweischaliger, hinterlüfteter Außenwände nicht nachsteht [112]. Insgesamt sind aus bauphysikalischer Sicht bei dieser noch relativ „jungen" Konstruktionsart in den meisten Fällen durchaus gute Erfahrungen gesammelt worden.

Der Vorteil liegt vor allem darin, daß der Zwischenraum zwischen Außen- und Innenschale vollständig für die Dämmung genutzt werden kann.

7.4.5.5 Betonsandwichwände (zweischalige Betonwand mit Kerndämmung)

Allgemeines

Betonsandwichwände – mit dreischichtigem Querschnitt in Form einer inneren Beton-Tragschale, einer mittleren Wärmedämmschicht und einer äußeren Beton-Wetterschutzschale (Vorsatzschale) – stellen die am häufigsten ausgeführten Außenwände aus Betonfertigteilen dar [98].

Hierbei sind Ausführungen als tragende, als nichttragende und als vorgestellte, d. h. selbsttragende Außenwände möglich [99], [100]. Außenwände dieses Typs spielen vor allem im Industrie- und Verwaltungsbau und – als Großtafelbauweise – im Wohnungsbau eine wichtige Rolle.

In der Zeit nach dem Zweiten Weltkrieg bis etwa Ende der 60er Jahre erlebte der Großtafelbau in der Bundesrepublik Deutschland seine Blütezeit. Im Großtafelbau werden die geschoßhohen und raumbreiten Außenwände in einem Stück mit Fenster- und Türöffnungen (ggf. auch bereits mit verglasten Fenstern und Türen) sowie Installationen werkseitig hergestellt und auf der Baustelle montiert. Voraussetzung für die Wirtschaftlichkeit ist hier der Bau in größeren Serien. Mit vorübergehender Sättigung des Wohnungsmarktes seit Ende der 60er Jahre hat darum diese Bauweise in unserem Lande an Bedeutung stark abgenommen. Eine fast lückenlose Übersicht über die verschiedenen Großtafelbausysteme, deren Entwicklung in der Bundesrepublik Deutschland vor allem von den französischen (z. B. System Camus, System Estiot) und skandinavischen Systemen (z. B. System Larssen & Nielsen) beeinflußt war, wird in [101] gegeben.

Heute beschränkt sich der Einsatz vorgefertigter Betonsandwich-Außenwände in der Bundesrepublik Deutschland fast ausschließlich auf den Verwaltungs- und Industriebau [98] und hat hier relativ große Bedeutung erlangt.

Gestaltung

Die Gestaltungsmöglichkeiten unter Verwendung vorgefertigter Betonsandwich-Fassadenelemente sind sehr vielseitig. Bild 7.47 zeigt zwei Fassaden in Großtafelbauweise. Die Sandwichelemente werden hier in der Regel tragend ausgebildet [98], [101].

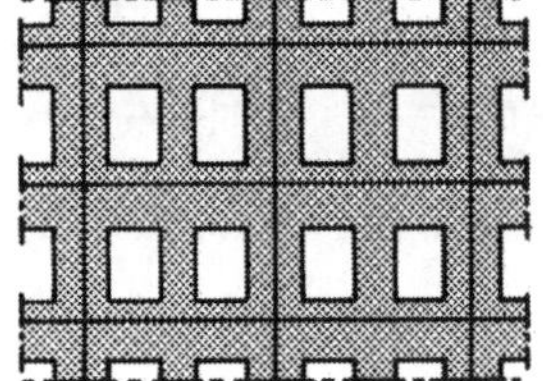

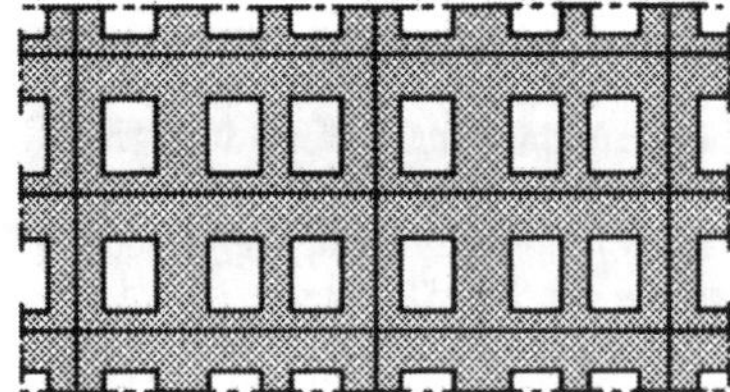

Bild 7.47 Fassadengestaltung mit raumgroßen vorgefertigten Beton-Sandwichelementen (Großtafelbauweise)

Bild 7.48 zeigt Fassadenausführungen mit nichttragenden Sandwichelementen und unterschiedlichen Fugen- und Fensteranordnungen [98], [100], [102].

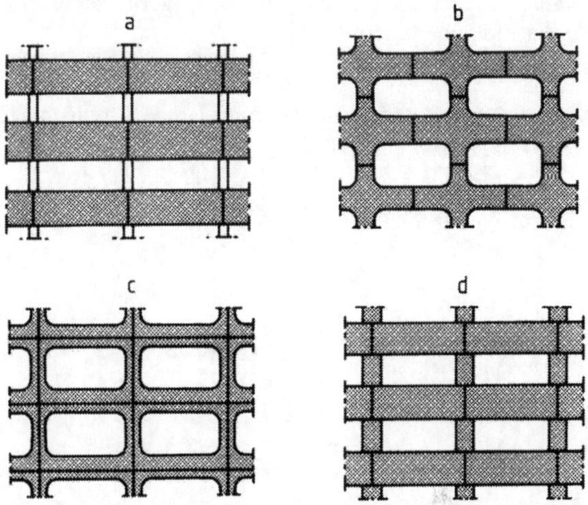

Bild 7.48
Fassadengestaltung (Bänderfassaden) mit vorgefertigten nichttragenden Betonsandwich-Außenwandelementen im Hochbau

a) Sandwichelemente ohne Stützenverkleidung
b) und c) Sandwichelemente mit Stützenverkleidung
d) Sandwichelemente. Bekleidung der Stützen mit Zwischenelementen

In Bild 7.49 wird eine vorgestellte Sandwich-Außenwand einer Industriehalle, bestehend aus 5,80 m hohen und 2,40 m breiten Betonfertigteilen, gezeigt (weitere Angaben zu vorgestellten Wänden s. Abschn.7.5.4).

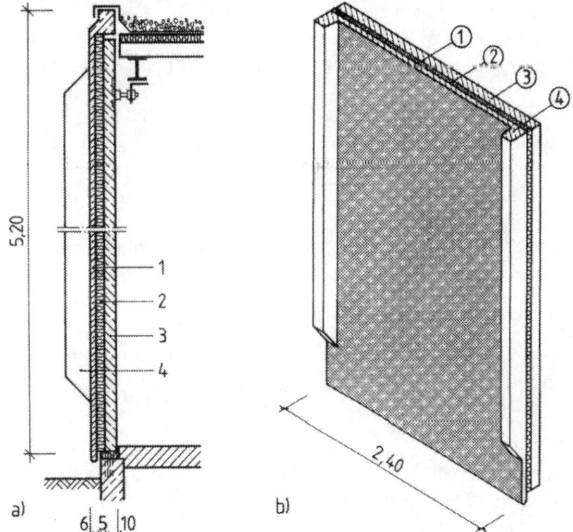

Bild 7.49
Fassadengestaltung einer Lager- und Werkhalle mit gebäudehohen, vorgestellten (selbsttragenden) Beton-Sandwichelementen [100], [102].

a) Vertikalschnitt
b) Perspektivische Darstellung des Beton-Sandwichelementes (unterer Abschnitt)

1 6 cm Beton-Wetterschutzschale (Vorsatzschale), *2* 5 cm Wärmedämmschicht, *3* 10 cm Beton-Tragschale, Versteifungsrippe, gleichzeitig als Gestaltungselement und zur Knickaussteifung der hohen tragenden (inneren) Tragschale, Anschluß zwischen Versteifungsrippe – als Bestandteil der Wetterschutzschale – und der Tragschale durch im Rippenbereich angebrachte Halteanker.

Ein weiterer Gestaltungsaspekt bei Betonfertigteil-Fassaden liegt in der Vermeidung großer glatter Betonoberflächen, weil diese, der Witterung ausgesetzt, schnell ungleichmäßig verschmutzen. Die Verschmutzung als solche ist selbstverständlich nicht vermeidbar. Es ist jedoch möglich, durch eine geschickte Fassadenstrukturierung (Fassadenoberfläche, -gliederung, -detaillierung), Farbgebung und Wasserführung die Ungleichförmigkeit der vor allem aus ablaufendem Regenwasser entstehenden Verschmutzung zu unterbinden [98], [105]. Eine gleichmäßige Verschmutzung bleibt länger akzeptabel und läßt sich mit vorhandenen Schatten der Fassade überlagern [105].

Querschnitt

Der Querschnitt kann ohne oder mit Hinterlüftung ausgebildet werden (Bild 7.50).

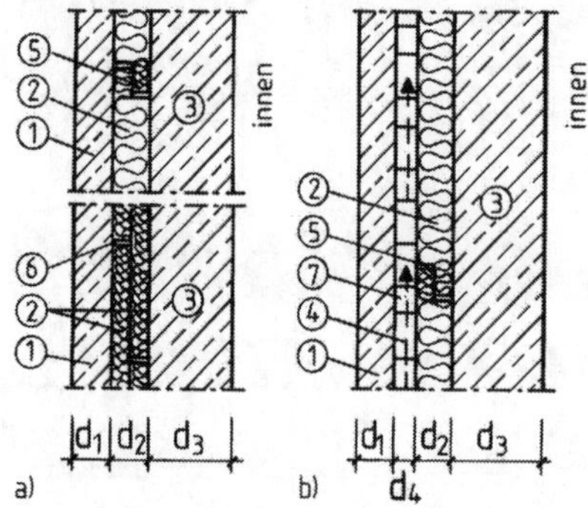

Bild 7.50
Querschnitte vorgefertigter Betonsandwichelemente
a) Querschnitt ohne Hinterlüftung
oben: einlagige Wärmedämmschicht mit Stufenfalz
unten: zweilagige Wärmedämmschicht mit versetzten Stößen
b) Querschnitt mit Hinterlüftung

1 Beton-Wetterschutzschale (Vorsatzschale) d_1 = 60 bis 80 mm, Empfehlung d_1 = 70 mm [100]
2 Wärmedämmschicht. Ausführung i. d. R. zweilagig, um Wärmebrücken an den Stößen der Dämmschicht zu vermeiden. Bei einlagiger Ausführung ist ein Stufenfalz vorzusehen. Dicke d_2 = 40 bis 100 mm. Material: Hartschaum oder Mineralfaserplatten.
3 Tragschale: Dicke d_3 nach statischen Erfordernissen, i. d. R. d_3 = 100 bis 250 mm. Der „Tragschale" werden sowohl bei „Tragenden" (s. Abschn. 7.2.1) als auch bei „Nichttragenden" und „Vorgestellten" (s. Abschn. 7.5.4) Sandwichwänden sämtliche Tragfunktionen zugewiesen.
4 Hinterlüftung, Dicke $d_4 \geq 40$ mm [98], [100]. Lüftungsspalt durch Verwendung einer profilierten Wärmedämmplatte mit Noppen 7 zur Abstandshaltung.
5 Stufenfalz
6 Dämmplattenstoß (Stöße der beiden Dämmplatten versetzt anordnen).
Noppen, $d_4 \geq 40$ mm (z. B. Noppen als Bestandteil der Dämmplatte, als auf die Dämmplatte aufgeklebte Polystyrolklötzchen, als Bestandteil einer speziellen 40 mm dicken Noppenfolie oder ähnlich). Anstelle der Noppen können zur Herstellung senkrechter Hinterlüftungskanäle auch keilförmig geschnittene Holzlatten, die nach dem Ausschalen wieder gezogen werden, angeordnet werden [98].

Wetterschutzschale (Vorsatzschale)

Die Vorsatzschale ist vielfältigen Beanspruchungen aus statischen Lasten und Temperaturänderungen unterworfen: Eigengewicht (zentrisch und exzentrisch in Richtung der Plattenmittelfläche), Wind auf Vorsatzschale, Änderung der Mitteltemperatur (Längenänderung) und Temperaturgefälle über die Dicke der Vorsatzschale [98], [106], [107]. Die Vorsatzschale muß über ein besonderes Verankerungssystem so an die Tragschale angeschlossen werden, daß einerseits die statischen Lasten (Eigengewicht, Winddruck, Windsog) – ggf. auch dynamische Lasten (z. B. aus Erdbeben) – einwandfrei übertragen werden können und andererseits die infolge der Verankerung entstehenden Zwängungen aus behinderten Temperaturverformungen (behinderte Längsdehnung und behinderte Verwölbung) möglichst klein bleiben.

Um Zwangsschnittgrößen aus behinderter Temperatur-Verwölbung zu reduzieren, sollte außerdem die Dicke der Vorsatzschale gering gehalten werden. Nach [106] sollte d_1 = 6 bis 8 cm betragen, in [100] wird eine Mindestdicke von 7 cm mit Rücksicht auf eine ausreichende Betondeckung der Bewehrung empfohlen. Das gilt bei strukturierten Oberflächen für die dünnste Stelle. Bei einer abtragenden Oberflächenbearbeitung (z. B. auswaschen oder steinmetzartige Bearbeitung) sollte die Mindestdicke um die hierbei erzeugte Abtragstiefe vergrößert werden.

Die Vorsatzschale sollte mit einer mittigen Flächenbewehrung mit einem Stababstand in jeder Richtung von ≤ 10 cm versehen werden (i. d. R. nichtstatische Betonstahlmatte N 141 ausreichend, die Betonstahlmatte sollte in jedem Falle auf das verwendete Verankerungssystem abgestimmt werden), im Bereich des Tragankers sind Zulagen erforderlich. An den äußeren Rändern und an Rändern von Öffnungen ist die zusätzliche Anordnung einer umlaufenden Bewehrung (∅ 6) und in den Ecken der Öffnungen das Einlegen von Diagonalstäben erforderlich [106].

Oberfläche der Wetterschutzschale (Vorsatzschale)

Die Oberfläche sollte nicht in glattem Sichtbeton ausgeführt werden, da sich auf der glatten Oberfläche Risse – insbesondere nach Regenschauern – deutlich markieren. Waschbeton hat diesen Nachteil nicht. Wenn Sichtbeton gefordert wird, sollte die Oberfläche imprägniert werden, um kapillares Wassereindringen zu unterbinden [106]. Darüber hinaus s. auch die zuvor genannte Empfehlung, die Oberfläche zu strukturieren, um eine ungleichmäßige Verschmutzung zu vermeiden.

Verbindungsanker zwischen Wetterschutzschale (Vorsatzschale) und Tragschale

Die Anordnung der verschiedenen Verbindungsanker (Verbundanker) – Trag-, Torsions- und Halteanker – und ihre Ausführungsvarianten gehen aus den Bildern 7.51, 7.52, 7.53 und 7.54 hervor.

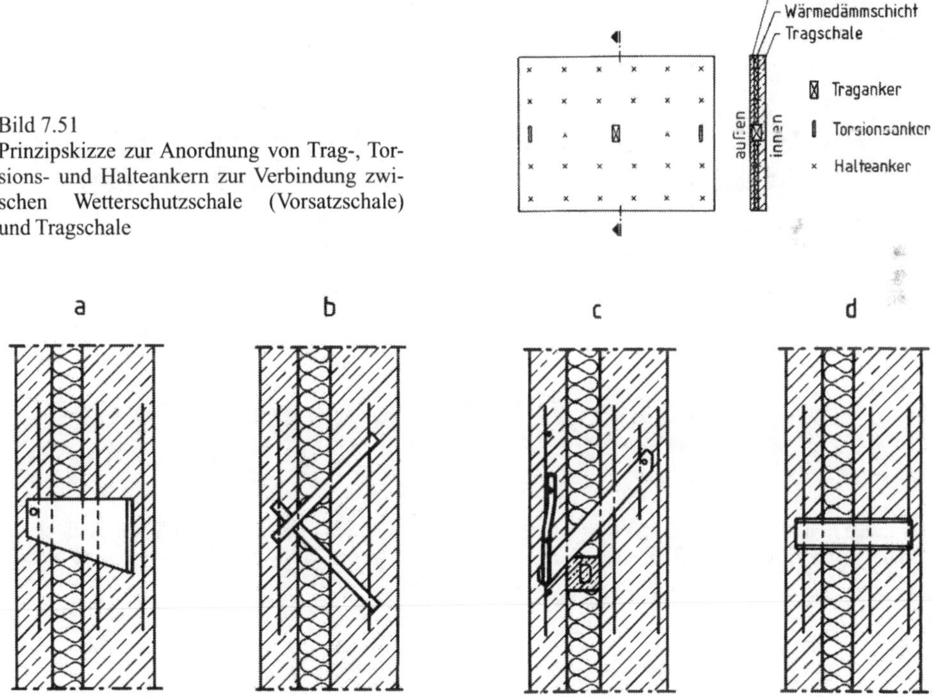

Bild 7.51
Prinzipskizze zur Anordnung von Trag-, Torsions- und Halteankern zur Verbindung zwischen Wetterschutzschale (Vorsatzschale) und Tragschale

Bild 7.52 Prinzipskizzen: Verschiedene Traganker-Ausführungsarten [98], [100], [106], [107]

a) Konsole, b) gekreuzte Schlaufen (z. B. Flach- oder Rundstähle)

c) Anhängekonstruktion mit Druckklotz „D“, d) biegesteifer, in Tragschale und Wetterschutzschale (Vorsatzschale) eingespannter Träger

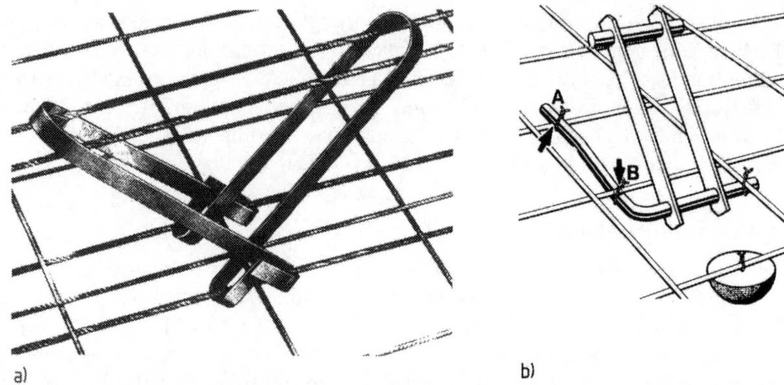

Bild 7.53 Perspektivische Darstellung von Tragankern:
a) gekreuzte Schlaufen (System Frimeda), vgl. Bild 7.52b
b) Anhängekonstruktion (System Lutz), vgl. Bild 7.52c

Sämtliche Verbindungsanker (Verbundanker) sind aus nichtrostendem Stahl (Werkstoff Nr. 1.4401 und 1.4571 nach DIN 17 440 [416] herzustellen. Nichtrostende Stähle der Herstellerbezeichnung V2A sind nicht ausreichend, es sind V4A-Stähle erforderlich [98], [100], [107].

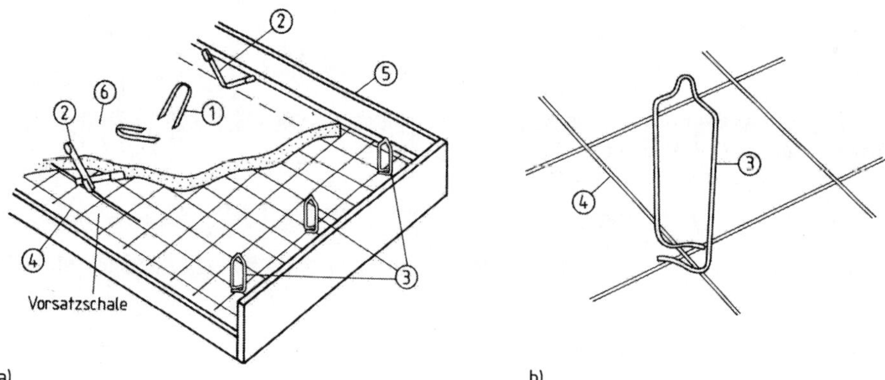

Bild 7.54 Beispiel für Anordnung von Trag-, Torsions- und Halteankern [98], [100] (System Frimeda)
a) Herstellung einer Sandwichwand (liegende Schalung),
b) Detail: Halteanker und Bewehrungsnetz der Wetterschutzschale (Vorsatzschale) vor dem Betonieren

1 Traganker gemäß Bild 7.52 b mit Lastaufnahmerichtung ± y, *2* Torsionsanker, beweglich in Richtung y, Lastaufnahmerichtung ± x, *3* Halteanker x- und y-Richtung beweglich, *4* Bewehrungsnetz der Wetterschutzschale (Vorsatzschale), *5* Schalung, *6* Wetterschutzschale (Vorsatzschale)

Um die primär temperaturbedingte Längsdehnung der Vorsatzschale nicht zu behindern, sollte nur ein Traganker angeordnet werden und zwar möglichst im Masseschwerpunkt der Vorsatzschale, Exzentrizitäten – planmäßige oder ungewollte – werden von den Torsionsankern aufgenommen, so daß sich die Vorsatzschale nicht verdrehen kann. Die Torsionsanker sind darum in ihrer Achsrichtung starr, senkrecht dazu jedoch mehr oder minder frei beweglich, um die temperaturbedingte Längenänderungen der Vorsatzschale weitgehend zwängungsfrei zu ermöglichen (Bild 7.54).

Die Halteanker (Nadeln) werden am Rande und bei größeren Flächen möglichst auch zusätzlich im Feld angeordnet. Sie sind in alle Richtungen biegeweich und folgen fast zwängungsfrei den Temperatur-Längenänderungen der Vorsatzschale. Die Anordnung der Halteanker auch im Feld reduziert die Biegemomente in der Vorsatzschale aus Wind und temperaturbedingter Zwängung (aus Behinderung der Verwölbung) [106].

Abmesssungen der Sandwichelemente

Die üblichen Abmessungen der Sandwichelemente liegen bei 4 bis 10 m. Die maximalen Abmessungen der Wetterschutzschale (Vorsatzschale) sollten mit Rücksicht auf die Temperatureinwirkungen 15 m^2 bei einer größten Längenausdehnung von 5 m nicht überschreiten. Bei größeren Abmessungen der Sandwichelemente sollte ggf. die Vorsatzschale eine zusätzliche Fuge gegenüber der Tragschale erhalten [98], [100].

Eckausbildungen

Wird die Wetterschutzschale (Vorsatzschale) um die Gebäudeecke geführt, so muß ein Luftspalt für freie Verformbarkeit nach Bild 7.55a und b offen bleiben. Bei kürzeren Eckstücken mit Schenkellängen l ≤ 1,20 m ist dieses nicht erforderlich (Bild 7.55c).

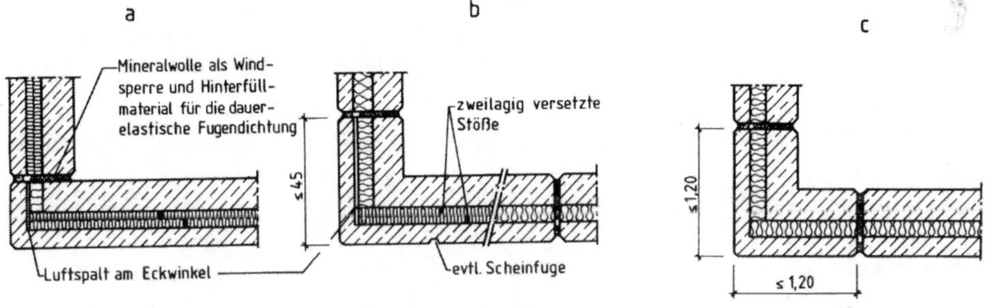

Bild 7.55 Eckausbildung von Sandwichwänden [100], [98]
a) und b) mit Luftspalt für zwängungsfreie Verformung
c) bei Schenkellänge ≤ 1,20 m Ausführung ohne Luftspalt

Befestigung vorgefertigter Betonsandwichtafeln am Tragwerk

Die Befestigung wird i. d. R. durch Verbindung der Tragschale der Sandwichplatte mit der Tragkonstruktion des Gebäudes hergestellt [98, 100]:

- Einbetonieren der Bewehrung, wobei die Tragschale monolithisch mit der Tragkonstruktion verbunden wird (Bild 7.56a).
- Auflagerung auf Konsolen (Bandkonsolen oder Einzelkonsolen aus Beton oder Stahlprofilen) und Verbindung bzw. Befestigung mit Dollen und Sicherung durch Verschrauben mit Ankerschienen oder Profilstählen (Bild 7.56b und c).
- Befestigung durch Verschweißung.

Alle Stahlteile zur Befestigung am Tragwerk müssen – sofern sie nicht durch Einbetonieren oder Vergußmörtel gegen Korrosion geschützt sind – einen geeigneten Korrosionsschutz nach DIN 55 928 [418] erhalten oder aus nichtrostendem Stahl bestehen [100].

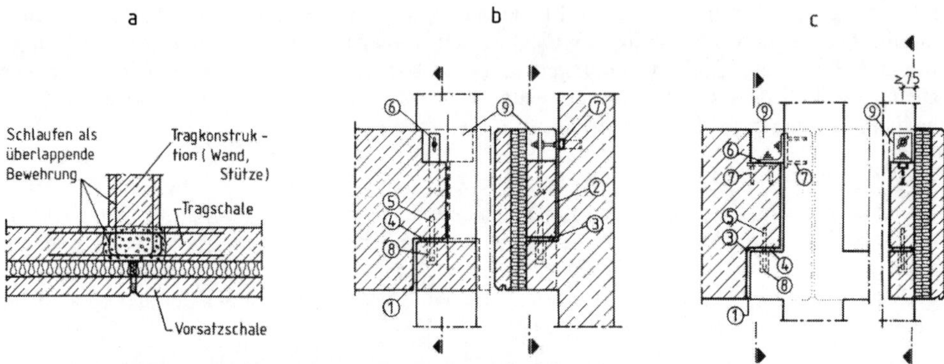

Bild 7.56 Befestigung der Betonsandwichelemente am Tragwerk [100].
a) Befestigung durch Einbetonieren der Bewehrung
b) Auflagerung auf Konsolen vor den Stützen, Befestigung mit Dollen, Sicherung durch Verschraubung
c) Auflagerung auf Konsolen zwischen den Stützen, Befestigung mit Dollen, Sicherung durch Verschraubung

1 Ausgleichsfuge (mind. 20 mm), *2* Ausgleichsfuge (mind. 10 mm), *3* Lagerfuge entspricht Lagerdicke, *4* Lager (z. B. Elastomerelager), *5* Stahldollen, *6* Flachstahl (Bild 7.56b) oder Stahlwinkel (Bild 7.56c) mit Langloch, *7* Ankerschiene, *8* Aussparung für Stahldollen, Mörtelverguß, *9* Vergußbeton mind. B 25

Fugenausbildung

Im Hinblick auf die Dichtigkeit der Außenwand kommt der Fuge besondere Bedeutung zu. Die Fuge hat folgende Anforderungen zu erfüllen [106]:

- sie muß alle Bewegungen aus Temperatur- und Feuchteänderungen und ggf. auch aus Bodenverformungen schadlos zulassen
- sie muß den bauphysikalischen Anforderungen (Wärme-, Feuchte-, Schall- und Brandschutz) genügen
- sie muß Herstell- und Montagetoleranzen ausgleichen können
- die Fugenabdichtung muß möglichst witterungsunabhängig herstellbar und langfristig beständig sein
- sie ist zwangsläufig ein Gestaltungselement und sollte auch in ästhetischer Hinsicht befriedigen.

Bei Betonfertigteilfassaden – insbesondere bei Sandwichelementen – haben sich folgende Ausführungsvarianten entwickelt [106], [98], [100]:

a) Fugenabdichtungen mit anhaftenden (sog. adhärierenden) Dichtstoffen [98]:

Die Ausführung erfolgt nach DIN 18 540 [13] nach den Angaben in Bild 7.57. Die Festlegung der Fugenbreiten erfolgt unter der Bedingung, daß aufgrund der Bewegungen der angrenzenden Bauteile die Dichtungsmasse nicht überdehnt wird. (Einhaltung der Bedingung zul $\varepsilon \leq 25$ %.)

Ferner sind die erforderlichen Mindestfugenbreiten am fertigen Bauwerk für die Planung nach Tafel 7.30 einzuhalten.

b) Fugenabdichtung mit aufgeklebten Fugenbändern

Diese Technik nach Bild 7.58 kann als Weiterentwicklung der Fugenabdichtung nach Bild 7.57 angesehen werden [106]. Die Fugen werden durch Überkleben mit Fugenbändern aus

Tafel 7.30 Mindestfugenbreiten bei Bauwerken nach DIN 18 540 [13]

Vorhandener Fugenabstand	Fugenbreite		Dicke des Fugendichtstoffes 3)	
	Nennmaß 1) b	Mindestmaß 2) b_{min}	d	Zul. Abweichung
in mm	in mm	in mm	in mm	in mm
bis 2,0	15	10	8	± 2
bis 3,5	20	15	10	± 2
bis 5,0	25	20	12	± 2
bis 6,5	30	25	15	± 3
bis 8,0	35	30	15	± 3

1) Nennmaß für die Planung
2) Mindestmaß zum Zeitpunkt der Fugenabdichtung
3) Die angegebenen Werte gelten für den Endzustand, dabei ist auch der Volumenschwund der Fugendichtungsmasse zu berücksichtigen

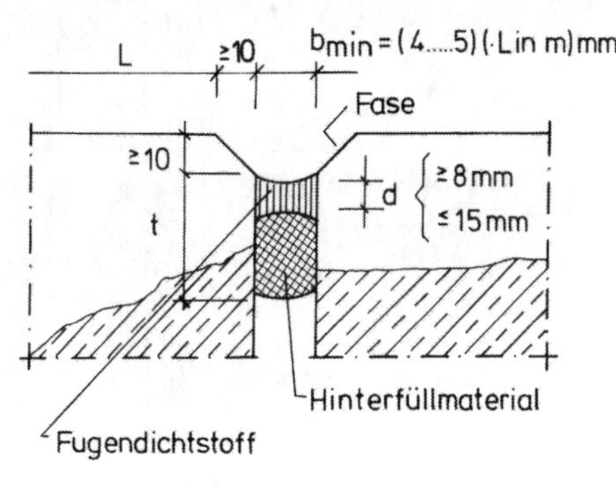

Bild 7.57 Fugenabdichtung mit anhaftender (adhärierender) Fugendichtungsmasse

Polysulfid, Silikon o. ä. abgedichtet. Hierfür werden vorher Dichtungsmassen, aus gleichem Material wie die Fugenbänder, aufgespritzt. Die Fugenbänder werden dann mehr oder weniger schlaufenförmig in die Dichtungsmassen eingedrückt. Durch die Schlaufenform werden die Fugenbänder nur geringfügig auf Zug oder ggf. auf Abscheren beansprucht, was zu nur geringer Schadensanfälligkeit der Fuge führt.

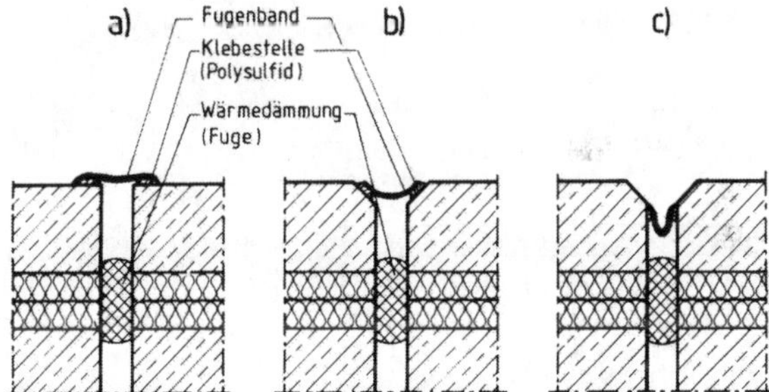

Bild 7.58
Fugenabdichtung mit aufgeklebtem Fugenband [93], [100]
a) Fugenband nur geringfügig schlaufenförmig eingedrückt
b) Fugenband stärker schlaufenförmig eingedrückt
c) Fugenband so eingedrückt, daß sehr ausgeprägte Schlaufenform vorliegt

c) Belüftete Fugen (sogenannte konstruktive Fugenabdichtung)

Bei diesen Fugen wird die Dichtigkeit primär durch die Formgebung der Wandränder erreicht.

Die Horizontalfuge erhält eine Mindestschwellenhöhe nach Abschnitt 7.2.3.4 (vgl. Bild 7.8).

Die abdichtende Wirkung der Vertikalfuge beruht auf dem Prinzip des Druckausgleiches [93]: Die Regensperre verhindert den direkten Schlagregeneinfall. Der über die offene Horizontalfuge gewährleistete Druckausgleich zwischen der Außenluft und dem Luftraum hinter der Regensperre sorgt dafür, daß der Regen die Regensperre zum Rauminnern hin nicht passiert.

Bild 7.59a zeigt eine nichttragende Sandwich-Außenwand.

Bild 7.59b zeigt eine Sandwichwand, wie sie beispielsweise als tragende Außenwand im Großtafelbau ausgeführt wird.

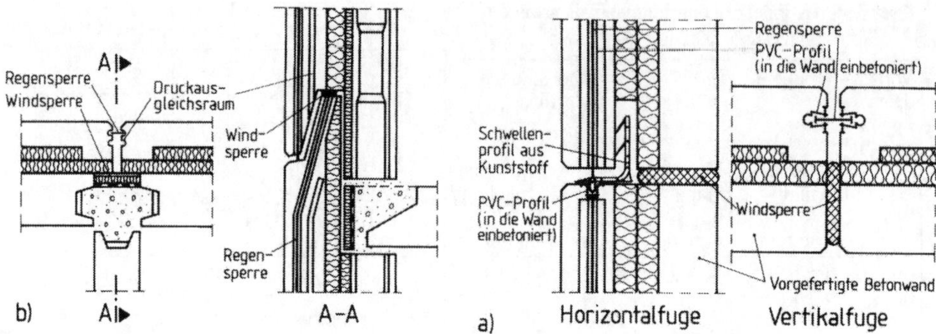

Bild 7.59 Belüftete Fugen bei Betonsandwichwänden [93], [100]

a) Die erforderlichen Profilierungen in Vertikal- und Horizontalfugen wurden durch in die Wand einbetonierte PVC-Profile hergestellt.

b) Die erforderlichen Profilierungen in Vertikal- und Horizontalfuge sind hier direkt in Beton vorgenommen worden.

d) Fugenabdichtung mit vorkomprimiertem Fugendichtungsband [98], [100], vgl. Bild 7.60.

Das durch entsprechendes Wickeln o. ä. vor dem Einbau zusammengedrückte (vorkomprimierte) Fugenband aus imprägniertem PU-Schaumstoff wird nach dem Versetzen der Sandwichplatte auf eine Fugenflanke aufgeklebt oder später zwischen die Fugenflanken (in komprimiertem Zustand) eingebracht. Während einer längeren „Aufgehzeit" löst sich die Vorkomprimierung und das Band preßt sich dichtend in die Fuge. Hierbei sind die Einbau- und Verarbeitungsvorschriften des jeweiligen Fugendichtungsband-Herstellers genau zu beachten.

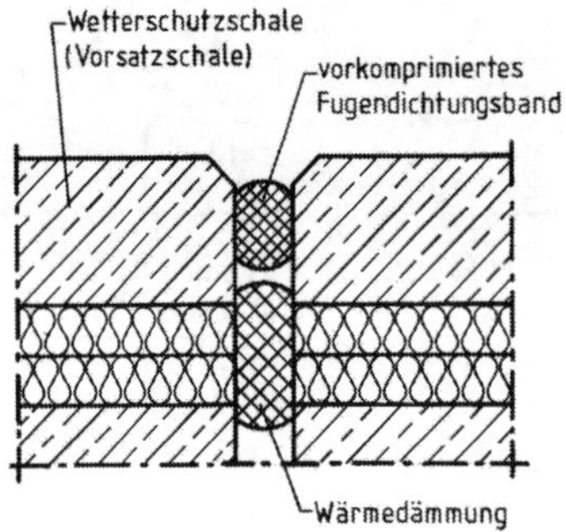

Bild 7.60
Dichtung der Vertikalfuge einer Sandwichwand mit vorkomprimiertem Fugendichtungsband

7.5 Konstruktive Ausbildung nichttragender Außenwände

7.5.1 Allgemeines

Wie aus den Abschnitten 7.1 (Einleitung u. Überblick) und 7.2.1 (Tragfähigkeit) hervorgeht, treten nichttragende Außenwände primär in Skelett-, Quer- und Längswandbauten auf.

Bezüglich der Anordnung nichttragender Außenwände gegenüber dem Tragsystem wird hier zwischen vorgehängten (s. Abschn. 7.5.2), zwischengestellten, d.h. ausfachenden

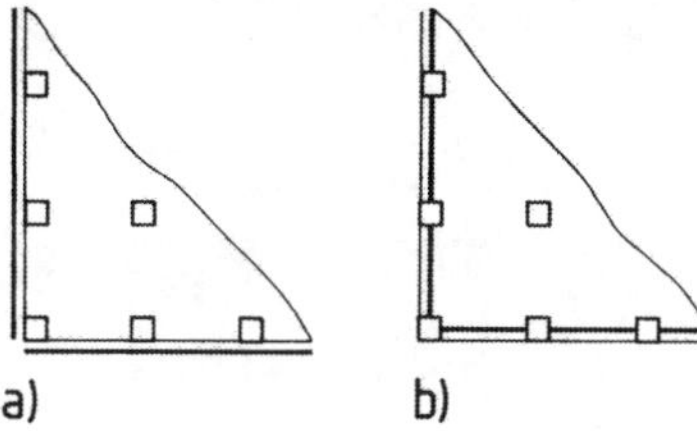

Bild 7.61
Ausschnitt aus dem Grundriß eines Skelettbaus
a) Außenwand vorgehängt bzw. vorgestellt
b) Außenwand zwischengestellt bzw. ausgefacht

(s. Abschn. 7.5.3) und vorgestellten (s. Abschn. 7.5.4) nichttragenden Außenwänden unterschieden (Bild 7.61).

Wände in Holzbauweise werden dieser Gliederung nicht unterworfen und getrennt in Abschn. 7.6 behandelt. Der Begriff „Nichttragende Außenwand" läßt sich nicht für alle Außenwandarten scharf definieren. In der Regel wird darunter eine Wand verstanden, die lediglich die unmittelbar auf sie wirkenden Lasten aufnimmt und wandweise an die Tragkonstruktion ableitet. Näheres s. Abschn. 7.2.1. Die bauphysikalischen Beanspruchungen – und somit auch die bauphysikalischen Anforderungen – entsprechen denen der tragenden Außenwände (s. Abschn. 7.4).

In Abschnitt 7.5 werden nur die arttypischen Ausführungselemente der verschiedenen nichttragenden Außenwandtypen angegeben. Die Anordnung von Wärmedämmschichten, Putzen, Bekleidungen usw. im Regelquerschnitt der Wände und die konstruktive Gestaltung der Dach- und Deckenanschlüsse sowie der Sockel- und Fundamentbereiche kann oft in Analogie zu den entsprechenden Details des Abschn. 7.4 „Konstruktive Ausbildung tragender Außenwände" vorgenommen werden.

7.5.2 Vorgehängte Fassade

7.5.2.1 Leichte Vorhangwände (curtain walls)

Die klassische leichte Vorhangwand – aus dem Amerikanischen kommend auch als curtain wall bezeichnet – wird vor der Tragkonstruktion eines Skelettbaus angeordnet. Gelegentlich erfolgt auch die Anordnung als Längs-Außenwand vor einem Querwandbau (Schottenbau). Damit tritt in der Fassade die Tragkonstruktion selbst nicht mehr in Erscheinung.

Die leichte Vorhangwand besteht im Regelfall aus schmalen vorgefertigten Elementen, die über ein oder zwei Geschosse durchgehen. Die wichtigsten Ausführungsarten lassen sich in Tafel- und Sprossenkonstruktionen untergliedern.

Bei Tafelkonstruktionen werden die einzelnen Elemente (Tafeln) an der Tragkonstruktion, meistens an den Decken, befestigt und untereinander so verbunden, daß eine großflächige geschlossene Fassade entsteht. Fenster sind in die einzelnen Fassadenelemente integriert (Bild 7.62).

Bei Sprossenkonstruktionen wird zunächst ein vorgefertigter oder aus einzelnen Sprossen montierter Rahmen mit der Tragkonstruktion des Gebäudes, wiederum meistens mit den Decken, verbunden. Die Sprossenkonstruktion bleibt auch nach dem Verschließen mit vorgefertigten Wand- bzw. Wand-Fensterelementen als ein gestaltendes Merkmal in der Fassade sichtbar (Bild 7.62). Es lassen sich hier Fassaden mit nur sichtbaren vertikalen oder horizontalen Haupt- und nichtsichtbaren Nebensprossen- und Konstruktionen mit sichtbaren horizontalen und vertikalen Sprossen unterscheiden.

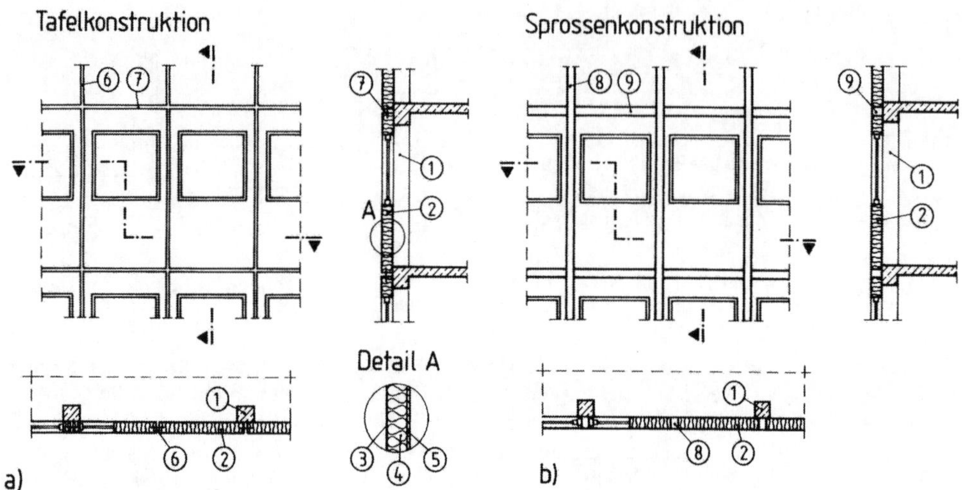

Bild 7.62 Prinzipdarstellungen leichter Vorhangwände in Ansichten und Schnitten für Tafel- und Sprossenkonstruktion.

Die verschiedenen Befestigungsmöglichkeiten der Vorhangwände an der Tragkonstruktion wurden aus Gründen besserer Übersichtlichkeit nicht mit eingezeichnet.

1 Stütze der Tragkonstruktion, *2* Wandelement, *3* Wetterschutzschicht, *4* Wärmedämmschicht, *5* innere Schutzschicht, *6* Vertikalfuge, *7* Horizontalfuge, *8* Vertikalsprosse, *9* Horizontalsprosse

Außerhalb des Fensterbereiches besteht der klassische Aufbau der Vorhangwand aus den beiden Deckschichten – einer äußeren Wetterschutzschicht und einer inneren Schutzschicht gegen mechanische Beschädigungen – und einer mittigen Wärmedämmschicht. Die einfachste Querschnittsausbildung besteht aus einer beiderseits metall-, kunststoff- oder glaskaschierten Dämmplatte (Paneele). Im Normalfall erfolgt die Verbindung im Randbereich über druckfeste Randumleimer und im Feldbereich durch direkte Verklebung der einzelnen Schichten (Bild 7.63).

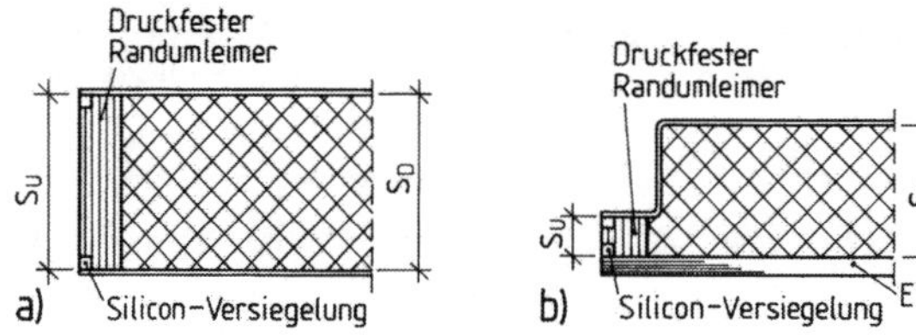

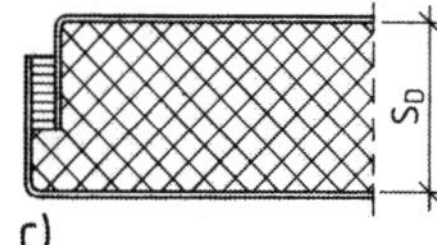

Bild 7.63 Paneele mit verschiedenen Randausbildungen [97]
a) Randbereich mit glatter Oberfläche
b) Randbereich mit Stufenfalz
c) Randbereich mit überlappten Deckschichten

Es sind jedoch auch andere Querschnittsaufbauten möglich, z. B. mit hinterlüfteter Wetterschutzschicht.

Die Befestigung der Vorhangwände an der Tragkonstruktion hat einerseits so zu erfolgen, daß die auftretenden Belastungen (z. B. Eigengewicht und Wind) auf die Tragkonstruktion übertragen werden, andererseits müssen Befestigung an der Tragkonstruktion und Verbindung der

Fassadenelemente untereinander bzw. im Anschluß an die Sprossen so erfolgen, daß Temperaturdehnungen auch bei großen Fassadenflächen zwängungsfrei möglich sind.

Bei der Bestimmung des mittleren k-Wertes für die Paneele wird häufig die Berechnung nach DIN 4108 [1] als flächenanteiliger Mittelwert aus ungestörtem Flächenbereich und Randbereich durchgeführt.

Wie in neueren Untersuchungen [97] nachgewiesen wurde, führt diese Berechnungsweise zu einer erheblichen Überschätzung der Dämmqualitäten des Paneels. In Wirklichkeit verläuft der Wärmestrom im Randbereich nicht nur senkrecht zur Plattenmittelfläche, sondern es ist mit wesentlicher Querleitung der Deckschichten im Randbereich zu rechnen.

In Tafel 7.31 wird ein Diagramm zur näherungsweisen Bestimmung des (wirklichen) mittleren k-Wertes für Paneelen angegeben.

Tafel 7.31 Diagramm zur näherungsweisen Bestimmung des Wärmedurchgangskoeffizienten von Paneelen nach Achtziger [97]

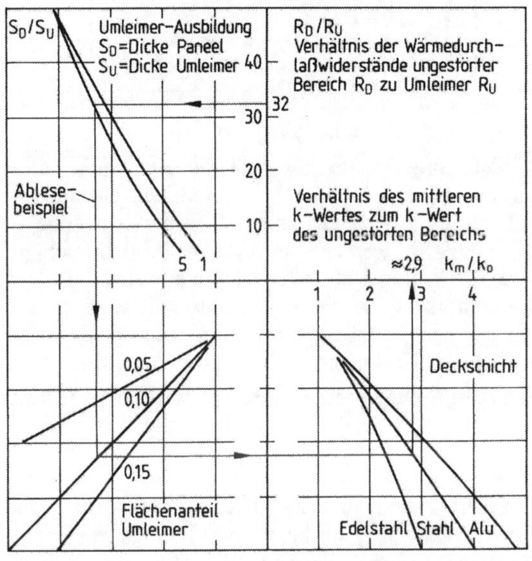

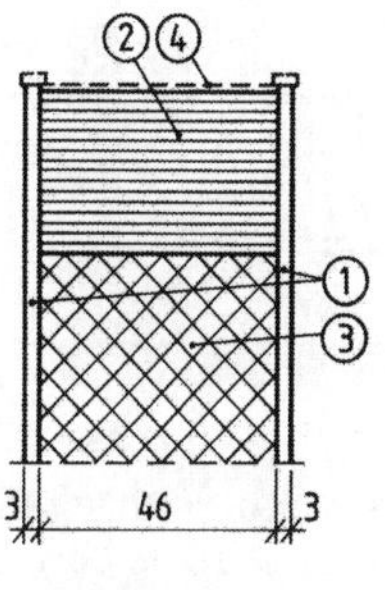

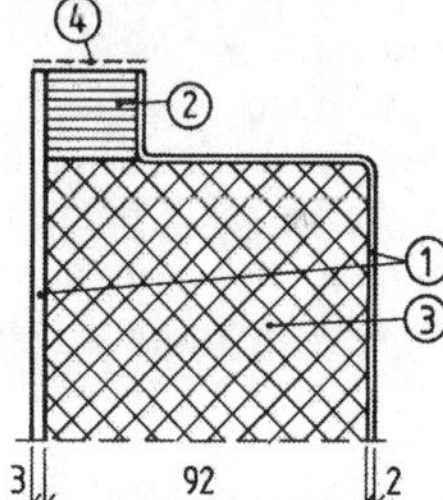

Bild 7.64 Randabschluß zweier Paneelen mit Alu-Folien-Kaschierung
1 Aluminiumblech
2 Umleimer (ISO-ternit)
3 Dämmung (Mineralfaser)
4 Alu-Folie 0,08 mm

Der Randabschluß der Paneele erhält häufig eine Alu-Folienkaschierung zur Vermeidung des Eindringens von Wasser und Wasserdampf in das Paneel (Bild 7.64).

Hierbei ist zu beachten, daß durch die Kantenbänder aus Alu-Folie (Bild 7.64) eine wesentliche Verschlechterung des Wärmeschutzes des Paneels eintritt (Tafel 7.32).

Anstelle von Alu-Kantenbändern wird die Verwendung von Kunststoff-Folien (z. B. Tafel 7.32 Zeile 2) empfohlen [97].

Tafel 7.32 Einfluß der Kantenbänder aus Alu-Folie und aus PVC zur Abdichtung des Randverbundes auf den Wärmedurchgangskoeffizienten des Paneels nach Achtziger [97]

	Paneelaufbau	Wärmedurchgangskoeffizient in W/(m² · K) mit Kantenband	ohne Kantenband	Erhöhung des Wärmedurchgangs %		Paneelaufbau	Wärmedurchgangskoeffizient in W/(m² · K) mit Kantenband	ohne Kantenband	Erhöhung des Wärmedurchgangs %
1	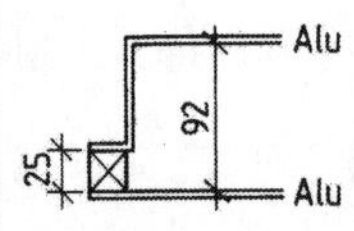 Alu, 92, 25, Alu	1,90 mit 80 µm Alu 1,65 mit 50 µm Alu	1,17	62 41	3	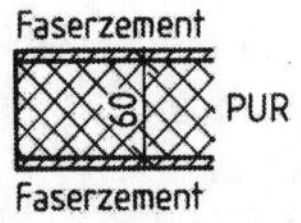 Faserzement, 60, PUR, Faserzement	0,89 mit 50 µm Alu	0,48	85
2	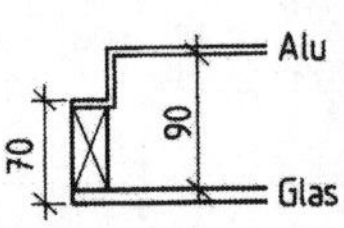 Alu, 90, 70, Glas	0,77 mit 80 µm Alu 0,53 mit PVC-Band	0,53	45 0	4	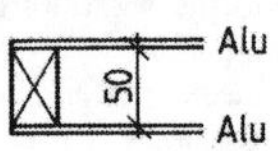 Alu, 50, Alu	1,99 mit 80 µm Alu	1,20	66

7.5.2.2 Schwere Vorhangwände (vorgefertigte Beton-Flächenelemente)

Unter schweren Vorhangwänden werden hier vorgefertigte geschoßhohe Beton-Wandelemente verstanden. Sie bestehen meistens aus einschichtigen Leichtbetontafeln, aus Normalbeton in zweischaliger Ausführung mit Kerndämmung – sogenannte Betonsandwichwände – oder einschaliger Ausführung mit Innendämmung. Sie werden – in Analogie zu den leichten Vorhangwänden, s. Abschn. 7.5.2.1 – ebenfalls im Regelfall v o r der Tragkonstruktion angeordnet und in der Literatur gelegentlich ebenfalls – wie die leichten Vorhangwände – als curtain walls bezeichnet. Die Anwendung ist grundsätzlich bei Skelett- und Querwandbauten möglich. Während im Skelettbau jedoch die leichten Vorhangwände dominieren, werden schwere Vorhangwände eher als Außenwandkonstruktionen bei Querwandbauten eingesetzt.

7.5.2.3 Profilblechwände

Profilblechwände werden vornehmlich im Industrie- und Hallenbau eingesetzt. Der Aufbau des Wandquerschnittes kann in bauphysikalischer Hinsicht den jeweiligen Anforderungen angepaßt werden. Profilblechwände ohne Wärmedämmung dienen (Bild 7.65a) lediglich dem Raumabschluß und Wetterschutz und werden dann eingesetzt, wenn keine Anforderungen an den Wärmeschutz bestehen.

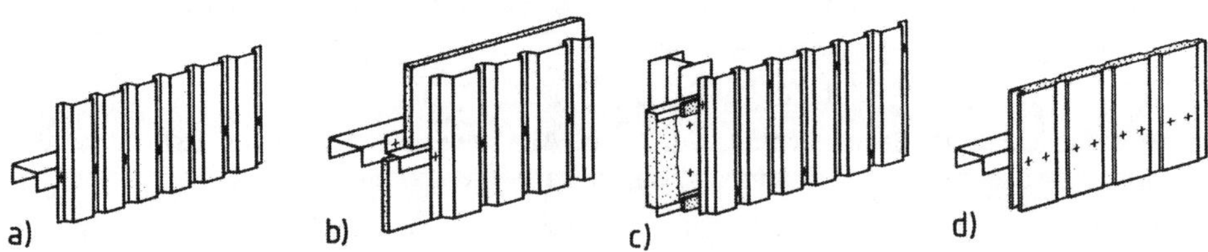

Bild 7.65 Aufbau verschiedener Profilblechwände

a) ohne Wärmedämmung, b) mit Wärmedämmung c) wärmegedämmte Kassettenwand, d) Sandwichwand

Durch Anordnung einer Wärmedämmung – innenseitig unbekleidet (Bild 7.65b), mit Anordnung der Wärmedämmung in Kassetten (Bild 7.65c) oder als Sandwichquerschnitt (Bild 7.65d) – ist eine Anpassung an den jeweils geforderten Wärmeschutz möglich. Beim Nachweis des Wärmeschutzes sind vorhandene Wärmebrücken zu berücksichtigen.

In [96] ist ein Verfahren zur Berücksichtigung dieser Wärmebrücken bei wärmegedämmten Kassettenwänden (Bild 7.65c) angegeben. Es berücksichtigt den Einfluß der an der Berührungsstelle zwischen innerer Blechkassette und äußerer Wetterschutzschicht (Profilblech) angeordneten Zwischenlage auf den mittleren Wärmedurchlaßwiderstand der Wand. Die unterschiedlichen Möglichkeiten zur Ausführung der Zwischenlage sind in Tafel 7.33 dargestellt.

Das in Tafel 7.34 dargestellte Diagramm [96] ermöglicht es, auf einfachem Wege einen Beiwert f zur Berechnung des mittleren Wärmedurchlaßwiderstandes „1/Λ" hinterlüfteter Wände – mit Zwischenlage (hier: U-Profil) und ohne Zwischenlage – zu ermitteln.

Tafel 7.33 Unterschiedliche Zwischenlagen an der Berührungsstelle zwischen Kassette und Trapezprofil [96]

Nr.	Zwischenlage	
	Form	Material
1	ohne Zwischenlage	direkte Befestigung zwischen Kassette und Trapezprofil
2	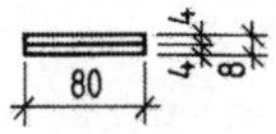 80; 4, 4, 8	2 x 4 mm Hartfaserstreifen
3	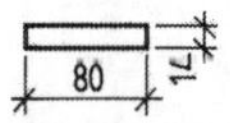 80; 14	Promabest
4	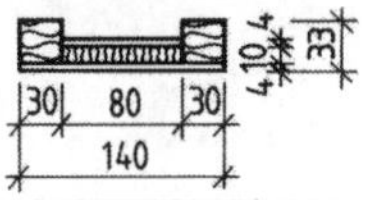 30, 80, 30; 140; 4, 10, 4; 33	U-Profil aus 2 x 4 mm Hartfaserstreifen und 10 mm extrudiertem Polystyrol
5	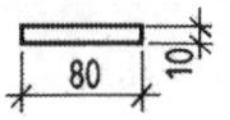 80; 10	EGI-Wärmedämm-Material

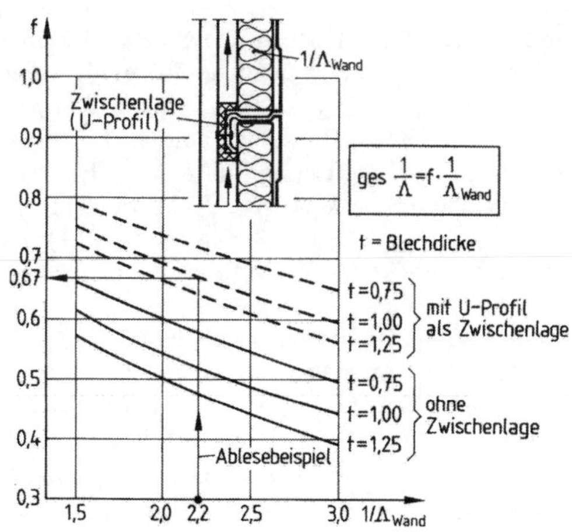

Tafel 7.34
Beiwert f für Berechnung des mittleren Wärmedurchlaßwiderstands hinterlüfteter Wände [96]

Im Bereich der Wärmebrücke besteht Gefahr der Tauwasserbildung auf der Wandinnenoberfläche, wenn die Oberflächentemperatur der Wandinnenseite unter die Taupunkttemperatur der Raumluft sinkt. Mit Hilfe des in Tafel 7.35 dargestellten Diagramms können für verschiedene Randbedingungen – Außenlufttemperatur, Innenlufttemperatur, Ausbildung der Zwischenlage – die minimalen Oberflächentemperaturen auf der Rauminnenseite min ϑ_{Oi} ermittelt werden.

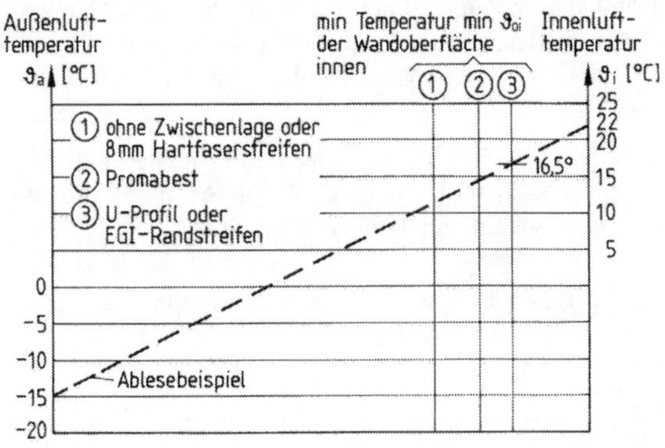

Tafel 7.35
Ermittlung der minimalen Oberflächentemperatur auf der Rauminnenseite [96]

Ist die so erhaltene minimale Wandinnenoberflächentemperatur – unter Berücksichtigung eines Sicherheitsabstands $\Delta\,\vartheta_{Oi} = 2$ K – größer als die nach DIN 4108-5 [1] ermittelte Taupunkttemperatur ϑ_s der Raumluft, so ist die Wand auch im Bereich der Wärmebrücken tauwasserfrei. Die Bedingungsgleichung muß also lauten:

$$\min \vartheta_{Oi} - 2\text{ K} \geq \vartheta_s.$$

7.5.3 Ausfachungswände

7.5.3.1 Leichte Ausfachungswände (Leichtbauelemente)

Das Ausfachen der Tragkonstruktion, d. h. die Erstellung der Fassade durch Anordnung von Leichtbauelementen zwischen den von außen sichtbar bleibenden Stützen und Decken bzw. Deckenrandbalken, bleibt solange bauphysikalisch problematisch, wie wärmedämmtechnisch ungeschützte Decken und Stützen Wärmebrücken bilden. Eine entsprechende Gegenmaßnahme wäre die zusätzliche äußere Wärmedämmung der Außenseiten der Stützen und Decken (Beispiel für zusätzliche äußere Wärmedämmung für eine Stütze s. Abschn. 7.5.3.2, Bild 7.67b). Die Ausfachungswand wird unten auf die Decke (bzw. auf den Deckenrandbalken) aufgestellt. Sie muß ansonsten in ihrer Ebene zwängungsfrei gegenüber den Stützen und der oberen Decke (bzw. Deckenrandbalken) abgefugt werden (Temperaturdehnung der Ausfachungswand, Durchbiegung der Decke). Andererseits müssen die Horizontallasten auf die Ausfachungswand (Winddruck und -sog, ggf. auch Erdbeben) formschlüssig über entsprechende Winkel, Anschlagleisten o. ä. an die Tragkonstruktion (Decken, Stützen) weitergeleitet werden. In der Aufstandsfläche der Ausfachungswand auf der Decke erfolgt die Weiterleitung der Horizontallasten bei leichten Ausfachungswänden ebenfalls formschlüssig über Winkel, Anschlagleisten o. ä., bei schweren Ausfachungswänden (in Massivbauweise) – s. Abschnitt 7.5.3.2 – genügt in der Regel bereits die Reibung bzw. Haftung und Reibung in der Aufstandsfläche. Alle weiteren Einzelheiten gehen aus Bild 7.66 und den zugehörigen Erläuterungen hervor.

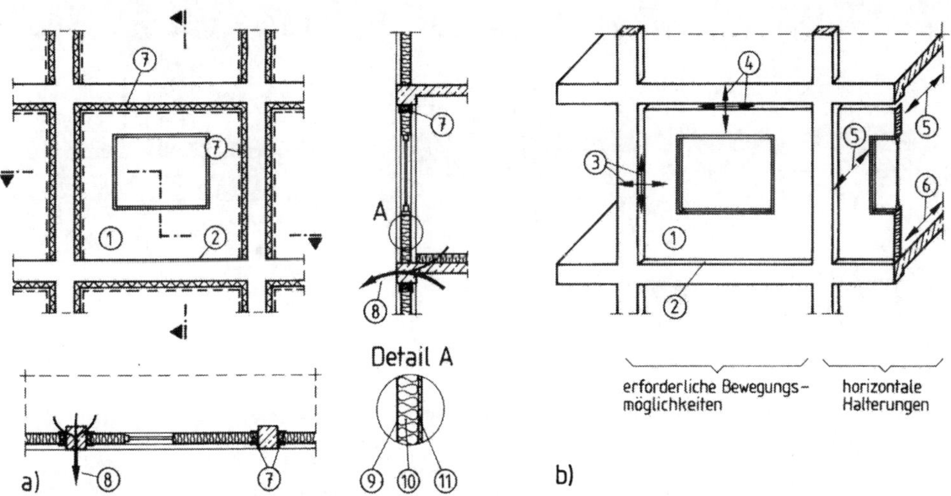

Bild 7.66 Prinzipdarstellungen leichter Ausfachungswände
a) Ansicht und Schnitte
b) Erforderliche Bewegungsmöglichkeiten und horizontale Halterungen

1 Leichte Ausfachungswand, *2* Aufstandsfläche der Ausfachungswand auf Decke bzw. Randbalken, *3* und *4* Richtung der erforderlichen Bewegungsmöglichkeiten der Ausfachungswand in ihrer Ebene gegenüber der Tragkonstruktion (Temperaturausdehnungen der Ausfachungswand, Durchbiegungen der Decke), *5* horizontale Halterung an der oberen Decke (bzw. Deckenbalken) und an den Stützen zur Übertragung von Windlasten u. a. durch konstruktive Maßnahme (Winkel, Anschlagleisten o. ä.). Diese horizontale Halterung durch konstruktive Maßnahmen gilt gleichermaßen für leichte Ausfachungswände als auch unverändert für schwere Ausfachungswände (in Massivbauweise) nach Abschn. 7.5.3.2, horizontale Halterung zur Übertragung von Windlasten u. a. über die Aufstandsfläche 2. Bei leichten Ausfachungswänden erfolgt Halterung formschlüssig durch konstruktive Maßnahmen (Winkel, Anschlagleiste o. ä.). Bei schweren Ausfachungswänden (in Massivbauweise) nach Abschn. 7.5.3.2 genügt in der Regel die Reibung bzw. Haftung und Reibung in der Aufstandsfläche 2, *7* Abfugung zur Erfüllung der Bewegungsmöglichkeiten entsprechend 3 und 4, *8* Wärmebrücke/Wärmestrom bei wärmetechnisch ungeschützten Stützen und Decken, *9* Wetterschutzschicht, *10* Wärmedämmschicht, *11* innere Schutzschicht

7.5.3.2 Schwere Ausfachungswände (Massivbauweise)

Für die Ausfachung mit schweren Wänden, darunter werden hier vor allem Wände aus Mauerwerk oder vorgefertigte Betonwände (vgl. auch Abschn. 7.5.2.2) verstanden, gelten – mit Ausnahme des Wandaufbaus (Wandquerschnitt) – die Angaben in Abschn. 7.5.3.1, insbesondere auch in Bild 7.66 entsprechend.

In Bild 7.67 werden 4 Ausführungsvarianten schwerer nichttragender Ausfachungswände dargestellt und in allen wichtigen Einzelheiten erläutert.

Anmerkung zu den Bildern 7.67b, c und d:

Bild 7.67b: Für die zweischalige nichttragende Wand mit Kerndämmung gelten im wesentlichen gleichfalls die Angaben in Abschn. 7.4.5.4 sinngemäß.

Bild 7.67c: Für die zweischalige nichttragende Wand mit Luftschicht gelten im wesentlichen gleichfalls die Angaben in Abschn. 7.4.5.3 sinngemäß.

Bild 7.67d: Für die einschalige Wand mit hinterlüfteter Bekleidung gelten im wesentlichen gleichfalls die Angaben in Abschn. 7.4.4.2 sinngemäß.

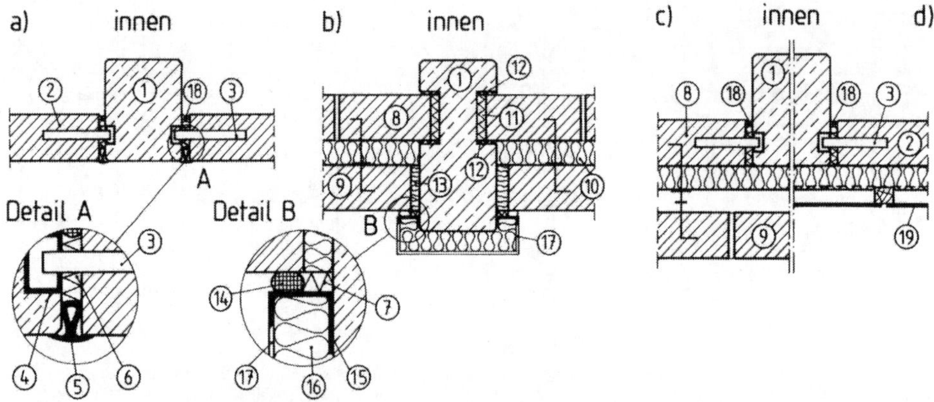

Bild 7.67 Grundrißdarstellung verschiedener Anschlüsse schwerer nichttragender Ausfachungswände (massive, gemauerte Wände) an Stahlbetonstützen

a) Stütze von außen sichtbar. Stütze und Wand ohne zusätzliche Wärmedämmung
b) Stütze von außen sichtbar. Zweischalige Wand mit Kerndämmung. Stütze durch zusätzliche äußere Wärmedämmung geschützt
c) Stütze durch Außenschale verdeckt. Zweischalige Wand mit Luftschicht und zusätzlicher Wärmedämmung. Stütze liegt raumseitig hinter der Wärmedämmschicht
d) Stütze durch Außenwandbekleidung verdeckt. Einschalige Wand mit hinterlüfteter Bekleidung und zusätzlicher Wärmedämmung. Stütze liegt raumseitig hinter der Wärmedämmschicht

1 Stahlbetonstütze, *2* Verblendschale, *3* profilierter (gewellter) Flachstahl, nichrostend, Abstand 1 m, *4* Ankerschiene, nichtrostend, *5* dauerelastisches Fugenband, *6* Wärmedämmung, *7* Füllstoff-Abfugung, *8* Innenschale. Die Innenschale überträgt die Windsog- und Druckkräfte, die ihr von der Außenschale über die Drahtanker zugeleitet werden, auf die Stützen und Decken. *9* Außenschale, *10* Kerndämmung, *11* weiche Hinterfüllung, *12* Gleitschicht, *13* Wärmedämmung (weiches Material, das gleichzeitig die Temperaturbewegung der Außenschale 9 zuläßt), *14* dauerelastisches Dichtungsband aus offenporigem Kunstschaum (stark komprimiert oder werkseitig vorkomprimiert einfügen), *15* Putzprofil, *16* Wärmedämmung, *17* gewebearmierter Außenputz, *18* Elastische Dichtungsmasse mit hinterlegtem, runden Schaumstoffband, *19* hinterlüftete Bekleidung, *20* senkrecht durchgehender Lüftungsspalt, *21* Luftschicht, *22* Drahtanker, *23* Wärmedämmung

7.5.4 Vorgestellte Wände

Die Wände stehen vor der Skelettkonstruktion und tragen somit ihr Eigengewicht über ihre Aufstandsfläche ab. Sie werden gelegentlich auch als selbsttragende Wände bezeichnet. Die Übertragung der Windkräfte senkrecht zur Mittelfläche der Wände erfolgt durch Druckkontakt (Winddruck) bzw. über Verankerungselemente (Windsog) von der Wand auf das tragende Skelett.

Vorgestellte Wände werden vor allem im Industrie- und Hallenbau ausgeführt und zwar in der Regel mit vorgefertigten, liegend oder stehend angeordneten Porenbetonelementen (Bild 7.68) [103], [104]. In Abschnitt 7.4.5.5 (Bild 7.49) wird eine Ausführung mit vorgefertigten Betonsandwichwänden gezeigt.

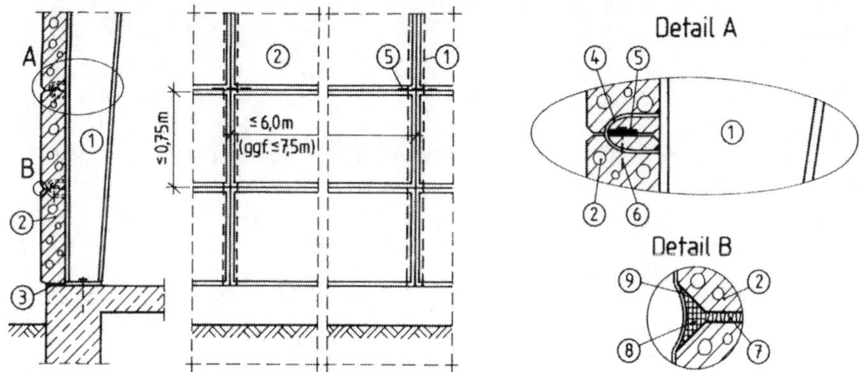

Bild 7.68 Vorgestellte Wand aus liegend angeordneten Gasbeton-Elementen

1 Stütze der Tragkonstruktion (hier: Stütze eines Stahlrahmens), *2* Porenbeton-Element, *3* Aufstellfläche von 2, *4* Haltebügel, *5* Flacheisen, Länge = 50 cm, *6* mehrere Nägel zur Verbindung von 5 mit 2, *7* weiche Hinterfüllung (Mineralwolle) vor 5, *8* dauerelastische Dichtungsmasse, *9* Beschichtung der Außenoberfläche. Porenbetonplatten müssen immer beschichtet werden (Putz oder Kunststoffbeschichtung) [103], [104].

7.6 Konstruktive Ausbildung von Außenwänden in Holzbauweisen

7.6.1 Allgemeines

Tragverhalten

Da sich nicht alle Außenwände aus Holz bzw. mit wesentlichen Elementen aus Holz und/oder aus Holzwerkstoffen ohne weiteres in eine Gliederung nach „tragend" (Abschn. 7.4) und „nichttragend" (Abschn. 7.5) einordnen lassen, erfolgt ihre Beschreibung separat in Abschn. 7.6.

Hier wird eine Unterscheidung nach den drei wichtigsten Bauweisen vorgenommen: Fachwerkbauweise, Holz-Skelettbauweise (Holzständerbauweise) und Holz-Tafelbauweise. Bei Fachwerkkonstruktionen erfolgt die Ableitung aller Lasten – Vertikal- und Horizontallasten allein über das Stabwerk (Pfosten, Streben, Schwellen, Rähm), auch die Aussteifung wird vom Stabwerk übernommen. Die Ausfachung, d. h. die flächenhafte Ausfüllung der Wand zwischen den Stäben (z. B. durch Ausmauern), überträgt lediglich die senkrecht auf sie entfallenden Windlasten auf die angrenzenden Stäbe.

Das gleiche gilt im Prinzip für Holz-Skelettkonstruktionen. Auch hier überträgt die Beplankung praktisch nur die senkrecht auf sie entfallenden Windlasten auf das Skelett. Ggf. können freilich zur Vertikalaussteifung auch die Beplankungen (Scheibenbildung) mit herangezogen werden, selbstverständlich gilt das auch für vorhandene Wandscheiben aus Mauerwerk, Beton o. ä.

Dagegen ist die Holz-Tafelbauweise von vornherein eine Verbundbauweise, d. h. eine Bauweise, bei der das Zusammenwirken von Rippen und Beplankungen statisch berücksichtigt wird. Die Beplankungen werden mit zur Aufnahme und Weiterleitung von Lasten herangezogen (Scheibenbildung) und/oder zur Knickaussteifung der (druckbeanspruchten) Rippen genutzt.

Maximal zulässige Geschoßzahl

Es dürfen nach Tafel 7.25, Spalte 4 mit Fußnote 3 beispielsweise in Nordrhein-Westfalen die Außenwände von Wohngebäuden und Gebäuden ähnlicher Art und Nutzung bis zu 3 Vollgeschossen (Bild 7.69) in Holzbauweise ausgeführt werden, da – entgegen der BauONW von 1985 – nur noch Forderungen hinsichtlich der Feuerwiderstandsdauer (F 30) und nicht hinsichtlich der Brennbarkeit (A oder B) existieren.

Anmerkung: Eine konsequente Ausbildung eines Wohngebäudes und Gebäudes ähnlicher Art und Nutzung in Holzbauweise bleibt zunächst formal auf Gebäude geringer Höhe mit nicht mehr als 2 Wohnungen beschränkt, da in § 37 (6) 1 in [19] für die Wände von Treppenräumen in Gebäuden geringer Höhe (s. Beispiel in Bild 7.69) F 90-AB, d.h. Nichtbrennbarkeit für die wesentlichen Bauteile, gefordert wird. Es kann jedoch eine „Abweichung von der Vorschrift im Einzelfall" erreicht werden. Dazu muß der Beantragende an die zuständige Behörde herantreten und Treppenraumwände in F 90-BA anbieten (offiziell existiert die Bezeichnung BA = „in den wesentlichen Bauteilen brennbar" nicht, wird jedoch offensichtlich behördenintern als Terminus technicus akzeptiert.). Wenn dem zugestimmt wird, ist auch eine konsequente Ausführung von Wohngebäuden und Gebäuden ähnlicher Art und Nutzung in Holzbauweise mit 3 Vollgeschossen möglich.

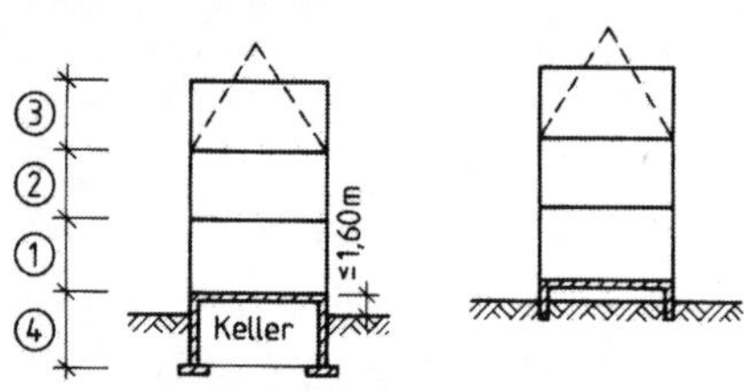

Bild 7.69
Gebäude mit 2 Vollgeschossen in Holzbauweise
1 1. Vollgeschoß (Erdgeschoß)
2 2. Vollgeschoß
3 3. Vollgeschoß
(alternativ: ausgebauter Dachraum)
4 Massivkeller

Maßgebend für die Brandschutzanforderung und Definition des Begriffes „Vollgeschoß" ist die jeweilige Landesbauordnung. Nach [19] zählt beispielsweise der Keller nicht als Vollgeschoß, sofern seine Deckenoberkante im Mittel weniger als 1,60 m über Geländeoberfläche liegt.

Luftdichtheit

Nach § 4 der WSVO [17] sind die nichttransparenten Außenbauteile (hier: Außenwand) luftdicht auszuführen. Wenn die Außenwand – wie im Holzbau in der Regel üblich – primär aus Verschalungen oder gestoßenen, überlappenden sowie plattenartigen Bauteilen besteht, so ist eine luftundurchlässige Schicht über die gesamte Fläche einzubauen, falls die Luftdichtigkeit nicht auf eine andere Weise hergestellt werden kann. In DIN 4108-7 [1] sind entsprechende Planungs- und Ausführungsempfehlungen sowie Ausführungsbeispiele einschließlich geeigneter Materialien zur Einhaltung dieser Anforderungen ausführlich dargestellt und sollen deshalb hier nicht weiter detailliert vertieft werden.

Grundsätzlich ist hinsichtlich der Gebäudeplanung zu beachten, daß bereits bei der Festlegung der Bauteile das Konzept zu Realisierung der Luftdichtheit zu berücksichtigen ist. Das heißt mit anderen Worten, daß die Anschlußdetails und die Werkstoffe im Vorfeld festzulegen sind, wobei zu berücksichtigen ist, daß ein Wechsel des Luftdichtungssystems (Material der Luftdichtheitsschicht) in Konstruktionen möglichst zu vermeiden und die Anordnung von Stößen und Überlappungen auf ein Minimum zu beschränken ist.

Es ist nachhaltig zu empfehlen, sogenannte Installationsebenen für die Aufnahme von Installationen aller Art raumseitig vor der Luftdichtheitsschicht vorzusehen. Bild 7.70a zeigt in Anlehnung an [1] eine Prinzipskizze zur Ausführung einer Installationsebene. Zur weiteren Reduzierung der Transmissionswärmeverluste durch die Außenwand ist eine zusätzliche Dämmung der Installationsebenen zu empfehlen.

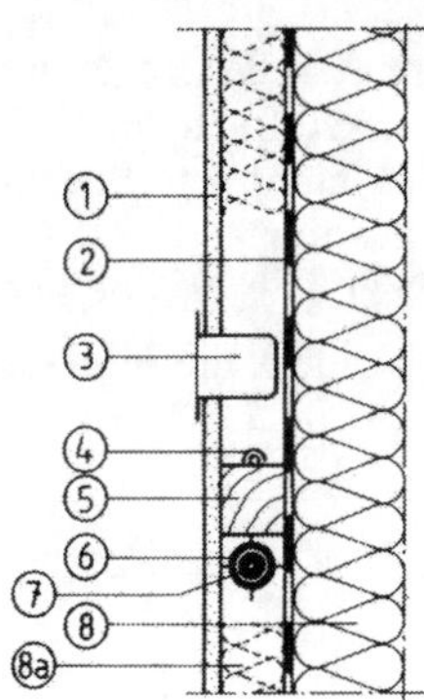

Bild 7.70a
Prinzipskizze zur Ausführung einer Installationsebene vor der raumseitigen Luftdichtheitsschicht in Anlehnung an DIN 4108-7 [1]

1 Raumseitige Bekleidung, *2* Luftdichtheitsschicht, *3* Installationsleerdose, *4* Elektroinstallation mit Kabelklemme, *5* Holzlatte, *6* Rohrschelle, *7* Installationsrohr, *8* Wärmedämmung, 8a ggf. zusätzliche Dämmung der Installationsebene

7.6.2 Holz-Fachwerkbauweise

Die Holz-Fachwerkbauweise mit Ausfachung (Mauerwerk, früher oft Stroh-Lehm-Stakung) blickt auf eine traditionsreiche Geschichte zurück. Unter Rückbesinnung auf diese Werte spielt sie heute gelegentlich auch wieder bei Neubauten, in größerem Maße jedoch im Bereich der Sanierung ein Rolle. Die Bezeichnung der wichtigsten Gestaltungselemente und ein Beispiel der Querschnittsgestaltung gehen aus Bild 7.70 hervor.

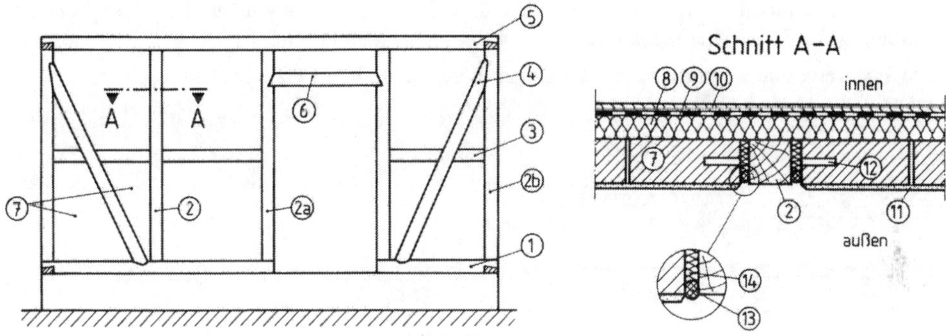

Bild 7.70 Ansicht einer Fachwerkwand mit Türöffnung

1 Schwelle, *2* Ständer oder Stiel, *2a* Tür-Ständer, *2b* Eck-Ständer, *3* Zwischenriegel, *4* Strebe, *5* Rähm, *6* Tür-Riegel, *7* Ausfachung oder Gefache (daher „Fachwerk“). In Schnitt A-A Ausfachung mit Mauerwerk, *8* Wärmedämmung (in alten Bauten nicht üblich gewesen, dort ggf. zur nachträglichen Verbesserung des Wärmeschutzes zu empfehlen), *9* Dampfsperre, *10* Innenputz, (9 und 10 zusammen auch als aluminiumkaschierte Gipskartonplatte möglich), *11* Außenputz, *12* Verbindungselement (z. B. Verbindungswinkel aus Flacheisen, an Ständer angeschraubt, in Mauerwerksfuge eingemauert), *13* vorkomprimiertes Fugenband, *14* weiche Hinterfüllung, z. B. Mineralfaser.

7.6.3 Holz-Skelettbauweise

Die Holz-Skelettbauweise – die technische Weiterentwicklung der Fachwerkbauweise – mit ihren unterschiedlichen Konstruktionsarten in Haupttragwerk und Wandausführung unterscheidet sich vom traditionellen Fachwerk in erster Linie durch die Möglichkeit, auch größere Stützenabstände anzuordnen (z. B. bis hin zu 8 m), durch einfache Anschlüsse mit Stahlverbindern, durch rationelle Fertigungsmethode und durch den Wandaufbau. Hierbei wird der

Raumabschluß in der Regel durch eine Beplankung oder Ausfachung des Skelettes mit Holz oder Holzwerkstoffplatten (z. B. Spanplatten) mit zusätzlicher Wärmedämmung und ggf. auch mit vor oder hinter dem Skelett angeordneter halbsteindicker Mauerwerkschale gebildet. Die Aussteifung erfolgt vertikal durch Verbände, Rahmen, eingespannte Stützen oder Scheiben und horizontal, falls erforderlich, durch Deckenscheiben.

Anwendung findet die Holz-Skelettbauweise bei der Erstellung ein- oder zweigeschossiger Bauwerke (s. Bild 7.71).

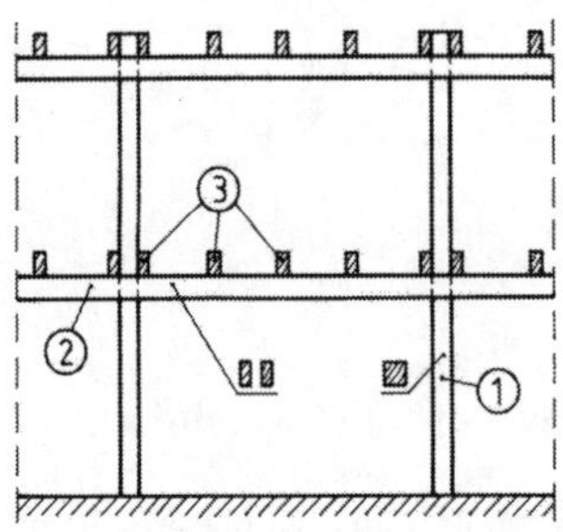

Bild 7.71
Prinzipskizze: Beispiel einer Tragkonstruktion in Holz-Skelettbauweise

1 zweigeschossige Stütze, *2* Hauptträger, zweiteilig, seitlich an die durchgehende Stütze angeschlossen, *3* Nebenträger

Im Gegensatz zur Holz-Tafelbauweise (s. Abschn. 7.6.4) erfolgt bei der Holz-Skelettbauweise, ähnlich wie bei der Holz-Fachwerkbauweise, eine klare Trennung zwischen tragender Konstruktion und raumabschließenden Bauteilen, d. h. die Beplankung wird im Regelfall nicht zur Abtragung von Lasten herangezogen.

Bild 7.72 zeigt unterschiedliche Gestaltungsmöglichkeiten beim Wandaufbau.

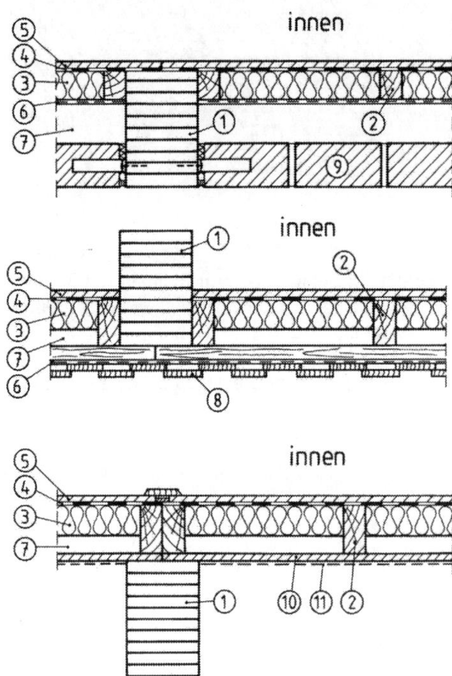

Bild 7.72
Beispiele verschiedener Außenwände im Holzskelettbau (Grundrißdarstellung ohne Darstellung einer möglichen Installationsebene nach Bild 7.70a)

1 Stütze (Brettschichtholz oder Vollholz), *2* Zwischenholz, *3* Wärmedämmung, *4* Dampfsperre, *5* Spanplatte, *6* dampfdurchlässige Folie oder Pappe, *7* Luftschicht mit Hinterlüftung, *8* Deckelschalung als Wetterschutz, *9* Vormauerschale als Wetterschutz. Anschluß an Stütze wie in Bild 7.70. *10* Spanplatte (Klasse 100 G bei nichtausreichender Hinterlüftung, andernfalls genügt Klasse 100, Näheres zu Klassen 100 und 100 G in [7]), *11* Wetterschutz durch Direktbeschichtung

7.6.4 Holz-Tafelbauweise

Wie bereits in Abschnitt 7.6.1 vergleichend beschrieben, wird bei der Holz-Tafelbauweise von einer (statisch wirksamen) Verbundwirkung zwischen Wandrippen und Beplankung ausgegangen.

Die Wände bestehen aus – in der Regel vorgefertigten – Wandtafeln mit relativ kleinen Rippenquerschnitten und zugehöriger Beplankung. Verschiedene Möglichkeiten der Wandausbildung gehen aus Bild 7.73 hervor. Weitere Angaben in [89].

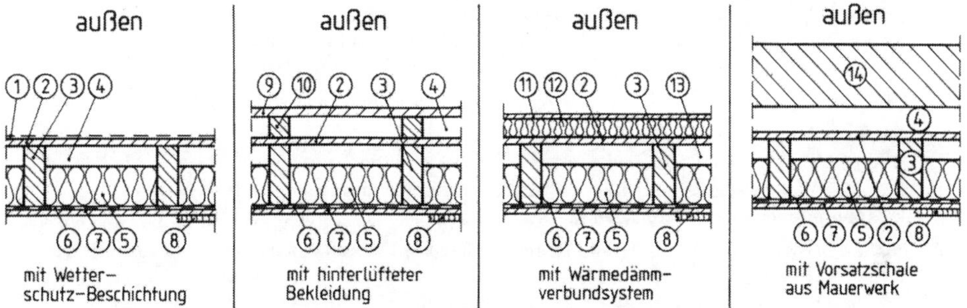

Bild 7.73 Horizontalschnitte durch verschiedene Außenwandaufbauten in Holz-Tafelbauweise (Grundrißdarstellung ohne Darstellung einer möglichen Installationsebene nach Bild 7.70a)

1 direkt auf die Spanplatte aufgebrachte Wetterschutz-Beschichtung, *2* Spanplatte, *3* Holz-Rippe, *4* Hohlraum (belüftet oder unbelüftet ausführbar), *5* Wärmedämmung (z.B. Mineralfasermatten), *6* innere Dampfsperre, *7* innere Spanplatte, *8* ggf. zusätzlich raumseitig angemachte Gipskartonplatte, *9* äußere Bekleidung, z. B. aus Faserzementplatten o.ä. (i. d. R. hinterlüftet), *10* Abstands-Holz, *11* + *12* = Wärmedämm-Verbundsystem (WDV) mit 11 Außenputz und 12 Wärmedämmschicht. (Das WDVS wird selbstverständlich nicht hinterlüftet), Näheres zum WDV s. Abschn. 7.4.3.1, *13* stehende Luftschicht (d. h. nicht belüftet), *14* außen vorgesetzte Mauerwerkschale (Verblender oder verputzte Schale).

7.7 Literatur

7.7.1 Normen, Regelwerke, Vorschriften

[1] DIN 4108 Wärmeschutz im Hochbau
T 2 (8.81) Wärmedämmung und Wärmespeicherung, Anforderungen und Hinweise für Planung und Ausführung
T 3 (8.81) Klimabedingter Feuchteschutz Anforderungen und Hinweise für die Planung und Ausführung
T 4 (11.91) Wärme- und feuchteschutztechnische Kennwerte
T 5 (8.81) Berechnungsverfahren
T 7 Entwurf (11.95) Luftdichtheit von Bauteilen und Anschlüssen

[2] DIN 4109 (11.89) Schallschutz im Hochbau – Anforderungen und Nachweise

[3] DIN 18 550 Putz
T 1 (1.85) Begriffe und Anforderungen
T 2 (1.85) Putze aus Mörtel mit mineralischen Bindemitteln, Ausführung
T 3 (03.91) Wärmedämmputzsysteme aus Mörteln mit mineralischen Bindemitteln und expandiertem Polystyrol (EPS) als Zuschlag
T 4 (8.93) Leichtputze, Ausführung

[4] DIN 18 558 (1.85) Kunstharzputze, Begriffe, Anforderungen, Ausführung

[5] DIN 1053 Mauerwerk
T 1 (12.96) Rezeptmauerwerk, Berechnung und Ausführung
T 2 (12.96) Mauerwerk nach Eignungsprüfung
T 3 (2.90) Bewehrtes Mauerwerk, Berechnung und Ausführung

[6] DIN 18 515 (7.70) Fassadenbekleidungen aus Naturwerkstein, Betonwerkstein und keramischen Baustoffen mit Beiblatt (12.73)

[7] DIN 68 800 Holzschutz im Hochbau
T 1 (5.74) Allgemeines
T 2 (5.96) Vorbeugende bauliche Maßnahmen im Hochbau
T 3 (4.90) Vorbeugender chemischer Holzschutz
T 4 Entwurf (7.86) Bekämpfungsmaßnahmen gegen Pilz- und Insektenbefall
T 5 Entwurf (1.90) Vorbeugender chemischer Schutz von Holzwerkstoffen

[8] DIN 18 517 T 1 (11.85) Außenwandbekleidungen aus kleinformatigen Fassadenplatten, Asbestzementplatten

[9] DIN 18 515 Außenwandbekleidungen
T 1 (4.93) Angemörtelte Fliesen oder Platten, Grundsätze für Planung und Ausführung
T 2 (4.93) Angemauerte Verblender auf Aufstandsflächen, Grundsätze für Planung und Ausführung

[10] DIN 18 541 Fugenbänder aus thermoplastischen Kunststoffen zur Abdichtung von Fugen in Ortbeton
T 1 (11.92) Begriffe, Formen, Maße
T 2 (11.92) Anforderungen, Prüfung, Überwachung

[11] DIN 1045 (7.88) Beton- und Stahlbeton, Bemessung und Ausführung

[12] DIN 4219 Leichtbeton und Stahlleichtbeton mit geschlossenem Gefüge
T 1 (12.79) Anforderungen an den Beton, Herstellung und Überwachung
T 2 (12.79) Bemessung und Ausführung

[13] DIN 18 540 (2.95) Abdichten von Außenwandfugen im Hochbau mit Fugendichtstoffen

[14] DIN 18 195 Bauwerksabdichtungen
T 1 (8.83) Allgemeines, Begriffe
T 2 (8.83) Stoffe
T 3 (8.83) Verarbeitung der Stoffe
T 4 (8.83) Abdichtungen gegen Bodenfeuchtigkeit
T 5 (2.84) Abdichtungen gegen nichtdrückendes Wasser, Bemessung und Ausführung
T 6 (8.83) Abdichtungen gegen von außen drückendes Wasser
T 8 (8.83) Abdichtungen über Bewegungsfugen

[15] DIN 4095 (6.90) Dränung des Untergrundes zum Schutze baulicher Anlagen

[16] DIN 1072 (12.85) Lastannahmen für Straßen- und Wegbrücken

[17] Wärmeschutzverordnung 1995. Verordnung über einen energiesparenden Wärmeschutz bei Gebäuden, Inkrafttreten am 1.1.1995

[18] Musterbauordnung (MBO) vom 11.12.1981. Als Manuskript vervielfältigt von der Bundesarchitektenkammer

[19] Landesbauordnung (LBO) Nordrhein-Westfalen vom 7.3.1995 mit Inkrafttreten am 1.1.1996

[20] Muster für Richtlinien über die bauaufsichtliche Behandlung von Hochhäusern (Muster-Hochhaus-Richtlinien (MHHRi), Fassung 1981.

[21] DIN 4102 Brandverhalten von Baustoffen und Bauteilen
T 1 (5.81) Baustoffe, Begriffe, Anforderungen und Prüfungen
T 2 (9 77) Bauteile, Begriffe, Anforderungen und Prüfungen
T 3 (9.77) Brandwände und nichttragende Außenwände. Begriffe, Anforderungen und Prüfungen
T 4 (3.94) Brandverhalten von Baustoffen und Bauteilen, Zusammenstellung und Anwendung klassifizierter Baustoffe, Bauteile und Sonderbauteile
T 5 (9.77) Feuerschutzabschlüsse, Abschlüsse in Fahrschachtwänden und gegen Feuer widerstandsfähige Verglasungen. Begriffe, Anforderungen und Prüfungen

T 6 (9.77) Lüftungsleitungen. Begriffe, Anforderungen und Prüfungen
T 7 (3.87) Bedachungen. Begriffe, Anforderungen und Prüfungen

[22] Gädtke, H., Böckenförde, D. und Temme, H.-G.: Landesbauordnung Nordrhein-Westfalen, Kommentar 8. Aufl., Werner-Verlag, Düsseldorf 1989

[23] Hochhaus-Verordnung Nordrhein-Westfalen vom 11. Juli 1986

[24] DIN 105 Mauerziegel T1 (8.89) Vollziegel und Hochlochziegel

[25] DIN 106, Kalksandsteine, T 2 (11.80) Vormauersteine und Verblender

[26] Flachdachrichtlinien. Verlag Rudolf Müller GmbH Köln 1986

[27] DIN 4232 (9.87) Wände aus Leichtbeton mit haufwerksporigem Gefüge, Bemessung und Ausführung

[28] DIN 18 516 Außenwandbekleidungen hinterlüftet
T 1 (1.90) Anforderungen, Prüfgrundsätze
T 2, Entwurf (9.86) Keramische Platten, Anforderung-Bemessung-Prüfung
T 3 (1.90) Naturwerkstein
T 6 Entwurf (9.87) Einscheiben-Sicherheitsglas

[29] DIN 18 230 Baulicher Brandschutz im Industriebau
T 1 Vornorm (9.87) Rechnerisch erforderliche Feuerwiderstandsdauer
T 2 (9.87) Ermittlung des Abbrandfaktors m

[30] Richtlinien für die Verwendung brennbarer Baustoffe im Hochbau (RbBH), Ministerialblatt für das Land Nordrhein-Westfalen Nr. 57 vom 6. Juni 1978, S. 800–803

[31] Bub, H.: Brennbare Baustoffe im Hochbau. Mit Erläuterungen. BRABA, Heft 3, Erich Schmidt Verlag, Berlin 1984

[32] DIN 1101 (11.89), Holzwolle-Leichtbauplatten und Mehrschicht-Leichtbauplatten als Dämmstoffe für das Bauwesen. Anforderungen, Prüfungen

[33] DIN 1102 (11.89), Holzwolle-Leichtbauplatten und Mehrschicht-Leichtbauplatten nach DIN 1101 als Dämmstoffe für das Bauwesen. Verwendung, Verarbeitung

[34] Mitteilungen des Instituts für Bautechnik IfBt: Zum Nachweis der Standsicherheit von Wärmedämm-Verbundsystemen mit Mineralfaser-Dämmstoffen und mineralischem Putz, Heft 4, 1990

[35] Mitteilungen des Instituts für Bautechnik IfBt: Zum Nachweis der Standsicherheit mit Hartschaumdämmplatten mit leichten Kunststoffbeschichtungen, Heft 4, 1980

[36] DIN 18 164 Schaumkunststoffe als Dämmstoffe für das Bauwesen
T 1 (8.92) Dämmstoffe für die Wärmedämmung

[37] DIN 18 165 Faserdämmstoffe für das Bauwesen
T 1 (7.91) Dämmstoffe für die Wärmedämmung

[38] DIN 18 363 (12.92) Maler- und Lackierarbeiten

[39] DIN 18 500 (4.91) Betonwerkstein. Anforderungen, Prüfung, Überwachung

[40] DIN 52 104 Prüfung von Natursteinen
T 1 (11.82) Frost-Tau-Wechsel-Versuch; Verfahren A bis Q
T 2 (11.82) Frost-Tau-Wechsel-Versuch; Verfahren Z

[410] DIN EN 176 (Deutsche Fassung 1991) Trockengepreßte keramische Fliesen und Platten mit niedriger Wasseraufnahme $E \leq 3$ % – (Gruppe BI)

[411] DIN EN 177 (Deutsche Fassung 1991) Trockengepreßte keramische Fliesen und Platten mit einer Wasseraufnahme von 3 % $< E \leq 6$ % – (Gruppe BIIa)

[412] DIN EN 178 (Deutsche Fassung 1991) Trockengepreßte keramische Fliesen und Platten mit einer Wasseraufnahme von 6 % $< E \leq 10$ % – (Gruppe BIIb)

[413] DIN EN 121 (Deutsche Fassung 1991) Stranggepreßte keramische Fliesen und Platten mit niedriger Wasseraufnahme $E \leq 3$ % – (Gruppe AI)

[414] DIN EN 186 Keramische Fliesen und Platten
Teil 1 (Deutsche Fassung 1991) Stranggepreßte keramische Fliesen und Platten mit einer Wasseraufnahme von 3 % < E ≤ 6 % – (Gruppe AIIa)
Teil 2 (Deutsche Fassung 1991) Stranggepreßte keramische Fliesen und Platten mit einer Wasseraufnahme von 3 % < E ≤ 6 % – (Gruppe AIIa)

[415] DIN EN 187 Keramische Fliesen und Platten
Teil 1 (Deutsche Fassung 1991) Stranggepreßte keramische Fliesen und Platten mit einer Wasseraufnahme von 6 % < E ≤ 10 % – (Gruppe AIIa)
Teil 2 (Deutsche Fassung 1991) Stranggepreßte keramische Fliesen und Platten mit einer Wasseraufnahme von 6 % < E ≤ 10 % – (Gruppe AIIa)

[416] DIN 17 440 (07.85) Nichtrostende Stähle; Technische Lieferbedingungen für Blech, Warmband, Walzdraht, gezogenen Draht, Stabstahl, Schmiedestücke und Halbzeug

[417] DIN 17 441 (07.85) Nichtrostende Stähle; Technische Lieferbedingungen für kaltgewalzte Bänder und Spaltbänder sowie daraus geschnittene Bleche

[418] DIN 55 928 Korrosionsschutz von Stahlbauten durch Beschichtungen und Überzüge
Teile 1 bis 9

[419] DIN 18 055 (10.81) Fenster; Fugendurchlässigkeit, Schlagregendichtheit und mechanische Beanspruchung. Anforderung und Prüfung

[420] UEAtc Union Européenne pour l'Agrément dans la construction (Europäische Union für das Agrément im Bauwesen), Bundesanstalt für Materialforschung und -prüfung (BAM), Sekretariat für UEAtc-Fragen: Fassaden-Wärmedämmverbundsysteme mit dünnen Putzbeschichtungen auf Wärmedämm-Material aus expandiertem Polystyrol – Leitlinie für die Beurteilung ihrer Eignung, Juni 1988

[421] UEAtc Union Européenne pour l'Agrément dans la construction (Europäische Union für das Agrément im Bauwesen), Bundesanstalt für Materialforschung und -prüfung (BAM), Sekretariat für UEAtc-Fragen: Fassaden-Wärmedämmverbundsysteme mit mineralischer Putzschicht – Leitlinie für die Beurteilung ihrer Eignung, Manuskript April 1992

[422] Entwurf der Richtlinie für europäische technische Zulassung von externen Wärmedämm-Verbundsystemen mit Putz der European Organisation for Technical Approvals (EOTA), Juni 1994, deutsche Übersetzung, nicht veröffentlicht

[423] DIN 18 153 (09.89) Mauersteine aus Beton (Normalbeton)

7.7.2 Zitierte Literatur

[51] P. Lutz, R. Jenisch, H. Klopfer, H. Freymuth, L. Krampf, K. Petzold: Lehrbuch der Bauphysik, Teil 1 einer Baukonstruktionslehre. 3. Aufl., B.G. Teubner, Stuttgart 1993

[52] Schild, E. et al.: Schwachstellen: Keller, Dränagen. Bauverlag, Wiesbaden und Berlin 1978

[53] Linder, R.: Abdichtung von Bauwerken. Beton-Kalender 1982, Teil 2, S. 959–1015

[54] Lufski, K.: Bauwerksabdichtung. 4. Aufl., B. G. Teubner, Stuttgart 1983

[55] Cziesielski, E.: Außenwände aus bauphysikalischer Sicht. BBauBl. (1987) H. 4, S.224–228

[56] Künzel, H.: Wasserabweisende Putz-Anstrich-Systeme. Sonderdruck aus „Der Stukkateur" H. 6, (1986)

[57] Gertis, K., Ehrhorn, H.: Superdämmung oder Wärmerückgewinnung? Wo liegen die Grenzen des energiesparenden Wärmeschutzes? Bauphysik (1981) H. 2, S. 50–56

[58] Gertis, K.: Wie muß die Heizenergie-Einsparung in Wohnungen künftig vor sich gehen? Bundesbaublatt (1981) H. 7, S. 461–474

[59] Schild, E. et al.: Baupysik 4. Aufl. Friedr. Vieweg & Sohn Verlagsgesellschaft. Wiesbaden, 1989

[60] Information Holz: Außenwände u. Dächer. Bearb. H. Schulze, EGH/CMA, 1979

[61] Künzel, H., Gertis, K.: Thermische Verformung von Außenwänden. Betonstein-Zeitung 1969

[62] Schild, E. (Hrsg.): Aachener Bausachverständigentage 1977, 1980, 1981, 1982, 1983, 1984, 1986, 1987, Bauverlag Wiesbaden und Berlin, 1988

[63] Hebgen, H., Heck, F.: Außenwandkonstruktionen mit optimalem Wärmeschutz. Bertelsmann Fachverlag, Düsseldorf 1973

[64] Pohl, R., Schneider, K.-J., Wormuth, R., Ohler A., Schubert P.: Mauerwerksbau: Baustoffe-Konstruktion-Berechnung-Ausführung. 3. Aufl. Werner Verlag, Düsseldorf 1990

[65] Schneider, K.H. et al.: KS-Mauerwerk. Konstruktion und Statik. 2. Aufl. Beton-Verlag, Düsseldorf 1979

[66] Bundesverband der Deutschen Ziegelindustrie: Techn. Informationsreihe Ziegel-Bauberatung, Bonn

[67] Pilny, F.: Risse und Fugen in Bauwerken. Springer-Verlag, Wien 1981

[68] Künzel, H.: Der Wärmeschutz von Ecken. Gesundheitsingenieur (1961) H. 10, S. 297–300

[69] Schild, E. et al.: Schwachstellen, Band II: Außenwände und Öffnungsanschlüsse. Bauverlag, Wiesbaden und Berlin, 1977

[70] Reichert, H.: Sperrschicht und Dichtungsschicht im Hochbau. Verlagsgesellschaft Rudolf Müller, Köln-Braunsfeld 1974

[71] Reyer, E., Schlich, Chr.: Erdberührte Außenwände – Nutzungstrends, Baupysik, Konstruktion –, Bauphysik (1987) H. 5, S. 200–208

[72] Kalksandstein: Planung, Konstruktion, Ausführung. Hrsg.: Kalksandstein-Information GmbH & Co. KG, Beton-Verlag Düsseldorf 1983

[73] Brennecke, W. et al.: Dachatlas. Inst. für int. Architektur-Dokumentation, München 1975

[74] Grassnick, A. et al.: Der schadenfreie Hochbau Bd. 2. Verlagsgesellschaft Rudolf Müller, Köln-Braunsfeld 1987

[75] Rückward, W.: Einfluß von Wärmedämm-Verbundsystemen auf die Luftschalldämmung. Bauphysik (1982) H.2, S. 54–56

[76] Rückward, W.: Luftschalldämmung von Wärmedämm-Verbundsystemen – leichte und schwere Putzschichten im Vergleich. Bauphysik (1982) H. 5, S. 161–165

[77] Doppler, C., Prebenz, M.: Luftschalldämmung außenseitiger Wärmedämm-Verbundsysteme. Baugewerbe **18** (1985)

[78] Schumacher, R., Koch, S.: Einfluß von Wärmedämmschichten auf die Schalldämmung von Außenwänden, IBP-Mitteilungen **62** (1980) IRB-Verlag

[79] Mauerwerkskalender 1989. Verlag für Architektur und technische Wissenschaften. Wilhelm Ernst & Sohn, Berlin 1988

[80] Gösele, K., Schüle, W.: Schall – Wärme – Feuchte. Bauverlag, Wiesbaden und Berlin 1983

[81] Kießl, K.: Mineralfaserdämmung innen - auch ohne Dampfsperre. IBP Mitteilung **104**. IRB-Verlag Stuttgart (1985)

[82] Achtziger, J.: Praktische Untersuchung der Tauwasserbildung im Innern von Bauteilen mit Innendämmung. wksb-Sonderausgabe (1985)

[83] NN: Mitteilungen des Instituts für Bautechnik (1979) H. 2, S. 50, 51. Verlag Wilhelm Ernst & Sohn, Berlin – München – Düsseldorf

[84] Liersch, K.W.: Belüftete Dach- und Wandkonstruktionen, Bd. 1 Vorhangfassaden/Bauphysikalische Grundlagen (1981) und Bd. 2 Vorhangfassaden/Anwendungstechnische Grundlagen (1984). Bauverlag, Wiesbaden und Berlin

[85] Reichert, H.: Konstruktiver Mauerwerksbau. Bildkommentar zur DIN 1053. 3. Aufl. Verlagsgesellschaft R. Müller, Köln-Braunsfeld 1980

[86] Schaal, R.: Vorhangwände. Verlag Georg D.W. Callwey, München 1961

[87] Cziesielski, E.: Mineralische Wärmedämm-Verbundsysteme. Aachener Bausachverständigentage 1989

[88] Stahlbau Arbeitshilfen, Loseblatt-Sammlung des Deutschen Stahlbau-Verbandes, Köln, Stand April 1988

[89] Holzbau-Taschenbuch. Hrsg. von Halasz, R. und Scheer, C., 8. Aufl., Verlag Wilhelm Ernst & Sohn, Berlin 1985

[90] Götz, L.: Gestaltung von Außenwänden, Bauphysik (1988) H. 2, Verlag Wilhelm Ernst & Sohn, Berlin 1988

[91] Gertis, K., Erhorn, H.: Jetzt. Wärmebrücken im Kreuzfeuer? Bauphysik (1982) H. 4, S. 135–139. Verlag Wilhelm Ernst & Sohn, Berlin

[92] Wendehorst, Bautechnische Zahlentafeln. 27. Aufl. Hrsg. Wetzell, O., Verlag B. G. Teubner, Stuttgart 1996

[93] HÜTTE Bautechnik Band V. Hrsg. Wissenschaftlicher Ausschuß des Akademischen Vereins Hütte e. V., Hrsg. Cziesielski, E., Springer-Verlag, Berlin – Heidelberg – New York – London – Paris – Tokio 1988

[94] Cziesielski, E.: Baupysikalische und konstruktive Probleme bei Außenwandbekleidungen. In „Vorgehängte Außenwandbekleidungen", TU Berlin, Bericht Nr. 15 der FG Statik der Baukonstruktionen und Tragwerkslehre

[95] Cziesielski, E., Raabe, B.: Bauplanungstechnische Grundlagen im Ruhrgashandbuch. 2. Aufl. Karl Krämer Verlag, Stuttgart 1988

[96] Cziesielski, E., Maerker, B.: Bauphysikalische Verhalten von Stahl-Kassetten-Wänden, Der Stahlbau (1982) H. 4

[97] Achtziger, J.: Verfahren zur Beurteilung des Wärmeschutzes und der Wärmebrücken von mehrschaligen Außenwänden und Maßnahmen zur Verminderung der Transmissionswärmeverluste von Fassaden, Dissertation TU Berlin/Institut für Wärmeschutz München, Berlin 1990

[98] Steinle, A., Hahn, V.: Bauen mit Betonfertigteilen im Hochbau. Betonkalender 1988, Teil 2, S. 343–513. Verlag Ernst & Sohn, Berlin 1988

[99] Krause, C.: Außenwandsysteme. Verlagsgesellschaft Rudolf Müller, Köln-Braunsfeld 1970

[100] Brandt, J., Heene, G.B., Kind-Barkauskas, F., Kuschel E., Schwerm, D., Werner, J.: Fassaden, Konstruktionen und Gestaltung mit Betonfertigteilen. Beton-Verlag GmbH, Düsseldorf 1988

[101] Berndt, K.: Die Montagebauarten des Wohnungsbaues in Beton. Bauverlag, Wiesbaden und Berlin 1969

[102] Schmalhofer, D.: Fassaden aus Stahlbetonfertigteilen. Bauingenieur **60** (1985), S. 211–216

[103] Reichel, W.: Ytong-Handbuch, 2. Aufl. Bauverlag, Wiesbaden und Berlin 1974

[104] Stahlbau-Arbeitshilfen. Deutscher Stahlbau-Verband, Köln, 1989

[105] Huberty, J.M: Fassaden in der Witterung. Beton-Verlag, Düsseldorf 1983

[106] Cziesielski, E., Kötz, D.: Beton-Sandwich-Wände. Bemessung der Vorsatzschale und Ausbildung der Fugen. Beton- und Fertigteiljahrbuch 1984, S. 66–122

[107] Utescher, G.: Der Tragsicherheitsnachweis für dreischichtige Außenwandplatten (Sandwichplatten) aus Stahlbeton. Die Bautechnik (1973) H. 5, S. 163–171

[108] Reyer, E., Willems, W., Fouad, H.A.: Zur Erhaltung und Instandsetzung von Außenwänden unter besonderer Berücksichtigung von Rißschäden. Bauphysik (1991) H. 5, S. 201–210

[109] Reyer, E., Willems, W., Fouad, H.A.: Gesünderes und schöneres Wohnen durch richtige Sanierung älterer Bausubstanz. Rubin, Wissenschaftsmagazin der Ruhr-Universität Bochum (1991) H. 1, S. 17–23

[110] Cziesielski, E., Safarowsky, K.: Wärmedämm-Verbundsysteme, Mauerwerkskalender 1990, S. 483–497. Verlag Wilhelm Ernst & Sohn, Berlin 1989

[111] NN.: Luftschalldämmung außenseitiger Wärmedämm-Verbundsysteme. Baugewerbe **18** (1985)

[112] Künzel, H.: Keine Probleme bei zweischaligem Mauerwerk mit Kerndämmung. Baumarkt (1990) H. 9, S. 631–633. Bertelsmann Fachzeitschriften GmbH, Gütersloh 1990

[113] Veres, E., Schmidt, R., Mechel, P.F.: Zum Schallschutz durch Vorsatzschalen. Bauphysik (1987) H. 2, S. 44–52, Verlag Wilhelm Ernst & Sohn, Berlin

[114] Lehrbuch der Hochbaukonstruktionen. Hrsg.: E. Cziesielski, 1. Aufl., B. G. Teubner, Stuttgart 1990

[115] Reyer, E., Willems, W.: Außenwände, S. 227-332 in [114]

[116] Reyer, E., Fouad, H.A., Willems, W.: Neues Prüfverfahren für Wärmedämm-Verbundsysteme (WDVS). Beurteilung der Eignung von WDVS zur Überbrückung aktiver Risse und Fugen. Bautechnik, Oktober 1995, Heft 10, Ernst & Sohns, S. 655–662

[117] Lehrbuch der Hochbaukonstruktionen, Hrsg. E. Cziesielski, 2. Auflage, B. G. Teubner, Stuttgart 1993

[118] Reyer, E., Willems, W.: Außenwände, S. 275–384 in [117]

[119] Reyer, E., Willems, W.: Sound protection of heat insulated external walls, Building Physics Symposium, 4. bis 6. Oktober, Vortragsband S. 103–108, Budapest 1995

[120] Schäfer, H.G., Oberhaus, H.: Instandsetzen von Plattenbauten. Eignung von Wärmedämm-Verbundsystemen (WDVS) auf Großtafelbauten, Bauphysik 15 (1993), S. 1–9

[121] Reyer, E., Fouad, H.A., Willems, W.: Repair of damagues due to cracks in external walls, International Colloquium on Structural Engineering, Vortragsband S. 1125–1134, Kairo 1992

[122] Willems, W.: Beitrag zur Instandsetzung gerissener Mauerwerkwände mit modernen Wärmedämm-Verbundsystemen unter Berücksichtigung thermischer und hygrischer Einflüsse, Schriftenreihe des Lehrstuhls für Baukonstruktionen, Ingenieurholzbau und Bauphysik, Heft 3, Bochum 1993

[123] Cziesielski, E., Vogdt, F.U.: Beanspruchung von Wärmedämm-Verbundsystemen auf Großtafelbauten infolge der Bewegung der Vorsatzschale, Building Physics Symposium, 4. bis 6. Oktober, Vortragsband S. 55–59, Budapest 1995

[124] Fouad, H.A., Reyer, E.: Fugenüberbrückungsfähigkeit von Wärmedämm-Verbundsystemen auf Wänden des Großtafelbaus, TA Esslingen, 16.12.1996

[125] Reyer, E., Fouad, H.A., Willems, W.: Neue Ergebnisse von Wärmedämm-Verbundsystemen bei der Sanierung von Großtafelbauten, Bautechnik

[126] Fouad, H.A.: Experimentelle und numerische Untersuchungen zur Fugenüberbrückungsfähigkeit von Wärmedämm-Verbundysytemen (WDVS). Stuttgart: IRB Verlag 1996 (Schriftenreihe des Lehrstuhls für Baukonstruktionen, Ingenieurholzbau und Bauphysik, 11), Bochum 1993

[127] Paulmann, K.: Neue Untersuchungen zur Luftschalldämmung von Wänden mit Wärmedämmverbundsystem, Bauphysik 16 (1994), H. 4

8 Fenster und Türen

Von Wolfgang Klein

8.1 Fenster

8.1.1 Bedeutung und Funktion

Das Fenster beeinflußt durch seine Größe, Form und Gliederung, durch seine Lage und dem Baustoff, die Gestaltung, die Wirtschaftlichkeit (Bau- und Betriebskosten) und die Lebensdauer sowie Aussehen und Nutzwert eines Gebäudes. Es unterscheidet sich von den meisten anderen Teilen eines Gebäudes duch die Vielfalt seiner Funktionen und die sich hieraus ergebenden Anforderungen und Beanspruchungen:

- Beleuchtung von Räumen mit Tageslicht,
- Abführen von Luftfeuchte und Schadstoffen und Versorgung mit Frischluft,
- Raumbegrenzung (optisch, raumklimatisch),
- Schutz gegen Einwirkungen des Außenklimas (Sonneneinstrahlung, Wind, Niederschläge, Kälte) und gegen Umwelteinflüsse (Staub, Gerüche, Lärm, Industrie- und Autoabgase),
- Einbruchschutz und Schutz der Gebäudenutzer vor Hinausfallen,
- mechanische Inanspruchnahme während des Benutzungszeitraumes.

8.1.2 Beanspruchungen und Anforderungen an Fenster

8.1.2.1 Übersicht

Das Fenster wird – je nach seiner Lage im Gebäude bzw. im Raum – z. T. unterschiedlich beansprucht durch Niederschläge, Wind, Schall und Erschütterungen, Horizontallasten (aus Raumnutzung, Wind, durch Passanten o. ä.), duch Feuchtigkeits-, Wasserdampf- und Temperatureinwirkungen von innen und außen während der Bauzeit und nach Bezug, durch IR- und UV-Strahlung, Formänderungen der Teile des Fensters in sich und duch angrenzende Bauteile, durch chemische Einwirkungen aus Umwelt (Chemieabgase, Atmosphärilien u. ä.), Fensterreinigung, normale und mißbräuchliche Betätigung sowie duch unterlassene Instandhaltungsmaßnahmen. Es muß deshalb als Ganzes wie auch in seinen Teilen, einschließlich der Abdichtungs- und Verbindungselemente und des Gebäudeanschlusses, vielfältigen Beanspruchungen gewachsen sein. Nur in Teilbereichen sind die hieraus erwachsenen Anforderungen eindeutig in Normen oder Richtlinien festgeschrieben.

8.1.2.2 Statische Anforderungen

Das Fenster muß die einwirkenden Kräfte aufnehmen und an die es stützenden Bauteile des Gebäudes abgeben können, ohne selbst durch Formänderungen des Gebäudes beansprucht zu werden. Unter den in DIN 1055 Teil 3 und 4 [1] und DIN 18056 [8] definierten Beanspruchungen darf

- sich Rahmen und Scheibenrand zwischen zwei Auflagern nicht mehr als 1/300 durchbiegen (1 = Stützweite der Fensterkonstruktion),
- bei Mehrscheibenisolierglas die Durchbiegung des Scheibenrandes zwischen gegenüberliegenden Scheibenkanten jedoch 8 mm nicht überschreiten.

Das Ausmaß mißbräuchlicher Beanspruchungen, denen ein Fenster gewachsen sein muß, ist bis heute nicht definiert.

8.1.2.3 Wärme- und Feuchtigkeitsschutz

Die Wärmeschutzeigenschaften wurden in der 3. Wärmeschutz V. [3] in Verbindung mit der DIN 4108 [23] grundlegend neu geregelt. Nur bei kleinen Wohngebäuden wird im Rahmen des

Wärmeschutznachweises die Einhaltung eines maximalen Wärmedurchgangskoeffizienten ($k_{mFeg} \leq 0{,}7$ W/(m^2 · K)) nach dem Bauteilverfahren gefordert. Hierbei wird von einem, über alle Fenster und Fenstertüren gemittelten k-Wert zur Erfassung solarer Wärmegewinne ausgegangen. In allen anderen Fällen muß der jährliche Heizwärmebedarf im Rahmen eines aufwendigen Wärmeschutznachweises untersucht werden, in dem nicht nur die Transmissionswärmeverluste sondern auch die Lüftungswärmeverluste erfasst und der Energiegewinn aus Sonneneinstrahlung und Nutzung berücksichtigt werden.

Bei Verglasungen kommt es deshalb nicht nur auf geringe Wärmeverluste (d.h. auf einen möglichst kleinen k-Wert) an, sondern auch auf hohe Energiegewinne (d.h. einen möglichst hohen Gesamtenergiedurchlaßgrad = g-Wert) an. Diese Eigenschaften werden erreicht durch schlecht wärmeleitende Gasfüllungen und wärmetechnisch wirksame Beschichtungen (Wärmeschutzverglasungen). Für die möglichst realistische Beurteilung der Verglasung wird der äquivalente k-Wert (k_{eg}) herangezogen, der sich aus der Energiebilanz (Wärmeverlust und Strahlungsgewinn k_{eg} ergibt.

$$k_{eg} = k_F - S_F \cdot g$$

wobei S_F bei Südorientierung ≤ 2,40 W/(m^2 · K), bei Ost-/Westorientierung ≤ 1,65 W/(m^2 · K) bei Nordorientierung ≤ 0,95 W/(m^2 · K) ist. „g“ ergibt sich aus DIN 4108-2 bzw. entsprechenden Prüfzeugnissen.

Für Neubauten wird ein k_F-Wert für Fenster nicht vorgeschrieben. Fenster und Fenstertüren – mit Ausnahme von Schaufenstern - müssen jedoch mindestens eine Doppelverglasung erhalten. Werden bei baulichen Änderungen Fenster neu eingebaut, so darf der k_F-Wert maximal 1,8 W/(m^2 · K) betragen. Ein zukunftsorientierter k_F-Wert von 1,4 bis 2,0 W/(m^2 · K) läßt sich in der Regel nur bei verschiedenen Holz-, Kunststoff- und gedämmten Metallfenstern mit Wärmeschutzverglasungen erreichen.

Im Bereich geschlossener, nicht beheizter Glasvorbauten können die Wärmedurchgangskoeffizienten k_w u. k_{egF} abgemindert werden. Bei Rolladenkästen darf der k-Wert nicht größer als 0,6 W/(m^2 · K) sein. Werden Heizkörper vor Außenfenstern eingebaut, so darf der k-Wert der Verglasung maximal 1,5 W/(m^2 · K) betragen. Außerdem sind als Abstrahlungsschutz zur Verringerung der Wärmeverluste nicht demontierbare oder integrierte Abdeckungen mit einem k-Wert ≤ 0,9 W/(m^2 · K) gefordert.

Wärmebrücken im Bereich der Fensterprofile (z. B. von außen nach innen durchgehende Schrauben) haben keinen meßbaren Einfluß auf die Energieverluste der Gesamtkonstruktion. Sie können jedoch partiell von Bedeutung sein und je nach Einbausituation zu einem lokalen Tauwasserausfall führen. Die Verwendung von Edelstahlschrauben kann deshalb empfehlenswert sein.

8.1.2.4 Fugendichtigkeit und Schlagregensicherheit

Gemäß DIN 18055 [4] werden in Abhängigkeit von Gebäudehöhe bzw. Windstärke Beanspruchungsgruppen A bis D festgelegt (s. Tafel 8.1). Die Beanspruchungsgruppe gilt für die gesamte Fassade. Die Fenster müssen unter dem Einwirken des jeder Beanspruchungsgruppe zugehörigen Prüfdrucks schlagregendicht sein. Feststehende Verglasungen und Rolladenkästen müssen gemäß 3. Wärmeschutz V. [3] dauerhaft luftundurchläßig sein.

Bei der Ermittlung der Fugendurchlässigkeit (bei Windbeanspruchung) wird das Luftvolumen ermittelt, welches über die Fugen zwischen Flügel- und Blendrahmen infolge einer Druckdifferenz ausgetauscht wird (Bild 8.1). Das Ergebnis wird dann durch die vorhandene Fugenlänge geteilt. Mit Hilfe einer Fenstermeßsonde kann der örtlich unterschiedliche Luftdurchgang am Fenster bestimmt werden.

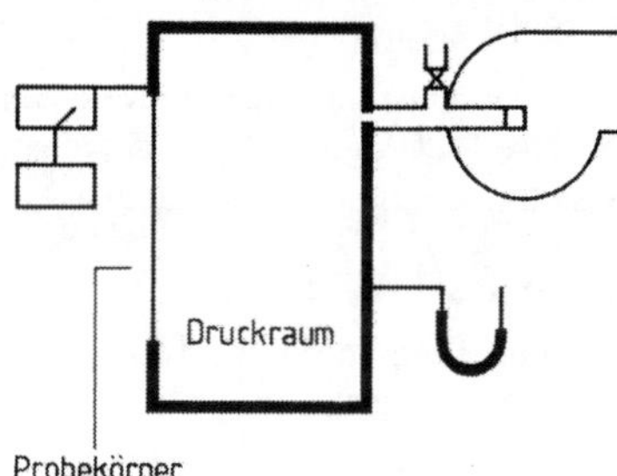

Bild 8.1
Schematische Darstellung eines Fensterprüfstandes

Zur Ermittlung der Schlagregensicherheit wird neben der Windbeanspruchung im Fensterprüfstand der Prüfkörper mit Wasser besprüht und nachgeprüft, nach welcher Zeit und bei welcher Staudruckbelastung Wasser auf der Raumseite austritt.

Tafel 8.1 Beanspruchungsgruppen nach DIN 18055

Beanspruchungsgruppen[1]	A	B	C	D[3]
Prüfdruck in Pa entspricht etwa einer Windgeschwindigkeit bei Windstärke[2]	bis 150 bis 7	bis 300 bis 9	bis 600 bis 11	Sonder-regelung
Gebäudehöhe in m (Richtwert)	bis 8	bis 20	bis 100	

1) Die Beanspruchungsgruppe ist im Leistungsverzeichnis anzugeben.
2) nach der Beaufort-Skala
3) In die Beanspruchsgruppe D sind Fenster einzustufen, bei denen mit außergewöhnlicher Beanspruchung zu rechnen ist. Die Anforderungen sind im Einzelfall anzugeben.

Die Fugendurchlässigkeit, definiert durch den Fugendurchlaßkoeffizienten „a", ist je nach Beanspruchungsgruppe differenziert. Er darf bei Gebäuden mit bis zu zwei Vollgeschossen höchstens 2 $m^3/[hm\ (da\ Pa)^{2/3}]$, mit mehr als zwei Vollgeschossen bzw. 8 m Höhe höchstens 1 $m^3/[h, (da\ Pa)^{2/3}]$ betragen.

Der Exponent n = 2/3 ergibt sich aus dem Verhalten der durchströmten Fuge und zwar dann, wenn sich der Fugenquerschnitt nicht ändert. Dieser Zustand ist beim Fenster nur bedingt gegeben, so daß aufgrund von Messungen eine entsprechende Schwankungsbreite vorhanden ist, die zwischen 0,5 und 0,8 liegt.

Die Einhaltung dieser Werte wie auch die Schlagregendichtigkeit läßt sich an Fensterprüfständen ermitteln und ist durch Prüfzeugnisse anerkannter Prüfanstalten nachzuweisen. – Es gehört zu den Pflichten des Bauphysikers oder des Architekten, im Leistungsverzeichnis bzw. in Plänen die erforderliche Beanspruchungsgruppe für die Fenster anzugeben.

8.1.2.5 Sonnenschutz

Durch geeignete Sonnenschutzmaßnahmen läßt sich die Aufheizung der Räume durch Sonneneinstrahlung auch ohne raumlufttechnische Anlagen in behaglichen Grenzen halten. In der DIN 4108-2 [2], [52] werden hierzu einige Empfehlungen gegeben.

In der 3. Wärmeschutz V. [3] werden weitergehende Anforderungen definiert. Der Energiedurchgang darf für jede Fassade den $g_F \cdot f$-Wert von 0,25 (bei beweglichem Sonnenschutz in geschlossenem Zustand) nicht überschreiten. Ausgenommen sind Nordfenster und ganztägig verschattete Fenster.

8.1.2.6 Schallschutz

Die schallschutztechnischen Anforderungen, Richtwerte und Schallschutzklassen ergeben sich aus DIN 4109 [5], DIN 18005 [6] sowie der VDI-Richtlinie 2719 [7]. Rolladenkästen und Wandanschlüsse müssen den gleichen Anforderungen wie das Fenster entsprechen.

8.1.2.7 Einbruchschutz

Die Anforderungen an den Einbruchschutz müssen von Fall zu Fall mit den Bedingungen der Sachversicherer abgestimmt werden.

8.1.2.8 Anforderungen aus der Fensternutzung

Alle Glas- und Rahmenflächen müssen mit den üblichen technischen Hilfen vom Raum aus oder durch Fassadenwaschanlagen gereinigt, mit zumutbarem Aufwand gewartet und bei Bedarf ohne Nutzungsbeeinträchtigung erneuert werden können.

8.1.3 Fensterübersicht

8.1.3.1 Lage des Fensters im Wandquerschnitt (Bild 8.2)

Es ist zu unterscheiden zwischen Innenanschlag, Außenanschlag und anschlaglosem Fenstereinbau. Der Fenstereinbau mit Innenanschlag ist anschlag-, dichtungs- und wärmeschutztechnisch günstiger als bei den anderen Anschlagsystemen. Der übliche Anschlag im Mauerwerksbau ist 62,5 mm breit und 115 mm tief. Durch Anschlagzargen aus verzinktem Stahlblech, Vierkantstahlrohr oder Alu-Profilen läßt sich der Fenstereinbau ganz oder teilweise bauentflochten ausführen.

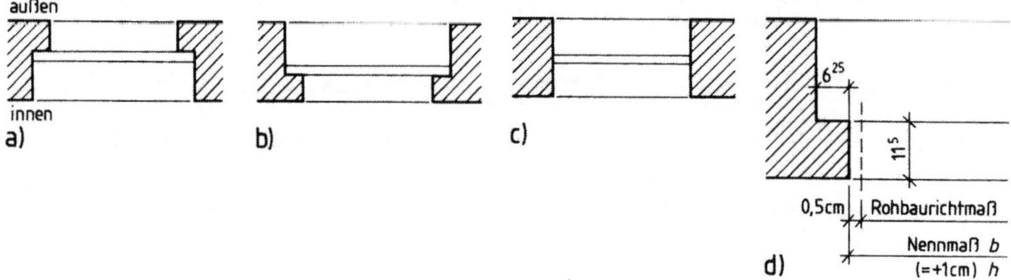

Bild 8.2 Fenstereinbau in der Wand
a) mit Innenanschlag, b) mit Außenanschlag, c) anschlagloser Fenstereinbau, d) Öffnungsgrößen

Je nach dem Konstruktionsaufbau der Wand und der Lage des Fensters im Wandquerschnitt ergibt sich ein unterschiedlich großer Wärmeabfluß. Gemäß Bild 8.3 und 8.4 sind die günstigsten wärmeschutztechnischen Einbaubedingungen gegeben bei

- monolithischen Wänden: Fenstereinbau in Wandmitte
- Außendämmung: Fenstereinbau in Ebene der Außendämmung
- Innendämmung: Fenstereinbau in Ebene der Innendämmung

Bei einer abweichenden Lage des Fensters im Wandquerschnitt müssen die Leibungen gedämmt werden. In allen Fällen ist der mindestens ca. 1 cm dicke Zwischenraum Blendrahmen/Leibung mit Mineralwolle auszustopfen.

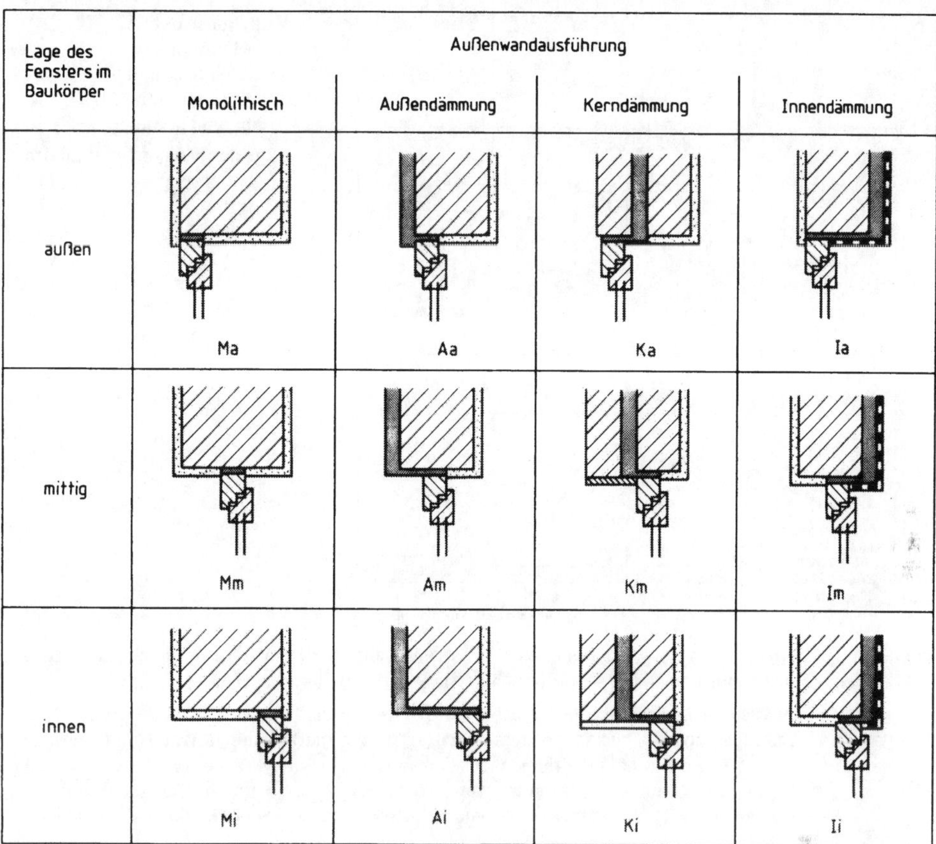

Bild 8.3 Darstellung der verschiedenen Anordnungen der Fenster im Baukörper bei unterschiedlichen Wandaufbauten gemäß [53]

Wandkonstruktion	Lage des Fensters im Baukörper
M Monolithisch	a außenseitig
A Außendämmung	m mittig
K Kerndämmung	i innenseitig
I Innendämmung	

8.1.3.2 Fenster- und Öffnungsabmessungen

Die Abmessungen der Fensteröffnungen ergeben sich aus den Abmessungen der jeweils verwendeten Wandbaustoffe und den hierfür geltenden Rohbaurichtmaßen (z. B. bei Mauerwerk ein Vielfaches von 125 mm) sowie den möglichen Maßabweichungen (vgl. Abschnitt 3.2). Des weiteren werden die Fensterabmessungen von der Art des Fensteranschlages (Bild 8.2) und dessen Abmessungen bestimmt.

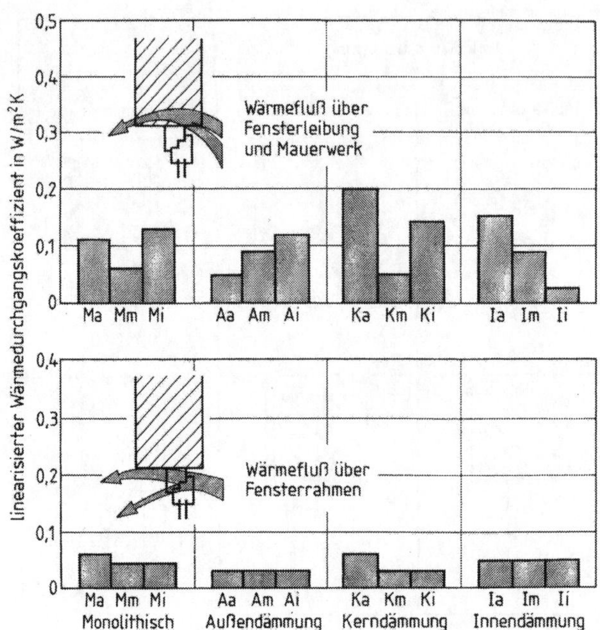

Wandkonstruktion
M Monolithisch
A Außendämmung
K Kerndämmung
I Innendämmung

Lage des Fensters im Baukörper
a außenseitig
m mittig
i innenseitig

Bild 8.4 Zusammenstellung des linearisierten Wärmedurchgangskoeffizienten für verschiedene Lagen des Fensters im Baukörper sowie verschiedene Wandkonstruktionen [53]

Der linearisierte k-Wert gibt die Transmissionswärmeverluste wieder, die je laufendem Meter Anschlußfugenlänge – zusätzlich zum ungestörten Wärmefluß durch Wand und Fenster – entstehen. Die ferner noch vorhandenen Transmissionswärmeverluste im Anschlußbereich „Verglasung-Flügelrahmen", die auch vom Randverbund der Isolierglasscheiben abhängen, sind – gegenüber den Transmissionswärmeverlusten durch die Scheibenfläche – vernachlässigbar klein.

8.1.3.3 Fenstersysteme

Fenster werden als Einzelfenster, Fensterbänder und Fensterwände ausgeführt. Entsprechend den funktionalen Besonderheiten der Gebäude- bzw. Raumnutzung und der Gestaltungsabsichten gibt es daneben eine Reihe von Sonderkonstruktionen wie Schallschutz-, Blumen- oder Schaufenster, Gewächshaus- oder kittlose Industrieverglasungen, Dachflächenfenster etc.

Je nach den Öffnungsmöglichkeiten der Fenster wird unterschieden zwischen feststehenden Verglasungen und beweglichen Flügeln, nach der Anordnung der Flügel zwischen Einfachfenstern, Verbundfenstern und Kasten- bzw. Doppelfenstern (Bild 8.5). Die Rahmenteile können aus Holz, Stahl, Aluminium, Kunststoff (mit und ohne Aussteifung) oder Beton bestehen.

Bei **Verbundfenstern** sind an einem Rahmen zwei Flügel montiert, die miteinander verriegelt sind und zum Zwecke der Reinigung geöffnet werden müssen. Der Wärme- und Schallschutz ist wegen des vergrößerten Scheibenabstandes z. T. etwas günstiger. Ein Tauwasserausfall zwischen den Scheiben läßt sich bei ungünstigen Klimabedingungen nicht vermeiden (vgl. Bild 8.5 b).

Kastenfenster bestehen aus zwei hintereinander mit ca. 10 bis 15 cm Abstand eingebauten und durch umlaufende Futterhölzer (= Kasten) miteinander verbundenen Einfachfenstern. Der Schallschutz ist günstiger als bei den anderen Fenstersystemen (Bild 8.5 c).

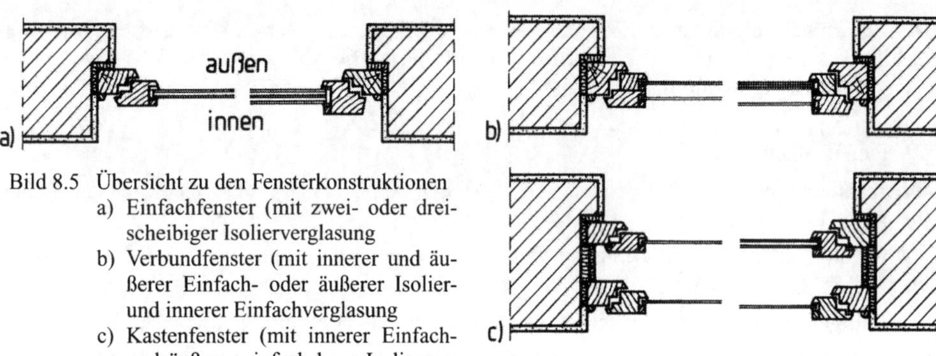

Bild 8.5 Übersicht zu den Fensterkonstruktionen
a) Einfachfenster (mit zwei- oder dreischeibiger Isolierverglasung
b) Verbundfenster (mit innerer und äußerer Einfach- oder äußerer Isolier- und innerer Einfachverglasung
c) Kastenfenster (mit innerer Einfach- und äußerer einfach bzw. Isolierverglasung)

Einfachfenster haben einen fest eingebauten Blendrahmen, einen beweglichen Flügel sowie Einfach- oder Mehrscheibenisolierverglasung. Sie sind aus allen Werkstoffen herstellbar (Bild 8.5 a)

Je nach Art der Verbindung zwischen Flügel und Wand spricht man von **Blendrahmen-, Blockrahmen-** und **Zargenfenstern**.

8.1.3.4 Öffnungsarten (Bild 8.6)

Je nach der Lage der Wandöffnung und den Anforderungen an das Fenster können unterschiedliche Öffnungsarten gewählt werden.

Eine **feststehende Verglasung** ist nur dort sinnvoll, wo die Raumlüftung und Fensterreinigung auf anderem Wege möglich ist.

Drehflügel sind für Kurzzeit- bzw. Stoßlüftung gut, für Dauer- oder Feinlüftung nicht geeignet.

Kippflügel, in der Regel im Oberteil eines Fensters eingebaut, gestatten auch bei Regen eine zugfreie Dauerlüftung. Sie sind zur Stoßlüftung weitgehend ungeeignet und je nach Größe und Höhenlage der Flügel erschwert zu reinigen.

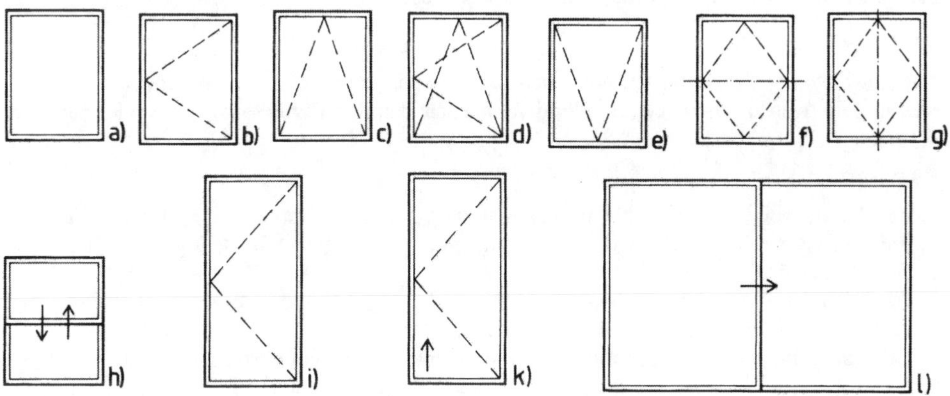

Bild 8.6 Öffnungsarten

a) feststehende Verglasung, b) Drehflügel, c) Kippflügel, d) Drehkippflügel, e) Klappflügel, f) Schwingflügel, g) Wendeflügel, h) Vertikalschiebefenster, i) Fensterdrehtür, k) Hebetür, l) Hebe-Schiebefenster oder -tür

Drehkippflügel vereinigen die Vorteile der vorgenannten Flügelarten. Die Lüftungswirkung der Flügel in Kippstellung wird in der Regel überschätzt. Die Abkühlung der Fensterleibungen bewirkt dort häufig Schimmelbildung.

Klappflügel gehen nach außen auf, sie lassen sich schlecht reinigen und sind insgesamt ungünstiger als Kippflügel.

Schwingflügelfenster ermöglichen die Ausführung breiter Fenster und bei niedrigen Gebäuden eine optimale Raumlüftung.

Äußere Rahmenteile und feststehende Oberlichter können von innen schlecht gereinigt werden.

Wendeflügel sind lüftungstechnisch etwas vorteilhafter als Dreh- und Schwingflügel.

Vertikalschiebefenster werden trotz günstiger Lüftungswirkung wegen großer Undichtigkeiten nur noch selten und dann als Vertikalhebeschiebefenster eingesetzt.

Fensterdreh- und Drehkipptüren haben die Vor- und Nachteile von Dreh- und Drehkippfenstern. Sie haben die nicht zusätzlich abdichtbaren **Hebetüren**, die erst nach dem Anheben der Türflügel zu öffnen sind, weitgehend verdrängt.

Horizontal-Hebeschiebefenster und -türen ermöglichen optimal große Wandöffnungen, insbesondere bei Balkonen und Terrassen. Eine außerordentlich sorgfältige Montage ist unerläßlich.

8.1.4 Prinzipien der Fensterkonstruktion

8.1.4.1 Profilgestaltung

Neben der statischen Bemessung der tragenden Rahmenteile ist in Abhängigkeit von dem Werkstoff und Fenstersystem die sichere, schlagregen- und winddichte Ausbildung des Glas/Flügel-, Flügel/Blendrahmen- und Blendrahmen/Wandanschlusses, die schnelle und restlose Ableitung von Regenwasser – auch bei Windstau –, die Eignung für die vorgesehenen Öffnungsarten, die unkomplizierte und justierbare Befestigungsmöglichkeit für Beschläge und Befestigungselemente im Wandanschluß, die produktionstechnischen Möglichkeiten sowie eine formal befriedigende Gestaltung als Kriterium anzusehen. Die Werkstoffeigenschaften bedingen dabei eine jeweils werkstofftypische Profilgebung.

8.1.4.2 Statische Bemessung der Fensterprofile und Glasscheiben

Mit zunehmender Größe der Fenster – gem. DIN 18056 [8] ab 9 m^2 – wird eine statische Bemessung der Konstruktionsteile unerläßlich, um Schäden und unzulässige Formänderungen zu vermeiden.

Hierzu gehören:

- unzulässig große Riegeldurchbiegungen und damit Glasschäden (nach Abschn. 8.1.2.2),
- die Entlastung der Dichtfugen durch zu große Durchbiegungen (Regen-, Wind- und Schalldurchlässigkeit, Pfeiftöne etc.),
- Abreißen der Anschlußverfugung,
- Aufreißen von Eckfügungen bei verschweißten Elementen,
- Beschädigung und/oder Funktionsbeeinträchtigung der Bedienungsmechanismen.

Bei der Bemessung und Gestaltung der Fensterprofile und Glasscheiben sind Windlast, Eigengewicht, mögliche nutzungsbedingte Horizontallasten (z. B. Menschengedränge), eine begrenzte mißbräuchliche Nutzung sowie Zwängungskräfte durch behinderte Verformungen, Querschnittsschwächungen, die sich durch Verbindungsmittel und den Einbau von Beschlägen ergeben, zu berücksichtigen.

Bei **geschlossenem** Flügel überträgt die Glasscheibe die anfallende Wind- und Flächenlast auf die Flügelrahmen und der Flügelrahmen diese über die Verbindungsmittel auf den Blendrahmen. Der Blendrahmen ist gemäß DIN 18056 [8] alle 80 cm, bei Kunststoffenstern alle 60 cm, mit dem Gebäude zu verbinden.

Bei **geöffnetem** Flügel müssen die Bänder bzw. deren Befestigung das Eigengewicht, vermehrt um ein entsprechendes Kippmoment, abtragen. Bei Kunststoffenstern sollte deshalb die Befestigung mindestens zwei Wandungen oder – besser – eine metallische Profilverstärkung erfassen. Für die Berechnung der erforderlichen Trägheitsmomente ist von folgenden Elastizitäts-Modulen auszugehen:

Holz 10 000 N/mm^2 Stahl 210 000 N/mm^2 Aluminium 70 000 N/mm^2 PVC 2 500 N/mm^2

Tafel 8.2 Auszug aus Tabelle 1 der DIN 68121 Teil 1 (3.73) zur Angabe maximaler Flügelabmessungen

Gebäudehöhe	Ausführung	Profile für Einfachfenster						Profile für Verbundfenster			
		EV 44	IV 56	IV 68	IV 68	IV 78	IV 92	DV35/38	DV30/38	DV44/44	DV44/44
	Flügelholzbreite	78	78	78	92	92	92	48/78	48/78	48/78	62/92
bis 8 m	max. Flügelmaße Breite/Höhe (cm)	120/125	140/150	150/170	160/175	160/175	160/190	110/125	110/125	150/160	160/170
8 bis 20 m	max. Flügelmaße Breite/Höhe (cm)	110/125	130/150	140/170	150/175	160/175	160/190	110/125	110/125	140/160	150/170
20 bis 100 m	max. Flügelmaße Breite/Höhe (cm)	–	130/150	140/170	150/175	160/175	160/190	–	–	140/160	150/170

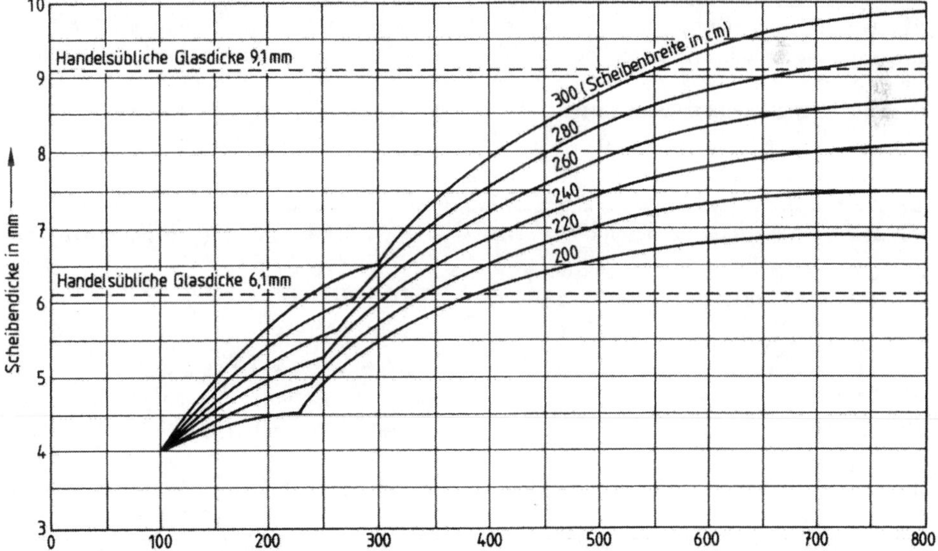

Bild 8.7 Diagramm zur Dickenwahl von ebenen, allseitig aufliegenden Glasscheiben gem. DIN 18056 [8]. Einbauhöhen $0 \leq h \leq 8$ mm; entsprechend $w = 0,6$ kN/m^2. – Für Windkasten $w > 0,6$ kN/m^2 sind die Scheibendicken im Verhältnis $\sqrt{\frac{w}{0,6}}$ zu vergrößern

Der Nachweis erfolgt über das zulässige Trägheitsmoment. Die Trägheitsmomente der Rahmenteile können aus Veröffentlichungen der Profilhersteller entnommen werden. Holz, Stahl und Aluminium haben in der Regel eine ausreichende Eigensteifigkeit. PVC-Profile müssen in der Regel eine Metallaussteifung aus Alu- oder verzinkten Stahlprofilen erhalten.

Zur Vermeidung von Zwängungsspannungen ist bei größeren Kunststoffenstern die zu erwartende Temperatur-Dehnung zu ermitteln. Sie beträgt bei weißen Fenstern ca. 3 mm/m, bei dunklem Material bis ca. 5 mm/m.

Die zulässigen Flügelgrößen von Holzfenstern ergeben sich aus DIN 68121-3 [9].

Für die Glasdickenbestimmung ist DIN 18056 [8] – vgl. Bild 8.7 – zugrunde zu legen.

Für Scheiben in verkehrsgefährdeter Lage, z. B. Schaufensteranlagen oder geschoßhohe Fensterwandelemente, ist aus dem Lastfall „Menschengedränge" eine horizontal wirkende Linienlast in 1 m Höhe über Fußboden anzunehmen. Bei der statischen Bemessung ist zu beachten, daß Scheiben wegen ihrer erheblichen Durchbiegung unter Belastung nicht der klassischen Festigkeitslehre unterliegen, weil die Durchbiegung nicht vernachlässigbar klein ist.

8.1.4.3 Verglasung

Neben Fensterglas gem. DIN 1249 [10] (Kurzbezeichnung F) sind noch Drahtglas (D), Ornamentglas (O), Drahtornamentglas (DO), Einscheibensicherheitsglas (ESG), Verbundsicherheitsglas (VSG) und Polycarbonat-Verglasungsmaterial (PC) üblich und in Nenndicken von 3 bis 19 mm erhältlich.

Zur Verbesserung des Wärme- und Schallschutzes haben sich Mehrscheibenisolierverglasungen mit 6,8 und in der Regel 12 mm Luftzwischenraum (LZR) durchgesetzt. Bei Wärmeschutzglas ist heute ein LZR von 16 mm üblich.

Die Scheiben werden heute nach unterschiedlichen Systemen fast ausnahmslos mit elastischen Dichtstoffen an Alu-Distanzröhrchen geklebt und damit luftdicht verbunden. Zur Reduzierung der Gefahr des Tauwasserausfalls im Glaszwischenraum wird in die perforierten Distanzröhrchen ein Trocknungsmittel (Molekularsieb o. ä.) eingebracht. Durch Einbringung von Edelgasen in den Scheibenzwischenraum lassen sich die Wärmedämmeigenschaften des Isolierglases verbessern. In Nähe der Distanzröhrchen ist bei ungünstigen Klimaverhältnissen ein Tauwasserausfall nicht zu vermeiden.

Aus Tafel 8.3 sind die Wärmeschutzeigenschaften verschiedener Isoliergläser zu entnehmen. Die Wärmedurchgangskoeffizienten für Verglasung und Rahmen ergeben sich aus DIN 4108-4 [2], Tabelle 3. Durch Vergrößerung des LZR, eine wirksamere Edelgasfüllung und eine wärmetechnisch wirksame Beschichtung sind Scheiben bis zu k = 1,2 W/(m^2 · K) lieferbar.

Tafel 8.3 Wärmedurchgangszahl von Isolierglas in Abhängigkeit von der Anzahl der Luftzwischenräume (aus Ibegla-Isolierglas)

Anzahl der Luftzwischenräume	k-Wert in W/m^{2}K
1 x 12 mm LZR	3,0
1 x 12 mm LZR*)	1,6
2 x 12 mm LZR	2,1
3 x 12 mm LZR	1,6
4 x 12 mm LZR	1,3
5 x 12 mm LZR	1,0

*) mit Edelgasfüllung

Schallschutzglas unterscheidet sich von normalem Isolierglas durch größere Scheibendicken (= Erhöhung der Masse), **Sonnenschutzglas** – je nach System – durch die mehr oder weniger große Absorption oder Reflexion der Sonneneinstrahlung.

Einbruchverzögernde Verglasungen bestehen in der Regel aus Mehrscheiben-Verbundglas mit Polycarbonat-Scheiben als Zwischenlagen.

8.1.4.4 Dichtzonen und Fensteranschlag

Anschluß Glas/Flügelrahmen

Verglasungen werden in feststehende oder bewegliche Rahmen eingesetzt. Die Rahmen sollen so stabil bemessen sein, daß sie die Glasscheiben und nicht die Glasscheiben die Rahmen tragen. Glasscheiben müssen gemäß Klotzungsrichtlinien [11] so geklotzt werden, daß eine Gewichtsverteilung ohne schädliche Verspannungen erfolgt, der Rahmen in seiner richtigen Lage bleibt, die Gangbarkeit der Flügel gewährleistet wird und die Scheibenkanten an keiner Stelle den Rahmen berühren.

Der Glasanschluß wird gemäß „Beanspruchungsgruppen zur Verglasung von Fenstern [12] bzw. DIN 18361 [13]" mit vorgeformten Dichtungsbändern bzw. mit elastischen oder plastischen Dichtstoffen abgedichtet. Die Verglasungsanweisungen der jeweiligen Glas-, Profil- und Dichtstoffhersteller sowie die Anstrichverträglichkeit der Dichtstoffe sind jeweils zu beachten.

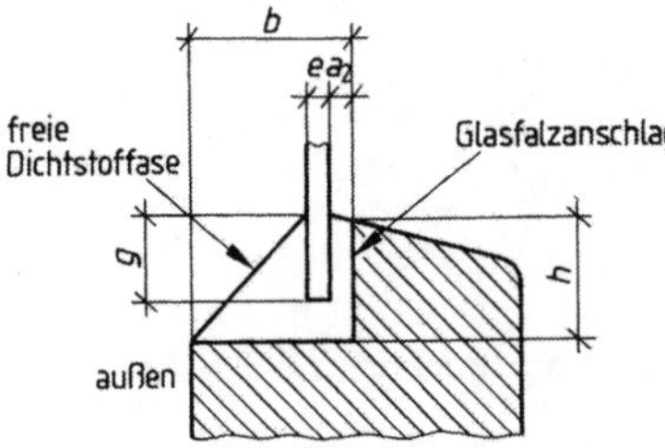

a) Verglasung mit freier Dichtstoffase
In Bild a und b bedeuten:
a_1 Dicke der äußeren Dichtstoffvorlage
a_2 Dicke der inneren Dichtstoffvorlage
b Glasfalzbreite
c Auflagebreite der Glashalteleiste

Die Abmessungen der Glasfalze bei Einfachverglasung richten sich nach DIN 18361, Abschn. 3.1.6. Die Falzhöhe muß mindestens betragen bei einer größten Scheibenseite

bis 100 cm:	10 mm
über 100 bis 250 cm:	12 mm
über 250 bis 400 cm:	15 mm
über 400 bis 600 cm:	17 mm
über 600 cm:	20 mm
bei Isolierglas:	18 mm

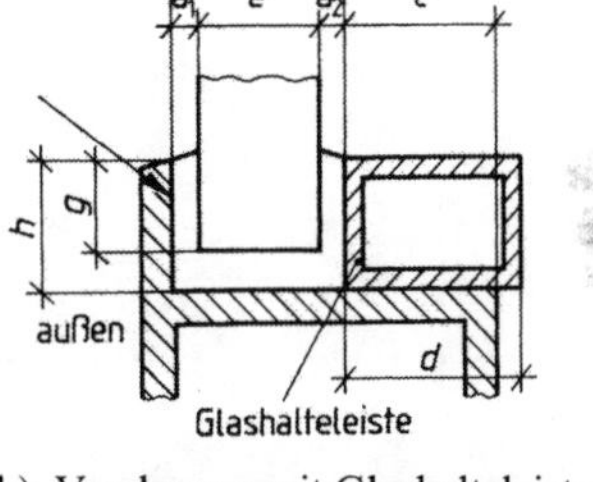

b) Verglasung mit Glashalteleisten
d Breite der Glashalteleiste
e Dicke der Verglasungseinheit
h Glasfalzhöhe
t Gesamtfalzbreite

Falzmaße für Isolierglasscheiben

Dichtstoff-Vorlage an der engsten Stelle gemäß DIN 18545	längste Kante Einheit	Breite der Dichtstoff-Vorlage an jeder Seite
	bis 250 cm	3 mm
	bis 400 cm	4 mm
	über 400 cm	5 mm

Bei Kunststoffrahmen sind die Dichtstoff-Vorlagen um jeweils 1 mm zu erhöhen

Bild 8.8 Glasanschluß (nach DIN 18545-1[14])

Die Abmessungen der Glasfalze ergeben sich aus Bild 8.8. Gemäß Verarbeitungsrichtlinien der Isolierglashersteller erfolgt die Verglasung in der Regel mit dichtstofffreiem, entlüfteten Falzraum.

Die Mindestabmessungen der je zwei oberen und unteren Ventilationsöffnungen sollten bei kreisförmigen Löchern d ≥ 8 mm bzw. bei Langlöchern 5/20 mm betragen (s. Bild 8.9). Glasleisten (s. Bild 8.8) sollten raumseitig angebracht und bei Holzfenstern mit höchstens 35 cm Abstand mit Drahtstiften, besser mit nichtrostenden Schrauben demontierbar befestigt werden. Bei Metall- oder Kunststoffenstern müssen die Glasleisten sicher und nicht federnd in die Flügelprofilierung einrasten.

Anschlag und Dichtung zwischen Flügel und Blendrahmen

Die Dichtigkeit und Funktionsfähigkeit dieser Abdichtungszone wird gemäß [51]

- von dem Vorhandensein zusätzlicher Dichtungen,
- von der Fensterprofilierung,
- von dem verwendeten Beschlagsystem,
- von der Präzision der Herstellung und Montage bestimmt.

Bei zusätzlichen Dichtungen zwischen Flügel und Blendrahmen ist zu beachten, daß die gemäß DIN 18055 [4] zu fordernde Regen- und Winddichtigkeit durch den Beschlag nicht beeinträchtigt wird und bei jeder Temperatur eine sichere Verriegelung, ein gleichmäßiger Anpreßdruck und eine einwandfreie Gängigkeit der Flügel gewährleistet werden.

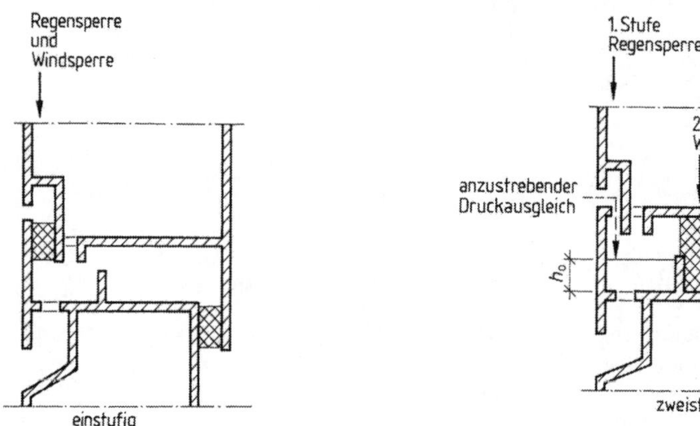

Bild 8.9 Ein- und zweistufige Abdichtung Flügel/Blendrahmen

Für die in der Regel lippen- oder schlauchförmigen Dichtungen sind allein APTK-Profile mit auf Gehrung geschnittenen und verklebten Ecken oder mit fertig anvulkanisierten Eckstücken empfehlenswert. Derartige Dichtungen sind außerhalb der bewitterten Zonen einzusetzen und ohne Unterbrechungen in einer Ebene einzubauen. Neben Profilsystemen mit Außen- und Innendichtungen (Bild 8.9) sind solche mit nur einer Mitteldichtung, in jüngster Zeit mit einer Mittel- und Innendichtung, verbreitet.

Profilierung

Vorstehende Wetterschenkel entlasten die Schlagregenbelastung des Kammerbereiches. Nur eine ausreichend hohe, in sich dichte und möglichst windstaugeschützte Fensterkammer, die seitliche Abdichtungen zu senkrechten Rahmenteilen hin und der Verschluß mechanisch gefügter Profilstöße gewährleisten die vollständige Regenableitung nach außen. Bei Holzfenstern bedarf es gemäß Bild 8.14.1 zur Erzielung einer ausreichenden Dichtigkeit zusätzlicher Regenschutzschienen und zusätzlicher Dichtungen, die direkt in die Flügelprofile eingesetzt werden.

Herstellung und Montage

Die einwandfreie Gängigkeit und Dichtigkeit des Fensters erfordert erhöhte Präzision bei Fertigung, Flügeleinpassung und Montage. Bei Kunststoffenstern, insbesondere bei „dunklen" Flügelrahmen ist die Beachtung eines von der Flügelgröße abhängigen „Bewegungsspieles" (in der Regel 3 bis 4 mm zwischen Flügel und aufgesetztem Schließblech) unvermeidlich. Bei zu geringem Flügelspiel ergeben sich Behinderungen beim Öffnen und Schließen bei hohen Außentemperaturen, bei zu großem Flügelspiel vermögen die Rollkloben bei niedrigen Außentemperaturen aus den Schließblechen zu springen.

Fensteranschluß am Baukörper

Fenster können gemäß Bild 8.2 mit oder ohne Maueranschlag zwischen den Leibungen montiert und gemäß Bild 8.10 mit und ohne Anschlaghilfen verschiebungssicher befestigt werden.

Beanspruchung und Anforderungen

Bei der Ausbildung des Blendrahmen-/Wandanschlusses ist neben dem Schlagregen auch das Spritzwasser zu beachten, das die Flügel- bzw. Blendrahmenabdichtung beträchtlich belastet.

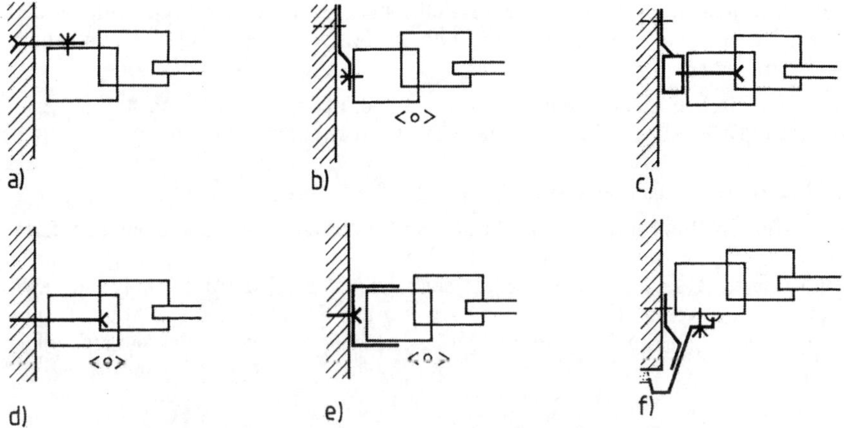

Bild 8.10 Grundsätzliche Befestigungsmöglichkeiten des Blendrahmens
a) starre Befestigung ohne Bewegungsausgleich, b) Lasche als federndes Element, c) starre Befestigung an Montagezarge, d) gleitfähige Befestigung durch Durchsteckdübel, e) gleitfähige Verbindung in U-Zarge, f) starre Befestigung an Anschlagzarge

Wind wirkt nicht nur durch Zugerscheinungen und Lüftungswärmeverluste oder als horizontale Kraft. Er führt auch zu Durchbiegungen der Rahmenteile oder zur Lockerung der Befestigungselemente. Bei den vielfältigen Formänderungen sind die

- Durchbiegung von Fensterstürzen, die z. B. eine unzulässige Belastung der Fensterelemente oder Funktionsstörungen bei Schiebetüren bewirken kann,
- Aufwölbungen von Rahmenteilen als Folge von Bewegungsbehinderungen bei Temperaturdehnungen

zu beachten.

Chemische Reaktionen ergeben sich in der Regel in Form von Korrosion an Befestigungselementen, wenn diese im spritz- bzw. tauwassergefährdeten Bereich liegen oder wenn alkalische Putze z. B. eloxierte Aluminiumprofile berühren.

Fenstereinbau

Das Fenster muß sich rationell und unkompliziert unter Beachtung üblicher Ausführungstoleranzen einbauen lassen. Der Blendrahmen muß spannungsfrei und so mit der Wand verbunden werden, daß zu keinem Zeitpunkt gegenläufige Bewegungen vor Fenster und Wand zu unzulässigen Formänderungen des Fensters führen. Die Anschlußfuge muß risikolos und dauerhaft gegen Regen und Wind abgedichtet werden. Es muß eine rasche, vollständige und sichere Regenableitung möglich sein.

Blendrahmenbefestigung

Die Fensterbefestigung richtet sich nach den zu übertragenden Kräften, den zu erwartenden Formänderungen, der jeweiligen Einbausituation, der Festigkeit der angrenzenden Bauteile und dem Fenster- bzw. Anschlagsystem.

Sämtliche Befestigungselemente müssen zumindest korrosionsgeschützt sein bzw. besser aus nicht rostenden Metallen bestehen. Sie müssen die unverschiebliche Verbindung mit dem Gebäude gewährleisten.

Die Befestigungsabstände sollten gemäß DIN 18056 80 cm bzw. 60 cm nach den Einbauempfehlungen verschiedener Kunststoffprofilhersteller nicht überschreiten. Zum anderen darf durch die Art der Befestigung und die Unterkeilung die Temperaturdehnung der Rahmenprofile nicht behindert werden.

Der Zwischenraum zischen Blendrahmen und Wand ist hohlraumfrei mit Dämmstoffen geringer Eigensteifigkeit (z. B. Mineralfaser, weicher Schaumstoffstreifen) zu verfüllen.

Anschlußabdichtung Blendrahmen/Wand

Die Abdichtung gegen Wind und Regen läßt sich mit unterschiedlichen Maßnahmen erreichen. Sie erfordert eine umlaufende und an keiner Stelle unterbrochene Ausführung. Zweistufige Abdichtungssysteme sind einstufigen Systemen vorzuziehen. Jede Abdichtung muß zwischen in sich dichten Werkstoffen vorgenommen werden. Deshalb können Abdichtungen zwischen Blendrahmen und Hintermauerung oder keramischen Fassadenplatten nie regendicht sein.

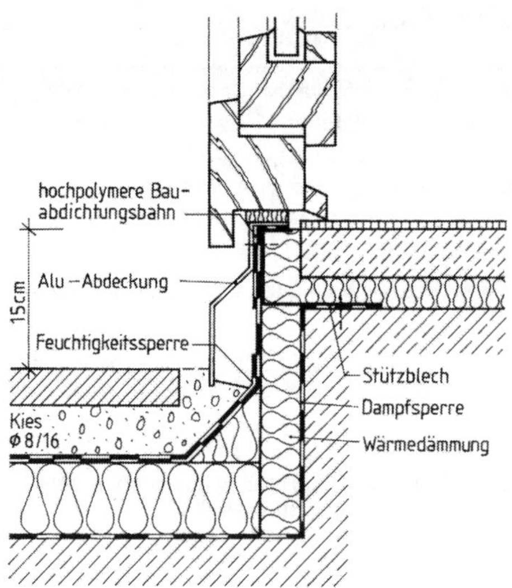

Bild 8.11 Fußpunktausbildung von Balkon- oder Terrassentüren

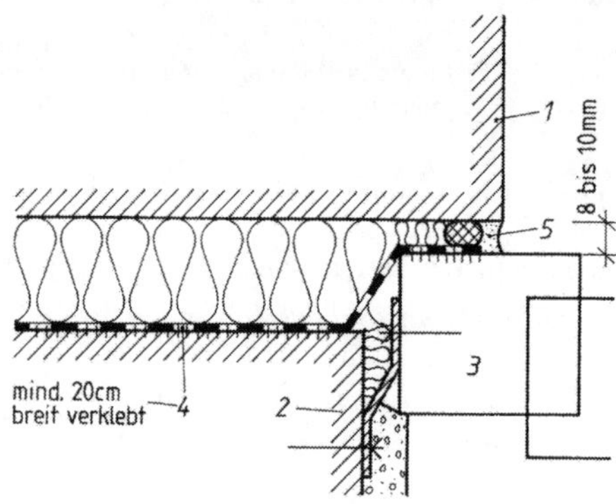

Bild 8.12 Abdichtung bei Verblendmauerwerk mit Luftschicht oder Kerndämmung

1 Verblendung
2 Hintermauerung
3 Blendrahmen
4 hochpolymerer Dichtungsbahnstreifen
5 elastische Abdichtung
6 Luftraum oder Kerndämmung

- Bei Metall- und Kunststoff-Fenstern ist eine Abdichtung mit elastischen, spritzbaren Fugenmassen unerläßlich.
- Bei allen hinterlüfteten leichten und schweren Fassadenbekleidungen, einschließlich Verblendmauerwerk gemäß DIN 1053 [17] (Bild 8.12), ergeben nur beidseitig aufgeklebte, hochpolymere Dichtungsbahnstreifen eine einwandfreie Anschlußabdichtung.
- Balkon- und Terrassentüranschlüsse müssen gemäß DIN 18195-9 [16] mindestens 15 cm hoch über den Außenbelag geführt werden (Bild 8.11). Bei Vorkehrungen zur raschen Wasserableitung und einem Spritzwasserschutz (z. B. durch einen Gitterrost) ist eine Mindestanschlußhöhe von 5 cm über Belag bzw. maximaler Stauhöhe möglich.
- Bei Außenputzandichtungen und keramischen Wandbekleidungen sind Abdichtungen gegen den gefügedichten Unterputz bei parallelen Haftflanken zu fordern (Bild 8.13).
- Bei außenbündigem Fenstereinbau sind im Sturzbereich Vorkehrungen zur Wasserabweisung zu treffen.

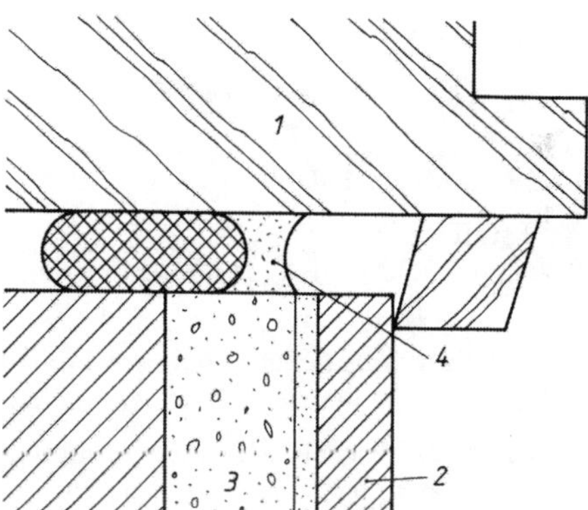

Bild 8.13
Abdichtung gegen keramische Fassadenbekleidung
1 Blendrahmen
2 keramische Bekleidung
3 gefügedichter Unterputz
4 elastische Fugenabdichtung mit Hinterfüllung

Bei äußerem Brüstungsanschluß muß:

- die vollständige und möglichst rasche Wasserableitung,
- die allseitige Hinterfassung von Rolladenführungsschienen,
- eine sichere Andichtung an Leibung- und Blendrahmen (mit Aufkantungen),
- ein ausreichender Brüstungsüberstand ($b \geq 40$ mm, $h \geq 25$ mm) (mit ausreichender Überlappung bei hinterlüfteten Fassadenbekleidungen)

gegeben sein.

Fensterbankabdeckungen mit hoher Wärmeausdehnung, Wasseraufnahmefähigkeit, fehlende seitliche Aufkantungen oder Abtropfnuten sind – je nach ihrer Art – wenig oder nicht geeignet. Bei der Unterkonstruktion von Innenfensterbänken dürfen sich z. B. aus durchlaufenden Betonunterkonstruktionen keine Wärmebrücken ergeben.

Bei einfach verglasten Fenstern und bei „Gewächshaus-Verglasung“ in und an Wohngebäuden sind Tauwassersammelrinnen vorzusehen. Rolladenkästen sind wärmeschutztechnisch Teile der Wand und deshalb seitlich, oben, unten und raumseitig zu dämmen $k \leq 0{,}6$ W/(m$^2 \cdot$ K) und gegen Winddurchlässigkeit hermetisch abzudichten.

8.1.4.5 Fensterbeschlag

Die Fensterbeschläge bestimmen die Öffnungsart der Fensterflügel und neben dem Profilquerschnitt die Flügelgrößen. Sie haben die Aufgabe, die gefahrlose und funktionsgerechte Betätigung der verschiedensten Flügelarten zu ermöglichen, die Flügel am Blendrahmen fest zu verankern bzw. zu verriegeln und an den Rahmen zu pressen, um eine ausreichende Fugen-, Schlagregen- und zugleich Schalldichtigkeit zu bewirken.

Beschläge sollen einfach und sinnvoll in der Handhabung und den menschlichen Körpermaßen angepaßt sein. Auch der Nichtfachmann muß ohne besondere Gebrauchsanweisung die Fenster bedienen können.

Beschlag und Fenstersystem müssen aufeinander abgestimmt sein. Die Bänder müssen konstruktiv und materialmäßig so ausgelegt sein, daß sie die maximalen Flügelgewichte und kurzzeitige Überlastungen aufnehmen können.

Eingestemmte oder eingebohrte Bänder ermöglichen die bewegliche Verbindung zwischen Dreh- und Kippflügeln und Blendrahmen. Bei Flügeln anderer Öffnungsarten werden Speziallager verwendet. Der Schließvorgang wird nahezu ausnahmslos durch verdeckt im Kammerbereich geführte Kantengetriebe bewirkt. Verriegelungsabstände betragen je nach System des Fensters 50 bis 70 cm.

Beschlagsysteme sollten möglichst in jeder Richtung justierbar sein, damit der Anpreßdruck und die Gängigkeit der Flügel ohne Flügelerneuerung verändert werden kann.

8.1.5 Konstruktionssysteme

8.1.5.1 Holzfenster

Werkstoff

Holz hat sich als Fensterwerkstoff seit Jahrhunderten bewährt. Verschiedene Ursachen, vor allem der Zwang zu periodischen Anstricherneuerungen und die Anfälligkeit der einheimischen Holzarten gegenüber holzzerstörenden Pilzen, haben den Anteil der Holzfenster an der Zahl der eingebauten neuen Fenster beträchtlich verringert.

Als besondere Vorteile des Holzes sind die gute Bearbeitbarkeit, die günstigen Wärmedämmeigenschaften und das Aussehen zu nennen.

Für Fenster sind nur ausgesuchte Hölzer zulässig, die – je nach Einbauort und Oberflächenzustand – gemäß DIN 68360 [18] unterschiedlichen Qualitätsanforderungen unterliegen. Es wird zwischen Fenstern mit deckenden Anstrichen (= D) bzw. nichtdeckenden (= ND) und mit Oberflächenbehandlungen, die innen (= I) bzw. außen (= A) eingesetzt werden können, unterschieden. Gefordert werden gutes Stehvermögen, hohe Widerstandsfähigkeit gegen äußere Einwirkungen, hohe Resistenz gegen Pilz- und Insektenbefall, gute Anstrichverträglichkeit, gutes Aussehen bei naturbehandelten Hölzern, gute Verarbeitungsmöglichkeiten, große Abmessungen bei gleichmäßigem Wuchs und geringer Ästigkeit.

Holz wird sich wegen seiner hygroskopischen Eigenschaften immer an das umgebende Klima anpassen und mit seiner Holzfeuchte auch sein Volumen ändern. Die verschiedenen Holzarten unterscheiden sich durch ihren mikroskopischen Aufbau, ihre Holzinhaltsstoffe, die Neigung der Holzart, Harz austreten zu lassen, durch ihre Festigkeit, ihr Stehvermögen, Schwindung und Quellung und die Geschwindigkeit, mit der sich diese vollziehen, die Bearbeitbarkeit, das Trocknungsverhalten, die Resistenz gegen Pilz- und Insektenbefall, die Witterungsbeständigkeit, das Raumgewicht, den E-Modul etc.

Holzpflege und -auswahl haben auf Stehvermögen und Haltbarkeit wesentlichen Einfluß.

Neben den einheimischen Holzarten wie Kiefer, Fichte/Tanne, sind zahlreiche überseeische Laub- und Nadelhölzer getreten, z. B. Pitch-Pine, Oregon-Pine, Teak, Afrormosia, Afzelia, Redwood, Sipo, Dark Red Meranti, Niangon etc. Diese ausländischen Holzarten unterscheiden sich u. a. durch ihre Holzinhaltsstoffe (hohe Resistenz gegen tierische und pflanzliche Schädlinge), ihre Bearbeitbarkeit, ihre in der Regel feinzelligere Struktur und ihr verändertes Trocknungsverhalten gegenüber den einheimischen Hölzern.

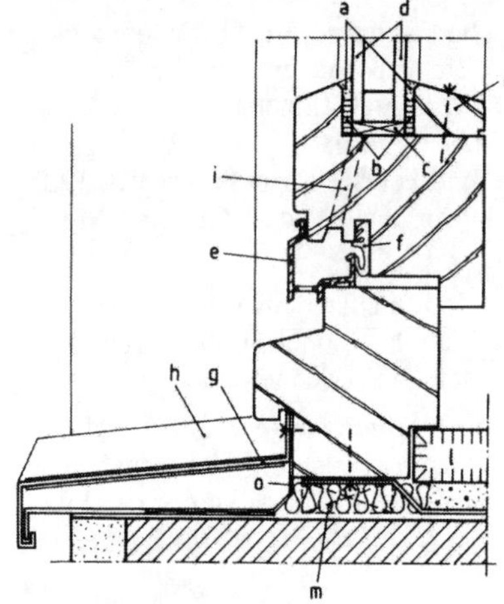

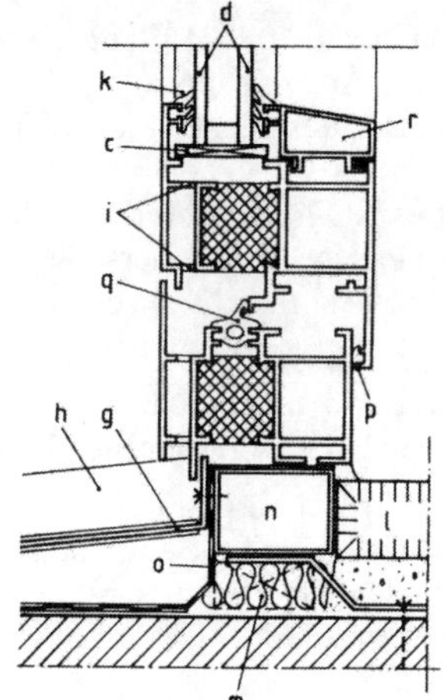

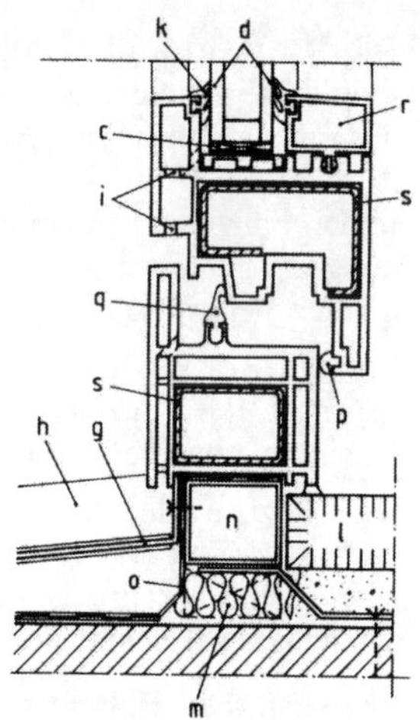

1. Holzfenster
   a) Dichtstoff
   b) Vorlegeband
   c) Klotzung
   d) Isolierglas
   e) Regenschutzschiene
   f) Lippendichtung aus APTK

2. Thermisch getrenntes Aluminiumfenster
   g) Aluminiumfensterbank
   h) seitliche Fensterbank-aufkantung
   i) Glasfalzventilation
   k) vorgeformte Dichtungsprofile
   l) Marmorinnenfensterbank
   m) Fensterbefestigung und Unterkeilung
   n) Montagezarge

3. Kunststoffenster
   o) Folienanschluß (bei hinterlüfteten Fassadenbekleidungen und Verblendmauerwerk)
   p) Innendichtung
   q) Mitteldichtung
   r) Glasleiste
   s) Rahmenverstärkung

Bild 8.14

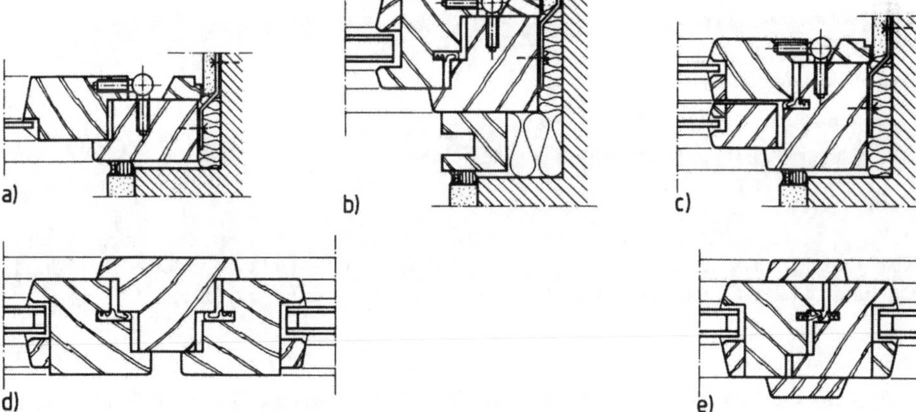

Bild 8.15 Holzfenstersysteme seitlicher Anschlag

a) Einfachfenster einfachverglast
b) Einfachfenster isolierverglast mit Rolladenführungsschiene
c) Verbundfenster

Mittelstoß:
d) mit feststehendem Pfosten
e) ohne feststehenden Pfosten

Die Profilgebung wird durch DIN 68121 [9] bestimmt. Die Kanten sind zur Erzielung eines möglichst gleichmäßig dicken Anstrichauftrages abzurunden. Im unteren Anschlußbereich des Flügelrahmens sind Regenschutzschienen mit seitlichem Verschluß einzubauen (Bild 8.14). Zusätzliche Dichtungen sind in der Regel ab 8 m Gebäudehöhe zu fordern und am günstigsten in den Flügelrahmen einzubauen. Mit dem Werkstoff Holz sind Fenster für praktisch alle Öffnungsarten herstellbar. Der einzelne Fensterhersteller ist in der Lage, jedes beliebige Profil herzustellen, soweit er das dazu benötigte Werkzeug besitzt.

Für die Eckverbindungen werden in der Regel Schlitz- und Zapfenverbindungen angewandt. Bei Holzdicken über 50 mm werden die Ecken durch Doppelzapfen verbunden. Es sind hierbei die in DIN 68602 [19] vorgesehenen Leimsorten zu verwenden.

Um Holzbauteile vor vorzeitiger Zerstörung durch Pilze und Insekten sowie gegen Feuchtigkeit und UV-Strahlung zu schützen und die Funktion des Bauteils langzeitig sicherzustellen, sind Schutzvorkehrungen unerläßlich. Hierzu zählt der konstruktive und der chemische Holzschutz und der Schutz durch Anstrich.

Konstruktiver Holzschutz

- Richtige Holzauswahl,
- die rasche und vollständige Wasserableitung (keine waagerechten Flächen) nach DIN 68121 [9] äußere Profilneigung 15°,
- die Verhinderung des Eindringens von Wasser (und damit von Pilzsporen) in Konstruktionsfugen und Hirnholz,
- Schutz des Holzes gegen extreme Spritzwasserbeanspruchung.

Der **chemische Holzschutz** gemäß DIN 68800 und DIN 68805 [20], [21], ist nur als Ergänzung zu sehen, um bei vorübergehendem Vorhandensein optimaler Lebensbedingungen für holzzerstörende Pilze die Entwicklung der Pilzsporen zu unterbinden.

Schutz durch Anstrich

Ein wirksamer Oberflächenschutz [23] hat die Aufgabe, ein der architektonischen Konzeption gemäßes Aussehen zu bewirken, das Holz vor atmosphärischen Einflüssen zu schützen und die Lebensdauer und Funktion des Fensters über einen möglichst langen Benutzungszeitraum zu gewährleisten.

Zu unterscheiden ist zwischen

- filmbildenden Anstrichen und
- Lasuranstrichen (Dünnschicht- und Dickschichtlasur).

Verglasung

Im Vergleich zu anderen Fenstersystemen ergeben sich in einigen verarbeitungstechnischen Gesichtspunkten wie auch in der Auswirkung undichter Glas-Holz-Anschlüsse (Holzdurchfeuchtung und Zerstörung) Unterschiede zu Fenstern aus anderen Werkstoffen.

8.1.5.2 Stahlfenster

Stahlfenster sind heute im Wohnungsbau im Sinne von „Gewächshaus-Architektur“ oder im Industriebetrieb anzutreffen.

Die Korrosionsgefährdung, insbesondere im Bereich nachträglicher Verbindungen, die erhöhte Wärmebrückenwirkung im Bereich der Rahmen, die unvermeidlichen Verformungen bei Wärmeeinwirkung und die erforderlichen regelmäßigen Wartungs- und Instandhaltungsmaßnahmen haben die Anwendungsmöglichkeiten dieses Werkstoffes verringert.

Im Fensterbau wird vorzugsweise Bandstahl, der aus Baustahl nach DIN 17100 [22] bzw. unlegierten oder niedrig legierten Stählen mit 340 bis 520 N/mm^2 Mindestzugfestigkeit gewalzt wird, verwendet. Stahl ist für Fenster, die relativ starken Temperaturschwankungen unterliegen, wegen seiner rohbau- und glasähnlichen Wärmedehnung (α_t = 0,8 bis 1,2 · 10^{-5}) und über weite Temperaturbereiche gleichbleibenden Festigkeitseigenschaften ein idealer Werkstoff.

Im Industrie- und Gewächshausbau sind genormte Winkel-, T- oder Z-Profile, aber auch Vierkantstahlrohre üblich. Bei einer konsequenten Korrosionsschutzplanung und richtiger Wartung und Instandhaltung sind ausreichend langlebige Konstruktionen realisierbar.

Fügung der Profile

Stahlteile werden durch Schweißen, Nieten, Schrauben, Hart- und Weichlöten, Kleben und begrenzt durch Falzen untereinander verbunden.

Werden einzelne Profile in ganzer Länge miteinander verbunden, so erfolgt in der Regel eine punktweise Verschweißung. Die hierdurch erzielten und sonstigen mechanischen Fügungen, sind ebenso wie die Verbindung mit Laschen etc., nicht wasserdicht und durch Spaltkorrosion zusätzlich gefährdet.

Oberflächenbehandlung

Ein wirksamer Korrosionsschutz erfordert neben der sachgerechten Vorbereitung der Oberflächen und der richtigen Wahl der Beschichtungsstoffe die korrosionsschutzgerechte Gestaltung der Fensterkonstruktion. Mit der zur Verfügung stehenden Technik läßt sich Stahl sicher gegen Korrosion schützen.

Übliche Korrosionsschutzsysteme sind

- Kunstharzbeschichtungen
- metallische Überzüge (z. B. Feuerverzinken)
- Kombination von Überzug und Beschichtung (= DUPLEX-SYSTEM).

Da jede Verzinkung abwittert und dann nicht mehr erneuert werden kann, ist das Duplex-System allein empfehlenswert.

Verglasung

Die Andichtung der **Glasscheiben** darf gemäß [12] nur noch mit elastischen Dichtstoffen vorgenommen werden. Bei geringen Anforderungen und nach Vereinbarung mit den Bauherren sind auch „Stahlfensterkitte“ einsetzbar. Kittlose Verglasungen mit APTK-Dichtungen unter Preßflanschen (Bild 8.16) – wie im Vorhangfassadeneinbau üblich – werden für großflächige

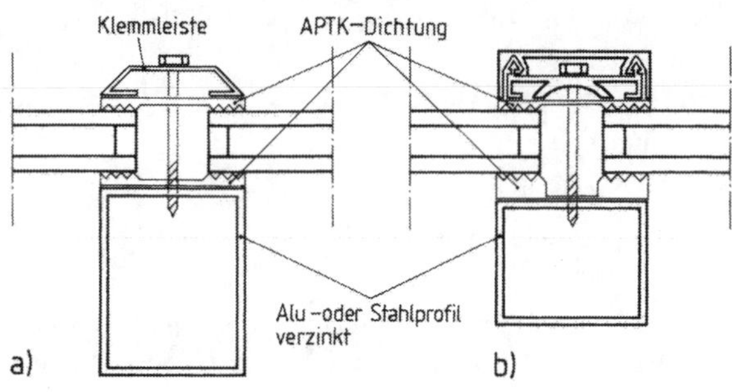

Bild 8.16
Kittlose Verglasung
a) für geringe Anforderungen
b) für gehobene Ansprüche

Verglasungen jeder Art eingesetzt. Die Scheiben sind bei jeder Abdichtungsart gegen Verschieben durch Halterungen und/oder Klotzungen zu sichern. Eine Klotzung auch feststehender Scheiben ist angebracht.

Bei Einfachverglasungen und ungedämmten Konstruktionen sind Tauwassersammelrinnen vorzusehen.

8.1.5.3 Aluminiumfenster

Das gute Aussehen, die Möglichkeit einer z. T. farbigen Oberflächengestaltung, relativ hohe mechanische Festigkeit, die geringen Unterhaltungsaufwendungen und die praktisch unbegrenzte Haltbarkeit begünstigen den Einsatz von Aluminiumfenstersystemen. Es werden in der Regel Strangpreßprofile nach DIN 17615 [24], 1748 [25], bei Blechen und Bändern nach DIN 1745 [26] verwendet, die von einigen wenigen Firmen hergestellt werden (Bild 8.11). Die relativ hohe lineare Wärmeausdehnung ($\alpha_t = 2{,}38 \cdot 10^{-5}$), die hohe Wärmeleitfähigkeit ($\lambda_R = 200$ W/(m · K)), die anwendungstechnische Begrenzung auf die vorhandenen Profilsysteme und deren Kombinationsmöglichkeiten und die hohe Empfindlichkeit gegenüber Alkalien (z.B. Kalkputz) sind zu beachten. Zur Erreichung der nach DIN 18055 [4] zu fordernden Dichtigkeit sind zusätzliche Dichtungen unerläßlich.

Je nach Verwendungszweck kommen ungedämmte oder gedämmte, d. h. thermisch getrennte Profile, zur Anwendung (Bild 8.17).

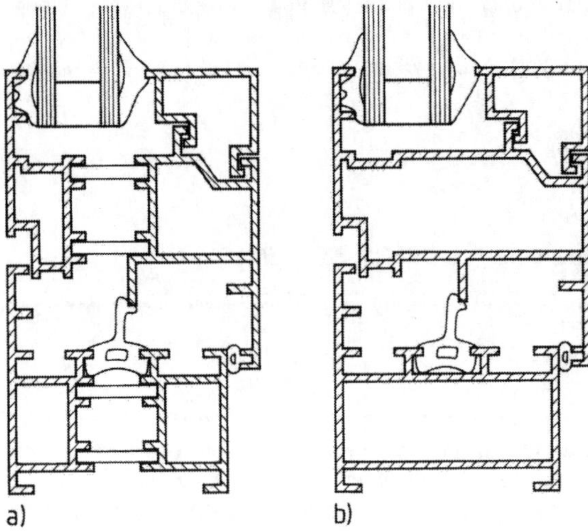

Bild 8.17
Aluminium-Fensterprofile
a) thermisch getrennte Profile,
b) ungedämmte Normalausführung

Die Fensterprofile aus Metallen (Stahl, Edelstahl, Aluminium) sind i. d. R. Hohlprofile. Wegen der hohen Wärmeleitfähigkeit der Metalle ist das Luftpolster in den Hohlräumen (= Kammern) und ein Ausschäumen der Profile mit Dämmstoff wärmeschutztechnisch praktisch bedeutungslos.

Die **Ecken** werden in Abhängigkeit vom Profilsystem nach verschiedenen Verfahren miteinander verbunden:

- durch Verschweißen oder hart verlöten,
- durch Einschieben von Druck-Guß-Eckwinkeln, die dann mittels Verschraubung, selbstklemmender Keile, Spezial-Bolzen, Stanzung oder Verklebung fixiert werden.

Wie bei der Ausführung der Eckfügung können nur systemmäßig vorgegebene **Beschläge** verwendet werden, die sich in die Profilnuten schieben lassen und dort fixiert werden können.

Je nach Art der vorgesehenen **Verglasung** gibt es „glatte" Anschlagprofile für örtlich hergestellte Spritzdichtungen und mit Haltenuten versehene Rahmen- und Glasleistenprofile, in die vorgefertigte Dichtungsbänder eingeschoben werden können. Glasleisten werden in die vorgegebenen Flügelprofile eingeklippst, eingehängt oder aufgeklemmt. Bei Spezialkonstruktionen sind auch Schraubbefestigungen oder z. B. Druckverglasungen realisierbar.

Ein gleichmäßig gutes Aussehen der Aluminiumfenster läßt sich durch anodische Oxidation, durch chemische Oxidation, in Verbindung mit Anstrichen, Einbrennlackierungen und Kunststoffbeschichtungen erzielen. Hierdurch kann die Korrosionsbeständigkeit erhöht und das Aussehen wesentlich verändert werden.

8.1.5.4 Kunststoffenster

Kunststoffenster haben in den letzten Jahren eine zunehmende Verbreitung erfahren, obwohl zum Teil beachtliche Funktionsstörungen aufgetreten sind. Als weitere Problempunkte sind die temperaturabhängigen Festigkeitseigenschaften, die reversiblen und irreversiblen Verformungen, der unvermeidliche „Kalte Fuß", die Notwendigkeit, die Profile auszusteifen und ein hoher thermischer Ausdehnungskoeffizient ($\alpha_t = 7$ bis $8 \cdot 10^{-5}$) anzusehen. Kunststoffenster werden überwiegend aus PVC (Polyvinylchlorid) nach DIN 7748 [28] hochschlagzäh verwendet.

PVC ist wie alle Thermoplaste in der Wärme form- und schweißbar. Im Handel werden Ein-, Zwei- und Dreikammer-Profile angeboten (Bild 8.14.3 und 8.18). Die Profilwandungsdicke beträgt in der Regel 3 bis 4 mm.

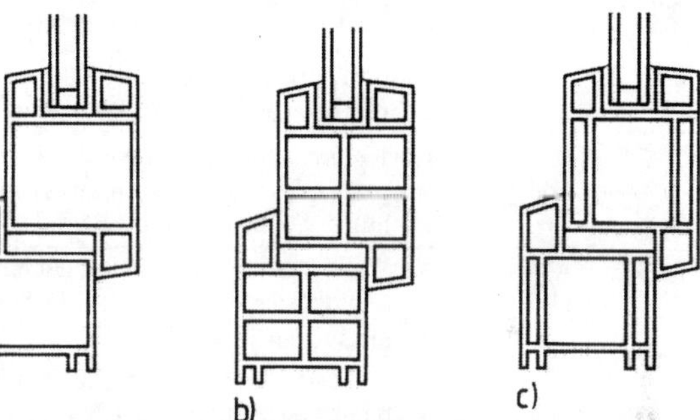

Bild 8.18
PVC-Profilsysteme
a) Einkammer-Profil
b) Zweikammerprofil
c) Dreikammerprofil

Farbige Profile werden üblicherweise durch eine nach unterschiedlichen Verfahren aufgebrachte Beschichtung hergestellt. Kunststoffenster sind durch eingeschobene Aluminium- oder verzinkte Stahlprofile zu verstärken. Die Ecken werden nach dem Prinzip des Preßstumpfschweißens im plastischen Zustand unter Druck verbunden.

Die **Glasabdichtung** erfolgt mit vorgefertigten Dichtungsschnüren. Um die Korrosion der Profilaussteifungen zu vermeiden, muß die Glasfalzentwässerung durch die nicht verstärkten Außenkammern erfolgen.

Für die Klotzung sind Spezial-Unterlagen aus Kunststoff oder Hartholz zu verwenden.

Beschläge lassen sich wie bei Alu-Fenstern in den Profil-Nutungen unterbringen. Auf eine maßgenaue Flügel-Einpassung mit 3 bis 5 mm Flügelspiel ist wegen der begrenzten Justierbarkeit der Beschläge zu achten.

8.1.5.5 Verbundsysteme

Gebräuchlich sind Aluminium-Holzfenster und seltener Kunststoff-Holzfenster. Durch die Kombination Holz/Aluminium bzw. Kunststoff werden die Vorzüge jeweils beider Werkstoffe genutzt. Die konstruktive Beanspruchung wird vom Holzteil übernommen. Die bekleidenden Aluminium- bzw. Kunststoffprofile bestimmen Witterungsschutz und Aussehen.

8.1.6 Sonderkonstruktionen im Fensterbereich

8.1.6.1 Schallschutz- und Klimafenster

Die vielfältigen Anforderungen der Gebäudenutzer an das Gebäude und insbesondere an das Fenster haben zur Entwicklung verschiedener Spezialkonstruktionen geführt. Hierzu gehören u. a. das Schallschutzfenster und das Klimafenster.

Die **schalldämmenden** Eigenschaften jedes Fensters lassen sich u. a. verbessern

- durch eine verbesserte Fugendichtigkeit
- durch die Erhöhung der Flächenmasse von Scheiben und Rahmen
- durch einen möglichst großen Abstand zwischen den Scheiben Optimalmaß: 10 cm
- durch den Ausschluß von Nebenwegen (durchgehende Rahmen etc).

Die Zuordnung der heute üblichen Fenstersysteme in Schallschutzklassen ergibt sich aus der VDI-Richtlinie 2719 [29] und Tafel 8.4.

Die Eignung bestimmter Schallschutzsysteme ist durch Prüfzeugnisse nachzuweisen.

Tafel 8.4 Eignung verschiedener Fenstertypen für Schallschutzklassen 0 bis 6

Schall-Schutz-klasse	Schall-Schutz-klasse Ia	orientierende Hinweise auf Konstruktionsmerkmale von Fenstern ohne Lüftungseinrichtungen
6	≥ 50 dB	Kastenfenster mit getrennten Blendrahmen, besonderer Dichtung, sehr großem Scheibenabstand und Verglasung aus Dickglas
5	45 bis 49 dB	Kastenfenster mit besonderer Dichtung, großem Scheibenabstand und Verglasung aus Dickglas; Verbundfenster mit entkoppelten Flügelrahmen, besonderer Dichtung, Scheibenabstand über ca. 10 mm und Verglasung aus Dickglas
4	40 bis 44 dB	Kastenfenster mit zusätzlicher Dichtung und MD-Verglasung; Verbundfenster mit besonderer Dichtung, Scheibenabstand über ca. 60 mm und Verglasung aus Dickglas
3	35 bis 39 dB	Kastenfenster ohne zusätzliche Dichtung und mit MD-Glas; Verbundfenster mit zusätzlicher Dichtung, üblichem Scheibenabstand und Verglasung aus Dickglas; Isolierverglasung in schwerer mehrschichtiger Ausführung; 12 mm Glas, fest eingebaut oder in dichten Fenstern
2	30 bis 34 dB	Verbundfenster mit zusätzlicher Dichtung und MD-Verglasung; Dicke Isolierverglasung, fest eingebaut oder in dichten Fenstern; 6 mm Glas, fest eingebaut oder in dichten Fenstern
1	25 bis 29 dB	Verbundfenster ohne zusätzliche Dichtung und mit MD-Verglasung; dünne Isolierverglasung in Fenstern ohne zusätzliche Dichtung
0	≤ 24 dB	undichte Fenster mit Einfach- oder Isolierverglasung

Beim **Klimafenster** werden die guten wärme- und schalldämmenden Eigenschaften guter Fenster durch die Kombination mit schallgedämmten Lüftungsaggregaten komplettiert. Hierdurch ist eine exakt dosierbare Frischluftzufuhr möglich. In Verbindung mit Anlagen zur Wärmerückgewinnung kommt diesem Fenstertyp in Zukunft eine große Bedeutung zu.

8.1.6.2 Schutzvorkehrungen vor Außenwandöffnungen

Es handelt sich hierbei um Maßnahmen des Sonnenschutzes, des temporären Wärmeschutzes und des Einbruchschutzes.

Soll das Innenraumklima im Sommer hinter den besonnten Glasflächen nicht unerträglich werden, sind geeignete Vorkehrungen für einen Schutz gegen Sonneneinstrahlung zu treffen.

Die Energieeinstrahlung durch das Fenster läßt sich durch Dach- oder Balkonausladungen, horizontale oder vertikale Lamellen-Blenden, bewegliche und starr vorgebaute Sonnenschutzwände, Außenlamellenstores, Außenraffstores, Jalousien zwischen Verbundfenstern, innenliegende Jalousetten, Vorhänge, Sonnenschutzgläser und Sonnenschutzfolien, Roll- und Klappläden, aber auch durch die Größe der Fenster, die Orientierung der Fenster zur Himmelsrichtung, durch die Neigung der Fenster gegen die Vertikale, die Beschattung durch die Nachbarbebauung und die Reflexionseigenschaften des Bodenbelages vor den Fenstern beeinflussen.

Maßnahmen **außen** vor dem Fenster sind wirkungsvoller als innenliegende oder zwischen den Scheiben eingebaute Schutzmaßnahmen (vgl. auch DIN 4108-2).

Rolläden stellen zugleich eine Form eines temporären Wärmeschutzes dar.

Rolladenpanzer, früher aus Holzstäben gefertigt, bestehen heute fast ausnahmslos aus PVC. Bei Gewerbebauten sind Stahl- und Aluminiumpanzer üblich.

Je nach Größe des Rolladenpanzers wird eine Betätigung mit Gurtzug (bis 2,50 m^2), mit zusätzlichen Kugellagern (bis 4 m^2), mit Übersetzung (bis 9 m^2), mit elektrischem Antrieb (über 9 m^2) ausgeführt. Bei Komfort-Ausführungen, aber auch dort, wo der Lärmschutz verbessert werden soll, wird die Betätigung mit elektrischem Antrieb erfolgen.

Die Rolladenpanzer werden seitlich in Nuten (= Rolladenführungsschienen) aus Holz, Stahl oder Aluminium geführt.

Tiefe der Laufnute gemäß DIN 18073: 1 % der Rolladenbreite, mindestens jedoch 20 mm.

Breite der Laufnute. 15 bis 20 % größer als die Nenndicke der Panzerstäbe.

Das **Längsspiel** in der Laufnute ergibt sich aus der zu erwartenden Temperaturdehnung. Es sollte in der Regel 0,5 % der Rolladenpanzerbreite betragen.

Die lichte Weite des Rolladenkastens hängt ab vom Walzendurchmesser, von der Dicke des Rolladenprofils und der Höhe des Fensters. Sie soll ca. 15 % größer sein als der Ballendurchmesser. Der ausreichende Wärmeschutz ist mit zu beachten. Gemäß DIN 18076 [30] sind folgende lichte Rolladenkastenmaße, z. B. bei Holzrolläden, zu fordern:

Fensterhöhe	1,50 m	22,5 bis 24 cm
	2,00 m	24,5 bis 27 cm
	2,50 m	26,5 bis 29,5 cm

Das seitliche Auflager Rolladenwalze (Holz oder Stahl) sollte 8 cm, auf der Gurtseite 11,5 cm gegenüber der Leibungslichte zurückspringen. Die Gurtroller sind in Aussparungen der Leibung einzusetzen. Auf einen ausreichenden Wärmeschutz des Rolladenkastens und auch auf eine winddichte Ausführung ist zu achten.

Fensterläden

Zur wirksamen Verringerung der Wärmeverluste im Fensterbereich bieten Neuentwicklungen im Fensterladenbau neue Möglichkeiten.

Als Konstruktion bieten sich an

- Einfachläden aus Vollholz (d = 32 mm),
- Verbundläden aus Holzwerkstoffplatten und innenliegender Wärmedämmung
- Verbundläden mit Rahmenkonstruktion und innenliegender Dämmschicht.

Einbruchschutz

Durch bautechnische Maßnahmen läßt sich die Einbruchschwelle anheben, der Zeitraum bis der Einbrecher in das Gebäude gelangt, verlängern und damit das Risiko bemerkt zu werden vergrößern, nicht aber den Einbruch völlig verhindern. Einbruchverzögernde Maßnahmen sind

- Schließzylinder, die nicht vorstehen
- Beschläge, die von außen nicht abgeschraubt werden können
- stabile Tür- und Fensterrahmen
- Rolläden mit Metallverstärkungen
- Alu- und Stahlrolladenpanzer und automatische Feststellungen
- verschließbare Griffe bei Fenstern
- durchbruchhemmende Verglasungen, z. B. Verbundglas mit Polycarbonat-Zwischenlagen
- Warn- und Alarmanlagen.

8.2 Türen und Tore

8.2.1 Bedeutung und Funktion

Türen schließen Gebäudeöffnungen, die vorwiegend dem Personenverkehr dienen, in Außen- und Innenwänden ab. Hierzu gehören Haus-, Wohnungsabschluß-, Zimmer-, Kellertüren etc.

Tore schließen Verkehrswege an Grundstücken, an oder in Gebäuden ab, die vorwiegend dem Fahrverkehr dienen.

Verwendungszweck sowie bauliche und räumliche Gegebenheiten bestimmen Lage, Größe, Form, Werkstoff und Konstruktion von Türblatt und Rahmen.

Türen und Tore dienen dem optischen und sicherheitstechnischen Raumabschluß (unbefugtes Betreten, Brandschutz etc.). Sie bewirken Wärmedämmung und Schallschutz durch Werkstoff und Fugendichtigkeit, sie schützen gegen Klimaeinwirkungen, insbesondere Regen etc., von außen, sie können auch der Raumbelichtung dienen. Je nach ihrer Lage können sie zusätzliche Einrichtungen beinhalten (Klingelanlage, Sprechanlage, Briefkästen, Beleuchtung, Hausnummer, Namens- oder Firmenschild, Türöffneranlage, Alarmeinrichtungen etc.). Sie können auch z. B. als Teil der Eingangsanlage zum wichtigen Gestaltungselement von Gebäuden werden.

8.2.2 Beanspruchungen und Anforderungen

Je nach ihrem Einbauort und ihrer Funktion ergeben sich sehr unterschiedliche Beanspruchungen und Anforderungen. Sie müssen funktionellen Ansprüchen genügen, Witterungseinflüssen und klimatechnischen Beanspruchungen standhalten, eine hohe mechanische Festigkeit aufweisen und sich unter Klimaeinwirkungen nicht verwerfen, einen ausreichenden Wärme- und Schallschutz erbringen und, soweit gefordert, durch den Einbau von Boden- und Falz-Dichtungsprofilen fugendicht schließen, mit einbruchhemmenden Bändern und Schlössern ausgerüstet sein, sich z. B. bei öffentlichen Versammlungsräumen, Fluchttreppenhäusern, im Falle der Gefahr schnell und leicht öffnen und sicher begehen lassen, in der Regel verschließbar sein, je nach der Gebäude- bzw. Raumnutzung, z. B. in Wohnungen, verschließbar und von zwei Seiten bedienbar sein, ohne Funktionsstörungen die Auflage von Teppichen gestatten, einen ausreichenden Schallschutz (z. B. bei Sprechzimmer- oder Wohnungsabschlußtüren) erbringen, einen ausreichenden Brandschutz aufweisen (Kellerräume, Dachboden), in Fluchtrichtung aufschlagen, als Kellertür einen einfachen luftdurchlässigen Verschluß von Abstellräumen ermöglichen, als Heizraumtür einen ausreichenden Brandschutz bewirken, selbstschließend sein, als Schutzraumtür bzw. für bestimmte medizinisch genutzte Räume einen bestimmten Strahlenschutz gewährleisten.

Tore müssen für den erstrebten Verwendungszweck ausreichend groß sein (Durchfahrt Pkw, Lkw), robust gegen mechanische Inanspruchnahme sein, leicht und sicher bedienbar sein und eine ausreichende Korrosionsbeständigkeit aufweisen.

8.2.3 Übersicht über die wichtigsten Öffnungsarten und Konstruktionssysteme von Türen

Türen und Tore lassen sich einteilen nach deren

- Lage und Funktion im Gebäude, z. B. Hauseingangstüren, Windfangtür, WC-Tür, Feuerschutztür o. ä.
- Öffnungsart, Bewegungsrichtung und Flügelzahl, z. B. Drehtür oder Schiebetür; ein- oder zweiflügelige Pendeltür, Harmonikatür, Falttür, Teleskop-Türwand, Versenktür.

Bei den Toren ist zu unterscheiden zwischen Schwingtoren, Deckengliedertoren, Rolltoren, Falttoren, Pendeltoren.

Türblätter sind handwerklich oder industriell aus Holz, Metall, Kunststoff oder Ganzglas gefertigt.

Bei den Holztüren gibt es Latten- und Brettertüren, aufgedoppelte Türen, gestemmte Türen mit Holz- oder Glasfüllungen, glatt abgesperrte Türblätter. Türen und Fenster werden grundsätzlich von der Seite betrachtet, nach der die Flügel aufschlagen. Sind die Bänder rechts, handelt es sich um Rechtstüren, sind die Bänder links, handelt es sich um Linkstüren.

8.2.4 Türumrahmungen und Türanschlag

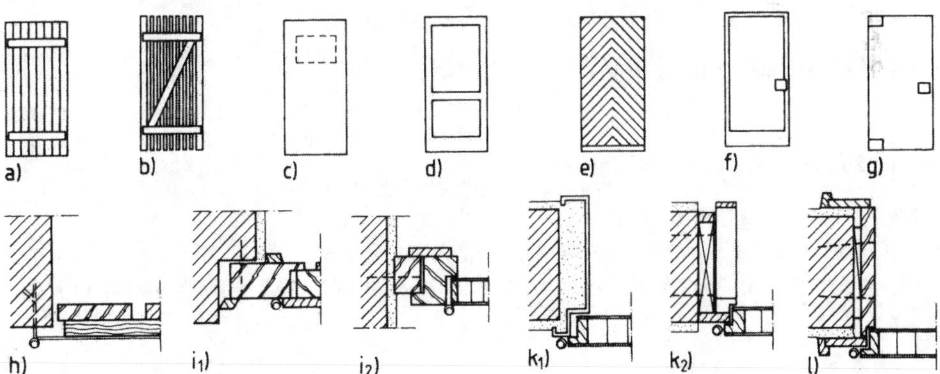

Bild 8.19 Arten der Türblattausbildung

a) Brettertür, b) Lattentür, c) glatt abgesperrte Tür mit/ohne Glasöffnung, d) Rahmentür mit Glas- oder Holzfüllungen, e) aufgedoppelte Tür (außen Holzschalung, innen Holzfüllung oder glatt abgesperrtes Türblatt), f) Metallrahmentür (Stahl, Aluminium) oder Kunststoffrahmentüren, jeweils mit Glasfüllung o. ä., g) Ganzglastür

Arten des Türanschlages

h) direkt an der Wand befestigt, i) mit Blend- oder Blockrahmen, k) in Stahl- oder Holzzargen schlagend, l) mit Holzfutter und Bekleidung

8.2.4.1 Allgemeines

Zu unterscheiden ist zwischen Türen,

- die direkt an der Wand befestigt sind und gegen das Mauerwerk schlagen,
- die an Blendrahmen aus Holz oder Metall oder
- die an Zargen aus Holz, Stahl oder Beton,
- die an Türfutter und Bekleidungen angeschlagen sind.

Die richtige Konzeption der Türanlage erfordert die Gesamtbetrachtung von Türblatt und Türumrahmung, Türschwelle als Teil der jeweiligen Außen- oder Innentür für eine nutzungsgerechte Lösung.

Im Fußbodenbereich ist bei Außentüren das Vorhandensein einer Schwelle und sonstiger Schutzvorkehrungen gegen Regen- und Winddurchlaß unerläßlich.

Bei Innentüren, wie z. B. bei Treppenhaustüren, Brandschutztüren etc. wird der Einbau von Türschwellen empfehlenswert.

Bei unterschiedlichen Fußbodenbelägen werden unter dem Türblatt Materialtrennschienen aus Messing eingebaut. Im Übergangsbereich von Naß- zu normalgenutzten Räumen sind besondere Vorkehrungen, die bis zur Ausbildung von Schwellen reichen können, empfehlenswert bis unerläßlich.

8.2.4.2 Zargen

Zargen können aus Holz oder Stahl bestehen. Die ursprüngliche Form der Holztürumrahmung aus Blockrahmen, die beim Hochmauern der Wände eingemauert wurden, wurde zwischenzeitlich durch nachträglich eingebaute Fertigtürzargenrahmen verschiedenster Art ersetzt (Bild 8.19 k).

Stahlzargen werden heute ausschließlich nach Errichtung der Wände montiert, mit je drei Flacheisenbandankern je Seite befestigt und vergossen. Die Stahlzargen sind mit und ohne zusätzliche Dichtungen lieferbar.

Feuerschutztüren haben vereinfachte und robustere Eckzargen.

8.2.4.3 Blend- oder Blockrahmen

Tür-Blendrahmen aus Holz, Stahl, Aluminium und Kunststoff werden bei Haustüren und Kelleraußentüren im Sinne von Fenster-Blendrahmen in Außenwände mit und ohne Anschlag wie Fenster befestigt und angedichtet.

8.2.4.4 Futter und Bekleidung

Futter und Bekleidung sind ebenso wie Blendrahmen und Zargen Anschlaghilfen, die – heute üblicherweise – als Fertigelement geliefert und in die fertig verputzte Wand eingesetzt werden (Bild 8.19 l).

8.2.5 Türbeschläge

8.2.5.1 Bänder für einfache Türen

Auf dem Türblatt werden Lang- oder Winkelbänder sichtbar aufgeschraubt und in die in Wand eingesetzten Kloben eingehängt.

8.2.5.2 Bänder für gefälzte und ungefälzte Türen

Vom Handel werden für Falztüren Einstemmbänder, Aufschraubbänder mit Kröpfung, Einbohrbänder, Kombibänder (Kombination von Einstemm-, Aufschraub- und/oder Einbohrbändern), Scharniere, Bodentürschließer mit gekröpftem Zapfenband sowie verschiedene Spezialbänder angeboten.

Für ungefälzte Türen sind Aufschraubbänder mit geraden Lappen, Einbohrbänder, Kombibänder, Türschließer, Türscharniere sowie sichtbare Spezialbänder gebräuchlich.

Diese Bänder gibt es von Fall zu Fall für Holztüren, Türblätter in Stahlzargen und in abgewandelten Formen für Stahl- und Aluminiumtüranlagen.

8.2.5.3 Spezialbeschläge

Für eine Reihe von besonderen Türformen wie Pendeltüren, Nurglastüren, Falttüren, Schiebetüren in Innen- und Außenwänden etc. gibt es Spezialbeschläge.

8.2.5.4 Schlösser

Die heute gebräuchlichen Schlösser ermöglichen – je nach ihrer Art – einen 2- bis 3fachen Türverschluß.

In untergeordneten Räumen werden Kastenschlösser verwendet, die auf das Türblatt aufgesetzt werden.

In allen anderen Fällen sowohl bei Innen- wie auch Außentüren werden Einsteckschlösser verwendet, die in einen seitlichen Schlitz des Rahmenholzes eingeschoben und durch den Stulp befestigt werden. Schloßbreite 90 bis 105 mm, Höhe 165 bis 185 mm, Dornmaß 55 bis 65 mm. Für Glastüren, verglaste Stahltüren etc. sind weniger breite Einsteckschlösser lieferbar.

Die Schloßsysteme können als Buntbartschlösser, Schlösser mit Besatzung, Zuhaltungsschlösser und Zylinderschlösser geliefert werden. Letztere werden mit Rund- oder Profilzylinder ausgeführt. Es besteht eine große Anzahl von Schließverschiedenheiten. Es sind Einzel-, Gruppen-, Haupt-, Generalhaupt- und Zentralschloßanlagen mit und ohne Türöffner etc. lieferbar.

Für Sonderausführungen sind z. B. selbstkassierende Türschlösser, Panikschlösser, Saaltürverschlüsse, Schiebetürverschlüsse, Dreifallenverschlüsse für feuerhemmende Türen Öffnung mit kodierten Chips etc. lieferbar. Durch Einlaßtreibriegel bzw. Kantengetriebe sind Mehrfachverriegelungen z. B. für Außentüren möglich.

Das Gegenstück zum Stulp des Einsteckschlosses ist das Schließblech, das die paßgenauen Gegenöffnungen für Falle, Riegel etc. enthält.

8.2.6 Türkonstruktionen

8.2.6.1 Latten- und Brettertüren

Es handelt sich um einfache Ausführungen für Keller, Dachböden, Abstellräume, Schuppen, für die nur ein robuster Verschluß nötig und eine gute Luftdurchlässigkeit gegeben ist. Die Türblätter werden direkt an der Wand mit Mauerkolben oder in Blendrahmen angeschlagen.

8.2.6.2 Aufgedoppelte Türen

Aufgedoppelte Türen verwendet man als untergeordnete Außentüren für Waschküchen und Ställe, in verbesserter Ausführung auch als Haustür (Bild 8.20). Die (äußere) Aufdopplung (senkrecht, waagerecht, schräg etc.) wird in einfacher Ausführung auf eine innenseitige senk-

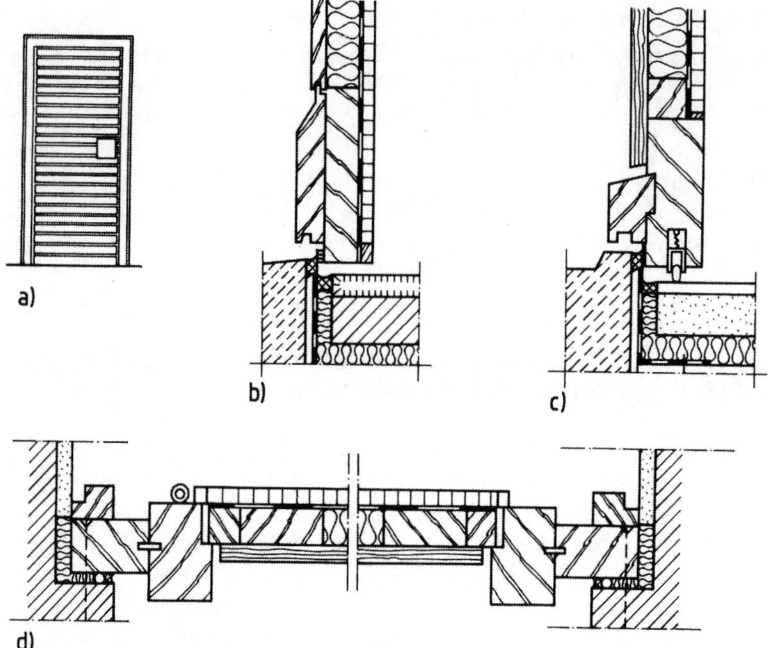

Bild 8.20 Aufgedoppelte Haustür
a) Außenansicht, b) Fußpunkt bei umlaufender Dichtung, c) Fußpunkt mit absenkbarer Bodendichtung, d) Grundriß

rechte Schalung aus gespundeten Brettern aufgenagelt. Bei besserer Ausführung wird die (äußere) Aufdopplung auf einen inneren Rahmen geschraubt und in den Rahmen eine Füllung eingeschoben.

Alternativ kann die Aufdopplung auch auf die beidseitige Beplankung des Rahmens mit Sperrplatten aufgesetzt werden.

Der untere Anschlag erfolgt bei Außentüren gegen einen Messinganschlagwinkel. Wird auf dieses verzichtet, so ist der Einbau zusätzlicher Dichtungen unerläßlich. Der Bodenabstand beträgt bei allen Türblattarten 7,5 mm.

8.2.6.3 Gestemmte Türen

Gestemmte Türen lassen sich als Außen- und Innentüren herstellen. Sie bestehen aus einem umlaufenden Rahmen (mindestens 36/150 mm) bei Außentüren mit einem oder mehreren Querfriesen. In eine entsprechende Nutung können Holzfüllungen, bei Außentüren auch in Form überschobener Füllungen eingesetzt werden.

Es ist aber auch möglich, die Rahmen und Friese im Sinne von Fenstern zu fälzen und Glasfüllungen (Einfach- oder Isolierglas) mit innenliegenden Glasleisten einzusetzen (Bild 8.21). Die Rahmen werden mit Zapfen oder durch Holzdübel miteinander verbunden. Die in der Regel gefälzten Türblätter werden in Blendrahmen oder Zargen eingebaut.

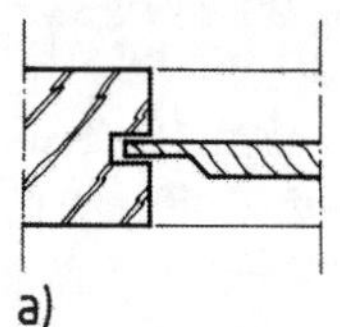

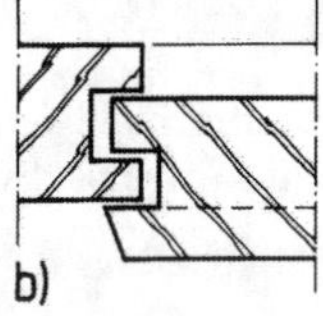

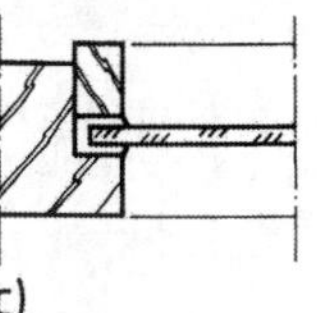

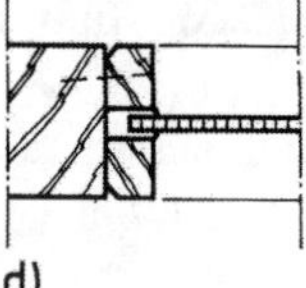

Bild 8.21 Füllungen in gestemmten Türen

a) eingeschobene Vollholzfüllung, b) überschobene Füllung, c) Glasfüllung mit einseitiger Glashalteleiste, d) Glasfüllung mit zweiseitiger Glashalteleiste

8.2.6.4 Glatt abgesperrte Türblätter

Im Handel sind verschiedenartig hergestellte Türblätter erhältlich, die in der Regel als Innentüren, gelegentlich auch in wasserfest verleimter Ausführung als Außentür eingesetzt werden. Diese Türblätter werden fabrikmäßig gefälzt oder ungefälzt hergestellt und an Holzfutter und Bekleidungen, an Holzzargen oder Stahlzargen angeschlagen.

Diese Türblätter haben je nach System einen mehr oder weniger breiten Rahmen, der dann mit Deckplatten aus Sperrholz, Spanplatten oder Hartfaserplatten beplankt ist. Die Türblattoberfläche ist entweder furniert oder nach Spezialverfahren kunstharzbeschichtet. Im Kantenbereich werden in der Regel Ein-, An- oder Umleimer unterschiedlicher Form und Größe eingebaut (Bild 8.22).

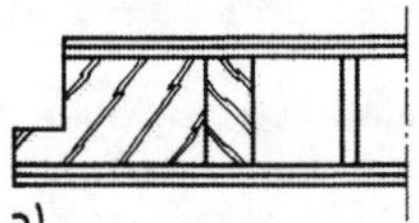

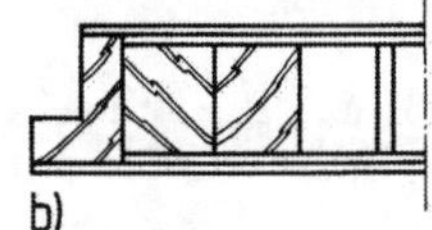

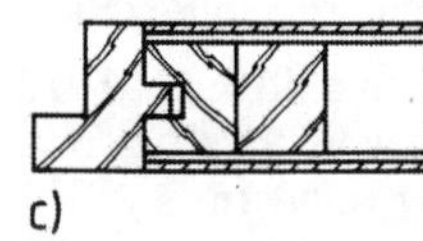

Bild 8.22 Ausbildung der Türblattkanten

a) mit Vollfalz-Rahmenfries, b) mit verdecktem Anleimer, c) mit unverdecktem Anleimer

Beschläge und Türschloß werden in dem umlaufenden Rahmen eingebaut. Zwischen dem Rahmen bzw. der Beplankung werden Einlagen aus Spezialplatten, Schaumstoffeinlagen, bei Schallschutztüren auch schwere Spezial-Holzspanplatten etc. eingebracht.

8.2.6.5 Metalltüren

Konstruktiv unterscheiden sich Metalltüren kaum von Metallfenstern. Sie sind sehr widerstandsfähig gegen mechanische Beanspruchung und nicht brennbar. Sie lassen sich als Außen- oder Innentüren einsetzen.

Türflügel können hergestellt werden

- aus rechteckigen Stahl- oder Aluminiumprofilen, die zu Türrahmen verschweißt bzw. mit Eckwinkeln gefügt und mit Deck-, Anschlag-, Glasleistenprofilen verkleidet werden,
- aus gepreßten Stahlblech-Hohlprofilen, die den Türrahmen bilden und in den Blechtafeln oder Verglasungen als Füllungen eingesetzt oder Blechtafeln auf den Rahmen aufgeschweißt werden,
- aus gefalzten Stahlblechen, die zu einem hohlkastenförmigen Türblatt geformt und mit Z- oder U-Profilen ausgesteift sind. Der Hohlraum wird – je nach Zweckbestimmung – mit Kieselgur- oder Hartschaumplatten oder Mineralfasereinlagen gefüllt. Die Türblätter sind gefälzt und schlagen in Z-förmige Zargen.

Eine weitgehend korrosionsbeständige Alternative zu Türen aus gefalzten Stahlblechen stellen solche aus Aluminiumblechen oder -profilen dar.

8.2.6.6 Kunststofftüren

Kunststofftüren werden in Anlehnung an Aluminiumtüren handwerklich gefertigt. Die Profile müssen ausgesteift und mit Schloß, Drückergarnitur, Mehrfachverriegelungen etc. – wie bei Haustüren üblich – versehen sein.

8.2.6.7 Ganzglastüren

Ganzglastüren kommen als Teile von rahmenlosen Verglasungen sowie als Einzeltürblätter zur Anwendung. Je nach Grad der Durchsichtigkeit und den aufgebrachten Beschlägen, Griffleisten, Sichtstreifen etc. ist eine mehr oder weniger starke Gefährdung der Türbenutzer gegeben.

Die Türblätter bestehen in der Regel aus Einscheiben-Sicherheitsglas von 8 bis 12 mm Glasdicke, aus Kristallspiegelglas transparent oder auch farbig, mit und ohne Sichtstreifen, aus Spiegelrohglas durchscheinend mit oder ohne Oberflächenstrukturen, aus Kristallspiegelglas mit verschiedenen Dekors und als Spiegeltür, aus farbig emailliertem Sicherheitsglas.

Aus Kostengründen empfiehlt es sich, auf die Standardabmessungen der einzelnen Hersteller zurückzugreifen, die auch nachträglich in jede handelsübliche Zarge bzw. Holzbekleidung eingesetzt werden können.

8.2.6.8 Feuerschutztüren aus Stahl

In der derzeit allein gültigen DIN 18 082-1 [33] werden einflügelige, selbstschließende Stahltüren ohne Verglasung klassifiziert in Bauart A, B, C. Sie sollen den Durchtritt von Feuer durch Wandöffnungen verhindern.

Das Türblatt besteht aus zwei spannungsfrei zusammengefügten, 54 mm dicken Türkästen mit innen umlaufender Flachstahlverstärkung. Der Hohlraum ist mit Kieselgureinlagen gefüllt. Die allseitig umlaufende Z-förmige Stahlzarge besteht aus einem Stahlprofil von 3 bis 4 mm Dicke.

Bei Feuerschutztüren gemäß DIN 4102-5 ist die Eignung für feuerhemmende Abschlüsse (T 30 und T 90) mit Prüfzeugnis nachzuweisen. Derartige Türen müssen drei Bänder und drei unabhängig voneinander einrastende Fallen haben und entsprechend gekennzeichnet sein.

Solche Türen sind für Abmessungen (R.L.) von 0,75/1,875 m bis 1,0/2,0 m sowie als Feuerschutzklappen 0,75/0,875 m und 0,875/1,25 m R.L. lieferbar.

8.2.6.9 Schallschutztüren

Einschalige schalldämmende Kompakttürblätter erreichen in der Regel nur ein bewertetes Schalldämmaß von 30 bis 35 dB(A). Die Schalldämmung des Türblattes kann nur durch die Erhöhung des Gewichts verbessert werden.

Zweischalige schalldämmende Türblätter aus Holz oder Metall bringen Schalldämmwerte von 43 dB(A) und mehr. Die beiden äußeren Schalen müssen möglichst schwer sein (Spanplatten, Stahlblech etc.) mit möglichst biegeweicher Verbindung. Der möglichst große Abstand zwischen den Schalen ist mit porösem, schallabsorbierenden Dämmaterial verfüllt. Türdicke 80 bis 90 mm.

Die Türblätter müssen mit entsprechenden Spezialbändern und kräftigen Einsteckschlössern ausgestattet werden.

Im Falzbereich sowie im Bodenanschluß müssen zusätzliche Gummidichtungen eingebaut sein.

8.2.7 Tore

In Anpassung an die unterschiedlichen Einsatzmöglichkeiten wird eine breite Palette von Toren im Handel angeboten.

Wärmedämmaßnahmen an Toren sind nur dann sinnvoll, wenn Tore Räume mit größeren Temperaturunterschieden trennen oder die Tore über jeweils längere Zeit geschlossen bleiben.

Die Wärmedämmung kann verbessert werden:

Anstelle von Flügeln aus einfachen Blechen (Aluminium oder Stahl) werden Felder aus doppelten Blechen mit mehr oder weniger großem Abstand und dämmender Füllung verwendet.

Bei Verglasungen werden statt Einfach-Verglasung formgezogene Zweifach-Acryl-Verglasungen oder Mehrscheiben-Isolierglas gewählt.

Seitlich, oben, unten und zwischen einzelnen Flügelfeldern werden Abdichtungen eingesetzt. Es können hierbei k-Werte bis zu 0,4 W/(m^2 · K) erreicht werden.

Wegen der gegebenen beträchtlichen Gewichte ist eine manuelle Betätigung der Tore oft nicht mehr möglich und eine Bewegung über Kurbeln und Ketten zu zeitaufwendig oder gar nicht möglich. Von Fall zu Fall muß die Bewegung der Tore vom Fahrzeug aus eingeleitet werden, um den Verkehrsfluß nicht zu stören.

Die **Steuerung** der Tore ist deshalb nach den besonderen nutzungs- oder bautechnischen Gegebenheiten einzurichten. Üblich sind manuelle und automatische Steuerungen.

Bei der Ausführung der Tore sind die sicherheitstechnischen Anforderungen in den Richtlinien für kraftbetätigte Fenster, Türen und Tore, (Herausgeber: Hauptverband der gewerblichen Berufsgenossenschaften) zu beachten.

8.2.7.1 Garagenschwingtore

Garagenschwingtore mit oder ohne Deckenlaufschienen sind mit oder ohne Verglasung, aus gesicktem oder kassetierten Aluminium- oder Stahlblech oder mit Holzprofilbretterauflage lieferbar. Torrahmen aus Spezialrechteckrahmen in verzinkter Stahlanschlagzarge. Tormaße je nach System: b bis 5,00 m, h bis 2,5 m.

8.2.7.2 Sektionaltore (Deckengliedertore)

Sektionaltore mit senkrechten und waagerechten Laufschienen, unter der Decke abstellbar, Toraufbau aus waagerechten Torfeldern, ein- oder mehrschichtig, ein- oder mehrschalig, aus Stahl-, Aluminium- oder Platalblech, auch als Sandwichelement auf Stahl- oder Aluminiumrahmen, mit oder ohne Verglasung lieferbar. Zarge aus feuerverzinktem Stahl. Tormaße je nach System: b = 2,00 bis 8,40 m; h = bis 6,20 m.

8.2.7.3 Rolltore

Rolltore aus Stahl verzinkt oder Leichtmetall. Sie sind in ein- oder doppelschaliger Normalausführung, wärmegedämmt (k-Wert 2,4 W/(m^2 · K)), schallgedämmt (30 dB(A)), auch als Licht- und Durchsichtstore erhältlich. Tormaße je nach System: b = 2,00 bis 8,00 m, h = 2,00 bis 10,00 m.

8.2.7.4 Falttore

Falttore als Normal- und Schnellauftor, offene oder geschlossene Laufschiene mit Kugellagerrollen, Bodenführung, Türflügel aus Stahl- oder Aluminiumblech mit/ohne Lichtflächen, auch wärmegedämmt und mit zusätzlicher Gummischlauchdichtung lieferbar. Segmentbreiten je Flügel: zwischen 0,7 und 1,2 m. Tormaß je nach System: b = bis 24 m, h = bis 12 m.

8.2.7.5 Pendeltore

Pendeltore die nachts durch Roll- oder Schiebetore gesichert sind. Ausführung: ein- und mehrflügelig; Zarge: Stahl; Torblatt: PVC-klar, mit/ohne Gewebeeinlage, Sichtstreifen, Prallschutz bei scharfkantigem Fördergut, selbst bei starkem Winddruck gute Abdichtung der Toröffnung. Tormaße: b = 1,50 bis 4,00 m, h = 1,75 bis 4,00 m.

8.2.7.6 Feuerschutztore

Feuerschutztore werden als Falt-, Drehfalt-, Schiebe-, Falt-Schiebe-, Rundlauf- und Rolltore in sehr unterschiedlichen Ausführungen für die durch die Zulassung nachzuweisende Feuerwiderstandsklasse T 30 und T 90 geliefert. Die Ausführung entspricht denen der Punkte .2 bis .5. Tormaße: b = 1,50 bis 12,00 m, h = 1,20 bis 4,50 m.

8.3 Literatur

8.3.1 DIN-Normen, Richtlinien

[1] DIN 1055-4 (8.86) Lastannahmen für Bauten; Verkehrslasten, Windlasten

[2] DIN 4108 (8.81) Wärmeschutz im Hochbau

[3] Wärmeschutzverordnung vom 16.8.1994

[4] DIN 18055 (10.81) Fenster; Fugendurchlässigkeit, Schlagregendichtheit und mechanische Beanspruchung, Anforderungen und Prüfung

[5] DIN 4109 (11.89) Schallschutz im Hochbau

[6] DIN 18005 (5.87) Schallschutz im Städtebau

[7] VDI-Richtlinie 2719, Schalldämmung von Fenstern

[8] DIN 18056 (6.66) Fensterwände; Bemessung und Ausführung

[9] DIN 68121 (3.73) Holzfenster-Profile; Dreh-, Drehkipp- und Kippfenster

[10] DIN 1249 (8.81) Flachglas im Bauwesen

[11] Klotzungsrichtlinien. Hrsg. vom Technischen Beratungsstelle im Bundesinnungsverband des Glaserhandwerks, Hadamar

[12] Beanspruchungsgruppen zur Verglasung von Fenstern. Hrsg. vom Institut für Fenstertechnik e.V., Rosenheim (4.83)

[13] DIN 18361 (6.96) Verglasungsarbeiten

[14] DIN 18545-1 (2.92) Abdichten von Verglasungen mit Dichtstoffen; Anforderungen an Glasfalze

[15] DIN 18202 (5.86) Maßtoleranzen im Hochbau; zulässige Abmaße für die Bauausführung; Wand- und Deckenöffnungen, Nischen-, Geschoß- und Podesthöhen

[16] DIN 18195-5 (2.84) Bauwerksabdichtungen

[17] DIN 1053-1 (11.96) Mauerwerk; Rezeptmauerwerk, Berechnung und Ausführung

[18] DIN 18360 (5.81) Holz für Tischlerarbeiten

[19] DIN 68602 (4.79) Beurteilung von Klebstoffen zur Verbindung von Holz und Holzwerkstoffen; Beanspruchungsgruppen, Klebfestigkeit

[20] DIN 68800 (5.81) Holzschutz im Hochbau; vorbeugender chemischer Schutz von Vollholz

[21] DIN 68805 (10.83) Schutz des Holzes von Fenstern und Außentüren; Begriffe, Anforderungen

[22] DIN 17100 (1.80) Allgemeine Baustähle; Gütenorm

[23] Merkblatt: Technische Richtlinien für Fensteranstriche. Hrsg. Bundesausschuß Farbe und Sachwertschutz

[24] DIN 17615 (12.76) Präzisionsprofile aus Legierungen des Typs AlMg Si 0,5

[25] DIN 1748 (2.83) Strangpreßprofile aus Aluminium und Aluminium-Knetlegierungen

[26] DIN 1745 (2.83) Bänder und Bleche aus Aluminium und Aluminium-Knetlegierungen mit Dicken über 0,35 mm

[27] Bauen mit Aluminium, herausgegeben von der Aluminium-Zentrale Düsseldorf

[28] DIN 7748 (9.85) Kunststoff-Formmassen, weichmacherfreie Polyvinylchlorid-Formmassen

[29] s. [7]

[30] DIN 18076 (10.66) Rolläden aus Holz, Profile für Rolladen-Holzteile

[31] DIN 4172 (7.55) Maßordnung im Hochbau

[32] DIN 18100 E (1.81) Türen; Wandöffnungen für Türen; Maße nach der Modulordnung

[33] DIN 18082 (12.76) Feuerschutzabschlüsse; Stahltüren T30-1, Bauart für Größenbereich A

[34] DIN 4102 (5.81) Brandverhalten von Baustoffen und Bauteilen

8.3.2 Zitierte Literatur

[51] Klein, W.: Das Fenster und seine Anschlüsse. Verlagsgesellschaft Rudolf Müller, Köln 1974

[52] Lutz, P. u. a.: Lehrbuch der Bauphysik. 4. Aufl. B. G. Teubner, Stuttgart 1997

[53] Erhorn, H. und Gertis, K.: Auswirkungen der Lage des Fensters im Baukörper auf den Wärmeschutz von Wänden. In: „Fenster und Fassade“ Heft 2/84, S. 53-57, Frankfurt/Main

9 Nichttragende Innenwände

Von Horst Schulze

9.1 Vorbemerkung

Nichttragende Innenwände sind für den Nachweis der Standsicherheit eines Gebäudes ohne Bedeutung, da sie rechnerisch für die Lastabtragung nicht in Ansatz gebracht werden. Trotzdem kommen ihnen im Einzelfall wesentliche bautechnische Funktionen zu, z. B. hinsichtlich des Schall- und Brandschutzes. Ferner müssen sie, einschließlich ihrer Anschlüsse, die möglichen mechanischen Beanspruchungen schadensfrei aufnehmen und weiterleiten, die bei ihrer eigentlichen Aufgabe – der Wahrung des Raumabschlusses – auftreten können.

Die Bauarten der nichttragenden Wände sind sehr unterschiedlich: gemauerte Wände aus Steinen oder Wandbauplatten, Holzwände oder Metallständerwände unter Verwendung biegeweicher Schalen. Daneben werden auch (überwiegend biegeweiche) Vorsatzschalen für die Verbesserung der bauphysikalischen Eigenschaften von Massivwänden eingesetzt, die – sofern sie keinen kraftschlüssigen Kontakt zur eigentlichen Wand haben – hinsichtlich ihrer mechanischen Funktion ähnlich wie freistehende Wände zu beurteilen sind. Dagegen werden versetzbare Wände sowie Faltwände mit ihren zusätzlichen spezifischen Merkmalen im folgenden nicht behandelt.

Nachfolgend werden nur die Funktionen Standsicherheit, Schall- und Brandschutz behandelt. In der Praxis ist darüber hinaus auch der Feuchteschutz der Wände, vor allem in Naßbereichen, zu beachten. Dabei sind gegebenenfalls auch Formänderungen der Materialien aus Feuchteeinflüssen miteinzubeziehen. Bei Holzbauteilen sollten in solchen Bereichen DIN 68800-2 und -3 beachtet werden, obwohl diese Normen für nichttragende Wände nicht bindend sind. Die Berücksichtigung der Wandeigenlasten bei der Bemessung der unterstützenden Bauteile, hierfür sind Wände mit geringer flächenbezogener Masse von Vorteil, erfolgt nach DIN 1055-3.

9.2 Anforderungen und Nachweise

9.2.1 Standsicherheit

Die baustoff- und bauartübergreifende Fachgrundnorm DIN 4103-1 [4] legt die Anforderungen an nichttragende Innenwände fest.[1] Sie müssen, im Zusammenwirken mit den angrenzenden Bauteilen, die im Gebrauchsfall auftretenden statischen Lasten und leichten Konsollasten sowie stoßartigen Belastungen aufnehmen und weiterleiten. Entsprechend der Größe der Beanspruchung werden die beiden Einbaubereiche 1 (z. B. Wohnungen) und 2 (z. B. größere Versammlungsräume) unterschieden. Das Anforderungsniveau der Norm [4] ist u. a. so festgelegt worden, daß Wandkonstruktionen, die sich über Jahrzehnte in der Praxis bewährt haben, nicht nachträglich am „grünen Tisch" ausgeschlossen werden. Der Nachweis der Eignung ist nicht mehr erforderlich für Konstruktionen, die den Fachnormen entsprechen, z. B. DIN 4103-2 (Trennwände aus Gipsbauplatten u. ä.) sowie -4 (Unterkonstruktion in Holzbauart).

a) Statische Belastung

Im Gebrauchsfall können statische Seitenlasten, z. B. durch anlehnende Personen oder bei Gedränge, auftreten. Es ist der Nachweis zu führen, daß die Wand und ihre Anschlüsse die

[1] DIN 4103-1 ist bauaufsichtlich nicht eingeführt, so daß ihre Anwendung im Einzelfall zu vereinbaren ist. Dagegen unterliegen nichttragende Innenwände, die einen Höhenunterschied zwischen Verkehrsflächen von mehr als 1 m sichern (z. B. Treppenraumwände), der als Technische Baubestimmung eingeführten ETB-Richtlinie „Bauteile, die gegen Absturz sichern" (Ausgabe 1985), deren Festlegungen nahezu identisch mit denen der DIN 4103-1 sind.

Beanspruchungen durch eine horizontale Seitenlast von $p_l = 0{,}5$ kN/m (Einbaubereich 1) bzw. 1,0 kN/m (Einbaubereich 2) ausreichend sicher aufnehmen können (vgl. Bild 9.1). Der Nachweis für die Wand kann entweder rechnerisch oder aber durch mindestens 3 Versuche erfolgen, wobei die maßgebende Bruchlast mindestens das 1,5fache der Gebrauchslast betragen muß. Bei Holz- oder Metallständerwänden ist zusätzlich nachzuweisen, daß die horizontale Streifenlast p_l von der Beplankung ausreichend sicher aufgenommen wird. Dieser Nachweis kann rechnerisch an Hand der zulässigen Spannungen für die Beplankungswerkstoffe geführt werden, z. B. für Holzwerkstoffe auf der Grundlage von DIN 1052-1 und -3 [1]. Dabei kann z. B. die Streifenlast p_l vereinfacht durch Einzellasten $F = p_l \cdot a$ ersetzt und auf die Lasteintragungsbreite t verteilt werden (Bild 9.2). Bei Beplankungen mit $B \geq 1{,}0$ m darf unabhängig vom Unterstützungsabstand $t = 0{,}7$ m angenommen werden. – Beim Nachweis durch Versuche muß die Bruchlast um den Sicherheitsfaktor 1,5 größer sein als die Gebrauchslast.

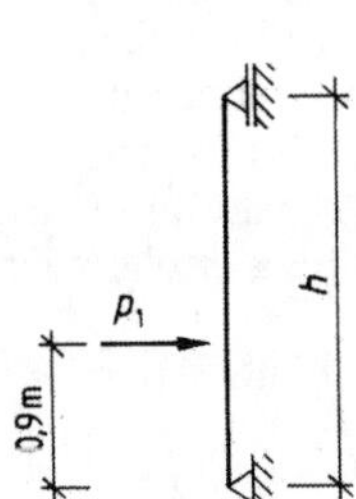

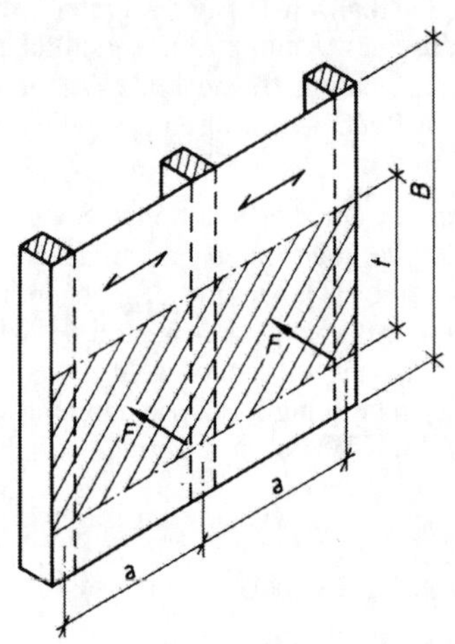

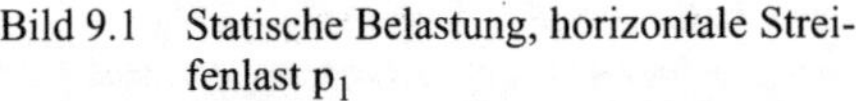

Bild 9.1 Statische Belastung, horizontale Streifenlast p_l

Bild 9.2 Annahmen für den vereinfachten rechnerischen Nachweis für Holzwerkstoffbeplankungen zur Aufnahme der Linienlast p_l : Einzellast(en) $F = p_l \cdot a$ und Lasteintragungsbreite t nach DIN 1052-1

Die Trennwand muß ferner leichte Konsollasten (Bücherregale oder dgl.) von $p_K = 0{,}4$ kN/m Wandlänge an jeder Stelle aufnehmen können. Ansonsten sind diese Konsollasten nur noch beim Nachweis der Halterung der Wand am Kopf- und Fußpunkt (zusammen mit der Seitenlast p_l) zu berücksichtigen.

b) Stoßartige Belastung

Nach [4] müssen nichttragende Trennwände gegenüber stoßartigen Belastungen nachgewiesen werden; sie dürfen sowohl beim „weichen" als auch beim „harten" Stoß nicht insgesamt zerstört oder örtlich durchstoßen werden.

Unter einem weichen Stoß wird z. B. der Aufprall eines menschlichen Körpers durch Stolpern mit kleiner Aufprallgeschwindigkeit (≤ 2 m/s) verstanden.

Harte Stöße entstehen, wenn kleine Lasten mit größerer Geschwindigkeit auf kleine Flächen aufprallen (z. B. umfallende Haushaltsleiter u. ä.). Dabei darf die Trennwand nicht insgesamt durchstoßen werden, und es dürfen dabei Menschen nicht durch herabfallende Wandteile ernsthaft verletzt werden. Die entsprechenden Nachweise sind durch Versuche nach [4] zu führen.

9.2.2 Schallschutz

9.2.2.1 Anforderungen

In den Tafeln 9.1 und 9.2 sind die Anforderungen und Empfehlungen nach DIN 4109 [5] für das bewertete Schalldämm-Maß R'_w für die häufigsten Anwendungssituationen von nichttragenden Innenwänden zusammengefaßt (die Werte gelten auch für tragende Wände). Dabei handelt es sich nicht – wie bisher oft fälschlicherweise angenommen – um die Schalldämmung der Trennwand allein, sondern um jene zwischen den beiden Räumen, also um die resultierende Schalldämmung aller an der Schallübertragung beteiligten 5 Bauteile (Trennwand + 4 flankierende Bauteile) (Bild 9.3). Die Anforderungen nach DIN 4109 sind bindend; die Vorschläge nach DIN 4109 Beiblatt 2 bedürfen dagegen der gesonderten Vereinbarung zwischen dem Bauherrn und Entwurfsverfasser.

Tafel 9.1 Schallschutz von Trennwänden zwischen **fremden** Wohn- oder Arbeitsbereichen, bewertetes Schalldämm-Maß R'_w zwischen 2 Räumen; Anforderungen nach DIN 4109 sowie in ( ) Vorschläge für den erhöhten Schallschutz nach DIN 4109 Beiblatt 2

Geschoßhäuser mit Wohnungen oder Arbeitsräumen	
Wohnungstrennwände, Wände zwischen fremden Arbeitsräumen	R'_w = 53 dB (≥ 55 dB)
Treppenraumwände, Wände neben Hausfluren[1)]	R'_w = 52 dB (≥ 55 dB)
Beherbergungsstätten, Krankenanstalten, Sanatorien	
Wände zwischen Übernachtungs- bzw. Krankenräumen sowie zwischen diesen und Fluren	R'_w = 47 dB (≥ 52 dB)
Schulen und vergleichbare Unterrichtsbauten	
Wände zwischen Unterrichtsräumen sowie zwischen Unterrichtsräumen und Fluren	R'_w = 47 dB (–)
Wände zwischen Unterrichtsräumen und Treppenräumen sowie besonders lauten Räumen (z. B. Musikräume, Werkräume)	R'_w = 55 dB (–)

1) für Wände ohne Türen

Tafel 9.2 Schallschutz von Trennwänden innerhalb des eigenen Wohn- oder Arbeitsbereiches, bewertetes Schalldämm-Maß R'_w zwischen 2 Räumen; Vorschläge nach DIN 4109 Beiblatt 2 für den normalen und in ( ) für den erhöhten Schallschutz

Wohngebäude	
Wände ohne Türen zwischen „lauten“ und „leisen“ Räumen unterschiedlicher Nutzung, z. B. zwischen Wohnzimmer und Kinderschlafzimmer	R'_w = 40 dB (≥ 47 dB)
Büro- und Verwaltungsgebäude	
Wände zwischen Räumen mit üblicher Bürotätigkeit sowie zwischen diesen und Fluren	R'_w = 37 dB (≥ 42 dB)
Wände von Räumen für konzentrierte geistige Tätigkeit[1)]	R'_w = 45 dB (≥ 52 dB)

1) oder zur Behandlung vertraulicher Angelegenheiten, z. B. Direktions- und Vorzimmer oder Flur

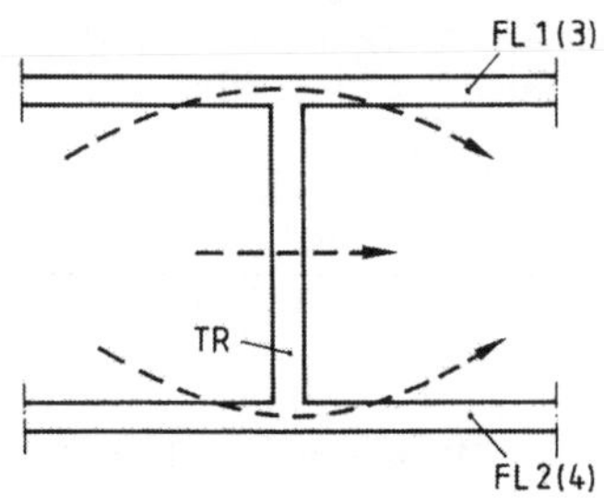

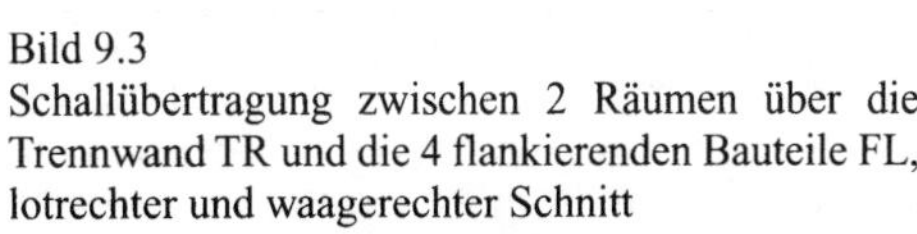
Bild 9.3
Schallübertragung zwischen 2 Räumen über die Trennwand TR und die 4 flankierenden Bauteile FL, lotrechter und waagerechter Schnitt

Je nach der Bauart der Trennwand und ihrer Anbindung an die flankierenden Bauteile unterscheidet man 2 Arten der Luftschallübertragung zwischen zwei Räumen, die sich nicht nur auf die tatsächlich übertragene Schallenergie auswirken, sondern auch unterschiedliche Nachweise erfordern. Die Situation nach Bild 9.4a ist bei der Massivbauart gegeben, wenn die Trennwand mit den flankierenden Bauteilen im akustischen Sinne biegesteif verbunden ist, was bereits der Fall ist, wenn ein vermörtelter Stumpfstoß oder eine gleichwertige Ausbildung vorliegt. Die dabei entstehende sog. Stoßstellendämmung wirkt sich positiv auf die resultierende Schalldämmung der Konstruktion aus. Im anderen Fall, der z. B. bei Skelettkonstruktionen üblich ist, beeinflussen sich flankierendes und trennendes Bauteil gegenseitig nicht (Bild 9.4 b). Zwar ist hier die Anzahl der Übertragungswege reduziert, jedoch ist die übertragene Schallenergie größer als bei biegesteifer Anbindung der Trennwand.

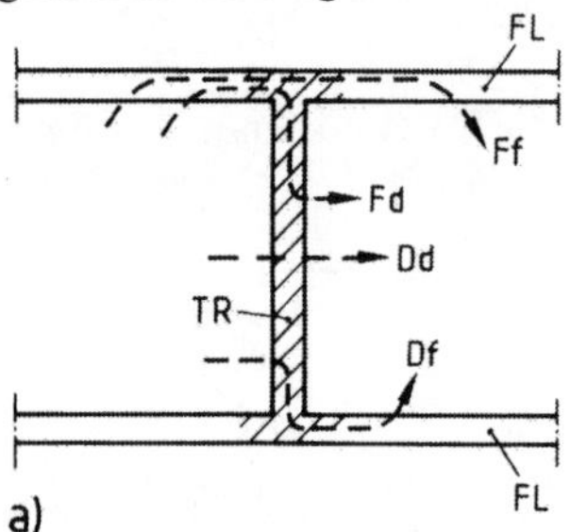

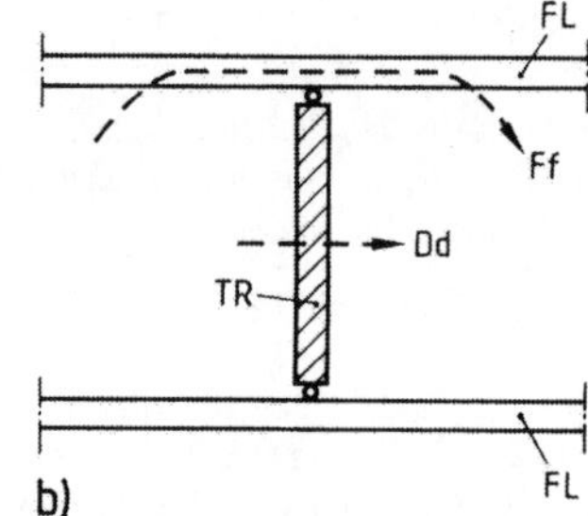

Bild 9.4 Unterschiedliche Anbindung der Trennwand TR an die flankierenden Bauteile FL und mögliche Schallübertragungswege. Bezeichnungen nach DIN 4109 Beiblatt 1
a) akustisch biegesteifer Anschluß, b) kein biegesteifer Anschluß

9.2.2.2 Nachweise

Unabhängig von der vorliegenden Bauart kann die Einhaltung des geforderten bzw. vereinbarten Schallschutzes mit oder ohne bauakustische Messungen erfolgen.

Bauakustische Messungen können entweder in Prüfständen nach DIN 52210 (Eignungsprüfung I – EP I –, Regelfall) oder aber in ausgeführten Bauten (EP III, Sonderfall) durchgeführt werden. Während die Meßwerte der EP III den Anforderungen direkt gegenübergestellt werden können, sind die Ergebnisse der EP I um das Vorhaltemaß 2 dB abzumindern (→ Rechenwerte R'_{wR}), um Unterschiede in der Ausführung der Bauteile zwischen dem Prüfstand und der Baustelle zu berücksichtigen.

Bauakustische Messungen sind nicht erforderlich, wenn Konstruktionen nach DIN 4109 Beiblatt 1 mit den zugehörenden Rechenwerten und unter Beachtung der vorgegebenen Randbedingungen gewählt werden.

Abgesehen von Sonderbauarten, die in ausgeführten Bauten gemessen werden und bei denen sich die resultierende Schalldämmung somit unmittelbar ergibt, ist in allen anderen Fällen der Einfluß der flankierenden Bauteile sorgfältig zu beachten. Für den Nachweis ist in Abhängigkeit von der Bauart der flankierenden Wände folgendermaßen vorzugehen:

1. Bei massiven flankierenden Wänden sind die für die Trennwände durch Messung ermittelten oder DIN 4109 Beiblatt 1 entnommenen Rechenwerte R'_{wR} (bewertetes Schalldämmaß unter Berücksichtigung der Schallnebenwege)
   a) direkt verwendbar, wenn die mittlere flächenbezogene Masse aller flankierenden Bauteile $m'_{L,m} = 300$ kg/m^2 beträgt;
   b) mit Korrekturwerten K_L zu versehen, wenn $m'_{L,m} \neq 300$ kg/m^2 ist ($K_{L,1}$) oder mehrschalige Trennwände von Bauteilen flankiert werden, die beidseitig der Trennwand (günstig wirkende) biegeweiche Schalen aufweisen ($K_{L,2}$); bei Trennwänden in Holz- oder Metallständerbauart mit $m'_{L,m} \neq 300$ kg/m^2 kann der Nachweis auch nach 2. geführt werden.

2. Bei flankierenden Wänden in Skelettbauart oder dgl. ist der Nachweis mit Hilfe der Rechenwerte R_{wR} (Trennwand ohne Berücksichtigung von flankierenden Bauteilen) und R'_{LwR} (Schall-Längsdämmaß der flankierenden Bauteile) zu führen:
   a) über die energetische Addition der Einzelübertragungen mit

   $$R'_{wR} = -10 \cdot \lg \left(10^{-R_{wR}/10} + \sum_{i=1}^{n} 10^{-R'_{LwiR}/10}\right) \quad \text{oder}$$

   b) vereinfachend durch Einhaltung der Anforderung
   R_{wR}, $R'_{LwR} \geq$ erf $R'_w + 5$ dB für jedes der beteiligten Bauteile.

   Bei solchen Konstruktionen kann also die resultierende Schalldämmung R'_w zwischen den beiden Räumen definitionsgemäß nicht besser sein als das schwächste der beteiligten Bauteile (R_w, R_{Lwi}), zumeist ist sie sogar noch schlechter.

Rechenbeispiel zu 2 a) und b)

Gewählt (vgl. Bild 9.5): Trennwand mit $R_w = 50$ dB, flankierende Bauteile: Wand FW_1 mit $R_{Lw1} = 53$ dB, Wand FW_2 mit $R_{Lw2} = 57$ dB, obere Decke OD mit $R_{Lw3} = 56$ dB, untere Decke UD mit $R_{Lw4} = 44$ dB.
a) $R'_w = -10 \cdot \lg (10^{-5,0} + 10^{-5,3} + 10^{-5,7} + 10^{-5,6} + 10^{-4,4}) = 42$ dB
b) $R'_w = \min R_{wR} (R_{LwiR}) - 5$ dB $= 44 - 5 = 39$ dB
Differenz zwischen dem genaueren Verfahren a) und dem vereinfachten Nachweis b): 3 dB!

Erläuterung zum Rechenbeispiel

Trennwand TW und flankierende Wände FW unter Verwendung von Metallprofilen und Gipskarton-Bauplatten, obere flankierende Decke OD: Stahlbetonplatte, unterer Abschluß UD: schwimmender Gußasphaltestrich GE, durchlaufend

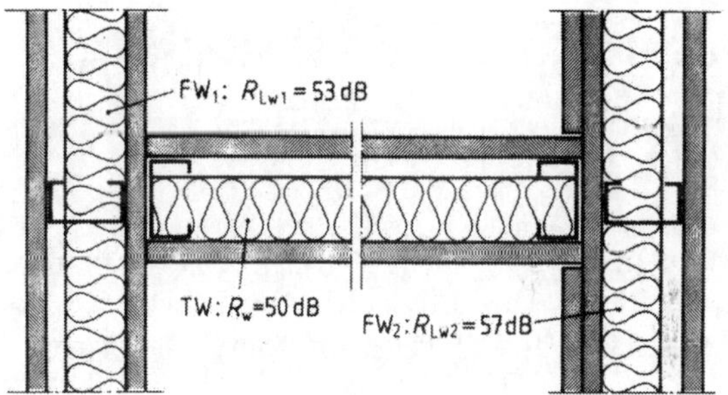

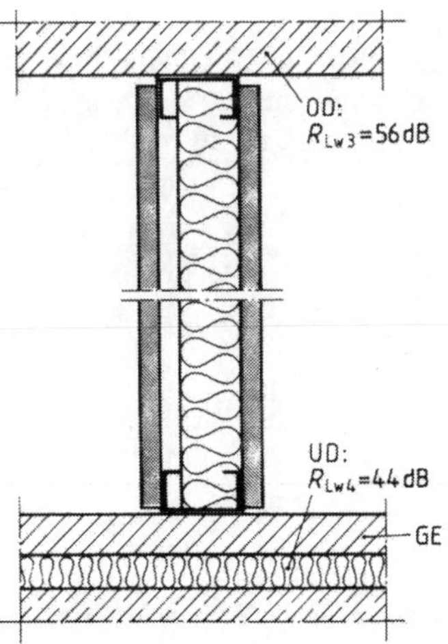

Bild 9.5 zum Rechenbeispiel

9.2.3 Brandschutz

Der Brandschutz wird – im Gegensatz zu den Anforderungen an den Wärme- und Schallschutz – in den Bauordnungen der einzelnen Bundesländer direkt geregelt. Weitere Anforderungen können über Verordnungen an bauliche Anlagen und Räume besonderer Art oder Nutzung gestellt werden, z. B. an Hochhäuser, Geschäftshäuser, Versammlungsstätten und Schulen. Die Anforderungen an nichttragende Innenwände sind je nach der vorliegenden Situation sehr unterschiedlich. Sie können sich sowohl auf die Feuerwiderstandsdauer der Wand erstrecken (ausgedrückt durch die Feuerwiderstandsklasse F) als auch zusätzlich auf das Brandverhalten der Baustoffe (ausgedrückt durch die Zusätze A für nichtbrennbare, B für brennbare Stoffe sowie AB), jeweils auf der Grundlage von DIN 4102-2. Im allgemeinen reichen die Anforderungen für solche Wände von F 30-B (feuerhemmend, unter Verwendung brennbarer Stoffe) bis F 90-A (feuerbeständig, unter Verwendung nichtbrennbarer Stoffe).

Anforderungen an nichttragende Wände werden – abgesehen von solchen mit Feuerschutzabschlüssen – nur gestellt, wenn sie raumabschließend sind (z. B. Wände an Rettungswegen, Treppenraumwände). Mindestens die gleiche Feuerwiderstandsklasse müssen auch die unterstützenden und haltenden Bauteile sowie die Anschlußkonstruktionen aufweisen.

Ein Nachweis der Einhaltung der geforderten Feuerwiderstandsklasse durch die vorgesehene Konstruktion ist nicht erforderlich, wenn Bauteile nach DIN 4102-4 gewählt werden und die in der Norm vorgegebenen Randbedingungen eingehalten werden (z. B. Einbauten, wie Steckdosen, Dämmschichten in Anschlußfugen).

9.3 Bauarten; Übersicht, Ausführung

9.3.1 Gemauerte Wände

Gemauerte Wände werden unter Verwendung künstlicher Steine und Wandbauplatten nach DIN 105-1 bis -5, DIN 106-1 und -2, DIN 278, DIN 398, DIN 4165, DIN 4166, DIN 18148, DIN 18151, DIN 18152, DIN 18153, DIN 18162 sowie zugelassener Wandbaustoffe und Mörtel der Mörtelgruppen II, IIa und III nach DIN 1053-1 hergestellt (bei Verwendung der MG III sind trockene Steine grundsätzlich vorzunässen). Für Wände aus Gips-Wandbauplatten nach DIN 18163 ist DIN 4103-2 zu beachten.

Die Standsicherheit der Wände wird erst durch Verbindung mit den angrenzenden Bauteilen erreicht. Bei über die Wandhöhe oder -länge nahezu durchlaufenden Öffnungen gelten die Wände durch raumhohe Zargen oder Stiele bzw. durch waagerechte Aussteifungen, z. B. Stahl- oder Stahlbetonriegel, als ausreichend gehalten (Bild 9.6).

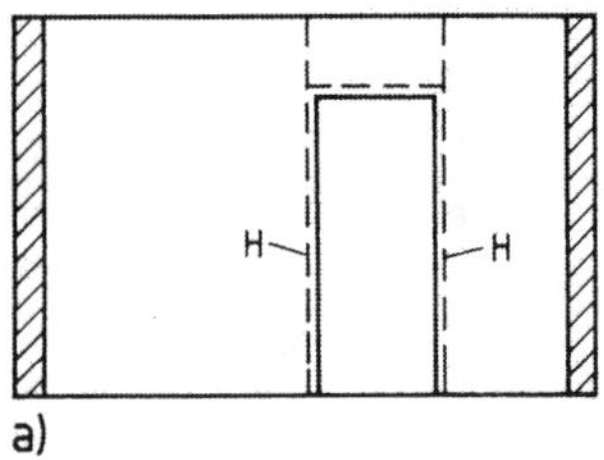

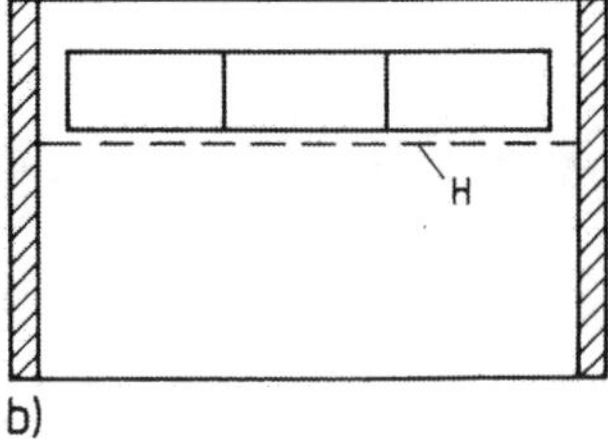

Bild 9.6 Halterung H von Trennwänden im Bereich von Türöffnungen (a) und von Fensterbändern (b)

Um nachteilige Einflüsse aus den Formänderungen der angrenzenden Bauteile (größere Auflasten aus Deckendurchbiegungen, Rißbildung) weitgehend auszuschalten, sollten u. a. folgende Konstruktions- und Ausführungsregeln beachtet werden:

a) Einbau der nichttragenden Innenwände möglichst erst nach Fertigstellung des Rohbaus, da sich dann die tragende Konstruktion bereits zu einem großen Teil verformt hat.

b) Begrenzung der Deckendurchbiegung, z. B. bei Stahlbetondecken durch eine Biegeschlankheit $l_i/h \leq 150\ l_i$ nach DIN 1045 (mit l_i und h in m). Desgleichen sollten die Ausschalfristen eingehalten oder besser verlängert werden, um spätere Kriech- und Schwindverformungen zu reduzieren.

c) Beim Anschluß nichttragender Innenwände sind gleitende Anschlüsse starren vorzuziehen. Starre Anschlüsse bleiben i. a. auf den Wohnungsbau mit Wandlängen ≤ 5 m sowie auf Wände beschränkt, bei denen offensichtlich nur geringe Zwängungskräfte aus den angrenzenden Bauteilen zu erwarten sind.

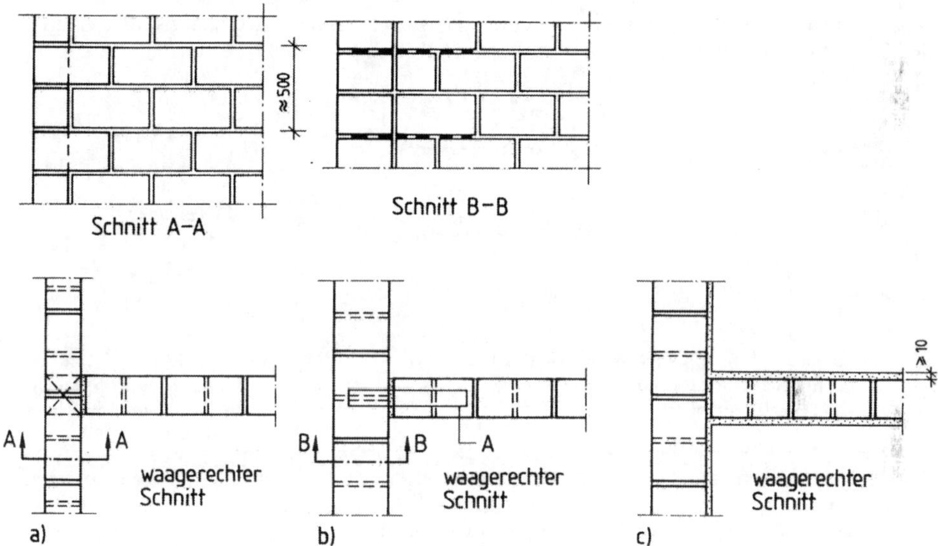

Bild 9.7 Beispiele für starren Anschluß nichttragender Innenwände an flankierende Wände (aus [51]) a) mit Verzahnung, b) mit Stumpfstoß und nichtrostenden Flachstahl-Ankern A, c) durch Stumpfstoß und Einputzen (nur für Einbaubereich 1)

Starre Anschlüsse werden durch Verzahnung oder bei Stumpfstoß durch Ausfüllen der Stoßfuge mit Mörtel oder durch gleichwertige Maßnahmen hergestellt (Bilder 9.7 und 9.8). Bei größeren Deckenspannweiten besteht im Bereich des Wandfußpunktes die Gefahr des Abrisses der unteren Steinlagen, die durch eine Zwischenlage in der unteren Mörtelfuge (z. B besandete Pappe) verhindert werden kann (vgl. Bild 9.8a). Dann muß jedoch an den seitlichen Begrenzungen der Trennwand der Horizontalschub aus der Gewölbewirkung aufgenommen werden. Der starre Anschluß zwischen dem Wandkopf und der darüberliegenden Massivdecke durch Vermörteln der Fuge sollte aus den erwähnten Gründen ebenfalls erst möglichst spät erfolgen. Sofern große Auflasten nicht mehr zu erwarten sind, ist nach [52] das nachträgliche Verfugen eher zu empfehlen als das Einlegen von stark nachgiebigem Material, da dadurch die Tragfähigkeit der Wand vergrößert wird (vgl. Abschn. 9.4.1).

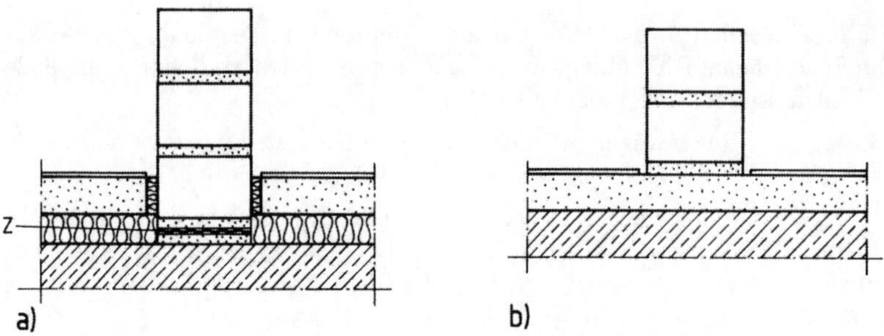

Bild 9.8 Beispiele für starren Anschluß des Wandfußpunktes (aus [51])
a) an Rohdecke bei schwimmendem Estrich, b) an Verbundestrich; Z = Zwischenlage

Durch gleitende Anschlüsse soll eine außerplanmäßige Einleitung von Kräften in die Wand verhindert werden, wobei die Halterung der Wand dauerhaft gewährleistet sein muß. Ausführungsvorschläge sind in den Bildern 9.9 und 9.10 dargestellt. Aus Gründen des Schall- und Brandschutzes ist die Fuge mit einem geeigneten mineralischen Faserdämmstoff auszufüllen und schalldicht auszubilden (z. B. durch Dichtungsmittel).

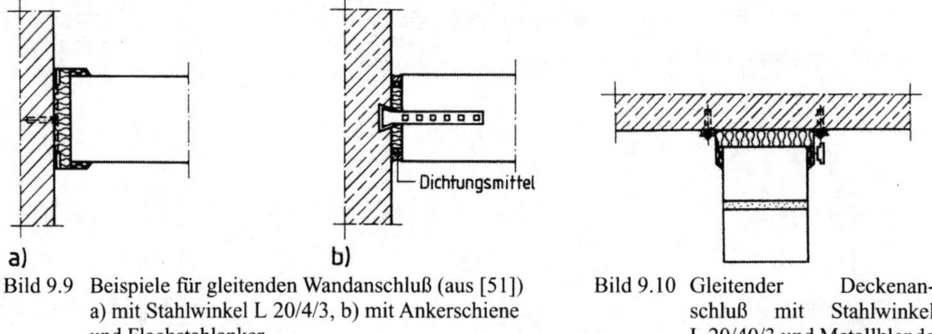

Bild 9.9 Beispiele für gleitenden Wandanschluß (aus [51])
a) mit Stahlwinkel L 20/4/3, b) mit Ankerschiene und Flachstahlanker

Bild 9.10 Gleitender Deckenanschluß mit Stahlwinkel L 20/40/3 und Metallblende (Beispiel aus [51])

Nichttragende Trennwände aus Gips-Wandbauplatten werden mit durchlaufenden waagerechten Fugen im Verband zusammengefügt und mit Fugengips DIN 1168-1 verbunden. Sie werden im Fugenbereich oder ganzflächig verspachtelt und benötigen keinen Putz. Metallteile, die in die Wände einbinden, sind gegen Korrosion ausreichend zu schützen. DIN 4103-2

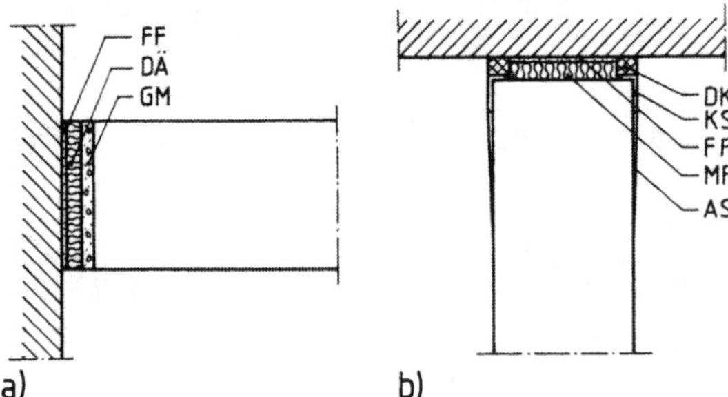

Bild 9.11 Beispiele für elastische Anschlüsse von Wänden aus Gips-Wandbauplatten an a) Wand, b) Decke, AS Abspachtelung, DÄ Dämmstreifen (Bitumenfilz oder MF), DK dauerelastische Dichtungsmasse, FF Fugenfüller, GM Gipsmörtel, KS Kantenschutzprofil, MF mineralischer Faserdämmstoff

unterscheidet für solche Wände neben dem starren und gleitenden noch den elastischen Anschluß, der in aller Regel erfolgt, sofern nicht größere oder wiederkehrende Verformungen der angrenzenden Bauteile gleitende Anschlüsse erforderlich machen bzw. bei vernachlässigbaren Zwängungskräften der starre Anschluß ausreichend ist. Beispiele für den elastischen Anschluß gehen aus Bild 9.11 hervor.

9.3.2 Holzwände oder Metallständerwände

Diese Wände bestehen aus der Unterkonstruktion (in der Regel Holz oder Metallprofile) sowie einer ein- oder beidseitigen Bekleidung oder Beplankung aus im schallschutztechnischen Sinne „biegeweichen" Schalen (in der Regel Spanplatten oder Gipsbauplatten) (Bild 9.12). Verputzte Holzwolleleichtbauplatten DIN 1101 sind bei solchen Wänden nur noch selten anzutreffen, so daß sie nicht weiter behandelt werden. Auch Bretterschalungen werden nicht berücksichtigt. „Bekleidungen" gelten im Hinblick auf die Tragfähigkeit der Wand als statisch nicht mitwirkend (auch nicht z. B. bezüglich der Knickaussteifung der Stiele oder Ständer). Dagegen übernehmen – zumindest entsprechend der Definition in DIN 1052-1 – „aussteifende Beplankungen" bei Wänden in Holztafelbauart die Knickaussteifung der Rippen, während sich „mittragende Beplankungen" darüber hinaus – in Verbundwirkung mit den Rippen – z. B. an der Aufnahme und Weiterleitung der Seitenlasten rechtwinklig zur Wandebene beteiligen. Da jedoch DIN 18183 abweichend von DIN 1052 Gipskarton-Bauplatten in diesem Anwendungsbereich grundsätzlich als Beplankung bezeichnet, wird nachfolgend nur noch dieser Begriff verwendet.

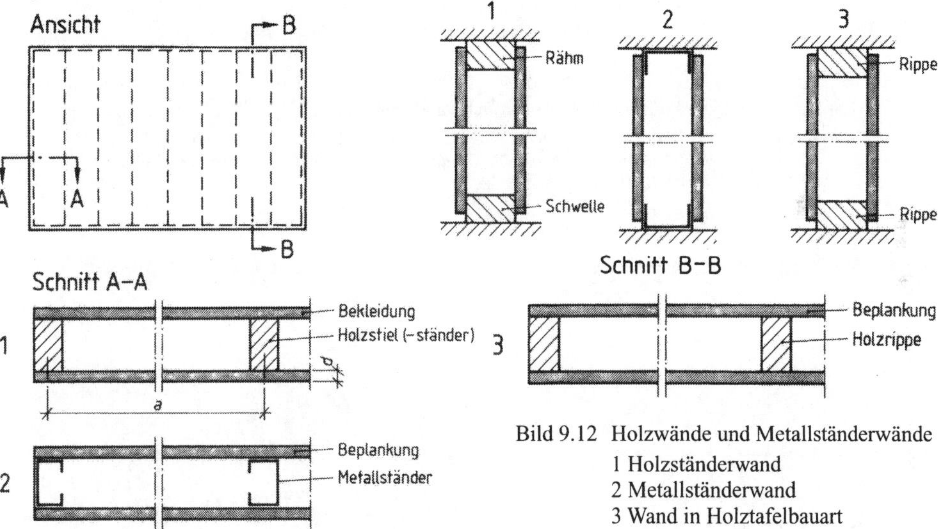

Bild 9.12 Holzwände und Metallständerwände
1 Holzständerwand
2 Metallständerwand
3 Wand in Holztafelbauart

Für die Holzteile wird i. w. Vollholz der Güteklasse II nach DIN 4074-1 verwendet; als Metallständer werden Wandprofile aus Stahlblech nach DIN 18182-1 eingesetzt. Als Beplankungen kommen Span- (FP) DIN 68763 und Gipskarton-Bauplatten (GKB) DIN 18180 zur Anwendung, ferner Werkstoffe, deren Brauchbarkeit nachgewiesen ist, z. B. als Beplankungswerkstoff mit allgemeiner bauaufsichtlicher Zulassung (Gipsfaserplatten u. a.). Für die Verarbeitung der Werkstoffe einschließl. der Verbindungsmittel sollten u. a. DIN 1052 (für Wände in Holzbauart), obwohl für nichttragende Bauteile nicht verbindlich, DIN 18181 (für Gipskarton-Bauplatten) sowie die Verarbeitungsanweisungen der einschlägigen Plattenhersteller beachtet werden.

Für die kraftschlüssige Befestigung der Plattenwerkstoffe an der Unterkonstruktion kommen folgende Verbindungsmittel zum Einsatz: FP – Holz mit Nägeln, Klammern, Verleimung (nur für werksseitig vorgefertigte Wandtafeln); FP – Metallständer derzeit kaum gebräuchlich; GKB – Holz mit Nägeln oder Schnellbauschrauben; GKB – Metallständer mit Schnellbauschrauben. Bei plattenförmigen Beplankungen ist die Verbindung der lotrechten und waagerechten Hölzer oder Metallprofile untereinander nicht erforderlich; sie erfolgt indirekt über die Befestigung der Beplankungen.

Unabhängig von der Einhaltung der Anforderungen nach DIN 4103-1 oder von Brandschutzanforderungen sollten als Unterstützungsabstände von Platten ohne zusätzliche Bekleidung folgende Höchstwerte nicht überschritten werden (vgl. Bild 9.12):

- Spanplatten: $a \approx 40 \cdot d$ (zur Begrenzung klimatisch bedingter Aufwölbungen der Platten);
- Gipskarton-Bauplatten, $d = 12{,}5$ und 15 mm: $a = 625$ mm.

Die üblichen, in Bild 9.13 dargestellten Konstruktionen basieren im wesentlichen auf unterschiedlichen Schallschutzanforderungen (von a nach c steigende Schalldämmung). Die Lagenanzahl der Beplankungen (bis zu 3 je Seite) beeinflußt nicht nur die Schalldämmung, sondern auch die Feuerwiderstandsdauer der Wände.

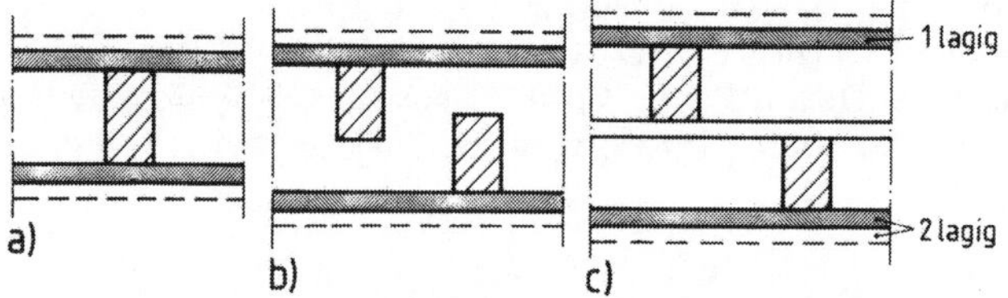

Bild 9.13 Konstruktionsprinzipien für Wände in Holzbauart (gilt analog für Metallständerwände) a) Einfachwand mit beidseitiger, ein- oder zweilagiger Beplankung; b) Doppelwand mit gemeinsamer Schwelle und Rähm; c) Doppelwand mit über gesamter Wandfläche durchgehender Trennung

Bild 9.14 Anordnung von Ständern S und Riegeln R im Bereich von Türöffnungen

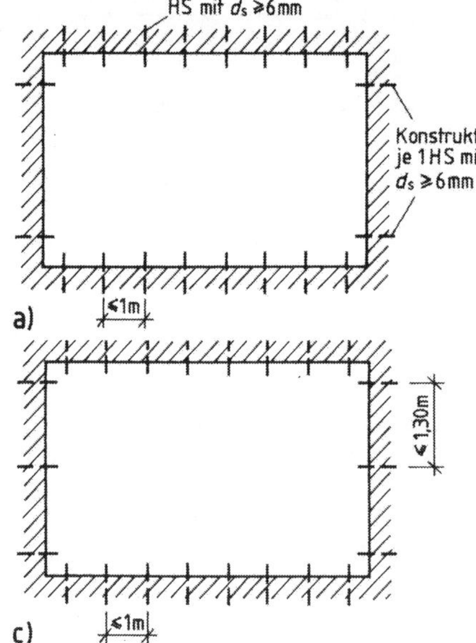

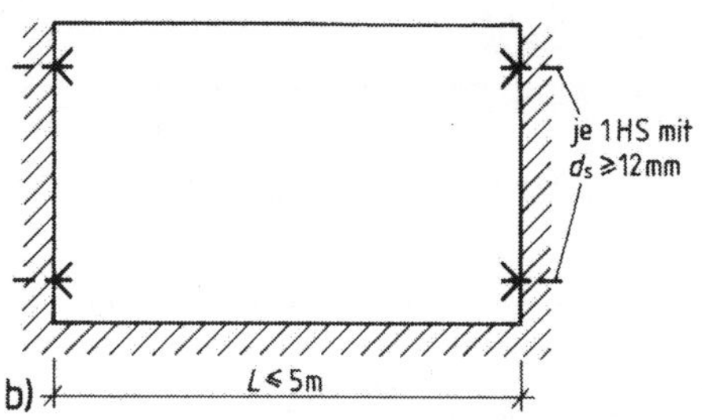

Bild 9.15 Befestigung von Wänden an angrenzenden Bauteilen; a und b Wände in Holzbauart ohne weiteren Nachweis (DIN 4103-4)
allgemein (a), mit beidseitiger Beplankung aus Holzwerkstoffen oder Gipsbauplatten (b); c) Metallständerwand mit Nachweis der Verbindungsmittel (DIN 18183)
HS Holzschraube (Durchmesser d_s)

Im Randbereich von Öffnungen (z. B. Türen) sind über die gesamte Wandhöhe durchgehende lotrechte Ständer bzw. waagerechte Riegel anzuordnen (Bild 9.14). Die Befestigung der Wände an den angrenzenden Bauteilen ist in Bild 9.15 dargestellt. Der Anschluß nach Bild 9.15b kann gewählt werden, wenn die Wand am Fußpunkt aufsitzt. Diese Ausbildung, die insbesondere für den Fertigteilbau interessant ist, wurde auf Grund von Stoßversuchen aufgenommen. Beispiele für die Anschlußdetails von Wänden in Holzbauart gehen aus Bild 9.16 hervor. Die dargestellten Konstruktionsprinzipien gelten auch für Metallständerwände; für diese Wände werden in Bild 9.17 zusätzlich mehrere typische Anschluß-Ausbildungen gezeigt. Bei größeren Verformungen nach dem Einbau der nichttragenden Wände, z. B. Deckendurchbiegungen ca. $\geq$ 10 mm, sollten gleitende Anschlüsse ausgebildet werden. Weitere Angaben zur Konstruktion können DIN 18183 sowie in Abhängigkeit von Schall- und Brandschutzanforderungen DIN 4109 Beiblatt 1 bzw. DIN 4102-4 entnommen werden.

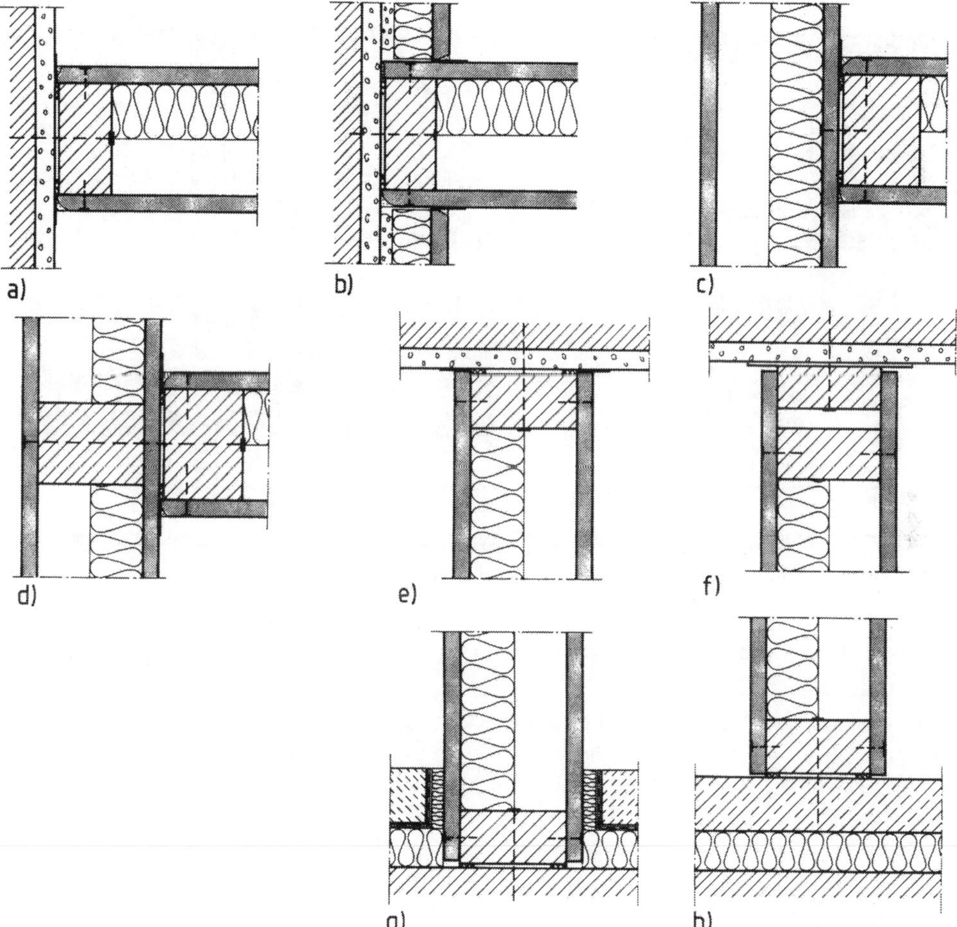

Bild 9.16 Anschlußdetails für Wände in Holzbauart (Prinzipien); Einzelheiten, z. B. Dämmstoffeinlagen, Dichtungsbänder, Sperrschichten, sind nicht dargestellt

a) Massivwand; b) Massivwand mit Vorsatzschale, c) flankierende Wand in Holzbauart im Gefachbereich; d) wie c), jedoch im Stielbereich; e) starrer Anschluß an Massivdecke; f) gleitender Anschluß an Massivdecke, g) untere Massivdecke; h) schwimmender Estrich

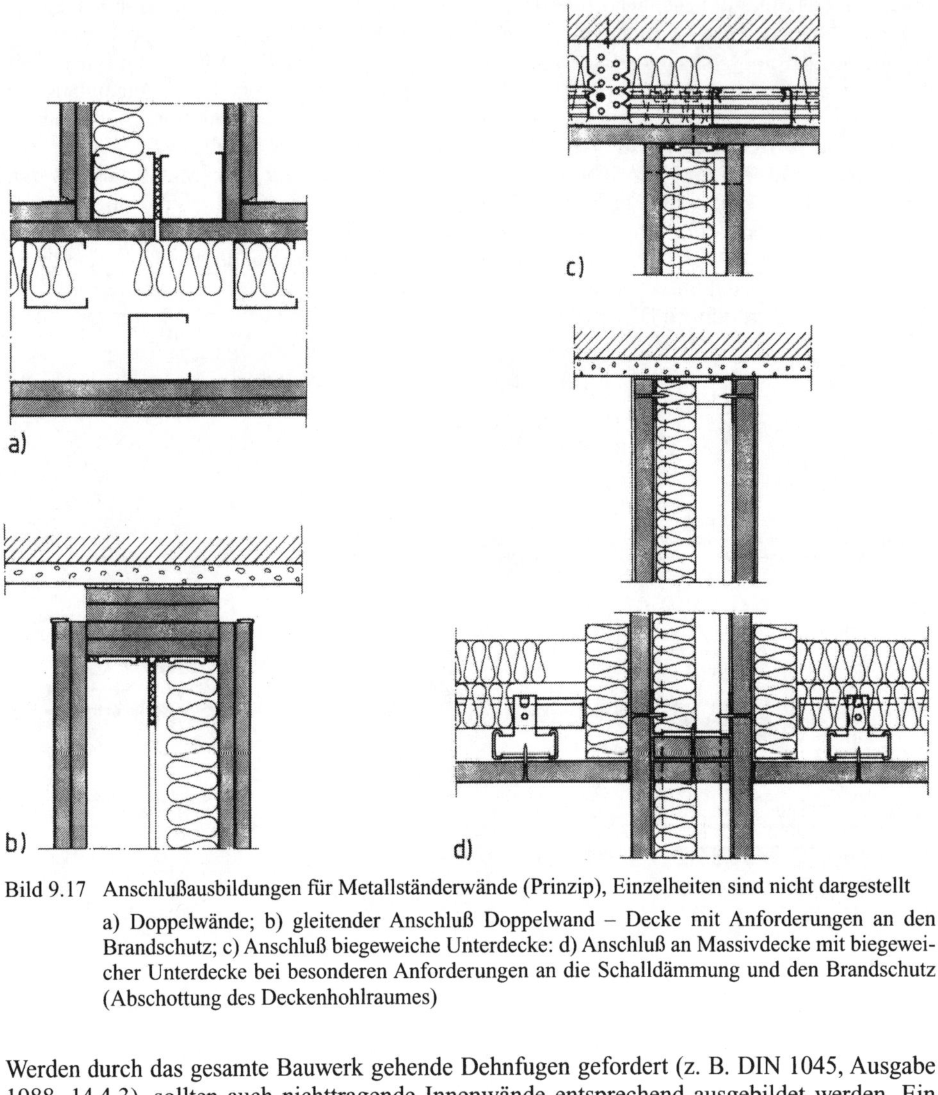

Bild 9.17 Anschlußausbildungen für Metallständerwände (Prinzip), Einzelheiten sind nicht dargestellt

a) Doppelwände; b) gleitender Anschluß Doppelwand – Decke mit Anforderungen an den Brandschutz; c) Anschluß biegeweiche Unterdecke: d) Anschluß an Massivdecke mit biegeweicher Unterdecke bei besonderen Anforderungen an die Schalldämmung und den Brandschutz (Abschottung des Deckenhohlraumes)

Werden durch das gesamte Bauwerk gehende Dehnfugen gefordert (z. B. DIN 1045, Ausgabe 1988, 14.4.3), sollten auch nichttragende Innenwände entsprechend ausgebildet werden. Ein Vorschlag ist in Bild 9.18 schematisch dargestellt.

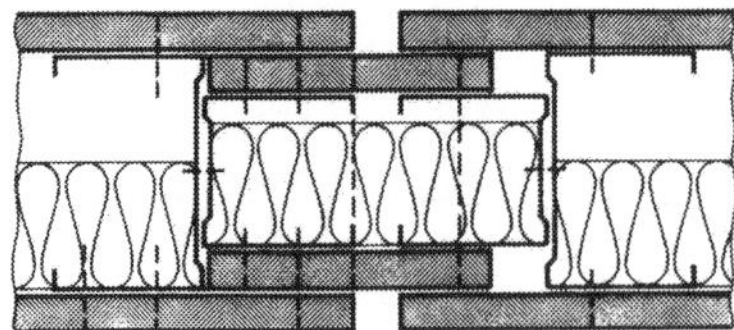

Bild 9.18
Konstruktionsvorschlag für Dehnfuge bei Metallständerwänden

9.3.3 Freistehende biegeweiche Vorsatzschalen

Vorsatzschalen dienen allgemein der Verbesserung der bautechnischen, vor allem schallschutztechnischen Eigenschaften von Wänden, zumeist in Massivbauart. Hier werden nur freistehende Vorsatzschalen behandelt, da an sie hinsichtlich der Standsicherheit – es entfällt lediglich die Beanspruchung durch den harten Stoß – die gleichen Anforderungen zu stellen sind wie an nichttragende Wände.

Das Konstruktionsprinzip solcher Vorsatzschalen geht aus Bild 9.19 hervor. Es handelt sich um Wände in Ständerbauart unter Verwendung von Holz oder Metallprofilen für die Unterkonstruktion mit einseitiger Beplankung. Bezüglich der konstruktiven Einzelheiten, einschließlich der Befestigung an den angrenzenden Bauteilen, gelten die Ausführungen des Abschnittes 9.3.2 gleichermaßen.

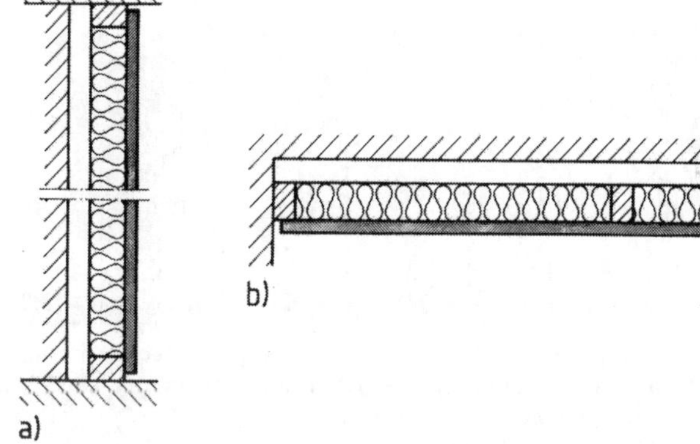

Bild 9.19
Konstruktionsprinzip für freistehende Vorsatzschalen in Ständerbauart
a) lotrechter Schnitt,
b) waagerechter Schnitt

9.4 Gemauerte Wände; Eigenschaften

9.4.1 Standsicherheit

Auf der Grundlage von Tragfähigkeitsversuchen im Rahmen einer Forschungsarbeit [52] werden in [51] in Abhängigkeit von mehreren Randbedingungen Grenzwerte für die Wandlängen max l angegeben, bei deren Einhaltung die Bedingungen der DIN 4103-1 erfüllt sind. In Tafel 9.3 sind diese Werte auszugsweise wiedergegeben. Bei den Versuchen wurde im wesentlichen die Biegegrenztragfähigkeit der Wände gegenüber der horizontalen, statischen Belastung ermittelt, womit i. a. auch die Beanspruchung solcher Wände durch den weichen Stoß abgedeckt ist.

Die Grenzwerte für Wände mit (nicht zu großer) Auflast sind günstiger als für solche ohne Auflast, da bei ersteren zum einen die Biegezugspannungen senkrecht zur Lagerfuge aus der Horizontallast, die für das Versagen der Wände maßgebend sind, überdrückt werden, zum anderen durch die infolge der Wanddurchbiegung entstehende Einspannung eine zusätzliche, tragfähigkeitssteigernde Gewölbewirkung auftritt. Bei Wänden, bei denen auf Grund der Formänderungen der Decken und eines starren (vermörtelten) Anschlusses Auflast entsteht, darf diese bei der Ermittlung der Grenzwerte berücksichtigt werden; trotzdem ist zur Vermeidung von Bauschäden auf eine Begrenzung dieser Formänderungen zu achten (vgl. Hinweise unter 9.3.1); bei sehr dünnen Wänden ($d \leq 70$ mm) wird die zulässige Wandhöhe wegen der Beulgefahr begrenzt. Desgleichen sollte die Wandlänge aus Gründen der Rißsicherheit 12 m nicht überschreiten. Die Werte der Tafel 9.3 gelten für Wände mit vierseitiger Halterung. Sie sind für eine dreiseitige Halterung (mit einem freien vertikalen Rand) zu halbieren; dagegen dürfen bei dreiseitiger Halterung mit oberem freien Rand – also ohne Auflast – nach [52] wegen des besonderen Bruchmechanismus der Wände die gleichen Werte wie für vierseitig gehaltene verwendet werden. Die Werte sind ferner – wegen der geringeren Biegezugfestigkeit – für Wände aus Kalksandsteinen und Gasbeton zu halbieren,

Tafel 9.3 Maximale Wandlängen max l in Abhängigkeit vom Einbaubereich, von der Belastung und der Wandhöhe h, für vierseitige Halterung[1)] (Auszug aus [51])

d	max l (m)							
	Einbaubereich 1				Einbaubereich 2			
	ohne Auflast		mit Auflast		ohne Auflast		mit Auflast	
	h in m		h in m		h in m		h in m	
in mm	2,5	3,0	2,5	3,0	2,5	3,0	2,5	3,0
50	3,0	3,5	5,5	6,0	1,5	2,0	2,5	3,0
60	4,0	4,5	6,0	6,5	2,5	3,0	4,0	4,5
70	5,0	5,5	8,0	8,5	3,0	3,5	5,5	6,0
90	6,0	6,5	12,0	12,0	3,5	4,0	7,0	7,5
100	7,0	7,5	12,0	12,0	5,0	5,5	8,0	8,5
115	10,0	10,0	2)	2)	6,0	6,5	2)	12,0
120	12,0	12,0	2)	2)	6,0	6,5	2)	2)
175	2)	2)	2)	2)	12,0	12,0	2)	2)

1) Für Mauerwerk aus Kalksandsteinen und Gasbeton gelten die angegebenen Grenzwerte für MG III oder Dünnbettmörtel, für MG II oder IIa nur für d = 175 mm (ohne Auflast) bzw. d > 100 mm (mit Auflast); ansonsten sind die Werte zu halbieren.

2) Keine Längenbegrenzung

Tafel 9.4 Maximale Wandlängen max l für Wände aus Gips-Wandbauplatten in Abhängigkeit von der Anschluß-Situation (Auszug aus DIN 4103-2)

<table>
<tr><th rowspan="4">Anschluß-Situation nach Bild 9.20</th><th rowspan="4">h
in m</th><th colspan="8">max l (m)</th></tr>
<tr><th colspan="4">Einbaubereich 1</th><th colspan="4">Einbaubereich 2</th></tr>
<tr><th colspan="8">Plattendicke d (mm) und Plattenart[1)]</th></tr>
<tr><th>60
PGS</th><th>80
P</th><th>80
GS</th><th>100
PGS</th><th>60
PGS</th><th>80
P</th><th>80
GS</th><th>100
PGS</th></tr>
<tr><td rowspan="2">a</td><td>2,75</td><td colspan="4" rowspan="2">2)</td><td rowspan="2">3)</td><td>2)</td><td colspan="2" rowspan="2">2)</td></tr>
<tr><td>3,5</td><td>–</td></tr>
<tr><td rowspan="2">b</td><td>3,0</td><td colspan="4" rowspan="2">2)</td><td>4,5</td><td>6,0</td><td colspan="2" rowspan="2">2)</td></tr>
<tr><td>3,5</td><td>3)</td><td>7,0</td></tr>
<tr><td rowspan="2">c</td><td>2,5</td><td>3,0</td><td>3,5</td><td>4,0</td><td>4,0</td><td rowspan="2">3)</td><td>2,5</td><td>3,0</td><td>3,25</td></tr>
<tr><td>3,0</td><td>3,25</td><td>3,75</td><td>4,25</td><td>4,5</td><td>3)</td><td>3,25</td><td>3,5</td></tr>
</table>

1) Nach DIN 18163 (PGS: PW, GW, SW; P:PW; GS: GW, SW)

2) max l beliebig

3) Nachweis erforderlich

wenn bei Wanddicken < 175 mm (ohne Auflast) bzw. ≤ 100 mm (mit Auflast) die MG II oder IIa verwendet wird. Bei Überschreitung der Grenzwerte sollten lotrechte Zwischenstützungen (z. B. Stahlstützen) angeordnet werden.

Die Festlegungen für Wände aus Gips-Wandbauplatten, bei deren Einhaltung Nachweise nach DIN 4103-1 nicht mehr erforderlich sind, sind in DIN 4103-2 enthalten. Tafel 9.4 gibt diese Werte in Abhängigkeit von den Anschlußbedingungen auszugsweise wieder (vgl. Bild 9.20).

Leichte Konsollasten nach DIN 4103-1 dürfen für alle vorgenannten Wände ohne Nachweis an beliebiger Stelle angebracht werden.

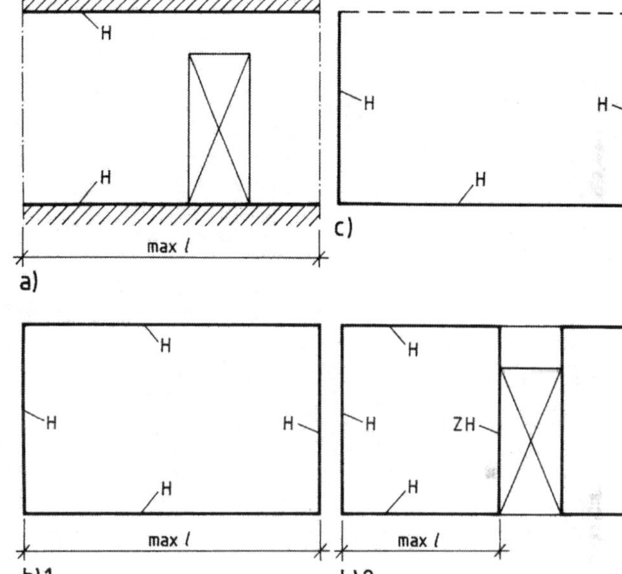

Bild 9.20
Anschluß-Situationen für Wände aus Gips-Wandbauplatten
a) Wand nur oben und unten gehalten; b) Wand vierseitig gehalten, bei b) 2 mit Zwischenhalterung ZH; c) Wand dreiseitig gehalten (oberer Rand frei), gilt auch für oberen elastischen Anschluß mit größerer Nachgiebigkeit

9.4.2 Schallschutz

Gemauerte Wände sind biegesteife Bauteile. Deshalb kann ihre Schalldämmung R'_w nach DIN 4109 Beiblatt 1 sofort bestimmt werden, wenn ihre flächenbezogene Masse m' bekannt ist. Tafel 9.5 gibt die Rechenwerte für R'_{wR} in Abhängigkeit von m' auszugsweise für die in den Tafeln 9.1 und 9.2 genannten Anforderungen bzw. Empfehlungen wieder; sie gilt unter der Voraussetzung, daß die Anschlüsse schalltechnisch dicht ausgebildet sind und die mittlere flächenbezogene Masse aller flankierenden Bauteile $m'_{L,m}$ = 300 kg/m² beträgt. Anderenfalls sind Korrekturwerte $K_{L,1}$ zu berücksichtigen (vgl. Hinweise in 9.2.2.2).

Tafel 9.5 Rechenwerte R'_{wR} nach DIN 4109 von einschaligen, biegesteifen Wänden in Abhängigkeit von der flächenbezogenen Masse m' ($m'_{L,m}$ = 300 kg/m²)

m' in kg/m²	105	135	160	210	250	380	410	490
R'_{wR} in dB	37	40	42	45	47	52	53	55

Die Ermittlung von m' für Mauerwerk erfolgt mit den in DIN 4109 Beiblatt 1 festgelegten Wandrohdichten in Abhängigkeit von der Rohdichte der Steine und des Mörtels. Darüber hinaus sind dort Wandausbildungen zusammengestellt, für die kein Nachweis mehr geführt zu werden braucht. In Tafel 9.6 werden diese Konstruktionen auszugsweise genannt; dabei werden in Normalmörtel gemauerte, beidseitig geputzte Wände (je 10 mm Gips- oder Kalkgipsputz) vorausgesetzt. Die Werte gelten wieder für $m'_{L,m}$ = 300 kg/m^2.

Tafel 9.6 Rechenwerte R'_{wR} nach DIN 4109 Beiblatt 1 für einschalige, in Normalmörtel gemauerte Wände mit Dicken ≤ 175 mm, beidseitig geputzt, ohne weiteren Nachweis ($m'_{L,m}$ = 300 kg/m^2)

Wanddicke (mm)	Steinrohdichte Klasse	R'_{wR} (dB)
70 80 100 115 175	1,4 1,2 0,8 0,7 0,5	37
70 80 115 175	1,8 1,6 1,0 0,7	40
70 80 100 115 175	2,0 1,8 1,6 1,2 0,8	42
100 115 175	2,0 1,8 1,2	45
115 175	2,2 1,4	47
175	2,2	52
–	–	>52[1]

[1] Bei einschaligen Wänden mit d ≤ 175 mm nur mit biegeweicher Vorsatzschale zu erreichen (vgl. 9.7).

Tafel 9.7 Erforderliche Mindestdicke von nichttragenden, gemauerten Wänden in Abhängigkeit von der Feuerwiderstandsklasse (Auszug aus DIN 4102-4); die ( )-Werte gelten für Wände mit beidseitigem Putz, Dicken für PII und PIVc d ≤ 15 mm, für PIVa und PIVb d ≥ 10 mm

Mauerwerk aus	F30-A	F60-A	F90-A	F120-A
Gasbeton-Blocksteinen oder – Bauplatten[1]	75	75	100	125
Hohlblock- oder Vollsteinen bzw. Wandbauplatten aus Leichtbeton[2]	(75)	(75)	(100)	(100)
Mauerziegeln[3], (ausgenommen Langlochziegel), Kalksandsteinen[4], Hüttensteinen[5]	115 (71)	115 (71)	115 (115)	140 (115)
Langlochziegeln[3]	115 (115)	115 (115)	115 (115)	165 (150)
Wandbauplatten aus Gips[6]	60	80	80	80

[1] Nach DIN 4165 und DIN 4166
[2] Nach DIN 18151, DIN 18152, DIN 18153, DIN 18162
[3] Nach DIN 105
[4] Nach DIN 106-1 und -2
[5] Nach DIN 398
[6] Nach DIN 18163-1

9.4.3 Brandschutz

In Tafel 9.7 werden Wände nach DIN 4102-4 auszugsweise genannt, für die bei Einhaltung der in der Norm genannten konstruktiven Randbedingungen kein weiterer Nachweis erforderlich ist.

9.5 Wände in Holzbauart; Eigenschaften

9.5.1 Standsicherheit

DIN 4103-4 enthält Angaben für die Ausbildung von Wänden in Holzbauart mit unterschiedlichen Beplankungswerkstoffen. Die Abmessungen der Hölzer gehen auf Berechnungen nach DIN 1052 sowie auf Tragfähigkeitsversuche (statische Belastung sowie Stoßversuche) zurück; ihre Querschnitte sind jedoch aus konstruktiven Gründen wie auch zur Vermeidung größerer, klimatisch bedingter Formänderungen der Wände (Aufwölbungen) überwiegend größer angegeben als aus Standsicherheitsgründen erforderlich (Tafel 9.8). Dabei sind ein Achsabstand a der Stiele oder Rippen von 625 mm sowie die Befestigung der Beplankungen mit mechanischen Verbindungsmitteln vorausgesetzt (vgl. Bild 9.20). Auf die Einhaltung der erforderlichen Randabstände (e_{R1}, e_{R2}) für die Verbindungsmittel nach DIN 1052-2 ist zu achten, insbesondere bei Beplankungsstößen auf gemeinsamen Stielen. Bei geleimten Querschnitten (mit Holzwerkstoff-Beplankungen) sind rechnerisch noch kleinere Querschnittsabmessungen möglich; einseitig beplankte, geleimte Querschnitte, z. B. als Bestandteile von Doppelwänden, sind allgemein nicht zu empfehlen, da die Gefahr klimatisch bedingter, unzuträglicher Formänderungen zu groß ist.

Tafel 9.8 Erforderliche Mindestquerschnitte b_1/d_1 in mm der Stiele (Rippen) für Wände in Holzbauart, Achsabstand a ≤ 625 mm (Auszug aus DIN 4103-4)

Einbaubereich	1		2	
Wandhöhe h (m)	2,60	3,10	2,60	3,10
Beplankung beliebig	60/60			
Beidseitige Beplankung aus Holzwerkstoffen	40/40	40/60	40/60	
Einseitige Beplankung aus Holzwerkstoffen oder Gipsbauplatten	40/60		60/60	

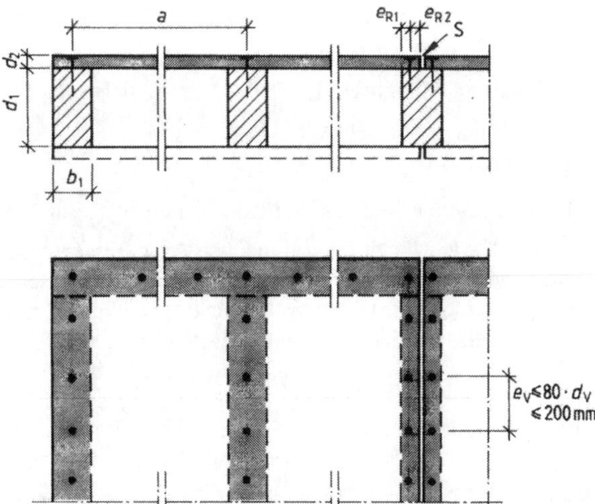

Bild 9.21
Wand in Holzbauart;
Angaben zur Konstruktion
S Beplankungsstoß
auf gemeinsamem Stiel

Die Beplankungsdicke muß – vor allem bei Holzwerkstoffen – zur Vermeidung klimatisch bedingter Formänderungen wesentlich größer sein als sich aus den Anforderungen nach DIN 4103-1 ergibt. Tafel 9.9 enthält die Mindestdicken nach DIN 4103-4 sowie die praktisch zu empfehlenden Werte.

Tafel 9.9 Mindestdicken d_2 in mm für Beplankungen von Wänden in Holzbauart

Beplankung	Mindestdicke nach DIN 4103-4 a in mm		praktisch empfohlene Mindestdicke a in mm	
	400	625	400	625
Holzwerkstoffe ohne zusätzliche Bekleidung mit zusätzlicher Bekleidung[1)]	 10 8	 13 10	 13 10	 16 13
Gipsbauplatten	12,5			

Der Abstand mechanischer Verbindungsmittel (Nägel, Klammern, Schnellbauschrauben o. dgl.) untereinander darf $80 \cdot d_v$, mit d_v als Durchmesser des Verbindungsmittels, nicht überschreiten, jedoch nicht größer als 200 mm sein.

Unter den oben genannten Voraussetzungen sind Wände in Holzbauart ohne weiteren Nachweis für die Aufnahme leichter Konsollasten nach DIN 4103-1 an beliebiger Stelle geeignet. Lediglich bei Bretterschalungen ist die Befestigung unmittelbar auf den Stielen vorzunehmen, wenn nicht andere geeignete konstruktive Maßnahmen gewählt werden.

9.5.2 Schallschutz

Die Schalldämmung von Wänden in Holzbauart kann, sofern nicht Konstruktionen nach DIN 4109 Beiblatt 1 ohne weiteren Nachweis verwendet werden, nur mit Hilfe von bauakustischen Messungen bestimmt werden (vgl. Abschn. 9.2.2.2). Tafel 9.10 enthält einige Wandausbildungen aus Beiblatt 1 mit den zugehörenden Rechenwerten R'_{wR} und R_{wR}.
Darin werden vorausgesetzt:

- Gipskarton-Bauplatten, 12,5 oder 15 mm dick, oder Spanplatten, 13 bis 16 mm dick;
- Achsabstand der Stiele $a \geq 600$ mm;
- Faserdämmstoffe nach DIN 18165-1, Typ W-w, $\Xi \geq 5$ kN $\cdot$ s/m^4;
- bei den Doppelwänden sind beide Wände auf gesamter Fläche voneinander getrennt.

In Bild 9.22 sind für die verschiedenen Anschlüsse zwischen Trennwänden in Holzbauart und flankierenden Bauteilen die Grenzwerte für das bewertete Schall-Längsdämm-Maß R_{LwR} nach Beiblatt 1 dargestellt. Für in Wohngebäuden übliche Raumgrößen kann näherungsweise $R'_{LwR} = R_{LwR}$ gesetzt werden. Der weite Bereich R_{LwR} = 38 bis 70 dB für den Anschluß an die untere Massivdecke ergibt sich aus den unterschiedlichen Ausbildungen (s. Bild 9.23). In gleicher Weise ergeben sich wesentliche Verbesserungen für R_{LwR}, wenn bei flankierenden Massivwänden mit Vorsatzschale diese im Anschlußbereich analog Bild 9.23 d unterbrochen ist. Weitere Konstruktionen und zugehörende Schalldämmwerte werden in [54] genannt.

Es wird nochmals darauf hingewiesen, daß das resultierende $R'_w \leq R_w$ bzw. $R'_w \leq \min R_{Lwi}$ ist.

Tafel 9.10 Rechenwerte R'_{wR} und R_{wR} von Wänden in Holzbauart nach DIN 4109 Beiblatt 1

Wandausbildung	Lagen je Beplankung	R'_{wR} in dB	R_{wR} in dB
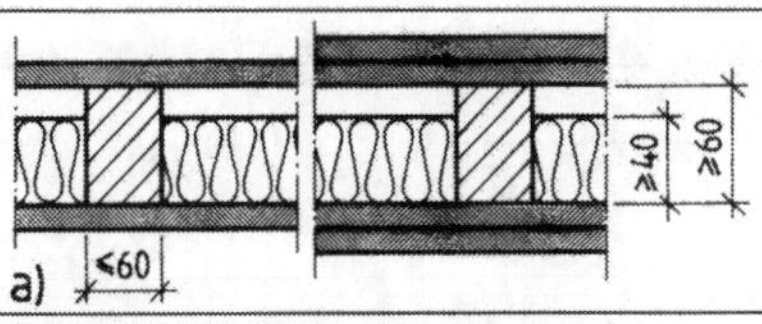 a) ≤60, ≥40, ≥60	1 2	38 46	38 46
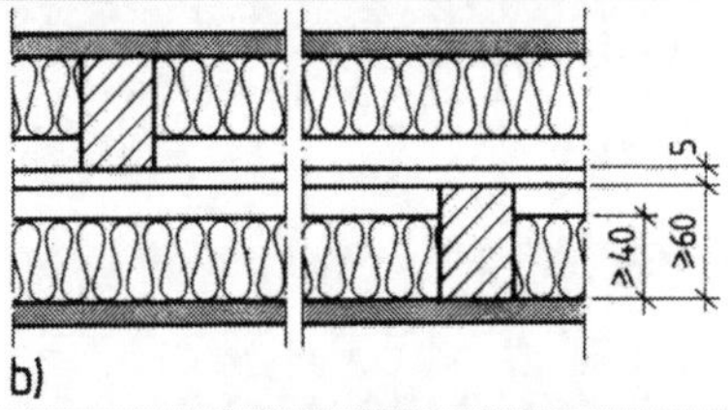 b) 5, ≥40, ≥60	1 2	49 –	53 60
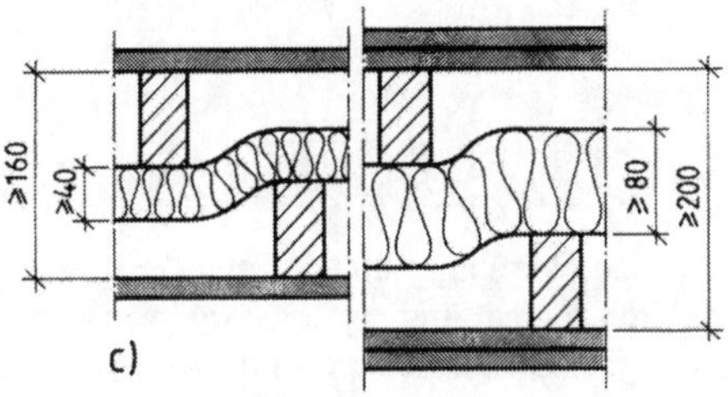 c) ≥160, ≥40, ≥80, ≥200	1 2	49 50	53 65

Die Werte sind entsprechend Abschn. 9.2.2.2 folgendermaßen zu verwenden:

- R'_{wR} bei flankierenden biegesteifen Wänden nach 1.a) oder b);
- R_{wR} bei flankierenden Wänden in Skelettbauart (z. B. Ständerwände) nach 2.a) oder b).

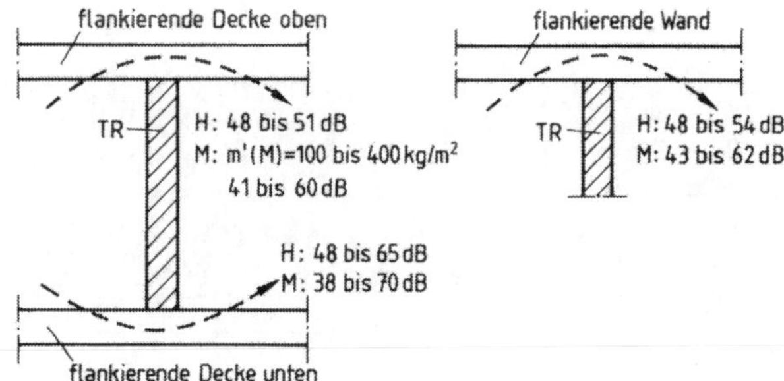

Bild 9.22
Rechenwerte (obere und untere Grenzwerte) R_{LwR} nach DIN 4109 Beiblatt 1 für die verschiedenen Anschlußsituationen von Innenwänden in Holzbauart und flankierenden Bauteilen in Holzbauart (H) bzw. in Massivbauart (M) in Abhängigkeit von m' (M) (Annahme: Massivdecken ohne Unterdecke, Massivwände ohne Vorsatzschale)

9.5.3 Brandschutz

Tafel 9.11 enthält einige nach DIN 4102-4 klassifizierte Ausführungen, für die ein weiterer Nachweis nicht mehr geführt zu werden braucht, wenn die in der Norm genannten Voraussetzungen und Bedingungen eingehalten sind.

Tafel 9.11 Feuerwiderstandsklassen nach DIN 4102-4 von nichttragenden, raumabschließenden Wänden in Holzbauart (vgl. Bild 9.24)

d_D in mm	ρ_D in kg/m³	Beplankung[1] 2	3	Feuerwiderstandsklasse
80	30	FP 13	–	F30 – B
60		GKF 12,5	–	
40	40			
40	40	GKF 12,5	GKF 12,5	F60 – B
80	100			F90 – B

[1] FP 13: 13 mm Spanplatte (Flachpreßplatte)
GKF12,5: 12,5 mm Gipskarton-Feuerschutzplatte

9.6 Metallständerwände

9.6.1 Standsicherheit

DIN 18183 enthält Festlegungen für Metallständerwände (Montagewände) unter Verwendung von Gipskarton-Bauplatten nach DIN 18180, bei deren Einhaltung weitere Nachweise entsprechend DIN 4103-1 nicht mehr erforderlich sind. Tafel 9.12 gibt einige Konstruktionen mit den zugehörenden maximalen Wandhöhen auszugsweise wieder. Die Befestigung der Beplankung an der Unterkonstruktion erfolgt unter Beachtung von DIN 18181. Leichte Konsollasten nach DIN 4103-1 können an jeder beliebigen Stelle der Wand eingeleitet werden.

Tafel 9.12 Zulässige Wandhöhen zul h für Metallständerwände, Achsabstand a ≤ 625 mm, mit einlagiger Beplankung aus 12,5 mm Gipskarton-Bauplatten (Auszug aus DIN 18183)

Wand	Ständerprofil CW[1]	zul h (m) für Einbaubereich 1	2
Einfachwand (Bild 9.24a)	50 x 50 x 0,6 75 x 50 x 0,6	3,00 4,50	2,75 3,75
Doppelwand mit getrennten Ständern (Bild 9.24b)	50 x 50 x 0,6 75 x 50 x 0,6 100 x 50 x 0,6	2,60 3,00 4,00	– 2,50 3,00

[1] Kurzzeichen nach DIN 18182-1

9.6.2 Schallschutz

Für Metallständerwände gilt das in Abschn. 9.5.2 zu Holzwänden Gesagte sinngemäß. Einige Wandquerschnitte mit den Rechenwerten R'_{wR} und R_{wR} sind in Tafel 9.13 zusammengestellt (Beplankungen und Dämmschicht, Achsabstand der Ständer und dgl. s. Angaben zu Tafel 9.10).

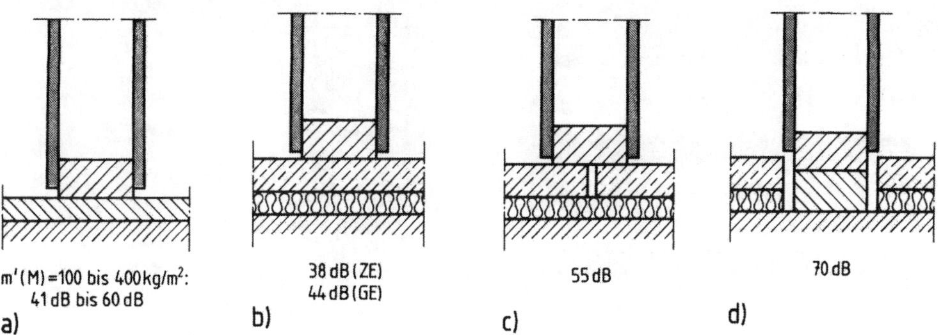

Bild 9.23 Rechenwerte R_{LwR} nach DIN 4109 Beiblatt 1 für den unteren Anschluß an Massivdecken

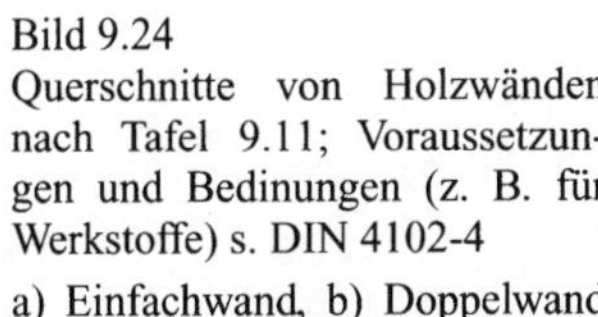

Bild 9.24
Querschnitte von Holzwänden nach Tafel 9.11; Voraussetzungen und Bedinungen (z. B. für Werkstoffe) s. DIN 4102-4
a) Einfachwand, b) Doppelwand
D mineralischer Faserdämmstoff

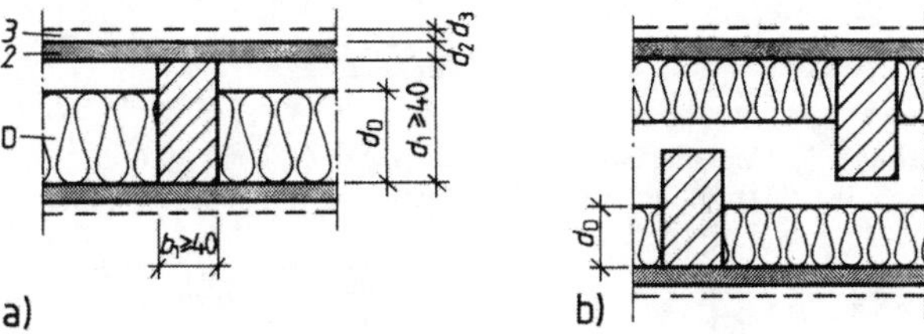

Tafel 9.13 Rechenwerte R'_{wR} und R_{wR} von Metallständerwänden nach DIN 4109 Beiblatt 1

Wandausbildung	Lagen je Beplankung	s in mm	d_D in mm	R'_{wR} in dB	R_{wR} in dB
a) (d_D, s)	1	≥ 50	≥ 40	45	45
	2			49	50
	2	≥ 100	≥ 80	50	56
	3			–	60
b) (d_D, s)	1	≥ 160	≥ 40	49	–
	2	≥ 100	≥ 40	–	59
	2	≥ 200	≥ 80	50	65

Bezüglich der R'_{LwR}-Werte bei Anschluß von Metallständerwänden an flankierende massive Bauteile gelten die Angaben unter Abschn. 9.5.2 (vgl. Bilder 9.22 und 9.23). Die Werte für typische Anschlüsse an flankierende Metallständerwände gehen aus Bild 9.26 hervor.

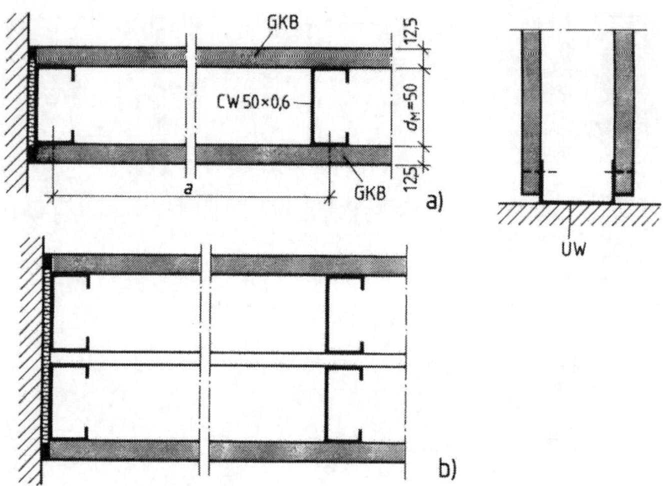

Bild 9.25 Metallständerwände, Angaben zur Konstruktion
a) Einfachwand, b) Doppelwand mit getrennten Ständern

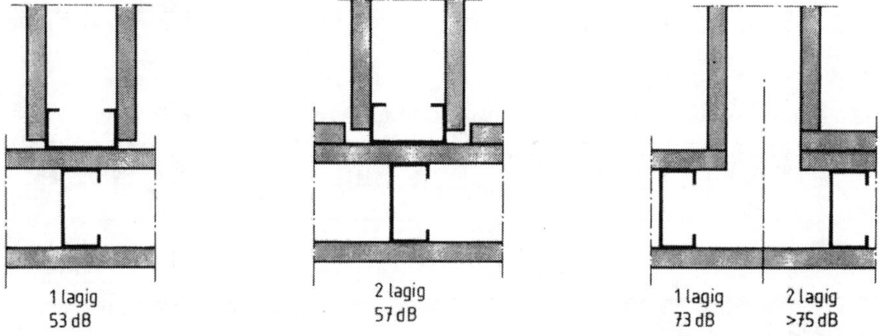

Bild 9.26 Rechenwerte R_{LwR} nach DIN 4109 Beiblatt 1 für Anschluß Trennwand – flankierende Wand, jeweils in Metallständerbauart

9.6.3 Brandschutz

Beispiele von klassifizierten Wänden nach DIN 4102-4, für die bei Einhaltung der in der Norm genannten Voraussetzungen kein Nachweis mehr erforderlich ist, sind in Tafel 9.14 aufgeführt.

Tafel 9.14 Feuerwiderstandsklassen nach DIN 4102-4 von nichttragenden, raumabschließenden Metallständerwänden mit Beplankungen aus Gipskarton-Bauplatten F (vgl. Bild 9.27)

Beplankungen		Feuerwiderstandsklasse[1)]
d_2 in mm	d_3 in mm	
12,5	–	F30 – B (A)
12,5	12,5	F60 – B (A)
15	12,5	F90 – B (A)
18	18	F120 – B (A)

1) Bei Verwendung von Gipskarton-Bauplatten der Baustoffklasse A ist für die Benennung Zusatz „A“ maßgebend.

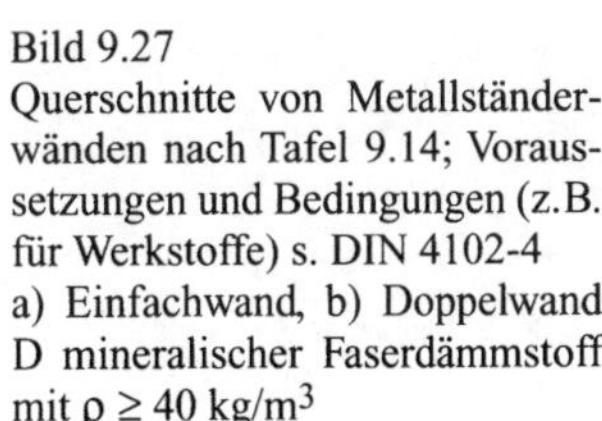

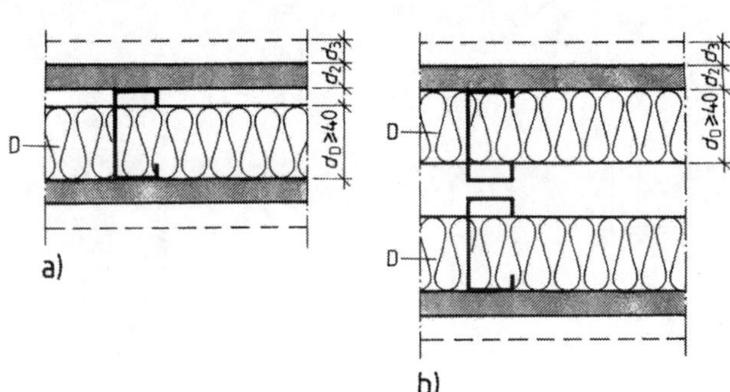

Bild 9.27
Querschnitte von Metallständerwänden nach Tafel 9.14; Voraussetzungen und Bedingungen (z.B. für Werkstoffe) s. DIN 4102-4
a) Einfachwand, b) Doppelwand
D mineralischer Faserdämmstoff mit $\rho \geq 40$ kg/m³

9.7 Freistehende, biegeweiche Vorsatzschalen

Da die hier angesprochenen freistehenden, biegeweichen Vorsatzschalen vor allem zur Verbesserung der Schalldämmung von massiven Wänden eingesetzt werden, soll nur dieser Aspekt gestreift werden. Wie groß die Verbesserung von R'_{wR} durch solche Vorsatzschalen ohne jeden Kontakt zur Wand entsprechend Abschn. 9.3.3 ist, wird in Tafel 9.15 gezeigt.

Tafel 9.15 Rechenwerte R'_{wR} (dB) nach DIN 4109 Beiblatt 1 für einschalige, biegesteife Wände ohne und mit freistehender, biegeweicher Vorsatzschale ($m'_{L,m}$ = 300 kg/m²)

m'(Wand) kg/m²	100	200	300	400	500
ohne Vorsatzschale	36	44	49	52	55
mit Vorsatzschale	49	50	54	56	58

Darüber hinaus wirken sich Vorsatzschalen an flankierenden Wänden günstig aus:

- durch positive Korrekturwerte $K_{L,2}$ (Zuschläge) bei mehrschaligen trennenden Bauteilen;
- durch wesentliche Erhöhung der R_{LwR}-Werte bei trennenden Bauteilen unter Verwendung biegeweicher Schalen (Ständerwände, Holzbalkendecken und dgl.).

9.8 Trennwände in Naßbereichen von Wohngebäuden

Trennwände in Naßbereichen, z. B. Duschwände, können feuchtetechnisch gefährdet sein, vor allem wenn Baustoffe eingesetzt werden, die zum einen ein geringes Feuchtespeichervermögen besitzen, zum anderen feuchteempfindlich sind. Deshalb kommt bei solchen Bauteilen dem Feuchteschutz eine besondere Bedeutung zu.

Nachstehend werden am Beispiel der Holzbauart einige Detailvorschläge gezeigt, die sinngemäß z. B. auch auf Metallständerwände übertragbar sind. Vorausgesetzt wird dabei der gegenüber Verformungen des Untergrundes empfindlichste Oberflächenschutz der Wand: der keramische Fliesenbelag. Für solche Oberflächen sind z. B. Spanplatten – von Sonderfällen abgesehen – nicht geeignet, da ihre hygrisch bedingten Verformungen für den spröden Oberflächenbelag zu groß sind.

Dagegen haben sich Gipsbauplatten – Gipskarton-Bauplatten und Gipsfaserplatten – auch für dieses kritische Einsatzgebiet bewährt, wenn der Feuchteschutz einwandfrei ausgeführt wurde.

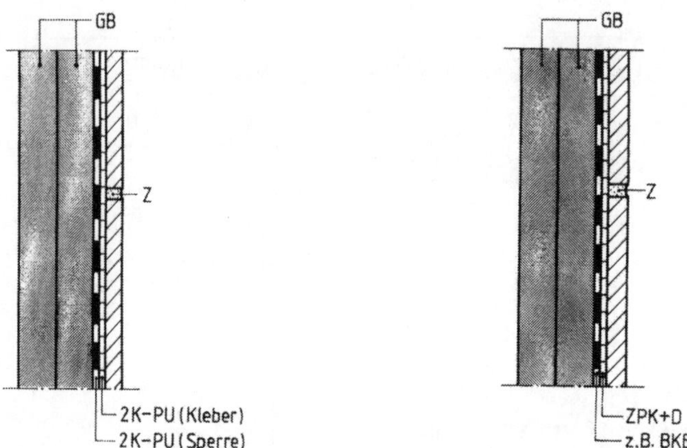

Bild 9.28 Duschwand mit Gipsbauplatten (GB); handelsüblicher Fugenmörtel auf Zementbasis (Z); Verklebung und Abdichtung mit 2 Komponenten-Polyurethan-Material (2K-PU), verseifungsarm eingestellt

Bild 9.29 Duschwand mit Gipsbauplatten (GB); handelsüblicher Fugenmörtel auf Zementbasis (Z); Abdichtung mit bitumen-Kautschuk-Emulsion (BKE) oder mit anderen, mit dem verwendeten Kleber verträglichen Dichtungsanstrichen; kunstharzvergüteter Zementpulverkleber mit Dispersionszusatz (Elastifizierungsmittel) (ZPK+D)

Beispiele für die Oberflächenausbildung s. Bilder 9.28 und 9.29; darin sind zweilagige Bekleidungen mit Plattendicken d = 12,5 mm vorausgesetzt; einlagige sind ebenfalls möglich, z. B. mit d = 12,5 mm oder 15 mm für Rippenabstände a ≤ 400 mm sowie mit d = 18 mm für a ≤ 600 mm. Sorgfältige Ausführung nach den einschlägigen Verarbeitungshinweisen der

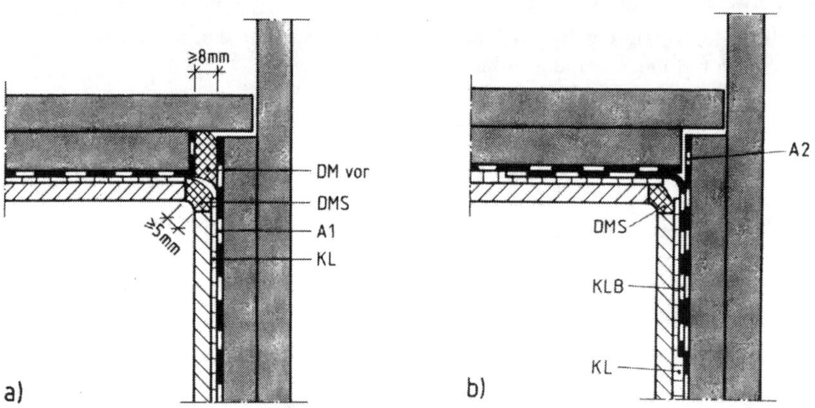

Bild 9.30 Eckverbindung Duschwand am Beispiel der 2lagigen Ausbildung (1lagig sinngemäß)
a) für Duschwände mit 2K-PU-Absperrung nach Bild 9.28
b) für Duschwand mit BKE-Absperrung nach Bild 9.29

A1 Absperrung mit 2K-PU; A2 Absperrung mit BKE; DM geeignete dauerelastische Dichtungsmasse, vor Verfliesen (z. B. im Flachdachbau bewährte Lösungsmittelacrylat-Dichtstoffe); DMS dauerelastische Dichtungsmasse auf Silikon-Basis; KLB Klebeband auf Bitumen-Kautschuk-Basis mit Glasvlies-Einlage (Gesamtbreite 150 mm)

verschiedenen Hersteller ist jedoch immer Voraussetzung. Geeignete Eckausbildungen der Duschwände gehen aus Bild 9.30 hervor. Ein Vorschlag für den wasserundurchlässigen Anschluß zum Badfußboden zeigt Bild 9.31. Weitere Einzelheiten s. [53].

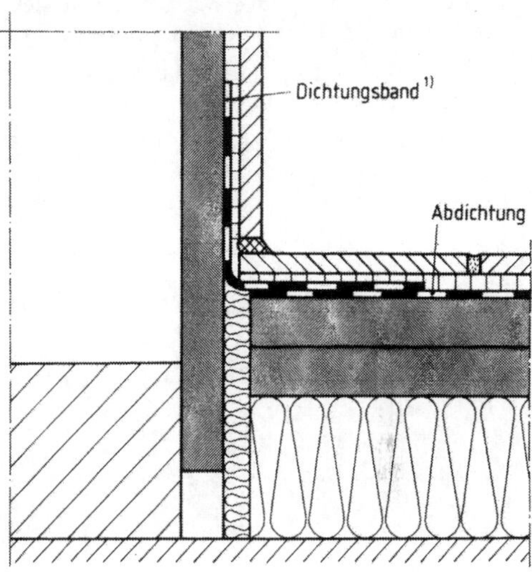

Bild 9.31
Wasserundurchlässiger Anschluß Wand-Fußboden (Prinzip), z. B. mit Fugendichtungsband nach Bild 9.30 (KLB) (übrige Sperrschichten in Fußboden und Wand nicht eingezeichnet)

1) Anbringung derart, daß keine Beeinträchtigung der Abdichtung infolge Bewegungen des Fußbodens möglich ist (z. B. Verklebung im unmittelbaren Kantenbereich nicht ausführen)

9.9 Literatur

9.9.1 Normen, Regelwerke, Vorschriften

[1] DIN 1052 Holzbauwerke
-1 Berechnung und Ausführung (1988)
-2 Mechanische Verbindungen (1988)
-3 Holzhäuser in Tafelbauart; Berechnung und Ausführung (1988)

[2] DIN 1053-1 Mauerwerk, Rezeptmauerwerk, Berechnung und Ausführung (1990)

[3] DIN 4102- 4 Brandverhalten von Baustoffen und Bauteilen; Zusammenstellung und Anwendung klassifizierter Baustoffe, Bauteile und Sonderbauteile (1994)

[4] DIN 4103 Nichttragende innere Trennwände
-1 Anforderungen, Nachweise (1984)
-2 Trennwände aus Gips-Wandbauplatten (1985)
-3 Unterkonstruktion in Holzbauart (1988)

[5] DIN 4109 Schallschutz im Hochbau, Anforderungen und Nachweise (1989)
Beiblatt 1 – Ausführungsbeispiele und Rechenverfahren (1989)
Beiblatt 2 – Vorschläge für einen erhöhten Schallschutz ... (1989)

[6] DIN 18163 Wandbauplatten aus Gips; Eigenschaften, Anforderungen, Prüfung (1978)

[7] DIN 18183 Montagewände für Gipskartonplatten; Ausführung von Metallständerwänden (1988)

[8] DIN 68800 Holzschutz im Hochbau
-2 Vorbeugende bauliche Maßnahmen im Hochbau (1996)
-3 Vorbeugender chemischer Holzschutz (1990)

[9] ETB-Richtlinie „Bauteile, die gegen Absturz sichern" (1985)

9.9.2 Zitierte Literatur

[51] Nichttragende innere Trennwände aus künstlichen Steinen und Wandbauplatten. Informationsschrift der Deutschen Gesellschaft für Mauerwerksbau e. V. 1987

[52] Kirtschig, K. und Anstötz, W.: Zur Tragfähigkeit von nichttragenden inneren Trennwänden in Massivbauweise. Mauerwerk-Kalender 1986

[53] Schulze, H.: Holzbauteile in Naßbereichen. Informationsdienst Holz der Entwicklungsgemeinschaft Holzbau, 1987

[54] Schulze, H.: Holzbau; Wände, Decken, Dächer. B. G. Teubner Stuttgart, 1996

10 Deckenkonstruktionen

Von Dieter Frenzel

10.1 Allgemeine Grundlagen

10.1.1 Funktionen der tragenden Deckenkonstruktion

Tragende Deckenkonstruktionen dienen als

- gestapelte Nutzflächen in mehrgeschossigen Gebäuden,
- zuordnende Nutzflächen, z. B. Tribünen und Ränge,
- Bedienungs- und Wartungsplattformen für Maschinen und Apparate,
- Tragkonstruktionen für horizontal geführte Gebäudeinstallationen, Beleuchtungskörper und abgehängte Deckenverkleidungen,
- horizontale Scheiben zur Lastabtragung der auf das Gebäude wirkenden Horizontalkräfte (z. B. aus Wind) auf die das Gebäude aussteifenden vertikalen Bauteile (z. B. Wandscheiben o. ä.)

Deckentragwerke sind biegesteife Konstruktionen aus stab- und plattenförmigen Tragelementen. Alle konstruktiven Aufgabenstellungen und deren Lösungen sind untrennbar mit Fragen der Tragwerksstruktur verbunden, denn jede Deckenkonstruktion ist ein Tragwerk für die verformungsarme Ableitung der Eigen- und Nutzlasten in Stützen und Wände. Der Entwurf einer Deckenkonstruktion entsteht im ständigen Wechselspiel zwischen Formgebung, Wahl von Abmessungen, Abstimmung mit den anderen Konstruktionsgliedern und Funktionsanforderungen an das Bauwerk, Ermittlung der sich ergebenden Beanspruchungen und dem Vergleich mit zulässigen Werten.

Die statische Behandlung der Tragwerke von Deckenkonstruktionen ist nicht das Ziel dieses Abschnittes; es wird auf die einschlägige Fachliteratur verwiesen, z. B. [51], [52], [53]. Das Ziel dieses Beitrages ist vielmehr die Vermittlung einer Übersicht der verschiedenen Konstruktionsarten und die Erläuterung der kennzeichnenden Merkmale.

10.1.2 Geschichtlicher Abriß

Bis in das 20. Jahrhundert hinein gehören Bogen- und Gewölbekonstruktionen aus natürlichen und gebrannten Steinen zu den weit verbreiteten Deckentragwerken [4]. Die tragende, gekrümmte Konstruktion ist mit Sand aufgefüllt oder aufgeständert, um eine ebene Nutzfläche zu schaffen. Die Fußbodenkonstruktion über den Gewölben besteht aus scheitrechten Gewölbekappen oder Balken bzw. Latten, die in den ausgleichenden Sand eingebettet sind und einen Dielenbelag aus Brettern erhalten. In den ausgleichenden Sand kann ein Steinfußboden mit oder ohne Mörtelbett verlegt sein.

Gewölbekonstruktionen benötigen stets Widerlager zur Aufnahme des Gewölbeschubes. Dazu dienen Mauern großer Breite und/oder entsprechend hohe Auflasten aus darüberliegenden Geschossen. Aus diesem Grunde ist die Anwendbarkeit von Gewölben in der Regel auf Decken über Kellern und Erdgeschossen beschränkt.

Die häufigste Konstruktionsart für Decken mehrgeschossiger Gebäude ist über viele Jahrhunderte hinweg bis in das erste Drittel des 20. Jahrhunderts die Holzbalkendecke. Sie vermochte nahezu allen damals gestellten Nutzungsansprüchen gerecht zu werden. Eine Begrenzung der Spannweite ergibt sich aus der Verfügbarkeit langer Balken mit entsprechend großen Querschnitten. Große stützenfreie Nutzflächen in Geschoßbauwerken erzielt man mit Sprengwerken oder kuppelartigen Holztragwerken, die oft zugleich die Dachkonstruktion bilden.

Holzbalkendecken bieten ohne zusätzliche Maßnahmen nur einen geringen Schutz gegen Luft- und Trittschall. Dieser Nachteil kann durch ein teilweises Ausfüllen der Balkenzwischenräume mit Sand auf Einschublatten gut ausgeglichen werden.

Weitere Verbesserungen ergeben Bekleidungen der Deckenunterseite mit Brettern, Vertäfelungen, Strohmatten und Putz. Letzterer kommt außerdem dem Brandschutz zugute.

Die Dauerhaftigkeit der Deckenkonstruktionen aus Holz hängt wesentlich von der Einwirkung von Feuchtigkeit und dem Befall durch Pilze und Insekten ab. Hierdurch wurden früher viele Schäden verursacht. Feuerstellen zum Heizen und Kochen sowie offenes Licht zur Beleuchtung der Räume führten naturgemäß häufiger zu Bränden, weil die hölzernen Deckenkonstruktionen eine Erhöhung der Brandlast darstellten; mit den damals verfügbaren Brandbekämpfungsmaßnahmen war Bränden wenig effektiv beizukommen.

Die Einwirkungen des 2. Weltkrieges haben gezeigt, daß Holzbalkendecken bei unzureichenden baulichen Brandschutzmaßnahmen durch Feuer sowie durch die Last einstürzender Gebäudeteile besonders leicht zerstörbar sind.

Vom ausgehenden 19. Jahrhundert an bis ungefähr 1930 wurden Deckenkonstruktionen für größere Spannweiten und höhere Lasten aus Walzstahlträgern mit I-Profil hergestellt. Die Zwischenräume bestehen aus etwa 12 cm dicken gemauerten flachen Kappengewölben von etwa 1,20 m Spannweite, die an der Oberkante mit Lehmschlag, Sand, Schlacke oder Mörtel aufgefüllt werden (Bild 10.1).

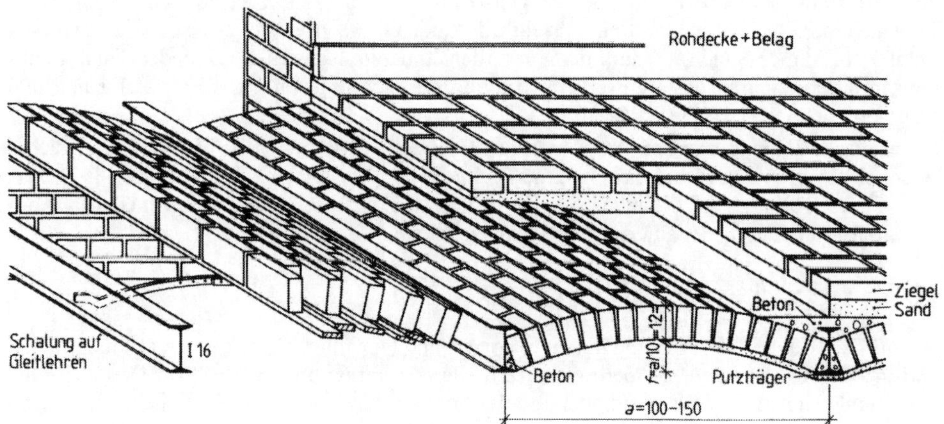

Bild 10.1 Gemauerte Gewölbekappen zwischen Stahlträgern [54]

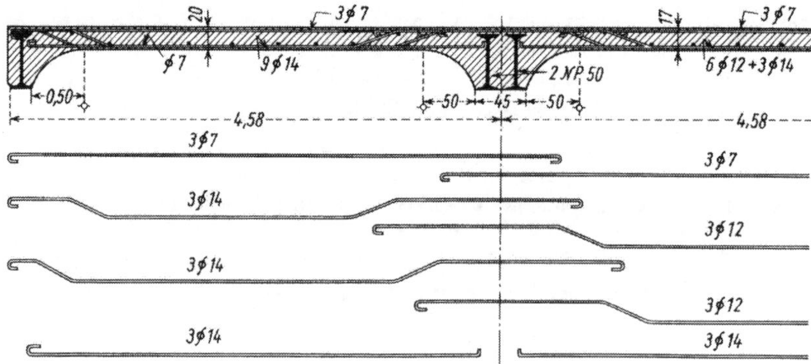

Bild 10.2 Durchlaufende Eisenbetondecke zwischen Strahlträgern [55]

Im Geschäftshaus- und Industriebau folgen den gemauerten Kappen flache Stahlbetondecken, die man auf Strahlträger auflegt (Bild 10.2) sowie reine Stahlbetonkonstruktionen.

Im 2. Weltkrieg wird ein beträchtlicher Teil der Bausubstanz in Deutschland zerstört oder beschädigt. Die folgenden Jahre stehen im Zeichen des Wiederaufbaus, aber auch der Not bei der Beschaffung des erforderlichen Baumaterials. Es wird nicht nur Wert auf die Wiederverwendung noch gebrauchsfähiger oder aus Trümmern zu gewinnende und wieder gebrauchsfähig zu machende Baustoffe gelegt, sondern auch eine energiesparende Baustoffgewinnung gefordert. Noch 6 Jahre nach dem Kriegsende gibt das Bundesministerium für Wirtschaft und Wohnungsbau ein Merkblatt heraus mit der Aufforderung zur Einsparung von Stahl in der Bauwirtschaft. Darin heißt es u. a.:

> *„... Nach den Bauprogrammen für 1951 ist mit einem Bedarf an Baustahl zu rechnen, der bei unzulänglichem Aufkommen an Kohle und Schrott sowie begrenzter Kapazität der stahlerzeugenden Industrie dazu zwingt, alle Möglichkeiten einer Stahleinsparung auszunutzen. Das ist um so notwendiger, als bis zur Beseitigung dieses Engpasses voraussichtlich der lebenswichtigen Ausfuhr der Vorrang in der Belieferung mit Stahl eingeräumt werden muß.*
>
> *... Vielfach werden heute (1951) Entwürfe vorgezogen, bei denen auf die Notwendigkeit der Stahleinsparung nicht genügend Rücksicht genommen wird, z. B. werden weitgespannte, freitragende Konstruktionen auch heute noch da gewählt, wo sie nicht unbedingt nötig sind. Man versucht häufig, aus ästhetischen Gründen große Öffnungen und Räume ohne Stützen zu schaffen, sichtbare Unterzüge zu vermeiden, Konstruktionshöhen niedrig zu halten, Stützen schlank zu gestalten, auch dort, wo es baulich nicht geboten ist. Der Stahlverbrauch ist naturgemäß hierbei höher als normal. Gespart werden kann durch*
>
> *– Verminderung der Stützweiten,*
> *– Anwendung genügend großer Konstruktionshöhen,*
> *– Verwendung von Massivbauarten, Gewölben, Stahlbetonkonstruktionen.*
>
> *... Im allgemeinen soll ein Entwurf vorgezogen werden, der bei gleichem technischen Wert und gleicher Wirtschaftlichkeit weniger Stahlverbrauch aufweist. Darum soll neben den Baukosten auch der Stahlbedarf nachgewiesen werden. Auch sollen für die Fertigstellung keine Termine gesetzt werden, die einen Mehraufwand an Stahl verursachen.*
>
> *Deckenkonstruktionen im Wohnungsbau und anderem Hochbau:*
>
> *... Stahlsparende Decken verwenden. Wo möglich, stahlfreie Steindecken."*

Diese wirtschaftspolitische Denkweise hat das Bauwesen nachhaltig beeinflußt. Es werden viele neuartige Deckenbauarten entwickelt. Es entstehen zahlreiche Stahlleichtträgerdeckenkonstruktionen als materialsparende Kombinationen aus Stahlfachwerken, Betonstahl, eingehängten Formsteinen aus Ziegeln und Beton. Ihr Einsatz wird vor allem durch den enormen Bedarf an Wohnbauten gefördert. Diese Bauweisen genügen jedoch vielfach nicht den Anforderungen bei der rationellen Herstellung großer Wohnblöcke.

Die Erfüllung erhöhter Schallschutzanforderungen, die vorteilhafte Möglichkeit der zweiachsigen Lastabtragung sowie die Verwendung von gerippten Betonstahlstäben und Betonstahlmatten verhelfen der massiven Stahlbetonplattendecke zur vorrangigen Anwendung.

In der Folgezeit wird es immer schwieriger, den Bedarf an Arbeitskräften in der Bauwirtschaft zu decken. Steigende Lohnkostenanteile fördern die Rationalisierung der Bauverfahren, zunächst insbesondere die Vorfertigung von großformatigen Stahlbetonbauteilen. Vorgefertigte Konstruktionen erfordern jedoch im Vergleich zu örtlich hergestellten Bauweisen einen deutlich höheren Aufwand beim Entwurf und der Ausführungsplanung.

Der Wettbewerb der verschiedenen Bauarten erhält ab etwa 1975 zunehmend neue Akzente durch die Entwicklung von Großflächenschalungen. Gleichzeitig drängen Stahlbetonmischbauweisen auf den Markt, die die Vorteile der Vorfertigung und der örtlichen Herstellung nutzen.

Für Geschoßdecken im Geschäfts- und Industriebau werden als Variante des Verbundbaus Stahltrapezbleche als verlorene Schalungen mit der Möglichkeit zur anteiligen Übernahme von Schub- und Biegezugkräften verwendet.

Die Entscheidung zugunsten der einen oder anderen Deckenbauart bei vorgegebenen Stützenrastern fällt in zunehmendem Maße mit dem preisgünstigsten Angebot und den vereinbarten Fertigstellungsterminen bei bestmöglicher Erfüllung aller übrigen Anforderungen.

10.1.3 Entscheidungskriterien für die Auswahl und Festlegung von Deckenkonstruktionen

10.1.3.1 Allgemeines

Die Entscheidung für eine bestimmte Bauweise hängt von mehreren Faktoren ab. Für ein- und dieselbe Zweckbestimmung bestehen in der Regel verschiedene konstruktive Lösungsmöglichkeiten. Von wesentlichem Einfluß ist natürlich der vorgesehene Nutzungszweck des Bauwerks, insbesondere der Decken. Man unterscheidet diesbezüglich

- Wohngebäude,
- Geschäfts- und Bürogebäude,
- Gebäude für Lehrzwecke und Kommunikationen (Versammlungsräume),
- Krankenhäuser und Pflegeanlagen,
- Produktionsanlagen,
- Lager- und Parkhäuser.

In vielen Fällen ist eine gemischte Nutzung vorgesehen. Im Verlaufe des Bestandes können Nutzungsänderungen erfolgen.

Im Einklang mit dem vorgesehenen Nutzungszweck und den Bedingungen aus der Grundstückslage sowie für die Einfügung in die Umgebung entsteht die Form des Baukörpers. Die verfügbare bebaubare Fläche führt bei der gewünschten Ausnutzung in der Regel zu einer Stapelung von Nutzflächen zu mehreren Geschossen: Es ergibt sich ein mehrgeschossiges Gebäude. Lokale Bauordnungen schreiben nicht zu überschreitende Gebäudehöhen vor. Man erzielt die größtmögliche Anzahl von Geschossen, wenn außer der erforderlichen Mindestnutzhöhe der einzelnen Geschosse zugleich auch möglichst niedrige Bauhöhen der gesamten Deckenkonstruktion gewählt werden. Die Geschoßflächen eines Bauwerks können deckungsgleich sein oder gegeneinander vor- oder zurückspringende Grundrißkonturen haben (Bild 10.3).

Die Lasten der Geschosse werden durch Wände und Stützen in die Fundamente abgetragen. Stützen und Wände sollen stets senkrecht und möglichst zentrisch übereinander angeordnet sein, damit die Lasten geradlinig in die Fundamente fließen können. Jeder gegenseitige Versatz der lastabtragenden Stützen und Wände erfordert Sonderkonstruktionen zur Abfangung und Umleitung der fallweise großen Einzellasten. Abfangungen benötigen größere Bauhöhen und einen zusätzlichen Materialaufwand (Bild 10.4).

Wesentliche Entscheidungskriterien ergeben sich aus Anforderungen und Bedingungen für den

- Technischen Ausbau (Heizungs-, Sanitär- und Elektroinstallation, Be- und Entlüftung, Brandschutz),
- Allgemeinen Ausbau (Bodenbeläge, abgehängte Decken, Fassaden, Innenausbau).

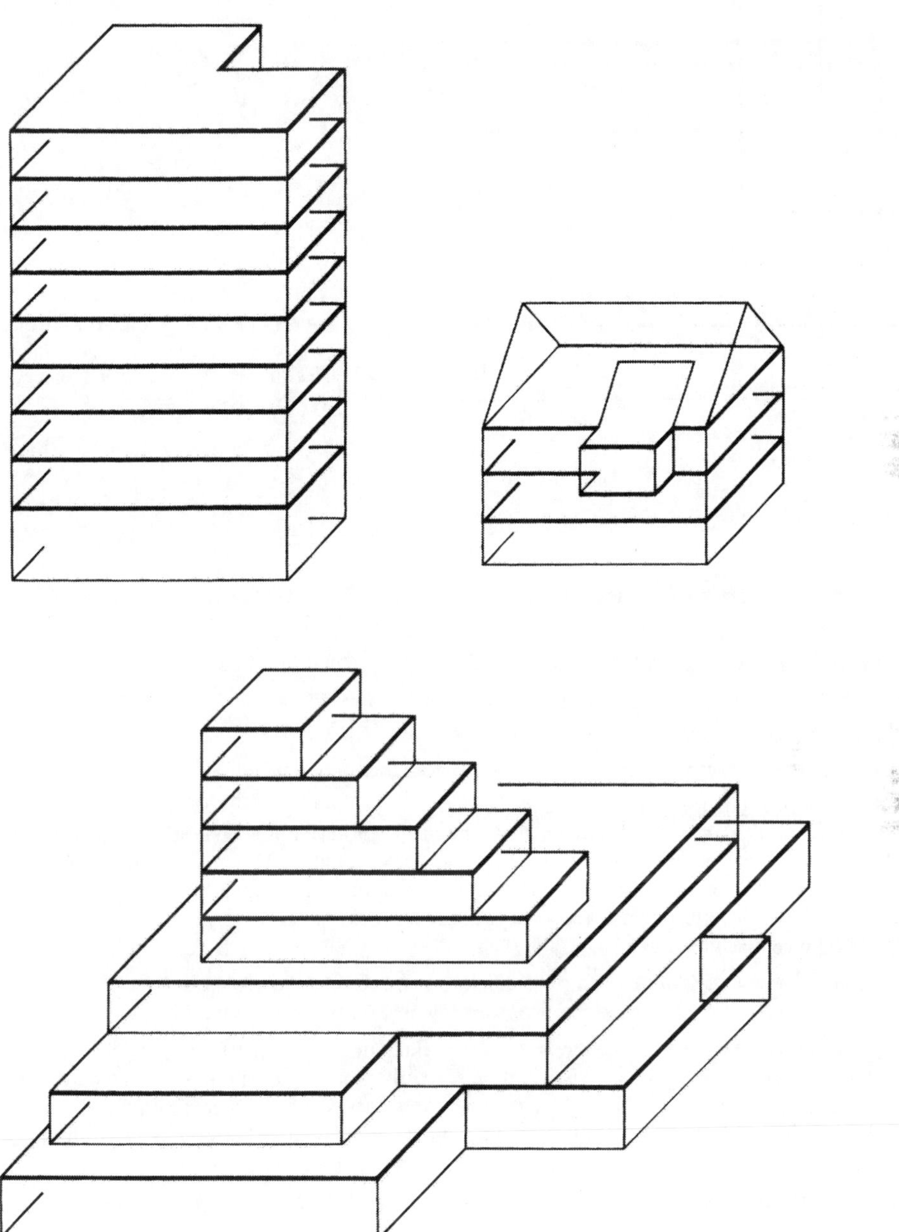

Bild 10.3 Gestapelte Nutzflächen bilden ein mehrgeschossiges Gebäude. Drei Beispiele

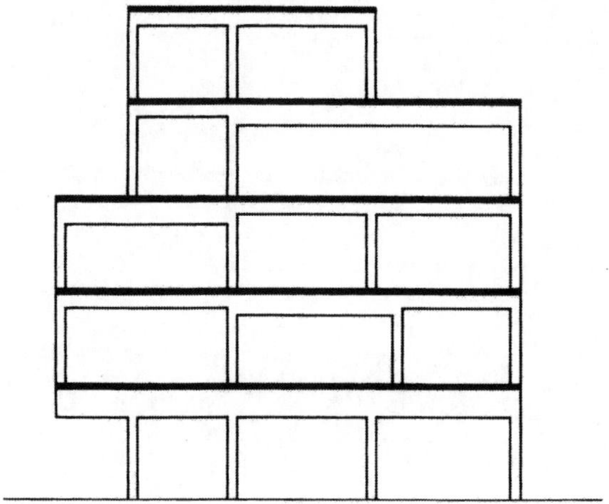

Bild 10.4
Konstruktiv aufwendigere Konstruktion eines mehrgeschossiges Gebäudes infolge teilweise verspringender Stützenanordnung

Bedeutsame Einflüsse können sich aus
- der Konstruktionsart,
- dem Herstellungsverfahren,
- den verfügbaren Herstellungszeiträumen und
- den Herstellungskosten

der Deckenkonstruktion und der angrenzenden Bauglieder ergeben.

Der Ausführungsplanung einer Deckenkonstruktion laufen in der Regel mehrere Projektstudien voraus. Für den architektonischen Vorentwurf werden Tragwerkskonzepte erstellt. Sie beinhalten die Variation und die Festlegung von erforderlichen Unterstützungen einer Geschoßdecke und die Untersuchung von daraus abzuleitenden Tragwerksystemen. Darunter versteht man die Aufteilung eines Deckengrundrisses in Lastableitungssysteme, z. B. Platten- und Stabtragwerke (Unterzüge).

Zu diesem Planungszeitpunkt wird festgelegt, ob die Deckenkonstruktion aus Stahlbeton, Stahl, Holz oder Kombinationen dieser Bauweisen ausgeführt werden soll.

Für Deckenkonstruktionen gilt ebenso wie für alle anderen Konstruktionen: Sie müssen material- und herstellungsgerecht ausgelegt werden. Baukunst wird nicht allein vom äußeren Erscheinungsbild eines Bauwerkes geprägt, indem ein positiver ästhetischer Eindruck erzeugt wird. Ein positiver Beitrag zur Baukunst wird auch durch eine material- und ausführungsgerechte Gestaltung der Tragwerke geleistet. Dazu gehören folgende Faktoren:

- Die auf den Anwendungsfall abgestimmte materialgerechte Formgebung der Baustoffe.
- Die auf den Anwendungsfall abgestimmte dauerhafte Kombination verschiedener Baustoffe und Bauteile und deren gegenseitige Verträglichkeit.
- Die weitgehende Nutzung der vorteilhaften Eigenschaften der Baustoffe und das Unterbinden von Auswirkungen nachteiliger Eigenschaften:

Vorteilhafte Eigenschaften	Nachteilige Eigenschaften
Bei Stahlbeton	
– beliebige Formgebung	– Änderungen und Ergänzungen schwierig
	– geringe Zugfestigkeit des Betons
– hohe Druckfestigkeit	– schlechte Wärmedämmung
– guter Schallschutz	– hohes Konstruktionsgewicht
– Dauerhaftigkeit	
– hohe Feuerwiderstandsdauer	
Bei Stahl	
– im Vergleich zu Stahlbeton geringeres Konstruktionsgewicht	– Korrosions- und Brandschutzmaßnahmen erforderlich
– hohe Zug- und Druckfestigkeit	– schlechte Wärmedämmung
– Eignung für Änderungen und Ergänzungen	
Bei Holz	
– leichte Bearbeitung	– Brand- und Schallschutzmaßnahmen erforderlich
– geringes Konstruktionsgewicht	
– Eignung für Änderungen und Ergänzungen	– feuchtigkeitsempfindlich
– behaglicher Eindruck	– Befall durch Schädlinge möglich

Eine objektive Wertung und Gewichtung von Entscheidungskriterien für die Art einer Deckenkonstruktion ist nicht möglich. Die Gründe sind vor allem planungspolitisch und persönlichkeitsorientiert und auch dadurch gekennzeichnet, daß mehrere subjektiv gleichwertige Lösungen denkbar sind. Die Unterschiede der Herstellungskosten zwischen Konstruktionsvarianten liegen häufig in derselben Größenordnung wie die Unterschiede zwischen den Angeboten verschiedener Bauunternehmen für die gleiche Konstruktionslösung. Die Kosten aller anderen Konstruktionsglieder eines Gebäudes (allgemeiner und technischer Ausbau) betragen in der Regel ein Mehrfaches der Kosten der tragenden Deckenkonstruktion. Aus diesem Grunde kann eine im Vergleich zu anderen Konstruktionsvarianten aufwendigere bzw. teurere Lösung zu wesentlichen Einsparungen beim Ausbau und bei den Betriebskosten eines Gebäudes führen. Die Gesamtkosten eines Gebäudes können sich damit verringern.

Vorgaben und Wünsche der Auftraggeber, Rücksichtnahme auf vorhandene Bausubstanzen in architektonischer und baukonstruktiver Hinsicht, architektonische Gestaltungsabsichten, behördliche Auflagen, Terminzwänge und andere Faktoren können eine Deckenkonstruktion maßgeblich beeinflussen und Kompromisse erfordern. Andererseits bestehen Grenzen für das konstruktiv sinnvoll Machbare. Sie werden vor allem durch die Beanspruchbarkeit der Baustoffe eines Tragwerkes bei vorgegebenen Abmessungen und die möglichen Herstellungsverfahren gesetzt. Eine ständige enge Abstimmung zwischen Architekten und Ingenieuren während der Planung und Ausführung ist eine der wesentlichen Grundbedingungen für das Gelingen einer dauerhaften, gebrauchstüchtigen und wirtschaftlichen Baukonstruktion.

10.1.3.2 Nutzungszweck

Durch den beabsichtigten Nutzungszweck werden vor allem die möglichen Abstände der lastabtragenden Stützen und die Größe der Nutzlasten vorgegeben. Die gegenseitige Zuordnung der Stützen und Wände ist vielseitig variierbar. Vorzugsweise und aus rationellen Gründen wählt man rechteckige Rasteranordnungen für Stützen und Wände mit möglichst gleichen Abständen in mindestens einer Richtung. Funktionstechnische Anforderungen und gestalterische Absichten erlauben unregelmäßige oder wechselnde Unterstützungsabstände. Es gibt auch schiefwinklige Stützenraster, insbesondere in Form eines gleichseitigen oder gleichschenkligen Dreiecks.

Große stützenfreie Nutzflächen erfordern größere Bauhöhen der Haupttragglieder; das sind die Unterzüge. Hohe Nutzlasten ab 7,5 kN/m^2 erlauben nur mittlere oder geringe Unterstützungsabstände, damit die Deckenbauhöhe und der Materialaufwand in vertretbaren Grenzen bleiben. Bei Hochhäusern sollten die Deckenspannweiten und die Stützenabstände 7 bis 8 m nicht überschreiten, was bei einer überwiegenden Nutzung für Büros stets ausreicht. Kleine bis mittlere Stützenabstände ermöglichen bei den insgesamt großen Lasten aus der Vielzahl der Geschosse eine gleichmäßigere Beanspruchung der Fundamentplatte, eine bei Hochhäusern bevorzugte Gründungsart.

Kellergeschosse von Gebäuden sind häufig zum Parken von Personenkraftwagen vorgesehen. Die erforderlichen Zufahrtswege und Stellflächen beeinflussen die mögliche Stellung von Stützen und tragenden Wänden und damit auch die Art und Bauhöhe der Deckenkonstruktion wesentlich. Über die zu treffenden Verkehrslastannahmen siehe DIN 1055 [4].

10.1.3.3 Architektonische Gestaltung

Die Formgebung der tragenden Deckenkonstruktion ergibt sich in erster Linie aus der Tragwerksfunktion. Die ausdrückliche Einbeziehung in die architektonische Gestaltung betrifft meistens die Deckenunterseite, wenn diese nicht bekleidet wird, z. B. Stahlbetondecken mit Rippen und Kassetten (s. Bild 10.48), auch Flachdecken aus Stahlbeton (s. Bild 10.54) und Holzbalkendecken. In derartigen Fällen wählt man Oberflächen in Ausbauqualität, z. B. glatten Sichtbeton bzw. brettschichtverleimte und gehobelte Holzbalken. Eine architektonische Gestaltung kommt auch für die Deckenränder in Frage, wenn diese in die Fassadengestaltung einbezogen werden oder als Brüstungsträger zur Deckenkonstruktion gehören. Auf eine sorgfältige Wärmedämmung aller im Übergangsbereich liegenden Konstruktionsabschnitte ist zu achten (s. Abschn. 10.2.3.8.4, S. 519).

10.1.3.4 Ausbautechnik

Zum allgemeinen Ausbau eines Gebäudes zählen im wesentlichen Trennwände ohne statische Funktion, Fassadenbekleidungen, Putze, abgehängte Decken, Bodenbeläge.

Ausbaukonstruktionen können mit Befestigungsvorrichtungen, die auf das Material der Decke abgestimmt sind, angeschlossen werden (z. B. Ankerschienen, Dübel, Setzbolzen – s. [51]). Nichttragende Trennwände, die überlicherweise nachträglich in die Rohbaukonstruktion eingefügt werden, müssen unmittelbar auf der Rohdecke aufgestellt und am Kopf seitlich gehalten werden. Der Fugenraum zwischen Oberkante Wand und Unterkante Decke darf nicht druckfest ausgekeilt oder mit Mörtel verschlossen werden. Die Fuge ist vielmehr mit plastisch nachgiebig bleibender Mineralwolle und bzw. oder dauerelastischer Fugenmasse zu verstopfen.

Raumhohe Wände, Fassaden aus Mauerwerk und geschoßhohe Tafeln aus Stahlbeton sind in der Regel mehrfach steifer als Deckenkonstruktionen, auf denen diese Ausbauteile stehen oder unter denen sie angeschlossen werden. Wenn sich die Decken infolge Materialkriechen und nachträglich oder wechselweise aufgebrachten Nutzlasten verformen, können in den Wand- oder Fassadenkonstruktionen Risse und Abplatzungen infolge unbeabsichtigter Lastübernahme oder Versagen der eigenen Steiftgkeit entstehen. Trennwände und Fassaden sollten deshalb nicht als starre Scheiben großer Länge hergestellt werden, insbesondere nicht, wenn sie parallel zur Hauptspannrichtung der Deckenkonstruktion verlaufen. Bild 10.5 zeigt typische Schäden in gemauerten Trennwänden sowie Klaffungen und Zwängungen zwischen raumhohen Tafeln bei Decken mit größeren Durchbiegungen. Man kann nachteilige Auswirkungen durch eine Beschränkung der Durchbiegung auf beispielsweise höchstens 1/300 oder 1/500 der jeweiligen Deckenspannweite eingrenzen. Gleichzeitig sollen die Wandscheiben mit raumhohen vertikalen Trennfugen versehen werden, damit sie den Deckenverformungen zwängungsfrei folgen können.

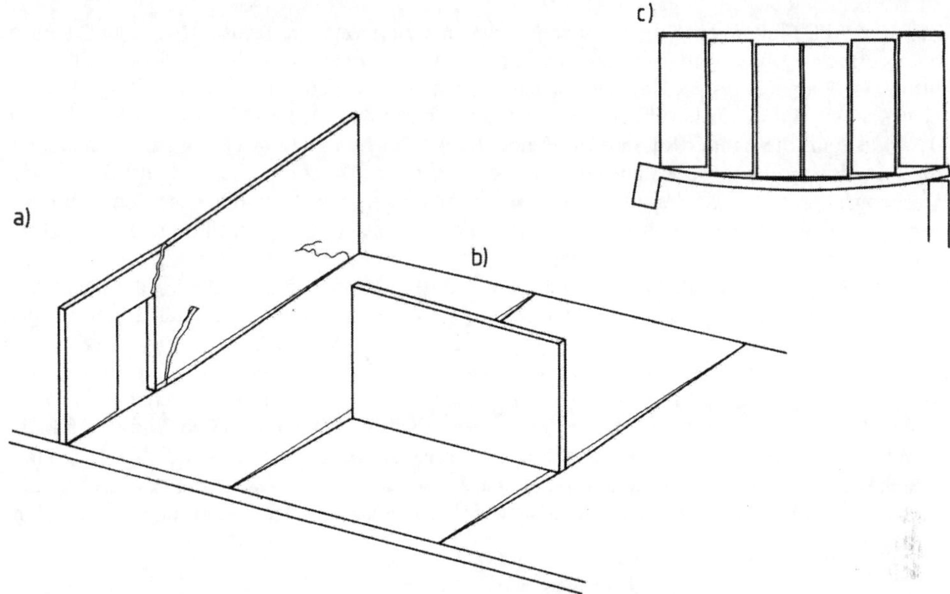

Bild 10.5 Trennwände auf Decken
a) Schäden infolge Deckendurchbiegung bei Wandstellung parallel zur Hauptspannrichtung
b) Kaum Schäden bei Wandstellung senkrecht zur Hauptspannrichtung
c) Gegenseitige Verschiebung von Wand- oder Fassadenpaneelen nicht behindern!

10.1.3.5 Haustechnik

Zum technischen Ausbau zählen alle Versorgungs- und Entsorgungseinrichtungen. Die entsprechenden Leitungen dienen zum Transport der Medien

- Kaltwasser
- Warmwasser
- Abwasser
- Regenwasser
- Löschwasser
- Heizung
- Zuluft
- Abluft
- Gase
- Elektrische Energie
  Hochspannung
  Mittelspannung
  Niederschlag
- Telefon
- Rundfunk, Fernsehen
- Datenübertragung
- Rohrpost

Die Deckenkonstruktion dient als Träger der überwiegend bzw. annähernd horizontal verlaufenden Leitungen, die in vertikalen Zu- und Ableitungsschächten oder in Stützen und Wänden zugeführt werden.

Der Platzbedarf von Elektroinstallationen ist vergleichsweise gering und hat deshalb kaum Einfluß auf die Gestaltung der Deckenkonstruktionsglieder.

Regen- und Abwasserrohre können besondere konstruktive Beachtung erfordern, wenn die Leitungsstränge innerhalb des tragenden Konstruktionsaufbaus mit einem üblichen Gefälle von 1:100 bis 1:200 innerhalb des Deckenpaketes unterzubringen sind. Dies gilt auch für Löschwasserleitungen, wenn sich diese nach dem Sprinkler-System flächendeckend über ein Geschoß erstrecken.

Zu- und Abluftleitungen haben je nach Länge der horizontalen Transportwege und den zu befördernden Luftmengen zum Teil sehr große Abmessungen (Bild 10.6). Bei Be- und Entlüftungsleitungen ergibt sich deshalb häufiger ein maßgebender Einfluß auf die Gestaltung der Deckenkonstruktion, insbesondere die Richtung, Abstand und Höhe der Unterzüge. Es kommt dabei sehr auf die Art der Raumnutzung und die Art der Be- und Entlüftung an; vor allem auf die Grundrißform der Decke und die Lage der vertikalen Versorgungsschächte innerhalb des Deckengrundrisses. Annähernd zentrische Anordnungen der Versorgungsschächte ergeben geringere Leitungsquerschnitte als stark exzentrische. Ausschlaggebend sind oft die Querschnitte beim Austritt aus dem vertikalen Versorgungsschacht in das Deckenpaket. Aus strömungstechnischen Gründen bevorzugt man runde Leitungsquerschnitte. Sie haben eine größere Bauhöhe als flache mit dem gleichen Querschnitt. Zu- und Abluftleitungen verjüngen sich in Richtung der am weitesten entfernten Auslaß- bzw. Absaugöffnungen. Wenn eine reichlich bemessene Geschoßbauhöhe bzw. eine großzügig bemessene Gesamtbauhöhe des Deckenpaketes verfügbar ist, wird man die Leitungsrohre unterhalb der tragenden Konstruktionsteile anbringen, weil sich damit der konstruktive und montagemäßige Aufwand für die Installationen reduzieren läßt. Es entfällt das teilweise komplizierte und aufwendige Hindurchschieben der Leitungsabschnitte durch Aussparungen in den Unterzügen, die mehrfachen Leitungsstöße und demzufolge auch die Kosten für die Herstellung der Aussparungen in den Unterzügen.

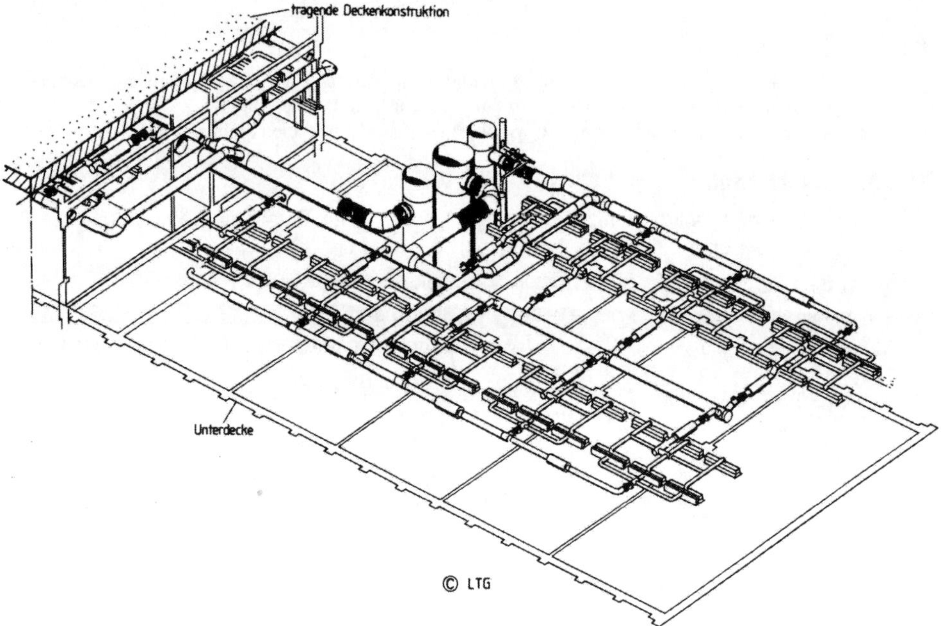

Bild 10.6 Beispiel eines Zu- und Abluft-Systems in einer Deckenkonstruktion (nach Bildvorlage LTG Lufttechnische GmbH)

Andererseits ergeben große bzw. großzügig bemessene Deckenbauhöhen höhere und damit teurere Fassadenflächen und mehr umbauten Raum. Dadurch entstehen in der Regel höhere Betriebskosten für die Heizung und die Zu- und Abluftaufbereitung.

Aus statischen und konstruktiven Gründen können Aussparungen nach Lage und Größe nicht an beliebigen Stellen eines Stahlbetonbalkens oder Vollwandträgers aus Stahl vorgesehen werden. Geeignet ist in der Regel das innere Drittel der Trägerspannweite (Bild 10.7). In den stützennahen Bereichen müssen gegebenenfalls die Stege neben den Öffnungen verstärkt

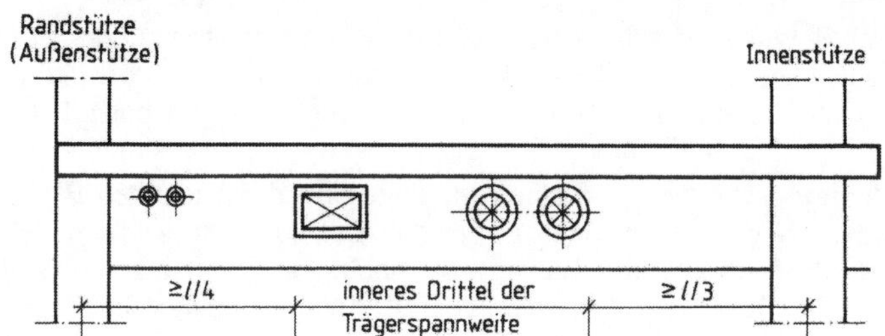

Bild 10.7
Öffnungen im Steg eines Stahlbetonunterzuges

werden. Nur Öffnungen bis zu ewa 10 cm Durchmesser können bei Träger- bzw. Unterzugsbauhöhen von mehr als etwa 40 cm auch nahe den Stützen liegen. Aus montagetechnischen Gründen und wegen unvermeidlichen Maßabweichungen müssen die Öffnungen in den Unterzügen mindestens 3 bis 4 cm größer sein als die Außenabmessungen der Leitungskanäle und Rohre. Bei Stahlfachwerkträgern kann man die Leitungen gegebenenfalls zwischen Füllstäben hindurchführen.

Es kann erforderlich sein, Installationsleitungen, z. B. für Frisch- und Abwasser, Heizungen, durch eine Deckenplatte hindurchzuführen. Zweckmäßigerweise sieht man entsprechende Aussparungen bereits bei der Tragwerksplanung vor. Großzügig gewählte Abmessungen erlauben einen ausreichenden Montagespielraum und ersparen das Nacharbeiten der erforderlichen Durchgänge. Nachträglich hergestellte Öffnungen, z. B. durch Kernbohrungen in Stahlbetonplatten, können lagegenauer und dem tatsächlich erforderlichen Platzbedarf besser angepaßt werden. Große Öffnungen in Deckenplattenbereichen, die für die Lastabtragung besonders wichtig sind, sind bereits bei der Tragwerksplanung zu berücksichtigen. Dies gilt z. B. für die Auflagerbereiche von Flachdecken (s. Abschnitt 10.2.3.7) und die Einspannbereiche von auskragenden Platten, im übrigen für alle offensichtlichen Schwächungen der Plattenquerschnitte quer zur Haupttragrichtung von Stahlbetonplatten. Der nach der Montage der Installation verbleibende Freiraum der Aussparung wird aus Gründen des Brand- und Schallschutzes mit Beton oder dichtgestopfter Mineralwolle verschlossen.

10.1.3.6 Bauliche Brandschutzmaßnahmen

Konstruktive Brandschutzmaßnahmen bei Deckenkonstruktionen beinhalten Vorkehrungen, die im Brandfall die Ausbreitung oder Verstärkung eines Feuers behindern und das vorzeitige Versagen der Tragfähigkeit und Standsicherheit verhindern. Das Ziel dieser konstruktiven Maßnahmen ist einerseits die Verhinderung der Ausbreitung von Feuer und Rauch infolge durchgehender Fugen oder Risse in der Deckenplatte oder durch die Erwärmung auf der dem Feuer abgewandten Seite über einen brandschutztechnisch definierten Grenzwert hinaus. Andererseits geht es um die Gewährleistung einer normenmäßig definierten Standsicherheit der Deckenkonstruktion innerhalb eines Mindestzeitraumes ab Ausbruch eines Brandes in einem angrenzenden Raum. Dieser Mindestzeitraum kann gemäß DIN 4102 30, 60, 90, 120 oder 180 Minuten betragen und wird als Feuerwiderstandsdauer bezeichnet. Dementsprechend gibt es die Feuerwiderstandsklassen

F30 F60 F90 F120 F180.

Nach DIN 4102 ist die Feuerwiderstandsdauer die Mindestdauer in Minuten, während der ein Bauteil unter praxisgerechten Randbedingungen unter einer definierten Temperaturbeanspruchung bestimmte Anforderungen erfüllt. Deckenkonstruktionen des üblichen Hochbaus müssen in der Regel der Feuerwiderstandsklasse F90 genügen. Näheres ist in der jeweils gültigen Bauordnung festgelegt. Innerhalb der definierten Mindestzeiträume soll es der Feuerwehr möglich sein, Menschenleben und gegebenenfalls Gegenstände ohne Gefährdung infolge Einsturz der Deckenkonstruktion oder angrenzender Bauteile zu retten und insgesamt die Brandbekämpfung sicher vorantragen zu können.

Aus diesen allgemeinen Bedingungen leiten sich Anforderungen an die Art, Beschaffenheit und Anordnung der Konstruktionsbaustoffe und der Konstruktionssysteme ab. DIN 4102-4 enthält in den Abschnitten 3.1 bis 3.11 (Betonbau), 5.1 bis 5.3 (Holzbau), 6.1, 6.2 (Stahlbau) und 7.1, 7.2 (Verbundbau) Bemessungshinweise für Balken und Decken.

Die konstruktiven Mindestanforderungen für den baulichen Brandschutz sind in zahlreichen Anwendungsfällen maßgebend für die Abmessungen der Bauteile. Dies betrifft zum Beispiel die Mindestbreite von Balken aus Stahlbeton und Holz sowie die erforderliche feuerhemmende (F30) oder feuerbeständige (F90) Bekleidung von Stahlträgern.

Beispiel 1

Die erforderliche Betonüberdeckung für den Korrosionsschutz der Bewehrung im Inneren trockener Gebäude beträgt für dünne Stabdurchmesser nach DIN 1045: nom c = 20 mm. Die Betondeckung der Bewehrung eines Ein-Feld-Trägers aus Stahlbeton beträgt demgegenüber für die Feuerwiderstandsklasse F90 : u = 35 mm (Achsmaß).

Beispiel 2

Die Mindestdicke einer Stahlbetonplatte beträgt nach DIN 1045, Abschnitt 20.1.3 im allgemeinen 7 cm. Eine unterseitig nicht bekleidete Platte muß ohne Berücksichtigung von der Anordnung eines Estrichs nach Tabelle 10.1 bei der Anforderung F90 mindestens 10 cm dick sein.

Beispiel 3

Erforderlicher Brandschutz eines I-Trägers aus Stahl, auf dem an der Oberseite eine Stahlbetonplatte aufliegt: Für die Feuerwiderstandsklasse F90 muß der Träger an den freiliegenden Stegen und Flanschen z. B. mit mindestens 25 mm dicken Platten aus Gips bekleidet werden.

Beispiel 4

Mit unverkleideten Holzbalken lassen sich Feuerwiderstandsklassen bis F60 erreichen, wenn bestimmte Querschnittsabmessungen nicht unterschritten werden. Andernfalls müssen brandschützende Bekleidungen angebracht werden.

10.2 Deckenkonstruktionen aus Stahlbeton

10.2.1 Einige Grundlagen der Stahlbetonbauweise

10.2.1.1 Baustoffe

Nach DIN 1045 – Beton und Stahlbeton – ist Stahlbeton ein Verbundbaustoff aus Beton und Betonstahl.

10.2.1.1.1 Beton. Beton ist ein künstlicher Stein, der aus einem Gemisch von Zuschlagstoffen (in der Regel Kies und Sand), Zement und Wasser durch Erhärten des Zementleims (Zement-Wasser-Gemisch) entsteht. Der frische Beton wird in flüssiger bis steif-plastischer Konsistenz in Schalungen eingebracht. Nach dem ausreichenden Erhärten des Betons werden die Schalungen von dem somit entstandenen Bauteil abgenommen.

10.2.1.1.2 Betonstahl. Betonstahl nach DIN 488 und allgemeinen bauaufsichtlichen Zulassungen ist Stahl mit besonders hoher Festigkeit. Er wird in Form von gerippten Stäben mit annähernd kreisrundem Querschnitt in den Nenndurchmessern 6 bis 40 mm und Matten aus kreuzweise verschweißten gerippten Stäben von 4 bis 12 mm Nenndurchmesser hergestellt. Die Querrippen auf den Stäben bewirken einen gegenüber glatten Stäben mehrfach besseren Verbund zwischen Beton und Betonstahl (Bild 10.8).

10.2.1.1.3 Spannstahl. Spannstahl nach allgemeinen bauaufsichtlichen Zulassungen ist ein hochfester Stahl, der in Form von 7-drähtigen Litzen mit Nenndurchmesser 15,3 mm, Einzeldrähten bis 12 mm und Einzelstäben bis 36 mm Nenndurchmesser hergestellt wird.

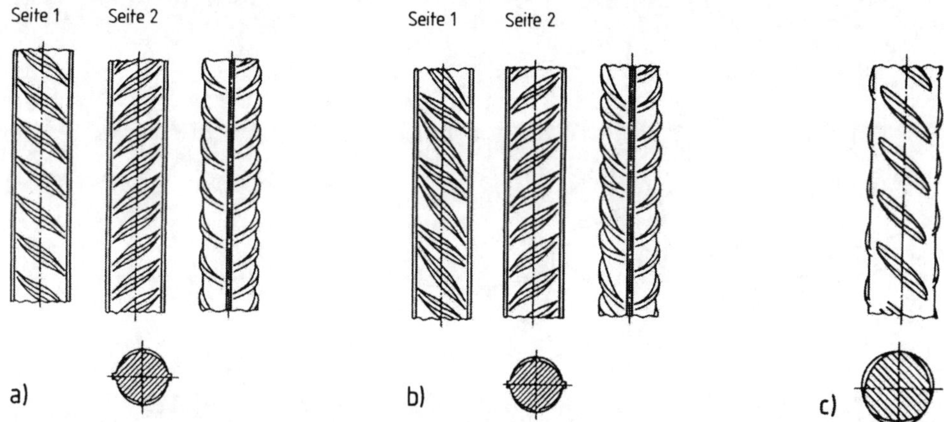

Bild 10.8 Betonstahlsorten nach DIN 488
a) Betonstabstahl Bst 420S (IIIS, nicht mehr im Handel; b) Betonstabstahl Bst 500S (IVS); c) Betonstahlmatten Bst 500M (IVM)

10.2.1.2 Tragmechanismus und Eigenschaften

10.2.1.2.1 Grundformen der Tragglieder von Stahlbetondecken.

Beton kann in frischem Zustand nahezu jeder Form angepaßt werden. Die Herstellung ist vergleichsweise einfach. Die Verfügbarkeit der erforderlichen Baustoffe ist weithin gegeben. Deckenkonstruktionen aus Stahlbeton haben deshalb eine sehr verbreitete Anwendung gefunden. Die Formenwahl erfolgt nach den Kriterien

- Gestaltung (Architektur),
- Nutzungsanforderungen,
- konstruktiven Erfordernissen,
- Anforderungen an die Standsicherheit,
- Bedingungen des Herstellungsablaufes,
- wirtschaftlichen Gesichtspunkten.

Stahlbeton hat eine relativ hohe Rohdichte von 2500 kg/m³. Dies zwingt insbesondere bei Deckenkonstruktionen zu einer angemessenen Beschränkung des Eigengewichtes. Das Verhältnis Nutzlast zu Konstruktionsgewicht beträgt im Durchschnitt 1:1,5 bis etwa 1:3,0. Das hohe Eigengewicht ist vorteilhaft für den Luftschallschutz zwischen zwei Geschossen.

Deckenkonstruktionen aus Stahlbeton bestehen in tragwerksmäßiger Hinsicht überwiegend aus ebenen Flächentragwerken (Platten), die punktweise durch Stützen (Stäbe) oder streckenweise durch Wandscheiben oder Balken gestützt werden. Die Balken sind biegesteife Stäbe, die punktweise durch Stützen oder quer zu ihrer Spannrichtung verlaufende Wandscheiben gestützt werden (Bild 10.9).

Infolge Eigen- und Nutzlasten entstehen in den Traggliedern Biegebeanspruchungen mit inneren Druck- und Zugsträngen. Während der Beton Druckkräfte gut übertragen kann, beträgt die Zugfestigkeit nur etwa ein Zehntel der Druckfestigkeit. In den Zugzonen entstehen beim Überschreiten der Zugfestigkeit des Betons Risse, deren Verteilung und Breite u. a. von der Größe und Anzahl der eingelegten Betonstahlquerschnitte und der Festigkeitsklasse des Betonstahles und des Betons abhängt.

Ausführliche Informationen s. [51] und [56].

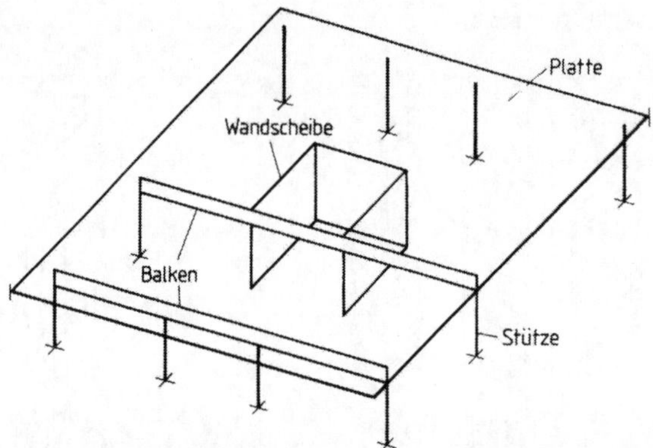

Bild 10.9
Tragwerke einer Deckenkonstruktion

10.2.1.2.2 Bewehrungen. Die in Betonbauteile eingelegten Betonstähle nach Abschnitt 10.2.1.1.2 werden als Bewehrung bezeichnet. Die Bewehrung besteht aus Strängen und Netzen aus Betonstahlstäben. Sie hat die Aufgabe, die aus inneren Biege- und Schubbeanspruchungen herrührenden Zugkräfte der Konstruktion zu übernehmen und die Rißbreiten im Beton zu beschränken. Die Formen der Bewehrungsstäbe und -matten ergeben sich aus den Bauteilabmessungen und der Länge der mit Bewehrung abzudeckenden Zugstränge bzw. Zugstrangbereiche. Überwiegend sind gerade Stäbe als Einzelstäbe oder als Bestandteil von Betonstahlmatten sowie Bügel erforderlich. Bild 10.10 zeigt einige besonders häufig vorkommende Bewehrungsformen für Platten und Balken.

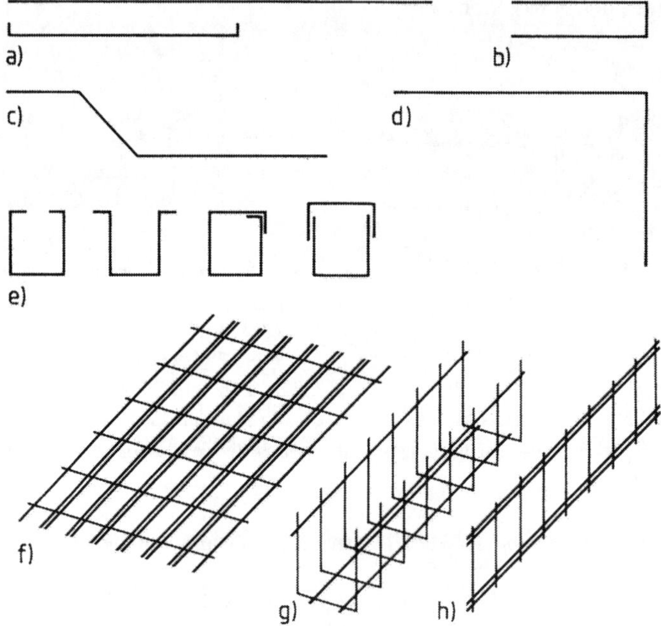

Bild 10.10 Bewehrungsformen (Beispiele)

a) Gerade Stäbe ohne und mit Winkelhaken, b) Schlaufe, c) aufgebogener Stab, d) winkelförmiger Stab, e) offene und geschlossene Bügel, f) Matte, g) Bügelmatte, h) Schubleiter

Die größte Wirksamkeit der Bewehrung wird erzielt, wenn sie zur Aufnahme von Biegebeanspruchungen des Bauteils möglichst nahe an der Bauteilaußenseite liegt. Die Biegebewehrung wird in Spannrichtung von Balken oder Wandscheiben bzw. den beiden Hauptspannrichtungen von rechteckigen Platten angeordnet. Schubbewehrungen (überwiegend Bügel oder Bügelmatten) liegen in Richtung der Bauteilhöhe. Aus Gründen eines guten Verbundes mit dem Beton und zum dauerhaften Korrosionsschutz muß jedoch stets eine ausreichende Betondeckung vorhanden sein, die bei Deckenkonstruktionen, die üblicherweise im Inneren der Gebäude liegen, 2 cm nicht unterschreiten darf. Aus Gründen des Brandschutzes, des Verbundes und besonderen Korrosionsschutzes können auch größere Betondeckungen der Bewehrung erforderlich sein (s. DIN 1045, Abschn. 13.2 und DIN 4102 T4 sowie [51]). Bild 10.11 zeigt das Beispiel einer Deckenbalkenbewehrung.

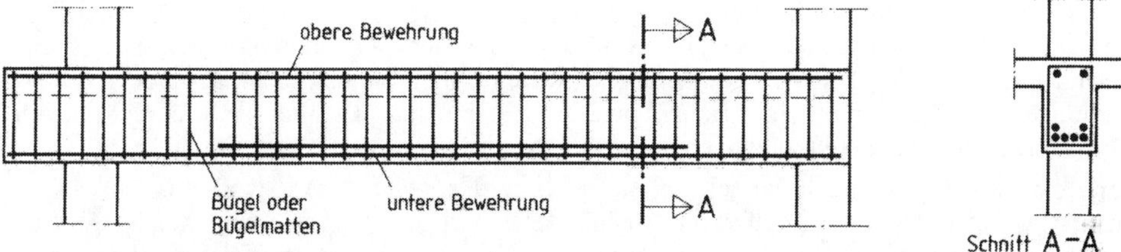

Bild 10.11 Bewehrung eines Deckenbalkens

10.2.1.2.3 Spannbeton. Spannbeton entsteht durch das Anspannen von hochfesten Spannstählen gegen den erhärteten Beton. Die Spannstähle werden für die meist nachträgliche Vorspannung einzeln oder in Bündeln in Hüllrohre eingeschoben und als Spannglieder in die vorzuspannenden Bauteile eingebaut. Nach dem Erhärten des Betons werden die Spannstähle unter Zugspannung gesetzt und an den Enden verankert. Die Spannglieder werden so angeordnet, daß die mit der Vorspannung erzeugten Druckkräfte, die zur Hauptsache infolge Eigengewicht und Nutzlast entstehenden Zugzonen, ganz oder teilweise überdrücken. Mit der Vorspannung wird der Durchbiegung aus Eigengewicht, Nutzlast, Schwinden und Kriechen des Betons entgegengewirkt. Die Hüllrohre werden zum dauerhaften Korrosionsschutz mit Zementmörtel verpreßt, wodurch zugleich ein Verbund entsteht.

Bei der Vorspannung ohne Verbund verwendet man Spannstahllitzen, die einzeln in Fett eingebettet und von einem Kunststoffmantel umgeben sind und an ihren Enden verankert werden (Monolitzen). Vorspannung ohne Verbund kann sinnvoll sein bei weit gespannten Unterzügen beschränkter Bauhöhe und bei Flachdecken. Literatur: DIN 4227 und [51].

10.2.2 Herstellungsverfahren für Deckenkonstruktionen aus Stahlbeton

Stahlbetonbauteile werden in Schalungen hergestellt. Diese bestehen i. w. aus formgebenden Schalflächen aus Holz, Stahl oder Kunststoffen sowie Unterstützungen und Abstützungen, die zur lage- und formgenauen Festlegung der Schalflächen gegenüber einem festen Untergrund für die Zeitdauer der Herstellung und ausreichenden Anfangserhärtung dienen.

Die Kosten der Schalung und ihr mehrfacher Auf- und Abbau haben einen Anteil von rund 30 % an den Herstellungskosten einer Deckenkonstruktion. Davon entfallen ewa 20 % (6 % der Herstellungskosten) auf das Schalungsmaterial und etwa 80 % (24 % der Herstellungskosten) auf die Lohnkosten. 70 % der übrigen Herstellungskosten entfallen auf das Herstellen und den Einbau der Bewehrung und des Betons, wobei ähnliche Relationen zwischen Stoff- und Lohnkosten bestehen, ferner auf Kosten der Baustelleneinrichtung, von Maschinen und sonstigen Geräten. Ein weiterer wichtiger Faktor ist die Zeitdauer der Herstellung. Die meisten Bauprojekte müssen innerhalb bestimmter Fristen ausgeführt werden. Überschneidungen der Ausführungszeiträume verschiedener Gewerke sind unvermeidlich und bedürfen der Regelung (Bauzeitplan, Balkendiagramme). Eine große Rolle spielen Jahreszeit und Wettereinflüsse. Kälte, Regen und Schnee können den Baufortschritt verzögern.

Vor diesem Hintergrund besteht deshalb bei jedem Projekt immer wieder aufs Neue die Aufgabe, vor allem die Lohnkostenanteile an der Schalung, der Bewehrung und dem Beton möglichst niedrig zu halten und einen termingerechten Fertigungsablauf zu erzielen.

Man unterscheidet folgende Verfahren:

- Örtliche Herstellung (Ortbeton),
- Vorfertigung (Stahlbetonfertigteile),
- Teilvorfertigung (Mischbauweise).

Jedes dieser Herstellungsverfahren ist eigenen Gesetzmäßigkeiten unterworfen, die bei Deckenkonstruktionen besonders ausgeprägt sind. Innerhalb der drei Hauptverfahren gibt es wiederum zum Teil bedeutsame Unterschiede, weil die einzelnen Bauunternehmungen eigene Vorstellungen von der Lösung einer Bauaufgabe haben können. Sie wollen insbesondere bereits vorhandene Produktionseinrichtungen nutzen. Siehe auch [59].

Im Hinblick auf individuelle Vorgehensweisen bei der Herstellung von Stahlbetonkonstruktionen ist es daher stets zweckmäßig, die Ausführungsunterlagen erst nach eingehender Abstimmung mit dem mit der Herstellung beauftragten Bauunternehmen anzufertigen. Diese Vorgehensweise macht es u. a. möglich,

- vorhandene Schalungssysteme zu nutzen,
- Betonier- und Bewehrungsabschnittsgrenzen nach individuellen Erfordernissen festzulegen,
- Sondervorschläge für alternative Bauteilabmessungen und Bewehrungsformen und -arten zu berücksichtigen.

Die Herstellung der Deckenkonstruktion unterliegt unvermeidbaren Maßabweichungen. Dies muß bei der Konzeption aller Anschlußkonstruktionen erforderlichenfalls berücksichtigt werden. Begriffsdefinition und Grenzmaße von tolerierbaren Abweichungen enthalten DIN 18201 [9], DIN 18202 [10] und DIN 18203-1 [11].

10.2.2.1 Deckenkonstruktionen aus Ortbeton

Die Herstellung von Deckenkonstruktionen an Ort und Stelle erfolgt in Schalungen, die auf der darunter befindlichen Decke stehen. Diese Bauweise wird am häufigsten angewandt, weil sie eine individuelle Formgebung der einzelnen Deckenabschnitte auch ohne Bindung an Systemvorgaben erlaubt. Im Prinzip kann man dabei wie in den ersten Jahrzehnten des Stahlbetonbaus mit den einfachsten Schalungselementen – sägerauhen Brettern und Kanthölzern – arbeiten. Die konsequente Verwendung dieser Grundelemente des Holzbaus ist aus Kosten- und Qualitätsgründen von immer mehr perfektionierten und industriell vorgefertigten Schalungssystemen abgelöst worden, die je m^2 Schalfläche weitaus geringere Lohnkosten für das wiederholte Auf- und Abbauen erfordern. Kennzeichen der Ortbetonbauweise ist die homogene Deckenkonstruktion aus einem Guß, mit dem jedes beliebige Tragwerk realisiert werden kann, wenn es nur den gestellten Anforderungen entspricht. Mit der Ortbetonbauweise entstehen verfahrungsbedingt durchlaufende Tragwerksysteme von Platten und Unterzügen unter der Voraussetzung, daß eine entsprechende Bewehrung angeordnet wird. Durchlaufsysteme haben geringere Durchbiegungen als Einfeldträger oder -platten gleicher Bauhöhe. Außerdem ergeben sich bei der Ortbetonbauweise oft von selbst mehrachsiale Lastabflüsse, wodurch sich gegenüber den üblicherweise vereinfachten Systemannahmen der statischen Berechnung in der Gesamtkonstruktion Tragreserven einstellen können. Dies gilt auch im Brandfall: Über mehrere Felder durchlaufende Platten oder Unterzüge sind bei der üblichen Brandbeanspruchung der Deckenunterseite weitaus widerstandsfähiger als frei aufliegende Ein-Feld-Systeme, wenn eine besondere obere Bewehrung vorhanden ist. Siehe DIN 4102-4 [6] und [57].

Die modernen Schalungssysteme [51], [53], [59] sind mehrfach einsetzbar und gekennzeichnet durch

- großflächige, zum Teil rasterfeldgroße Einheiten,
- Anpassungsfähigkeit infolge Modulbauweisen,
- lohnkostensparende, mechanisch einfache Vorrichtungen zum leichten Aufbau, Ausrichten und Absenken der Schalung,
- schnelles Umsetzen der Schalungseinheiten.

10.2.2.2 Deckenkonstruktionen aus Stahlbetonfertigteilen

Das Ziel der Vorfertigung von Deckenbauteilen aus Stahlbeton ist es, die besonders lohnintensiven Arbeitsgänge in eine stationäre Fertigungsstelle zu verlegen und die Arbeitsabläufe möglichst nach industriellen Prinzipien zu gestalten. Bei Hochbauten kann der Ausführungszeitraum auf der Baustelle verkürzt werden, wenn die Produktion von vorzufertigenden Deckenbauteilen, Wänden, Stützen und Fassadenteilen gleichzeitig oder gegebenenfalls vorauseilend zu den Gründungsarbeiten und anderen örtlich hergestellten Bauteilen (z. B. aussteifende Treppenhaus- und Installationsschächte) abläuft.

Die vorgefertigten Teile werden im Werk bis zum Montagezeitpunkt zwischengelagert, zur Baustelle transportiert und an der Baustelle möglichst ohne weitere Zwischenlagerung unmittelbar vom Fahrzeug aus mit dem Kran in die Konstruktion eingefügt. Vorgefertigte Deckenkonstruktionen können vorteilhaft gewählt werden bei besonders großen Geschoßhöhen und ausreichend hohen verfügbaren Konstruktionshöhen der Decke. Im ersten Fall können sich Einsparungen gegenüber Kosten für besonders hohe Schalgerüste für örtlich hergestellte Decken ergeben, die möglicherweise lohnaufwendiger umzusetzen sind.

Bei der Projektierung von Deckenkonstruktionen aus Stahlbetonfertigbauteilen sind die folgenden Merkmale zu beachten:

- Die Abmessungen der Fertigteile müssen auf die höchstzulässigen Transportbreiten und -längen beschränkt werden. Diese betragen im Regelfall 2,50 m bzw. 12,0 m.
- Bei der Montage von vorgefertigten Deckenbauteilen benötigt man bei Teilgewichten von etwa 5 bis 15 t Kräne mit großer Tragkraft und zulässigen großen Lastmomenten bis zu 4500 kNm. Das ist z. B. erforderlich, wenn 15 t schwere Teile an einer Ausladung bis zu 30 m montiert werden müssen.
- Die Stahlbetonfertigteile wirken als Einfeldträger. Bei einer vorgegebenen Beschränkung der Durchbiegung müssen diese Träger eine größere Biegesteifigkeit erhalten als entsprechende Durchlaufträger gleicher Spannweite. Als baukonstruktive Maßnahme ergibt sich in der Regel eine größere Bauhöhe.
- Es können sich u. U. einzelne Konstruktionsdetails ergeben, die für eine Vorfertigung nicht geeignet sind und deshalb die Herstellungskosten überproportional erhöhen.
- Die herstellungsmäßig bedingte Auflösung der Konstruktionseinheit eines Geschosses bzw. eines ganzen Gebäudes in eine in der Regel große Anzahl von Einzelteilen unterschiedlicher Form und Bewehrung ergibt gegenüber einer örtlich hergestellen Konstruktion „aus einem Guß“ ein Vielfaches an Bauteileinzelabmessungen. Dies hat eine erhöhte Fehleranfälligkeit bei der Planung und Herstellung zur Folge, die durch intensivere Kontrollen ausgeglichen werden müssen. Daher kann der Aufwand für die Ausführungsplanung von Fertigteilkonstruktionen deutlich höher sein als bei Konstruktionen aus Ortbeton. Zusätzlich können besondere Passungsprobleme entstehen, wenn keine Vereinbarungen über zu akzeptierende Maßabweichungen einzelner Teile und ihrer Lagegenauigkeit in der Gesamtkonstruktion getroffen werden. Siehe hierzu DIN 18201 [9], DIN 18202 [10] und DIN 18203-1 [11] sowie Kapitel 3.

10.2.2.3 Mischbauweisen

Die gleichzeitige Anwendung von vorgefertigten Stahlbetonbauteilen und Ortbeton bei einer Deckenkonstruktion gehört seit einigen Jahren zu den besonders häufig gewählten Bauweisen. Es werden vor allem Bauteile vorgefertigt, die dazu beitragen, daß der Aufwand für Schalungen auf der Baustelle vermindert oder ganz entfallen kann und die nur so viel wiegen, daß sie von Baukränen mit mittlerer Traglast und mit mittlerem Lastmoment montiert werden können. Das Gewicht der Teile sollte 3 t nicht überschreiten. Die vorgefertigten Teile werden als Verbundträger ausgeführt, indem sie an der Oberseite herausstehende Anschlußbewehrungen (Gitterträger oder Bügel) enthalten, die dem kraftschlüssigen Verbund mit dem örtlich zum vollen Querschnitt ergänzten Beton dient (s. Abschn. 10.2.3.1.2 und 10.2.3.2.2).

Mit diesen sogenannten Mischkonstruktionen können über mehrere Felder durchlaufende Platten und Unterzüge hergestellt und damit die Vorteile einer homogenen Konstruktion erreicht werden. Anstelle der vorgefertigten Teile aus Stahlbeton können auch Stahlträger oder Stahltrapezbleche verwendet werden, an die im Bereich des Betonanschlusses Kopfbolzen zur Verbesserung des Verbundes angeschweißt sind (s. Abschn. 10.3.1.4).

10.2.3 Arten von Deckenkonstruktionen aus Stahlbeton

10.2.3.1 Platten

10.2.3.1.1 Platten aus Ortbeton. Örtlich hergestellte Platten aus Stahlbeton mit vollem Querschnitt sind die einfachsten und am häufigsten angewendeten Deckenkonstruktionen. Man unterscheidet ein- und zweiachsig gestützte Platten (Bild 10.12). Einachsig gestützte Platten benötigen mindestens zwei gegenüberliegende Auflagerungen auf Wänden oder Unterzügen. Infolge der einachsigen Stützung verformen sie sich im wesentlichen nur in einer Richtung, in der auch die Hauptbewehrung liegt (Bild 10.13). – Als durchlaufende Platten werden Platten bezeichnet, die fugenlos über mindestens drei annähernd parallele Unterstützungen bzw. mindestens zwei Felder verlaufen und über den Unterstützungen mit einer oberen Bewehrung biegesteif ausgebildet sind. Ein Beispiel zeigt Bild 10.13b. Der Vorteil der Durchlaufwirkung besteht vor allem in einer geringeren Durchbiegung gegenüber Einfeldplatten gleicher Bauhöhe und Spannweite sowie in einem günstigeren Verhalten im Brandfall (infolge der oberen Bewehrung, die besonderen Anforderungen genügen muß; s. [57]).

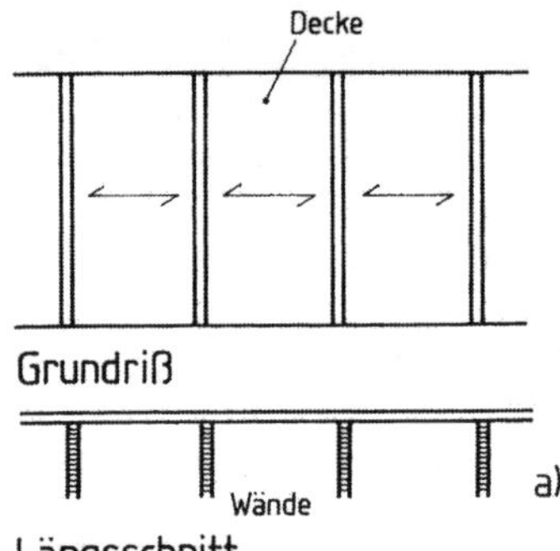

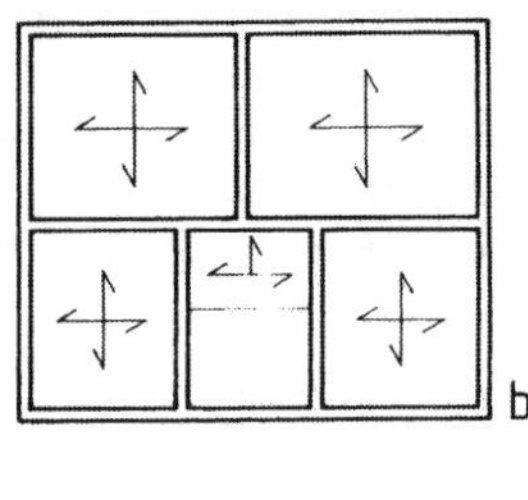

Bild 10.12 Deckenplatten aus Ortbeton a) einachsig, b) zweiachsig gestützt

Wenn rechteckige Platten an mehr als zwei Rändern aufliegen, erfolgt eine zweiachsige Lastabtragung. Dementsprechend beobachtet man eine Durchbiegung in zwei Hauptrichtungen (Bild 10.14). Dieses gilt auch für Platten, die auf zwei benachbarten Rändern (über Eck) aufliegen. Die zweiachsige Lastabtragung erfolgt bei vierseitig gelagerten, gleichmäßig belasteten Rechteckplatten allerdings nur, wenn die größere Stützweise nicht mehr als das Zweifache der kürzeren beträgt.

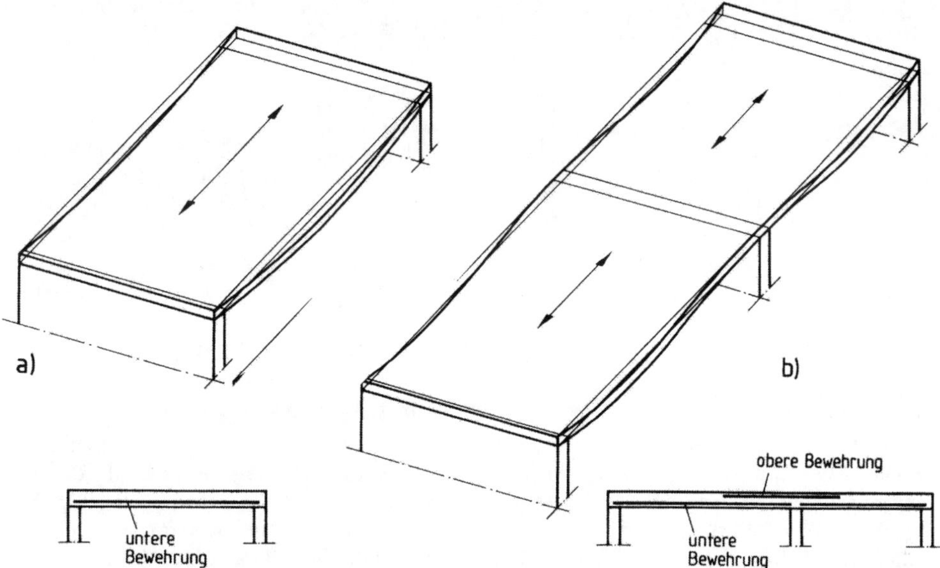

Bild 10.13 Einachsig gespannte Platten und Lage der Hauptbewehrung
a) Einfeldplatte, b) über zwei Felder durchlaufende Platte, verformter Zustand

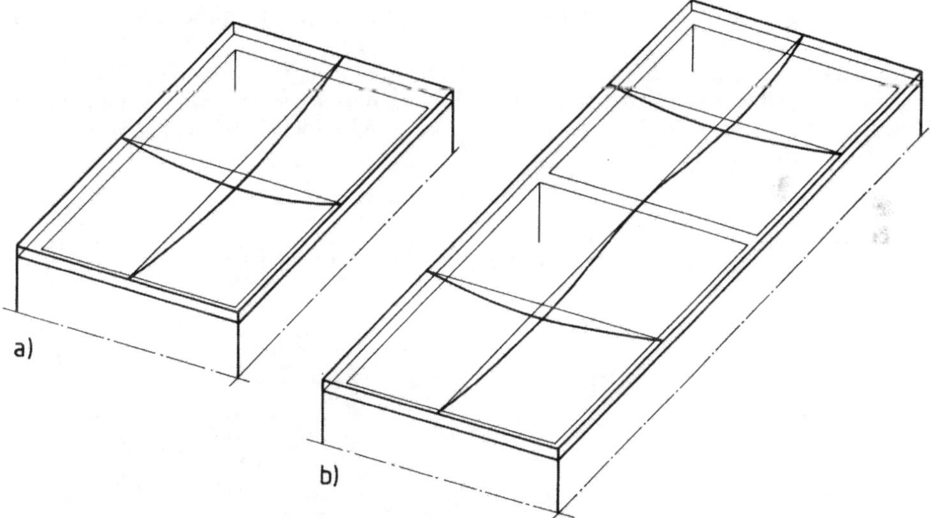

Bild 10.14 Zweiachsig gespannte Platten mit Biegelinien
a) Einfeldplatte, b) über zwei Felder durchlaufende Platte

Zweiachsig gespannte Platten kommen vor allem bei gedrungenen Grundrissen mit mehreren unterstützenden Wänden in jeder Achsrichtung vor, vornehmlich bei Wohngebäuden. Da sich die Deckenkonstruktion als mehrfach gestützte Platte über den gesamten Gebäudegrundriß erstreckt, ergeben sich in jeder Richtung durchlaufende Plattentragsysteme (s. Bild 10.12).

Die untere Bewehrung in zweiachsig (kreuzweise) gespannten Platten ist in jeder der beiden Richtungen von ähnlicher Größenordnung. Bei Durchlaufplatten sind über den Unterstüt-

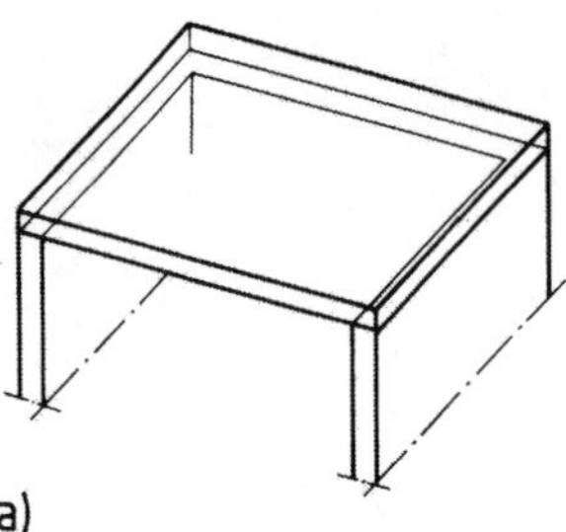

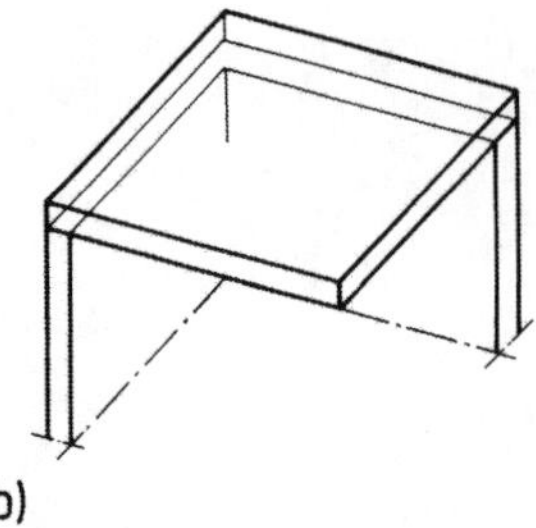

Bild 10.15
Dreiseitig (a)) und zweiachsig über Eck (b)) gestützte Platte eines anbetonierten Randbalkens (schräge Untersicht)

zungen obere Bewehrungen erforderlich. Vorzugsweise besteht die Bewehrung aus Betonstahlmatten.

Zu den zweiachsig gespannten Platten zählen auch die Beispiele nach Bild 10.15. Bei der Platte mit zwei über Eck ungestützten Rändern nach Bild 10.15 b ist die Kippsicherheit der Gesamtkonstruktion sowie die Durchbiegung der freien Ecke besonders zu beachten.

Die systembedingte Verdrehung der Endlauflager von Deckenplatten kann zu klaffenden Rissen in den Außenwänden führen. Die deutliche Wahrnehmbarkeit derartiger Klaffungen kann man durch eine Begrenzung der Schlankheit auf $l_i/h < 25$ einschränken (siehe auch Bild 10.19). Rißmindernd wirkt eine dünne Trennschicht aus einer weichen Einlage (Hartschaumplatte, 1 cm dick) zwischen der Wand und der Decke auf der Wandinnenseite. Auf der Außenseite kann man den zu erwartenden Riß mit einer Verblendung überdecken. Damit verhindert man zugleich das Eindringen von Regenwasser. Frei aufliegende Ecken von zweiachsig gelagerten Deckenplatten können infolge der Verformung abheben (Bild 10.16). Wenn man die Schlankheit auf $l_i/h < 20$ begrenzt, kann man die Auffälligkeit unterdrücken. Andernfalls muß man die Ecke mit einem Zugstab tief in der Wand verankern. Erfolgt die Auflagerung einer Deckenplatte auf einer einspringenden Gebäudeecke, so kann es zu Lastkonzentrationen und damit zu Zwängungen und Abplatzungen der Wandauflager kommen. Auch hier führt eine weiche Einlage (s. o.) zu einer Entspannung durch eine gleichmäßige Lastableitung (Bild 10.17).

Nach DIN 1045 muß die Dicke von Platten mindestens betragen:

- im allgemeinen 7 cm,
- bei befahrenen Platten für PKW (z. B. Parkdecks) 10 cm,
  für schwerere Fahrzeuge (z. B. Hofkellerdecken) 12 cm.

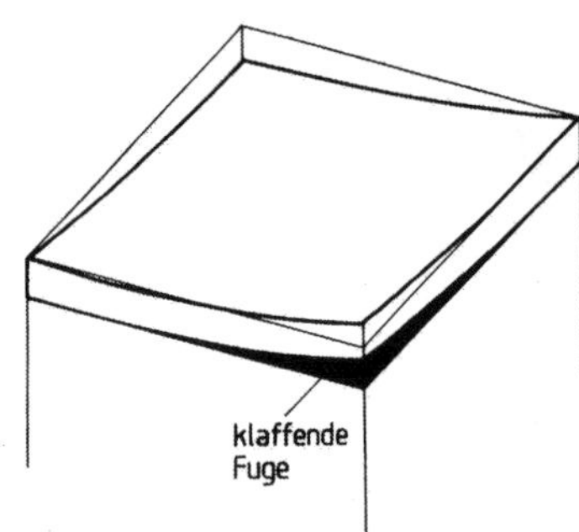

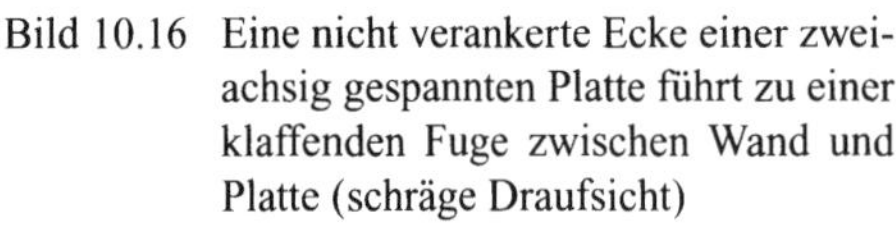
Bild 10.16 Eine nicht verankerte Ecke einer zweiachsig gespannten Platte führt zu einer klaffenden Fuge zwischen Wand und Platte (schräge Draufsicht)

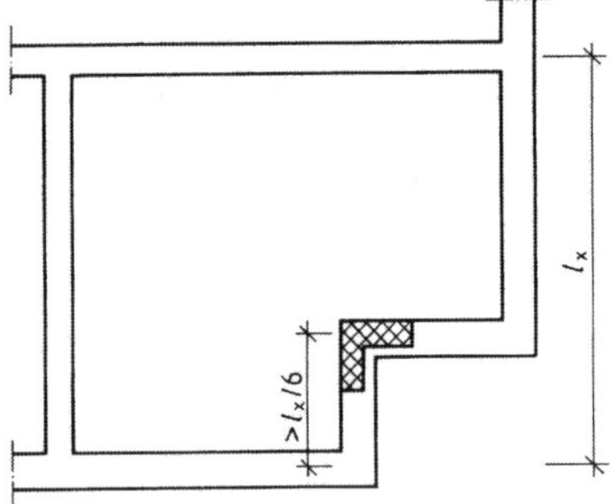

Bild 10.17 „Entspannung“ des Deckenauflagers an einer einspringenden Gebäudeecke durch eine weiche Zwischenlage aus Hartschaum

Weitere Bedingungen, die zu größeren Mindestdicken führen, enthalten Bild 10.19 und Tafel 10.1 (s. S. 490).

Die Gebrauchstüchtigkeit einer Decke erfordert eine Beschränkung der Durchbiegung, wofür folgende Gründe bestehen:

- Rissefreiheit von auf der Decke stehenden Wänden, insbesondere wenn die Wände in Spannrichtung der Decke verlaufen (s. Bild 10.5). Wände, vor allem gemauerte Wände, sind in ihrer Ebene mehrfach steifer und können der Verformung einer weitaus weniger steifen Decke nicht folgen. Es können Risse bis zu einigen Millimetern Breite entstehen.
- Auflagerung von Brüstungen oder Fassadenkonstruktionen auf den Plattenrändern parallel zur Spannrichtung.
- Verhinderung der unbeabsichtigten Belastung von unter der Decke angebrachten Ausbaukonstruktionen durch die Decke, insbesondere wenn der Anschluß nicht nachgiebig, sondern starr erfolgt ist. Beispielsweise können Trennwände oder Schaufenster zu Bruch gehen.
- Sicherer Abfluß von Regenwasser auf Flachdächern, Balkonen oder unterkellerten Freiflächen.
- Verhinderung der Schiefstellung von Einrichtungsgegenständen nahe den Deckenauflagern.
- Vermeiden eines unangenehmen Gefühles beim Begehen deutlich durchgebogener Decken.

Durchbiegungen von Konstruktionen kann man nicht verhindern; durch eine geschickte Wahl der Spannweiten und Querschnittssteifigkeiten, vor allem einer ausreichend großen Bauhöhe der Konstruktionsquerschnitte jedoch beschränken. Der optisch ungünstig wirkenden Durchbiegung kann mit einer entsprechenden Überhöhung der Deckenschalung entgegengewirkt werden; die Durchbiegung kann damit aber nicht beeinflußt werden.

Aus Bild 10.18 kann die Mindestdicke von Deckenplatten in Abhängigkeit von der Ersatzstützweite l_i bei einer Begrenzung der Durchbiegung ermittelt werden; Bild 10.19 enthält Faktoren α zur Berechnung der Ersatzstützweiten.

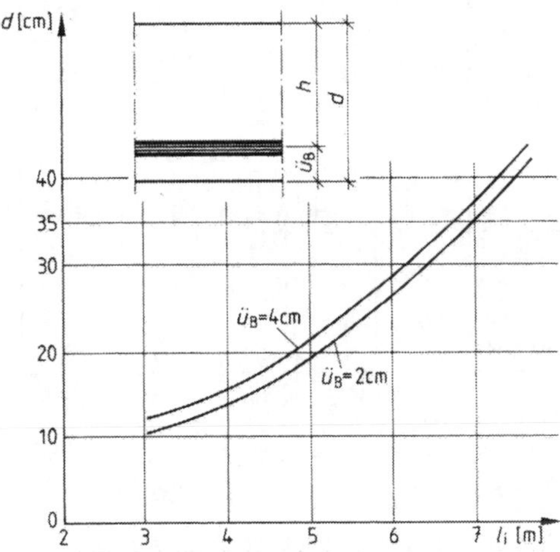

Bild 10.18 Erforderliche Mindestdicke von Deckenplatten aus Stahlbeton in Abhängigkeit von der Ersatzstützweite $l_i = \alpha \cdot l$ bei einer Begrenzung der Biegeschlankheit.

Betondeckung (Achsmaß)
$ü_B$ = 2 cm bei Innenräumen und Durchlaufträgern, wenn keine Anforderungen an den Brandschutz gestellt werden oder zusätzlich geputzt wird.
$ü_B$ = 4 cm wenn die Unterseite der Außenluft ausgesetzt ist, bei Feuchträumen und bei Einfeldplatten für F90, wenn kein Putz aufgebracht wird.

	Statisches System	$\alpha = l_i / l$
1	l	1,00
2	l; Endfeld, min $l \geq$ 0,8 max l	0,80
3	l; Innenfelder, min $l \geq$ 0,8 max l	0,60
4	l_K	2,40

Bild 10.19 Beiwerte α zur Bestimmung der Ersatzstützweite l_i (Aus [60])

Tafel 10.1 Mindestdicke von Stahlbeton- und Spannbetonplatten aus Normalbeton ohne Hohlräume nach DIN 4102

Zeile	Konstruktionsmerkmale	Feuerwiderstandsklasse-Benennung[3)]				
		F 30-A	F 60-A	F 90-A	F 120-A	F 180-A
1	Mindestdicke d in mm unbekleideter Platten unabhängig von der Anordnung eines Estrichs bei					
1.1	statisch bestimmter Lagerung	60[1)2)]	80[2)]	100	120	150
1.2	statisch unbestimmter Lagerung	80[1)2)]	80[1)2)]	100	120	150
2	Mindestdicke d in mm punktförmig gestützter Platten unabhängig von der Anordnung eines Estrichs bei					
2.1	Decken mit Stützenkopfverstärkung	150	150	150	150	150
2.2	Decken ohne Stützenkopfverstärkung	150	200	200	200	200
3	Mindestdicke d in mm unbekleideter Platten mit nichtbrennbarem Estrich oder Asphaltestrich	50	50	50	60	75
4	Mindestdicke D in mm = d + Estrichdicke bei					
4.1	statisch bestimmter Lagerung	60[1)2)]	80[2)]	100	120	150
4.2	statisch unbestimmter Lagerung	80[1)2)]	80[2)]	100	120	150
5	Mindestdicke d in mm unbekleideter Platten mit schwimmendem Estrich bei einer Dämmschicht nach Abschn. 3.5.2.2 (DIN 4102-4) bei					
5.1	statisch bestimmter Lagerung	60[1)2)]	60[1)2)]	60[1)2)]	60[1)2)]	80[2)]
5.2	statisch unbestimmter Lagerung	80[1)2)]	80[1)2)]	80[1)2)]	80[1)2)]	80[1)2)]
6	Mindestestrichdicke d_1 in mm bei Estrichen aus nichtbrennbaren Baustoffen oder Asphalt[3)]	25	25	25	30	40
7	Mindestdicke d in mm von Platten nach den Zeilen 1 und 3 bis 6 mit Bekleidung aus					
7.1	Putzen nach den Abschn. 3.1.5.1 bis 3.1.5.5 (DIN 4102-4)	Mindestdicke d nach den Zeilen 1, 3 und 5, Abminderungen nach Tab. 2 sind möglich, d jedoch nicht kleiner als 50.				
7.2	Holzwolle-Leichtbauplatten nach Abschn. 3.1.5.6 (DIN 4102-4) auch ohne Putz bei					
7.2.1	einer Dicke der Holzwolle-Leichbauplatten ≥ 25 mm	50	50	–	–	–
7.2.2	einer Dicke der Holzwolle-Leichbauplatten ≥ 50 mm	50	50	50	50	50
7.3	Unterdecken	d ≥ 50, Konstruktion nach Abschn. 5				

1) Bei Betonfeuchtigkeitsgehalten > 4 Gew.-% sowie bei sehr dichter Bewehrungsanordnung (Stababstände < 100 mm) sind die Mindestdicken *d* nach den Zeilen 1 und 5 sowie die Mindestdicken D nach Zeile 4 um 20 mm zu vergrößern.

2) Bei Platten mit mehrseitiger Brandbeanspruchung – z. B. bei auskragenden Platten – müssen die Mindestdicken d nach den Zeilen 1 und 5 sowie die Mindestdicken D nach Zeile 4 jeweils ≥ 100 mm sein.

3) Bei Anordnung von Gußasphaltestrich, bei Verwendung von schwimmendem Estrich mit einer Dämmschicht der Baustoffklasse B und bei Verwendung von Holzwolle-Leichtbauplatten entsprechend Zeile 7.2 muß die Benennung jeweils F 30-AB, F 60-AB, F 90-AB, F 120-AB und F 180-AB lauten.

Vor allem bei Platten bis zu etwa 3 m Spannweite kann die erforderliche Dicke nach der vorgegebenen Feuerwiderstandsklasse maßgeblich sein. Siehe Tafel 10.1.

Auf Plattentragwerken können leichte Trennwände bis zu einem Wandeigengewicht von 150 kg/m² errichtet werden, wenn die möglichen Schäden an den Wänden infolge der unvermeidlichen Deckendurchbiegung durch konstruktive Maßnahmen vermieden werden, z. B. durch vertikale Fugen. Schwerere Wände sollten nur über möglichst steifen Unterzügen oder auf Überzügen abgesetzt werden. Noch günstiger ist es, die Lasten schwerer Wände über jeweils direkt darunter liegende tragende Wände, wandartige Pfeiler oder Stützen in Abständen bis zu etwa 3 m abzufangen und in die Fundamente abzuleiten. Wände aus Mauerwerk mit einer Dicke von 11,5 cm und beidseitigem Putz wiegen bis zu 2,4 kN/m² und sind bereits als schwere Wände einzustufen.

Platten werden vorzugsweise bei Deckenspannweiten bis zu etwa 6 m gewählt. Die ebene Unterseite der Platten mit vollem Querschnitt wird allen Anforderungen der Raumnutzung, des Zwischenwandanschlusses, der Installationen und Deckenverkleidungen gerecht. Plattendecken ohne Zwischenunterzüge, die die nutzbare Raumhöhe einschränken, ermöglichen bei vorgegebener lichter Raumhöhe die geringsten Geschoßbauböhen. Bei Ersatzstützweiten über 6 m steigen die erforderlichen Plattendicken bis über 30 cm an. Damit wird das Eigengewicht im Verhältnis zur üblichen Deckennutzlast groß und unwirtschaftlich.

Eine besondere Form einer einachsig gespannten durchlaufenden Decke zeigt Bild 10.20. In auflagernahen Feldabschnitten wird die Platte voutenartig mit einer Neigung von 1:10 bis 1:15 verstärkt auf eine Länge von 1/4 bis 1/3 der Spannweite. Der mittlere Plattenbereich kann dann wesentlich dünner ausgeführt werden. Diese Formgebung kommt nur für große Spannweiten von 8 bis 17 m in Betracht. Sie eignet sich besonders für Decken in Parkhäusern mit niedrigen Geschoßhöhen. Die voutenartige Verstärkung bringt bei frei drehbaren Endauflagern statisch keinen Vorteil. Deswegen werden Endfelder nur einseitig, und zwar an der 1. Innenstütze mit einer Voute versehen. Endfelder erhalten nur die 0,67- bis 0,75fache Spannweite der Innenfelder. Allerdings kann man auch bei den Endfeldern die gleiche große Spannweite wie bei den Innenfeldern erreichen, wenn man die Decke rahmenartig mit den Außenwänden bzw. Außenstützen verbindet.

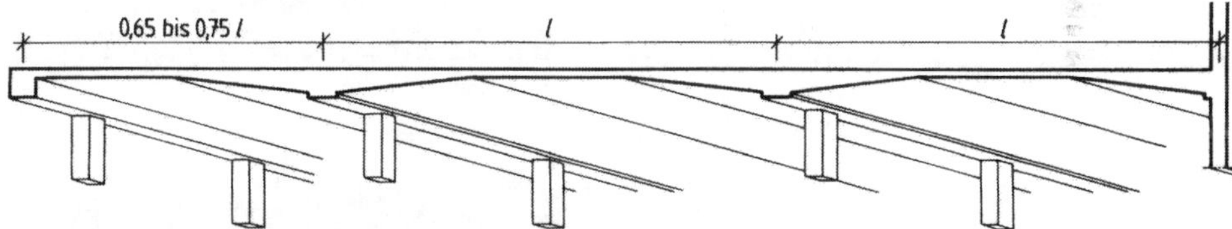

Bild 10.20 Einachsig gespannte Voutendecke

Die Herstellung der Voutendecke erfolgt vorzugsweise aus Ortbeton. Derartige Decken wurden aber bereits auch als Gitterträgerdecken (s. Abschn. 10.2.3.1.2) ausgeführt, wobei die vorgefertigten Teile die abgeknickte Kontur der Deckenunterseite haben. Eine wesentliche Voraussetzung für die Wahl dieser Deckenform ist die Möglichkeit, großformatige Deckenschaltische einsetzen zu können, die man nach dem Absenken aus der Schalposition quer zur Spannweite verfahren und damit in eine andere Position verschieben kann. Zu diesem Zweck müssen in den einzelnen Geschoßebenen möglichst viele gleich weit gespannte Deckenfelder vorgegeben sein.

Die einzelnen Arbeitsschritte – Schalung in eine neue Position bringen, Bewehren, Betonieren, Erhärten lassen, Entschalen – erfolgen möglichst im Takt. D. h., der Baufortschritt erfolgt gleichzeitig an verschiedenen Stellen des Gesamttragwerkes phasenversetzt, so daß die einzelnen Arbeitskolonnen fortlaufend einsetzbar sind.

10.2.3.1.2 Teilweise vorgefertigte Platten. Gitterträgerplatten bestehen aus einer mindestens 4 cm dicken Betonplatte mit einer möglichst rauhen Oberseite für einen guten Verbund mit dem später zu ergänzenden Ortbeton. In die dünne Betonplatte wird die untere Deckenbewehrung eingelegt. Die Steifigkeit der vorgefertigten Konstruktion für den Transport-, Montage- und Betonierzustand wird durch fachwerkartige Gitterträger aus Stahl erzielt, deren Untergurte in die Betonplatte einbetoniert sind.

Die Verwendung von vorgefertigten Gitterträgerplatten nach Bild 10.21 ermöglicht die Einsparung von Ausführungszeit auf der Baustelle, weil das örtliche Einschalen der Deckenflächen sowie das Verlegen der unteren Plattenbewehrung vor Ort entfallen. Die Herstellung der Gitterträgerplatten erfolgt auf großflächigen glatten Schalungen zu ebener Erde in Fertigteilwerken oder in Fertigungsstellen auf oder nahe dem Baustellengelände.

Im montierten Zustand und bis zum ausreichenden Erhärten des örtlich ergänzten Aufbetons müssen die Gitterträgerplatten nur mit Querträgern und Rüststützen unterstützt werden, deren Abstand von der Tragfähigkeit und dem Abstand der Gitterträger abhängt. Die Plattenlänge entspricht der Spannweite, die Plattenbreite darf beim Straßentransport in der Regel 2,50 m nicht überschreiten. Bei der Herstellung in einer „Feldfabrik" auf der Baustelle kann die Plattenbreite der Raumbreite angepaßt werden. Es entfallen die beim Ausbau unerwünschten Stoßfugen zwischen den Platten. Wegen der glatten Unterseite kann unmittelbar gestrichen oder tapeziert werden. Weitere allgemeine Ausführungen zur Verwendung teilweise vorgefertigter Stahlbetonbauteile s. Abschn. 10.2.2.3.

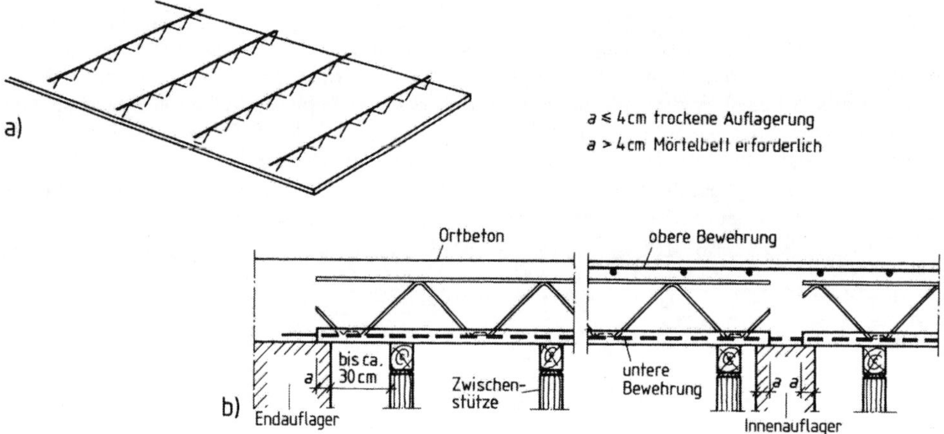

Bild 10.21 a) Vorgefertigte Gitterträgerplatte, b) Details verlegter Gitterträgerplatten mit Montagestützen und ergänzter oberer Bewehrung und Aufbeton

Je nach dem gewählten statischen System wird nach dem Verlegen der Gitterträgerplatten zur Erzielung der Durchlaufwirkung über den unterstützenden Wänden und Unterzügen die obere Bewehrung eingebaut und die Deckenkonstruktion mit Ortbeton auf die endgültige Bauhöhe ergänzt. Gitterträgerdecken können auch als zweiachsig gespannte Deckenplatten ausgeführt werden. Hinsichtlich Bauhöhe, Spannweite und Durchbiegungsbeschränkung s. Abschn. 10.2.3.1.1. – Eine Variante der Gitterträgerplattenbauart zeigt Bild 10.22. Zur Verringerung des Eigengewichts der Decke sind zwischen den Gitterträgern Hohlkästen oder Körper aus Hartschaumstoffen angebracht. Sie dienen als verlorene Schalungen. Die Platte wird damit zur Rippendecke, s. Abschn. 10.2.3.4. Bezüglich des Brandschutzes s. DIN 4102-4.

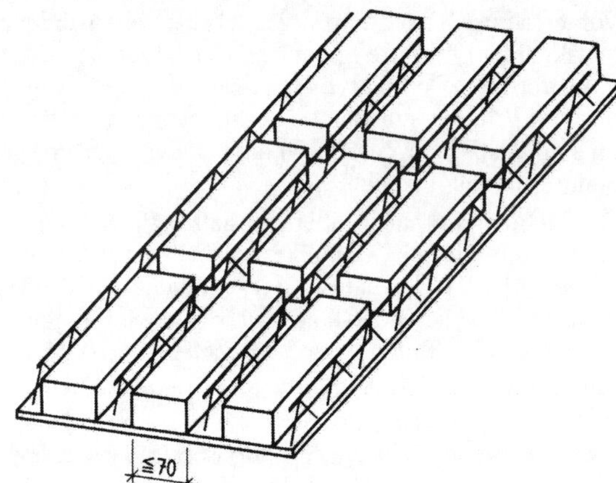

Bild 10.22
Gitterträgerplatte mit Verdrängungskörpern

10.2.3.1.3 Vorgefertigte Platten. Vollständig vorgefertigte Deckenplatten werden stets als Einfeldplatten verwendet. Hauptanwendungsgebiet sind Geschoßdecken im Großtafelbau für Wohnhäuser und Dienstleistungsgebäude mit möglichst regelmäßigen Grundrissen und Spannweiten bis zu 4,50 m. Dazu zählen zum Beispiel Bettentrakte in Hotels, Krankenhäuser und Strafanstalten.

Die Grundrißabmessungen der vorgefertigten Platten haben vorzugsweise Raumgröße, weil im Raum sichtbare Stoßfugen stets geringe gegenseitige Versprünge aufweisen. Wegen der meistens vorhandenen Überbreite (größer als 3,0 m) kann der Straßentransport nur auf Tiefladern und in geneigter Stellung erfolgen. Bei großen Projekten hat man sich deshalb bisweilen zur Einrichtung einer Feldfabrik im Baustellenbereich entschieden. Es werden Einzelgewichte bis zu 12 t erreicht, weswegen schwere Hebezeuge erforderlich sind.

Zur Herstellung möglichst homogener Deckenscheiben und zum Ausschluß ungleicher Durchbiegungen an den Stoßstellen benachbarter Deckenplatten erhalten die Stoßflanken Profilierungen, herausstehende Anschlußbewehrungen oder stählerne Einbauteile für Schraub- oder Schweißverbindungen. Die Stoßbereiche werden nach der Montage mit Ortbeton vergossen.

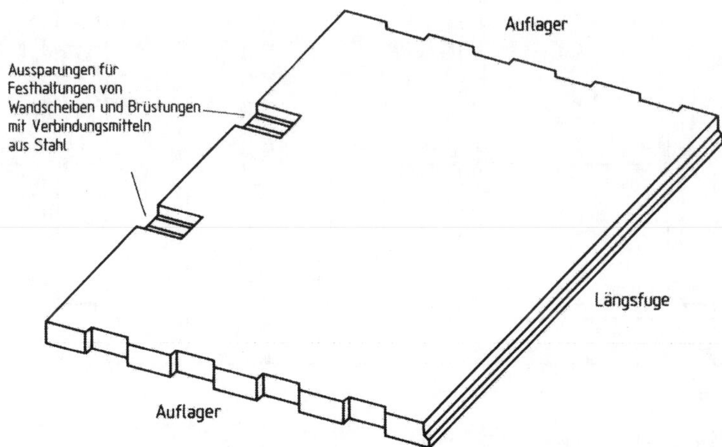

Bild 10.23
Vorgefertigte Deckenplatte aus Stahlbeton

Vorgefertigte Platten mit Hohlräumen werden in Breiten bis zu 1,20 m vorzugsweise als fabrikmäßig typisierte Spannbetonfertigteile hergestellt. Die Herstellung erfolgt im Spannbett mit sofortigem Verbund sowie häufig mit Gleitfertigern. Dabei wird der Betonquerschnitt ohne bis zum Erhärten am Bauteil verbleibende seitliche Schalung erzeugt. Der frische Beton wird im steifplastischen Zustand in die ständig langsam gleitende Schalung eingebracht und bis zur Standfestigkeit verdichtet.

Die Hohlplatten haben über die ganze Plattenlänge durchgehende Röhren. Gegenüber Vollplatten mit gleicher Bauhöhe ergeben sich je nach Fabrikat Gewichtseinsparungen bis zu 35 %. DIN 4102 enthält in Teil 4, Tabelle 10 Mindestabmessungen in Abhängigkeit von der geforderten Feuerwiderstandsklasse. Die Stoßfugen zwischen den Längsseiten sind profiliert und werden mit Beton vergossen. Siehe Bild 10.24.

Eine besondere Anwendung vorgefertigter Platten stellt das Hubdecken-Verfahren dar (Bild 10.25). Die Decken aller Geschosse werden vorzugsweise mit gleichbleibender Dicke und bis zur Größe des Gebäudegrundrisses am Boden übereinanderliegend hergestellt. Im Stützenbereich werden stark bewehrte Öffnungen, die etwas größer sind als die Stützenquerschnitte, mit Auflagervorrichtungen versehen. Am Kopf aller, über mehrere Geschosse vormontierten Stützen befinden sich miteinander hydraulisch gekoppelte Hubgeräte. Von einer zentralen Steuereinrichtung aus wird Decke für Decke an Zugstangen bis in die endgültige Höhenlage gehoben (geliftet) und mit zwischengefügten Stahlteilen an kurzen Konsolen verankert, die in der Deckenebene liegen. Das Verfahren ist aus wirtschaftlichen Gründen nur wenige Male angewendet worden.

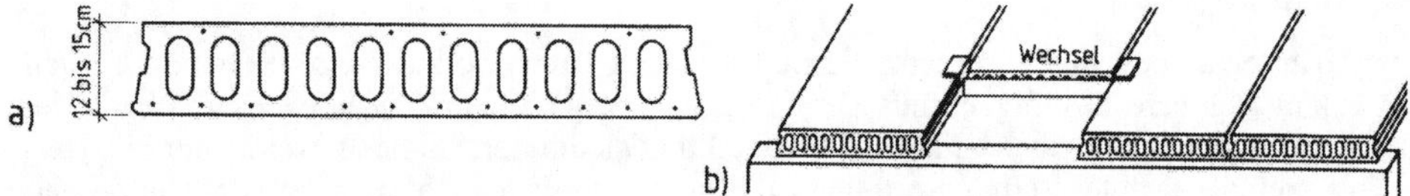

Bild 10.24 Vorgefertigte Hohlplatte a) Plattenquerschnitt b) Ausführungsbeispiel

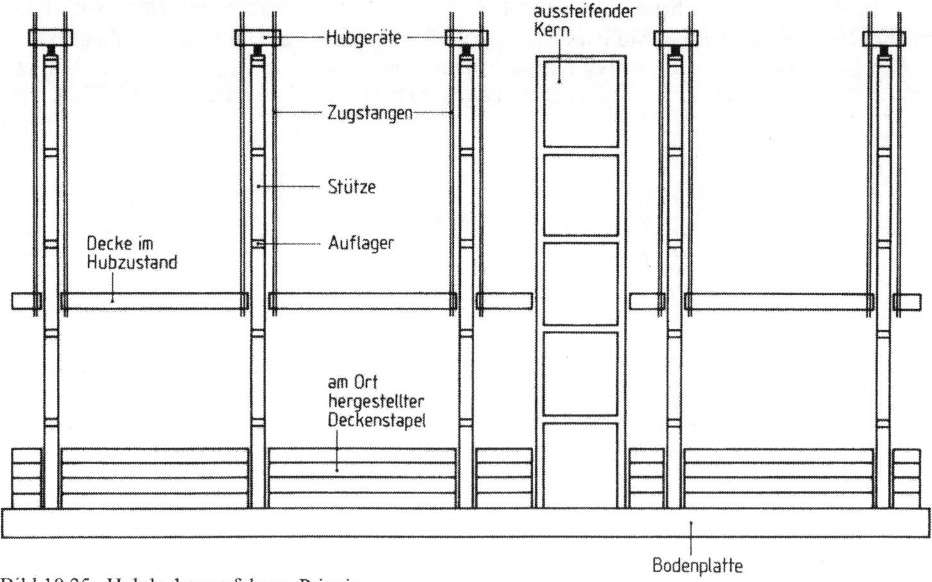

Bild 10.25 Hubdeckenverfahren, Prinzip

10.2.3.2 Balken

10.2.3.2.1 Balken aus Ortbeton. Träger bzw. Balken aus Stahlbeton sind in Deckenkonstruktionen erforderlich, wenn Platten nicht unmittelbar auf lastabtragenden Wänden aufgelagert werden können.

Unterzüge sind Balken, deren Oberkante in gleicher Höhe oder tiefer liegt als die Oberkante der Rohdecke.

Überzüge sind Balken, deren Oberkante höher liegt als die Oberkante der Rohdecke und deren Unterkante mit der Unterseite der Stahlbetondeckenplatte auf gleicher Höhe liegt. Überzüge werden gewählt, wenn Unterzüge aus nutzungstechnischen Gründen nicht möglich sind und der Überzug nicht die Nutzung oberhalb der Decke beeinträchtigt, z. B. Türdurchgänge. Überzüge werden vorzugsweise im Bereich abzufangender Wände oberhalb der Decke angeordnet. Bei Decken unter Dächern werden umlaufende Attiken und Drempel gern zugleich als Überzüge ausgebildet, um Sturzbauhöhen einzusparen oder Rolladenkästen besser unterbringen zu können (Bild 10.26). Brüstungen können als Überzüge zur Abtragung von Deckenlasten dienen, wenn die Breite mindestens 15 cm beträgt (wegen F 90).

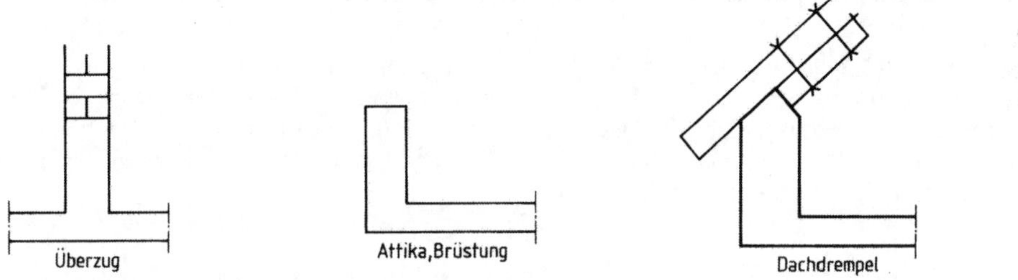

Bild 10.26 Anwendungsbeispiele für Überzüge

Versteckte Unterzüge bestehen aus balkenartig bewehrten Verstärkungsstreifen innerhalb von Deckenplatten, wenn Unter- oder Überzüge nicht ausgebildet werden können. Bild 10.27. Die Einsatzmöglichkeit ist auf Spannweiten bis zu etwa 4 m und mittlere Lasten beschränkt. Die Ausführung erfolgt auch mit Profilstahlträgern.

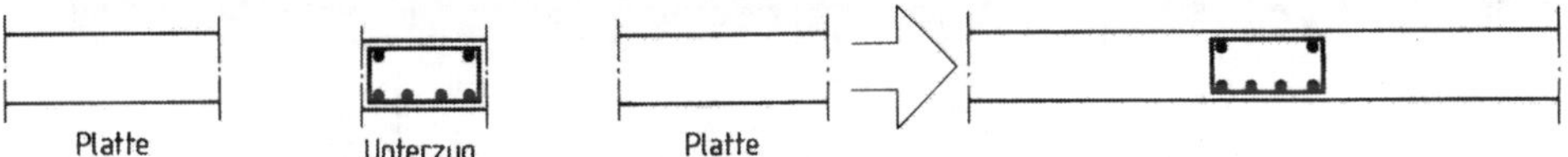

Bild 10.27 Versteckter Unterzug

Die Querschnitte von örtlich hergestellten Balken haben überwiegend eine rechteckige Form. Die Seitenflächen sind meistens senkrecht. Balken und unmittelbar angrenzende monolithisch verbundene Plattenbereiche bilden eine Tragwerkseinheit. Es entsteht die für Stahlbetontragwerke typische Plattenbalkenwirkung (Bild 10.28).

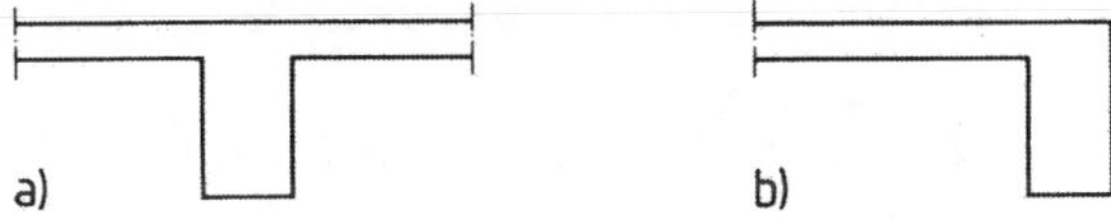

Bild 10.28 a) Beidseitiger und b) einseitiger Plattenbalken

Balken, die kontinuierlich mehrfach gestützt über mehrere Felder verlaufen, werden als Durchlaufträger bezeichnet (Bild 10.29).

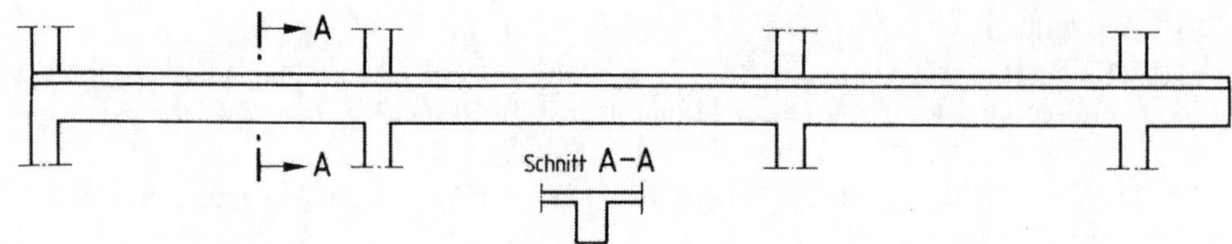

Bild 10.29 Durchlaufträger über 3 Felder mit Kragarm

Die erforderliche Bauhöhe der Balken wird von mehreren Faktoren beeinflußt, u. a. von der Belastung, der Stützweite, den Stützweitenverhältnissen bei Durchlaufträgern und Durchbiegungsbeschränkungen. Danach kann die Bauhöhe zwischen 1/8 bis 1/20 der Stützweite betragen. Bei Kragarmen beträgt die Bauhöhe 1/2 bis 1/5 der Kragweite.

Typische Auflagerungen von Ortbetonunterzügen auf Ortbetonstützen sind Bild 10.30 zu entnehmen. Es ist üblich, die Stützen in einem vorausgehenden Arbeitsgang zu betonieren, vorzugsweise bis Unterkante Unterzug, wobei die Stützenschalungen vor dem Einschalen der Unterzüge abgenommen werden. Aus schalungstechnischen Gründen sind die Formen a) und c) günstiger als b).

Im Normalfall wählt man gleiche Breiten für Unterzüge und quadratische oder rechteckige Stützen (a)). Ausführung b) wird bei großen Stützenlasten und vergleichsweise niedrig beanspruchten Unterzügen ausgeführt; die Querschnittsform der Stütze ist beliebig. Dies trifft auch für c) zu, wenn niedrige Bauhöhen gedrungene, d. h. ungewöhnlich breite Unterzüge für die Ableitung großer Deckenlasten erfordern.

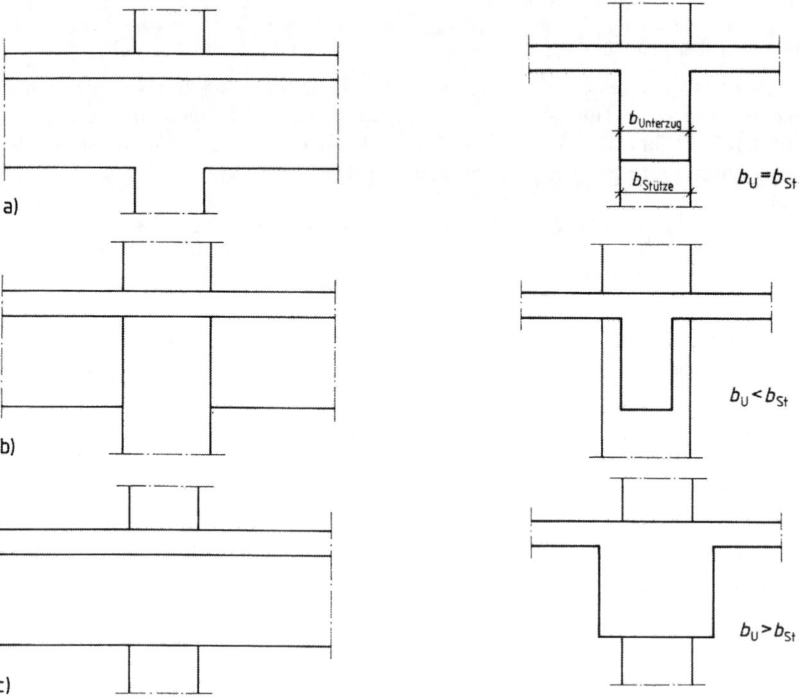

Bild 10.30 Durchdringung Stütze/Unterzug bei verschiedenen Verhältnissen der Breiten

10.2.3.2.2 Teilweise vorgefertigte Balken (Verbundunterzüge). Bei den teilweise vorgefertigten Unterzügen ist man wie bei den Gitterträgerplatten (s. Abschn. 10.2.3.1.2) bemüht, die Vorteile der Vorfertigung mit denen der örtlichen Herstellung zu verbinden. Es ergeben sich auf der Baustelle geringere Zeiträume für das Einrüsten, Einschalen, Bewehren und Betonieren der Unterzüge und damit eine Beschleunigung der Bauzeit.

Verbundunterzüge werden zunächst als Einfeldträger hergestellt. An der Vorfertigungsstelle wird der Bewehrungskorb ohne die bei Durchlaufträgern erforderliche obere Bewehrung ausgeführt und in der Regel bis zur Unterkante der örtlich ergänzten Deckenplatte betoniert. Dem Verbund dienen herausstehende Bügel oder Schlaufen. Die Seitenflanken erhalten eine Neigung von 20:1 bis 10:1 zur leichteren Entnahme aus nicht zu demontierenden Gruppenschalungen (Batterieschalungen). Teilweise vorgefertigte Unterzüge werden an der Einbaustelle außer an den Auflagern je nach Spannweite und Betonierauflast nur noch an ein bis drei Zwischenpunkten unterstützt. Durchbrüche für horizontale Installationen müssen deshalb so tief liegen, daß an der Balkenoberseite im Montagezustand eine ausreichende Druckzonenhöhe verbleibt (Bild 10.31b).

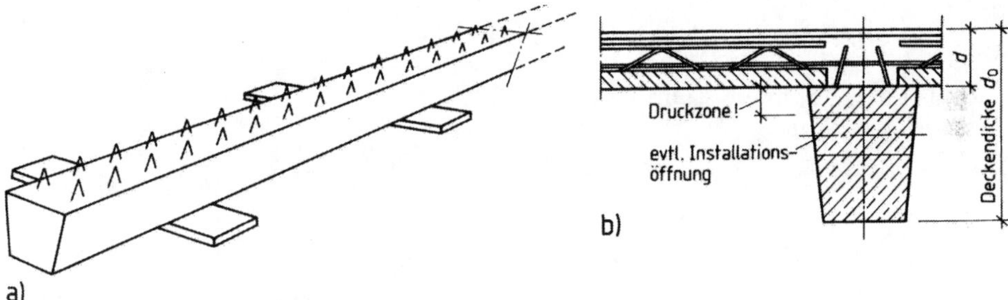

Bild 10.31 Verbundunterzug a) vor der Montage, b) Querschnitt mit Gitterträgerplatten und örtlich ergänzter Bewehrung

Bild 10.32 zeigt einen teilweise vorgefertigte TT-Plattenbalken für Spannweiten von 6 bis 16 m mit örtlich zu ergänzender Plattendicke.

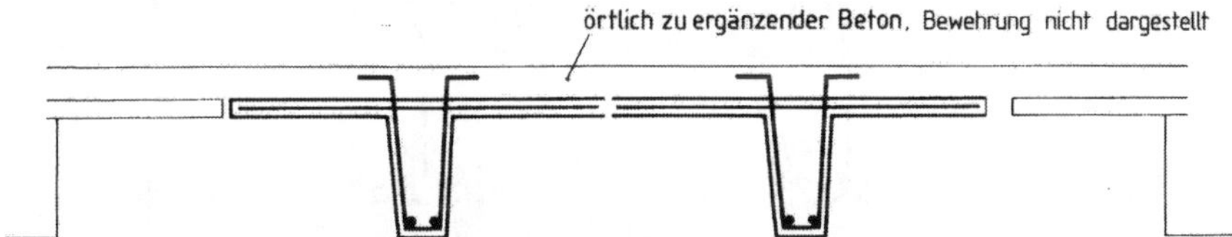

Bild 10.32 Teilweise vorgefertigter TT-Plattenbalken

10.2.3.2.3 Vorgefertigte Balken. Die Grundform des Balkenquerschnittes ist vorzugsweise ein Rechteck (Bild 10.33 a). Die belastenden Teile werden am günstigsten auf der Oberseite aufgelagert. Bei beschränkter Bauhöhe erfolgt die Auflagerung auf seitlich angebrachten Konsolbänken oder einzelnen Konsolen (Bild 10.33 b bis d). Querschnitte in der Form eines umgekehrten Troges zeigen die Bilder 10.33 e und f. In Bild 10.34 sind verschiedene Formen der Auflagerung vorgefertigter Balken auf Stützen dargestellt.

Bei Randbalken kommt es darauf an, daß die Resultierende der Belastung nicht außerhalb des mittleren Drittels der Lagerbreite des elastomeren Lagers liegt. Deshalb ist mit den Lösungen nach Bild 10.35 a und b ohne zusätzliche Festhaltungen keine kippstabile Konstruktion möglich. Diese zusätzlichen Maßnahmen sind jedoch aufwendig: z. B. vertikaler Zuganker an

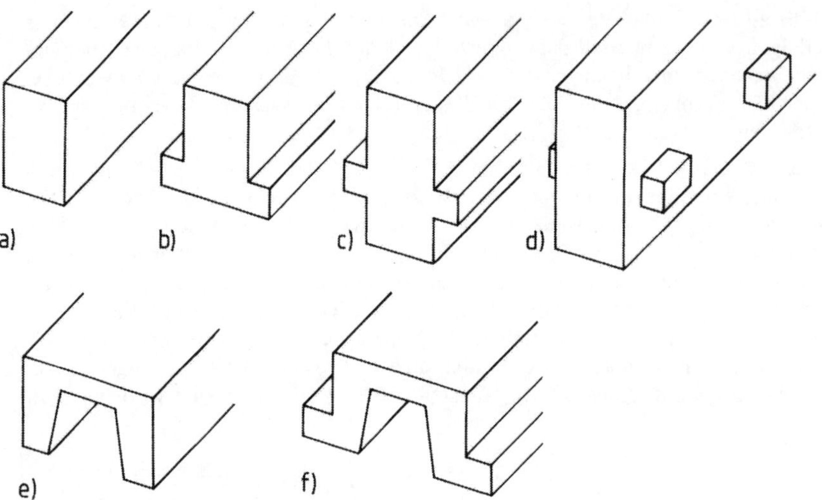

Bild 10.33 Querschnitte vorgefertigter Balken

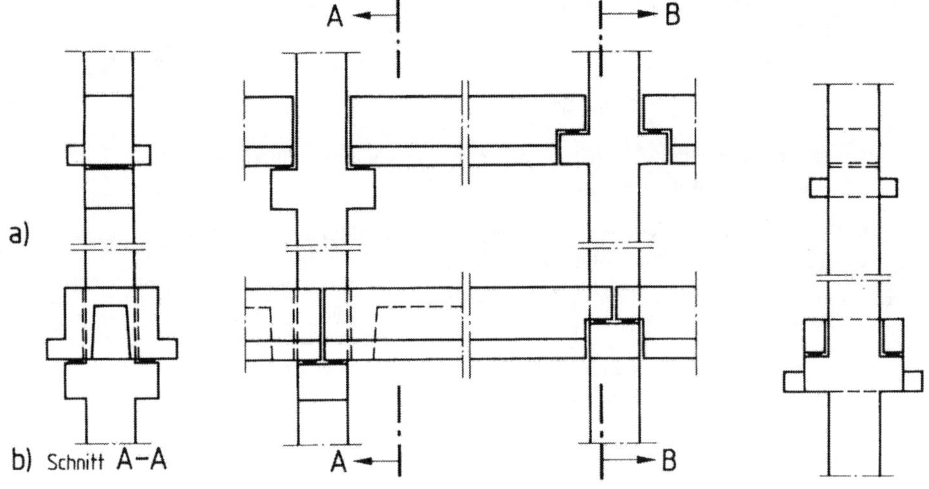

Bild 10.34 Stützenauflager vorgefertigter Balken
a) Für Balkenquerschnitte nach Bild 10.33 a bis d; b nach Bild 10.34 e und f

den Auflagern (Bild 10.35 b) oder biegesteife Verbindungen zwischen Deckenplatten und Randbalken. Eine einfache und gute Lösung zeigt Bild 10.35 c. Sie ermöglicht darüber hinaus auch noch eine Auskragung der Deckenplatten. Allerdings ergibt sich eine vergleichsweise große Bauhöhe. Sie kann durch hochgezogene Auflager an den vorgefertigten Deckenplattenbalken und an den Auflagern des Randbalkens reduziert werden.

Die Bauhöhen von vorgefertigten Deckenkonstruktionen mit Querschnitten nach Bild 10.33 betragen 1/10 bis 1/15 der Stützweite. Bei flächenbildenden Plattenbalken nach Bild 10.36 betragen die Bauhöhen 1/12 bis 1/18, bei Ausführung aus Spannbeton bis 1/25 der Stützweite.

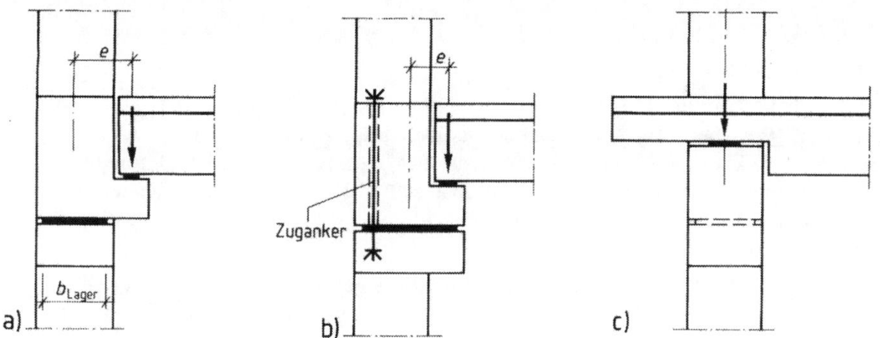

Bild 10.35 Beispiele für Querschnittsformen vorgefertigter Randbalken und von Auflagern
a) ungeeignete, b) mögliche und c) zweckmäßige Lösung

Die flächenbildenden Plattenbalkenelemente nach Bild 10.36 sind für Spannweiten über 6,0 m geeignet. Die Plattenspiegel erhalten eine Dicke von 10 bis 12 cm und werden an den Längsseiten mit den Nachbarbalken durch Bewehrung und Betonverguß verbunden. Die Baubreite ist bei TT-Plattenbalken mit üblichen Achsabständen der Balken von 1,20 bzw. 1,25 m auf 2,40 bzw. 2,50 m begrenzt. Das entspricht der zulässigen Breite bei Straßentransporten. Trogplatten kann man bis zu 3,30 m Breite ausführen. Für den Straßentransport müssen dann allerdings besondere Genehmigungen erteilt werden.

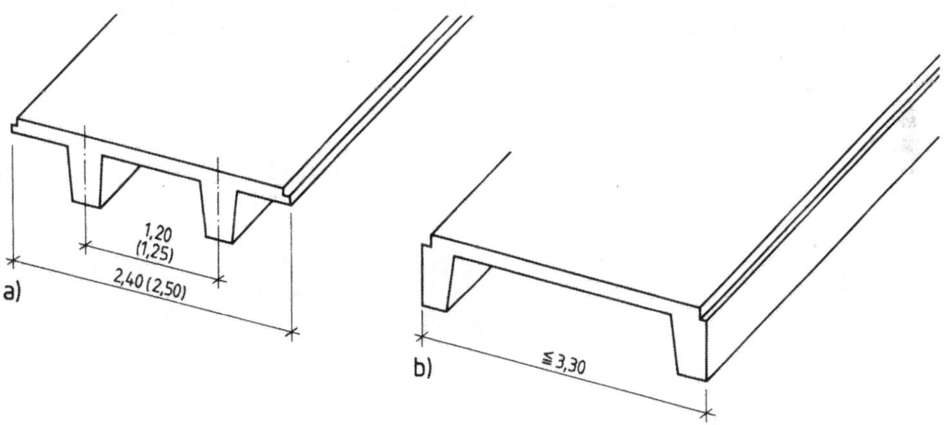

Bild 10.36 Vorgefertigte Plattenbalken
a) TT-Platte b) Trogplatte

10.2.3.3 Deckenkonstruktionen aus Stahlbetonplatten und -balken

Man ist bestrebt, die flächenbildende Stahlbetonplatte eines Deckengrundrisses nicht dicker und damit schwerer zu bemessen als es nach den Anforderungen

- des Tragwerkes,
- des Brandschutzes und
- des Luft- und Trittschallschutzes

erforderlich ist. Bei Bauwerken mit festgelegter Nutzung, z. B. Wohngebäude, Hotels und Krankenhäuser mit kleinsten Raumbreiten bis zu etwa 5 m, werden die Deckenplatten in der Regel auf die raumbegrenzenden Wände aufgelagert, welche damit zu tragenden Wänden bestimmt werden. Mit nachträglich eingestellten und damit nicht die Decke tragenden Trennwänden teilt man kleinere Räume ab (Bilder 10.37 und 10.38).

Bei Bürogebäuden, Schulen, Parkhäusern, mehrgeschossigen Lagern, Warenhäusern, Produktionsgebäuden, Bauwerken für öffentliche Veranstaltungen usw. erfordert die gewünschte Freizügigkeit des Ausbaus und der Nutzung häufig eine Beschränkung der unveränderlichen vertikalen Tragglieder auf Stützen und möglichst wenige zur Aussteifung oder dem Brandschutz dienende Wände. Aus diesem Grunde werden Tragsysteme aus Balken und Platten gewählt.

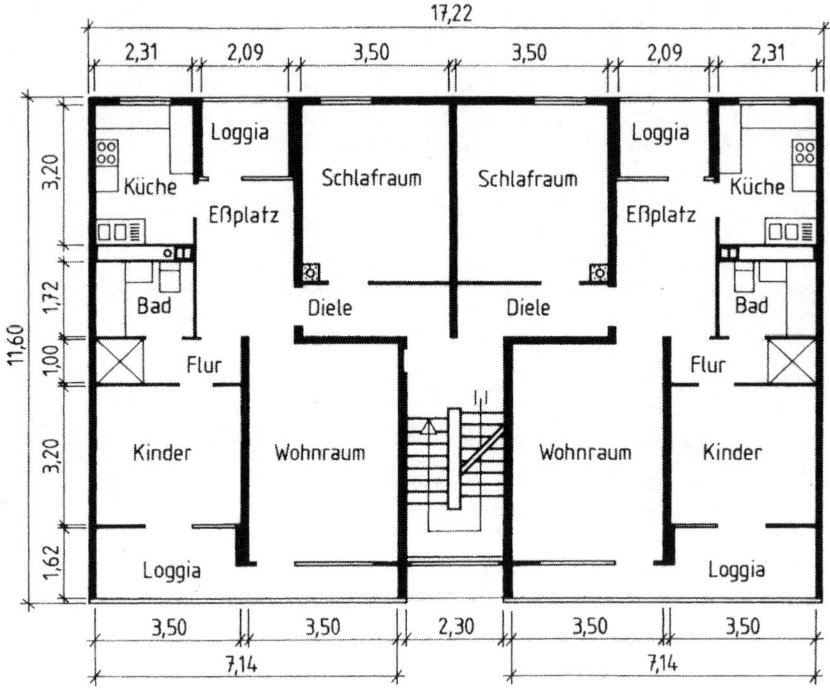

Bild 10.37 Typischer Grundriß eines Wohnhauses mit Plattendecke

Man unterscheidet bei den Balken eines Deckentragwerkes Haupt- und Nebenunterzüge. Hauptunterzüge sind Balken, die die Deckenlast direkt in die vertikalen Tragglieder (Stützen und Wände) ableiten. Nebenunterzüge dienen überwiegend zur Unterteilung großer und größerer Plattenfelder in Spannweiten, die eine angemessene Plattendicke ermöglichen. Die Nebenunterzüge werden auf den Hauptunterzügen aufgelagert.

Die Entscheidung für die eine oder andere Aufteilung eines Deckengrundrisses in Einzeltragwerke aus Platten, Neben- und Hauptunterzüge hängt von verschiedenen Randbedingungen ab.

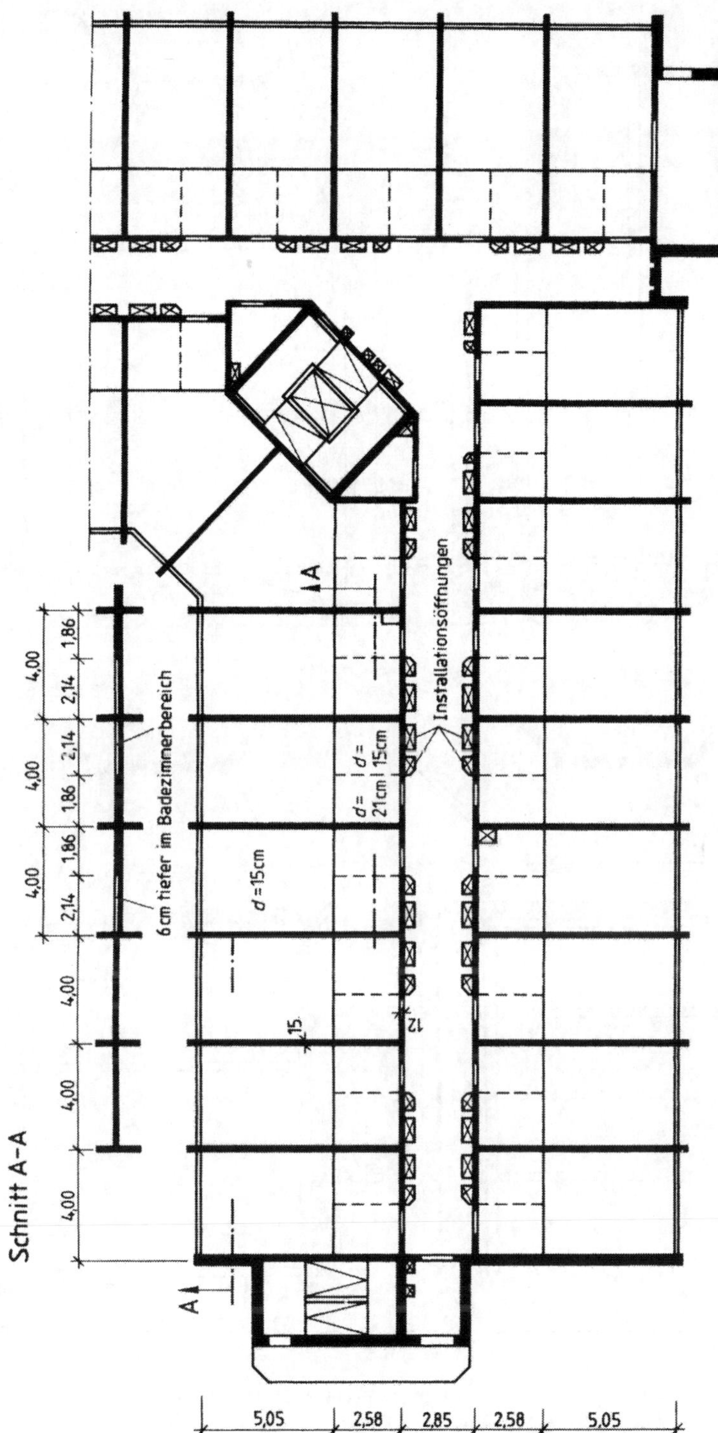

Bild 10.38 Grundriß des Bettentraktes eines Hotels mit Plattendecke (Sheraton, Frankfurt am Main)

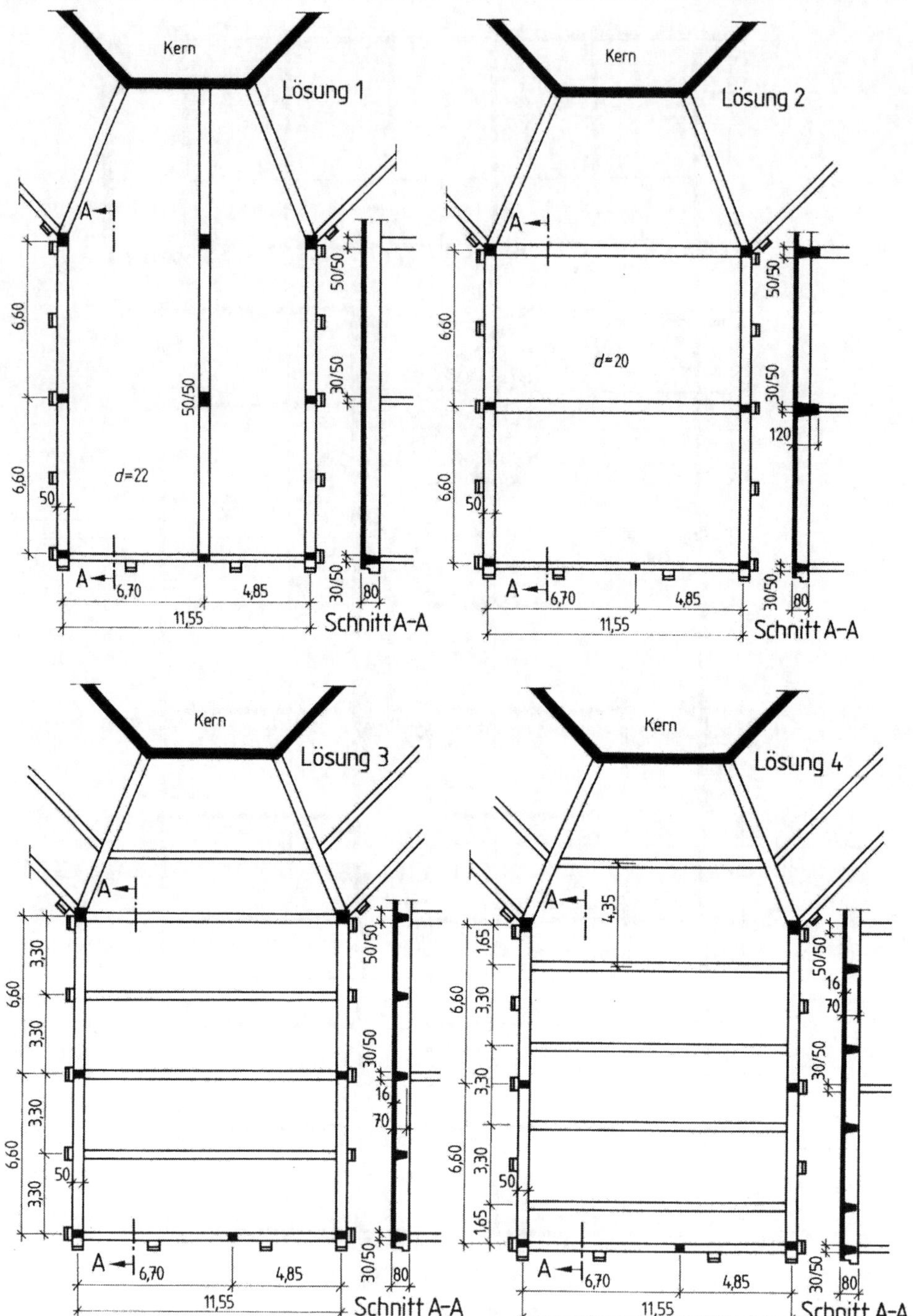

Bild 10.39 Vier verschiedene Lösungen für die Deckenkonstruktion eines mehrgeschossiges Verwaltungsgebäudes (Braun AG, Kronberg 1976)

Bild 10.39 zeigt einen Ausschnitt des Grundrisses eines Verwaltungsgebäudes. Es werden vier Konstruktionslösungen gegenübergestellt. Vorgegeben ist die Lage der Außenstützen und der Auflagerkonsolen für vorgefertigte Brüstungen aus Stahlbeton.

Lösung 1: Kennzeichnend sind Innenstützen und ein innerer Durchlaufunterzug mit einer quergespannten Deckenplatte über 2 Felder, 22 cm dick. Man erhält eine ausgewogene Lastabtragung, geringe Durchbiegungen und in Längsrichtung genügend Freiraum für Zu- und Abluftleitungen.

Lösung 2: Dieser Entwurf hat keine Innenstützen. Die beiden inneren Unterzüge sind 11,55 m weit gespannt und müssen wegen der Lasteinzugsbreite von rund 6,60 m und der Durchbiegung eine Bauhöhe von etwa 1,20 m haben. Für Zu- und Abluftleitungen müssen in den Unterzügen Öffnungen vorgesehen werden. Die Plattendicke beträgt 20 cm.

Lösung 3: Eine günstigere Lösung gegenüber der vorausgehenden erhält man durch die Anordnung von 70 cm hohen Unterzügen im Abstand von 3,30 m und 16 cm dicken Platten. Die Auflagerung der weitgespannten Unterzüge direkt an den Stützen ergibt an dieser Stelle eine starke Konzentration von Bewehrungen in verschiedenen Richtungen wodurch der einwandfreie Einbau des Betons erschwert wird.

Lösung 4: Die bei Lösung 3 beschriebenen Nachteile lassen sich vermeiden durch eine Anordnung der weitgespannten Unterzüge in den äußeren Viertelspunkten der Außenunterzüge. Diese Variante wurde zur Ausführung bestimmt und als Mischkonstruktion hergestellt. Die Innenunterzüge sind vorgefertigte Verbundunterzüge (s. Bild 10.31), die Platten bestehen aus Gitterträgerplatten und Aufbeton mit einer oberen Bewehrung für die Durchlaufwirkung (s. Bild 10.21).

Im folgenden werden einige weitere Beispiele ausgeführter Decken aus Stahlbeton gezeigt (Bilder 10.40 bis 10.47), die nach verschiedenen Verfahren hergestellt sind.

Obwohl Bürohochhäuser nur einen kleinen Anteil an der Baumasse für Bürobauwerke ausmachen und insofern nicht als überwiegende Bauart für derartige Gebäude gelten können, so sind doch einige der zur Ausführung gelangten Deckenkonstruktionen beachtenswert und

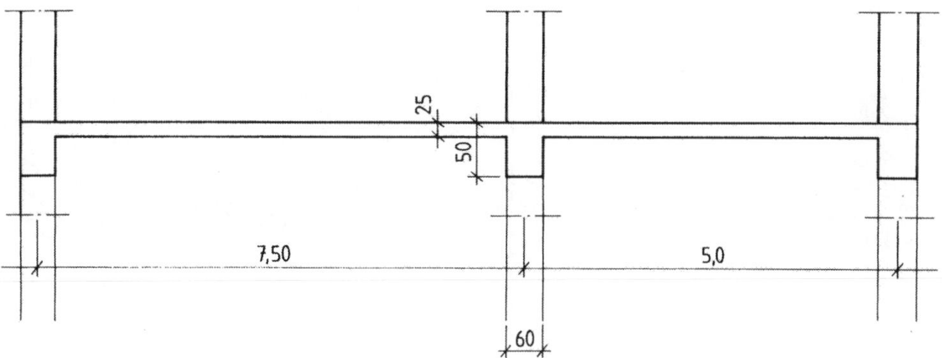

Bild 10.40 Bürohaus. Querschnitt einer Geschoßdecke. Unterzüge in Gebäudelängsrichtung. In Gebäudequerrichtung Durchlaufplatte über 2 Felder (Triton-Haus, Frankfurt am Main)

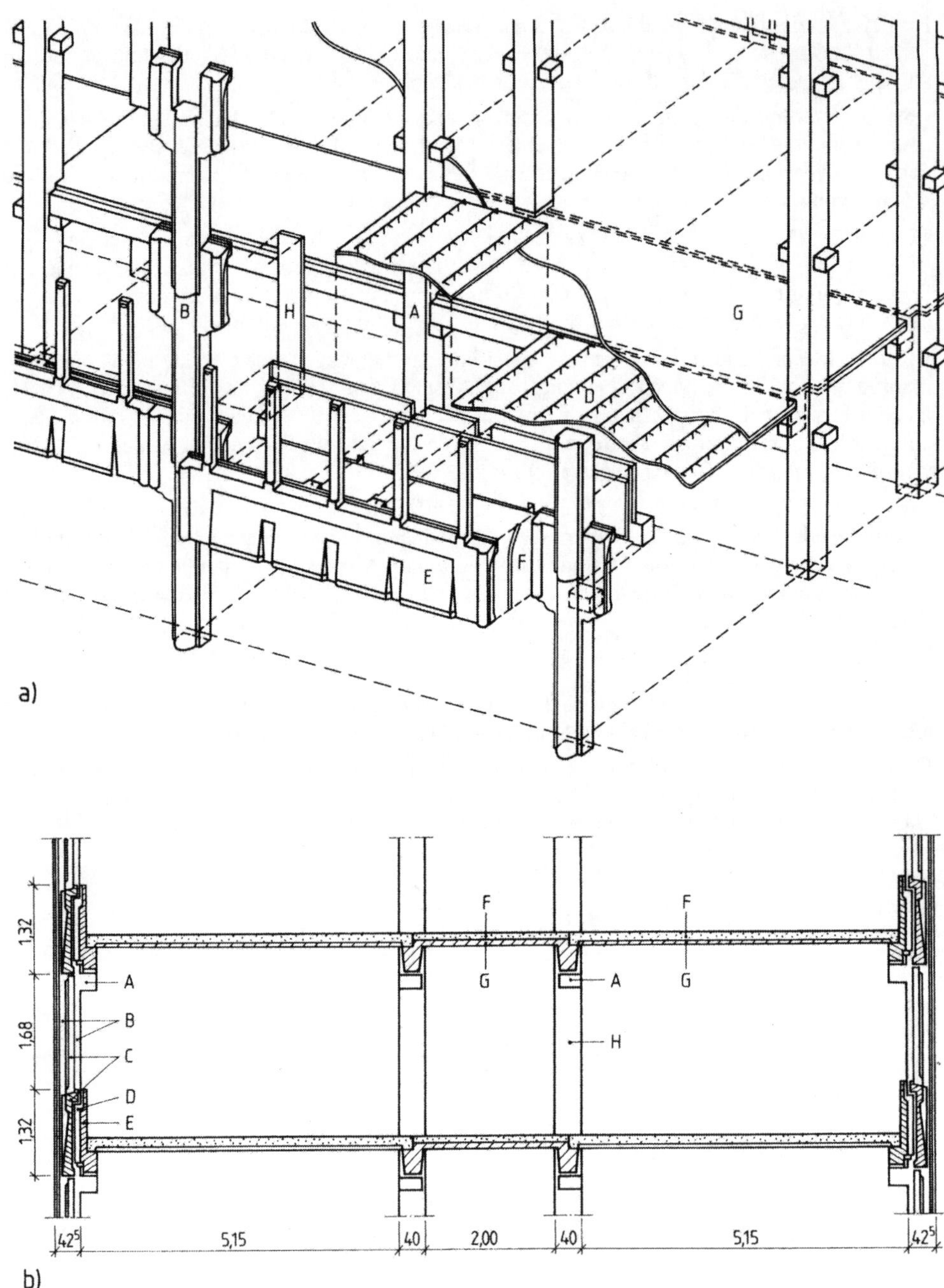

Bild 10.41 Deckenkonstruktion aus Stahlbetonfertigteilen, teilweise vorgefertigten Stahlbetonbauteilen (Gitterträgerdecken) und Ortbeton (Bürogebäude Züblin, Stuttgart, 1982):
a) Isometrische Ansicht, b) Querschnitt durch ein Geschoß

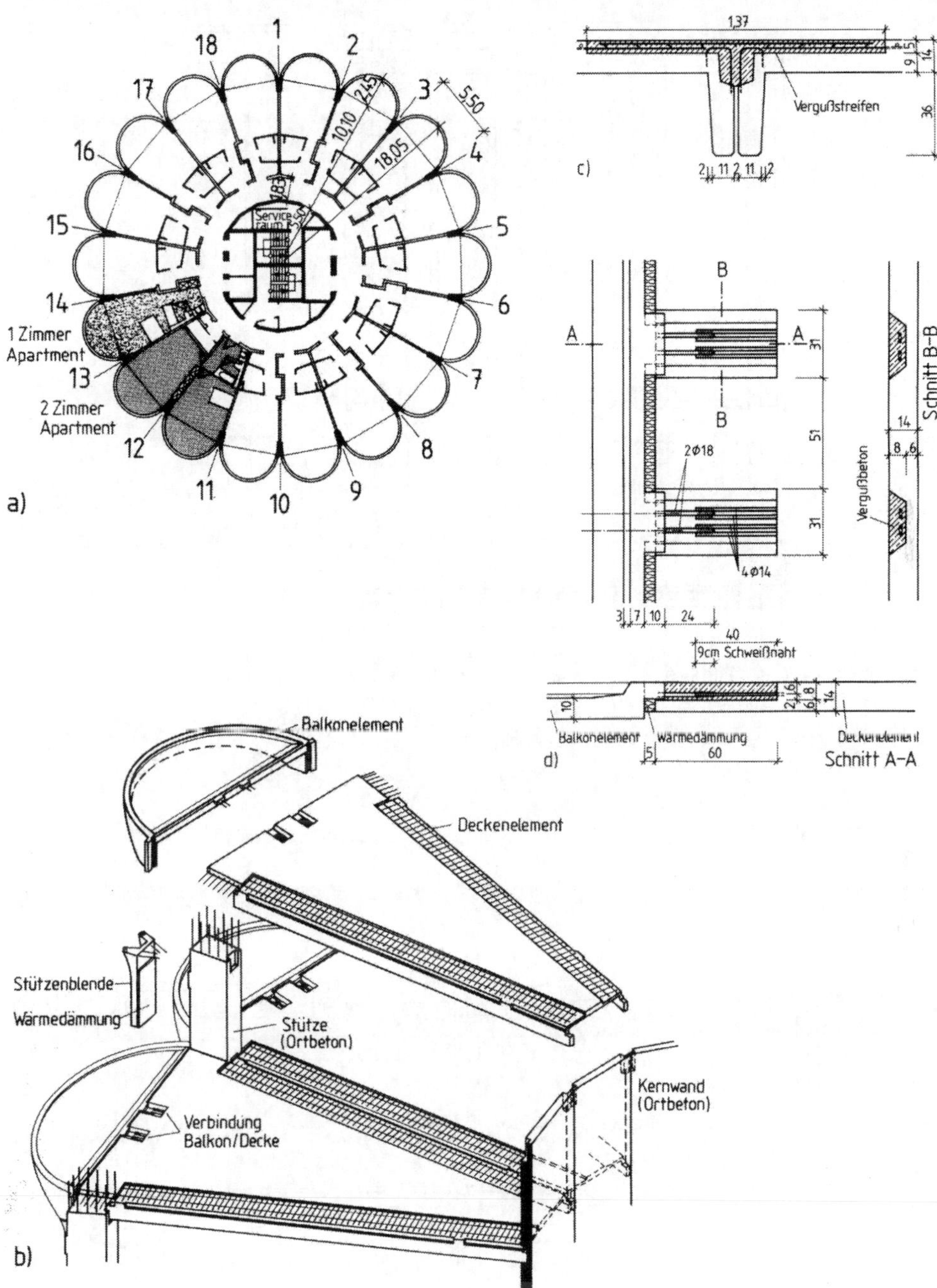

Bild 10.42 Hochhaus aus Stahlbetonfertigteilen (Hotel in Augsburg, 1971):
a) Grundriß, b) Isometrischer Ausschnitt der Decke mit überbreiten Plattenbalken b = 5,50 m, c) Stoß der Deckenplattenbalken, d) Verbindung zwischen Balkon- und Deckenelementen (verschweißte Betonstähle)

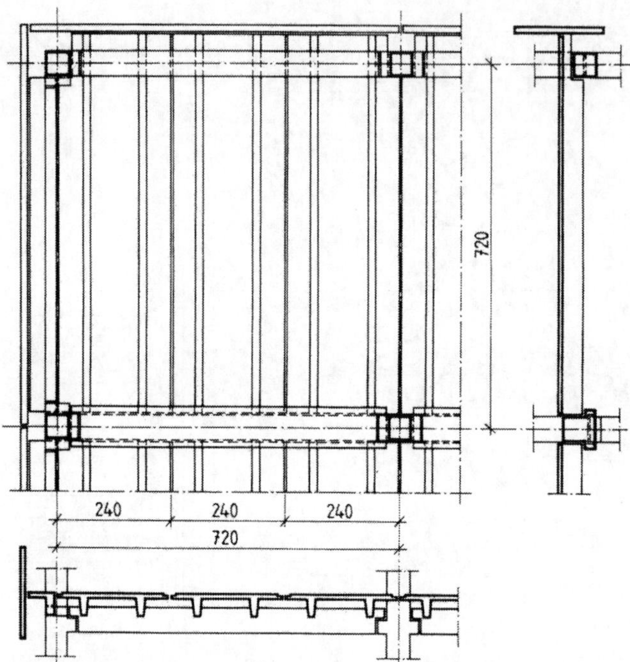

Bild 10.43 Decke aus Stahlbetonfertigteilen. Ausschnitt eines Rasterfeldes im Eckbereich (Universität Kaiserslautern, 1971)

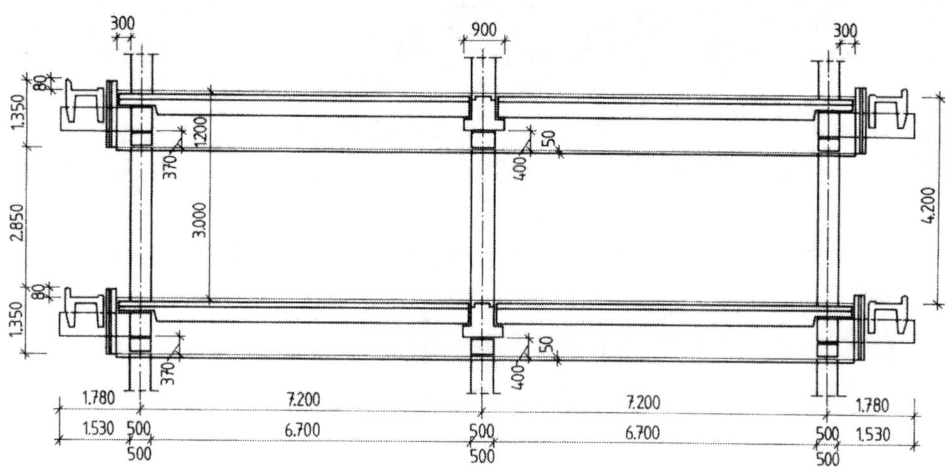

Bild 10.44 Decke aus Stahlbetonfertigteilen. Querschnitt eines Geschosses mit Fluchtbalkonen (Universität Kaiserslautern)

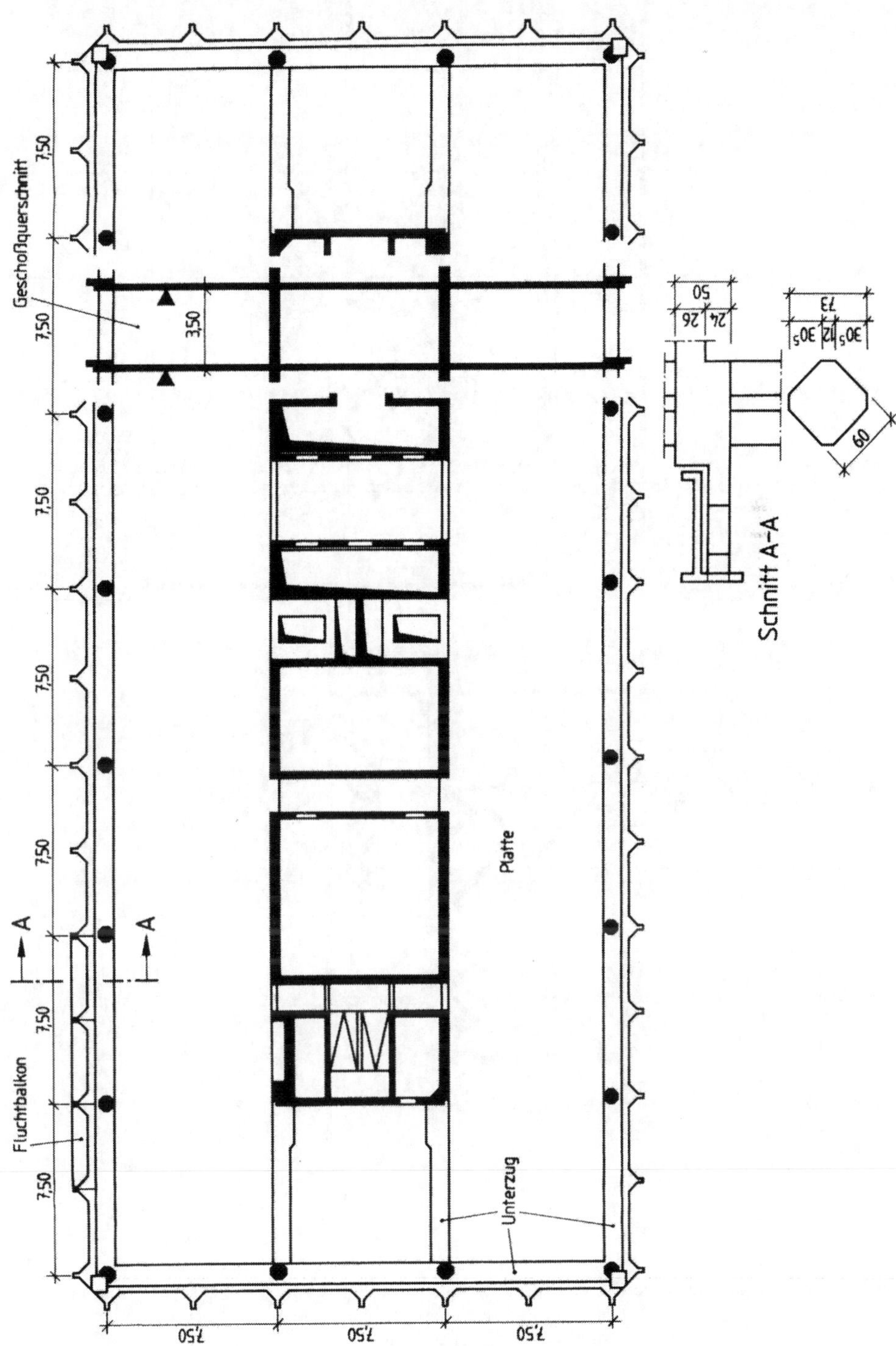

Bild 10.45 Grundriß eines Bürohochhauses (HOCHTIEF-Haus, Frankfurt am Main, 1967)

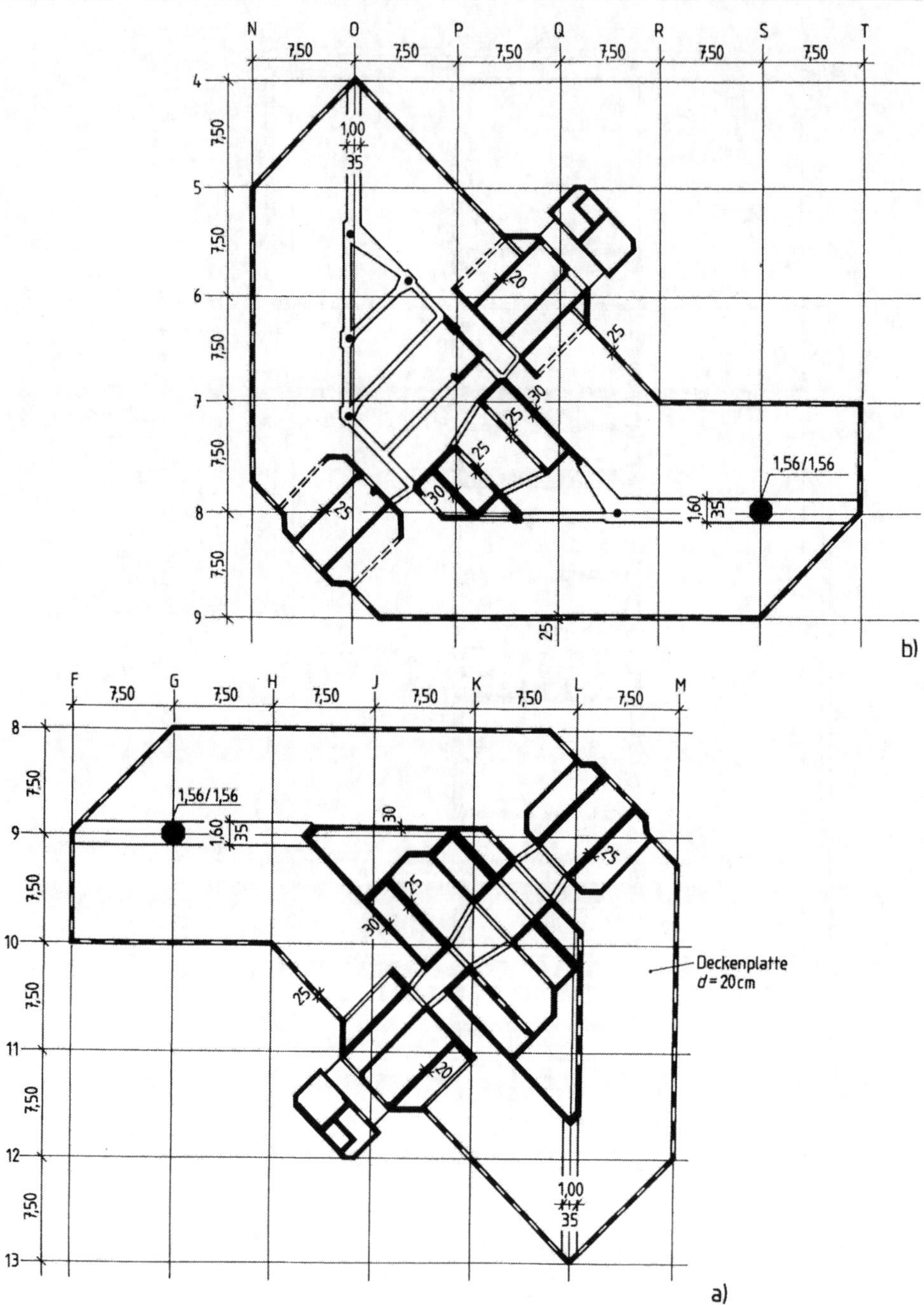

Bild 10.46 Turmgeschoßgrundrisse eines Bürohochhauses (Doppeltürme der Deutschen Bank, Frankfurt am Main, 1981). Außenfront tragende Stahlbetonwände. Deckenplatten über 7,50 m gespannt, innen Unterzüge und Stützen bzw. tragende Wände

a) Normalgeschoß, b) 27. bis 36. Geschoß im Turm A

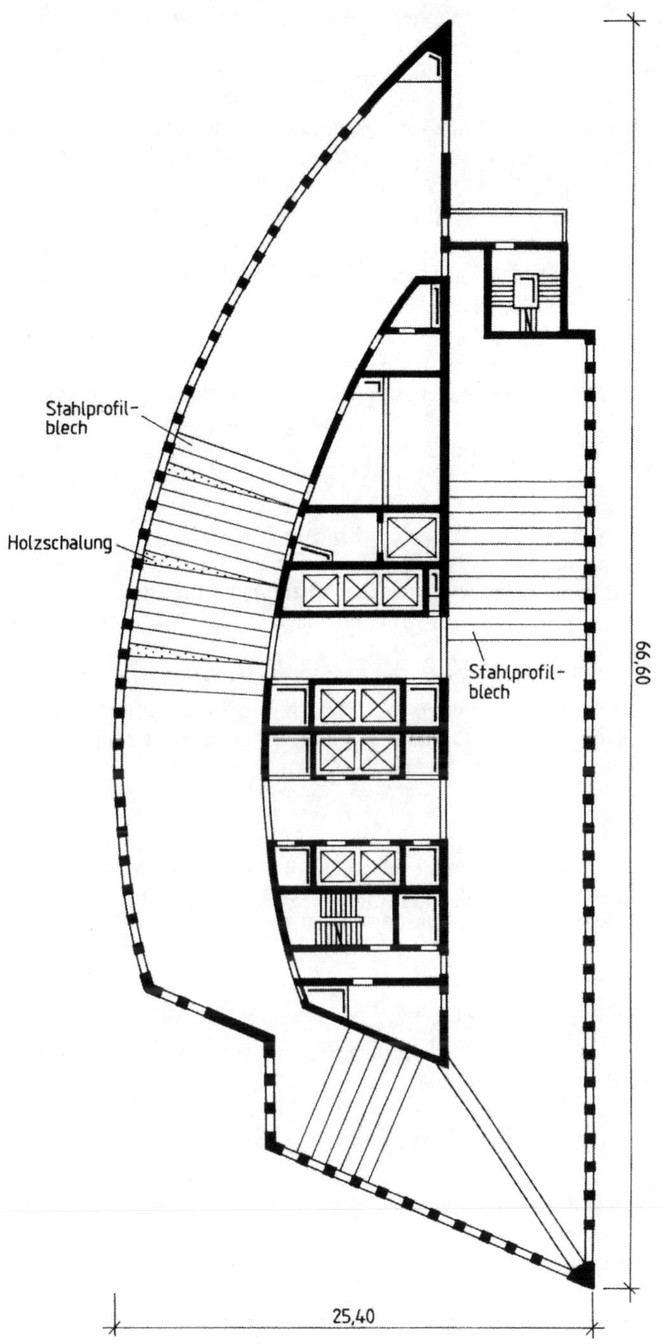

Bild 10.47 Hochhaus POLLUX in Frankfurt am Main, 1995. Grundriß mit teilweise dargestellter Lage der Stahlprofilverbundbleche (Breite 0,75 m)

beispielhaft. Denn sie sind das Ergebnis besonders eingehender Überlegungen zur Optimierung der gesamten Konstruktion und der Bauverfahren. Die Vielzahl der Geschosse sorgt für einen Wiederholungseffekt, der die Bauzeit reduziert. Möglichst geringe Bauhöhen der tragenden Deckenplatten kommen dem Platzbedarf für Installationen im Bereich von abgehängten Decken und aufgeständerten Fußböden entgegen. Geringe Bauhöhen der Geschosse und insbesondere des Deckenpaketes erfordern weniger Fassadenfläche und weniger zu erwärmendes oder zu kühlendes Raumvolumen.

Bei einigen in Frankfurt am Main errichteten Hochhäusern verwendete man für die Geschoßdecken aus Stahlbeton Trapezblechprofile als verlorene, d. h. am Bau verbleibende Schalungen. Für die insgesamt 24 cm dicken Platten des 257 m hohen Messeturms genügten 40 mm hohe Trapezbleche mit einer Blechdicke von 0,75 mm. Siehe auch Abschnitt 10.3.1.5.

Die Tragkonstruktion des 135 m hohen Hochhauses POLLUX in Frankfurt besteht wie der Messeturm aus einem innenliegenden Stahlbetonkern mit den vertikalen Ver- und Entsorgungsschächten, Aufzügen und Treppen und einer äußeren Lochfassade aus Stahlbeton. Die beiden zylindrischen Hüllen (bestehend aus den Umfassungswänden des Kerns bzw. dem mit Fensteröffnungen durchsetzten Außenwänden) sind durch die zahlreichen Geschoßdecken miteinander gekoppelt [65]. Die einachsig wirkenden Decken sind in die Innen- und Außenhülle eingespannt, so daß sich eine vergleichsweise geringe Durchbiegung ergibt. Bei Spannweiten von 7,60 bis 7,80 m beträgt die Bauhöhe der Decken nur 22 cm (Bild 10.47). Die Geometrie der Wände und Decken wurde ganz wesentlich durch die Bauverfahren und die Arbeitstakte bestimmt: Während die beiden Hüllen mit Kletterschalungen vorausliefen, wurden die Decken mit verlorener Schalung aus Stahlprofilverbundblechen hergestellt, die statisch mitwirken. Bild 10.76 zeigt die Verbunddecke.

Das 300 m hohe neue Gebäude der Commerzbank hat Deckenkonstruktionen in Stahlverbundbauweise [65]. Die 16 m weit gespannten und 56 cm hohen Stahlträger im Abstand von 3 m tragen im Verbund eine 13 cm dicke Decke aus Stahlleichtbeton auf Stahlprofilverbundblechen. Die hinterschnittenen Sicken dieses Bleches haben einen Abstand von 15 cm und sind 51 mm hoch.

10.2.3.4 Rippendecken

Stahlbetonrippendecken sind Plattenbalkendecken mit einem lichten Abstand der Rippen von höchstens 0,70 m (Bilder 10.48 und 10.49). Die Plattendicke darf nicht geringer sein als 1/10 des lichten Rippenabstandes und muß mindestens 5 cm betragen. Eine Anwendung kommt in Frage, wenn

- die Deckenspannweite mindestens 6 m beträgt,
- eine deutliche Minderung des Eigengewichtes gegenüber einer Decke mit vollem Queschnitt erforderlich ist, z. B. bei Hochäusern mit vielen Geschossen zur Abminderung der Stützen- und Fundamentlasten,
- der Wunsch besteht, die Deckenunterseite in die Raumgestaltung einzubeziehen,
- eine Verbesserung der Raumakustik gegenüber einer Stahlbetondecke mit ebener Untersicht zweckmäßig ist.

Die Räume zwischen den Rippen können auf verschiedene Weise ausgebildet werden, z. B.:

- Die Zwischenräume werden durch Schalungen erzeugt, die wieder entfernt werden. Es entsteht eine Stahlbetondecke, die auch in Sichtbetonqualität hergestellt werden kann.
- Einbau von leichten Verdrängungskörpern, die in der Decke verbleiben. Diese Konstruktionen erhalten in der Regel eine unterseitige Verkleidung (Bild 10.50).
- Auf eine durchgehende Betonplatte an der Deckenoberseite kann verzichtet werden, wenn man Deckenziegel nach DIN 4159 einbaut, die in Richtung der Rippen mittragen. Siehe hier zu Abschn. 10.2.3.5.

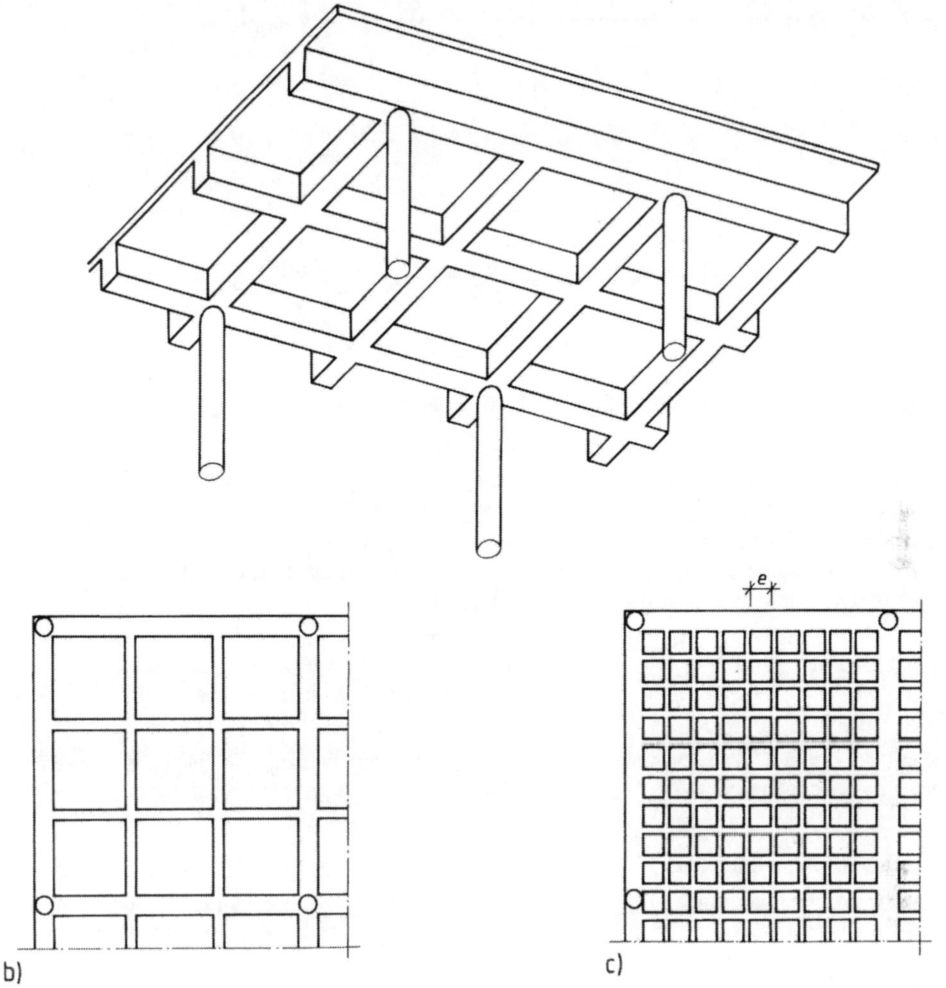

Bild 10.48 Zweiachsig gespannte Plattenbalkendecken (Kassettendecken)
a) Aufteilungen in 2 x 2 Kassettenfelder, b) Aufteilung in 3 x 3 Kassettenfelder, c) Aufteilung in 9 x 9 Kassettenfelder. Zweiachsig gespannte Rippendecke, wenn e ≤ 0,70 m

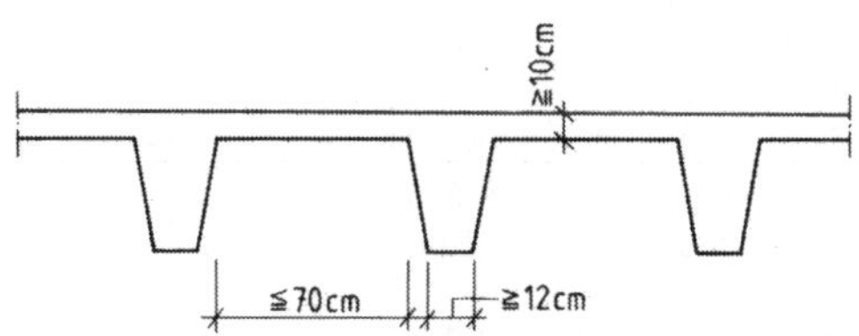

Bild 10.49
Stahlbetonrippendecke

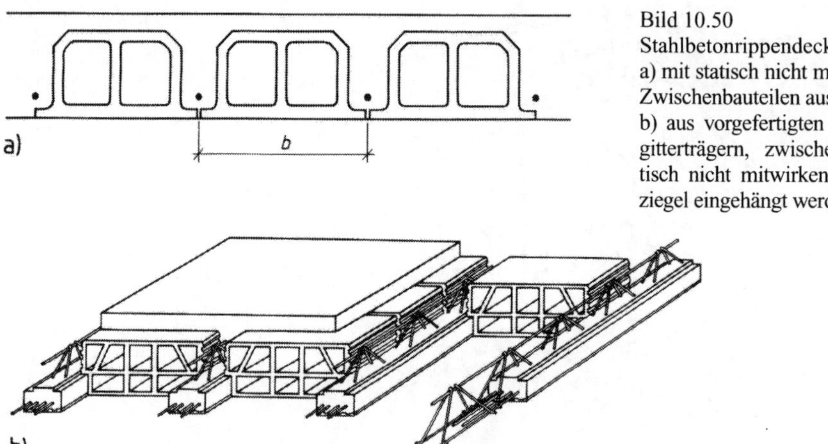

Bild 10.50
Stahlbetonrippendecke
a) mit statisch nicht mitwirkenden Zwischenbauteilen aus Beton;
b) aus vorgefertigten Stahlbetongitterträgern, zwischen die statisch nicht mitwirkende Deckenziegel eingehängt werden

Bei Stahlbetonrippendecken ergibt sich gegenüber Vollplatten mit der für diese typyischen Betonstahlmattenbewehrung und den ebenen Schalflächen ein Mehraufwand für das Ein- und Ausschalen sowie für den Einbau der Bewehrung (balkenartige Bewehrung aus Einzelstäben). Für die Mindestabmessungen bestehen bezüglich des baulichen Brandschutzes differenzierte Abstufungen nach DIN 4102-4, Abschn. 3.8 und 3.11.

Zu den Stahlbetonrippendecken zählen auch Gitterträgerdecken, an denen bei der Vorfertigung zwischen den Gitterträgern Verdrängungskörper befestigt werden, die von der dünnen Platte an der Unterseite verdeckt und am Bau von Ortbeton überdeckt werden (s. Abschnitt 10.2.3.1.2).

Stahlbetonrippendecken können auch zweiachsig gespannt werden. Es entstehen Kassettendecken, bei denen der lichte Abstand der Rippen nicht größer als 0,70 m sein darf (s. Bild 10.48 c)).

10.2.3.5 Stahlsteindecken

Stahlsteindecken sind nach DIN 1045 Decken aus Deckenziegeln, Beton oder Zementmörtel und Betonstabstahl. Die Deckenziegel müssen DIN 4159 entsprechen und haben eine Breite von 25 cm sowie Höhen von 16,5 oder 19,0 cm, was zugleich der Deckendicke entspricht. Bild 10.50 zeigt den Querschnitt durch eine Stahlsteindecke.

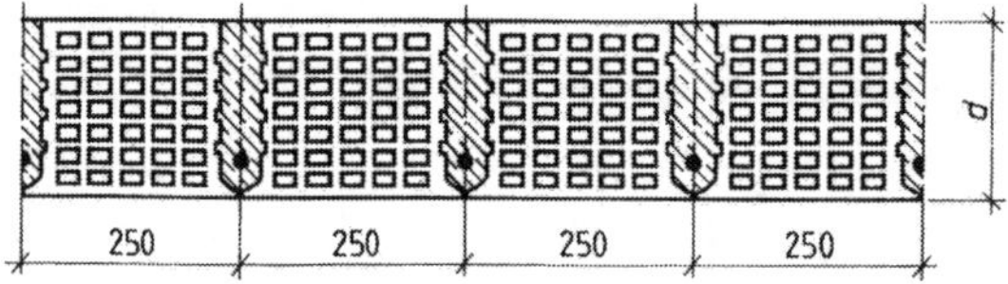

Bild 10.51
Stahlsteindecke

Stahlsteindecken sind einachsig gespannte Decken, die z. B. für Decken in Ein- und Zweifamilienhäusern angewendet werden können. Der Abstand der Bewehrungsstäbe darf 25 cm nicht übersteigen, weshalb zum Unterschied gegenüber Stahlbetonrippendecken (Abschn. 10.2.3.4) nur Deckenziegel bis zu 25 cm Breite einsetzbar sind. Bei Nutzlasten bis zu 3,5 kN/m^2 ist keine Querbewehrung erforderlich. Aus diesem Grunde werden Stahlsteindecken auch als vorgefertigte Plattenelemente bis zu 1,0 m Breite hergestellt und ohne zusätzliche Querbewehrung nebeneinander montiert. Die Längsfugen werden ebenso wie die Auflager mit Beton vergossen. Stahlsteindecken aus Ziegeln mit Lochkanälen haben gegenüber Stahlbetondecken einen günstigeren Wärmedurchlaßwiderstand $1/\Lambda$, i.M. 0,24 m^2 K/W, s. DIN 4108-4.

10.2.3.6 Pilzkopfdecken

Die Pilzkopfdecken haben am Übergang zwischen Stütze und Platte eine pilzkopfartige Verbreiterung. Nach DIN 1045 haben derartige Kopfausbildungen einen nachzuweisenden Einfluß auf das Tragverhalten, wenn der Durchmesser der Verstärkung größer ist als das 0,3fache der kleineren Plattenspannweite und die Neigung eines in die Stützenkopfverstärkung einbeschriebenen Kegels oder einer Pyramide gegen die Plattenmittelfläche mindestens 1:3 beträgt (Bild 10.52).

Im übrigen ist die Form des Pilzkopfes im Rahmen der festgelegten Grenzwerte beliebig. Am einfachsten lassen sich rechteckige Pilzköpfe ausführen (Bild 10.53).

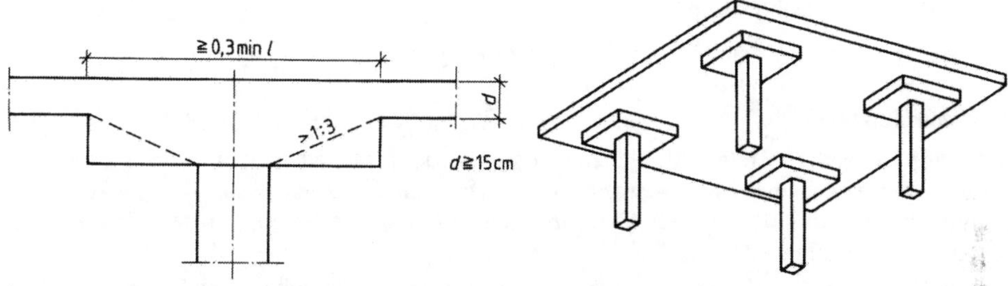

Bild 10.52 Bedingungen für die Formgebung eines Pilzkopfes

Bild 10.53 Pilzkopfdecke

10.2.3.7 Flachdecken

Flachdecken sind punktgestützte Stahlbetonplattendecken ohne Unterzüge und ohne verdickte Auflagerbereiche (Bild 10.54). Mit Flachdecken erzielt man innerhalb eines Geschosses eine gleichmäßige Lichtraumhöhe ohne störende Einschränkung durch Haupt- oder Nebenunterzüge.

Flachdecken ermöglichen

- eine freizügigere Führung der horizontalen haustechnischen Installationen und
- einen freizügigeren Ausbau mit leichten Trennwänden.

Flachdeckenkonstruktionen eignen sich für Deckenkonstruktionen mit mehreren Feldern in jeder Richtung und Stützenweitenverhältnissen

$$\sim 0{,}67 \leq lx/ly \leq 1{,}50.$$

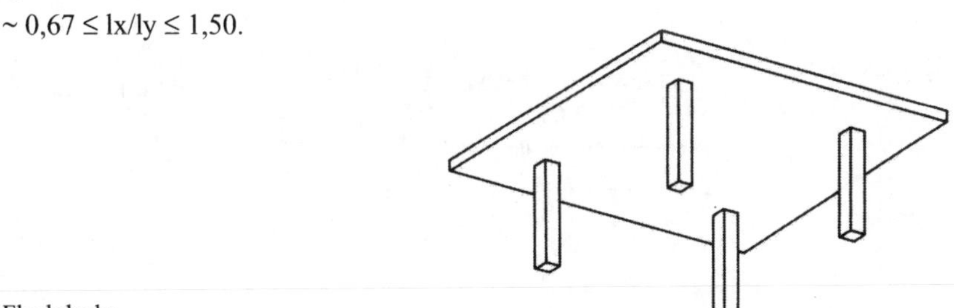

Bild 10.54 Flachdecke

Bei der Entscheidung zugunsten einer Flachdeckenkonstruktion sind folgende Fakten zu beachten:

- Eine ebene Untersicht ist nicht gleichbedeutend mit einer besonders einfachen Schalung. Die Deckenschalung sollte mit Überhöhungen hergestellt werden, um optisch den Durchbiegungen entgegenzuwirken (Vermeidung eines Steppdeckeneffektes).

- Die zu erwartenden Durchbiegungen von Flachdecken sind unter sonst gleichen Verhältnissen (Spannweiten, Plattendicke, Belastung) deutlich größer als bei einer Auflagerung auf Wänden oder Unterzügen.
- Bei erforderlichen schnellen Arbeitstakten müssen zumindest Teile der Schalung und ihre Unterstützung länger stehen bleiben, als bei Platten- und Plattenbalkendecken, um zu große Kriechverformungen des jungen Betons zu verhindern und die Betonierlasten des folgenden Geschosses besser abtragen zu können.
- Flachdecken sind vergleichsweise schwere Deckenkonstruktionen. Pilzkopfdecken sind leichter (s. Abschn. 10.2.3.6).
- Die Dicke der Flachdecke hängt ab von
  - den Spannweiten (Durchbiegungsbeschränkung),
  - den Stützendurchmessern (Durchstanzen) und
  - den Nutzlasten.

Bild 10.55 dient zur ersten Abschätzung der erforderlichen Dicke von Flachdecken. Die Deckendicke und damit das Eigengewicht kann reduziert werden, wenn die Decke vorgespannt wird, z. B. mit Monolitzen. Die Vorspannung ermöglicht größere Spannweiten und geringere Durchbiegungen.

Bei einer Flachdecke sind die Stützenabmessungen von weit ausschlaggebenderem Einfluß als bei Decken mit Unterzügen. Bei ein und derselben Spannweite erfordern dünne Stützen

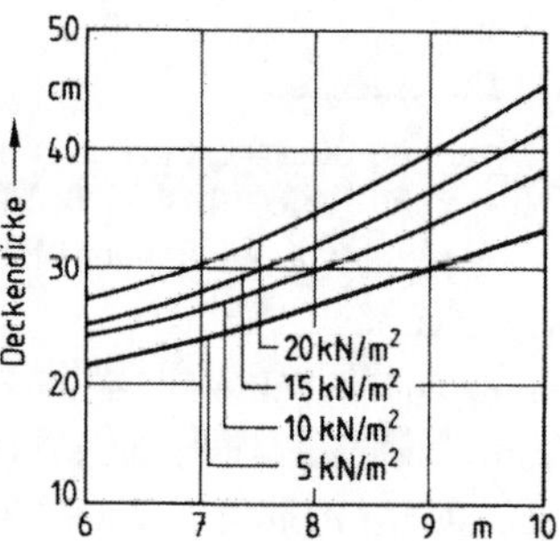

Bild 10.55 Beziehung zwischen Deckennutzlast, Stützenabstand und Deckendicke von Flachdecken (nach Falkner)

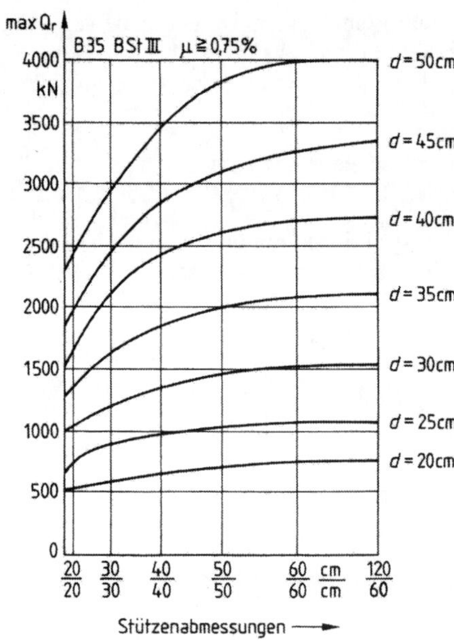

Bild 10.56 Größte aufnehmbare Deckenauflagerlasten in Abhängigkeit von der Deckendicke und dem Stützenquerschnitt (nach Firmenschrift deha)

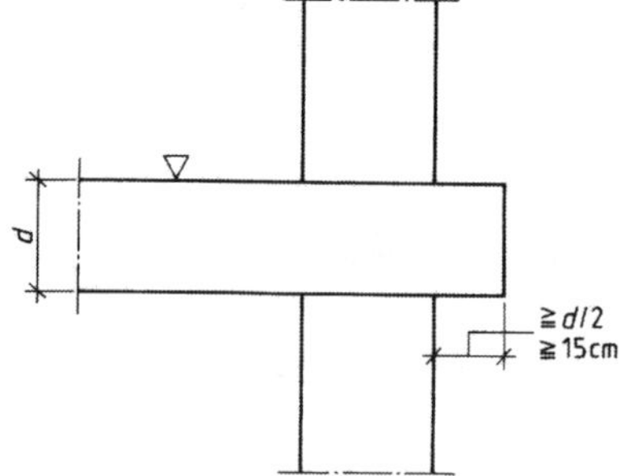

Bild 10.57 Lage des Randes einer Flachdecke gegenüber Randstützen

wegen der engeren Lastzusammenschnürung am Auflager proportional größere Deckenbauhöhen als dickere Stützen. Bild 10.56 zeigt mögliche Deckenbauhöhen in Abhängigkeit von den Stützenabmessungen und der Nutzlast.

Der freie Rand einer Flachdecke sollte stets gegenüber den Außenkanten der äußeren Stützen versetzt sein (Bild 10.57) wobei das Maß des Überstandes mindestens 15 cm betragen sollte; dieses ist aus Gründen einer einwandfreien Bewehrungsführung und zum Einbringen und Verdichten des Betons an den meist hoch beanspruchten Auflagerbereichen erforderlich.

10.2.3.8 Verschiedene Konstruktionsdetails

10.2.3.8.1 Auflagerung von Fertigteilen. Die Auflagerung vorgefertigter Platten, Balken und Plattenbalken erfolgt stets auf ausgleichenden und lastzentrierenden Lagerbauteilen. Besonders geeignet sind elastomere Werkstoffe. Unmittelbare Auflagerungen von vorgefertigten Deckenbauteilen auf Betonuntergründe sind zu vermeiden, weil infolge der niemals planparallelen und regelmäßig unebenen Berührungsflächen hohe Spitzendrücke entstehen können, die zu Absprengungen führen. Ebensowenig sind Auflagerungen in ein frisches Mörtelbett geeignet, weil dieses nicht federnd-gelenkig reagiert. Auch kann damit bei sofortiger Belastung keine Höhenjustierung erfolgen, weil der weichplastische Mörtel seitlich verdrängt wird. An elastomere Lagerbauteile werden die folgenden Anforderungen gestellt:

- Ausgleich nicht planparalleler Berührungsflächen,
- Ausgleich von begrenzten Unebenheiten durch Verwendung von elastomeren Lagern, die Unebenheiten durch dauerelasisch-federnde Verformungen und Materialeigenschaften ausgleichen können.

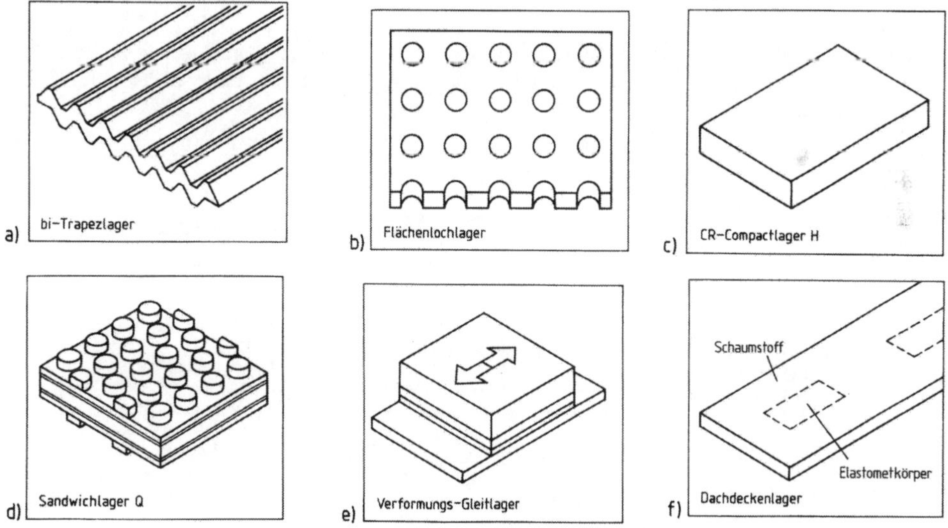

Bild 10.58 Beispiele elastomerer Lager für Deckenkonstruktionen (Fa. Calenberg-Ingenieure)
a) Unbewehrtes Ausgleichslager für geringe und mittlere Belastungen
b) Flächenlochlager für hohe Pressungen
c) Kompaktes unbewehrtes Lager für mittlere und hohe Pressungen, stark formabhängig
d) Mit einvulkanisierten Blechplatten bewehrtes Lager für hohe Pressungen mit Noppen zum Ausgleich von Querzugkräften infolge Lagerverformung.
e) Gleitlager bzw. Verformungsgleitlager
f) Dachdeckenlager zur unbehinderten Bewegung von Deckenplatten unter Flachdächern

- Steuerung der Lage der Lastübertragung im belasteten Fugenkern auch bei Lastumlagerungen (Verdrehungen).
- Das Lagerbauteil muß gegenüber Bauteilkanten stets um einige cm zurückversetzt sein.
- Möglichkeit der Auflagerverdrehung.
- Möglichkeit der Auflagerverschiebung an Dehnfugen (Verwendung von Gleitlagern).
- Dauerhaftigkeit.

Der Höhenausgleich kann mit dünnen, verzinkten Blechen erfolgen, deren Fläche stets etwas größer sein muß als das unbelastete Elastomerlager. Die Blechplatten können in Mörtel eingelegt werden, der vor der Belastung erhärtet sein muß. Bild 10.58 zeigt verschiedene Beispiele elastomerer Lager für Deckenkonstruktionen. Ausführliche Hinweise über Anforderungen an die Eigenschaften von Lagern, ihre Bemessung und bauliche Durchbildung finden sich in DIN 4141 – Lager im Bauwesen – sowie in den allgemeinen bauaufsichtlichen Zulassungen einzelner Lagertypen.

10.2.3.8.2 Auflagertiefen. Die erforderlichen Auflagertiefen von direkt gestützten und stützenden Bauteilen aus Stahlbeton werden leicht unterschätzt. Es sind folgende Einflußgrößen zu berücksichtigen, damit Schäden sicher ausgeschlossen werden können:

- Seitenabmessungen des elastomeren Lagers in Abhängigkeit von den einwirkenden Lasten und Verformungen.
- Freiräume für positive/negative Längenänderungen des aufliegenden/stützenden Bauteils.
- Erforderliche Verankerungslängen nach DIN 1045 der über die Auflager zu führenden Bewehrungsstäbe im aufliegenden und stützenden Bauteil.
- Berücksichtigung der Betondeckungen an den Stirnseiten der Bauteile, der Lastausbreitungswinkel der gepreßten Kontaktflächen, der erforderlichen Fugenzwischenräume sowie der Berücksichtigung von unvermeidlichen Maßabweichungen der zugeordneten Teile und ihrer Bewehrungen.

Bei Balkenauflagern in Deckenkonstruktionen benötigt man bei einer direkten Stützung (Bild 10.59) mindestens 25 cm Auflagertiefe.

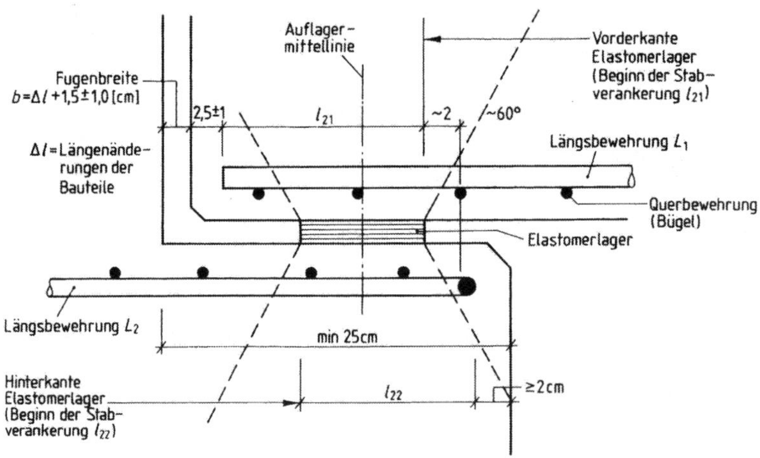

Bild 10.59 Direktes Auflager eines vorgefertigten Stahlbetonunterzuges auf einer Konsole. Komponenten der erforderlichen Auflagertiefe

Bei Platten, die an Ort und Stelle betoniert werden, muß die Auflagertiefe nach DIN 1045 mindestens betragen:

- auf Mauerwerk 7 cm,
- auf Stahlbeton 5 cm,
- auf Stahlträgern, wenn die Stützweite der Platte nicht größer ist als 2,5 m 3 cm.

Bei Verwendung zentrierender und ausgleichender Lager sowie aus den oben genannten Gründen ergeben sich bei Platten in der Regel Auflagertiefen von mindestens 12 cm.

10.2.3.8.3 Fugen. Dehn- bzw. Bewegungsfugen in großflächigen oder langgestreckten Deckenkonstruktionen und am Übergang zu angrenzenden anderen Baukörpern sollen überbreite Risse an nicht immer vorhersehbaren Stellen und irreparable Schäden am Gesamtbauwerk verhindern. Die Erfordernis von Dehn- bzw. Bewegungsfugen kann sich aus den folgenden Gründen ergeben:

- Verhinderung von Zwängungen infolge Schwinden des jungen Betons. Fugenabstand 15 bis 30 m.
- Verhinderung von Zwängungen infolge positiver und negativer Längenänderung aus Temperaturänderungen gegenüber dem Zeitpunkt der Herstellung. Die Längenänderung beträgt 0,01 mm je m und K.
- Längenänderung infolge Brandeinwirkung. Der Abstand der Fugen bzw. die freie Dehnlänge soll 30 m nicht überschreiten (Bild 10.60). Die wirksame Fugenbreite soll bei normaler Brandbelastung a/1200, bei erhöhter Brandbelastung und möglicher langer Branddauer a/600 betragen, wobei a der Abstand der Dehnfugen ist.

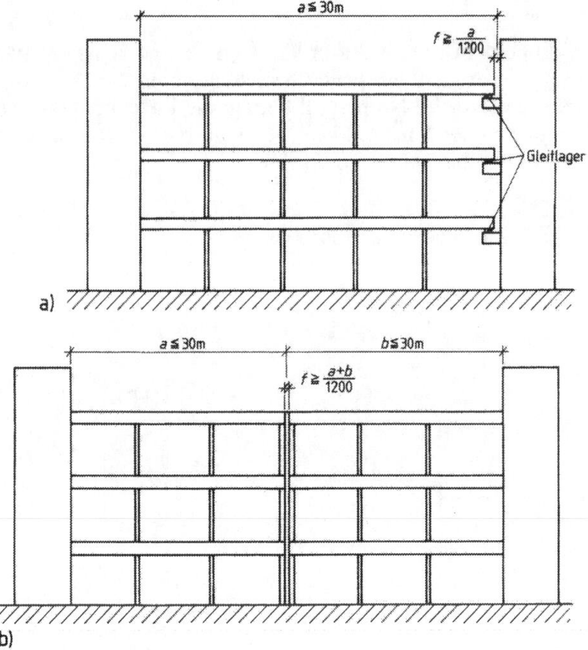

Bild 10.60 Beispiele für die Anwendung von Dehnfugen zwischen zwei Festpunkten (Treppenhäuser)
a) Deckenkonstruktion mit maßgebender Dehnlänge a ≤ 30 m, b) mit maßgeblicher Dehnlänge a + b > 30 m; Trennung in Dehnlängen a und b ≤ 30 m mit Doppelstützen.

- Verhinderung der Übertragung von Körperschall (z. B. Trittschall zwischen angrenzenden Einfamilienhäusern) sowie von Erschütterungen und Schwingungen von Maschinen (Bild 10.61).
- Trennung von Deckenabschnitten und Konstruktionsteilen zur Behinderung der Wärmeübertragung zwischen Innen- und Außenbauteilen. Der Fugenzwischenraum ergibt sich aus der Dicke des in die Fuge einzubauenden Wärmedämmstoffes.
- Verhinderung von Zwängungen aus unterschiedlichen Durchbiegungen benachbarter Deckenteile.
- Ausgleich von unvermeidlichen, jedoch begrenzten Maßabweichungen der die Fugenflanken bildenden Bauteilkontur.
- Verhinderungen von Zwängungen zwischen benachbarten Baukörpern infolge unterschiedlicher oder zeitlich versetzter Gründung oder Setzungserwartung (Bild 10.61).

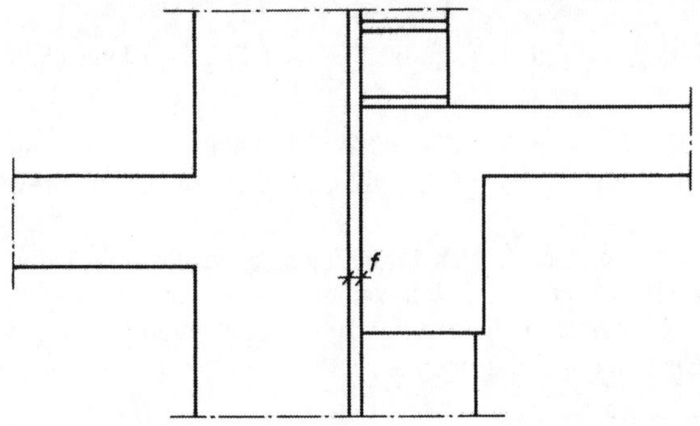

Bild 10.61
Beispiel einer Bewegungsfuge zwischen zwei benachbarten, voneinander unabhängig gegründeten Gebäuden.

Fugen in Deckenkonstruktionen müssen bei Anforderungen an eine Feuerwiderstandsklasse – meistens F90 – so beschaffen sein, daß ein Feuerüberschlag durch die Decke nicht vor dem Ablauf von 90 Minuten erfolgt [58]. Im Normalfall beträgt die Fugenbreite bis zu f = 25 mm und wird mit Mineralfaserplatten der Baustoffklasse A (nicht brennbar) ausgefüllt. Dabei soll die Ausgangsdicke dw der Mineralfaserplatten betragen

$$d_W \geq 1{,}2 \cdot f + 10 \text{ mm}.$$

Die Einbauhöhe t in Richtung der Deckendicke soll betragen

$$t_w \geq 70 \text{ mm}.$$

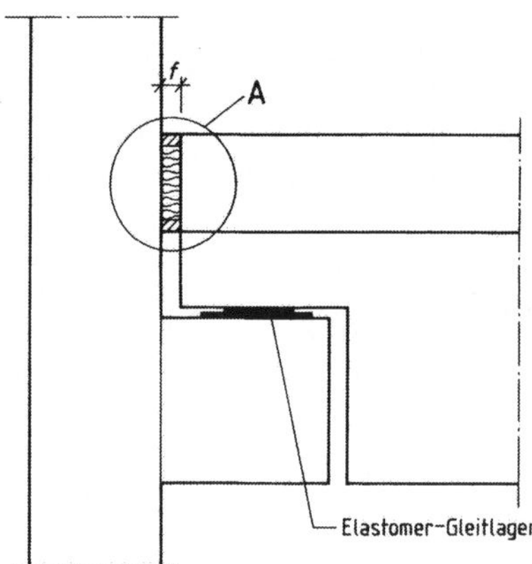

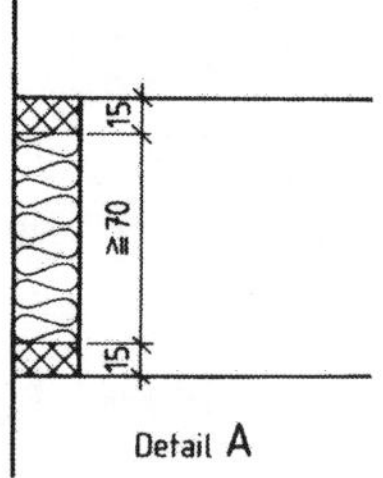

Bild 10.62
Beispiel einer Dehnfuge mit Gleitlager und feuerbeständigem Fugenverschluß aus Mineralwolle und Fugendichtmasse

Außerdem soll die Fuge oben und unten mit Fugendichtungsmasse in einer Dicke von $t_f \geq 15$ mm verschlossen werden. Je nach der erwarteten Bewegung und Form der Fuge muß der Fugenfüllstoff ein- oder beidseitig an die Fugenflanken geklebt werden (Bild 10.62).

Bei der Herstellung des Fugenraumes werden häufig Hilfsmittel verwendet, z. B. Holztafeln, Hartschaumplatten oder bitumengetränkte Dämmplatten. Diese Materialien müssen bei Dehnfugen nach dem Erhärten des Betons unbedingt entfernt werden, weil ihre geringe Zusammendrückbarkeit den erforderlichen Bewegungsspielraum verhindern kann. Ferner ist dafür Sorge zu tragen, daß bei der Bauausführung im Fugenraum keine harten Fremdkörper (z. B. Mörtelreste, Kieselsteine) verbleiben.

10.2.3.8.4 Wärmedämmung von Deckenrändern. Besondere Bedeutung kommt der bauphysikalisch richtigen Ausbildung von Deckenrändern bezüglich der Wärmedämmung zu. Die Bilder 10.63, 10.64, 10.65 enthalten verschiedenen Ausführungsbeispiele und die Ergebnisse der Wärmedurchgangsberechnungen nach [61]:

Balkonplatte leichtes Außenpaneel, Deckenunterseite gedämmt

Material		Dicke	Schicht	Ergebnis
				$k = 0{,}49$ W/m²K
3.1	FZ-Platte	4	1	$k_l = 0{,}92$ W/m K
5.6	Glaswolle	70	2	$\Delta l = 1{,}89$ m
3.3	FZ-Platte	4	3	
6.1.1	Holz		4	$\min\vartheta = 10{,}0$ °C
2.1	Beton	150	5	
5.5.2	PS-Schaum	30	6	Minimaltemperatur an der Deckenunterseite
2.1	Beton	170	7	
5.5.1	PS-Schaum	20	8	

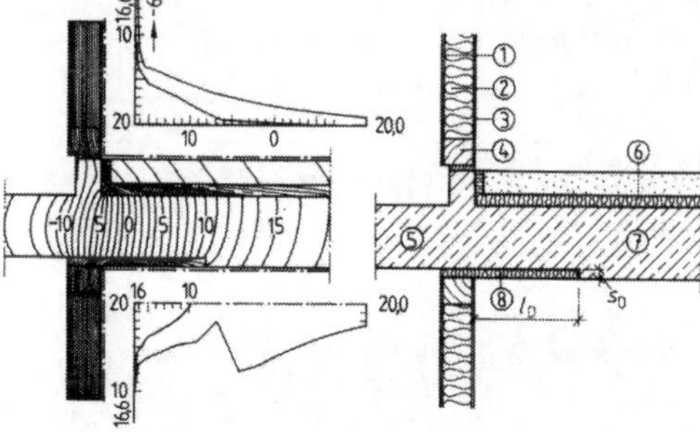

Diskussion:

Die Temperatur min am Ende des Dämmstreifens läßt sich durch eine Breite desselben von ca. 0,5 m erheblich anheben. Die Temperatur an der Kante dagegen ist von der zusätzlichen Dämmaßnahme praktisch unabhängig (da durch die Wandkonstruktion bedingt).

Die Wärmeverluste sind gekennzeichnet durch k_l-Werte zwischen 0,8 und 1,1 und oberhalb einer Streifenbreite von 0,5 m praktisch konstant.

Parametervariation Parameter: Länge der unterseitigen Dämmung l_D
Dicke der unterseitigen Dämmung S_D

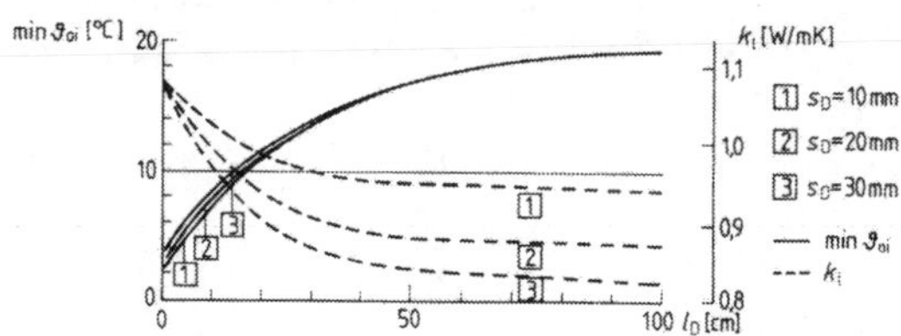

Bild 10.63 Balkonplatte leichtes Außenpaneel, Deckenunterseite gedämmt

Balkonplatte Wand außengedämmt, hinterlüftet

Material		Dicke	Schicht	Ergebnis
				k = 0,56 W/m^2K
				k_l = 0,62 W/m K
	Außenhaut		1	Δl = 1,11 m
5.6	Min.-Wolle	50	2	min ϑ = 12,1 °C
4.2	KS-Mauerwerk	300	3	
2.1	Beton	150	4	
5.5.2	PS-Schaum	30	5	
2.1	Beton	170	6	

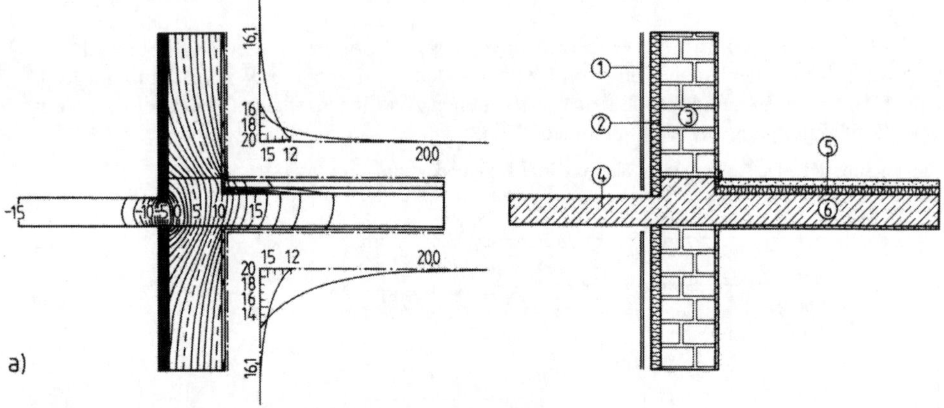

Balkonplatte Wand kerngedämmt, thermische Trennung

Material		Dicke	Schicht	Ergebnis
„Iso-Korb“			0	k = 0,49 W/m^2K
				k_l = 0,34 W/m K
4.2	Mauerwerk	115	1	Δl = 0,70 m
5.6	Min.-Wolle	50	2	min ϑ = 14,8 °C
4.2	KS-Mauerwerk	175	3	
2.1	Beton	150	4	
5.5.2	PS-Schaum	30	5	
2.1	Beton	170	6	

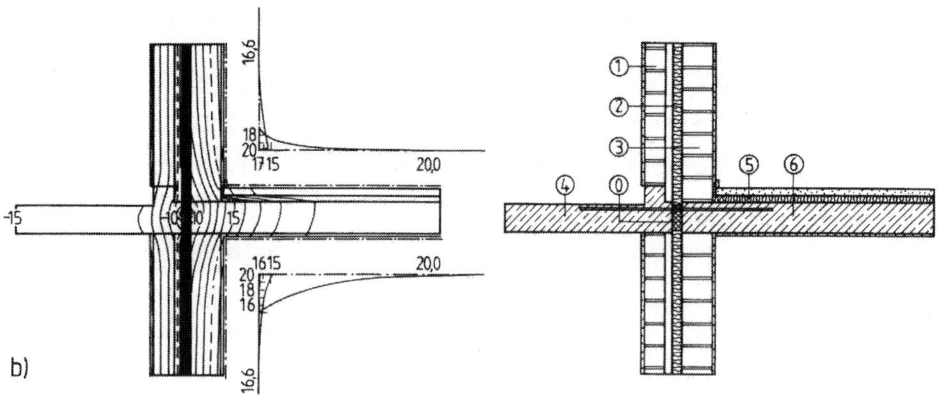

Bild 10.64 Balkonplatten mit gedämmten Mauerwerk
a) durchlaufende Platte, b) thermisch getrennte Platten

Deckenanschluß Mauerwerk monolithisch mindestgedämmt, Decke durchgehend

Material	Dicke	Schicht	Ergebnis
			k = 1,24 W/m²K
KS-Mauerwerk	365	1	k_l = 0,57 W/m K
PS-Schaum	30	2	Δl = 0,46 m
Beton	175	3	min ϑ = 9,3 °C

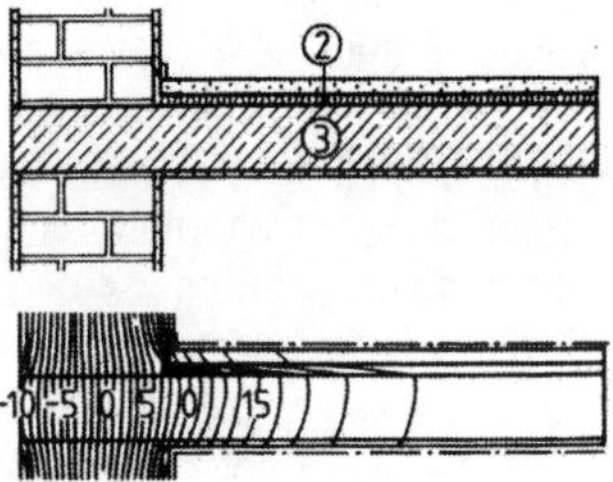

Deckenanschluß Mauerwerk monolithisch mindestgedämmt, Decke durchgehend, unterseitig gedämmt

Material	Dicke	Schicht	Ergebnis
			k = 1,24 W/m²K
KS-Mauerwerk	365	1	k_l = 0,51 W/m K
PS-Schaum	30	2	Δl = 0,41 m
Beton	175	3	min ϑ = 9,5 °C
PS-Schaum	20	4	

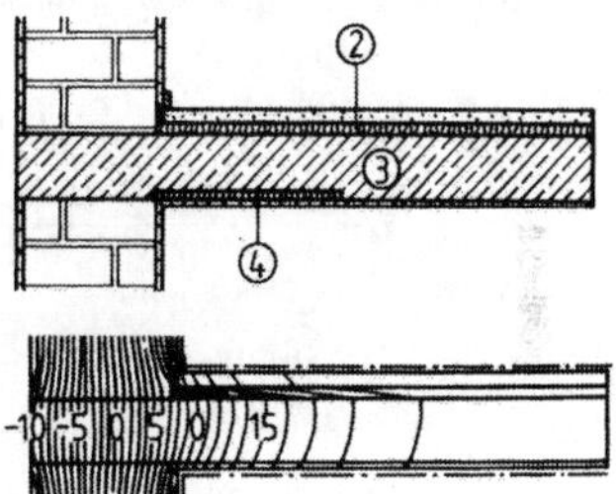

Deckenanschluß Mauerwerk monolithisch, Decke eingebunden, stirnseitig gedämmt

Material	Dicke	Schicht	Ergebnis
			k = 0,72 W/m²K
lHlz (0,33)	365	1	k_l = 0,34 W/m K
PS-Schaum	30	2	Δl = 0,43 m
Beton	175	3	min ϑ = 14,0 °C
PS-Schaum	20	4	

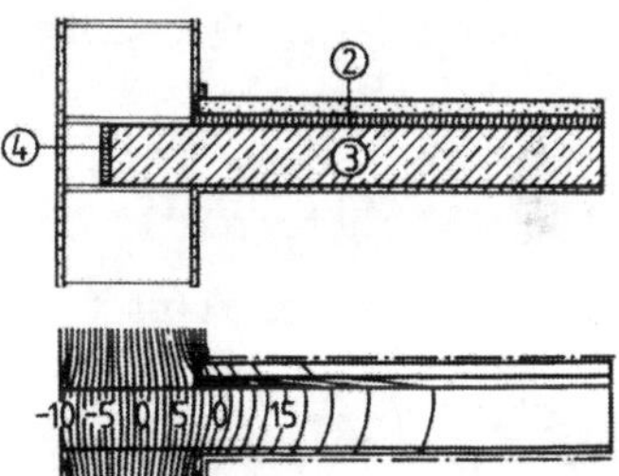

Deckenanschluß Mauerwerk außengedämmt, Decke durchgehend, stirnseitig gedämmt

Material	Dicke	Schicht	Ergebnis
			k = 0,76 W/m²K
KS-Mauerwerk	365	1	k_l = 0,25 W/m K
PS-Schaum	20	2	Δl = 0,33 m
PS-Schaum	30	3	min ϑ = 14,8 °C
Beton	175	4	
PS-Schaum	20	5	

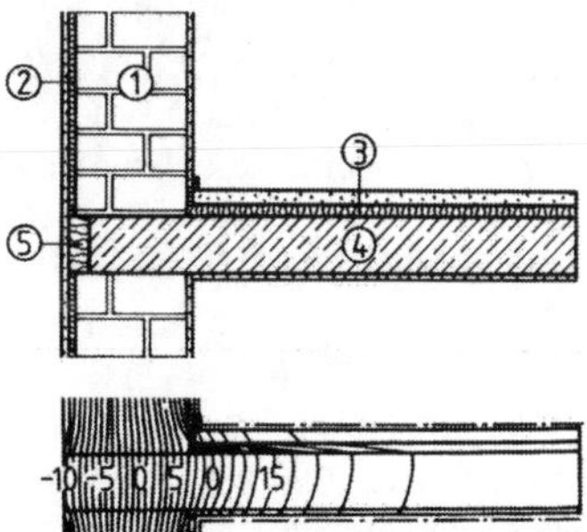

Bild 10.65 Verschiedene Auführungen Decke/Außenwand

Die Stahlbetonplatten von Vordächern, Balkonen und Loggien sind überwiegend Bestandteile des Deckentragwerks, das zum größten Teil im Gebäudeinneren liegt. Auf Grund der thermisch unterschiedlichen Beanspruchung von außen- und innenliegenden Bereichen kann es zu Dehnungsbehinderungen, Wärmeverlusten und Feuchtigkeitsschäden infolge Taupunktverlagerungen zur Gebäudeinnenseite hin kommen (s. Bild 10.64 a). Es ist deshalb vorteilhaft, die außenliegenden Stahlbetonplattenbereiche von den innenliegenden zu trennen, da eine vollständige Umhüllung einer Platte mit einer z. B. 5 cm dicken Wärmedämmschicht an der Unter- und Oberseite sowie an den Seitenflächen aus konstruktiven Gründen zu aufwendig ist.

Am einfachsten ist eine selbständige Auflagerung der außenliegenden Platten und das Einfügen einer mindestens 5 cm breiten wärmedämmenden Fuge zwischen innerer und äußerer Platte (Bild 10.66). Wenn sich auskragende Platten bzw. deren Einspannung in die Decke nicht vermeiden lassen, kann eine Lösung nach Bild 10.64b erfolgen. An der Einspannstelle wird der Beton auf eine Länge von etwa 5 cm durch einen Wärmedämmstoff ersetzt. Die erforderliche Schub- und Biegetragfähigkeit wird wie üblich von der Bewehrung und wenigen Druckkontaktpunkten in der unteren Querschnittshälfte übernommen. Die Bewehrung muß an der Durchgangsstelle dauerhaft gegen Korrosion geschützt sein (z. B. nichtrostender Stahl).

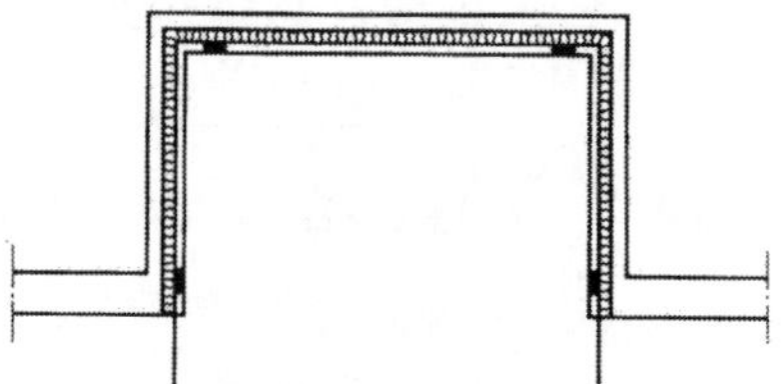

Bild 10.66
Freiliegende Stahlbetonplatte einer Loggia. Vollständige Trennung von der Deckenkonstruktion durch wärmedämmende Fuge. Auflagerung auf vier Elastomerlagern

10.2.3.8.5 Schallschutz durch Stahlbetondecken. Decken aus Stahlbeton erbringen aufgrund ihrer Masse eine gute Luftschalldämmung. Je dicker die Decke, desto besser wird der Luftschall gedämmt. Dies gilt nicht für den Trittschall. Eine Trittschalldämmung erreicht man durch schallbrückenfrei aufgebrachte Deckenauflagen, z. B. schwimmende Estriche und weichfedernde Bodenbeläge.

10.3 Deckenkonstruktionen mit Baustahl

10.3.1 Konstruktionselemente

Kennzeichnend für eine Deckenkonstruktion mit Baustahlelementen ist die Verwendung vorgefertigter Teile. Diese werden in der Werkstatt einbaufertig vorbereitet und nach der Montage an der Baustelle durch weitere Bauteile, z. B. Stahlbetonplatten ergänzt. Insofern gleicht die Methodik der Stahlbaukonstruktion der des Stahlbetonfertigteilbaus. Die Vorfertigung erfolgt allerdings weniger mit dem Ziel, den Arbeitsaufwand an der Baustelle zu reduzieren. Vielmehr ist ein großer Anteil der erforderlichen Arbeiten an Bearbeitungsverfahren gebunden, die üblicherweise in stationären Werkstätten erfolgen: Ablängen von Profilstählen, Zuschneiden von Blechen, Anreißen von Bohrungen, Ausführen der Bohrungen. Dies betrifft vor allem auch die Herstellung geschweißter Bauteile, die vorzugsweise in wettergeschützten Räumen ausgeführt werden, um eine gute Qualität der Schweißarbeiten sicherzustellen. Ausführlichere Literatur z. B. [52], [62], [63] sowie DIN 18800 [12] und DIN 18801 [13].

10.3.1.1 Walzprofile

Walzprofile werden in verschiedenen, genormten Profilformen und -größen hergestellt; die für Deckenkonstruktionen am häufigsten verwendeten enthält Tafel 10.2. Als Stahlsorten sind St 37 und St 52 üblich.

Tafel 10.2 Walzprofile

Form	DIN	Bezeichnung
 I	1025 Blatt 5	IPE Mittelbreite I-Träger
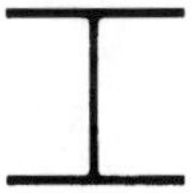 I	1025 Blatt 3	HEA Breite I-Träger, leichte Ausführung
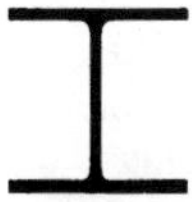 I	1025 Blatt 2	HEB Breite I-Träger
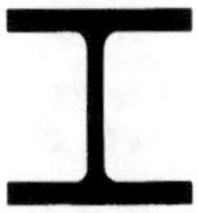 I	1025 Blatt 4	HEM Breite I-Träger, verstärkte Ausführung
[	1026	U U-Träger
 L	1028	L Gleichschenkliger rundkantiger Winkelstahl
 L	1029	L Ungleichschenkliger rundkantiger Winkelstahl

10.3.1.2 Geschweißte Vollwandträger

Aus konstruktiven und beanspruchungsmäßigen Gründen kann es erforderlich sein, Trägerquerschnitte aus Einzelblechen, Teilquerschnitten von in Längsrichtung durchtrennten Walzprofilen oder aus einer Kombination von Walzprofilen und Blechen zusammenzuschweißen. Bild 10.67 a zeigt einen I-Träger mit besonders breiten und dicken Gurtungen, Bild 10.67 b einen I-Träger mit unterschiedlichen Gurten, der z. B. bei Verbundträgern günstig sein kann. Bei hohen Querkräften können besonders dicke Stegbleche erforderlich werden, siehe Bild 10.67 c. Wegen der aufwendigeren Verschweißung dicker Bleche werden stattdessen zwei, seltener drei Bleche normaler Dicke (bis 20 mm) zu Gurtpaketen verschweißt (Bild 10.67 d). Man kann die Stege von IPE-Trägern in Längsrichtung gerade oder trapezzahnförmig schneiden und durch Zwischenfügen von weiteren Stegblechteilen oder gegenseitigen Versatz zu Trägern größerer Bauhöhe zusammenschweißen (Bild 10.68).

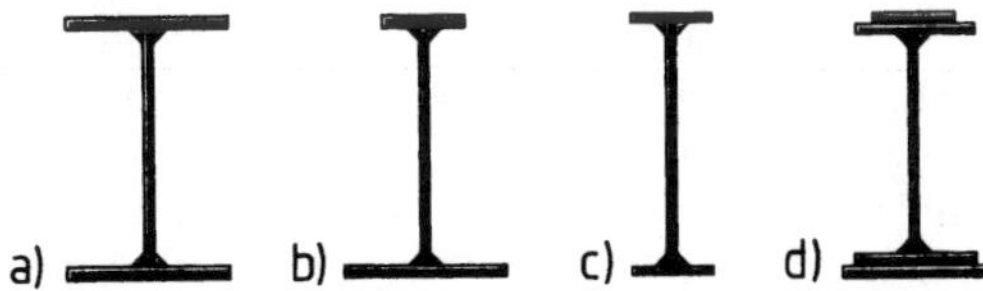

Bild 10.67
I-Träger, aus Blechen zusammengeschweißt

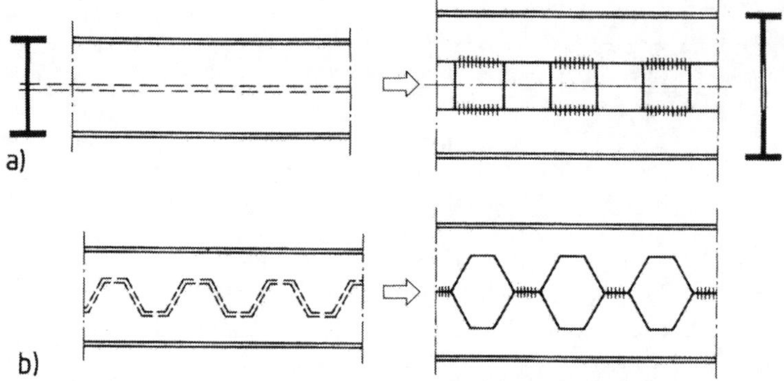

Bild 10.68 I-Träger, aus längsdurchtrennten I-Walzträgern zusammengeschweißt
a) mit zusätzlichen Stegblechabschnitten; b) trapezzahnförmiger Längsschnitt

10.3.1.3 Geschweißte Fachwerkträger

Fachwerkträger bestehen aus Ober- und Untergurt und diagonal und teilweise vertikal dazwischen geschweißten Füllstäben. Die Stabquerschnitte bestehen vorzugsweise aus L-, T- und bei schweren Trägern auch aus I-Profilen. An den Knotenpunkten werden die Stäbe unmittelbar oder über Knotenbleche miteinander verbunden (Bild 10.69).

Fachwerkträger als Deckenträger können bei verfügbaren großen Deckenbauhöhen und großen Spannweiten – ab etwa 10 m – zweckmäßig sein (Neues Hochhaus Commerzbank Frankfurt am Main 1996). Die Zwischenräume zwischen den Stäben können für horizontale Installationen genutzt werden. Eine besondere Bauart eines Fachwerkträgers zeigt Bild 10.72. Siehe hierzu Abschn. 10.3.1.4.

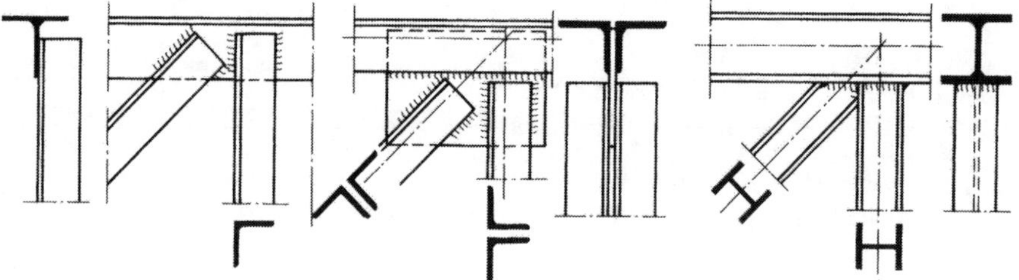

Bild 10.69 Verschiedene Profilkombinationen an Knotenpunkten von Fachwerkträgern

10.3.1.4 Verbundträger

Bei Stahlbetonkonstruktionen sind die Deckenplatten und Unterzüge überwiegend und bauartspezifisch monolithisch verbunden. Unterzüge und Platten wirken als Plattenbalken zusammen, wodurch eine größtmögliche Biegesteifigkeit der Konstruktionsquerschnitte entsteht.

Bei Stahlträgerkonstruktionen wirken aufliegende Deckenplatten aus Stahlbeton und Stahlträger zunächst getrennt voneinander. Die Stahlbetonplatte trägt in Querrichtung zum Stahlträger, der Stahlträger in Längsrichtung. Die Stahlbetonplatte wirkt nur als Last auf den Stahlträger, weil über die üblicherweise glatten Berührungsflächen keine Schubkräfte in Längsrichtung des Trägers übertragen werden können. Bei Verbundträgern wird die gegenseitige Verschieblichkeit durch Verbundmittel blockiert, die formschlüssig in den Beton der aufliegenden Platte einbinden. Es entsteht ein Verbundquerschnitt mit entsprechend größerer Biegesteifigkeit. Als Verbundmittel dienen überwiegend Kopfbolzen (Bild 10.70). Sie bestehen aus einem glatten, runden Schaft und einem angestauchten Kopf. Der Bolzen wird mit einer Schweißpistole auf den Obergurt geschweißt, ein Vorgang, der in Bruchteilen einer Sekunde abläuft. Die Dicke, Anzahl und Setzdichte der Bolzen ergibt sich aus der Größe der zu übertragenden Schubkräfte.

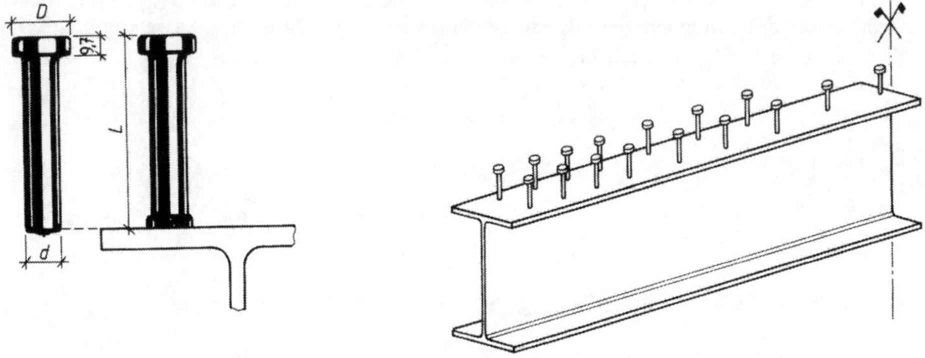

Bild 10.70 Kopfbolzen als Verbundmittel

Bild 10.71 Stahlverbundträger (Trägerhälfte)

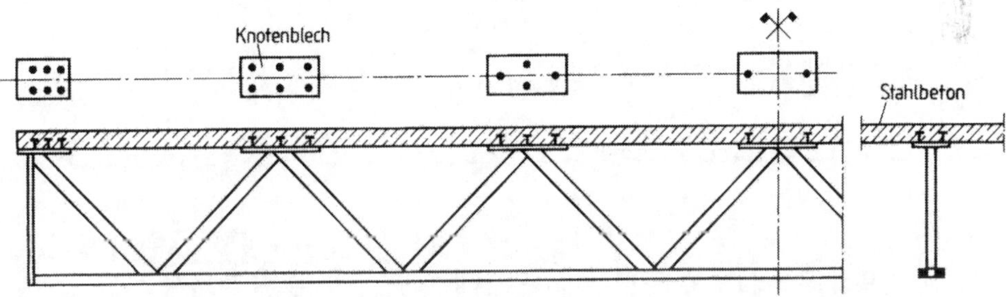

Bild 10.72 Fachwerkträger mit Stahlbetonplatte als Obergurt (Trägerhälfte)

Bild 10.72 zeigt einen Fachwerkträger, dessen Obergurt die Deckenplatte aus Stahlbeton ist. Die Diagonalen aus Stahlprofilen tragen als Anschluß und zur Auflagerung der Betonplatte ein horizontales Knotenblech mit Kopfbolzen.

10.3.1.5 Trapezblechprofile

Trapezblechprofile sind Blechtafeln von 0,75 bis 1,50 mm Dicke, die je nach Bauhöhe 3 bis 5 trapezförmig gebogene Wellen aufweisen. Die Wellenhöhe beträgt 35 bis 160 mm, die Wellenlänge quer zur Spannrichtung des Trapezbleches 150 bis 250 mm. Im Regelfall sind die Trapezbleche bandverzinkt.

Trapezbleche können in Deckenkonstruktionen je nach Ausstattung verschiedenartig genutzt werden:

- Als verlorene Schalung für Stahlbetondecken. Über dem verlegten Blech wird die Plattenbewehrung verlegt und der Beton aufgebracht. Die Trapezbleche haben keine statische Funktion, können im Montagezustand jedoch für aussteifende Wirkungen herangezogen werden, wenn sie auf auszusteifenden Trägern z. B. mit Kopfbolzen befestigt werden (s. Bild 10.73).

  Einsatz als tragendes Deckenelement. Es ist keine zusätzliche Bewehrung des Aufbetons erforderlich. Der Beton dient zur Erzeugung einer ebenen Deckenoberfläche, zur Lastverteilung und mit seinem Gewicht zum Schallschutz (s. Bild 10.74).

- Eine alternative Ausführungsform zeigt Bild 10.75 mit schwalbenschwanzförmigen Profilierungen, die zugleich von der Unterseite her als Ankerschienen zur Befestigung von Installationsleitungen und Unterdecken dienen können. Trapezblech und Aufbeton bilden ein gemeinsames Tragelement. Durch eine zusätzliche Profilierung der Wellen mit Sicken und Noppen erhält man ein verbessertes Verbundelement (Bild 10.76). Anwendung z. B. bei den Decken neuer Hochhäuser in Frankfurt am Main.

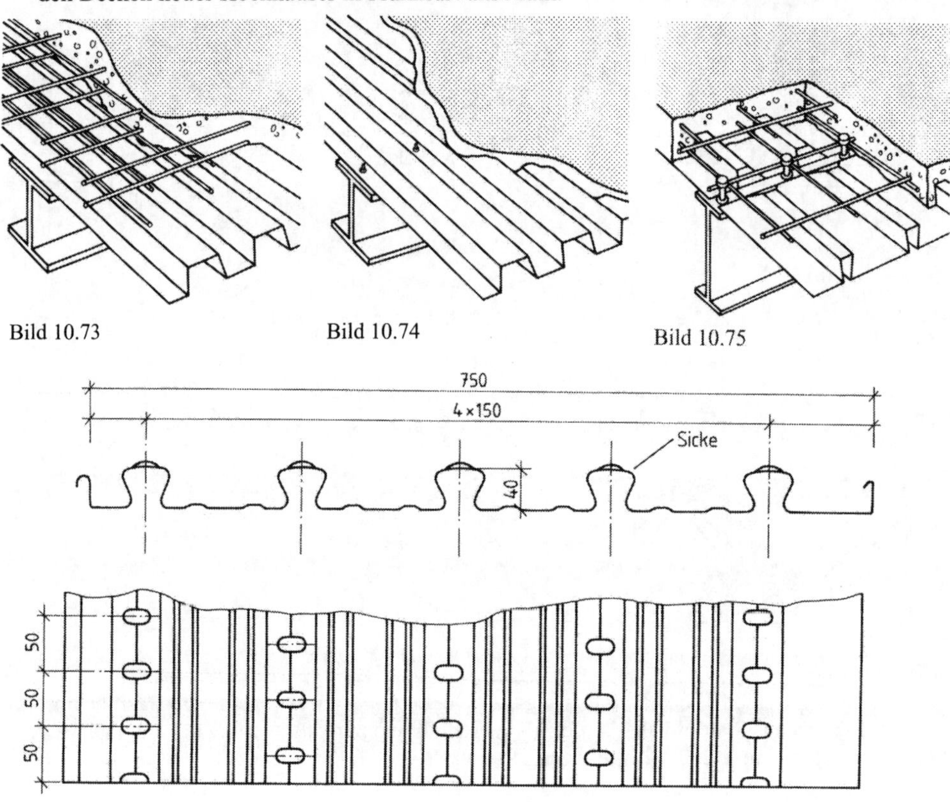

Bild 10.76 Verbundblech Fabrikat Cofrastra 40

10.3.1.6 Verbindungsmittel

Konstruktionselemente aus Baustahl können mit den folgenden Verbindungsmitteln zusammengefügt werden:

- Rohe Schrauben nach DIN 7990 (Bild 10.76),
- Paßschrauben nach DIN 7968 (Bild 10.77),
- hochfeste Schrauben nach DIN 6914,
- Kopfbolzen (s. Abschn. 10.3.1.4, Bild 10.70),
- Schweißen.

Verbindungen mit rohen Schrauben (auch Schrauben ohne Passung genannt) erfolgen, wenn das Lochspiel zwischen Schraubenschaft (bzw. Gewindedurchmesser) und dem Lochdurchmesser $\Delta\ d_2 \leq 2$ mm beträgt. Wegen des Lochspiels und der dadurch möglicherweise entstehenden Verformung des Verbindungsbereiches dürfen rohe Schrauben statisch nicht voll ausgenutzt werden.

Bezeichnung	M12	M16	M20	M22	M24	M27	M30

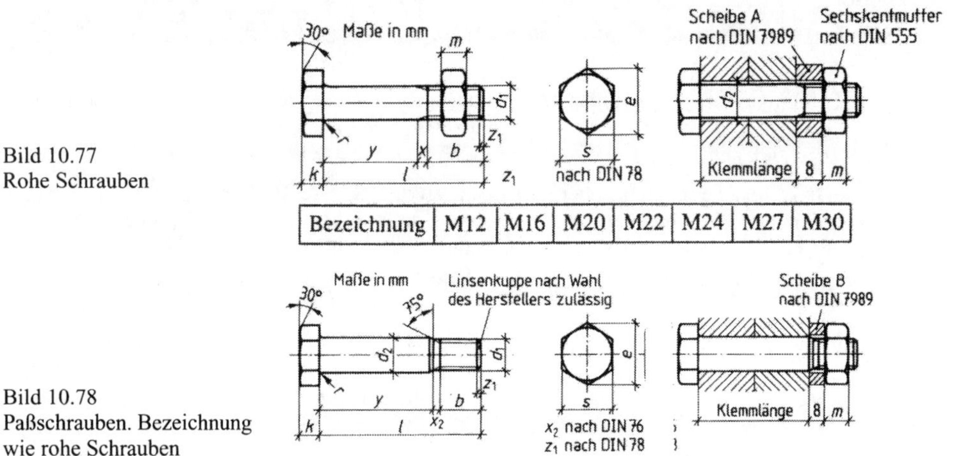

Bild 10.77
Rohe Schrauben

Bild 10.78
Paßschrauben. Bezeichnung wie rohe Schrauben

Tafel 10.3 Übersicht der Arten von Schweißnähten nach DIN 1912-5

Benennung	Bild	Symbol	Darstellung erläuternd	Darstellung symbolhaft
I-Naht		‖		
V-Naht		V		
HV-Naht		|/		
Y-Naht		Y		
HY-Naht		|/		
U-Naht		Y		
Kehlnaht		◺		
D(oppel)-V-Naht (x-Naht)		X		
D(oppel)-HV-Naht (K-Naht)		K		
D(oppel)-Y-Naht		X		
D(oppel)-HY-Naht (K-Stegnaht)		K		
D(oppel)-U-Naht		X		
D(oppel)-Kehlnaht		▷		
Gegenlage		◡		

Paßschrauben (auch Schrauben mit Passung genannt) setzen ein Lochspiel von $\Delta\ d_2 \leq 0{,}3$ mm voraus.

Die Schraubenlänge muß so gewählt werden, daß im Bereich der Klemmdicke möglichst nicht mehr als 2 bis 3 mm Gewindegänge liegen. Zum Ausgleich überschüssiger Schaftlängen werden Unterlegscheiben eingefügt.

Die Verwendung hochfester Schrauben mit der Festigkeitsklasse 10.9 ermöglicht, das Verformungsverhalten der Schraubenverbindung durch eine nicht planmaßige Vorspannung zu verbessern. Eine weitere Steigerung der Tragkraft einer Schraubenverbindung ist durch planmäßig vorgespannte Schrauben möglich, die eine gleitfeste Verbindung der zusammengespannten Bauteile erzeugen.

Schweißverbindungen bei Stahlbauteilen entstehen durch das örtlich begrenzte Aufschmelzen der Baustähle im Verbindungsbereich und das Zuführen eines gleichen oder gleichartigen Metalls, das von einer Elektrode abschmilzt und die Schweißnaht füllt. Tabelle 10.3 enthält eine Übersicht der genormten Schweißnahtarten.

10.3.2 Korrosionsschutz

Luftfeuchtigkeit (rel. LF ≥ 60 %) im Zusammenwirken mit Sauerstoff bewirkt auf nicht oder ungenügend geschützten Stahloberflächen Rostbildung. Luftverunreinigungen, wie z. B. Schwefeldioxyd und Chloride beschleunigen den Korrosionsvorgang. Die Oberflächen von Stahlkonstruktionen müssen deshalb dauerhaft gegen Korrosion geschützt werden. Die Stahlbauteile von Geschoßdeckenkonstruktionen sind in der Regel vom ständigen Zutritt der Außenluft abgeschlossen und weniger gefährdet. Stärkere Beanspruchungen können z. B. bei offenen Parkhäusern sowie in Räumen mit einem häufig erhöhten Anteil an Luftfeuchtigkeit entstehen. Besondere konstruktive Sorgfalt ist bei Stahlkonstruktionsteilen geboten, die im Fassadenbereich liegen oder diesen durchdringen. Hier besteht die Neigung zur Schwitzwasserbildung.

Beim Entwurf ist deshalb auf eine korrosionsschutzgrechte Gestaltung der Stahlbauteile zu achten. Dies bedeutet:

- Möglichst wenig Oberflächen, die behandelt bzw. gewartet werden müssen.
- Vermeiden gegliederter Bauteile mit schwer oder gar nicht zugänglichen Oberflächenbereichen.
- Vermeiden von Vertiefungen, in denen sich Wasser ansammeln kann.

Als Korrosionsschutz kommen folgende Beschichtungen und Überzüge der Stahloberfläche in Betracht, s. DIN 55928 [14]:

- Beschichtungen, die Bindemittel auf organischer Basis enthalten. Die Stahloberfläche muß unmittelbar vor der Grundbeschichtung von Zunder, Rost und Verunreinigungen befreit werden. Vorzugsweise erfolgt dieses durch Sandstrahlen. Die Beschichtungen werden je nach Anforderung in 1 bis 4 Lagen aufgebracht:
  - Fertigungsbeschichtung (Werkstattschutz, 1 Schicht),
  - Grundbeschichtung (1 bis 2 Korrosionsschutzschichten),
  - Deckbeschichtung als Schutz der Grundbeschichtung (empfohlen 2 Schichten) oder
  - Feuerverzinkung und 2 Deckenbeschichtungen (DUPLEX-System) oder
  - Ummantelung mit Beton. Diese Maßnahme ergibt bei entsprechender Betondicke (etwa 6 cm) außerdem einen guten Brandschutz.

Die Planung der Korrosionsschutzmaßnahmen ist eine wichtige Konstruktionsaufgabe. Sie muß im Rahmen der ingenieurmäßigen Bearbeitung gelöst werden.

10.3.3 Brandschutz

Für Geschoßdecken wird in den meisten Fällen die Feuerwiderstandsklasse F90 gefordert. Diese kann mit ungeschützten Stahlbauteilen nicht erreicht werden. Sie müssen deshalb einen Schutzmantel erhalten, der das Stahlbauteil unmittelbar umhüllt oder in einen Raum einschließt, der für Flammen und heiße Gase mindestens 90 Minuten lang unzugänglich bleibt. Es kommen folgende Ummantelungen und Beschichtungen in Betracht:

a) Ummantelung mit Stahlbeton.

b) Ummantelung mit Putz:
- Putz aus Mörtelgruppe II,
- Vermiculite-Zementputz,
- Perlite-Gipsputz,
- Gipsmörtel.
- Vermiculite-Putz mit organischen Bindemitteln.
- Mineralfaserputz mit organischen Bindemitteln.

c) Vorgefertigte Bekleidungen:
- Gipskartonplatten, Steinwollmatten,
- Vermiculite-Platten,
- Steinwollematten,
- Calcium-Silikat-Platten,
- Mauerwerk aus Wandbauplatten nach DIN 1053 und DIN 4103.
- Dämmschichtbildende Brandschutzbeschichtingen (nur für F30).

Weiterhin können Unterdecken den Brandschutz von Stahlteilen übernehmen. Siehe hierzu Abschnitt „Deckenauflagen und Unterdecken“.

10.3.4 Konstruktionsdetails

10.3.4.1 Anordnung der Stahlträger im Deckengrundriß

Bei Deckenkonstruktionen mit Traggliedern aus Baustahl wird eine möglichst regelmäßige Rasterstellung der Stützen angestrebt. Für Stahlskeletttragwerke eignet sich eine enge Stellung der Außenstützen, z. B. im Achsmaß der Fenster, wenn an jeder Stütze ein Deckenträger aufgelagert werden kann (Bild 10.79). Bei Trägerabständen von etwa 1,75 bis 4,00 m ergeben sich dann niedrige Bauhöhen aufliegender Stahlbeton- oder Stahltrapezverbunddecken von l0 bis 16 cm und damit insgesamt geringe Eigengewichte der Deckenkonstruktion. Im übrigen gilt bezüglich

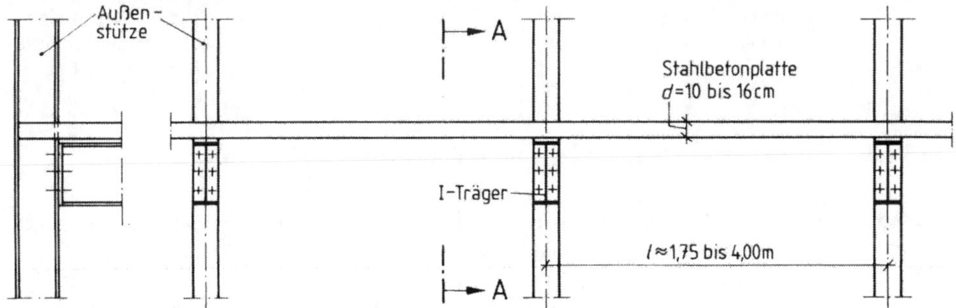

Bild 10.79 Deckenkonstruktionen mit gleichen Abständen der Stahlträger und Außenstützen aus Stahl. Platte aus Stahlbeton

der Trägeranordnung und der gegenseitigen Zuordnung von Haupt- und Nebenträgern das gleiche wie bei Stahlbetonbalken.

10.3.4.2 Anschlüsse von Trägern

Bei einer ausreichend vorgegebenen Bauhöhe einer Decke ergibt sich der geringste Konstruktionsaufwand, wenn die Nebenträger ohne Ausklinkung an den Auflagern direkt auf den Obergurten der Hauptträger aufgelegt werden können (Bild 10.80). Das ist vor allem für Durchlaufträger vorteilhaft. Bei gedrückten Bauhöhen liegen die Obergurte der Haupt- und Nebenträger auf gleicher Höhe (Bilder 10.81 und 10.82).

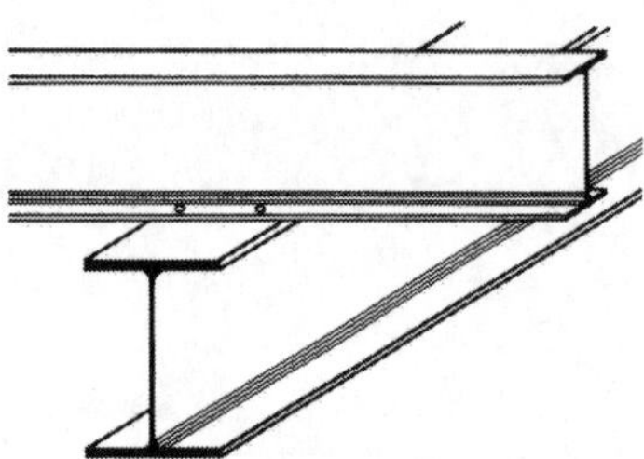

Bild 10.80
Auf dem Hauptträger aufliegender Nebenträger

Die Nebenträger werden seitlich mit ihren Stegen an die Stege der Hauptträger angeschlossen (Bild 10.81). Bei durchlaufenden Nebenträgern oder anschließenden Kragträgern wird eine den Hauptträger übergreifende Gurtlasche angebracht (Bild 10.82).

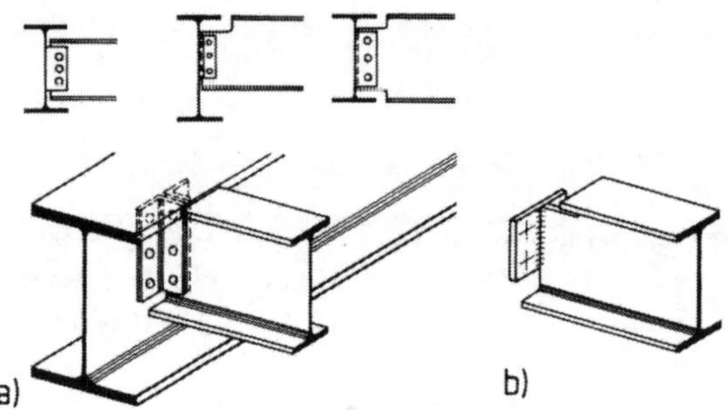

Bild 10.81 Trägeranschluß (Querkraftanschluß) a) mit angeschraubten Winkelpaaren und b) mit angeschweißter Stirnplatte

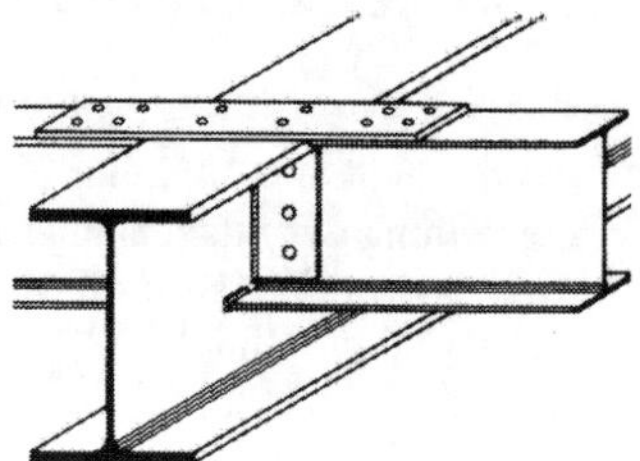

Bild 10.82 Biegesteifer Anschluß eines Nebenträgers, durchlaufender gestoßener Nebenträger

10.3.4.3 Auflagerung von Stahlträgern auf Wänden und Stahlstützen

Bild 10.83 zeigt die Auflagerung eines Stahlträgers in der Aussparung einer Wand. In der Regel muß die richtige Höhenlage durch ein Mörtelbett, dünne Bleche oder elastomere Lager (s. Abschn. 10.2.3.8.1) hergestellt werden. Letztere dienen zugleich zur Ausrichtung der Auflagerlinie, die gegenüber der Vorderkante Wand um einige Zentimeter versetzt wird. Bei Auflagerungen auf Mauerwerk ist eine Zwischenschicht aus Beton zur Lastverteilung erforderlich. Bild 10.84 zeigt Trägeranschlüsse an eine Stahlstütze. Die Verbindungen müssen weitgehend vorgefertigt und montagegerecht gestaltet sein. An den linken Träger ist eine Kopfplatte ange-

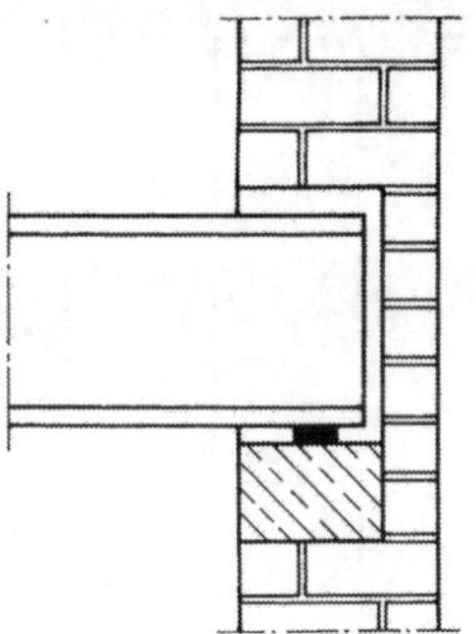

Bild 10.83 Auflager auf Mauerwerk

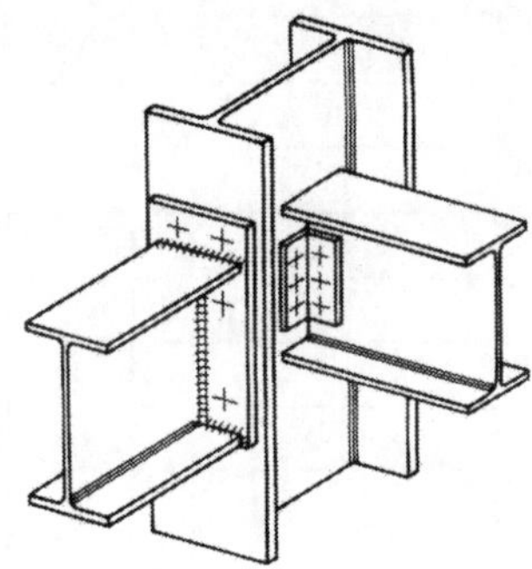

Bild 10.84 Trägeranschlüsse an einer Stahlstütze

10.4 Deckenkonstruktionen aus Holz

Balken, Bohlen und Bretter aus Holz sind die einzigen biegefesten Bauglieder natürlichen Ursprungs. Ihre Aufbereitung aus Laub- und vorwiegend Nadelholzbaumstämmen erfordert im Grunde nur die menschliche Arbeitskraft ohne zusätzlichen fremden Energieaufwand und selbstverständlich handwerkliches Können. Deckenkonstruktionen aus Holz gehören deshalb von Beginn der Bau- und Kulturgeschichte an zu den weltweit am weitesten verbreiteten Konstruktionsarten für Decken und Dächer.

Ein großer Teil der noch heute genutzten Hochbauten, vor allem Wohngebäude, die vor 1930 errichtet wurden, hat Holzbalkendecken. Bei Umbauten, Sanierungsarbeiten und insbesondere auch bei Aufgaben des konstruktiven Denkmalschutzes ist die Kenntnis der alten Holzdeckenkonstruktionen deshalb von großer Bedeutung.

Bei neuen Konstruktionen finden Holzbalkendecken nach den folgenden Gesichtspunkten Verwendung:

- Aus architektonischen Gründen erwünschte Gestaltung mit Holz.
- Erfordernis eines möglichst geringen Eigengewichts der Konstruktion.
- Decken kurzer bis mittlerer Spannweite bis etwa 5,0 m, bei denen keine Anforderungen an den Schall- und Brandschutz bestehen. Diese Forderungen können im Bedarfsfall mit zusätzlichen Maßnahmen erfüllt werden (s. Abschn. 10.4.2.1.2 und 10.4.2.1.3).
- In waldreichen Gebieten, wo der Baustoff Holz besonders kostengünstig zur Verfügung steht und eine oft Jahrhunderte alte Tradition im Umgang mit Holzkonstruktionen gepflegt wird, zählen Holzbalkendecken nach wie vor zu den bewährten Tragelementen in ländlichen Wohnhäusern und bei landwirtschaftlich genutzten Gebäuden.

Ausführlichere Literatur z. B. [53] und DIN 1052 [3].

10.4.1 Konstruktionselemente aus Holz und Holzwerkstoffen

10.4.1.1 Balken aus Vollholz

Balken aus Vollholz werden aus Nadelschnittholz nach DIN 4074 in den genormten Querschnittsabmessungen nach Bild 10.85 hergestellt. Die Querschnittsmaße sind durch die in Mitteleuropa durchschnittlich erzielbaren Wuchsgrößen der Nadelbäume begrenzt. Die lieferbaren Längen betragen bis zu 6,00 m, nur ausnahmsweise mehr.

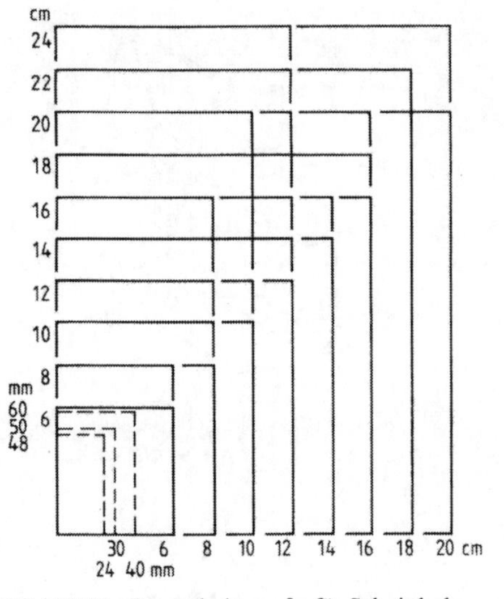

Bild 10.85 Querschnittsmaße für Schnittholz (Nadelholz) nach DIN 4074)

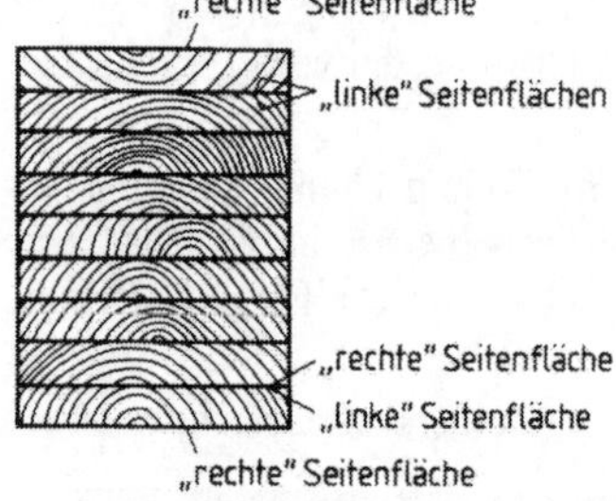

Bild 10.86 Zweckmäßige Jahresringlage der Bretter für Brettschichtholz

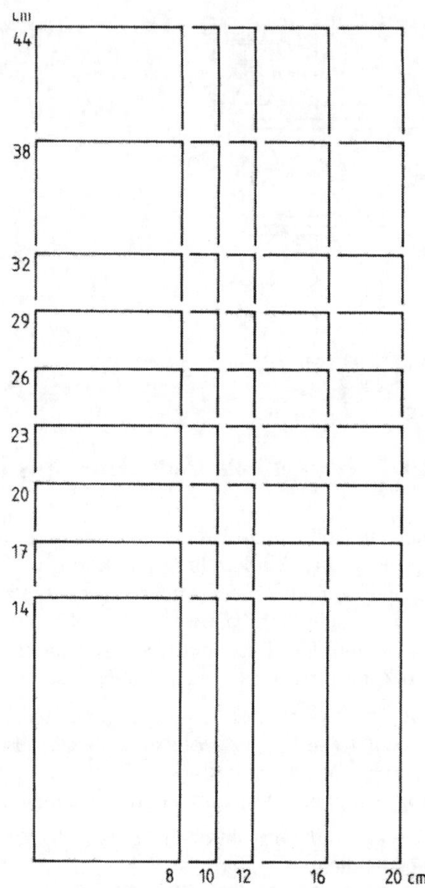

Bild 10.87 Querschnittsmaße für bretschichtverleimte Balken (Nadelholz, Güteklasse I) für Breiten 12, 16, 20 cm, Güteklasse II für Breiten 8 u. 10 cm

10.4.1.2 Brettschichtverleimte Balken

Durch die breitseitigeVerleimung von faserparallel orientierten Brettern können nahezu beliebige Querschnitte und Längen von Balken hergestellt werden (Bild 10.86). Die Dicke der einzelnen Bretter soll 33 mm nicht überschreiten. Der Längsstoß einzelner Bretter erfolgt durch verleimte Keilzinkenverbindungen (Bild 10.88). Bevorzugte Querschnittsabmessungen von Rechteckbalken enthält Bild 10.87. Brettschichtverleimte Balken zeichnen sich durch eine gute Maßhaltigkeit, Formbeständigkeit und Rissefreiheit aus.

10.4.1.3 Bohlen und Bretter

Bretter sind Schnitthölzer mit einer Dicke $16 \leq s_l \leq 38$ mm und einer Breite $b \leq 75$ mm.

Bohlen sind Schnitthölzer mit einer Dicke $s_l > 40$ mm. Die große Querschnittsseite ist mindestens doppelt so groß wie die kleine. Tafel 10.4 enthält genormte Abmessungen von Brettern, Bohlen und gespundeten Brettern. Gespundete Bretter haben an den beiden Schmalseiten aufeinander abgestimmte Nut- und Federprofilierungen. Sie dienen zum dichten Zusammenfügen der Bretter.

Tafel 10.4 Bretter und Bohlen aus Nadelhölzern [53]

Art	Maß	Zeichen	Einheit	Werte
Ungehobelte Bretter und Bohlen DIN 4071-1	Dicke	s_1		16 18 22 24 28 38 44 48 50 63 70 75
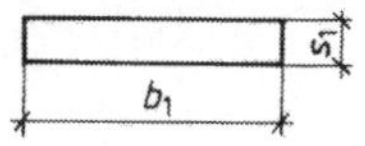	Breite	b_1	in mm	75 80 100 115 120 125 140 150 160 175 180 200 220 225 240 250 260 275 280 300
	Länge	l		1500 bis 6000: Stufung 250 bzw. 300
Gehobelte Bretter und Bohlen DIN 4073-1	Dicke	s_1		13,5 15,5 19,5 25,5 35,5 41,5 45,5
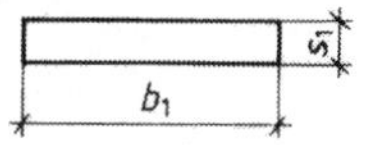	Breite	b_1	in mm	75 80 100 115 120 125 140 150 160 175 180 200 220 225 240 250 260 275 280 300
	Länge	l		1500 bis 6000: Stufung 250 bzw. 300
Gespundete Bretter DIN 4072	Dicke	s_1		15,5 19,5 25,5 35,5
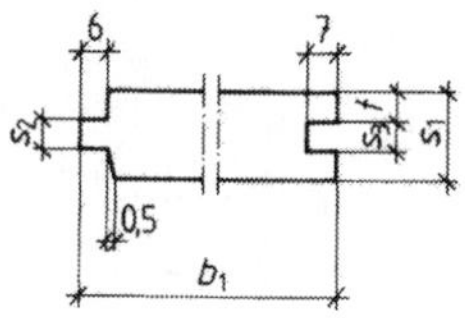	Breite	b_1		95 115 135 155
	Länge	l	in mm	1500 bis 4500 Stufung 250; 4500 bis 6000: Stufung 500
	Federdicke	s_2*)		4 6 6 8
	Nutbreite	s_3*)		4,5 6,5 6,5 8,5
	Dicke über Nut und Feder	l*)		7 8 11 13

*) Für gespundete Bretter sind zu s_1 die Werte s_2, s_3 und l direkt zugeordnet

10.4.1.4 Holzwerkstoffplatten

Unter Holzwerkstoffplatten versteht man plattenförmige Bauteile, die aus Furnieren, Stäben, Fasern, Spänen und anderen kleinformatigen Holzteilen verleimt sind. Man unterscheidet im wesentlichen Sperrholz, Spanplatten (Flachpreßplatten) und Holzfaserplatten. Als tragende Bauglieder in Deckenkonstruktionen sind nur Bau-Furniersperrhölzer nach DIN 68705-3 und 5 geeignet, wenn sie aus mindestens 5 Furnierlagen bestehen (Bild 10.89), außerdem Flachpreßplatten nach DIN 68763. Die Anwendung für tragende Teile in Deckenkonstruktionen hängt ab von bestimmten klassifizierten Sorten, dem konstruktiven Verwendungszweck und zugeordneten Mindestdicken der Platten. Siehe Tafel 10.5.

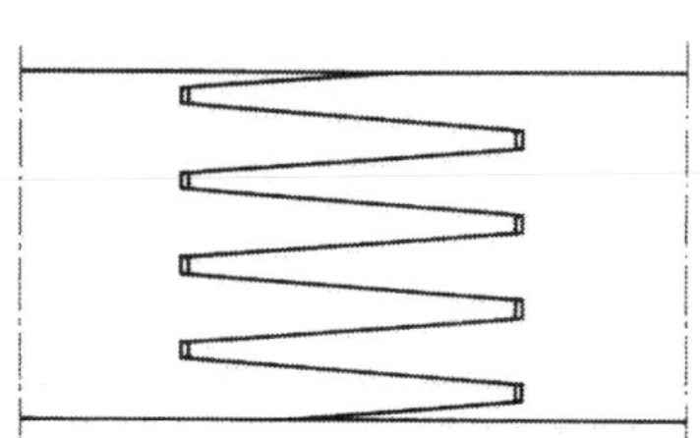

Bild 10.88 Keilzinkenverbindung nach DIN 68140

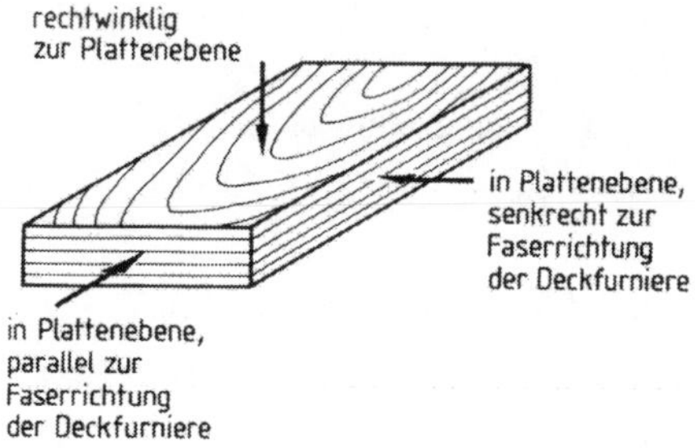

rechtwinklig zur Plattenebene

in Plattenebene, senkrecht zur Faserrichtung der Deckfurniere

in Plattenebene, parallel zur Faserrichtung der Deckfurniere

Bild 10.89 Furniersperrholz, 5-lagig (Richtungen möglicher Beanspruchungen

Tafel 10.5 Übersicht über die Einsatzmöglichkeiten von Furniersperrholz und Flachpreßplatten für tragende bzw. aussteifende Bauteile nach Empfehlungen DIN 1052-1 und 3 (Auszug aus [53]).

Bei Verwendung als	Furniersperrholz mindestens 5lagig					Flachpreßplatten		
	nach DIN 68 705-5		nach DIN 68 705-3			nach DIN 68 763		
	BFU-BU 100	BFU-BU 100 G	BFU 20	BFU 100	BFU 100 G	V 20	V 100	V 100 G
Plattenstege bei Vollwandträgern	ja		–	ja		–	ja	
Verstärkung von Brettschichtholz zur Aufnahme von Schub- und Querzug bei Ausklingungen	ja, wenn d ≥ 6 mm		–	–	–	–	–	–
bei Durchbrüchen	ja, wenn d ≥ 10 mm		–	–	–	–	–	–
Dach- und Deckenscheiben bei Horizontallast bis 2,5 kN/m²	ja, wenn d ≥ 12 mm		–	–			ja, wenn d ≥ 19 mm	
bis 3,5 kN/m²			–	ja, wenn d ≥ 12 mm		–	ja, wenn d ≥ 22 mm	
bis 4 kN/m²			–			–	ja, wenn d ≥ 25 mm	
Dachschalungen	–	ja	–	–	ja	–	–	ja
Rippen bei Holztafeln	ja, wenn d ≥15 mm und A ≥ 10 cm²					ja, wenn d ≥ 16 m und A ≥ 10 cm²		
Beplankung bei Holztafeln mittragend	ja, wenn d ≥ 6 mm – auch 3lagig					ja, wenn d ≥ 8 mm		
aussteifend								

10.4.1.5 Verbindungsmittel

Als Verbindungsmittel mit tragender Funktion im bauaufsichtlichen Sinn kommen bei Deckenbauteilen in Betracht:

- Dübel verschiedener Bauart,
- Schraubenbolzen,
- Nägel,
- Formteile aus Stahlblech.

Weitere Informationen s. DIN 1052 und [53].

10.4.2 Konstruktionsbeispiele

10.4.2.1 Holzbalkendecken

10.4.2.1.1 Allgemeine Konstruktionsmerkmale. Bild 10.90 zeigt das Konstruktionsprinzip einer Holzbalkendecke, wie sie bis etwa 1950 vor allem in Wohnhäusern gebräuchlich war. Holzbalkendecken erfahren seit einigen Jahren eine Renaissance bei Einfamilienhäusern, insbesondere bei Fertighäusern. Die Konstruktion wird dabei gern in die Gestaltung einbezogen, wenn ein Schallschutz nicht zwingend erforderlich ist. Die Entscheidung für eine Holzbalkendecke liegt nahe, wenn auch die lastabtragenden Stützen und Wände aus Holz bestehen oder wenn sehr hohe Räume durch eine Zwischendecke unterteilt werden sollen.

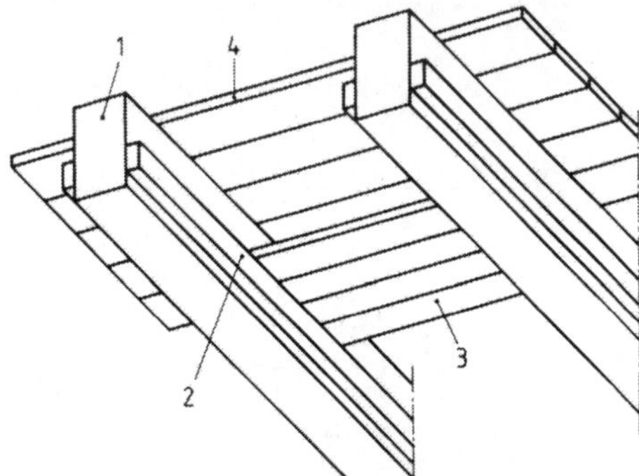

Bild 10.90
Holzbalkendecke
1 Holzbalken
2 Latten zur Auflagerung des Einschubes
3 Einschub (Füllung aus Sand, Lehm, Koksasche nicht dargestellt)
4 Beplankung

Die Beplankung dient als flächenbildende und tragende Unterkonstruktion für die darüber aufzubringenden Beläge. Die Beplankung besteht in der Regel aus ungehobelten Brettern oder Bohlen nach Abschnitt 10.4.1.3. Bleibt die Beplankung unterseitig sichtbar, so verwendet man vorzugsweise gespundete und mindestens einseitig gehobelte Bretter. Die Dicke der Beplankung richtet sich nach der Deckenauflast und dem Abstand der Deckenbalken. Die Befestigung auf den Balken erfolgt mit Nägeln. Sie werden vorzugsweise in wechselseitiger Neigung zur Deckenebene eingetrieben, um eine bessere abhebesichere Verbindung mit den Balken zu erhalten.

Der Achsabstand der parallel zu verlegenden Balken ergibt sich aus

- der Deckenspannweite,
- der Belastung,
- dem Balkenquerschnitt,
- der Durchbiegungsbeschränkung,
- eventuell zugrunde liegenden Rastermaßen,
- den Anforderungen des Brandschutzes.

Die Durchbiegungen sollen bei Einfeldträgern 1/300 der Spannweite, bei Kragträgern 1/150 der Kraglänge nicht überschreiten. Holzbalken können nicht mit Überhöhungen hergestellt werden. Bei brettschichtverleimten Trägern ist dies möglich, aber nur bei Spannweiten über 6,0 m empfehlenswert. Diese Hinweise gelten natürlich auch für den zunehmenden Ausbau von Dachgeschossen für Wohnzwecke in alten Gebäuden.

10.4.2.1.2 Schallschutz bei Holzbalkendecken

Holzbalkendecken nach Bild10.90 genügen nicht den Anforderungen an den Luft- und Trittschallschutz nach DIN 4109 [16]. Der Trittschall wird bei dieser Konstruktion praktisch ungedämpft in den darunterliegenden Raum übertragen. Tafel 10.6 (entspricht DIN 4109, Beiblatt 1, Tabelle 19) zeigt prinzipiell, mit welchen konstruktiven Maßnahmen Mindestanforderungen erreichbar sind.

Tafel 10.6 Bewertetes Schalldämm-Maß $R'_{w,R}$ und bewerteter Norm-Trittschallpegel $L'_{n,w,R}$ (Trittschallschutzmaß TSM_R) von Holzbalkendecken (Rechenwerte) (DIN 4109 Bbl. 1) (Maße in mm)

Spalte	1	2	3	4	5	6
Zeile	Deckenausbildung[1]	Fußboden auf oberer Balkenabdeckung	Unterdecke: Anschluß Holzlatten an Balken	Unterdecke: Anzahl der Lagen	$R'_{w,R}$[2] in dB	$L'_{n,w,R}$[3] TSM_R in dB
1	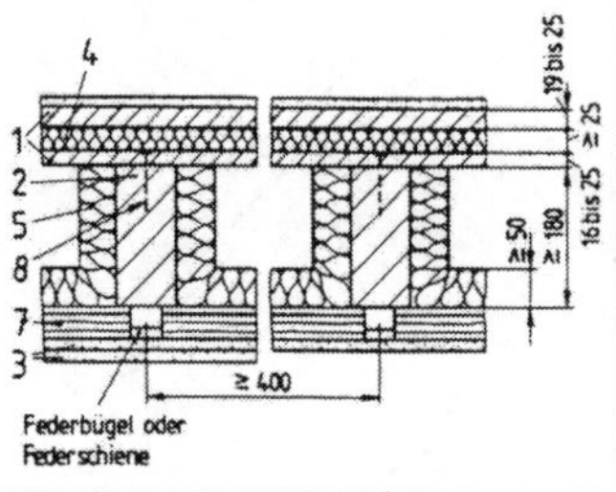 4, 1, 2, 5, 8, 7, 3; 19 bis 25; ≥ 25; 16 bis 25; ≥ 50; ≥ 180; ≥ 400; Federbügel oder Federschiene	Spanplatten auf mineralischem Faserdämmstoff	über Federbügel oder Federschiene	1	50	56 (7)
2				2	50	53 (10)
3	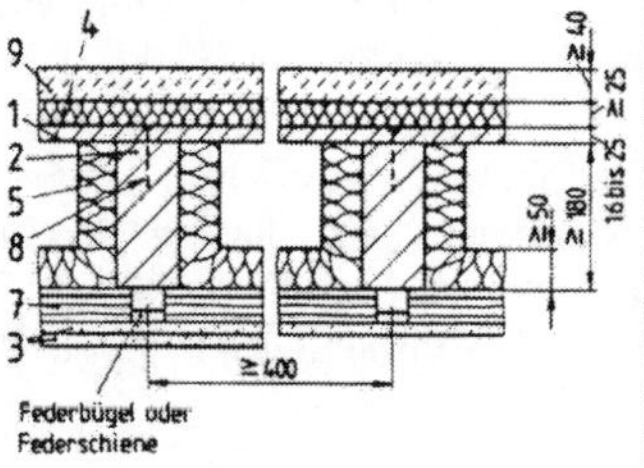 9, 4, 1, 2, 5, 8, 7, 3; ≥ 40; ≥ 25; 16 bis 25; ≥ 50; ≥ 180; ≥ 400; Federbügel oder Federschiene	Schwimmender Estrich auf mineralischem Faserdämmstoff	über Federbügel oder Federschiene	1	50	51 (12)

1) Bei einer Dicke der eingelegten Dämmschicht, siehe 5, von mindestens 100 mm ist ein seitliches Hochziehen nicht erforderlich.

2) Gültig für flankierende Wände mit einer flächenbezogenen Masse $m'_{L,Mittel}$ von etwa 300 kg/m². Weitere Bedingungen für die Gültigkeit dieser Tafel 10.6 s. DIN 4109 Bbl. 1, Tab. 19, s. Abschn. 3.1.

3) Bei zusätzlicher Verwendung eines weichfedernden Bodenbelags dürfen in Abhängigkeit vom Trittschallverbesserungsmaß Lw,R (VMR) des Belags folgende Zuschläge gemacht werden: 2 dB für $L_{w,R}$ (VMR) ≥ 20 dB, 6 dB für $L_{w,R}$ (VM_R) ≥ 25 dB.

Erklärungen zur Tafel 10.6:

1 Spanplatte nach DIN 68763, gespundet oder mit Nut oder Feder
2 Holzbalken
3 Gipskarton-Bauplatte nach DIN 18180, 12,5 mm oder 15 mm dick, Spanplattte nach DIN 68763, 13 mm bis 16 mm dick, oder – bei einlagigen Unterdecken – Holzwolle-Leichtbauplatten nach DIN 1101, Dicke ≥ 25 mm, verputzt.
4 Faserdämmstoff nach DIN 18165-2, Anwendungstyp T, dynamische Steifigkeit s' ≤ 15 MN/m³
5 Faserdämmstoff nach DIN 18165-1, längenbezogener Strömungswiderstand ≥ 5 kN · s/m⁴
6 Holzlatten, Achsabstand 400 mm, direkte Befestigung an den Balken mit mechanischen Verbindungsmitteln
7 Unterkonstruktion aus Holz, Achsabstand der Latten ≥ 400 mm, Befestigung über Federbügel (s. Bild 6) oder Federschiene (s. Bild 7 aus DIN 4109 Bbl. 1), kein fester Kontakt zwischen Latte und Balken – ein weichfedernder Faserdämmstreifen darf zwischengelegt werden. Andere Unterkonstruktionen dürfen verwendet werden, wenn nachgewiesen ist, daß sie sich hinsichtlich der Schalldämmung gleich oder besser als die hier angegebenen Ausführungen verhalten.
8 Mechanische Verbindungsmittel oder Verleimung
9 Estrich

10.4.2.1.3 Brandschutz. Bei Holzbalkendecken kann je nach dem Bestimmungszweck und der daraus abzuleitenden Brandgefährdung eine Feuerwiderstandsklasse gefordert werden. In den meisten Fällen begnügt man sich mit F30-B. Bauteile dieser Feuerwiderstandsklasse gelten als feuerhemmend. Man unterscheidet bezüglich des Brandschutzes Decken mit verdeckten, teilweise freiliegenden und vollständig freiliegenden Holzbalken. DIN 4102-4 enthält ausführliche Konstruktionsempfehlungen.

10.4.2.1.4 Feuchtigkeitsschutz. Der beste Feuchtigkeitsschutz des Holzes besteht darin, wenn man mit konstruktiven und bauphysikalischen Maßnahmen verhindert, daß Wasser in die Holzbauteile eindringen kann.

Zu den konstruktiven Maßnahmen zählen vor allem Vorkehrungen, daß Regenwasser und Brauchwasser nicht an die Holzteile gelangen können.

Die bauphysikalischen Maßnahmen bestehen in der Verhinderung der Schwitzwasserbildung an angrenzenden Bauteilen, stählernen Verbindungsmitteln (Laschen, Auflagerschuhe, Schraubenköpfe, Knotenbleche, Ringanker), benachbarten Kaltwasser- und Zuluftkanälen. Abtropfendes und ablaufendes Schwitzwasser kann lokal in das Holz eindringen und bei einer verzögerten Austrocknung in den meistens kaum gelüfteten Deckenhohlräumen zur Zerstörung durch Schädlinge (Pilze, Insekten) führen. Chemische Holzschutzmittel, die durch Anstriche und Tränkung aufgebracht werden, unterstützen die konstruktiven Maßnahmen und dienen zur Anhebung der Schädigungsgrenze.

10.4.2.2 Deckentafeln

Deckentafeln werden vor allem als vorgefertigte Tragelemente im Holzfertighausbau eingesetzt. Sie bestehen aus mehreren Rippen und Beplankungen an der Ober- und Unterseite, die mit Nägeln oder durch Verleimung schubfest mit den Rippen verbunden werden. Die Rippen bestehen aus Vollholz, die Beplankungen überwiegend aus Flachpreßplatten (Spanplatten), (Bild 10.91).

Bild 10.91
Deckentafel aus Vollholz und Flachpreßplatten (Spanplatten)

Benachbarte Deckentafeln müssen aus Gründen der konformen Durchbiegung an den Stoßstellen mit Dübeln und Bolzen miteinander verbunden werden. Die Verbindung dient außerdem zur Herstellung einer biegesteifen Deckenscheibe.

10.4.2.3 Verbunddecke aus Holzbalken und Stahlbetonplatten

Eine neuartige Bauart macht es möglich, vorhandene Holzbalkendecken heutigen Anforderungen anzupassen. Wenn es der Zustand der Holzbalken erlaubt, behalten diese ihre Funktion als Haupttragglieder. Die Holzbeplankung und der Einschub werden entfernt und auf die Holzbalken wird eine Stahlbetonplatte aufgebracht. Damit lassen sich die Vorteile des Stahlbetons hinsichtlich guter Lastverteilung, Luftschalldämmung und Brandschutz mit dem Vorteil beizubehaltener Holzbalken kombinieren. Mit einer schubfesten Verbindung der Stahlbetonplatte mit den Holzbalken erzielt man eine deutlich verbesserte Tragwirkung duch eine höhere Steifigkeit des Verbundquerschnittes gegenüber dem Querschnitt des Holzbalkens. Bei gleicher Belastung stellen sich geringere Durchbiegungen ein. Als Verbundmittel dienen Nägel, besondere Holzschrauben und Stahlstabdübel, die mit Epoxidharz in die Holzbalken eingeleimt werden. Je nach dem Abstand der Balken beträgt die Dicke der Stahlbetonplatte 6 bis 10 cm (Bild 10.92).

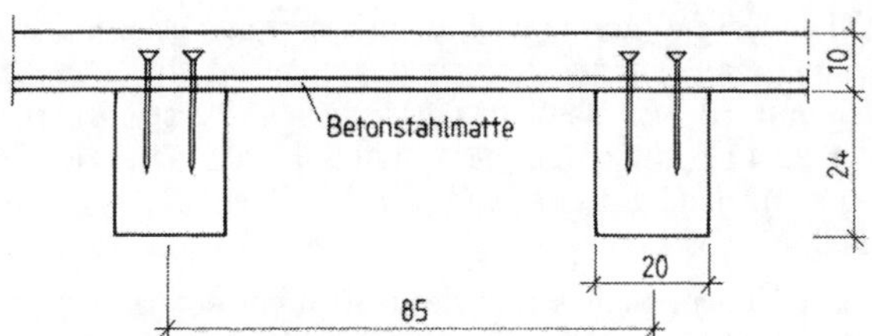

Bild 10.92
Verbunddecke aus Holzbalken und einer Stahlbetonplatte. Holzschrauben dienen als Verbundmittel

Nach [66] gibt es vor allem in der Schweiz bereits mehrere Ausführungen. In Deutschland ist eine bauaufsichtliche Zustimmung im Einzelfall bzw. eine allgemeine bauaufsichtliche Zulassung erforderlich. Die Bauart kann bei der Sanierung bestehender Holzbalkendecken, aber auch bei Neubauten vorteilhaft sein. Die Verwendung brettschichtverleimter Balken kann die Anwendungssicherheit und die Dauerhaftigkeit erhöhen.

10.4.3 Auflager von Deckenbalken aus Holz

Deckenbalken aus Holz sollten nicht unmittelbar auf Mauerwerk, Beton oder ein Mörtelbett aufgelagert und auch nicht allseitig satt eingemörtelt werden. Die Auflagerung erfolgt auf einem höhenausgleichenden Mörtelbett. Die Seitenflächen und die Oberseite werden mit einer etwa 1 cm dicken Hanschaumplatte belegt (Bild 10.93). Ebenso ist eine Umhüllung mit unbesandeter Bitumenpappe geeignet.

Bei der Erneuerung alter Bauwerke müssen häufig die Holzbalkendecken durch neue ersetzt werden, wobei es aus geometrischen Gründen nicht möglich sein kann, die neuen Balken in an beiden Auflagern vorhandene Mauernischen einzuführen. Eine Lösung mit einem vor Ort angebrachten Balkenschuh aus einem liegenden U-Profilstahl zeigt Bild 10.94. Als Verbindungsmittel dienen duchgehende Schraubenbolzen.

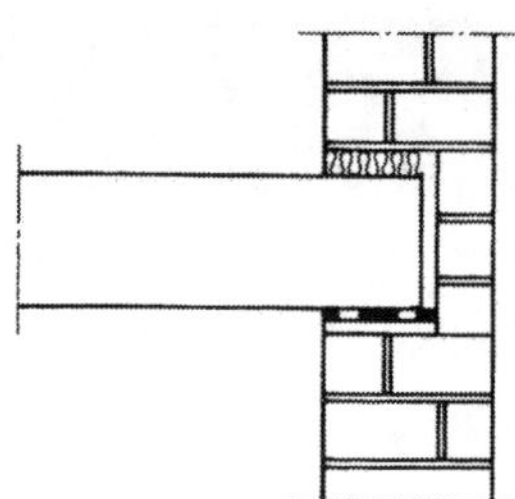

Bild 10.93 Balkenauflagerung in einer Wand aus Mauerwerk

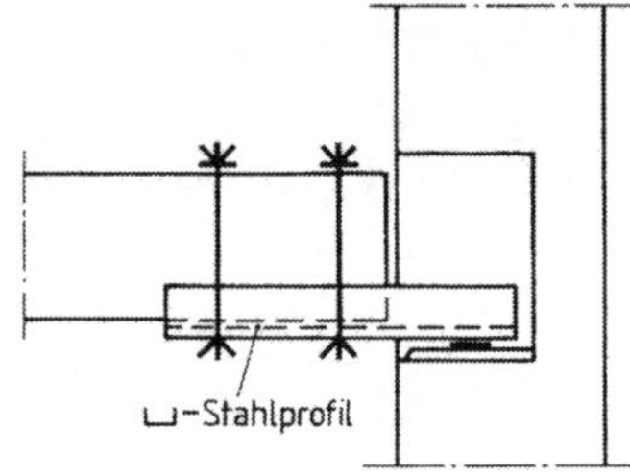

Bild 10.94 Balkenauflager mit Balkenschuh aus -Stahlprofil

10.4.4 Auswechselungen

Im Bereich von Aussparungen – z.B. neben Treppen – oder an Schornsteinen müssen Deckenbalken durch in gleicher Höhe liegende kurze Querträger (Wechsel) abgefangen und die Last den parallelen Nachbarträgern zugeführt werden. Die Verbindung muß so erfolgen, daß der Querbalken kippstabil belastet bzw. aufgelagert wird. Ein Beispiel zeigt Bild 10.95.

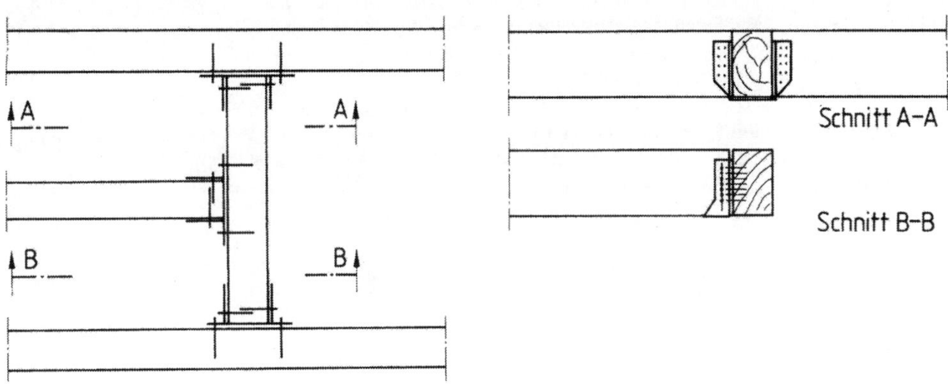

Bild 10.95 Auswechselung eines Deckenbalkens

10.5 Literatur

10.5.1 Normen

Es werden nur Normen genannt, die im Rahmen dieses Kapitels von besonderer Bedeutung sind.

[1] DIN 488 Betonstahl
Teil 1 Sorten, Eigenschaften, Kennzeichen 9.84
Teil 2 Betonstabstahl; Maße und Gewichte 6.86
Teil 4 Betonstahlmatten; Aufbau, Maße und Gewichte 6.86

[2] DIN 1045 Beton und Stahlbeton; Bemessung und Ausführung 7.88

[3] DIN 1052 Holzbauwerke
Teil 1 Berechnung und Ausführung 4.88
Teil 2 Mechanische Verbindungen 4.88

[4] DIN 1055 Lastannahmen für Bauten
Teil 1 Lagerstoffe, Baustoffe und Bauteile, Eigenlasten und Reibungswinkel 7.78
Teil 3 Verkehrslasten 6.71

[5] DIN 4074 Bauholz für Holzbauteile
Teil 1 Sortierung von Nadelholz nach der Tragfähigkeit; Nadelschnittholz 9.89

[6] DIN 4102 Brandverhalten von Baustoffen und Bauteilen
Teil 4 Zusammenstellung und Anwendung klassifizierter Baustoffe, Bauteile und Sonderbauteile 3.94

[7] DIN 4141 Lager im Bauwesen
Teil 1 Allgemeine Regelungen 9.84
Teil 2 Lagerungen für Hochbauten 9.84

[8] DIN 4227 Spannbeton
Teil 1 Bauteile aus Normalbeton mit beschränkter oder voller Vorspannung 9.88
Teil 6 Bauteile mit Vorspannung ohne Verbund 5.82, Vornorm

[9] DIN 18201 Toleranzen im Bauwesen 12.84, Begriffe, Grundsätze, Anwendung, Prüfung

[10] DIN 18202 Toleranzen im Hochbau 5.86

[11] DIN 18203 Toleranzen im Bauwesen
Teil 1 Vorgefertigte Teile aus Beton, Stahlbeton und Spannbeton 2.85
Teil 2 Vorgefertigte Teile aus Stahl 5.86
Teil 3 Bauteile aus Holz und Holzwerkstoffen 8.84

[12] DIN 18800 Stahlbauten
Teil 1 Bemessung und Konstruktion 11.90

[13] DIN 18801 Stahlhochbau; Bemessung, Konstruktion, Herstellung 9.83

[14] DIN 55928 Korrosionsschutz von Stahlbauten durch Beschichtungen und Überzüge
Teil 1 Allgemeines 5.91
Teil 2 Korrosionsschutzgerechte Gestaltung 5.91
Teil 5 Beschichtungsstoffe und Schutzsysteme 5.91
Teil 8 Korrosionsschutz von tragenden dünnwandigen Bauteilen 7.94

[15] DIN 68800 Holzschutz im Hochbau
Teil 2 Vorbeugende bauliche Maßnahmen 6.96
Teil 3 Vorbeugender chemischer Schutz von Vollholz 4.90

[16] DIN 4109 Schallschutz im Hochbau 11.89

10.5.2 Zitierte Literatur

[51] Betonkalender. 2 Bde., Berlin, jährlich neu

[52] Stahlbau-Handbuch. 2 Bde., 2. Aufl., Köln 1982

[53] Holzbautaschenbuch. Bd. 1: Grundlagen, Entwurf, Konstruktion. 8. Aufl., Berlin 1986

[54] Hart, F.: Baukonstruktion für Architekten. Stuttgart 1951

[55] Mörsch, E.: Der Eisenbetonbau. Stuttgart 1926

[56] Schlaich, J., Schäfer, K.: Konstruieren im Stahlbetonbau. Betonkalender 1984, Teil 2

[57] Kordina, K.; Meyer-Ottens, C.: Beton-Brandschutz-Handbuch. Düsseldorf 1981

[58] Richter, E.: Feuerbeständige Dehnfugen – Anf. und Konstr. Bundesbaublatt 1986, Heft 7

[59] Kühn, G. und Mitarbeiter: Die Bauausführung. Betonkalender 1986, Teil 2

[60] Hilfsmittel zur Berechnung der Schnittgrößen und Formänderungen von Stahlbetontragwerken. Deutscher Ausschuß fur Stahlbeton, Heft 240. Berlin 1978

[61] Mainka, G.-W.; Paschen, H.: Wärmebrückenkatalog. B.G. Teubner Stuttgart 1986

[62] Stahlbau-Arbeitshilfe, Deutscher Stahlbau-Verband: Stahlbau-Arbeitshilfe, Lose-Blatt-Sammlung, Köln 1983-1986

[63] Stahl im Hochbau, 2 Bde. 14. Aufl., Düsseldorf 1983

[64] Schallschutz mit Holzbalkendecken (Gösele, K.). Informationsdienst Holz, Düsseldorf 1984

[65] Milbrecht, G., Theile, V. et.al.: Optimierung von Decken im Hochbau. Darmstädter Massiv-Seminar, Band 14, 1995

[66] Rug, W.: Verbunddecken aus Holz und Beton. Bautechnik 72 (1995) H.7.

11 Treppen

Von Heinrich Paschen, Frank Conrad und Karl Johannsen

11.1 Zweck bzw. Funktion von Treppen, Begriffsbildungen

Treppen sind die verbindenden Bauglieder zwischen den verschiedenen Ebenen eines Gebäudes. Sie sollen die sichere Erreichbarkeit der Geschosse für Menschen, aber auch für Einrichtungs- und Möbelstücke gewährleisten. Daraus folgt, daß sie sicher und möglichst bequem begehbar sein, daß aber die Treppenräume auch Lichtmaße besitzen müssen, die den problemlosen Transport von Einrichtungs- und Möbelstücken üblicher Abmessungen und Gewichte zulassen.

Als Verkehrseinrichtungen in Gebäuden dienen neben den Treppen auch Rampen als Fahrwege zur Überwindung der Höhenunterschiede für Fahrzeuge oder für Behinderte [1]. Mechanische Verbindungsmittel stehen in Form von Rolltreppen und Aufzügen zur Verfügung, sind aber – da keine Baukonstruktionen – nicht Gegenstand dieser Ausführungen ebenso wie Flure, die horizontale Verkehrswege darstellen.

Den Verkehrswegen in einem Gebäude kommt im Brandfall entscheidende Bedeutung für die Sicherheit der Benutzer zu, da sie sowohl die Rettungswege für die Insassen wie die Zugangswege für Rettungsmannschaften und Feuerwehr darstellen.

Sicherheit bedeutet also:

- Gefahrlose Begehbarkeit (Abmessungen der Stufen, Geländer, ausreichender Lastansatz) und
- Benutzbarkeit auch im Brandfall (ausreichende Feuerwiderstandsdauer der Treppen und der Treppenraumumschließungen, Maßnahmen zur Verhinderung von Verqualmung).

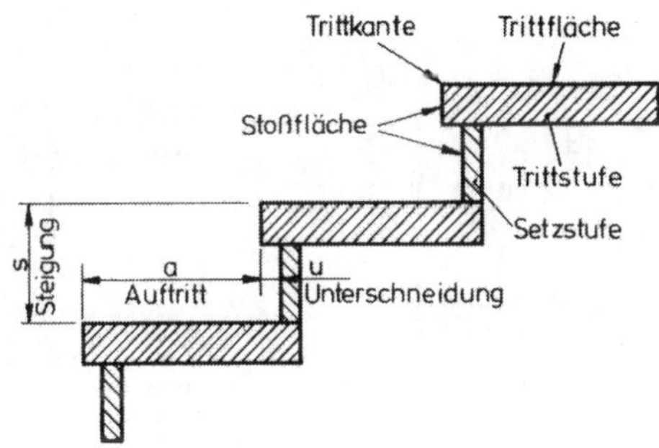

Bild 11.1
Treppe – Maßbegriffe

Eine Treppe entsteht durch eine Aufeinanderfolge von Stufen, die meist durch Podeste unterbrochen wird. Unter „Stufe" versteht man sowohl deren horizontalen Teil „Trittstufe" oder „Auftritt" genannt, als auch deren senkrechten Teil, der als „Setzstufe" bezeichnet wird (Bild 11.1). Das Verhältnis s/a nennt man das „Steigungsverhältnis", die Stufenhöhe s die „Steigung" der Treppe. Wesentliche Begriffsbildungen, wie notwendige Treppen, nicht notwendige Treppen, Treppenlauf, Treppenpodest, Zwischenpodest, Lauflinie, Treppenraum, Treppenauge u. a. sind aus DIN 18064 zu entnehmen.

11.2 Gebäudegrundrisse und Treppenanlagen

Es gibt zahlreiche Treppenformen. Diese kommen jedoch nicht beliebig zur Anwendung, sondern sind der Gebäudegröße und -art, dem Gebäudegrundriß und besonderen Bedürfnissen, etwa dem der Repräsentation angepaßt. Im Geschoßwohnungsbau tritt überwiegend nur die zweiläufige Treppe mit Zwischenpodest auf (s. Bild 11.2), außerdem noch die zwei- bzw. dreiläufige Treppe, die um einen Fahrstuhlschacht herumläuft.

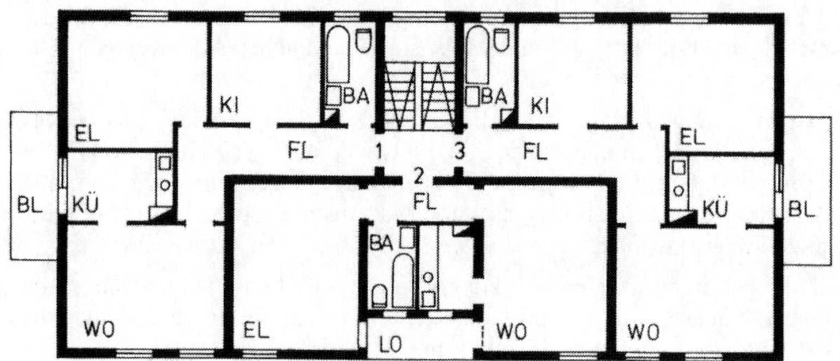

Bild 11.2 Gebäudegrundriß mit zweiläufiger Treppe

Abgewinkelte, gewendelte oder teilgewendelte Treppen treten überwiegend nur in Ein- oder Zweifamilienhäusern oder als Nebentreppen in Geschäfts- oder Industriebauten auf (s. Bild 11.3).

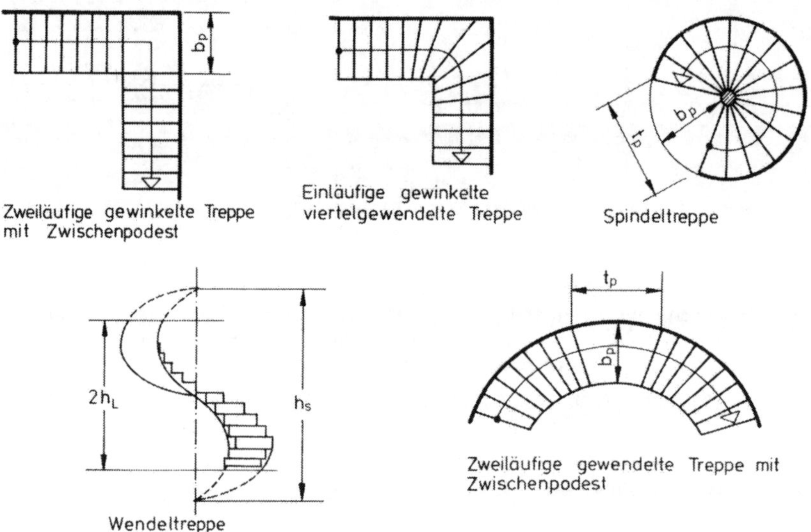

Bild 11.3 Abgewinkelte, gewendelte und Spindeltreppen

Repräsentativen Zwecken dienen große, meist freigespannte, oft in geschwungenen Formen, mehrläufig ausgebildete Treppen (s. [52], Abb. 31).

11.3 Anforderungen an Treppenanlagen

11.3.1 Bauordnungen und Bestimmungen

Die von den Ländern herausgegebenen Bauordnungen regeln insbesondere die Anforderungen, die an Treppen und Treppenräume aus brandschutztechnischen Gründen zu stellen sind. Zunächst wird Anzahl und Lage der Treppen festgelegt, wobei als „notwendig“ z. B. bei Hochhäusern mindestens zwei voneinander unabhängige Treppen oder eine Treppe in einem sogenannten Sicherheitstreppenraum vorgeschrieben sind, an welche besonders hohe brandschutztechnische Anforderungen gestellt werden. Notwendige Treppen müssen in einem durchgehenden und an einer Außenwand angeordneten Treppenraum liegen und auch von der Mitte eines jeden Aufenthaltsraumes in höchstens 30 m Entfernung zu erreichen sein usw. Außerdem enthalten die Landesbauordnungen Hinweise auf die notwendige Breite der Treppenläufe und -absätze, auf die Einschaltung von Treppenabsätzen in längeren Treppenläufen, auf Steigungsverhältnis und Stufenhöhe, auf die Sicherung durch Geländer usw. Da die Länderbauordnungen sich leider untereinander und von der „Musterbauordnung“ des Bundes unterscheiden, muß in jedem Fall in allen Einzelheiten auf die für das jeweilige Land maßgebende Bauordnung zurückgegriffen werden. Für bestimmte Gebäude existieren außerdem Sondervorschriften, die auch Anforderungen an Treppen, Treppenräume und Rettungswege enthalten können, z. B. die

- Versammlungsstättenverordnung,
- Geschäftshausverordnung,
- Krankenhausbauverordnung,
- Gaststättenbauverordnung,
- Garagenverordnung,
- Schulbaurichtlinien und die Hochhausrichtlinien.

Detailangaben insbesondere maßlicher Art sind in den bautechnischen Bestimmungen enthalten und zwar in [3], [4], [5].

11.3.2 Ausreichende Abmessungen

Diesbezügliche Anforderungen lassen sich unterteilen in Lichtmaße der Treppenläufe, Detailabmessungen der Stufen und Steigungsverhältnisse bei geraden und gewendelten Treppen.

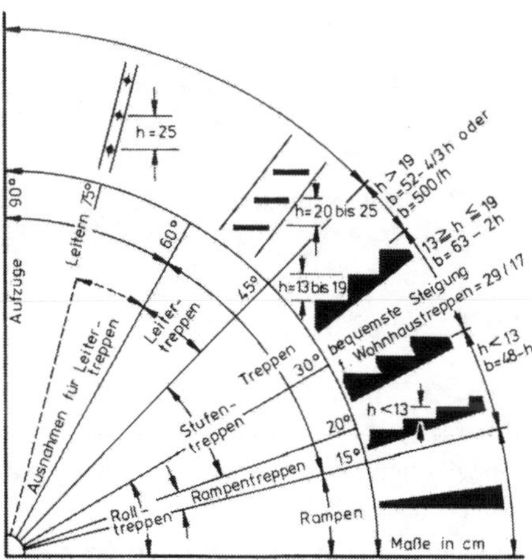

Bild 11.4
Steigungen der Rampen, Treppen, Leitern

Die Lichtraumanforderungen gehen aus Bild 1 der DIN 18065 hervor. Maßliche Anforderungen sind dort in Tabelle 1 zusammengefaßt. Die dort angegebenen Werte für Steigung s und Auftritt a sind Höchst- bzw. Mindestmaße, die im Einzelfall dem zu überwindenden Höhenunterschied und der verfügbaren Lauflänge anzupassen sind.

Dafür gilt die sogenannte Schrittmaßregel:

$$2\,s + a = 59 \text{ bis } 65 \text{ cm}$$

Angaben über nutzungsgerechte Steigungen enthält Bild 11.4

Die Podesttiefe muß mindestens gleich der nutzbaren Treppenlaufbreite gemäß Tabelle 1 in DIN 18065 sein. Wie man die Abmessungen bestimmt, die zum Transport größerer Möbelstücke vonnöten sind, geht aus Bild 11.5 hervor.

Bezüglich der Breite von Treppen, die von mehreren Personen nebeneinander begangen werden sollen, gilt:

Nutzbare Treppenlaufbreite für 2 Personen 1,10 m

Nutzbare Treppenlaufbreite für 3 Personen 1,80 m

Im übrigen wird hierzu auf die o. a. Sondervorschriften verwiesen.

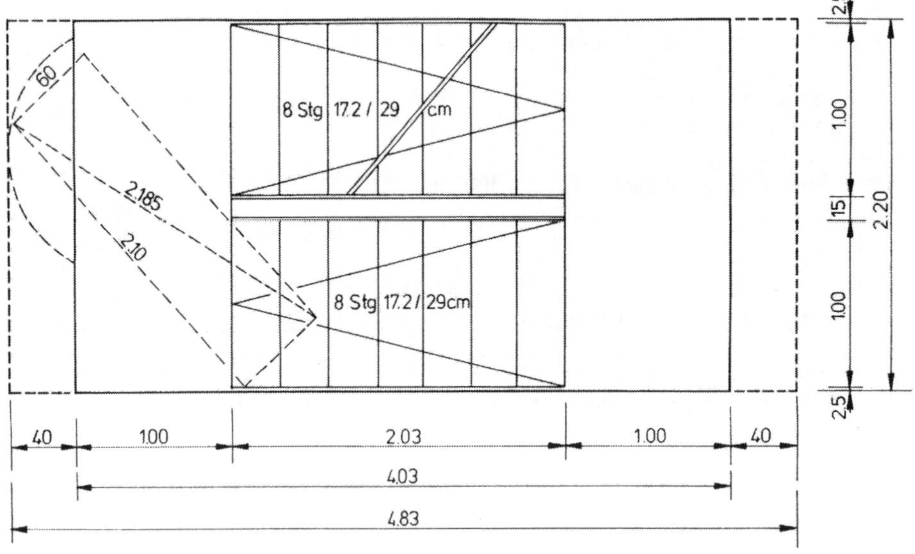

Bild 11.5 Schemagrundriß zweiläufiger Podesttreppen (Geschoßhöhe = 2,75 m) Bestimmung von Mindestabmessungen für besondere Nutzung

11.3.3 Sicherheitsanforderungen

Abgesehen von den in den Bauordnungen und Sondervorschriften fixierten Anforderungen, enthält DIN 18065 folgende Bestimungen zur sicheren Begehbarkeit:

Treppen ohne Setzstufen sowie Treppen mit Auftritten ≤ 26 cm in der Lauflinie sind um mindestens 3 cm zu unterschneiden.

Der lichte Abstand von Auftritten darf bei offenen Treppen 12 cm nicht überschreiten.

Wendelstufen (jedoch nicht bei Spindeltreppen und in Wohngebäuden mit nicht mehr als zwei Wohnungen) müssen an der schmalsten Stelle einen Mindestauftritt von 10 cm haben (s. auch Abschn. 11.6).

Für gewendelte Treppen werden besondere Angaben über Gehbereich und Lauflinie gemacht.

Die Geländerhöhe über Vorderkante Stufe bzw. Oberfläche Podest muß mindestens 90 cm, bei Absturzhöhen über 12 m: 1,10 m sein, die Füllstabausbildung so, daß Kinder nicht klettern und nicht durchfallen können (Stababstand im Lichten ≤ 12 cm). Handlaufabstand von Wänden ≥ 4 cm.

11.3.4 Bauphysikalische Anforderungen

Diese sind teilweise in den Bauordnungen und Sondervorschriften, teilweise in den einschlägigen DIN-Blättern enthalten und betreffen den Brand-, Wärme- und Schallschutz. Die brandschutztechnischen Anforderungen laufen darauf hinaus, Treppenräume als Rettungswege so zu gestalten, daß sie nach Ausbruch eines Brandes möglichst lange passierbar bleiben. Daraus ergeben sich die wesentlichen Anforderungen:

Hohe Feuerwiderstandsdauer für Treppenräume und Treppen, angemessene Gestaltung der Zu- und Ausgänge.

Keine Brandlast im Treppenraum, also keine Baustoffe der Klasse B nach DIN 4102-1.

Treppenräume müssen belüftbar sein.

An Gebäude mit geringem Gefährdungsgrad (z. B. Ein- und Zweifamilienhäuser) werden diesbezüglich geringere Anforderungen gestellt (s. dazu [6]).

Wärmeschutztechnische Anforderungen an Treppenräume berücksichtigen vor allem den Umstand, daß diese meist unbeheizt sind bzw. nur so beheizt werden, daß eine Mindestlufttemperatur von + 10 °C im Treppenhaus gewährleistet ist, weshalb in DIN 4108-2 für Treppenhauswände ein Mindestwärmedurchlaßwiderstand $1/\Lambda \geq 0{,}25$ m^2 K/W verlangt wird (s. dazu auch [7]).

Schallschutztechnische Maßnahmen betreffen sowohl den Luftschallschutz der angrenzenden Räume durch entsprechende Anforderungen an das bewertete Schalldämm-Maß der Treppenraumwände, als auch den Trittschallschutz. Tabellen in DIN 4109-2 und -3 enthalten entsprechende Angaben. Während der geforderte Luftschallschutz durch geeignete Ausbildung der Treppenhauswände problemlos zu erreichen ist, stößt die Realisierung des Trittschallschutzes auf erhebliche Schwierigkeiten und erfordert allenfalls recht aufwendige Maßnahmen. S. dazu [12]. Aus diesem Grund hat man auf solche Maßnahmen bisher weitgehend verzichtet. In DIN 4109-2 wird dazu gesagt, daß Läufe oder Stufen, die in die Treppenraumwände eingreifen bzw. aus ihnen auskragen, zu vermeiden sind. In DIN 4109 sind Konstruktionsvorschläge zur Lösung des Trittschallproblems enthalten.

11.4 Treppenformen s. dazu [55], [56], [57], [58]

11.4.1 Offene und geschlossene Treppen

Eine Treppe wird als offen bezeichnet, wenn sie nur Trittflächen aufweist, wohingegen die Setzstufenflächen fehlen. Bei vorhandenen Setzstufen, mithin bei einer durchgehenden Treppenfläche, spricht man von einer geschlossenen Treppe.

Offene Treppen finden sich in Klein-Wohnhäusern, sowie – vorwiegend als Wendeltreppen – in Geschäfts- und Industriegebäuden, dort im Zuge von Bedienungsgängen zu Arbeitsbühnen o. ä. Da sie den Durchtritt von Flammen ermöglichen, ist ihre Anwendung brandschutztechnisch beschränkt.

11.4.2 Einläufige Treppen

Die Grundform der einläufigen Treppe ist die gerade Treppe. Sie hat den Nachteil, größerer Länge zu bedürfen, um den Höhenunterschied zwischen zwei Geschossen zu überwinden und ist deshalb schwierig unterzubringen. Man hilft sich häufig dadurch, daß man die Enden abwinkelt oder eine Teilwendelung vorsieht (s. Bild 11.6).

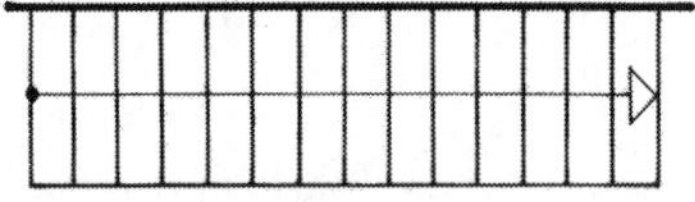

a) Einläufige gerade Treppe

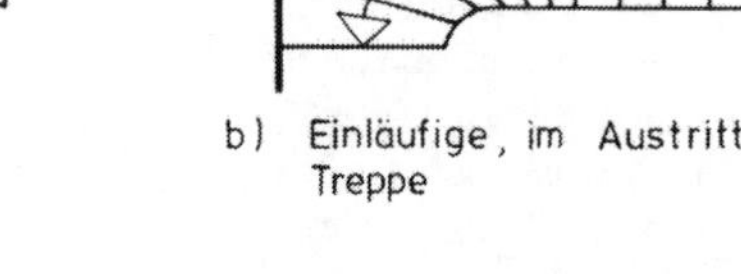

b) Einläufige, im Austritt viertelgewendelte Treppe

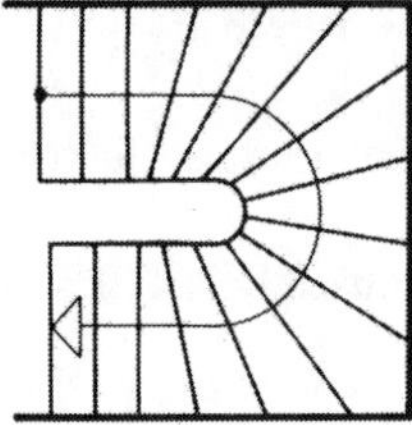

c) Einläufige, halbgewendelte Treppe

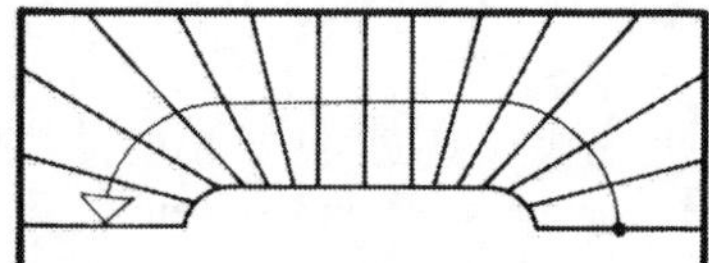

d) Einläufige, zweimal viertelgewendelte Treppe

Bild 11.6 Einläufige Treppen

11.4.3 Mehrläufige Podesttreppen

Die häufigste Treppenform ist die zweiläufige (gegenläufige Podesttreppe (s. Bild 11.5)).

Ihre kompakte Form ermöglicht Unterbringung bei minimalem Platzbedarf. Die kurzen Läufe bedingen Sicherheit und in Verbindung mit dem Zwischenpodest bequemes Begehen. Sie bieten außerdem optimale Erschließungsmöglichkeiten für angrenzende Wohnungen oder Räume, da diese sowohl an die Stirn als auch an die Seiten des Podestes jeder Geschoßebene angebunden werden können. Andere Formen mehrläufiger Treppen sind ziemlich selten und treten überwiegend als repräsentative Treppen in Theatern, Verwaltungsbauten usw. auf (s. Bild 11.7).

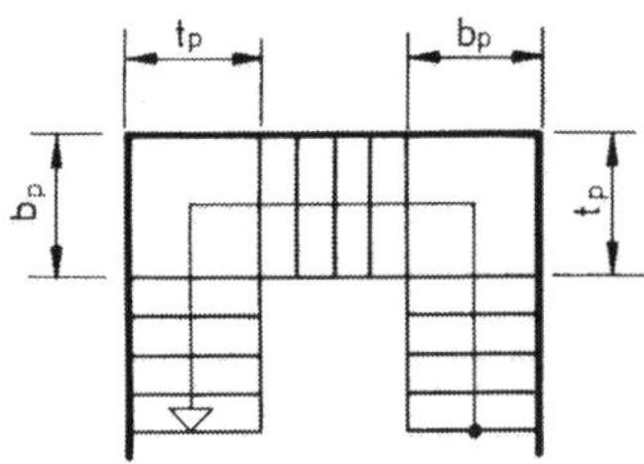

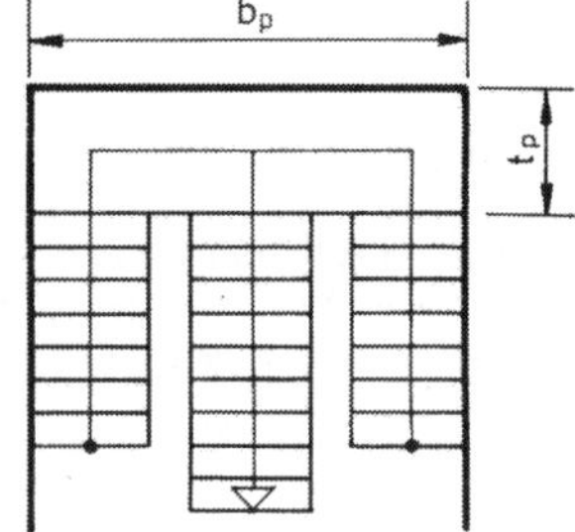

Bild 11.7 Dreiläufige Treppe in T- bzw. E-Form

11.4.4 Wendeltreppen und teilgewendelte Treppen

Als Wendeltreppen werden Treppen mit kreisförmigem Grundriß bezeichnet, als teilgewendelte solche, bei welchen ein Teil des Grundrisses kreisförmig ausgebildet ist (s. Bild 11.3).

11.4.5 Bogenförmige Treppen

Treppen können im Grundriß eine beliebig geschwungene Form haben. Gerade bei großen und repräsentativen Treppenanlagen treten häufig geschwungene Formen auf. Meist sind es auch hier Kreisbögen als Grundform, wenn auch mit viel größeren Radien als bei Wendeltreppen Daneben kommen auch elliptische oder korbbogenförmige Grundrisse und Bogentreppen mit rechteckiger Treppenwangenumfassung vor.

11.4.6 Fußgängerrampen

Rampen anstelle von Treppen finden vor allem da Verwendung, wo Behinderten mit Rollstuhl die Benutzung ermöglicht werden soll. Darauf muß die Rampengeometrie ausgerichtet sein, s. [1]. Wesentliche Anforderungen sind hier:

- Beschränkung des Gefälles (6 %, außerhalb, in Sonderfällen auch innerhalb von Gebäuden 8 %)
- Mindestbreite von Außenrampen 1,20 m
- maximale Länge von Außenrampen zwischen Podesten 6,0 m
- Mindestlänge erforderlicher Zwischenpodeste 1,20 m
- Handlauf entlang der Rampe. usw.

DIN 18024-2 enthält außerdem Anforderungen an Türen, Aufzüge, Sanitärräume u. a.

11.5 Bauart der Treppen

11.5.1 Holztreppen

Allgemeines

Bei den Innentreppen dominierten in früherer Zeit die Holztreppen. Wegen ihres Brandverhaltens sind sie als notwendige Treppen nur noch für Wohngebäude bis zu 2 Geschossen zulässig.

Als architektonisches Gestaltungselement hat die Holztreppe jedoch seit den Jahren des Wiederaufbaus eher noch gewonnen. Man findet sie in den vielfältigsten Formen als innnere Verbindungstreppen von Geschäftshäusern und Wohnhäusern. Als Leimkonstruktion, oft unter Verwendung von Edelhölzern, dient sie mit der sichtbaren Holzstruktur oft als Repräsentations- und Schmuckelement.

Bei der Auswahl der Holzarten kommen für die Auftritte wegen der höheren Abriebfestigkeit nur harte Laubhölzer und exotische Harthölzer, sowie Brettschichthölzer aus diesen Holzarten in Betracht. Die tragenden Treppenwangen oder Stiegenbäume dagegen werden meist aus Nadelhölzern, bei größeren Querschnitten meist als brettschichtverleimte Konstruktionen hergestellt.

Die holzverarbeitende Industrie, aber besonders die Handwerksbetriebe bieten eine Vielzahl von handwerklich entwickelten Treppenbausystemen, des öfteren auch als Mischkonstruktion mit Stahlteilen an [67].

In Anlehnung an die Einbolzentreppen mit Auftritten aus Werkstein gibt es solche mit Auftrittbohlen aus Brettschichtholz, das im Gegensatz zu gewachsenem Holz in der Lage ist, die hier auftretenden Torsionsbeanspruchungen aufzunehmen.

11.5.1.1 Blocktreppen

Eine der ersten Treppenbauformen war die Blocktreppe. Sie wird aus Vollholzstufen in Rechteck- oder Keilform hergestellt, die auf Stiegenbäumen (Tragbalken) aufliegen. Bei Verwendung rechteckiger Blockstufen werden zur Ausbildung der Sättel (keilförmige Unterstützung der Trittstufe) aufwendig große Querschnitte für die Stiegenbäume benötigt. Aus diesem Grunde werden Keilstufenformen bevorzugt (s. Bild 11.8).

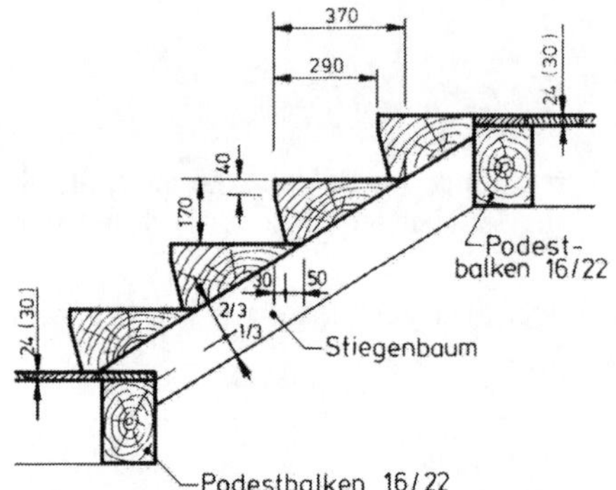

Bild 11.8
Blocktreppe

Als Mischkonstruktion findet man auch Holzblockstufen auf einem – möglicherweise auch gewendelten – Stiegenbaum aus Stahlbeton.

11.5.1.2 Aufgesattelte Treppen

Die aufgesattelte Treppe stellt eine Weiterentwicklung der Blocktreppe dar. Sie setzt sich allein aus Bohlenquerschnitten zusammen und benötigt daher weniger Holz als die Blocktreppe. Für ihre Wangen werden wegen der Ausbildung der Sättel große Querschnitte benötigt.

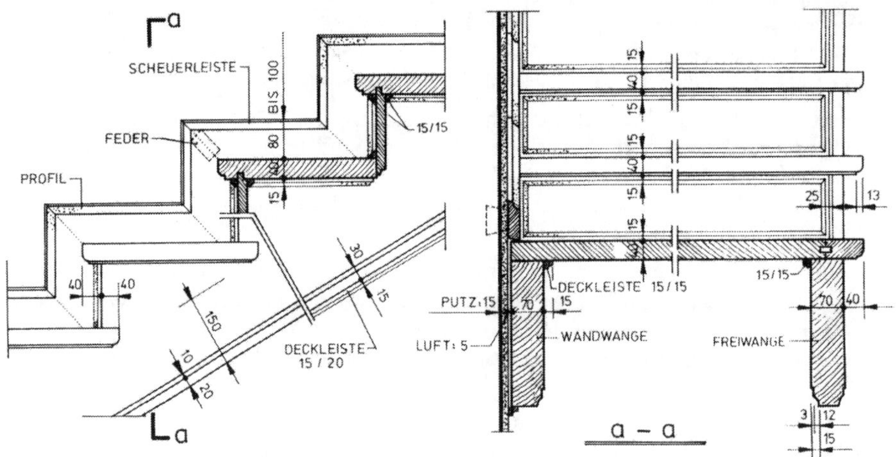

Bild 11.9 Aufgesattelte Treppe

Sie unterscheidet sich in ihrem äußeren Bild ganz von den anderen Treppenkonstruktionen, weil die Auftrittbohlen bei dieser Treppenform über die Wangen überstehen und ihr Stufenprofil bis über die Stirnseite der Bohle durchläuft (s. Bild 11.9).

Die unteren und oberen Auflagersättel der Wangen auf den Decken- und Podestkonstruktionen müssen mittels Stahlteilen in Form von Bolzen oder Profilstahl gegen Aufreißen gesichert werden.

11.5.1.3 Eingeschobene Treppen

Bei der eingeschobenen Treppe befinden sich in den Wangeninnenseiten 2 bis 3 cm tief ausgestemmte Auflagerschlitze in Dicke der Auftrittsbohlen, die vorderseitig aus der Wangenkante austreten. Dies ermöglicht es, nach Montage der Wangen die Auftrittsstufen von vorne einzuschieben und zu befestigen. Die Auftrittsvorderkanten stehen dabei in der Regel etwas über die Wangenoberkanten hinaus. Eingeschobene Treppen werden meist als offene Treppen hergestellt (s. Bild 11.10). Deshalb ist die Wahl der Dicke der Auftrittsbohle durch die Forderung bestimmt, daß der lichte Zwischenraum zwischen Unter- und Oberkante eines Auftritts der Sicherheit von Kindern wegen 12 cm nicht überschreiten darf. Die Wangen werden mit Hilfe von Treppenschrauben oder mittels sogenannter Tritthäkchen zusammengehalten.

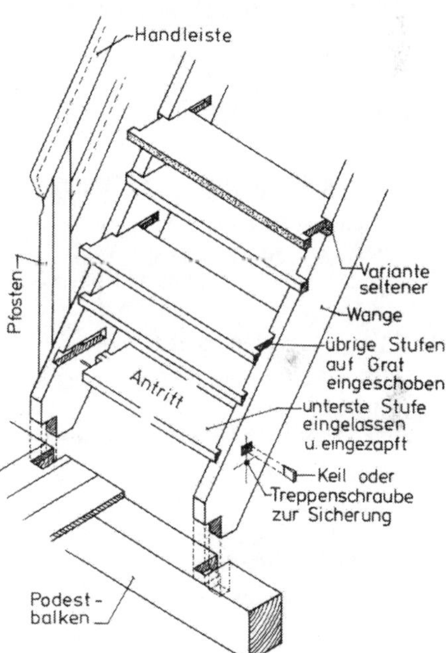

Bild 11.10
Eingeschobene Treppe

11.5.1.4 Eingestemmte Treppen

Bei den eingestemmten Treppen sind die Wangen mit ausgestemmten Schlitzen sowohl für Tritt- als auch für Setzstufen ausgestattet. Die Schlitze führen allerdings nicht wie bei der eingeschobenen Treppe bis über den Wangenrand (s. Bild 11.11).

Die Montage der eingestemmten Treppen geht deshalb auf ganz andere Weise als bei der eingeschobenen Treppe so vor sich, daß alle Tritt- und Setzstufen in eine Wange eingefügt werden und die zweite Wange dann darauf gesetzt wird. Wie bei der eingeschobenen Treppe werden die Treppenwangen mittels Treppenschrauben oder Tritthäkchen zugfest miteinander verbunden.

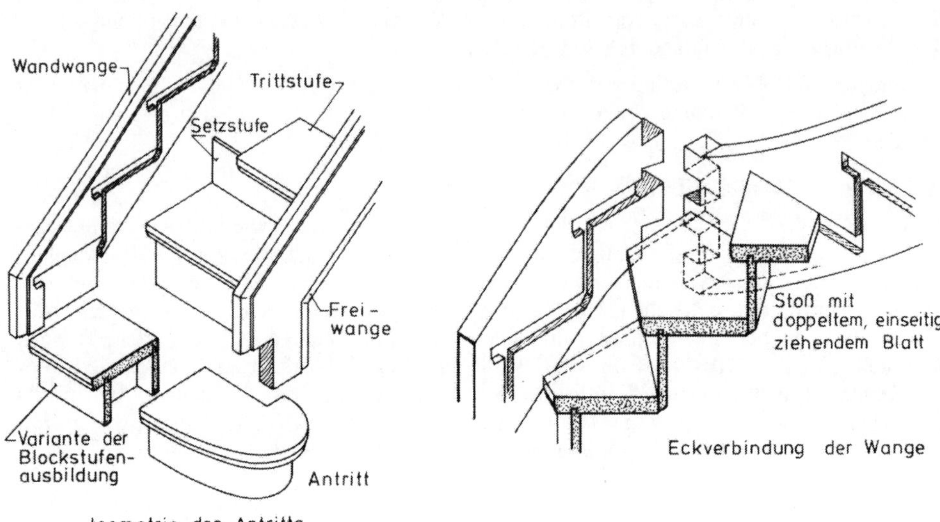

Bild 11.11 Eingestemmte Treppe

11.5.1.5 Halb eingestemmte Treppen

Die halb eingestemmte Treppe stellt eine offene Variante der eingestemmten Treppe dar. Hier fehlen die Setzstufen. Für die Wahl der Dicke der Auftrittsbohle gilt Abschnitt 11.5.1.3. Im übrigen unterscheidet sich ihre Konstruktion nicht von der der eingestemmten Treppe.

11.5.1.6 Sonderkonstruktionen

Sonderkonstruktionen sind als Spindeltreppen (Bild 11.12), Einbolzentreppen (Bild 11.13) und Mischkonstruktionen zahlreich auf dem Markt vertreten und werden oft als Bausätze für „Do it yourself" – Montagen angeboten [67].

Die Holztreppen wurden früher ausschließlich mit Holzgeländern ausgestattet. Heute verwendet man vorwiegend Metallgeländerkonstruktionen, nicht zuletzt weil deren Herstellung besonders im Bereich von Wendelungen wesentlich preisgünstiger ist als die Herstellung von Holzgeländern, für die im Wendelbereich aufwendige Krümmlinge in Handarbeit gefertigt werden müssen.

Alle beschriebenen Holztreppenbauarten sind auch in gewendelter Form herstellbar. Bei eingeschobenen Treppen geschieht dies allerdings nur sehr selten und bei Blocktreppen ist die gewendelte Form nur in der Version mit einem mittig geführten Stiegenbaum üblich.

11.5.2 Massivtreppen

Massivtreppen können auf verschiedene Art hergestellt werden:

- als Ortbetontreppen
- als vorgefertigte oder teilvorgefertigte Treppen
- als Sonderbauarten.

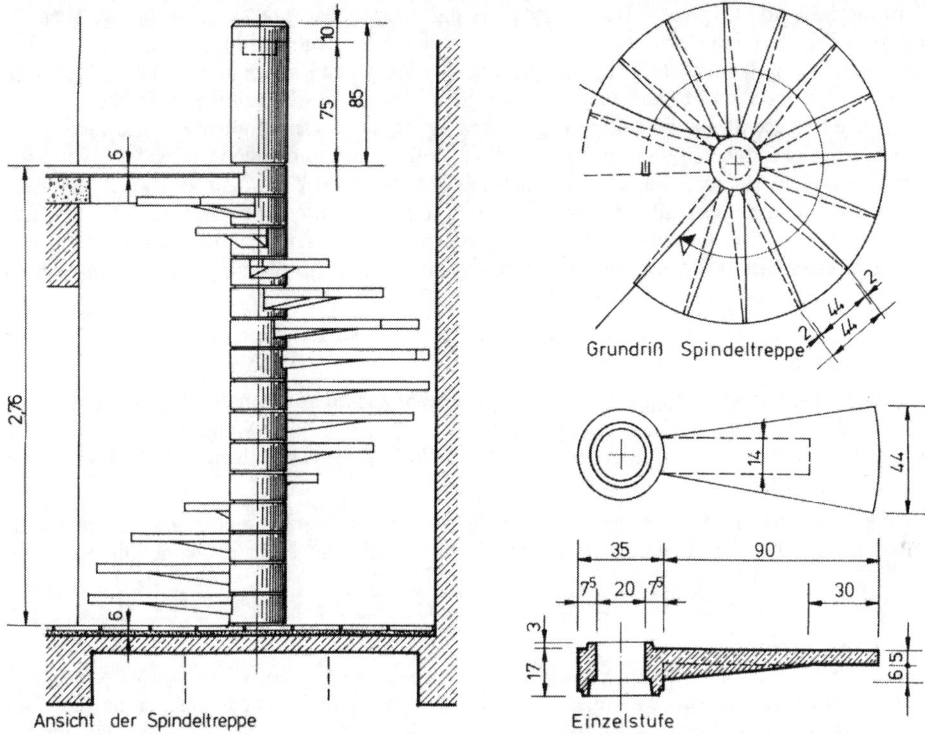

Bild 11.12 Spindeltreppe

Ortbetontreppen erfordern – selbst bei Ausführung der normalen zweiläufigen Podesttreppe wegen der Schräglage der Läufe hohen Schalaufwand. Weitere Arbeitserschwernisse entstehen, wenn die Läufe in die Treppenraumwände eingebunden werden sollen, was deshalb und insbesondere aus Schallschutzgründen nicht mehr geschieht. Der Schalungs- und Arbeitsauf-

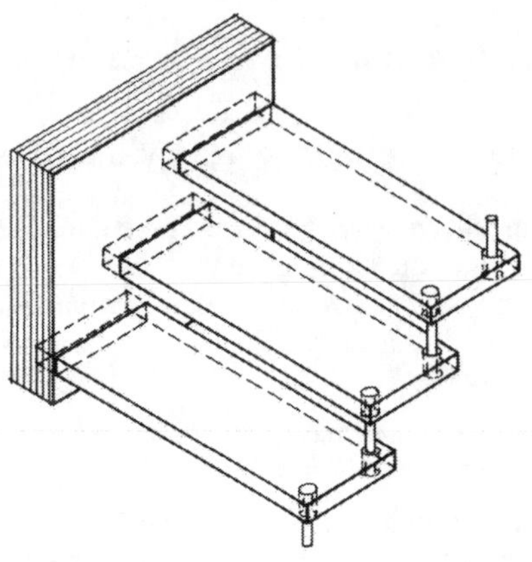

Bild 11.13
Einbolzentreppe WE 1

wand für die Läufe war Anlaß für die Entwicklung diverser Fertigteilsysteme, bei welchen die Podeste oft in Ortbeton hergestellt, die Läufe und Stufen dagegen vorgefertigt werden. Bei einheitlichen Lauflängen hat sich die Vorfertigung des ganzen Laufs einschließlich der Rohstufen als besonders wirtschaftlich erwiesen. Seltener werden die Läufe mit fertiger Stufenoberfläche hergestellt, da die Gefahr der Beschädigung durch den Baubetrieb im Robbau groß ist. Bei der Gebäudeherstellung in sog. Großtafelbauweise werden auch die Podeste vorgefertigt, entweder in einem Stück als Verlängerung der Läufe oder als quergespannte Fertigteilplatten, auf die die Laufplatten aufgelegt werden. Es kommen auch noch rohgefertigte Läufe aus mehreren, in Spannrichtung nebeneinander liegenden Fertigteilen zur Ausführung. Seltener sind Fertigteiltreppen mit zwei Randträgern und quergespannten oder mit einem Mittelträger und beidseitig auskragenden Stufen.

Als Beispiele für eine Sonderbauart seien die sog. Tragbolzentreppe (s. Bild 11.13, s. DIN 18069) und die Spindeltreppe erwähnt (s. Bild 11.12).

Die Tragbolzentreppe als sog. Einbolzentreppe besteht aus quergespannten Holz-, Kunst- oder Naturstein-Trittstufen, die an einer Seite mindestens 7 cm in eine Wand einbinden müssen, während die Stützung an der anderen Seite durch ein System von Bolzen erfolgt, das die Torsionssteifigkeit der Stufen mobilisiert.

Bei der Spindeltreppe kragen die einzelnen Trittstufen von einer Spindel aus, die meist als Ortbetonstütze hergestellt wird, für welche an die Stufen angeformte Ringe die Schalung bilden.

11.5.3 Stahltreppen

Neben ihrer häufigeren Anwendung im Industriebau wurden Stahltreppen gelegentlich auch im Geschäftshaus- oder Mehrgeschoßbau verwendet. Die Tritt- und Setzstufen können mit Linoleum oder Kunststoff belegt oder aus Holz, Kunststein etc. ausgebildet werden und liegen auf Wangen bzw. seitlich oder in der Mitte liegenden Trägern, die aus Profilstahl oder Stahlblechen hergestellt werden. Als Wendeltreppe können die Stufen ein zusammenhängendes Faltwerk bilden, das mit der Spindel verschweißt ist.

Bei Stahltreppen verdient der bauliche Brandschutz besondere Beachtung, da ungeschützte Stahlprofile nur geringe Feuerwiderstandsdauer haben. Zu Stahltreppen s. [62].

11.6 Geometrie der Treppen

11.6.1 Gestaltung der zweiläufigen Podesttreppe

Im allgemeinen wird aus gestalterischen Gründen eine durchlaufende Wendekante – auch Treppenknicklinie genannt – an den Podestanschnitten angestrebt. Dann sind die Dicken D der Podestplatten und d der Laufplatten jedoch voneinander abhängig. Eine weitere Einflußgröße ist das Versatzmaß A zwischen Antritts- und Austrittsstufe an einem Podest, s. hierzu Bild 11.14.

Ist das Versatzmaß A so groß wie die Auftrittsbreite, so ist ein harmonischer Anstieg des Geländerhandlaufs gewährleistet.

Zur Bestimmung von D nach Festlegung von d nach statischem Erfordernis geht man wie folgt vor:

s ergibt sich aus Geschoßhöhe und gewählter, gerader Stufenzahl a. tan α folgt ebenso aus der Stufenzahl und der Treppenraum- und Podesttiefe.

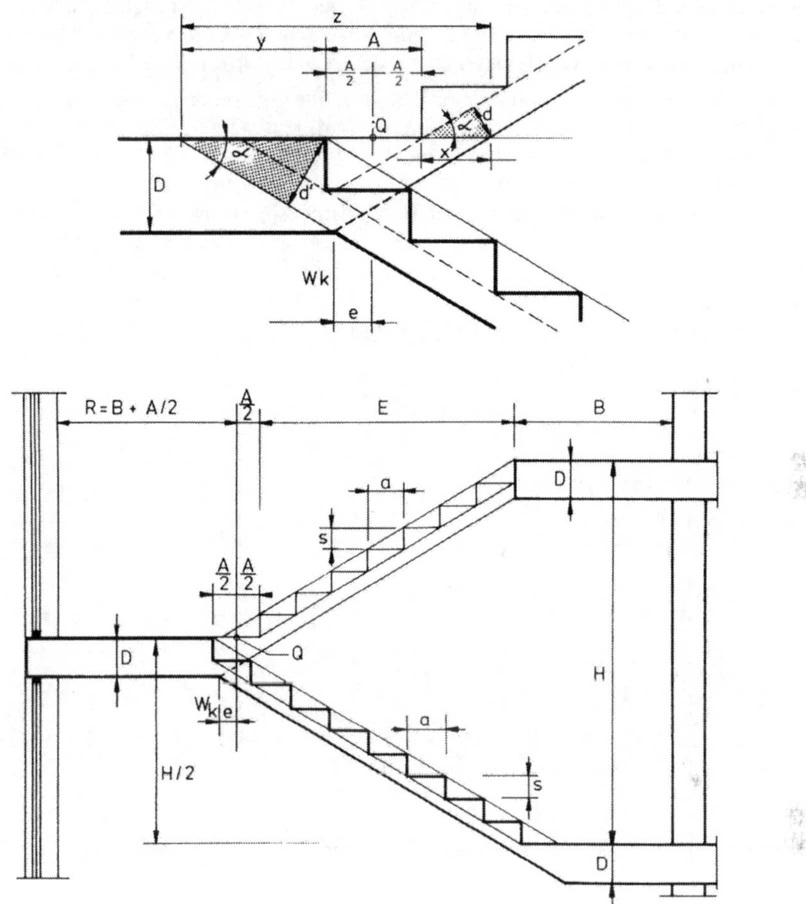

Bild 11.14 Treppengeometrie

Es ist:

$$x = d/\sin\alpha \text{ und } e = z/2 - A/2 - x$$

$$y = d'/\sin\alpha = (d + a \cdot \sin\alpha) \cdot 1/\sin\alpha$$

$$z = A + x + y = A + 2d/\sin\alpha + a$$

$$D = z/2 \cdot \tan\alpha = d/\cos\alpha + \frac{a + A}{2} \cdot \tan\alpha$$

Sonderfälle:

$$A = O \rightarrow D = d/\cos\alpha + 0{,}5 \cdot a \cdot \tan\alpha$$

$$A = -a \rightarrow D = d/\cos\alpha$$

Sind für den Ausbau Putz oder Verkleidung von Läufen und Podesten geplant, so müssen deren Dicken in die o. g. Berechnung eingeführt werden, wenn die Wendekante unter deren Oberfläche sichtbar durchlaufen soll.

11.6.2 Wendeltreppen

Bei gewendelten Treppen müssen die Stufen der sich stetig ändernden Laufrichtung folgen; dazu müssen sie „verzogen" werden. Es gibt verschiedene Verziehungsmethoden, von denen nachstehend beispielhaft die „Halbkreismethode" gezeigt wird (s. Bild 11.15).

Zunächst wird die Lauflinie und auf ihr das gewählte Auftrittsmaß aller Stufen aufgetragen. Dann muß – gegebenenfalls durch Probieren – die letzte gerade Stufe so festgelegt werden, daß die in Abschn. 11.3.3 angeführten Mindestauftrittsmaße zustande kommen. Verbindet man deren Vorderkanten, so erhält man in der Mitte des Treppenauges den Punkt M; um diesen schlägt man einen Halbkreisbogen so, daß das Mindestauftrittsmaß von 10 cm nicht unterschritten wird. Dieser Halbkreis ist dann in so viele gleiche Abschnitte zu unterteilen, als Stufen zu verziehen sind. Die in Bild 11.15 strichlierten Verbindungslinien ergeben dann auf der Treppenaugen-Achse Schnittpunkte, durch die die verlängerten Stufenkanten hindurchgehen sollen. Hierbei ist zu vermeiden, daß Stufenkanten auf die Treppenraumecken stoßen.

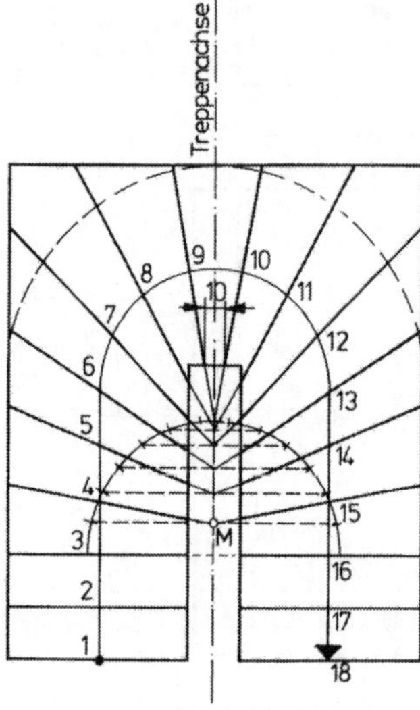

Bild 11.15
Halbkreismethode

11.7 Statik der Treppen

11.7.1 Lastannahmen

Anzusetzen sind die ständigen Lasten (Eigengewichtslasten) nach DIN 1055-1 und die Verkehrslasten nach DIN 1055-3. Danach betragen die lotrechten Verkehrslasten in Wohngebäuden 3,5 kN/m^2, in öffentlichen Gebäuden 5,0 kN/m^2. Diese verteilt anzusetzenden Verkehrslasten gelten allerdings nur bei Treppenläufen mit hinreichender Lastverteilung unter den Einzelstufen. Ist diese nicht vorhanden z. B. bei einzeln auskragenden Stufen, so ist statt dessen eine Einzellast von 1,5 kN bzw. 2 kN pro Stufe in ungünstigster Laststellung anzusetzen. Bei auskragenden Stufen ist außerdem die Einspannung und Weiterleitung der Einspannmomente nachzuweisen. Außerdem muß ausreichende Sicherheit von Brüstungen und Geländern durch Ansatz von waagerechten Vekehrslasten gewährleistet werden. Diese betragen bei

Wohngebäuden	0,5 kN/m
Öffentlichen Gebäuden	1,0 kN/m.

11.7.2 Aus Wänden auskragende Treppen

Die Einspannung von Stahlbetonstufen in Stahlbetonwände ist problemlos und reduziert sich auf eine einfache Bemessungsaufgabe. In Mauerwerk kann das Einspannmoment dagegen nur durch Druckspannungen aufgenommen werden. In beiden Fällen kann die Aufteilung des Einspannmomentes in die nach oben und nach unten abfließenden Anteile nach dem in Heft 240 der Schriftenreihe des Deutschen Ausschusses für Stahlbeton beschriebenen Näherungsverfahren erfolgen, sofern die über der Stufe stehende Wand an ihrem oberen Ende seitlich festgehalten ist (durch eine Geschoßdecke!). Voraussetzung für eine ausreichend sichere Einspannung im Mauerwerk ist eine genügend hohe Wandauflast. S. dazu [52], [58].

11.7.3 Gerade, zweiläufige Podesttreppen

Statisch läßt sich ein solches Treppensystem in verschiedender Weise behandeln.

Bild 11.24 zeigt die häufigsten Varianten:

a) quergespannte Podeste, längsgespannte Läufe

b) dreiseitg gelagerte Podeste, längsgespannte Läufe

c) Läufe und anschließende Podestbereiche sind längs durchgespannt. Kommt vornehmlich bei Fertigteillösungen vor.

d) quergespannte oder dreiseitig gelagerte Podeste mit an deren Rand aufgelagerten Fertigteilläufen

e) längs durchgespannte, mittig unter den Läufen angeordnete Balken, quergespannte Podeste und Läufe

f) längs durchgespannte oder auf den Podesten aufliegende Lauf-Randträger, quergespannnte Podeste und Läufe usw.

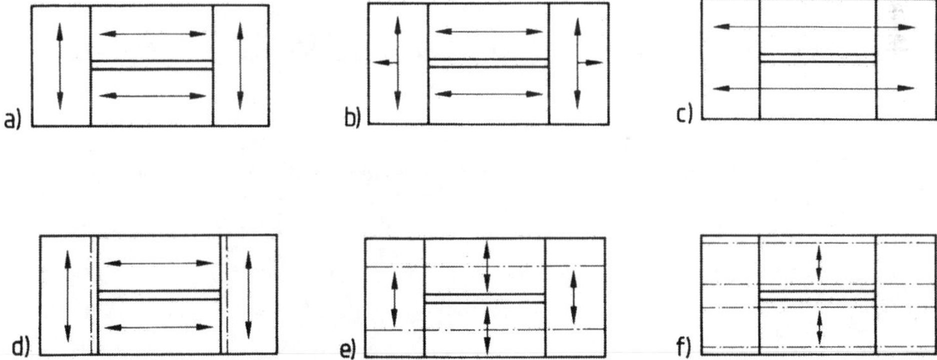

Bild 11.16 Statische Systeme für zweiläufige Podesttreppen

Am häufigsten kommen a) und d) zur Ausführung. Hier treten zwei Probleme auf: Die Läufe liegen am freien Rand der Podestplatten auf. Diese werden also belastet durch gleichmäßig verteilte Verkehrs- und ständige Lasten und eine Linienlast am Rande. Daraus ergeben sich über die Podestbreite sehr ungleichmäßig verteilte Momente in Spannrichtung mit Größtwerten am freien Rand, die dort auch entsprechend große Auflagerdrücke erzeugen und negative Momente in Podestquerrichtung. Berechnungshilfsmittel finden sich in [63], [64], [65], [66]. Ein zweites Problem ergibt sich daraus, daß die Podeste im Regelfall seitlich unverschieblich in die Treppenraumwände eingebunden sind und diese, selbst wenn sie aus Mauerwerk bestehen, da es durch die Geschoßdecken „vernäht" wird, entgegengesetzt gerichtete Horizontalkräfte aus den Podesten aufzunehmen vermögen. Daher kommt es, daß ein monolithisch ausgebildeter Lauf als Faltwerk wirkt, worauf Fuchssteiner schon in [52] eingegangen ist. Die Folge ist, daß sich über den Wendekanten Stützmomente aufbauen, deren Vorhandensein bei der Bewehrungsausbildung berücksichtigt werden muß. Zur Berechnung s. auch [58].

11.7.4 Freitragende Wendeltreppen

Bild 11.17 veranschaulicht Form und Schnittkräfte von freitragenden Wendeltreppen. Derartige Treppen können im Grundriß z. B. halbkreisförmig aus geradlinig verlaufenden Deckenrändern auskragen oder beliebig gewendelt sein. Eine Berechnungsmethode, die zu wirklichkeitsnahen Schnittkräften führt, wurde von Fuchssteiner entwickelt [52].

Wie Bild 11.17 erkennen läßt, treten in derartigen gekrümmten freitragenden Läufen Biegemomente M_y und M_z, desgleichen Querkräfte Q_y und Q_z sowie Torsionsmomente M_T und Normalkräfte N auf, so daß für zweiachsige Biegung mit Längskraft, Schub und Torsion zu bemessen ist. Berechnung und Bemessung sind daher schwierig. In [58] werden einige Zahlenbeispiele vorgeführt. Dort finden sich auch weitere Literaturhinweise.

Analytisch sinnvoll erfaßbar sind derartige Systeme jedoch nur dann, wenn sie regelmäßig – d. h. z. B. im Grundriß kreisförmig, mit gleichbleibender Dicke, ohne Zwischenauflager und Randbalken – vorgesehen sind.

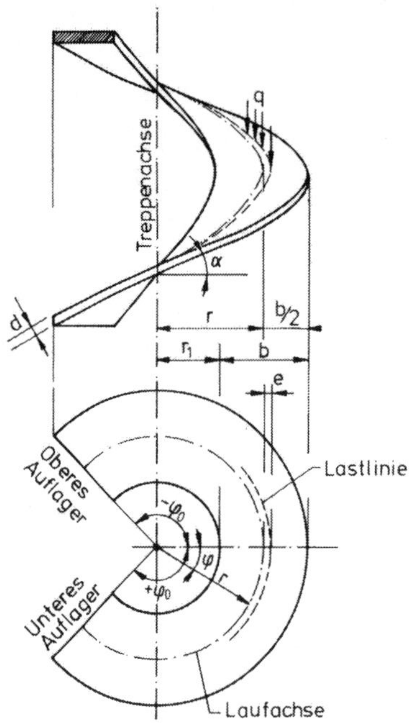

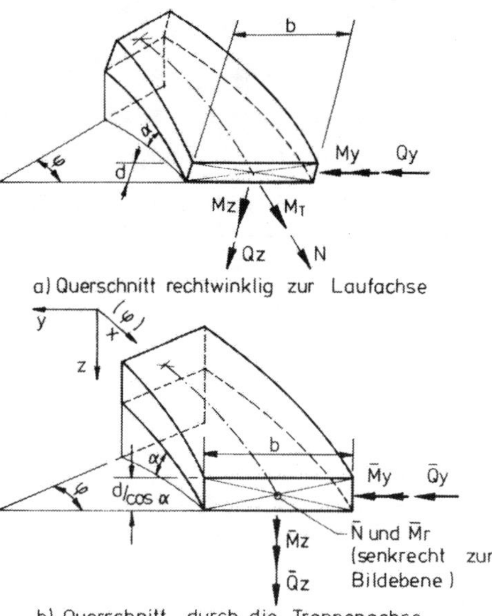

Bild 11.17 Freitragende Wendeltreppen

Beim Einsatz von Rechenprogrammen, z. B. für Trägerroste, räumliche Balkenroste oder nach der Finite-Elemente-Methode (FEM) mit Platten- bzw. Schalenelementen, entfällt die Notwendigkeit, sich analytisch berechenbaren Systemen anzunähern. Man kann den Treppenlauf zunächst nach vermutetem, statisch günstigem Tragverhalten und nach ästhetischen Gesichtspunkten frei entwerfen, um dann erst die Brauchbarkeit des Entwurfes durch die Berechnung nachzuweisen. Der Entwurf einer Stahlbetontreppe ist in statischer Hinsicht dann als brauchbar anzusehen, wenn die Bewehrung noch vernünftig einzubauen ist und wenn keine zu großen Verformungen auftreten können.

Bei räumlichen Systemen ergeben sich in der Regel auch horizontale Auflagerreaktionen. Die Aufnahme dieser Kräfte durch die aussteifenden Elemente (angrenzende Wandscheiben) des Bauwerkes muß gesichert sein.

In vielen Fällen bietet es sich an, auch die oben erwähnten „regelmäßigen Systeme" nicht mehr analytisch, sondern mit den genannten Rechenhilfsmitteln zu berechnen. In Bild 11.18 wird eine mögliche Elementeinteilung am Beispiel einer freitragenden Wendeltreppe gezeigt. Aus konstruktiven Gründen (Betonüberdeckung, Längs- und Querbewehrung an Ober- und Unterseite) ergibt sich eine Mindestplattendicke von etwa 14 cm.

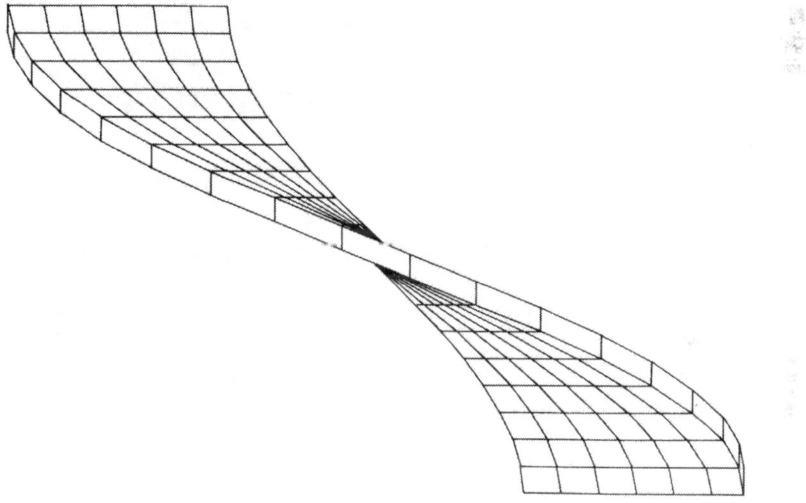

Bild 11.18 Finite Elemente, Modell einer 180° gewendelten Treppe

11.8 Konstruktive Hinweise zur Herstellung von Treppen

11.8.1 Bewehrungsführung massiver Treppen

Die Ausbildung der Betonstahlbewehrung von Treppen bedarf einiger Erfahrung und exakter, vollständiger Planunterlagen.

An den abknickenden Ebenen zwischen Lauf und Podest ergeben sich sowohl bei durchlaufender Bewehrung, als auch im Konsolbereich von Fertigteilläufen, Zugstäbe an einspringenden Ecken, die entsprechend geführt werden müssen [68]. Man kreuzt dazu die aus beiden Richtungen ankommenden Bewehrungslagen und verankert sie gemäß DIN 1045 vom Kreuzungspunkt aus. Mit geraden Verankerungsenden wird dies in der Regel wegen zu geringer Bauteildicke nicht erreicht, so daß die Stäbe vor der Bauteiloberfläche nochmals abgebogen werden müssen. Dies führt zwangsläufig bei allen Treppenläufen zu Paßeisen in der unteren Lage, wenn man aus wirtschaftlichen Gründen einen Vollstoß in Plattenmitte vermeiden will.

Der Steigungswinkel der Treppe α ist auf dem Bewehrungsplan anzugeben, damit die Biegemaschine exakt eingestellt werden kann.

Eine obere Einspannbewehrung an den Übergangsstellen zwischen Podest und Lauf ist zur Erhaltung der Gebrauchsfähigkeit des Bauteils auch dann vorzusehen, wenn die Laufplatte in der statischen Berechnung nur als Einfeldsystem zwischen den Podesten oder den Treppenraumwänden berechnet worden ist. Um Rißbildungen vorzubeugen, wird die obere Bewehrung meist mit kleinerem Durchmesser als die untere Laufbewehrung, jedoch mit mindestens 50 % deren Querschnitts pro Meter angeordnet. Die Lage der abgebogenen Stahlschenkel muß auf dem Bewehrungsplan eindeutig markiert werden. Dies geschieht mittels Beschriftung „oben" oder „unten" an jedem Stahlschenkel, besser mittels Pfeilsymbolik (s. Bild 11.19).

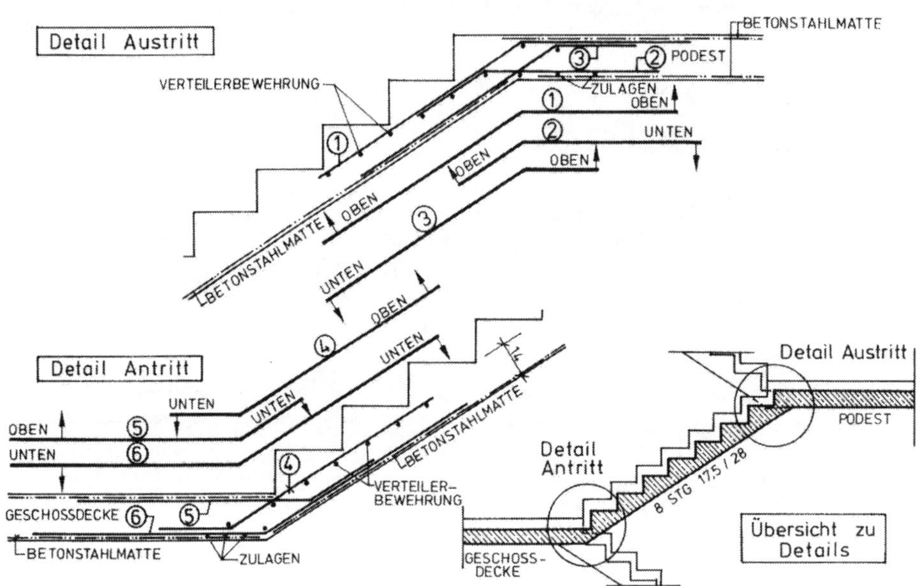

Bild 11.19 Beispiel für die Bewehrungsführung eines Stahlbetontreppenlaufes

Gewendelte Treppen werden in ihren Läufen aus Torsion beansprucht. Die auftretenden Torsionsbeanspruchungen sind in der Regel so groß, daß sie durch Bewehrung abgedeckt werden müssen. Dazu sind umlaufende, geschlossene Bügel anzuordnen.

Eine besonders komplexe Aufgabe stellt die Bewehrung von in rechteckigen Treppenräumen gewendelten Wohnhaustreppen dar. Selbst wenn die Läufe auf mehreren Wänden aufgelegt werden können, ergibt sich für jeden Längsstahl eine unterschiedliche Länge und zudem eine unterschiedliche Krümmung. Hier ist es ratsam, die Stähle auf dem Bewehrungsplan unter Angabe ihres Durchmessers und Abstandes mit ihrer Gesamtmeteranzahl anzugeben und sie an der Baustelle einzeln abzulängen und von Hand zu biegen. Dabei sollte ∅ 10 mm nicht überschritten werden.

11.8.2 Vorfertigung oder Herstellung vor Ort?

Die zeitliche Abwicklung einer Baustelle erfolgt vorwiegend in bestimmten Arbeitstakten, die aus Betonierabschnitten oder Mauerabschnitten bestehen können. Nach Herstellung der Bodenplatte folgt z. B. ein Arbeitstakt zur Errichtung der Untergeschoßwände; ihm folgt als nächster größerer Abschnitt die Fertigung der Unterzüge und Decken.

Die Herstellung der Treppe müßte an sich zwischen diesen Takten liegen. Sie stellt für sich allein einen schwierigen Schalungsabschnitt und einen Betonierabschnitt mit relativ geringer Betonmenge dar. Entschließt man sich deshalb, die Treppe erst im gleichen Arbeitsgang mit der Decke zu betonieren, so steht sie dem Baustellenpersonal, das zur Herstellung der Schalung und Bewehrung ständig die Geschoßhöhe zu überwinden hat, nicht zur Verfügung. Schlimmer noch ist es, wenn die Treppe nur in Schalung und Bewehrung stehend, trotzdem tagelang als Aufgang benutzt wird, so daß Schalung und Bewehrung am Betoniertag so heruntergetreten sind, daß sie nur mit großem Aufwand wieder hergerichtet werden können.

Diese störenden Umstände und das immer wiederkehrende Problem minderer Betonoberflächenqualitäten von Ortbetontreppen macht die Verwendung von Fertigteilen für Läufe und Podeste oder allein für die Läufe erwägenswert. Werden Läufe und Podeste vorgefertigt, so erhalten erstere an der Ober-, letztere an der Unterseite vorstehende Leisten, die die Auflagerung ermöglichen. Oft werden zusätzlich bewehrte Vergußkammern vorgesehen.

Werden nur die Läufe vorgefertigt, so erspart dies die geneigte Schalung des Laufs und garantiert eine bessere Betonoberflächenqualität der Stufen. Das Zwischenpodest muß dazu allerdings auch bereits eingeschalt werden, um den Lauffertigteilen, die ja auf die Decken- und Podestschalungen aufgelegt werden, ein entsprechendes Auflager zu bieten. Die Fertigteile erhalten eine herausstehende Anschlußbewehrung.

11.8.3 Podesteinbau ohne Unterbrechung der Wandherstellung

Bei den unter 11.8.2 geschilderten Arbeitsgängen wurde vorausgesetzt, daß der Takt zur Herstellung der vertikalen Bauteile ohne Unterbrechung auch im Bereich des Treppenraums durchgeführt werden kann. Dies ist auch selbstverständlich, weil die Platte des Zwischenpodests in halber Geschoßhöhe in der Regel mindestens auf 2 Seitenwänden des Treppenraumes aufliegt und deren Erstellung daher bis zum Betonieren der Podestplatte unterbrochen werden müßte. Um diese Störung des Takts zu vermeiden, kann sowohl bei Mauerwerkswänden, als auch bei massiven Wänden die Verwendung von Nockenauflagern für die Podeste vorgesehen

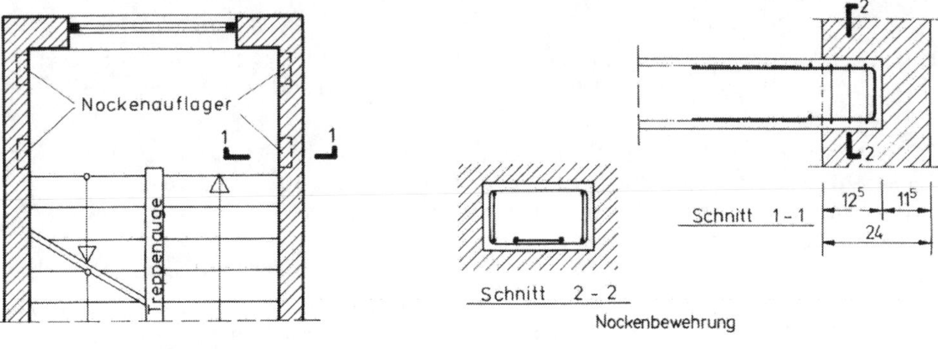

Bild 11.20 Nockenauflager für Podeste

werden, die ein nachträgliches Betonieren der Podestplatte ermöglichen. Jedes Podestauflager sollte mindestens 2 Nocken besitzen. Wegen der erhöhten Lasteintragung durch den Lauf muß die Nocke an Podestvorderkante entsprechend breiter bemessen sein. Die Nocken erhalten eigene Bewehrungskörbe aus dünnen Eisen (s. Bild 11.20).

Mit der geschilderten Podestauflagerung ist es möglich. die Wände in einem Zug bis zu nächsten Geschoßdecke hochzuführen und eine Taktunterbrechung im Bereich des Treppenraumes zu vermeiden.

11.8.4 Nachträglicher Treppeneinbau

Die unter 11.8.3 geschilderte Podestauflagerung macht es grundsätzlich möglich, Treppenkonstruktionen nachträglich einzubauen. Dies gilt sowohl für Tragwerke aus Ortbeton, wie auch für solche aus Fertigteilen oder für Mischkonstruktionen. Dazu ist im Bereich des Deckenpodestes je nach Konstruktionsform eine entsprechende Konsolleiste oder es ist eine für den Laufanschluß bemessene Anschlußbewehrung vorzusehen. Die Höhe der Konsolen sollte aus Gründen der Ausführbarkeit (ausreichende Überdeckung, ordentliche Bewehrungslage, hohlraumfreie Betoneinbringung) bei Ortbeton 9 cm und bei Fertigteilen 8 cm nicht unterschreiten.

11.8.5 Kostenabhängigkeit zwischen Roh- und Ausbau bei Treppenanlagen

Es ist im Bauwesen häufig üblich, Rohbauarbeiten und Ausbauarbeiten getrennt auszuschreiben.

Hierbei ist zu beachten:

1. Besitzen Unterseiten von Läufen und Podesten sowie die Laufseitenflächen und die Stirnflächen der Treppenaugen Sichtbetonqualität, so ist ein Putz entbehrlich. Der Anstrich kann nach Spachtelung aufgebracht werden.
2. Besitzen die Stufenoberflächen Sichtbetonqualität, kann ein Teppichbodenbelag ebenfalls nach Spachtelung aufgebracht werden, ohne daß vorher ein aufwendiger Estrich über die Stufen gezogen werden muß.
3. Das Risiko, daß hochwertige Stufenoberflächen während der Bauzeit beschädigt werden, ist groß. Es bietet sich daher an, die Stufen roh zu belassen und nachträglich zu belegen, z. B. mit Betonwerkstein.
4. Das Aufkleben von Belägen aus Keramik, Naturstein oder Betonwerkstein ist wirtschaftlicher als die Verlegung im Mörtelbett, setzt aber Sichtbetonqualität der Stufenoberflächen voraus.
5. Die Ansprüche an die Wandsockelplatten aus Naturstein oder Betonwerkstein bestimmen den Aufwand beim Putz der daraber befindlichen Wände. Mehrleistungen, die über die Herstellung des normalen Innenputzes hinausgehen, ergeben sich immer dann, wenn die Wandsockelplatten bündig eingeputzt werden sollen, was eine größere Putzdicke auf der gesamten Wand oder ein entsprechendes Anputzen über der Sockelplatte erforderlich macht.
6. Bei einer gut geschnittenen Treppe ist eine regelmäßige Ausformung des Geländerhandlaufs möglich. Eine schlecht geschnittene Treppe erfordert handwerklich aufwendige Sonderformen an den Wendepunkten. Die Basis für den endgültigen Treppenschnitt wird aber bereits mit dem Rohbau gelegt.

11.9 Literatur

11.9.1 Normen, Regelwerke, Vorschriften

[1] DIN 18024-2 Bauliche Maßnahmen für Behinderte und alte Menschen im öffentlichen Bereich. Planungsgrundlagen, Öffentlich zugängige Gebäude

[2] DIN 18064 Treppen, Begriffe

[3] DIN 18065 Gebäudetreppen, Hauptmaße

[4] DIN 18069 Tragbolzentreppen für Wohngebäude

[5] DIN 24531 Trittstufen aus Gitterrost für Treppen aus Stahl

[6] DIN 4102 Brandverhalten von Baustoffen und Bauteilen

[7] DIN 4108 Wärmeschutz im Hochbau

[8] DIN 4109 Schallschutz im Hochbau

11.9.2 Zitierte Literatur

[51] Bundesminister für Raumordnung, Bauwesen und Städtebau: Systeme der Gebäudeerschließung im Geschoßwohnungsbau. Schriftenreihe „Bau- und Wohnforschung", Heft 04.005, 1974

[52] Fuchssteiner, W.: Treppen. Betonkalender 1965, Teil II Ernst u. Sohn

[53] Schuster, F.: Treppen. Verlag Julius Hoffmann Stuttgart

[54] Malonn, H., Paschen, H. und Steinert, J.: Zum Schallschutz bei Treppen. Bauingenieur 1982

[55] Schmitt, H.: Hochbaukonstruktion. Otto Maier Verlag Ravensburg

[56] Neufert, E.: Bauentwurfslehre. Vieweg Verlag, Wiesbaden

[57] Mittag, M.: Baukonstruktionslehre. C. Bertelsmann Verlag Gütersloh

[58] Köseoĝlu S.: Treppen. Betonkalender 1980, Teil II. Ernst und Sohn Berlin

[59] Reitmayer, U.: Holztreppen. Julius Hoffmann Verlag Stuttgart

[60] Bruder, A.: Treppen in Holz. Bruderverlag Karlsruhe

[61] Irle, A. und Schwind, H.: Vereinfachter Mauerwerksnachweis für Regelfälle von Einbolzentreppen. Mitteilungen des Instituts für Bautechnik Heft 4/1985, Gropius'sche Buch- und Kunsthandlung Berlin

[62] Hoffmann, K.: Stahltreppen. Julius Hoffmann Verlag Stuttgart

[63] Rüsch, A.: Berechnungstafeln für rechtwinklige Fahrbahnplatten von Straßenbrücken, Heft 106 der Schriftenreihe des DafStb, 6. Aufl., Ernst und Sohn

[64] Hahn, J.: Durchlaufträger, Rahmen und Platten. Werner-Verlag Düsseldorf

[65] Czerny, F.: Tafeln für vierseitig und dreiseitig gelagerte Rechteckplatten. Betonkalender 1978, Teil I

[66] Stiglat, K. und Wippel, H.: Massive Platten. Betonkalender 1977, Teil I

[67] Entwicklungsgemeinschaft Holzbau in der Deutschen Gesellschaft für Holzforschung, München Hrsg.: Informationsdienst Holz, Sonderhefte über Holztreppen

[68] F. Leonhardt und E. Mönnig: Vorlesungen über Massivbau. Springer-Verlag Berlin-Heidelberg-New York

12 Deckenauflagen und Unterdecken

Von Joachim Steinert

12.1 Art, Aufgaben und allgemeine Anforderungen

Deckenauflagen sind alle Schichten auf Decken oder Bodenplatten zur Erfüllung funktioneller Anforderungen oder gestalterischer Aufgaben. Dabei ist zu unterscheiden zwischen Fußböden und Estrichen.

Fußböden sind Nutzschichten für Innen- und Außenräume, vorwiegend zum Zwecke des Begehens (Gehbeläge). Sie werden auf hinreichend eben hergestellte Untergründe aufgebracht und nach folgenden Eigenschaften und Aufgaben ausgewählt:

- Farbe, Strukturierung, Anpassung an Einrichtung und Nutzung,
- Dauerhaftigkeit (Verschleißfestigkeit und Pflegeaufwand),
- Trittsicherheit, Farbe und Lichtreflexionsvermögen,
- Feuchteunempfindlichkeit, Widerstandsfähigkeit gegen Laugen, Säuren, Öle und andere Chemikalien,
- Wärmeschutz, Wärmeableitung (Fußwärme) und Entzündlichkeit,
- Trittschallminderung, Schallabsorption und Geräuschdämpfung,
- Elektrostatisches Verhalten.

Als Fußböden (Nutzschichten) dienen:

- Textile Bodenbeläge, aus Wolle, Kunststoffasern oder Sisal,
- Elastomere Bodenbeläge, Beläge aus Kunststoffen, Linoleum oder Gummi – mit oder ohne weichfedernde Unterschichten,
- Parkettböden, Holzdielen und Holzpflaster,
- Fliesen und Platten aus Ton und Feinkeramik (Steinzeugfliesen),
- Natursteinplatten und Steinpflaster sowie Ziegelplatten und Betonformsteine,
- Estriche mit verschleißfester Oberschicht.

Gestelzte Fußböden sind auf Massivdecken aufgeständerte, oberseits mit einem Gehbelag kaschierte Platten, die außer zum Begehen zur Abdeckung von Elektro- und Klimainstallationen dienen.

Fertigböden sind vorgefertigte Platten, oberseits häufig mit einem Gehbelag, unterseits mit einer Dämmschicht versehen.

Estriche sind Bauteile zur Erfüllung folgender Aufgaben:

- Schaffung unmittelbar nutzungsfähiger, verschleißfester Oberflächen,
- Verbesserung von Oberflächenfestigkeit und Oberflächenebenheit sowie Ausgleich von Höhendifferenzen,
- Verbesserung von Trittschallschutz, Luftschallschutz und Wärmeschutz,
- Ummantelung von Fußbodenheizungen,
- Schutz von Abdichtungen.

Estriche werden unter Verwendung von Anhydritbinder, Bitumen, kaustischer Magnesia oder Zement als Bindemittel hergestellt und dementsprechend als Anhydrit-, Gußasphalt-, Magnesia- oder Zement-Estriche bezeichnet. Nach der Art des Untergrundes, der Herstellung und der Funktion wird unterschieden zwischen:

- Verbundestrich: mit dem tragenden Untergrund verbundener Estrich
- Estrich auf Trennschicht: vom tragenden Untergrund durch eine dünne Zwischenlage getrennter Estrich

- Schwimmender Estrich: auf einer Dämmschicht hergestellter Estrich, der auf seiner Unterlage beweglich ist und keine unmittelbare Verbindung mit angrenzenden Bauteilen besitzt.
- Hartstoffestrich: ein- oder zweischichtiger Zementestrich, dessen Nutzschicht unter Verwendung von Hartstoffen nach DIN 1100 hergestellt wird.
- Fließestrich: Estrich, der durch Zugabe eines Fließmittels in nahezu flüssiger Konsistenz ohne nennenswerte Verteilung und Verdichtung auf den Untergrund aufgebracht wird.
- Heizestrich: beheizbarer, schwimmender Estrich.

Unterdecken sind an tragenden Deckenkonstruktionen abgehängte Bauteile zur Erfüllung folgender Aufgaben:

- Schaffung dekorativer Ansichtsflächen mit nahezu unbegrenzter Vielfalt der formalen Gestaltung (Plattenformat, Plattenstruktur, sichtbare/unsichtbare Unterkonstruktion),
- Kaschierung von Rohbaukonstruktionen mit unebener oder unschöner Deckenuntersicht z.B. Betonflächen ohne Putz, oder von Klimakanälen, Sanitär- und Elektroinstallationen (EDV-Systeme) oder von Transportsystemen, z.B. Rohrpost oder Hängebahnen,
- Gewährleistung oder Verbesserung des Brandschutzes,
- Verminderung des Schallpegels (Lärmminderung) oder Einstellung der Nachhallzeit (Raumakustik),
- Verbesserung des Luftschall- und Trittschallschutzes gegen vertikalen Schalldurchgang,
- Träger von Beleuchtungskörpern in Lichtdecken oder Blendrasterdecken, von Luftauslässen in Klimadecken, von Deckenstrahlungsheizungen in Heizdecken, von Lautsprechern und von Sprinkleranlagen.

Viele Aufgaben lassen sich in „Integrierten Systemen" vereinigen.

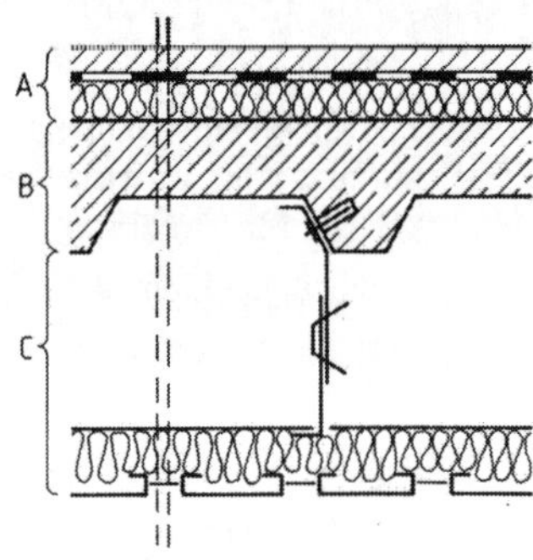

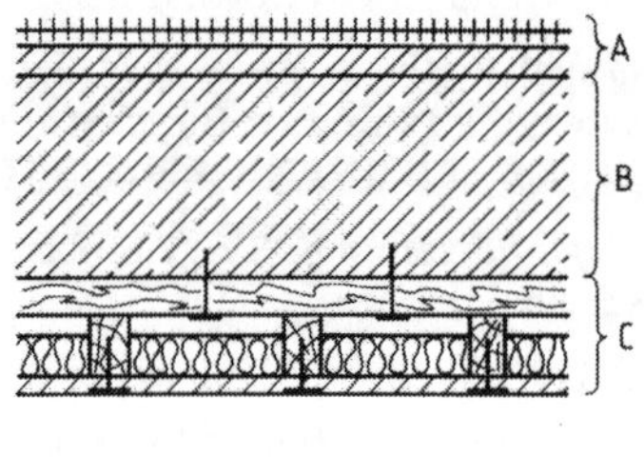

Bild 12.1 Massivdecken (B) mit Deckenauflage (A) und Unterdecke (C)

A Schwimmender Estrich
B Stahlbeton-Rippendecke
C Akustik-Paneeldecke mit Schnellabhängern abgehängt, verankert mit Dübeln

A Verbundestrich mit weichfederndem Gehbelag
B Stahlbeton-Vollplatte
C Deckenbekleidung mit geschlossener Deckenuntersicht, verankert mit Setzbolzen

An Unterdecken sind folgende Anforderungen zu stellen:

- Abhängesicherheit in allen Anschlußebenen,
- Aushängesicherheit gegen Luftdruckschwankungen, in Sporthallen Ballwurfsicherheit,
- Einfachheit von Montage und Demontage (Reparaturmöglichkeit bei Wiederverwendbarkeit der Deckenelemente),

- Ebene und gleichmäßige Sichtfläche: Montagequalität, Farb- und Glanzgleichheit der Elemente,
- Korrosionsbeständigkeit und Holzschutz von Abhängekonstruktionen und Decklagen, deshalb,
- Tauwasserfreiheit im Deckenhohlraum,
- Gewährleistung gestellter bauphysikalischer Anforderungen auch am Anschluß an flankierende Bauteile.

Ist die Unterkonstruktion unmittelbar an der tragenden Decke befestigt, handelt es sich um eine Deckenbekleidung. Deckenbekleidungen werden üblicherweise vor Ort handwerklich hergestellt, unter Verwendung marktüblicher Platten oder Paneele, während abgehängte Unterdeckensysteme im Hinblick auf spezielle Funktionen entwickelt und werkmäßig vorgefertigt werden. Die klassische abgehängte Unterdecke ist die vor Ort hergestellte Drahtputzdecke, z.B. Rabitzdecke.

Nach der Gestaltung der Ansichtsfläche werden unterschieden:

- Glatte Decken mit oder ohne sichtbaren Tragschienen
- Lamellendecken mit stark einachsialer Betonung
- Rasterdecken: Bandraster, Kreuzraster, Blendraster
- Kassettendecken, vorwiegend mit integriertem Absorptionsmaterial.

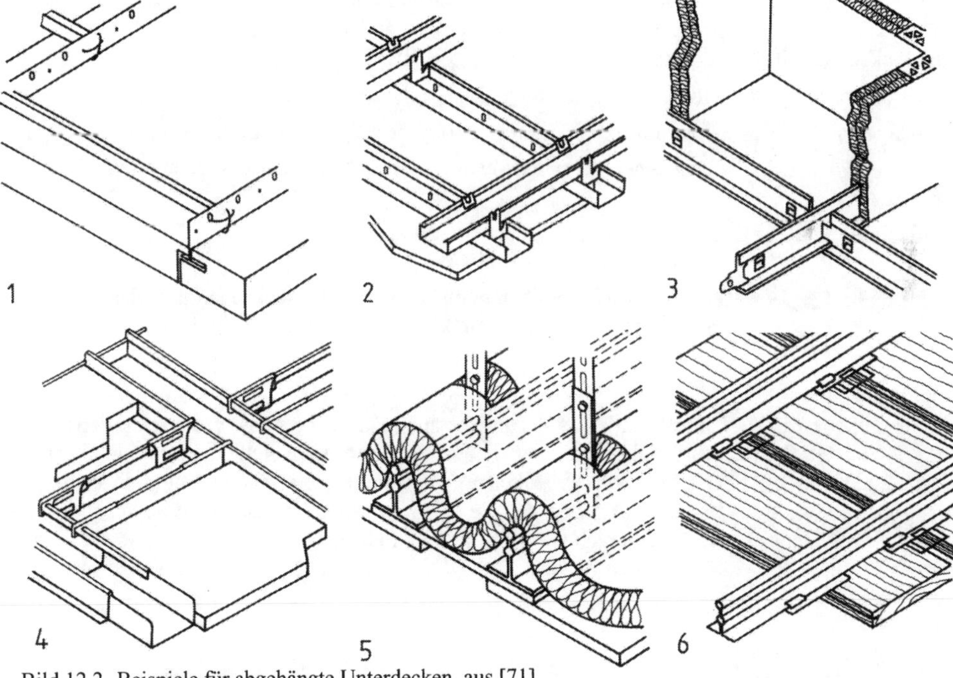

Bild 12.2 Beispiele für abgehängte Unterdecken, aus [71]

1 Kassettenplatten, demontierbar
2 Glatte Unterdecke aus Gipskarton-Bauplatten
3 Rasterdecke mit hochkant angeordneten Mineralfaserplatten
4 Deckenplatten in Bandrasterprofilen
5 feuerhemmende Decke mit Bauplatten der Baustoffklasse A
6 Unterdecke aus Akustik-Profilbrettern, demontierbar

Unterkonstruktionen und Abhänger können aus Metall (abgehängte Unterdecken) oder aus Holz (Deckenbekleidungen) bestehen; Verankerungselemente sind Ankerschienen, Dübel oder Setzbolzen, bei Holzbauteilen auch Schrauben, Nägel und Klammern.

Für die Decklagen der Ansichtsfläche finden folgende Baustoffe Verwendung:

- Faserzement- und Fasersilikat-Platten
- Gipskarton- und Gipsfaser-Platten, Stuckgips-Elemente
- Holz und Holzwerkstoffe, Holzspan- und Holzschiff-Platten
- Metall: Stahlblech (verzinkt) oder Aluminium, kunststoffbeschichtet
- Mineralfaserplatten, verfestigt
- Putze: Gips-, Kalkgips- oder Kalkzement-Putz.

12.2 Bauphysikalische Anforderungen und ihre Erfüllung

12.2.1 Schallschutz

Anforderungen an die Luft- und Trittschalldämmung von Bauteilen zum Schutze gegen Schallübertragung aus einem fremden Wohn- oder Arbeitsbereich werden in DIN 4109[1] gestellt.

Je nach Art und Nutzung der Räume sowie Lage der Trenndecken variieren die Anforderungen an Decken gemäß Tabelle 3 zwischen:

- erforderliche Luftschalldämmung erf. R'_w[2]: $52 \leq$ erf. $R'_w \leq 55$ dB
- erforderliche Trittschalldämmung erf. $L'_{n,w}$[3]: $46 \leq$ erf. $L'_{n,w} \leq 53$ dB

Der subjektive Schallschutz einer gebrauchsfertigen Decke läßt sich ungefähr wie folgt einstufen:

Luftschall: R'_w = 52 dB: normales Sprechen nicht mehr hörbar
R'_w = 55 dB: normal lautes Radio nicht mehr zu hören

Trittschall: $L'_{n,w}$ = 53 dB: normales Gehen noch hörbar, Möbelrücken stark hörbar
$L'_{n,w}$ = 46 dB: normales Gehen nicht mehr hörbar, Möbelrücken schwach hörbar.

Im Beiblatt 1 zu DIN 4109 sind Ausführungsbeispiele und Rechenwerte (zusätzlicher Index R) für das bewertete Schalldämm-Maß $R'_{w,R}$ und den äquivalenten bewerteten Norm-Trittschallpegel $L_{n,w,eq,R}$ von Massivdecken mit und ohne biegeweiche Unterdecke in Abhängigkeit von ihrer flächenbezogenen Masse sowie für das Trittschallverbesserungsmaß $\Delta L_{w,R}$[4] von Deckenauflagen angegeben (s. Tafeln 12.1 bis 12.4).

[1] Ausgabe November 1989 [16]

[2] Früher (DIN 4109, Ausgabe September 1962) diente das Luftschallschutzmaß LSM als Einzel-Angabe zur Beschreibung der Luftschalldämmung. Es gilt: R'_w = LSM + 52 dB.

[3] Früher diente das Trittschallschutzmaß TSM als Einzahl Angabe zur Beschreibung der Trittschalldämmung. Es gilt: TSM = 63 dB – $L'_{n,w}$.

[4] Früher diente das Trittschallverbesserungsmaß VM zur Kennzeichnung der Trittschallverbesserung. Es gilt VM = ΔL_w.

Deckenauflagen im schalltechnischen Sinne sind schwimmende Estriche und weichfedernde Gehbeläge.

Biegeweiche Unterdecken sind nichtperforierte Platten oder plattenartige Bauteile begrenzter Dicke.
Bauteile, die den in DIN 4109 gestellten Anforderungen genügen müssen, gelten ohne bauakustische Messungen als geeignet, wenn

- in massiven Bauten ihre Ausführungen Beiblatt 1 zu DIN 4109, Abschn. 2 bis 4, entsprechen.
- bei Skelettbauten mit Skeletten aus Stahlbeton, Stahl oder Holz und mit leichtem Ausbau ein rechnerischer Nachweis nach Beiblatt 1 zu DIN 4109, Abschn. 5, geführt wird oder die Bauteile den Ausführungsbeispielen nach Beiblatt 1 zu DIN 4109, Abschn. 6 bis 8, entsprechen,
- Außenbauteile den Ausführungen nach Beiblatt 1 zu DIN 4109, Abschn. 10, entsprechen.

12.2.1.1 Luftschalldämmung

Das bewertete Schalldämm-Maß $R'_{w,R}$ von Massivdecken ist in Tafel 12.1 angegeben. Die Werte gelten für flankierende Bauteile (tragende Wände) mit einer flächenbezogenen Masse von ca. 300 kg/m^2. Bei kleineren flächenbezogenen Massen der flankierenden Bauteile (≥ 100 kg/m^2) müssen Abzüge bis zu 4 dB, bei größeren Massen (≤ 400 kg/m^2) dürfen Zuschläge bis zu 2 dB vorgenommen werden, s. DIN 4109 Beiblatt 1, Tabelle 13.

Schwimmende Estriche mit einem Verbesserungsmaß ≥ 24 dB oder biegeweiche Unterdecken verbessern die Luftschalldämmung von einschaligen Massivdecken gleichermaßen um 4 dB (bei 500 kg/m^2) bis 8 dB (bei 150 kg/m^2). Zusätzlich angebrachte biegeweiche Unterdecken bzw. schwimmende Estriche verbessern die Luftschalldämmung rechnerisch nochmals um 3 dB.

Genauere Angaben als diese planerischen Vorgaben gemäß DIN 4109 sind für spezielle Konstruktionen nur durch eine Eignungsprüfung aufgrund von Messungen nach DIN 52210 zu erlangen. Von Prüfergebnissen sind als „Vorhaltemaß" 2 dB abzuziehen.

Tafel 12.1 Bewertetes Schalldämm-Maß $R'_{w,R}$ von Massivdecken (Rechenwerte)

Spalte	1	2	3	4	5
Zeile	Flächenbezogene Masse der Decke[3)] in kg/m^2	Bewertetes Schalldämm-Maß $R'_{w,R}$ in dB			
		Einschalige Massivdecke	Einschalige Massivdecke mit schwimmendem Estrich[1)]	Massivdecke mit Unterdecke[2)]	Massivdecke mit schwimmendem Estrich und Unterdecke[2)]
1	500	55	59	59	62
2	450	54	58	58	61
3	400	53	57	57	60
4	350	51	56	56	59
5	300	49	55	55	58
6	250	47	53	53	56
7	200	44	51	51	54
8	150	41	49	49	52

1) Trittschallverbesserungsmaß $\Delta L_w \geq 24$ dB
2) Biegeweiche Unterdecke nach Abschn. 12.4.2
3) Die Masse aufgebrachter Verbundestrichen oder Estrichen auf Trennschicht ist zu berücksichtigen.

Tafel 12.2 Äquivalenter bewerteter Norm-Trittschallpegel $L_{n, w, eq, R}$ von Massivdecken ohne/mit biegeweicher Unterdecke (Rechenwerte)

Spalte	1	2	3	
Zeile	Schalltechnisch gleichwertige Deckenarten	Flächenbezogene Masse[1)] der Massivdecke ohne Auflage in kg/m^2	Äquivalenter bewerteter Norm Trittschallpegel $L_{n, w, eq, R}$ in dB	
			ohne Unterdecke	mit Unterdecke[2) 3)]
1	Stahlbetonvollplatten, ggf. mit Putz, aus	135	86	75
2	– Normalbeton nach DIN 1045	160	85	74
3	– Leichtbeton nach DIN 4219-1	190	84	74
4	– Bewehrtem Gasbeton nach DIN 4223	225	82	73
5	Massivdecken mit Hohlräumen, ggf. mit Putz	270	79	73
6	– Stahlsteindecken nach DIN 1045 mit Deckenziegeln nach DIN 4159	320	77	72
7	– Stahlbeton-Rippendecken mit Zwischenbauteilen nach DIN 4158/DIN 4160	380	74	71
8	– Stahlbeton-Hohldielen nach DIN 1045 oder nach DIN 4028	450	71	69
9	– Stahlbeton-Balkendecken nach DIN 1045	530	69	67

1) Flächengezogene Masse einschließlich eines etwaigen Verbundestrichs oder Estrichs auf Trennschicht und eines unmittelbar aufgebrachten Putzes. Die Staffelung entspricht einer Zunahme des bewerteten Schalldämm-Maßes $R'_{w, R}$ um 2 dB je Zeile, von 40 dB bis 56 dB.

2) Biegeweiche Unterdecke nach Abschn. 12.4.2

3) Bei Verwendung von schwimmenden Estrichen mit mineralischen Bindemitteln sind die Tabellenwerte für $L_{n, w, eq, R}$ um 2 dB zu erhöhen.

Schallschutz zwischen Räumen mit durchlaufender Unterdecke

Die Schalldämmung zwischen benachbarten Räumen mit durchlaufender Unterdecke kann durch die Schall-Längsdämmung $R'_{L, w}$ der Unterdecke entscheidend beeinflußt werden (s. Bild 12.3). Diese ist abhängig von der

- Schallabsorption im Deckenhohlraum, der Dicke und dem Strömungswiderstand der Auflage aus mineralischen Faserdämmstoffen auf der Unterdecke.
- Höhe des Deckenhohlraumes und linearer Ausdehnung der Unterdecke senkrecht zur Trennwand.
- Schalldämm-Maß R'_w bzw. flächenbezogener Masse der Unterdecken-Konstruktion: Leichte Decken haben kleine Abhängelasten, aber ggf. größere Flankenübertragung.
- Konstruktion und Ausführung von Abschottungen; wichtig aus brandschutztechnischen Gründen, ungünstig bei Verlegung von Leitungen und Kanälen im Deckenhohlraum.

Schallschutz bei durchlaufendem schwimmenden Estrich

Unter leichten Trennwänden durchgeführte schwimmende Estriche verschlechtern infolge erhöhter Flankenübertragung in Horizontalrichtung die Luftschall- und die Trittschall-Dämmung zwischen benachbarten Räumen erheblich (s. Bild 12.4). Deshalb sollen die Trennwände auf der Massivdecke aufgestellt werden oder im Estrich unter der Trennwand eine Fuge angeordnet werden, vgl. DIN 4109 Beiblatt 1, Abschn. 6.5.2.

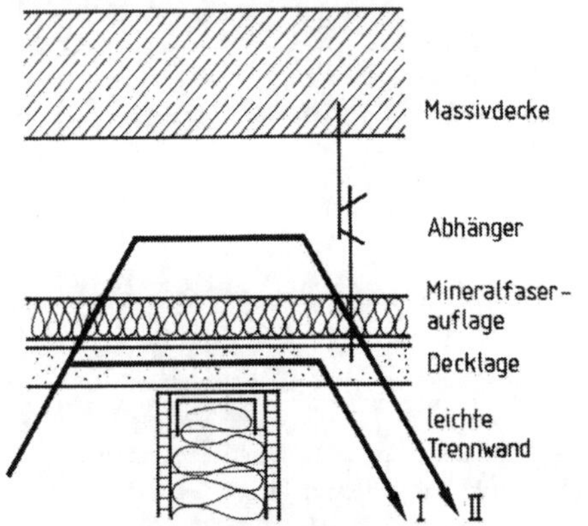

Bild 12.3 Schallängsleitung im Bereich der abgehängten Unterdecke

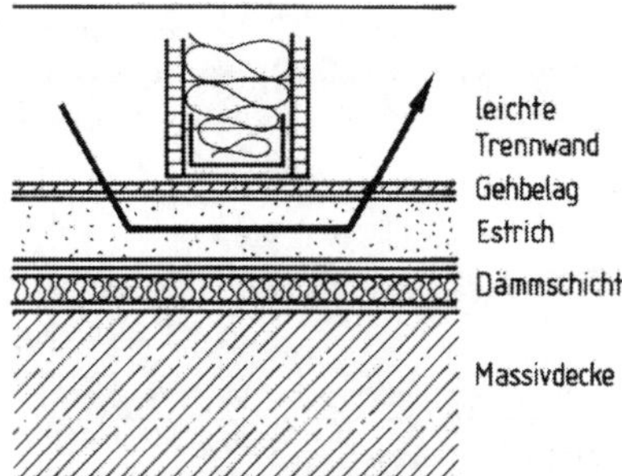

Bild 12.4 Flankenübertragung des Luft- und Trittschalles im Bereich einer auf einem schwimmenden Estrich stehenden leichten Trennwand

12.2.1.2 Trittschalldämmung

Der bewertete Norm-Trittschallpegel $L'_{n,\,w,\,R}$ von gebrauchsfertigen Decken läßt sich für einen unter einer Decke liegenden Raum folgendermaßen berechnen:

$$L'_{n,\,w,\,R} = L'_{n,\,w,\,eq,\,R} - \Delta L_{w,\,R}$$

$L'_{n,\,w,\,eq,\,R}$ äquivalenter bewerteter Norm-Trittschallpegel der Massivdecke ohne Deckenauflage (Rechenwert) jedoch ggf. mit Unterdecke, s. Tafel 12.2.

$\Delta L_{w,\,R}$ Trittschallverbesserungsmaß der Deckenauflage (Rechenwert), s. Tafeln 12.3 und 12.4.

Der so errechnete Wert von $L'_{n,\,w,\,R}$ muß mindestens 2 dB niedriger sein, als die in DIN 4109 genannten Anforderungen. Liegt der zu schützende Raum nicht unmittelbar unter der betrachteten Decke, sondern schräg darunter, dann dürfen von dem berechneten $L'_{n,\,w,\,R}$ 5 dB abgezogen werden, sofern die zugehörigen Trennwände ober- und unterhalb der Decke eine flächenbezogene Masse von ≥ 150 kg/m^2 haben. Die schalltechnische Kennzeichnung von Decken mit Hilfe der Größen $L_{n,\,w,\,eq,\,R}$ und $\Delta L_{w,\,R}$ gestattet die Kombination von beliebigen Massivdecken mit beliebigen Deckenauflagen.

Aus Tafel 12.2 ist ersichtlich, daß alle aufgeführten Massivdecken bezüglich ihrer Trittschalldämmung gleichwertig sind und $L_{n,\,w,\,eq,\,R}$ nur von der flächenbezogenen Masse abhängt.

Der Einfluß einer biegeweichen Unterdecke auf $L_{n,\,w,\,eq,\,R}$ der Massivdecke ohne Deckenauflage ist um so größer, je leichter die Massivdecke ist und liegt zwischen 2 dB (530 kg/m^2) und 11 dB (135 kg/m^2), jedoch ist allein durch eine Unterdecke kein ausreichender Trittschallschutz zu erzielen.

Werte für das Verbesserungsmaß $\Delta L_{w,\,R}$ schwimmender Estriche/Holzfußböden sind in Tafel 12.3, weichfedernder Bodenbeläge in Tafel 12.4 angegeben. Weichfedernde Bodenbeläge sind textile Beläge oder mehrschichtige Kunststoffbeläge, die ein großes elastisches Einfederungsvermögen besitzen. Bei gleichem Verbesserungsmaß sind schwimmende Estriche und weichfedernde Bodenbeläge gleichwertig zur Verbesserung des Trittschallschutzes geeignet.

Tafel 12.3 Trittschallverbesserungsmaß $\Delta L_{w,R}$ von schwimmenden Estrichen und schwimmend verlegten Holzfußböden auf Massivdecken (Rechenwerte)

Deckenauflagen; schwimmende Böden	$\Delta L_{w,R}$ in dB mit hartem Bodenbelag
Schwimmende Estriche	
Estriche [1] nach DIN18560-2 mit einer flächenbezogenen Masse von ≥ 70 kg/m² auf Dämmschichten aus Dämmstoffen nach DIN 18164-2 oder DIN 18165-2 (z.Z. Entwurf) mit einer dynamischen Steifigkeit s' von höchstens	
50 MN/m³	22
40 MN/m³	24
30 MN/m³	26
20 MN/m³	28
15 MN/m³	29
10 MN/m³	30
Schwimmende Holzfußböden	
Unterböden nach DIN 68771 aus mindestens 22 mm dicken Holzspanplatten nach DIN 68763, vollflächig schwimmend verlegt auf Dämmstoffen nach DIN 18165-2 mit einer dynamischen Steifigkeit s' von höchstens 10 MN/m³	25

[1] Bei Gußasphaltestrichen mit flächenbezogenen Masse ≥ 45 kg/m² mit hartem Bodenbelag ist das Trittschallverbesserungs-Maß etwa 2 dB geringer.

Tafel 12.4 Trittschallverbesserungsmaß $\Delta L_{w,R}$ von weichfedernden Gehbelägen (Rechenwerte)

Deckenauflagen, weichfedernde Bodenbeläge[1]	$\Delta L_{w,R}$ in dB
Linoleum-Verbundbelag nach DIN 18173	14
PVC-Beläge mit Jutefilz oder Vliesstoff als Träger nach DIN 16952-1 oder -4	13
PVC-Beläge mit Korkment als Träger nach DIN 16952-3	16
Textile Bodenbeläge nach DIN 61151	
Nadelvlies, Dicke = 5 mm	20
Polteppiche	
Unterseite geschäumt, Gesamtdicke = 4 bis 8 mm	19 bis 28
Unterseite ungeschäumt, Gesamtdicke = 4 bis 8 mm	19 bis 24

[1] Das maßgebliche Verbesserungsmaß $\Delta L_{w,R}$ muß auf dem Erzeugnis oder der Verpackung angegeben sein. Die für Linoleum- und PVC-Beläge angegebenen Werte sind Mindestwerte, sie gelten nur für aufgeklebte Bodenbeläge.

Das Verbesserungsmaß ist um so größer

- bei schwimmenden Estrichen je größer die Estrichmasse und – vorrangig – je kleiner die dynamische Steifigkeit der Dämmschicht ist;
- bei weichfedernden Gehbelägen je größer ihre elastische Zusammendrückbarkeit bei gegebener Dicke oder – bei gegebener Materialart und -struktur – je größer ihre Dicke ist.

Harte, wenig einfedernde Bodenbeläge verbessern weder die Trittschalldämmung noch die Luftschalldämmung. Zu den harten Bodenbelägen gehören Linoleum und Kunststoffe ohne elastische Unterschichten, Spachtelböden und nichtschwimmend verlegte Estriche, mit und ohne Trennschicht sowie im Mörtelbett verlegten Fliesen, Parkett und alle Arten von Pflastern, sofern diese Fußböden nicht auf einem schwimmenden Estrich verlegt werden.

Bei Anbringung von weichfedernden Bodenbelägen auf schwimmenden Estrichen ist als Verbesserungsmaß nur das höhere der beiden Werte für die Minderung der Trittschallübertragung maßgebend. Wegen der Austauschbarkeit weichfedernder Bodenbeläge dürfen diese beim Nachweis des Schallschutzes nicht berücksichtigt werden.

Holzbalkendecken benötigen zur Erfüllung der schalltechnischen Anforderungen, erf. R'_w = 50 dB, $L'_{n, w, R} \leq 51$ dB, einen schwimmend, mit dichten Stößen, verlegten Fußboden aus ≥ 19 mm dicken Spanplatten (Flachpreßplatten) oder einen schwimmenden Estrich und eine federnd abgehängte dichte Unterdecke, zweilagig, aus Gipskarton-Bauplatten oder Spanplatten, 12,5 oder 15 mm bzw. 13 bis 16 mm dick. Eine schwere, dichte Auffüllung im Gefach ist günstig, eine Auskleidung des Deckenhohlraumes mit ≥ 50 mm dickem Faserdämmstoff notwendig.

12.2.2 Raumakustik

Der Einfluß von Deckenauflagen und Unterdecken auf die Nachhallzeit T und die Schallpegelminderung ΔL hängt vom Anteil ihrer Absorptionsfläche $A = \alpha_S \cdot S$ an der Schallabsorptionsfläche des gesamten Raumes ab [72].

α_S Schallabsorptionsgrad,
S geometrische Oberfläche von Deckenauflage oder Unterdecke.

Der Schallabsorptionsgrad α_S wird gemäß DIN EN 20354 im Hallraum in Abhängigkeit von der Frequenz im Frequenzbereich zwischen 100 und 5000 Hz ermittelt (s. Bild 12.5). Häufig werden nur die Meßwerte bei den Oktav-Mittenfrequenzen zwischen 125 Hz und 4000 Hz angegeben.

Zur Erzielung einer hohen Schallabsorption werden vor allem zwei Prinzipien angewandt:

1. Poröser Absorber. Offenporiges Material hoher Porosität und begrenzten Strömungswiderstandes: Der Schallabsorptionsgrad eines porösen Absorbers nimmt mit der Frequenz und mit der Schichtdecke zu.

Faserdämmstoffe (Mineralfaser) sind poröse Absorber. Durch Abdeckung der porösen Schicht, z. B. mit perforierten Platten (Perforation zwischen 10 und 40 %) oder mit auf Lücke verlegten Paneelen wird der Schallabsorptionsgrad bei hohen Frequenzen etwas vermindert; auch nicht durchgehend perforierte Holzfaserplatten und Platten aus verdichteten Faserdämmstoffen gehören dazu. Übliche Werte für den Absorptionsgrad bei 1000 Hz sind α_S = 0,6 bis 0,8.

Der Schallabsorptionsgrad textiler Bodenbeläge hängt von der Polhöhe und der Web- bzw. Herstellungsart ab. Harte Fußböden, z. B. Bahnenbeläge ohne Schaumkunststoffrücken oder nicht schwimmend verlegte Estriche, ohne oder mit hartem Belag, haben eine geringe Schallabsorption ($\alpha_S \leq 0{,}10$).

Um Faserabrieb in der Raumluft zu vermeiden, wird zwischen perforierter Abdeckung und Mineralfaser ein dünnes Vlies angebracht; Mineralfaser kann auch in Hüllen aus ca. 50 µm dicker PE-Folie einschweißt werden, ohne daß die Schallabsorption vermindert wird.

2. Resonanzabsorber. Mitschwingende Massen, z.B. plattenartige Unterdecken mit geschlossener Untersicht besitzen bei der sich durch den Luftabstand von der als starr angenommenen Massivdecke und der flächenbezogenen Masse der Unterdecke ergebenden Resonanzfrequenz (< 250 Hz) ein Maximum der Schallabsorption. Der Absorptionsgrad und seine Frequenzbandbreite nehmen mit der Schichtdicke der Mineralfaserdämmstoffe im Hohlraum zu. Übliche Werte für den Absorptionsgrad bei 125 Hz sind $\alpha_S = 0{,}3$ bis 0,5.

In großen Räumen mit normaler Raumhöhe, also Räumen mit großer Grundfläche wie Großraumbüros, wird die Gesamtoberfläche eines Raumes durch die Decken- und Bodenfläche bestimmt; daher können durch Anwendung geeigneter, hochabsorbierender textiler Bodenbeläge und schallabsorbierender Unterdecken leicht optimale raumakustische Verhältnisse erreicht werden: $\Delta L \leq 8$dB, $T \approx 0{,}5$ s.

Durch hochkant abgehängte Blenden (Wabendecken), beidseitig absorbierend, läßt sich die Absorptionsfläche im Vergleich zur geometrischen Oberfläche vergrößern, wie auch durch Stellwände.

Angaben über den frequenzabhängigen Schallabsorptionsgrad von Bodenbelägen und Deckenkonstruktionen können von Herstellerfirmen erfragt werden; Beispiele s. u.a [73], [74], [75].

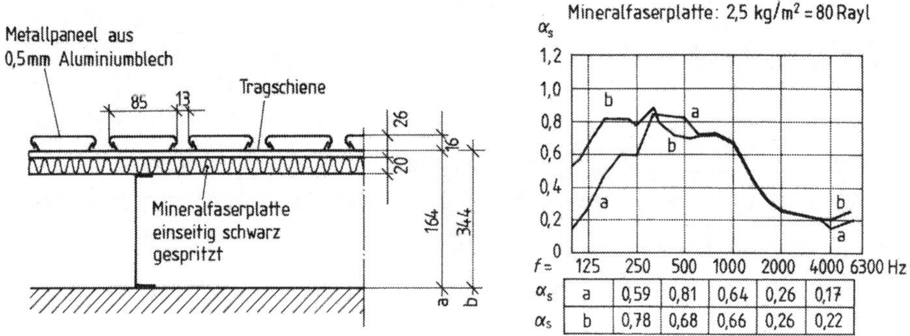

Bild 12.5 Schallabsorptionsgrad einer Metallpaneel-Unterdecke, Darstellung gemäß Prüfanordnung [73] Massivdeckenabstand der Paneele, a) 164 mm, b) 344 mm

12.2.3 Wärmeschutz

Anforderungen an den Wärmeschutz werden in DIN 4108-2 und in der Wärmeschutzverordnung gestellt. Die Anforderungen an innenliegende Bauteile im Geschoßwohnungsbau, hier insbesondere Wohnungstrenndecken, sind so gering, daß sie bei Verwendung schwimmender Estriche auch ohne besonderen Nachweis erfüllt werden.

Bodenbeläge werden beim Nachweis des Wärmeschutzes nicht berücksichtigt.

Für **Kellerdecken und den unteren Abschluß nicht unterkellerter Aufenthaltsräume** wird gefordert: $1/\Lambda \geq 0{,}90\ m^2K/W$. Diese Anforderung läßt sich mit im zusammengedrückten Zustand 30 mm dicken einlagig verlegten Trittschalldämmschichten aus mineralischen Faserdämmstoffen oder Schaumkunststoffen der Wärmeleitfähigkeitsgruppe 035 unter einem schwimmenden Estrich erfüllen.

Wärmedämmstoffe sind in DIN 4108 nach Wärmeleitfähigkeitsgruppen eingestuft, nicht jedoch Trittschalldämmstoffe, vgl. DIN 4108-4, Tabelle 1, Fußnote 9. Üblicherweise fallen Trittschalldämmstoffe in die Wärmeleitfähigkeitsgruppen 035 oder 040. Der amtliche Meßwert für $1/\Lambda$ ist auf der Verpackung anzugeben.

Für **Decken, die Aufenthaltsräume nach unten gegen die Außenluft abgrenzen**, z. B. Garagen, Durchfahrten oder belüftete Kriechkeller, wird gefordert: $1/\Lambda \geq 0{,}7\ m^2K/W$. Diese Anforderung ($k \leq 0{,}51\ W/m^2K$) ist weniger streng als die der Wärmeschutzverordnung, Bauteilverfahren, für den unteren Abschluß eines Gebäudes ($k_G \leq 0{,}35\ W/m^2K$).

Sofern nicht ein Teil der Wärmedämmschicht auf der kalten Seite angeordnet wird, z. B. in Form einer wärmegedämmten Deckenbekleidung, muß wegen der Bruchgefahr des Estrichs eine zweilagige Dämmschicht auf der Massivdecke so kombiniert werden, daß die Trittschalldämmschicht unten und eine steife Wärmedämmschicht darüber angeordnet wird.

12.2.4 Brandschutz

Die Feuerwiderstandsdauer und damit auch die Feuerwiderstandsklasse eines Bauteils ist abhängig von

- Brandbeanspruchung: ein- oder mehrseitig,
- verwendetem Baustoff oder Baustoffverbund,
- Bauteilabmessungen: Querschnittsabmessungen, Schlankheit, Achsabstände usw.,
- baulicher Ausbildung: Anschlüsse, Auflager, Halterungen, Befestigungen, Fugen, Verbindungsmittel usw.,
- statischem System: statisch bestimmte oder statisch unbestimmte Lagerung, einachsige oder zweiachsige Lastabtragung, Einspannungen usw.,
- Ausnutzungsgrad der Festigkeiten der verwendeten Baustoffe infolge äußerer Lasten und Anordnung von Bekleidungen, Ummantelungen, Putzen, Unterdecken, Vorsatzschalen usw.

Durch Bekleidungen kann die Feuerwiderstandsdauer eines Bauteils erheblich verbessert werden; bei Decken also insbesondere

- gegen Brandbeanspruchung von oben: durch Estriche aus nicht brennbaren Baustoffen und Gußasphaltestriche,
- gegen Brandbeanspruchung von unten: durch Unterdecken.

Bei Decken und Decken mit Unterdecken ist im allgemeinen eine Brandbeanspruchung der Deckenunterseite am ungünstigsten: Wird die Deckenoberseite nach DIN 4102-4 ausgebildet, kann die Prüfung für eine Brandbeanspruchung der Oberseite entfallen.

Bei Verwendung abgehängter Unterdecken besteht die Möglichkeit eines Brandes im Zwischendeckenraum. Dient eine Unterdecke dem Schutz des darunterliegenden Raumes gegen einen Brand im Zwischendeckenbereich, so ist im Zulassungsversuch die Oberseite der Unterdecke dem Feuer auszusetzen [76].

In DIN 4102-4 sind Baustoffe und Bauteile nach ihrem Brandverhalten auf der Grundlage von Prüfungen nach DIN 4102-1 bis DIN 4102-3 klassifiziert. Für diese Baustoffe und Bauteile gilt der Nachweis über das Brandverhalten als erbracht.

Alle Unterdecken, die für sich allein klassifiziert werden sollen, müssen einschließlich ihrer Befestigungsart die Anforderung gemäß DIN 4102 an raumabschließende Decken erfüllen.

Außer diesen klassifizierten Unterdecken gibt es noch zahlreiche firmengebundene Unterdekken mit z.T. erheblich günstigerer Feuerwiderstandsdauer. Einflußgrößen auf die Feuerwiderstandsdauer und Konstruktionsbeispiele werden z.B. in [77] behandelt. Die Konstruktionen sind den jeweils gültigen Prüfungszeugnissen zu entnehmen, in denen auch die Klassifizierung in Verbindung mit Stahlbetondecken angegeben wird [76].

Durch Norm oder Prüfung brandschutztechnisch anerkannte Unterdeckenkonstruktionen dürfen nicht verändert und nur für den anerkannten Zweck eingesetzt werden. Beispielsweise können sich zusätzlich aufgebrachte Mineralfaser-Dämmschichten ungünstig auswirken, da sie zu einem Wärmestau führen und dadurch die temperaturabhängige Festigkeit der Unterdecke vorzeitig verringern, gleichzeitig aber eine zusätzliche Belastung darstellen [78].

Einbauten, wie z.B. Leuchten oder klimatechnische Geräte, heben i.a. die brandschutztechnische Wirkung einer Unterdecke auf, jedoch ist eine ganze Reihe von Systemen auf dem Markt, die auch mit Einbauten eine Brandprüfung gemäß DIN 4102 bestanden haben.

12.2.5 Feuchteschutz

Auf **schwimmenden Estrichen** werden in Bädern und Duschen meistens Steinzeugfliesen verlegt. Erfahrungsgemäß sind weder die Randfugen am Anschluß an aufgehende Bauteile, Badewannen oder an Duschtassen noch das Fugennetz einer Fliesenbekleidung auf Dauer hinreichend wasserdicht herstellbar. Auch die auf der Dämmschicht anzuordnende Abdeckung gegen Durchfeuchtung beim Aufbringen des Estrichmörtels ersetzt keine Abdichtung nach DIN 18195-5 oder andere fachliche Weisungen [02]. Deshalb sind insbesondere bei Verwendung feuchteempfindlicher Baustoffe für raumabschließende Bauteile, z.B. Wandbauplatten aus Gips, Gipskartonplatten oder Holzspauplatten, die Maßnahmen zur Erzielung des erforderlichen Feuchteschutzes sorgfältig zu planen und auszuführen.

Unterdecken, insbesondere unter nicht durchlüfteten Dächern (Warmdächern) können Anlaß zur Tauwasserbildung auf der Innenoberfläche der Dachunterschale bieten. In DIN 4108-3 wird deshalb – sofern kein genauerer Nachweis erfolgt – vorgeschrieben, daß der Wärmedurchlaßwiderstand aller unterhalb der Dampfsperre/Wärmedämmung angeordneten Schichten höchstens 20 % des gesamten Wärmedurchlaßwiderstandes betragen darf. Damit ist bei normalen Raumklimaten eine Tauwassergefahr nicht gegeben [79]:

Bei hinterlüftet abgehängten Decken ist die Lufttemperatur im Deckenhohlraum höher als die Berechnung fur stationäre Verhältnisse des Wärmestromes ergibt. Voraussetzung ist dabei die Aufstellung der Heizkörper unterhalb der Lüftungsöffnungen und ein ausreichender Belüftungsquerschnitt am Anschluß und im Deckenhohlraum.

Bei zwangsbelüfteten Deckenhohlräumen ist mit den Daten der Klimaanlage für Lufttemperatur und rel. Feuchte eine Tauwasserabschätzung ohne Berücksichtigung der abgehängten Decke durchzuführen.

Rechnerische Nachweise der Tauwasserfreiheit sind notwendig, wenn zur Begrenzung der Schall-Längsdämmung unter Dächern großflächige Unterdecken mit ≥ 30 mm dicken Auflagen aus mineralischen Faserdämmstoffen angeordnet werden.

12.3 Ausführung von Deckenauflagen

12.3.1 Fußböden und andere Nutzschichten

12.3.1.1 Textile Bodenbeläge

Textile Bodenbeläge nach DIN 61151 sind flächenhafte Gebilde aus natürlichen oder künstlichen Garnen zur Abdeckung und zum Begehen.

Zu den **kennzeichnenden Merkmalen** für die Beschreibung textiler Bodenbeläge gehören laut DIN 66095-1:

Herstellungsart: Weben, Wirken, Tuften, Verfilzen, Nadeln oder Beflocken; Maße, Oberflächengestaltung, Farbgestaltung, Material der Nutzschicht, Träger oder Grundmaterial, Rükkenausrüstung, Flächengewicht, Gesamtdicke, Polschichtgewicht, Polschichtdicke, Pol-Rohdichte und Noppenzahl.

Funktionseigenschaften sind

- Strapazierwert (Widerstandsfähigkeit gegenüber Begehbeanspruchungen): Bewertunggröße aus Eindrucksverhalten (DIN 54316), Tretradprüfung (DIN 54322) und Trommelversuch (DIN 53323): „gering“, „normal“, „hoch“ oder „extrem“.
- Komfortwert (Weichheit und Dichte der Polschicht): Bewertungsgröße aus Polschicht-Gewicht und -Dicke: „einfach“, „gut“, „hoch“ oder „luxuriös“.
- Zusatzeignungen (Stuhlrolleneignung oder antistatisches Verhalten).
- Sonderausrüstungen (schmutzabweisend oder hygienisch wirksam).
- Aufladbarkeit (DIN 54345).

Bauphysikalische Eigenschaften sind

- Trittschallminderung (Verbesserungsmaß nach DIN 52210),
- Schallabsorptionsgrad (DIN EN 20354),
- Wärmedurchlaßwiderstand (DIN 52612),
- Baustoffklasse (DIN 4102) oder Brennklasse (DIN 51960).

Textile Bodenbeläge haben eine geringe Wärmeableitung (DIN 52614) und sind deshalb „besonders fußwarm“.

Anforderungen an hochwertige Polteppiche und Nadelvlieserzeugnisse werden in DIN 66095-2 bzw. -3 gestellt.

Die Verlegung erfolgt nach DIN 18365 VOB(C): Bodenbelagarbeiten. Danach müssen textile Bodenbeläge, soweit keine DIN-Normen oder RAL-Vorschriften bestehen, mindestens folgende Eigenschaften in ausreichendem Maße aufweisen: Maßbeständigkeit, Farb-, Licht- und Wasserechtheit für Farbe und Druck sowie Verschleißfestigkeit. Klebstoffe sind nach den Herstellervorschriften zu verarbeiten.

Geeignete Unterlagen sind: Woll- und Korkfilzplatten, harte Holzfaserplatten, Holzspanplatten (DIN 68771), Haarfilze, Jutefilze, Preßkork, Korkment, Schaumkunststoffe und Schaumgummi.

12.3.1.2 Linoleum, PVC- und Elastomere Bodenbeläge u.a.m.

Hierunter fallen die folgenden Bodenbeläge:

- Elastomer-Beläge: homogene oder heterogene Beläge (DIN 16850), mit Unterschicht aus Schaumstoff (DIN 16851) oder mit profilierter Oberfläche (DIN 16852),

- Flex-Platten (DIN 16950),
- PVC-Bodenbeläge: ohne Träger (DIN 16951) oder mit Träger (DIN 16952) aus Jutefilz (-1) oder Korkment (-2), Schaumstoff als Unterschicht (-3) oder Synthesefaser-Vliesstoff als Träger (-4) oder als PVC-Schaumbeläge mit strukturierter Oberfläche (-5),
- Linoleum: ohne Träger (DIN 18171) oder als Verbundbelag (DIN 18173).

Zur Qualitätssicherung sind für die einzelnen Belagarten mechanische, funktionelle und bauphysikalische Eigenschaften definiert worden, deren wichtigste sind:

- Abmessungen und ihre Toleranzen, insbesondere Mindestdicken für den gesamten Belagaufbau und Nutzschichtdicken; zulässige Verformungen, wie Schüsselung sowie Maßhaltigkeit nach Wärmeeinwirkung,
- Trennkraft Nutzschicht/Träger sowie Schälwiderstand des Belages (Klebeverhalten),
- Verschleißverhalten (Abrieb) sowie zulässiger Resteindruck,
- Lichtechtheit und elektrische Isolierfähigkeit,
- Baustoffklasse bzw. Brennverhalten sowie Verhalten gegen glimmende Tabakwaren,
- Widerstandsfähigkeit gegen Chemikalien,
- Trittschallverbesserungsmaß s. Tafel 12.4.

Zur Prüfung dieser Eigenschaften existieren zahlreiche genormte Verfahren.

Die Verlegung der Bodenbeläge richtet sich ebenfalls nach DIN 18365 VOB(C) und den Herstelleranweisungen für geeignete Klebstoffe. Für fest zu verlegende Beläge aus Gummi ist die Güterichtlinie RAL-RG 806 zu beachten.

12.3.1.3 Parkett und Holzpflaster

DIN 18356 VOB(C): Parkettarbeiten, regelt die Verlegung aller Parketthölzer gemäß DIN 280-1 bis DIN 280-5. Als Unterlagen für Parkett sind geeignet: Holzwolle-Leichtbauplatten (DIN 1101), Schaumkunststoffe und Faserdämmstoffe für das Bauwesen (DIN 18164 bzw. 18165) Holzfaserplatten (DIN 68750 und DIN 68752), Spanplatten für das Bauwesen (DIN 68763) und Unterböden aus Holzspanplatten (DIN 68771). Für die schubfeste Verklebung von Parkett sind schwimmend verlegte Holzspanplatten nur bei dauerhaft trockenem Fußbodenaufbau zu empfehlen.

Zwischen Parkett und angrenzenden Bauteilen sind Dehnungsfugen anzulegen, deren Breite von Holzart und Art der Parkettunterlage sowie der Größe der Parkettfläche abhängt. Auf nicht hinreichend ausgetrockneten Untergründen soll eine Dampfbremse, z. B. PE-Folie, angeordnet werden.

DIN 18367 VOB(C): Holzpflasterarbeiten gilt für die Verlegung von Holzpflaster nach

- DIN 68701 Holzpflaster GE für gewerbliche und industrielle Zwecke
- DIN 68702 Holzpflaster RE-V für Räume in Versammlungsstätten, Schulen und Wohnungen sowie Holzpflaster RE-W für Werkräume im Ausbildungsbereich und ähnlichen Anwendungsbereichen.

Holzpflaster sind imprägnierte (GE) oder nicht imprägnierte Klötze aus Kiefer, Lärche, Fichte oder Eiche mit begrenztem Feuchtegehalt (< 16 %) bei Verlegung. Eine Hirnholzfläche dient als Nutzfläche. Klotzhöhe für GE 50 bis 100 mm, für RE 22 bis 80 mm.

Die Verlegung der Holzpflaster GE erfolgt mit Heißklebemassen auf Steinkohlenteerpechbasis oder Bitumenbasis, die der Holzpflaster RE mit geeigneten Klebstoffen.

12.3.2 Estriche

Anforderungen an die Eigenschaften von Estrichen, Anweisungen zu ihrer Herstellung und Prüfvorschriften enthält DIN 18560-1 bis DIN 18560-6. Die Vergabe von Estricharbeiten wird in DIN 18353 VOB(C), die von Asphaltbelagarbeiten in DIN 18354 VOB(C) geregelt [80].

Gemäß DIN 18560-1 müssen Estriche in jeder Schicht hinsichtlich Dicke, Rohdichte und mechanischen Eigenschaften von gleichmäßiger Beschaffenheit sein und eine ebene Oberfläche ausreichender Festigkeit besitzen.

Anhydrit-, Magnesia- und Zementestriche werden nach ihrer Druckfestigkeit (kleinster Einzelwert in N/mm^2) in Festigkeitsklassen, Gußasphaltestriche aufgrund ihrer Härte (= Eindringtiefe bei 22 °C in 1/10 mm) in Härteklassen eingestuft.

Anforderungen an den Schleifverschleiß werden gestellt, wenn unmittelbar genutzte Estrichoberflächen schleifender, rollender und/oder stoßender Bewegung ausgesetzt sind; entsprechendes gilt für die Oberflächenhärte von Magnesiaestrichen.

Die Estrich-Nenndicken liegen zwischen 10 und 80 mm; bis 50 mm Nenndicke darf die kleinste Dicke von 10 Einzelwerten maximal 5 mm kleiner sein als die Nenndicke (= Mittelwert). Die Ober-(Nutz-)Schichtdicke mehrschichtiger Estriche, auch die Dicke einer Hartstoffschicht kann zwischen 4 und 20 mm gewählt werden.

Tafel 12.5 Ebenheitstoleranzen nach DIN 18202

Spalte	1	2	3	4	5	6
Zeile	Bauteile/Funktion	Zulässige Stichmaße in mm bei Meßpunktabständen in m bis				
		0,1	1	4	10	15
1	Nichtflächenfertige Oberseite von Decken, Unterbeton und Unterböden	10	15	20	25	30
2	Nichtflächenfertige Oberseiten von Decken, Unterbeton und Unterböden mit erhöhten Anforderungen, z. B. zur Aufnahme von schwimmenden Estrichen. Industrieböden, Fliesen- und Plattenbelägen, Verbundestrichen Fertige Oberflächen für untergeordnete Zwecke, z. B. in Lagerräumen, Kellern	5	8	12	15	20
3	Flächenfertige Böden, z. B. Estriche als Nutzestriche, Estriche zur Aufnahme von Bodenbelägen Bodenbeläge, Fliesenbeläge, gespachtelte und geklebte Beläge	2	4	10	12	15
4	Flächenfertige Böden mit erhöhten Anforderungen, z. B. mit selbstverlaufenden Spachtelmassen	1	3	9	12	15
5	Nichtflächenfertige Wände und Unterseiten von Rohdecken	5	10	15	25	30
6	Flächenfertige Wände und Unterseiten von Decken, z. B. geputzte Wände, Wandbekleidungen, untergehängte Decken,	3	5	10	20	25
7	Wie Zeile 6, jedoch mit erhöhten Anforderungen	2	3	8	15	20

Die Ebenheit der Oberfläche des tragenden Untergrundes muß DIN 18202 entsprechen, auch wenn auf dem Untergrund eine Bauwerksabdichtung aufgebracht ist. Rohrleitungen sind ggf. festzulegen und durch einen Höhenausgleich wieder ein tragfähiger ebener Untergrund herzustellen. Auch die Ebenheit des Estrichs muß DIN 18202 entsprechen (s. Tafel 12.5).

Fugen im tragenden Untergrund müssen vollkantig sein, eine gleichmäßige Breite aufweisen und geradlinig verlaufen; sie sind im Estrich an gleicher Stelle auszubilden.

Anhydritestriche und Magnesiaestriche dürfen nicht einer dauernden Feuchtigkeitsbeanspruchung ausgesetzt werden. Ist mit Feuchtigkeit durch Dampfdiffusion zu rechnen, muß eine Dampfsperre auf dem tragenden Untergrund angeordnet werden. Diese Maßnahme ist vom Planverfasser bei der Bauwerksplanung festzulegen.

Die normgemäße Kennzeichnung von Estrichen erfolgt durch ein Symbol für die Estrichart (AE, GE, ME oder ZE) und die Festigkeitsklasse – bei Hartstoffestrich zusätzlich die Abkürzung der Hartstoffgruppe – sowie einem Symbol für die Verlegeart (V: Verbundestrich, T: Estrich auf Trennschicht, S: Schwimmender Estrich) und die Nenndicke in Millimeter.

Beispiel Estrich DIN 18560 – ZE 30 – S 40: 40 mm dicker schwimmend verlegter Zementestrich der Festigkeitsklasse 30.

Zusammensetzung und Eigenschaften der einzelnen Estriche

Anhydritestrich AE, hergestellt aus Anhydritbinder nach DIN 4208, Güteklasse AB 200 und Wasser, unter Verwendung von Zuschlag gemäß DIN 4226.

Begehbar nach 2 Tagen, höher belastbar nach 5 Tagen.

Druckfestigkeit: 4 Klassen, von AE 12 bis AE 40. Zusätzliche Anforderungen werden an die Biegezugfestigkeit und ggf. an den Schleifverschleiß gestellt.

Gußasphaltestrich GE, hergestellt aus Bitumen nach DIN 1995 und Zuschlag gemäß DIN 4226/DIN 1996, in der Regel gebrochenes Hartgestein, Diabas oder Basalt; als Füller wird üblicherweise Kalksteinmehl verwendet. Einbau bei einer Bitumen-Mischtemperatur von 210 bis 250 °C. – Wegen der hohen Einbautemperatur des Gußasphalts ist in Räumen mit Gipsputz Vorsicht geboten; der Gips wird bei Temperaturen ab ca. 45°C dehydriert (Entfestigung des Gipses).

Begehbar und höher belastbar nach 3 Stunden.

Härte: 4 Klassen: von GE 10 bis GE 100. Die Härteklassen von Gußasphaltestrich und die Festigkeitsklassen der anderen Estriche stimmen nur formal überein: GE 10 ist der härteste Gußasphalt. Gußasphaltestrich ist zähplastisch und kann deshalb auch auf größeren Flächen fugenlos verlegt werden [81].

Magnesiaestrich ME, hergestellt aus Kaustischer Magnesia (MgO) nach DIN 273 und einer wässerigen Salzlösung, i.a. Magnesiumchlorid ($MgCl_2$) (Mischungsverhältnis $MgCl_2$: MgO 1:2,0 bis 1:3,5), mit Zuschlag (Füllstoffe, auch organische Stoffe, z.B. feine Holzspäne) sowie Farbstoffzusätzen.

Begehbar nach 2 Tagen, höher belastbar nach 5 Tagen.

Magnesiaestrich mit einer Rohdichte bis 1,6 kg/dm^3 wird Steinholzestrich genannt.

Druckfestigkeit: 7 Klassen von ME 5 bis ME 60. Zusätzliche Anforderungen werden an die Biegezugfestigkeit und ggf. an den Schleifverschleiß und die Oberflächenhärte gestellt.

Magnesiaestriche habe eine hohe Zugfestigkeit und Zähigkeit; sie sind widerstandsfähig gegen Schlag- und Stoßbeanspruchung [80].

Zementestrich ZE, hergestellt aus Zement nach DIN 1164 (Zementgehalt $\leq$ 400 kg/m^3), Zuschlag gemäß DIN 4226, d.h. gewaschenem, gemischtkörnigem, möglichst grobem Sand

0/2 mm (ungefähr 50 %) und Kiessand 2/8 mm (ungefähr 50 %) und Wasser, ggf. mit Zusatzstoffen und Zusatzmitteln [82].

Begehbar nach 3 Tagen, höher belastbar nach 7 Tagen.

Druckfestigkeit: 7 Klassen von ZE 12 bis ZE 65. Zusätzliche Anforderungen werden an die Biegezugfestigkeit und ggf. an den Schleifverschleiß gestellt.

12.3.2.1 **Verbundestriche** nach DIN 18560-3

Verbundestriche sind mit dem tragenden Untergrund verbundene Estriche; sie können unmittelbar genutzt oder mit einem Belag versehen werden. Anforderungen an die Festigkeitsklasse/Härteklasse werden in Abhängigkeit von der Art der Nutzung gestellt.

Geeignete tragende Untergründe zur Verlegung von Verbundestrich sind: Beton für Anhydritestrich, Holz für Magnesiaestrich, Stahl für Anhydrit-, Gußasphaltoder Zementestrich, Zementestrich für Anhydrit- oder Magnesiaestrich.

Außerdem können alle Estriche mit demselben Bindemittel, wie im tragenden Untergrund vorhanden, Verwendung finden.

Dicke bei Gußasphaltestrich bis 40 mm, meist zwischen 25 und 35 mm (mit Größtkorn 8 bis 10 mm), bei Anhydrit-, Magnesia- oder Zementestrich bis 50 mm, bei hochfestem Magnesiaestrich bis 25 mm. Die Dicke der Verbundestriche ist nicht maßgebend für ihre Beanspruchbarkeit.

Untergrund. Für einen kraftschlüssigen Verbund muß die Oberfläche des tragenden Untergrundes ausreichende Festigkeit besitzen, frei von Rissen sowie griffig, also hinreichend rauh, sein. Sie muß sauber sein, insbesondere frei von losen oder leicht ablösbaren Bestandteilen; nicht verschmutzt durch Öl, Kraftstoff oder Anstrichmittel

Fugen. Möglichst keine Fugen anordnen oder Beschränkung auf ein Mindestmaß. Über Bauwerksfugen sind jedoch auch im Verbundestrich Fugen auszubilden. Die Fugen sind mit geeigneten Fugenfüllmassen oder -profilen zu schließen.

12.3.2.2 **Estriche auf Trennschicht** nach DIN 18560-4

Estriche auf Trennschicht sind durch eine dünne Zwischenlage, die aus bautechnischen oder bauphysikalischen Gründen auf die Oberfläche des tragenden Untergrundes aufgebracht ist, vom Untergrund getrennt. Sie können unmittelbar genutzt oder mit einem Belag versehen werden. Anforderungen an die Festigkeitsklassen/Härteklasse werden in Abhängigkeit von der Art der Nutzung gestellt.

Dicke bei Gußasphaltestrich 20 bis 40 mm, bei Anhydrit-, Magnesia- und Zementestrich 30 bis 50 mm. Estriche auf Trennschicht werden häufig dicker ausgeführt als Verbundestriche.

Trennschichten. PE-Folien ≥ 0,1 mm dick, nackte Bitumenbahnen mit Schrenzpapiereinlage (≥ 100 g/m^2), Rohglasvlies (≥ 50 g/m^2) u.a. Erzeugnisse vergleichbarer Eigenschaft. Ausführung zweilagig, bei Gußasphaltestrich auch einlagig; Abdichtungen und Dampfsperren sind **eine Lage** der Trennschicht. Trennschichten sollen möglichst glatt, ohne Aufwerfungen verlegt sein, sonst ist ein Ausgleichsestrich erforderlich.

Fugen. Über Bauerwerksfugen sind auch im Estrich Fugen auszuführen. Sonstige notwendige Fugen sind so anzuordnen, daß möglichst gedrungene Felder entstehen. Bei Flächen mit Wärmeeinstrahlung sind kleine Fugenabstände zu wählen. Fugen sind mit Füllmassen oder Profilen zu verschließen.

12.3.2.3 **Schwimmende Estriche** nach DIN 18560-2

Schwimmende Estriche dienen der Erfüllung von Anforderungen an den Schallschutz und/ oder den Wärmeschutz. Anforderungen an Dicke und Festigkeit/Härte der Estriche s. Tafel 12.6.

Tafel 12.6 Dicken und Festigkeit bzw. Härte einschichtiger schwimmender Estriche auf Dämmschichten nach DIN 18164-1 und -2 sowie DIN 18165-1 und -2 für Verkehrslasten bis 1,5 kN/m^2 [1)]

Estrichart		Estrich-Nenndicke[2)] bei einer Zusammendrückbarkeit[3)] der Dämmschicht		Werte für Bestätigungsprüfung			
				Biegezugfestigkeit β_{BZ}		Härte (Eindringtiefe)	
		bis 5 mm	über 5 mm[4)] bis 10 mm	kleinster Einzelwert in N/mm^2	Mittelwert in N/mm^2	bei 22 °C in mm	bei 40 °C in mm
Anhydritestrich Magnesiaestrich Zementestrich	AE 20 ME 7[5)] ZE 20	≥ 35	≥ 40	≥ 2,0	≥ 2,5	–	–
Gußasphaltestrich	GE 10	≥ 20	–	–	–	≤ 1,0	≤ 4,0

1) Die angegebene Mindestdicke gilt nur für gleichmäßig verteilte Verkehrslasten.
2) Bei Dicken der Dämmstoffe unter Belastung von mehr als 30 mm ist die Estrichdicke um 5 mm zu erhöhen.
3) Die Zusammendrückbarkeit der Dämmschicht ergibt sich aus der Differenz zwischen der Lieferdicke d_L und der Dicke unter Belastung d_B des Dämmstoffs. Sie ist aus der Kennzeichnung der Dämmstoffe ersichtlich, z.B. 20/15: d_L = 20 mm, d_B = 15 mm. Bei mehreren Lagen ist die Zusammendrückbarkeit der einzelnen Lagen zu addieren.
4) Für Heizestriche nicht geeignet.
5) Die Oberflächenhärte bei Steinholzestrichen muß mindestens 30 N/mm^2 betragen.

Die Estrichplatte muß nach dem Erhärten fest und tragfähig sein und lastverteilend wirken. Die größten Biegespannungen treten beim Lastfall „Einzellast am Plattenrand" auf. Sofern es erforderlich scheint, einen schwimmenden Estrich für bestimmte Lastfälle zu bemessen, kann hierfür auf Formeln in [83] zurückgegriffen werden.

Bei größeren Dicken des Estrichs (≥ 60 mm) ist eine Bewehrung erforderlich; diese muß vollständig im Estrich eingebettet sein. Bewehrung verhindert keine Risse, sondern bewirkt nur eine gleichmäßigere Rißverteilung bei zugleich geringeren Rißbreiten. Beim Auftreten von Rissen im Estrich entsteht i.a. ein Höhenversatz [84].

Aufgehende Bauteile. Sofern ein Wandputz vorgesehen ist, muß dieser vor dem Verlegen der Dämmschicht aufgebracht werden.

Dämmstoffe für Dämmschichten sind Schaumkunststoffe nach DIN 18164, Faserdämmstoffe nach DIN 18165, Schaumglas (DIN 18174), Holzwolle-Leichtbauplatten (DIN 1101) sowie expandierte Korkplatten und Korkschrotmatten nach DIN 18161 u. a. Erzeugnisse.

Die Dämmschicht darf an keiner Stelle fehlen oder durch Begehen/Befahren bei der Estrichverlegung beschädigt werden, etwa örtlich zerstört sein oder unterbrochen. Dämmschichten für Gußasphaltestriche müssen 250 °C Verlegetemperatur standhalten.

Dämmschichten müssen auf dem tragenden Untergrund oder einem Ausgleichsestrich vollflächig aufliegen, Verlegung der Dämmstoffe mit dichten Stößen im Verband; bei mehrlagiger Verlegung mit versetzten Stößen. Durch Abdeckung der Dämmschicht ist bis zum Erstarren des Estrichmörtels ein Feuchtigkeitsschutz zu gewährleisten.

Randstreifen. An Wänden und anderen aufgehenden Bauteilen, z. B. Türleibungen und Installationsrohren sowie auf der Massivdecke aufgestellten Duschtassen und Badewannen, sind vor Einbau des Estrichs körperschalldämmende Randstreifen zur Gewährleistung der Randfugen anzuordnen. Bei Gußasphaltestrich genügt das Hochziehen der Abdeckung längs der Berandung, Wandanschlüsse s. Bild 12.6.

Als Randstreifen ausreichend sind ca. 3 mm dicke Streifen aus bituminierter Wellpappe oder Schaumkunststoff. Die Randstreifen müssen vom tragenden Untergrund bis zur Oberkante Fertigbelag reichen. Randstreifen und hochgezogene Abdeckung der Dämmschicht dürfen erst nach Fertigstellung des Fußbodenbelages abgeschnitten werden: Die Höhe (Breite) des Randstreifens muß deshalb dem Estrichleger mitgeteilt werden: Planungsaufgabe!

Abdeckung. Die Abdeckung der Dämmschicht soll das Eindringen des Anmachwassers in die Dämmschicht verhindern. Es ersetzt jedoch in Feuchträumen nicht eine ggf. erforderliche Abdichtung! Zur Abdeckung geeignet sind nackte Bitumenbahnen mit Schrenzpapiereinlage ($\geq$ 100 g/m^2) oder $\geq$ 0,1 mm dicke PE-Folien; bei Gußasphaltestrich ist eine Abdeckung mit schwachgeleimtem Papier oder Rohglasvlies erforderlich und ausreichend.

Fugen. Es ist unzulässig, schwimmende Estriche über mehrere Räume zu verlegen. Bei Querschnittssprüngen sollen zumindest durch einen Kellenschnitt Sollbruchstellen (Scheinfugen) angeordnet werden. Über Bauwerksfugen sind Fugen auch im Estrich auszubilden; darüber hinaus notwendige Fugen sind so anzuordnen, daß möglichst gedrungene Felder entstehen.

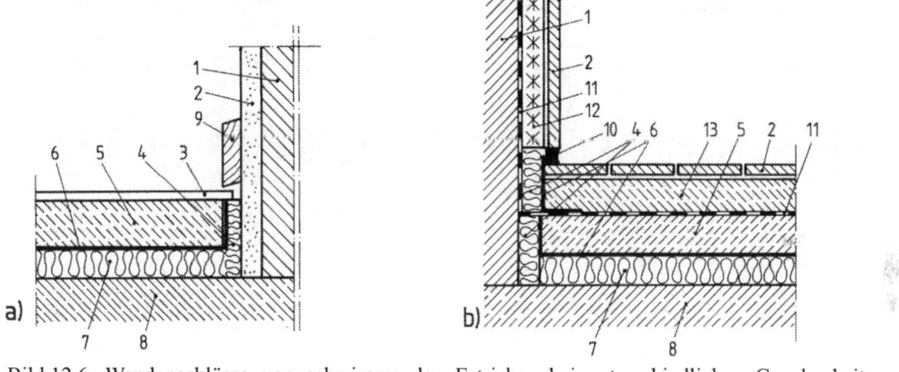

Bild 12.6 Wandanschlüsse von schwimmenden Estrichen bei unterschiedlichen Gegebenheiten nach DIN 4109

a) Wohnraum, mit weichfederndem Bodenbelag

b) Bad oder Dusche, Wände aus feuchteempfindlichen Baustoffen oder mit hoher Feuchtebeanspruchung

1 Mauerwerk oder Beton; 2 Wandputz und/oder Wand-/Boden-Fliesen im Mörtelbett; 3 Weichfedernder Bodenbelag; 4 Randdämmstoffstreifen; 5 Estrich; 6 Abdeckung; 7 Trittschall-Dämmschicht; 8 Massivdecke; 9 Sockelleiste mit hartem Anschluß; 10 Dauerelastische Fugenmasse; 11 Abdichtung nach DIN 18195 o. ä. Richtlinien; 12 Schutzschicht für die Abdichtung, z. B. Faserzementplatte oder bewehrter Putz; 13 Schutzschicht

12.3.2.4 Heizestriche

Beheizte Fußbodenkonstruktionen können als Warmwasser-Fußbodenheizung (Direktheizung) oder als elektrische Fußbodenheizung (Speicherheizung) ausgeführt werden. Bauablauf und Arbeitsfolge sind rechtzeitig festzulegen. In den Merkblättern des Zentralverbandes des Deutschen Baugewerkes (ZDB) [03] finden sich wichtige Hinweise für die Planung und Ausführung dieser Konstruktionen.

Warmwasserfußbodenheizung. Die wasserführenden Rohre, vorwiegend aus Kunststoff (PP, PE, VPE oder PB) oder aus Metall (weichummantelt) mit Rohrdurchmessern zwischen 21 und 20 mm konnen wie aus Bild 12.7 ersichtlich angeordnet werden.

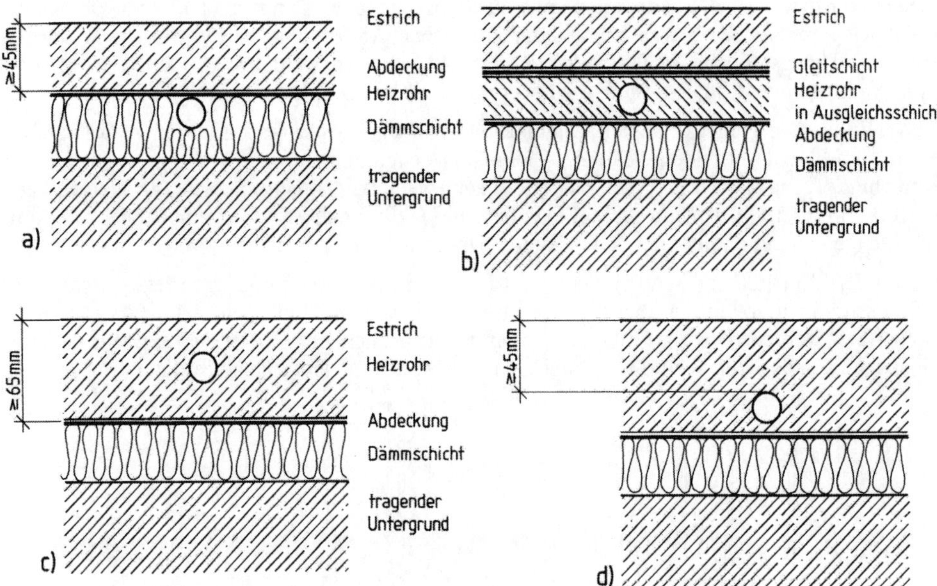

Bild 12.7 Anordnung von Warmwasser-Heizrohren in der Dämmschicht oder im Estrich
a) Heizrohr in der Dämmschicht unterhalb des Estrichs
b) Heizrohr in der Ausgleichsschicht unterhalb des Estrichs
c) Heizrohr etwa in Estrichmitte
d) Heizrohr auf der Abdeckung im Estrich

Elektrische Fußbodenheizungen. Die Heizelemente liegen entweder

- auf der Abdeckung der Dämmschicht oder
- innerhalb des Estrichs oder einer lastverteilenden Schicht.

Bei Betrieb einer Warmwasserfußbodenheizung beträgt die Oberflächentemperatur des Fußbodens in Wohn- und Arbeitsbereichen ca. 28 °C, in Barfußbereichen bis 35 °C, bei Abdekkung des Fußbodens mit Teppichen oder mit anderen die Wärmeabgabe beeinträchtigenden Einrichtungsgegenständen etwa bis 50 °C; letztere Temperatur darf nicht überschritten werden.

Dämmstoffe. Gemäß DIN 18164 und/oder DIN 18165, jedoch mit größerer dynamischer Steifigkeit. Die Zusammendrückbarkeit darf 5 mm nicht überschreiten, bei zweilagiger Ausführung der Dämmschicht ist das steifere Material als obere Lage anzuordnen. Bei elektrischen Fußbodenheizungen muß die Form- und Wärmebeständigkeit bis zu einer Temperatur von 100 °C gewährleistet sein. Werden die Heizrohre innerhalb der Dämmschicht verlegt, gilt als rechnerische Dicke für den Wärmschutznachweis nur die Dicke u n t e r h a l b der Heizrohre.

Randstreifen. Dicke 8 bis 10 mm, um eine Bewegungsmöglichkeit der Estrichplatte von 5 mm bei Aufheizung zu gewährleisten.

Bodenbeläge. Auf dem Estrich können Beläge mit einem Wärmeduchlaßwiderstand bis zu 0,17 m^2K/W Verwendung finden. Bei Verlegung elastischer oder textiler Bodenbeläge ist der Heizestrich zu spachteln. Für die ganzflächige Klebung der Beläge dürfen nur Stoffe Verwendung in den, die bei einer Dauertemperatur von 50 °C beständig sind. Fliesen und Platten werden entweder in frischem Estrich, im Dünnbettverfahren, im Dickbettverfahren oder im Mörtelbett auf Trennschicht verlegt. Das Verfugen der Fliesen und Platten soll frühestens acht Tage nach dem Verlegen der Beläge vorgenommen werden.

Vor dem Verlegen der Bodenbeläge ist der Heizestrich aufzuheizen, frühestens jedoch nach 21 Tagen; Verlegen der Beläge frühestens nach 28 Tagen.

12.3.2.5 Hochbeanspruchbare Estriche (Industrieestriche) nach DIN 18560-7

Hochbeanspruchbare Estriche sind Estriche für mechanische Beanspruchungen durch Flurförderfahrzeuge (mit Stahlrollen Pressung bis 40 N/mm^2), Arbeitsabläufe und Fußgängerverkehr. Hochbeanspruchbare Estriche können als Gußasphaltestrich, als Magnesiaestrich und als Hartstoffestrich ausgeführt werden. Hartstoffestriche sind unter Verwendung von Hartstoffen nach DIN 1100 hergestellte Zementestriche mit hohem Verschleißwiderstand und besonderer Festigkeit. Hartstoffe sind:

Gruppe A: Naturgestein und/oder dichte Schlacke oder Gemische davon mit Stoffen der Gruppen M und KS

Gruppe M: Metall

Gruppe KS: Elektrokorund und Siliciumkarbid.

Hochbeanspruchbare Estriche müssen den allgemeinen Anforderungen nach DIN 18560-1 entsprechen und gegen mechanische Beanspruchung in der vorgesehenen Beanspruchungsgruppe widerstandsfähig sein.

Beanspruchungsgruppe I (schwer): Flurförderfahrzeuge mit Stahl- oder Polyamidreifen, Bearbeiten, Schleifen und Kollern von Metallteilen, Absetzen von Gütern mit Metallgabeln, Fußgängerverkehr mit mehr als 1000 Personen/Tag

Beanspruchungsgruppe II (mittel): Flurförderfahrzeuge mit Elastomer- oder Gummireifen, Schleifen und Kollern von Holz, Papierrollen, Fußgängerverkehr zwischen 100 und 1000 Personen/Tag

Beanspruchungsgruppe III (leicht): Flurförderfahrzeuge mit Elastik- oder Luftreifen, Montage auf Tischen, Fußgängerverkehr bis 100 Personen/Tag.

Bei mehrschichtigen Estrichen muß das Verformungsverhalten der Schichten aufeinander und auf den tragenden Untergrund abgestimmt sein. Die Verformbarkeit von Estrich und Untergrund ist insbesondere bei geführten Flurförderfahrzeugen zu berücksichtigen.

In der Regel ist Gußasphaltestrich als Estrich auf Trennschicht einschichtig (bis 40 mm Dicke), Magnesiaestrich als Verbundestrich (bis 25 mm Dicke) und zementgebundener Hartstoffestrich einschichtig herzustellen. Wird Hartstoffestrich als Estrich auf Trennschicht oder auf Dämmschicht hergestellt, ist er zweilagig – Hartstoffschicht oben – auszuführen. Bei zweischichtigen zementgebundenem Hartstoffestrich, der als Verbundestrich ausgeführt wird, muß die Dicke der Übergangsschicht mindestens 25 mm betragen. Übergangsschichten dürfen nicht zur Herstellung von Gefälle auf waagerechten Flächen verwendet werden!

12.4 Unterdecken und Deckenbekleidungen

12.4.1 Anforderungen für die Ausführung

Deckenbekleidungen und Unterdecken sind Decken, die aus Unterkonstruktionen und einer flächenbildenden Decklage bestehen; bei Deckenbekleidungen ist die Unterkonstruktion unmittelbar an den tragenden Bauteilen verankert, bei Unterdecken wird die Unterkonstruktion abgehängt.

Deckenbekleidungen und Unterdecken sind bei der Planung des Bauwerks zu berücksichtigen und in den Bauvorlagen anzugeben.

Leichte Deckenbekleidungen und Unterdecken nach DIN18168-1 (Eigenlasten einschließlich Einbauten bis 0,5 kN/m^2) und hängende Drahtputzdecken nach DIN 4121 (Putzdicken zwischen 25 und 50 mm) besitzen keine wesentliche Tragfähigkeit und dürfen nicht betreten werden.

Sind bei Deckenbekleidungen und Unterdecken die Lasten aus Eigen- und Zusatzmassen größer als 0,5 kN/m^2, müssen sie nach den Normen und Richtlinen für die Standsicherheit von Baukonstruktionen bemessen und konstruiert werden.

DIN 18168-1 enthält die Anforderungen an die Standsicherheit, die bauliche Durchbildung der tragenden Teile von Deckenbekleidungen und Unterdecken und deren Befestigung an tragenden Bauteilen. Für Drahtputzdecken ist kein statischer Nachweis erforderlich, wenn die Decken den Bestimmungen von DIN 4121 entsprechen.

Es sind folgende Teile der Konstruktion zu unterscheiden:

Verankerungselemente: Teile, die die Abhänger oder Deckenbekleidungen direkt mit dem tragenden Bauteil verbinden.

Abhänger: Teile, die die Verankerungselemente mit der Unterkonstruktion verbinden.

Unterkonstruktion: Teile, die die Decklagen tragen.

Decklage: Teile, die den raumseitigen Abschluß bilden.

Verbindungselemente: Teile, die die Verankerungselemente, Abhänger, Unterkonstruktionen und Decklagen verbinden.

Die tragenden Teile müssen die Lasten von Deckenbekleidungen und Unterdecken sicher auf die tragenden Bauteile übertragen. Deckenbekleidungen und Unterdecken sind so auszubilden, daß das Versagen eines tragenden Teiles nicht zu einem fortlaufenden Einsturz führen kann. Die Anzahl der Verankerungsstellen ist so zu bemessen, daß die zulässige Tragkraft der Verankerungselemente sowie die zulässige Verformung der Unterkonstruktion nicht überschritten werden; bei leichten Deckenbekleidungen und Unterdecken ist mindestens eine Verankerung je 1,5 m^2 Deckenfläche anzuordnen, bei Drahtputzdecken mindestens drei Verankerungen je m^2 Deckenfläche.

Deckenbekleidungen und Unterdecken müssen durch konstruktive Maßnahmen so ausgebildet werden, daß auch bei nichterfaßbaren Windbeanspruchungen, z. B. durch offenstehende Fenster, weder das Herunterfallen der Decklagen noch das Lösen der Abhänger und Verbindungselemente möglich ist.

Anforderungen an den Brandschutz, Wärmeschutz und/oder Schallschutz richten sich nach den hierfür geltenden Normen.

Verankerungselemente für Massivdecken (Betongüte mindestens B 25, Dicke ≥ 100 mm) können sein:

- Einbetonierte Halterungen, z. B. Schienen aus Metall: Rechnerischer Nachweis der Tragkraft nach den technischen Baubestimmungen oder Nachweis der Brauchbarkeit für den vorgesehenen Zweck durch bauaufsichtliche Zulassung. Verankerung an einbetonierten Holzlatten ist nicht zulässig!
- Dübel: Es dürfen ausschließlich Dübel Verwendung finden, deren Brauchbarkeit durch bauaufsichtliche Zulassung nachgewiesen ist.
- Setzbolzen: Schaftdurchmesser 3,4 bis 4,5 mm; Eindringtiefe ≥ 25 mm. 5 Setzbolzen je Profil oder Latte: Bei Ausfall von drei benachbarten Bolzen muß die einfache Sicherheit erhalten bleiben. Weitere Bedingungen für die Anwendung s. DIN 18168-1!

Abhänger. Die zulässige Tragkraft der Abhänger und ihrer Verbindungselemente ist rechnerisch oder durch örtliche Prüfung nachzuweisen. Die Mindestanforderungen an den Korrosionsschutz von Profilen, Abhängern und Verbindungselementen aus Metall sind auch DIN 18168 Tabelle 2 zu entnehmen. Übliche Abhänger s. Bild 12.8.

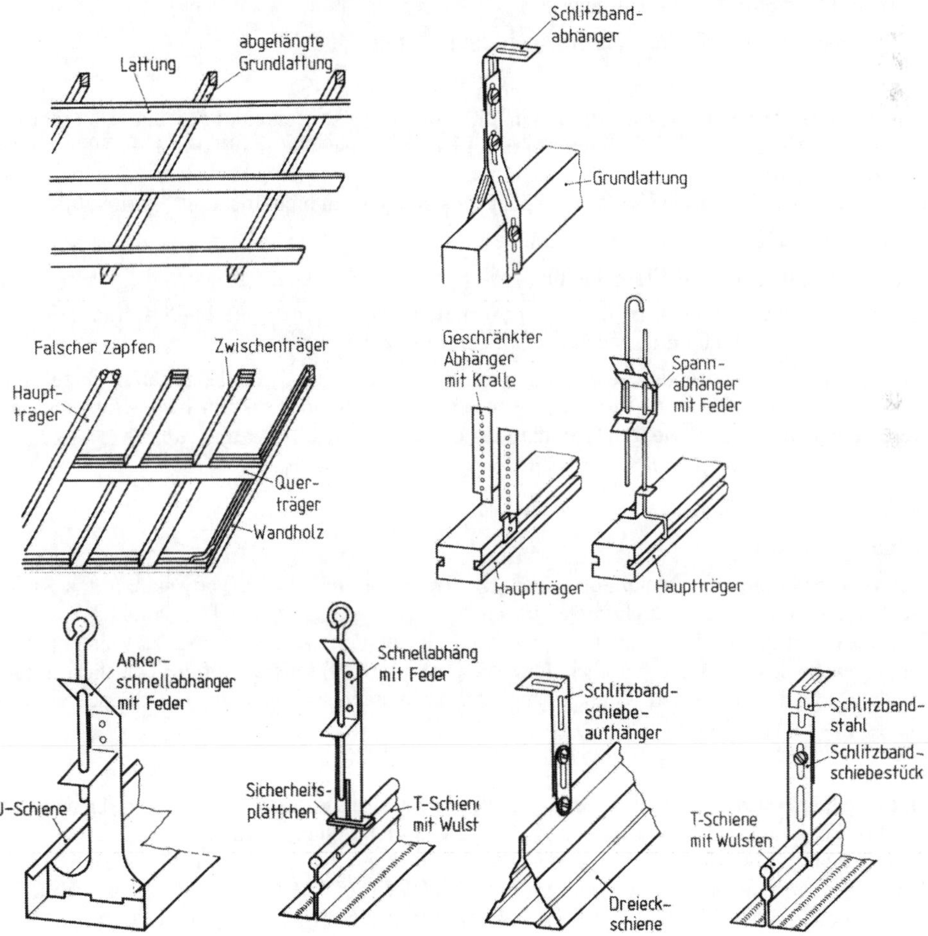

Bild 12.8 Abhänger für Bekleidungen/leichte Unterdecken

Mindestabmessungen von Abhängern aus Metall für Deckenbekleidungen und leichte Unterdecken:

- verzinkter Bindedraht 2,0 mm Durchmesser
- Drähte für Schnellaufhänger 4,0 mm Durchmesser
- Federstahl 0,5 mm Durchmesser
- Gewindestähle 6,0 mm Durchmesser
- Stahlblech 0,75 mm Dicke und Querschnitt 7,5 mm^2
- Aluminiumblech 1,5 mm Dicke und Querschnitt 10 mm^2.

Abhänger aus Holz müssen einen Mindestquerschnitt von 10 cm^2 und eine Mindestdicke von 20 mm besitzen – unter der Voraussetzung, daß ein sicherer Anschluß durch Nägel oder Schrauben möglich ist.

Für Drahtputzdecken:

- Rundstahl 5 mm Durchmesser
- verzinkte Drähte 3,1 mm Durchmesser
- Stahlblech 1,5 mm Dicke und Nutzquerschnitt 10 mm^2.

Unterkonstruktion. Unterkonstruktionen für leichte Deckenbekleidungen und Unterdecken können aus Metall (Stahl oder Aluminium mit Korrosionsschutz), Holz (mit Holzschutz) oder anderen geeigneten Baustoffen bestehen. Sie sind so zu bemessen, daß die Durchbiegung höchstens 1/500 der Stützweite, z. B. Abhängeabstand, jedoch nicht mehr als 4 mm beträgt.

Stahl: Band- oder Blechdicke ≥ 0,4 mm,

Alu: Blechdicke der Profile ≥ 0,5 mm,

Holz: Mindestens Güteklasse II, Unterkonstruktion aus Traglattung (≥ 24/48 mm) auf Grundlattung (≥ 40/60 mm), Feuchtegehalt beim Einbau ≤ 20 %.

Unterkonstruktionen, die der freien Auflagerung dir Decklagen dienen, sind durch Bügel oder ähnliches gegen seitliches Ausweichen zu sichern. Bei Unterkonstruktionen aus Holz kann die Verbindung von Traglattung und Grundlattung durch

- Schrauben (Vorbohren erforderlich, Einschraubtiefe ≥ 24 mm)
- Schraub- oder Rillennägel oder Klammern

hergestellt werden.

Unterkonstruktionen für Metallputzträger: Die Tragstäbe müssen bei Verwendung von Rundstahl mindestens 7 mm Durchmesser haben oder eine gleichwertige Trägfähigkeit besitzen. Der gegenseitige Abstand der Tragstäbe soll gleichmäßig sein und bei Verwendung von Drahtgewebe etwa 350 mm betragen. Querstäbe (≥ 5 mm ∅) müssen auf die Tragstäbe aufgelegt und mit diesen an den Kreuzungspunkten verbunden werden, z. B. mit doppeltem verzinktem Draht (≥ 0,7 mm ∅).

Decklage. Die Decklage muß sicher auf der Unterkonstruktion aufliegen oder an ihr befestigt werden. Für Drahtputzdecken können alle Arten von Metallputzträgern verwendet werden, eine Zulassung ist nicht erforderlich. Diese sind straff zu spannen und sorgfältig zu befestigen. Der Putzträger wird mit einem geeigneten Mörtel nach DIN 18550 MG II oder MG IV ausgedrückt, gespritzt oder in der Schalung von oben ausgegossen. Auf der Sichtseite soll der Putz den Putzträger mindestens 15 mm überdecken.

Diese auszugsweise wiedergegebenen Anforderungen können in den Montagevorschriften für werkmäßig hergestellte Unterdecken-Systeme enthalten sein; sie müssen jedoch durch Beifügung von Berechnungen, Zulassungen und Prüfungszeugnissen prüffähig bleiben. Über Erfahrungen und Mängel mit leichten Deckenbekleidungen und Unterdecken wird in [85], [86] berichtet.

12.4.2 Schallabsorbierende und schalldämmende Unterdecken und Deckenbekleidungen

Schallabsorbierende Unterdecken und Deckenbekleidungen („Akustikdecken") werden zum Zwecke der Lärmminderung und/oder zur Gewährleistung einer guten Sprachverständlichkeit in Verwaltungsbauten, Krankenhäusern oder Schulen vorwiegend nach der Schallabsorption bei mittleren und hohen Frequenzen ausgewählt. Fachfirmen halten hierfür geeignete Deckensysteme mit bekanntem Schallabsorptionsgrad nach DIN EN 20354 bereit. Für eine fachgerechte Planung ist dem Hersteller/Anbieter der Abstand der Unterdecke/Deckenbekleidung von der Unterseite der Massivdecke anzugeben.

Die Ausführung richtet sich nach den in Abschn. 12.4.1 genannten Anforderungen.

Unterdecken und Deckenbekleidungen aus wenig absorbierenden Baustoffen, z. B. Platten oder Kassetten aus Gipsbaustoffen, werden mit einer Lochung versehen (Perforation zwischen 10 und 40 %) und Lamellen aus Blech oder Kunststoff auf Abstand montiert. Zur Schallabsorption wird die Decklage mit mineralischem Faserdämmstoff (Matten oder Platten nach DIN 18165) hinterlegt, wobei ein Faservlies als Rieselschutz dient.

Baustoffe mit nennenswerter Schallabsorption, z. B. Platten aus verdichteter Mineralfaser oder spezielle Holzfaserplatten u. ä. Erzeugnisse werden üblicherweise nicht perforiert, sondern erhalten zur Vergrößerung der Absorption eine strukturierte Oberfläche, z. B. durch Nadelung, Rillen oder Sackbohrungen.

Als Unterdecken oder Deckenbekleidungen zur Verbesserung des Luftschall- und des Trittschallschutzes sind ausschließlich „biegeweiche Unterdecken" geeignet. Das sind nicht perforierte Platten oder plattenartige Bauteile begrenzter Dicke, z. B.

- Gipskarton- oder Gipsfaserplatten bis 15 mm oder Spanplatten bis 16 mm Dicke,
- Faserzementplatten bis 10 mm oder Stahlblech bis 2 mm Dicke,
- Holzwolle-Leichtbauplatten, Dicke 25 mm, befestigt an Unterkonstruktionen und einseitig geputzt, sowie Putzschalen von Drahtputzdecken.

Die Platten können z. B. als Deckenbekleidung an einer Traglattung aus schmalen Latten ($b \leq 50$ mm) im Abstand ≥ 400 mm an der tragenden Deckenkonstruktion angebracht, sie müssen dicht (!) an die flankierenden Bauteile angeschlossen werden. Im Deckenhohlraum ist eine mindestens 40 mm dicke schallabsorbierende Einlage (Faserdämmstoff) anzuordnen.

Für eine wirksame nachträgliche Verbesserungsmaßnahme muß mindestens eine Konstruktionshöhe von 100 mm zur Verfügung stehen.

12.4.3 Feuerhemmende Unterdecken

In DIN 4102-4, Abschnitt 6.5, sind eine Reihe von Unterdecken nach DIN 18168 im Zusammenhang mit Stahlträgerdecken sowie Stahlbeton- oder Spannbetondecken für die Feuerwiderstandsklassen F30-AB bzw. F30-A bis F180-A klassifiziert: Die Stahlträger liegen im Zwischendeckenbereich zwischen Unterdecke und Abdeckung; sie bilden mit der Abdeckung die tragende Decke.

Die Unterdecke nach DIN 18168 schützt die Stahlträger vor raumseitiger Brandbeanspruchung von unten. Die Unterdecke kann selbst so ausgebildet sein, daß sie allein – bei Brandbeanspruchung von unten – einer Feuerwiderstandsklasse angehört.

Die Abdeckung nach DIN 1045, DIN 4028 oder DIN 4223 muß mindestens 5 cm dick sein; sie schützt die Stahlträger bei Brandbeanspruchung von oben. Bei Anordnung schwimmender Estriche muß die Dämmschicht mindestens in die Baustoffklasse B 2 eingestuft sein und ihre Rohdichte mindestens 30 kg/m^3 betragen.

Die Abdeckung beeinflußt das Brandverhalten der Unterdecke. Es wird deshalb unterschieden zwischen:

- Bauart I: Abdeckung aus Leichtbeton
- Bauart II: Abdeckung aus Normalbeton
- Bauart III: wie Bauart II, jedoch Stahlbeton- oder Spannbetondecken mit und ohne Zwischenbauteile aus Normalbeton.

Die Klassifizierung in DIN 4102-4 Abschnitt 6.5, berücksichtigt folgende Konstruktionen der o. g. Bauarten:

- Hängende Drahtputzdecken nach DIN 4121,
- Decken mit Unterdecken aus
  - Holzwolle-Leichtbauplatten nach DIN 1101 mit und ohne Putz,
  - Gipskarton-Putzträgerplatten (GKP) nach DIN 18180 mit Putz,
  - Gipskarton-Feuerschutzplatten (GKF) nach DIN 18180 mit geschlossener Fläche,
  - Deckenplatten DF oder SF aus Gips nach DIN 18169.

In Tafel 12.7 ist als Beispiel Tabelle 99 wiedergegeben: Decken der Bauarten I bis III mit Unterdecken aus Gipskarton-Feuerschutzplatten (GKF) nach DIN 18180 mit geschlossener Fläche.

In DIN 4102-4, Tabellen 101 und 102 (hier Tafel 12.8 und 12.9) sind hängende Drahtputzdecken nach DIN 4121 und Unterdecken aus Gipskarton-Feuerschutzplatten nach DIN 18180 mit geschlossener Fläche bis F60 klassifiziert, die bei Brandbeanspruchung von unten allein einer Feuerwiderstandsklasse angehören; alle Decken oder Dächer mit Unterdecken nach diesen Angaben gehören unabhängig von ihrer Bauart in Verbindung mit der jeweils beschriebenen Unterdecke mindestens derselben Feuerwiderstandsklasse an wie die klassifizierte Unterdecke allein.

Tafel 12.7 Decken der Bauarten I bis III mit Unterdecken aus Gipskarton-Feuerschutzplatten (GKF) DIN 18180 mit geschlossener Fläche Maße in mm

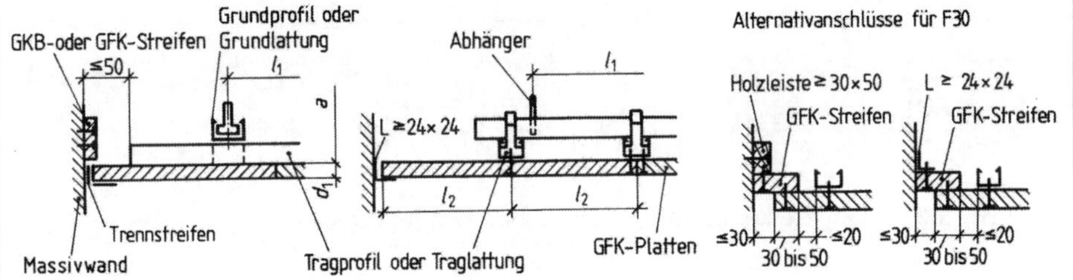

Zeile	Konstruktionsmerkmale und Bauart nach Abschnitt 6.5.1	Im Zwischendeckenbereich ist eine Dämmschicht	Mindest-deckendicke d	Mindest-abstand (Abhängehöhe) a	Max. Spannweite der Grund- und Traglattung bzw. der Grund- und Tragprofile l_1	Max. Spannweite der GKF-Platten l_2	Mindest-GKF-Plattendicke bei Verwendung von Grund- und Traglatten aus Holz d_1	Mindest-GKF-Plattendicke bei Verwendung von Grund- und Traglatten und Stahlblech d_1	Feuerwiderstandsklasse Benennung
1	I Leichtbeton 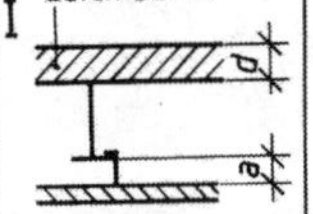	vorhanden oder nicht vorhanden	50	40	1000	500	15		F 30-AB
2	Leichtbeton oder Ziegel 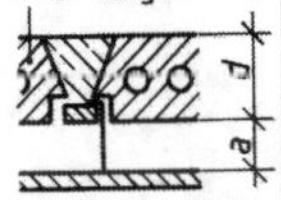		50	40	1000	500		15	F 30-A
3	II Normalbeton[1] 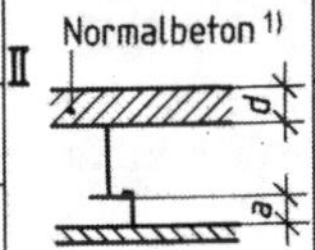	vorhanden	Bemessung entsprechend den Angaben der Zeilen 1 und 2						
4		nicht vorhanden	50	40	1000	500	12,5		F 30-AB
5			50	40	1000	500		12,5	F 30-A
6	III Normalbeton[1] 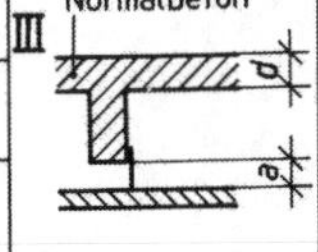	vorhanden	Bemessung entsprechend den Angaben der Zeilen 1 und 2						
7		nicht vorhanden	50	40	1000	500	12,5		F 30-AB
8			50	40	1000	500		12,5	F 30-A
9			50	80	1000	500	2 x 12,5		F 60-AB
10			50	80	1000	500		12,5	F 60-A
11			50	80	1000	500		15	F 90-A
12			50	80	1000	400		18	F 120-A

1) Gilt auch für Decken bzw. Abdeckungen unter Verwendung von Zwischenbauteilen aus Normalbeton.

2) Befestigung und Verspachtelung der Fugen nach DIN 18181. Bei zweilagiger Unterdecke ist jede Lage für sich an der Unterkonstruktion zu befestigen, Fugen sind zu versetzen; Bewehrungsstreifen sind nur bei den raumseitigen Fugen erforderlich.

Tafel 12.8 Hängende Drahtputzdecken nach DIN 4121, die bei Brandbeanspruchung von unten allein einer Feuerwiderstandsklasse angehören
Maße in mm

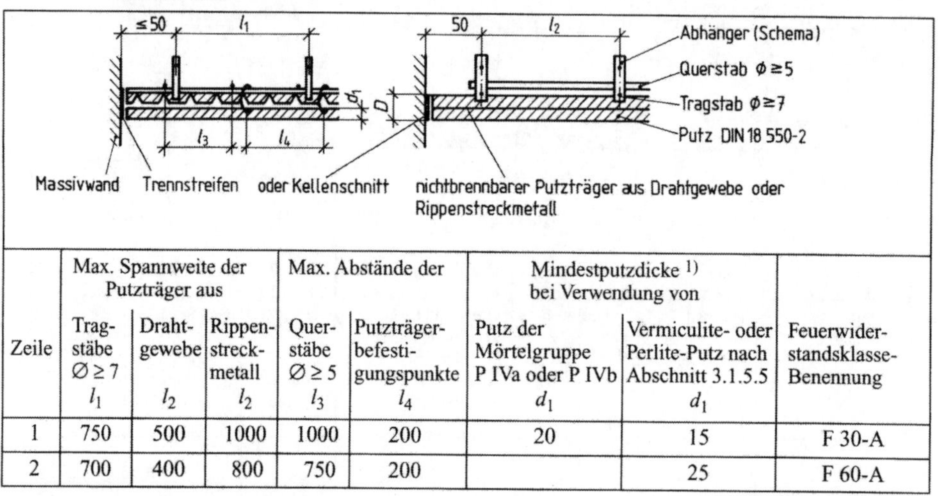

Zeile	Max. Spannweite der Putzträger aus			Max. Abstände der		Mindestputzdicke [1]) bei Verwendung von		Feuerwiderstandsklasse-Benennung
	Tragstäbe Ø ≥ 7 l_1	Drahtgewebe l_2	Rippenstreckmetall l_2	Querstäbe Ø ≥ 5 l_3	Putzträgerbefestigungspunkte l_4	Putz der Mörtelgruppe P IVa oder P IVb d_1	Vermiculite- oder Perlite-Putz nach Abschnitt 3.1.5.5 d_1	
1	750	500	1000	1000	200	20	15	F 30-A
2	700	400	800	750	200		25	F 60-A

[1]) d_1 über Putzträger gemessen; die Gesamtputzdicke muß $D \geq d_1 + 10$ mm sein – d. h. der Putz muß den Putzträger ≥ 10 mm durchdringen

Tafel 12.9 Unterdecken aus Gipskarton-Bauplatten F (GKF) DIN 18180 mit geschlossener Fläche, die bei Brandbeanspruchung von unten allein einer Feuerwiderstandsklasse angehören
Maße in mm

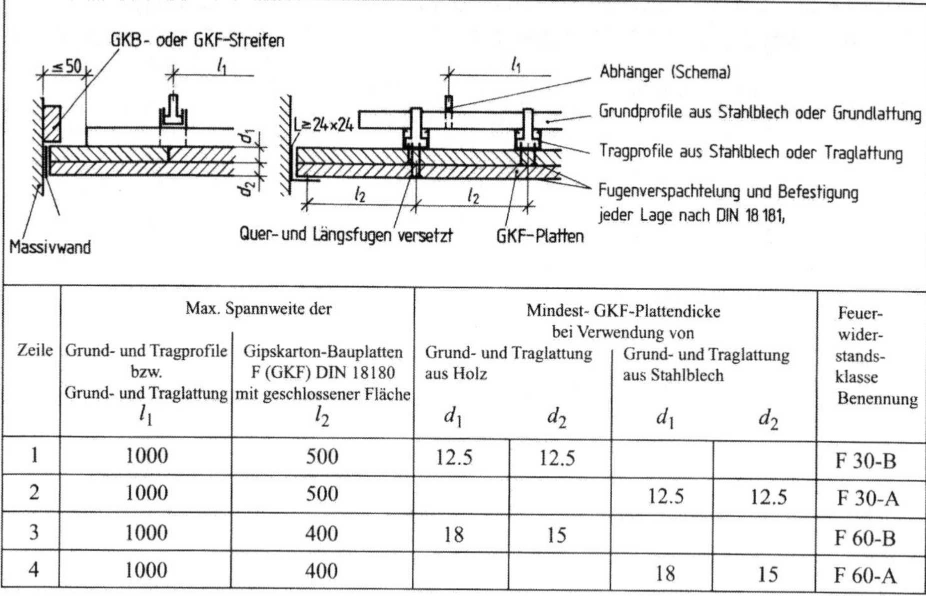

Zeile	Max. Spannweite der		Mindest- GKF-Plattendicke bei Verwendung von				Feuerwiderstandsklasse Benennung
	Grund- und Tragprofile bzw. Grund- und Traglattung l_1	Gipskarton-Bauplatten F (GKF) DIN 18180 mit geschlossener Fläche l_2	Grund- und Traglattung aus Holz d_1	d_2	Grund- und Traglattung aus Stahlblech d_1	d_2	
1	1000	500	12.5	12.5			F 30-B
2	1000	500			12.5	12.5	F 30-A
3	1000	400	18	15			F 60-B
4	1000	400			18	15	F 60-A

12.5 Literatur

12.5.1 Normen, Regelwerke und Vorschriften

[01] Verordnung über einen energiesparenden Wärmeschutz bei Gebäuden (Wärmeschutzverordnung – Wärmeschutz V) vom 16. August 1994. Bundesgesetzblatt (1994), Teil I, Nr. 55, Bonn, den 16. August 1994

[02] Merkblatt: Fachverband des Deutschen Fliesengewerbes im Zentralverband des Deutschen Baugewerbes – Abdichtungen im Verbund mit Fliesen für Innenbereiche.

[03] Merkblätter: Zentralverband des Deutschen Bauwesens

- Elastische Bodenbeläge, textile Bodenbeläge und Parkett auf beheizten Fußbodenkonstruktionen. Stand Januar 1981.
- Keramische Fliesen und Platten, Naturwerkstein und Betonwerkstein auf beheizten Fußbodenkonstruktionen. Stand Januar 1980.
- Zementgebundene Heizestriche. Ergänzende Hinweise zu den vorgenannten Merkblättern. Stand Juli 1984.

				Ausgabe
[04]	DIN 273		Ausgangsstoffe für Magnesiaestriche	
		-1	Kaustische Magnesia	Mai 1981
		-2	Magnesiumchlorid	Juli 1983
[05]	DIN 280		Parkett	
		-1	Parkettstäbe, Parkettriemen und Tafeln für Tafelparkett	April 1990
		-2	Mosaikparkettlamellen	April 1990
		Blatt 4	Parkettdielen, Parkettplatten	Juni 1973
		-5	Fertigparkett-Elemente	April 1990
[06]	DIN 1045		Beton und Stahlbeton	Juli 1988
[07]	DIN 1052		Holzbauwerke	
		-1	Berechnung und Ausführung	April 1988
[08]	DIN 1100		Hartstoffe für zementgebundene Hartstoffestriche	Okt. 1989
[09]	DIN 1101		Holzwolle-Leichtbauplatten und Mehrschicht-Leichtbauplatten als Dämmstoffe für das Bauwesen; Anforderungen	Nov. 1989
[10]	DIN 1995		Bitumen und Steinkohleteppich; Anforderungen an die Bindemittel	
		-1	Straßenbaubitumen	Okt. 1989
[11]	DIN 1996		Prüfung bituminöser Massen für den Straßenbau und verwandte Gebiete	
		Blatt 1	Allgemeines, Übersicht und Angaben zur Auswertung der Untersuchungen	Dez. 1974
		-13	Eindringversuch mit ebenem Stempel	Juli 1984
[12]	DIN 4028		Stahlbetondielen aus Leichtbeton mit haufwerksporigem Gefüge; Anforderungen, Prüfung, Bemessung, Ausführung, Einbau	Jan. 1982
[13]	DIN 4102		Brandverhalten aus Baustoffen und Bauteilen	
		-1	Baustoffe; Begriffe, Anforderungen und Prüfungen	Mai 1981
		-2	Bauteile; Begriffe, Anforderungen und Prüfungen	Sept. 1977
		-4	Zusammenstellung und Anwendung klassifizierter Baustoffe, Bauteile und Sonderbauteile	März 1994
[14]	DIN 4108		Wärmeschutz im Hochbau	
		-2	Wärmedämmung und Wärmespeicherung; Anforderung und Hinweise für Planung und Ausführung	Aug. 1981 E Nov. 1995

	-3	Klimabedingter Feuchteschutz; Anforderungen und Hinweise für Planung und Ausführung	Aug. 1981 E Nov. 1995
	-4	Wärme- und feuchteschutztechnische Kenndaten	
[15]	DIN 4109	Schallschutz im Hochbau; Anfordenungen und Nachweise	Nov. 1989
		Beiblatt 1: Ausführungsbeispiele und Rechenverfahren	Nov. 1989
		Beiblatt 2: Hinweise für Planung und Ausführung; Vorschläge für einen erhöhten Schallschutz; Empfehlungen für den Schallschutz im eigenen Wohn- und Arbeitsbereich	Nov. 1989
[16]	DIN 4121	Hängende Drahtputzdecken Putzdecken mit Metallputzträgern, Rabitzdecken; Anforderungen für die Ausführung	Juli 1978
[17]	DIN 4158	Zwischenbauteile aus Beton für Stahlbeton- und Spannbetondecken	Mai 1978
[18]	DIN 4159	Ziegel für Decken und Wandtafeln; statisch mitwirkend	April 1978
[19]	DIN 4160	Ziegel für Decken; statisch nicht mitwirkend	Aug. 1978
[20]	DIN 4158	Anhydritbinder	März 1984
[21]	DIN 4223	Bewerte Dach- und Deckenplatten aus dampfgehärtetem Gas- und Schaumbeton; Richtlinien für Bemessung, Herstellung, Verwendung und Prüfung	Juli 1958
[22]	DIN 4226	Zuschlag für Beton	
	-1	Zuschlag mit dichtem Gefüge; Begriffe, Bezeichnung und Anforderungen	April 1983
	-2	Zuschlag mit porigem Gefüge (Leichtzuschlag); Begriffe, Bezeichnung und Anforderungen	April 1983
[23]	DIN 16850	Bodenbeläge Homogene und heterogene Elastomer-Beläge; Anforderungen, Prüfung	Nov. 1980 E Nov. 1985
[24]	DIN 16851	Bodenbeläge Elastomer – Beläge mit Unterschicht aus Schaumstoff; Anforderungen, Prüfung	Nov. 1980 E Nov. 1985
[25]	DIN 16852	Bodenbeläge Elastomer-Beläge mit profilierter Oberfläche; Anforderungen, Prüfung	Nov. 1980 E Nov. 1985
[26]	DIN 16950	Bodenbeläge Vinyl-Asbest-Platten; Anforderungen, Prüfung	April 1977
[27]	DIN 16950	Bodenbeläge Flex-Platten; Anforderungen, Prüfung	E Sept. 1991
[28]	DIN 16951	Bodenbeläge Polyvinylchlorid (PVC)-Beläge ohne Träger; Anforderungen, Prüfung	April 1977
[29]	DIN 16952	Bodenbeläge Polyvinylchlorid (PVC)-Beläge mit Träger	
	-1	PVC-Beläge mit genadelten Jutefilz als Träger; Anforderungen, Prüfung	April 1977
	-2	PVC-Beläge mit Korkment als Träger; Anforderungen, Prüfung	Jan. 1979
	-3	PVC-Beläge mit Unterschicht aus PVC-Schaumstoff; Anforderungen, Prüfung	April 1977
	-4	PVC-Beläge mit Synthesefaser-Vliesstoff als Träger; Anforderungen, Prüfung	April 1977
	-5	PVC-Schaumbeläge mit strukturierter Oberfläche und heterogenem Aufbau; Anforderungen, Prüfung	Dez. 1980

[30]	DIN 18161	-1	Korkerzeugnisse als Dämmstoffe für das Bauwesen; Dämmstoffe für die Wärmedämmung	Dez. 1976
[31]	DIN 18164		Schaumkunststoffe als Dämmstoffe für das Bauwesen	
		-1	Dämmstoffe für die Wärmedämmung	Aug. 1992
		-2	Dämmstoffe für die Trittschalldämmung; Polystyrol-Partikelschaumstoffe	März 1991
[32]	DIN 18165		Faserdämmstoffe für das Bauwesen	
		-1	Dämmstoffe für dieWärmedämmung	Juli 1991
		-2	Dämmstoffe für die Trittschalldämmung	März 1987
[33]	DIN 18168		Leichte Deckenbekleidungen und Unterdecken	
		-1	Anforderungen für die Ausführung	Okt. 1981
		-2	Nachweis der Tragfähigkeit von Unterkonstruktionen und Abhängern aus Metall	Dez. 1984
[34]	DIN 18169		Deckenplatten aus Gips; Platten mit rückseitigem Randwulst	Dez. 1982
[35]	DIN 18171		Bodenbeläge Linoleum; Anforderungen, Prüfung	Febr. 1978
[36]	DIN 18173		Bodenbeläge Linoleum-Verbundbelag; Anforderungen, Prüfung	Febr. 1978
[37]	DIN 18174		Schaumglas als Dämmstoff für das Bauwesen Dämmstoffe für die Wärmedämmung	Jan. 1981
[38]	DIN 18180		Gipskartonplatten; Arten, Anforderungen, Prüfung	Sept. 1989
[39]	DIN 18181		Gipskartonplatten im Hochbau; Grundlagen für die Verarbeitung	Sept. 1990
[40]	DIN 18195		Bauwerksabdichtungen	
		-1	Abdichtungen gegen nichtdrückendes Wasser Bemessung und Ausführung	Juli 1984
[41]	DIN 18202		Toleranzen im Hochbau, Bauwerke	Mai 1986
			VOB (C): Allgemeine Technische Vertragsbedingungen für Bauleistungen (ATV):	
[42]	DIN 18353		Estricharbeiten	Dez. 1992
[43]	DIN 18354		Gußasphaltarbeiten	Dez. 1992
[44]	DIN 18356		Parkettarbeiten	Dez. 1992
[45]	DIN 18365		Bodenbelagarbeiten	Dez. 1992
[46]	DIN 18367		Holzpflasterarbeiten	Dez. 1992
[47]	DIN 18550		Putz	
		-1	Begriffe und Anforderungen	Jan. 1985
		-2	Putze aus Mörteln mit mineralischen Bindemitteln; Ausführung	Jan. 1985
[48]	DIN 18560		Estriche im Bauwesen	
		-1	Begriffe, Allgemeine Anforderungen, Prüfung	Mai 1992
		-2	Estriche und Heizestriche auf Dämmschichten (schwimmende Estriche)	Mai 1992
		-3	Verbundestriche	Mai 1992
		-4	Estriche auf Trennschicht	Mai 1992
		-7	Hochbeanspruchbare Estriche (Industrieestriche)	Mai 1992
[49]	DIN EN 20354		Akustik; Messung der Schallabsorption im Hallraum	Juli 1993
[50]	DIN 51960		Prüfung von organischen Bodenbelägen (außer textilen Bodenbelägen); Prüfung des Brennverhaltens	Aug. 1975
[51]	DIN 52210		Bauakustische Prüfungen	
		-1	Luft- und Trittschalldämmung; Meßverfahren	Aug. 1984

-2 Ermittlung von Einzahl-Angaben Aug. 1984
-7 Bestimmung des Schall-Längsdämm-Maßes Mai 1989

[52] DIN 52217 Bauakustische Prüfungen; Flankenübertragung; Begriffe Aug. 1984

[53] DIN 52612 Wärmeschutztechnische Prüfungen; Bestimmung der Wärmeleitfähigkeit mit dem Plattengerät
-1 Durchführung und Auswertung Sept. 1979
-2 Weiterbehandlung der Meßwerte für die Anwendung im Bauwesen Juni 1984

[54] DIN 52614 Wärmeschutztechnische Prüfungen; Bestimmung der Wärmeableitung von Fußböden Dez. 1974

[55] DIN 54316 Prüfung von Textilien; Bestimmung des Eindruckverhaltens textiler Fußbodenbeläge unter statischer Druckbeanspruchung Okt. 1983

[56] DIN 54322 Prüfung von Textilien; Bestimmung der Abnutzung textiler Fußbodenbeläge; Tretradversuch nach Lisson Juli 1983

[57] DIN 54323 Prüfung von Textilien; Bestimmung der Abnutzung textiler Bodenbeläge
-1 Trommelversuch zur Bestimmung der Oberseitenveränderung Juli 1987
-2 Trommelversuch zur Bestimmung der Schnittkantenfestigkeit Mai 1989

[58] DIN 54345 Prüfung von Textilien; Elektrostatisches Verhalten
-1 Bestimmung elektrischer Widerstandsgrößen Febr. 1992
-2 Bestimmung der Personenaufladung beim Begehen von textilen Bodenbelägen Sept. 1991
-3 Apparative Bestimmung der Aufladung textiler Fußbodenbeläge Juli 1985
-4 Bestimmung der elektrostischen Aufladbarkeit textiler Flächengebilde Juli 1985
-5 Bestimmung des elektrischen Widerstandes an Streifen aus textilen Flächengebilden Juli 1985

[59] DIN 61151 Textile Fußbodenbeläge; Begriffe, Einteilung, Kennzeichnende Merkmale Dez. 1976

[60] DIN 66095 Textile Bodenbeläge; Produktbeschreibung
-1 Merkmale für die Produktbeschreibung April 1990
-2 Strapazierwert und Komfortwert für Polteppiche; Einstufung, Prüfung, Kennzeichnung Juni 1988
-3 Strapazierwert und Komfortwert für Nadelvlieserzeugnisse; Einstufung, Prüfung, Kennzeichnung Juni 1988
-4 Zusatzeignungen; Einstufung, Prüfung, Kennzeichnung Juni 1988

[61] DIN 68127 Akustikbretter Aug. 1970

[62] DIN 68701 Holzpflaster GE für gewerbliche und industrielle Zwecke Sep. 1993

[63] DIN 68702 Holzpflaster RE für Räume in Versammlungsstätten, Schulen, Wohnungen (RE-V), für Werkräume im Ausbildungsbereich (RE-W) und ähnliche Anwendungsbereiche Juni 1990

[64] DIN 68750 Holzfaserplatten; Poröse und harte Holzfaserplatten; Gütebedingungen April 1958

[65] DIN 68752 Bitumen-Holzfaserplatten; Gütebedingungen Dez. 1974

[66] DIN 68763 Spanplatten; Flachpreßplatten für das Bauwesen; Begriffe, Eigenschaften, Prüfung, Überwachung Sept. 1990

[67] DIN 68771 Unterböden aus Holzspanplatten Sept. 1973

12.5.2 Zitierte Literatur

[71] Meyer-Bohe, W.: Abgehängte Decken. Z. Industriebau (1978) Heft 6, S. 370–375

[72] Furrer, W. und Lauber, A: Raum- und Bauakustik, Lärmabwehr. 3. Aufl. Basel und Stuttgart, 1972

[73] Deutscher Normenausschuß (Hrsg): Schallabsorptionsgrad-Tabelle. Beuth-Vertrieb Gmbh, Berlin, Köln und Frankfurt/Main 1968

[74] Bobran, H. W. und Bobran-Wittfoht, I.: Handbuch der Bauphysik. 7. Aufl., Friedrich Vieweg & Sohn Verlags GmbH. Braunschweig/Wiesbaden 1995

[75] Bundeszentrum Humanisierung des Arbeitslebens (Hrsg.): Produkte zur Lärmminderung. Verlag TÜV-Rheinland, Köln 1982

[76] Kordina, K. und Meyer-Ottens, C.: Beton-Brandschutz-Handbuch. Beton-Verlag. Düsseldorf 1981

[77] Meyer-Ottens, C.: Brandschutz im Stahlbau, Ummantelungen und Verkleidungen; Teil 1: Unterdecken. Stahlbau-Verlags-GmbH, Köln 1968

[78] Krampf, L.: Brand. In: Lehrbuch der Bauphysik. 1. Aufl. B. G. Teubner Stuttgart 1989

[79] Achtziger, J.: Untersuchung der Tauwassergefahr an der Deckenuntersicht von Dachdecken, mit abgehängter Decke. Z. HLH **28** (1977), Heft 11, S. 414–418

[80] Schnell, W.: Erfahrungen bei der Hrstellung und Verarbeitung von Estrichen. Z. Boden – Wand – Decke (1982), Heft 2, S. 82–88

[81] Schmidt, H.-E.: Gußasphaltestriche. Z. Industriebau (1984), Heft 4, S. 294–296

[82] Lohmeyer, G.: Wissenswertes über Zementestriche. Z. Fliesen und Platten (1982), Heft 6 und 7, S. 46–55 bzw. S. 48–59

[83] Manns, W. und Zeus, K: Zum Tragverhalten von Estrichen auf dicken Dämmschichten
– Forschungsbericht „Otto-Graf-Institut“ Stuttgart 1980
– Baugewerbe 1981, Heft 6, S. 43–46 und Heft 8, S. 32–43

[84] Merkel, H.: Estrich und Dämmung. Z. Der Architekt (1981), Heft 12, S. 577–580

[85] Saar, H. et al.: Gefahren durch leichte Deckenbekleidungen und Unterdecken. Z.: Bautechnik (1984), Heft 6, S. 207–211

[86] Buck, M.: Langzeitverhalten von abgehängten Decken. Z. Der Architekt (1981), Heft 6, S. 311–314

13 Industrieböden

Von Erich Cziesielski und Thomas Schrepfer

13.1 Übersicht

Der Begriff „Industrieboden" ist ein Sammelbegriff für Fußböden mit einer vielfältigen Nutzung, wie zum Beispiel:

- Fußböden in Werkshallen, Produktions- und Reparaturwerkstätten, Betriebsräumen, Laboratorien, Verkaufs- und Ausstellungsräumen
- Fußböden für Transportwege
- Fußböden für Lagerflächen und Hochregallager.

Grundsätzlich können alle Fußböden, die nicht zu Wohnzwecken oder als Straße genutzt werden, zu den Industrieböden gezählt werden.

Die vielfältigen vorhandenen Anforderungen und Beanspruchungen des Industriebodens (siehe Abschnitt 13.2) bestimmen den Konstruktionsaufbau, der in der Regel mehrschichtig ist.

Der Regelaufbau des mehrschichtigen Industriebodens (siehe Bild 13.1) besteht aus:

- Planum (ausreichend fester, ebener Untergrund)
- Tragschicht (Kies, Schotter oder Bodenverfestigung)
- Betonbodenplatte
- Estrich
- Deckschicht (Nutz- oder Verschleißschicht).

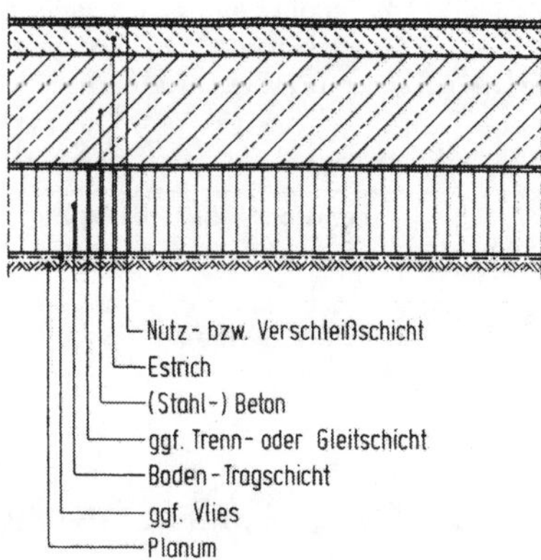

Bild 13.1
Regelaufbau des mehrschichtigen Industriebodens

In Abhängigkeit vom Anforderungsprofil kann eine Schicht die Aufgaben einer oder mehrerer Schichten übernehmen, so daß ein Industrieboden zum Beispiel auch nur aus einem ausreichend tragfähigem, planem Untergrund und einer Betonplatte bestehen kann. In diesem Fall nimmt die Betonplatte die Lasten auf und leitet sie in den Untergrund ab und erfüllt gleichzeitig die Aufgaben der Nutz- und Verschleißschicht (siehe Abschnitt 13.3).

Es existieren zwar für die einzelnen Schichten des Industriebodens zum Teil Normen und Richtlinien, für den gesamten Industriebodenaufbau aber fehlt eine solche Norm. Aufgrund der Vielfältigkeit der möglichen Industriebodenvarianten ist eine solche Normung zur Zeit weder realisierbar noch sinnvoll.

13.2 Anforderungen und Beanspruchungen von Industrieböden

13.2.1 Anforderungsprofil

Der Industrieboden ist ein wichtiger Konstruktionsteil im Industriebau. Die Herstellkosten betragen ca. 20 % der Gesamtbaukosten. Die wichtigste Aufgabe des planenden Ingenieurs ist die Erstellung eines Anforderungsprofils in Absprache mit dem Bauherrn. Nur bei vorliegendem detailliertem Anforderungsprofil kann ein technisch und wirtschaftlich optimierter Fußbodenaufbau konzipiert werden. Sollte der Architekt als Generalist auf dem Gebiet der Industrieböden nicht genügend fachkundig sein, muß er einen Sachverständigen für Industrieböden hinzuziehen. In Tafel 13.1 sind die häufigsten Anforderungen an Industrieböden, die bei der Erstellung des Anforderungsprofils zu beachten sind, zusammengestellt.

Tafel 13.1 Anforderungsprofil an Industrieböden [36]

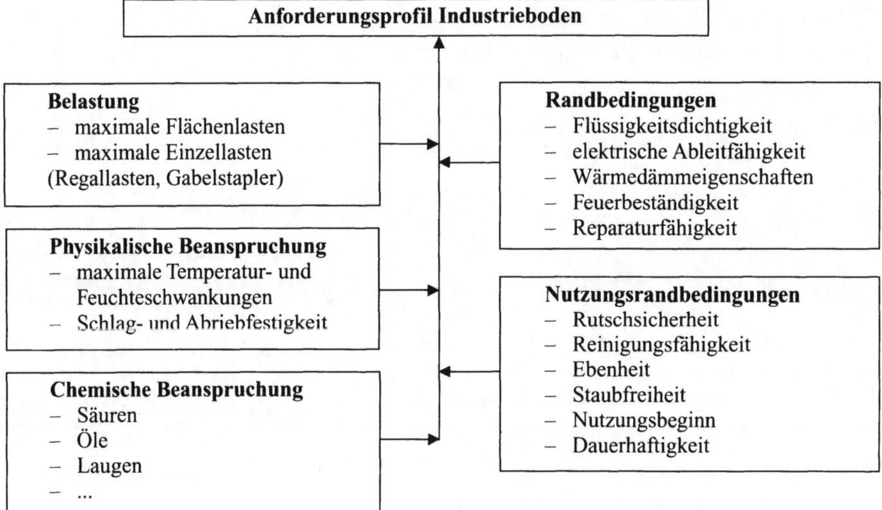

13.2.2 Beanspruchungen der Industrieböden

13.2.2.1 Lasten

Der Industrieboden wird durch flächig oder punktförmig wirkende Lasten aus Lagergütern, Regallagern, Containern, Maschinen sowie Radlasten von Gabelstaplern, Gabelhubwagen und von anderen Fahrzeugen beansprucht.

Die resultierenden Schnittgrößen in der Betonbodenplatte aus den punktförmig wirkenden Lasten sind im wesentlichen von der Steifigkeit des anstehenden Untergrundes (Bettungsmodul bzw. Steifemodul) und insbesondere von der Laststellung und der Fugenrandausbildung abhängig. Es werden drei unterschiedliche Laststellungen unterschieden:

- Last in Plattenmitte
- Last am Plattenrand
- Last in Plattenecke.

Bei den längerfristig einwirkenden Lasten aus Regalen, Lagergütern oder Maschinen sollte die Fugenanordnung so optimiert werden, daß die zum Teil großen Einzellasten nicht am Plattenrand in die Betonplatte eingeleitet werden. Bei den Radlasten aus Gabelstapler- und Fahrzeugverkehr (siehe Tafel 13.2) spielt neben der Lastgröße auch die Größe der Aufstandsfläche eine Rolle. Für die Größe der Kontaktpressungen σ_K zwischen Reifen und Bodenoberfläche ist die Art der Bereifung entscheidend:

- Luftreifen: $\sigma_K \leq 1{,}0$ N/mm²
- Vollgummireifen: $\sigma_K \leq 3{,}0$ N/mm²
- Polyamid: $\sigma_K \leq 30$ N/mm²
- Stahl: $\sigma_K \leq 100$ N/mm².

Tafel 13.2 Radlasten verschiedener Flurförderfahrzeuge und Schwerlastwagen nach DIN 1055 [5] und DIN 1072 [6]

Fahrzeug	Gesamtgewicht [t]	Achslast [kN]	Radlast [kN]	Aufstandsfläche m²
SLW 60	60		100	0,20 x 0,60
SLW 30	30		50	0,20 x 0,40
LKW 12	12	80	40	0,20 x 0,30
6	6	40	20	0,20 x 0,20
3	3	20	10	0,20 x 0,20
Gabelstapler	35	300	150	-
sehr schwer	13	120	60	0,20 x 0,20
schwer	7	65	32,5	0,20 x 0,20
mittel	3,5	30	15	0,20 x 0,20
klein	2,5	20	10	0,20 x 0,20
Container-Portalstapler		150		
Hubschrauber	6	60	30	-
	2	20	10	-

Lasten aus Lagergütern, die über die gesamte Betonbodenplatte gleichmäßig wirken, führen zu keinen signifikanten Biegebeanspruchungen der Betonplatte. Sie behindern aber mögliche thermisch-hygrische Verformungen und führen deshalb zu einem Anwachsen der Zwangsspannungen in der Betonbodenplatte.

13.2.2.2 Zwangsbeanspruchungen

Die Ursache von Zwangsspannungen innerhalb des Industriebodens ist die Behinderung von Verformungen, die infolge Temperaturänderungen oder Änderungen des Feuchtegehaltes des Betonbodens (Austrocknen bzw. Feuchteschwankungen während der Nutzung) auftreten.

Temperaturschwankungen treten nicht nur bei Industrieböden im Freien auf, sondern können auch bei periodischem Beheizen der Halle, infolge Hydratationswärme beim Herstellen der Betonbodenplatte, durch Wärmeabgabe von aufgestellten Maschinen oder Öfen und durch Sonneneinstrahlung entstehen. Infolge gleichmäßiger Erwärmung bzw. Abkühlung entstehen Verlängerungen bzw. Verkürzungen der Betonplatte, während Temperaturgradienten zwischen der Plattenober- und -unterseite zu Verwölbungen führen (siehe Bild 13.2 und Tafel 13.3).

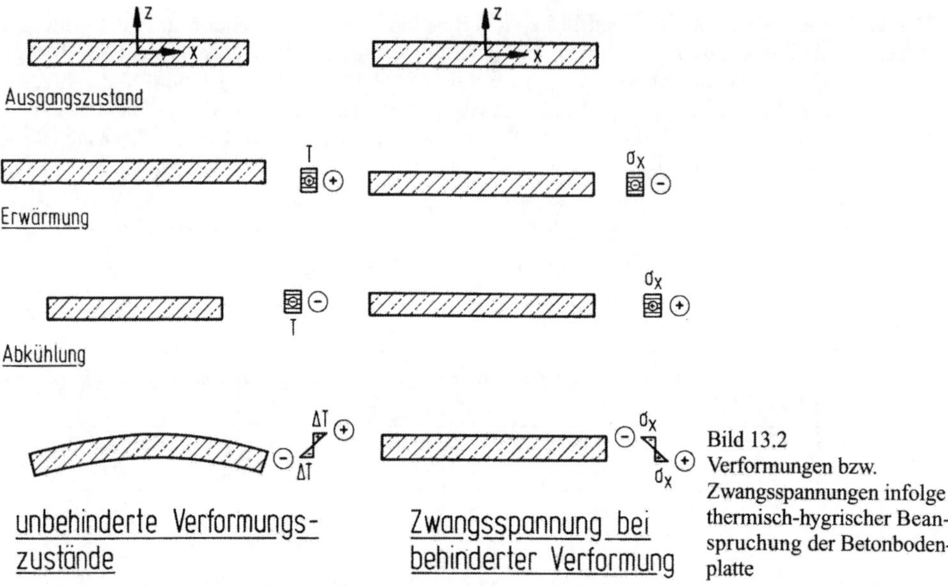

Bild 13.2 Verformungen bzw. Zwangsspannungen infolge thermisch-hygrischer Beanspruchung der Betonbodenplatte

Tafel 13.3 Wölbspannungen σ_W durch Temperaturdifferenzen infolge Erwärmung der Betonplatte von oben bei normalen Plattenlängen L [m] und Plattendicken d [m] nach [37]

Wölbspannungen σ_W [N/mm²] bei quadratischen Platten L/B = 0,8 bis 1,25	**Wölbspannungen σ_W [N/mm²] bei rechteckigen Platten L/B < 0,8 und L/b > 1,25**
mit max $L \leq 34$ d : $\sigma_W = 0{,}015 \cdot (L - 0{,}4)^2/d$	mit max $L \leq 30$ d : $\sigma_W = 0{,}019 \cdot (L - 0{,}4)^2/d$
mit min $L \leq 41$ d : $\sigma_W = 16{,}3$ d	mit min L 37 d : $\sigma_W = 16{,}3$ d

Während der Erhärtung und des Austrocknens der Betonplatte entsteht durch das Schwinden des Zementsteins eine Verkürzung und bei ungleichmäßiger Austrocknung innerhalb des Betonquerschnitts eine Verwölbung der Betonplatte. Bei Betonen und Zementestrichen ist die Größe des Schwindens vom Wasserzementwert, dem Zementgehalt, der Sieblinie der Zuschläge und der Art der Nachbehandlung abhängig (siehe Tafel 13.4). Neben diesem Erst-

Tafel 13.4 Anhaltswerte für die Größe des Endschwindmaßes verschiedener Baustoffe im Industriebodenbereich

Baustoff, Lagerungsbedingungen	Endschwindmaß ε_S [–]
Betonplatte (d_{eff} = 10 cm) im Freien, Konsistenz KP	$-0{,}3 \cdot 10^{-3}$
Betonplatte (d_{eff} = 10 cm) in trockener Hallenluft, Konsistenz KP	$-0{,}5 \cdot 10^{-3}$
Betonplatte (d_{eff} = 10 cm) in trockener Hallenluft, Konsistenz KR	$-0{,}6 \cdot 10^{-3}$
Zementestrich in trockener Hallenluft	$0{,}5 - 1{,}0 \cdot 10^{-3}$
Anhydritestrich	≈ 0
Gußasphaltestrich	–
Epoxidharzestrich	$1{,}0 - 3{,}0 \cdot 10^{-3}$

schwinden führen auch Feuchteschwankungen während der Nutzung zu Verformungen (Schwinden oder Quellen). Auch Estriche oder Beläge mit organischen Bindemitteln schwinden während der Aushärtungsphase.

Werden die Längenänderungen und Verwölbungen der Betonplatte infolge thermischer und hygrischer Beanspruchung behindert, so entstehen Zwangsspannungen, deren Größe vom Grad der Behinderung abhängt. In vielen Fällen übersteigen die Zwangsspannungen deutlich die Lastspannungen und sind daher bei der Bemessung von großer Bedeutung.

13.2.2.3 Mechanische Beanspruchungen

Eine zusätzliche Beanspruchung, die insbesondere bei Industrieböden in Erscheinung tritt, ist die mechanische Beanspruchung der Bodenoberfläche. Entsprechend der überwiegenden Art der Einwirkung unterscheidet man:

- Rollverschleiß: Fahrzeuge mit relativ harter Bereifung (Hartgummi-, Polyamid- oder Stahlrollen)
- Schleifverschleiß: z. B. weich bereifte Fahrzeuge, Schleifen von Gütern, Fußgängerverkehr
- Stoßverschleiß: z. B. Absetzen von Gütern, Überfahren von Fugenkanten und Unebenheiten mit hart bereiften Fahrzeugen.

In der Praxis auftretende Beanspruchungen sind eine Kombination der gesamten Einwirkungsarten. Da harte Zuschlagstoffe den Schleifverschleiß erhöhen und „zähe" Zuschlagstoffe bzw. Oberflächenschutzschichten den Roll- und Stoßverschleiß verbessern, ist in jedem Einzelfall zu entscheiden, welche Oberflächenschutzschicht zum Einsatz kommen soll. Bei zementgebundenen Industrieböden bestimmt die Art und Größe der Beanspruchung die Mindestanforderungen an die Festigkeitsklassen und die Art der Zuschläge (vgl. Tafel 13.5).

Die Verschleißprüfung einer Nutzschicht mit mineralischen Bindemitteln erfolgt gemäß DIN 52108 [21] mit der Schleifscheibe nach Böhme. Bei dieser Prüfung wird aber nur die schleifende Beanspruchung geprüft. Bei Beschichtungssystemen auf Kunstharzbasis erfolgt die Verschleißprüfung teilweise mit dem Reibradverfahren nach Taber (DIN 53754).

Bei Industrieböden im Freien tritt eine zusätzliche mechanische Beanspruchung infolge Frost-Tau-Wechseln auf. Die Eignung der Nutzschicht insbesondere im Hinblick auf einen dauer-haften Verbund mit der Betonplatte muß gewährleistet sein.

13.2.2.4 Chemische Beanspruchung

Der Industrieboden in nahezu allen Industrie-, Lager- und Produktionshallen wird durch aggressive Flüssigkeiten und Stoffe beansprucht, die die Bodenoberfläche chemisch angreifen können. Häufig einwirkende Stoffe sind:

- Mineralöle und -fette
- Lösungsmittel
- Reinigungsmittel
- Sulfate
- organische Säuren (z. B. Ameisen-, Essig-, Milch- und Buttersäuren)
- alkalische Lösungen.

Bei der Auswahl der Nutzschicht des Industriebodens ist es von entscheidender Bedeutung, die chemische Beständigkeit dieser Schicht zu überprüfen. Dabei ist ein besonderes Augenmerk auf die Dauer und Konzentration der möglicherweise einwirkenden Stoffe zu richten [38]. Manche Baustoffe können zwar kurzfristige chemische Einwirkungen schadensfrei aufnehmen, werden aber längerfristig von diesen Stoffen angegriffen. Bei Betonen und Zementestrichen wirken vor allem anorganische Säuren und Sulfate stark angreifend (vgl. DIN 4030 [10]),

Tafel 13.5 Beanspruchungsgruppen für Hartstoffestriche in Anlehnung an DIN 18560-7 [19]

Beanspruchungsgruppe	Mechanische Beanspruchung		Beispiele für die Einordnung
	Benennung	Art und Häufigkeit	
I schwer	Vorwiegend rollend-schleifende Reibung, Stoß, Druck und Schlag	**Fahrverkehr mit harter Bereifung**[1]**:** Über 0,6 t Achslast bis 200 Fahrzeuge/Tag, bis 0,6 t Achslast über 200 Fahrzeuge/Tag **Gütertransport:** Absetzen und Kollern schwerer Güter	Fabrikations-, Montage- und Lagerräume für schwere Güter, Betriebe der Metallerzeugung und -verarbeitung, Durchfahrten, Flugplatzbauten, Wasserbau
	Vorwiegend Schleifen	**Fahrverkehr mit weicher Bereifung:** Über 5 t Achslast bis 200 Fahrzeuge/Tag, bis 5 t Achslast über 200 Fahrzeuge/Tag **Fußgängerverkehr:** Bei sehr hoher Verkehrsbelastung **Gütertransport:** Schleifen und Gleiten von sehr schweren stückigen und körnigen Gütern	Montage- und Lagerhallen für schwere Güter, Kfz-Hallen für schwere Fahrzeuge, Messehallen, Stadien, Bahnsteige, Treppen für Massenverkehr, Papierlager, Bunker, Silos, befahrbare Höfe
II mittel	Vorwiegend rollend-schleifende Reibung, Stoß, Druck und Schlag	**Fahrverkehr mit harter Bereifung**[2]**:** Bis 0,6 t Achslast bis 200 Fahrzeuge/Tag **Gütertransport:** Absetzen und Kollern mittelschwerer Güter	Fabrikations- und Lagerräume für mittelschwere Güter, Betriebe des Maschinen-, Automobil- und Werkzeugmaschinenbaus, Werksfahrbereiche, befahrbare Höfe, Durchfahrten
	Vorwiegend Schleifen	**Fahrverkehr mit weicher Bereifung:** Bis 5 t Achslast bis 200 Fahrzeuge/Tag, bis 2 t Achslast über 200 Fahrzeuge/Tag **Fußgängerverkehr:** Bei mittlerer Verkehrsbelastung **Gütertransport:** Schleifen und Gleiten von leichten bis mittelschweren stückigen und körnigen Gütern	Fabrikations- und Lagerräume für mittelschwere Güter, Montagehallen, LKW-Einstellhallen, stark begangene Treppen und Gänge
III leicht	Vorwiegend rollend-schleifende Reibung, Stoß, Druck und Schlag	**Gütertransport:** Absetzen und Kollern leichter Güter	Werkstätten, Fabrikations- und Lagerräume für leichte Güter
	Vorwiegend Schleifen	**Fahrverkehr mit weicher Bereifung:** Bis 2 t Achslast bis 200 Fahrzeuge/Tag **Fußgängerverkehr:** Bei geringer Verkehrsbelastung Lagerräume für leichte Güter,	PKW-Garagen, sonstige Treppen und Gänge
Beim Auftreten von Beanspruchungen, die über die Angaben für die Beanspruchungsgruppe I hinausgehen, z. B. bei der Montage schwerster Geräte oder dem Verkehr schwerster Fahrzeuge (Raupenfahrzeuge) werden besondere Vorkehrungen erforderlich.			

[1] Stahl-, Polyamidräder

[2] Vulkolan-, Gummiräder

während der chemische Angriff durch Fette und Öle in der Regel eher von untergeordneter Bedeutung ist. Bei Nutzschichten auf Basis von Flüssigkunststoffen ist die chemische Beständigkeit stark vom gewählten Bindemitteltyp und der genauen Formulierung (Rezeptur) abhängig.

13.2.3 Zusätzliche Anforderungen

13.2.3.1 Gewässerschutz

Sowohl in der chemischen Industrie als auch bei der Lagerung von Chemikalien in Fässern und Gebinden zählt der Industrieboden als Teil der Anlage zur Lagerung wassergefährdender Stoffe im Sinne des Wasserhaushaltsgesetzes. Der Industrieboden als Teil der Auffangwanne muß so beschaffen sein, daß eine schädliche Verunreinigung des Grundwassers vermieden wird. Dies bedeutet, daß der Industrieboden flüssigkeitsdicht und ausreichend chemikalienbeständig auszuführen ist.

13.2.3.2 Elektrische Leitfähigkeit

An viele Industrieböden, wie zum Beispiel in Hochregallagern mit vollelektronisch gesteuerten Geräten, in Produktionshallen von elektronischen Bauteilen und Geräten und in explosionsgefährdeten Räumen, werden Anforderungen an die elektrische Ableitfähigkeit R_E oder R_A gemäß DIN 51953 [20] gestellt (Meßanordnung siehe Bild 13.3).

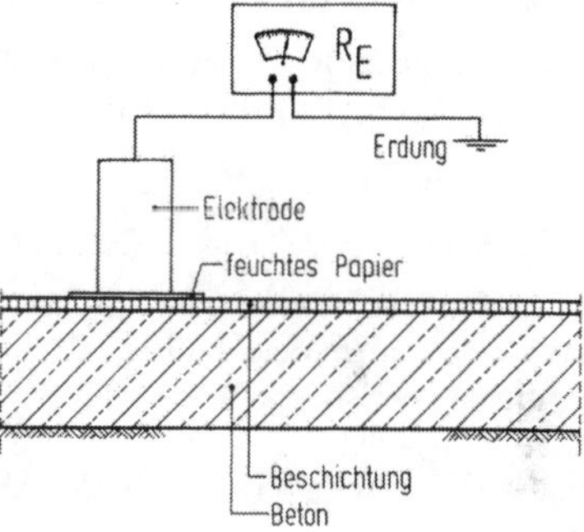

Bild 13.3
Meßanordnung zur Messung des Erdableitwiderstandes R_E

Mit zementgebundenen Schichten lassen sich Ableitwiderstände $R_E < 10^6\ \Omega$, wie sie für explosionsgefährdete Räume gefordert werden, nicht dauerhaft erreichen, da mit dem Austrocknen der Beton- bzw. Estrichsschicht der Ableitwiderstand stark zunimmt. Übliche Beschichtungssysteme auf Reaktionsharzbasis besitzen Ableitwiderstände in der Größenordnung von 10^{11} bis $10^{14}\ \Omega$.

Zur Reduzierung des Ableitwiderstandes von Beschichtungssystemen werden leitfähige, kugelige oder faserige Füllstoffe (z. B. Graphit, Metalle, Kohlenstoffasern) verwendet. Die Erdung erfolgt über eingelegte Kupferbänder, die wegen möglicher Beschädigungen nicht im Bereich der Fahrstraßen liegen sollten.

13.2.3.3 Wärmeschutzanforderungen

In den Landesbauordnungen, der Arbeitsstättenverordnung, der Wärmeschutzverordnung und der DIN 4108 „Wärmeschutz im Hochbau" [11] werden Anforderungen an erdberührte Fußböden gestellt. Diese gelten aus Gründen des Wärmeschutzes (Wärmeschutzverordnung, DIN 4108) und zum Schutz der Arbeitnehmer unter bestimmten Randbedingungen (z. B. Hallentemperatur über 19 °C, Arbeiten mit überwiegend sitzender Tätigkeit) auch für Industriebodenkonstruktionen. Um sowohl den in DIN 4102-2, Tabelle 1, Zeile 5.1, geforderten Wärmedurchlaßkoeffizienten k von 0,93 $W/(m^2 \cdot K)$ als auch die in der Arbeitsstättenverordnung geforderten Mindestoberflächentemperatur der angrenzenden Bauteile von 18 °C zu erreichen, ist die Anordnung einer zusätzlichen Wärmedämmschicht erforderlich. Die Ausbildung eines schwimmenden Estrichs ist bei normal oder stark beanspruchten Industrieböden unwirtschaftlich. Statt dessen wird ein Industrieboden auf untenliegender Wärmedämmung (Perimeterdämmung, vgl. Abschnitt 13.7.1) ausgeführt.

13.2.3.4 Gleitsicherheit

In den Unfallverhütungsvorschriften der Berufsgenossenschaften und der Arbeitsstättenverordnung wird gefordert, daß Fußböden rutschhemmend sein müssen. Vor allem in Arbeitsbereichen, in denen durch den Umgang mit gleitfördernden Stoffen (Öle, Fette o. ä.) eine erhöhte Rutschgefahr vorliegt, müssen geeignete Bodenbeläge, die die Anforderungen des „Merkblattes für Fußböden in Arbeitsräumen und Arbeitsbereichen mit Rutschgefahr“ [31] der Zentralstelle für Unfallverhütung und Arbeitsmedizin der Berufsgenossenschaften genügen. Auf Grundlage der Ergebnisse von Begehungsversuchen durch einen Probanten auf einer schiefen Ebene werden die rutschhemmenden Beläge in fünf Bewertungsgruppen R 9 bis R 13 eingeteilt.

13.2.3.5 Reinigungsfähigkeit

Das Reinigen von Industrieböden hat folgende Aufgaben:

- Verbesserung der Begehsicherheit und der Hygiene
- Werterhaltung des Bodens
- Verbesserung des Aussehens.

Je nach Verschmutzungsart (Staub, Fett, Öl) und Oberflächenbeschaffenheit des Industriebodens können unterschiedliche Reinigungsverfahren (Kehren, Saugen, Wischen, Hochdruckreinigen, Scheuersaugen) zum Einsatz kommen. Der Reinigungsaufwand, das heißt die Reinigungsleistung in m^2/h, und damit die Wirtschaftlichkeit bei der Nutzung des Industriebodens ist stark von der Oberflächenbeschaffenheit der Nutzschicht des Industriebodens abhängig.

13.3 Tragkonstruktion

13.3.1 Tragschicht, Unterbau

Der vorhandene, tragfähige Untergrund (Erdreich) und die lastverteilende Tragschicht (Betonplatte) stellen als Unterkonstruktion einen wichtigen, aber oft vernachlässigten Teil des Industriebodens dar.

An den Untergrund werden folgende Anforderungen gestellt:

- homogener Aufbau über die gesamte Bodenfläche
- ausreichende Tragfähigkeit bei guter Verdichtung
- ausreichende Sicherheit gegen aufsteigende Bodenfeuchtigkeit
- ausreichende Frostsicherheit bei Industrieböden im Freien.

Wenn der Untergrund für die vorhandene Belastung nicht ausreichend tragfähig ist, bzw. wenn eine kapillarbrechende Schicht erforderlich ist, ist der Einbau einer Tragschicht notwendig. Eine mindestens 15 cm dicke kapillarbrechende (Trag-)Schicht ist im Freien stets und in Hallen unter folgenden Randbedingungen erforderlich:

- dampfdichte Beschichtung des Industriebodens
- Lagerung feuchteempfindlicher Stoffe
- ungünstige Baugrundverhältnisse.

Bei ungünstigen Bodenverhältnissen sollte zwischen Tragschicht und Untergrund ein Filtervlies angeordnet werden.

Folgende alternative Tragschichten, deren Dicke von der vorhandenen Belastung abhängig ist (vgl. Bild 13.4), können eingesetzt werden:

- Kiestragschichten (hohlraumarme, abgestufte Kies-Sand-Gemische)
- Schottertragschichten (hohlraumarme, abgestufte Schotter-Splitt-Gemische)
- Bodenverfestigungen mit hydraulischen Bindemitteln
- Kiestragschichten mit hydraulischen Bindemitteln
- Betontragschichten (B 10).

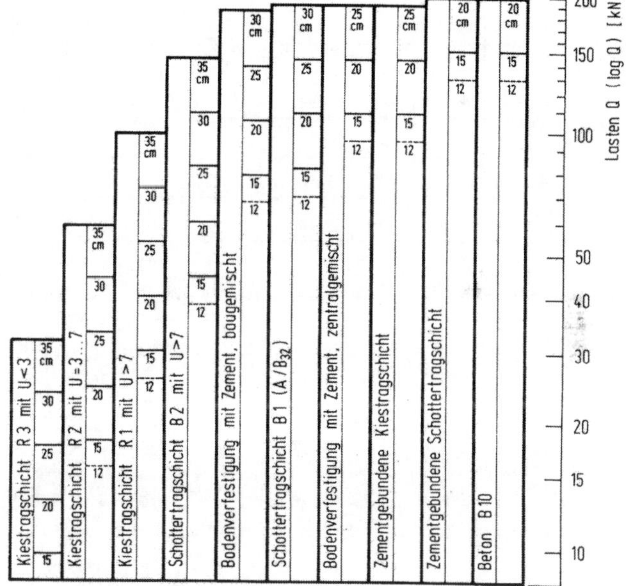

Bild 13.4
Dicke der Boden-Tragschichten in Abhängigkeit von den aufstehenden Einzellasten (vgl. [39])

U Ungleichförmigkeitszahl der Sieblinie ($U = d_{60} / d_{10}$)
A, B Sieblinien nach DIN 1045 [1.3]
R 1 Korngemisch sehr gut verdichtbar
R 3 Korngemisch schlecht verdichtbar

Sowohl der Untergrund als auch die Tragschicht müssen ausreichend verdichtet sein. Bei Einhaltung der in Tafel 13.6 angegebenen Mindestwerte des Verformungsmoduls EV2 für Untergrund und Tragschicht kann von einem Bettungsmodul $k_s = 50$ MN/m² ausgegangen werden. Unter dem Verformungsmodul E_{V2} versteht man den Verformungsmodul bei der Zweitbelastung im Lastplattenversuch nach DIN 18134 [12] (vgl. Prinzipskizze Bild 13.5). Er errechnet sich

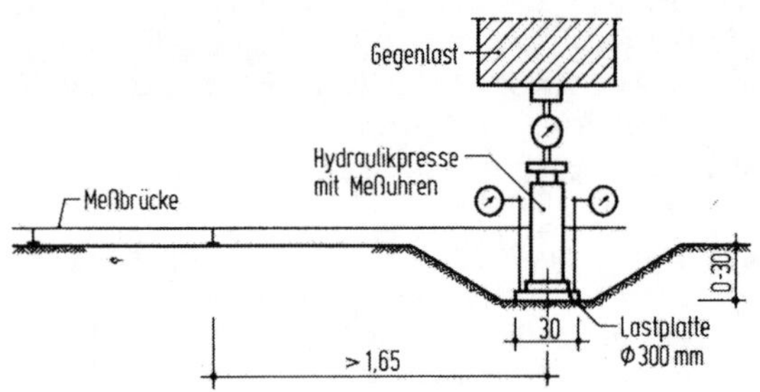

Bild 13.5
Lastplattenversuch nach DIN 18134 [12]

Tafel 13.6 Mindestwerte des Verformungsmoduls und Grenzwerte der Radeinsenkung nach [39]

Belastung max. Einzellast	Untergrund		Tragschicht	
Q [KN]	Verformungs-modul E_{V2} [MN/m²]	zulässige Radeinsenkung LKW (50 KN Radlast) s [mm]	Verformungs-modul E_{V2} [MN/m²]	zulässige Radeinsenkung LKW (50 KN Radlast) s [mm]
≤ 32,5	≥ 30	≤ 8	≥ 80	≤ 2
≤ 60	≥ 45	≤ 6	≥ 100	≤ 1
≤ 100	≥ 60	≤ 4	≥ 120	–
≤ 150	≥ 80	≤ 2	≥ 150	–
≤ 200	≥ 100	≤ 1	≥ 180	–

aus der Neigung der Sekante der Drucksetzungslinie zwischen den Punkten 0,3 Ω_{max} und 0,7 Ω_{max}:

$$E_{V2} = \frac{1{,}5\, r\,(0{,}7\, \sigma_{max} - 0{,}3\, \sigma_{max})}{\Delta s_2}$$

mit

r Radius der Lastplatte

Δs_2 Differenz der Setzungen bei der Zweitbelastung bei 0,7 σ_{max} und 0,3 σ_{max}

σ_{max} maximale Spannung bei einer Setzung von 5 mm.

13.3.2 Betonplatte

13.3.2.1 Beanspruchung und Bemessung

Die Betonplatte wird infolge der Nachgiebigkeit des Untergrundes durch Einzellasten, zum Beispiel aus Regalen, begrenzten Flächenlasten und Radlasten von Fahrzeugen auf Biegung beansprucht. Die Größe der maximalen Plattenbiegemomente ist neben der Größe der Einzellasten auch von der Plattendicke, der Größe der Aufstandsfläche der Einzellasten sowie der Nachgiebigkeit des Untergrundes (Bettungs- bzw. Steifenmodul) abhängig.

In Bild 13.6 wird am Beispiel einer Betonplatte (Beton B 35) mit den Abmessungen 5,0 x 10,0 m die Einflüsse verschiedener Parameter auf das maximale Plattenbiegemoment senkrecht zum belasteten Plattenrand dargestellt.

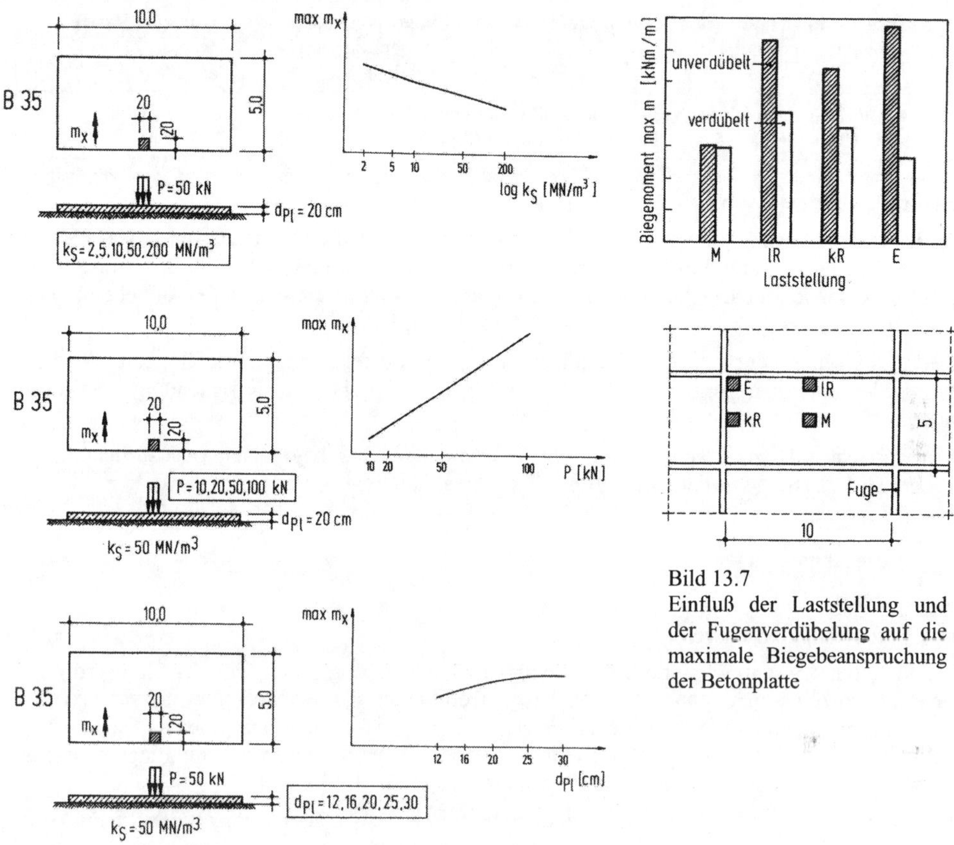

Bild 13.6 Einfluß des Bettungsmoduls, der Größe der Belastung und der Plattendicke auf das maximale Plattenbiegemoment m_x (aus [40])

Bild 13.7
Einfluß der Laststellung und der Fugenverdübelung auf die maximale Biegebeanspruchung der Betonplatte

Die wichtigste Einflußgröße bei der Ermittlung der maximalen Plattenbiegemomente ist die Laststellung. Bei unbewehrten Betonplatten ohne Fugenverdübelung (siehe auch Abschnitt 13.6) sollten größere Einzellasten in den Plattenecken vermieden werden. In Bild 13.7 ist beispielhaft der Einfluß der Laststellungen auf das maximale Plattenbiegemoment dargestellt. Zusätzlich wird der Einfluß einer Verdübelung zur Querkraftübertragung zwischen den einzelnen Plattenfeldern aufgezeigt.

Neben Einzellasten verursachen Temperatur- und Schwindvorgänge bei vollständiger oder teilweiser Verformungsbehinderung Biegezug-, Druck- und Zugspannungen in der Betonplatte (siehe Abschnitt 13.2.2.2) und sind bei der Bemessung der Betonplatte zu berücksichtigen. Die maßgebenden Lastfallkombinationen für die Bemessung sind in der nachfolgenden Tafel 13.7 zusammengestellt.

Tafel 13.7 Maßgebende Lastfallkombinationen für die Bemessung der Betonplatte

<table>
<tr><th>Plattenunterseite</th><th>Plattenoberseite</th></tr>
<tr><td>– Einzellast Plattenmitte
– Einzellast Plattenrand (parallel zum Rand)
– Temperaturgradient $t_o - t_u > 0$</td><td>– Einzellast Plattenmitte
– Einzellast Plattenrand (parallel zum Rand)
– Temperaturgradient $t_o - t_u > 0$
– ungleichmäßiges Schwinden</td></tr>
<tr><td colspan="2">– Behinderung der Verkürzung bei gleichmäßigem Schwinden
– Behinderung der Verkürzung bei gleichmäßigem Abkühlen</td></tr>
</table>

Betonplattenbemessung

In der Fachwelt wird größtenteils die Meinung vertreten, daß bei Einzellasten < 100 kN auf eine Flächenbewehrung der Betonplatten analog zu den Betonfahrbahnen im Straßenbau verzichtet werden könne. Die Anordnung einer Randbewehrung im Bereich der verdübelten Fugen ist aber bereits ab Einzellasten von mehr als 60 kN erforderlich.

Bei Ausführung unbewehrter Betonplatten muß der ausreichenden Tragfähigkeit des Untergrundes und dem sorgfältigen Einbau der Tragschicht besondere Beachtung geschenkt werden.

Der Verzicht auf eine Flächenbewehrung aufgrund einer nur begrenzten Beanspruchung ist neben der Belastung von folgenden Einflußgrößen abhängig:

- Plattendicke
- Plattenabmessungen
- Fugenverdübelung
- Betonfestigkeitsklasse.

Bei unbewehrten Betonplatten werden die maximalen Biegezugspannungen der Platte ermittelt und mit den zulässigen Spannungen des Betons verglichen. Für das Sicherheitskonzept existieren keine Normen oder Vorschriften. Der planende Ingenieur sollte den globalen Sicherheitsbeiwert oder die Teilsicherheitsbeiwerte in Kenntnis der Ausführungsrandbedingungen und des Anforderungsniveaus sorgfältig auswählen (Vorschläge vgl. [39], [40]).

Bei Anordnung einer Mattenbewehrung, die immer in zwei Lagen erfolgen muß, sollte im Hinblick auf die Lagesicherung (Schutz gegen „Heruntertreten“) der oberen Bewehrungslage mindestens eine Mattenbewehrung Q 377 angeordnet werden. Bei Betonplatten mit erhöhten Anforderungen an die Rißbreitenbeschränkung ist die erforderliche Mindestbewehrung nach DAfStb Heft 400 [41] oder [42] zu ermitteln.

13.3.2.2 Ausführung

a) Trenn- und Gleitschichten

Die Anordnung von Trenn- und Gleitschichten zwischen der Betonplatte und der Tragschicht hat folgende Aufgabe:

- Verringerung der Zwangsspannungen in der Betonplatte infolge abfließender Hydratationswärme, Schwinden oder Temperatureinwirkungen
- Verhinderung des Eindringens von Beton in die Tragschicht
- Vermeidung des Feuchtigkeitsentzugs aus dem Frischbeton
- Vermeidung des Eindringens von Bodenfeuchte in die Betonplatte.

Die Trennschicht sollte aus zwei Lagen Kunststoffolien (Mindestdicke je 0,3 mm, Reißfestigkeit > 15 N/mm², Reißdehnung > 250 %) bestehen. Es ist auf eine ausreichende Überdeckung der Bahnen im Stoßbereich zu achten.

Als Gleitschichten werden spezielle Gleitfolien oder bituminöse Bahnen verwendet. Es ist auf einen ausreichend ebenen Untergrund zu achten. Alle Bahnen müssen bei Anordnung einer Bewehrung durch geeignete Schutzschichten (z. B. Schutzschicht aus Zementestrich d ≥ 5 cm) vor Beschädigung geschützt werden. Bei relativ kleinen Plattenfeldern sollte auf die Verwendung von Gleitschichten verzichtet werden, da anderenfalls die Gefahr des „Paketreißens“ besteht. Dabei kommt es aufgrund der geringen Reibungskräfte nicht in allen Scheinfugen zu Rißbildungen. Erst bei Kopplung mehrerer Plattenfelder führen die auftretenden Zugspannungen in der Betonplatte zur geplanten Rißbildung im Bereich der Scheinfuge. Durch die Konzentration der Rißbildungen auf wenige gerissene Fugen mit sehr großen Fugenabständen entstehen dort ungewollt breite Risse.

b) Betonrezeptur

Aufgrund der geringen Betonzug- und -biegezugfestigkeit ist ein Beton der Festigkeitsklasse B 25 bei Industrieböden oft nicht ausreichend. Neben günstigen Festigkeitseigenschaften des Betons werden an monolithische Betonplatten folgende Anforderungen gestellt:

- hoher Verschleißwiderstand (eventuell Vergütung der Betonoberfläche durch Vakuumtechnik oder Hartstoffeinstreuung)
- gegebenenfalls hoher Frost-Tausalz-Widerstand
- gegebenenfalls hoher Widerstand gegen chemische Angriffe.

c) Herstellung

Die gegebenenfalls notwendige Bewehrung der Betonplatte wird in der Regel zweilagig eingebaut. Der Durchmesser der Bewehrung darf nicht zu gering sein, da sonst die Gefahr des Eintretens besteht. Die Bewehrungsmatten sind durch Abstandshalter und Montagebewehrung in Ihrer Lage zu fixieren; auf eine ausreichende Betondeckung gemäß DIN 1045 [3] ist zu achten.

Die Anordnung und Ausbildung von Schein-, Arbeits- und Raumfugen sowie der Einbau von Dübeln im Bereich von Plattenfugen hochbeanspruchter Betonböden ist in Abschnitt 13.6 beschrieben.

Der Einbau des Betons erfolgt großflächig oder in Streifen mit seitlicher Abschalung aus Stahl oder Holz. Zur Verdichtung wird in der Regel eine Rüttelbohle angesetzt. Durch die Anordung von Meßhilfen ist eine höhengenaue Herstellung möglich.

Nach Einbau des Betons erfolgt die für die spätere Nutzung entscheidende Oberflächenbehandlung:

- Besenstrich (zur Reduzierung der Rutschgefahr mit Hilfe eines Stahlbesens nach Ansteifen der abgezogenen Betonoberfläche)
- Hartstoffschicht (bei monolithischen Betonböden mit hoher mechanischer Beanspruchung durch das Aufbringen einer ausreichend dicken Hartstoffschicht (frisch-auf-frisch) oder durch das Auftragen und Einarbeiten einer trockenen Hartstoff-Zement-Mischung in den frischen Tragbeton)
- Abgleichen (für glatte Oberflächen durch Geräte mit Tellerscheiben)
- Glätten (für kellenglatte Oberflächen mit Hilfe eines Flügelglätters)
- Schleifen (Erhöhen des Verschleißwiderstandes durch Abschleifen der ca. 1 mm dicken Zementsteinschicht (Zementschlämme) und Freilegen der Zuschlagskörner)
- Vakuumbehandlung (siehe Abschnitt 13.3.2.3).

d) Nachbehandlung

Für die Herstellung eines rissefreien und verschleißfesten Betonbodens (oder auch Zementestrichs) ist die Nachbehandlung von entscheidender Bedeutung. Das Ziel der Nachbehandlung ist der Schutz der Betonoberfläche zum einen vor zu raschem Austrocknen (→ Beendigung des Hydratationsvorganges im Zementstein) und zum anderen vor großen Temperaturgradienten innerhalb des Betonquerschnitts (→ Bildung von oberflächennahen Rissen). Die Nachbehandlungsdauer (siehe Tafel 13.8) ist abhängig von den Umgebungsbedingungen, der verwendeten Zementart und den herrschenden Temperaturen (Beton- und Lufttemperaturen).

Tafel 13.8 Mindestnachbehandlungsdauer nach DAfStb-Richtlinie „Nachbehandlung von Beton" [28]

Mindestdauer der Nachbehandlung von Außenbauteilen in Tagen			
Umgebungsbedingungen	Betontemperatur, ggf. mittlere Lufttemperatur	Festigkeitsentwicklung des Betons	
		mittel w/z = 0,50 bis 0,60: Z 55, Z 45, Z 35 F w/z < 0,50: Z 35 L	langsam w/z = 0,50 bis 0,60: Z 35 L w/z < 0,50: Z 35 L-NW/HS
normal mittlere Sonnenstrahlung mittlere Windeinwirkung relative Luftfeuchte > 50 %	≥ 10 °C	3	4
	< 10 °C	6	8
ungünstig starke Sonnenstrahlung starke Windeinwirkung relative Luftfeuchte < 50 %	≥ 10 °C	4	5
	< 10 °C	8	10
Mindestdauer der Nachbehandlung bei Innenbauteilen			
	Betontemperatur	Befahrene Betonoberflächen	Rohdecken
unabhängig von den Umgebungsbedingungen	≥ 10 °C	3	2
	< 10 °C	6	4

13.3.2.3 Vakuumbeton

Bei Vakuumbeton handelt es sich um einschichtige, bewehrte oder unbewehrte Betonplatten, bei denen die Verschleißfestigkeit der Betonoberfläche durch einen zusätzlichen Arbeitsgang verbessert wird. Die Grundidee der Vakuumbehandlung ist, dem Beton überschüssiges Anmachwasser zu entziehen und damit den Wasserzementwert der Betonschicht nahe der Oberfläche zu reduzieren, mit der Folge einer Erhöhung der Betonfestigkeit.

Der Arbeitsablauf der Vakuumbehandlung nach Einbau, Verdichten und Abziehen des Betons ist folgendermaßen (Prinzipskizze siehe Bild 13.8):

Nach Abziehen der Betonoberfläche werden Filtermatten ausgelegt. Sie verhindern, daß Feinmaterial und Zementleim mit dem Wasser abgesaugt wird. Anschließend werden die Matten mit dem Vakuumteppich abgedeckt, so daß die darunterliegende Betonfläche luftdicht abgeschlossen ist. Mit Hilfe einer Vakuumpumpe wird ein Unterdruck von 0,75 bis 0,9 bar erzeugt. Diese auf den Beton einwirkende Druckdifferenz von 0,75 bis 0,9 bar verdichtet die oberflächennahe Betonschicht statisch. Das austretende überschüssige Wasser wird abgesaugt, der Porenraum im oberflächennahen Bereich wird deutlich reduziert. Die Dauer der Vakuumbehandlung beträgt

1 bis 2 min/cm Betonplattendicke. Pro Arbeitstakt wird eine Fläche von 60 bis 75 m² behandelt. Das anschließende Glätten der Betonoberfläche erfolgt mit einem Flügelglätter. Die Nachbehandlung erfolgt wie bei normalen Betonplatten.

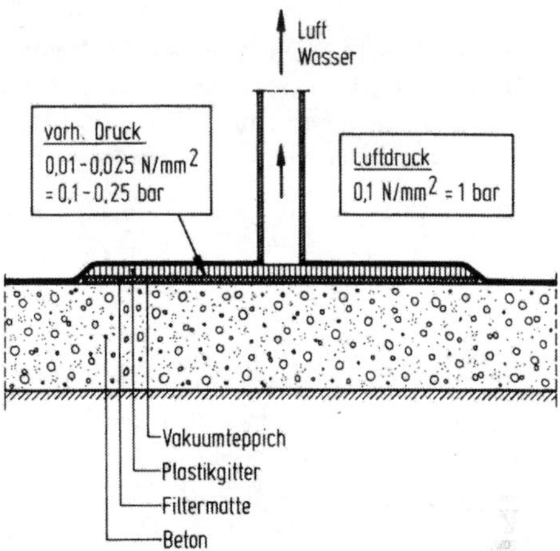

Bild 13.8
Prinzip der Vakuumbehandlung

13.3.2.4 Faserbewehrte Betonplatten

Konventioneller, unbewehrter Beton ist ein spröder Werkstoff, der zwar hohe Druckkräfte aufnehmen kann, aber bei (Biege-)Zugkräften schlagartig versagt. Durch die Zugabe geeigneter Fasern – in der Regel Stahlfasern – kann die Duktilität des Faserbetons erheblich gesteigert werden (Bild 13.9).

Die (stahl-)faserbewehrte Betonplatte nimmt auch nach Erreichen der Rißlast noch Zugkräfte auf. Die Bildung sichtbarer Risse und die weitere Rißöffnung wird durch die rißüberbrückende Wirkung der Fasern behindert.

Folgende Faserarten können außerdem zur Anwendung kommen:

- Polypropylenfasern (aufgrund des sehr geringen Elastizitätsmoduls nur zur Verbesserung des Frühriẞverhaltens des Betons geeignet)
- Polyacrylnitrilfasern (1 bis 10 kg/m² Beton)
- alkaliresistente Glasfasern (3 bis 20 kg/m² Beton)
- Stahlfasern (20 bis 60 kg/m² Beton).

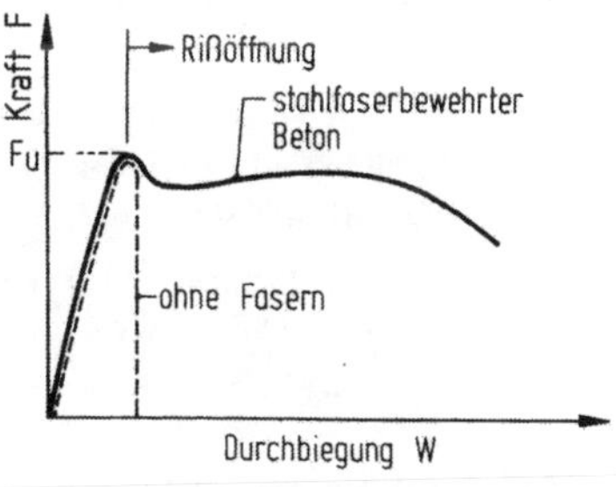

Bild 13.9
Last-Verformungs-Verhalten von Stahlfaserbeton unter Biegebeanspruchung

Da die Faserbewehrung aber die Bildung von Rissen nicht verhindern kann, müssen auch faserbewehrte Betonplatten durch Fugen in Plattenfelder unterteilt werden. Alle Fasern gelten in betontechnologischer Hinsicht als Betonzusatzstoffe. Lediglich für die Bemessung stahlfaserbewehrter Betonplatten existiert ein Merkblatt des Deutschen Betonvereins „Grundlagen zur Bemessung von Industrieböden aus Stahlfaserbeton" [30], bei allen übrigen Faserarten sind die erforderliche Fasermenge, die Faserlänge und der Faserdurchmesser in Abhängigkeit von der vorhandenen Belastung den Produktinformationen der Hersteller zu entnehmen.

Bezüglich der Verarbeitung und der entstehenden Oberflächenqualität ist beim Stahlfaserbeton folgendes zu beachten:

- Zur Verdichtung des Stahlfaserbetons ist eine höhere Verdichtungsarbeit nötig, die durch den Einsatz von geeigneten Fließmitteln reduziert werden kann.
- Die Stahlfasern reichen bis an die Betonoberfläche. Dies kann einerseits zur Bildung von Rostflecken an der Betonoberfläche und andererseits bei starker Verschleißbeanspruchung zu einem Herausfahren einzelner Fasern führen. Dies wird durch das Aufbringen einer zusätzlichen dünnen Deckschicht (in der Regel Hartstoffschicht) verhindert.

13.4 Estriche

13.4.1 Estricharten

Die allgemeinen Anforderungen und die Einteilung der Estriche nach DIN 18560 [19] sind in Abschnitt 12.3.2 behandelt.

Im folgenden wird deshalb nur auf den Einsatz von Estrichen im Industriebau eingegangen. Von den in Bild 13.10 dargestellten Estricharten kommen aufgrund der höheren Beanspruchungen im Industriebau vor allem Estriche auf Trennschichten (DIN 18560-4) und Verbundestriche (DIN 18560-3) zum Einsatz, während schwimmende Estriche (DIN 18560-2) aufgrund der aus höheren Lastbeanspruchungen resultierenden großen Estrichdicken aus wirtschaftlichen Gründen selten ausgeführt werden (Alternative siehe Abschnitt 13.7.1).

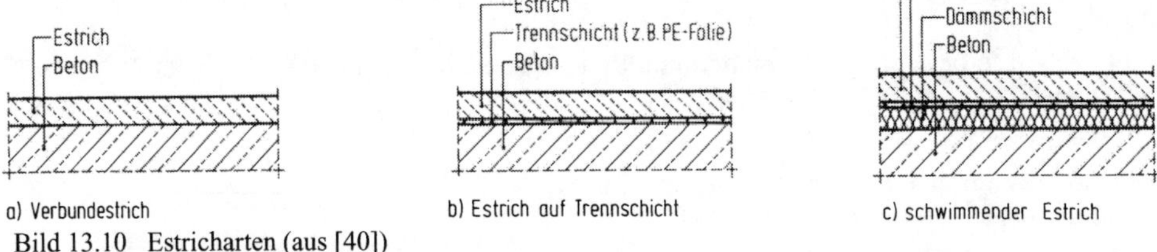

Bild 13.10 Estricharten (aus [40])

Die genaue Bezeichnung der Estriche erfolgt gemäß DIN 18560 durch Angabe der Estrichart, der Festigkeitsklasse und der Nenndicke.

Beispiele

- Ein Zementestrich der Festigkeitsklasse 30 N/mm² als Verbundestrich mit einer Nenndicke von 30 mm wird wie folgt bezeichnet:

  Estrich DIN 18560 - ZE 30 - V 30

- Ein Zementestrich der Festigkeitsklasse 40 N/mm² auf Trennschicht mit einer Nenndicke von 60 mm wird wie folgt bezeichnet:

  Estrich DIN 18560 - ZE 40 - T 60.

13.4.2 Zementestriche

Zementestriche (Kurzbezeichnung ZE) werden gemäß DIN 18560-1 nach ihrer Druckfestigkeit in Festigkeitsklassen unterteilt. Die Festigkeitsklassen ZE 55 und ZE 65 werden in der Regel als Hartstoffestriche ausgeführt. Als Estriche im Industriebau werden nach AGI-Arbeitsblatt A 12-1 [23] nur Festigkeitsklassen ab ZE 30 verwendet. In Abhängigkeit von der Beanspruchungsart und dem vorhandenen Gebäudetyp werden in Tafel 13.9 Hinweise für die erforderliche Estrichfestigkeitsklasse gegeben.

Tafel 13.9 Beispiele für die Zuordnung von Beanspruchung und Bauten zu den Estrichfestigkeitsklassen nach AGI-Arbeitsblatt A 12-1 [23]

Festigkeitsklasse	**Beanspruchungsarten und Bauten**			
	ohne Belag		**mit Belag**[1]	
ZE 30	geringer Fahrverkehr leichter Fahrzeuge mit weicher Bereifung bis 10 km/h innerbetrieblicher Fußgängerverkehr keine schleifende Beanspruchung durch Schlag und Stoß	Lagerhallen für leichte und elastische Güter (Holz, Papier, Gummi, weiche Kunststoffe usw.) untergeordnete Werkstätten für kleine Werkstücke, betriebliche Werkzeugausgaben und Magazine	Fußgängerverkehr leichter Fahrverkehr mit weicher Bereifung bis 10 km/h geringe Beanspruchung durch Schlag und Stoß	Büroräume ohne Publikumsverkehr Fabrikations-, Montage- und Lagerhallen für leichte Güter Werkstätten für leichte Stücke aller Art Pkw-Werkstätten Hallen und Räume mit höherem Anspruch auf Reinigung
ZE 40	leichter Fahrverkehr von Fahrzeugen mit weicher Bereifung bis 10 km/h geringer Fußgängerverkehr schleifende Beanspruchung: Schleifverschleiß 12 cm^3/ 50 cm^2 nach Tabelle 8 DIN 18560 Teil 1 geringe Beanspruchung durch Schlag und Stoß Absetzen leichter Güter	Fabrikations-, Montage- und Lagerhallen für leichte und elastische Güter Werkstätten für leichte, nicht scharfkantige Stücke Pkw-Werkstätten	starker Fußgängerverkehr mittelschwerer Fahrverkehr leichter Gabelstaplerverkehr mäßige Beanspruchung durch Schlag und Stoß Absetzen mit mittelschwerer Güter Kollern leichter Güter	Büroräume mit Publikumsverkehr Fabrikations-, Montage- und Lagerhallen für mittelschwere Güter Werkstätten für mittelschwere Stücke Lkw-Werkstätten und -garagen Lagerhallen für feinkörnige Schüttgüter
ZE 50	mittelschwerer Fahrverkehr von Fahrzeugen mit weicher Bereifung bis 20 km/h leichter Gabelstaplerverkehr mit weicher Bereifung bis 10 km/h mäßiger Fußgängerverkehr schleifende Beanspruchung: Schleifverschleiß 9cm^3- /50 cm^2 nach Tabelle 8 DIN 18560 Teil 1 Absetzen mittelschwerer Güter Kollern leichter, nicht scharfkantiger Güter mäßige Beanspruchung durch Schlag und Stoß	Fabrikations- und Montagehallen für leichte Güter Lagerhallen für mittelschwere Güter Werkstätten für leichte Stücke aller Art Lkw-Werkstätten und Garagen	mittelschwerer Fahr- mittelschwere Beanspruchung durch Schlag und Stoß Absetzen schwerer Güter Kollern mittelschwerer Güter (Verbesserung der Beanspruchbarkeit besonders durch Belag aus Kunstharzestrich nach AGI-Arbeitsblatt A 80)	Fabrikation-, Motage-, Lagerhallen und Werkstätten für schwere Güter und Stücke Reparaturwerkstätten für schweres Gerät Lagerhallen für mittelkörnige Schüttgüter

1) Verbesserung des Widerstandes gegen Schleifverschleiß sowie gegen Schlag und Stoß ist abhängig von der Beschaffenheit der Beläge. Verbesserung der Aufnahme von Verkehrslasten ist u.a. abhängig von der Dicke der Beläge.

Zementverbundestriche. Bei hohen Beanspruchungen werden im Industriebodenbau häufig Verbundestriche ausgeführt. Die entscheidenden Faktoren für die Dauerhaftigkeit dieser Estrichart sind:

- ausreichender Verbund zum Tragbeton
- hoher Verschleißwiderstand der Estrichoberfläche.

Bei zu geringem Haftverbund zwischen Beton und Estrich können die Schubspannungen infolge thermisch-hygrischer Beanspruchungen (z. B. unterschiedliches Schwinden Estrich/ Beton) in der Verbundfläche nicht aufgenommen werden; der Estrich beginnt, sich an den Rändern und Fehlstellen abzulösen (daraus folgen: Hohllagen).

Die Größe der erforderlichen Haftzugfestigkeit von Verbundestrichen auf mineralischen Untergründen ist in keiner Norm geregelt. Es sollte ein Mittelwert der Haftzugfestigkeit von mindestens 1,5 N/mm² gefordert werden (vgl. [43], [44]).

An den Untergrund von Verbundestrichen werden folgende Anforderungen gestellt:

- ausreichende Festigkeit
- frei von Verschmutzungen (Staub, Öle, Fette)
- griffige Oberfläche (ohne Zementschlämme)
- gegebenfalls Anordnung einer Haftbrücke (evtl. Vornässen des Untergrundes ausreichend).

Für die Anordnung von Fugen gelten bei Verbundestrichen folgende Regeln:

- keine Scheinfugen zur Begrenzung der Estrichfelder
- Dehnfugen nur über Dehn- oder Raumfugen in der Tragkonstruktion
- Randfugen im Bereich von aufgehenden Bauteilen nur wenn diese nicht fest mit dem Tragbeton verbunden sind
- Schein- und Preßfugen im Tragbeton sind zu übernehmen.
- Bei durchlaufenden Deckenplatten ist der Verbundestrich über den Auflagern zu fugen – besser aber, es ist ein Estrich auf einer Trennschicht herzustellen.

Zementestriche auf Trennschichten. Wenn ein Haftverbund zwischen Estrich und Beton nicht hergestellt werden kann oder soll (verunreinigter Untergrund, Durchlaufdeckensysteme etc.), wird der Estrich durch eine Trennschicht (PE-Folie d ≥ 0,2 mm oder nackte Bitumen-

Tafel 13.10 Empfohlene Mindestdicken und Fugenabstände in Abhängigkeit von Estrichart und -belastung nach AGI-Arbeitsblatt A 12-1 [23]

Estrichart		**Mindestdicke mm**	**größter Fugenabstand**
1	Estrich auf Trennschicht		
1.1	ohne ständige Auflast	35	5 m
1.2	mit geringer ständiger Auflast	50	100 d[1])
1.3	mit mittlerer ständiger Auflast	80	70 d[1])
1.4	mit großer ständiger Auflast	100	50 d[1])
2	Estrich auf Dämmschicht	55	100 d 8 m

d = Estrichdicke

[1]) für Estrich im Freien oder Estrich unter Wärmeeinstrahlung: 30 d

bahnen mit Glasvlieseinlage) von Untergrund getrennt. Da die Trennschicht die zwängungsfreien Bewegungen des Estrichs ermöglichen soll, ist auf eine ausreichende Überdeckung im Stoßbereich der Folien zu achten.

In Abhängigkeit von der Belastung werden im AGI-Arbeitsblatt A 12-1 Empfehlungen für die Fugenabstände und Mindestestrichdicken gemacht (siehe Tafel 13.10).

Aufgrund möglicher Längenänderungen des Estrichs müssen Randfugen an aufgehenden Bauteilen als Dehnfugen mit weichelastischer Zwischenschicht ausgeführt werden. Auf die Ausbildung von Arbeitsfugen innerhalb der Estrichfelder sollte wegen der erhöhten Rißgefährdung verzichtet werden.

13.4.3 Hartstoffestriche

Bei Hartstoffestrichen – geregelt in DIN 18560-7 – handelt es sich um zementgebundene Industriebodenbeläge mit sehr günstigem Verschleißverhalten und hohen Festigkeitskennwerten. Aufgrund der Stoffart der Hartstoffzuschläge und des unterschiedlichen Schleifverschleißes werden drei Hartstoffgruppen (DIN 1100 [7]) unterschieden. Die erforderliche Dicke der Hartstoffschicht ist neben der Beanspruchungsart auch von dieser Hartstoffgruppe abhängig (siehe Tafel 13.5 und 13.11).

Tafel 13.11 Nenndicke der Hartstoffschicht nach DIN 18 560-7 [19]

Beanspruchungsgruppe nach Tafel 13.5		Nenndicke in mm bei Festigkeitsklasse		
		ZE 65 A	ZE 55 M	ZE 65 KS
I	schwer	≥ 15	≥ 8	≥ 6
II	mittel	≥ 10	≥ 6	≥ 5
III	leicht	≥ 8	≥ 6	≥ 4

Folgende Verfahren sind für das Herstellen von Hartstoffestrichen gemäß DIN 18560-7 zulässig:

- einschichtig, frisch auf frischem Tragbeton, Hartstoffe und Zement werden auf den frischen Beton aufgebracht
- einschichtig, im Verbund mit erhärteter Tragschicht (Haftbrücke empfehlenswert)
- zweischichtig im Verbund, auf Trennlage oder auf Dämmschicht. Der Hartstoffestrich besteht aus einer Übergangsschicht (Estrichfestigkeitsklasse ≥ ZE30) in einer Mindestdicke von 25 mm bei Verbundestrichen bzw. 80 mm bei Estrichen auf Trennlage oder Dämmschicht und einer Hartstoffschicht (Dicke nach Tafel 13.11), die frisch auf frisch aufgebracht wird.

Das in der Praxis oft angewandte „Einstreuverfahren" mit einer Auftragsmenge des Hartzuschlagstoffes von ca. 5 kg/m^2 bringt nur eine Schichtdicke von ca. 2 mm (entspricht Größtkorn des Hartstoffzuschlages); nur bei sehr sorgfältiger Ausführung ist es möglich, eine volldeckende und auf der gesamten Bodenfläche vorhandene Hartstoffschicht herzustellen. Diese Ausführungsart kann dann zu einer Verbesserung des Verschleißwiderstandes führen, entspricht aber nicht DIN 18560-7 und besitzt zudem nur eine begrenzte Lebensdauer.

13.4.4 Anhydritestriche

Anhydritestriche (Kurzbezeichnung AE) sind in DIN 18560 geregelt. Sie werden im Wohnungs- und Verwaltungsbau meist als Fließestriche in großem Umfang ausgeführt, während sie im Industriebodenbau nur selten vewendet werden. In DIN 18560-7 „Hochbeanspruchte Estriche" werden Anhydritestriche nicht aufgeführt. In AGI-Arbeitsblatt A 12-2 [23] werden für hochbeanspruchte Anhydritestriche im Industriebau nur Estriche ab der Festigkeitsklasse AE 30 empfohlen. Analog zu den Zementestrichen (vgl. Tafel 13.8) erfolgt in dem Arbeitsblatt der AGI A 12-2 eine Zuordnung der verschiedenen Festigkeitsklassen zu auftretenden Beanspruchungen und Bauten.

Da Anhydritestriche bei längerer Feuchteeinwirkung an Festigkeit und Härte verlieren, ist das mögliche Einsatzgebiet auf Industriebodenbereiche beschränkt, die keine längere Feuchtebeaufschlagung aufweisen. Ein großer Vorteil für Anhydritestriche gegenüber Zementestrichen ist das sehr geringe Schwindmaß, so daß eine fugenlose Ausführung – Dehn- und Scheinfugen der Betonplatten müssen bei Verbundestrichen trotzdem übernommen werden – möglich ist.

Für den Abrieb der Anhydritestriche sind keine Grenzwerte festgelegt. Bei sachgerechter Ausführung sind Abriebswerte von 13 bis 20 cm^2 pro 50 cm^2 zu erwarten.

Der Einbau von Anhydritestrichen erfolgt meist als selbstnivellierender Fließestrich. Die Zeitdauer der Verarbeitbarkeit, der Betret- und Belastbarkeit ist stark temperaturabhängig. Anhaltswerte sind in Tafel 13.12 zusammengestellt.

Bei Ausführung als Verbundestrich ist eine Haftzugfestigkeit des Untergrundes von mindestens 1,5 N/mm^2 erforderlich. Gegebenfalls ist eine Untergrundvorbehandlung analog Abschnitt 13.5.2.2 notwendig.

Tafel 13.12 Anhaltswerte für die Zusammensetzung, die Verarbeitungszeiten und die Betretbarkeit von Anhydridestrichen nach [23]

Festigkeitsklasse nach DIN 18560	Zusatzmittel erforderlich	Anhydritbinder AB20 in kg/m³	WBV[1]	Verarbeitungszeitraum[2] [min]	betretbar[2] [d]	belastbar[2] [d]
AE30 konventionell	–	500	0,38	45	3	8
AE30 konventionell	x	500	0,35	30	3	7
AE40 konventionell	x	500[3]	0,35	30	3	6
AE50 konventionell	–	–	–	–	–	–
AE30 Fließestrich	x	670	0,35	20	2	6
AE40 Fließestrich	x	900	0,35	20	1	5
AE50 Fließestrich		nur als Werktrockenmörtel	nach Herstellervorschrift	70	1	3

[1] WBV: Wasser-Bindemittel-Faktor
[2] Angaben bei 15 °C Lufttemperatur
[3] im Zuschlag Anteil von 30 % Hartsteinsplitt im Bereich 4 bis 8 mm

13.4.5 Magnesiaestriche

Das Hauptanwendungsgebiet von Magnesiaestrichen (Kurzbezeichnung: ME) ist der Industriebau. Sowohl in DIN 18560-7 als auch im AGI-Arbeitsblatt A 12-4 [23] werden Empfehlungen für die Zuordnung von Magnesiaestrich-Festigkeitsklassen zu Bauten und Beanspruchungsarten gegeben. Im Industriebau ist mindestens ein Magnesiaestrich ME 40 mit einer Oberflächenhärte nach DIN 272 [1] von 150 N/mm² erforderlich.

In der Regel werden Magnesiaestriche als Verbundestriche ausgeführt. Bei Stahlbetonbauteilen sollte eine Haftbrücke verwendet werden, die nicht nur den Verbund zum tragenden Untergrund verbessert oder sicherstellt, sondern gleichzeitig das Eindringen von Chlorid-Ionen aus der wässrigen Salzlösung (in der Regel Magnesiumchlorid) reduziert. Aufgrund der möglichen Chloridkorrosion dürfen Magnesiaestriche auf Spannbetonbauteilen **nicht** ausgeführt werden.

Der Einbau erfolgt meist als fließfähiger Estrich (Nenndicke 15 bis 20 mm), der verdichtet, abgezogen und nach dem Abziehen maschinell geglättet wird. Der Magnesiaestrich kann bereits nach ca. fünf Tagen belastet werden.

Aufgrund des günstigen Schwindverhaltens müssen nur Dehn- und Scheinfugen aus der Betonkonstruktion übernommen werden. Wie Anhydritestriche dürfen Magnesiaestriche keiner anhaltenden Feuchtigkeitsbeanspruchung ausgesetzt werden. Die Anordnung dampfdichter Beläge oder Beschichtungen kann ebenfalls zu Schäden führen, wenn mit aufsteigender Feuchte oder hoher vorhandener Restfeuchte in der tragenden Betonkonstruktion zu rechnen ist. Alle Stahlteile, die direkt mit dem Magnesiaestrich in Berührung kommen, sind durch geeignete Maßnahmen (Beschichten) gegen Chloridkorrosion zu schützen.

13.4.6 Gußasphaltestriche

Die Klassifizierung der Gußasphaltestriche (Kurzbezeichnung: GE) erfolgt in DIN 18560 [19] im Gegensatz zu den übrigen Estrichen nicht nach Festigkeitsklassen, sondern aufgrund der Härte in vier Klassen: GE 10, GE 15, GE 40 und GE 100 (Eindringtiefe nach DIN 1996 [8]).

Als Planungsgrundlage dient neben DIN 18560 das AGI-Arbeitsblatt A 12-3 [23]. In Abhängigkeit von der Beanspruchungsart gemäß Tafel 13.5 (DIN 18560-7) und der herrschenden Raumtemperatur ergeben sich die in Tafel 13.13 erforderlichen Nenndicken und Härteklassen.

Tafel 13.13 Härteklassen und Nenndicken von Gußasphaltestrichen in Abhängigkeit von Beanspruchungsart und Raumnutzung in Anlehnung an DIN 18560-7

<table>
<tr><th rowspan="2">Beanspruchungs gruppe</th><th rowspan="2">Nenndicke [mm]</th><th rowspan="2">Größtkorn [mm]</th><th colspan="3">Härteklasse f. Einsatzbereich (Brechpunkt des Bindemittels nach Fraaß (DIN 52012))</th></tr>
<tr><th>beheizte Räume</th><th>nicht beheizte Räume und im Freien</th><th>Kühlräume</th></tr>
<tr><td rowspan="2">I</td><td>≥ 35</td><td>16</td><td rowspan="6">GE 10 oder GE 15
(unter +25 °C)</td><td rowspan="6">GE 15 oder GE 40
(unter 0 °C)</td><td rowspan="6">GE 40 oder GE 100
(unter -10 °C)</td></tr>
<tr><td>≥ 30</td><td>11</td></tr>
<tr><td rowspan="2">II</td><td>≥ 30</td><td>11</td></tr>
<tr><td>≥ 25</td><td>8</td></tr>
<tr><td rowspan="2">III</td><td>≥ 25</td><td>8</td></tr>
<tr><td>≥ 35</td><td>5</td></tr>
</table>

Da Gußasphaltestriche im Gegensatz zu den anderen Estrichen visko-elastische Eigenschaften besitzen, sollte die dauerhaft einwirkende Flächenpressung je nach Raumtemperatur und Härteklasse des Estrichs 0,5 bis 1,5 N/mm² nicht überschreiten, da anderenfalls mit bleibenden Einsenkungen zu rechnen ist.

Gußasphaltestriche verfügen neben einem ausgezeichneten Verschleißverhalten auch über eine hohe chemische Widerstandsfähigkeit gegenüber den meisten Säuren (Voraussetzungen: säureunlösliche Zuschläge); längerfristige Einwirkungen von Lösungsmitteln, organischen Laugen, Ölen und Kraftstoffen können zu Schädigungen führen.

Im Industriebau werden Gußasphaltestriche in erster Linie als Estriche auf Trennschicht (z. B. Rohglasvlies) eingesetzt, da ein ausreichender Verbund mit der tragenden (Stahl-)Betonkonstruktion nicht erreicht werden kann.

Auch auf Parkdecks und auf Tiefgaragen werden oft Gußasphaltestriche eingesetzt. Dabei ist darauf zu achten, daß der Gußasphaltestrich zwar die Funktion der Verschleiß- und Schutzschicht übernimmt, aber **nicht** die einer Abdichtungsschicht.

13.5 Nutz- und Verschleißschichten

13.5.1 Allgemeines

In der Praxis reicht eine entsprechende Oberflächenbehandlung der Betonplatte bzw. des Estrichs oft nicht aus, um die notwendigen, vielfältigen Anforderungen (vgl. Abschnitt 13.2) an Industriebodenoberflächen zu erfüllen.

In diesen Fällen ist die Anordnung einer zusätzlichen Nutz- bzw. Verschleißschicht erforderlich. Die Aufgaben der Nutzschicht sind:

- Schutz der Tragschicht vor chemischen und physikalischen Beanspruchungen,
- Schaffung einer Oberfläche mit den gewünschten Eigenschaften (Reinigungsfähigkeit, elektrische Leitfähigkeit, Verschleißfestigkeit o. ä.).

Neben Hartstoffschichten, die bereits in den Abschnitten 13.3 und 13.4 erläutert wurden, kommen im wesentlichen zwei Arten von Nutzschichten zur Anwendung:

- Oberflächenschutzsysteme auf Kunststoffbasis,
- Plattenbeläge (Keramik, Betonwerksteinplatten etc.).

13.5.2 Oberflächenschutzsysteme auf Kunststoffbasis

Oberflächenschutzsysteme auf Kunststoffbasis müssen direkt und dauerhaft mit dem tragenden Untergrund (z. B. Betonplatte, Estrich) verbunden sein. In Abhängigkeit von der gewünschten Funktion und der erzeugten Oberflächenstruktur können folgende Oberflächenschutzsysteme auf Kunststoffbasis unterschieden werden (vgl. Bild 13.11):

- Imprägnierung (Poren der mineralischen Tragschicht werden an der Oberfläche gesättigt, es entsteht kein geschlossener Oberflächenfilm; die Betonoberfläche wirkt wasserabweisend.),
- Versiegelung (Poren der mineralischen Tragschicht werden geschlossen, es entsteht ein geschlossener, den Unebenheiten folgender Oberflächenfilm, d ≈ 0,1 bis 0,5 mm.),
- Beschichtung (geschlossener, von Makrostruktur des Untergrundes unabhängiger Oberflächenfilm, d ≈ 0,5 bis 3,0 mm),
- Mörtelbeschichtung (Reaktionsharzmörtel mit einer Mindestdicke von 5 mm).

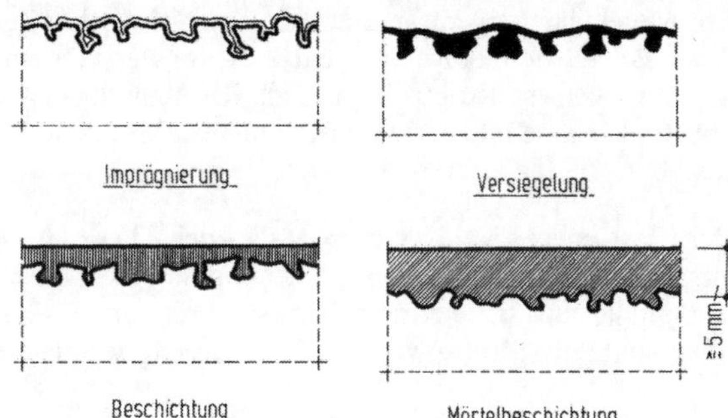

Bild 13.11
Oberflächenschutz von Betonen und Estrichen (aus [40])

Aufgrund des unterschiedlichen molekularen Aufbaus können die für Oberflächenschutzsysteme in Frage kommenden Kunststoffe in drei Gruppen unterteilt werden (vgl. Bild 13.12):

- Thermoplaste,
- Elastomere,
- Duromere.

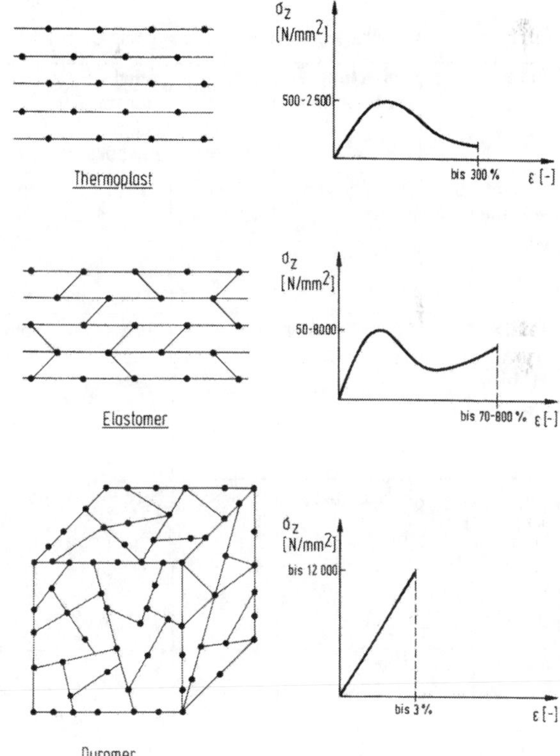

Bild 13.12
Molekularer Aufbau und Spannungs-Dehnungsverhalten der Kunststoffgruppen

Thermoplaste sind makromolekulare Verbindungen, die in Abhängigkeit von der Temperatur vom festen in den plastischen Zustand übergehen. Die langen, linearen Fadenmoleküle sind untereinander nicht vernetzt, sondern werden lediglich durch Oberflächenkräfte (Verschlingung der Molekülketten) zusammengehalten. Die bekanntesten Vertreter der Thermoplaste sind PVC, Polyethylen, Polystyrol und Polypropylen. Thermoplaste lassen sich zur Oberflächenbehandlung von Industrieböden nur als Kunstharzlösung bzw. -dispersion verarbeiten, die dünne (Anstrich-)filme bilden. Die Erhärtung erfolgt durch Austrocknung und nicht durch chemische Reaktion.

Bei **Elastomeren** ist im Gegensatz zu den Thermoplasten eine weitmaschige Vernetzung der einzelnen Ketten infolge chemischer Bindungen vorhanden. Elastomere besitzen eine hohe Elastizität, die auch bei niedrigen Temperaturen nur unwesentlich abnimmt. Die bekanntesten Vertreter sind Polysulfid sowie Natur- und Synthesekautschuk.

Duromere besitzen flüssige, niedermolekulare Ausgangsstoffe (in der Regel zweikomponentig, bestehend aus Harz und Härter), die durch Polyadditions- und Polymerisationsvorgänge in dreidimensional eng vernetzte Hochpolymere übergehen. Die vorhandene engmaschige Vernetzung führt zu einer gegenüber anderen Kunststoffen reduzierten Elastizität. Duromere werden sowohl als Imprägnierung und Versiegelung (lösemittelhaltig) als auch in der Regel lösemittelfrei als Beschichtung oder Kunstharzestrich eingesetzt (siehe Tafel 13.14).

Tafel 13.14 Eigenschaften und Anwendungsgebiete verschiedener Duromere

Bezeichnung	**Erhärtungs-mechanismus**	**Linearer Schrumpf**	**Feuchte-empfindlich beim Aushärten**	**Verarbeitung**	**Eigenschaften**
ungesättigte Polyesterharze UP	Polymerisation	0,5 bis 2,0 %	hoch	als spachtelfähige Massen d ≥ 1 mm	gute Chemikalien- und Verschleißbeständigkeit hohes Schwindmaß große Empfindlichkeit gegen Untergrundfeuchte
Methylmetacrylatharze MMA	Polymerisation	2 bis 3 %	hoch	Imprägnierung Versiegelung Beschichtung	gute Chemikalienbeständigkeit geringe Empfindlichkeit gegen Untergrundfeuchte kurze Topfzeit hohes Schwindmaß
Polyurethanharze PUR	Polyaddition	0,2 bis 0,3 %	hoch	Versiegelung (einkomponentig) Beschichtungen, Estriche (zweikomponentig)	hohe Abrieb- und Chemikalienbeständigkeit sehr große Feuchteempfindlichkeit bei der Herstellung geringes Schwindmaß
Epoxidharze EP	Polyaddition	0,2 bis 0,4 %	hoch	Imprägnierung Versiegelung Beschichtungen Estriche	hohe Beständigkeit und geringer Abrieb nahezu spannungsfreie Erhärtung sehr gute Verankerung am Untergrund geringe Feuchteempfindlichkeit bei der Verarbeitung

Bei der Erhärtung des Duromeres kommt es zu einem starken Volumenschwund, der von der Art des Härters und des eingesetzten Duromers abhängt (siehe Tafel 13.14). Bei der Auswahl eines geeigneten Oberflächenschutzsystems ist besonderer Wert auf die chemische Beständigkeit des Bindemittels gegenüber den während der Nutzung auftretenden chemischen Angriffen zu legen (vgl. Tafel 13-15).

Tafel 13.15 Beständigkeit verschiedener Duromere gegen chemische Angriffe im Vergleich zu einem Zementestrich [45]

	Beton; Zementestrich	EP	PUR	UP	PMMA
Anorganische Säuren	–	+	+	+	+
Organische Säuren	–	+ –	+ –	+	+
Laugen	+ –	+	+	–	+
Lösemittel	+ –	+ –	+ –	+ –	–

Es bedeuten: + beständig + – bedingt beständig – unbeständig

13.5.2.2 Untergrund und Untergrundvorbereitung

Eine wichtige Einflußgröße für ein dauerhaftes Oberflächenschutzsystem ist die von oben und unten (meist CaOH-gesättigt) einwirkende Feuchtigkeit. Diese darf beim ausgehärteten Kunstharzsystem keine negativen Einflüsse auf die Abreißfestigkeit bzw. das mechanische Verhalten der Beschichtung haben.

Beim Aufbringen des Kunstharzsystems darf die vorhandene Bauwerks- und Luftfeuchtigkeit je nach eingesetztem System und Bindemittel gewisse Grenzwerte nicht überschreiten, da sonst die Haftung am tragenden Untergrund stark herabgesetzt wird. Die Oberflächentemperatur des Betons bzw. des Estrichs sollte deshalb immer mindestens 3 K über dem Taupunkt liegen. Da die Reaktionsgeschwindigkeit aller Duromere stark temperaturabhängig ist, muß die maximale Verarbeitungsdauer (Topfzeit) nach Mischen der Komponenten den herrschenden Umgebungs- und Oberflächentemperaturen angepaßt werden.

Für ein dauerhaftes Oberflächenschutzsystem ist die Haftung am Untergrund entscheidend; es werden in der Richtlinie des Deutschen Ausschusses für Stahlbeton „Schutz und Instandsetzung von Betonbauteilen“ [29] in Abhängigkeit von den Anforderungen an das Oberflächenschutzsystem folgende Werte der Haftzugfestigkeit zwischen Beschichtung und Untergrund gefordert:

- OS3: $\geq$ 1,0 N/mm² (kleinster Einzelwert),
- OS6, OS11: $\geq$ 1,5 N/mm² (Mittelwert),
  $\geq$ 1,0 N/mm² (kleinster Einzelwert),
- OS8, OS12: $\geq$ 2,0 N/mm² (Mittelwert),
  $\geq$ 1,5 N/mm² (kleinster Einzelwert).

Zur Gewährleistung einer ausreichenden Haftung werden an den Untergrund folgende Anforderungen gestellt:

- nicht abmehlend oder absandend,
- frei von Schalenrissen und Ablösungen,

- ausreichende, dem verwendeten Beschichtungsstoff angepaßte Rauhheit,
- frei von artfremden Stoffen (Trennmittel, Gummiabrieb, Fetten, Ölen etc.),
- Trennrisse, Hohlstellen und Kiesnester sind zu verfüllen.

Bei mechanisch beanspruchten, befahrenen Oberflächenschutzsystemen ist in vielen Fällen eine Untergrundvorbereitung zur Sicherstellung einer ausreichenden Haftzugfestigkeit erforderlich. Folgende Verfahren können zur Anwendung kommen:

- Bürsten, Schleifen (Behandlung der oberflächennahen Schicht, z. B. durch Entfernen der Zementschlämme),
- Kugelstrahlen. Durch das eingesetzte Strahlgut kann die Eindringtiefe und die gewünschte Oberflächenstruktur vorgewählt werden.
- Hochdruckwasserstrahlen,
- Flammstrahlen. Durch Flammabstand und Vorschubgeschwindigkeit wird die Arbeitstiefe (zwischen 1 bis 5 mm) geregelt. Die oberen Schichten werden durch sehr hohe Temperaturen (> 1500 °C) abgesprengt.
- Fräsen. Abtrag größerer Schichtdicken möglich (Empfehlung ≤ 5 mm pro Arbeitsgang); vor allem bei größeren Abtragstiefen sind Schädigungen tiefliegender Betonschichten möglich.
- Aufbringen einer Haftbrücke (z. B. niedrigviskose Epoxidharztränkung) zum Verfüllen und Verkleben oberflächennaher Gefügestörungen,
- chemische Behandlung (Anwendung nur in Sonderfällen),
- Dampfstrahlen. Nur zur Reinigung der Oberfläche.

Tafel 13.16 Einfluß der Oberflächenvorbereitung auf die Oberflächenzugfestigkeit des Betonuntergrundes [46]

Verfahren	**Einfluß auf die Abreißfestigkeit der unbehandelten (schmutz- und staubfreien) Betonoberflächen**
Abbürsten mit Stahlbürste Schleifen Abstocken	0 bis +10% -10 bis +50% 0 bis +20%
Sandstrahlen Sandstrahlen mit Wasserzusatz	+10 bis +30% +30%
Flammstrahlen + Abbürsten Flammstrahlen + Sandstrahlen Fräsen Meißelgeräte	0 bis +30% +10 bis +30% -20 bis -45% -25 bis -30%
Chemische Behandlung (Säuren, saure Fluate) Dampfstrahlen Hochdruckwasserstrahlen (500 bar)	 0 bis +30% 0 +10 bis +30%
Epoxidharztränkung (EP niedrigviskos, lösemittelfrei, lange Tropfzeit	 +20 bis +50%

Die eingesetzten Verfahren haben unterschiedliche Auswirkungen auf die Haftzugfestigkeit der Betonoberfläche (siehe Tafel 13.16). Vor allem beim Fräsen und Flammstrahlen kann es zu Gefügeschädigungen des verbleibenden Untergrundes kommen (Bild 13.13). Gerade bei diesem „groben" Verfahren ist es unter Umständen sinnvoll, zur Erlangung einer geeigneten, ausreichend festen Oberflächenstruktur ein „feineres" Verfahren nachzuschalten.

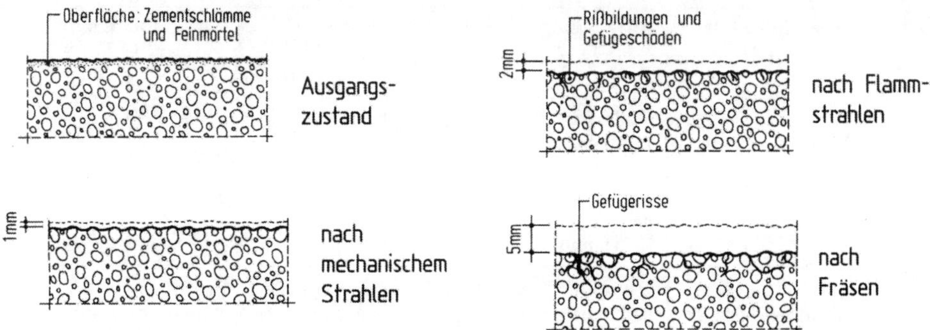

Bild 13.13 Untergrundvorbehandlung und Oberflächenstruktur von waagerechten, abgeriebenen Betonflächen

13.5.2.3 Aufbau der Oberflächenschutzsysteme

Der Systemaufbau und die Mindestdicken der einzelnen Schichten sind in der DAfStb-Richtlinie „Schutz und Instandsetzung von Betonbauteilen" [29] geregelt. Mit Ausnahme des Oberflächenschutzsystemes OS3 – Versiegelung für befahrbare Flächen – besitzen alle übrigen für Industrieböden relevanten Oberflächenschutzsysteme einen mehrschichtigen Aufbau.

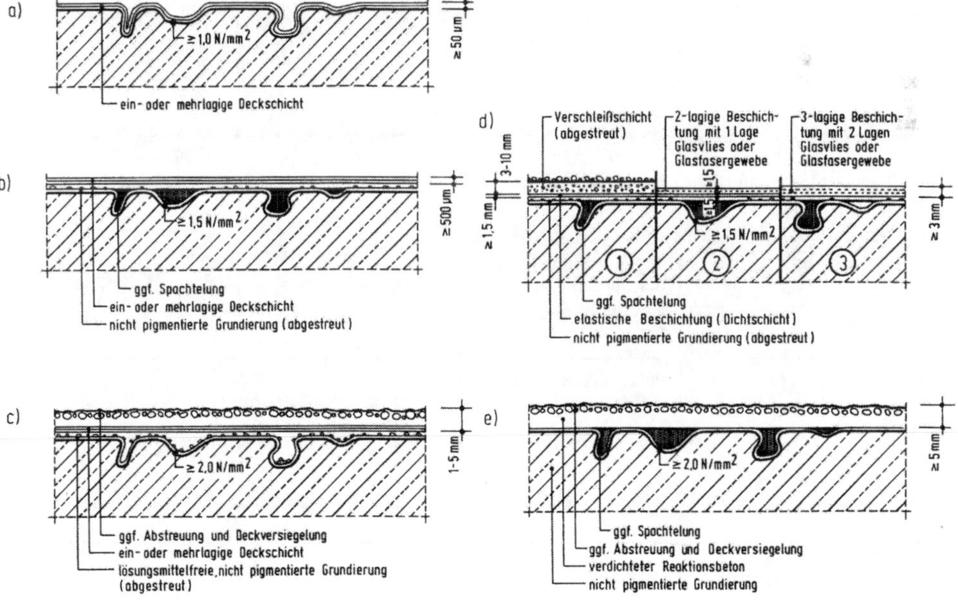

Bild 13.14 Prinzipieller Aufbau der Oberflächenschutzsysteme a) OS3, b) OS6, c) OS8, d) OS11 und e) OS12

Die in der Regel verwendeten Hauptbindemittel und der Anwendungsbereich sind in Tafel 13.17 zusammengestellt. In Bild 13.14 a) bis e) sind die Aufbauten der verschiedenen Oberflächenschutzsysteme dargestellt.

Tafel 13.17 Oberflächenschutzsysteme für Industrieböden nach DAfStb-Richtlinie „Schutz und Instandsetzung von Betonbauteilen" [29]

Oberflächenschutzsystem	**Anwendungsbereich**	**Richtwerte für systemspezifische Mindestschichtdicke**	**Hauptbindemittelgruppen[1)]**
OS 3 Versiegelung für befahrbare Flächen	Fußböden und Fahrbahnen für überwiegend nicht frei bewitterte Flächen bei geringer mechanischer Belastung	50 µm	EP, AY, PUR
OS 6 Chemisch widerstandsfähige Beschichtung für Flächen mit geringer mechanischer Belastung	Decken, Wände und gering belastete Bodenflächen mit Flüssigkeits- und Chemikalienbeaufschlagung. Maßnahme bei Instandsetzung nach Korrosionsschutzprinzip C.	500 µm	EP, PUR
OS 8 Chemisch widerstandsfähige Beschichtung für befahrbare, mechanisch stark belastete Flächen	Alle mechanisch und chemisch beanspruchten Betonflächen, z. B. Fahrbahnen, Industrieböden, Behälter- und Rohrinnenbeschichtungen	1 mm	EP
OS 11 Beschichtung für befahrbare Flächen mit mindestens erhöhter Rißüberbrückung	Rißgefährdete Betonflächen, wie Schrammborde und Brückenkappen sowie mechanisch schwer belastete Flächen, wie Parkdecks oder Brückenfahrbahnen	3 bis 5 mm	EP-PUR
OS 12 Beschichtung mit Reaktionsharzmörtel/-beton für befahrbare, mechanisch hoch belastete Flächen	Industriebodenflächen und Betonfahrbahnen	5 mm	EP

[1)] Es bedeuten:

EP	Epoxidharz
PU	Polyurethan
AY	Acrylate
EP-PUR	Epoxidharz-Polyurethan-Kombination

13.5.3 Keramische Beläge

Keramische Fliesen und Platten werden aufgrund ihrer physikalischen Eigenschaften vor allem bei Industrieböden in Bereichen der Lebensmittelindustrie, des Säureschutzbaus, bei Sanitärräumen, Großküchen und Kantinen bevorzugt eingesetzt.

In Bild 13.15 sind typische Aufbauten von Industrieböden mit keramischen Belägen dargestellt; die Konstruktionen entsprechend den Abbildungen a) bis c) werden in der Regel bei befahrbaren, mechanisch hochbeanspruchten Industrieböden eingesetzt.

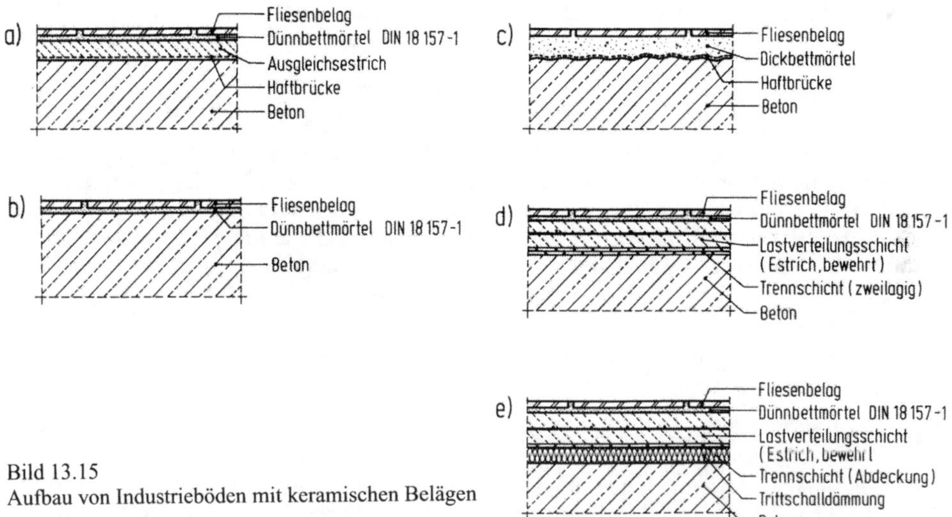

Bild 13.15
Aufbau von Industrieböden mit keramischen Belägen

Nachfolgend werden die wichtigsten Anforderungen an die einzelnen Schichten kurz erläutert:

a) Keramischer Oberbelag

Als keramische Beläge werden verwendet:

- trocken gepreßte keramische Fliesen und Platten nach DIN-EN 176 (unglasiert),
- stranggepreßte keramische Fliesen und Platten nach DIN-EN 121 und DIN-EN 186-1.

Die Größe der Fliesen sollte zwischen 8 x 8 cm² und 30 x 30 cm² liegen. Weiterhin sollte die Bruchlast bei Bestimmung der Biegezugfestigkeit nach DIN-EN 100 $\geq$ 3000 N sein, das heißt, bei einer Biegezugfestigkeit von 27 N/mm² sollte die Mindestplattendicke > 13 mm (Steinzeugfliesen) sein, bzw. bei 20 N/mm² Biegezugfestigkeit > 15 mm (Spaltplatten).

Die Verfugung zwischen den Fliesen ist nach ATV-DIN 18352 [15] hohlraumfrei mit einem hydraulischen Fugenmörtel auszufüllen. Lediglich bei zusätzlicher chemischer Beanspruchung des Bodenbelages ist eine Verfugung mit Reaktionsharzfugenmasse erforderlich.

b) Mörtelbett

Im Regelfall – bei ausreichend ebenen Untergründen – erfolgt die Verlegung der Fliesen oder Platten im Dünnbettverfahren nach DIN 18157-1 mit hydraulischen Dünnbettmörteln (DIN 18156-2). Bei Mörtelschichtdicken bis zu 4 mm können auch ein- oder zweikomponentige, kunststoffvergütete, elastifizierte hydraulische Dünnbettmörtel mit einem Elastizitätsmodul > 2000 N/mm² verwendet werden. Bei höheren mechanischen Beanspruchungen sollte der

Fliesenbelag im kombinierten Verfahren (Floating + Buttering), das heißt Mörtelauftrag auf Fliesen und Untergrund, verlegt werden, um eine möglichst vollflächige Einbettung zu erreichen.

Bei unebenen Untergründen können nach entsprechender Untergrundvorbereitung und Anordnung einer Haftbrücke die Fliesen oder Platten direkt im Mörtelbett (Dickbett) verlegt werden. Die Dicke des Verlegebettes sollte > 40 mm sein. Das Mörtelbett sollte mindestens die Festigkeitskennwerte eines ZE20 erreichen.

c) Anforderungen an den Estrich

Der Untergrund für die im Dünnbettmörtel verlegten Fliesen oder Platten muß mindestens der Festigkeitsklasse AE20 oder ZE20 (besser AE30 oder ZE30) entsprechen. Anhydritestriche dürfen nur noch eine Restfeuchte von maximal 0,5 CM-% aufweisen. Bei Zementestrichen auf Trennlage oder schwimmenden Estrichen, die oft noch die Funktion einer Lastverteilungsplatte erfüllen müssen, sollte die Wartezeit vor Verlegen der Platten in Abhängigkeit von der Estrichdicke zwischen mindestens 28 Tagen (5 cm Dicke) und 60 Tagen (10 cm Dicke) liegen, da andernfalls die Gefahr von Verwölbungen und daraus resultierenden Rissen im spröden Plattenbelag nach Aufbringen der Fliesen stark zunimmt. Die Restfeuchte des Zementestriches muß unter 2 CM-% bei Messung mit dem CM-Gerät betragen. Weiterhin ist nach DIN 18560 bei Zementestrichen der Einbau einer mittig liegenden Mattenbewehrung erforderlich, mit der die Rißgefährdung vor allem im jungen Zustand vermindert werden soll.

13.6 Fugen in Industrieböden

13.6.1 Fugenarten

Zur Vermeidung von Rissen ist die Anordnung von Fugen in der tragenden Betonplatte bzw. im Estrich und den Verschleißschichten oft unvermeidlich. Die Anzahl der Fugen sollte auf das Minimum beschränkt bleiben, da jede Fuge einen Schwachpunkt in der Industriebodenkonstruktion darstellt.

In der tragenden Betonkonstruktion unterscheidet man drei unterschiedliche Fugenarten (Bild 13.16):

– Scheinfugen

Die Scheinfugen werden in der Regel einen Tag nach dem Betonieren eingeschnitten, wobei deren Tiefe ca. ein Viertel bis ein Drittel der Betonplattendicke betragen soll. Durch die Querschnittsschwächung schafft man eine Sollrißstelle; eine Rißbildung an jeder dieser Stellen ist erwünscht („gesteuertes Rißbild“). Die Fugen können offen bleiben, wenn anschließend ein Estrich aufgebracht wird oder eine Verschmutzung der Fugen und die schlechtere Reinigungsfähigkeit des Bodens von untergeordneter Bedeutung ist. Andernfalls erfolgt ein Nachschnitt der Fugen, die Fugen werden abschließend mit einer geeigneten Fugenvergußmasse verschlossen. Um ein Abreißen des Fugenvergußmaterials von den Fugenflanken zu vermeiden, sollte der Verguß erst nach dem weitgehenden Abklingen des Schwindvorganges der Betonplatte erfolgen.

– Preß- oder Arbeitsfugen

Zur Unterteilung großer Betonplatten in einzelne Arbeits- bzw. Tagesabschnitte müssen Arbeitsfugen (Preßfugen) angeordnet werden, die die Betonplatte über die gesamte Höhe durchtrennen. Der Beton des späteren Arbeitsabschnittes kann sich während des Erhärtens nicht unbehindert dehnen, da keine Fugenöffnung vorhanden ist. Dagegen wird sich die Preßfuge während des Schwindvorganges der Betonplattenfelder öffnen, eine Querkraftübertragung ist nicht mehr möglich. Bei großen Einzellasten werden deshalb die Preßfugen zur Erzielung einer Querkraftübertragung mit Nut und Feder oder bei sehr großen Einzellasten mit Dübeln hergestellt.

– Dehn- oder Raumfugen

Die Aufteilung von Industriebodenflächen durch Raumfugen sollte nur in besonderen Fällen (z. B. große Temperaturschwankungen während der Nutzung) erfolgen. Dagegen sind Raumfugen zur Trennung der Industriebodenplatten von den aufgehenden Bauteilen der tragenden Konstruktion zur Vermeidung von Zwangspunkten anzuordnen. Die Fugenbreite muß so bemessen werden, daß zum einen die Ausdehnung der Betonplatten nicht behindert und zum anderen bei Verkürzungen der Betonplatte der Fugenverguß nicht überdehnt wird. Die Fugeneinlage muß weichelastisch sein, um Zwängungen zu vermeiden (kein Polystyrol!). Bei befahrenen Raumfugen ist eine Verdübelung der Plattenränder erforderlich. Die Größe und Anzahl der Dübel richtet sich nach der vorhandenen Fugenbreite und der Art der Beanspruchung (Abschnitt 13.6.3).

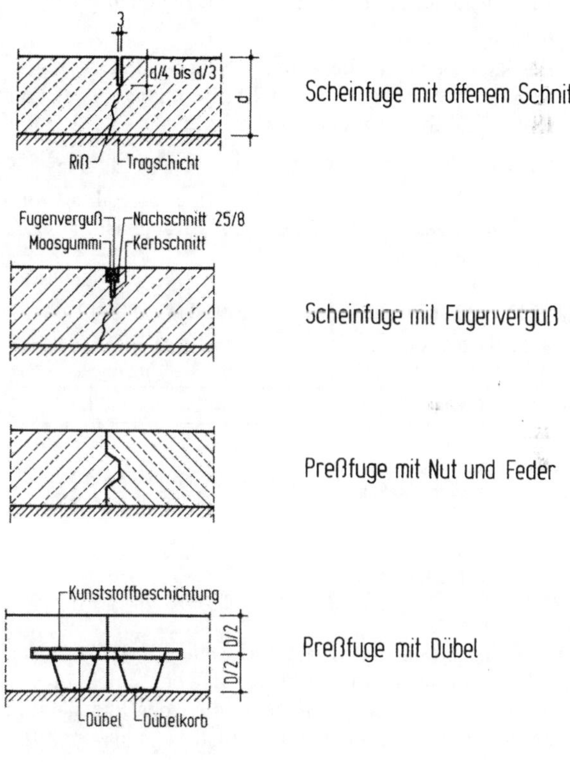

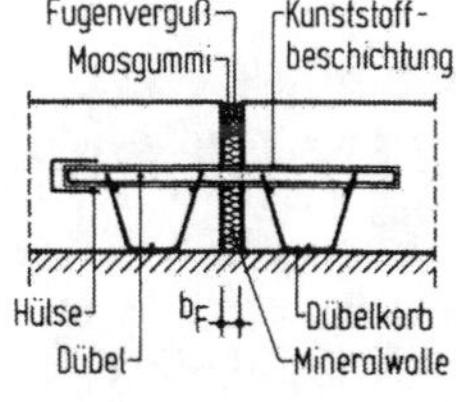

Bild 13.16
Fugenarten im Bereich der tragenden Betonplatte

13.6.2 Fugenanordnung

Bei der Festlegung des Fugenrasters, das sehr stark vom vorhandenen Gebäudegrundriß (Wände, Stützen) abhängig ist, sind folgende Punkte zu beachten:

- Die Unterteilung der Industriebodenfläche erfolgt nur mit Schein- und gegebenenfalls Preßfugen. Raumfugen werden nur im Anschluß an tragende Bauteile und an besonderen Stellen (z. B. Setzungsfugen innerhalb des Bauwerks, Toreinfahrten etc.) angeordnet.
- Langgestreckte oder spitz auslaufende Plattenfelder sind zu vermeiden (möglichst quadratische Plattenfelder).
- Einspringende Ecken innerhalb von Plattenfeldern sind zu vermeiden. Sollte dies nicht möglich sein, ist eine konstruktive Bewehrung anzuordnen.
- Es sollten nur Kreuzfugen (kein versetzter Fugenverlauf) angeordnet werden. Die Kreuzungspunkte sollten nicht im Bereich der Hauptfahrspuren liegen.
- Die Fugen sollten in Bereichen mit planmäßig geringerer Beanspruchung angeordnet werden.
- Bei Radlasten ab 60 kN sind die Längs- und Querfugen im Bereich der Fahrspuren zu verdübeln (siehe Abschnitt 13.6.3). Bei Betonplatten auf Wärmedämmung sollen alle befahrbaren Fugen verdübelt werden.
- Für die zulässigen Fugenabstände sind die Anhaltswerte der Tafel 13.18 zu beachten.
- Auch bei Stahlfaserbetonplatten ist die Anordnung von Fugen erforderlich. Es sind eventuell größere Fugenabstände möglich, allerdings ist in diesen Fällen auch mit größeren Fugenöffnungen zu rechnen.

Tafel 13.18 Anhaltswerte für Fugenabstände nach [39]

Herstellbedingung	**Abstand der Schein- und Preßfugen**	**Anmerkungen**
Industrieboden im Freien	$L \leq 6m$ und $L \leq 30d_{Platte}$	Preßfugen bei $L < 8m$ und $Q_{Rad} \leq 40KN$ mit Nut und Feder. Bei $L \geq 8m$ und $Q_{Rad} > 40KN$ Preßfugen und bei $L \geq 6m$ und $Q_{Rad} > 40KN$ Scheinfugen mit Verdübelung
Offene Hallen, Herstellung der Betonplatte mit normaler Nachbehandlung	$L \leq 8m$	
Geschlossene Hallen, spezielle Betonzusammensetzung, sofort einsetzende, verlängerte Nachbehandlung	$L \leq 12m$	

In Verbundestrichen und Beschichtungen sind keine zusätzlichen Fugen notwendig. Bezüglich Fugenabständen in Estrichen auf Trennschicht oder Wärmedämmung sind die Angaben in Abschnitt 13.4 zu beachten. Bezüglich der Fugenanordnung in Zementestrichen gelten die gleichen Grundsätze wie für Betonplatten (zulässige Fugenabstände s. Tafel 13.9).

13.6.3 Fugenverdübelung

Bei befahrenen Betonplatten soll die Fugenverdübelung eine planmäßige Übertragung der Querkräfte ermöglichen, so daß bei Laststellungen am Plattenrand oder -ecke die benachbarten Betonplatten zum Lastabtrag mit herangezogen werden können (vgl. Bild 13.7). So kann vor allem bei größeren Rad- oder Einzellasten die Plattenbiegebeanspruchung durch die Verdübelung erheblich verringert werden (siehe Bild 13.17).

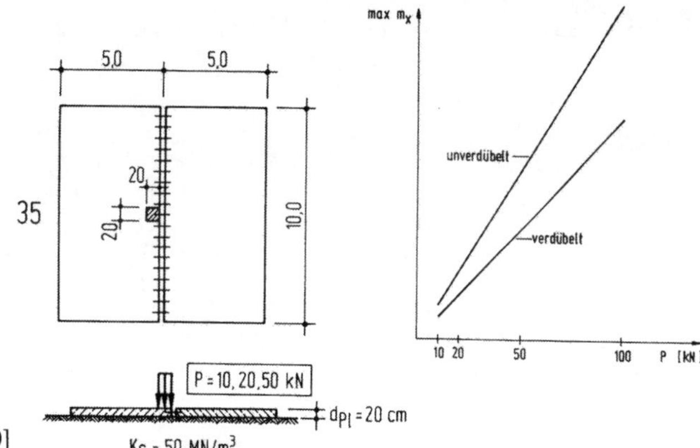

Bild 13.17
Maximale Plattenschnittkräfte mit und ohne Verdübelung nach [40]

Zusätzlich behindert die Fugenverdübelung unterschiedliche Setzungen benachbarter Plattenfelder („Stufenbildung"), wodurch die Gefahr von Fugenausbrüchen beim Befahren erheblich reduziert wird. Aufgrund der hohen Kosten des Dübeleinbaus erfolgt erst ab größeren Einzellasten (Q_{Rad} > 40 kN) eine Verdübelung der Industriebodenplatten.

Um die Längenänderungen der Platten nicht zu behindern, erhalten die Dübel (glatte Rundstäbe) meist eine dünne Kunststoffummantelung (siehe Bild 13.16). Die Dübel werden auf Biegung und Abscheren beansprucht (siehe Bild 13.18); für die Berechnung der maximal übertragbaren Querkraft ist aber im allgemeinen Betonversagen (Betonrandausbruch) maßgebend.

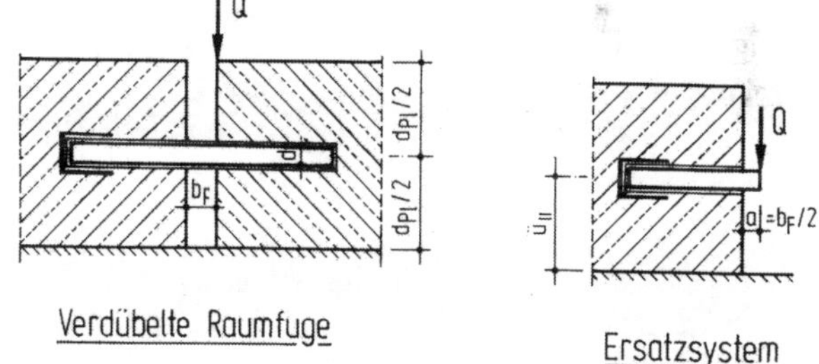

Bild 13.18
Beanspruchung des Dübels durch Querkräfte und zugehöriges Ersatzsystem [40]

Die zulässige Querkraft je Dübel ist abhängig von der Fugenbreite (mit zunehmender Fugenbreite nimmt die übertragbare Querkraft ab), dem Dübelabstand und -durchmesser und der Plattendicke.

Die Dübelbemessung kann nach [47] erfolgen, dabei ergeben sich für unterschiedliche Fugenbreiten und Dübeldurchmesser die in Tafel 13.19 zusammengestellten zulässigen Dübelkräfte.

Bei sehr großen Einzellasten und dünnen Betonplatten ist neben der Verdübelung eine Randbewehrung der sonst oft unbewehrten Betonplatten erforderlich, um ein frühzeitiges Ausbrechen des Betons im Bereich des Dübels zu verhindern.

Tafel 13.19 Zulässige, übertragbare Querkräfte je Einzeldübel nach [47]

Fugenbreite [mm]	Dübeldurchmesser [mm]	zul. Dübelkräfte [kN] – Stahlversagen –		zul. Dübelkräfte [kN] – Betonversagen (γ_b = 4,0 wegen dynamischer Belastung) –			
				B 25		B 35	
		St 37-2	St 52-3	d_{Pl} = 20 cm	d_{Pl} = 25 cm	d_{Pl} = 20 cm	d_{Pl} = 25 cm
10	16 20 25	3,8 6,3 10,2	5,7 9,4 15,3	5,3	8,1	6,7	10,1
20	16 20 25	3,1 5,2 8,8	4,6 7,8 13,2	5,3	8,1	6,7	10,1
40	16 20 25	2,2 3,9 6,8	3,3 5,9 10,2	5,3	8,1	6,7	10,1

13.6.4 Befahrbare Fugenprofile

Zur Vermeidung von Beton- und Estrichkantenausbrüchen im Bereich von Scheinfugen und insbesondere von Raumfugen bei stark befahrenen Industrieböden ist der Einbau geeigneter Fugen- oder Kantenschutzprofile erforderlich.

Aufgrund der sehr hohen Kosten sollte der Einbau von befahrbaren Fugenprofilen auf Raum- bzw. Dehnfugen begrenzt werden und Scheinfugen nur in Sonderfällen mit entsprechenden Profilen (z. B. Stahlwinkel) geschützt werden.

Bei der Profilauswahl ist neben der größeren Radlast auf die zu erwartende Größe und Richtung der Fugenbewegungen zu achten. In Bild 13.18 ist ein befahrbares Fugenprofil (bis 65 kN Achslast) im Bereich einer Raumfuge exemplarisch dargestellt.

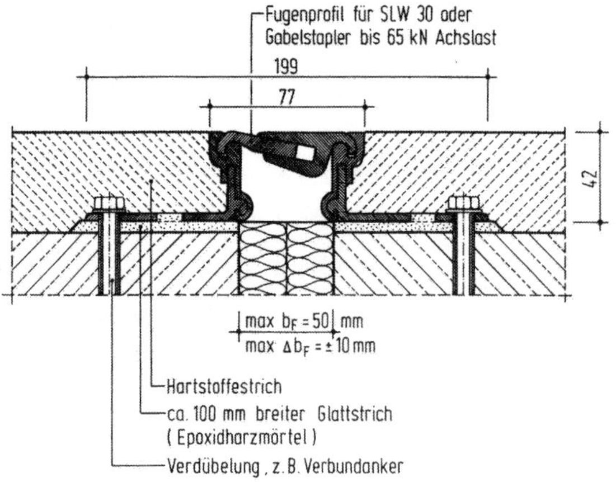

Bild 13.19
Befahrbares Fugenprofil im Bereich einer Dehnungsfuge [40]

Bei allen Fugenprofilen ist auf einen fachgerechten Einbau zu achten (höhengerechte Lage, vollflächige Kunstharzmörtelunterfütterung, Verdübelung mit bauaufsichtlich zugelassenen Dübeln). Bei großformatigen, bewehrten Stahlbetonplatten mit starker Fahrbeanspruchung werden die Plattenränder oft mit L- oder C-Stahlprofilen, die im Beton rückverankert sind (z. B. mit Kopfbolzen), geschützt.

13.7 Sonderkonstruktionen

13.7.1 Industrieboden auf Wärmedämmung

Zum Schutz der Arbeitnehmer (Arbeitsstättenverordnung) und aus Gründen der Energieeinsparung (Wärmeschutzverordnung) können auch an Industrieböden unter bestimmten Randbedingungen (vgl. Abschnitt 13.2.3.3) Anforderungen an die Begrenzung des Wärmedurchlaßkoeffizienten k gestellt werden. So ist die Anordnung einer zusätzlichen Wärmedämmschicht erforderlich, um den in DIN 4108-2, Tabelle 1, Zeile 5.1 [11] geforderten Wärmedurchlaßkoeffizienten von 0,93 [W/m²] zu erreichen. Die Ausbildung eines schwimmenden Estrichs auf einer tragenden Betonplatte ist bei durch größere Rad- und Einzellasten beanspruchten Industrieböden unwirtschaftlich. Statt dessen wird die Wärmedämmschicht direkt auf einer Sauberkeitsschicht unterhalb der Betonplatte angeordnet (siehe Bild 13.20).

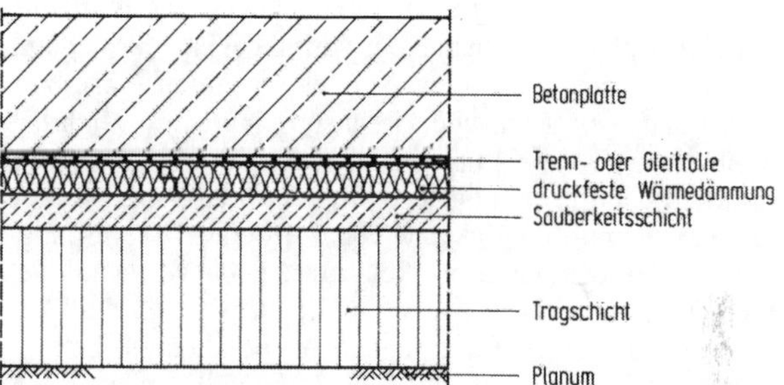

Bild 13.20
Aufbau eines wärmegedämmten Industriebodens

Die Steifigkeit und Dicke der verwendeten Wärmedämmschicht bestimmt wesentlich den bei der Bemessung der Betonplatte anzusetzenden Bettungsmodul k_S. Er kann nach [36] sowie DIN 18164 [13] und DIN 18165 [14] folgendermaßen ermittelt werden:

$$k_S = (\sigma_B - \sigma_L) / (d_L - d_B)$$

mit

d_L Dicke der Wärmedämmschicht bei einer Belastung von $\sigma_L = 0{,}25$ kN/m²

d_B Dicke der Wärmedämmschicht bei einer Belastung von $\sigma_B = 2{,}0$ kN/m²

Folgende Wärmedämmstoffe finden bei befahrbaren Industrieböden Anwendung (vgl. [48]):

- extrudierte Polystyrol-Platten

  Die Platten werden lose direkt auf eine Sauberkeitsschicht verlegt. Bei der Materialauswahl ist auf eine ausreichende Druckfestigkeit der Platten vor allem unter längerfristig einwirkenden Lasten zu achten (je nach Material bei maximal 2 % zulässiger Druckstauchung zwischen 0,16 N/mm² und 0,30 N/mm² bei 1000stündiger Beanspruchung bzw. zwischen 0,06 N/mm² und 0,16 N/mm² bei 20jähriger Dauerbeanspruchung).

- Schaumglas-Platten

  Die Platten werden auf eine Sauberkeitsschicht bzw. eine Kiesschicht vollflächig in Heißbitumen verlegt. Aufgrund des hohen Elastizitätsmoduls und der hohen Druckfestigkeit sind Schaumglas-Platten vor allem bei sehr hohen, punktuellen, ruhenden Lasten geeignet. Aufgrund des spröden Materialverhaltens sollten die auftretenden Druckspannungen infolge dynamischer Beanspruchung nach [48] weit unter den zulässigen Druckspannungen liegen.

Die relativ nachgiebige Lagerung der Betonplatte auf der Wärmedämmschicht führt zu einer starken Beanspruchung der Fugen. Deshalb ist in vielen Fällen die Anordnung einer Fugenverdübelung zu empfehlen bzw. zwingend zu fordern. Eine vollflächige Bewehrung der Platten sollte nur dann entfallen, wenn die Betonplatte die auftretende Beanspruchung mit ausreichender Sicherheit aufnehmen kann – es wird ein erhöhter Sicherheitsbeiwert empfohlen.

13.7.2 Beheizte Industriebodenkonstruktionen

In großen Sport-, Ausstellungs- und Reparaturhallen wird zur effektiven und damit wirtschaftlichen Beheizung immer öfter eine Industriebodenheizung eingesetzt. Aufgrund der erhöhten thermischen und hygrischen Beanspruchung sollte die Betonplatte immer bewehrt ausgeführt werden. Die Lage der Heizrohre ist bei der Ovalrohr-Fußbodenheizung unterhalb der oberen Bewehrungslage anzuordnen (siehe Bild 13.21); bei anderen Heizsystemen liegen die Heizrohre direkt auf der Wärmedämmung (analog zum beheizten Estrich). Eine Beschränkung der Belastung bei Anordnung einer Fußbodenheizung ist nicht erforderlich. Bei der Bemessung der Stahlbetonplatte sind neben der vorhandenen Wärmedämmung (siehe Abschnitt 13.7.1) die hygrischen Beanspruchungen (starkes, eventuell einseitiges Schwinden während der Heizperioden) und die thermischen Beanspruchungen (gleichmäßige Erwärmung der Betonplatte mit zusätzlichen Temperaturgradienten) zu berücksichtigen. Dies gilt auch für die Bemessung der erforderlichen Preß- und Raumfugen. In Abhängigkeit von der geplanten maximalen Vorlauftemperatur muß überprüft werden, ob eine Unterteilung der Bodenfläche durch Scheinfugen möglich ist, das heißt, ob die auftretenden Verformungen aus Erwärmung infolge Beheizung kleiner als die Verkürzungen aus Erstschwinden des Betons sind. Andernfalls erfolgt die Feldunterteilung durch Raumfugen. Bei befahrenen, beheizten Industrieböden sollten die Fugen wegen möglicher unterschiedlicher Verwölbungen einzelner Plattenfelder stets verdübelt wer-

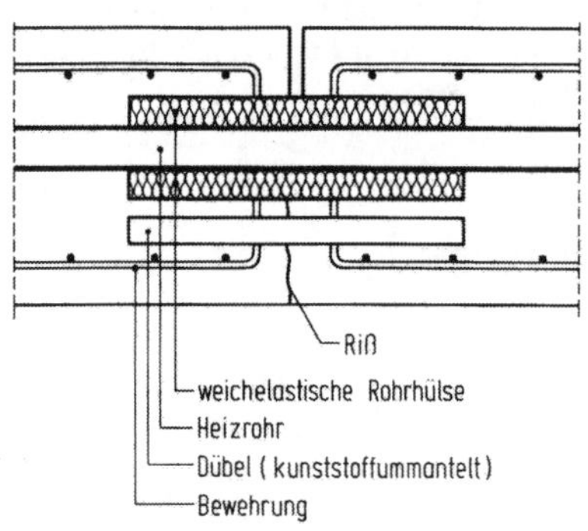

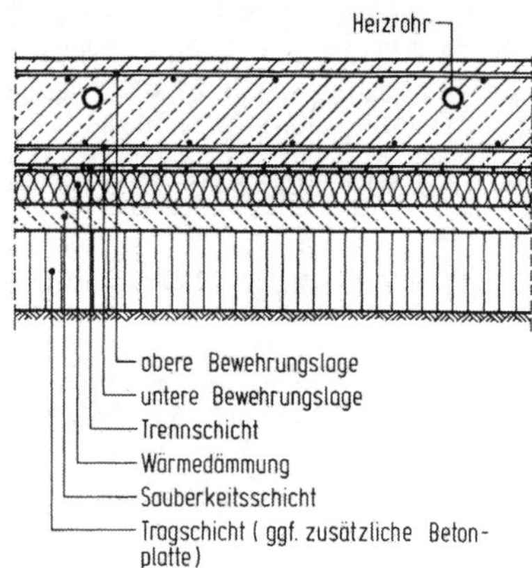

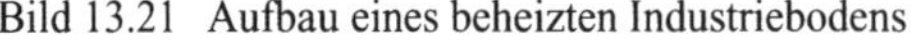

Bild 13.21 Aufbau eines beheizten Industriebodens

Bild 13.22 Ausbildung von Scheinfugen in beheizten Industrieböden

den (siehe Bild 13.22). Auf eine ausreichende Bewegungsmöglichkeit der Heizrohre im Bereich von Raum-, Preß- oder Arbeitsfugen ist zu achten.

13.7.3 Aufgeständerte Industriebodenkonstruktionen

Aufgeständerte Bodenkonstruktionen werden in hochwertigen Bürobauten, Rechenzentren, Schaltzentralen, Banken oder Fernsehstudios, das heißt, in Gebäuden mit hohem technischen und flexiblen Installationsbedarf, eingesetzt. Daneben können sie als sogenannte „Klimaböden" zur Klimatisierung oder bei Räumen mit Anforderungen zur Begrenzung des Feuchtegehaltes (z. B. Holz- oder Papierlager) im Bereich von „weißen Wannen" genutzt werden.

Hohlraumböden (Bild 13.23a) werden z. B. durch in Folienschalung verlegte Anhydrit- oder Zementestriche gebildet. Der Lastabtrag erfolgt über Gewölbewirkung. Die Höhe des Gewölbes wird über die gewählte Folienschalung („Eierkarton") geregelt. Bei größeren Lasten (über 5 kN/m^2) ist die Estrichdicke im Bereich des Gewölbescheitels und gegebenenfalls die Estrichfestigkeitsklasse zu erhöhen.

Unter Doppelböden (siehe Bild 13.23b) versteht man mittels Stahlstützen oder Betonfertigteilen aufgeständerte Plattenbeläge (in der Regel vorgefertigte Platten), die für Lasten von 5 bis 10 kN/m^2 geeignet sind. Bei sehr großen Rad- und Einzellasten können als Plattenbeläge auch Halbfertigteilelemente mit statisch mitwirkender Ortbetonschicht zur Anwendung kommen.

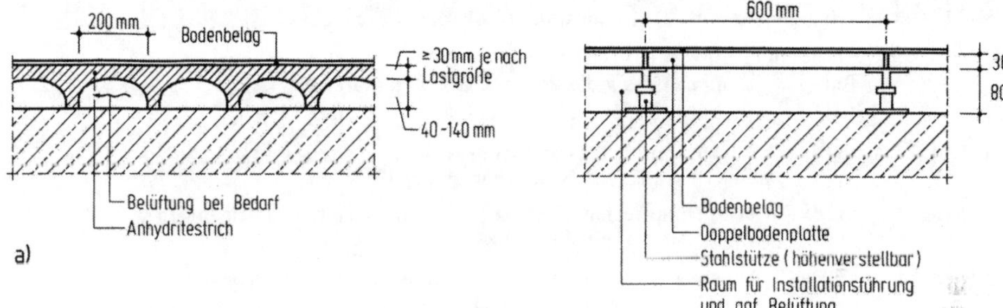

Bild 13.23 Aufgeständerte Bodenkonstruktion

13.8 Literatur

13.8.1 Normen, Richtlinien

[1] DIN 272 Prüfung von Magnesiaestrich. Februar 1986.

[2] DIN 273 Ausgangsstoffe für Magnesiaestriche
Teil 1 Kaustische Magnesia. Mai 1981.
Teil 2 Magnesiumchlorid. Juli 1983.

[3] DIN 1045 Beton und Stahlbeton; Bemessung und Ausführung. Juli 1988.

[4] DIN 1048 Prüfverfahren für Beton;
Teil 1 Frischbeton. Juni 1991.
Teil 2 Bestimmung der Druckfestigkeit von Festbeton in Bauwerken und Bauteilen. Juni 1991.

Teil 4 Bestimmung d. Druckfestigkeit v. Festbeton in Bauwerken u. -teilen; Anwendung v. Bezugsgeraden u. Auswertung mit besonderen Verfahren. Juni 1991.
Teil 5 Festbeton; gesondert hergestellte Probekörper. Juni 1991.

[5] DIN 1055 Lastannahmen für Bauten;
Teil 3 Verkehrslasten. Juni 1971.

[6] DIN 1072 Straßen- und Wegebrücken; Lastannahmen. Dezember 1985.

[7] DIN 1100 Hartstoffe für zementgebundene Hartstoffestriche. Mai 1979.

[8] DIN 1995 Bituminöse Bindemittel für den Straßenbau; Anforderungen. Dezember 1980.

[9] DIN 1996 Prüfung bituminöser Massen für den Straßenbau und verwandte Gebiete;
Blatt 1 Allgemeines. Dezember 1974.
Teil 12 Druckversuch an Gußasphalt. Februar 1985.
Teil 13 Eindringversuch mit ebenen Stempel. Juli 1984.

[10] DIN 4030 Beurteilung betonangreifender Wasser, Böden und Gase
Teil 1 Grundlagen und Grenzwerte. Juni 1991.
Teil 2 Entnahme und Analyse von Wasser- und Bodenproben. Juni 1991.

[11] DIN 4108 Wärmeschutz im Hochbau;
Teil 2 Wärmedämmung und Wärmespeicherung; Anforderungen und Hinweise für Planung und Ausführung. August 1981.
Teil 4 Wärme- und feuchteschutztechnische Kennwerte. November 1991.

[12] DIN 18134 Plattendruckversuch. Juni 1990.

[13] DIN 18164 Schaumkunststoffe als Dämmstoffe für das Bauwesen

[14] DIN 18165 Faserdämmstoffe für das Bauwesen;
Teil 1 Dämmstoffe für die Wärmedämmung. März 1987.
Teil 2 Dämmstoffe für die Trittschalldämmung. März 1987.

[15] DIN 18352 VOB (C): Allgemeine Technische Vertragsbedingungen für Bauleistungen (ATV): Fliesen- und Plattenarbeiten. September 1988.

[16] DIN 18353 VOB (C): Allgemeine Technische Vertragsbedingungen für Bauleistungen (ATV): Estricharbeiten. September 1988.

[17] DIN 18354 VOB (C): Allgemeine Technische Vertragsbedingungen für Bauleistungen (ATV): Asphaltbelagarbeiten. September 1988.

[18] DIN 18365 VOB (C): Allgemeine Technische Vertragsbedingungen für Bauleistungen (ATV): Bodenbelagarbeiten. September 1988.

[19] DIN 18560 Estriche im Bauwesen;
Teil 1 Begriffe, Allgemeine Anforderungen, Prüfung. Mai 1992.
Teil 2 Estriche und Heizestriche auf Dämmschichten. Mai 1992.
Teil 3 Verbundestriche. Mai 1992.
Teil 4 Estriche auf Trennschicht. Mai 1992.
Teil 7 Hochbeanspruchte Estriche. Mai 1992.

[20] DIN 51953 Bestimmung des Erdableitwiderstandes

[21] DIN 52108 Prüfung anorganischer, nichtmetallischer Werkstoffe; Verschleißprüfung mit der Schleifscheibe nach BÖHME, Schleifscheibenverfahren. August 1968.

Arbeitsblätter des Arbeitskreises Industriebau e.V.:

[22] AGI-Arbeitsblatt A 10 Industrieböden; Hartstoffbetonplatten. April 1990.

[23] AGI-Arbeitsblatt A 12 Industrieböden; Industrieestriche – Ergänzungen zu DIN 18 560.
Teil 1 Zementestrich, zementgebundener Hartstoffestrich. Oktober 1986.
Teil 2 Anhydritestrich. März 1988.
Teil 3 Gußasphaltestrich. März 1991.
Teil 4 Magnesiaestrich. Juni 1991.

[24] AGI-Arbeitsblatt A 60 Industrieböden; Asphaltplattenbeläge - Beiblatt: Leitfaden zum Leistungsverzeichnis. Juni 1989.

[25] AGI-Arbeitsblatt A 80 Industrieböden aus Kunstharz; Imprägnierung, Versiegelung, Beschichtung, Estrich. Januar 1981.

[26] AGI-Arbeitsblatt G 10 Verkehrsflächen im Industriebau; Straßen-, Park- und Lagerflächen; Planung. April 1990.

[27] AGI-Arbeitsblatt S 10 Säureschutzbau;
Teil 1 Schutz von Baukonstruktionen mit Plattenbelägen gegen chemische Angriffe. November 1991.
Teil 2 Dichtschichten. November 1991.
Teil 3 Plattenlagen. November 1991.
Teil 4 Ausführungsdetails. Juni 1988.

Richtlinien

[28] Deutscher Ausschuß für Stahlbeton: Richtlinie zur Nachbehandlung von Beton, Fassung Februar 1984 (Anlage zum DBV-Rundschreiben Nr. 112/1984).

[29] Deutscher Ausschuß für Stahlbeton: Richtlinie – Schutz und Instandsetzung von Betonbauteilen, Teile 1 bis 4, Fassung 1990.

[30] Deutscher Betonverein e.V.: Industriefußböden aus Stahlfaserbeton. DBV-Merkblattsammlung, Ausgabe April 1991.

[31] Merkblatt für Fußböden in Arbeitsräumen und Arbeitsbereichen mit Rutschgefahr (ZH1/571). Zentralstelle für Unfallverhütung und Arbeitsmedizin der gewerblichen Berufsgenossenschaften. Köln: C. Heymanns Verlag: 1993.

Vorschriften

[32] ZTVT-Stb 86: Zusätzliche Technische Vorschriften und Richtlinien für Tragschichten im Straßenbau; Bundesminister für Verkehr, Ausgabe 1987.

[33] ZTV-Riss 93: Zusätzliche Technische Vorschriften und Richtlinien für das Füllen von Rissen in Betonbauteilen; Bundesminister für Verkehr, Ausgabe 1993.

[34] ZTV-SIB 90: Zusätzliche Technische Vorschriften und Richtlinien für Schutz und Instandsetzung von Betonbauteilen; Bundesminister für Verkehr, Ausgabe 1990.

[35] Gesetz zur Ordnung des Wasserhaushaltes (Wasserhaushaltsgesetz WHG); Novellierung 1987.

13.8.2 Zitierte Literatur

[36] Schrepfer, T.: Qualitätssicherung von Industrieböden. In: Forum Bauwerks Erhaltung, 2. Internationaler Kongreß 9.-11. Februar 1994, Berlin. S. 774-780.

[37] Eisenmann, J.: Betonfahrbahnen. Handbuch für Beton-, Stahlbeton- und Spannbetonbau. Berlin: Verlag Ernst & Sohn, 1979.

[38] Institut für Baustoff-Forschung Erftstadt: Chemikalienbeständige Abdichtungen im Industriebetrieb. Zentralblatt für Industriebau, Sonderbeilage industrie-boden-technik 36 1990, H. 3, S. 36-40.

[39] Lohmeyer, G.: Betonböden im Industriebau: Hallen- und Freiflächen. 3. überarb. Aufl., Düsseldorf: Betonverlag, 1988.

[40] Cziesielski, E.; Schrepfer, T.: Schäden an Industrieböden. Stuttgart: IRB Verlag, 1993.

[41] Schießl, P.: Grundlagen der Neuregelung zur Beschränkung der Rißbreite. Heft 400 der Schriftenreihe des Deutschen Ausschusses für Stahlbeton, S. 157 - 175. Berlin, Köln: Beuth Verlag, 1989.

[42] Noakowski, P.: Verbundorientierte, kontinuierliche Theorie zur Ermittlung der Rißbreite. Beton- und Stahlbetonbau 80 (1985), H. 7 u. 8, S. 185-190 u. S. 215-221.

[43] Lohmeyer, G.: Zementestriche I und II. Zentralblatt für Industriebau, Sonderbeilage industrie-bodentechnik 32 1986, H. 5, S. 8-19 und 1987, H. 1, S. 9-13.

[44] Rieche, G.: Erforderliche Oberflächenzug- und Haftzugfestigkeit von Beton für Estriche und Mörtelbeschichtungen. In: Industriefußböden: Internationales Kolloquium, 10.-12. Januar 1995 – Technische Akademie Esslingen. Hrsg.: P. Seidler, Ostfildern: Technische Akademie Esslingen, 1995. S. 157-160.

[45] Schuhmann, H.: Technologie der Kunstharzestriche. Untergründe, Verarbeitung und Einbau. Bautenschutz und Bautensanierung, Sonderheft Praxis: Instandsetzung von Fußböden. März 1990, S. 22-27.

[46] Stöckl, F.: Mechanisch hoch belastbare Boden-Beschichtungen unter Berücksichtigung der neuen Richtlinien, Teil 1 und 2. Bautenschutz + Bautensanierung (1991), H. 7, S. 42-44 und H. 8, S. 20-29.

[47] Paschen, H.; Schönhoff, T.: Untersuchungen über in Beton eingelassene Scherbolzen. Heft 346 der Schriftenreihe des Deutschen Ausschusses für Stahlbeton. Berlin, Köln: Beuth Verlag, 1983.

[48] Luz, E.: Wärmedämmung für Industrieböden. Düsseldorf: Beton-Verlag, 1990.

14 Gründungen

Von Stavros Savidis

14.1 Einführung

Bauwerk und Baugrund befinden sich in einer ständigen Wechselwirkung (Interaktion). Die Schnittstelle dieser Wechselwirkung ist die Gründung, deren Aufgabe darin besteht, alle Bauwerkslasten aus dem Überbau aufzunehmen und in den Baugrund „sicher" weiterzuleiten. Wird die Gründung ihrer Aufgabe nicht gerecht, wird der Baugrund also lastenmäßig überfordert, so kann es zu großen Verformungen im Baugrund und als Folge davon zu mehr oder weniger schweren Bauwerksschäden oder gar zum Einsturz kommen.

Die Gründung eines Bauwerks kann aber auch ein ganz entscheidender Kostenfaktor werden. Dasselbe gilt auch für Maßnahmen der Baugrubensicherung. Hier geht es darum, dem Verhalten des Erdreichs um die Baugrube herum mit geeigneten, aber auch möglichst kostengünstigen Maßnahmen Rechnung zu tragen.

Die Aufgabe der beteiligten Ingenieure ist es daher, die Gründung und gegebenenfalls auch die Baugrubensicherung so zu gestalten, daß einerseits alle möglichen Gefahren mit ausreichender Sicherheit gebannt werden, daß dabei aber andererseits auch unnötiger Kostenaufwand vermieden wird. Dazu ist es primär erforderlich, die Beschaffenheit und daraus resultierendes Verhalten des Baugrundes zu kennen. Da es sich bei Bodenmechanik und Grundbau, wo das hier zu benötigte Wissen beheimatet ist, um ein sehr umfangreiches Spezialgebiet des Bauingenieurwesens handelt, werden zur Klärung dieser Fragen Sonderfachleute – „Baugrundsachverständige" – eingeschaltet. Aber auch der planende Ingenieur muß mit dem Verhalten der verschiedenen Bodenarten vertraut sein. Er muß insbesondere alle in Frage kommenden Gründungsmöglichkeiten, ihr Verhalten und ihre Kosten kennen, um im Zusammenwirken mit dem Baugrundsachverständigen einen optimalen Gründungsvorschlag erarbeiten zu können.

Es ist das Ziel der folgenden Ausführungen, die Aufgabenwelt des Grundbaus zu verdeutlichen und auf die Probleme aufmerksam zu machen, die sich aus dem Zusammenwirken von Bauwerk und Baugrund ergeben.

14.2 Baugrunderkundung bzw. -aufschlüsse

Die Baugrundeigenschaften müssen bereits bei der Planung bekannt sein. Zu diesem Zweck kann es notwendig sein, Bodenuntersuchungen vorzunehmen, wozu im Regelfall ein Baugrundsachverständiger eingeschaltet wird. Der Umfang der Bodenuntersuchungen kann reduziert werden, wenn z. B. in städtischen Baugebieten die Bodenverhältnisse von Baustellen in der Nachbarschaft her bekannt sind. In Gebieten mit ungestörtem, gleichmäßigem Schichtenaufbau des Untergrundes kann vielfach schon aus der geologischen Situation auf die Bodenverhältnisse geschlossen werden. Es kann dann genügen, ein bis zwei Schürfgruben oberhalb des Grundwassers anzulegen (s. DIN 4021) oder einige wenige Sondierungen vorzunehmen (s. DIN 4094). Während in der ausgehobenen Schürfgrube der Baugrund direkt betrachtet werden kann und auch die Entnahme von Bodenproben möglich ist, handelt es sich bei der Sondierung um ein indirektes Baugrundaufschlußverfahren, bei der der Eindringwiderstand einer in der Regel lotrecht eingebrachten Sonde gemessen wird. Beim Aushub der Baugrube besteht die Möglichkeit, die angetroffenen Bodenverhältnisse mit den vorhergesagten zu vergleichen, wobei man sich natürlich dessen bewußt sein muß, daß es in erster Linie darum geht, zu wissen, wie der Baugrund unterhalb der Gründung beschaffen ist!

Liegen die Verhältnisse nicht so klar und grundsätzlich bei wechselhaften bzw. schlechten Bodenverhältnissen und bei Bauten, die höhere Lasten bringen und dementsprechend tief in den

Untergrund hineinwirken, sind Bohrungen nach DIN 4021, die die Entnahme mehr oder weniger gestörter Proben ermöglichen, unerläßlich. An diesen Proben können im Laboratorium alle interessierenden Bodeneigenschaften ermittelt werden. Näheres hierzu regeln DIN 4021 bis 4023 und 4094 sowie DIN 18121 bis 18127, DIN 18130, 18134, 18136 und 18137. DIN 18196 enthält die Klassifikation der Bodenarten. Siehe dazu auch DIN 18300. Für die Durchführung der Laboruntersuchungen sollte ein in dem „Verzeichnis der Institute für Erd- und Grundbau" geführtes Institut eingeschaltet werden.

Bohrungen sind „flächendeckend" innerhalb des Bauwerksgrundrisses niederzubringen. Ihre Anzahl muß um so größer bzw. ihre Abstände müssen um so geringer sein, je ungleichmäßiger die Untergrundverhältnisse sind bzw. erwartet werden müssen. Manchmal werden Zahl und Ort der Bohrstellen nur sukzessive festzulegen sein (vgl. DIN 1054, Abs. 3.2). Bei einem Hochbau mittlerer Größe werden im allgemeinen zunächst 5 Bohrungen und eventuell eine Schürfgrube angelegt und später nach Bedarf ergänzt.

Da man bereits vor Inangriffnahme der Entwurfsplanung wissen muß, ob im Untergrund mit kostenerhöhenden Verhältnissen zu rechnen ist, und da man sich bereits in der Vorentwurfsphase über die zu wählende Gründungsart klar werden sollte, ist es notwendig, den Baugrundsachverständigen unmittelbar nach der Beauftragung des Architekten einzuschalten. Zu diesem Zeitpunkt werden vom Baugrundsachverständigen die Grundlagen für die Entscheidungsfindung über Lage, Grundriß und Gewichte des Baukörpers, über Gründungsmöglichkeiten und -tiefen sowie Aufschluß über mögliche Erschwernisse (Fels, Rutschungsgefahr, Setzungsempfindlichkeit, Grundwasser usw.) benötigt. Mit Lage, Grundriß und Massen kann der Baukörper den Untergrundverhältnissen dann gegebenenfalls angepaßt werden.

Ein Aspekt der Baugrunderkundungen sollte vor allem in städtischen Siedlungsgebieten auch die Kontamination des Bodens bzw. des Grundwassers sein. Die Behandlung bzw. Deponierung kontaminierten Erdreiches kann ein nicht zu vernachlässigender Kostenfaktor sein. Gleiches gilt für die Reinigung des geförderten Grundwassers. Hier ist zusätzlich zu berücksichtigen, daß infolge der Absenkwirkung eine Verschleppung von Kontaminationen im Grundwasser von weiter entfernten Standorten hin zur Baugrube möglich ist.

Bei schlechtem, wenig tragfähigem Baugrund wird man eine möglichst leichte Bauweise wählen. Bei in geringer Tiefe unter der vorgesehenen Gründungssohle anstehendem, gut tragfähigem Baugrund kann es sinnvoll sein, ein zweites Keller-(oder Garagen-) Geschoß vorzusehen, um direkt auf dem tragfähigen Boden gründen zu können anstatt darüber lagernde Lockerschichten z.B. mit Pfählen zu überbrücken oder durch tragfähiges Material zu ersetzen. Zur Schaffung dieser Entscheidungsgrundlagen sind vom Baugrundsachverständigen die folgenden Leistungen zu erbringen bzw. zu fordern:

1) Baugrundbeschreibung, im Regelfall gestützt auf stichprobenartige Aufschlüsse, in günstigen Fällen auf örtliche Erfahrungen (benachbarte Aufschlüsse), ergänzt durch geologische Informationen, z. B. durch geologische Karten.

2) Angaben über den voraussichtlichen Schichtenverlauf sowie über die Beschaffenheit der einzelnen Schichten durch Einordnung in DIN 4022. Angaben über Hangwasser, Grundwasserstand und -beschaffenheit. Angaben über die Größenordnung zu erwartender Setzungen und Setzungsunterschiede.

3) Diskussion der bestehenden Hinweise auf Erschwernisse bzw. Risiken. Ungefähre Angabe aller zur überschläglichen Bemessung der Gründungskörper sowie eventueller Baugrubenumschließungen erforderlichen erdstatischen Kennwerte (Bodenkenngrößen gemäß DIN 1055-2 s. auch DIN 1080-6).

Als Grundlage für verläßliche Angaben über den höchsten zu erwartenden Grundwasserstand können Angaben der zuständigen Wasserwirtschaftsbehörde bzw. des Umweltamtes eingeholt werden bzw. es können langfristige Pegelbeobachtungen auf dem Baugrundstück erforderlich sein. Durch sie kann der Zusammenhang zwischen Grundwasserstand im Baugelände mit Hochwasserwellen in benachbarten Flußläufen bzw. mit Regenspenden ermittelt werden. Um eine ausreichende Beobachtungszeit sicherzustellen, muß ein solcher Pegel so früh wie möglich angelegt und der Pegelstand ausgewertet werden. Insbesondere ist die Aggressivität des Grundwassers entsprechend DIN 4030 festzustellen, um dies bei der Planung der Gründung bzw. der Abdichtung entsprechend zu berücksichtigen.

Ist der Vorentwurf des Bauwerks fertiggestellt, so wird vom Baugrundsachverständigen ein umfassendes Baugrundgutachten benötigt. (Der Vorentwurf beinhaltet die skizzierte Lösung der wesentlichen Teile der Bauaufgabe nebst überschläglicher statischer Berechnung und Kostenschätzung.) Zur Ausarbeitung des Gründungsgutachtens benötigt der Baugrundsachverständige nun aber seinerseits Informationen, die im Rahmen der Vorentwurfsplanung gewonnen wurden, nämlich:

Den Gebäudegrundriß, den Vorentwurf der Gründung, z.B. einen vorläufigen Fundamentplan mit Angabe der auf jedes Fundament entfallenden Lasten und seiner beabsichtigten Gründungstiefe, sowie Schnittzeichnungen, welche auch die vorgesehenen Böschungen bzw. Aussteifungen der Baugrube und die Höhenlage aller Konstruktionsteile unter Gelände erkennen lassen.

Das Baugrundgutachten soll dann enthalten:

1. Alle für die Berechnung der Gründungskörper und des Zusammenwirkens von Bauwerk und Baugrund sowie der Baugrubenumschließungen benötigten Bodenkenngrößen, wie z.B. die Wichte des Bodens γ, den Reibungswinkel φ, die Kohäsion c, den Bettungsmodul k_s und die Durchlässigkeit k.
2. Die für die Ausschreibung erforderlichen Angaben, wie z. B. Bohrergebnisse und Schichtenverzeichnisse, Klassifizierung der auszuhebenden Bodenschichten, Grundwasserstände und -beschaffenheit sowie Empfehlungen zur Wasserhaltung, Hinweise zur Behandlung des Aushubsplanums.
3. Angaben über zu erwartende, gleichmäßige und ungleichmäßige Setzungen und über deren zeitlichen Ablauf.
4. Zulässige Bodenpressungen, gegebenenfalls zulässige Pfahllasten.
5. Hinweise auf die Auswirkung der Baumaßnahme auf Nachbarbauwerke.

In vielen Fällen werden als Grundlage für ein solches Baugrundgutachten ergänzende Aufschlüsse (Bohrungen, Laboruntersuchungen), eventuell auch ergänzende bodenmechanische bzw. felsmechanische Felduntersuchungen erforderlich sein.

14.3 Gründungsarten

14.3.1 Flachgründungen

Unter Flachgründungen versteht man mehr oder weniger flächenhafte Gründungskörper, deren Dicke sich statisch aus ihrer Funktion ergibt, und die die jeweilige Last auf eine angemessen große Fläche zu verteilen haben, damit eine dem Boden zumutbare Pressung, „Bodenpressung" genannt, nicht überschritten wird.

Man unterscheidet: Einzelfundamente unter „Punktlasten", z. B. unter Stützen, Streifenfundamente unter „Linienlasten", z. B. Wänden, und Fundamentplatten, z. B. unter ganzen

Gebäuden. Bei letzteren ist der untere Abschluß des Gebäudes eine Platte, die die Verteilung der von oben kommenden Lasten auf die gesamte Bauwerksgrundfläche oder einen Teil derselben übernimmt.

Flachgründungen sind nur möglich, wenn unter der Bauwerkssohle ein ausreichend tragfähiger Baugrund ansteht oder gegebenenfalls geschaffen werden kann, z. B. durch Verdichtung, durch Bodenaustausch, durch chemische Verfestigung usw. Einzel- und Streifenfundamente stellen bei ausreichend tragfähigem Baugrund die wirtschaftlichste Gründungsform dar. Fundamentplatten kommen zur Ausführung, wenn das Bauwerk in das Grundwasser eintauchen kann, wenn mithin eine „Wanne" ausgebildet werden muß. Sie werden auch dann angewendet, wenn hohe Bauwerkslasten innerhalb einer relativ kleinen Bauwerksgrundfläche an den Baugrund abgegeben werden müssen (z. B. bei Hochhäusern) und/oder wenn die Beschaffenheit des Baugrundes nur geringe Bodenpressungen zuläßt. Die zulässigen Bodenpressungen ergeben sich in erster Linie aus Kornverteilung und Lagerungsdichte, d.h. aus der Zusammendrückbarkeit des Bodens und natürlich auch aus der Setzungsempfindlichkeit des Bauwerks. Aber auch die Grundbruchsicherheit (s. Abschn. 14.6.1) muß gewährleistet sein. Die Einsenkung des Bodens und damit die unter einer bestimmten Belastung zu erwartende Fundamentsetzung kann durch eine „Setzungsberechnung" anhand der erbohrten Schichten und ihrer festgestellten Bodeneigenschaften ermitteln. Die Größe der noch als hinnehmbar angesehenen Setzungen liefert dann das Kriterium für die Festsetzung der zulässigen Bodenpressungen, sofern Grundbruch nicht maßgebend wird (s. Abschn. 14.5.1). Unter gewissen einschränkenden Voraussetzungen und bei Kenntnis der Baugrundeigenschaften können die zulässigen Bodenpressungen aus DIN 1054 in Abhängigkeit von den Fundamentabmessungen, von der Einbindetiefe des Fundaments und von der Vorbelastung der Gründungsfläche durch das Gewicht des ausgehobenen Bodens entnommen werden. Eine Vorbelastung des Baugrundes erlaubt höhere zulässige Bodenpressungen. Die Einwirkungstiefe der Fundamentabmessungen wird in Abschn. 14.5.2 behandelt.

Für alle Flachgründungen ist „Frostsicherheit" Voraussetzung. Damit ist gemeint, daß der Boden unter den Fundamenten außerhalb der Frostzone liegen muß, da gefrierender Boden zu Fundamenthebungen und beim Auftauen zu Senkungen führen kann. Als in diesem Sinne frostgefährdete Böden sind gemischt- und feinkörnige Böden nach DIN 18196 anzusehen. Als „Mindestfrosttiefe" gelten in milderem Klima 80 cm (s. DIN 1054, Abs. 4.1.1). An die Frostgefahr muß auch bei überwinternden Rohbauten gedacht werden, bei welchen die Außenluft und daher auch die Außentemperatur freien Zugang in die Kellerräume hat, von wo aus die Gründungssohle infolge geringerer Erdüberdeckung leichter vom Frost erreicht werden kann.

Tafel 14.1 n-Werte für die Lastausbreitung (nach DIN 1045)

	max. Bodenpressungen σ_0 in kN/m²				
	100	200	300	400	500
B 5	1,6	2,0	2,0	unzulässig	
B 10	1,1	1,6	2,0	2,0	2,0
B 15	1,0	1,3	1,6	1,8	2,0
B 25	1,0	1,0	1,2	1,4	1,6
B 35	1,0	1,0	1,0	1,2	1,3

$d \geq n \cdot a$ für unbewehrtes Fundament

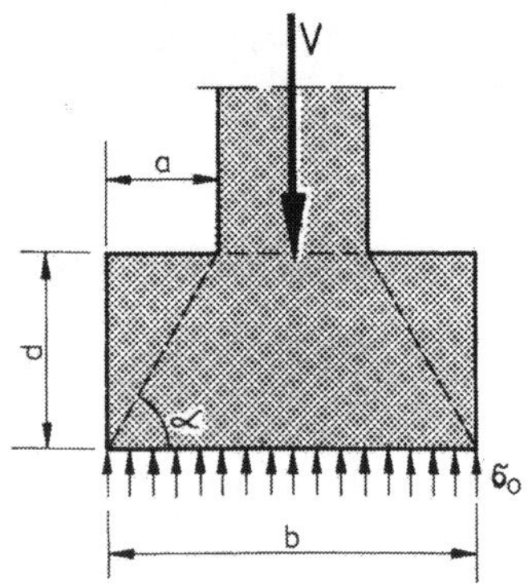

Bild 14.1
Unbewehrtes Einzelfundament

Einzel- und Streifenfundamente können unbewehrt und bewehrt ausgeführt werden. Bei quadratischen Einzelfundamenten ergibt sich unter zentrischer Gesamtlast V sowie unter der dann üblichen Annahme gleichmäßig verteilter zulässiger Bodenpressung zul. σ_0 die Fundamentbreite (vgl. Bild 14.1) zu

$$b_a = b_y = \sqrt{\frac{V}{zul\sigma_0}}$$

Bei unbewehrten Fundamenten muß die Biegezugspannung σ_{bz} im Beton auf einen Wert begrenzt werden, der ausreichenden Sicherheitsabstand von der Biegezugfestigkeit hat. Dies wird erreicht, wenn entsprechend DIN 1045 Tabelle 17 die Dicke des Fundamentes $d \geq n \cdot a$ ist (s. Bild 14.1).

Tafel 14.2 Kosten für Beton B25 und Schalung (ohne Aushub) bei einem unbewehrten Blockfundament für V = 7800 kN Gesamtlast.

σ_0 in MN/m²	Kosten in %
0,2	207
0,3	161
0,4	122
0,5	100

Bei größeren Lasten wird die Fundamentdicke d groß, was zu höheren Aushub- und eventuell auch zusätzlich zu Wasserhaltungskosten führt. Insbesondere bei schlechtem Baugrund wachsen die Kosten für ein solches unbewehrtes Fundament mit abnehmendem zul. σ_0 rapide; Tafel 14.2 veranschaulicht das!

Da bewehrte Fundamente mit verhältnismäßig kleiner Dicke d ausgebildet werden können, sind sie daher insbesondere bei größeren Lasten bzw. bei schlechtem Baugrund wirtschaftlicher als unbewehrte Fundamente. Unter bewehrten Fundamenten muß aber zunächst eine je nach

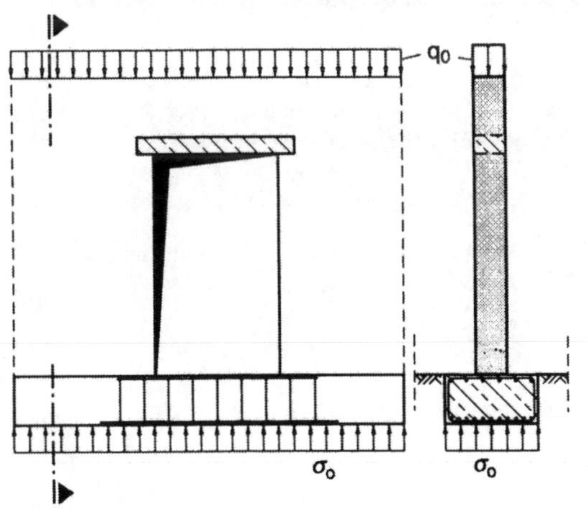

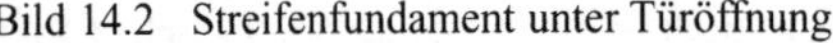
Bild 14.2 Streifenfundament unter Türöffnung

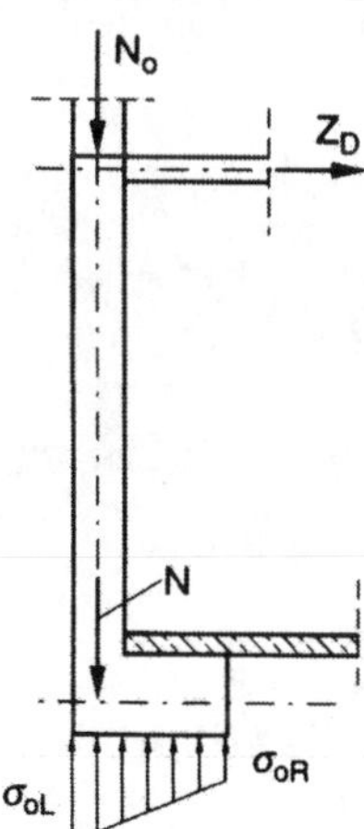

Bild 14.3 Einhüftig angeordnetes Fundament

Baugrund 5 bis 10 cm dicke „Sauberkeitsschicht“ eingebracht werden, damit die Bewehrung richtig verlegt und mit ausreichender Betondeckung versehen werden kann.

Bei bewehrten Einzelfundamenten unter Einzellasten (Stützen) muß zweiachsig bewehrt und die Bewehrung entsprechend abgestuft, d.h. dem Momentenverlauf angepaßt verlegt werden.

Hier muß außerdem der Durchstanzgefahr Beachtung geschenkt werden. (s. auch [51], [52], [53], [57] Abschn. 3.1 und 3.2 sowie DIN 1045, Abschn. 22.7). Bei Streifenfundamenten ergibt sich nutzungsbedingt z.B. bei Türöffnungen ein ungleichmäßiger Wandlasteintrag (s. [54]). Das Fundament muß dann als ein in seiner Längsrichtung wirkender Balken, der im Öffnungsbereich eingespannt ist, betrachtet werden (s. Bild 14.2).

Aufgrund örtlicher Verhältnisse, wie Grundstücksgrenzen bzw. Nachbarbebauungen, ist oft ein mittiger Lasteintrag in Streifen- oder Einzelfundamente nicht möglich. Eine unsymmetrische Anordnung des Fundamentes ist erforderlich. Dann ist die Bodenpressung 0 nicht mehr konstant und die auf dem Fundament stehende Wand erhält Biegung (s. Bild 14.3). Sie muß als Stahlbetonwand ausgeführt oder das Fundament muß so ausgebildet werden, daß es zumindest als Balken auf zwei Stützen zwischen Außen- und Innenwand wirken kann (Platte oder Plattenbalken in Verbindung mit Fußbodenplatte).

Als Kellerfußboden wird – sofern kein Grundwasser ansteht – eine Betonschicht angeordnet, die keine nennenswerte statische Beanspruchung erfährt, wenn nicht schwere Lasten darauf abgestellt werden. Sie kann deshalb unbewehrt in ca. 15 cm Dicke ausgeführt werden. Um Rißbildungen aus Schwinden vorzubeugen, wird sie häufig doch „konstruktiv“ bewehrt, z.B. auch dann, wenn sie nicht gleichmäßig aufliegt (Auflagerung auf Boden ist z.B. nachgiebiger als auf Fundamentvorsprung).

(Siehe zu Flachgündungen auch Abschn. 14.4.4).

Auch wenn kein Grundwasser ansteht, erfordert die Trockenhaltung des Kellermauerwerks besondere Drän- bzw. Abdichtungsmaßnahmen (s. Bild 14.4; s. auch DIN 4095 und Abschn. 13).

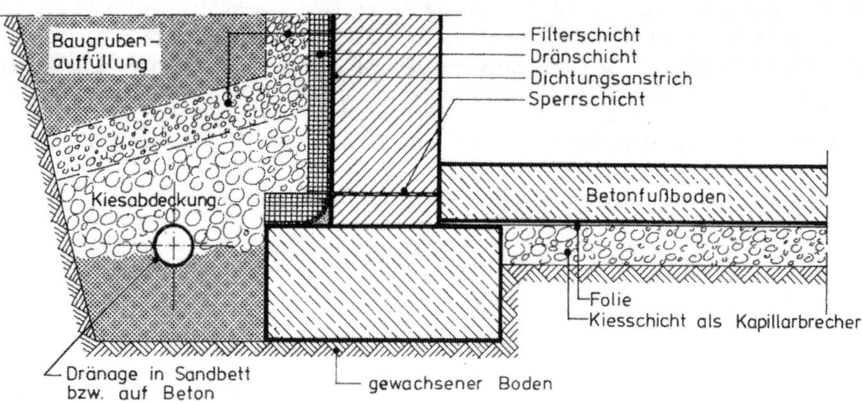

Bild 14.4 Fundament und Fußbodenplatte

14.3.2 Tiefgründungen

Unter dem Begriff „Tiefgründungen“ werden alle Gründungsformen verstanden, bei denen Bauwerkslasten nicht direkt unterhalb der konstruktiven Gründungssohle eingeleitet, sondern auf tiefer liegende tragfähige Schichten übertragen werden. Tiefgründungen erfolgen durch

Pfähle oder durch Senkkästen. Pfähle können die auf sie wirkenden Normalkräfte entweder durch den Druck der Pfahlspitze auf den Baugrund (Spitzendruckpfähle) oder durch die Mantelreibung am Pfahlumfang (Reibungspfähle) auf die tragfähigen Schichten übertragen. Wieviel Last über Spitzendruck und wieviel über Mantelreibung in den Boden gelangt, hängt von den durchfahrenen Bodenschichten und ihrer Steifigkeit sowie von der Art der Pfahlherstellung ab.

Bindet der Pfahlfuß in eine tragende Schicht ein, dann spricht man von einer „stehenden" Pfahlgründung. Kann mit wirtschaftlich noch vertretbaren Pfahllängen gut tragfähiger Boden nicht erreicht werden, so kann auch eine Pfahlgründung zur Anwendung kommen, bei welcher die Pfähle in den nachgiebigen Schichten enden. Man spricht von einer „schwebenden" oder „schwimmenden" Pfahlgründung. Im Vergleich zu einer Flachgründung auf nachgiebigem Boden kann sie zu wesentlichen Verbesserungen führen, da

a) die Bauwerkslasten über die Mantelreibung in tiefere Schichten eingeleitet werden, womit die Bodenzusammendrückung vermindert wird, insbesondere wenn die tieferliegenden Schichten an sich schon steifer, d.h. weniger zusammendrückbar sind, und da
b) das Einbringen geeigneter Pfähle zu einer Bodenverdichtung führt, die ebenfalls setzungsmindernd wirkt.

Während bei ein und demselben Bauwerk unterschiedliche Gründungsarten, also z.T. stehende und z.T. schwebende Pfähle oder Flachgründungen mit Rücksicht auf die zu erwartenden unterschiedlichen Setzungen zu vermeiden sind, ist es in der Mehrzahl der Fälle bei Pfahlgründungen so, daß die Pfähle über Spitzenwiderstand und Mantelreibung zugleich tragen.

Nach der Herstellungsweise unterscheidet man Ortbeton- und Fertigpfähle. Die Ortbetonpfähle werden in einem im Boden errichteten (z. B. durch Bohren oder Rammen) Hohlraum vor Ort hergestellt. Man unterscheidet nach Arbeitsvorgang und Gerät in Bohrpfähle, Verdrängungspfähle (Teil- oder Vollverdränger), Ortbeton-Rammpfähle und Rüttelpfähle. Die Fertigpfähle werden im Regelfall fabrikmäßig hergestellt und an der Verwendungsstelle eingerammt, eingerüttelt, eingespült oder in ein vorbereitetes Bohrloch eingestellt. Für die Ermittlung der Tragfähigkeit all dieser Pfahlarten ist DIN 1054 sowie DIN 4014, DIN 4026 und DIN 4128 maßgeblich. Da der Baugrund durch die Herstellung der Pfähle in ihrer Umgebung mehr oder weniger stark beeinflußt wird, ist die rechnerische Ermittlung von Pfahltragfähigkeiten mit Hilfe von erdstatischen Berechnungsverfahren sehr problematisch. Zuverlässige Aussagen können allein durch Probebelastungen getroffen werden.

Für weitere Einzelheiten über Pfahlarten, Pfahlherstellung und Pfahltragfähigkeiten siehe Literatur ([51], [57] Abschn. 3.3 und 3.4 u. a.).

Die von der Gründung aufzunehmenden Lasten sind in der Regel nicht nur lotrecht, sondern z.T. auch horizontal gerichtet. Bei Gebäuden müssen allenfalls die Windlasten, eventuell auch einseitige Erddrücke als Horizontallasten abgeleitet werden. Da Pfähle möglichst keine Biegebeanspruchung erhalten sollen, ordnet man zur Aufnahme von Horizontalkräften Schrägpfähle an. Dadurch entstehen in den Pfählen sowohl Druck- als auch Zugkräfte. Meist überwiegen in den Pfählen die Druckkräfte. Bei großen Horizontallasten können jedoch durch resultierenden Zug beanspruchte Pfähle auftreten. Sie müssen zur Aufnahme dieser Zugkräfte in besonderer Weise ausgebildet und bemessen werden.

In Bild 14.5 wird angedeutet, daß die Pfahlköpfe zusammengefaßt werden müssen, z.B. durch einen sogenannten Pfahlkopfbalken.

Kleine Horizontalkräfte können von Pfählen auch durch Biegung aufgenommen werden, wenn sie entsprechend bemessen sind. Der Pfahl stützt sich dabei gegen das benachbarte Erdreich ab. Seine Schnittkräfte werden deshalb auch nach der „Theorie der elastischen Bettung" bestimmt (s. Bild 14.6).

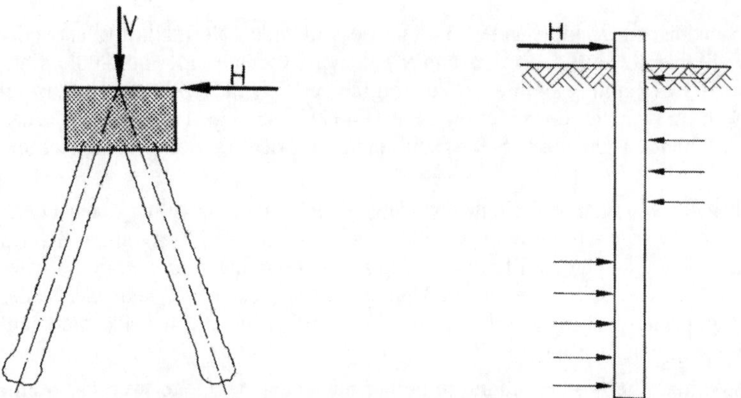

Bild 14.5 Aufnahme von Horizontalkäften durch Schrägpfähle

Bild 14.6 Elastische Bettung eines biegebeanspruchten Pfahles

Pfahlbiegung tritt häufig auch unbeabsichtigt, d.h. ungeplant auf. Soll z. B. eine Stützenlast durch einen Pfahl abgetragen werden, so kann es je nach Einbringungsart des Pfahles (z.B. durch Rammen) vorkommen, daß der Pfahl nicht die plangemäße Lage erhält, sondern ausmittig steht. Die Ausmitte e erzeugt dann Biegemomente in Stütze und Pfahl (s. Bild 14.7a). Da solche Ausmitten in vielen Fällen unvermeidlich sind, müssen sie in angemessener Größe bei der Bemessung berücksichtigt werden oder es müssen mehrere, durch Pfahlkopfbalken oder -platten verbundene Pfähle angeordnet werden, so daß unbeabsichtigte Ausmitten nur zu höherer Normalkraftbelastung einzelner Pfähle, aber nicht mehr zu Biegebeanspruchung führen können.

Damit die erwarteten Setzungen der Pfähle nicht zu Schäden am Anschluß der mit ihr verbundenen Bodenplatte führen, sind Vorkehrungen zu treffen, die eine zwangfreie Setzung der Bodenplatte erlauben. Beispielsweise ist die Anwendung von Filigranplatten als verlorene Schalung möglich oder der Einbau von Minaralfaserdämmstoffen unter der Bodenplatte (s. Bild 14.7b).

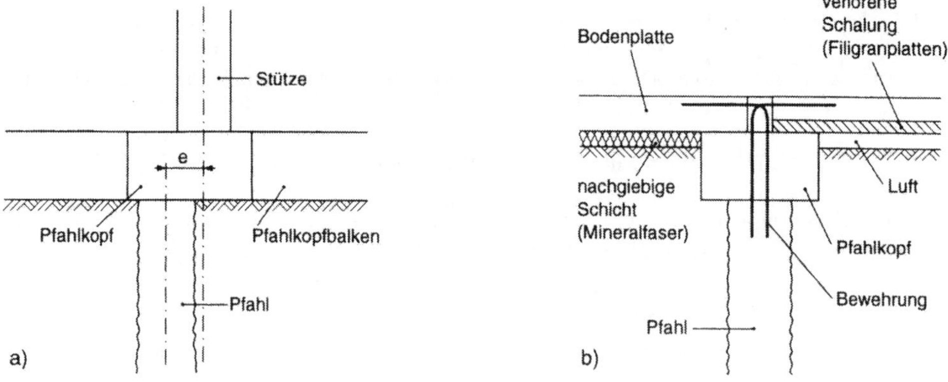

Bild 14.7 a) Ausmittige Belastung eines Pfahles
b) Möglichkeiten des Ausgleichs unterschiedlicher Setzungen bei Pfahlgründungen

Bei Pfahlgründungen werden naturgemäß Pfähle unter allen tragenden Bauteilen angeordnet, d. h. unter Wänden, Stützen und Gebäudekernen (das sind Treppenhäuser, Aufzugsschächte, Sanitärbereiche etc.). Auftretende Horizontalkräfte sollten – um die Belastung des Einzelpfahls gering zu halten – auf alle Pfähle gleichmäßig verteilt oder den zu ihrer Aufnahme vorgesehenen Schrägpfahlgruppen zugeleitet werden. Deshalb und auch zur Verhinderung unterschiedlicher Horizontalbewegungen einzelner Pfahlköpfe, z. B. infolge unbeabsichtigter Ausmitten, werden die Köpfe aller Pfähle meist entweder durch Pfahlkopfbalken rostartig oder durch eine Sohlplatte verbunden, in welche die Pfähle einbinden (Bild 14.7a).

Ein Senkkasten ist ein unten offener Kasten aus Stahl oder Stahlbeton, der auf der Geländeoberfläche errichtet und durch Aushub des Bodens im Inneren bis zur Gründungsebene meistens tragfähiger Schichten abgesenkt wird (s. [51], [57] Abschn. 3.5). Man unterscheidet je nach Absenkmulde:

- offener Senkkasten (Brunnen) oder
- geschlossener Senkkasten (Druckluftsenkkasten, Caisson).

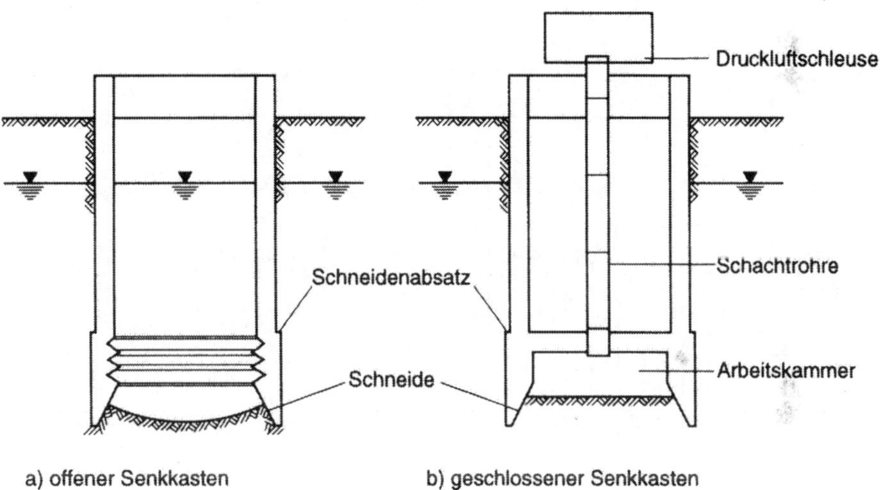

Bild 14.8 Senkkasten

Während beim offenen Senkkasten die Aushubsohle von oben für das Aushubgerät frei ist (s. Bild 14.8a), erfolgt beim Druckluftsenkkasten (s. Bild 14.8b) der Bodenaushub in einer „geschlossenen“ Arbeitskammer unter Druckluft zum Verdrängen des Grundwassers.

Offenen Senkkästen als Brunnengründungen kommen vornehmlich dann zur Anwendung, wenn gut tragfähiger Baugrund von Deckschichten nur geringer Mächtigkeit überlagert wird. Zu ihrer Herstellung werden vorgefertigte Stahlbetonringe auf den Boden auf- und dann übereinandergelegt und der Boden im Ringinneren ausgehoben. Die Ringe sinken dann durch ihr Eigengewicht in den Boden ein. Der Hohlraum im Inneren der Ringe wird anschließend ausbetoniert. Wenn tragende Wände mit Hilfe von Brunnen gegründet werden sollen, so kann es genügen, sie durch diese nur „punktförmig“ zu unterstützen. Zwischen den Brunnen müssen die Wände dann als „Träger“ wirken. Sie werden deshalb in solchen Fällen als Stahlbetonscheiben („wandartige Träger“) ausgebildet. Dasselbe gilt für Pfahlgründungen.

14.3.3 Kombinierte Pfahl-Platten-Gründungen

Unter Pfahl-Platten-Gründung (s. [51]) wird ein Pfahlrost verstanden, bei dem die lotrechte Last nicht allein durch die Pfähle, sondern gleichzeitig zu einem mehr oder weniger großen Teil durch die Pfahlkopfplatte wie bei einer Flachgründung auf den Baugrund übertragen wird (s. Bild 14.9). Je nach Baugrundverhältnissen und Konzept sind dabei zwei Fälle zu unterscheiden:

1. Die Pfähle werden planmäßig bis zur äußeren Bruchlast beansprucht. Sie sollen die Setzungen einer reinen Plattengründung reduzieren und den Momentenverlauf in der Platte günstig beeinflussen. Da die Pfähle unter etwa gleichbleibender Last entsprechend der Setzung der Platte in den Boden eindringen, können sie statisch als eine von der Größe dieser Setzung unabhängige Einzellast behandelt werden.
2. Die Pfähle werden nur bis zu ihrer zulässigen Last gemäß Grenzzustand 1 oder 2 belastet. Ihr Widerstands-Setzungs-Verhalten kann in diesem Bereich durch eine Federkonstante $K=Q_{zul}/s_{zul}$ angenähert werden. Für die Kontaktpressung zwischen Platte und Untergrund muß ein Bettungsmodul $K_s=E_s/l$ abgeschätzt werden.

Weiteres über die Problematik der Kombinierten Pfahl-Platten-Gründung s. [58] und [59].

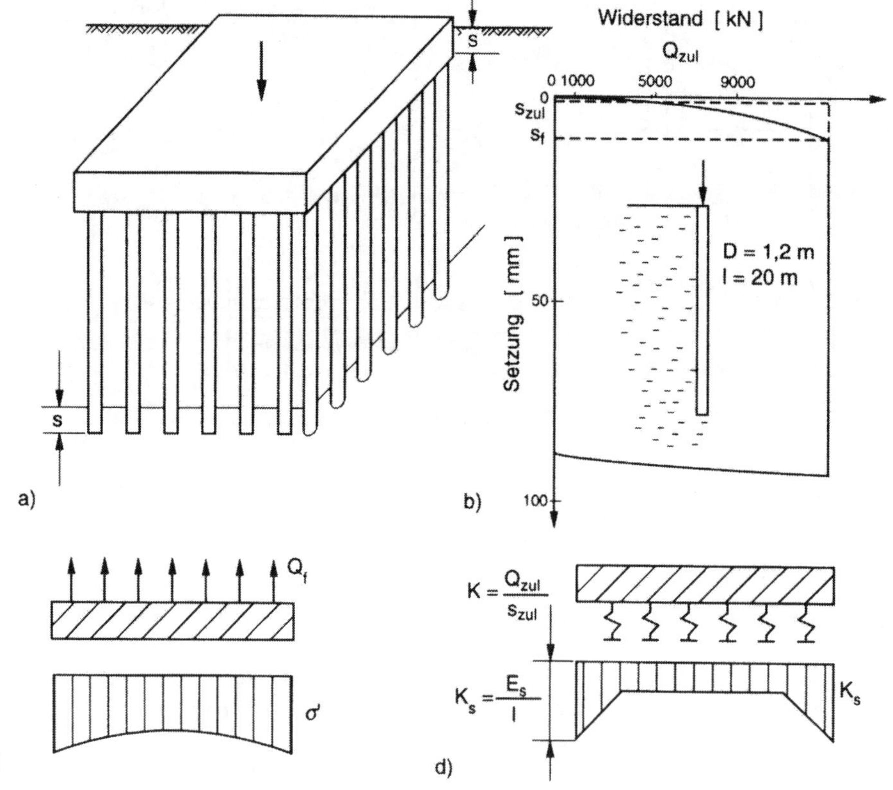

Bild 14.9 Kombinierte Pfahl-Platten-Gründung

a) Bauwerk b) Widerstands-Setzungs-Linie eines Großpfahles in Ton c) Statisches System mit $s \geq s_f$ d) Statisches System mit $s \leq s_{zul}$

14.4 Unterschiedliche Gründungen

14.4.1 Gründung auf unterschiedlichen Bodenschichten

Die Gefahr von Setzungsschäden ist immer dann besonders groß, wenn die Schichtungen im Untergrund nicht gleichmäßig verlaufen. Das kann z.B. so aussehen, daß die Schichtdicke einzelner Schichten – insbesondere die der setzungsempfindlichen Schichten – im Bauwerksgrundriß stark wechseln, oder daß Schichten mit ganz anderer Steifigkeit innerhalb des Bauwerksgrundrisses einfallen.

Bild 14.10 soll das veranschaulichen. Wird in beiden dargestellten Fällen die jeweilige Schicht 1 als besonders setzungsempfindlich angenommen, so sind ungleiche Setzungen vorprogrammiert. Je nach vorhandenen Steifigkeitsverhältnissen muß man deshalb mit besonderen Maßnahmen reagieren. Diese können sein:

- Wahl unterschiedlicher Bodenpressungen,
- Verdichtungsmaßnahmen (wenn der Boden das zuläßt),
- Gründung in verschiedener Tiefe,
- Bodenaustausch,
- eventuell auch Wechsel der Gründungsart z. B. im Fall a). Übergang zu einer Pfahlgründung in der linken Bauwerkshälfte usw.

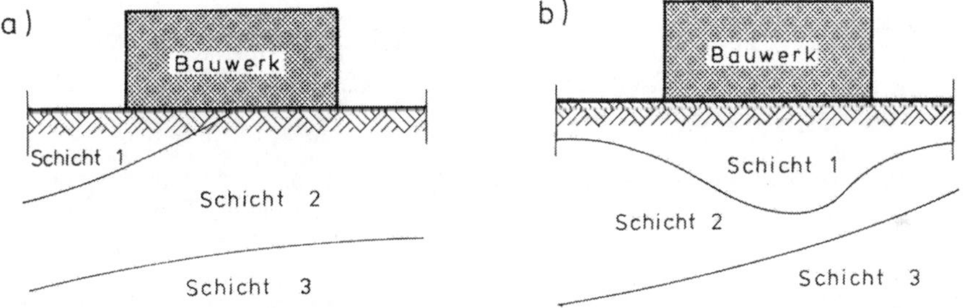

Bild 14.10 Veränderung der Schichten im Untergrund

14.4.2 Gründung in unterschiedlichen Tiefen

Es kommt nicht selten vor, daß der Gründungshorizont eines Gebäudes uneinheitlich ist, sei es infolge Hanglage des Gebäudes oder bei teilunterkellerten Gebäuden bzw. dann, wenn einzelne Gebäudeteile eine tiefere Gründung erfordern, wie z.B. Aufzugsschächte, Garagen etc. Zu denken ist natürlich auch an Fälle wie in Abschn. 14.4.1 beschrieben. In solchen Fällen treten folgende Probleme auf:

1) Gewährleistung der Standsicherheit benachbarter, aber höher gelegener Fundamente.
2) Aufnahme des erhöhten Erddrucks, der durch höher gelegene Fundamente ausgelöst wird.
3) Gewährleistung möglichst gleichmäßiger Setzungen auch bei Wechsel der Gründungsart.

Zu 1) Bei Gründung in unterschiedlicher Tiefe, etwa bei Gebäuden in Hanglage, verdient die Grundbruchgefahr (vgl. Abschn. 14.6.1) besondere Beachtung. Meist ist die Sicherheit ausreichend, wenn die Verbindungslinie der unteren Fundamentkanten nicht steiler als 30° gegenüber der Horizontalen verläuft (s. Bild 14.11).

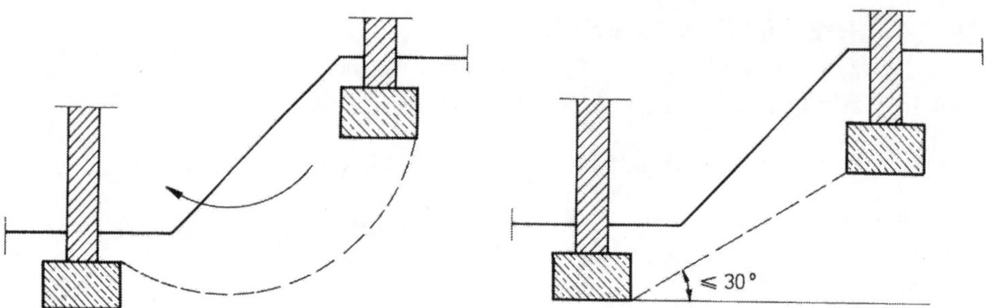

Bild 14.11 Erhöhte Grundbruchgefahr bei Gründung in unterschiedlichen Tiefen

Zu 2) Bei Geländesprüngen bzw. bei tiefer liegenden Bauteilen wie z.B. Fahrstuhlschächten o.ä. kommt es aber auch vor, daß Fundamente bzw. Sohlplatten lotrecht in der Höhe verspringen. Ist das tiefergelegene Fundament Sohle eines Schachtes, so werden seitlich Schachtwände nach oben gezogen sein. Der Erddruck E auf diese Schachtwand fällt aber infolge der Auflast V, die das höher gelegene Fundament in den Erdkörper hinter der Schachtwand einleitet, sehr viel höher aus (s. Bild 14.12).

Außerdem wird bei Einbringung des tiefer gelegenen Fundaments eine mehr oder weniger geneigte Baugrubenböschung entstehen, die dann wieder aufgefüllt werden muß. Diese Auffüllung muß dem benachbarten ungestörten Boden entsprechend verdichtet werden, um das höher gelegene Fundament vor einseitiger Setzung zu bewahren. Gegebenenfalls muß der Aushubraum mit Magerbeton verfüllt werden.

Zu 3) Verhältnisse, wie z.B. in Bild 14.10 links dargestellt, legen immer den Gedanken nahe, bereichsweise zu einer anderen Gründungsart, z.B. zu einer Pfahlgründung überzugehen. So etwas ist immer problematisch. Es muß dann natürlich gewährleistet sein, daß das Setzungsverhalten beider Gründungsarten harmoniert. Es könnte sonst z.B. so sein (s. Bild 14.10 links), daß eine auf Schicht 3 – wenn diese als sehr steif angenommen wird – stehende Pfahlgründung viel geringere Setzungen zeigt, als der auf Schicht 2 flach gegründete Gebäudebereich.

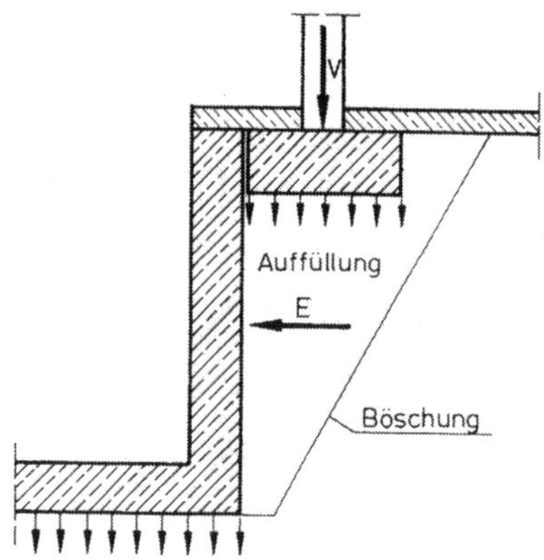

Bild 14.12 Lotrecht verspringende Fundamente

14.4.3 Gründung sehr ungleicher Gebäudelasten

Häufig werden höhere Gebäude von „Flachbauten“ oder zumindest niedrigeren Gebäudeteilen umgeben. Letztere bringen dann naturgemäß geringere, u. U. sehr viel geringere Lasten auf die Gründung, als die hohen Gebäudeteile. Das muß zu ungleichen Setzungen führen. Den ganzen Gebäudekomplex deshalb entsprechend steif auszuführen, ist nicht empfehlenswert. Dadurch kann Schiefstellung, vor allem aber wird sehr hoher Aufwand entstehen. Man wird deshalb die verschiedenen Gebäudebereiche durch „Setzungsfugen“ trennen, nimmt dann aber einen Setzungssprung eventuell auch besondere Abdichtungsprobleme an der Fuge in Kauf. Das läßt sich bei rolligen Böden vermindern und u.U. sogar vermeiden, wenn man zuerst das hohe Gebäude und dann die Flachbauten – keinesfalls umgekehrt – ausführt. Da der Flachbau durch die Setzungsmulde des hohen Gebäudeteils beeinflußt werden kann, ist eine sorgfältige Setzungsanalyse geboten. Es gibt Fälle, in denen sich für die hohen Gebäudeteile eine Pfahlgründung empfiehlt, während die Flachbauten flach gegründet werden können.

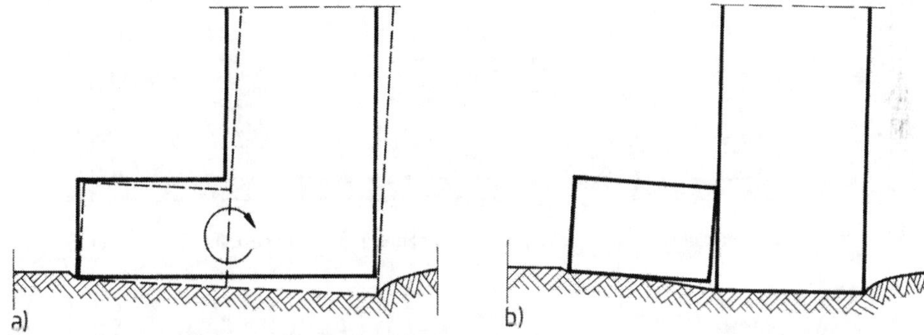

Bild 14.13 Hochhaus mit anschließendem Flachbau
a) Biegesteifer Anschluß ist sehr aufwendig (Schiefstellung!).
b) Auch eine Setzungsfuge löst nicht alle Probleme!

14.4.4 Plattengründungen mit Sohlversprüngen

Gründungsplatten können als „umgekehrt“ Durchlaufträger oder -platten angesehen werden. „Umgekehrt“ deshalb, weil die von unten kommende Bodenreaktion als verteilte Belastung, die aufgehenden Stützen und Wände als Auflager betrachtet werden können. Auch hier dominieren daher die „Stützmomente“, hier also die Momente, unter den von oben kommenden Punkt- oder Linienlasten. Das legt den Gedanken nahe, die Gründungsplattendicke an diesen Stellen zu erhöhen. Es kommt hinzu, daß eine einheitlich steife Gründungsplatte gleichmäßiger verteilte Bodenreaktionen und damit größere Momente zur Folge hat. Beides spricht dafür die Plattendicke im Feld gering, und unter den Stützen dann so dick wie nötig zu machen.

Natürlich verliert die Bodenplatte dadurch aufgrund verminderter Steifigkeit an Fähigkeit, ungleichen Setzungen entgegenzuwirken. Zu bedenken ist auch, daß auf diese Weise eine „Verzahnung“ mit dem Untergrund entsteht, die Schwindverformungen der Gründungsplatte behindert. Keinesfalls sollte deshalb bei einer Wanne die Sohlplatte aussehen wie in Bild 14.14

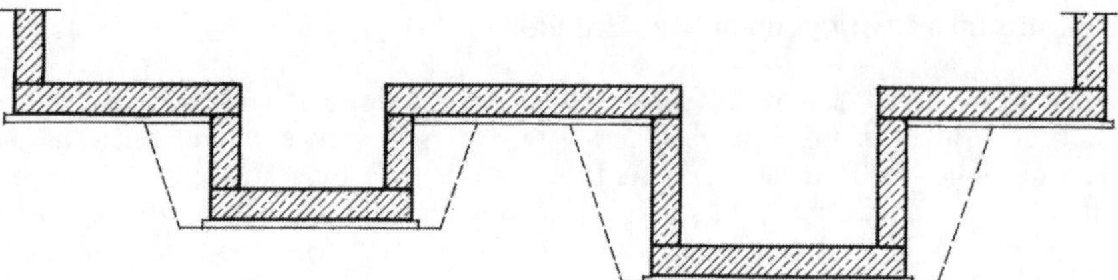

Bild 14.14 Sohlplatte, von Schächten durchbrochen

dargestellt, weil außer einer intensiven Verzahnung eine Anzahl von Betonierfugen entsteht, die Schwachstellen bilden, und weil überdies an zahlreichen Stellen die in Bild 14.12 dargestellen Probleme auftreten. Lohmeyer [60] empfiehlt statt dessen die in Bild 14.15 dargestellte Lösung.

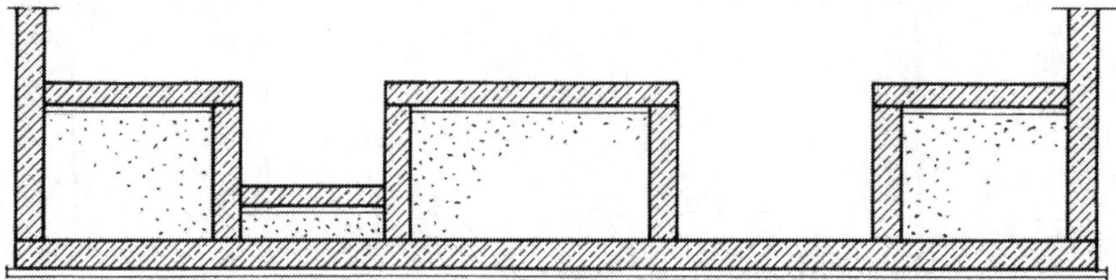

Bild 14.15 Variante zu Bild 14.14: Durchgehende Sohlplatte, Hohlräume eventuell aufgefüllt

14.5 Setzungen

14.5.1 Gleichmäßige und ungleichmäßige Setzungen, Einfluß auf das Bauwerk

Bei gleichmäßiger Untergrundbeschaffenheit unter dem ganzen Bauwerk, d.h. bei unveränderlicher Lage, Dicke und Steifigkeit der Bodenschichten und bei entsprechend bemessener Gründung werden sich alle Teile eines Bauwerks um das gleiche Maß setzen. Verformungen im Baukörper und damit Zwangsbeanspruchungen, die zu Schäden führen können, treten nicht auf. Für das Bauwerk selbst sind gleichmäßige Setzungen daher nicht schädlich. Da Setzungen – von besonderen Verhältnissen abgesehen – in einer gewissen Größenordnung unvermeidlich sind, ist es ein Ziel aller Gründungsüberlegungen, möglichst gleich große Setzungen zu gewährleisten, ungleichmäßige Setzungen also zu vermeiden. Allerdings können auch gleichmäßige Setzungen eines Bauwerks unangenehme Folgen haben, insbesondere dann, wenn sie dem Betrag nach groß werden, d.h. mehrere Zentimeter oder gar Dezimetergröße erreichen. Zu denken ist an das Abscheren oder die Beschädigung von Ver- bzw. Entsorgungsleitungen (Wasser, Gas, Abwasser usw.), die in Kellerwände oder -sohle einmünden, an den Verlust der Vorflut, etwa bei Dränanlagen, aber auch an die Entstehung von Höhenunterschieden an Ein- und Übergängen, die die Bauwerksfunktion beeinträchtigen, z.B. durch Stufenbildung in Verkehrswegen usw.

Ungleichmäßige Setzungen einzelner Gründungskörper innerhalb eines monolithischen Baukörpers müssen aber, sobald sie eine kritische Größe überschreiten, zu Bauwerksschäden führen. In Mauern bzw. Wänden können klaffende Risse entstehen, ebenso in Stahlbetonträgern und -decken. Fassadenbekleidungen, Fliesen und Verglasungen können beschädigt werden.

Es ist leider kaum möglich, Größenordnungen anzugeben, ab wann ungleichmäßige Setzungen unschädlich bzw. schadensträchtig sein werden, da dies ganz wesentlich von der Bauwerksbeschaffenheit abhängt.

In der Literatur findet man einige sehr pauschale Hinweise. So soll z. B. für Nachbarfundamente $\tan\alpha = \frac{\Delta s}{L} \le \frac{1}{500}$ gelten, was einem Höhenunterschied von 1 cm bei L = 5,00 m Abstand bzw. einem Krümmungsradius von ρ = 1250 m entspricht (s. Bild 14.16 und [55] Abschn. 1.8).

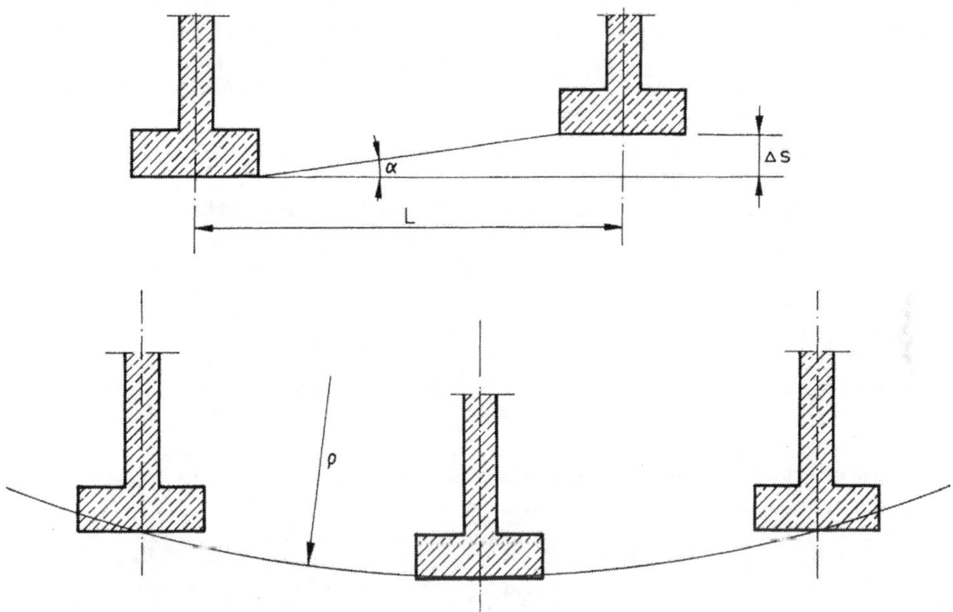

Bild 14.16 Ungleichmäßige Setzungen gekennzeichnet durch α bzw. ρ

Derartigen Angaben ist jedoch nicht allzuviel Vertrauen zu schenken, da mögliche Schäden von einer Reihe weiterer Parameter abhängen, nämlich:

Von der Zuverlässigkeit und Vollständigkeit des Baugrundaufschlusses, von der Art der Berechnung und damit von der Zuverlässigkeit der Setzungsvoraussage, von der Bauwerkssteifigkeit, von den Baustoffeigenschaften bzw. der Empfindlichkeit des Bauwerkes bzw. einzelner Bestandteile, vom zeitlichen Ablauf der Setzungsvorgänge u. a.

Bei der Berechnung der Setzungen und damit auch der zu erwartenden Setzungsunterschiede berücksichtigt man meist das Zusammenwirken von Bauwerk und Baugrund nicht. Ein einzelnes Fundament kann sich aber im Bauwerk im Regelfall nicht stärker setzen als die benachbarten Fundamente, ohne dadurch Kräfte im Bauwerk auszulösen, die dieses Fundament entlasten und die benachbarten Fundamente dafür zusätzlich belasten.

Je größer die Bauwerkssteifigkeit ist, um so geringer sind daher die zu erwartenden tatsächlichen Setzungsunterschiede. Andererseits vertragen steife Bauteile mit geringer Zug- und Schubfestigkeit wie etwa Mauerwerksscheiben nur sehr kleine Setzungsdifferenzen, da ihr Verformungsvermögen gering ist.

Als maßgebende Baustoffeigenschaften sind hier neben der Festigkeit, Dehnfähigkeit und Zähigkeit, bzw. – ungünstig wirkend – Sprödigkeit anzusehen. Je spröder und je weniger verformungsfähig ein Material ist, um so eher wird es unter der Einwirkung der ihm aufgezwungenen Verformungen versagen. Dementsprechend ist ein Bauwerk besonders setzungsempfindlich, bei welchem steife Bauglieder ohne ausreichende Zug- und Schubfestigkeit bzw. spröde Baustoffe wie z.B. Glas oder Fliesen usw. verwendet werden (es wird hier nicht zwischen Baustoffen für den Rohbau und den Ausbau unterschieden).

Die Schiefstellung eines Bauwerks infolge einseitiger Setzung kann belanglos sein, sofern die Schiefstellung gering ist. Bei einem Hochhaus allerdings, das sich dabei gegen ein Nachbargebäude lehnen würde, müssen dagegen besondere Maßnahmen ergriffen werden.

Setzungen können spontan oder aber allmählich, in Jahren, Jahrzehnten, Jahrhunderten (Schiefer Turm von Pisa!) vor sich gehen. Spontan auftretende Setzungsschäden können hinnehmbar sein, z.B. dann, wenn man sie vor dem Einbau spröder Ausbauteile dauerhaft beseitigen kann (z.B. durch Verpressen entstandener Risse).

Die Aufzählung macht deutlich, daß Pauschalvorgaben noch zulässiger Setzungsunterschiede fragwürdig sind. Moderne Rechenverfahren und -hilfsmittel bieten die Möglichkeit, das Zusammenwirken von Tragwerk und Baugrund recht gut zu erfassen, wobei sich die zusätzlichen Beanspruchungen im Tragwerk quantitativ ermitteln lassen. Dem erfahrenen Ingenieur stehen auch konstruktive Mittel zur Verfügung, um möglichen Schäden zu begegnen.

14.5.2 Ursachen der Setzungen

Werden Bauwerkslasten in den Baugrund eingeleitet, so erfährt dieser eine Zusammendrückung. Sie entsteht durch elastische Verformung der Körner, durch Hohlraumverminderung rolliger Böden (Sand, Kies), durch Ausquetschung des Porenwassers bei bindigen Böden (d. h. feinkörniger Böden wie z. B. Tone), aber auch durch seitliches Ausweichen der belasteten Zone. Auch das Grundwasser, dessen Wasserstände und Strömungsverhältnisse können Ursachen von Setzungen sein. Bei geschichtetem Baugrund mit Schichten unterschiedlichen Materials, unterschiedlicher Lagerungsdichte bzw. Steifigkeit können die einzelnen Schichten sehr verschieden große Beiträge zur Gesamtsetzung liefern. Infolge wechselnder Beschaffenheit des Baugrundes im Grundrißbereich eines Bauwerks, z. B. der Dicke bzw. der Tiefenlage setzungsempfindlicher Schichten oder infolge ungleicher Höhenlage bzw. Belastung der Fundamente können ungleichmäßige Setzungen der einzelnen Fundamente entstehen. Sehr unterschiedliche Fundamentbelastungen führen auch bei gleichen Bodenpressungen

$$\sigma_0 = \frac{V}{A} \left[\mathrm{MN/m^2}\right]$$

(mittige Belastung V über der Fundamentfläche A angenommen) und homogenem Baugrund zu ungleichen Setzungen, da die erhöhten Bodenspannungen aus Bauwerkslast bei großen Lasten V und dementsprechend großen Fundamentflächen A weiter in die Tiefe reichen. Das wird deutlich bei Vergleich der sogenannten „Druckzwiebeln“ = Isobaren, d.h. Linien gleicher (lotrechter) Pressungen im Baugrund (s. Bild 14.17).

Die Skizzen veranschaulichen, daß höhere Bodenspannungen infolge einer Last $V_2 \gg V_1$ und entsprechend größerer Fundamentfläche $A_2 > A_1$ sehr viel weiter in die Tiefe wirken und daher auch größere Setzungen auslösen müssen. Allerdings läßt sich die Setzung eines Fundaments eben nicht nur aus der Beschaffenheit des Bodens und aus dem statisch bestimmt ermittelten Spannungszustand darin vorausbestimmen. Da die Decken, Unterzüge und Wände eines Bauwerks insgesamt eine mehr oder weniger große Biegesteifigkeit besitzen, setzen sie ungleichen Setzungen der Fundamente einen Biegewiderstand entgegen. Das führt dazu, daß die nachgiebigen entlastet, das Tragwerk des Gebäudes (die Decken, Unterzüge, Wände) aber jetzt zusätzlich auf Biegung beansprucht werden. Die Ungleichmäßigkeit der Setzungen wird dadurch vermindert, das Tragwerk aber höher beansprucht.

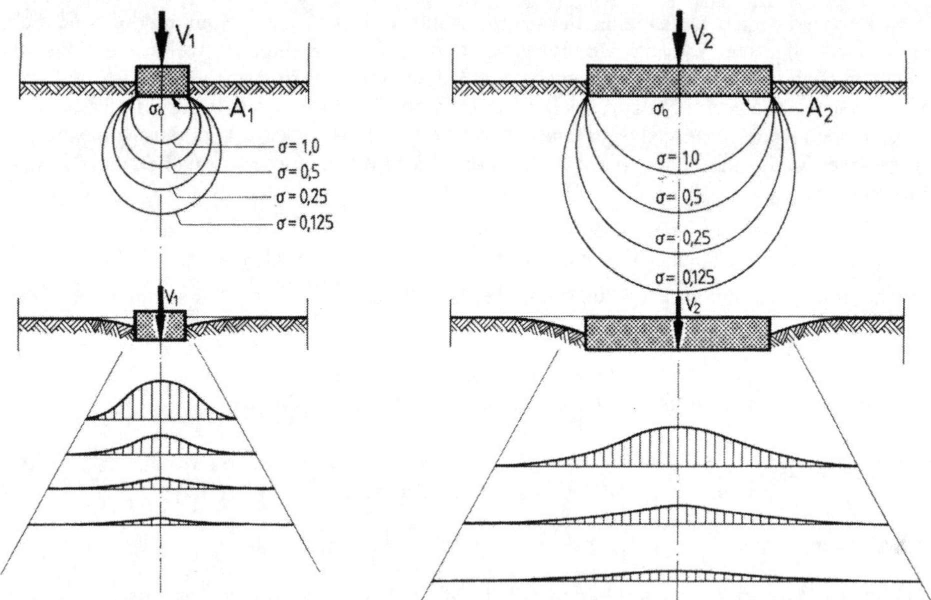

Bild 14.17 „Druckzwiebeln“ und verlauf der lotrechten Bodenspannungen unter Fundamenten mit gleicher Bodenpressung σ_0 aber sehr ungleichen Belastungen ($V_2 > V_1$) und daher auch verschiedener Größe

Die Setzungen können – je nach Baugrundbeschaffenheit – mehr oder weniger elastisch d.h. reversibel bzw. plastisch d.h. irreversibel, spontan oder zeitabhängig sein. Auch die Setzungen in rein rolligen Böden (Kies, Sand) enthalten stets irreversible Anteile. Wenn nun eine Baugrube ausgehoben wird, so wird über der künftigen Gründungssohle zunächst Erdauflast entfernt. Der elastische Anteil der durch die Erdauflast hervorgerufenen, ursprünglichen Bodenzusammendrückung geht dabei zurück. Wird nun die Bauwerkslast auf den entspannten Boden aufgebracht, so werden zunächst nur wieder die elastischen Entlastungsverformungen rückgängig gemacht, die zuvor beim Aushub aufgetreten waren. Erst wenn die ursprüngliche „Vorbelastung“ durch die Bauwerkslast überschritten wird, treten neue elastische, aber auch plastische Verformungen auf, so daß die Setzungen progressiv zunehmen. Bleibt daher die Bauwerkslast unterhalb der Vorbelastung, so ist bei konsolidierten Böden nur mit elastischen Setzungen zu rechnen, deren Größe unterhalb der elastischen Rückfederung bleibt bzw. diese gerade erreicht. Sie sind dann im allgemeinen gering.

14.5.3 Größe der Setzungen

Um die Setzungen eines Fundaments berechnen zu können, benötigt man zunächst den Spannungszustand im Baugrund unterhalb des Fundaments. Boussinesq hat bereits 1883 eine Theorie zur Berechnung der Spannungen in einem elastisch-isotropen Halbraum bei Zugrundelegung der Querdehnzahl $\mu = 0{,}5$ entwickelt. An die Stelle des E-Moduls tritt bei der Berechnung von Formänderungen im Baugrund der Steifemodul E_S, der mit Hilfe von Kompressionsversuchen im Labor ermittelt wird. Das theoretische Modell des elastisch-isotropen Halbraums entspricht aber der Wirklichkeit aus mehreren Gründen nicht. Die wichtigsten sind:

Die Voraussetzungen der Elastizität, der Isotropie und der Konstanz des Steifemoduls sind nicht erfüllt, ganz abgesehen davon, daß der Baugrund meist geschichtet ist, wobei die einzelnen Schichten ganz unterschiedliche Eigenschaften haben können. Trotzdem fußen auch heute die theoretischen Ansätze im Prinzip noch auf Boussinesq, wenn auch in modifizierter Form (durch einen „Konzentrationsfaktor" nach Fröhlich (s. [55] Abschn. 1.7), durch Anwendung numerischer Rechenmethoden, die Modifikationen der Bodenkennwerte zulassen u.a.). Daraus erhellt bereits, daß:

1. die Berechnung des Spannungszustands im Baugrund sehr aufwendig ist, und
2. daß die Ergebnisse solcher Berechnungen mit erheblichen Unsicherheiten behaftet sind.

Angenommen, man kennt den Spannungszustand im Baugrund, so ergeben sich die Setzungen infolge einer Belastung V zu:

$$s = \int \frac{\sigma_z}{E} dz$$

(vgl. Bild 14.18) wobei E der Zusammendrückungsmodul ist (vgl. DIN 4019-1, Abschn. 9 Setzungsermittlung).

wobei unter σ_z die lotrechten Bodenspannungen ohne Berücksichtigung vorhandener Eigenspannungen zu verstehen sind und das Integral in z-Richtung an der betreffenden Stelle so weit zu erstrecken ist, bis $\frac{\sigma_z}{E}$ unter einen genügend kleinen Grenzwert abgesunken ist. (Nach DIN 4019-1, Abschn. 8 gilt als „Grenztiefe" diejenige, in der die lotrechte Gesamtspannung den ursprünglichen Überlagerungsdruck um nur noch 20 % überschreitet).

Der so gefundene Wert von s berücksichtigt aber nicht das schon angedeutete Zusammenwirken von Bauwerk und Baugrund. Er ist nur ein erster Schritt bei der Lösung einer statisch unbestimmten Aufgabe bzw. einer Iteration, die die Größe von V zum Gegenstand hat.

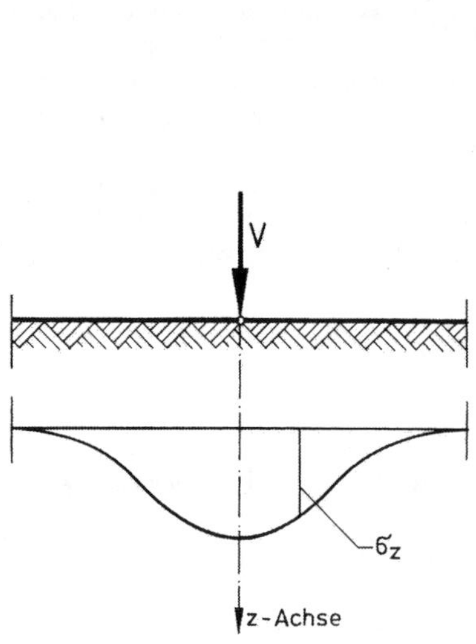

Bild 14.18 Normalspannung σ_z im Boden infolge einer Einzellast

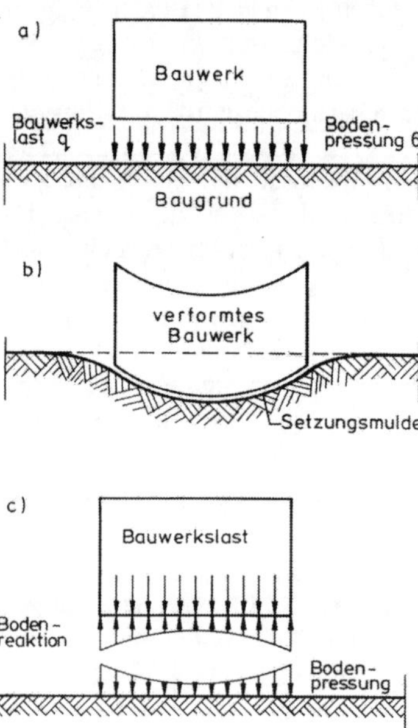

Bild 14.19 Zusammenwirken von Bauwerk und Baugrund

Der Sachverhalt wird in Bild 14.19 veranschaulicht:

Bild 14.19a zeigt ein Bauwerk, dessen Gründung eine gleichmäßig verteilte Bodenpressung σ_0 hervorruft (starrer Baukörper), Bild 14.19b. Diese Bodenpressung erzeugt eine Setzungsmulde. Ist das Bauwerk nicht absolut starr, so muß es sich dieser Setzungsmulde anpassen. Das kann nur durch Biegeverformung als Folge von Biegemomenten geschehen, Bild 14.19c. Die Biegemomente entstehen dadurch, daß sich die Bodenreaktionen an den Bauwerksenden erhöhen, so daß sie zusammen mit der hier angenommenen gleichmäßig verteilten Bauwerkslast positive Moment erzeugen. Die veränderte Bodenpressung führt daher zu einer Abflachung der Setzungsmulde und schließlich resultiert eine ungleichmäßige Bodenpressung in Verbindung mit Biegemomenten im Bauwerk.

Dieses Verfahren, Setzungen zu berechnen, nennt man das Steifemodulverfahren, weil der Steifemodul E_s Grundlage der Berechnung ist.

Vielfach in Gebrauch ist ein anderes, einfacher zu handhabendes Verfahren, das sog. Bettungsmodulverfahren. (Bezüglich des sog. kombinierten Berechnungsverfahrens s. DIN 4018).

Der Bettungsmodul ist definiert durch den Ansatz:

$$\sigma_0 = k_s \cdot s$$

worin σ_0 die örtliche Bodenpressung unter einem Fundamentbereich und s die dort auftretende Setzung ist. Aus diesem Ansatz folgt:

$$k_s = \frac{\sigma_0}{s}\left[\frac{MN}{m^3}\right]$$

Der so postulierte lineare Zusammenhang zwischen Spannung und Verformung entspricht dem Gedankenmodell eines auf voneinander unabhängigen Federn gelagerten Fundamentes. Der Bettungsmodul stellt die Flächenlast σ_0 dar, die die Setzung s = 1 erzeugt (den Widerstand bzw. die Bodenreaktion, die sich bei der Setzung „1“ entwickelt), und ist daher seiner Natur nach eine Federkonstante, der Flächeneinheit des Bodens zugeordnet.

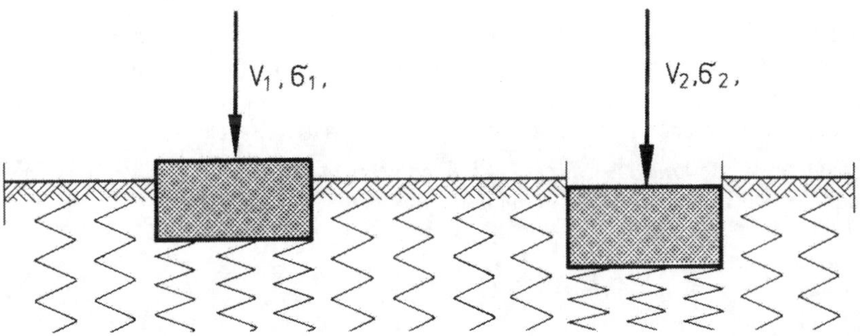

Bild 14.20 Deutung des Baugrundes als Federsystem (Bettungsmodultheorie) $V_2, \sigma_2 > V_1, \sigma_1$

Je größer die Bodenpressung ist, um so mehr sinkt demnach das Fundament ein, während die unbelasteten Bereiche keine Verformung zeigen. Schon das macht den Charakter dieses Verfahrens als sehr grobe Annäherung an das wirkliche Baugrundverhalten deutlich, denn wie Bild 14.17 gezeigt hat, breiten sich die Spannungen im Boden auch seitwärts aus, so daß auch die unbelasteten Nachbarbereiche an der Abtragung der Last beteiligt sind. Das ist auch der Grund dafür, daß benachbarte Fundamente sich gegenseitig beeinflussen, denn die in Bild

14.17 dargestellten Bodenpressungen benachbarter Fundamente überlagern sich, die resultierenden Pressungen werden jeweils zum Nachbarfundament hin höher, so daß beide Fundamente sich auf der dem Nachbarfundament zugekehrten Seite stärker setzen (d.h. schief stellen!). Auch dieser Effekt wird durch das Bettungsmodulverfahren nicht erfaßt. Weitere Einwände gegen dieses Verfahren sind:

Die Schwierigkeit der Ermittlung wirklichkeitsgerechter Bettungsmoduln, besteht darin, daß in Wirklichkeit keine Linearität zwischen σ_0 und s besteht und daß der Bettungsmodul keine Konstante ist.

Man kann hier geltend machen, daß Setzungsberechnungen nun einmal mit Unsicherheiten behaftet sind, zumal auch beim Steifemodulverfahren oft darauf verzichtet wird, die bereits erwähnte Mitwirkung der Bauwerkssteifigkeit bei der Ermittlung der Setzungen zu erfassen (weshalb die tatsächlichen Setzungen in der Regel kleiner ausfallen als die vorausberechneten). Es ist in der Tat auch ungeheuer aufwendig, die Bauwerkssteifigkeit in richtiger Größe in solche Berechnungen mit einzubeziehen. Wenn überhaupt, so begnügt man sich deshalb oft damit, die Steifigkeit eines Streifenfundaments oder einer Fundamentplatte in der Rechnung zu berücksichtigen. Tatsächlich aber müssen alle Deckenplatten und Unterzüge den Einsenkungen der Gründungskörper folgen, wirken also bei der Veränderung des Kräftespiels mit bzw. sind davon auch betroffen (Zusatzspannungen!). Wenn es nun auch hinnehmbar scheinen mag, daß man bei Anwendung derart vereinfachter Berechnungen zu große Setzungen erhält und somit „auf der sicheren Seite" ist und wenn auch die zusätzlichen Beanspruchungen in einem aus Beton bestehenden Tragwerk durch das Kriechen zum großen Teil abgebaut werden, so gibt es doch ein Argument dafür, daß in manchen Fällen zumindest der genaueren Ermittlung der Sohlpressungen große Bedeutung zukommt.

Bei Streifenfundamenten oder kompakten Einzelfundamenten wird ja stets ein linearer Verlauf der Bodenpressungen angenommen, wobei diese nach der Beziehung

$$\sigma_{1,2} = \frac{V}{A} \pm \frac{V \cdot e}{W}$$

errechnet werden. Bei „klaffender Fuge", d.h. bei Lastangriff außerhalb des Kerns gilt:

$$\sigma_1 = \frac{2V}{3\,b\,c}$$

worin b die Fundamentbreite senkrecht zur Zeichenebene ist. Bei zweiachsiger Biegung bzw. bei unregelmäßigen Fundamentgrundflächen (s. DIN 1054, Abs. 4.1.3 und [51], [57] Abschn. 3.1 und 3.2). Zu beachten ist auch DIN 1054, Ziff. 4.2.1b 2. Absatz.

Eine lineare Spannungsverteilung ist zwar in Wirklichkeit nicht vorhanden, das vereinfachte Vorgehen hat sich jedoch in den genannten Fällen als praktikabel erwiesen.

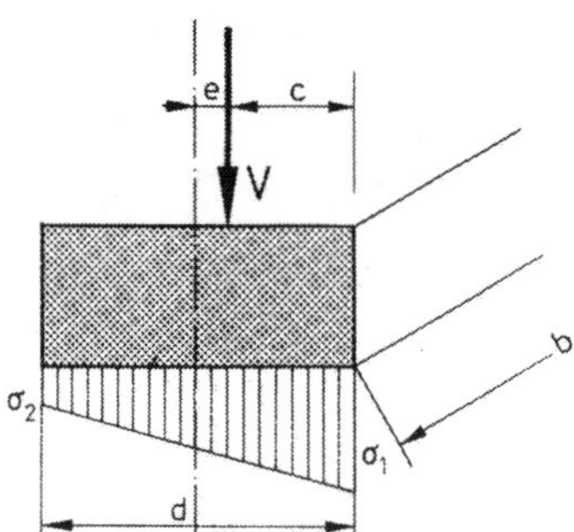

Bild 14.21
Linear angenommener Bodenpressungsverlauf

Anders liegen die Verhältnisse jedoch bei einer Plattengründung. Man versteht darunter eine durchgehende, unter dem Bauwerksgrundriß vorhandene Platte, auf der sämtliche tragenden Teile wie Stützen, Wände, Aussteifungselemente usw. aufstehen. Eine solche Plattengründung kommt – wie schon erwähnt – beispielsweise in Frage bei sehr hohen Gebäudelasten (Hochhaus) oder schlechtem Baugrund, dann also, wenn Einzel- oder Streifenfundamente so große Abmessungen erhalten würden, daß sie praktisch „zusammenwachsen". Eine Plattengründung wird natürlich auch unvermeidlich, wenn wegen hoher Grundwasserstände Kellergeschosse als wasserundurchlässige Wannen ausgebildet werden müssen. Sie ist dadurch gekennzeichnet, daß die Gebäudelasten von oben als Einzel- oder Linienlasten, die Bodenreaktionen aber als Flächenlasten von unten auf sie einwirken, wodurch große Querkräfte und Biegemomente in der Gründungsplatte entstehen. Die Größe und der Verlauf dieser Biegemomente hängt aber ganz wesentlich von der Verteilung der Bodenreaktionen, aber auch vom Setzungsverhalten ab. Die Verteilung der Bodenreaktionen ist primär abhängig vom Steifigkeitsverhältnis Bodenplatte-Baugrund.

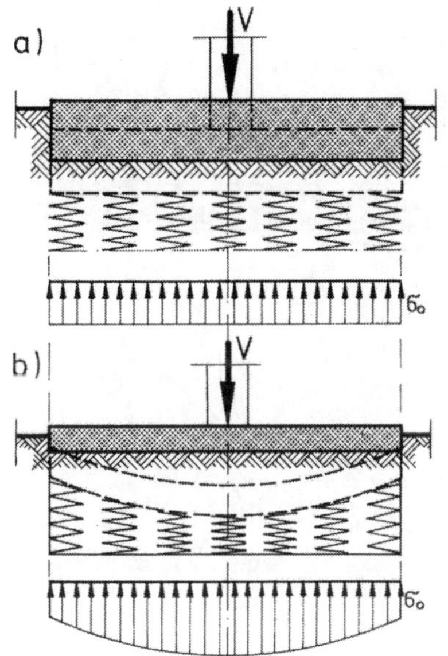

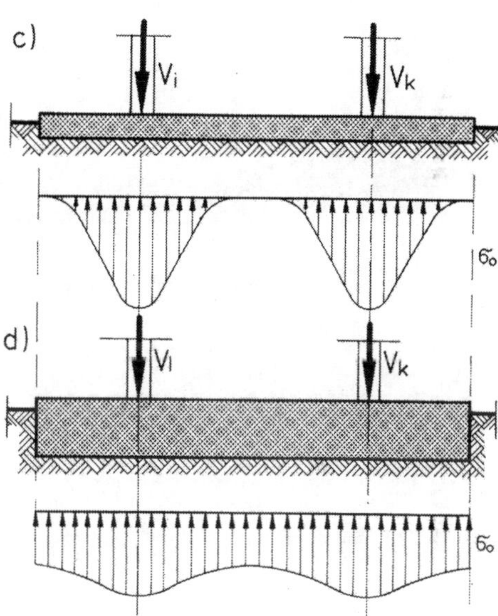

Bild 14.22 Verlauf der Bodenpressungen

a) unter einem sehr steifen Fundament (Bettungsmodultheorie)

b) unter einem biegsamen Fundament (Bettungsmodultheorie)

c) bei einer biegsamen Fundamentplatte und steifem Baugrund

d) bei steifer Platte und weichem (nachgiebigem) Baugrund

Bild 14.22 veranschaulicht den Sachverhalt bei Interpretation mit dem Bettungsmodulverfahren. Ist ein Fundament im Verhältnis zum Baugrund sehr steif, so werden alle „Federn" um das gleiche Maß zusammengedrückt, die Bodenpressung σ_0 ist nahezu konstant. Im umgekehrten Fall konzentriert sich die Bodenpressung mehr unter der Last. Analog verhält sich eine Bodenplatte mit darauf stehenden Lasten. Je weicher der Boden im Verhältnis zur Platte ist, je mehr sein Verhalten also dem einer Flüssigkeit ähnelt, um so gleichmäßiger fallen die Bodenreaktionen aus, um so größer werden daher die Biegemomente in der Platte. Werden die Gebäudehauptlasten dann am Außenrand abgeleitet und tritt womöglich noch Auftrieb hinzu, so können in der Bodenplatte sehr große Momente entstehen. Ist der Boden dagegen steif (z. B. Fels) und die Platte weich, so wird der Boden an den Stellen höchster Pressung (unter den Wänden oder Stützen) nur sehr wenig nachgeben, während die Platte große Biegeverformungen erfährt, so daß sie sich zwischen den Wänden sogar teilweise vom Boden abheben kann. Die Konzentration der Bodenreaktionen um die Lasteintragungsstellen herum hat aber viel kleinere Biegemomente zur Folge.

Den Primäreinflüssen der Bodenreaktionen überlagern sich außerdem Zwängungen aus dem Setzungsverhalten. Stellt sich z. B. eine Bodenplatte unter Querwänden in einem Schnitt als umgekehrter Durchlaufträger dar (die Bodenreaktion ist dann die Belastung, die Wände sind die Auflager), so können die Setzungen als „Stützensenkung" interpretiert werden.

Bild 14.23 zeigt den resultierenden Momentenverlauf bei Vorhandensein einer Setzungsmulde. Diese führt zu positiven Momenten entlang der ganzen Platte, denen sich die Momente aus der Bodenreaktion in den einzelnen Feldern überlagern.

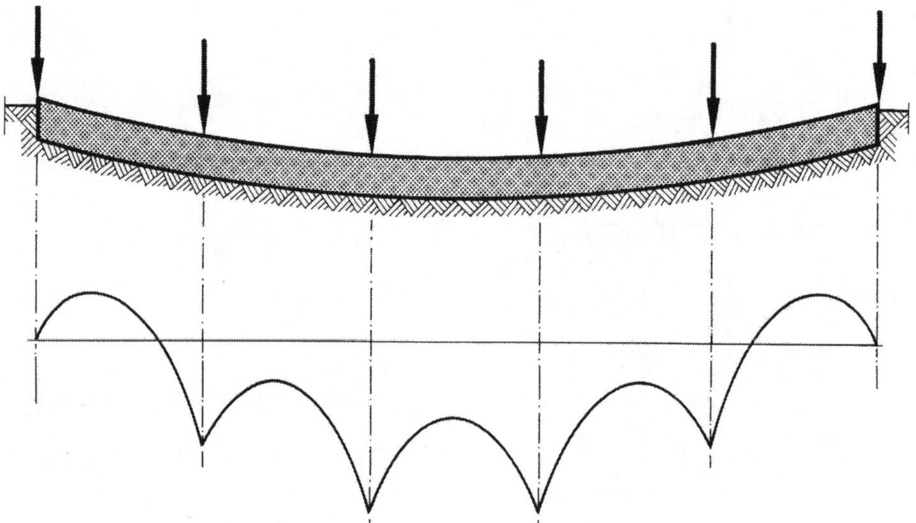

Bild 14.23 Resultierende Momente in einer Gründungsplatte bei Entstehung einer Setzungsmulde

Damit soll gezeigt werden, welche Bedeutung einer wirklichkeitsnahen Erfassung der Bodenreaktionen und der Setzungen für die Bemessung biegebeanspruchter Gründungskörper im Einzelfall zukommen kann.

14.5.4 Maßnahmen zur Setzungsbeschränkung bzw. zum Schutz der Bauwerke

Ungleichmäßige Setzungen rufen insbesondere Risse in Innen- und Außenwänden, aber auch in anderen Tragwerksteilen wie Decken und Unterzügen bzw. Ausbauteilen wie leichten Trennwänden, Wand- und Bodenbelägen hervor. Dafür gilt der Grundsatz: Je biegsamer die betroffenen Bauteile sind, um so eher können sie den setzungsbedingten Verformungen ohne Rißbildungen folgen.

In erster Linie kommen natürlich grundbau- bzw. gründungstechnische Maßnahmen zur Verminderung ungleichmäßiger Setzungen und damit zum Schutz vor Setzungsschäden in Frage z.B.

- Vergrößerung der Fundamente (Herabsetzung der zulässigen Bodenpressung)
- Tiefer- oder Tiefgründung
- Einbau weicher Schichten unter den Fundamenten z.B. von Mineralfaserdämmstoffen zur Erzielung von Ausgleichssetzungen
- Einbau von Druckkissen zur Wiederanhebung abgesunkener Fundamente
- Bodenverdichtung, -verbesserung, oder -austausch.

Solche Maßnahmen sollen hier nicht erörtert werden. Wenn diesbezüglich das technisch Mögliche bzw. kostenmäßig vertretbare getan ist und trotzdem noch mit Setzungsschäden gerechnet werden muß, so stellt sich die Frage, ob dem nicht durch baukonstruktive Maßnahmen begegnet werden kann.

Es gibt in der Tat zwei konstruktive Prinzipien, um Setzungsschäden entgegen zu treten:

Das „Ausweichprinzip", bei welchem alle Bauteile so gestaltet werden, daß sie die zu erwartenden Bewegungen möglichst schadenfrei zulassen und das „Widerstandsprinzip", bei welchem das Bauwerk im ganzen so steif ausgebildet wird, daß seine Steifigkeit eine Vergleichmäßigung der Setzungen unter ein zulässiges Maß erzwingt. Beide Begriffe entstammen dem Spezialgebiet „Gründungen in Bergbaugebieten" ([57] Abschn. 3.11), wo ja erhebliche Bewegungen im Untergrund auftreten können, und lassen sich auf Gründungen in schlechtem Baugrund übertragen. Weil das erstgenannte Prinzip zu seiner Realisierung meist hohen Aufwand und die Inkaufnahme mancher Kompromisse erfordert, wird man bei Gründungen auf schlechtem Baugrund im allgemeinen den durch das zweite Prinzip gewiesenen Weg gehen. Die Entscheidung darüber, welche Maßnahmen zu ergreifen sind, hängen noch von weiteren Überlegungen ab, z.B.

Ist der Baugrund sehr nachgiebig, (Steifemodul zwischen E_s = 1,5 und 8 MN/m^2), aber konsolidiert, d.h. zur Ruhe gekommen, wie das bei älteren Aufschüttungen oder Ablagerungen meist der Fall ist, so treten neue, erhebliche Setzungen erst auf, wenn die Bauwerkslasten die Höhe der Vorbelastung durch den Aushub überschreiten. Leichte Gebäude können daher auf solchem Baugrund meist ohne besondere Vorkehrungen gegründet werden wenn das Bauwerksgewicht nicht größer ist als das Gewicht des Aushubs.

Manche Bauwerke sind aufgrund statischer Bestimmtheit bzw. gelenkig wirkender Bauteilverbindungen ziemlich unempfindlich, z.B. Stahlbeton- bzw. Spannbetonfertigteilhallen. In solchen Fällen wird man sich daher weniger um das Tragwerk kümmern müssen.

Bei kleinen Bauwerkslasten und Bauteillängen können auch Mauerwerkswände durch Bewehrung versteift und gegen Rißbildung besser geschätzt werden. Nicht immer erfordert die „Widerstandslösung" also aussteifende Bauteile aus Stahlbeton usw.:

Bei der Verhinderung ungleichmäßiger Setzungen durch konstruktive Maßnahmen müssen meist wesentliche Teile der Bauwerkslast an Stellen vom Baugrund aufgenommen werden, die von den Lastwirkungslinien mehr oder weniger weit entfernt sind. Je höher die Bauwerkslasten sind, um so größer werden die hierbei auftretenden Momente. Sie haben daher eine ganz andere Größenordnung als die Momente in den übrigen Tragwerksteilen und erfordern deshalb sehr große Steifigkeiten. Es ist deshalb ein Irrtum zu glauben, daß es bei setzungsempfindlichem Baugrund genügt, anstelle von Einzel- oder Streifenfundamenten eine durchgehende Platte von wenigen Dezimetern Dicke vorzusehen. Deren Steifigkeit ist in der gleichen Größenordnung wie die des Decken- und Unterzugssystems. Man sollte deshalb in solchen Fällen bestrebt sein, das oder die Kellergeschosse als biege- und torsionssteife Kästen zu konstruieren. Das kann geschehen durch entsprechende Ausbildung und Verbindung von Kellersohle, Kellerwänden und Kellerdecke. Insbesondere die Kelleraußenwände sind hierfür sehr geeignet, da sie fast immer durchgehend vorhanden sind und nur kleine Öffnungen aufweisen. Bei Einfamilienhäusern werden dafür oft schon Kelleraußenwände aus bewehrtem Mauerwerk genügen, so daß auf eine bewehrte Sohlplatte verzichtet werden kann. Bei großen Gebäuden muß das Kellergeschoß ähnlich ausgebildet werden wie ein Hohlkastenträger im Brückenbau mit Kellersohle und -decke als Zug- und Druckgurt und den Wänden als Stegen. Hier empfiehlt sich aufgrund des baulichen Aufwands auch eine ingenieurmäßige Bemessung auf der Grundlage einer Setzungsberechnung unter Berücksichtigung der Kellergeschoß-Steifigkeit.

14.6 Standsicherheitsprobleme

14.6.1 Grundbruch, Böschungsbruch, Geländebruch, Phänomene, Maßnahmen

Unter Grundbruch versteht man das seitliche Ausweichen des Lastbodens, welches das Einsinken des darauf befindlichen Fundamentes zur Folge hat. Bild 14.24 veranschaulicht den Sachverhalt:

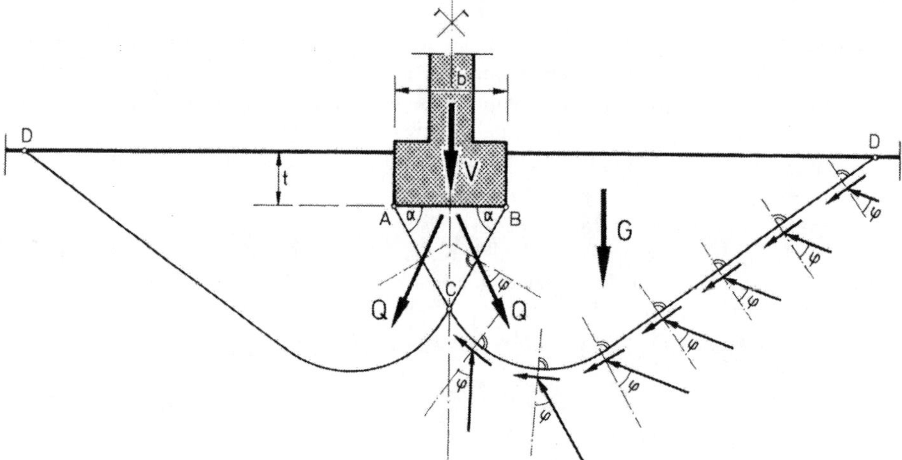

Bild 14.24 Gleitflächen unter einem Streifenfundament von der Breite b im Bruchzustand

Im Bruchzustand entsteht unter dem Fundament ein Erdkeil ABC, wobei der Winkel a zu a = 45 + φ/2 angenommen werden kann. Dieser Erdkeil drückt mit den Kräften Q, in die sich die auf das Fundament einwirkende Kraft V aufspaltet, auf die beiden anschließenden Erdkörper mit dem Gewicht G. Es entstehen die Gleitflächen ACD und BCD, in welchen Scherkräfte als widerstehende Kräfte wirksam werden. Der gekrümmte Bereich dieser Gleitflächen kann als logarithmische Spirale mit den Polen in A bzw. B angenommen werden, an welche sich tangentiale Geraden anschließen. Nach dem Coulombschen Ansatz ist die Scherfestigkeit:

$$\tau = c + \sigma \cdot \tan \varphi$$

worin

t die Scherfestigkeit,

c die Kohäsion,

s die in der Scherfuge wirkende Normalspannung,

f der Winkel der inneren Reibung des Bodens ist.

Die in der Gleitfuge auftretenden Scherkräfte setzen sich mithin zusammen aus einem Kohäsionsanteil und aus der Reibungskomponente der jeweils vorhandenen Bodenreaktion. Aus dem Gewicht G des Gleitkörpers, den zugehörigen Reaktionskräften und den aus c resultierenden Scherkräften läßt sich die Größe von Q im Bruchzustand und daraus die Bruchlast V_b ermitteln. Auf diesem Grundgedanken basieren zeichnerische und rechnerische Verfahren (s. DIN 4017) zur Ermittlung der Grundbruchlast. Hiermit ist aber nur der einfachste Fall angesprochen. Natürlich kann die Last V auch exzentrisch oder schräg angreifen, d.h. eine horizontale Komponente besitzen. Das Gelände kann beiderseits in unterschiedlicher Höhe anstehen und in der Mehrzahl der Fälle wird der Untergrund unter dem Fundament aus unterschiedlichen Bodenschichten mit verschiedenen Bodeneigenschaften und damit auch -kenngrößen bestehen.

Schließlich kann Grundwasser vorhanden sein und erzeugt dann nicht nur Auftrieb, sondern beeinflußt auch die Bodenkenngrößen. Ungeachtet dieser vielen möglichen, die Grundbruchsicherheit beeinflussenden Gegebenheiten, lassen sich aus dem dargestellten Prinzip des Grundbruchsicherheits-Nachweises rein anschaulich die folgenden Erkenntnisse ziehen: Die Grundbruchsicherheit ist um so größer

- je größer die Gründungstiefe t ist, weil hierdurch die Größe und damit das Gewicht der beiden Gleitkörper ACD und BCD wächst.
- je breiter das Fundament ist, da bei Vergrößerung der Breite b der Erdkeil ABC und damit auch die Gleitflächen CD tiefer in den Untergrund reichen und auch deren Länge zunimmt.
- je größer der Reibungswinkel φ und die Kohäsion c sind.

Daraus folgt sofort, daß sich die Grundbruchsicherheit durch Verbreiterung und/oder Tiefergründung des Fundaments erhöhen läßt, zumal dann, wenn die Gleitflächen CD auf diese Weise in tiefer liegende Schichten mit günstigeren Bodenkenngrößen verlagert werden können.

Ganz ähnliche Erscheinungen wie Grundbruch werden als Gelände- bzw. als Böschungsbruch bezeichnet (s. DIN 4084). Hierbei handelt es sich um das Abgleiten von Böschungen oder eines Stützbauwerks wie z. B. einer Stützmauer etwa wie der in Abschn. 14.4.2 angesprochenen Weise. Auch hier ist – wie in anderen Fällen – zunächst nach Form und Lage der ungünstigsten Gleitfläche zu fragen. Im Regelfall wird hier mit einer kreisförmigen Gleitfläche gerechnet, bei welcher für die Wahl von Mittel-, Anfangs- und Endpunkt jedoch besondere Kriterien maßgebend sind. Hier wird der Gleitsicherheitsnachweis durch eine Momentengleichung um den Mittelpunkt des Gleitkreises geführt (s. Bild 14.25).

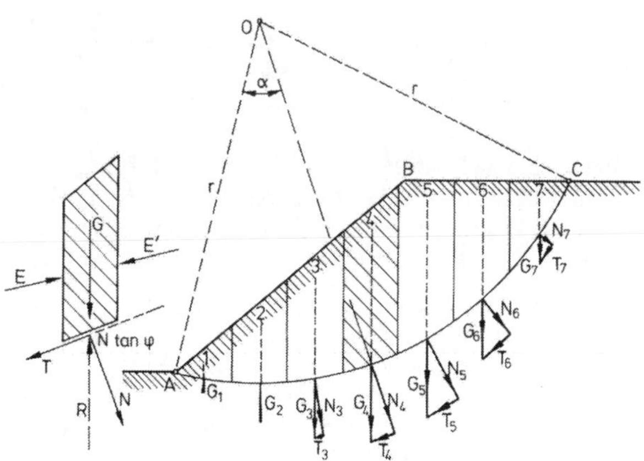

Bild 14.25
Nachweis der Standsicherheit einer Böschung

Auch eine solche Gleitfläche kann durch bauliche Maßnahmen z. B. durch Spundwände tiefer gelegt oder verlängert und dadurch die Geländebruchsicherheit erhöht werden. Gleitflächen können auch durch „Vernagelung" z. B. mit Hilfe von Pfählen, die eine Art Verdübelung zwischen Gleitkörper und Untergrund bewirken, tiefer gelegt oder unschädlich gemacht werden.

14.6.2 Kipp- und Gleitsicherheit

Zur Standsicherheit eines Baukörpers gehört auch, daß die Gefahr des Umkippens bzw. des Gleitens auf der Sohlfläche bzw. auf einer darunter befindlichen Ebene unter dem Einfluß horizontaler Kräfte ausgeschlossen werden kann (vgl. DIN 1054, Abs. 2.3.3 und 2.3.4). Der Kippsicherheitsnachweis wird vielfach in Form einer Momentengleichung um den Punkt A geführt (s. Bild 14.26).

$$\eta_k = \frac{V \cdot r}{H \cdot h} \geq 1{,}5$$

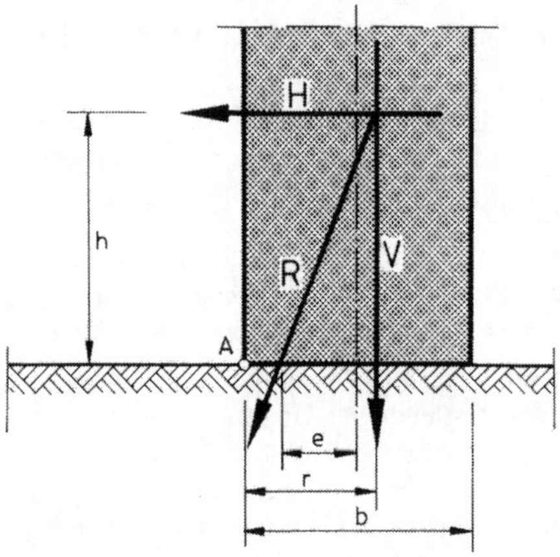

Bild 14.26 Nachweis der Kippsicherheit

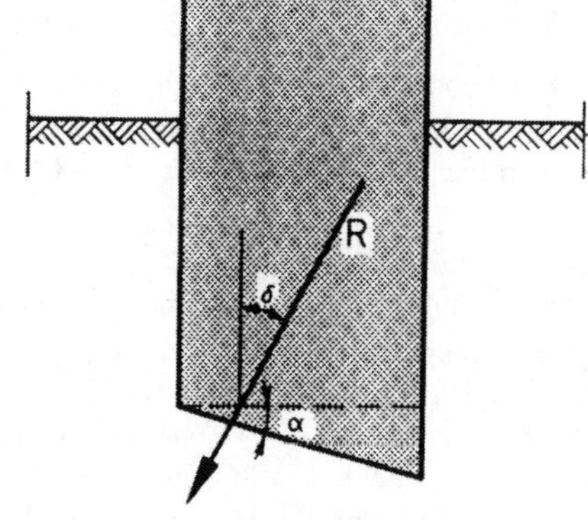

Bild 14.27 Erhöhung der Gleitsicherheit

Im Beiblatt zu DIN 1054 wird unter Ziffer 2.3.3 als möglicher Ansatz angegeben:

$$\eta_k = \frac{b}{2e}, \text{ wobei hier } e = \frac{H \cdot h + V \cdot \left(\frac{b}{2} - r\right)}{V} \text{ ist.}$$

Beide sind nicht identisch. Die Problematik besteht darin, daß V und H sich unabhängig voneinander und auch gegensinnig verändern können. Besonders problematisch und daher weitergehende Überlegungen erfordernd sind deshalb Baukörper großer Schlankheit oder mit weit über die Sohlfläche auskragenden Bauteilen bzw. solche, bei welchen eine relativ kleine Veränderung der Belastung die Exzentrizität e der Resultierenden erheblich vergrößern kann.

Bei doppelsymmetrischen Fundamenten mit geschlossener Sohlfläche wird im Normalfall ausreichende Kippsicherheit durch die Forderungen in DIN 1054, Ziff. 4.1.3.1 gewährleistet, wonach die Resultierende aus ständigen Lasten die Sohlfuge im Kern schneiden muß und die Resultierende aus anderen Lastfällen nur eine klaffende Fuge erzeugen darf, die höchstens bis zum Schwerpunkt der Sohlfuge reicht.

Die Gleitsicherheit ist nach DIN 1054, Ziff. 4.1.3.3 definiert zu:

$$\eta_g = \frac{H_s + E_{pr}}{H}$$

Hierbei ist

H die angreifende Horizontalkraft,

H_s die Sohlwiderstandskraft aus Reibung (Kohäsion wirkt in der Sohlfuge nicht),

E_{pr} ein rechnerischer Anteil des Erdwiderstands eines möglicherweise vor dem gleitgefährdeten Bauwerk befindlichen Erdkörpers, der höchstens zu 0,5 E_p angesetzt werden darf, wobei E_p der Erdwiderstand (der passive Erddruck) ist.

Für H_s kann gesetzt werden:

$$H_s = V \cdot \tan \delta_{sf}$$

worin δ_{sf} der Sohlreibungswinkel im Grenzzustand ist. Weitere Angaben hierzu, insbesondere über die anzusetzenden Sicherheitsbeiwerte finden sich in DIN 1054.

In beiden Fällen ist auch sofort erkennbar, welche konstruktiven Maßnahmen zur Erhöhung der Sicherheit ergriffen werden können. Die Kippsicherheit wird angehoben durch Vergrößerung des Standmoments $V \cdot \left(\frac{b}{2} - r\right)$ was entweder durch Steigerung von V oder durch ein größeres b erreicht werden kann (H läßt sich meist nicht verkleinern). Die Gleitsicherheit kann auf einfache Weise erhöht werden, indem man den Winkel zwischen Sohlfläche und Resultierender dadurch verkleinert, daß man die Sohlfläche im Winkel α geneigt anordnet, wodurch der Winkel δ zwischen Sohle und R entsprechend vermindert wird. Allerdings kann sich dann eine Gleitfläche vom rückwärtigen Fundamentfußpunkt aus entwicklen. Auch dafür ist dann ein Gleitsicherheitsnachweis erforderlich.

14.7 Unterfangungen

14.7.1 Allgemeines

Unterfangungen sind erforderlich, wenn vorhandene Fundamente höhere Lasten abtragen (z. B. Aufstockungen) oder Kellersohlen tiefer gelegt werden müssen (Bild 14.28a). Weiter dienen Unterfangungen als Baugrubensicherungsmaßnahmen, wenn neue Nachbargebäude tiefer gegründet werden sollen (Bild 14.28b). Nach den bauaufsichtlichen Vorschriften sind sie genehmigungspflichtige Bauvorhaben. Sie erfordern eine gründliche und sorgfältige Planung und Ausführung (s. [61] und [56] Abschn. 2.3 und 2.4).

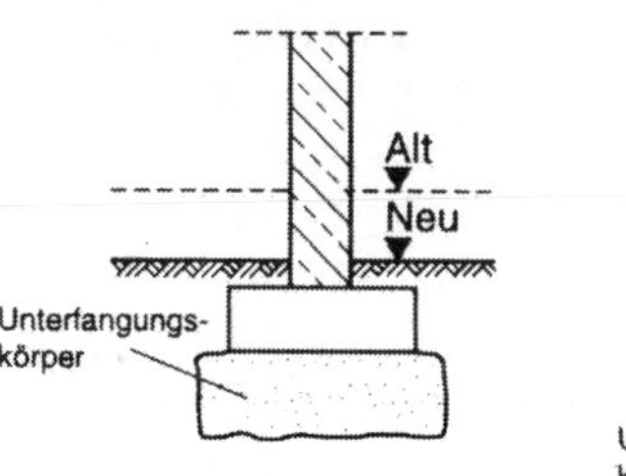

Bild 14.28
Unterfangungsarten

a) Tieferlegung der Gründung

b) Unterfangung, gleichzeitig als Baugrubensicherung

Unterfangungen können gemäß DIN 4123 aus Mauerwerk, Beton oder Stahlbeton im Schutze eines Grabenverbaues hergestellt werden. Alternativ ist die Herstellung einer Unterfangung durch eine Bodenverbesserung oder durch einen teilweisen Bodenaustausch möglich. Bei der Bodenverbesserung wird in die Hohlräume des Bodens ein sich verfestigendes Injektionsmittel eingepreßt [62] oder es wird eine Vereisung, wenn die Bodenfeuchte ausreicht, vorgenommen. Bei dem teilweisen Bodenaustausch wird das sogenannte Düsenstrahlverfahren (Firmenbezeichnungen z. B. soilcrete, HDI usw.) eingesetzt [63].

Jede Art von Unterfangungen führt zu Verformugen des Untergrunds. Bei der Herstellungsart gemäß DIN 4123 entstehen im Gegensatz zu den Unterfangungsarten mit Bodenverbesserungen (DIN 4093) oder dem Düsenstrahlverfahren die größten Verformungen infolge des Bodenaushubes unter den Fundamenten.

14.7.2 Unterfangungen nach DIN 4123

DIN 4123 liefert Vorgaben zur Herstellung von Unterfangungskörpern in einfachen Fällen. Werden die Voraussetzungen der Norm, nämlich

- Unterfangungshöhe ≤ 5 m
- Wohn- oder Bürogebäude mit bis zu 5 Vollgeschossen
- Streifen- oder Plattengründung
- die zu unterfangende Wand muß als Scheibe wirken können
- nichtbindiger Boden: Lagerungsdichte $D > 0{,}3$ bei Ungleichförmigkeitsgrad $U \leq 3$ bzw. $D \geq 0{,}45$ bei $> U \ 3$, d.h. eine mindestens mitteldichte Lagerung
- bindiger Boden: mindestens steife Konsistenz
- Grundwasser muß größer 0,5 m unter neuer Sohle anstehen (gegebenenfalls durch eine Grundwasserabsenkung zu erreichen)

eingehalten, sind keine Nachweise der einzelnen Bauzustände für das zu unterfangene Gebäude erforderlich. Die Norm gibt keinen Hinweis darauf, daß die vorhandenen Fundamente bereits eine ausreichende Grundbruchsicherheit besitzen müssen. Handelt es sich um ein genutztes Gebäude, so ist nach [61] der Lastfall 1 und somit eine Grundbruchsicherheit von $\eta = 2$ erforderlich. Es wird daher empfohlen, vor dem Freilegen entsprechender Fundamente vorher die Grundbruchsicherheit zu überprüfen.

Nach DIN 4123 werden folgende Unterlagen, Untersuchungen bzw. Nachweise für die Unterfangung verlangt:

- Gebäudegrundrisse, Querschnitte sowie Angaben zu den Baustoffen.
- Neben Schürfen für die Erkundung der Gründungstiefen aller betroffenen Wände auch Bodenerkundung gemäß DIN 4022. Lagerungsdichten und bei bindigen Böden die Konsistenzen sowie Grundwasserhöhen und die eventuellen Schwankungen müssen ermittelt werden.
- Die Standsicherheit der Unterfangung im Endzustand unter Berücksichtigung der Auflasten und des Erddruckes auch infolge von Querwänden und anderen im Einflußbereich stehenden Wänden ist nachzuweisen.
- Der Standsicherheitsnachweis für den Verbau unter Berücksichtigung der Fundamentlasten ist zu führen.

Nach diesen Vorgaben der Norm ist die Standsicherheit des Unterfangungskörpers im Endzustand, d. h. vor dem Errichten des Neubaus nachzuweisen, wobei die zulässigen Bodenpressungen der DIN 1054 nicht überschritten werden dürfen. Da in der Sohlfuge infolge des Erddruckes Horizontalkraftanteile wirken, ist der entsprechende Abminderungsfaktor zu berücksichtigen. Ein Normverbau gemäß DIN 4124 ist für den Unterfangungsabschnitt im Bereich des Fundamentes nicht zulässig. Hier ist ein gesonderter Nachweis des Verbaus unter Berücksichtigung der Fundamentlasten zu führen. Welcher Erddruck (Erdruhedruck oder aktiver Erddruck) berücksichtigt werden soll, wird in der Norm nicht angegeben. Bei dem Herstellen des Grabenverbaus ist mit einer Entspannung des Bodens zu rechnen und somit ist der Ansatz des aktiven Erddruckes gerechtfertigt.

In einem gesonderten Abschnitt der Norm wird auf Sicherungsmaßnahmen hingewiesen, wie:

- Verbundverbesserungen, Rückverankerungen im zu unterfangenen Gebäude und
- Absteifungen mit Nachspannmöglichkeit, die „insbesondere" bei ungenügendem Verbund der zu unterfangenen Wand mit anschließenden Bauteilen, also Quer- und Außenwänden, erforderlich sind.

Wenn eine genaue Verbundwirkung „insbesondere" bei alten Gebäuden nicht nachgewiesen werden kann, ist in jedem Fall eine Abstufung der Verankerung der zu unterfangenen Wand erforderlich. Für den Bauzustand wird folgendes gefordert:

- Eine Berme mit einer Neigung 1 : 2 und einer Kopfbreite von 2 m muß beim Aushub vor dem Fundament verbleiben (Bild 14.29).
- Das vorhandene Fundament muß eine Einbindetiefe von t > 0,5 m bzw. bis OK Fußboden aufweisen.
- Im Bermenbereich bis t = 1,25 m ist der Aushub außen vor dem Fundament ohne Verbau möglich. Unter dem Fundament ist seitlich und an der Stirnseite immer ein Verbau anzuordnen. – Die Breite der einzelnen Abschnitte muß b ≤ 1,25 sein. Der Abstand der einzelnen Abschnitte ist mit a = 3 · b ≥ 3,75 m zu wählen.

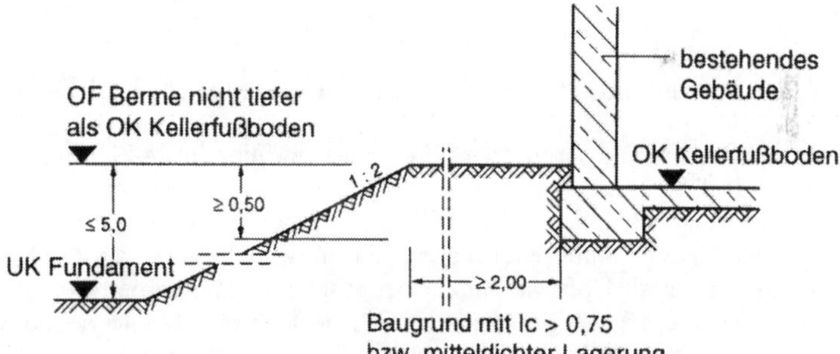

Bild 14.29
Berme vor Herstellung der Unterfangung

Da Böschungshöhen bis zu 5 m möglich sind, ist besonders bei weichen bindigen Böden die Standsicherheit der Berme nicht gewährleistet. Aus bauaufsichtlicher Sicht ist somit ein Nachweis der Geländebruchsicherheit zu führen. Der Abstand der Unterfangungsabschnitte beträgt 3 · b = 3,75 m. Wird unter dem Fundament nur der aktive Erddruckteil als Setzungsbereich herangezogen, so ergibt sich eine Überschneidung dieser Bereiche bei einer Unterfangungstiefe von ca. 3,75 m. Es ist daher sinnvoll, den Abstand der einzelnen gleichzeitig herstellbaren Unterfangungsabschnitte in Abhängigkeit von der Tiefe der Unterfangung zu wählen. Um in der Mitte zwischen den aktiven Gleitkeilen noch einen tragfähigen Bereich zu erhalten, wird zumindest bei den ersten Abschnitten empfohlen, den Abstand a ≥ t + 1,25 bzw. a ≥ 3,75 m zu wählen (s. Bild 14.30).

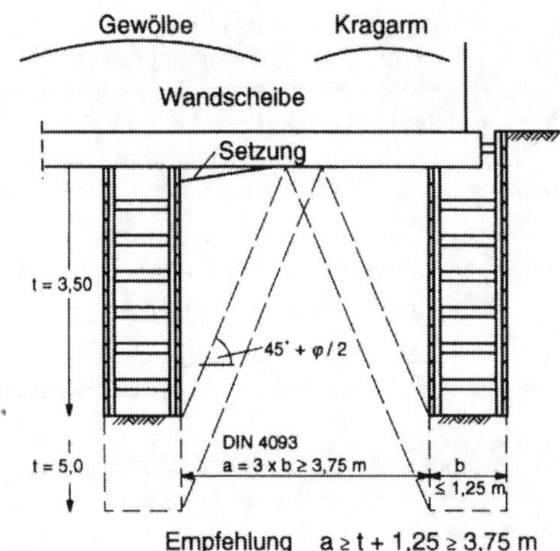

Bild 14.30
Abstand der Unterfangungsabschnitte

Aus den obigen Ausführungen ist ersichtlich, daß diese Herstellungsart nach DIN 4123 besonders bei größeren Unterfangungshöhen sehr problematisch ist. Es wird daher empfohlen, solche Art von Unterfangungen – wenn überhaupt – nur bis zu Unterfangungshöhen von ca. 2 m auszuführen. Da der Verbund zwischen der zu unterfangenen Wand mit den angrenzenden Bauteilen nur in wenigen Fällen nachgewiesen werden kann, ist es bei den zu erwartenden Setzungen unbedingt erforderlich, zusätzliche Verankerungen oder Absteifungen vorzunehmen. Außerdem müssen die Quer- und Außenwände sorgfältig unterfangen werden. Gegebenenfalls ist dies vom Keller des zu unterfangenen Gebäudes aus vorzunehmen.

Werden alle Vorgaben der Norm streng eingehalten, so ist die Herstellung dieser Mauerwerks- oder Betonunterfangung zeitaufwendig und damit kostenintensiv.

14.7.3 Unterfangungen mit Bodenverbesserungs- und Düsenstrahl-Verfahren

Bei den Bodenverbesserungsverfahren wird ein Injektionsmittel in die Poren des Bodens unter verhältnismäßig niedrigem Druck (15 bar) eingepreßt, das durch anschließende Aushärtung den erforderlichen verfestigten Unterfangungskörper liefert. Die Einpreßmittel, wie Zementsuspension, Silikatgele und Kunstharze, sind in der DIN 4093 aufgeführt, die auch die Planung, Ausführung und Überwachung von solchen Maßnahmen regelt. Das Einpressen von Injektionsmitteln in die Porenräume des Bodens bewirkt keine nennenswerte Spannungsumlagerung im aufgehenden Gebäude. Da auch ein sehr guter Kraftschluß der Injektion an das Fundament möglich ist, kann diese Art der Unterfangung als sehr schonend für das Bauwerk angesehen werden. Der Nachteil des Verfahrens besteht aber darin, daß bei Injektionen von Zement eine Anwendung bei allen Bodenarten nicht möglich ist (Zement: bis Grobsand, Feinstzement: bis Feinsand), Injektionen von Silikatgelen nicht mehr zulässig und Kunstharze immer noch teuer sind.

Die Herstellung von Unterfangungskörpern mittels Injektion von Zement unter hohem Druck (200 bis 600 bar) ist heute eine der üblichsten Methoden (Düsenstrahlverfahren). Der Vorteil des Verfahrens besteht darin, daß ausschließlich Zementsuspensionen verwendet werden und große Festigkeiten (s. Tafel 14.3) der Injektionssäulen bei allen Bodenarten (auch bei Schluffen und Tonen, Einschränkungen bei organischen Böden) erreicht werden können. Die Durchlässigkeiten liegen in Abhängigkeit vom anstehenden Boden zwischen 10^{-7} bis 10^{-9} m/s.

Tafel 14.3 Einaxiale Druckfestigkeit von Düsenstrahl-Unterfangungen.

Kies	bis 20,0 N/mm²
Sand	bis 15,0 N/mm²
Schluff/Ton	bis 8,0 N/mm²
Organische Böden	bis 3,0 N/mm²

Bei dem Düsenstrahlverfahren (s. [63]) wird ein Bohrgestänge mit Düsenhalter und Bohrkrone drehend, vornehmlich unter Außenspülung, abgeteuft. Nach Erreichen der Endtiefe wird auf Injektion umgeschaltet. Durch Öffnungen im unteren Teil des Injektionsgestänges (Düse) tritt mit hoher Geschwindigkeit (≥ 100 m/s) ein Düsenstrahl (Pumpendruck 200 bis 600 bar) aus, der den Boden in der Umgebung des Gestänges aufschneidet. Durch Drehen des Gestänges beim Zurückziehen entstehen säulenförmige Injektionskörper, deren Größe und Festigkeit durch die Parameter: Düsendurchmesser, Gestängedrehzahl, Ziehgeschwindigkeit, Pumpendruck und Injektionsverfahren beeinflußt werden kann. Das Injektionsverfahren soll dem Boden und dem Anwendungszweck angepaßt werden. Man unterscheidet (s. Bild 14.31):

- Einphasenverfahren: Verdüsen von Zementsuspension unter Hochdruck,
- Zweiphasenverfahren: Verdüsen von Zement unter Hochdruck bei gleichzeitiger Zugabe von Luft durch eine separate Düse zur Steigerung der Reichweite des Düsenstrahles,
- Dreiphasenverfahren: Aufschneiden und Ausspülen des anstehenden Bodens durch einen Hochdruckwasserstrahl mit Luftunterstützung und gleichzeitiges Verfüllen des entstandenen Hohlraumes mit Zementsuspension unter niedrigerem Druck.

Durch die Aneinanderreihung solcher Einzelsäulen entsteht ein geschlossener Zementblock. Infolge des begrenzten Durchmessers (bis ca. 1,50 m) der Einzelsäule müssen diese mit aus-

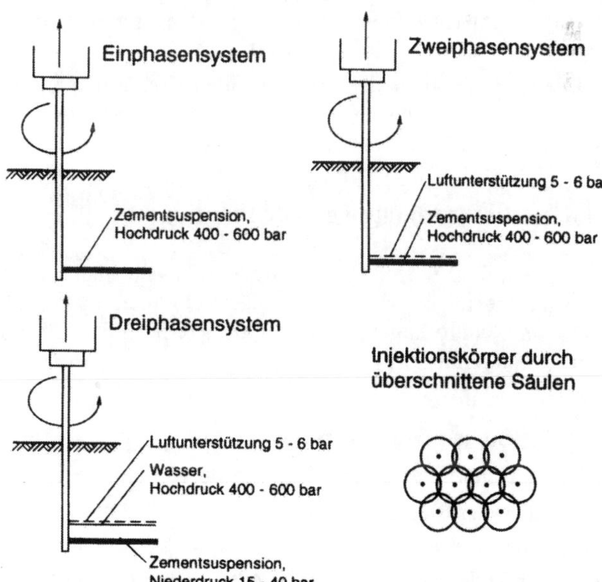

Bild 14.31
Düsenstrahlinjektionen

reichend geringem Abstand angeordnet werden. Während des Herstellens ist zu beachten, daß die jeweils aufgedüste Säule mit Zementsuspension gefüllt ist und sehr begrenzt Vertikalkräfte abtragen kann, so daß in der abzufangenden Wand durch Scheibenwirkung eine Lastumlagerung stattfinden muß. Einzelfundamente können daher durch eine mittig angeordnete Säule ohne Zusatzmaßnahmen nicht unterfangen werden. Nach 24 Stunden sind die erreichten Festigkeiten des Zementes mit dem des umliegenden Bodens vergleichbar, so daß die nächsten Säulen bzw. Fächer begonnen werden können. Die Säulen können bis zu einer Neigung von 45° zur Horizontalen hergestellt werden. Bei flacheren Neigungen ist jedoch auf eine genügende Auflast, z.B. im Keller, zu achten.

Die Planung von Unterfangungskörpern nach dem Düsenstrahlverfahren erfolgt nach DIN 4123. Die Bemessung des Injektions-Unterfangungskörpers erfolgt als Schwergewichtsmauer. Es müssen die Standsicherheit gegen Kippen, Gleiten, Grundbruch und Bruch in der tiefen Gleitfuge (bei Verankerungen) sowie die zulässigen Spannungen in der Sohlfuge und im Injektionskörper nachgewiesen werden.

Unterfangungen mit dem Düsenstrahlverfahren können als sehr setzungsarm bezeichnet werden und sind bei sensiblen Gebäuden allen anderen Baugrubensicherungen (Unterfangung gemäß DIN 4123, Schlitz- oder Bohrpfahlwände) zu bevorzugen. Abschließend soll darauf hingewiesen werden, daß Setzungen infolge Tieferlegung des Gründungshorizontes systembedingt sind. Sie sind insbesondere dann von Bedeutung, wenn tieferliegende setzungsempfindliche Schichten durch die Unterfangung neue konzentrierte Lasten erhalten.

14.8 Baugruben

14.8.1 Allgemeines

Die wachsende Bebauungsdichte in den Stadtgebieten führt in Verbindung mit steigenden Grundstückspreisen zwangsläufig zu Überlegungen, die vorhandenen Flächen möglichst effektiv zu nutzen. Diese Bestrebungen erstrecken sich zunehmend auch auf die Bereiche unterhalb des Geländeniveaus, indem Räume mit geringeren Nutzungsansprüchen wie Parkflächen oder Haustechnik unter die Erde verlagert werden.

Die tiefere Einbindung der Bauwerke in den Baugrund und somit oft auch in das Grundwasser erzwang im Zusammenhang mit einem gestiegenen Umweltbewußtsein die Entwicklung völlig neuer Konzepte für die Baugrubenherstellung.

14.8.2 Randbedingungen der Planung

Der Entwurf eines technisch realisierbaren und gleichzeitig auch wettbewerbsfähigen Baugrubenkonzeptes ist das Ergebnis eines Optimierungsprozeßes, in dessen Verlauf eine Vielzahl von Randbedingungen zu berücksichtigen ist. Nachfolgend sind einige wesentliche Aspekte aufgeführt:

- Platzverhältnisse
- Einbindung ins Grundwasser
- Nähe zu empfindlichen baulichen Anlagen
- Nachbarschaftsrecht

Grundsätzlich können Baugruben durch Abböschung des Geländes oder das Einbringen von vertikalen Verbauelementen hergestellt werden (DIN 4124). Besonders bei tieferen Baugruben setzt das Abböschen jedoch einen ausreichenden Platz um das Bauwerk herum voraus, weshalb vor allem in den Innenstadtgebieten üblicherweise ein Verbau notwendig wird.

Die Frage, ob und wie weit ein zu errichtendes Bauwerk in das Grundwasser einbindet ist entscheidend für die Auswahl der Umschließungsverfahren (s. Bild 14.32). In den vergangenen Jahrzehnten sind die Baugruben meist im Schutze einer oft lang andauernden Grundwasserhaltung ausgehoben worden. In sandigen Böden ergaben sich dabei sehr große Absenktrichter mit den damit verbundenen Folgen für die Nachbarbebauung (z.B. Gebäudesetzungen und Faulen alter Holzpfahlgründungen) bzw. die Vegetation. Derartige Absenkmaßnahmen sind aufgrund des gestiegenen Umweltbewußtseins heutzutage kaum noch genehmigungsfähig [64]. So werden z.B. die Bauvorhaben im Zentrum Berlins fast ausschließlich in der grundwasserschonenden Wand-Sohle-Bauweise (Trogbaugruben) ausgeführt. Verfahren, welche das Grundwasser durch Druckluft verdrängen, bleiben aus Kostengründen meist auf Sondervorhaben beschränkt.

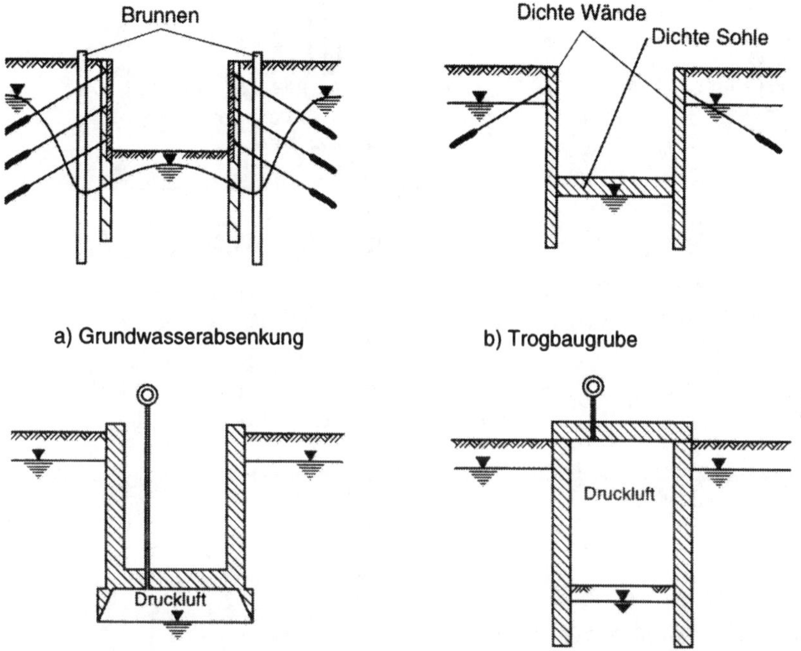

Bild 14.32 Möglichkeiten für die Ausführung von Baugruben im Grundwasser [65]

Die Entfernung zur Nachbarbebauung und deren Empfindlichkeit gegenüber Erschütterungen aus dem Baubetrieb bzw. den Setzungen aus Verformungen der Baugrubenwände entscheidet über die Wahl der Verbaukonstruktion (verformungsarmer steifer oder weicher Verbau) und deren Einbringungsart (z.B. Rütteln oder Rammen von Spundbohlen).

Durch Unterfangungen von angrenzenden Nachbarfundamenten (s. Abschn. 14.7) oder Verankerungen der Baugrubenwände werden Nachbarschaftsrechte berührt. Da eine Zustimmung in diesen Fällen zwingend erforderlich ist, muß die Frage der nachbarschaftsrechtlichen Zustimmung recht früh geklärt werden, um teure Umplanungen zu einem späteren Zeitpunkt zu vermeiden.

14.8.3 Konstruktionselemente der Baugruben

Für die vertikale Umschließung von Baugruben stehen verschiedene Wandsysteme zur Auswahl. Soll die Baugrube in der grundwasserschonenden Wand-Sohle-Bauweise (Trogbauweise) hergestellt werden, sind die Wandsysteme auf geeignete Weise mit horizontalen Sohldichtungen zu kombinieren. In Bild 14.33 sind verschiedene Varianten für die Ausführung von Trogbaugruben dargestellt.

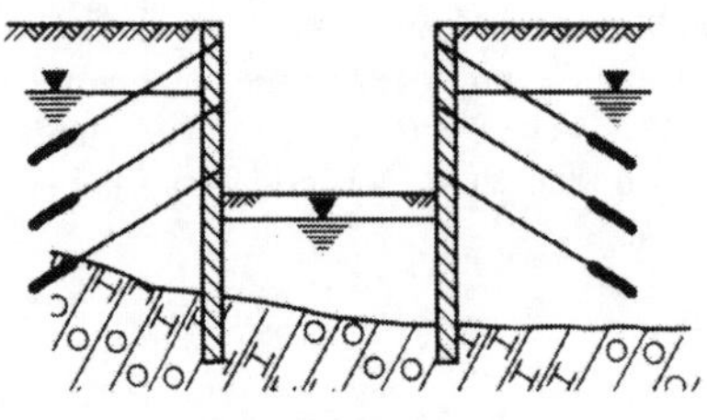

a) Natürliche Dichtsohle aus bindigem Boden

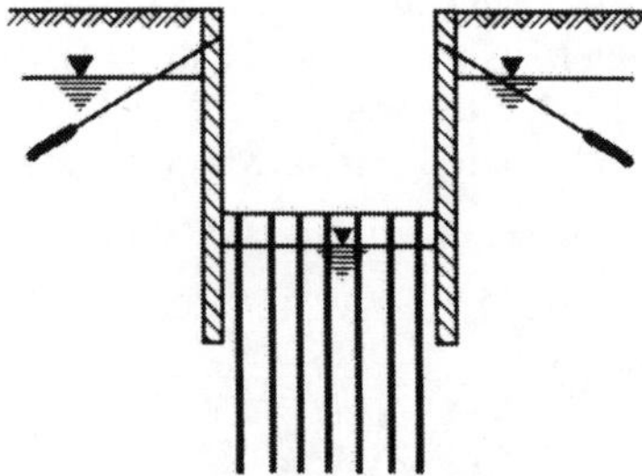

c) Hochliegende verankerte Sohle
- Unterwasserbetonsohle
- Düsenstrahlsohle

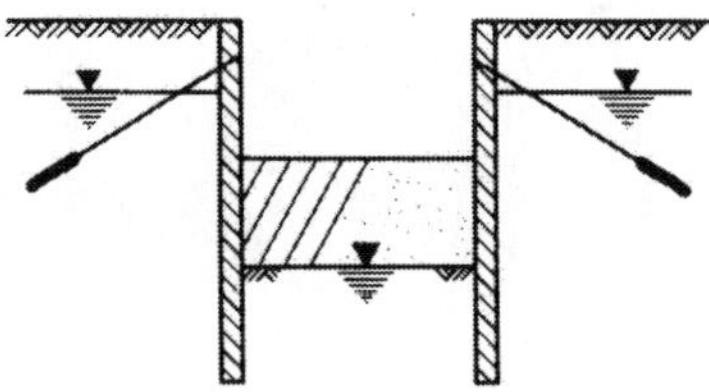

b) Hochliegende Sohle ohne Verankerung
- Unterwasserbetonsohle
- Düsenstrahlsohle
- Frostkörper

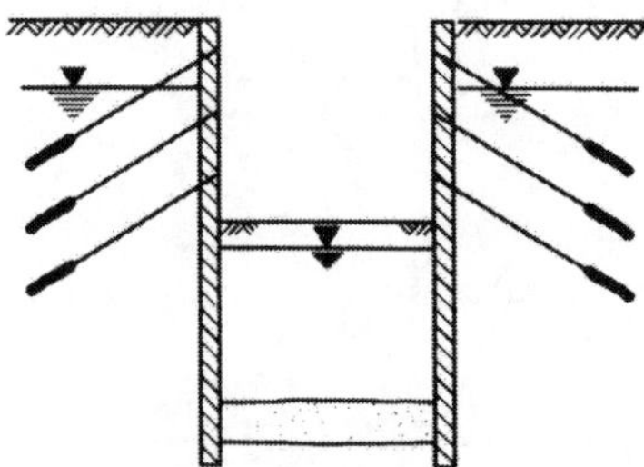

d) Tiefliegende Sohle
- Düsenstrahlsohle
- Injektionssohle
  aus Zementsuspension
  aus Feinzementsuspension
  aus Silikatgel (Weichgel)
- Frostkörper

Bild 14.33 Varianten der Wand-Sohle-Bauweise [65]

Wandsysteme (s. Bild 14.34). Einige Aspekte der nachfolgend beschriebenen Wandsysteme lassen sich auch auf Baugruben oberhalb des Grundwassers oder solche im Schutze einer Wasserhaltung [66] übertragen, im Vordergrund soll jedoch ihre Eignung für die Trogbauweise stehen. Als gängige Bauverfahren stehen zur Verfügung:

- Trägerbohlwände (nur überhalb des Grundwassers),
- Schlitzwände,
- Bohrpfahlwände,
- Stahlspundwände,

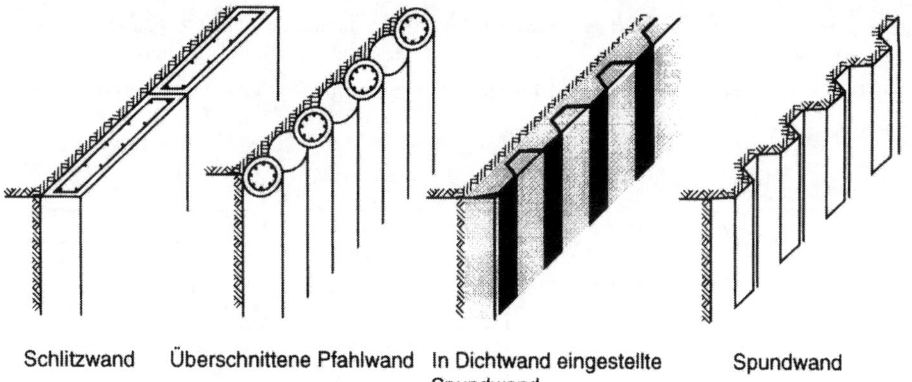

Bild 14.34 Wandsysteme für Trogbaugruben [67]

Trägerbohlwände (DIN 4124) bestehen aus lotrechten Stahlträgern und einer waagerechten Ausfachung, meist Holzbohlen. Die Ausfachung wird fortschreitend mit dem Bodenaushub eingebracht, wobei Hohlräume hinter dem Verbau und somit Setzungen benachbarter baulicher Anlagen kaum zu vermeiden sind. Sie werden aufgrund ihrer Wirtschaftlichkeit bei Trogbaugruben oft oberhalb des Grundwassers eingesetzt und ermöglichen so auch die Beseitigung eventueller Hindernisse in den Auffüllungsschichten im Zuge eines Voraushubes.

Schlitzwände (DIN 4126, [68]) können entweder in zwei Phasen als Ortbetonwand, als Einphasenschlitzwände mit eingestellter Spundwand oder seltener mit eingestellten Stahlbetonfertigteilen ausgeführt werden. Bei der Stahlbetonschlitzwand wird die den Schlitz stützende Suspension nach Einbau des Bewehrungskorbes durch den Beton verdrängt, welcher im Kontraktorverfahren eingebracht wird. Stahlbetonschlitzwände sind sehr steif und können daher direkt vor einer angrenzender Bebauung eingesetzt werden. Bei Einphasenschlitzwänden mit eingestellter Spundwand verbleibt die Stützflüssigkeit im Schlitz. Dieses Verfahren ist sehr wirtschaftlich, läßt sich jedoch aufgrund der geringeren Steifigkeit der Spundwand und der langsamen Aushärtung der Dichtwandmasse nicht direkt vor Gebäuden einsetzen. Da sowohl die Spundwand selbst als auch die dahinter im Schlitz verbleibende Dichtwandmasse abdichtend wirken, sind die Restwassermengen geringer als bei Stahlbetonschlitzwänden.

Bohrpfahlwände (DIN 4014) für dichte Baugruben müssen überschnitten ausgeführt werden, wobei sich bewehrte und unbewehrte Pfähle jeweils abwechseln. Auch Bohrpfahlwände können als steifes System direkt vor Nachbargebäuden ausgeführt werden, wobei sie durch die große Fugenanzahl anfälliger für Undichtigkeiten sind. Bei der Herstellung im Grundwasser ist vor Gebäuden besondere Sorgfalt erforderlich, damit es nicht mangels ungenügenden Wasserüberdrucks im Bohrrohr zu unkontrolliertem Bodenentzug kommt.

Stahlspundwände [69] werden in den Boden einvibriert, eingerammt oder eingepreßt. Die Nachteile dieser relativ preisgünstigen Bauweise ergeben sich in der Hauptsache durch Probleme beim Einbringen der Spundbohlen. Während beim Einvibrieren und besonders beim Einrammen große Erschütterungen auftreten, die einen Einsatz in unmittelbarere Nähe baulicher Anlagen verbieten, ist das Einpressen bei dicht gelagerten Sanden oder Steinlagen nur begrenzt möglich. Schloßsprengungen, welche unabhängig vom Einbauverfahren auftreten können, führen zu Fehlstellen und sind vor allem unterhalb des Aushubniveaus schwer zu kontrollieren.

In Sonderfällen können die Baugrubenwände auch vereist oder durch Injektionen verfestigt werden. Letzteres Verfahren kommt vor allem in Verbindung mit Unterfangungen im Düsenstrahlverfahren (s. Abschn. 14.7.3) zum Einsatz, wo eine an den Unterfangungskörper nach unten anschließende Dichtschürze den wasserdichten Abschluß der Baugrube herstellt.

In der Tafel 14.4 sind die Einsatzkriterien der wesentlichen Verbausysteme nochmals zusammengefaßt [65]:

Tafel 14.4 Einsatzkriterien für Wandsysteme bei Trogbaugruben

	Dichtigkeit	Bodenverhältnisse	Nachbarbebauung
Stahlbetonschlitzwand	dicht, mögliche Fehlstellen im Fugenbereich	fast überall ausführbar	steife Konstruktion, vor Nachbargiebeln einsetzbar
Einphasenschlitzwand	sehr dicht	fast überall ausführbar	weiche Konstruktion, unmittelbar vor Gebäude nicht geeignet
überschnittene Borpfahlwand	mäßig dicht, viele Fugen	fast überall ausführbar	steife Konstruktion, vor Nachbargiebeln einsetzbar
Stahlspundwand	dicht, Fehlstellen durch Schloßaufsprengungen möglich	nicht anzuwenden bei dichte Sanden, Steinen und Geröll, nicht bei bindigen Böden ab steifer Konsistenz	weiche Konstruktion, bei Erschütterungen Abstand zu Nachbargebäuden erforderlich

Gemäß Bild 14.33 kann die horizontale Abdichtung durch hoch- oder tiefliegende Dichtsohlen erzielt werden. Während die erforderliche Auftriebssicherheit (DIN 1054) bei tiefliegenden Sohlen durch den über der Sohle verbleibenden Erdkörper erreicht wird, müssen die hochliegenden Sohlen entweder ein genügend großes Eigengewicht besitzen (Schwergewichtssohlen) oder aber in den tieferliegenden Bodenbereich verankert werden (s. Bild 14.35).

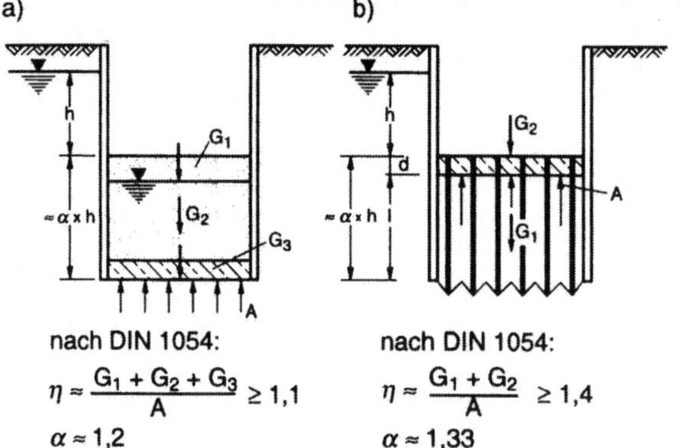

Bild 14.35
Nachweis der Auftriebssicherheit

Hochliegende Sohlen. Ab einer mehr als 3,0 m in das Grundwasser reichenden Baugrube werden die hochliegenden Sohlen in der Regel verankert, da Schwergewichtssohlen dann zu unwirtschaftlichen Lösungen führen.

Bei Unterwasserbetonsohlen erfolgt der Aushub vollständig unter Wasser. Die Zugpfähle werden danach von Pontons aus eingebracht, wobei meist Rüttelinjektions-Pfähle (RI-Pfähle)

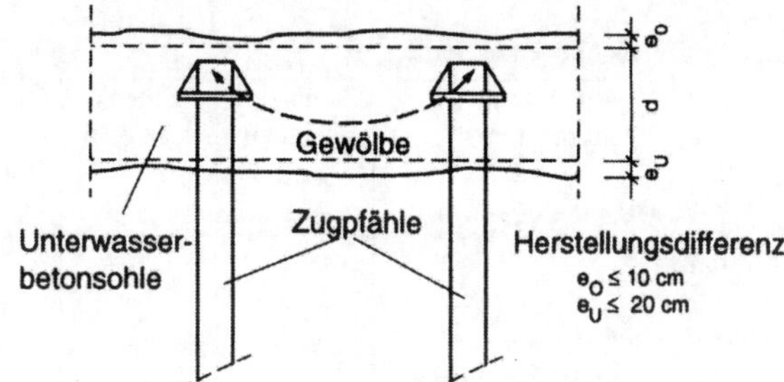

Bild 14.36
Tragmodell der Unterwasserbetonsohle [65]

oder GEWI-Pfähle zum Einsatz kommen. Beim anschließenden Betonieren im Kontraktorverfahren ist besonders auf das Absaugen der Schlammwalze zu achten, um Fehlstellen in der Sohle zu vermeiden. Die Dicke der Sohle liegt zwischen 1,0 und 2,0 m. Zur Reduzierung der statisch erforderlichen Sohlstärke kann u.U. stahlfaserbewehrter Beton eingesetzt werden [70]. Der Wasserdruck wird über Gewölbewirkung in die Pfahlköpfe übertragen (Bild 14.36).

Bild 14.37 zeigt die Kopf- und Fußpunktausbildung der bei den zentralen Berliner Bauvorhaben am Potsdamer Platz überwiegend eingesetzten RI-Pfähle [71]. Der am Pfahlfuß umlaufend aufgeschweißte Kragen erzeugt einen Ringspalt, der beim Einvibrieren des Pfahles fortlaufend mit Zementsuspension verfüllt wird.

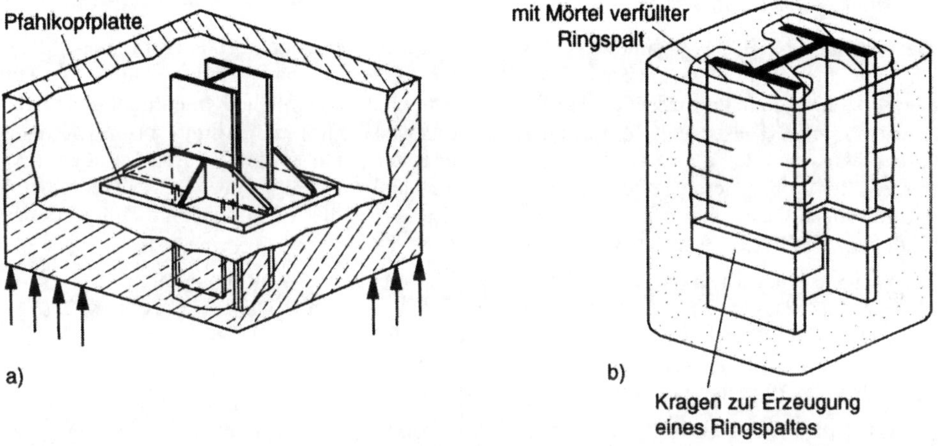

Bild 14.37 Kopf- und Fußpunktdetail des RI-Pfahles [71]

Hochliegende Düsenstrahlsohlen werden von einem Voraushubniveau kurz oberhalb des Grundwassers hergestellt. Das Verfahren entspricht dem für die Herstellung von Unterfangungen (s. Abschn. 14.7). Die Säulen mit Durchmessern zwischen 1,0 und 1,5 müssen sich überschneiden, um eine dichte Sohle zu erreichen. Im Unterschied zu den Unterwasserbetonsohlen kann der weitere Aushub nach dem Herstellen der Anker im Trockenen erfolgen. Während die Wände bei Unterwasserbetonsohlen nur einlagig verankert werden können, ist hier das Bohren mehrerer Ankerlagen mit fortschreitenden Aushub möglich.

In der Tafel 14.5 sind die wichtigsten Merkmale hochliegender Sohlen kurz zusammengefaßt [65].

Tafel 14.5 Hochliegende Sohlen

	Ausführungs-grenzen	Durch-lässigkeit	Risiken Leckagen	Risiken Havarien (Sohlauf-bruch)	GW-Beeinflussung durch Bau-stoffe	Beeinflussung der GW-Strömung
Unverankert						
Unter-wasser-betonsohle	h < ~ 3 m (Wirtschaflichkeit)	gering	gering	gering	sehr gering (Beton)	gering (Wände)
Düsen-strahlsohle	h < ~ 3 m (Wirtschaflichkeit)	mittel	hoch	mittel	gering (Zementsus-pension)	sehr gering (Wände)
Verankert						
Unter-wasser-betonsohle	h < ~ 17 m (Wandbemessung)	gering	gering	mittel	sehr gering (Beton)	gering (Wände)
Düsen-strahlsohle	h < ~ 8 m (Verankerung)	mittel	hoch	hoch	gering (Zement-suspension)	sehr gering (Wände)

Zur Definition von h s. Bild 14.35

Tiefliegende Sohlen. Der Grundwasserzustrom wird über Verfüllung des Porenraumes mittels Poreninjektion (DIN 4093) unterbunden. Die Wahl des Verfahrens ist stark abhängig von der Korngrößenverteilung der anstehenden Böden. Während herkömmliche Zementinjektionen auf Grobsande und Kiese und Feinstbindemittel (Feinstzemente) auf Mittel- bis Grobsande beschränkt waren, konnte mit Weichgelen der Bereich bis hin zu den Feinsanden abgedeckt werden. Bei großer Tiefenlage der Sohlen können Bohrabweichungen aus der Vertikalen beim Niederbringen der Injektionslanzen zu Fehlstellen in der Sohle führen und sind daher bei der Festlegung des Injektionsrasters zu berücksichtigen.

Bei Weichgelen wird eine Mischung aus Wasser, Wasserglas (Natriumaluminat) und einen anorganischen Härter (z.B. Natriumaluminat) in den Porenraum injiziert. Dieses preisgünstige und technisch gut beherrschbare Verfahren wurde in den Berliner Sanden mit großem Erfolg eingesetzt, bis es in den Verdacht geriet, die Grundwasserqualität negativ zu beeinflussen und daher ab Mitte 1995 nicht mehr genehmigt wurde.

Feinstbindemittelsohlen werden für Baugrubenabdichtungen erst seit 1995 eingesetzt und sind hinsichtlich der Zuverlässigkeit aufgrund der noch geringen Erkenntnisse über das Ausbreitungsverhalten des Injektionsgutes (Feinstbindemittelsuspension) eher krtitisch zu beurteilen.

Düsenstrahlsohlen nach dem in Abschn. 14.7.3 beschriebenen Verfahren können auch als tiefliegende Sohlen ausgeführt werden. Mit den Feinstbindemittel haben sie gemeinsam den Vorteil, die Grundwasserqualität kaum zu beeinflussen.

Die Tafel 14.6 enthält eine Zusammenstellung der wesentlichen Merkmale tiefliegender Dichtsohlen [65].

Gurtungen und Verankerungen. Ab gewissen Aushubtiefen werden die Beanspruchungen der zunächst nur als Kragträger wirkenden Wandsysteme zu groß bzw. die Verformungen können nicht mehr toleriert werden. Horizontale Abstützungen in einer oder bei tiefen Baugruben auch in mehreren Lagen können die Beanspruchungen der Wände vermindern. Meist kommen

Tafel 14.6 Tiefliegende Dichtsohlen

	Ausführungs-grenzen	Durch-lässigkeit	Risiken Leckagen	Risiken Havarien (Sohlauf-bruch)	GW-Beeinflussg. durch Baustoffe	Beein-flussung der GW-Strömung
Düsenstrahl-sohle	h < ~ 10 m Bohrgenauigkeit	mittelhoch	hoch	gering	gering (Zementsuspen-sion)	hoch
Zementin-jektion	nur Kiese h < ~ 10 m	mittelhoch	hoch	gering	gering (Zementsuspen-sion)	hoch
Feinst-zement-injektion	nur Mittelsande h < ~ 10 m	mittelhoch	hoch	gering	gering (Feinstzement-suspension)	hoch
Weichgel-injektion	keine bindigen Böden, keine Kiese h < ~ 10 m	gering	mittel	gering	mittel (Weichgel)	hoch

Zur Definition von h s. Bild 14.35

Verpreßanker (DIN 4125) in Kombination mit horizontalen Gurtungen zum Einsatz. Der Einbau von horizontalen oder schrägen Steifen empfiehlt sich nur für sehr schmale Baugruben, da sie die Schalungs- und Betonierarbeiten sehr behindern und zudem bei breiten Baugruben noch gegen Knicken gesichert werden müssen.

Hinweise für die Bemessung und konstruktive Ausbildung von Baugrubenwänden sind in [57] Abschn. 3.6 und 3.7, [72], [73] und [74] enthalten.

14.8.4 Anforderungen an das Arbeitsplanum

Der Zustand des Arbeitsplanums muß die ordnungsgemäße Herstellung der Fundamente bzw. der Bodenplatte gewährleisten. Bei Arbeiten im Grundwasser ist der Wasserspiegel mindestens 50 cm unter das Arbeitsplanum abzusenken. Die anstehenden Böden müssen ausreichend verdichtet sein, um Setzungen zu verringern. Bei bindigen Böden in der Gründungssohle ist ein Bodenaustausch zu erwägen, da Niederschläge und schwere Maschinen schnell zu einem Verschlammen führen. Zu empfehlen ist das Einbringen einer Sauberkeitschicht aus Beton.

14.8.5 Kostenoptimierung bei der Baugrubenplanung

Bei der Planung von in den Baugrund einbindenden Bauwerken muß der Nutzen der zusätzliche entstehenden Nutzfläche gegen die steigenden Kosten abgewogen werden. Kostensprünge entstehen vor allem durch die Unterfangung höher gelegener Nachbarfundamente oder die Einbindung in das Grundwasser. Letzteres erfordert den Betrieb einer Grundwasserhaltung mit den Kosten für die Verbringung (und ggf. vorherige Reinigung) des geförderten Wassers oder die Herstellung einer annähernd dichten Trogbaugrube mit einer Restwasserhaltung. Bei einer Gründung im Grundwasser sind auch höhere Aufwendungen für die Abdichtung des Bauwerkes durch weiße oder schwarze Wannen zu kalkulieren.

14.9 Literatur

14.9.1 Normen

[1] DIN 1054 (November 1976). Zulässige Belastung des Baugrunds

[2] DIN 4014 (März 1990). Bohrpfähle; Herstellung, Bemessung und Tragverhalten

[3] DIN 4017 (Teile 1 und 2 August 1979). Berechnung des Grundbruchwiderstandes von Flachgründungen

[4] DIN 4018 (Mai 1981). Berechnung der Sohldruckverteilung unter Flachgründungen

[5] DIN 4019 (Teil 1 April 1979 und Teil 2 Februar 1981). Setzungsberechnungen

[6] DIN 4026 (August 1975). Rammpfähle; Herstellung, Bemessung und zulässige Belastung

[7] DIN 4030 (Teile 1 und 2 Juni 1991). Beurteilung betonangreifender Wässer, Böden und Gase

[8] DIN 4084 (Juli 1981). Gelände- und Böschungsbruchberechnungen

[9] DIN 4085 (Februar 1987). Berechnung des Erddrucks; Berechnungsgrundlagen

[10] DIN 4093 (September 1987). Einpressen in den Untergrund, Planung, Ausführung, Prüfung

[11] DIN 4095 (Juni 1990). Dränung zum Schutz baulicher Anlagen; Planung und Ausführung

[12] DIN 4107 (Januar 1978). Setzungsbeobachtungen an entstehenden und fertigen Bauwerken

[13] DIN 4123 (Mai 1972). Gebäudesicherung im Bereich von Ausschachtungen, Gründungen und Unterfangungen

[14] DIN 4124 (August 1981). Baugruben und Gräben; Böschungen, Arbeitsraumbreiten, Verbau

[15] DIN 4125 (November 1990). Verpreßanker; Kurzzeitanker und Daueranker; Bemessung, Ausführung und Prüfung

[16] DIN 4126 (August 1986). Ortbeton – Schlitzwände; Konstruktion und Ausführung

[17] DIN 4128 (April 1983). Verpreßpfähle (Ortbeton- und Verbundpfähle) mit kleinem Durchmesser; Herstellung, Bemessung und zulässige Belastung

Weitere Verweise auf DIN-Normen aus dem Gebiet der Erkundung und Untersuchung des Baugrundes sind dem Text zu entnehmen

14.9.2 Zitierte Literatur

[51] Betonkalender 1994, Teil II, Kapitel „Grundbau", Verlag Ernst u. Sohn, Berlin 1994

[52] Beispiele zur Bemessung nach DIN 1045. 5. Aufl., Hrsg. Deutscher Beton-Verein e.V. Bauverlag, Wiesbaden und Berlin 1991

[53] Leonhardt, F.; Mönning, E.: Vorlesungen über Massivbau, Bd. 1 bis 4, 2./3. Aufl., Springer Verlag, Berlin 1977-1986

[54] Becker, G.: Tragkonstruktionen des Hochbaus, Teil 2. Werner Verlag, Düsseldorf 1987

[55] Grundbau-Taschenbuch. Teil 1 Hrsg. H.U. Smoltczyk. 5. Aufl. Verlag Ernst u. Sohn, Berlin 1996

[56] Grundbau-Taschenbuch. Teil 2 Hrsg. H.U. Smoltczyk. 4. Aufl. Verlag Ernst u. Sohn, Berlin 1991

[57] Grundbau-Taschenbuch. Teil 3. Hrsg. H. U. Smoltczyk. 4. Aufl. Verlag Ernst u. Sohn, Berlin 1992

[58] Sommer, H. und Katzenbach, R.: Last-Verformungs-Verhalten des Messeturms Frankfurt/Main. Vorträge der Baugrundtagung 1990 in Karlsruhe. Deutsche Gesellschaft für Erd- und Grundbau e.V., Essen 1990

[59] Katzenbach, R., Quick, H. und Arslan, U.: Commerzbank-Hochhaus Frankfurt/Main: Kostenoptimierte und setzungsarme Gründung. Bauingenieur **71** (1996), Heft 9, S. 345-354

[60] Lohmeyer, G. C.: Weiße Wanne – einfach und sicher. Konstruktion und Ausführung von Kellern und Becken aus Beton ohne besondere Dichtungsschicht. Beton Verlag, Düsseldorf 1985

[61] Borchert, K.-M.: Unterfangungen als Baugrubensicherung nach DIN 4123 oder mit dem Düsenstrahlverfahren. Mitteilungen Institut für Grundbau, Bodenmechanik und Energiewasserbau, Universität Hannover. Hrsg. H. Müller-Kirchenbauer. Heft 40, Hannover 1994

[62] Borchert, K.-M.: Vergleich zwischen berechneten und gemessenen Kriechverformungen an mit Silikatgel verfestigtem Sand. Veröffentlichungen des Grundbauinstituts der TUB. Hrsg. S. A. Savidis. Heft 15, Berlin 1985

[63] Kutzner, Ch.: Injektionen im Baugrund. F. Enke-Verlag, Stuttgart 1991

[64] Koch, G.: Entwicklung von Baumaßnahmen im Grundwasser: Von den großräumigen Grundwasserabsenkungen seit Beginn des Jahrhunderts zu weitgehend wasserdichten Bautrögen mit Grundwasserstandsüberwachung. Baurecht und Bautechnik, Heft 7, Hrsg. Böhme, Baumaßnahmen im Grundwasser. Erich Schmidt Verlag, Berlin 1996

[65] Borchert, K.-M.: Einsatz und Grenzen von Unterwasserbetonsohlen und Zementinjektionen zur Sohlabdichtung. Baurecht und Bautechnik , Heft 7, Hrsg. Böhme, Baumaßnahmen im Grundwasser. Erich Schmidt Verlag, Berlin 1996

[66] Herth, W. und Arndts, E.: Theorie und Praxis der Grundwasserabsenkung. 3. Auflage. Verlag Ernst & Sohn, Berlin 1994

[67] Stocker, M.: Spezialkonstruktionen und -verfahren für große, tiefe Baugruben im Grundwasser. VDI Bericht 1246 Berlin baut im Grundwasser. VDI Verlag, Düsseldorf 1996

[68] Kilchert, M. und Karstedt, J.: Schlitzwände als Trag- und Dichtungswände. Bd. 1 und 2. Bauverlag, Wiesbaden 1984

[69] Spundwand-Handbuch, Berechnung. Hoesch Stahl AG 1986

[70] Falkner, H., Henke, V. und Hinke, U.: Stahlfaserbeton für tiefe Baugruben im Grundwasser. Bauingenieur **72** (1997), Heft 1, S. 47-52

[71] Brem, G. und Wooge, M.: Ausführung dichter Baugruben mit rückverankerten Unterwasserbetonsohlen. Bauingenieur **72** (1997), Heft 1, S. 53-59

[72] Weißenbach, A.: Baugruben. Teil 1 bis 3. Verlag Ernst u. Sohn, Berlin 1975-1985

[73] Empfehlungen des Arbeitskreises „Baugruben“ (EAB), 3. Auflage, Hrsg. Deutsche Gesellschaft für Geotechnik e.V. Verlag Ernst & Sohn, Berlin 1994

[74] Empfehlungen des Arbeitsausschusses „Ufereinfassungen“ Häfen und Wasserstraßen (EAU), 8. Auflage, Hrsg. Hafenbautechnische Gesellschaft e.v. und Deutsche Gesellschaft für Erd- und Grundbau e.V. Verlag Ernst & Sohn, Berlin 1990

15 Bauwerksabdichtungen

Von Erich Cziesielski und Frank Vogdt

15.1 Anforderungen an Bauwerksabdichtungen

Bauwerksabdichtungen haben die Aufgabe, Bauwerke vor den schädigenden Einflüssen des Wassers dauerhaft zu schützen.

Schädigende Einflüsse sind:

- Durchfeuchtung von Umschließungsflächen und daraus herrührende Nutzungseinschränkungen im Bauwerk
- verringerter Wärmeschutz durchfeuchteter Bauteile
- verringerte Festigkeit der Baustoffe im feuchten Zustand
- Korrosion von Baustoffen (insbesondere bei aggressivem Wasser)

Im folgenden werden unter Abdichtungen Maßnahmen verstanden, die den Schutz vor

- von außen einwirkendem Wasser im Erdreich wie
  Bodenfeuchtigkeit,
  Sickerwasser oder
  drückendes Wasser und
- vom Gebäudeinnern einwirkendem Wasser
  wie z. B. in Bädern oder Schwimmbecken

zum Ziel haben.

Obwohl die Herstellungskosten für Abdichtungen im Vergleich zu den Gesamtkosten der Bauwerkserstellung lediglich einen geringen Anteil einnehmen, kommt den Abdichtungen auch in wirtschaftlicher Hinsicht eine große Bedeutung zu, weil bei nicht gegebener Funktionsfähigkeit hohe Folgekosten aus den Schäden und insbesondere für die Instandsetzung entstehen, da die Abdichtungen nach Bauwerkserrichtung nur noch schwer bzw. nicht mehr zugänglich sind.

Abdichtungen müssen somit folgende Anforderungen dauerhaft – d.h. für die gesamte Lebensdauer des Bauwerks – erfüllen:

a) Standsicherheit

- Abdichtungen dürfen die Standsicherheit des Gebäudes oder die von Gebäudeteilen nicht beeinträchtigen (z.B. durch Gleiten von Gebäudekörpern bzw. Bauteilen oder durch Setzungen).
- Die Standsicherheit der Abdichtungen selbst muß gewährleistet sein, u.U. durch flankierende Maßnahmen.

b) Physikalische Anforderungen

- Abdichtungen müssen wasserdicht oder wasserundurchlässig sein.
- Abdichtungen müssen gegenüber der bei der Verarbeitung wie auch der im Einbauzustand auftretenden thermischen Beanspruchung widerstandsfähig sein.

c) Chemische Beanspruchung

- Abdichtungen müssen gegenüber den angreifenden Medien beständig und mit den berührenden Baustoffen verträglich sein.

d) Biologische Beanspruchung

- Abdichtungen müssen gegenüber Angriff durch Mikroorganismen widerstandsfähig und wurzelfest sein.

Des weiteren ist die Forderung nach einer leichten Verarbeitbarkeit sowie einer hinreichenden Unempfindlichkeit gegenüber Ausführungsfehlern zu stellen.

15.2 Materialien der Bauwerksabdichtungen und ihre Eigenschaften

15.2.1 Abdichtungen auf bituminöser Basis

15.2.1.1 Übersicht

Bitumen fällt bei der fraktionierten Erdöldestillation nach Abzug der Benzin- und Ölfraktionen als schwerster nichtflüchtiger Bestandteil an.

In Abhängigkeit vom Destillationsverfahren sowie von der Weiterverarbeitung entstehen folgende Bitumenarten:

- **Destillationsbitumen** (Primärbitumen)
- **Hochvakuumbitumen** durch Destillation bei Unterdruck
- **Oxidationsbitumen** (geblasenes Bitumen) durch Oxidation beim Einblasen von Luft
- **Verschnittbitumen** durch Zugabe von Ölen o. ä.
- **Polymerbitumen** durch Zugabe von thermoplastischen Kunststoffen oder Elastomeren.

Tafel 15.1 Zusammenstellung der nach [1] Teil 3 angegebenen Bitumenbahnen für Bauwerksabdichtungen

Benennungsblock Identifizierungsblock	Art der Einlage	Flächengewicht der Einlage in g/m²	mind. Nenndicke (i. M.) in mm	Gehalt an Löslichem (i. M.) in g/m²	Bruchzugkraft (i. M.)[1] längs/quer in N	Bruchdehnung (i. M.) längs/quer in %
nackte Bitumenbahn:						
DIN 52 129 – R 500 N	Rohfilzpappe	500	–	–	≥ 280/ 180	≥ 2,0/ 2,0
Bitumen-Dachbahnen:						
DIN 52 128 – R 500	Rohfilzpappe	500	–	≥ 1250	≥ 300/ 200	≥ 2,0/ 2,0
DIN 52 143 – V 13	Glasvlies	60	–	≥ 1300	≥ 400/ 300	≥ 2,0/ 2,0
Bitumen-Dichtungsbahn:						
DIN 18 190 – J 300 D	Jutegewebe	300	3,0	–	≥ 600/ 500	≥ 5,0/ 5,0
DIN 18 190 – G 220 D	Glasgewebe	220	3,0	–	≥ 800/ 800	≥ 2,0/ 2,0
DIN 18 190 – Al 0,2 D	Aluminiumband	(d = 0,2 mm)	3,0	–	≥ 500/ 500	≥ 5,0/ 5,0
DIN 18 190 – Cu 0,1 D	Kupferband	(d = 0,1 mm)	3,0	–	≥ 500/ 500	≥ 5,0/ 5,0
DIN 18 190 – PETP 0,03 D	Polyäthylenterephthalat-Folie	(d = 0,03 mm)	2,5	–	≥ 250/ 250	≥ 15,0/15,0
Bitumen-Schweißbahnen:						
DIN 52 131 – J 300 S 4	Jutegewebe	300	4,0	–	≥ 600/ 500	≥ 2,0/ 3,0
DIN 52 131 – J 300 S 5	Jutegewebe	300	5,0	–	≥ 600/ 500	≥ 2,0/ 3,0
DIN 52 131 – G 200 S 4	Glasgewebe	200	4,0	–	≥ 1000/1000	≥ 2,0/ 2,0
DIN 52 131 – G 200 S 5	Glasgewebe	200	5,0	–	≥ 1000/1000	≥ 2,0/ 2,0
DIN 52 131 – V 60 S 4	Glasvlies	60	4,0	–	≥ 400/ 300	≥ 2,0/ 2,0
in Anlehnung an DIN 52 131 Schweißbahn mit Kupferbandeinlage Cu 0,1	Kupfer	(d = 0,1 mm)	–	–	–/–	–/–

[1] für Zugprobe mit b = 5 cm i. M. = im Mittel

Bei den Bauwerksabdichtungen sind folgende Materialien auf bituminöser Basis gebräuchlich:

- bituminöse Voranstriche als Bitumenlösung oder Bitumenemulsion,
- heiß zu verarbeitende Klebemassen und Deckaufstrichmittel,
- kalt zu verarbeitendes Deckaufstrichbitumen,
- kalt zu verarbeitende Spachtelmassen auf Basis von Bitumenlösungen oder -emulsionen durch mineralische Füllstoffe in Form von Gesteinsmehl oder -fasern, aber auch durch Zugabe von Polymer- oder Elastomeranteilen modifiziert,
- Bitumenbahnen: industriell gefertigte bahnenförmige Abdichtungen, die in der Regel aus einer mit Destillationsbitumen getränkten Trägereinlage und darauf beidseitig aufgebrachten Deckschichten aus gefülltem geblasenem Bitumen bestehen. Die Bahnen werden mit mineralischen Stoffen (Talkum, Sand, Schiefer, Splitt) als Trenn- bzw. Schutzschicht abgestreut. Für den Bereich der Bauwerksabdichtungen werden die Bahnentypen entsprechend Tafel 15.1 unterschieden.

15.2.1.2 Eigenschaften

Rheologisches Verhalten

Bitumen ist ein thermoplastischer Stoff, der keinen ausgeprägten Schmelzpunkt, sondern einen Erweichungsbereich besitzt. Im baupraktisch sehr niedrigen Temperaturbereich verhält sich Bitumen spröd elastisch. Mit steigender Temperatur schließt sich ein viskoelastisches und anschließend ein viskoses Materialverhalten an. Neben der Temperaturabhängigkeit ist die Steifigkeit des Bitumens eine Funktion der Belastungsdauer.

Die rheologischen Materialeigenschaften werden durch folgende Kennwerte beschrieben:

- **Penetrationszahl** (DIN 52 010) als Maß für die Härte eines Bitumens
- **Erweichungspunkt nach der Ring- und Kugel-Methode** (DIN 52 011) als Maß für die Standfestigkeit bei Temperaturerhöhung
- **Brechpunkt nach Fraaß** (DIN 52 012) als Maß für die Kältebeständigkeit
- **Penetrationsindex** (PI) als Maß für die Temperaturempfindlichkeit des Bitumens durch Ermittlung der Penetrationszahl bei unterschiedlichen Temperaturen
- **Steifigkeit S nach van der Poel:** der „Elastizitätsmodul" des Bitumens als Funktion der Temperatur, der Belastungsdauer und des Penetrationsindexes.

Die Steifigkeit nach van der Poel bildet die Grundlage für die Bemessung von bituminösen Abdichtungen im Hinblick auf

- das Gleiten von Bauwerken oder Bauteilen auf bituminösen Abdichtungen (Anmerkung: Bituminöse Stoffe sollen planmäßig nur senkrecht zur Abdichtungsebene belastet werden, wobei Spannungssprünge zu vermeiden sind; Kräfte parallel zur Abdichtungsebene sind durch Widerlager Bolzen o. ä. aufzunehmen),
- die Standsicherheit vertikal angeordneter bituminöser Abdichtungen während des Bauzustands (z. B. Gefahr des Abgleitens unter Sonneneinstrahlung),
- die Beanspruchung der Abdichtung über Fugen oder Rissen,
- die Beanspruchung bei Teilflächenbelastung senkrecht zur Abdichtungsebene (vgl. [531, [54], [55], [56]. – Anmerkung: Nach [1] Teil 6, Pkt. 5.8 ist bei statisch unbestimmten Tragwerken der Einfluß des Zusammendrückens der Abdichtung zu berücksichtigen.

Weitere Eigenschaften

Bitumen ist wasserunlöslich, nahezu wasserdicht und besitzt einen hohen Dampfdiffusionswiderstand. Wegen des thermoplastischen Materialverhaltens ist die Temperaturbeanspruchung im Einbauzustand mit einer Temperaturdifferenz von 30 K unterhalb des Erweichungspunktes zu begrenzen. – Bitumen hat eine geringe elektrische Leitfähigkeit.

Durch den Luftsauerstoff oxidiert Bitumen langsam oberflächennah, was zu einer Alterung in Form einer Versprödung führt. Der Oxidationsprozeß wird unter UV-Strahlung des Sonnenlichtes beschleunigt. Die Zugabe von Füllern verbessert die UV-Beständigkeit.

Bitumen ist bei üblichen baupraktisch auftretenden Temperaturen gegenüber organischen und anorganischen Salzen, aggressiven Wässern, konzentrierten Alkalien und schwachen Säuren beständig. Die Beständigkeit nimmt jedoch bei höheren Temperaturen sowie bei oxidierend wirkenden, konzentrierten Säuren ab. Bitumen ist nicht lösungsmittelbeständig. – Bei direktem Kontakt zu Teerprodukten (Altbausanierung) sind Flux- bzw. Lösungserscheinungen nicht auszuschließen.

Bituminöse Stoffe sind ohne chemische Zusätze nicht wurzelfest und müssen gegebenenfalls durch Wurzelschutzschichten geschützt werden.

15.2.1.3 Verarbeitung

Sämtliche kalt zu verarbeitenden Abdichtungsstoffe wie Voranstrichmittel, Deckaufstrichmittel oder Spachtelmassen müssen ausreichend durchgetrocknet bzw. abgelüftet sein, bevor der nächste Arbeitsgang erfolgt. Kalt zu verarbeitende Bitumenmassen werden durch Spritzen, Streichen, Rollen oder Spachteln aufgebracht. Bitumenemulsionen können auch auf feuchtem Untergrund aufgebracht werden; sie sind jedoch vor Frost zu schützen.

Heiß zu verarbeitende Klebemassen oder Deckaufstrichmittel sind so weit zu erhitzen, daß ihre Viskosität verarbeitungsgerecht ist, ohne jedoch das Bitumen zu überhitzen (< 240 °C). Deckaufstrichmittel werden durch Streichen verarbeitet. Klebemassen sind zusammen mit den zu verklebenden Bitumenbahnen nach dem Bürstenstreich-, dem Gieß- und Einwalzverfahren oder dem Flämmverfahren zu verarbeiten (Bild 15.1). Heiß zu verarbeitende bituminöse Stoffe dürfen grundsätzlich nicht auf feuchtem Untergrund eingesetzt werden, da der beim Auftragen entstehende Wasserdampf keine ausreichende Haftung zwischen Untergrund und bituminösem Stoff gewährleisten würde.

Bitumendachbahnen, Bitumendichtungsbahnen und Bitumen-Dachdichtungsbahnen werden mit Hilfe von heiß zu verarbeitenden Klebemassen durch o. g. Verfahren verklebt. Das Schweißverfahren ist nur für Bitumenschweißbahnen anwendbar (vgl. Bild 15.1 b).

Bitumenbahnen mit Rohfilzeinlage müssen einen dauerhaft wirkenden Einpreßdruck erhalten, da mit zunehmendem Druck die Wasseraufnahme der Einlagen und die damit einhergehende Verrottungsgefahr reduziert wird. Bei Bahnen mit Jutegewebeeinlage sind entsprechende Maßnahmen angeraten.

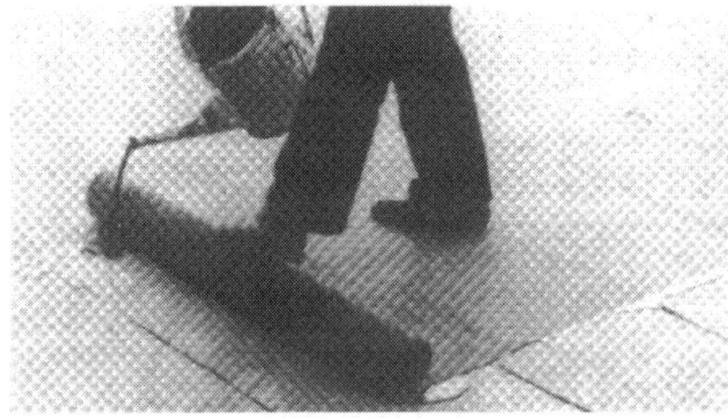

a)

b)

Bild 15.1 Verlegeverfahren für Bitumenbahnen
a) Gieß- und Einwalzverfahren, b) Schweißverfahren

Bitumenbahnen sind grundsätzlich unabhängig vom Verfahren der Verarbeitung, hohlraumfrei und vollflächig miteinander zu verkleben. Bahnenförmige Abdichtungen werden mehrlagig mit versetzten Stößen ausgeführt. Die Stöße werden als Überlappungsstöße (ü ≥ 10 cm) ausgebildet. Aus der Mehrlagigkeit ergibt sich eine erhöhte Sicherheit gegenüber Verarbeitungsfehlern im Stoßbereich.

15.2.2 Abdichtungen auf Kunststoffbasis

15.2.2.1 Übersicht

Kunststoffe sind hochpolymere Stoffe, die durch Polymerisation die niedermolekularen Ausgangsstoffe, die Monomere, zu Ketten-, Ring- oder Netzstrukturen verknüpfen. Durch diese Strukturen werden die Materialeigenschaften dieses Stoffes stark beeinflußt.

Nach [6] werden folgende Werkstoffgruppen aufgrund ihres temperaturabhängigen mechanischen Verhaltens hinsichtlich der Kenngrößen, des Schubmoduls und des mechanischen Verlustfaktors klassifiziert:

- Thermoplaste
- Elastomere
- Thermoelaste
- Duroplaste.

In DIN 18195-2 werden als hochpolymere Abdichtungstoffe lediglich die Kunststoff-Dichtungsbahnen entsprechend Tafel 15.2 angegeben.

Tafel 15.2 Zusammenatellung der nach [1] Teil 2 angegebenen Kunststoff-Dichtungsbahnen für Bauwerksabdichtungen

Material	Kurzbezeichnung	nach DIN	Nenndicke in mm	Bruchspannung[1] in N/mm²	Bruchdehnung[1] in %	Verfahren zur Naht- und Stoßverbindung[2]
Polyisobutylen	PIB	16 935	1,5; 2,0	≥ 4,5	≥ 400	Q, B
weichmacherhaltiges Polyvinylchlorid bitumenverträglich	PVC-P-BV	16 937	(1,2); 1,5; 2,0	≥ 15,0	≥ 200	Q, W, H
weichmacherhaltiges Polyvinylchlorid nicht bitumenverträglich	PVC-P-NB	16 938	(1,2); 1,5; 2,0	≥ 15,0	≥ 200	Q, W, H
Ethylencopolymerisat Bitumen	ECB	16 729	(1,5) 2,0; 2,5; 3,0	≥ 3,0	≥ 400	W, H, B

[1] im Anlieferungszustand (nach labormäßiger Vorbeanspruchung Abweichungen ± 20 % zulässig)

[2] Q ≙ Quellschweißen; W ≙ Warmgasschweißen, H ≙ Heizelementschweißen, B ≙ Verkleben mit Heißbitumen (Verfahren nach DIN 18 195-3)

Neben diesen Kunststoff-Dichtungsbahnen kommt eine Vielzahl von Kunststoff-Abdichtungssystemen im Bauwesen zur Anwendung, die an dieser Stelle aber nur kurz erwähnt werden sollen. Im Bereich von Brückenabdichtungen werden ein- oder zweikomponentige Kunststoffabdichtungen (z. B. auf Basis von Polyurethan) erfolgreich eingesetzt, deren Verarbeitung durch Spritzen oder Spachteln erfolgt.

15.2.2.2 Eigenschaften

Die in Tafel 15.2 angegebenen Kunststoff-Dichtungsbahnen besitzen als hochpolymeren Grundstoff Thermoplaste. Während sich das Material im unteren Temperaturbereich elastisch verhält, überwiegen von einer bestimmten Temperatur (Glasübergangstemperatur) an die plastischen Formänderungen.

Die Kunststoff-Dichtungsbahnen sind wasserunlöslich sowie nahezu wasserdicht und besitzen einen hohen Dampfdiffusionswiderstand.

Die Bahnen verfügen im niedrigen wie im hohen Temperaturbereich über eine gute Beständigkeit gegenüber chemischen Angriffen durch natürlich saure, alkalische oder salzhaltige Wässer. PVC und PIB sind nicht beständig gegenüber Benzin-Treibstoffgemischen oder Ölen. ECB wird durch aromatische Kohlenwasserstoffe angegriffen.

Während PIB- und ECB-Bahnen bitumenbeständig sind, werden sowohl bitumenbeständige (gekennzeichnet durch eine schwarze Einfärbung der Bahnen durch Pigmentierung) wie auch nicht bitumenbeständige Bahnen auf PVC-Basis angeboten. Sämtliche Bahnen sind wurzelfest.

15.2.2.3 Verarbeitung

Kunststoff-Dichtungsbahnen werden entweder, soweit sie bitumenverträglich sind, in einem heiß zu verarbeitenden Klebebitumen (< 200 °C) verklebt oder lose verlegt.

Die Verlegung mit einer bituminösen Klebemasse erfolgt entweder im Bürsten-Streich- oder im Flämmverfahren, wobei darauf zu achten ist, daß die überlappenden Teile frei von Klebemasse bleiben müssen, soweit die Naht- und Stoßverbindung nicht mit Bitumen hergestellt werden sollen.

PIB-Bahnen sind durch eine Trennlage gegen ein direktes Aufbringen von Frischbeton- oder Frischmörtel zu schützen, da bei einem direkten Kontakt ein inniger Haftverbund mit dem Füller der Kunststoffbahn entstehen würde, mit der Folge, daß Zwangsbeanspruchungen in den Bahnen, z. B. durch das Schwinden des Betons, auftreten würden.

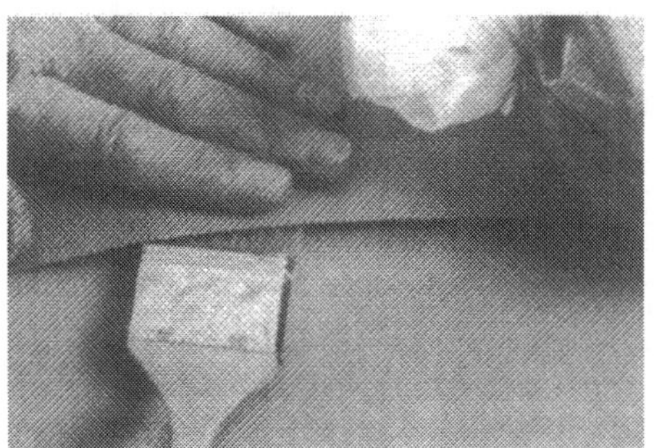

a)

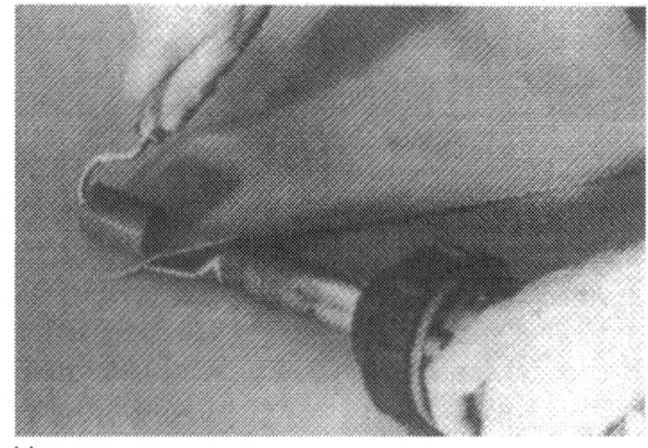

b)

Bild 15.2 Naht- und Stoßausbildungsverfahren für Kunststoffbahnen
a) Quellschweißen (Fa. Braas), b) Warmgasschweißen (Fa. Braas)

Da Abdichtungen mit Kunststoff-Dichtungsbahnen einlagig ausgeführt werden, kommt den Naht- und Stoßverbindungen hinsichtlich der Ausführung und Überwachung eine besondere Bedeutung zu. Aus diesem Grunde werden in DIN 18195-3 die Ausführung sowie die Prüfung der Naht- und Stoßverbindungen ausführlich beschrieben.

Es werden folgende Verfahren der Stoßausbildung unterschieden (vgl. Bild 15.2]:

- **Quellschweißen** durch Anlösen der sauberen Verbindungsflächen mit einem geeigneten Lösungsmittel und anschließendem Zusammendrücken der Klebeflächen,
- **Warmgasschweißen** durch Plastifizieren der Verbindungsflächen mit Hilfe von Heißluft und anschließendem Zusammendrücken der Klebeflächen,
- **Heizelementschweißen** durch Plastifizieren der Verbindungsflächen mit Hilfe eines Heizkeiles und anschließendem Zusammendrücken der Klebeflächen,
- **vollflächiges Verkleben** der Verbindungsflächen mit heiß zu verarbeitendem Bitumen mit einer Nahtüberdeckung von mindestens 100 mm.

Es dürfen höchstens drei Bahnen in einem Punkt gestoßen werden. Bei T-Stößen sind die Ränder der untenliegenden Bahnen abzufasen, um einen Wasserdurchtritt im anderenfalls sich bildenden Zwickel auszuschließen.

Wegen der Verwendung von Lösungsmitteln beim Quellschweißverfahren ist auf eine ausreichende Ablüftzeit zu achten, bevor weitere Arbeitsgänge mit nicht lösungsmittelbeständigen Stoffen, wie z. B. Bitumen, ausgeführt werden.

Je nach Verlegungsart ist eine Kombination der folgenden Prüfverfahren zur Überprüfung der ausgeführten Naht- und Stoßverbindungen auf der Baustelle durchzuführen (vgl. Bild 15.3):

- **Reißnadelprüfung** mit Hilfe einer Reißnadel, die an der Schweißnaht entlang geführt wird,
- **Anblasprüfung** durch Anblasen der Schweißnaht mit Warmluft,
- **optische Prüfung,**
- **Druckluftprüfung** bei doppelter Schweißnaht durch Füllen des Prüfkanals mit Druckluft,
- **Vakuumprüfung** durch Aufbringen einer Seifenlösung, die mit Hilfe einer durchsichtigen Unterdruckglocke auf Blasenbildung untersucht wird.

Beim Quell-, Warmgas- oder Heizelement-Schweißverfahren sind die T-Stöße von Abdichtungen aus PIB- oder PVC-Bahnen durch Injizieren von PIB- bzw. PVC-Lösungen nachzubehandeln. Bei PVC-Dichtungsbahnen sind die Nähte nach dem Quell- oder Warmgasschweißen an der äußeren Nahtkante mit PVC-Lösungen zu überstreichen.

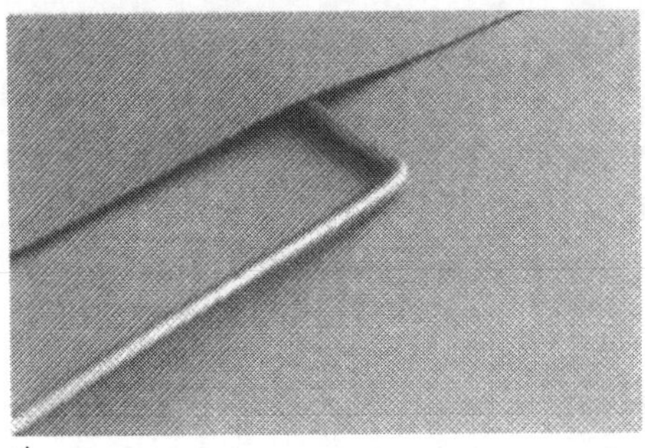

a)

b)

Bild 15.3 Prüfverfahren für Naht- und Stoßausbildung von Kunststoffbahnen
a) Reißnadelverfahren (Fa. Braas), b) Vakuumprüfung

15.2.3 Abdichtungen auf mineralischer Basis

15.2.3.1 Übersicht

Im Bereich der Abdichtung auf mineralischer Basis werden sehr verschiedenartige Systeme sowohl hinsichtlich der eingesetzten Materialien wie auch hinsichtlich der abdichtungstechnischen Wirkung angeboten.

Als wichtigster Vertreter dieser Stoffgruppe sind

- die Bentonite
- die Dichtungsschlämmen und Sperrputze sowie
- der wasserundurchlässige Beton (WU-Beton)

zu nennen.

Bentonite werden für abdichtungstechnische Zwecke für den Flächenbereich als mit Bentonitgranulat gefüllte Wellpappen der Abmessungen $l/b/d_0$ = 122/122/0,5 cm sowie für die Abdichtung von Fugen, Durchdringungen etc. als pappe- oder gelatineumhüllte Stränge angeboten.

Dichtungsschlämmen oder Sperrputze werden auf Grundlage von z. T. kunststoffvergüteten Zementfein- oder Zementmörteln unter Zusatz von Dichtungsmitteln hergestellt.

Wasserundurchlässiger Beton (WU-Beton) ist ein Beton, dessen Wasserundurchlässigkeit durch erhöhte Anforderungen an die Betonzusammensetzung sowie an die Rißweitenbeschränkung erzielt wird.

Die mineralischen Abdichtungen sind im Gegensatz zu Abdichtungen auf bituminöser oder auf Kunststoffbasis nicht wasserdicht, sondern wasserundurchlässig. Während bei einem wasserdichten Stoff weder Wasser eindringt noch durchdringt, wird bei einem wasserundurchlässigen Stoff der Wassertransport durch den Stoff so stark reduziert, daß das durchtretende Wasser auf der Luftseite verdunsten kann. Dieser Umstand ist bei der Bemessung von wasserundurchlässigen Bauteilen zu berücksichtigen (vgl. Abschnitt 15.2.3.3.).

15.2.3.2 Eigenschaften

Bentonit

Bentonit – in der Regel Natriumbentonit – ist aufgrund der Fähigkeit, die blättrige Kristallstruktur bei Wasserzutritt durch austauschfähige Kationen in eine „Kartenhausstruktur" zu überführen, ein hochquellfähiges Material. Beim Quellvorgang, der reversibel ist, nimmt das Volumen um das 12- bis 15fache zu. Wird diese freie Quellverformung durch eine Auflast behindert, wird die Wasserdurchlässigkeit k in Abhängigkeit von dem der Auflast entsprechenden Quelldruck verringert.

Aus der durch die Auflast behinderten Quellverformung ergeben sich in Abhängigkeit von der Größe der Auflast Setzungen – bzw. gegenüber der Bentonitschichtdicke im Einbauzustand d_0 Quellungen –, die bei der Bemessung des Bauwerks zu berücksichtigen sind.

Bentonite können Rißweiten im Untergrund bis zu 2 mm schadensfrei überbrücken.

Bentonite verhalten sich unter bauüblicher thermischer Beanspruchung stabil, wobei jedoch anzumerken ist, daß es nach einer Durchfrostung in der Tauperiode kurzfristig zu einer erhöhten Wasserdurchlässigkeit kommen kann. Ein entsprechendes Phänomen ergibt sich bei vollständiger Austrocknung des Bentonits, einem Zustand, der bei Bauwerksabdichtungen - von Flachdachbereichen abgesehen – nicht zu erwarten ist.

Bentonit erweist sich gegenüber „leichtem chemischen Angriff" als beständig. Hohe Salzkonzentrationen schränken jedoch das Quellvermögen ein. Dieses kann durch ein Vorquellen mit Leitungswasser verhindert werden.

Bentonitabdichtungen sind gegen eine Durchwurzelung durch Schutzschichten zu sichern. Bentonit ist gegenüber biologischem Angriff durch Mikroorganismen beständig.

Flächenabdichtungen aus Bentonitpaneels können unproblematisch mit einer Stoßüberdeckung von ca. 4 cm verlegt werden. Punktuelle Verletzungen der Abdichtungen werden durch ein Nachquellen geschlossen; Bentonitabdichtungen verhalten sich somit selbstheilend.

Dichtungsschlämmen, Sperrputz

Dichtungsschlämmen und Sperrputze haften sehr gut auf mineralischen Untergründen. Wegen der hohen Steifigkeit und der daraus resultierenden Rissegefährdung ist ihr Einsatz auf Bereiche mit tragfähigem Untergrund, bei dem keine größeren Verformungen aus Setzungen o. ä. zu erwarten sind, beschränkt.

Die Zementmörtel eignen sich auch zum nachträglichen Abdichten von Undichtigkeiten bei Wassereinbruch.

Dichtungsschlämmen und Sperrputze sind gegenüber mechanischer, physikalischer, chemischer sowie biologischer Beanspruchung weitestgehend beständig.

Wasserundurchlässiger Beton (WU-Beton)

WU-Beton-Konstruktionen verbinden die abdichtungstechnische und tragende Funktion in einem Bauteil.

Die Standsicherheit wird durch eine übliche Stahlbetonbemessung nachgewiesen. Die abdichtungstechnische Funktion wird entsprechend Abschn. 15.2.3.3 durch die Betonzusammensetzung sowie die Rißweitenbeschränkung erfüllt.

Die übrigen Eigenschaften entsprechen den Normalbetoneigenschaften, wobei insbesondere auf die Beurteilung des anstehenden Wassers hinsichtlich etwaiger betonangreifender Wirkung nach [61] hingewiesen werden soll.

15.2.3.3 Bemessung und konstruktive Ausbildung

Bentonit

B e m e s s u n g . Bei Bentonitabdichtungen ist der Nachweis der Setzungen bzw. der Hebungen durchzuführen und, soweit erforderlich, bei der Bemessung der angrenzenden Bauteile, wie z. B. bei Bodenplatten zu berücksichtigen. Ausgehend von der ungequollenen Bentonitschichtdicke d_0 und der Auflast σ ergibt sich entsprechend Bild 15.4 die Schichtdicke d nach Abschluß des Quellvorgangs.

Des weiteren muß der Nachweis geführt werden, daß die durch das Bauteil transportierte Feuchtemenge q_t von der Raumluft aufgenommen werden kann und somit vollständig an den Bauteilinnenoberflächen verdunstet. Die transportierte Feuchtemenge q_t ergibt sich aus Bild 15.5 in Abhängigkeit von der Auflast σ sowie vom Verhältnis von hydrostatischer Druckhöhe h_w zur Schichtdicke d.

Die durch Verdunsten aufnehmbare Feuchtemenge q_v ergibt sich zu

$$q_v = \frac{n \cdot \rho_L \cdot \frac{100 - \varphi}{100} \cdot V}{A} \quad \text{in } [\text{g}/(\text{m}^2 \cdot \text{h})] \tag{15.1}$$

mit

- n Luftwechselzahl für Wohnräume $n = 0{,}5\ h^{-1}$, für Kellerräume $n = 0{,}2\ h^{-1}$
- ρ_L maximal von der Luft aufnehmbare Wassermenge [g/m^3] nach Bild 15.6
- φ relative Luftfeuchte [%]
- V Raumluftvolumen [m^3]
- A Fläche des wasserundurchlässigen Bauteils [m^2]

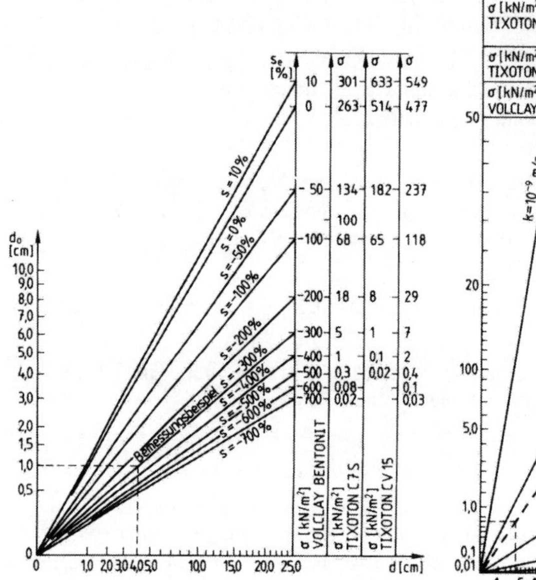
Bild 15.4 Bemessungsdiagramm zum Quellverfahren von Bentonit (aus [58])

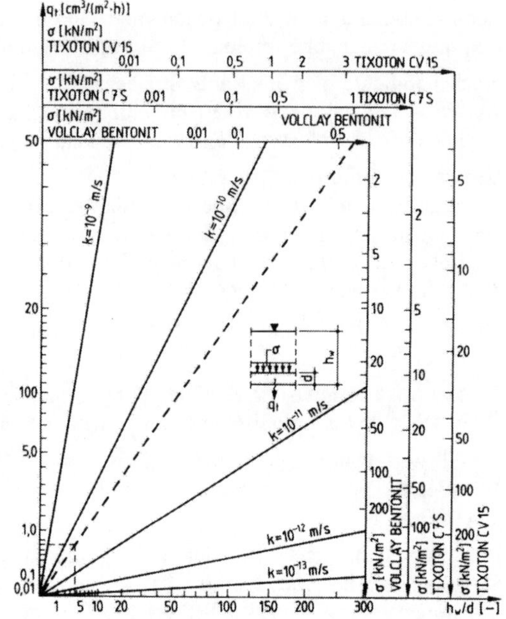
Bild 15.5 Bemessungsdiagramm für das abdichtungstechnische Verhalten von Bentonit (aus [58])

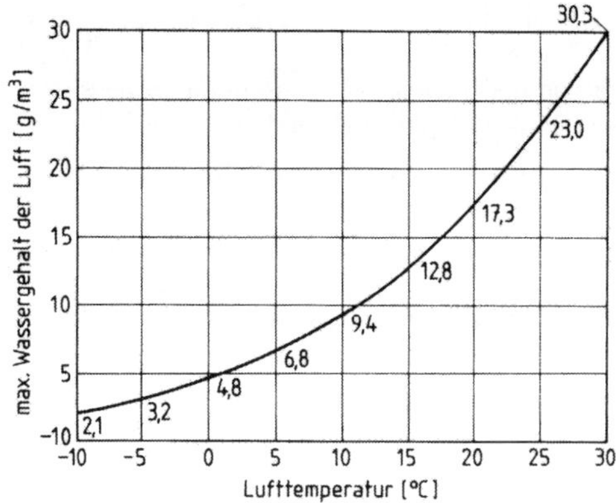

Bild 15.6
Maximal von der Luft aufnehmbare Wassermasse in Abhängigkeit von der Temperatur (aus [60])

Der Nachweis erfolgt mit 1,5facher Sicherheit durch

$$q_v \geq 1{,}5 \cdot q_t. \tag{15.2}$$

Die Bemessung von Betonitabdichtungen soll exemplarisch an folgendem Beispiel verdeutlicht werden:

Bemessungsbeispiel: Abdichtung einer Terrassenfläche
gegeben: Luftwechsel $n \approx 0{,}5\ [\frac{1}{h}]$
normal belüfteter Wohnraum
min $\upsilon_i = 18\ °C$; max. $\varphi_l = 80\%$
Grundfläche 50 m^2
Raumhöhe 2,7 m
ständige Auflast aus Dachaufbau: $\sigma = 1\ kN/m^2$
max. Stauwasserhöhe $h_w = 15$ cm

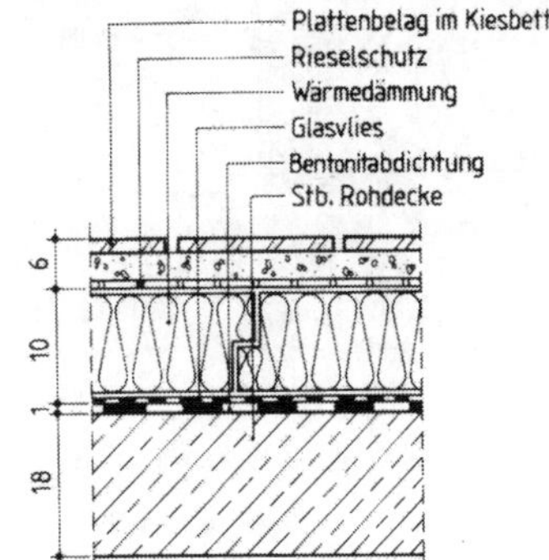

Bild 15.7
Bentonitabdichtung einer Terrassenfläche (aus [58])

Abdichtung aus TIXOTON C7S, Einbauschichtdicke $d_0 = 1$ cm

gesucht 1. zu erwartende Hebung des Dachaufbaues durch Quellen der Bentonitschicht
2. von der Raumluft aufzunehmende Feuchtigkeit q_t
3. vorhandene Sicherheit gegen Feuchtigkeitsschäden

zu 1: nach Bild 15.4 mit $\sigma = 1\ kN/m^2$ und $d_0 = 1\ cm \Rightarrow d = 4{,}0$ cm
zu erwartende Hebung $d - d_0 = 4{,}0 - 1{,}0 =$ **3,0 cm**

zu 2: nach Bild 15.5 mit $\sigma = 1\ kN/m^2$ und $\frac{h_w}{d} = \frac{15}{4{,}0} = 3{,}75$: $q_t = \mathbf{0{,}62\ cm^3/(h \cdot m^2)}$

zu 3: nach Gl. 15.1 und Bild 15.6:

$$q_v = 0{,}5 \cdot 15 \cdot \frac{100-80}{100} \cdot 2{,}7 = 4{,}0\ cm^3/(h \cdot m^2)$$

vorh. Sicherheit gegen Feuchtigkeitsanfall $\eta = \frac{q_v}{q_t} = \frac{4{,}0}{0{,}62} = \mathbf{6{,}4} > 1{,}5$

Konstruktive Ausbildung. Bentonitabdichtungen zeichnen sich durch eine einfache konstruktive Ausbildung aus. Die Bentonitpaneels werden mit einer Überlappung von 4 cm im Flächenbereich lose verlegt, ohne daß eine gesonderte Naht- oder Stoßverbindung erforderlich wird. Die Dichtigkeit der Stöße wird über den sich aufbauenden Quelldruck erzielt. An Anschlüssen, Aufkantungen o. ä. sind 10 cm zu empfehlen. Im Bereich von Anschlüssen, Durchdringungen etc. sind keine umfangreichen konstruktiven Maßnahmen, wie die Anordnung von Einbauteilen (z. B. Los-Festflanschkonstruktionen), erforderlich, da sich der Bentonit durch den Quelldruck auch einer komplizierten Geometrie anpaßt. Fugen in den Begrenzungsflächen der Bentonitabdichtung sind so auszubilden, daß ein Einquellen der Abdichtung verhindert wird. Risse > 2 mm, Grate sowie Hohlstellen am Untergrund sind unzulässig. Die Abdichtung ist während der Bauzeit vor mechanischer Zerstörung sowie vor einer vorzeitigen Durchfeuchtung zu schützen. Im Einbauzustand ist durch Anordnung einer Folie ein zu starkes Austrocknen zu verhindern. Erdberührende Bentonitabdichtungen sind ggf. mit einer Wurzelschutzschicht auszuführen. Da Bentonit mit anderen Baustoffen verträglich ist, lassen sich Bentonitabdichtungen unproblematisch durch Überlappung (ü > 10 cm) an andere Abdichtungssysteme anschließen.

In Bild 15.8 wird exemplarisch der Bauablauf bei der Herstellung einer Bentonitabdichtung im Bereich des Anschlusses einer Randabdichtung an eine Sohlplattenabdichtung dargestellt.

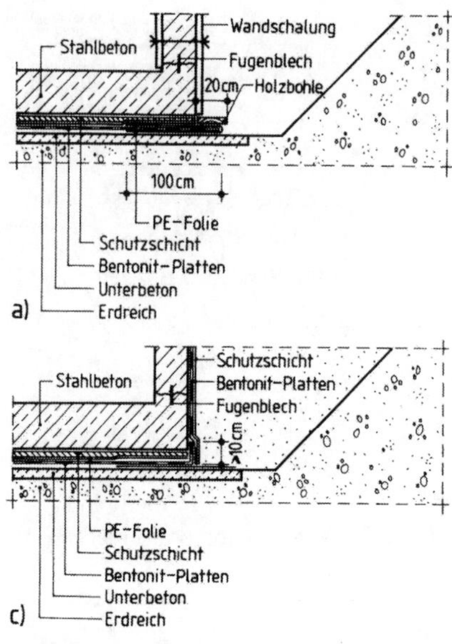

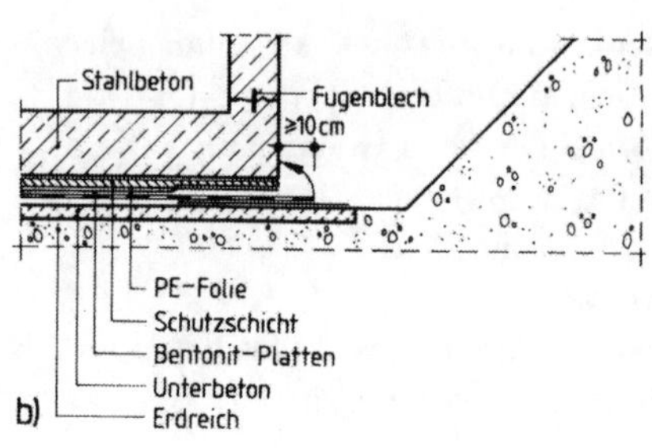

Bild 15.8
Bauablauf bei Anschluß einer Bentonitwandabdichtung an eine Sohlplattenabdichtung (aus [63])

WU-Beton

Bemessung. Bei der Bemessung von WU-Beton wird, wie bereits in Abschnitt 15.2.3.2 erwähnt, neben der statischen Bemessung der Nachweis der Rißweitenbeschränkung erforderlich, um die Anforderungen an die Wasserundurchlässigkeit zu erfüllen.

Der Nachweis der Beschränkung der Rißbreite unter Gebrauchslast nach [4] Abschn. 17.6, der nur die üblichen Anforderungen hinsichtlich der Dauerhaftigkeit mit Rißweiten von $w_{K,cal}$ = 0,2 mm (95 %-Fraktilwert) abdeckt, ist nur für einen geringen Wasserdruck ausreichend. [59] enthält hierzu weitere Angaben, wobei eine Rißweitenbeschränkung auf $w_{K,cal}$ = 0,15 mm (95 %Fraktilwert) für WU-Beton bei einer Mindestbauteildicke d = 30 cm vorgeschlagen wird und die Tabellen 14 und 15 zur Bestimmung des Grenzdurchmessers sowie der maximalen Stababstände nach [51] hierfür ergänzt werden (vgl. Tafeln 15.3 und 15.4). In neueren Untersuchungen [71] wird nachgewiesen, daß die zulässigen rechnerischen Rißweiten größer gewählt werden können und in Abhängigkeit vom hydraulischen Gefälle festgelegt werden sollen. Nach [71] gilt:

hydr. Druckgef. $i = h_w/d$	zul. Rißbreite $w_{K,\,cal}$ [mm]
≤ 10	0,20
≤ 20	0,15
≤ 30	0,10

Nach [4] erfolgt der Nachweis entweder für die Last- oder für die Zwangsschnittgröße. Der sich ergebende höhere Bewehrungsgrad wird maßgebend. Eine Kombination beider Beanspruchungen ist nur dann erforderlich, wenn die Zwangsverformungen ε_{zw} > 0,8 ‰ betragen.

Sofern keine exakte Bemessung für die auftretenden Zwangsschnittgrößen erfolgt bzw. die Zwangsschnittgrößen nicht hinreichend genau ermittelt werden können, werden die Zwangsschnittgrößen in der Regel über die Mindestbewehrung abgedeckt. Dabei wird davon ausgegangen, daß die maximal aufnehmbare wirksame Betonzugkraft im Zustand I bei Rißbildung vom Stahl übernommen werden muß, um bei Laststeigerung eine weitere Verteilung der Risse zu gewährleisten. Hierbei ergibt sich aus der Wirkungszone der Bewehrung der Grenzdurchmesser sowie der zulässige Stababstand nach den Tafeln 15.3 und 15.4.

Tafel 15.3 Grenzdurchmesser d_s (Grenzen für den Vergleichsdurchmesser d_{sv}) in mm; Erweiterung der Tabelle 14, DIN 1045 (aus [59])

	1		2	3	4	5	6	7	8	9
1	Betonstahlspannung σ_s in N/mm^2		160	200	240	280	350	400	450	500
2	Grenzdurchmesser in mm bei Umweltbedingungen nach Tabelle 10 in [5]	Zeile 1	36	36	28	25	16	10	8	6
3		Zeilen 2 bis 4	28	20	16	12	8	5	3	–1)
4	Grenzdurchmesser in mm nach Gl. (15) aus [59] Rechenwert der Rißbreite	$w_{k,\,cal}$ = 0,2 mm	25	16	12	8	5	4	–1)	–1)
5		$w_{k,\,cal}$ = 0,15 mm	16	12	8	5	3	–1)	–1)	–1)

(Ergänzung wie Tabelle 14, DIN 1045, ohne Fußnote 26)

1) Nachweis nach den Gleichungen ((15) bzw. (17) und (32); vgl. DIN 1045, 17.6–2)

Tafel 15.4 Höchstwerte der Stababstände in cm; Erweiterung der Tabelle 15, DIN 1045 (aus [59])

	1		2	3	4	5	6
1	Betonstahlspannung σ_s in N/mm^2		160	200	240	280	350
2	Höchstwerte der Stababstände in cm bei Umweltbedingungen nach Tabelle 10 in [5]	Zeile 1	25	25	25	20	15
3		Zeilen 2 bis 4	25	20	15	10	7
4	Höchstwerte der Stababstände in cm nach Gleichung (18) aus [59], Rechenwert der Rißbreite	$w_{k,\,cal}$ = 0,2 mm	20	15	10	5	–1)
5		$w_{k,\,cal}$ = 0,15 mm	15	10	5	–1)	–1)

Für Platten ist Abschnitt 20.1.6.2 zu beachten. Zwischenwerte dürfen linear interpoliert werden.

Wird die Lastschnittgröße maßgebend, so ist zu überprüfen, ob der Grenzdurchmesser bzw. der zulässige Stababstand für die erforderliche Bewehrung eingehalten wird. Zwangsbeanspruchungen können nur bei statisch unbestimmten Systemen auftreten, wenn die freie Verformung eines Systems, z. B. aus thermischer oder hygrischer Längenänderung oder aus Setzungsdifferenzen, durch Auflager behindert wird. Zwängungsspannungen lassen sich zu resultierenden Schnittgrößen zusammenfassen, wobei die Auflagerschnittgrößen aus Zwang im Gleichgewicht stehen, da keine äußere Kraft sondern eine behinderte Verformung Ursache für den Zwang ist.

Im Unterschied hierzu sind Eigenspannungen zu sehen, die unabhängig von der statischen Bestimmtheit eines Systems, z. B. bei über den Querschnitt veränderlichen Temperatur- oder Feuchtegradienten auftreten können. Die Summe der Eigenspannungen über einen Querschnitt sind Null, so daß sie sich weder zu resultierenden Schnittgrößen zusammenfassen lassen, noch Auflagerschnittgrößen erzeugen.

Der Unterschied zwischen Eigen- und Zwängungsspannungen soll im folgenden am Beispiel der für den WU-Beton relevanten Beanspruchung durch Hydratationswärme erläutert werden.

Infolge der Hydratation erwärmt sich beim Erstarrungsvorgang ein Betonkörper. Dieser Temperaturanstieg ist vom Betonalter, der Zementart, der Zementmenge und der Einbringtemperatur des Betons abhängig. An den Bauteiloberflächen wird die Hydratationswärme an die Umgebung abgegeben, so daß sich in Abhängigkeit von der Bauteildicke, der Wärmeleitfähigkeit der angrenzenden Stoffe (Luft, Bodenart, Wärmedämmung) eine Temperaturdifferenz zwischen Betonkern und den Randzonen mit einem über den Querschnitt veränderlichen Temperaturgradienten, wie in Bild 15.9 am Beispiel einer Sohlplatte dargestellt, ergibt, der zu einem E i g e n s p a n n u n g s z u s t a n d führt.

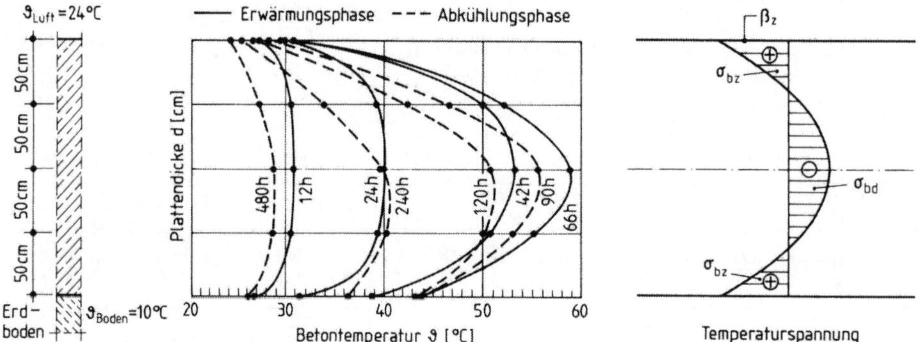

Bild 15.9 Hydratationsbedingte Eigenspannungen am Beispiel einer Sohlplatte (aus [60])

Diese Temperaturdifferenz läßt sich durch ein frühzeitiges Aufbringen einer Wärmedämmung entsprechend Bild 15.10 verringern.

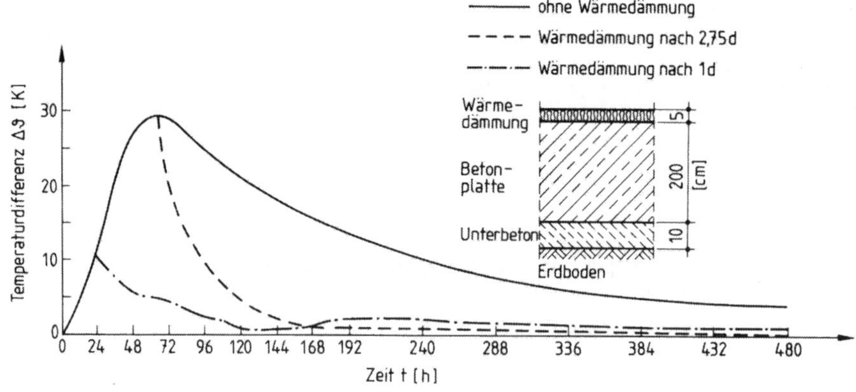

Bild 15.10 Temperaturdifferenz zwischen Kern und Plattenoberfläche in Abhängigkeit von einer oberseitig angeordneten Wärmedämmung (aus [60])

Wird zu einem Zeitpunkt während der Erwärmungs- oder Abkühlphase die Zugfestigkeit des Betons $ß_z$ in den Randzonen überschritten, reißt der Beton in Form von Schalenrissen auf. Da die Schalenrisse einerseits nicht durchgehend sind, andererseits sich beim Temperaturausgleich wieder schließen, wird die Wasserundurchlässigkeit nicht wesentlich beeinträchtigt. Die Schalenrisse können jedoch als Schwachstelle Ausgangspunkt für durchgehende Risse werden.

Neben der Temperaturdifferenz zwischen Kern- und Randzonen des Betons ergibt sich aus der Hydratationswärme in Abhängigkeit von der Zeit eine mittlere Temperaturzu- und -abnahme. Wird die daraus resultierende freie Temperaturverformung durch angrenzende Bauteile behindert, entstehen Zwängungsspannungen. Während die in der Erwärmungsphase entstehenden Zwängungsdruckspannungen im frühen Betonalter infolge der geringen Steifigkeit durch Relaxation weitestgehend abgebaut werden können, ist dieses bei den in der Abkühlungsphase auftretenden Zwängungszugspannungen nur noch im geringen Maße möglich. Bei Überschreitung der Betonzugfestigkeit entstehen durch die Bauteildicke durchgehende Risse, sogenannte Spaltrisse.

Bei einer Plattengründung werden Sohlplatten lediglich durch die Bodenreibung aus Eigengewicht an der freien Verformung behindert. Wird jedoch direkt auf eine Sauberkeitsschicht betoniert, führt dies zu einer höheren Verformungsbehinderung, so daß die Anordnung einer Trennlage, z. B. aus einer Bitumenschweißbahn (d = 5 mm) oder aus einer nackten Bitumenbahn mit zweilagiger PE-Folie, zu empfehlen ist.

Bei Gründungen mit Streifen- und Einzelfundamenten oder bei Pfahlgründungen tritt eine starke Verformungsbehinderung und damit eine hohe Zwangsbeanspruchung auf.

Bei Stahlbetonwänden, die zu einem späteren Zeitpunkt auf bereits fertiggestellte Fundamente betoniert werden, entstehen ebenfalls hohe Zwangsbeanspruchungen.

Hinsichtlich des rechnerischen Nachweises von Eigen- und Zwängungsspannungen wird auf [59] und [60] verwiesen.

Betonzusammensetzung und Verarbeitung. Die hydratationswärmebedingten Zwängungsspannungen lassen sich über die Wahl der Zementart (Typ NW) und über die Nachbehandlung, wie die Anordnung einer Wärmedämmung oder einer Betoninnenkühlung sowie Feuchtlagerung, reduzieren.

Die Wasserundurchlässigkeit des Betons läßt sich durch die Zusammensetzung des Betons stark beeinflussen. Da die Zuschläge bei Normalbeton in der Regel wasserdicht sind, wird die Wasserundurchlässigkeit maßgebend durch den Zementstein bestimmt, so daß bei Wahl einer stetigen Sieblinie – am besten Sieblinie B –, einem möglichst geringen Wasserzementwert, einer guten Verdichtung sowie einer sorgfältigen Nachbehandlung der Kapillarporenraum und damit die Durchlässigkeit reduziert wird.

Des weiteren werden Betondichtungsmittel angeboten, die durch Herabsetzung der Oberflächenspannung einen geringeren Wasserzementwert bei weiterhin gegebener Verarbeitbarkeit zulassen, den Kapillarporenraum durch quellfähige Feinstoffe zusetzen oder die Kapillarwandungen hydrophobieren. Diese Mittel, die bauaufsichtlich zulassungspflichtig sind, sind als zusätzliche Maßnahme jedoch nur bei gleichzeitiger Beachtung o. g. Empfehlungen einzusetzen.

Um eine Entmischung des Betons zu verhindern, ist die Fallhöhe beim Betonieren auf 10 bis 20 cm zu begrenzen.

Feuchtetransport. Wie bei den Bentonitabdichtungen ist der Nachweis zu führen, daß die durch das Bauteil transportierte Feuchtemenge von der Raumluft aufgenommen werden kann. Nach [61] kann der Gesamtfeuchtetransport für wasserundurchlässigen Beton näherungsweise aus den drei Feuchtetransportmechanismen für den kapillaren Flüssigkeitstransport, den temperaturbedingten Feuchtetransport sowie den gesamtdruckbezogenen Feuchtetransport unter Annahme der materialspezifischen Durchlässigkeit nach dem Darcyschen Gesetz wie folgt ermittelt werden:

$$q_t = \frac{1}{d} \; (f_c \cdot \Delta C + f_t \cdot \Delta\vartheta + f_p \cdot \Delta h) \text{ in } [g/m^2 \cdot h)] \qquad (15.3)$$

mit
- d Bauteildicke [m]
- f_c hygrischer Feuchteleitfähigkeitskoeffizient für Beton $[g/(m \cdot h)]$
- ΔC Wassergehaltdifferenz an den Bauteiloberflächen
  $C = 0{,}22$ für wassergesättigten Beton
  $C = 0{,}05$ für Beton in der Ausgleichsfeuchte
- f_t thermischer Feuchteleitkoeffizient ($f_t \approx 0{,}01$ $g/(m \cdot h \cdot K)$ für temperaturbedingte Feuchteanreicherung, $f_t \approx 0$ $g/(m \cdot h \cdot K)$ für temperaturbedingte Austrocknung)
- $\Delta\vartheta$ Bauteiloberflächentemperaturdifferenz [K]
- f_p Wasserdurchlässigkeit ($\approx 0{,}005$ $g/(m^2 \cdot h)$)
- Δh Gesamtdruckdifferenz $[mH_2O]$.

Diese transportierte Feuchtemenge wird der durch Verdunsten aufnehmbaren Feuchtemenge q_v (vgl. Gleichung 15.1) unter Berücksichtigung der 1,5fachen Sicherheit gegenübergestellt.

Zusammenfassung. Die erforderlichen Nachweise für WU-Betonkonstruktionen lassen sich wie folgt zusammenfassen:

1. Beurteilung des Grundwassers hinsichtlich betonangreifender Wässer (DIN 4030),
2. Bemessung nach DIN 1045 ($d \geq 30$ cm, $c \geq 4{,}0$ cm),
3. Nachweis der Rißweitenbeschränkung auf $W_{k,\,cal} = 0{,}15$ mm (95 % Fraktilwert) entsprechend DIN 1045 und Heft 400 des DAfStb,
4. Nachweis der Auftriebssicherung,
5. Feuchtebilanz.

Die Anforderungen an die Betonzusammensetzung sowie die Verarbeitung lassen sich wie folgt zusammenfassen:

1. Sieblinie B nach DIN 1045 (Größtkorn 8 mm bei weicher Konsistenz),
2. Zementgehalt mindestens 370 kg/m^3 (Zement mit geringer Hydratationswärmeentwicklung),
3. geringer w/z-Wert ($\leq 0{,}6$),
4. Wassereindringtiefe ≤ 50 mm (Prüfung nach DIN 1048),
5. Fallhöhe beim Einbringen des Betons 10 bis 20 cm,
6. Nachverdichtung 1,5 bis 4,0 h nach Betonieren,
7. Nachbehandlung (Feuchthalten, möglichst frühes Abdecken mit Wärmedämmung $t \leq 24$ h nach dem Betonieren).

Konstruktive Ausbildung. Bei der konstruktiven Ausbildung von WU-Betonbauteilen ist auf Unstetigkeiten wie Versprünge nach Möglichkeit zu verzichten, um einerseits eine Kerbwirkung und andererseits die Ausbildung zusätzlicher Festpunkte, die zu einer Behinderung der freien Verformung führen könnten, zu vermeiden. In Bereichen, in denen ein Versprung unvermeidbar ist, wie z. B. bei einem Pumpensumpf, ist durch eine abgeschrägte Ausbildung der Pumpensumpfwandung entsprechend Bild 15.11 eine Stetigkeit zu erzielen.

Arbeits- sowie Dehnfugen zwischen zwei Bauteilen oder Bauabschnitten aus wasserundurchlässigem Beton sind mit Fugenbändern oder -blechen zu sichern. Fugenbleche haben in der Regel eine Dicke von 1 mm und eine Breite von 25 cm. Fugenbändern werden aus Kunstkautschuk (Polychloropren, Styrol-Butadien-Rubber) oder PVC, teilweise mit eingebetteten Stahlflanschen, in vielfältigen Profilformen angeboten (vgl. Bild 15.12). Die Fugenbänder

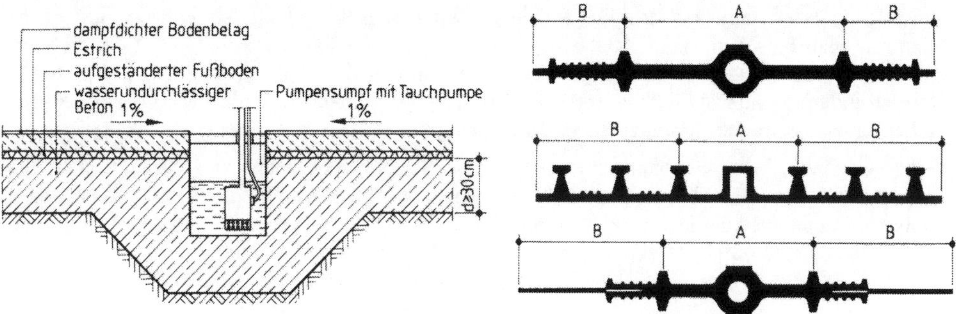

Bild 15.11 Ausbildung eines Pumpensumpfes in einer Sohlplatte aus WU-Beton

Bild 15.12 Fugenbandprofile (A = Dehnteil, B = Dichtungsteil)

bestehen aus einem mittleren Dehnteil und den außenliegenden Dichtungsteilen. Die Dichtungswirkung der Dichtungsteile beruht entweder auf der Vergrößerung des Umlaufweges des Wassers oder auf dem Verbund mit dem Beton. Bei der Wahl der Fugenprofile ist darauf zu achten, daß es weder im Bauzustand zu überhöhten Schmutzablagerungen noch zu einer Luftporenansammlung während des Verdichtens des Betons kommen kann, wodurch die Dichtungsfunktion der Fugenbänder in Frage gestellt werden könnte. Fugenbänder werden in der Regel im Bauteil liegend angeordnet, da bei außenliegenden Fugenbändern bereits beim Ausschalen die Gefahr einer Beschädigung durch Abreißen besteht. Bei Bauwerken aus wasserundurchlässigem Beton ist darauf zu achten, daß durch sinnvolle Anordnung der Arbeits- und Dehnfugen die Anzahl der erforderlichen Stöße minimiert wird und die Fugen geradlinig ohne Versatz verlaufen. Die Fugenbänder sind durch Bewehrung zu sichern, um ein Verrutschen beim Betonieren zu verhindern.

Stöße von Fugenblechen werden entweder geschweißt, geklebt, gefalzt oder geflanscht ausgeführt; ein einfacher Überlappungsstoß bietet keine ausreichende Sicherheit für die Dichtigkeit. Stöße von Fugenbändern werden als Stumpfstoß in Abhängigkeit vom Material, bei PVC-weich mit Hilfe von Heißluft- oder Heizkeilschweißung, bei Kunstkautschuk durch Vulkanisieren ausgeführt. Bei Kreuzstößen zwischen Fugenbändern und -blechen sollten die Fugenbänder mit anvulkanisierten Blechen (nach [9]) eingesetzt werden, die ein Anschweißen der Fugenbleche ermöglichen, da bei Klemmverbindungen entsprechend Bild 15.13 die Gefahr der Hinterläufigkeit besteht (vgl. [69]).

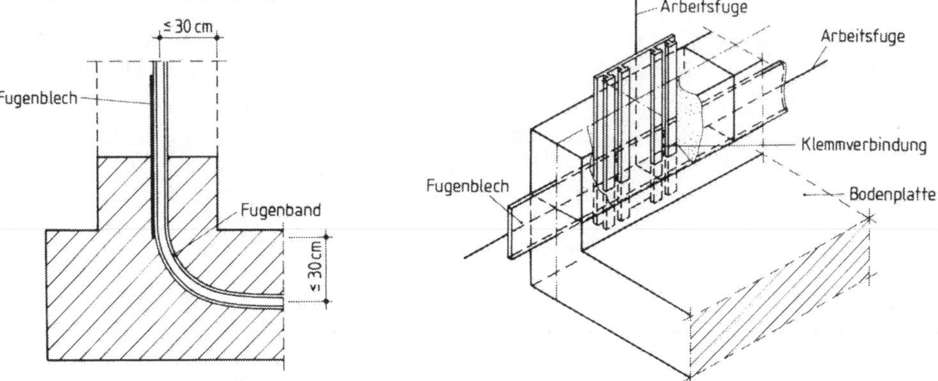

Bild 15.13 Ungünstige Ausführung eines Kreuzungsstoßes zwischen Fugenband und -blech (aus [62])

Bei Fugenbändern mit beidseitiger Profilierung sind die Fugenbleche seitlich an die Fugenbändern anzuflanschen. Bei Kreuzstößen zwischen Fugenbändern ist es zu empfehlen, werkseitig vorgefertigte Kreuzungspunkte zu verwenden, die bauseits lediglich mit Stumpfstoßverbindungen anzuschließen sind, da eine ordnungsgemäße Ausführung von Kreuzungsstößen im Baustellenbetrieb nicht gewährleistet ist.

Neben Fugenblechen und -bändern werden Injektionsschläuche angeboten, die ein nachträgliches Verpressen der Arbeitsfugen mit Zementsuspension, Polyurethanharz oder Acrylatharz nach Abschluß des Schwindvorganges ermöglichen (vgl. Bild 15.14). Während des Betonierens sind die Schläuche durch Befestigen am Untergrund gegen Aufschwimmen zu sichern.

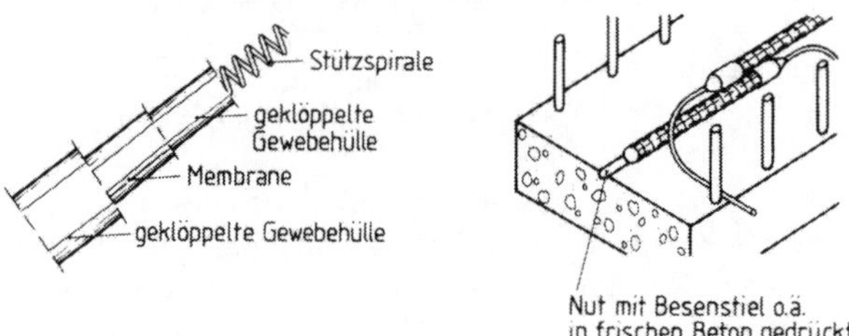

Bild 15.14 Injektionsschlauch

Bei Durchdringungen aus WU-Beton sind grundsätzlich Einbauteile mit einer umlaufenden mittigen Manschette als Mantelrohre oder Stahlrahmen zu verwenden. Wegen der Setzungsgefahr sind Ver- und Entsorgungsleitungen entsprechend Bild 15.15 mit Stopfbuchsen in den Hüllrohren einzudichten.

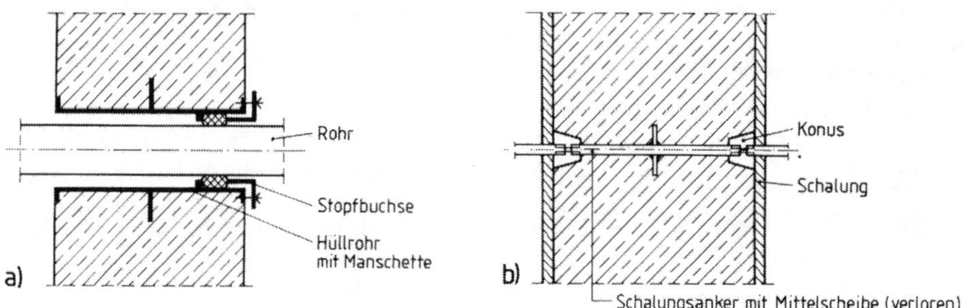

Bild 15.15 Durchdringungen: Rohrdurchführungen, Schalungsanker

Als Schalungsanker ist die Verwendung von verlorenen Ankern aus Gewindestahl mit Manschette zu empfehlen.

Soll bei WU-Betonbauwerken ein dampfdichter Wand- oder Fußbodenbelag ausgeführt werden, so ist eine aufgeständerte Wand- oder Fußbodenkonstruktion entsprechend Bild 15.16 zu wählen, um die durch den WU-Beton transportierte Feuchtigkeit abführen zu können, da eine Wasseransammlung hinter dem dampfdichten Belag zu Schäden (Verseifen des Klebers) führt. Die anfallende Feuchtigkeit ist über eine ausreichende Belüftung des Luftraums, u. U. mit Hilfe von mechanischen Lüftern, abzuführen.

Fehlstellen, wie Kiesnester oder Risse in Konstruktionen aus WU-Beton, können nachträglich durch Verpressen geschlossen werden. Größere Fehlstellen, wie Kiesnester, können mit Zementsuspensionen verpreßt werden. Sich nicht bewegende Risse werden mit Epoxidharz oder modifizierten Polyurethanen verpreßt. Während die modifizierten Polyurethane auch unter Wasser aushärten, ist bei Epoxidharzen ein trockener Untergrund und somit eine Wasserhaltung

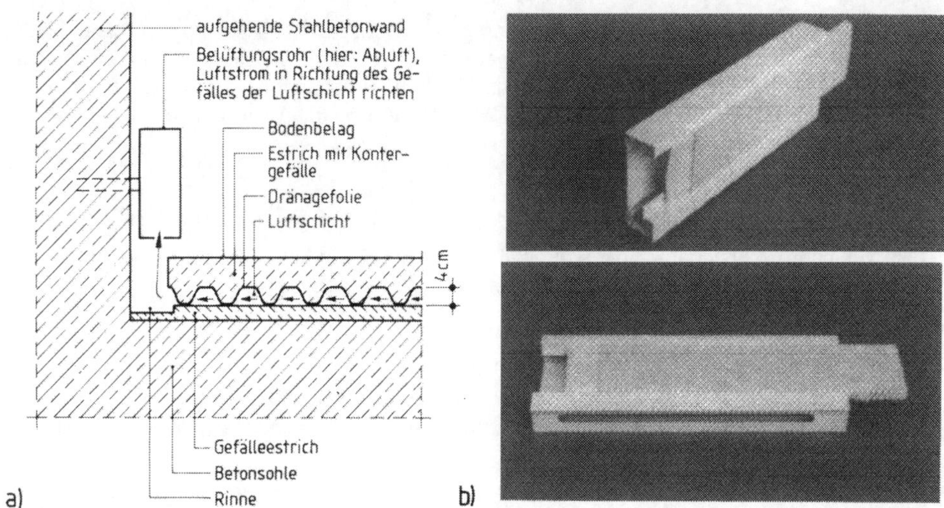

Bild 15.16 a) Aufgeständerte Wand- und Fußbodenkonstruktion bei Ausführung von dampfdichten Wand- oder Fußbodenbelägen, b) in Fußleiste integriertes Abluftrohr (Fa. Herbst, Berlin)

erforderlich. Bei sich bewegenden Rissen sind aufwendige Konstruktionen, wie anzuflanschende Dehnungsprofile oder Dehnungsschlaufen, auszuführen.

15.3 Beanspruchungsarten

15.3.1 Übersicht

Die Konstruktion der Bauwerksabdichtungen wird in hohem Maße von der Art und dem Umfang der Wasserbeanspruchung bestimmt. Dabei sind die Beanspruchungsarten entsprechend Bild 15.17 zu unterscheiden.

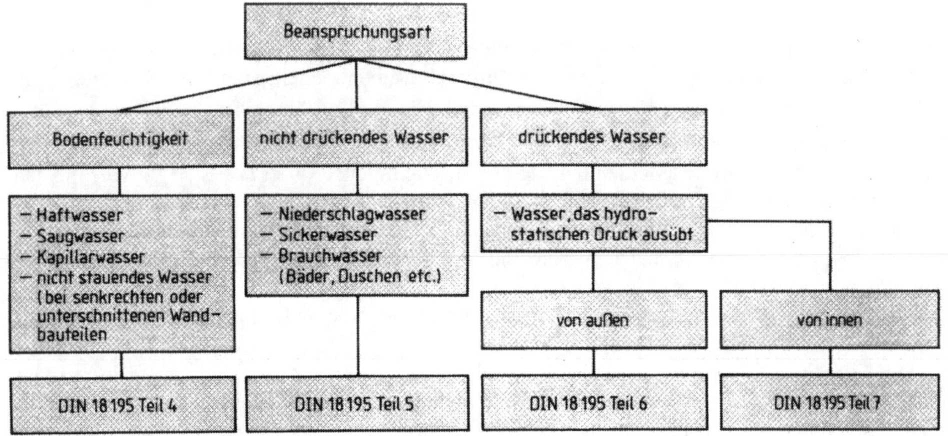

Bild 15.17 Beanspruchungsarten für Abdichtungen

Während die Beurteilung von Art und Umfang der Beanspruchung bei vom Gebäudeinnern einwirkenden Wasser in der Regel unproblematisch ist, da z. B. die Füllhöhe eines Beckens oder Behälters und damit die Größe des hydrostatischen Drucks bekannt ist, kommt der Beurteilung der von außen im Erdreich entstehenden Wasserbeanspruchung besondere Bedeutung zu. Hierfür sind genaue Kenntnisse über

- die Geländeform (z. B. Hanglage),
- die Bodenart hinsichtlich der Durchlässigkeit (bindiger oder nichtbindiger Boden),
- das Bodenprofil hinsichtlich der Schichtabfolge, der Schichtdicke sowie des Vorhandenseins von wasserführenden durchlässigen Adern und
- den höchsten Grundwasserstand (HGW)

erforderlich.

Bei undurchlässigen Bodenschichten besteht die Gefahr, daß Sickerwasser zu sogenanntem Schichtenwasser angestaut wird und einen hydrostatischen Druck auf das Bauwerk ausübt (vgl. Bild 15.18 a).

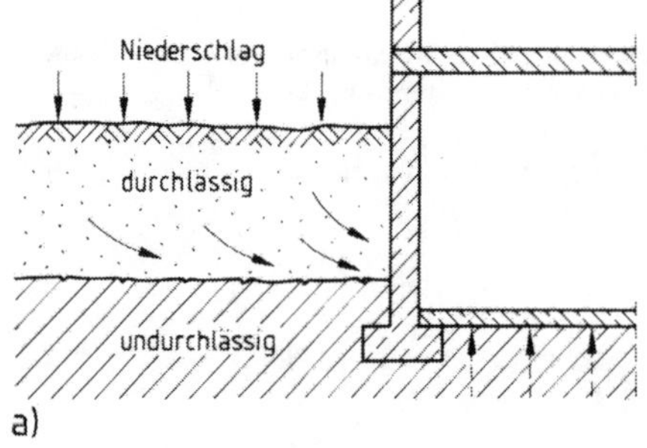

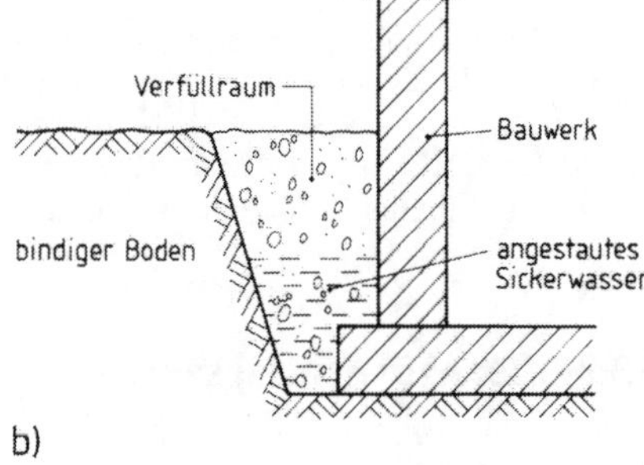

Bild 15.18 Stauwasserbildung
a) bei undurchlässigen Schichten
b) im Bereich von Baugrubenverfüllungen

Werden bei Gebäuden, bei denen der anstehende Boden bindig ist, Baugrubenverfüllungen mit nichtbindigen Böden ausgeführt, ergibt sich im Baugrubenbereich ebenfalls die Gefahr von Stauwasserbildung (vgl. Bild 15.18 b).

Bei der Ermittlung des HGW sind jahreszeitliche Schwankungen sowie die langfristige Veränderung des Grundwasserstandes zu berücksichtigen. So ergab sich z. B. in den Ballungsgebieten während der Bautätigkeit in den 60er und 70er Jahren – insbesondere beim U-Bahnbau – eine langfristige Grundwasserabsenkung, da bei der Wasserhaltung das anfallende Wasser dem Oberflächenwasser (Flüssen und Seen) zugeführt wurde. In den letzten Jahren wurden unter dem Aspekt des Umweltschutzes die Maßnahmen der Wasserhaltung baurechtlich eingeschränkt. Das anfallende Wasser mußte jetzt über Negativbrunnen dem Grundwasser wieder zugeführt werden. Hieraus ergab sich eine langfristige Anhebung des Grundwasserspiegels, die dazu führte, daß Gebäude, die in den 70er Jahren auf Grundlage eines kurzfristig ermittelten HGW's lediglich gegen Bodenfeuchtigkeit oder nichtdrückendes Wasser abgedichtet wurden, nun einem hydrostatischen Druck ausgesetzt waren, so daß es zu Durchfeuchtungsschäden kam.

15.3.2 Beanspruchung durch Bodenfeuchtigkeit

15.3.2.1 Begriff der Bodenfeuchtigkeit

Unter Bodenfeuchtigkeit wird entsprechend DIN 18195-4 Wasser in nichttropfbarer flüssiger Form verstanden, das adhäsiv als Haftwasser, kapillar als Porensaug- sowie Kapillarwasser im Boden vorhanden ist oder das bei senkrecht oder unterschnittenen Bauteilen als Sickerwasser aus Niederschlägen auftritt. Infolge der Kapillarität kann Wasser auch entgegen der Schwerkraft im Boden aufsteigen, wie dieses z. B. beim Porensaugwasser oberhalb des Grundwasserspiegels der Fall ist.

Eine Beanspruchung durch Bodenfeuchtigkeit liegt vor, wenn der Boden derart durchlässig ist, daß das anfallende Wasser auch bei z. B. starken Niederschlägen von der Oberfläche des Geländes bis zum freien Grundwasser absickern kann, ohne sich auch nur kurzfristig zu stauen. Der Grundwasserspiegel muß in ausreichender Tiefe unterhalb der Fundamentsohle liegen. Als ausreichend durchlässig werden nichtbindige Böden mit einer Wasserdurchlässigkeit von $k > 0{,}01$ cm/s angesehen, einem Wert, der in etwa von Grobsanden (Korndurchmesser > 0,6 mm) erreicht wird.

Bei bindigen Böden oder bei einer Bebauung in Hanglage werden Abdichtungen gegen nichtdrückendes Wasser (vgl. Abschnitt 15.3.3) **und** die Anordnung einer Dränage (vgl. Abschnitt 15.4) oder eine Abdichtung gegen drückendes Wasser (vgl. Abschnitt 15.3.4) erforderlich.

15.3.2.2 Fußböden

Bei nicht erdberührenden Fußböden werden keine abdichtungstechnischen Maßnahmen gegen Bodenfeuchtigkeit erforderlich. Bei erdberührenden Fußböden ist in Abhängigkeit von der Art der Nutzung zu differenzieren. Fußböden von Kellerräumen, die lediglich als untergeordnete Lagerräume genutzt werden und bei denen eine erhöhte Luftfeuchtigkeit akzeptiert werden kann, sind lediglich durch eine kapillarbrechende Schicht (d = 15 cm) entsprechend Bild 15.19 a gegen kapillar aufsteigende Bodenfeuchtigkeit zu schützen. Die kapillarbrechende Schicht ist vor dem Betonieren durch eine Folie abzudecken, um ein Einlaufen des Betons zu verhindern.

Fußböden von Kellerräumen, an die höhere Nutzungsanforderungen gestellt werden, wie z. B. Aufenthaltsräume, sind mit einer Abdichtung entsprechend Bild 15.19 b auszuführen. Dabei können als Abdichtungsmaterialien für die Fußbodenflächen Bitumenbahnen, Kunststoff-Dichtungsbahnen oder Asphaltmastix verwendet werden.

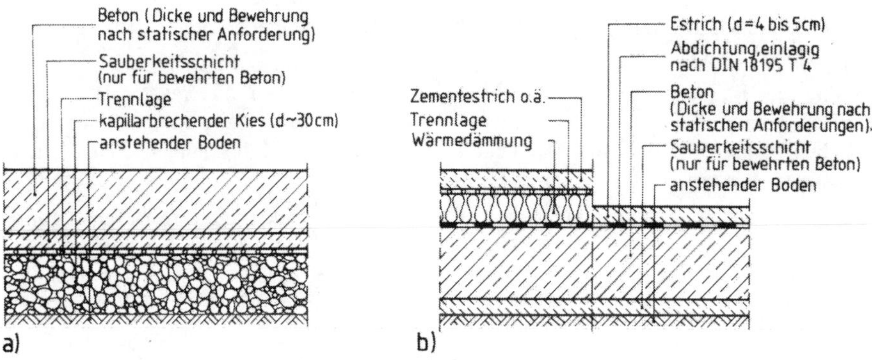

Bild 15.19 Erdberührende Fußböden: Maßnahmen gegen Bodenfeuchtigkeit (aus [64])

a) kapillarbrechende Schicht, b) Fußbodenabdichtung

Bei der Ausführung mit Bitumenbahnen können sämtliche in Tafel 15.1 genannte Bahnentypen verwendet werden. Eine einlagige Ausbildung der Abdichtung ist ausreichend. Die Bahnen werden lose verlegt, punktweise oder vollflächig auf dem Untergrund, der mindestens die Festigkeit eines Betons haben muß, verklebt. Nackte Bitumenbahnen sind vollflächig in einer heiß zu verarbeitenden Klebemassenschicht einzubetten und mit einem gleichartigen Deckaufstrich zu versehen. Gegebenenfalls muß wegen des geringen Einpreßdrucks durch das Eigengewicht des Fußbodenaufbaus und der damit verbundenen Verrottungsgefahr auf Bahnen mit Rohfilz- oder Jueteeinlage verzichtet werden. Abdichtungen mit Kunststoff-Dichtungsbahnen werden mindestens einlagig entsprechend Abschnitt 15.2.2.3 ausgeführt. Abdichtungen aus Asphaltmastix sind mit einer Mindestdicke von 0,7 cm herzustellen.

Die fertiggestellten Abdichtungen sind vor mechanischen Beschädigungen, z. B. durch Schutzschichten nach [1] Teil 10 – in der Regel mit einem Estrich – zu schützen.

15.3.2.3 Vertikale Wandabdichtung

Die erdberührenden vertikalen Wandflächen sind mit einer Abdichtung vom Fundamentabsatz bis 30 cm über Geländeoberkante abzudichten, wobei sämtliche in Abschnitt 15.2 genannten Materialien verwendet werden können. Bei der Verwendung von Bitumen-Deckaufstrichmitteln, Spachtelmassen, Bitumenbahnen und Kunststoff-Dichtungsbahnen wird – von nicht mit Bitumen verträglichen PVC-weich-Bahnen abgesehen – der Untergrund, der von Verschmutzungen durch Sand o. ä. gereinigt wird, mit einem kalt zu verarbeitendem Voranstrich versehen. Der Voranstrich hat die Aufgabe, eine ausreichende Haftung zum Untergrund herzustellen. Eine Dichtwirkung wird durch einen kaltflüssigen Voranstrich nicht erzielt, da beim Verdunsten des Emulsionswassers bzw. des Lösungsmittels Kapillarporen verbleiben. Abdichtungen mit Deckaufstrichmitteln werden mit mindestens zwei heiß- oder drei kaltflüssig aufzubringenden Deckaufstrichen hergestellt. Bei heißflüssigen Aufstrichen erfolgt der nachfolgende Aufstrich unmittelbar nach dem Erkalten des vorhergehenden. Bei kaltflüssigen Aufstrichen darf der nachfolgende Auftrag erst nach vollständiger Trocknung des vorhergehenden Aufstrichs erfolgen. Für das Aufbringen der Deckaufstriche sind Mauerwerkswände vollfugig auszuführen; bei porösen Steinen ist das Mauerwerk zu putzen. Abdichtungen mit kalt zu verarbeitenden Spachtelmassen werden in der Regel in zwei Schichten aufgebracht. Abdichtungen mit Bitumenbahnen sind mindestens einlagig mit Klebemasse aufzukleben, wobei bei nackten Bitumenbahnen ein zusätzlicher Deckaufstrich vorzusehen ist. Bitumenschweißbahnen können im Schweißverfahren aufgebracht werden. Abdichtungen mit Kunststoff-Dichtungsbahnen können, sofern sie bitumenverträglich sind, mit einer bituminösen Klebemasse vollflächig verklebt werden. Nicht bitumenverträgliche PVC-weich-Bahnen müssen – ECB-Bahnen sowie bitumenverträgliche PVC-weich-Bahnen können – mit mechanischer Befestigung lose eingebaut werden.

Die Verfüllung der Baugrube muß mit nichtbindigen Böden erfolgen, die frei von Bauschutt o. dgl. sind. Gegebenfalls sind die abgedichteten Wandflächen durch Schutzmaßnahmen oder Schutzschichten nach [1] Teil 10 zu sichern. Bei genutzten Kellerräumen bieten sich Perimeterdämmplatten an.

Der Verfüllboden ist lagenweise einzubringen und leicht zu verdichten, um eine Beschädigung der Abdichtung zu verhindern. Die Geländeoberfläche ist dabei unter Berücksichtigung der zu erwartenden Setzungen mit einem ausreichenden, vom Gebäude wegweisenden Gefälle auszubilden, um eine Ansammlung von Oberflächenwasser am Gebäude zu verhindern.

Es ist zu empfehlen, an den Gebäudeaußenflächen einen ca. 50 cm breiten und 20 cm hohen Kiesstreifen anzuordnen, um die Bildung von Spritzwasser bei Niederschlägen zu verhindern. Die 30 cm über Geländoberkante hochzuführende Abdichtung ist vor mechanischer Beschädigung sowie bei nichtgegebener UV-Beständigkeit vor Sonnenlicht z. B. durch Bekleidungen zu schützen. Der Spritzwasserschutz kann jedoch auch mit Klinkern oder Sperrputzen ausgeführt werden, wobei auf einen funktionsfähigen Anschluß zur darunter angeordneten Wandabdichtung zu achten ist.

15.3.2.4 Horizontale Wandabdichtungen

Die horizontalen Wandabdichtungen haben die Aufgabe, den kapillaren Feuchtetransport in den Kelleraußen- und -innenwänden aus Mauerwerk zu verhindern.

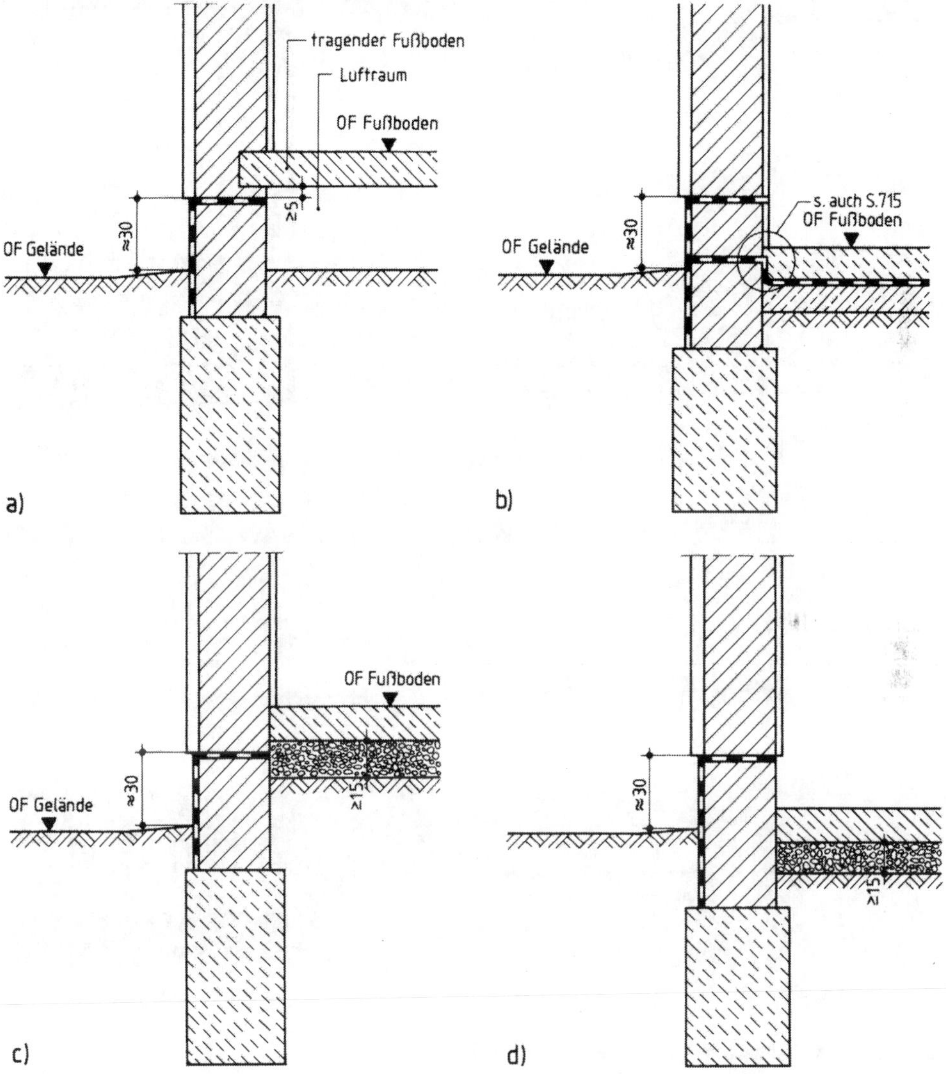

Bild 15.20 Abdichtungen gegen Bodenfeuchtigkeit bei nichtunterkellerten Gebäuden (aus [1])

a) Fußboden ohne Erdberührung
b) bei höheren Anforderungen an die Raumnutzung (besser Bild 15.24)
c), d) bei geringeren Anforderungen an die Raumnutzung

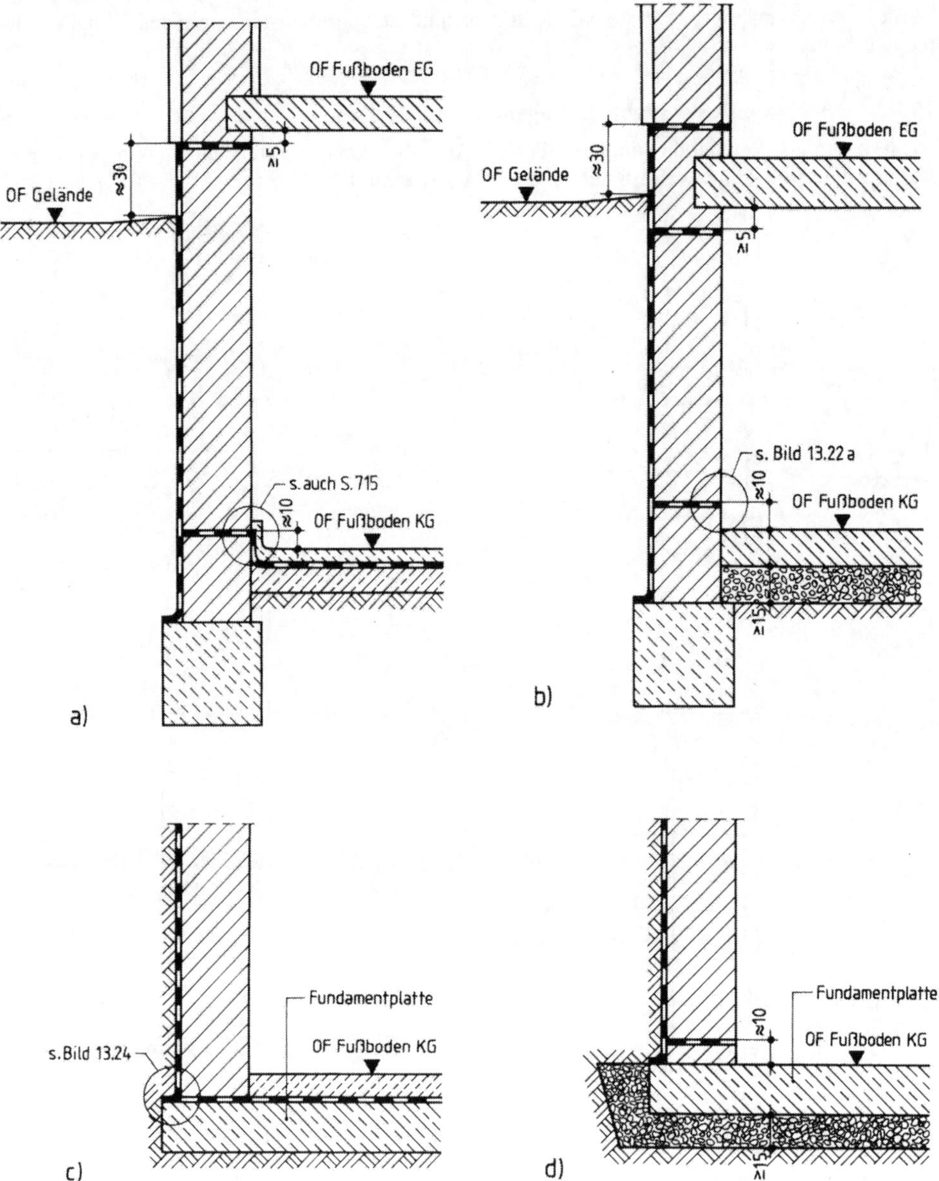

Bild 15.21 Abdichtungen gegen Bodenfeuchtigkeit bei unterkellerten Gebäuden (aus [1])
– mit Streifenfundamenten

a) bei höheren Anforderungen an die Raumnutzung (vgl. auch Bild 15.24)
b) bei geringeren Anforderungen an die Raumnutzung (vgl. Bild 15.22)
– bei Plattengründung c) bei höheren Anforderungen an die Raumnutzung
d) bei geringeren Anforderungen an die Raumnutzung

Bei Beton- und Stahlbetonwänden wird wegen der geringen Kapillarität gegenüber Mauerwerkswänden auf die horizontale Abdichtung verzichtet. Da, wie in Abschn. 15.2.3.2 beschrieben, die Kapillarität des Betons in hohem Maße von der Zusammensetzung abhängig ist, sollten die dort beschriebenen Anforderungen an die Betonrezeptur berücksichtigt werden.

Bei nichtunterkellerten Gebäuden werden die horizontalen Wandabdichtungen in Mauerwerkswänden 30 cm über Geländeoberkante angeordnet (vgl. Bild 15.20 a bis d). Das in Bild 15.20 a angegebene Mindestmaß von 5 cm zwischen Unterkante Fußboden und waagerechter Abdichtung soll sicher stellen, daß die Abdichtungslage während des Bauzustands – z. B. durch die Bewehrung der Stahlbetonplatte – nicht beschädigt wird. Eine zusätzliche Lage entsprechend Bild 15.20 b wird erforderlich, wenn wegen erhöhter Nutzungsanforderungen eine Fußbodenabdichtung ausgeführt wird und das Fußbodenniveau in etwa der Geländeoberkante entspricht, um das Aufsteigen von Feuchtigkeit in den Bereich bis zur oberen waagerechten Abdichtung zu verhindern. Die obere waagerechte Abdichtung soll bei schadhafter vertikaler Wandabdichtung im Spritzwasserbereich ein weiteres Aufsteigen von Feuchtigkeit verhindern. Bei geringeren Anforderungen an die Nutzung der Räume wird, sofern die kapillarbrechende Schicht nicht nach Bild 15.20 c in Höhe der waagerechten Abdichtung angeordnet wird, die Durchfeuchtung bis zur Horizontalabdichtung entsprechend Bild 15.20 d zugelassen. Dabei sollte entweder die Wand unterhalb der Abdichtungslage unverputzt bleiben oder der Putz in dieser Höhe aufgeschnitten werden, um ein Aufsteigen der Feuchtigkeit über die Putzschicht zu verhindern (Bild 15.22 b).

Bei unterkellerten Gebäuden wird nach [1] entsprechend Bild 15.21 neben der Abdichtungslage 30 cm über Geländeoberkante eine weitere, ca. 10 cm über Unterkante Kellerfußboden angeordnet, die verhindern soll, daß die Kellerwand durch die aufsteigende Feuchtigkeit aus dem Fundament oder Sohlplattenbereich durchfeuchtet wird. Im Hinblick auf den schwierigen Anschluß zwischen der horizontalen Abdichtung und der vertikalen Wandabdichtung sowie der Gefahr, daß sich Feuchtespuren unterhalb der horizontalen Abdichtung abzeichnen (Bild 15.22 a), ist diese nach [1] dargestellte Lösung nicht unbedingt zu empfehlen. Die Höhenlage der horizontalen Wandabdichtung ca. 10 cm über OK Fundament soll im Bauzustand, bevor die Kellerdecke eingebracht wird, sicherstellen, daß sich auf der Sohlplatte sammelndes Niederschlagswasser nicht in den Mauerwerkswänden aufsteigt. Bei Ausführung einer Fußbodenabdichtung ist diese direkt entsprechend Bild 15.21 a und c über die horizontale Wandabdichtung an die vertikale Wandabdichtung anzuschließen.

a)

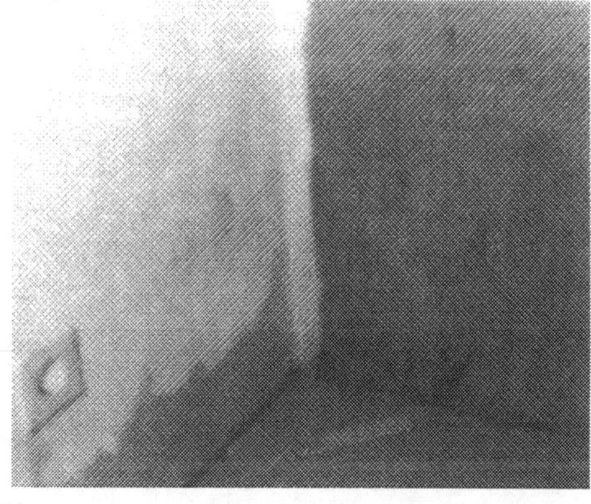

b)

Bild 15.22 Durchfeuchtungsschäden a) unterhalb der horizontalen Abdichtung (Mattes, Braunschweig) b) infolge fehlender feuchtetechnischer Trennung des Innenputzes

Die horizontalen Wandabdichtungen dürfen entsprechend [1] aus Bitumendachbahnen nach DIN 51 128, Dichtungsbahnen nach DIN 18 190 Teil 2 bis Teil 5, Dachdichtungsbahnen nach DIN 52 130 sowie Kunststoff-Dichtungsbahnen mit mindestens einer Lage sowie einer Stoßüberdeckung von 20 cm ausgeführt werden. Die Auflagerfläche für diese Bahnen ist mit einer Mörtelschicht abzugleichen. Wegen der zu übertragenden Horizontalkräfte sollte jedoch nicht nur wie in [1] gefordert, auf eine Verklebung mit Klebebitumen, sondern auch auf den Einsatz von Bahnen mit dicken Bitumendeckschichten verzichtet werden. Vielmehr ist der Einsatz von besandeten Dachbahnen anzuraten. Dabei ist eine zweilagige Ausführung mit versetztem Stoß zu empfehlen (vgl. [57])

15.3.2.5 Konstruktive Detailausbildung

Die Abschlüsse von bahnenförmigen Abdichtungen sind durch Verwahrung der Bahnenränder herzustellen. Dieses kann entweder durch Einziehen in eine Nut oder durch Anordnung von Klemmschienen entsprechend [1] Teil 9 geschehen.

Bei Abdichtungen gegen Bodenfeuchtigkeit mit Aufstrichen und Spachtelmassen aus Bitumen erfolgt der Anschluß an Durchdringungen entweder mit Spachtelungen oder mit Manschetten. Bahnenförmige Abdichtungen werden in der Regel mit Hilfe von Klebeflanschen, Anschweiß-

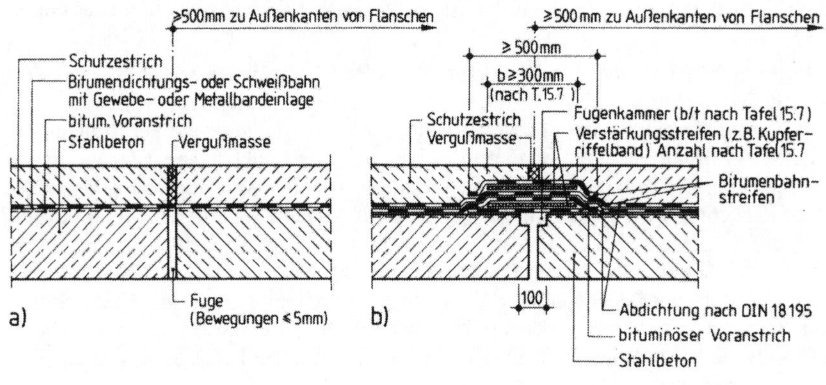

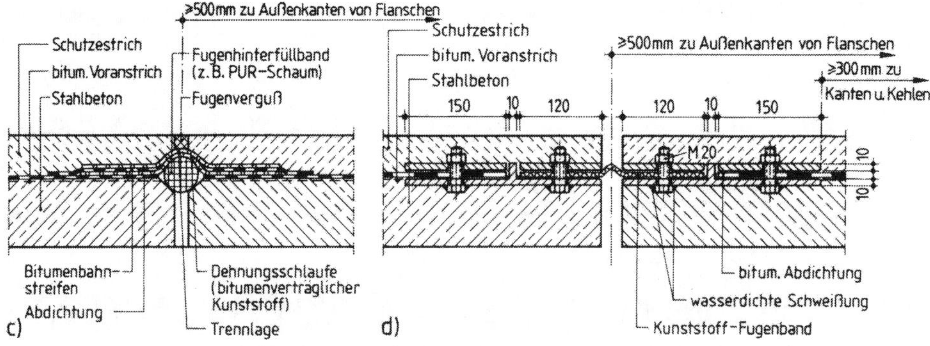

Bild 15.23 Detailausbildung Bewegungsfugen bei Abdichtung gegen Bodenfeuchtigkeit

a) für Fugen Typ I mit Bewegungen ≤ 5 mm bei bituminösen Flächenabdichtungen
b) für Fugen Typ I mit Bewegungen > 5 mm
c) für Fugen Typ II mit Schlaufenausbildung
d) für Fugen Typ II mit Los-/Festflanschkonstruktion

flanschen oder mit Manschetten und Schelle angeschlossen. Dabei müssen die Einbauteile mindestens 150 mm von Bauwerkskanten oder -kehlen sowie mindestens 500 mm von Bauwerksfugen entfernt sein (Bild 15.27).

Hinsichtlich der Abdichtung von Bewegungsfugen werden in [1] Teil 8 zwei Fugentypen unterschieden. Bei Fugen Typ I erfolgen die Bewegungen einmalig oder selten wiederholt langsam ablaufend, wie z. B. bei Setzungsbewegungen oder Längenänderungen aus jahreszeitlichen Temperaturschwankungen. Dabei müssen die maximalen Fugenbewegungen auf 40 mm senkrecht, auf 30 mm parallel zur Abdichtungsebene oder auf 25 mm in Kombination beider Bewegungsarten begrenzt sein. Bei Fugen Typ II erfolgen die Bewegungen häufig wiederholt oder schnell ablaufend, z. B. bei Bewegungen durch wechselnde Verkehrslasten oder tageszeitliche Temperaturschwankungen.

Während für Fugen Typ I mit Bewegungen bis 5 mm bei bituminösen Abdichtungen ein einlagiger 50 cm breiter Verstärkungsstreifen aus Bitumen-, Dichtungs- oder Schweißbahnen mit Gewebe- oder Metallbandeinlage entsprechend Bild 15.23 a auszuführen ist, kann bei Kunststoff-Dichtungsbahnen auf eine Verstärkung verzichtet werden. Fugen des Typs I mit Bewegungen über 5 mm werden entsprechend Bild 15.23 b bei bituminösen Abdichtungsstoffen in Form einer ebenen Verstärkung bei Kunststoff-Dichtungsbahnen mit Unterstützungen ausgeführt. Bei Fugen Typ II werden in Abhängigkeit von der Größe der Beanspruchung entweder Schlaufenausbildungen nach Bild 15.53 c oder Los-/Festflanschkonstruktionen nach Bild 15.53 d ausgbildet. Fugen mit größeren als den o. g. maximalen Fugenbewegungen sind mit Los-/ Festflanschkonstruktionen auszuführen.

Der Anschluß zwischen vertikaler Wandabdichtung und horizontaler Wandabdichtung sowie zwischen horizontaler Wandabdichtung und Fußbodenabdichtung entsprechend Bild 15.20 und 15.21 erfolgt in der Regel stumpf, da eine Stoßausbildung mit Überlappung nicht möglich ist, weil ein hierzu erforderlich Überstand der horizontalen Wandabdichtung im Bauzustand nicht gesichert werden kann. Der Überstand würde unregelmäßig ausreißen und wäre im Gegensatz zu einer geradlinig an den Mauerwerksflächen bündig endenden Schnittkante nicht mehr anschließbar. Der Anschluß der Fußbodenabdichtung an die horizontale Wandabdichtung entsprechend Bild 15.20 b und 15.21 a ist wegen der Verformung aus dem Auflagerdrehwinkel der Bodenplatte sehr schadensgefährdet. Bei höherer Anforderung an die Raumnutzung – insbesondere bei Aufenthaltsräumen, bei denen aus Gründen des Wärmeschutzes die Anordnung einer Wärmedämmung erforderlich wird, sollte der Abdichtungsanschluß entsprechend Bild 15.24 ausgeführt werden; wenn mit stärkeren Setzungen zu rechnen ist, ist der Kellerfußboden erst nach Errichtung des Gebäudes einzubringen.

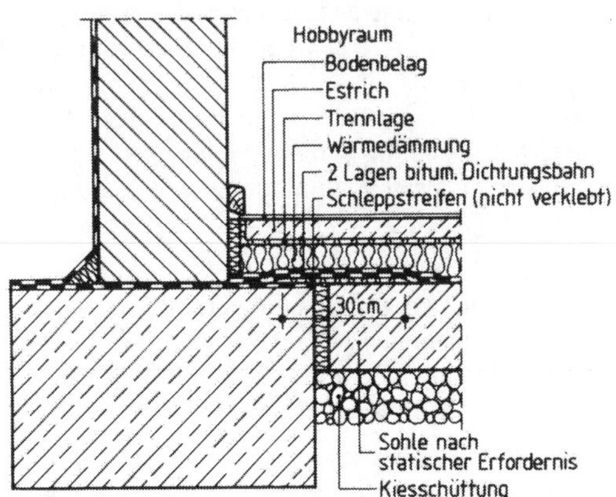

Bild 15.24
Abdichtungen gegen Bodenfeuchtigkeit: Detailausbildung Anschluß Fußbodenabdichtung an vertikale Außenwandabdichtung (alternativ zu Bild 15.20 b und 15.21 a)

15.3.3 Beanspruchung durch nichtdrückendes Wasser

15.3.3.1 Begriff des nichtdrückenden Wassers

Unter nichtdrückendem Wasser wird entsprechend [1] Teil 5 Wasser in tropfbar flüssiger Form verstanden, das als Niederschlags-, Sicker- oder Brauchwasser keinen – oder nur vorübergehend einen geringfügigen – hydrostatischen Druck ausübt.

Im Erdboden ist mit nichtdrückendem Wasser entsprechend Abschnitt 15.3.2 bei bindigen Böden (Wasserdurchlässigkeit $k \leq 0{,}01$ cm/s) oder bei einer Bebauung in Hanglage zu rechnen unter der Voraussetzung, daß zusätzlich eine Dränage nach [3] (vgl. Abschnitt 15.4) angeordnet wird. Ohne Dränagen nach [3] muß bei bindigen Böden von drückendem Wasser entsprechend Abschnitt 15.3.4 ausgegangen werden.

Die Beanspruchung durch nichtdrückendes Wasser tritt des weiteren bei sämtlichen waagerechten oder schwach geneigten Bauteilen wie z. B. bei erdüberschütteten Hofkellerdecken, Parkdecks (vgl. Abschnitt 6.6) oder Fußböden von Naßräumen, aber auch bei Fahrbahn- und Brückenflächen – auf die jedoch an dieser Stelle nicht weiter eingegangen werden soll – auf.

Nach [1] Teil 5 werden zwei Arten der Beanspruchung durch nichtdrückendes Wasser unterschieden.

- Die mäßige Beanspruchung bei
  - vorwiegend ruhenden Verkehrslasten nach DIN 1055-3 sowie nicht befahrbare Bauteile,
  - Temperaturschwankungen für die Abdichtung ≤ 40 K,
  - geringer und nicht ständiger Wasserbeanspruchung, wie z. B. bei Kelleraußenwänden, und
- die hohe Beanspruchung, bei der einer oder mehrere der oben genannten Punkte nicht eingehalten werden.

15.3.3.2 Abdichtung der Gebäudeaußenflächen

Nach [1] müssen Abdichtungen gegen nichtdrückendes Wasser die zu schützenden Gebäude- oder Bauteile in den gefährdeten Bereichen umschließen oder bedecken.

Die Abdichtungen sind unter Berücksichtigung der elastischen sowie der Kriechverformungen der Unterkonstruktion mit einem planmäßigen Gefälle ≥ 1,5 % auszubilden, um eine vollständige Entwässerung der Abdichtungsebene sicherzustellen. Die Abdichtungen müssen bedingt rißüberbrückende Eigenschaften haben, da Risse mit einer Ausgangsrißweite 0,5 mm, die sich aus Schwingungen, Temperaturänderungen oder Setzungen bis zu einer Rißweite 0,2 mm aufweiten und einen Versatz von höchstens 1 mm haben, schadensfrei aufgenommen werden müssen. Diese Eigenschaften sind bei Bitumenbahnen je nach Art der Trägereinlage und damit in Abhängigkeit von der Bruchdehnung (vgl. Tafel 15.1) sowie bei Kunststoff-Dichtungsbahnen gegeben. Bei Spachtelmassen ist die Anordnung einer Gewebeeinlage zu empfehlen. Sperrputze und Dichtungsschlämmen sind wegen der Rißempfindlichkeit nicht einsetzbar. Größere Rißweiten oder -bewegungen sind durch konstruktive Maßnahmen wie die Anordnung von Wärmedämmung, Dehnfugen oder konstruktive Bewehrung auszuschließen.

Der Abdichtungsuntergrund muß fest, eben, frei von Hohlstellen (z. B. Kiesnestern) und Graten sein. Kehlen und Kanten sind gerundet (r ca. 4 cm) auszuführen, um einerseits eine Schädigung der bahnenförmigen Abdichtungen bei der Verarbeitung durch ein scharfkantiges Abknicken zu verhindern und andererseits Spannungsspitzen im Kantenbereich zu vermeiden und somit einen stetigen Spannungsverlauf zu gewährleisten.

Je nach Beanspruchungsgrad werden in [1] Teil 5 die in Tafel 15.5 zusammengestellten bahnenförmigen Abdichtungssysteme angegeben.

Tafel 15.5 Zusammenstellung der bahnenförmigen Abdichtungssysteme gegen nichtdrückendes Wasser entsprechend [1] Teil 5

	Abdichtungssystem	mäßige Beanspruchung	hohe Beanspruchung
1	nackte Bitumenbahnen und/oder Glasvlies Bitumendachbahnen	≥ 2 Lagen (erf. Einpreßdruck ≥ 0,01 MN/m^2 bei Verwendung von nackten Bitumenbahnen) + Deckaufstrich	≥ 3 Lagen (erf. Einpreßdruck ≥ 0,01 MN/m^2 bei Verwendung von nackten Bitumenbahnen) + Deckaufstrich
2	Bitumen-Dichtungsbahnen, -Dachdichtungs- oder -Schweißbahnen	≥ 1 Lage mit Gewebe- oder Metallbandeinlage + Deckaufstrich (Schweißbahnen ausgenommen)	≥ 2 Lagen mit Gewebe- oder Metallbandeinlage + Deckaufstrich (Schweißbahnen ausgenommen)
3	Kombination aus 1 und 2		≥ 2 Lagen (≥ 1 Lage mit Gewebe- oder Metallbandeinlage, wasserseitig angeordnet, sofern nackte Bitumenbahn verwendet wird) + Deckaufstrich
4	Kunststoff-Dichtungsbahnen aus PIB oder ECB	≥ 1 Lage d ≥ 1,5 mm + Trennlage aus PE-Folie oder aus nackter Bitumenbahn mit Klebe- und Deckaufstrich	1 Lage PIB: d ≥ 1,5 mm; ECB: d = 2,0 mm zwischen nackten Bitumenbahnen + Deckaufstrich (bei schwach geneigten Flächen kann die obere Bitumenbahnlage durch eine geeignete Trennlage ersetzt werden)
5	Kunststoff-Dichtungsbahnen aus PVC weich, nicht bitumenverträglich	≥ 1 Lage d ≥ 1,2 mm + Schutzlage aus PVC weich d ≥ 1,0 mm oder synthetisches Vlies d ≥ 2,0 mm	≥ 1 Lage d ≥ 1,5 mm zwischen 2 Lagen Schutzschicht, z. B. PVC weich d ≥ 1,0 mm oder synthetisches Vlies d ≥ 2,0 mm
6	Kunststoff-Dichtungsbahnen aus PVC weich bitumenverträglich	≥ 1 Lage d ≥ 1,2 mm + Schutzlage aus PVC weich d ≥ 1,0 mm oder synthetisches Vlies d ≥ 2,0 mm oder nackte Bitumenbahn mit Klebe- und Deckaufstrich	≥ 1 Lage d ≥ 1,5 mm zwischen 2 Lagen nackte Bitumenbahn + Deckaufstrich
7	Metallbänder in Verbindung mit Bitumenbahnen		1 Lage kalottengeriffeltes Metallband (Kupfer, Edelstahl) in Klebeschicht + Schutzlage aus nackter Bitumen- oder Glasvlies-Bitumenbahn

Bei der Verarbeitung von Klebe- und Deckaufstrichmassen sind die Mindestmengen nach [1] Teil 5 zu beachten. Die zulässigen Druckbelastungen für die einzelnen Abdichtungssysteme sind der Tafel 15.6 des Abschnitts 15.3.4.2 zu entnehmen.

Bei Verwendung von Wärmedämmstoffen ist deren zulässige Druckbelastung entsprechend Abschnitt 6 zu berücksichtigen.

Nach Fertigstellung der Abdichtung sind entweder Schutzmaßnahmen für den Zeitraum der Bauwerkserrichtung zu ergreifen oder unverzüglich Schutzschichten anzuordnen. Da bei Abdichtungen gegen nichtdrückendes Wasser in der Regel Dränagen erforderlich sind, empfiehlt sich die Anordnung von Perimeterdämmsystemen mit Dränageausbildung – z. B. in Form von eingefrästen Nuten mit werkseitiger Filtervliesabdeckung – die die Funktion der Schutzschicht, der Wärmedämmung sowie der Dränage vereinen.

Abdichtungen dürfen planmäßig nur senkrecht zu ihrer Ebene belastet werden. Hinsichtlich der erforderlichen Maßnahmen (z. B. Telleranker) bei Belastung in Abdichtungsebene – wie z. B. bei Rampen o. ä. – und ihrer Bemessung wird auf Abschnitt 6.6 verwiesen.

15.3.3.3 Abdichtungen im Gebäudeinnern

Eine Beanspruchung durch nichtdrückendes Wasser tritt im Gebäudeinnern in Feucht- und Naßräumen auf.

Nach [65] werden unter Feuchträumen Räume mit wechselnder, im Mittel zwischen 60 und 80 % liegender Luftfeuchte, wie z. B. Küchen- und Sanitärräume, bei denen sich gelegentlich Schwitzwasser bildet, verstanden. Naßräume sind Räume mit einer relativen Luftfeuchte von im Mittel über 80 %, wie z. B. Bade-, Wasch-, Dusch- und Kühlräume, bei denen sich häufig Schwitzwasser an den raumumschließenden Innenoberflächen bildet.

Während die Notwendigkeit der Anordnung einer Abdichtung in Naßräumen von öffentlichen Gebäuden unstrittig ist, wird derzeit in der Fachwelt diskutiert, inwieweit Badezimer in Wohnungsbauten als Naßräume zu bezeichnen sind und ob somit Abdichtungsmaßnahmen erforderlich werden. Nach [66] wurden von 58 000 untersuchten Wohneinheiten 55 % ohne Wandabdichtungen und 40 % ohne Bodenabdichtungen im Badezimmerbereich ausgeführt, ohne daß eine große Schadenshäufigkeit aufgrund der fehlenden Abdichtung festgestellt wurde.

Die Dichtungsfunktion muß bei derartig ausgeführten Bädern dem Fliesenbelag einschließlich des Dünnbettmörtes zugewiesen werden, wobei ein wasserbeständiger Dünnbettmörtel – kein Dispersionskleber – verwendet werden muß. Eine derartige Bauweise ist mit dem Bauherrn abzustimmen. Während bei massiven Unterkonstruktionen – wie Mauerwerk oder Stahlbeton – die Ausführung eines zweilagigen kunststoffmodifizierten Mörtels (Sperrmörtel) und einer Verfliesung als ausreichende abdichtungstechnische Maßnahme anzusehen ist, sind bei Unterkonstruktionen, die sich verformen können, wie z. B. leichte Trennwände auf biegeweichen Decken, konventionelle Abdichtungsmaßnahmen erforderlich. Um eine höhere Sicherheit gegen Abdichtungsschäden zu erzielen, sind jedoch Abdichtungsmaßnahmen entsprechend [1] Teil 5 immer anzuraten; dies auch deswegen, weil in Bädern folgende Schwachstellen vorhanden sind: Anschluß von Duschtassen an die Verfliesung sowie die Fugen am Übergang der Wandfliesen zur Bodenverfliesung, da die dauerelastischen Verfugungen, die an solchen Stellen bauüblich sind, in hohem Maße schadensanfällig und nicht langzeitbeständig sind.

Wie bereits in Abschnitt 15.3.3.1 beschrieben, wird nach [1] zwischen mäßiger und hoher Beanspruchung differenziert. Während Naßräume von Wohnungsbauten als mäßig beansprucht eingestuft werden können, muß bei Naßräumen von öffentlichen Gebäuden wie Duschräumen von Sportstätten oder Gewerbebetrieben sowie bei Umläufen von Schwimmbecken etc. wegen der ständigen Wasserbeaufschlagung von einer hohen Beanspruchung ausgegangen werden. – Bei

Vorhandensein von Fußbodenheizungen ist die Begrenzung der Temperaturbeanspruchung für die Abdichtungen zu berücksichtigen.

Die in [1] angegebenen bahnenförmigen Abdichtungssysteme sind dem Abschnitt 15.3.3.2 zu entnehmen. Wegen des in der Regel fehlenden erforderlichen Einpreßdrucks dürfen keine Bahnen mit Rohfilzeinlagen und sollten keine Bahnen mit Jutegewebeeinlagen verwendet werden.

15.3.3.4 Konstruktive Detailausbildung

Die Abdichtungen von waagerechten oder schwach geneigten Flächen sind mit einem Mindestgefälle von 1,5 % auszuführen, an den aufgehenden Bauteilen unter Berücksichtigung der erforderlichen Ausrundung aufzukanten und – sofern kein Anschluß an aufgehende Abdichtungen erfolgt – mindestens 15 cm über die Oberkante der wasserführenden Schicht (Schutzschicht, Belag oder Überschüttung) hochzuführen und dort durch Einziehen in eine Nut oder durch eine Klemmschiene zu sichern (vgl. Bild 15.25). Hinsichtlich der konstruktiven Ausbildung von Dachterrassen, Hofkellerdecken und Parkdecks wird auf Abschnitt 6.6 verwiesen.

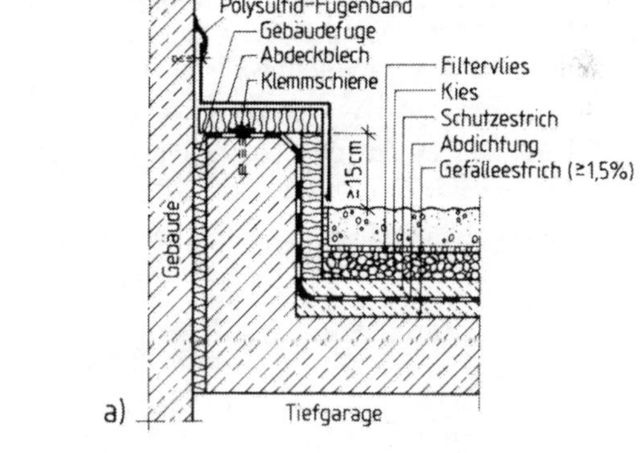

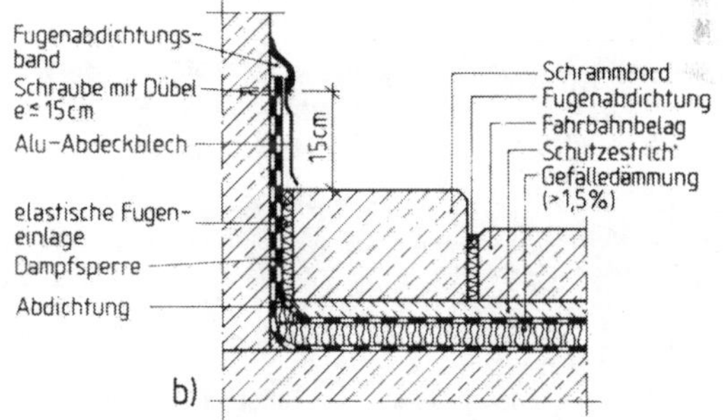

Bild 15.25
Abdichtungsaufkantungen

a) im Bereich einer Gebäudefuge
b) im Bereich einer befahrbaren Hofkellerdecke

Bei Abdichtungen von Decken überschütteter Bauwerke ist die Abdichtung mindestens 20 cm unter die Fuge zwischen Decke und Wänden herunterzuziehen oder mit Hilfe eines gefächerten Stoßes an die vorhandene Wandabdichtung anzuschließen.

Die Übergänge von Abdichtungssystemen aus verträglichen Stoffen dürfen ohne Einbauteile ausgeführt werden, anderenfalls sind die Übergänge mit Klebe- oder Anschweißflanschen, Klemmschienen oder Los- und Festflanschkonstruktionen auszubilden. Anschlüsse an Durchdringungen oder Abläufe werden mit Klebe-, Anschweißflanschen, Manschetten mit und ohne Schellen oder mit Los- und Festflanschkonstruktionen ausgeführt. Dabei müssen die

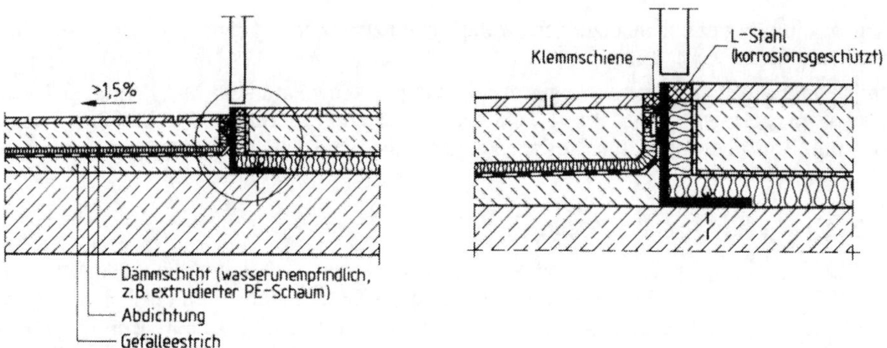

Bild 15.26 Abdichtungsabschluß im Badezimmer (Türbereich)

Anschlußflächen von Abläufen bei hochbeanspruchten Abdichtungen mindestens 120 mm breit sein. Die Außenkanten von Klebe-, Anschweißflanschen und Manschetten sind wie bereits in Abschnitt 15.3.2.5 beschrieben mindestens 150 mm von Bauwerkskanten und -kehlen sowie mindestens 500 mm von Bauwerksfugen entfernt anzuordnen.

Wegen der starken Einschränkung der Nutzung bei Terrassen und Balkonen kann im Bereich von Türöffnungen auf die Anordnung einer 15 cm hohen Schwelle verzichtet werden. Bei Bädern kann eine Konstruktion entsprechend Bild 15.26 ausgeführt werden.

Bodeneinläufe in Bädern sind derart auszubilden, daß sowohl die Abdichtungsebene wie auch die Ebene des Fußbodenbelags vollständig entwässert wird (vgl. Bild 15.27).

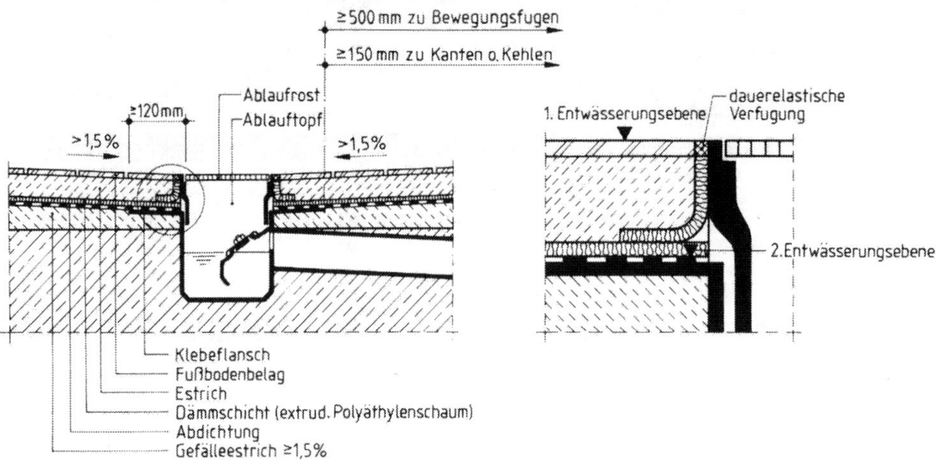

Bild 15.27 Klebeflanschanschluß Bodeneinlauf Bad

Wandabdichtungen müssen im Bereich von Wasserentnahmestellen mindestens 20 cm über die Entnahmestelle hochgeführt werden (vgl. Bild 15.28).

Die Abdichtungen gegen nichtdrückendes Wasser über Bewegungsfugen sind entsprechend Bild 15.23 b oder 15.23 c und d in Abhängigkeit vom Fugentyp auszuführen (vgl. Abschnitt 15.3.2.5).

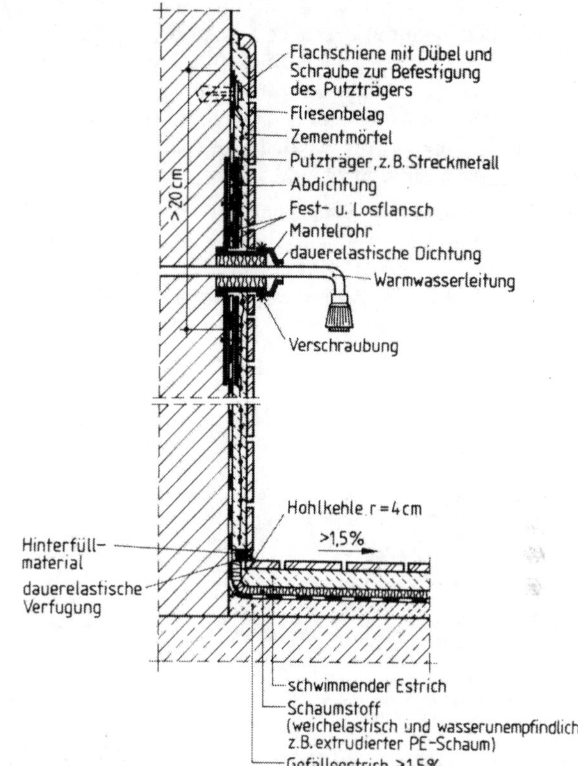

Bild 15.28
Wandabdichtung: Rohrdurchdringung, Abdichtungsabschluß sowie Kehlausbildung zur Fußbodenabdichtung

15.3.4 Beanspruchung durch drückendes Wasser

15.3.4.1 Begriff des drückenden Wassers

Unter drückendem Wasser wird nach [1] Teil 6 Wasser verstanden, daß auf die Abdichtung einen hydrostatischen Druck ausübt. Von außen drückendes Wasser ist gegeben, wenn das Bauwerk in das vorhandene Grundwasser eintaucht oder wenn sich auf wenig durchlässigen Bodenschichten Sickerwasser anstaut.

Abdichtungen gegen von außen drückendes Wasser werden in der Regel als Außenabdichtung auf der wasserzugewandten Seite angeordnet und umschließen das Bauwerk wannenförmig (s. Abschn. 15.3.4.2). In Ausnahmefällen, z. B. bei nachträglichen Abdichtungsmaßnahmen, werden jedoch auch Innenabdichtungen gegen von außen drückendes Wasser ausgeführt (s. Abschn. 15.3.4.3).

Von innen drückendes Wasser ist im Behälter- sowie im Schwimmbadbau gegeben (s. Abschn. 15.3.4.4).

15.3.4.2 Außenabdichtung gegen von außen drückendes Wasser

Die Abdichtungen gegen von außen drückendes Wasser sind

- bei nichtbindigen Böden mindestens 30 cm über den aus langjährigen Beobachtungen ermittelten höchsten Grund- oder Hochwasserstand zu führen – darüber ist das Bauwerk gegen Bodenfeuchtigkeit bzw. gegen nichtdrückendes Wasser abzudichten – und
- bei bindigen Böden mindestens 30 cm über die Geländeoberfläche zu führen.

Die Abdichtungen müssen über die Anforderungen an Abdichtungen gegen nichtdrückendes Wasser hinausgehend rißüberbrückende Eigenschaften aufweisen. Risse mit einer Ausgangsrißbreite von 0,5 mm, die sich aus Schwingungen, Temperaturänderungen oder Setzungen bis zu einer Rißweite von 5 mm und einem Rißuferversatz von höchstens 2 mm aufweiten, müssen schadensfrei überbrückt werden, so daß wiederum nur Materialien auf bituminöser oder Kunststoffbasis anwendbar sind.

Beim Nachweis der Standsicherheit des Bauwerks dürfen planmäßig keine Kräfte in Abdichtungsebene auftreten – wie z. B. bei einseitigem Erddruck oder stark geneigten Bauteilen (Rampen). Derartige Kräfte müssen durch Anker oder eine Nockenausbildung entsprechend Bild 15.29 übertragen werden (s. Abschnitt 6.6).

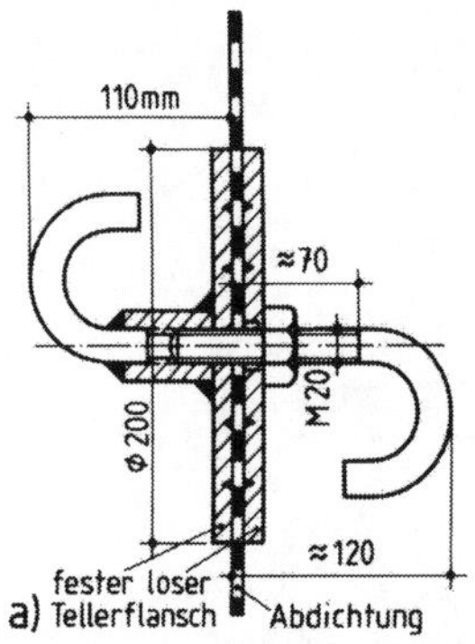

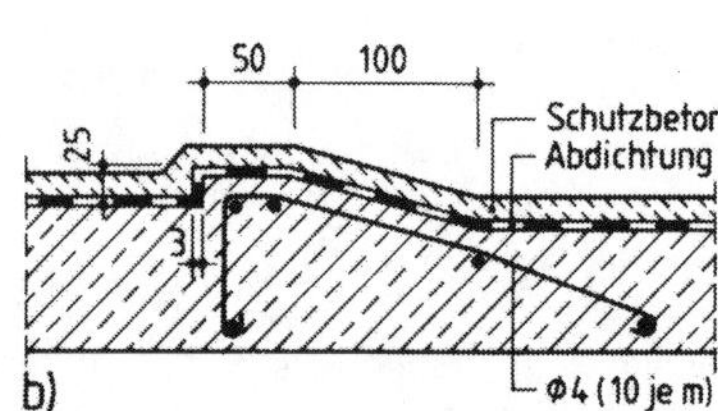

Bild 15.29 Verankerung zur Übertragung von planmäßigen Kräften in Abdichtungsebene (aus [57])

a) durch Telleranker

b) durch Nockenausbildung

Bei statisch unbestimmten Tragwerken ist gegebenfalls die Zusammendrückung der Abdichtung bei der Bemessung des Bauwerks zu berücksichtigen.

Die Bauwerksflächen müssen fest, eben, frei von Graten, klaffenden Rissen oder Hohlstellen sein, damit die Abdichtung nicht beschädigt wird. Entsprechende Anforderungen müssen für die gegen die Abdichtung gemauerten oder betonierten Bauteile gestellt werden, damit die Abdichtung hohlraumfrei eingebettet ist und somit die Standsicherheit der Abdichtung selbst gewährleistet wird.

Versprünge in der Abdichtungsebene sind soweit wie möglich zu vermeiden. Kehlen und Kanten sind auszurunden ($r \approx 4$ cm).

Die Abdichtungen sind nach Fertigstellung entweder unverzüglich mit Schutzschichten nach [1] Teil 10 oder zunächst während des Bauzustandes mit Schutzmaßnahmen gegen Beschädigungen zu schützen. Steife Schutzschichten wie Mauerwerk oder Beton sind durch Fugen an Aufkantungen, Durchdringungen, im Bereich von Neigungswechseln, in Eckbereichen, über Dehnfugen in der Unterkonstruktion sowie bei senkrechten Schutzschichten im Abstand von höchstens 7 m zu unterteilen, damit ein möglichst gleichmäßiger Flächendruck auf die Abdichtung aufgebracht wird. Bei senkrechten Schutzschichten aus Mauerwerk, die nach der Herstellung der Abdichtung ausgeführt werden, ist eine in der Regel 4 cm dicke Mörtelfuge, die abschnittsweise mit der Errichtung der Schutzschicht hohlraumfrei verfüllt wird, auszuführen.

Je nach Eintauchtiefe werden nach [1] Teil 6 die in Tafel 15.6 zusammengestellten bahnenförmigen Abdichtungssysteme mit den zugehörigen zulässigen Druckbelastungen angegeben. Die Kunststoff-Dichtungsbahnen sind zwischen zwei Lagen aus nackten Bitumenbahnen zu verlegen.

Des weiteren ist eine Ausführung in WU-Beton entsprechend Abschnitt 15.2.3 möglich.

Tafel 15.6 Zusammenstellung der bahnenförmigen Abdichtungssysteme gegen drückendes Wasser entsprechend [1] Teil 6 mit Angabe der zulässigen Druckbelastung

	Abdichtungs-system	zul. Druck-belastung in MN/m²	Eintauch-tiefe in m	Lagenzahl bei Bürstenstreich- oder Gieß-verfahren	Lagenzahl bei Gieß- und Einwalz-verfahren	Lagenzahl bei sonstige Verlegung
1	nackte Bitumen-bahnen (erf. Einpressdruck ≥ 0,01 MN/m²)	0,6	≤ 4	3	3	
			4 bis 9	4	3	
			> 9	5	4	
2	nackte Bitumen-bahnen und eine Metallbandlage (Kupfer d = 0,1 mm oder Edelstahl d = 0,05 mm)	1,0	≤ 4	3	3	
			4 bis 9	3	3	
			> 9	4	3	
3	nackte Bitumen-bahnen und zwei Metallbandlagen (Kupfer d = 0,1 mm oder Edelstahl d = 0,05 mm)	1,5	≤ 4	4	4	
			4 bis 9	4	4	
			> 9	5	4	
4	Bitumen-Schweißbahnen	0,8 bei Glasgewebe 1,0 bei Jutegewebe	≤ 4			2 mit Gewebeeinlage
			4 bis 9			3 mit Gewebeeinlage
						1 mit Gewebeeinlage + 1 mit Kupferband-einlage
			> 9			2 mit Gewebeeinlage + 1 mit Kupferband-einlage

Tafel 15.6, Fortsetzung

	Abdichtungs-system	zul. Druck-belastung in MN/m²	Eintauch-tiefe in m	Lagenzahl bei Bürstenstreich- oder Gieß-verfahren	Gieß- und Einwalz-verfahren	sonstige Verlegung
5	Bitumen-Dichtungsbahnen	0,8 bei Glasgewebe 1,0 bei sonstigen Einlagen	≤ 4	–	–	2 mit Gewebeeinlage
				–	–	2 mit Kupferband-einlage
						2 mit PETP-Einlage
			4 bis 9	–	–	2 mit Gewebeeinlage + 1 mit PETP-Einlage
				–	–	3 mit Gewebeeinlage
						1 mit Gewebeeinlage + 1 mit Kuperband-einlage
			> 9			2 mit Gewebeeinlage + 1 mit Kupferband-einlage
6	PIB-Bahn	0,6	≤ 4			1 d = 1,5 mm
			4 bis 9			1 d = 2,0 mm
			> 9			1 d = 2,0 mm
7	PVC weich-Bahn	1,0	≤ 4			1 d = 1,5 mm
			4 bis 9			1 d = 1,5 mm
			> 9			1 d = 2,0 mm
8	ECB-Bahnen	1,0	≤ 4			1 d = 2,0 mm
			4 bis 9			1 d = 2,0 mm
			> 9			1 d = 2,0 mm

15.3.4.3 Innenabdichtungen gegen von außen drückendes Wasser

Innenabdichtungen gegen von außen drückendes Wasser erweisen sich als problematisch, da der auf die Abdichtung wirkende hydrostatische Druck entsprechend Bild 15.30 durch eine trogartige Abdichtungsrücklage aufgenommen werden muß und der Innentrog somit gegen den Auftrieb gesichert werden muß. Ein weiterer Nachteil, der sich aus der Anordnung der Abdichtung auf der wasserabgewandten Seite ergibt, ist die Durchfeuchtung aller wasserseitigen

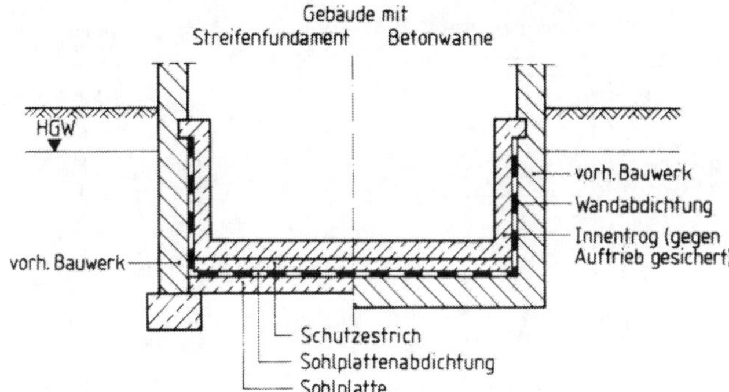

Bild 15.30
Innenabdichtung gegen von außen drückendes Wasser

Bauteile mit der Gefahr, daß das Gebäude durch Kapillarität der Baustoffe über den höchsten Grundwasserstand hinaus durchfeuchtet wird.

Innenabdichtungen gegen von außen drückendes Wasser sollten somit nur im Sanierungsfall, also zur nachträglichen Abdichtung bestehender Bauwerke ausgeführt werden. Hierbei ist jedoch darauf hinzuweisen, daß Innenbauteile, z. B. Wände, von der Abdichtung unterfahren oder mit entsprechenden Wandabdichtungsmaßnahmen umschlossen werden müssen, um die erforderliche wannenartige Umschließung des Gebäudes gegen das drückende Wasser zu erzielen.

Der Nachweis der Auftriebssicherung erfolgt gemäß [8] mit 1,1facher Sicherheit durch Gegenüberstellung der vorhandenen Auflast zur Auftriebskraft. Dieser Nachweis muß insbesondere für den Bauzustand geführt werden, da wegen der geringen vorhandenen Auflasten die Gefahr des Aufschwimmens in besonderem Maße gegeben ist. Bei ungenügender Auftriebssicherung, z. B. bei Ausfall der Wasserhaltung im Bauzustand, kann durch Fluten des Gebäudes Abhilfe geschaffen werden.

Hinsichtlich der baulichen Erfordernisse sowie der Ausführung der Abdichtung wird auf Abschnitt 15.3.4.2 verwiesen.

15.3.4.4 Abdichtungen gegen von innen drückendes Wasser

Abdichtungen gegen von innen drückendes Wasser können entweder in WU-Beton (vgl. Abschnitt 15.2.3) oder mit Abdichtungen auf bituminöser Basis oder mit Kunststoffbahnen ausgeführt werden. Diese Abdichtungen werden in der Regel auf der wasserzugewandten Bauteilseite, also innen, angeordnet, um eine unnötige Durchfeuchtung der tragenden Bauteile zu vermeiden.

Im Gegensatz zu Außenabdichtungen von Kellerwänden ist bei Innenabdichtungen von Behältern oder Schwimmbecken kein nennenswerter Einpreßdruck vorhanden, da im Gegensatz zum Erddruck oder der Bodenpressung lediglich das Eigengewicht der inneren Schutzschichten abzüglich des Auftriebs wirksam werden kann [57]. Um einen Einpreßdruck zu erzielen, kann zur Aktivierung des Wasserdrucks als äußere dem Wasserdruck zugewandte Seite eine Kupferbandlage angeordnet werden.

Die Wandauskleidungen von Behältern mit einer Füllhöhe > 1,2 m sind durch Telleranker entsprechend Bild 15.31 b zu sichern. Bei Füllhöhen unter 1,2 m ist eine Halterung der oberen und unteren Endpunkte z. B. entsprechend Bild 15.31 a ausreichend.

Bei größeren Beckensohlabmessungen muß eine Abfugung der Sohlplattenauskleidung unter Berücksichtigung der erforderlichen Abstände zu den Wandaufkantungen erfolgen (vgl. Bild 15.31 b). Die Abdichtung ist im Bereich der Fuge zu verstärken.

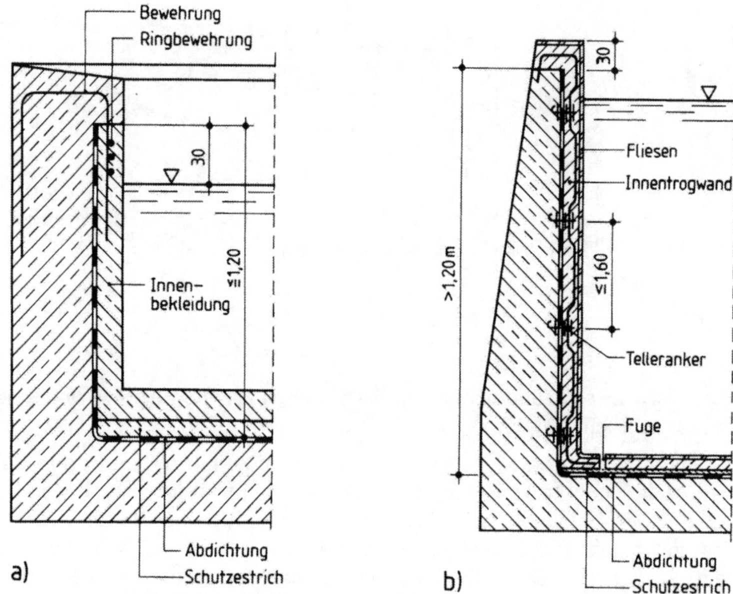

Bild 15.31 Verankerung von Wandbekleidungen bei Abdichtungen gegen von innen drückendes Wasser (aus [57])

a) Behälterfüllhöhe ≤ 1,2 m

b) Behälterfüllhöhe > 1,2 m

Auf die gegebenenfalls vorhandene erhöhte Temperaturbeanspruchung der Abdichtungen in Schwimmbadbereichen (Fußbodenheizung) sei nochmals hingewiesen.

Die baulichen Erfordernisse sind dem Abschnitt 15.3.4.2 zu entnehmen. Hinsichtlich der Ausführung der Abdichtung wird ebenfalls auf Abschnitt 15.3.4.2 verwiesen, wobei auf Abdichtungssysteme, bei denen ein Einpreßdruck erforderlich ist, verzichtet werden muß.

15.3.4.5 Konstruktive Ausbildung von Bitumen- und Kunststoffabdichtungen

Abschlüsse von Abdichtungen gegen drückendes Wasser sind entweder in eine Nut einzuziehen oder mit einer Klemmschiene zu sichern.

Anschlüsse an Durchdringungen sind entsprechend Bild 15.32 mit Hilfe von Los-/Festflanschkonstruktionen anzuschließen.

Übergänge von unterschiedlichen Abdichtungssystemen sind als Doppelflansche mit Trennleiste (vgl. Bild 15.33) auszuführen.

Der Anschluß der Sohlplattenabdichtung an die Wandabdichtung erfolgt entweder als rückläufiger Stoß entsprechend Bild 15.34 oder als gewöhnlicher Kehlstoß nach Bild 15.35.

Bei Bewegungsfugen werden nach [1] Teil 8, wie in Abschnitt 15.3.2.5 beschrieben, die beiden Fugen Typen I und II unterschieden. Bei Abdichtungen gegen drückendes Wasser werden über Fugen des Typs I ebene Verstärkungen entsprechend Bild 15.23 b ausgeführt, wobei in Abhängigkeit von den Fugenbewegungen die Mindestmaße für die Verstärkungsstreifen – die aus Kupferband d = 0,2 mm, Edelstahlband d = 0,05 mm oder Kunststoff-Dichtungsbahnen

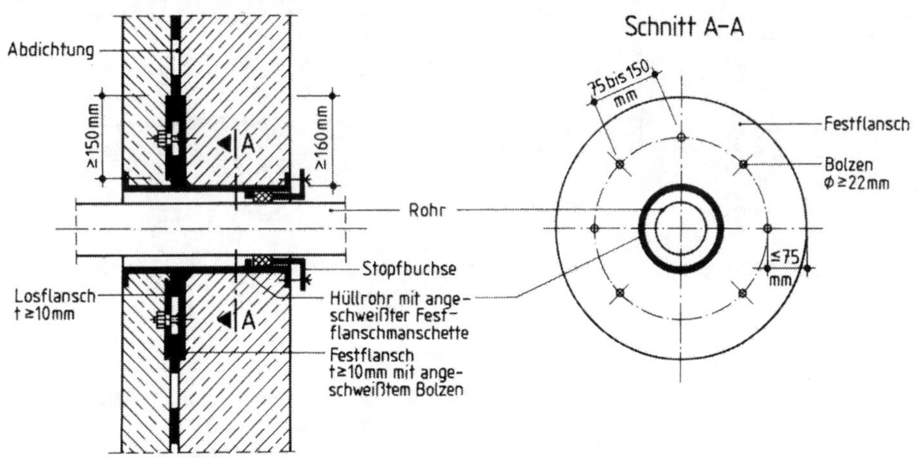

Bild 15.32 Los-/Festflanschanschluß für Abdichtungen gegen drückendes Wasser

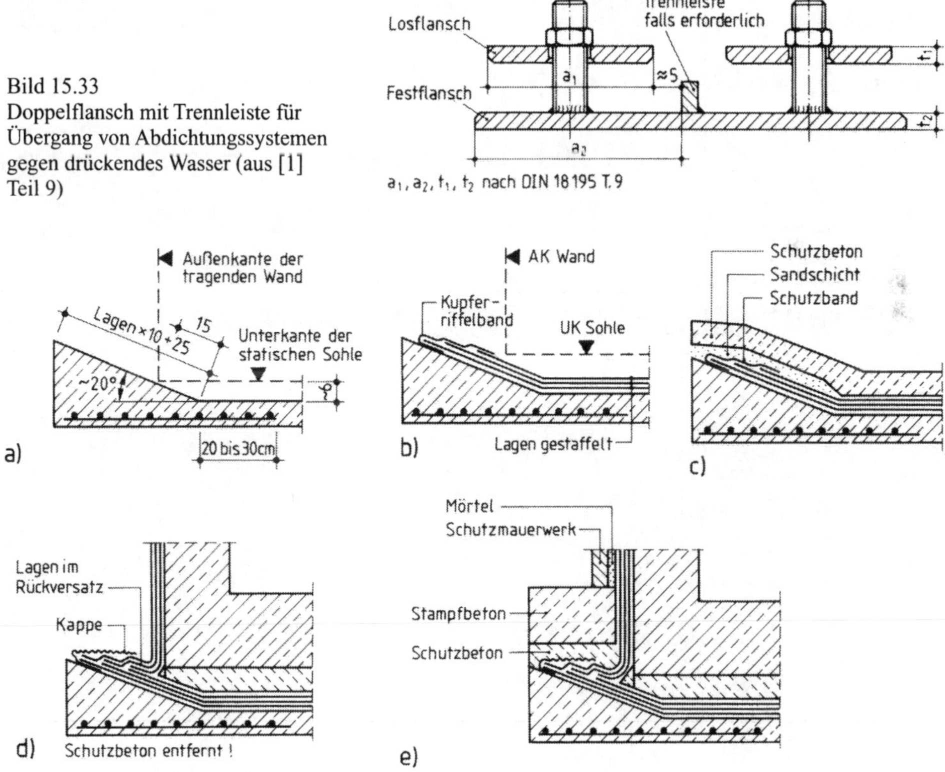

Bild 15.33
Doppelflansch mit Trennleiste für Übergang von Abdichtungssystemen gegen drückendes Wasser (aus [1] Teil 9)

Bild 15.34 Rückläufiger Stoß (Bauablauf) bei bituminösen Abdichtungen gegen drückendes Wasser (aus [67])

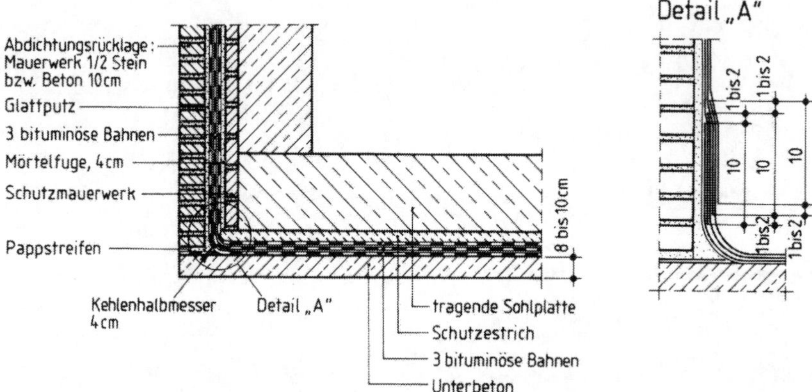

Bild 15.35 Gewöhnlicher Stoß bei bituminösen Abdichtungen gegen drückendes Wasser

Tafel 15.7 Verstärkungsstreifen und Fugenkammern für Fugen Typ I bei bituminösen Abdichtungen gegen drückendes Wasser (aus [1])

Bewegung zur Abdichtungsebene		kombinierte Bewegung	Verstärkungsstreifen		Fugenkammer in waagerechten und schwach geneigten Flächen	
senkrecht in mm	parallel in mm	in mm	Anzahl	Breite in mm	Breite[1] in mm	Tiefe in mm
10	10	10	2	≥ 300	–	–
20	20	15	2	≥ 500	100	50 bis 80
30	30	20	3	≥ 500		
40	–	25	4	≥ 500		

[1] Gesamtbreite einschließlich Fugenbreite

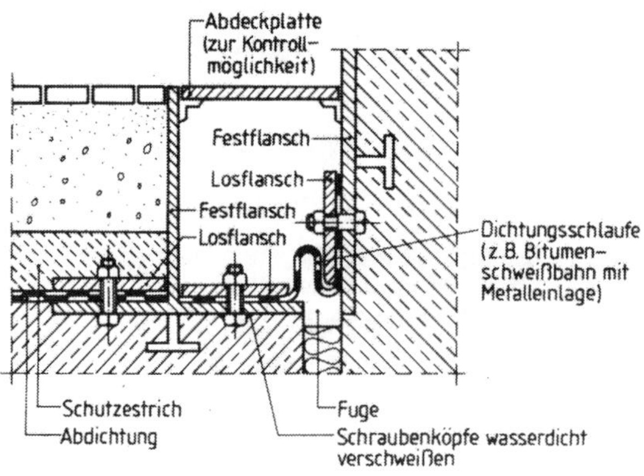

Bild 15.36
Los-/Festflanschkonstruktion
Fugen Typ II (aus [68])

d = 1,5 mm bestehen können - sowie für die Fugengeometrie nach Tafel 15.7 zu beachten sind. Abdichtungen für Fugen des Typs II sind grundsätzlich mit Los-/ Festflanschkonstruktionen auszuführen (vgl. Bild 15.36 und Bild 15.23 d).

15.4 Dränage

15.4.1 Übersicht

Dränagen haben die Aufgabe, den Boden derart zu entwässern, daß am Baukörper kein drükkendes Wasser entstehen kann und somit eine Abdichtung gegen nichtdrückendes Wasser ausreichend ist.

Die Anordnung einer Dränage wird bei bindigen Böden sowie bei einer Bebauung in Hanglage erforderlich, sofern keine Abdichtung gegen drückendes Wasser ausgeführt werden soll.

Zur Planung einer Dränage sind zunächst genaue Kenntnisse über

- die Größe, die Form sowie die Oberflächengestalt (Hanglage, Muldenlage) des Einzugsgebietes,
- die Art, Schichtung und Durchlässigkeit des Baugrundes (durch Bohrungen oder Schürfe ermittelt),
- die wasserführenden Schichten sowie Angaben über den durch langjährige Beobachtung ermittelten höchsten Grundwasserstand und
- die chemische Beschaffenheit des angreifenden Wassers im Hinblick auf die Gefahr einer Verockerung oder Verkalkung der Dränage

erforderlich.

Des weiteren ist zu überprüfen, inwieweit sich gegebenenfalls aus dem Bodenwasserschutz baurechtliche Auflagen hinsichtlich der Ableitung des in der Dränage anfallenden Wassers ergeben. Da Dränagen in der Regel nicht an Schmutz- oder Mischwasserkanäle angeschlossen werden dürfen, erfolgt die Ableitung des Wassers entweder über einen Vorfluter (Regenwasserkanal, Bach, See etc.) oder über einen Sickerschacht, der das Wasser dem Grundwasser wieder zuführt.

Durch die Maßnahmen der Dränage darf weder die Standsicherheit des Bauwerks, z. B. durch Unterspülungen, noch die Nachbarbebauung, z. B. durch Setzungen infolge bereichsweiser Grundwasserabsenkung, beeinträchtigt werden.

Dränageanlagen bestehen in der Regel aus Wanddränagen im Kelleraußenwandbereich und Bodendränagen unterhalb der Sohlplatte, die das anfallende Wasser an eine möglichst das Gebäude umschließende ringförmige Dränleitung (Ringdränage) abführen. Die Dränleitungen sind mit Kontroll- und Spüleinrichtungen zu versehen. Aus den Dränleitungen wird das Wasser entweder in einen Vorfluter oder in einen Sickerschacht abgeleitet.

Bei Bauten in Hanglage ist am Gebäude hangseitig ein ausreichendes Gegengefälle sowie eine Rinne anzuordnen, um das anfallende Oberflächenwasser ableiten zu können, ohne daß es zu einer zusätzlichen Belastung der Dränage führt (vgl. Bild 15.37).

Erdüberschüttete Decken können mit Dränschichten, die zu Gullys hin entwässern, ausgeführt werden.

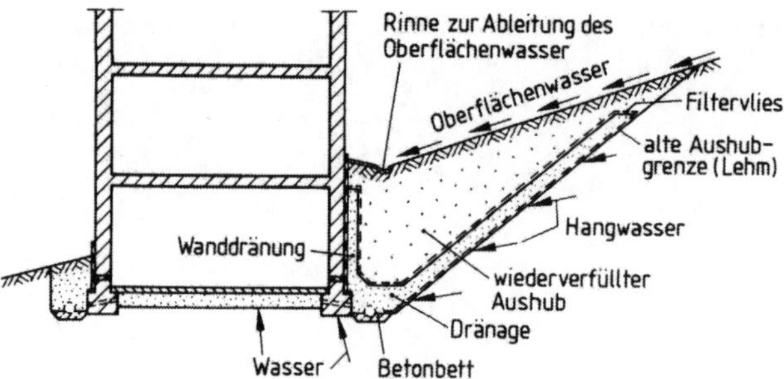

Bild 15.37
Dränageanlagen bei Gebäuden in Hanglage

15.4.2 Konstruktive Ausbildung

Dränanlagen vor Wänden

Die Dränschicht muß alle erdberührenden Außenwandflächen bedecken, wobei Durchdringungen, Lichtschächte etc. dicht anzuschließen sind. Die Wanddränage endet etwa 15 cm unter Geländeoberkante. Am Fußpunkt muß die Dränschicht ausreichend in eine mineralische Schüttung, die um das Dränrohr angeordnet ist, einbinden (≥ 30 cm), um eine stauwasserfreie Ableitung zu gewährleisten. Als Wanddränagen werden entsprechend Bild 15.38 a und b Dränschichten entweder aus einer mineralischen Schüttung oder aus Dränelementen wie Dränsteinen, PE-Noppenfolien mit Filtervlies oder Schaumkunststoffplatten (z. B. grobporige Polystyrolpartikelschaumplatten oder Polystyrolextruderschaumplatten mit eingefrästen Rillen sowie Filtervlies) verwendet. Bei den Polystyrolextruderschaumplatten werden Dränelemente angeboten, die gleichzeitig als Perimenterdämmung der Kelleraußenwände allgemein bauaufsichtlich zugelassen sind.

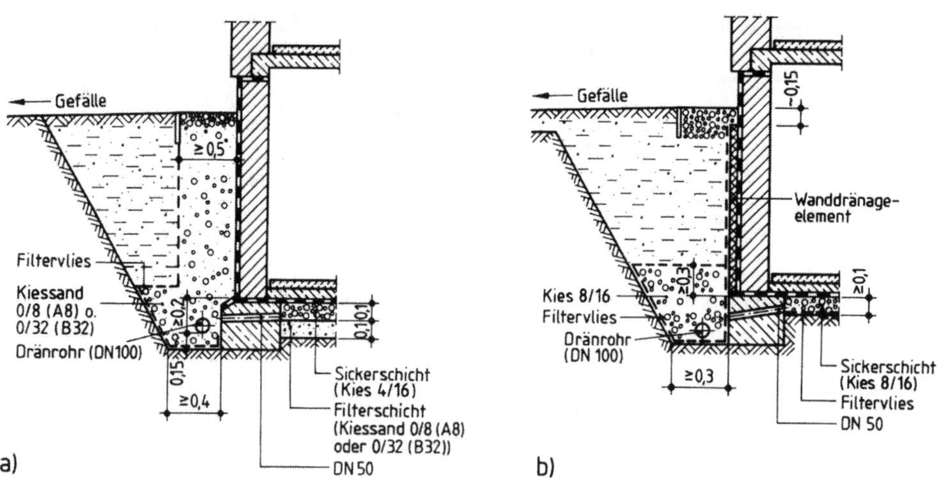

Bild 15.38 Wanddränage (aus [4])

a) mit mineralischer Schüttung, b) mit Dränelementen

Die Dränage muß gegenüber dem anstehenden Boden filterfest sein, d. h. ein Zusetzen der Dränelemente durch Feinanteile im anstehenden Boden muß ausgeschlossen sein. Dieses wird entweder durch einen abgestuften Kornaufbau der Schüttung – ein baupraktisch sehr arbeitsaufwendiges Verfahren – oder durch Anordnung eines Filtervlies (sogenannte „Geotextilien") erreicht.

Dränleitungen

Die Dränleitung (DN 100) muß alle erdberührenden Wände erfassen und sollte das Gebäude möglichst als Ringleitung umschließen (vgl. Bild 15.39). Die Dränleitungen, die mit einem Mindestgefälle $i \geq 0{,}5$ % entlang den Außenfundamenten zu verlegen sind, müssen, um eine ausreichende Entwässerung zu gewährleisten, am Hochpunkt mit der Rohrsohle mindestens 20 cm unter der Oberkante der Rohbodenplatte und, um die Lastausbreitung unter dem Fundament nicht zu stören, am Tiefpunkt nicht unterhalb der Fundamentunterkante liegen. Gegebenenfalls sind die Fundamente zu vertiefen.

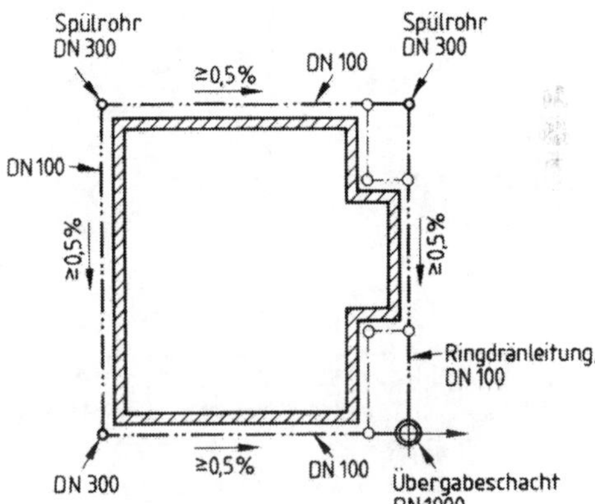

Bild 15.39
Beispiele einer Anordnung von Dränleitungen, Kontroll- und Reinigungsschächten bei einer Ringdränage (aus [4])

An sämtlichen Knickpunkten der Dränleitung sowie im Abstand von höchstens 50 m sind Spühlrohre (DN 300) anzuordnen. Für Kontrollzwecke dürfen an Stelle der Spülrohre Kontrollrohre (> DN 100) angeordnet werden.

Der Übergabeschacht soll mindestens DN 1000 betragen.

Die Dränageanlage sollte einmal jährlich gespült werden, der Übergabeschacht ist auf eine übermäßige Sandablagerung zu überprüfen, die auf Ausspülungen im Fundamentbereich hinweisen könnte.

Dränanlagen unter Bodenplatten

Dränanlagen unter Bodenplatten können bei Flächen < 200 m² durch eine Flächendränschicht $d \geq 10$ cm (Körnung 4/16) mit einer Filterschicht $d \geq 10$ cm (Körnung 0/8 Sieblinie A8 oder 0/32 Sieblinie B32) oder mit einem Filtervlies ausgeführt werden. Das anfallende Wasser wird über Dränrohre (DN 50), die mit ausreichendem Gefälle durch die Streifenfundamente geführt werden, abgeführt.

Bei Flächen > 200 m² wird eine Bemessung des Flächendräns sowie die Anordnung von Dränageleitungen (Sauger) und von Kontrolleinrichtungen erforderlich (vgl. Bild 15.40).

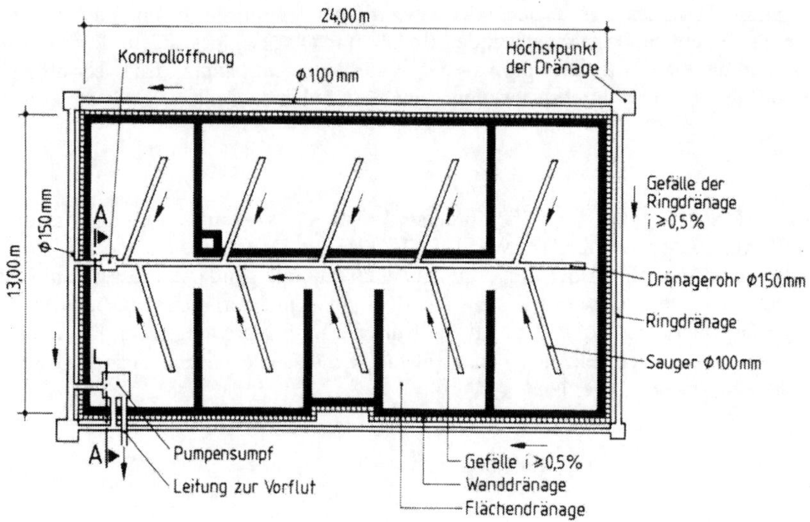

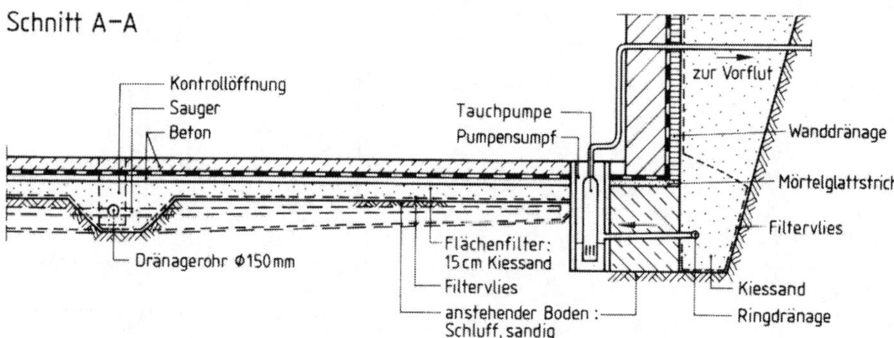

Bild 15.40 Beispiel eines Flächendräns unterhalb Bodenplatte (A > 200 m²)

Dränanlagen auf Decken

Dränschichten auf Decken werden in der Regel mit Kiesschüttung Körnung 8/16, d ≥ 15 cm, und einem Filtervlies (Stoßüberdeckung ≥ 10 cm) ausgeführt. Das anfallende Wasser muß rückstaufrei in Gullys, die nach [7] zu bemessen sind, abgeleitet werden. Falls ein rückstaufreies Abfließen nicht gewährleistet werden kann, müssen Dränleitungen angeordnet werden, zu denen die Dachflächen mit einem Mindestgefälle von i ≥ 3 % hin entwässern.

Vorflut/Sickerschacht

Das sich in der Ringdränage sammelnde Wasser ist möglichst im freien Gefälle zur Vorflut oder zum Sickerschacht (vgl. Bild 15.41) abzuleiten, um auf eine Pumpenanlage verzichten zu können. Dabei ist der höchste Wasserstand zu berücksichtigen, gegebenenfalls sind Rückstauklappen anzuordnen. Es ist zweckmäßig, den Sickerschacht mit grobkörnigen Füllstoffen zu füllen, deren Korngröße von unten nach oben abnimmt. Die oberste Schicht muß jedoch aus

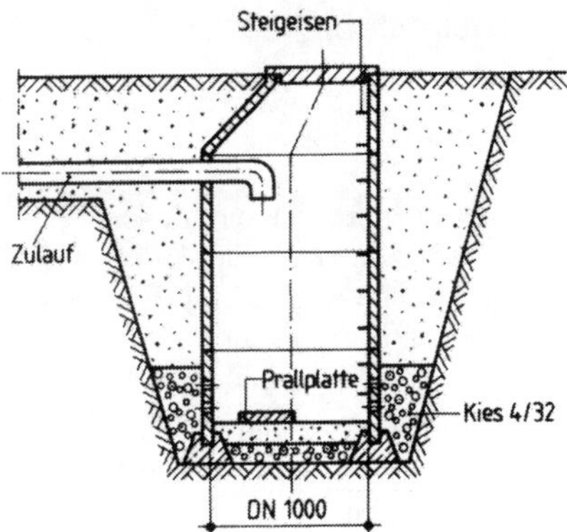

Bild 15.41 Sickerschacht (aus [4])

feinem Sand bestehen, mindestens 500 mm hoch und gegen Ausspülen gesichert sein – z.B. durch eine Prallplatte. Die Bemessung des Sickerschachtes geschieht nach [10].

In Bild 15.42 ist eine Rohrversickerung von Dränwasser in einer Rigole dargestellt. Die Rigole besteht aus einem horizontalen, perforiertem Versickerungsrohr (DN ≥ 300 mm), das in einer Kiespackung eingebettet ist; eine Vliesabdeckung verhindert das Zuschlammen des Kieses. Die Bemessung der Rigolen geschieht wie die des Sickerschachtes noch [10].

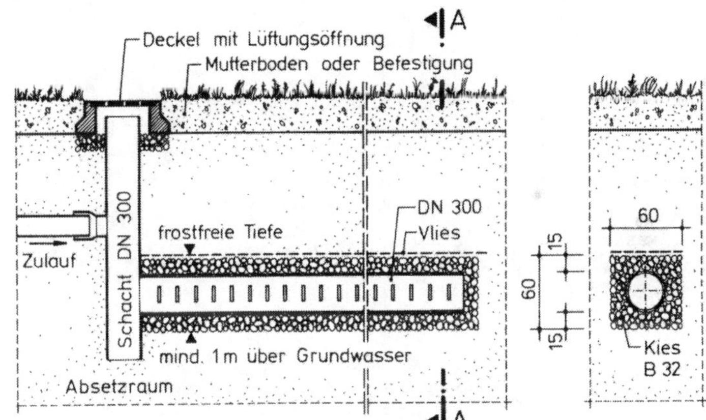

Bild 15.42
Rigole zur Versickerung von Dämmwasser [11]

15.4.3 Bemessung

In [4] wird die Bemessung von Dränanlagen geregelt. Dabei wird zwischen Regelausführungen und Sonderausführungen differenziert.

Regelausführung

Bei kleineren Bauobjekten (z. B. h ≤ 15 m, A ≤ 200 m²) sowie bei gleichmäßigem Bodenaufbau und leichter Geländeneigung (i ≤ 5 %) sind keine weiteren Nachweise erforderlich, so daß die Regelausführung ausreichend ist.

Bei davon abweichenden Bedingungen wird eine Bemessung der Dränageanlage erforderlich.

Sonderausführung

Bei der Sonderausführung von Dränanlagen werden folgende Untersuchungen erforderlich:

- Geländeaufnahme
- Bodenprofilaufnahmen
- Ermittlung des Wasseranfalls
- statische Nachweise der Dränschichten und Dränleitungen
- hydraulische Bemessung (Durchlässigkeitsbeiwert und Abflußspende) aller Dränelemente
- Bemessung der Sickeranlage
- Auswirkung auf Bodenwasserhaushalt, Vorfluter, Nachbarbebauung.

Bei der hydraulischen Bemessung ist der Wasseranfall über die Abflußspende unter Berücksichtigung der örtlichen Verhältnisse zu ermitteln und dem Wasserabfluß der einzelnen Dränagekomponenten mit einem Sicherheitsbeiwert $\gamma = 2$ gegenüberzustellen.

Zur Abschätzung der Abflußspende werden in [3] Angaben für die Bereiche vor Wänden, auf Decken oder unter Bodenplatten gemacht.

Für den Nachweis des Abflusses und der Wasseraufnahme von Dränschichten ist die Dicke sowie der Durchlässigkeitsbeiwert des Dränelementes zugrunde zu legen, wobei bei verformbaren Dränschichten sowohl die elastische wie auch die Zeitstandsverformung (für einen Belastungszeitraum von 50 Jahren) berücksichtigt werden muß. Hierzu werden von den Herstellern von Dränelementen Bemessungsnomogramme angeboten (vgl. Bild 15.43).

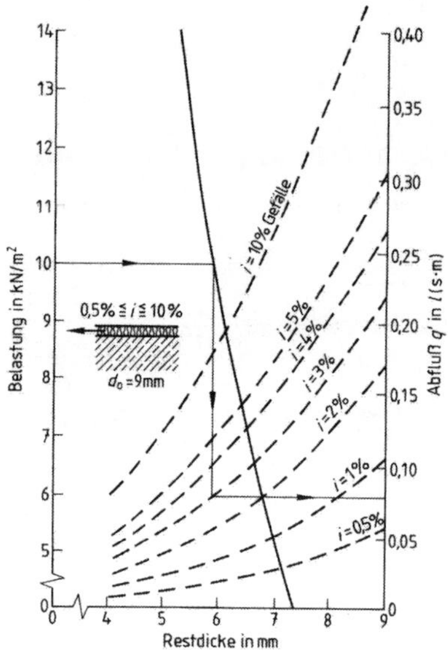

Bild 15.43
Bemessung eines Bemessungsnomogramms für Dränelemente (aus [70])

15.5 Literatur

15.5.1 Normen und Richtlinien

[1] DIN 18 195 Teile 1, 2, 3, 4 (August 1983), Teil 5 (Februar 1984), Teil 6 (August 1983), Teil 7 (Juni 1989), Teile 8, 9, 10 (August 1983). Bauwerksabdichtungen.

[2] DIN 18 336 (Juni 1996). VOB Verdingungsordnung für Bauleistungen, Teil C: Allgemeine Technische Vertragsbedingungen für Bauleistungen. Abdichtungsarbeiten.

[3] DIN 4095 (Juni 1990). Dränung zum Schutz baulicher Anlagen.

[4] DIN 1045 (Juli 1988). Beton und Stahlbeton.

[5] DIN 4030 (Juni 1991). Beurteilung betonangreifender Wässer, Böden und Gase.

[6] DIN 7724 (April 1993). Gruppierung hochpolymerer Werkstoffe aufgrund ihres mechanischen Verhaltens.

[7] DIN 1986 Teile 1 (Juni 1988), Teil 2 (März 1995), Teil3 (Juli 1982), Teil 4 (November 1994) Entwässerungsanlagen für Gebäude und Grundstücke

[8] DIN 1054 (November 1976). Zulässige Belastung des Baugrunds.

[9] DIN 7865 Teile 1, 2 (Februar 1982). Elastomer-Fugenbänder zur Abdichtung von Fugen in Beton.

[10] ATV 88

15.5.2 Zitierte Literatur

[51] Güsfeld, K. H.: Herstellung - Eigenschaften - Prüfung. In: Bitumen- und Asphalt Taschenbuch; Hrsg. W. Fuhrmann, 5. Aufl. Wiesbaden und Berlin 1976

[52] Velske, S.: Baustofflehre Bituminöse Stoffe. 2. Aufl. Düsseldorf 1976

[53] Braun, E; Metelmann, P.: Zur Frage der Berechnung bituminöser Bauwerksabdichtungen bei verschiedenen Belastungszuständen. In: Bitumen **34** (1972), Heft 8, S. 236-246

[54] Braun, E.; Metelmann, P.; Thun, D.: Bituminöse Hautabdichtungen – Folgerungen aus Theorie und Praxis. In: Bitumen **35** (1973), Heft 5, S. 117-129

[55] Braun, E: Zur Folge des Auspressens von Bitumen in Bauwerksabdichtungen bei behindertem Ausfluß. In: Bitumen **35** (1973), Heft 5, S. 211-213

[56] Braun, E.: Beitrag zur Ermittlung von Werkstoffkennwerten für Bitumen in seiner Anwendung bei bituminösen Bauwerksabdichtungen. In: Bitumen **36** (1974), Heft 3, S. 66-77

[57] Lufsky, K.: Bauwerksabdichtungen. 4. Aufl. B. G. Teubner Stuttgart 1983

[58] Ruhnau, R.: Bemessungskriterien für die Anwendung von Natriumbentoniten als Bauwerksabdichtung. Diss. Technische Universität Berlin (D83) 1985

[59] Deutscher Ausschuß für Stahlbeton: Erläuterungen zu DIN 1045 Beton und Stahlbeton, Ausgabe 07.88. Heft 400, Berlin 1989

[60] Cziesielski, E.; Friedmann, M.: Gründungsbauwerke aus wasserundurchlässigem Beton. In: Bautechnik **62** (1985), Heft 4, S. 113-123

[61] Kießl, K.: Kapillarer und dampfförmiger Feuchtetransport in mehrschichtigen Bauteilen. Rechnerische Erfassung und bauphysikalische Anwendung. Diss. Universität Essen Gesamthochschule 1983

[62] Grube, H.: Wasserundurchlässige Bauwerke aus Beton. Otto Elsner Verlagsgesellschaft, Darmstadt 1982

[63] Nach Unterlagen der Fa. Hücker & Rasbach GmbH, Flörsheim/Main

[64] Cziesielski, E.; Raabe, B.: Bauplanungstechnische Grundlagen. In: Cziesielski, E., Daniels, K., Trümper, H.: Ruhrgas-Handbuch, Haustechnische Planung, 2. Aufl. Karl Krämer Verlag Stuttgart 1988

[65] Lindner, R.: Baukörper aus wasserundurchlässigem Beton. In: Betonkalender 1986, Teil 2, S. 487-549, Verlag W. Ernst & Sohn, Berlin 1986

[66] Oswald, R.: Der Feuchteschutz von Naßräumen im Wohnungsbau nach dem neuesten Diskussionsstand. In: Aachener Bausachverständigung 1987, Bauverlag

[67] Kakrow, H.: Lehrbrief Bauwerksabdichtung. Hrsg. vom Hauptverband der Deutschen Bauindustrie e.V., Frankfurt/Main 1975

[68] N. N.: Ausbildung der Bauwerksfugen. In: Deutsches Dachdecker Handwerk **106** (1985), Heft 5, S. 36-37

[69] Wisslicen, H.; Hillemeier, B.: Zu den Arbeits- und Scheinfugen in wasserundurchlässigen Stahlbeton-Konstruktionen. In: Beton- und Stahlbetonbau **85** (1990), Heft 6, S. 141-147, Heft 7, S. 176-179.

[70] Muth, W.: Dränung zum Schutz baulicher Anlagen - Anmerkungen zur Neufassung der DIN 4095. In: Beton- und Stahlbetonbau **84** (1989), Heft 10, S. 249-255.

[71] Edvardsen, C.: Wasserdurchlässigkeit und Selbstheilung von Trennrissen in Beton. Diss. RWTH Aachen 1994

16 Gebäudedehnungsfugen

Von Erich Cziesielski

16.1 Überblick

Bauwerke werden außer durch Vertikal- und Horizontallasten auch durch Verformungen beansprucht. Verformungen entstehen aus Temperaturänderungen (Bild 16.1), Feuchteänderungen, Schwinden, Kriechen, Bodenbewegungen (Setzen) und gegebenenfalls Brandeinwirkungen. Je nach der Ursache der Verformung werden Dehnungsfugen in der Praxis wie folgt unterschieden.

- Schwindfugen
- Arbeitsfugen
- Setzungsfugen

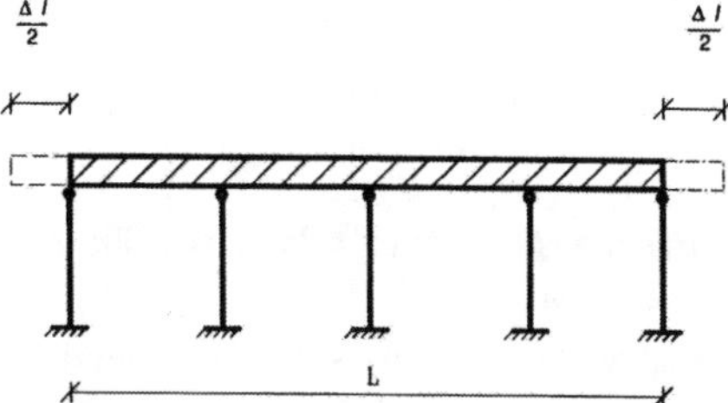

Bild 16.1 Lastfall „Verformungen“

Dehnungsfugen haben die Aufgabe, die im wesentlichen aus Temperaturänderungen (einschließlich Brandeinwirkung) entstehenden Verformungen weitgehend zwangsfrei zu ermöglichen.

Schwindfugen haben die Aufgabe, die aus der Schwindverkürzung der Betonbauteile entstehenden Dehnungen weitgehend spannungsfrei (zwangsfrei) zu ermöglichen.

Arbeitsfugen entstehen bei der Unterbrechung eines Betoniervorganges; sie bewirken entweder eine Abminderung der Schwindverformungen (z.B. durch schachbrettartiges Betonieren einer Decken- oder Fundamentplatte bzw. durch abschnittsweises Betonieren von Wänden auf Fundamenten) oder sie führen zu Zwang infolge der unterschiedlichen Schwindverformungen der an die Arbeitsfuge angrenzenden Bauteile (vgl. Bild 16.3). – Zur Vermeidung der Zwangs-

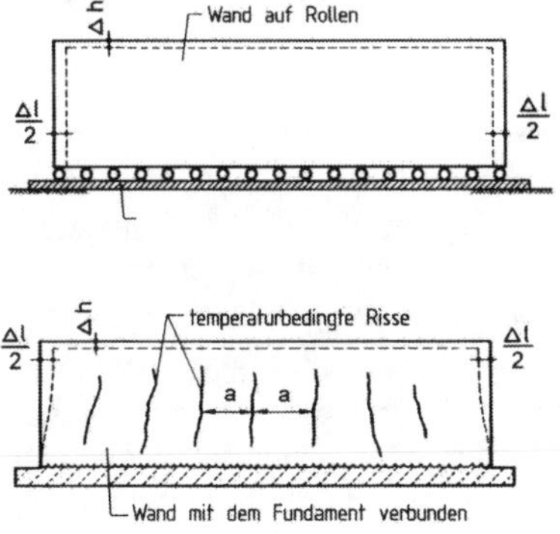

Bild 16.2 Zwangsspannungen und Spaltrisse infolge unterschiedlicher Schwindens zwischen Fundament und Wand [52]

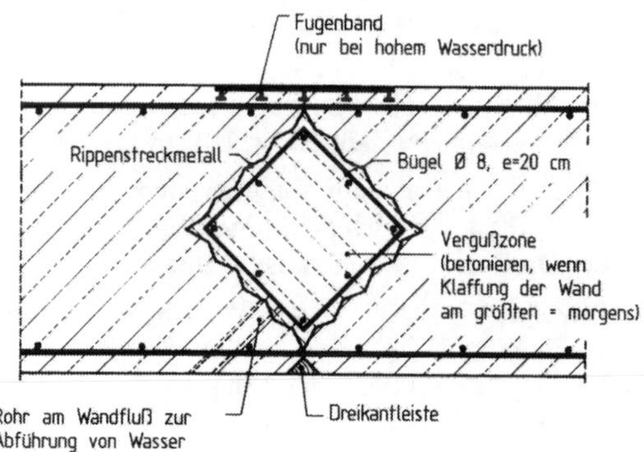

Bild 16.3 Arbeitsfuge in einer Wand zur Vermeidung unkontrollierter Spaltrisse (vgl. Bild 16.3) [52]

spannungen in der in Bild 16.2 dargestellten Wand können Schwindfugen entsprechend Bild 16.3 vorgesehen werden.

Setzungsfugen haben die Aufgabe, die infolge der im wesentlichen vertikalen Relativbewegungen einzelner Bodenelemente entstehenden Zwangsspannungen im Gebäude zu begrenzen. Sie unterscheiden sich von den Dehnungsfugen dadurch, daß sie durch das Fundament hindurchgehen.

Die auftretenden horizontalen und vertikalen Verformungen beanspruchen das Tragwerk, wenn die freie Verformbarkeit behindert ist; die dabei entstehenden Zwangskräfte sind abhängig von der Größe der Verformungen und der Steifigkeit der die Verformung behindernden Bauteile.

Dehnungsfugen schaffen Verformungsmöglichkeiten und mindern damit die Zwangskräfte. Andererseits wird die horizontale Kontinuität der Dach- und Deckenscheiben bei der Lastabtragung der Horizontalkräfte durch die Fugen gestört (vgl. Bild 16.8 a). Es kommt hinzu, daß die Fugenkonstruktionen schadensanfällig sind und ihre Herstellung und Wartung mit Kosten verbunden sind, so daß angestrebt wird,

- die nach Faustregeln festgelegten Mindestabstände der Dehnungsfugen durch genauere Erfassung der Randbedingungen zu vergrößern und
- durch die Wahl zwangsarmer Konstruktionen Dehnungsfugen nach Möglichkeit vollständig zu vermeiden.

16.2 Gebäudedehnungsfugen

16.2.1 Ausführung von Dehnungsfugen aufgrund der Erfahrungen

In der Literatur (s. Tabelle 16.1) werden für Gebäude pauschal maximal zulässige Dehnungsfugenabstände aufgrund der Erfahrungen angegeben, die zwischen 30 m und 80 m betragen. Hierbei müssen aber die Randbedingungen beachtet werden; diese sind:

1. Steifigkeit der lotrechten, aussteifenden Bauteile, ausgedrückt durch die Bauart (Skelettbau, Wandbauart), Baumaterialien (Stahl, Beton, Mauerwerk, Holz) und durch die Anordnung der aussteifenden Bauteile selbst sowie
2. durch die Wärmedämmung der sich verformenden Bauteile (Dachdecken, Außenwände) sowie die Art der Herstellung (abschnittsweises Betonieren), wodurch die Verformungen der Dach- und Deckenkonstruktionen in Gebäudelängsrichtung beeinflußt werden.

Bei Gebäuden, die durch eine Vielzahl von Wänden ausgesteift sind, ist es üblich, die Dehnungsfugenabstände auf 30 m zu begrenzen und die auftretenden Zwangskräfte nicht weiter zu verfolgen. Bei dieser pauschalen Vorgehensweise können Schäden nicht mit Sicherheit völlig ausgeschlossen werden, wenn auch ein Versagen der Standsicherheit nicht eintreten wird (es können aber unter Umständen (unbedenkliche) Risse in der Konstruktion entstehen.

Soweit Dehnungsfugen erforderlich sind, sollte deren Breite im Normalfall – auch aus Gründen des Brandschutzes – $b \geq 25$ mm betragen (vgl. DIN 1045 [1], Abschnitt 14.4.2).

Hinsichtlich des Abstandes von Dehnungsfugen unter dem Aspekt des Brandschutzes gilt z.B. nach DIN 1045, Abschn. 14.4.2 folgendes:

16.4.2 Längenänderungen infolge von Brandeinwirkung

„Bei Bauwerken mit einer erhöhten Brandgefahr und größerer Längen- oder Breitenausdehnung ist bei Bränden mit Längenänderungen der Stahlbetonbauteile zu rechnen; daher soll der Abstand a der Dehnfugen möglichst nicht größer sein als 30 m, sofern nicht nach Abschnitt 16.4.1 kürzere Abstände erforderlich sind. Die wirksame lichte Fugenweite soll mindestens a/1200 sein (b = 25 mm bei a = 30 m). Bei Gebäuden, in denen bei einem Brand mit besonders hohen Temperaturen oder besonders langer Branddauer zu rechnen ist, soll diese Fugenweite bis auf das doppelte vergrößert werden."

Der im „Normalfall" geforderte Fugenabstand von 30 m gilt nach [55] für Wohngebäude und ähnlich genutzte Gebäude mit einer maximalen Brandlast von etwa 280 kWh/m² (entspricht rund 60 kg Holz/m²). – Bei höheren Brandlasten und guter Belüftung des Brandabschnittes kann durch eine Sprinkleranlage das Gebäude ebenfalls in den „Normalfall" eingestuft werden.

Für diejenigen Fälle, für die der Fugenabstand unter Brandeinwirkung rechnerisch ermittelt werden soll, ist nach [54] folgendes zu beachten:

- Der Brandherd ist meistens räumlich begrenzt (z.B. infolge Sprinklerung), so daß die Temperaturen entsprechend der Einheitstemperaturkurve nach DIN 4102 Teil 2 [2] nicht über die gesamte Gebäudelänge anzusetzen sind. Die Unterteilung des Gebäudes in kleinere Brandabschnitte ist daher sinnvoll.
- Zwangskräfte, die eine beflammte Decke ausübt, sind aufgrund des bei hohen Temperaturen starken Kriechvermögens des Betons geringer.
- Im Brandfall können Risse, die die Steifigkeit der Decken und lotrechten Bauteile reduzieren, in Kauf genommen werden, wodurch die Zwangskräfte ebenfalls abgebaut werden.

Nach [54] wird empfohlen, den Brandlastfall im „Normalfall" mit einer pauschalen Temperaturerhöhung von 80 K im ganzen Bauabschnitt abzudecken. – Für Gebäude mit höheren Brandlasten als 280 kWh/m² sind andere Temperaturen anzusetzen. Genauere Erkenntnisse zu diesen Problemen fehlen noch.

16.2.2 Ausführung von Dehnungsfugen entsprechend besonderem Nachweis

Für Skelettbauten und für fugenlose Bauwerke können zum Nachweis größerer Dehnungsfugenabstände und den in den Bauwerken entstehenden Zwangsspannungen die aus Temperaturänderungen entstehenden Verformungen entsprechend Tafel 16.2 herangezogen werden.

Es läßt sich in Abhängigkeit von den Stützenabmessungen, der Stützenschlankheit sowie von der Ausbildung der Dachkonstruktion (wärmegedämmt oder nicht) nachweisen, daß Hallen mit Längen von 100 m und mehr aus Stahlbetonfertigteilen ohne Dehnungsfugen ausführbar sind, wenn die eigentliche Aussteifung der Halle in deren Mitte erfolgt und die Verformungsfähigkeit der Stützen gegeben ist.

Der Nachweis der Zwangsspannungen in den aussteifenden Bauteilen ist beispielhaft für das in Bild 16.4 dargestellte Gebäude prinzipiell dargestellt. Zunächst ist entsprechend Bild 16.5 der Lastfall „Thermisch bedingte Verformung der Dachdecke" (Lastfall „Winter" und Lastfall „Sommer") zu untersuchen. Weiterhin ist der Lastfall „Schwinden" und der Lastfall „Temperaturänderung bezogen auf die Temperatur bei der Herstellung der Decken" entsprechend Bild 16.6 zu untersuchen, wobei der Einfluß des Kriechens berücksichtigt werden kann. – Unter Beachtung der Ausführungen in Abschn. 16.2.1 kann dann der Lastfall „Brand" entsprechend Bild 16.7 untersucht werden.

Tabelle 16.1 Maximale Fugenabstände aufgrund von Angaben in der Literatur [54]

Literaturstellen [54]		Linder [1.3]	Franz [1.9]	Aigner [1.5]	Rybcki [1.4]	Schild [1.47]	Schneider [1.46]	Meng [4.6]	Schwarz [1.2]	Pilny [1.34]
Fundamentplatten	mit elastischer Oberkonstruktion	30-40			30-40					
	mit steifer Oberkonstruktion	15-25			15-25					
geschl. Fundamentkörper für Maschinen				25						
Geschoßbauten–eingeschossig				50-80 je nach Schlankheit u. Stützenlast	36-72 je nach Aussteifung				48-120	25-30
Skelettbauten mit elastischer Unterkonstruktion		30-40	30-60	60-80 Fertigteile	30-48				72	
Skelettbauten mit steifer Unterkonstruktion		15-25	15-25		15-25					
Skelettbauten mit verkleideter Tragkonstruktion (Brandschutz)				70						
Hallen				120 (Stahl)	36-72 je nach Stützenschlankheit					
Flachdachdecke auf Mauerwerk	mit Wärmedämmung	10-15			9-12			20-30		10-12
Flachdachdecke auf Stahlbetonkonstr.	mit Wärmedämmung				10-18					
Flachdecke auf Mauerwerk	ohne Wärmedämmung	5-6			5-6					
Geschoßdecke auf Mauerwerk	ohne Wärmedämmung	20-30			20-24					
Balkone	auf Mauerwerk				5-6	4,0	4-6			8
	auf Beton				8-10					
Estrich innen					6					
Estrich auf Dächern	mit Drahtgewebe	4-6			3-6	1,5				3-4
	ohne Drahtgewebe				1,5-3,0					1-1,5
Stützmauern auf Kies	bewehrt	10-15	10-15							
	unbewehrt	<10								
Stützmauern auf Fels oder Beton	bewehrt	8-10	5-10							<10
	unbewehrt	<5								
Außenmauerwerk	ohne Dämmung						25-30			
	mit Außendämmung						50-55			
	mit Innendämmung						15-20			

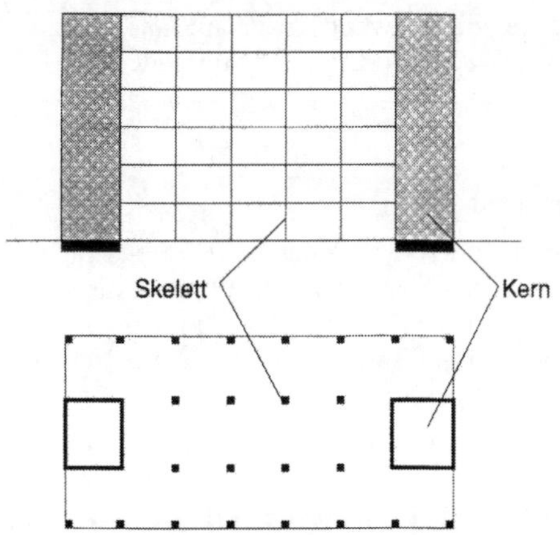

Bild 16.4 Schematische Darstellung eines Gebäudes in Skelettbauweise

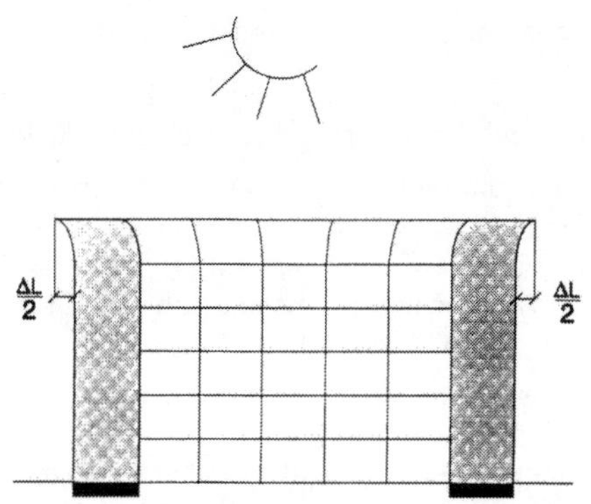

Bild 16.5 Lastfall „Thermische Längenänderung der Dachdecke“

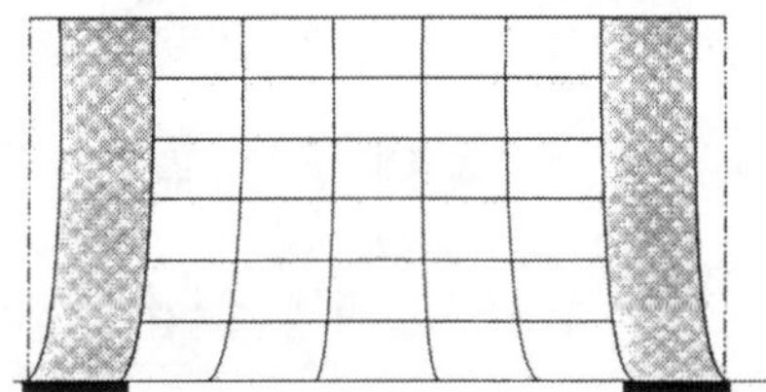

Bild 16.6 Lastfall „Schwinden und Temperaturänderung bezogen auf die Herstellungstemperatur der Dachdecken“

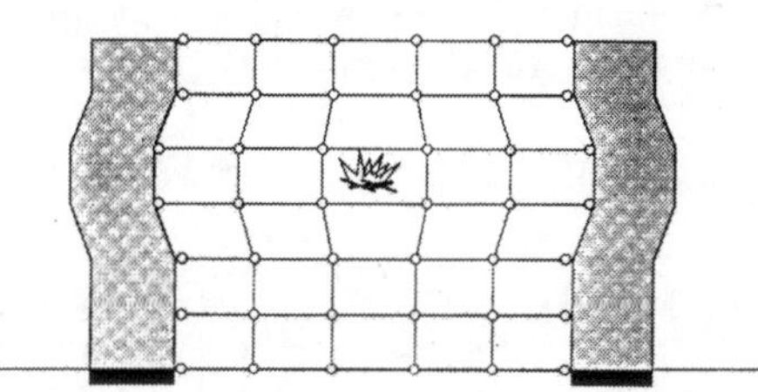

Bild 16.7 Lastfall „Brandeinwirkung“

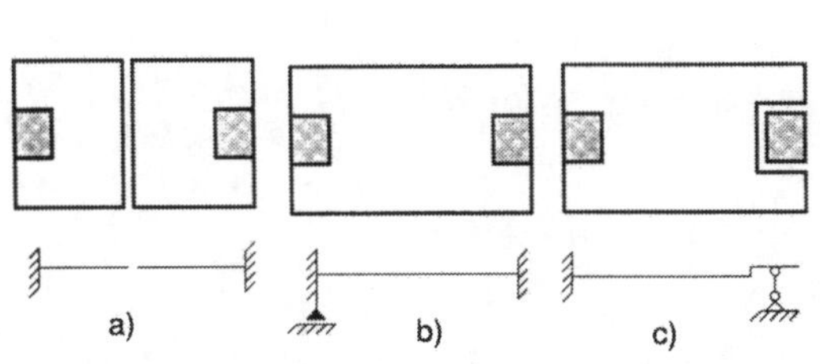

Bild 16.8 Möglichkeiten zur Verminderung von Zwangsspannungen in dem in Bild 16.5 dargestellten Gebäude.

a) Anordnung einer Dehnungsfuge
b) Anordnung eines Gleitlagers unter einem Kern (vgl. Bild 16.10)
c) Anordnung von Gleitlagern im Bereich der Decke (vgl. Bild 16.11)

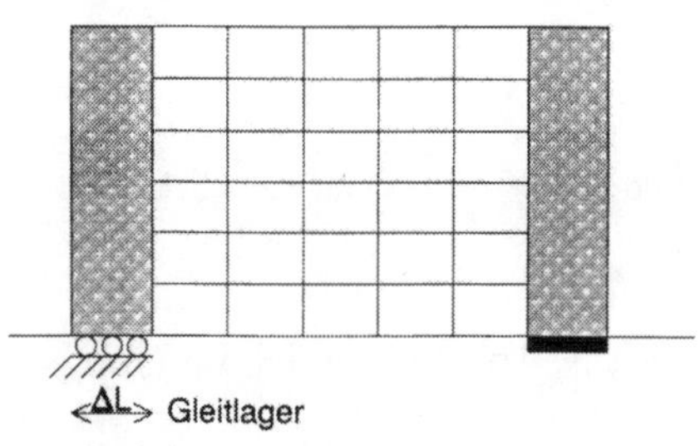

Bild 16.9 Geführtes Gleitlager unter einem aussteifenden Kern (vgl. Bild 16.9b)

Ist es nicht möglich, die bei den Berechnungen auftretenden Zwangskräfte aufzunehmen, so bestehen folgende Möglichkeiten, die Zwangskräfte entsprechend Bild 16.8 zu mindern:

- Anordnung einer Dehnungsfuge (Bild 16.8a)
- Anordnung eines Gleitlagers unter einem aussteifenden Kern (Bild 16.8b und Bild 16.9)
- gleitende Auflagerung der Decken (Bild 16.8c und Bild 16.10).

Bei der Anordnung einer Dehnungsfuge entsprechend Bild 16.9a werden die Deckenscheiben in der Mitte des Gebäudes getrennt. Damit ist der horizontale Lastabtrag (Windlasten, die senkrecht auf die Gebäudelängsseite treffen) gestört: Die aussteifenden lotrechten Bauteile werden durch die Deckenscheiben sowohl auf Biegung als auch auf Torsion beansprucht. Die Aufnahme der u.U. erheblichen Torsionsmomente ist in der Regel problematisch.

Die Ausbildung eines Rollenlagers unter einem aussteifenden Kern entsprechend Bild 16.8b ist eine denkbare Lösung, die bereits auch einmal ausgeführt worden ist (dort insbesondere im Hinblick auf den Lastfall Erdbeben). Wegen der wirtschaftlich aufwendigen Lagerausbildung wird für den normalen Hochbau diese Lösung im Regelfall – wie auch eine Lösung nach Bild 16.8a – nicht zur Ausführung gelangen.

In Bild 16.8c bzw. Bild 16.10 sind die Decken gleitend auf den aussteifenden Kern aufgelagert, so daß die lotrecht aussteifenden Bauteile nicht durch Zwangskräfte, z.B. infolge Schwinden der Deckenplatten oder infolge Brandeinwirkung, beansprucht werden. Die Auflagerung der Deckenplatten auf Konsolen des aussteifenden Kerns kann z.B. unter Verwendung von Elastomerlagern erfolgen.

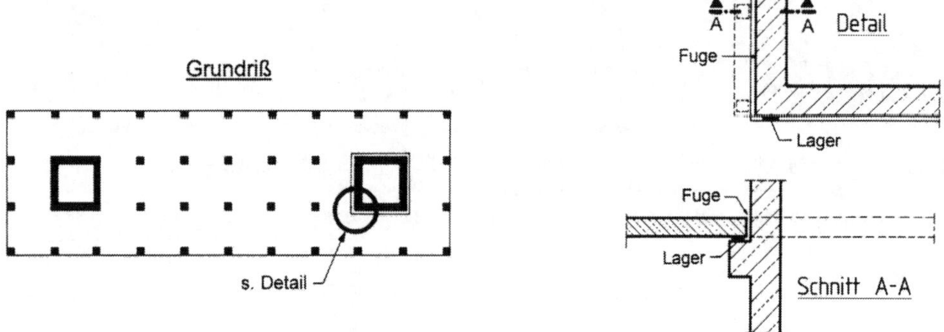

Bild 16.10 Gleitlager im Bereich der Deckenscheibe (vgl. hierzu Bild 16.8c)

16.2.3 Ausbildung der Dehnungsfugen

Bei Gebäuden in Wandbauart werden die Dehnungsfugen in der Regel durch zwei durch eine Mineralfaserdämmplatte voneinander getrennte Wände ausgebildet. – Im Skelettbau werden die Dehnungsfugen entweder durch Doppelstützen oder durch Gleitiager im Bereich der Dachkonstruktion ausgeführt (Bild 16.11).

Bei der Festlegung der Stützenabmessungen der an die Dehnungsfugen angrenzenden Stützen können die Mindestabmessungen einteiliger Stützen nach DIN 4102 [2] für den zweiteiligen Querschnitt angenommen werden, wenn die Fugenausbildung entsprechend DIN 4102-4, Abschn. 3.13 erfolgt (Bild 16.12).

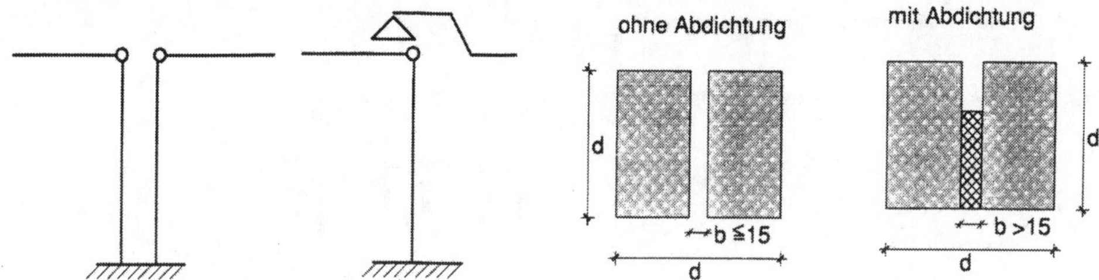

Bild 16.11 Prinzipien der Ausbildung von Dehnungsfugen

Bild 16.12 Mindestdicken d von an die Dehnungsfuge angrenzenden Stützen; die nach DIN 4102 angegebenen Mindestdicken für einteilige Stützen gelten für die angegebenen Fugenbreiten b

Bei der Ausfachung von Stützen ist zu beachten, daß die Verformungen zwangsfrei möglich sind (vgl. Bild 16.13 unten): Die Anordnung der Wände vor den Stützen ist zweckmäßig, wobei die Dehnungsfugen z.B. entsprechend Bild 16.14 ausgebildet werden können.

Grundsätzlich gilt, daß im Brandfall die Fugen so auszubilden sind, daß der Durchtritt des Feuers durch die Fugen weder unmittelbar noch durch Durchwärmung erfolgen kann und die Ausdehnung der Bauteile nicht behindert wird. Beispiele für Dehnungsfugen im Bereich von Dachdecken sind in den Bildern 16.15 sowie 16.16 und im Bereich von Trenndecken in Bild 16.17 dargestellt. Als Dämmstoffe eignen sich Mineralfaserdämmstoffe oder auch faserfreie Stoffe aus keramisch-mineralischen Imprägnaten.

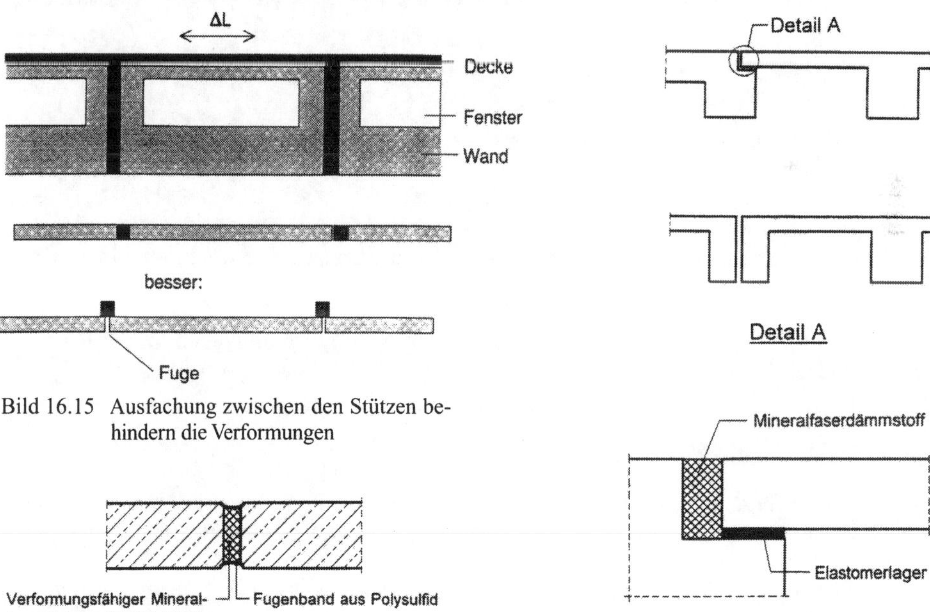

Bild 16.15 Ausfachung zwischen den Stützen behindern die Verformungen

Bild 16.16 Ausbildung einer Dehnungsfuge zwischen Wänden

Bild 16.17 Prinzipien der Ausbildung von Dehnungsfugen im Bereich der Decken [55]

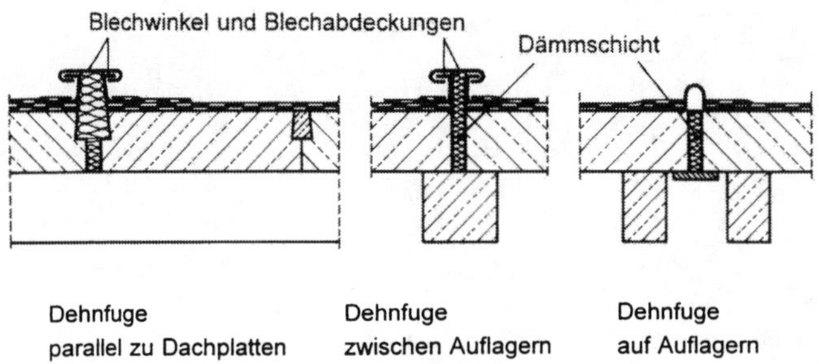

Bild 16.16 Beispiele für Dehnungsfugen in Dachplatten [55]

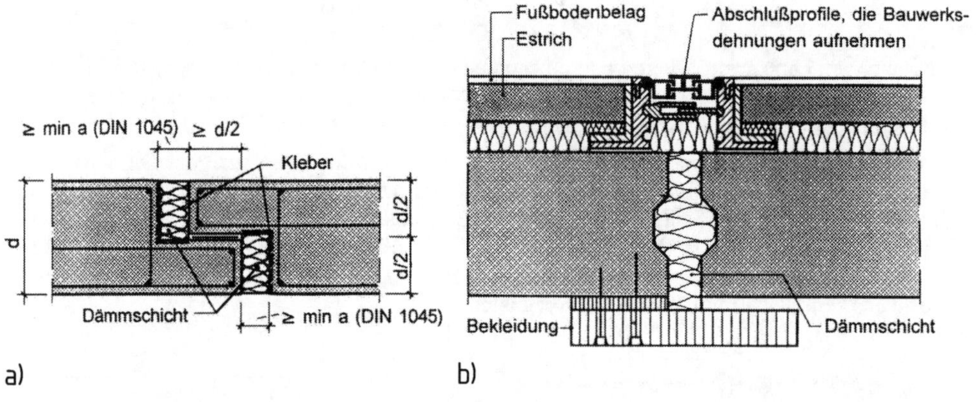

Bild 16.17 Beispiele für Ausbildung in Deckenplatten [55]

a) Deckenplatten mit Querkraftübertragung

b) Durchgehende Dehnungsfuge

16.2.4 Trennfugen (Dehnungsfugen) zwischen Dachdecke und den darunter befindlichen Wänden

Bezüglich der Notwendigkeit und der Ausbildung von Dehnungsfugen zwischen den Dachdecken und den darunter befindlichen Wänden wird auf Abschn. 4 verwiesen.

16.2.5 Setzungsfugen

Um Zwangsbeanspruchungen von Bauwerken durch unterschiedliche Setzungsbewegungen des Bodens zu verringern (vgl. Bild 16.19), wird in der Literatur eine Begrenzung der Setzungsunterschiede $\Delta s/L$ 1:300 bis 1:500 empfohlen (Δs = Setzungsunterschied, L = Gebäudelänge). Die vorbeugenden Maßnahmen gegen die Auswirkungen der Setzungen bestehen einerseits in Maßnahmen zur Verbesserung des Baugrundes und andererseits in konstruktiven Maßnahmen wie Ausführung biegesteifer Bauwerke, statisch bestimmte Überbauten und insbesondere die Ausbildung von Setzungsfugen. Die Breite der Setzungsfugen ist unter Berücksichtigung der Gebäudeschiefstellung zu ermitteln, wobei bei großen Setzungsunterschieden die Anordnung von Schleppplatten nach Bild 16.19 zweckmäßig ist.

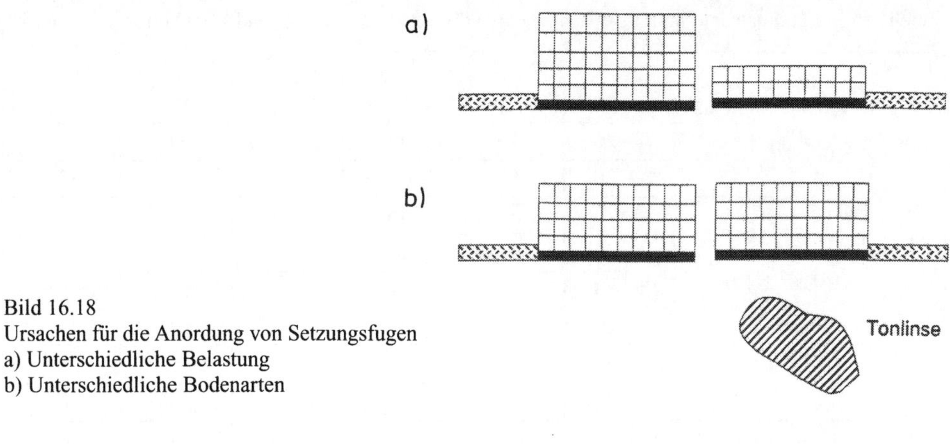

Bild 16.18
Ursachen für die Anordung von Setzungsfugen
a) Unterschiedliche Belastung
b) Unterschiedliche Bodenarten

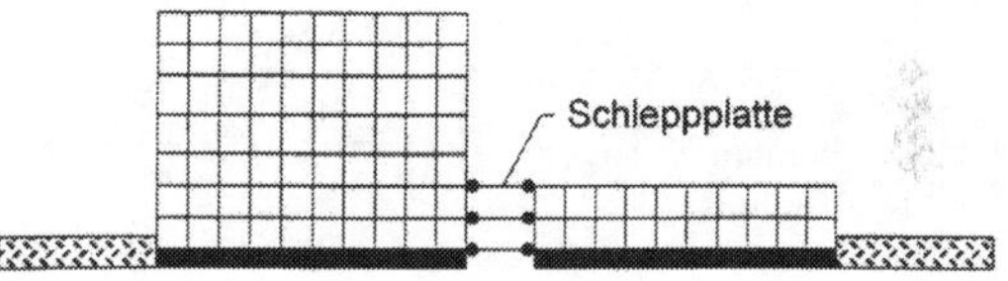

Bild 16.19
Aufnahme unterschiedlicher Setzungen durch Schleppplatten

16.3 Zusammenfassung

1. Bei maximalen Gebäudeabmessungen von 30 m im Grundriß brauchen die Dehnungsfugenabstände und die Auswirkungen von Zwangskräften in der Regel rechnerisch nicht nachgewiesen zu werden.
2. Für größere Gebäudelängen können mit den angegebenen Temperaturänderungen (vgl. Tabelle 16.2) die auftretenden Gebäudeverformungen ermittelt werden. Die Auswirkungen der Verformungen auf die Stützen können z.B. nach [54] rechnerisch untersucht werden. Es ist möglich, im Skelettbau Gebäudelängen von mehr als 100 m auszuführen.
3. Durch die Anordnung von Dehnungsfugen wird die Kontinuität bei der Lastabtragung der horizontalen Kräfte gestört, so daß die Stabilität des Gebäudes gefährdet werden kann. Die Stabilisierung des Gebäudes ist deswegen besonders zu beachten (vgl. Bild 16.8).
4. Die Auswirkungen von Bränden ist nach DIN 1045 [1] zu berücksichtigen. Wenn die Gebäudelänge größer als 30 m ist, kann näherungsweise nach [54] mit einer gleichmäßigen Temperaturerhöhung von 80 bis 160 K im Gebäudeabschnitt gerechnet werden. Genauere Berechnungsverfahren sind zur Zeit nicht bekannt.
5. Setzungsfugen sind bei rolligen Böden in Abständen von 30 bis 35 m bzw. in Abhängigkeit vom anstehenden Boden sowie der Art der Bebauung vorzusehen (vgl. Bild 16.18). Feste Regeln für den Abstand von Setzungsfugen bestehen nicht.
6. Die Breiten von Dehnungsfugen betragen im Regelfall $b \geq 25$ mm und sind bei größeren Brandlasten und größeren Gebäudelängen entsprechend zu vergrößern; hierzu gehört ein rechnerischer Nachweis.

Tabelle 16.2 Maximale und minimale Temperaturen im Bereich von Dach- und Wandkonstruktionen [54]

Bauteil		max T_m	$T_{m\,tägl.}$	min T_m	$\Delta T_{m\,jährl.}$	ΔT_{Wand}
Dachplatte ohne Dämmung	d = 10	50	30	–15	65	18
	d = 20	44	20	–13	57	17
	d = 30	41	13	–12	53	17
Dachplatte mit 4 cm Innendämmung	d = 10	63	36	–24	87	8
	d = 20	49	22	–21	77	12
	d = 30	43	17	–18	61	15
Dachplatte mit 4 cm Außendämmung	d = 10	30	5	+3	27	10
	d = 20	29	3	+3	25	10
	d = 30	28	3	+3	25	10
Westwand ohne Dämmung	d = 10	48	30	–16	64	10
	d = 20	40	20	–14	54	15
	d = 30	35	12	–12	47	18
Westwand mit 4 cm Innendämmung	d = 10	50	35	–25	75	8
	d = 20	41	20	–22	63	10
	d = 30	36	12	–19	55	16
Westwand mit 4 cm Außendämmung	d = 10	29	5	+5	25	6
	d = 20	28	4	+5	23	6
	d = 30	28	3	+5	22	6

16.4 Literatur

16.4.1 Normen, Regelwerke, Vorschriften

[1] DIN 1045 (Juli 1988): Beton und Stahlbeton; Bemessung und Ausführung.

[2] DIN 4102 Teil 1 (August 1995): Brandverhalten von Baustoffen und Bauteilen; Baustoffe, Begriffe; Anforderungen und Prüfungen.

16.4.2 Zitierte Literatur

[51] Cziesielski, E.: Gebäudedehnfugen – Funktion und Notwendigkeit – Stand der Technik. In Schild, E.; Oswald, R. (Hrsg.): Aachener Bausachverständigentage 1991. Wiesbaden und Berlin: Bauverlag 1991, S. 35-42.

[52] Cziesielski, E.; Friedmann, M.: Gründungsbauwerke aus wasserundurchlässigem Beton. Bautechnik 62 (1985), H. 4, S. 113-123.

[53] Schäfer, K. und Hock, B.: Fugen und Aussteifungen. Das Bauzentrum 33 (1985), H. 2, S. 50–52.

[54] Hock, B.; Schäfer, K.; Schlaich, J.: Fugen und Aussteifungen in Stahlbetonskelettbauten. Deutscher Ausschuß für Stahlbeton (DAfStb), Heft 368. Berlin: Ernst & Sohn 1986.

[55] Kordina, K.; Meyer-Ottens, C.: Beton Brandschutz-Handbuch. Düsseldorf: Beton-Verlag 1981.

17 Bauaufsichtliche Regelungen

Von Hans-Jörg Irmschler

17.1 Vorbemerkungen

Mit diesem Beitrag soll eine Übersicht über das System der bauaufsichtlichen Regelungen gegeben werden, die bei der Errichtung von baulichen Anlagen – und somit auch bei der Bemessung und Ausführung von Hochbaukonstruktionen – von den am Bau Beteiligten zu beachten sind (Stand bei Redaktionsschluß für diesen Beitrag Oktober 1996).

Dem Charakter dieses Lehrbuches entsprechend werden sich die folgenden Ausführungen auf den Bereich der bauaufsichtlichen Regelungen konzentrieren, die der Abwehr von Gefahren für die öffentliche Sicherheit oder Ordnung durch die Errichtung baulicher Anlagen dienen.

Hinsichtlich der rechtlichen und verwaltungstechnischen Aspekte wird zur besseren Verständlichkeit und Übersichtlichkeit für den vorwiegend bautechnisch orientierten Leserkreis dieses Lehrbuches eine mitunter vereinfachte und verknappte Darstellung gewählt; zum vertieften Studium insbesondere dieser Aspekte werden abschließend einige Literaturangaben gemacht.

17.2 Baurecht, Bauaufsichtsrecht (Bauordnungsrecht)

17.2.1 Einordnung

Das Baurecht in Deutschland kann als die Summe der Vorschriften zur Ordnung des Bauens definiert werden. Es umfaßt insbesondere die Vorschriften zum Planungsrecht, zur Baulandumlegung, zur Zusammenlegung von Grundstücken und zur Grenzregelung (Bodenordnungsrecht), zur Erschließung und zur Enteignung und die Vorschriften über Anforderungen an das einzelne Grundstück und die einzelne bauliche Anlage unter Einbeziehung der engeren Nachbarschaft (Bauaufsichtsrecht).

Einer Zusammenfassung des gesamten Baurechts in einem Gesetz steht das Grundgesetz (GG) entgegen. Nach einem Gutachten des Bundesverfassungsgerichts vom 16.6.1954 (BVerfGE 3, 407) steht dem Bund nach Art. 74 Nr. 18 GG die Gesetzgebung zur Regelung des Rechts der städtebaulichen Planung, des Bodenverkehrs, der Baulandumlegung, der Zusammenlegung von Grundstücken, der Enteignung, der Erschließung und der Bodenbewertung, soweit sie sich auf diese Gebiete bezieht, zu. Diese Bereiche hat der Bund mit dem Baugesetzbuch (BauGB) in der Fassung der Bekanntmachung vom 8.12.1986, zuletzt geändert durch Art. 2 Abs. 2 des Gesetzes vom 23.11.1994, geregelt. Das BauGB behandelt in den vier Kapiteln „Allgemeines Städtebaurecht“, „Besonderes Städtebaurecht“, „Sonstige Vorschriften“ und „Überleitungs- und Schlußvorschriften“ insbesondere die folgenden Themen:

- Bauleitplanung;
- Regelung der baulichen und sonstigen Nutzung, Entschädigung;
- Bodenordnung (Umlegung, Grenzregelung);
- Enteignung;
- Erschließung;
- Städtebauliche Sanierungsmaßnahmen;
- Städtebauliche Entwicklungsmaßnahmen;
- Erhaltungssatzung (Erhaltung baulicher Anlagen und der Eigenart von Gebieten) und städtebauliche Gebote (Baugebot, Modernisierungs- und Instandsetzungsgebot, Pflanzgebot, Abbruchgebot);
- Städtebauliche Maßnahmen im Zusammenhang mit Maßnahmen zur Verbesserung der Agrarstruktur (Flurbereinigung, Ersatzlandbeschaffung u. a.).

Als weiteres Bundesgesetz aus diesem Regelungsbereich ist noch das „Gesetz zur Erleichterung des Wohnungsbaus im Planungs- und Baurecht sowie zur Änderung mietrechtlicher Vorschriften" (Wohnungsbau-Erleichterungsgesetz-WoBauErlG) vom 17.5.1990 zu nennen.

Für die Regelung des „Baupolizeirechts im bisher gebräuchlichen Sinne" bleiben nach diesem Gutachten des Bundesverfassungsgerichtes aber die Bundesländer zuständig (s. a. Abschn. 17.2.2 u. 17.5.1). Nicht in die Bundeszuständigkeit fallen somit die Vorschriften über Anforderungen an das einzelne Baugrundstück und an die einzelne bauliche Anlage – also an das Bauwerk – unter Einbeziehung der engeren Nachbarschaft. Für diese Vorschriften sind die Bundesländer zuständig. Die Bundesländer haben diese – bauaufsichtlichen – Vorschriften in jeweils einem Landesgesetz zusammengefaßt, der „Bauordnung" (Bauordnungsrecht). Aus den Landesbauordnungen resultieren nun wiederum Aufgaben (und Befugnisse) für bestimmte Behörden, die in dieser Funktion als Bauaufsichtsbehörden bezeichnet werden, die Funktion demgemäß als „Bauaufsicht", der Rechtsbereich als „Bauaufsichtsrecht" oder „Bauordnungsrecht".

17.2.2 Entwicklung

Ein erstes Zeugnis für ein öffentliches Baurecht, ja sogar ein Bauordnungsrecht, sind die fünf von den 280 auf einer Dioritstele eingemeißelten Kapiteln des Codex Hamurabi (Hamurabi, 1728 v. Chr. bis 1686 v. Chr.) mit ihren drastischen Strafandrohungen für den Bauherrn, wenn Menschen durch seinen Bau Schaden zugefügt wird. Im darauffolgenden Assyrischen Reich werden dem schon Vorschriften über Baufluchten hinzugefügt, was sich dann im griechischen Altertum fortsetzt. Im Zuge der Entwicklung einer ausgeprägten Verwaltung im Römischen Reich wird auch die Beaufsichtigung der Bauhandwerker bzw. deren Genossenschaften durch städtische Beamte als erste staatliche Überwachungsmaßnahme in das Baurecht eingeführt. Unter Kaiser Augustus (63 v. Chr. bis 14 n. Chr.) gibt es bereits ein kodifiziertes Baurecht wiederum mit Vorschriften über Baufluchten, nun aber auch über Traufhöhen und mit Brandschutzregeln (nach dem Brand Roms 64 v. Chr.). Bautechnische Regeln im heutigen Sinne gibt es für die damals verwendeten Baustoffe Naturstein, Holz und Ziegel jedoch noch nicht.

Während es im Byzantinischen Reich (ab 325 n. Chr.) weiterhin ein Baurecht gibt, wenn auch noch ohne bautechnische Festlegungen, verfällt das Baurecht im Weströmischen Reich und seinen Nachfolgestaaten. Erst im oberitalienischen „Edictus Langobardum" (634 n. Chr.) finden sich wieder erste Bauvorschriften. Die Romanik ist dann die Zeit der deutschen Bauhütten und Zünfte (erste Bauhütten im Karolingischen Reich um 800 n. Chr.) als Träger des Bauens nach über Generationen hinweg gesammelten handwerklichen und konstruktiven, jedoch ungeschriebenen Regeln – „allgemein anerkannten Regeln der Baukunst".

Der „Sachsenspiegel" von Eicke von Repkow, einem anhaltinischen Gerichtsschöffen (1235 n. Chr.), ist auf deutschem Gebiet die älteste Sammlung baurechtlicher Festlegungen aus drei Jahrhunderten. Dieser „Sachsenspiegel" bleibt ab da über 100 Jahre maßgebendes Baurecht in Mittel- und Ostdeutschland, aber auch in Polen und im Baltikum. Mit der folgenden Regel gibt der Sachsenspiegel auch die erste geschriebene deutsche städtische Brandschutzvorschrift wieder:

> *„Ein jeglicher Man sol auch bewaren sein Ofen und Fewermewer (Schornstein), daß die Funcken oder Flamen nicht faren in eines anderen Mannes Hauß und Hoff, ihm zu schaden."*

Die häufigen mittelalterlichen Stadtbrände führten zur Aufstellung detaillierterer städtischer Brandschutzvorschriften (Angabe der erforderlichen Hausabstände, Angriffs- und Fluchtwege,

Verbot des Einbaus brennbarer Baustoffe bei bestimmten Bauteilen, z. B. im Kamin, für die Dachdeckung, für die Umfassungswände, für die Wände zwischen den Häusern – Brandwände) in den „Feuerordnungen" (1276 Lübeck, 1327 München, 1417 Basel, 1703 Leipzig). Diesen Feuerordnungen folgten die ersten deutschen Gemeinde-Bauordnungen wiederum mit Festlegungen zum Nachbarschaftsrecht und Brandschutz, darüber hinaus aber dann auch zum Nachbarschaftsrecht, zu den Straßenfluchten und Straßenbreiten und zu diversen ortsbezogenen Besonderheiten (1476 Köln, 1593 Trier, 1703 Lüneburg).

1561 bis 1564 verfaßt der Ulmer Bürgermeister Leonhart Froensperger die erste regional deutsche Bauordnung, nämlich für die „schwäbischen Lande". In ihr sind das Recht zum Schutze des Allgemeinwohls und zur Wahrung nachbarlicher Belange, wie es von den „am Bau Beteiligten" zu beachten ist, geregelt („Baupolizeirecht"), ebenso Anforderungen an die Güte der Baustoffe und Bauausführung sowie die berufsständische Ordnung der Bauwirtschaft.

Ab dem 17. Jahrhundert wird das Baurecht und mit ihm auch das Bauordnungsrecht immer weiter ausgebaut, auch im Hinblick auf die bautechnischen Vorgaben. Als gewisse Marksteine dieser Entwicklungsepoche seien die folgenden Regelungen genannt:

- Erste Bauordnungen der Landesfürsten, beginnend 1558 mit der Jülich-Bergischen Polizeiverordnung resp. mit deren Anhängen „Fewer Ordnung" und „Von Bawen in den Stetten".
- „Allgemeines Landrecht für die Preußischen Staaten" von 1794 nur mit Rahmenvorschriften zum Baurecht, Detailregelungen werden den örtlichen Polizeigesetzen überlassen; dieses Allgemeine Landrecht enthält erstmals in Deutschland die Forderung nach Beantragung einer Baugenehmigung für die Errichtung eines Gebäudes in einer Stadt (noch nicht für das Bauen auf dem Lande, dort beläßt man es vorerst bei der für Stadt und Land geltenden Erlaubniseinholung für den Einbau einer Feuerstätte).
- Ab 1808 Zusammenfassung des Baurechts in jeweils eine allgemeine Bauordnung für das Staatsgebiet des jeweiligen deutschen Landes, nicht aber in Preußen (1871 existieren auf dem preußischen Staatsgebiet noch 300 örtliche Bauordnungen als Handlungsgrundlage für die jeweilige „Baupolizei").
- Nach der Reichsverfassung von 1871 bleibt der Gesamtbereich der Polizei – einschließlich der Baupolizei – in der Zuständigkeit der Länder; es bleibt also bei allenfalls landesbezogenen einheitlichen Bauordnungen wie z. B. bei der „Allgemeinen Bauordnung für die Haupt- und Residenzstadt München" von 1863, der „Allgemeinen Bauordnung" (für das rechtsrheinische Bayern mit Ausnahme der Landeshauptstadt München) von 1864, den einheitlichen Landesbauordnungen von Hessen (1881) und Württemberg (1872).
- Erst 1919 wird in Preußen eine „Einheitsbauordnung für die Städte und Landgemeinden mit stadtartiger Entwicklung" und erst 1931 ihr Pendant „Einheitsbauordnung für das platte Land" als Muster für die zahlreichen örtlichen Bauordnungen veröffentlicht. Ab etwa 1938 kann dann auch für Preußen zwar nicht von einer einheitlichen Landesbauordnung, aber doch im wesentlichen von einem einheitlichen Muster folgenden örtlichen und regionalen Bauordnungen ausgegangen werden. Zwischen 1901 (Bayern) und 1938 (Hansestadt Hamburg) entstehen in vielen deutschen Ländern neuere Bauordnungen, in Preußen nochmals eine neue Musterbauordnung.
- Nach Kriegsende werden in der Bundesrepublik ab 1959 in allen Bundesländern neue Bauordnungen beschlossen (s. a. Abschn. 17.5.1). In der Deutschen Demokratischen Republik wird 1958 eine „Deutsche Bauordnung" bekanntgemacht; nach Herstellung der Einheit Deutschlands wird die „Deutsche Bauordnung" (der DDR) für die neuen Bundesländer Brandenburg, Mecklenburg-Vorpommern, Sachsen, Sachsen-Anhalt und Thüringen vorübergehend durch das „Gesetz über die Bauordnung" vom 20.7.1990 abgelöst. Auch diese Bundesländer haben jetzt aber eigene Landesbauordnungen.

17.3 Bauaufsichtsbehörden

Bei der Errichtung, der Änderung, der Instandhaltung, der Nutzung und dem Abbruch baulicher Anlagen sind in Deutschland bestimmte Aufgaben vom Staat zu erfüllen. Folgende Aufgaben sind davon „bauaufsichtliche" Aufgaben:

- Abwehr von Gefahren für die öffentliche Sicherheit und Ordnung;
- bestimmte Sozial- und Wohlfahrtsaufgaben;
- Baugestaltung;
- Vollzug städtebaulicher Planung und baurechtlicher Vorschriften in anderen Gesetzen, soweit hierfür nicht andere Behörden zuständig sind.

Tafel 17.1 Für die Bauaufsicht zuständige Ministerien/Senatsverwaltungen der Bundesländer (oberste Bauaufsichtsbehörden)

Bundesland	Oberste Bauaufsichtsbehörde
Baden-Württemberg	Wirtschaftsministerium Baden-Württemberg, Stuttgart
Bayern	Bayerisches Staatsministerium des Innern, Oberste Baubehörde, München
Berlin	Senatsverwaltung für Bauen, Wohnen und Verkehr, Berlin
Brandenburg	Ministerium für Stadtentwicklung, Wohnen und Verkehr des Landes Brandenburg, Potsdam
Bremen	Der Senator für Bau, Verkehr und Stadtentwicklung, Bauordnungsamt Bremen
Hamburg	Freie Hansestadt Hamburg, Bauordnungsamt, Hamburg
Hessen	Hessisches Ministerium für Wirtschaft, Verkehr und Landesentwicklung, Wiesbaden
Mecklenburg-Vorpommern	Ministerium für Bau, Landesentwicklung und Umwelt des Landes Mecklenburg-Vorpommern, Schwerin
Niedersachsen	Niedersächsisches Sozialministerium, Hannover
Nordrhein-Westfalen	Ministerium für Bauen und Wohnen des Landes Nordrhein-Westfalen, Düsseldorf
Rheinland-Pfalz	Ministerium der Finanzen des Landes Rheinland-Pfalz, Mainz
Saarland	Ministerium für Umwelt, Energie und Umwelt, Saarbrücken
Sachsen	Sächsisches Staatsministerium des Innern, Dresden
Sachsen-Anhalt Sachsen-Anhalt, Magdeburg	Ministerium für Wohnungswesen, Städtebau und Verkehr des Landes
Schleswig-Holstein	Innenministerium des Landes Schleswig-Holstein, Kiel
Thüringen	Thüringer Ministerium für Wirtschaft und Infrastruktur, Erfurt

Die mit diesen Aufgaben befaßten Behörden werden in dieser Funktion gemäß den Landesbauordnungen als „Bauaufsichtsbehörden" bezeichnet.

Die Zuständigkeit für die „Bauaufsicht" liegt bei den Bundesländern (s. a. Abschn. 17.2.1), so daß die „oberste Bauaufsichtsbehörde" eines Landes das mit dieser Aufgabe betraute Ministerium bzw. in Berlin, Bremen und Hamburg die damit beauftragte Senatsverwaltung ist. Diese Zuordnung zu einem Ministerium bzw. einer Senatsverwaltung kann sich in den Ländern gelegentlich ändern, bei Redaktionsschluß für diesen Beitrag lag die Funktion als oberste Bauaufsichtsbehörde bei den in Tafel 17.1 (s. S. 754) aufgeführten. Diesen somit 16 obersten Bauaufsichtsbehörden ist keine weitere – etwa bundesweite – Aufsichtsbehörde übergeordnet.

Der obersten Bauaufsichtsbehörde eines Landes nachgeordnet sind die „höheren Bauaufsichtsbehörden" und diesen wiederum nachgeordnet die „unteren Bauaufsichtsbebörden". Die „höheren Bauaufsichtsbehörden" sind eine Notwendigkeit der Flächenstaaten, sie entfallen in den Stadtstaaten. Die Funktion der höheren Bauaufsicht ist den „Regierungen" der Regierungsbezirke zugeordnet.

„Untere Bauaufsichtsbehörde" sind insbesondere die Verwaltungsbehörden der Landkreise, der kreisfreien Städte, in den Stadtstaaten der Stadtbezirke. Die „untere Bauaufsichtsbehörde" ist der Ansprechpartner für den Bauherrn. Sie ist zuständig für die Behandlung des Bauantrages, die Bauüberwachung, die Bauabnahme u. v. a. Die unteren Bauausichtsbehörden sind also die Vollzugsorgane für die Bauordnung sowie ggf. für andere öffentlich-rechtliche Vorschriften, die für die Errichtung, Änderung, Instandhaltung, Nutzung oder den Abbruch baulicher Anlagen von Bedeutung sind.

Um ein möglichst bundeseinheitliches Handeln der 16 Bundesländer auch auf dem Gebiet der Bauaufsicht zu erreichen, bestehen insbesondere zwei Einrichtungen:

- die Arbeitsgemeinschaft der für das Bau-, Wohnungs- und Siedlungswesen zuständigen Minister der Länder – ARGEBAU – und
- das Deutsche Institut für Bautechnik – DIBt –.

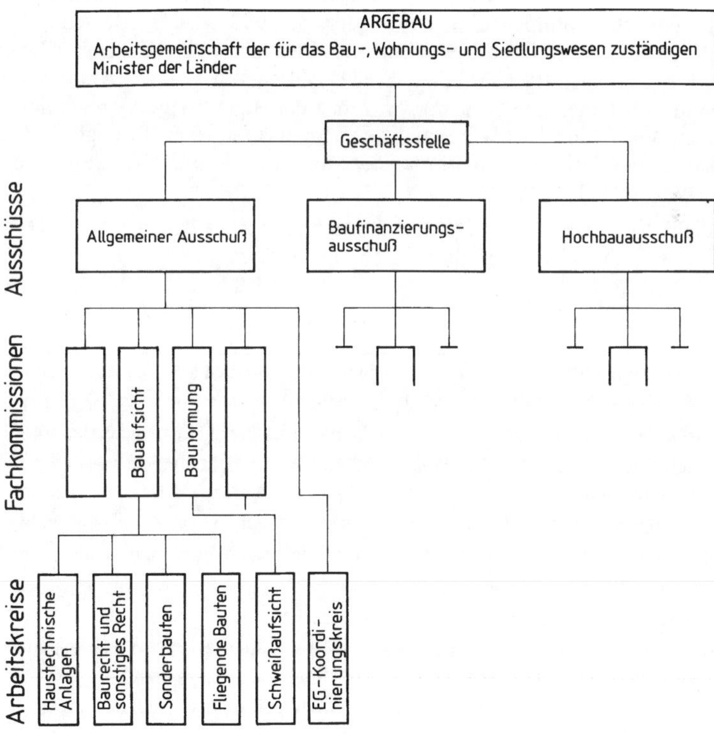

Bild 17.1 ARGEBAU; Organisationsstand September 1996; Gebiet Bauaufsicht

Die ARGEBAU (s. Bild 17.1, S. 755) ist unter ihrem Ministerrat in Ausschüsse (Allgemeiner Ausschuß, Baufinanzierungsausschuß, Hochbauausschuß), Fachkommissionen und Arbeitskreise gegliedert. Das Gebiet der Bauaufsicht wird im „Allgemeinen Ausschuß“, dessen Fachkommissionen „Baunormung“ und „Bauaufsicht“ und spezielle Fragen in besonderen ständigen Arbeitskreisen oder in nicht ständigen Projektgruppen der Fachkommissionen oder Ausschüsse behandelt. Die Ausschüsse und Fachkommissionen sind „Gesprächskreise“, die in regelmäßigen Zeitabständen zusammentreffen und in denen jedes Bundesland durch einen Mitarbeiter seiner zuständigen obersten Landesbehörde, in der Regel des zuständigen Ministeriums vertreten ist. Die dort getroffenen Vereinbarungen werden zwar in der Regel von den Ländern dann auch so umgesetzt, nur ist dies z. B. auf dem Gebiet der Bauaufsicht nicht zwingend, da die Zuständigkeit für die Bauaufsicht eben bei dem einzelnen Bundesland liegt.

17.4 Deutsches Institut für Bautechnik – DIBt

Das Deutsche Institut für Bautechnik – DIBt – wurde am 1.7.1968 als Institut für Bautechnik – IfBt – rechtsfähige Anstalt des öffentlichen Rechts des Landes Berlin durch „Gesetz über das Institut für Bautechnik“ vom 9.7.1968 errichtet. Dafür wurde zwischen den damals 11 Bundesländern und dem Bund das „Abkommen über die Errichtung und Finanzierung des Instituts für Bautechnik“ abgeschlossen als Bestandteil dieses Errichtungsgesetzes. Seit Herstellung der Einheit Deutschlands und der Bildung der „neuen“ Bundesländer hat das IfBt die ihm im o. g. Abkommen zugewiesenen Aufgaben ab dem 1.1.1991 auch für diese 5 Bundesländer de facto übernommen. Seit dem 1. Januar 1993 wird das Institut als Deutsches Institut für Bautechnik auf Grund des Berliner Gesetzes über das Deutsche Institut für Bautechnik vom 22. April 1993 (GVBI. S. 195) fortgeführt. Das „Abkommen über das Deutsche Institut für Bautechnik“, das nun zwischen der Bundesrepublik und allen 16 Bundesländern abgeschlossen wurde, ist wiederum Bestandteil dieses Fortführungsgesetzes. Struktur und Organisation des DIBt sind in seiner Satzung vom 24.09.1993, zuletzt geändert am 29.03.1996, näher geregelt.

Das Institut dient der einheitlichen Erfüllung bautechnischer Aufgaben auf dem Gebiete des öffentlichen Rechts, insbesondere durch die Erteilung allgemeiner bauaufsichtlicher Zulassun-

Tafel 17.2 Wesentliche Aufgaben des Deutschen Instituts für Bautechnik – DIBt –

Das Institut dient der einheitlichen Erfüllung bautechnischer Aufgaben auf dem Gebiet des öffentlichen Rechts. Zu den Aufgaben gehören insbesondere:
– Erteilung Europäischer Technischer Zulassungen für Bauprodukte auf Grund des Bauproduktengesetzes
– Erteilung allgemeiner bauaufsichtlicher Zulassungen für Bauprodukte und Bauarten auf Grund der Landesbauordnungen.
– Anerkennung von Prüf-, Überwachungs- und Zertifizierungsstellen nach dem Bauproduktengesetz.
– Anerkennung von Prüf-, Überwachungs- und Zertifizierungsstellen nach den Landesbauordnungen.
– Vorbereitungen von Typengenehmigungen.
– Veröffentlichung der Bauregellisten A und B sowie der Liste C.
– Mitwirkung an der Ausarbeitung technischer Regeln (insbesondere Normen) im nationalen, europäischen und internationalen Bereich.
– Anregung, Vergabe, Begutachtung und Betreuung von Bautechnischen Untersuchungen einschließlich Bauforschungsaufträgen.
– Gutachten in bautechnischen Angelegenheiten für die am Abkommen Beteiligten (Bund und Länder).

gen und europäischer technischer Zulassungen; vorbehaltlich einer anderen Entscheidung seines Verwaltungsrates wirkt das Institut auch an der Ausarbeitung technischer Richtlinien und technischer Regeln im nationalen, europäischen und internationalen Bereich mit (s.a. Tafel 17.2).

17.5 Bauordnung

17.5.1 Allgemeines

Nach dem schon in Abschnitt 17.2.1 genannten Gutachten des Bundesverfassungsgerichtes vom 16.6.1954 steht den Bundesländern die Gesetzgebungskompetenz zu für alle Vorschriften über Anforderungen an das einzelne Baugrundstück und an die einzelne bauliche Anlage unter Einbezug der engeren Nachbarschaft. In diesem Gutachten heißt es aber auch, daß der Bund dennoch einzelne, spezifisch das Wohnungswesen berührende „baupolizeiliche" Vorschriften (für Gebäude für Wohnzwecke) erlassen könne. In einer Vereinbarung zwischen Bund und Bundesländern vom 21.1.1955 in Bad Dürkheim sichert der Bund jedoch den Bundesländern zu, daß er von dieser Teilzuständigkeit absieht, wenn die Länder in eigener Zuständigkeit möglichst vereinheitlichte und umfassende Landesbauordnungen beschließen. Zu diesem Zweck wurde von den Ländern 1955 eine „Musterbaukommission" gebildet und am 30.10.1959 die erste „Musterbauordnung" verabschiedet. Diese Musterbauordnung wird von der Arbeitsgemeinschaft der für das Bau-, Wohnungs- und Siedlungswesen zuständigen Minister der Länder – ARGEBAU – seitdem fortgeschrieben, bei Redaktionsschluß für diesen Beitrag ist die Fassung Juni 1996 die bisher letzte. Auf der Grundlage der Musterbauordnung wurden seit 1960 in allen Bundesländern die Landesbauordnungen erstellt und in den Landesparlamenten als Gesetze verabschiedet. Die Bauordnungen der einzelnen Bundesländer sind in den aus Tafel 17.3 (s. S. 758/759) ersichtlichen Bekanntmachungsorganen der jeweiligen Bundesländer veröffentlicht.

Die Bauordnung eines jeden Landes ist die Grundlage des Handelns der Bauaufsicht dieses Landes. Da die Bauordnungen der Bundesländer im wesentlichen der gemeinsam erarbeiteten Musterbauordnung folgen (in weniger wesentlichen Detailregelungen können zwischen den Bauordnungen der einzelnen Bundesländer durchaus Unterschiede bestehen), wird nachstehend bei Bauordnungszitaten immer aus der Musterbauordnung zitiert.

Die Landesbauordnungen enthalten Verfahrensvorschrifen (formale Vorschriften) und materielle Vorschriften (sachliche Vorschriften). Sie enthalten insbesondere Vorschriften über

- das Grundstück und seine Bebauung (Bebauung der Grundstücke mit Gebäuden, Zugänge, Zufahrten, Abstandsflächen, Fluchtlinien u. a.),
- die baulichen Anlagen (Gestaltung, Bauausführung, Bauprodukte und Bauarten, Bauteile, haustechnische Anlagen und Feuerungsanlagen, Aufzüge u. a.),
- die am Bau Beteiligten (Bauherr, Entwurfsverfasser, Unternehmer, Bauleiter)

und regeln insbesondere

- die Aufgaben der Bauaufsicht,
- die zu beachtenden Verwaltungsverfahren (Bauantrag, Bauvorlagen, Bauvorlageberechtigung, Behandlung des Bauantrages, Baugenehmigung, Bauüberwachung, Baueinstellung u. a.).

Im Rahmen der Thematik dieses Buches wird nachstehend mehr auf die materiellen Vorschriften eingegangen und von denen wiederum mehr auf solche, die den Sicherheitsauftrag der

Tafel 17.3 Bekanntmachungsorgane und Bezugsquellen von Gesetz- und Verordnungsblättern sowie von bauaufsichtlichen Bekanntmachungen der Bundesländer

Land	Bekanntmachungsorgan	Abkürzung	Bezugsquelle
Baden-Württemberg	Gesetzblatt für Baden-Württemberg Gemeinsames Amtsblatt	GBl. GABl.	Versandstelle des Gesetzblatts Postfach 10 43 63 70038 Stuttgart
Bayern	Bayerisches Gesetz- und Verordnungsblatt Allgemeines Ministerialblatt	GVBl. AllMBl	Max Schick GmbH Druckerei und Verlag Karl-Schmid-Str. 13 81829 München
Berlin	Gesetz- und Verordnungsblatt für Berlin Amtsblatt für Berlin	GVBl. ABl.	Kulturbuch-Verlag GmbH Sprosserweg 3 12351 Berlin
Brandenburg	Gesetz- und Verordnungsblatt für das Land Brandenburg Amtsblatt für Brandenburg Gemeinsames Ministerialblatt für das Land Brandenburg	GVBl. A.B.B.	Brandenburgische Universitätsdruckerei und Verlagsgesellschaft Potsdam mbH Karl-Liebknecht-Str. 24 14482 Potsdam
Bremen	Gesetzblatt der Freien Hansestadt Bremen Amtsblatt der Freien Hansestadt Bremen	Brem.Gbl. Brem.ABl.	Carl Ed. Schünemann KG Schlachtpforte 7 28195 Bremen
Hamburg	Hamburgisches Gesetz- und Verordnungsblatt Amtlicher Anzeiger	GVBl. Amtl.Anz.	Lütcke & Wulff Heidenkampsweg 76 B 20097 Hamburg
Hessen	Gesetz und Verordnungsblatt für das Land Hessen Teil 1 Staatsanzeiger für das Land Hessen	GVBl. StAnz.	Kultur und Wissen GmbH Marktplatz 13 65183 Wiesbaden
Mecklenburg-Vorpommern	Gesetz- und Verordnungsblatt für das Land Mecklenburg-Vorpommern Amtsblatt für Mecklenburg-Vorpommern	GVOBl. M-V AmtsBl. M-V	CW Obotritendruck GmbH Münzstr. 3 19056 Schwerin
Niedersachsen	Niedersächsisches Gesetz- und Verordnungsblatt Niedersächsisches Ministerialblatt	GVBl. Nds. MBl.	Schlütersche Verlagsanstalt und Druckerei GmbH & Co. Hans-Böckler-Allee 7 30173 Hannover

Fortsetzung s. nächste Seite

Tafel 17.3, Fortsetzung

Land	Bekanntmachungsorgan	Abkürzung	Bezugsquelle
Nordrhein-Westfalen	Gesetz- und Verordnungsblatt für das Land Nordrhein-Westfalen Ministerialblatt für das Land Nordrhein-Westfalen	GVBl. MBl.NW A.	Bagel Verlag Grafenberger Allee 100 40237 Düsseldorf
Rheinland-Pfalz	Gesetz- und Verordnungsblatt für das Land Rheinland-Pfalz Ministerialblatt der Landesregierung Rheinland-Pfalz	GVBl. MinBl.	Görres-Druckerei GmH Postfach 8 60 56008 Koblenz
Saarland	Amtsblatt des Saarlandes	Amtsbl.	SDV Saarbrücker Druckerei und Verlag GmbH Halbergstr. 3 66121 Saarbrücken
Sachsen	Sächsisches Gesetz- und Verordnungsblatt Sächsisches Amtsblatt	SächsGVBl. SächsABL	Sächsisches Druck- und Verlagshaus GmbH Tharandterstr. 23-27 01159 Dresden
Sachsen-Anhalt	Gesetz- und Verordnungsblatt für das Land Sachsen-Anhalt Ministerialblatt für das Land Sachsen-Anhalt	GVBl.LSA MBl.LSA	Magdeburger Druckerei GmbH Postfach 1239 39029 Magdeburg
Schleswig-Holstein	Gesetz- und Verordnungsblatt für Schleswig-Holstein Amtsblatt für Schleswig-Holstein	GVOBl. Amtsbl. Schl.-H.	Schmidt & Klaunig Ringstr. 19 24114 Kiel
Thüringen	Gesetz- und Verordnungsblatt für das Land Thüringen Thüringer Staatsanzeiger	GVBl. StAnz.	Husemann Verlag Uferstr. 7 99817 Eisenach
Bund	Bundesgesetzblatt	BGBl.	Bundesanzeiger Verlagsges. mbH Postfach 1320 53003 Bonn

der Bauaufsicht betreffen, d. h., die Abwehr von Gefahren für die öffentliche Sicherheit und Ordnung, wie sie bei der Errichtung, der Änderung, der Instandhaltung, der Nutzung und dem Abbruch baulicher Anlagen entstehen können. Dieser Sicherheitsauftrag der Bauaufsicht ist in der Bauordnung materiell in einer Generalklausel allgemein formuliert und in weiteren Paragraphen der Bauordnung als Allgemeinanforderungen bezogen auf einzelne Sicherheitsaspekte näher bestimmt (Standsicherheit, Schutz gegen schädliche Einflüsse, Brandschutz usw.). Diese Allgemeinanforderungen wiederum werden dann zwar für bestimmte Bauteile (z. B. tragende Wände, Pfeiler und Stützen, Decken, Dächer, Treppen), Anlagen (z. B. Aufzüge, Lüftungsanlagen, Feuerungsanlagen) und besondere bauliche Anlagen (z. B. Garagen, Ställe) noch durch technische Einzelvorschriften in der Bauordnung genauer ausgefüllt, jedoch unter weitestgehendem bzw. vollständigem Verzicht auf „technische Details nach Maß und Zahl“.

Eine weitergehende technische Konkretisierung erfolgt statt in der Bauordnung dann in Rechts- und Verwaltungsvorschriften zur Bauordnung (s. Abschn. 17.6) und im noch stärkeren Maße über diese in technischen Richtlinien und technischen Regeln, insbesondere in den Normen des DIN Deutschen Instituts für Normung e.V., aber eben nicht nur in den DIN-Normen (s. Abschn. 17.7). Die Konkretisierung und somit die Detaillierung und Regelungsdichte technischer Bestimmungen nimmt also von der Bauordnung ausgehend (und dort wiederum von der materiellrechtlichen Generalklausel) bis hin zu den technischen Regeln (z. B. Normen) zu und ebenso – entsprechend dem Zustandekommen dieser Bestimmungen und ihrem jeweiligen Rechtscharakter – die Flexibilität bei Änderungsbedürfnissen; in umgekehrter Richtung weist natürlich der Grad der Rechtsverbindlichkeit und Geltungsdauer dieser Bestimmungen (s. Bild 17.2).

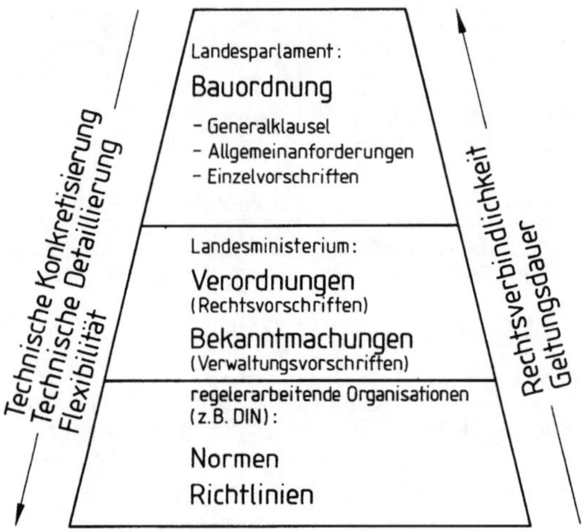

Bild 17.2 Hierarchie der bautechnischen Bestimmungen

17.5.2 Materiellrechtliche Generalklausel

Bauliche Anlagen sind mit dem Erdboden verbundene, aus Baustoffen und Bauteilen (Bauprodukten) hergestellte Anlagen. Eine Verbindung mit dem Boden ist auch dann anzunehmen, wenn die Anlage durch eigene Schwere auf dem Boden ruht oder auf ortsfesten Bahnen begrenzt beweglich ist oder wenn die Anlage nach ihrem Verwendungszweck dazu bestimmt ist, überwiegend ortsfest verwendet zu werden. Die in diesem Lehrbuch behandelten Hochbaukonstruktionen sind also sämtlich bauliche Anlagen im Sinne der Bauordnung. Die allgemeine Anforderung an die Sicherheit einer solchen baulichen Anlage sind im § 3 aller Landesbauordnungen als Generalklausel formuliert.

Diese Klausel besagt insbesondere:

(1) Bauliche Anlagen sind so anzuordnen, zu errichten, zu ändern und instandzuhalten, daß die öffentliche Sicherheit und Ordnung, insbesondere Leben, Gesundheit oder die natürlichen Lebensgrundlagen nicht gefährdet werden.

(2) Bauprodukte dürfen nur verwendet werden, wenn bei ihrer Verwendung die baulichen Anlagen bei ordnungsgemäßer Instandhaltung während einer dem Zweck entsprechenden angemessenen Zeitdauer die Anforderungen dieses Gesetzes oder aufgrund dieses Gesetzes erfüllen und gebrauchstauglich sind.

(3) Die von der obersten Bauaufsichtsbehörde durch öffentliche Bekanntmachung als Technische Baubestimmungen eingeführten technischen Regeln sind zu beachten.

(4) Für den Abbruch baulicher Anlagen und für die Änderung ihrer Benutzung gelten die Punkte 1 bis 3 sinngemäß.

Der Begriff „Sicherheit" umfaßt den Schutz insbesondere von Leben, Gesundheit, Besitz und Vermögen, neben diesen Individualrechtsgütern aber auch die kollektiven Rechtsgüter wie Luft, Wasser und Boden. Die Einschränkung dieses Begriffs durch den Zusatz „öffentliche" Sicherheit drückt aus, daß die Bauordnung jedoch nicht dem Schutz ausschließlich privater Belange des einzelnen gilt.

Der Begriff öffentliche Ordnung umfaßt die Gesamtheit der ungeschriebenen Regeln für das Verhalten des Einzelnen in der Öffentlichkeit, um ein geordnetes staatsbürgerliches Gemeinschaftsleben zu ermöglichen.

Beides soll nun durch die bauliche Anlage nicht gefährdet werden, d.h., einer solchen Gefahr soll nach verständigem Ermessen vorgebeugt werden. „Gefahr" ist die Möglichkeit eines Schadens. Einer solchen Möglichkeit kann mittels der Bauordnung aber wiederum nur dann begegnet werden, wenn es sich um ein Schutzgut der öffentlichen Sicherheit und Ordnung handelt, also insbesondere um das Leben oder um die Gesundheit von Menschen. Dabei kann mittels der Bauordnung nur hinreichend wahrscheinlichen Schadensmöglichkeiten vorgebeugt werden, entfernte Möglichkeiten oder allgemeine Schadensvermutungen sind dafür nicht ausreichend. Bei der Beantwortung der Frage, wann eine solche Wahrscheinlichkeit hinreichend ist, ist das zu Diskussion stehende Schutzgut und der mögliche Schadensumfang von Bedeutung.

Für die bei der Errichtung oder bei der Änderung baulicher Anlagen zu begegnenden Gefahr genügt die Annahme einer „abstrakten" Gefahr, d. h., wenn ein Schaden nach der Lebenserfahrung aus bestimmten Arten von Zuständen oder Verhaltensweisen im Einzelfall mit hinreichender Wahrscheinlichkeit einzutreten pflegt. Wesentlich höher liegt dahingegen die Meßlatte für die bauaufsichtliche Anordnung von Maßnahmen bei einer bereits unverändert bestehenden baulichen Anlage, z. B. bei der Anordnung einer Sanierung; hierzu muß eine „konkrete" Gefahr bestehen. Eine konkrete Gefahr kann aber nur dann angenommen werden, wenn ein Schaden bei ungehindertem Ablauf des objektiv zu erwartenden Geschehens im zu beurteilendem Einzelfall (also in einem bestimmten Gebäude bei einem bestimmten Bauteil z. B.) in überschaubarer Zukunft mit hinreichender Wahrscheinlichkeit eintritt.

Mit dem derzeitigen Bauordnungsrecht kann also z. B. nicht die „Minimierung" denkbarer Umweltschadensursachen – auch unterhalb der Gefahrenschwelle – gefordert werden, etwa durch die Forderung, nach dem dafür jeweils bestehenden Stand von Wissenschaft und Technik zu handeln, wie es mit einigen anderen Gesetzen möglich ist (z. B. Bundesimmissionsschutzgesetz).

Aus der Generalklausel des § 3 ergibt sich auch, daß sich die Zuständigkeit der Bauaufsicht nur auf die Errichtung, Änderung, Instandhaltung, Nutzung und den Abbruch baulicher Anlagen bezieht und somit auch nur auf die daraus resultierenden Gefahrentatbestände im vorgenannten Sinne. So fallen z. B. Gefahren bei Herstellungsvorgängen außerhalb der Baustelle, beim Transport oder bei der Entsorgung der Baustoffe und Bauteile (außerhalb der Baustelle) nicht in die sachliche Zuständigkeit der Bauaufsicht; solche Gefahrentatbestände fallen vielmehr in die Schutzbereiche z. B. des Immissionsschutzrechts, des Arbeitsschutzrechts, des Gefahrstoffrechts und des Abfallbeseitigungsrechts. Die Bauaufsicht kann also in diesen Schutzbereichen nicht selbstregelnd tätig werden, indem sie z. B. vermeindliche Regelungslücken in diesen „fremden" Schutzbereich selbst schließt. Selbstverständlich sind aber bauaufsichtlich die in diesen anderen Rechtsbereichen geltenden Bestimmungen zu beachten und sogar durchzusetzen, wenn in ihnen Anforderungen an die Errichtung, die Änderung, die Instandhaltung, die Nutzung oder den Abbruch baulicher Anlagen gestellt sind und wenn dafür nicht ausdrücklich andere Behörden bestimmt sind.

17.5.3 Allgemeine Anforderungen

17.5.3.1 Standsicherheit

Dazu heißt es in § 15 MBO:

> *„Jede bauliche Anlage muß im Ganzen und in ihren Teilen sowie für sich allein standsicher sein. Die Standsicherheit anderer baulicher Anlagen und die Tragfähigkeit des Baugrundes des Nachbargrundstückes dürfen nicht gefährdet werden."*

Die Standsicherheitsanforderung erstreckt sich von den einzelnen Bauteilen über ihre Verbindungen bis hin zur gesamten baulichen Anlage und deren Baugrund, aber auch den Baugrund der Nachbargrundstücke. Zeitlich ist die Standsicherheit gefordert von (und während) der Errichtung über Änderungen bis hin zum teilweisen oder vollständigen Abbruch (auch während des Abbruchs) der baulichen Anlage. Zu den Beanspruchungen, denen die bauliche Anlage im Ganzen und in ihren einzelnen Teilen für sich allein standhalten muß, gehören insbesondere auch die aus den nachstehenden Allgemeinanforderungen (s. Abschn. 17.5.3.2 bis 17.5.3.5).

17.5.3.2 Schutz gegen schädliche Einflüsse

Zitat Musterbauordnung (§16 MBO):

> *„Bauliche Anlagen ... müssen so angeordnet, beschaffen und gebrauchstauglich sein, daß durch Wasser, Feuchtigkeit, pflanzliche und tierische Schädlinge sowie andere chemische, physikalische oder biologische Einflüsse Gefahren oder unzumutbare Belästigungen nicht entstehen."*

Die schädlichen Einflüsse können Gefährdungen für die bauliche Anlage sein, also z. B. für deren Standsicherheit; sie können aber auch Gefährdungen für die Bewohner, Benutzer oder Besucher, für die Nachbarschaft oder für die Allgemeinheit darstellen, für die Menschen auch nur unzumutbare Belästigungen. Mit dem Bauordnungsrecht kann von diesen schädlichen Einflüssen denen begegnet werden, die zu Gefahren, Nachteilen oder Belästigungen für die in der Generalklausel (s. Abschn. 17.5.2) genannten Schutzgüter führen können, insbesondere für Leben oder Gesundheit. Bauaufsichtlich nicht zu berücksichtigen ist z. B. die übermäßige Empfindlichkeit des einzelnen.

Allgemein sind Belästigungen soweit vermeidbar, wie es die technischen Möglichkeiten erlauben, sie zu verhindern oder auf ein Mindestmaß zu beschränken. Den Verantwortlichen sind dabei um so höhere Anstrengungen zuzumuten, je stärker die Beeinträchtigung der Betroffenen ist. Beachtlich hierfür ist auch die Art der zur Diskussion stehenden Anlage und die Art des betroffenen Schutzgutes. Ist eine Beeinträchtigung so schwer, daß sie eine Gefahr im Sinne des vorstehenden Abschn. 17.5.2 darstellt, kommt es auf die Möglichkeit ihrer Vermeidbarkeit oder ihres Vermeidbarkeitsgrades nicht mehr an, sondern ein solcher Beeinträchtigungsgrad wäre als Gefahr unzulässig.

Als andere chemische, physikalische oder biologische Einflüsse sind z. B. gemeint: Strahlen, Gerüche, Gase, Dämpfe, Staub, Ruß, Flüssigkeiten, Abwässer und Abfälle.

Neben den bauordnungsrechtlichen Vorschriften zum Schutz gegen schädliche Einflüsse bestehen noch viele Vorschriften aus anderen Rechtsbereichen hierzu, z. B. aus dem Wasserrecht, dem Immissionsschutzrecht, dem Gewerberecht und dem Arbeitsschutzrecht.

Schutzmaßnahmen gegen schädliche Einflüsse auf die Standsicherheit von Hochbaukonstruktionen werden insbesondere in den Normen bzw. Normenabschnitten zum Korrosionsschutz, zum Feuchteschutz, zu den Bauwerksabdichtungen, zum Witterungsschutz und zum Holzschutz technisch konkretisiert behandelt.

17.5.3.3 Brandschutz

In der Musterbauordnung ist einleitend hierzu bestimmt (§17 Abs. 1 MBO):

> *„Bauliche Anlagen müssen so beschaffen sein, daß der Entstehung eines Brandes und der Ausbreitung von Feuer und Rauch vorgebeugt wird und bei einem Brand die Rettung von Menschen und Tieren sowie wirksame Löscharbeiten möglich sind."*

Die Vorschriften zum Brandschutz gehören zu den ältesten Vorschriften im Baurecht und speziell im Bauordnungsrecht (s. Abschn. 17.2.2). Entsprechend ausführlich und konkret sind deshalb schon die Bestimmungen dazu in der Bauordnung, beginnend mit dem Paragraphen zur Allgemeinanforderung „Brandschutz", aus dem oben nur der Grundsatz des bauaufsichtlichen Brandschutzes, das Schutzziel, zitiert ist.

Die Ausführlichkeit der bauaufsichtlichen Brandschutzvorschriften setzt sich dann fort in diversen Rechts- und Verwaltungsvorschriften (s. Abschn. 17.6) und natürlich in der Baunormung, insbesondere in der Normenreihe DIN 4102.

17.5.3.4 Wärmeschutz, Schallschutz und Erschütterungsschutz

Zitat Musterbauordnung (§18 MBO):

> *(1) „Gebäude müssen einen ihrer Nutzung und den klimatischen Verhältnissen entsprechenden Wärmeschutz haben.*
>
> *(2) Gebäude müssen einen ihrer Nutzung entsprechenden Schallschutz haben. Geräusche, die von ortsfesten Einrichtungen in baulichen Anlagen oder auf Baugrundstücken ausgehen, sind so zu dämmen, daß Gefahren oder unzumutbare Belästigungen nicht entstehen.*
>
> *(3) Erschütterungen oder Schwingungen, die von ortsfesten Einrichtungen in baulichen Anlagen oder auf Baugrundstücken ausgehen, sind so zu dämmen, daß Gefahren oder unzumutbare Belästigungen nicht entstehen."*

Die vorstehenden drei bauaufsichtlichen Anforderungen sind Mindestanforderungen im Sinne der Ausführungen im vorstehenden Abschn. 17.5.2 über die materiellrechtliche Generalklausel der Bauordnung. Alle drei Anforderungen gelten für die Errichtung und für die Änderung baulicher Anlagen und werden durch ihren Nutzungsbezug auch bei jeder Nutzungsänderung relevant. Die Vorschriften betreffend ortsfeste Einrichtungen auf Baugrundstücken können darüber hinaus auch beim Abbruch baulicher Anlagen beachtlich werden.

Die bauaufsichtliche Mindestanforderung an den Wärmeschutz dient im wesentlichen nur dem Gesundheitsschutz der Menschen, die sich in den Gebäuden aufhalten und der Begegnung von Bauschäden mit Bedeutung für die bauaufsichtlichen Allgemeinanforderungen an eine bauliche Anlage (z. B. Standsicherheit). Die bauaufsichtliche Wärmeschutzanforderung wird jdoch bezüglich der volkswirtschaftlichen (einschließlich der ökologischen) Kriterien insbesondere ergänzt über das Energieeinsparungsgesetz der Bundesregierung und die darauf basierenden Verordnungen. Im Normenbereich besteht zum Thema Wärmeschutz die Normenreihe DIN 4108.

Auch die bauaufsichtliche Anforderung an den Schallschutz ist nur eine Mindestanforderung für den Gesundheitsschutz der Menschen, die sich in den Gebäuden aufhalten, und nur sehr begrenzt zum Schutz der unmittelbaren Nachbarschaft. Da sich diese bauaufsichtliche

Anforderung nur auf Schallschutzmaßnahmen innerhalb einer baulichen Anlage erstrecken kann, ist sie nur ein Teil der Gesamtheit der öffentlich-rechtlichen Schallschutzvorschriften. Weitere Vorschriften ergeben sich z. B. aus dem Immissionsschutzrecht, dem Gewerberecht und dem Arbeitsschutzrecht. Im Normenbereich ist bezüglich des bauaufsichtlich geforderten Schallschutzes auf die Normenreihe DIN 4109 hinzuweisen.

Der bauaufsichtlich geforderte Erschütterungsschutz erfaßt alle „Erschütterungen und Schwingungen", die von ortsfesten Einrichtungen in baulichen Anlagen und auf Baugrundstücken ausgehen, d. h., solche, die mit der baulichen Anlage oder dem Baugrund fest verbunden sind, auch wenn sie sich außerhalb der Bebauung des Grundstücks befinden. Solche Einrichtungen in der baulichen Anlage sind z. B. alle haustechnischen Anlagen von der Heizungsanlage bis zum Druckspüler der Toilette. Die nicht ortsfesten Einrichtungen werden zwar nicht von der Bauordnung erfaßt, aber vom Immissionsschutzrecht. Die „Erschütterungen und Schwingungen" können gesundheitliche Gefährdungen oder Belästigungen (s. a. Abschn. 17.3.2) darstellen, aber auch die Standsicherheit und die Dauerhaftigkeit der baulichen Anlage gefährden.

Der Katalog der Schutzmaßnahmen ist deshalb schon weit gespannt, aber auch weil die Maßnahmen an den unterschiedlichsten Stellen ansetzen können, beginnend am Erschütterungsherd über Maßnahmen bei der Bemessung und Ausführung der Baukonstruktion bis hin zu planerischen Maßnahmen, z. B. Abstandsregeln. Im Normenbereich kann deshalb hier nicht auf eine geschlossene Normenreihe hingewiesen werden.

17.5.3.5 Verkehrssicherheit

Zitat (Musterbauordnung § 19 MBO):

> *(1) „Bauliche Anlagen und die dem Verkehr dienenden nicht überbauten Flächen von bebauten Grundstücken müssen verkehrssicher sein.*
> *(2) Die Sicherheit und Leichtigkeit des öffentlichen Verkehrs darf durch bauliche Anlagen oder ihre Nutzung nicht gefährdet werden."*

Diese Allgemeinanforderung ist eine im wesentlichen planerische und somit innerhalb dieses Lehrbuches weniger interessant. Es sei deshalb nur vermerkt, daß sich aus dieser Allgemeinanforderung auch die bauaufsichtlichen Einzelanforderungen an die Nutzungssicherheit von Flächen in Räumen und Fluren sowie von Treppen ableiten (z. B. Rutschgefahr, Stolpern, Absturzsicherungen – wie Fensterbrüstungen, Balkongeländer, Treppenläufe, Umwehrungen von Öffnungen –, Belichtung und Beleuchtbarkeit von Verkehrsflächen).

17.5.3.6 Dauerhaftigkeit

Diese bauaufsichtliche Allgemeinanforderung ist in § 3 MBO wie folgt formuliert:

> *„Bauprodukte dürfen nur verwendet werden, wenn bei ihrer Verwendung die baulichen Anlagen bei ordnungsgemäßen Instandhaltung während einer dem Zweck entsprechenden angemessenen Zeitdauer die Anforderungen dieses Gesetzes oder aufgrund dieses Gesetzes erfüllen und gebrauchstauglich sind."*

Die Dauerhaftigkeit einer baulichen Anlage hinsichtlich der Erfüllung der technischen Allgemeinanforderungen an sie (s. Abschn. 17.5.3.1 bis 17.5.3.5) muß ihrem Zweck entsprechend sichergestellt sein. Dies ist nach den in Deutschland geltenden Vorstellungen eine technische und wirtschaftliche Lebensdauer von 50 bis 100 Jahren. Eine solche lange Lebensdauer setzt eine ordnungsgemäße Instandhaltung in Verantwortung der Eigentümer bzw. Verfügungsberechtigten der baulichen Anlagen voraus. Bauliche Anlagen, die nur für eine beschränkte Zeit errichtet werden können oder sollen, deren Dauerhaftigkeit aber für diese beschränkte Zeit nach menschlichem Ermessen gegeben ist, können die bauaufsichtliche

Anforderung erfüllen, dem Zweck entsprechend dauerhaft zu sein. Hier kann die Bauaufsichtsbehörde durch Auflagen oder besondere Anordnungen ihrem Sicherheitsauftrag gerecht werden, in.dem sie z. B. die Baugenehmigung nur für diese beschränkte Zeit erteilt oder laufende Überwachungsmaßnahmen anordnet. Solche Überwachungsmaßnahmen wären aber nur dann sinnvoll, wenn sich das Ende der technischen Lebensdauer rechtzeitig und deutlich erkennbar zeigt, so daß etwaigen Gefahren für die öffentliche Sicherheit und Ordnung vorgebeugt werden kann.

Die deutschen Fachgrundnormen über die Bemessung und Ausführung der Massivbauarten, des Stahlbaus und des Holzbaus sind für eine Dauerhaftigkeit im Sinne der Bauordnung – also 50 bis 100 Jahre – aufgestellt, wobei aber auf die Nebenbestimmung in der Bauordnung „bei ordnungsgemäßer Instandhaltung“ auch hier hinzuweisen ist.

Die in der Regel viel kürzeren zivilrechtlichen Garantiefristen berühren die in der Bauordnung öffentlich-rechtlich geregelte Dauerhaftigkeitsforderung nicht.

17.5.4 Technische Einzelvorschriften

Die technischen Einzelvorschriften, mit denen die (technischen) Allgemeinanforderungen in der Bauordnung für Wände, Decken und Dächer, für Treppen, Rettungswege, Aufzüge und Öffnungen, für haustechnische Anlagen und Feuerungsanlagen, für Aufenthaltsräume und Wohnungen sowie für besondere (bauliche) Anlagen stärker detailliert werden, sind im wesentlichen planerische Vorschriften und Brandschutzvorschriften. Sie werden im Rahmen dieses Beitrages deshalb nicht abgehandelt, sondern es wird auf die einschlägigen Texte der Bauordnungen verwiesen, die hierzu allerdings punktuell unterschiedliche Bestimmungen enthalten können.

17.6 Vorschriften zur Bauordnung

Die Bauordnung wird durch eine Reihe von Rechts- und Verwaltungsvorschriften zur genaueren Ausfüllung einzelner materieller Vorschriften (dabei auch bautechnischer Vorschriften) aber auch einzelner Verfahrensvorschriften ergänzt. Es muß im Rahmen dieses Beitrags genügen, diese aufgrund der Bauordnung erlassenen zusätzlichen Vorschriften der Bundesländer zum Nachlesen im Bedarfsfall nur zu benennen (mit Kurzbezeichnung) und von diesen Vorschriften auch nur die, die es in allen Bundesländern gibt (manchmal unterschiedlich betitelt) und die nach Meinung des Verfassers dem Leserkreis dieses Buches als existent bekannt sein sollten.

Von den im folgenden benannten Landesvorschriften zur Bauordnung sind viele im wesentlichen bundeseinheitlich, weil sie nach einem in der ARGEBAU gemeinsam erarbeiteten Muster erstellt sind.

Rechtsvorschriften

- Campingplatzverordnung,
- Garagenverordnung,
- Gaststättenbauverordnung,
- Versammlungsstättenverordnung,
- Warenhausverordnung,
- Feuerungsanlagenverordnung,
- Verordnung über den Bau von Betriebsräumen u. a.

Auf die folgenden Rechtsvorschriften wird in diesem Beitrag Bezug genommen:

- Bauaufsichtliche Verfahrensverordnungen (Bauvorlagen, Freistellung von der Prüfpflicht usw.),
- Bautechnische Prüfungsverordnung,
- Verordnung über das Übereinstimmungszeichen,
- Bekanntmachung des Abkommens über das Deutsche Institut für Bautechnik (DIBt-Abkommen),
- Verordnung über die Anerkennung als Prüf-, Überwachungs- oder Zertifizierungsstellen nach Bauordnungsrecht.

Verwaltungsvorschriften

Aus diesem Vorschriftenpaket sei hier nur eine Vorschrift genannt, weil sie in diesem Beitrag an anderer Stelle noch einmal angesprochen wird:

- Liste der Technischen Baubestimmungen.

Durch Verwaltungsvorschrift ist auch die bauaufsichtliche Behandlung von Hochhäusern mit ihren umfangreichen detalllierten Brandschutzvorschriften geregelt. Ebenso gibt es mehrere Bekanntmachungen zu weiteren Paragraphen der Bauordnung, z. B. zum Paragraphen über Garagen und Stellplätze, aber auch zu einigen der o. g. Rechtsvorschriften. Auch die Vorschriften zur Beschleunigung des Baugenehmigungsverfahren werden als Verwaltungsvorschriften erlassen.

Örtliche Bauvorschriften

In der Bauordnung sind auch bestimmte planerische Regelungsbereiche definiert, innerhalb deren die Gemeinden zusätzliche bauordnungsrechtliche örtliche Bauvorschriften erlassen können. Dabei handelt es sich um solche Regelungen, die aufgrund besonderer örtlicher Verhältnisse erforderlich sind. Die Gemeinden dürfen sich mit solchen evtl. zusätzlichen bauordnungsrechtlichen örtlichen Bauvorschriften jedoch nur im Rahmen dieser gesetzlichen Ermächtigung bewegen, wobei ihre Ausgestaltungsfreiheit aber durch den Verhältnismäßigkeitsgrundsatz und das Eigentumsrecht begrenzt ist. Evtl. örtliche Bauvorschriften sind als Satzung der Gemeinde oder im Bebauungsplan veröffentlicht.

17.7 Technische Baubestimmungen

In der materiellrechtlichen Generalklausel der Bauordnungen, dem § 3 aller Landesbauordnungen, heißt es in Abs. 3 dazu:

> *„Die von der obersten Bauaufsichtsbehörde durch öffentliche Bekanntmachung als Technische Baubestimmungen eingeführten technischen Regeln sind zu beachten. Bei der Bekanntmachung kann hinsichtlich ihres Inhalts auf die Fundstelle verwiesen werden. Von den Technischen Baubestimmungen kann abgewichen werden, wenn mit einer anderen Lösung in gleichem Maße die allgemeinen Anforderungen des Absatzes 1 erfüllt werden; § 20 Abs. 3 und § 23 bleiben unberührt."*

Hierzu ist erst einmal grundsätzlich festzustellen, daß beim Bauen die allgemein anerkannten Regeln der Technik zu beachten sind, auch wenn das bauordnungsrechtlich mit dem vorstehenden Paragraphen nicht so umfänglich gefordert ist.

Allgemein anerkannte Regeln der Technik sind die Regeln, die in Wissenschaft und Praxis – d. h., bei den vorgebildeten Praktikern, die sich mit der Anwendung der Regel befassen müssen, – bekannt und als richtig und notwendig anerkannt sind. Dabei muß es sich nicht um schriftliche Regeln handeln, auch wenn es zumeist solche sind.

Für die nach dem besonderen Verfahren des DIN Deutschen Instituts für Normung e.V. (s. DIN 820) zustandegekommenen technischen Regeln (Normen), aber auch bei den Regeln für das Bauwesen einiger weniger anderer regelerarbeitender Organisationen, wie z. B. den Bauberufsgenossenschaften (Unfallverhütungsvorschriften für das Bauwesen), dem Verband Deutscher Elektrotechniker – VDE – und dem Deutschen Verein der Gas- und Wasserfachmänner – DVGW –, besteht eine sog. tatsächliche Vermutung für das Vorliegen einer allgemein anerkannten Regel der Technik. Ein Gegenbeweis darf jederzeit angetreten werden.

Die Einführung einer technischen Regel (Norm, Richtlinie oder dgl.) als Technische Baubestimmung durch öffentliche Bekanntmachung des für die oberste Bauaufsicht zuständigen Landesministeriums (bei den drei Stadtstaaten durch die zuständige Senatsverwaltung) bedeutet über Vorstehendes hinaus folgendes:

(1) Den Bauaufsichtsbehörden und mittelbar auch der Bauwirtschaft wird die technische Regel bekanntgemacht.

(2) Die Einführung begründet die gesetzliche Vermutung, daß es sich im bauaufsichtlich relevanten Teil der technischen Regel um eine allgemein anerkannte Regel der Technik handelt, mit der Wirkung, daß dies vom Bauausführenden nicht zu beweisen ist, sondern daß das Gegenteil von der Bauaufsichtsbehörde zu beweisen wäre.

(3) Die Bauaufsichtsbehörde hat die Einhaltung der allgemein anerkannten Regeln der Technik nur im Rahmen der eingeführten technischen Regeln (Technischen Baubestimmungen) zu überprüfen und zu überwachen.

(4) Die Bauaufsichtsbehörde wird einen Bau genehmigen, wenn die eingeführten technischen Regeln (Technischen Baubestimmungen) beachtet sind und sie nicht nachweist (s. vorstehenden Punkt 2), daß diese Bestimmungen durch die technische Entwicklung überholt sind.

(5) Die Bauaufsichtsbehörde hat die Beachtung der eingeführten technischen Regeln (Technischen Baubestimmungen) zu verlangen, es sei denn, ihr wird nachgewiesen, daß den bauaufsichtlichen Anforderungen auch anders entsprochen werden kann (gleichwertige technische Lösung).

(6) Die Einführung legt den Zeitpunkt fest, von dem an Vorstehendes bezogen auf die eingeführte technische Regel wirkt. Die Einführung betrifft nur Vorhaben, die nach der Einführung genehmigt werden (Ausnahme: Sanierungsrichtlinien).

Die bauaufsichtliche Einführung technischer Regeln als Technische Baubestimmungen bedeutet weder, daß nur eingeführte technische Regeln allgemein anerkannte Regeln der Technik sind, noch, daß dann, wenn zu einem bautechnischen Sachverhalt keine technischen Regeln als Technische Baubestimmungen eingeführt sind, es dazu keine allgemein anerkannten Regeln der Technik gäbe (die ja im übrigen auch nicht immer schriftlich fixiert sein müssen, z. B. Handwerksregeln).

Die öffentliche Bekanntmachung technischer Regeln als Technische Baubestimmungen erfolgt in den dafür vorgesehenen Bekanntmachungsorganen der Bundesländer (s. Tafel 17.3, s. S. 758/759) als „Liste der Technischen Bausbestimmungen".

Bauaufsichtlich als Technische Baubestimmungen eingeführt werden nur technische Regeln, die bauaufsichtlich relevant sind und deren Regelungsgegenstand bei der Bauaufsicht geprüft werden soll bzw. kann. Dies sind insbesondere die Normen über die Lastannahmen, die

Normen über die Bemessung und Ausführung in den Bereichen Baugrund, Mauerwerk, Beton und Stahlbeton einschl. Spannbeton, Stahl- und Metallbau, Holzbau, die Brandschutz-, Wärmeschutz- und Schallschutznormen und Normen zu den haustechnischen Anlagen.

Bei der Einführung technischer Regeln als Technische Baubestimmungen können neben bauaufsichtlichen Verfahrensregelungen auch ergänzende technische Bestimmungen zur Regel in der Bekanntmachung getroffen werden.

Auf die technischen Regeln, in denen Bauprodukte geregelt sind, wird in den folgenden Abschnitten 17.8 und 17.9 eingegangen.

Tafel 17.4 Allgemeine Bestimmungen in den Zulassungsbescheiden (Fassung mit Überwachungsforderung)

1 Mit der allgemeinen bauaufsichtlichen Zulassung ist die Verwendbarkeit des Zulassungsgegenstandes im Sinne der Landesbauordnungen nachgewiesen.

2 Die allgemeine bauaufsichtliche Zulassung ersetzt nicht die für die Durchführung von Bauvorhaben gesetzlich vorgeschriebenen Genehmigungen, Zustimmungen und Bescheinigungen.

3 Die allgemeine bauaufsichtliche Zulassung wird unbeschadet der Rechte Dritter, insbesondere privater Schutzrechte, erteilt.

4 Hersteller und Vertreiber des Zulassungsgegenstands haben, unbeschadet weitergehender Regelungen in den „Besonderen Bestimmungen", dem Verwender des Zulassungsgegenstands Kopien der allgemeinen bauaufsichtlichen Zulassung zur Verfügung zu stellen und darauf hinzuweisen, daß die allgemeine bauaufsichtliche Zulassung an der Verwendungsstelle vorliegen muß. Auf Anforderung sind den beteiligten Behörden Kopien der allgemeinen bauaufsichtlichen Zulassung zur Verfügung zu stellen.

5 Die allgemeine bauaufsichtliche Zulassung darf nur vollständig vervielfältigt werden. Eine auszugsweise Veröffentlichung bedarf der Zustimmung des Deutschen Instituts für Bautechnik. Texte und Zeichnungen von Werbeschriften dürfen der allgemeinen bauaufsichtlichen Zulassung nicht widersprechen. Übersetzungen der allgemeinen bauaufsichtlichen Zulassung müssen den Hinweis „Vom Deutschen Institut für Bautechnik nicht geprüfte Übersetzung der deutschen Originalfassung" enthalten.

6 Die allgemeine bauaufsichtliche Zulassung wird widerruflich erteilt. Die Bestimmungen der allgemeinen bauaufsichtlichen Zulassung können nachträglich ergänzt und geändert werden, insbesondere, wenn neue technische Erkenntnisse dies erfordern.

7 Die in der allgemeinen bauaufsichtlichen Zulassung genannten Bauprodukte bedürfen des Nachweises der Übereinstimmung (Übereinstimmungsnachweis) und der Kennzeichnung mit dem Übereinstimmungszeichen (Ü-Zeichen) nach den Übereinstimmungszeichen-Verordnungen der Länder.

17.8 Brauchbarkeit/Verwendbarkeit

17.8.1 Allgemeines

§ 3 (2) MBO:

> *„Bauprodukte dürfen nur verwendet werden, wenn bei ihrer Verwendung die baulichen Anlagen bei ordnungsgemäßer Instandhaltung während einer dem Zweck entsprechenden angemessenen Zeitdauer die Anforderungen diese Gesetzes oder aufgrund dieses Gesetzes erfüllen und gebrauchstauglich sind."*

Der Begriff „Bauprodukt“ ist dabei wie folgt definiert (§ 2 Abs. 9 MBO):

> *„Bauprodukte sind*
> *1. Baustoffe, Bauteile und Anlagen, die hergestellt werden, um dauerhaft in baulichen Anlagen eingebaut zu werden,*
> *2. aus Baustoffen und Bauteilen vorgefertigte Anlagen, die hergestellt werden, um mit dem Erdboden verbunden zu werden, wie Fertighäuser, Fertiggaragen und Silos.“*

Diese und andere begriffliche Änderungen in den heutigen Landesbauordnungen gegenüber früher und die entsprechenden Verfahrensänderungen bei den Nachweisen für die Bauprodukte sind im Erfordernis der Umsetzung der europäischen Bauproduktenrichtlinie in deutsches Recht begründet.

Zur Vollendung eines Europäischen Binnenmarktes für Waren – also auch für Bauprodukte –, Personen, Dienstleistungen und Kapital wurde nämlich vor Jahren zwischen den Mitgliedsstaaten der Europäischen Union (EU) ein branchenspezifisches Vorgehen vereinbart. Für die Baubranche wurde dafür u.a. die Richtlinie des Rates (der Europäischen Union) vom 21. Dezember 1988 zur Angleichung der Rechts- und Verwaltungsvorschriften der Mitgliedsstaaten über Bauprodukte (89/106/EWG), Kurzbezeichnung: Bauproduktenrichtlinie-BauPR, erlassen. Diese Richtlinie war von den Mitgliedsstaaten in nationales Recht umzusetzen. Dies ist in Deutschland geschehen mit dem „Gesetz (der Bundesregierung) über das Inverkehrbringen von und den freien Warenverkehr mit Bauprodukten zur Umsetzung der Richtlinie 89/106/EWG des Rates vom 21. Dezember 1988 zur Angleichung der Rechts- und Verwaltungsvorschriften der Mitgliedsstaaten über Bauprodukte (Bauproduktengesetz-BauPG)“ vom 10. August 1992. Zur vollständigen Umsetzung der BauPR müssen aber auch die deutschen Gesetze der BauPR angepaßt werden, die die Verwendung der Bauprodukte in Deutschland regeln; das sind im bauaufsichtlichen Bereich die Landesbauordnungen. Dies ist in allen Bundesländern mit den jetzigen Landesbauordnungen geschehen.

Da der in der Bauproduktenrichtlinie prinzipiell vorgegebene europäische Nachweis-Verfahrensweg (s. Abschn. 17.8.2) zeitlich nur nach und nach genutzt werden kann, nämlich entsprechend der Fertigstellung der dafür benötigten (europäischen) „technischen Spezifikationen“ für die verschiedenen Bauprodukte, ist in den Landesbauordnungen weiterhin auch ein deutscher Nachweis-Verfahrensweg vorgesehen (s. Abschn. 17.8.3).

17.8.2 Verwendbarkeit von Bauprodukten mit Brauchbarkeitsnachweis nach der Bauproduktenrichtlinie

17.8.2.1 Allgemeines

Nach der BauPR/BauPG ist ein Bauprodukt brauchbar, wenn es derart ist („solche Merkmale aufweist“), daß das Bauwerk, für das es durch Einbau, Zusammenfügen, Anbringen oder Installieren verwendet werden soll, bei ordnungsgemäßer Planung und Bauausführung die in der BauPR/BauPG benannten „wesentlichen Anforderungen“ (mechanische Festigkeit und Standsicherheit; Brandschutz; Hygiene, Gesundheit und Umweltschutz; Nutzungssicherheit; Schallschutz; Energieeinsparung und Wärmeschutz) erfüllen kann. Der dafür erforderliche Nachweis gilt dann als erbracht, wenn das Bauprodukt mit einer (europäisch) „Harmonisierten Norm“ übereinstimmt (oder – aber das wird wohl ein Ausnahmefall bleiben – mit einer (europäisch) „Anerkannten (nationalen) Norm“ übereinstimmt). Gibt es für ein Bauprodukt solche Normen nicht oder weicht ein Bauprodukt davon wesentlich ab, bedarf es einer „Europäischen Technischen Zulassung“ – ETA –. Für weniger sicherheitsrelevante Bauprodukte genügt bei einer Abweichung von den vorgenannten Normen ein „Prüfzeugnis“. Die BauPR/BauPG sieht also für die Bauprodukte als europäische „Technische Spezifikationen“ im wesentlichen folgende

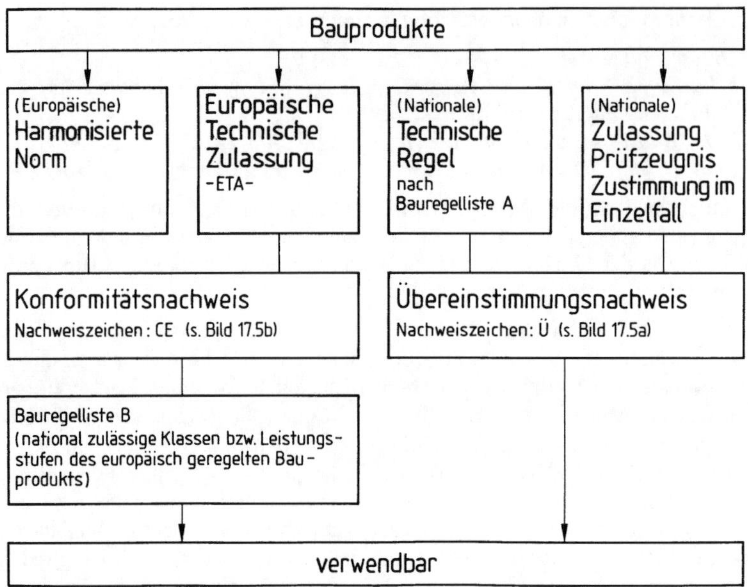

Bild 17.3 Wesentliche Nachweisarten der Brauchbarkeit von Bauprodukten nach dem Bauproduktengesetz und wesentliche Nachweisarten der Verwendbarkeit von Bauprodukten nach den beabsichtigten neuen Bauordnungen

vor: Harmonisierte Normen und Europäische Technische Zulassungen (s. Bild 17.3, links oben).

Für den Nachweis der Übereinstimmung eines Bauproduktes über seine gesamte Produktionszeit mit einer „Technischen Spezifikation" muß in der Spezifikation ein „Konfirmationsnachweisverfahren" beschrieben sein (Art, Umfang und Häufigkeit von Kontrollen im Herstellwerk, Art der dafür ggf. einzuschaltenden Stellen – s. Abschn. 17.9), das den Vorgaben der BauPR und der Europäischen Kommission – EK – entspricht. Ein Bauprodukt nach einer solchen technischen Spezifikation, für das das in der Spezifikation vorgegebene Nachweisverfahren der Konformität des Bauproduktes mit dieser Technischen Spezifikation (Harmonisierte Norm oder Europäische Technische Zulassung) ordnungsgemäß durchgeführt wird, ist mit dem europäischen CE-Zeichen zu kennzeichnen (s. Bild 17.3, links Mitte, und Abschn. 17.9 sowie Bild 17.5b). Ein mit diesem Zeichen gekennzeichnetes Bauprodukt hat dann die widerlegbare Vermutung für sich, daß es im Sinne der BauPR brauchbar ist mit der Folge, daß es im euroäischen Binnenmarkt inverkehrgebracht, frei gehandelt und (nahezu uneingeschränkt) verwendet werden darf. Dieser Sachverhalt wird in den Landesbauordnungen wie folgt berücksichtigt (§ 20 Abs. 1 Nr. 2 MBO):

„*(1) Bauprodukte dürfen für die Errichtung, Änderung und Instandhaltung baulicher Anlagen nur verwendet werden, wenn sie für den Verwendungszweck*

1. ...

2. nach den Vorschriften

a) des Bauproduktengesetzes (BauPG),

b) zur Umsetzung der Richtlinie 89/106/EWG ... (Bauproduktenrichtlinie) ... durch andere Mitgliedsstaaten der Europäischen Gemeinschaften und andere Vertragsstaaten des Abkommens über den Europäischen Wirtschaftsraum oder

c) zur Umsetzung sonstiger Richtlinien der Europäischen Gemeinschaften, soweit diese die wesentlichen Anforderungen nach § 5 Abs. 1 BauPG berücksichtigen
in den Verkehr gebracht und gehandelt werden dürfen, insbesondere das Zeichen der Europäischen Gemeinschaften (CE-Zeichen) tragen und dieses Zeichen die nach Absatz 7 Nr. 1 festgelegten Klassen und Leistungsstufen ausweist."

17.8.2.2 Klassen und Leistungsstufen, Bauregelliste B

In Artikel 3 (2) der BauPR ist vorgesehen, daß zur Berücksichtigung etwaiger unterschiedlicher Bedingungen geographischer, klimatischer und lebensgewohnheitlicher Art sowie unterschiedlicher Schutzniveaus, die gegebenenfalls auf einzelstaatlicher, regionaler oder lokaler Ebene bestehen, für jede wesentliche Anforderung insbesondere in den technischen Spezifikationen (Harmonisierten Normen, Europäischen Zulassungen) „Klassen" für die einzuhaltenden Anforderungen festgelegt werden können. Dazu heißt es bereits in den Erwägungsgründen des Rats der EG zur BauPR, daß in den Mitgliedsstaaten bereits bestehende und begründete Schutzniveaus durch die BauPR nicht verringert werden dürfen. Die von den Mitgliedsstaaten mitgeteilten diesbezüglichen nationalen Leistungsniveaus für Bauwerke und ggf. die daraus abgeleiteten Leistungsanforderungen an Bauprodukte, auch Verbote und Einschränkungen, müssen als Klassen oder Leistungsstufen von Eigenschaften der Bauprodukte in den (europäischen) technischen Spezifikationen ausgewiesen sein (z. B. in einer Harmonisierten Norm für Faserzementplatten gemäß den deutschen Anforderungen die Klasse „Asbestfrei" oder in einer Europäischen Technischen Zulassung für ein nicht genormtes Holzwerkstoff-Bauprodukt die in Deutschland am niedrigsten festgelegte Formeldehydabgabegrenze). Die Ausweisung von Klassen und Leistungsstufen in einer europäischen technischen Spezifikation und deren erforderliche Angabe im CE-Zeichen erlaubt den Mitgliedsstaaten der EG, die Verwendung der nach der BauPR brauchbaren Bauprodukte (siehe zuvor) auf Bauprodukte der Klassen und Leistungsstufen einzuschränken, die ihrem nationalen Schutzniveau in Bezug auf die wesentlichen Anforderungen an ein Bauwerk entsprechen (z. B. in Deutschland bei den Faserzementplatten, wenn es dafür dann einmal eine Harmonisierte Norm gibt, auf die asbestfreien Faserzementplatten gem. der Klasse „asbestfrei", während andere Mitgliedsstaaten eventuell auch die Klasse „asbestreduziert" akzeptieren und wiederum andere gar keine Klassenauswahl treffen). In der Bauordnung heißt es dazu (§ 20 (7) Nr. 1 MBO neu:

„Das Deutsche Institut für Bautechnik kann im Einvernehmen mit der obersten Bauaufsichtsbehörde in der Bauregelliste B

1. festlegen, welche der Klassen und Leistungsstufen, die in Normen, Leitlinien oder europäischen technischen Zulassungen nach dem Bauproduktengesetz oder in anderen Vorschriften zur Umsetzung von Richtlinien der Europäischen Gemeinschaften enthalten sind, Bauprodukte nach Absatz 1 Nr. 2 erfüllen müssen, und ..."

Da gem. Bauordnung auch Bauprodukte nach anderen Richtlinien der Europäischen Gemeinschaften (jetzige Bezeichnung: Europäische Union) unter bestimmten Voraussetzungen grundsätzlich akzeptiert werden, solche Richtlinien aber zumeist aus anderen Aspekten als aus den rein bauaufsichtlichen vereinbart werden (z.B. die bei Redaktionsschluß für diesen Beitrag in Vorbereitung befindliche europäische Biozidrichtlinie, in der auch das Bauprodukt Holzschutzmittel geregelt werden soll), ist nicht auszuschließen, daß in solchen Richtlinien wesentliche bauliche Anforderungen nicht berücksichtigt sind.

Das Veröffentlichungsinstrument für solche Richtlinien ist ebenfalls die vorgenannte Bauregelliste B; dazu heißt es in § 20 (7) Nr. 2 MBO weiter:

2. bekannt machen, inwieweit andere Vorschriften zur Umsetzung von Richtlinien der Europäischen Gemeinschaften die wesentlichen Anforderungen nach § 5 Abs. 1 BauPG nicht berücksichtigen.

Damit wird die Möglichkeit eingeräumt, die evtl. in solchenanderen europäischen Richtlinien (der EU) fehlenden bauaufsichtlichen Aspekte national zu ergänzen (siehe Bild 17.3, links unten).

17.8.2.3 Harmonisierte Normen

Die Harmonisierten Normen werden vom Europäischen Komitee für Normung – CEN – bzw. vom Europäischen Komitee für Elektrotechnische Normung – CENELEC – auf der Grundlage der BauPR und besonderer Vereinbarungen mit der Europäischen Kommission – EK – erstellt.

Die Interessenkreise der Mitgliedstaaten (Wissenschaft, Wirtschaft und Verwaltung bzw. Hersteller, Verbraucher, Wissenschaft und Staat) arbeiten über ihre nationalen Normenorganisationen mit, in Deutschland also über das DIN Deutsche Institut für Normung, wobei das DIN noch besondere vertragliche Verpflichtungen durch Normenverträge mit der Bundesregierung und den Bundesländern zu beachten hat. Harmonisierte Normen sind im Unterschied zu den üblichen europäischen Normen von CEN/CENELEC Normen, die

- auf der Grundlage eines speziellen Auftrages der EK für das Normungsprojekt –Mandat – erarbeitet werden (wobei das Mandat detaillierte formale und sachliche Vorgaben enthält),
- von der EK nach ihrer Erstellung bei Erfüllung des Mandats
- im Amtsblatt der Europäischen Union veröffentlicht werden; die deutschen Fassungen dieser Normen werden zusätzlich noch im Bundesanzeiger bekanntgemacht.

Am Mandat der EK sind die Mitgliedsstaaten über den dabei von der EK einzuschaltenden „Ständigen Ausschuß für das Bauwesen" beteiligt, der aus Vertretern der Ministerien der Staaten gebildet ist. Teil der Mandate ist die Forderung der Einhaltung der „Grundlagendokumente"; dies sind Dokumente, in denen die 6 wesentlichen Anforderungen der BauPR an Bauwerke näher bestimmt sind (Veröffentlichung im Amtsblatt der EG, Ausgabe C).

Bei Redaktionsschluß für diesen Beitrag (30.10.1996) liegen solche Harmonisierten Normen noch nicht vor.

17.8.2.4 Europäische Technische Zulassungen – ETA

Die Europäischen Technischen Zulassungen – ETA – werden von den dafür von den Mitgliedsstaaten ermächtigten und der Europäischen Kommission gemeldeten Stellen erteilt (Veröffentlichung der Zulassungsstellen im Amtsblatt der EG, Ausgabe C); als einzige deutsche Stelle ist dafür das Deutsche Institut für Bautechnik ermächtigt (siehe § 7 BauPG). Diese Zulassungsstellen arbeiten in der „Europäischen Organisation für Technische Zulassungen – EOTA –", Brüssel, auf der Grundlage der BauPR und besonderer Vereinbarungen mit der EK zusammen. Die Gebiete für ETA werden zwischen CEN/CENELEC und EOTA abgestimmt und von der EK unter Einschaltung des Ständigen Ausschusses für das Bauwesen (also dem Gremium der Mitgliedsstaaten beim Vollzug der BauPR) genehmigt. Für die Erteilung von ETA werden in der Regel für das jeweilige Zulassungsgebiet Zulassungsleitlinien von EOTA erarbeitet. Für solche Zulassungsleitlinien ist ein Mandat (sinngemäß der vorstehenden Mandatierung von Harmonisierten Normen) der EK an EOTA erforderlich. Die Erteilung von ETA ohne Zulassungsleitlinien bedarf der besonderen Abstimmung in den Gremien der EOTA um das erforderliche Einvernehmen aller Zulassungsstellen zu erreichen. Das Verfahren bei der Beantragung, der Bearbeitung und der Erteilung von ETA entspricht sinngemäß dem bei der deutschen allgemeinen bauaufsichtlichen Zulassung (s. Abschn. 17.8.3.3), wobei eben nur die europäische Komponente hinzukommt (siehe BauPR und die Verfahrensregeln von EOTA hinsichtlich Antragstellung, Vorbereitung und Erteilung einer ETA, beziehbar über das DIBt). Die

Interessenkreise der Mitgliedsstaaten und die Mitgliedsstaaten selbst sind über ihre nationalen Zulassungsstellen und deren Gremien, in Deutschland über das DIBt, beteiligt, die Mitgliedsstaaten nochmals über die vorgenannten Einflußmöglichkeiten des Ständigen Ausschusses gemäß BauPR. Die Zulassungsleitlinien werden von den Mitgliedsstaaten veröffentlicht (in Deutschland im Bundesanzeiger), die ETA unter Angabe des Zulassungsgegenstandes und des wesentlichen Inhalts durch die Zulassungsstellen. Bei Redaktionsschluß für diesen Beitrag (30.10.1996) liegen solche ETA noch nicht vor, ebenso noch keine Zulassungsleitlinien der EOTA.

17.8.3 Verwendbarkeitsnachweis für Bauprodukte nach Landesbauordnungen

17.8.3.1 Allgemeines

Zum Nachweisverfahren für Bauprodukte, für die das europäische Nachweisverfahren nicht oder noch nicht möglich ist oder es nur alternativ vereinbart ist, ist in § 20 Abs. 1 Nr. 1 MBO bestimmt:

> *„(1) Bauprodukte dürfen für die Errichtung, Änderung und Instandhaltung baulicher Anlagen nur verwendet werden, wenn sie für den Verwendungszweck*
> *1. von den nach Absatz 2 bekanntgemachten technischen Regeln nicht oder nicht wesentlich abweichen (geregelte Bauprodukte) oder nach Absatz 3 zulässig sind und wenn sie aufgrund des Übereinstimmungsnachweises nach § 24 das Übereinstimmungszeichen (Ü-Zeichen) tragen ...“*

In dem o.g. Absatz 2 des § 20 MBO heißt es dann:

> *„Das Deutsche Institut für Bautechnik macht im Einvernehmen mit der obersten Bauaufsichtsbehörde für Bauprodukte, ... in der Bauregeliste A die technischen Regeln bekannt, die zur Erfüllung der in diesem Gesetz und in Vorschriften aufgrund dieses Gesetzes an bauliche Anlagen gestellten Anforderungen erforderlich sind. Diese technischen Regeln gelten als Technische Baubestimmungen im Sinne des § 3 Abs. 3 Satz 1.“*

Im folgenden Absatz 3 des § 20 MBO sind dann die Nachweisarten für diese sog. nicht geregelten Bauprodukte genannt:

> *„Bauprodukte, für die technische Regeln in der Bauregelliste A nach Absatz 2 bekanntgemacht worden sind und die von diesen wesentlich abweichen oder für die es Technische Baubestimmungen oder allgemein anerkannte Regeln der Technik nicht gibt (nicht geregelte Bauprodukte), müssen*
>
> *1. eine allgemeine bauaufsichtliche Zulassung (§ 21),*
> *2. ein allgemeines bauaufsichtliches Prüfzeugnis (§ 21 a) oder*
> *3. eine Zustimmung im Einzelfall (§ 22) haben...“*

Aus dem Vorstehenden ergibt sich, daß Bauprodukte nur dann für die Errichtung, Änderung und Instandhaltung baulicher Anlagen verwendet werden dürfen, wenn sie solche

- nach bauaufsichtlich in der Bauregelliste A bekanntgemachten technischen Regeln sind bzw. davon nicht wesentlich abweichen

oder

- nach allgemeiner bauaufsichtlicher Zulassung (nach allgemeinem bauaufsichtlichen Prüfzeugnis nur, wenn dies für die Produktart in der Bauregelliste A so festgesetzt ist) oder gemäß Zustimmung im Einzelfall sind.

Außerdem muß für das konkrete Bauprodukt die Übereinstimmung mit den vorgenannten technischen Bezugsdokumenten so nachgewiesen sein, wie das in der Bauregelliste A bzw. in der allgemeinen bauaufsichtlichen Zulassung, im allgemeinen bauaufsichtlichen Prüfzeugnis oder bei der Zustimmung im Einzelfall bauaufsichtlich bestimmt ist (s. Abschnitt 17.9).

Dieses Nachweisverfahren für Bauprodukte ist auf Bild 17.3 in der rechten Bildhälfte dargestellt. Das Verfahren ist jedoch nur für die Verwendung von Bauprodukten bestimmt, deren Verwendung für die Erfüllung der bauaufsichtlichen Anforderungen an bauliche Anlagen wesentlich ist.

Für Bauprodukte, deren Verwendung für die Erfüllung der bauaufsichtlichen Anforderungen an bauliche Anlagen nur untergeordnete Bedeutung hat, ist ein solcher Verwendbarkeitsnachweis dahingegen nicht erforderlich und ebenso kein Übereinstimmungsnachweis; diese Produkte dürfen folgerichtig dann auch kein Ü-Zeichen tragen. Solche Bauprodukte sind

- Bauprodukte, für die es zwar allgemein anerkannte Regeln der Technik gibt (z.B. Normen), die aber nicht in der Bauregelliste A bekanntgemacht sind, sog. „sonstige Bauprodukte" (s. § 20 Abs. 1, letzte zwei Sätze, MBO)

und

- Bauprodukte, für die es keine allgemein anerkannten Regeln der Technik gibt, die aber in einer „Liste C" bekanntgemacht sind (s. § 20 Abs. 3, letzter Satz MBO).

Für die Anwendung von Bauarten (nach § 2 MBO ist „Bauart" das Zusammenfügen von Bauprodukten zu baulichen Anlagen oder Teilen von baulichen Anlagen) gilt ein sinngemäßes Nachweisverfahren:

- Bauart gemäß den Technischen Baubestimmungen der entsprechenden bauaufsichtlichen Liste (s. Abschnitt 17.7) bzw. mit nur unwesentlichen Abweichungen davon oder
- Bauart, die von den Technischen Baubestimmungen der o.g. Liste wesentlich abweichen oder für die es allgemein anerkannte Regeln der Technik nicht gibt (nicht geregelte Bauarten), gemäß

  a) allgemeiner bauaufsichtlicher Zulassung
  (ein allgemeines bauaufsichtliches Prüfzeugnis genügt hier nur, wenn dies für eine Bauart in der Bauregelliste A Teil 3 bestimmt ist)

oder

  b) Zustimmung im Einzelfall.

Bei den „nicht geregelten Bauarten" ist eine allgemeine bauaufsichtliche Zulassung, ein allgemeines bauaufsichtliches Prüfzeugnis oder eine Zustimmung im Einzelfall nur dann nicht erforderlich, wenn das für die jeweilige Bauart von der obersten Bauaufsichtsbehörde so bestimmt wird.

17.8.3.2 Bauaufsichtliche Listen zu den Nachweisverfahren

Liste der Technischen Baubestimmungen

Diese Liste enthält technische Regeln für die Planung, Bemessung und Konstruktion baulicher Anlagen und ihrer Teile, deren Einführung als Technische Baubestimmungen auf der Grundlage von § 3 Abs. 3 MBO erfolgt (s. Abschnitt 17.7).

In dieser Liste sind die jeweiligen technischen Regeln mit dem gemeinten Ausgabedatum und soweit erforderlich mit ergänzenden oder ändernden bauaufsichtlichen Bestimmungen in der Anlage aufgeführt.

Bauregelliste A Teil 1

In dieser Liste sind die Bauprodukte mit den für sie geltenden technischen Regeln und soweit erforderlich mit ergänzenden oder ändernden bauaufsichtlichen Bestimmungen in der Anlage aufgeführt. Weiterhin ist in der Liste der für das jeweilige Bauprodukt erforderliche Übereinstimmungsnachweis bestimmt und der für das jeweilige Bauprodukt erforderliche Verwendbarkeitsnachweis (allgemeine bauaufsichtliche Zulassung oder allgemeines bauaufsichtliches Prüfzeugnis), wenn es von dieser technischen Regel wesentlich abweicht.

Bauregelliste A Teil 2

Diese Liste benennt die Bauprodukte, für die es allgemein anerkannte Regeln der Technik nicht gibt und für die als Nachweis der Verwendbarkeit ein allgemeines bauaufsichtliches Prüfzeugnis erforderlich ist (unterteilt in Teil 2 Nr. 1: Bauprodukte, deren Verwendung nicht der Erfüllung erheblicher Anforderungen an die Sicherheit baulicher Anlagen dient, z.B. Einrichtungen für Schornsteinfegerarbeiten; in Teil 2 Nr. 2: Bauprodukte, die nach allgemein anerkannten Prüfverfahren beurteilt werden; die Prüfverfahren sind dann in der Liste benannt).

Bauregelliste A Teil 3

Bei Redaktionsschluß für diesen Beitrag (30.10.96) ist diese Liste noch in Vorbereitung; sie ist das Pendant zur Bauregelliste A Teil 2 für Bauarten.

Liste C

Die Liste beinhaltet Bauprodukte, für die es Technische Baubestimmungen oder allgemein anerkannte technische Regeln nicht gibt, die aber nur untergeordneten Anforderungen der Sicherheit unterliegen und für die deshalb kein (banaufsichtlicher) Verwendbarkeitsnachweis und demzufolge auch kein Übereinstimmungsnachweis gefordert ist.

17.8.3.3 Allgemeine bauaufsichtliche Zulassung

Mit der Erteilung von allgemeinen bauaufsichtlichen Zulassungen ist von den Bundesländern das Deutsche Institut für Bautechnik – DIBt – beauftragt worden (§21 (1) MBO). Die vom DIBt erteilten Zulassungen gelten in allen Bundesländern und somit in Deutschland insgesamt.

Die Grundsätze des Vorgehens bei der Zulassungserteilung sind in der Bauordnung vorgegeben.

Die Zulassungserteilung erfolgt nur auf Antrag. Der Antrag ist formlos beim DIBt zu stellen Dafür sind dem DIBt eine genaue technische Beschreibung des Gegenstandes zu geben und alle sonstigen, dem Antragsteller bereits bekannten Informationen. Als erstes wird beim DIBt geprüft, ob ein Erfordernis für eine Zulassung vorliegt oder ob der Gegenstand z. B. durch eine Technische Baubestimmung bereits geregelt ist. Wenn das Erfordernis einer Zulassung festgestellt ist, werden vom DIBt die für die Entscheidung über die Verwendbarkeit des Gegenstandes erforderlichen Untersuchungen (in der Regel Prüfungen) festgelegt, wofür erforderlichenfalls erstmals der Rat eines Sachverständigenausschusses eingeholt wird.

Diese Sachverständigenausschüsse sind Ausschüsse, deren Mitglieder auf Beschluß des Verwaltungsrates des DIBt vom Vorstand des DIBt jeweils für eine Amtszeit von fünf Jahren zur Beratung des DIBt für die einzelnen Zulassungsbereiche bestellt werden; derzeit sind das etwa 40 Ausschüsse. Die Geschäftsführung eines solchen Sachverständigenausschusses erfolgt durch den für das Fachgebiet zuständigen technischen Referenten des DIBt. Die Sachverständigenausschüsse sind ähnlich den Arbeitsausschüssen des DIN aus Sachverständigen aus Wissenschaft, Wirtschaft und Verwaltung zusammengesetzt.

Für die Durchführung der Untersuchungen im Zulassungsverfahren werden dem Antragsteller, orientiert an der jeweiligen Problemstellung, die dafür vom DIBt bestimmten Prüfstellen oder

DEUTSCHES INSTITUT FÜR BAUTECHNIK

Anstalt des öffentlichen Rechts

MUSTER

10829 Berlin,
Kolonnenstraße 30
Telefon: (0 30) 7 87 30 -
Telefax: (0 30) 7 87 30 - 320
GeschZ.:

Allgemeine bauaufsichtliche Zulassung

Zulassungsnummer: Z-...

Antragsteller: Firma "y"

Zulassungsgegenstand: Balkenschuh "X" als Holzverbindungsmittel

Geltungsdauer bis:

Der obengenannte Zulassungsgegenstand wird hiermit allgemein bauaufsichtlich zugelassen.
Diese allgemeine bauaufsichtliche Zulassung umfaßt x Seiten und y Anlagen.

Bild 17.4 Titelseite einer allgemeinen bauaufsichtlichen Zulassung, Stand Oktober 1996

Sachverständigen genannt. Nach dem Abschluß der Untersuchungen wird nach Beratung im Sachverständigenausschuß – falls erforderlich – die „allgemeine bauaufsichtliche Zulassung" erteilt (Muster des Titelblattes s. Bild 17.4). Die allgemeine bauaufsichtliche Zulassung gilt bis zu fünf Jahren, ihre Geltungsdauer wird nur auf Antrag verlängert. Die Verlängerung der Geltungsdauer des Bescheids ist kein bloßer formaler Akt, sondern erfolgt nur, wenn keine technischen Gründe (etwa neue technische Erkenntnisse) oder solche formaler Art (z. B. zwischenzeitliche Normung) dem entgegenstehen. Sollten sich während der Geltungsdauer eines

Tafel 17.5 Zulassungsbereiche im Holzbau (Beispiele)

Gegenstandsgruppe	Zulassungsgründe (Beispiele)	Beispiele für den Zulassungsgrund
Baustoffe		
Holz	andere Holzarten als nach DIN 1052 T 1	Eukalyptus
Brettschichtholz	anderer Aufbau als nach DIN 1052 T 1	Furnierschichtholz
Sperrholz	anderer Plattenaufbau oder andere Furnierfehlergrenzen als nach DIN 68 705	bestimmte ausländische Sperrhölzer
Spanplatten	andere Bindemittel als nach DIN 68 763	Zement
Plattenarten (siehe auch Bauteile)	andere Plattenbaustoffe als nach DIN 1052 T 1 oder T 3 für den Holzbau	Gipskartonplatten, Gipsfaserplatten, Holzfaserplatten mit höherer Feuchtebeständigkeit
Mechanische Verbindungsmittel		
Nagelartige	andere Kopf- oder Schaftausbildung als nach DIN 1052 T 2	spezielle Sonderentwicklungen mit Firmennamen
Stahlblech-Holz-Nagelverbindungen	abweichend von DIN 1052 T 2 durchnagelbare Systeme	spezielle Sonderentwicklungen mit Firmennamen
	Sonderformen	Balkenschuhe
	Blech-Nagel-Einheiten	Nagelplatten
Bauteile		
Wandtafeln	andere Beplankungsstoffe als nach DIN 1052 T 1 oder T 3	Faserzementplatten
Vollwandträger	andere Stegwerkstoffe als nach DIN 1052 T 1	Feuchtebeständige Holzfaserplatten, Dreischichtplatten;
	andere Verbindungsarten zwischen Steg und Gurt als nach DIN 1052 T 1	Schalungsträger
Fachwerkträger	andere Strebenwerkstoffe als nach DIN 1052 T 1	Stahlblechstreben
	andere Verbindungsarten zwischen Steg und Gurt als nach DIN 1052 T 1	Schalungsträger, Sonderbauarten einzelner Firmen mit Firmenbezeichnung

Bescheides Änderungs- oder Ergänzungswünsche des Antragstellers ergeben, so werden diese in der gleichen Art untersucht, beurteilt und bei positivem Ausgang durch Änderungs- bzw. Ergänzungsbescheide zur Zulassung beschieden. Die Kosten für das Zulassungsverfahren hat der Antragsteller zu tragen (Gebühren des DIBt, Prüfkosten usw.).

Die Zulassung wird mit Bestimmungen erteilt, die sich vor allem auf die Herstellung, die Bauprodukt-Eigenschaften, die Verwendung und die Anwendung, die Kennzeichnung die Überwachung und die Unterrichtung der Abnehmer beziehen können. Diese Bestimmungen sind die überwiegend gegenstandsunabhängigen „Allgemeinen Bestimmungen" (s. z. B. Textauszug in Tafel 17.4, s. S. 768) und die gegenstandspezifischen „Besonderen Bestimmungen" des Zulassungsbescheids. In den Besonderen Bestimmungen sind folgende Bereiche bezüglich des Zulassungsgegenstandes geregelt:

- Verwendungs- bzw. Anwendungsbereich;
- Anforderungen an den Gegenstand (erforderliche Eigenschaften einschließlich Werkstoffe, Form und Maße);
- Prüfverfahren zum Nachweis der Eigenschaften;
- Bestimmungen zur Bemessung und Ausführung;
- Bestimmungen zur Herstellungsüberwachung, zur Kennzeichnung und zur Lieferung (Lieferschein, Verpackung) des Gegenstandes.

In den Besonderen Bestimmungen der Bescheide wird weitmöglichst auf genormte Regelungen bezogen. Der textliche Umfang der Bescheide richtet sich nach dem Umfang dessen, was abweichend von Technischen Baubestimmungen, zumeist also Normen, im Zulassungsgegenstand begründet anders oder zusätzlich zu regeln ist. Der Umfang der Bescheide nimmt also mit dem Grad der Abweichung des zuzulassenden Gegenstandes von Technischen Baubestimmungen bis hin zum völlig Neuen zu.

In Tafel 17.5 sind als Beispiele von zugelassenen Gegenständen Gegenstandsgruppen aus dem Holzbau aufgeführt und der vorrangige Zulassungsgrad für sie benannt.

Die allgemeinen bauaufsichtlichen Zulassungen sind veröffentlicht in [3] – dort nur Veröffentlichung nach Gegenstand und wesentlichem Inhalt –; sie können bezogen werden bei [7] und natürlich beim jeweiligen Antragsteller.

15.8.3.4 Allgemeines bauaufsichtliches Prüfzeugnis

Dieses Verfahren darf nur für bestimmte, „nicht geregelte Bauprodukte" angewendet werden. Welche das sind, ist bestimmt in der

- Bauregelliste A Teil 1 für Bauprodukte, die von bestimmten technischen Regeln wesentlich abweichen.

und in der

- Bauregelliste A Teil 2 für bestimmte Bauprodukte, für die es keine technischen Regeln gibt.

Für „nicht geregelte Bauarten" darf das Verfahren nur für die Bauarten angewendet werden, für die das in der

- Bauregelliste A Teil 3 bestimmt ist.

Allgemeine bauaufsichtliche Prüfzeugnisse dürfen nur von speziell dafür bauaufsichtlich anerkannten Prüfstellen erteilt werden.

Da dieses Nachweisverfahren nur einen relativ geringen Umfang von Bauprodukten und Bauarten und das oft auch nur bezüglich einer bestimmten Anforderung zutrifft, wird auf dieses Verfahren hier nicht näher eingegangen.

17.8.3.5 Zustimmung im Einzelfall

Dieses Verfahren bezieht sich nur auf das einzelne konkrete Bauvorhaben. Selbst bei Wiederholung der gleichen Tatbestände bei einem anderen Bauvorhaben wird eine erneute

Zustimmung, nämlich dann für diesen Einzelfall, erforderlich. Eine Zustimmung im Einzelfall kann nur von der obersten Bauaufsichtsbehörde – also dem dafür zuständigen Ministerium, in Berlin, Bremen und Hamburg der zuständigen Senatsverwaltung – gegeben werden.

Auch bei der Zustimmung im Einzelfall sind – wie im Zulassungsverfahren – Untersuchungen des von den Technischen Baubestimmungen abweichenden oder in ihnen gar nicht geregelten Gegenstandes, der bei diesem Bauvorhaben verwendet bzw. angewendet werden soll, erforderlich. Auch der Sicherheitsmaßstab, nach dem hierbei geurteilt wird, ist der gleiche wie im Zulassungsverfahren. In besonderen Fällen wird von der obersten Bauaufsichtsbehörde auch das DIBt begutachtend eingeschaltet. Eine Erleichterung kann dieses Verfahren in einem Einzelfall nur dadurch sein, daß besondere, im konkreten Bauvorhaben begründete Nebenumstände berücksichtigt werden können und auch auf das konkrete Bauvorhaben abgestimmte besondere Auflagen im Zustimmungsbescheid getroffen werden können (z. B. spezielle regelmäßige Kontrollen).

Das Verfahren ist für serienmäßig hergestellte und zur allgemeinen Anwendung bzw. Verwendung vorgesehene nicht geregelte Bauprodukte und Bauarten natürlich wenig sinnvoll (hierzu s. Abschn. 17.8.3.3, allgemeine bauaufsichtliche Zulassung).

17.9 Überwachung

Kontrollen sind ein wesentlicher Bestandteil des Sicherheitskonzepts für eine bauliche Anlage, indem sie der Verringerung der Auftretenswahrscheinlichkeit von Gefährdungen dadurch dienen, daß mit ihnen Fehler und Irrtümer (oder deren Auswirkungen) sowie Abweichungen von den Planungsannahmen und -vorgaben erkannt werden. Neben den Eigenkontrollsystemen der am Bau Beteiligten (Bauherr, Entwurfsverfasser, Sachverständige, Unternehmer, Fachunternehmer, Fachleute, Bauleiter, Fachbauleiter) sind auch zusätzlich Fremdkontrollen in der Bauordnung vorgesehen, wovon insbesondere zu nennen sind:

- Prüfung der Bauvorlagen durch die Bauaufsichtsbehörde, ggf. unter Einschaltung von Sachverständigen oder sachverständigen Stellen (insbesondere Prüfämter für Baustatik/Bautechnik und Prüfingenieure);
- Bauüberwachung und Bauzustandsbesichtigung durch die Bauaufsichtsbehörde, ggf. unter Einschaltung von Sachverständigen oder sachverständigen Stellen;
- Nachweis der Übereinstimmung von (werkmäßig hergestellten) Bauprodukten.

Art, Umfang und Häufigkeit dieser Kontrollen ist in der Bauordnung und in den Vorschriften zur Bauordnung (s. Abschn. 17.6) angegeben. Auch für die Kontrolle der Herstellung der Bauprodukte ist wieder zwischen dem „europäischen" und dem „deutschen" Nachweisweg zu unterscheiden:

a) Europäischer Konformitätsnachweis gem. BauPR

Hierbei ist für alle Produkte nachzuweisen, daß sie mit den technischen Spezifikationen gem. BauPR übereinstimmen: Konformitätsnachweis. Dafür sind in der BauPR/BauPG vorzugsweise vier Verfahren vorgesehen:

a) Konformitätszertifikat durch eine europäisch dafür zugelassene Stelle (entsprechend deutschem Übereinstimmungszertifikat, s. folgenden Abs. b1);

b) Konformitätserklärung des Herstellers mit Zertifizierung der werkseigenen Produktionskontrolle durch eine europäisch dafür zugelassene Stelle (entsprechend Konformitätserklärung mit Erstprüfung – siehe das folgende Verfahren –, jedoch zusätzlich Überprüfung des Kontrollsystems);

c) Konformitätserklärung des Herstellers mit Erstprüfung des Bauprodukts durch eine europäisch dafür zugelassene Stelle (entsprechend deutschem Verfahren gemäß folgenden Abs. b 2);

d) Konformitätserklärung des Herstellers (entsprechend deutschem Verfahren gem. folgenden Abs. b 3).

Die Art der Konformitätsnachweisverfahren wird von der EK vorgegeben:
- in einer EK-Entscheidung (veröffentlicht im Amtsblatt der Europäischen (Union)

und
- in den gegenstandsbezogenen Mandaten der EK an CEN bzw. EOTA.

Art, Umfang und Häufigkeit der Kontrollen (einschließlich Prüfungen) sind dann in der jeweiligen technischen Spezifikation beschrieben, mit der die Konformität des Bauprodukts nachgewiesen werden soll.

Das Nachweiszeichen für alle vier Verfahren ist die Kennzeichnung des Bauprodukts, der Verpackung oder des Lieferscheins mit dem CE-Zeichen (siehe Bild 17.5b).

b) Deutscher Übereinstimmungsnachweis gem. Bauordnung

Beim (deutschen) Übereinstimmungsnachweis ist die Übereinstimmung der Bauprodukte mit den technischen Regeln der Bauregelliste A Teil 1, den allgemeinen bauaufsichtlichen Zulassungen, den allgemeinen bauaufsichtlichen Prüfzeugnissen oder den Zustimmungen im Einzelfall nachzuweisen. Dafür sind in der Bauordnung drei Verfahren vorgegeben:

1) Übereinstimmungszertifikat
   - Eigenüberwachung (werkseigene Produktionskontrolle),
   - Fremdüberwachung (Erstkontrolle und periodisch fortlaufende Kontrollen) durch bauaufsichtlich dafür anerkannte Stellen,
   - Zertifizierung durch bauaufsichtlich dafür anerkannte Stellen (d. h. Erteilung der Berechtigung eines Herstellers zur Produktkennzeichnung mit dem Ü-Zeichen).

2) Übereinstimmungserklärung des Herstellers nach vorheriger Prüfung des Bauprodukts durch eine bauaufsichtlich dafür anerkannte Prüfstelle
   - Eigenüberwachung (werkseigene Produktionskontrolle),
   - Kontrolle durch bauaufsichtlich dafür anerkannte Stellen, vor Abgabe der Herstellererklärung (jedoch keine fortlaufenden Kontrollen durch diese Stelle),
   - Herstellererklärung (Produktkennzeichnung mit dem Ü-Zeichen).

3) Übereinstimmungserklärung des Herstellers
   - Eigenüberwachung (werkseigene Produktionskontrolle),
   - Herstellererklärung (Produktkennzeichnung mit dem Ü-Zeichen).

Die Art der Verfahren ist dem Hersteller des Bauprodukts vorgeschrieben:
- für die „geregelten Bauprodukte“ in der Bauregelliste A Teil 1,
- für die „nicht geregelten Bauprodukte“ in:
  der allgemeinen bauaufsichtlichen Zulassung, im allgemeinen bauaufsichtlichen Prüfzeugnis oder in der Zustimmung im Einzelfall.

Art, Umfang und Häufigkeit der Kontrollen (einschließlich Prüfungen) sind ebenfalls vorgeschrieben, nämlich im jeweiligen Bezugsdokument, mit dem die Übereinstimmung des Bauprodukts nachgewiesen werden soll.

Das Bauprodukt ist dann mit dem bauaufsichtlichen Übereinstimmungszeichen Ü zu kennzeichnen (siehe Bild 17.5a) entweder auf dem Produkt, auf seiner Verpackung oder auf dem Lieferschein.

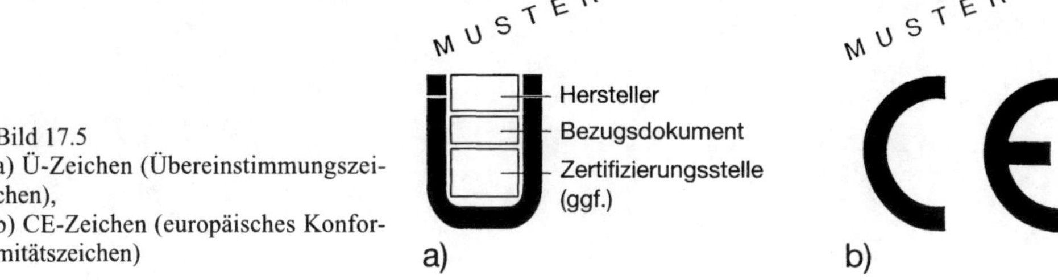

Bild 17.5
a) Ü-Zeichen (Übereinstimmungszeichen),
b) CE-Zeichen (europäisches Konformitätszeichen)

Mit dem Ü-Zeichen müssen folgende Angaben gemacht werden (siehe Übereinstimmungszeichen Verordnung der Bundesländer):

- Hersteller
- Kurzbezeichnung des Bezugsdokuments
- wesentliche Merkmale des Bauproduktes gem. dem Bezugsdokument
- Zertifizierungsstelle (falls ein Übereinstimmungszertifikat für das Bauprodukt bauaufsichtlich vorgeschrieben ist).

17.10 Literatur

[1] v. Bernstorff; Runkel; Seyfert: Bauproduktengesetz mit Musterbauordnung (Auszug) und Bauproduktenrichtlinie; Textausgabe mit Einführung und Verweisungsverzeichnis. Verlag Bundesanzeiger, Köln 1992

[2] Böckenförde; Temme; Krebs: Musterbauordnung für die Länder der Bundesrepublik Deutschland; Fassung Dezember 1993. Werner-Verlag GmbH, Düsseldorf 4. Aufl. 1994

[3] DIBt: Bauaufsichtliche Zulassungen (BAZ). Erich Schmidt Verlag GmbH & Co, Berlin

[4] Geithe, W.: Über die Entwicklung technischer Baubestimmungen. Dissertation; Gesamthochschule Wuppertal

[5] DIBt: Mitteilungen Institut für Bautechnik. Zeitschrift (zweimonatlich). Verlag Ernst & Sohn, Berlin

[6] DIBt: Sammlung bauaufsichtlich eingeführter Technischer Baubestimmungen (STB). Loseblattsammlung. Beuth Verlag GmbH, Berlin

[7] Informationszentrum Raum und Bau der Fraunhofer-Gesellschaft (IRB), Stuttgart

[8] Koch; Molodowsky; Rahm: Bayerische Bauordnung, Kommentar. Loseblattsammlung. Verlag für Verwaltungspraxis Franz Rehm, München

[9] Irmschler, H.-J.: Europäische Harmonisierung der technischen Regeln für den Mauerwerksbau, Mauerwerk-Kalender 1989-1995, Verlag Ernst & Sohn, Berlin

Sachverzeichnis

Die bauphysikalischen Grundlagen
der Hochbaukonstruktionen

Lehrbuch der Bauphysik

Schall Wärme Feuchte Licht Brand Klima

4., überarbeitete und erweiterte Auflage
704 Seiten mit 571 Bildern und Bildern und 151 Tafeln. 16,2 x 22,9 cm
Geb. DM 89,– ÖS 650,– SFr 80,–

Schall	*P. Lutz und H. M. Fischer*
Wärme	*R. Jenisch*
Feuchte	*H. Klopfer*
Licht	*H. Freymuth*
Brand	*L. Krampf und E. Richter*
Klima	*K. Petzold*

Zeitfracht Medien GmbH
Ferdinand-Jühlke-Straße 7
99095 Erfurt, Deutschland
produktsicherheit@kolibri360.de